FORTSCHRITTE DER CHEMIE ORGANISCHER NATURSTOFFE

PROGRESS IN THE CHEMISTRY OF ORGANIC NATURAL PRODUCTS

PROGRÈS DANS LA CHIMIE DES SUBSTANCES ORGANIQUES NATURELLES

HERAUSGEGEBEN VON EDITED BY RÉDIGÉ PAR

L. ZECHMEISTER

CALIFORNIA INSTITUTE OF TECHNOLOGY, PASADENA

GENERALREGISTER
CUMULATIVE INDEX INDEX GÉNÉRAL

I–XX

1938–1962

WIEN · SPRINGER-VERLAG · 1964

LIBRARY OF CONGRESS CATALOG CARD NUMBER AC 39-1015

PRINTED IN AUSTRIA

Inhalt der Bände

Contents of the Volumes

Sommaire des volumes

1.

(1938)

ZEMPLÉN, G. Neuere Richtungen der Glykosidsynthese.

HILDITCH, T. P. The Component Glycerides of Vegetable Fats.

HEILBRON, I. M., and F. S. SPRING. Recent Advances in the Chemistry of the Sterols.

SCHLENK, F., und H. v. EULER. Cozymase.

BREDERECK, H. Nucleinsäuren.

STOLL, A., und E. WIEDEMANN. Chlorophyll.

KRATKY, O., und H. MARK. Anwendung physikalischer Methoden zur Erforschung von Naturstoffen: Form und Größe dispergierter Moleküle. Röntgenographie.

2.

(1939)

FREUDENBERG, K. Lignin.

ASAHINA, Y. Flechtenstoffe.

RUDY, H. Flavine. Mit besonderer Berücksichtigung des Lactoflavins.

HARINGTON, C. R. Chemistry of the Iodine Compounds of the Thyroid.

HIRST, E. L. The Structure and Synthesis of Vitamin C (Ascorbic Acid) and its Analogues.

ZEMPLÉN, G. Neuere Richtungen der Oligosaccharid-Synthese.

ZECHMEISTER, L., und G. TÓTH. Chitin und seine Spaltprodukte.

SPÄTH, E., und F. KUFFNER. Tabakalkaloide.

DHÉRÉ, CH. La spectrochimie de fluorescence dans l'étude des produits biologiques.

3.

(1939)

DIELS, O. Bedeutung der Dien-Synthese für Bildung, Aufbau und Erforschung von Naturstoffen.

FISCHER, F. G. Biochemische Hydrierungen.

SIEDEL, W. Gallenfarbstoffe.

ANDERSON, R. J. The Chemistry of the Lipoids of the Tubercle Bacillus and Certain Other Microorganisms.

PAULING, L. Recent Work on the Configuration and Electronic Structure of Molecules; with some Applications to Natural Products.

4.

(1945)

TSCHESCHE, R. Die Chemie der pflanzlichen Herzgifte, Krötengifte, Saponine und Alkaloide der Steroidgruppe.

WIELAND, TH., und I. LÖW. Zur Biochemie der Vitamin B-Gruppe (Pantothensäure und Vitamin B_6).

PURRMANN, R. Pterine.

SCHRAMM, G. Die Biochemie der Virusarten.

BERNHARD, K., und H. LINCKE. Biologische Oxydationen.

TRURNIT, H. J. Über monomolekulare Filme an Wassergrenzflächen und über Schichtfilme.

5.

(1948)

KARRER, P. Carotinoid-epoxyde und furanoide Oxyde von Carotinoidfarbstoffen.

FOX, D. L. Some Biochemical Aspects of Marine Carotenoids.

HAAGEN-SMIT, A. J. Azulenes.

HILDITCH, T. P. Recent Advances in the Study of Component Acids and Component Glycerides of Natural Fats.

HASSID, W. Z., and M. DOUDOROFF. Enzymatically Synthesized Polysaccharides and Disaccharides.

PACSU, E. Recent Development in the Structural Problem of Cellulose.

BRAUNS, F. E. Lignin.

DEULOFEU, V. The Chemistry of the Constituents of Toad Venoms.

GEIGER, E. Biochemistry of Fish Proteins.

BEADLE, G. W. Some Recent Developments in Chemical Genetics.

RASMUSSEN, R. S. Infrared Spectroscopy in Structure Determination and its Application to Penicillin.

6.

(1950)

DEUEL, H. J. Jr., and S. M. GREENBERG. Some Biochemical and Nutritional Aspects in Fat Chemistry.

LEDERER, E. Odeurs et parfums des animaux.

HOFFMANN-OSTENHOF, O. Vorkommen und biochemisches Verhalten der Chinone.

RETI, L. Cactus Alkaloids and Some Related Compounds.

BONNER, J. Plant Proteins.

DHÉRÉ, CH. Progrès récents en spectrochimie de fluorescence des produits biologiques.

7.
(1950)

JEGER, O. Über die Konstitution der Triterpene.
HEUSSER, H. Konstitution, Konfiguration und Synthese digitaloider Aglykone und Glykoside.
NIEMANN, C. Thyroxine and Related Compounds.
COOK, A. H. Penicillin and its Place in Science.
STOLL, A., and B. BECKER. Sennosides A and B, the Active Principles of Senna.
WILLIAMS, J. W. Some Recent Developments in the Chemistry of Antibodies.

8.
(1951)

FREY-WYSSLING, A., and K. MÜHLETHALER. The Fine Structure of Cellulose.
STACEY, M., and C. R. RICKETTS. Bacterial Dextrans.
LELOIR, L. F. Sugar Phosphates.
KENNER, G. W. The Chemistry of Nucleotides.
SCHINZ, H. Die Veilchenriechstoffe.
ASAHINA, Y. Neuere Entwicklungen auf dem Gebiete der Flechtenstoffe.
GALINOVSKY, F. Lupinen-Alkaloide und verwandte Verbindungen.
PAILER, M. Brechwurzel-Alkaloide.
COREY, R. B. X-Ray Diffraction Studies of Crystalline Amino Acids and Peptides.
ZECHMEISTER, L., and M. ROHDEWALD. Some Aspects of Enzyme Chromatography.

9.
(1952)

INHOFFEN, H. H., und H. SIEMER. Synthetische Chemie der Carotinoide.
BAXTER, J. G. Synthesis and Properties of Vitamin A and Some Related Compounds.
MEUNIER, P. Les Antivitamines.
STOLL, A. Recent Investigations on Ergot Alkaloids.
TOMITA, M. Die Alkaloide der Menispermaceae-Pflanzen.
DEAN, F. M. Naturally Occurring Coumarins.
BORSOOK, H. The Biosynthesis of Proteins and Peptides, including Isotopic Tracer Studies.
KALCKAR, H. M. The Enzymes of Nucleoside Metabolism.

McNutt, W. S. Nucleosides and Nucleotides as Growth Substances for Microorganisms.
Campbell, D. H., and N. Bulman. Some Current Concepts of the Chemical Nature of Antigens and Antibodies.

10.
(1953)

Alder, K., und M. Schumacher. Anwendungen der Dien-Synthese für die Erforschung von Naturstoffen.
Mark, H. Physical Chemistry of Rubbers.
Asselineau, J., et E. Lederer. Chimie des lipides bactériens.
Rosenkranz, G., and F. Sondheimer. Syntheses of Cortisone.
Chatterjee, A. Rauwolfia Alkaloids.
Feinstein, L., and M. Jacobson. Insecticides Occurring in Higher Plants.

11.
(1954)

Peat, S. Starch: Its Constitution, Enzymic Synthesis and Degradation.
Freudenberg, K. Neuere Ergebnisse auf dem Gebiete des Lignins und der Verholzung.
Inhoffen, H. H., und K. Brückner. Probleme und neuere Ergebnisse in der Vitamin D-Chemie.
Schmid, H. Natürlich vorkommende Chromone.
Pauling, L., and R. B. Corey. The Configuration of Polypeptide Chains in Proteins.
Schroeder, W. A. Column Chromatography in the Study of the Structure of Peptides and Proteins.
Lemberg, R. Porphyrins in Nature.
Albert, A. The Pteridines.

12.
(1955)

Haagen-Smit, A. J. Sesquiterpenes and Diterpenes.
Jones, E. R. H., and T. G. Halsall. Tetracyclic Triterpenes.
Tschesche, R. Neuere Vorstellungen auf dem Gebiete der Biosynthese der Steroide und verwandter Naturstoffe.
Haxo, F. T. Some Biochemical Aspects of Fungal Carotenoids.
Warren, F. L. The Pyrrolizidine Alkaloids.
Thompson, E. O. P., and A. R. Thompson. Paper Chromatography in the Study of the Structure of Peptides and Proteins.

ROCHE, J., et R. MICHEL. Acides aminés iodés et iodoprotéines.
SLOTTA, K. Chemistry and Biochemistry of Snake Venoms.
BEADLE, G. W. Gene Structure and Gene Action.

13.
(1956)

COLE, A. R. H. Infrared Spectra of Natural Products.
SCHMIDT, O. TH. Gallotannine und Ellagen-gerbstoffe.
TAMM, CH. Neuere Ergebnisse auf dem Gebiete der glykosidischen Herzgifte: Grundlagen und die Aglykone.
NOZOE, T. Natural Tropolones and Some Related Troponoids.
PRICE, J. R. Alkaloids Related to Anthranilic Acid.
CHATTERJEE, A., S. C. PAKRASHI and G. WERNER. Recent Developments in the Chemistry and Pharmacology of Rauwolfia Alkaloids.
GRASSMANN, W., und E. WÜNSCH. Synthese von Peptiden.

14.
(1957)

BOHLMANN, F., und H. J. MANNHARDT. Acetylenverbindungen im Pflanzenreich.
TAMM, CH. Neuere Ergebnisse auf dem Gebiete der glykosidischen Herzgifte: Zucker und Glykoside.
BROCKMANN, H. Photodynamisch wirksame Pflanzenfarbstoffe.
BIRCH, A J. Biosynthetic Relations of Some Natural Phenolic and Enolic Compounds.
SOBOTKA, H., N. BARSEL and J. D. CHANLEY. The Aminochromes.
MORTON, R. A., and G. A. J. PITT. Visual Pigments.
BROWN, H. The Carbon Cycle in Nature.

15.
(1958)

SCHLUBACH, H. H. Der Kohlenhydratstoffwechsel der Gräser.
ZECHMEISTER, L. Some in vitro Conversions of Naturally Occurring Carotenoids.
HARTWELL, J. L., and A. W. SCHRECKER. The Chemistry of Podophyllum.
HODGKIN, D. C. X-ray Analysis and the Structure of Vitamin B_{12}.

16.
(1958)

FREUDENBERG, K., und K. WEINGES. Catechine, andere Hydroxy-flavane und Hydroxy-flavene.
WIESNER, K., and Z. VALENTA. Recent Progress in the Chemistry of the Aconite-Garrya Alkaloids.
VAN TAMELEN, E. E. Structural Chemistry of Actinomycetes Antibiotics.
BONNER, J. Protein Synthesis in Plants.
KUHN, H. The Electron Gas Theory of the Color of Natural and Artificial Dyes: Problems and Principles.

17.
(1959)

VENKATARAMAN, K. Flavones and Isoflavones.
INHOFFEN, H. H., und K. IRMSCHER. Fortschritte der Chemie der Vitamine D und ihrer Abkömmlinge.
KORTE, F., H. BARKEMEYER und I. KORTE. Neuere Ergebnisse der Chemie pflanzlicher Bitterstoffe.
BERNAUER, K. Alkaloide aus Calebassencurare und südamerikanischen Strychnosarten.
STOWE, B. B. Occurrence and Metabolism of Simple Indoles in Plants.
DIMOND, A. E. Some Biochemical Aspects of Disease in Plants.
SCHROEDER, W. A. The Chemical Structure of the Normal Human Hemoglobins.
ABELSON, P. H. Paleobiochemistry and Organic Geochemistry.
KUHN, H. The Electron Gas Theory of the Color of Natural and Artificial Dyes: Applications and Extensions.

18.
(1960)

BROCKMANN, H. Die Actinomycine.
PAILER, M. Natürlich vorkommende Nitroverbindungen.
THOAI, N. VAN et J. ROCHE. Dérivés guanidiques biologiques.
KJÆR, A. Naturally Derived *iso*Thiocyanates (Mustard Oils) and Their Parent Glucosides.
VÖLKER, O. Die Farbstoffe im Gefieder der Vögel.
ZECHMEISTER, L. *Cis-trans* Isomeric Carotenoid Pigments.
BRIAN, P. W., J. F. GROVE and J. MACMILLAN. The Gibberellins.

WILLIAMS, J. W. Selected Subjects in Sedimentation Analysis, with Some Applications to Biochemistry.

HEIDELBERGER, M. Structure and Immunological Specificity of Polysaccharides.

19.

(1961)

ŠORM, F. Medium-ring Terpenes.

NOZOE, T., and S. ITÔ. Recent Advances in the Chemistry of Azulenes and Natural Hydroazulenes.

CROMBIE, L., and M. ELLIOTT. Chemistry of the Natural Pyrethrins.

BARTON, D. H. R., and G. A. MORRISON. Conformational Analysis of Steroids and Related Natural Products.

VAN TAMELEN, E. E. Biogenetic-type Syntheses of Natural Products.

SCHLUBACH, H. H. Der Kohlenhydratstoffwechsel im Roggen und Weizen.

COURTOIS, J. É., et A. LINO. Les phosphatases des végétaux supérieurs: répartition et action.

20.

(1962)

BIRKINSHAW, J. H., and C. E. STICKINGS. Nitrogen-containing Metabolites of Fungi.

FREUDENBERG, K. Forschungen am Lignin.

SCHINDLER, O. Die Ubichinone (Coenzyme Q).

MORS, W. B., M. TAVEIRA MAGALHÃES and O. R. GOTTLIEB. Naturally Occurring Aromatic Derivatives of Monocyclic α-Pyrones.

HARBORNE, J. B. Anthocyanins and their Sugar Components.

BASCHANG, G. Aminozucker, Synthesen und Vorkommen in Naturstoffen.

WIESNER, K. Structure and Stereochemistry of the Lycopodium Alkaloids.

NARAYANAN, C. R. Newer Developments in the Field of Veratrum Alkaloids.

VINOGRAD, J., and J. E. HEARST, Equilibrium Sedimentation of Macromolecules and Viruses in a Density Gradient.

HOROWITZ, N. H., and S. L. MILLER. Current Theories on the Origin of Life.

Verzeichnis der Autoren

Index of Authors

Index des auteurs

Abelson, P. H., **17**, 379
Albert, A., **11**, 350
Alder, K., **10**, 1
Anderson, R. J., **3**, 145
Asahina, Y., **2**, 27; **8**, 207
Asselineau, J., **10**, 170
Barkemeyer, H., **17**, 124
Barsel, N., **14**, 217
Barton, D. H. R., **19**, 165
Baschang, G., **20**, 200
Baxter, J. G., **9**, 41
Beadle, G. W., **5**, 300; **12**, 466
Becker, B., **7**, 248
Bernauer, K., **17**, 183
Bernhard, K., **4**, 188
Birch, A. J., **14**, 186
Birkinshaw, J. H., **20**, 1
Bohlmann, F., **14**, 1
Bonner, J., **6**, 290; **16**, 139
Borsook, H., **9**, 292
Brauns, F. E., **5**, 175
Bredereck, H., **1**, 121
Brian, P. W., **18**, 350
Brockmann, H., **14**, 141; **18**, 1
Brown, H., **14**, 317
Brückner, K., **11**, 83
Bulman, N., **9**, 443
Campbell, D. H., **9**, 443
Chanley, J. D., **14**, 217
Chatterjee, A., **10**, 390; **13**, 346
Cole, A. R. H., **13**, 1
Cook, A. H., **7**, 193
Corey, R. B., **8**, 310; **11**, 180
Courtois, J. E., **19**, 316
Crombie, L., **19**, 120
Dean, F. M., **9**, 225
Deuel, H. J., Jr., **6**, 1
Deulofeu, V., **5**, 241
Dhéré, Ch., **2**, 301; **6**, 311
Diels, O., **3**, 1
Dimond, A. E., **17**, 298
Doudoroff, M., **5**, 101
Elliott, M., **19**, 120
Euler, H. v. **1**, 99
Feinstein, L., **10**, 423
Fischer, F. G., **3**, 30
Fox, D. L., **5**, 20
Freudenberg, K., **2**, 1; **11**, 43; **16**, 1; **20**, 41
Frey-Wyssling, A., **8**, 1
Galinovsky, F., **8**, 245
Geiger, E., **5**, 267
Gottlieb, O. R., **20**, 131
Graßmann, W., **13**, 111
Greenberg, S. M., **6**, 1
Grove, J. F., **18**, 350
Haagen-Smit, A. J., **5**, 40, **12**, 1
Halsall, T. G., **12**, 44
Harborne, J. B., **20**, 165
Harington, C. R., **2**, 103
Hartwell, J. L., **15**, 83
Hassid, W. Z., **5**, 101
Haxo, F. T., **12**, 169
Hearst, J. E., **20**, 372

Heidelberger, M., **18**, 503
Heilbron, I. M., **1**, 53
Heusser, H., **7**, 87
Hilditch, T. P., **1**, 24; **5**, 72
Hirst, E. L., **2**, 132
Hodgkin, D. C., **15**, 167
Hoffmann-Ostenhof, O., **6**, 154
Horowitz, N. H., **20**, 423
Inhoffen, H. H., **9**, 1; **11**, 83; **17**, 70
Irmscher, K., **17**, 70
Itô, S., **19**, 32
Jacobson, M., **10**, 423
Jeger, O., **7**, 1
Jones, E. R. H., **12**, 44
Kalckar, H. M., **9**, 363
Karrer, P., **5**, 1
Kenner, G. W., **8**, 96
Kjær, A., **18**, 122
Korte, F., **17**, 124
Korte, I., **17**, 124
Kratky, O., **1**, 255
Kuffner, F., **2**, 248
Kuhn, H., **16**, 169; **17**, 404
Lederer, E., **6**, 87; **10**, 170
Leloir, L. F., **8**, 47
Lemberg, R., **11**, 299
Lincke, H., **4**, 188
Lino, A., **19**, 316
Löw, I., **4**, 28
MacMillan, J., **18**, 350
Mannhardt, H. J., **14**, 1
Mark, H., **1**, 255; **10**, 119
McNutt, W. S., **9**, 401
Meunier, P., **9**, 88
Michel, R., **12**, 349
Miller, S. L., **20**, 423
Morrison, G. A., **19**, 165
Mors, W. B., **20**, 131
Morton, R. A., **14**, 244
Mühlethaler, K., **8**, 1
Narayanan, C. R., **20**, 298
Niemann, C., **7**, 167
Nozoe, T., **13**, 232; **19**, 32
Pacsu, E., **5**, 128
Pailer, M., **8**, 278; **18**, 55
Pakrashi, S. C., **13**, 346
Pauling, L., **3**, 203; **11**, 180
Peat, S., **11**, 1
Pitt, G. A. J., **14**, 244
Price, J. R., **13**, 302
Purrmann, R., **4**, 64
Rasmussen, R. S., **5**, 331
Reti, L., **6**, 242
Ricketts, C. R., **8**, 28
Roche, J., **12**, 349; **18**, 83
Rohdewald, M., **8**, 341
Rosenkranz, G., **10**, 274
Rudy, H., **2**, 61
Schindler, O., **20**, 73
Schinz, H., **8**, 146
Schlenk, F., **1**, 99
Schlubach, H. H., **15**, 1; **19**, 291
Schmid, H., **11**, 124
Schmidt, O. Th., **13**, 70
Schramm, G., **4**, 87
Schrecker, A. W., **15**, 83
Schroeder, W. A., **11**, 240; **17**, 322
Schumacher, M., **10**, 1
Siedel, W., **3**, 81
Siemer, H., **9**, 1
Slotta, K., **12**, 406
Sobotka, H., **14**, 217
Sondheimer, F., **10**, 274
Šorm, F., **19**, 1
Späth, E., **2**, 248
Spring, F. S., **1**, 53
Stacey, M., **8**, 28
Stickings, C. E., **20**, 1
Stoll, A., **1**, 159; **7**, 248; **9**, 114
Stowe, B. B., **17**, 248
Tamm, Ch., **13**, 137; **14**, 71
Taveira Magalhães, M., **20**, 131
Thoai, N. van, **18**, 83
Thompson, A. R., **12**, 270

Thompson, E. O. P., **12**, 270
Tomita, M., **9**, 175
Tóth, G., **2**, 212
Trurnit, H. J., **4**, 347
Tschesche, R., **4**, 1; **12**, 131
Valenta, Z., **16**, 26
Van Tamelen, E. E., **16**, 90; **19**, 242
Venkataraman, K., **17**, 1
Vinograd, J., **20**, 372
Völker, O., **18**, 177
Warren, F. L., **12**, 198
Weinges, K., **16**, 1
Werner, G., **13**, 346
Wiedemann, E., **1**, 159
Wieland, Th., **4**, 28
Wiesner, K., **16**, 26; **20**, 271
Williams, J. W., **7**, 270; **18**, 434
Wünsch, E., **13**, 444
Zechmeister, L., **2**, 212; **8**, 341; **15**, 31; **18**, 223
Zemplén, G., **1**, 1; **2**, 160

Generalregister

Cumulative Index

Index général

Zur Beachtung

Das Verzeichnis enthält Eintragungen zweierlei Art: entweder mit oder ohne Komma(s). Nach einer Eintragung ohne Komma ersetzt ein Gedankenstrich (—) in der nächsten Zeile die gesamte Eintragung. In Anwesenheit eines oder mehrerer Kommas jedoch ersetzt ein Gedankenstrich nur denjenigen Teil der voranstehenden Eintragung, welcher vor dem (ersten) Komma steht.

Please note

The entries in this Index are of two types, viz. with and without commas. Where no comma is present, a dash (—) at the beginning of the following line represents the whole entry; when, however, one or more commas are present, then the dash stands for only that part of the entry which preceeds the (first) comma.

Attention s. v. p.

Notre Index contient deux types d'inscriptions: avec et sans virgules. Dans l'absence de virgules, un tiret (—) au commencement d'une ligne remplace la ligne précédente entière; si parcontre l'inscription contient une ou plusieurs virgules, le tiret ne repète que la part qui précède la (première) virgule.

Generalregister — Cumulative Index — Index général.

A.

Abequose (immunol.) **18,** 517, 519
13β-Abieta-6,8(14)-dien-15-oic acid 12, 26
Abietane 12, 25
—, **dehydro- 7,** 9, 10
Abietic acid (Abietinsäure, Acide abiétique) 5, 64; **6,** 127; **7,** 9; **12,** 20, 21, 22, 24, 25, 29, 31
—, configuration **12,** 24
—, Dien-Synthese **10,** 67, 68
—, → Lävopimarsäure **10,** 68
—, **dehydro- 7,** 10; **12,** 24, 25
Abobiosid 13, 210; **14,** 114
Abogenin 13, 176, 177, 198, 210
—, **anhydro- 13,** 176, 177
Abomonosid 13, 176, 177, 210
Abostrosid 14, 112, 116
Abrin (different from abrine) **17,** 260
—, Abbau im Tier **4,** 208
Abrine, enzymatic demethylation **17,** 260
—, fate in dogs **17,** 260
D- and *L*-**Abrine 17,** 259
Abrus precatorius, abrine **17,** 259
Absinthin 17, 138, 173; **19,** 61, 62, 63
—, → chamazulene **19,** 63
—, Grenzkonzentration (Geschmack) **17,** 138
Absorption bands, intensity and structure **17,** 434, 441
—, oscillator strength **17,** 434
—, quantum mechanical determination **16,** 190; **17,** 405
—, vibrational structure **17,** 441, 442
Absorptionsmaximum, scheinbares **14,** 86
Absorption optics, density gradient method **20,** 383
Acacetin 17, 16, 51
—, **3-acetyl- 17,** 16
—, **glycosides 17,** 51
—, **7-rutinoside 17,** 16
—, —, synthesis **17,** 44
Acacia spp., phenylethylamine **6,** 252, *A. catechu,* Catechin, *l*-Epicatechin **16,** 1, 2, *A. floribunda,* tryptamine **17,** 262, *A. melanoxylon,* melanoxetin **17,** 18, 54, *A. purinosa,* tryptamine **17,** 262, *A. pycnantha,* gum (immunol.) **18,** 5
Acanthin, oxy- 9, 179, 180, 181, 182, 195, 196, 210, 213
—, —, Abbau **9,** 182
—, —, Biosynthese **9,** 210, 213
—, —, **O-methyl- 9,** 197, 199, 208
—, —, —, **methylmethin 9,** 182, 183
Acanthophis antarcticus, venom **12,** 409, 410
Accipitres (Federn, Eischalen), Porphyrine **17,** 204, 210
Acenaphtochinon, antimitotische Wirkung **6,** 211
Acer spp., *A. campestris, A. rubrum,* and gibberellin **18,** 397, 414, *A. ginnale,* Acertannin **13,** 71
Acetabularia, protein synthesis **16,** 147, 152, 153
Acetacetat, Biosynthese aus markiertem Butyrat **12,** 136
—, Vorläufer von Cholesterol **12,** 136
Acetaldehyde, bond distances **3,** 208
—, (Dihydro-cozymase) **1,** 107
—, *o*-**aminophenyl-,** → indole **17,** 252
—, **dihydroxyphenyl- 8,** 301
—, —, Alkaloid-Baustein **17,** 22
—, **methyl-isopropyl- 1,** 85; **16,** 109; **17,** 83
—, **phenyl-,** and oxidase **17,** 268
Acétal-phosphatide 10, 229
Acetamide, N-bromo- 10, 285
—, **N-(2-hydroxyethyl),** *o*-, *m*-, and *p*-**fluorophenyl-,** *p*-**iodophenyl-,** and *p*-**methoxyphenyl- 7,** 208
—, **N-(2-hydroxyethyl)-phenoxy- 7,** 208
2-Acetamino-zucker, Epimerisierung **20,** 212
—, Lobry de Bruyn-Umlagerung **20,** 206

Acetanilide, N-nitroso-, and azulene **19,** 44
Acetate, as carotenoid precursor **12,** 187, 188
—, methyl-labeled (porphyrin biosynthesis) **11,** 334
—, **dithiophenyl- 18,** 135
Acetic acid, s. auch, see also, voir aussi, Essigsäure
Acetic acid (Acide acétique), bacterial **17,** 397
—, from crude petroleum **17,** 397
—, head-to-tail linkage **14,** 188, 190, 194
—, labeled (orcinol scheme) **14,** 192
—, from lignin **5,** 189, 193
—, synthesis by electric discharges **20,** 446
—, **anhydride** and **-chloride,** IR spectra **5,** 365, 371
—, **dichloro-,** from chloromycetin **16,** 103
—, **2,4-dichlorophenoxy-** (auxine effect) **18,** 401
—, **dihydro-oxyphényl-,** fluorescence **6,** 335
—, **méthyl-undécyl-dodécyl-** (lipides bactériens) **10,** 189
—, **oxy-diacetyl 11,** 368
—, **phenoxy-dimethyl- 9,** 276
Acetic acid hypothesis (biosyntheses) **14,** 188, 192, 197
Acetoacetates, γ-substituted **19,** 144
Acetoacetic acid (Acetessigsäure), Abbau im Tier **4,** 290
—, Abbau durch *B. coli* **4,** 329
—, (lipides bactériens) **10,** 248
—, **4,4-dimethoxy-, methyl 11,** 376
Acetobacter peroxydans und *p*-Benzochinon **6,** 220, *A. suboxidans,* growth factors **9,** 409, *A. xylinum,* polysaccharide synthesis **5,** 101
Acetobrom-arabinose 2, 165
Acetobrom-bioside 1, 2
Acetobrom-cellobiose 1, 6, 13; **2,** 161, 166
Acetobrom-galactose 2, 166, 173, 175; **8,** 79, 89
Acetobrom-gentiobiose 2, 166
Acetobromo-glucose 2, 161, 162; **8,** 74
—, in flavone synthesis **17,** 44
Acetobrom-glucosido-nicotinsäureamid 1, 112
Acetobrom-lactose 2, 161, 162, 201
Acetobrom-mannose 8, 80
Acetobrom-primverose 2, 193
Acetobrom-rhamnose 2, 191, 193; **14,** 75
Acetobrom-xylose 2, 165, 192; **8,** 71
Acetochlor-cellobiose 1, 5
Acetochlor-β-6-cellobiosido-glucose 2, 189
Acetochlor-celtrobiose 2, 203
Acetochlor-4-*d*-galactosido-*d*-altrose 2, 202
Acetochlor-gentiobiose 2, 188, 191
Acetochlor-4-β-*d*-glycosido-*d*-altrose 2, 203
Acetochlor-neolactose 2, 202
Acetochlor-primverose 2, 193
Acetochlor-β-1-*l*-rhamnosido-6-*d*-glycose 2, 191, 192
Acetohalogen-Verbindungen, (Glycosid-Synthese) **1,** 2
—, (Oligosaccharid-Synthese) **2,** 160
Acetoin 4, 293
Acétol-esters, semicarbazones 10, 185
Acetomethyl-ester (Peptid-Synthese) **13,** 452
Acetone, IR spectrum **5,** 340
—, from lignin **5,** 193
1,3-C[14]-Aceton, in Cholesterol-Synthese **12,** 135
Acetone, dicarbonsäure, (Dien-Synthese) **10,** 26
—, —, (Spartein-Synthese) **8,** 270
—, **1,1-dichloro-3-bromo-** (pteroylglutamic acid synthesis) **11,** 374
—, **dihydroxy-** (lipides bactériens) **10,** 244
—, —, side-chain **10,** 310, 312.
—, —, —, and Δ^4-3-ketone function (cortisone synthesis) **10,** 345
—, **3-galloyl-dioxy- 13,** 72
—, **3-methyl-2,4,6-trioxybenzoyl 11,** 151
—, ***o*-oxy-benzoyl-,** Cyclisierung **11,** 152
—, —, spasmolytische Wirkung **11,** 157
—, **1,1,3-tribromo-** (pteroylglutamic acid synthesis) **11,** 374
—, **2,4,6-trimethoxy-benzoyl-,** aus *Eugenia caryophyllata* **11,** 152
Aceton-zucker (Oligosaccharid-Synthesen) **2,** 169
Acétophénone, dans castoréum **6,** 113, 114, 115
—, IR bands **5,** 355
—, from polyporenic acid A **12,** 79
—, im Tier **3,** 45
—, **α-benzamido- 18,** 59
—, **2,4-** und **2,5-diäthoxy-3,6-dimethoxy- 11,** 133, 134

Acetophenone, 2,4-dihydroxy-3,6-dimethoxy-, and **-ω,3,6-trimethoxy- 17,** 20, 21, 36
—, **2,5-dimethoxy-4,6-dioxy-ω-chloro- 11,** 144, 145
—, **2,4-dioxy-6-methoxy-,** and **2,6-dioxy-4-methoxy- 11,** 129, 130, 150
—, **2,6-dioxy-3-methyl- 8,** 216, 217
—, **2-ethoxy-6-hydroxy-ω,4-dimethoxy-,** from oxyayanin-A trimethyl ether **17,** 30
—, ***o*-hydroxy- 9,** 237
—, ***p*-hydroxy-** (castoréum) **6,** 114, 115
—, **2-hydroxy-ω,4,6-trimethoxy- 17,** 46
—, ***p*-méthoxy-** (castoréum) **6,** 114
—, **ω-nitro- 13,** 310
—, ***o*-oxy-,** intramol. Claisen-Kondensation **11,** 141
—, —, spasmolytische Wirkung **11,** 157
—, **oxy-2-aroyl-,** deriv., → diketones **17,** 35
—, **2-oxy-4,6-dimethoxy-5-methyl- 11,** 130
—, **polyacetoxy-,** Claisen-Kondensation **11,** 141, 142
Acetophenon-glycosid, *o*-oxy- 1, 2
Aceto-syringon 2, 16
Aceto-thiohydroxamic acid, phenyl- 18, 134, 135
Aceto-vanillon 2, 16; **5,** 179
Acetoxy-Gruppen, Einfluß auf Spektrum **14,** 155
Acetusnetinsäure-ester 2, 36, 37
Acetusnetol 2, 36
Acetyl-Gruppe, in Lanatosiden **14,** 89
Acetyl, 3,4-dihydro-benzoyl- 5, 217
Acetylcellulose 1, 260, 271, 272, 292, 293
—, Diffusions-Gradient **1,** 294
—, „Erinnerungsvermögen" **1,** 260
—, osmotischer Druck **1,** 272
Acetylchlorid, carbäthoxy- 8, 295
Acetylene, Alkaliabbau **14,** 5
—, in Angiospermen **14,** 10
—, aromatische, aus Compositen **14,** 25
—, Biogenese **14,** 55, 57, 58
—, bond distances **3,** 208, 209
—, box model **16,** 188, 189
—, aus Compositen **14,** 3, 25
—, in Dien-Synthesen **10,** 7
—, Epoxydierung **14,** 5
—, in Fetten und fetten Ölen **14,** 4, 39
—, Fettsäuren **14,** 4
Acetylene, Fettsäuren, in Isanoöl **14,** 42
—, Hydrierung **14,** 5
—, IR spectra **5,** 361
—, Kohlenwasserstoffe, aus Compositen **14,** 22
—, Maleinsäureanhydrid-Addukte **14,** 6
—, Moldispersion, Molrefraktion **14,** 9
—, Ozonisierung **14,** 5
—, aus Pflanzen (höheren und niederen) **14,** 1, 10, 45
—, und Pflanzensystematik **14,** 60
—, 3985-, 4005-, und 4100- Pigment **14,** 31, 33
—, Salze **14,** 6
—, Struktur **14,** 4
—, Synthese **14,** 9
—, in Umbelliferen **14,** 33
—, UV-, IR- und Ramanspektrum **14,** 6, 8
—, Vorkommen und Isolierung **14,** 3
Acetylen, dicarbonsäure 3, 16, 17
—, —, als C-Quelle **14,** 57
—, **dicarbonsäureester 3,** 16, 18
—, —, (Dien-Synthese) **10,** 14, 34, 66, 90
—, —, und 1,4-Dihydro-benzol **10,** 67
—, —, und Furan **10,** 89
—, **1-(2-dimethylamino-methyl-1-oxy-cyclohexyl)-2-(cyclohexen-1-yl)- 11,** 107
—, **1-(2-dimethylamino-methyl-1-oxy-cyclohexyl)-2-(1-oxycyclohexyl)- 11,** 106
—, **di-(1-oxy-cyclohexyl)- 11,** 102
—, **α-hydroxy-isopropyl- 9,** 227, 276, 277, 278, 281
—, **methoxy- 13,** 499
C_{20}- and C_{38}-Acetylen-diol (Carotin-Synthesen, vitamin A synthesis) **9,** 15, 16, 61
Acetylen-lithium (Carotinoid-Synthesen) **9,** 10, 11
Acetylene-magnesium bromide, ethoxy- 9, 52, 53
α,β-Acetylensäuren, pK-Wert **14,** 9
9-Acétylénique (acide) (synthèse de civettone) **6,** 103
N-Acetyl-galactosamin in Submaxillarismucin **20,** 234
N-Acetyl-glucosamin 2, 212, 225, 229, 230, 233
—, aus Chitin (Schnecken-Enzym) **2,** 225
—, **1-phosphat,** Esterbindung in Nucleotiden **20,** 221
—, **6-phosphat** → Fructose-6-phosphat **20,** 244

Acetylierung, reduzierende **14**, 148
N-Acetyl-mannosamin, natürliches **20**, 247
N-Acetyl-muraminsäure 20, 247
N-Acetyl-muraminyl-peptide, Biosynthese **20**, 249
N-Acetyl-neuraminsäure, Entstehung im Säugetier **20**, 247
—, in Haptoglobin **20**, 241
—, Rezeptor für Influenzavirus **20**, 233
—, in Submaxillaris-mucin **20**, 234
p-N-Acetyloxy-amino-benzolsulfonamid 4, 194
Acetyl-phosphat 4, 294, 295
Achillea spp., Bitterstoffe, therapeut. Verwendung **17**, 127, *A. millefolium*, azulenoid acid **12**, 11, sesquiterpenic lactones **19**, 20
Achras sapota, Bassiasäure **7**, 67
Achromobacter fischeri, luminescence **11**, 387
Achromotrichie 4, 29
Achromycin 16, 121
Acides aminés, voir, Amino acids
Acids, bicyclic, in petroleum **17**, 396
—, (castoréum) **6**, 118
Acides gras, s. auch, see also, voir aussi, Fatty acids
Acides gras, des Bactéries, biosynthèse **10**, 213, 237, 238
—, graisses solubles dans l'acétone **10**, 227
—, libres, *Lactobacillus acidophilus*, *Malleomyces mallei*, *Phytomonas tumefaciens* **10**, 245, 247, 251
—, ramifiés **10**, 173
—, —, Bacilles diphtérique et tuberculeux **10**, 238, 245
—, —, lipides bactériens **10**, 173
Acides, hydroxylés (Mycobactéries) **10**, 239
—, β-hydroxylés, pyrolyse **10**, 202
—, lévogyres (Mycobactéries) **10**, 238
—, monocyclic, in petroleum **17**, 396
—, ramifiés (Mycobactéries) **10**, 238, 247
—, —, polymyxines **10**, 179
—, α-ramifiés-β-hydroxylés, acido-résistance **10**, 242
—, saturated, solid, bacterial **3**, 159
—, (urine de Jument gravide) **6**, 136, 137
—, **anhydrides** and **chlorides**, IR spectra **5**, 365, 371
Acid-fast bacilli 3, 148
Acid-fast bacteria, acetone-soluble fats **3**, 156
Acid-fast bacteria, carotenoids **3**, 180
—, higher alcohols **3**, 174
Acid-fast bacterial phosphatides and **waxes 3**, 150, 163
Acido-résistance, Mycobactéries **10**, 242
Acipenser huso, *A. guldenstadtii*, *A. stellatus*, acipenserin, *A. sturio*, vitamin A **5**, 34
L-**Acofriose 14**, 73, 102, 104, 109
—, **osazon 14**, 103
Acofriosid L 13, 150; **14**, 88, 108, 110, 114
Acokanthera spp., *A. friesiorum*, *A. longiflora*, *A. venenata*, herzaktive Glycoside und Aglykone **13**, 198; **14**, 92, 93, 95, 97, 108, 110, 114
Acolongiflorosid E, G—K 14, 108, 110, 114
Aconitase 4, 266, 280, 327; **6**, 303
Aconite alkaloids, insecticides **10**, 464
—, types **16**, 27
Aconite diterpene alkaloids 12, 27
Aconite-garrya alkaloids 16, 26, 27
Aconitic acid (Aconitsäure) 13, 243, 244, 271
cis-**Aconitsäure 4**, 266, 285
—, ⇆ Citronensäure **4**, 295
Aconitin 8, 255
—, fluorescence **6**, 333
—, skeleton = delphinine skeleton **16**, 86
Aconitum alkaloids, anthranilic acid ester **13**, 304
Aconitum spp., alkaloids **16**, 27, 64, *A. heterophyllum*, atisine, hetisine **16**, 44, 62, *A. napellus*, aconitine **16**, 54, Spartein **8**, 255
Acorane 19, 2
Acorin 17, 173
Acorone 19, 3
L-**Acovenose 14**, 73, 102
—, **osazon 14**, 103
Acovenosid A—C 13, 150, 161, 204; **14**, 110, 114
Acovenosid A, di- und **tri-O-acetyl- 13**, 161
Acovenosigenin A 13, 161, 162, 196, 204; **14**, 92
Acrammerin 17, 20, 55
—, **pentamethyl ether 17**, 20
Acridine, 2,4-dihydroxy- 13, 317
—, —, biosynthesis **19**, 256, 257
—, **3,6-dimethyl-**, aus Despeptido-actinomycin **18**, 19

Acridine, 5-ethoxy-, spectrum **13**, 330
—, **methosulfate, 2,3,4-trimethoxy- 13**, 313
—, **1,2,3,4,5-pentamethoxy- 13**, 313
—, **1,2,3,4-tetramethoxy-5-chloro- 13**, 313
—, **2,3,4-trihydroxy- 19**, 257
—, **1,2,3-trimethoxy- 13**, 317
—, **2,3,4-trimethoxy-5-chloro- 13**, 316
Acridine alkaloids (5-acridone deriv.) **13**, 312
Acridin-Farbstoffe, photodynamischer Effekt **14**, 142
Acridine orange, branched electron gas model **17**, 411, 412, 413
—, charge clouds, π electron waves and states **17**, 414
—, spectrum, theoretical treatment **17**, 415, 416
Acridine orange-like compounds, oscillator strength **17**, 434
Acridine type bridge, λ_{max} values **17**, 416, 417
Acridone 18, 19
—, **4-amino-1,2,6-trimethoxy-3,6-dimethyl- 18**, 21
—, **2,4-dihydroxy-10-methyl- 13**, 315
—, **2,4-dimethoxy-10-methyl- 13**, 312, 313, 317
—, **1-and 3-formyl-2-hydroxy-4-methoxy-10-methyl- 10**, 316
—, **4-hydroxy-2,3-dimethoxy-** and **-10-methyl- 13**, 316
—, **4-methoxy-** and **-10-methyl- 13**, 316
—, **N-methyl- 13**, 312
—, **1,2-** and **2,3-methylenedioxy-1,4-** and **-3,4-dimethoxy-10-methyl- 13**, 314
—, **2,3-methylenedioxy-4-methoxy-10-methyl- 13**, 314
—, **4-nitro-1,2,5-trimethoxy-3,6-dimethyl- 18**, 21
—, **1,2,3,4-tetramethoxy-10-methyl- 13**, 313
—, **1,3,4-trimethoxy- 18**, 19
—, **2,3,4-trimethoxy- 13**, 316
—, —, **10-methyl- 13**, 313, 315, 317; **19**, 257
Acridone alkaloids 13, 305
—, biosynthesis **19**, 256
—, spectra **13**, 316
Acridon-chinon-(1,4), 2,5-dihydroxy-3,6-dimethyl- 18, 21
—, **5-** und **7-hydroxy-**, Reaktion mit Bleiacetat **18**, 20
Acridon-chinon-(1,4), 3-hydroxy-2-methoxy-10-methyl- 18, 20
Acrifoline, hemiketal form **20**, 286, 289
—, hydrogenation **20**, 287
—, and lycopodine, correlation **20**, 287
Acrocomia sclerocarpa, fat **1**, 31
Acrodynie et désoxypyridoxine **9**, 96
Acrolein (Dien-Synthese) **10**, 6, 26, 53, 55
—, IR spectrum **5**, 355, 366
—, **α-bromo- 11**, 376
—, **α-methyl-β-äthyl-** (Dien-Synthese) **10**, 79
Acronidine and **tetrahydro- 13**, 329
Acronitrile-butadiene copolymers 10, 141
Acronychia baueri, alkaloids **13**, 313, 329
Acronycidine 13, 325, 326
Acronycine and **dihydro- 13**, 315, 316
Acronycinic acid 13, 315
Acrosiphonia (polysaccharides, immunol.) **18**, 510, 520, 521, 522, 526, 527, 528
Acrylate, ethyl, IR spectrum **5**, 355
—, **polymethyl- 10**, 152
Acrylonitrile (cortisone synthesis) **10**, 359
—, (rubber synthesis) **10**, 132, 141
Acrylonitrite, vinyl acetate copolymer, buoyant behavior **20**, 416
Acryloyl chloride, β,β-dimethyl- 13, 306
Acrylsäure (Acrylic acid) und Butadien-1-carbonsäure **10**, 22
—, (Dien-Synthese) **10**, 6, 53
—, **β-acetyl-** (Dien-Synthese) **10**, 79
—, **amid, β-methyl-β-propyl- 4**, 219
—, **α,β-dimethyl-** (pyrrolizidine alkaloids) **12**, 226
—, **β,β-dimethyl-**, natürliche **12**, 137, 139
—, **ester** (Dien-Synthese) **10**, 25
—, —, **β-sek.-butyl- 8**, 287, 289
—, **methylester, β-methyl-β-n-hexyl- 4**, 218
Acrylic ester copolymers 10, 145
Δ^9-Actalin, 1,5-diketo- 12, 55
ACTH (abbreviation for adrenocorticotropic hormone) **11**, 252; **12**, 149
Actidione, → α,β-unsaturated ketone **16**, 93
—, structure **16**, 92
Actin 5, 271
—, C-terminal sequence **12**, 317
—, hydrazinolysis **12**, 320
Actinia equina, carotenoids **5**, 26
Actinio-erythrin 5, 26

Actinocin **18**, 27, 28, 31
—, Synthese **18**, 28
—, **desamino-** **18**, 27, 28, 32
—, **dimethylester** **18**, 27, 28
Actinocinin **18**, 22, 24, 25
—, **methylester, dimethoxy-dihydro-**, IR Spektrum **18**, 25
—, —, **methoxy-**, IR Spektrum **18**, 25
Actinocinyl-bis-[glycine dimethyl ester] **19**, 283
Actinocinyl-bis-[glycin-methylester] **18**, 28
Actinocinyl-bis-[*L*-threonin], desamino- **18**, 26, 27, 29, 34
Actinocinyl-bis-[*L*-threonin]-dimethylester **18**, 27, 29
Actinocinyl-bis-[*L*-threonin-methylester] **18**, 29, 35
Actinocinyl-bis-[*L*-threonin-*D*-valin-methylester] **18**, 38
Actinocinyl-bis-[*L*-threonyl-*D*-allo-iso-leucin-methylester] **18**, 35, 36
Actinocinyl-*L*-threonin, desamino- **18**, 22, 24, 25, 26
Actinocinyl-peptid **18**, 36, 39
Actinoloba dianthus, xanthophylls **5**, 26
Actinomyces albus, fluorescence **2**, 302,
A. antibioticus, Actinomycin **18**, 2
Actinomycetes, Acetylenverbindungen **14**, 4
—, antibiotics, structure **16**, 90, 91
—, caroténoïdes **10**, 221
—, Chitin-Abbau **2**, 227
—, and vitamin B_{12} **9**, 420
Actinomycin **16**, 93; **18**, 1, 2
—, Abbauprodukte **18**, 22, 23
—, und Alkali **18**, 29
—, Aminosäure, C-terminale **18**, 31
—, —, Einbau **18**, 45
—, —, -Gehalt und -Sequenz **18**, 15, 16, 32, 43
—, —, Konfiguration **18**, 16, 17
—, biosynthetische Vorprodukte **18**, 45
—, Chromophor, Reaktionen **18**, 29
—, —, Struktur **18**, 17, 22, 26, 38
—, —, Synthese **18**, 28
—, cytostatische Wirkung, Giftigkeit **18**, 4
—, Eigenschaften, Drehung **18**, 13, 14
—, Gegenstromverteilung **18**, 4, **5**
—, Grundstruktur **18**, 42, 43
—, Mol.-Gew. **18**, 14
—, Nomenklatur **18**, 11, 12, 46
Actinomycin, Oxydation **18**, 31
—, Peptide A und B **18**, 30, 31, 42
—, —, Aminosäure-Sequenz **18**, 38
—, R_f-Werte **18**, 7, 8, 12
—, Ringöffnung und Umlagerung **18**, 31
—, Säurehydrolyse **18**, 21
—, Salze, Halochromie **18**, 29
—, Spektrum **18**, 13
—, structure **20**, 24
—, Threoninreste **18**, 31, 32
—, Variationen im Peptidteil **18**, 42
—, Veresterung **18**, 47
—, Vorstufen **18**, 6, 8, 9
—, **deriv.**, antibiotische Wirkung **18**, 46, 47, 48
—, **N-alkyl-** and **dialkyl-** **18**, 47
—, **aniso-** **18**, 40, 46
—, **desamino-** **18**, 21, 27, 47, 48
—, —, Chromophor **18**, 21, 22, 24, 26, 32
—, **despeptido-** **18**, 17, 18, 19
—, —, Grundgerüst, Spektrum **18**, 19
—, —, *o*-Phenylendiamin-Kondensat **18**, 18
—, —, Synthese **18**, 20, 21
—, **pentaacetat, dihydro-despeptido-** **18**, 19
—, **tetraacetat, dihydro-desoxy-despeptido-** **18**, 19
—, **tetramethyläther, dihydro-despeptido-** **18**, 19
Actinomycin antibiotics, chromophore **19**, 283
Actinomycin-Gemische, dirigierte Biosynthese **18**, 10
—, Chromatographie, Gegenstromverteilung **18**, 4, 5, 9
—, und Kulturlösung **18**, 9, 10
—, Systematik **18**, 12
Actinomycin-Gemische B, C, E, F, I, X, Z **18**, 6, 7, 8, 9, 11, 12, 13
Actinomycin A **18**, 2, 3, 9
—, Giftigkeit **18**, 3, 4
Actinomycin A_I, A_{IV}, A_V **18**, 12
Actinomycin B, B_I, B_{IV}, B_V **18**, 2, 3, 9, 12, 17
Actinomycin C **18**, 3, 6, 17
—, Wirkung bei Lymphogranulomatose **18**, 4
Actinomycin C_0 und C_{0a} **18**, 7, 8
Actinomycin C_1 **18**, 7, 8, 9, 43
—, aus Actinomycin X_2 **18**, 40
—, Aminosäure-Gehalt **18**, 16
—, Hydrazinabbau **18**, 38

Actinomycin C_2 **18**, 6, 8, 42
—, Aminosäure-Gehalt **18**, 16
—, Hydrazinolyse **18**, 39
—, Struktur **18**, 40
—, **N-methyl-** **18**, 48
Actinomycin C_{2a} **18**, 12, 40
—, Aminosäure-Gehalt **18**, 16
Actinomycin C_3 **16**, 93; **18**, 6, 8, 35, 42
—, Acetylierung, hydrierende **18**, 48
—, Aminosäure-Gehalt, -Sequenz **18**, 16, 33, 34, 35, 43
—, Hydrazinolyse **18**, 33
—, und $LiBH_4$ **18**, 33
—, Mol.-Gew. **18**, 32
—, Peptidketten **18**, 34, 37
—, Spektrum **18**, 14
—, **N-β-hydroxyäthyl-** **18**, 48
Actinomycin C_3-Säure **18**, 33, 34
Actinomycin E_1 und **E_2** **18**, 10, 45
—, Aminosäure-Gehalt, -Sequenz **18**, 16, 43, 44
—, und Isoleucin **18**, 10, 45
Actinomycin F_1—F_4 **18**, 10, 11
—, Aminosäure-Gehalt, -Sequenz **18**, 16, 43, 44
—, und Sarkosin **18**, 10
Actinomycin F_5 **18**, 11
Actinomycin I_0, I_{0a}, I_1, I_2, I_3 **18**, 7, 8
Actinomycin J, M, S-67 **18**, 9
Actinomycin X_0, X_{0a} **18**, 7, 8
Actinomycin $X_{0\beta}$, $X_{0\gamma}$, $X_{0\delta}$, X_1, X_{1a} **18**, 7, 8, 12, 16, 41, 42, 45
—, Aminosäure-Gehalt, -Sequenz **18**, 16, 41, 43, 44
Actinomycin X_2 **18**, 7, 8, 9, 42
—, Aminosäure-Gehalt, -Sequenz **18**, 16, 40, 41, 44
—, Oxoprolin-Gruppe **18**, 41
—, Reduktion **18**, 40, 41
Actinomycin X_3, X_4, Z_0—Z_5 **18**, 7, 8, 10, 42
Actinomycinol B **18**, 17, 20
Actinomycinsäure **18**, 46
Actinomyosin **5**, 271
Actithiazic acid, structure, synthesis **16**, 94
Actomyosin **8**, 18
—, X-ray diagram **11**, 217
Aculeatin **9**, 251, 252
Acutumin **9**, 177, 207
2- und **3-Acylamino-zucker**, Kettenverkürzung **20**, 211
Acyloïne **6**, 104
Acyloin condensation **19**, 3
Acylphosphatase **19**, 319
Acyl-Übertragung (Peptid-Synthese) **13**, 499
Adamkiewicz, réaction de **12**, 377
Adansonin **17**, 173
Adder, venom **12**, 410, 412
Addition, bei Bestrahlung (Dien-Synthese) **10**, 23
—, in *m*- und *p*-Reihe führende (Dien-Synthese) **10**, 22
1,2-Addition (emulsion polymers) **10**, 136
—, GR-S-polymers **10**, 140
1,4-Addition (Dien-Synthese) **10**, 4, 9
—, von Dienen an Sauerstoff **10**, 97, 99
—, (emulsion polymers) **10**, 136
—, GR-S-polymers **10**, 140
—, partielle **10**, 4
Addukt-Bildung, Dien-Synthese **3**, 2
Adenine **1**, 107, 114
—, in auxin bioassays **17**, 274
—, deamination **9**, 393
—, deamination to hypoxanthins **9**, 379
—, in DNA **12**, 482
—, and *E. coli* **9**, 380
—, exchange reactions **9**, 390
—, fluorescence **6**, 326
—, growth promoter **9**, 407
—, incorporation **9**, 392, 394
—, labeled **9**, 388, 393, 414
—, and leaf-disc expansion **18**, 404
—, (peptide synthesis) **9**, 323
—, (snake venom) **12**, 424, 425
—, structure **20**, 431
—, in ψ-vitamin B_{12} **15**, 208
—, **2-amino-** **9**, 384
—, **9α-D-arabofuranosido-** **8**, 110
—, **2,8-dichloro-** **8**, 110, 119
—, **mercapto-, 2-methyl-** **15**, 208
—, **2-methyl-**, in Factor A **15**, 208
—, **α-9-D-ribofuranosido-** **8**, 121
—, **7-D-ribofuranosido-**, from ψ-vitamin B_{12} **15**, 209
—, **9-β-D-xylofuranosido-** **8**, 110
Adenine-cytosine dinucleotide **9**, 410
Adenine deoxyribonucleotide **9**, 424
Adenine deoxyriboside **1**, 132; **8**, 117, 118; **9**, 404, 432
Adenine glycoside, synthesis **8**, 110
Adenine hexopyranosides and periodate **8**, 105
Adenine nucleosides **9**, 366, 410

Adenine nucleotides 9, 410
Adenine thiomethyl-pentoside 8, 106, 108; **9,** 408
Adenine thiomethyl-riboside 9, 370
Adenium spp., *A. Boehmianum*, *A. Honghel*, *A. Lungardii*, *A. multiflorum*, *A. somalense*, herzaktive Glycoside und Aglykone **4,** 9; **7,** 101; **13,** 152; **14,** 92, 93, 108, 110, 112, 114, 115
Adenosine 1, 113, 115, 125, 126, 128, 130, 151
—, → dialdehyde **8,** 105, 110
—, and *E. coli* **9,** 376, 380, 404
—, estimation **9,** 366
—, and growth **9,** 405, 407, 409, 410
—, phosphorylation **9,** 391
—, synthesis **9,** 365
—, **2-amino- 9,** 378, 391
—, **5′-benzylchlorophosphonate 8,** 136
—, **5′-benzylphosphate 8,** 130, 134
—, **2-chloro- 9,** 379
—, **diacetyl- 1,** 143
—, **5′-dibenzylphosphate, 2′,3′-isopropylidene- 8,** 130, 131, 133
—, **2′,3′-isopropylidene- 8,** 120, 130, 131, 133
—, **tritosyl-, tritosyl-trityl-, trityl-** and **trityl-triacetyl- 1,** 128, 143
Adenosine compounds, pharm. activity **9,** 378, 379
Adenosine deaminase 8, 348; **9,** 371, 378
—, bacterial, intestinal **9,** 379, 380
Adenosine-5′-diphosphate (Adenosin-diphosphorsäure, Acide adénosine-diphosphorique, ADP) 1, 107, 114, 139; **8,** 79, 101, 123, 134, 337; **18,** 101; **19,** 360
—, isomeric **8,** 123
—, (peptide biosynthesis) **9,** 334, 337
—, synthesis **8,** 133
—, **tribenzyl- 8,** 134
Adenosinekinase 9, 391
Adenosine monophosphates = adenylic acids **9,** 404
Adenosine-2′-monophosphate 8, 120, 124
Adenosine-3′-monophosphate 8, 69, 120, 131
—, and growth **9,** 405, 406, 407, 408, 410, 411
—, **5′-sulfatophosphate 20,** 4, 5
Adenosine-5′-monophosphate (Adenosin-5′-phosphorsäure, AMP) 1, 101, 102, 136; **3,** 74; **8,** 120, 124, 130; **9,** 337, 339, 391
—, und Cozymase **1,** 101
—, exchange reactions **16,** 155, 157
—, in glutathione synthesis **9,** 342
—, and growth **9,** 408, 410, 411
—, **acyl-,** amino acid complex **16,** 153
Adenosine-5′-phosphatase 8, 124
Adenosine polyphosphate 9, 364
—, pharm. activity **9,** 379
Adenosine-5′-pyrophosphate, dibenzyl- 8, 135
Adenosine-5′-triphosphate (Adenosin-triphosphorsäure, Acide adénosine-triphosphorique, ATP) 1, 123, 137, 138, 139, 143, 144; **8,** 79, 91, 101, 123, 134, 135; **9,** 391; **18,** 90, 91
—, agent phosphorylant **19,** 362
—, energy donor **16,** 158
—, in glutathione synthesis **9,** 342
—, as growth factor **9,** 403, 405, 406
—, isomeric **8,** 135
—, in living systems **17,** 382
—, (peptide biosynthesis) **9,** 314, 334, 336, 337, 341
—, and periodate **8,** 103
—, et phosphatase **19,** 333
—, et phosphodiestérase **19,** 359
—, (phosphorylation of nucleosides) **9,** 391
—, and snake venom enzymes **12,** 425
—, Struktur **1,** 137
—, synthesis **8,** 133, 134, 135
—, **2-amino- 9,** 391
Adenylic acids = adenosine monophosphates **9,** 404
Adenylic acid (Adenylsäure) 8, 119, 120, 121; **9,** 391, 404
—, (Hefe = yeast) **1,** 133, 135, 151, 152; **8,** 101, 119, 121
—, labeled **9,** 392
—, (Muskel) **1,** 135, 136, 143, 144; **8,** 119, 120
—, pharm. activity **9,** 379
—, and snake venom enzymes **12,** 424
Adenylic acid a, b 8, 120, 121
—, degradation **8,** 121
—, and growth **9,** 407, 410
—, separation **8,** 101
Adenylkinase 16, 155, 156.
Adenyl-pyrophosphorsäure 1, 123, 137

Adermin **4**, 46
—, äthylhomologes **4**, 59
—, biol. Aktivität **4**, 59, 60
—, Boratkomplex **4**, 59
—, dimeres **4**, 59
—, fluorescence **6**, 338
—, Indophenolblau-Reaktion **4**, 56
—, Struktur und Synthese **4**, 51, 55
—, Zwitterion **4**, 55
—, **O-äthyl-** und **-methyläther**, Synthese **4**, 53
—, **4-äthyl-**, **4-methyl-**, **4-butyl-**, und **4-benzyl-äther** **4**, 59
—, **chlorhydrat**, Spektrum **4**, 54, 59
—, **4-desoxy-**, und **4,5-bisdesoxy-** **4**, 59
—, **4,5-diacetyl-** **4**, 59
—, **jodmethylat** **4**, 59
—, **3-methyläther** **4**, 59
Adermin-betain, N-methyl- **4**, 54, 59
Adermin-Protein **4**, 50
Aderminviolett **4**, 56
Adhatoda vasica, vasicine **13**, 332
Adhumulinon, Adhumulon **17**, 163
Adipate, ethyl, α-acetyl- **10**, 363
L-**Adipdialdehyde, diamino-hydroxy-** **16**, 127
Adipic acid (Adipinsäure) (azulene synthesis) **5**, 56, 57
—, **α-amino-**, labeled **9**, 308
—, **N-benzolsulfonyl-N-methyl-α-amino-**, aus N-Benzolsulfonyl-N-methyl-α-aminolaurinsäure **4**, 218
—, **α,δ-diketo-** **4**, 273
—, **α,α-** und **β,β-dimethyl-** (aus Jononen) **8**, 150
—, **α,α-dimethyl-β-carboxy-** **12**, 18, 19
—, **β-methoxy-** **11**, 95, 96
—, —, Benzylthiuronat, Dianilid **11**, 95
—, —, Konfiguration **11**, 95
—, **α-methyl-**, from cnicin **19**, 22
—, **β-methyl-**, from parthenolide **19**, 24
—, **polyamides**, elasticity **10**, 143, 144
—, **2-oxy-4-carboxy-** **13**, 127, 128
—, **γ-oxy-β-carboxy-** **4**, 219
—, **(+)-α,α,β-trimethyl-** **8**, 162
Adlupulon **17**, 163
Adonis spp. and gibberellin **18**, 396, *A. amurensis*, *A. vernalis*, herzaktive Glycoside und Aglykone **4**, 8; **7**, 135, 142; **14**, 92, 123, *A. vernalis*, Chinon **6**, 180
D-**Adonit, 2-deoxy-** **16**, 19, 20
Adonitoxigenin **7**, 143, 154; **12**, 160; **13**, 165, 167, 169, 196, 208
Adonitoxin **7**, 142, 154; **13**, 208; **14**, 123
l-**Adonose** **2**, 151
ADP (abbreviation for adenosine-5′-diphosphate) **8**, 98; **9**, 403; **16**, 140; **18**, 83; **20**, 112
Adrenal glands, and reserpine **13**, 420
Adrenaline, s. auch, see also, voir aussi, Epinephrine
Adrenaline **14**, 217, 227
—, → adrenochrome **14**, 226, 227
—, aerial oxidation **14**, 233
—, and blood pressure **6**, 276
—, from *Bufo marinus* **5**, 257, 261
—, in carbohydrate metabolism **14**, 236
—, enzymatic oxidation **14**, 219
—, fluorescence **2**, 316; **6**, 332; **14**, 230
—, hemostatic action **14**, 237
—, Melaninbildung **6**, 194, 195
—, oxidation and fluorescence **14**, 230
—, and *Rauwolfia* extracts, reversion of effect **10**, 416
—, reaction with iodine and iodate **14**, 227
Adrenalin-chinon **6**, 195
Adrenergic blocking activity, *Rauwolfia* alkaloids **13**, 409, 412
Adrenocarcinom **12**, 150
Adrenochrome **4**, 193; **6**, 194, 195, 213; **14**, 217, 218, 227
—, from adrenaline **14**, 226
—, aerial oxidation **14**, 233
—, antipressor effect **14**, 236
—, in the body **14**, 235
—, decolorization **14**, 228
—, and enzymes **14**, 235
—, fluorescence **6**, 332
—, formation **14**, 226, 227
—, halogenation **14**, 227
—, hydrogenation **14**, 232
—, inhibition of serum phosphatase **14**, 235
—, opt. rotation **14**, 223
—, oxidation-reduction potential **14**, 233
—, physiology and pharmacology **14**, 235, 236, 237
—, reduction **14**, 232
—, spectrum **14**, 222, 223
—, → 3,5,6-triacetoxy-1-methylindole **14**, 229
—, and tyrosinase **14**, 235
—, Zn complex **14**, 230

DL-**Adrenochrome-C^{14}-3 14,** 235
Adrenochrome, deriv. 14, 233
—, —, quinoid and azophenol structure **14,** 234
—, —, therapeutic use **14,** 238
—, **benzthiazylhydrazone 14,** 234
—, **2-bromo- 14,** 228
—, —, spectrum **14,** 223
—, **carboxyhydrazone 14,** 233
—, ***p*-carboxyphenylhydrazone 14,** 233
—, **Girard compounds 14,** 224, 233, 238
—, **2-iodo- 14,** 219, 228
—, —, → 2-iodo-5,6-dihydroxy-1-methylindole **14,** 228
—, —, spectrum **14,** 223
—, **isonicotinylhydrazone 14,** 224, 234
—, **keto- 6,** 196
—, **2-** and **2'-methylsemicarbazone 14,** 224, 234, 235
—, **N-methylsemicarbazone,** spectrum **14,** 222
—, **monosemicarbazone,** spectrum and pH **14,** 225
—, ***p*-nitrophenylhydrazone 14,** 233
—, **oxime 14,** 224, 233
—, —, therapeutic use **14,** 238
—, **phenylhydrazone 14,** 233
—, **semicarbazone 14,** 233
—, —, opt. rotation **14,** 224
—, —, spectrum **14,** 222, 224
—, —, therapeutic use **14,** 238
—, **thiosemicarbazone 14,** 233
—, —, spectrum **14,** 224
—, —, therapeutic use **14,** 238
Adrenocorticotropic hormone 11, 287; **12,** 149
Adrenocorticotropic peptides 11, 287
Adrenocorticotropic protein, amino-acid composition **11,** 252
Adrenocorticotropin, pituitary, chromatography **11,** 287
Adrenoerythrin 14, 226
Adrenolutin 14, 230
Adrenosem 14, 238
Adrenoxyl 14, 238
Adsorption and stereoisomerism (carotenoids) **18,** 230
Adsorption affinity and mol. weight **8,** 342
Adynerigenin 4, 5, 9; **7,** 145, 154; **13,** 169, 170, 171, 196, 210
—, **acetyl-anhydro- 4,** 5
—, **anhydro- 7,** 145
Adynerigenin, anhydro-, Hydrierung **13,** 171
—, **tetrahydro-anhydro- 7,** 145; **13,** 171
Adynerin 4, 5, 9; **7,** 144, 154; **13,** 169, 170, 210; **14,** 115, 116
Aegle marmelos, coumarins **9,** 243, 272
Aerobacter spp., Bildung von Essigsäure **4,** 315, levan **5,** 110
Ae. aerogenes, biosynthesis of C_6—C_3 compounds **14,** 203, 1-deoxy-1-N-*o*-carboxyphenyl-ribulose **17,** 253, Enzyme **20,** 248, glucuronic acid groups **18,** 511, (polysaccharide, immunol.) **18,** 519, 520, 521, 522, 523, 524
Ae. cloacae (Hexosamine) **20,** 247, (polysaccharide, immunol.) **18,** 519, SH-Enzym **20,** 246
Ae. indologenes, Abbau von Citronensäure **4,** 324, 327
Ae. levanicum, levansucrase **8,** 30
Aerosporin 8, 359
Aeschrion excelsa, insecticides **10,** 462
Aescigenin 7, 66, 67
Aesculetin 9, 226, 244, 245
—, **glucosides 9,** 244
—, **methyl ether 9,** 245
Aesculin 9, 244; **17,** 173
—, (identification of bacteria) **9,** 242
Aesculus hippocastanum, Aescigenin **7,** 66, aesculetin **9,** 244, *Ae. turbinata,* coumarins **9,** 244, 247
Aethionema cordifolia, Ae. pulchella, Ae. saxatile, iso-thiocyanates **18,** 161
Aethusa spp. and gibberellin **18,** 396
Affinin, insecticide **10,** 453
Afrosid A, B, Afrosidol 14, 108, 121
Agapornis, Federfarbstoff, Fluoreszenz **18,** 199
Agar, soluble, and anti-Pn sera **18,** 509
Agaricinsäure 2, 31
Agaricus campestris, Ubichinon **20,** 79
Agathalene (Agathalin) 2, 32; **7,** 6; **12,** 21
Agathene-dicarboxylic acid 12, 21, 22, 25
Agathic acid 12, 23, 25
Agave spp., hecogenin **10,** 351
Agglutination, bacterial **18,** 504
Agglutinins, in lobster blood **9,** 451
Agkistrodon blomhoffi, A. mamushi, A. mokason, A. piscivorus, venom **12,** 411
A. piscivorus, venom, action on RNA and DNA **12,** 425

A. piscivorus, venom, and fibrinogen 12, 429
—, —, hyaluronidase, ophio *L*-amino acid oxidase, proteinase 12, 427, 430
—, —, and prothrombin 12, 429
—, —, riboflavin content 12, 431
Aglykone der herzaktiven Glycoside 4, 5, 14, 72, 78
—, Abbau zu Ätian- und Alloätiansäuren 13, 154, 155
—, botanische Verteilung 14, 114
—, Butenolid- und Steroid-Struktur 7, 89, 90
—, C_{23}- und C_{24}-Reihe 4, 2, 6
—, Drehvermögen 13, 196—215
—, Grundtypen 13, 152, 153
—, Iso-Form 7, 95
—, Isolierung, Bestimmung 13, 140, 145
—, physiol. Wirksamkeit 14, 90, 91
—, Ringe, Verknüpfung 14, 88
—, schwach und stark polare 13, 146, 147
—, Spektren 13, 196—215
—, strukturell geklärte, ungeklärte 13, 191, 196, 200, 202, 210; 14, 86, 106
—, Teilsynthese 13, 194
Agmatine 18, 85, 86, 92, 99, 100, 102
—, désimination 18, 100
—, in ergot 9, 119
—, répartition 18, 106, 107
—, **méthyl-** 18, 85, 86, 92, 99, 106
Agnosterol (Agnosterin) 6, 123; 7, 13; 12, 46, 48, 49, 50, 82, 151, 152
—, relationship to lanosterol 12, 51
—, spectrum 12, 82
—, **acetate, dihydro-** 7, 13; 12, 66, 69
—, —, —, oxidation 12, 54
—, **dihydro-** 6, 123; 7, 13; 12, 46, 49, 50, 51
Agoniadin 17, 168
Agrobacterium sp., *A. tumefaciens*, indoles 17, 272, 281, gall inducing ability 17, 304
Agroclavine 20, 19, 20
—, radioactive 20, 20
Agrocybe dura, agrocybin 20, 7, antibiotische Wirkung 14, 50
Agrocybin 14, 50
—, in fungi 20, 7
—, Synthese 14, 50
—, wachstumshemmende Wirkung 14, 50
Agropyrum repens, Agropyren 14, 38
Agrotis ypsilon, substance odorante 6, 89
Ailantin 17, 173
a-Ileu (Abkürzung für Allo-isoleucin) 18, 16
Ajaconine, → azomethine (from atisine) 16, 53
Ajmalicine 10, 401, 405; 13, 350, 366, 368, 375, 376, 398, 399, 402, 403, 404, 406
—, IR spectrum 13, 375
—, pharmacol. effect 13, 415
—, stereochemistry 13, 375
Ajmalidine 13, 404, 407
Ajmalindiol 13, 373
Ajmaline 10, 401, 402, 403, 404, 413, 414; 13, 350, 366, 368, 369, 370, 372, 373, 399, 400, 401, 402, 403, 404, 405, 407
—, and adrenaline action 13, 414
—, → Ind-N-methyl-harman 13, 370
—, IR spectrum 10, 403; 13, 371
—, isolation 13, 369
—, pharmacol. effect 10, 413; 13, 413, 414
—, = rauwolfine 10, 402
—, **anhydro-** 13, 401
—, **decarbono-** 13, 372
—, **dehydro-** 13, 373
—, **deoxy-** 13, 371, 372, 374, 404
—, **deoxy-dihydro-** and **-octahydro-** 13, 371, 372, 374
—, **dihydro-** 13, 372
—, **N-methyl-** 13, 371
—, **oxime, anhydro-** 13, 371
Ajmalinine 10, 401, 404, 405; 13, 366, 368, 374, 399, 404
—, **O-benzoate** 10, 405
—, **methiodide** 10, 405
Akazien-Arten, Gerbstoffe 13, 89
Ala (abbreviation for alanine) 17, 331, 395
l-**Alanine**, as C- and N-terminal amino acid 11, 266, 267, 268, 273
—, in crotoxin 12, 447
—, crystal structure 8, 337
—, dériv. guanidiques 18, 100
—, DNP deriv. 12, 305
—, from etamycin 16, 109
—, in fish proteins 5, 272, 288
—, fluorescence 6, 324
—, in fossils, 25 and 450 million years old 17, 389, 394
—, dans gorgonines 12, 392
—, in insulin 11, 253, 275
—, labeled, incorporation 9, 311, 313; 16, 151
—, (lipides bactériens) 10, 233, 234

L-**Alanine,** in microsomal protein **16,** 150
—, number of residues in hemoglobin **17,** 350
—, in proteins, collagens, gelatins **17,** 383, 385
—, in salmine **11,** 252
—, in sediments **17,** 392
—, in seed proteins **6,** 292
—, separation **11,** 245
—, from soil hydrolysates **17,** 391
—, thermal degradation **17,** 389, 390
—, dans thyroglobuline **12,** 386
—, **3,4-dihydroxy- 19,** 282
—, **2,5-** and **3,4-dihydroxy-phenyl- 19,** 281, 282
—, **isobutylamide, N-phenylacetyl- 7,** 217
—, **isobutylamine, N-phenylacetylazide 7,** 217
—, **N-methyl-** (Actinomycine) **18,** 46
—, **methyl ester 9,** 141
D-**Alanine,** X-ray diffraction **8,** 318
—, **methyl ester, β-aminoxy-,** from cycloserine **16,** 104
DL-**Alanine,** bond lengths **11,** 198, 201
—, crystal structure **8,** 318, 322, 323, 324, 325; **11,** 182, 186
—, electron density distribution **8,** 322, 323
—, free energy of formation **9,** 320
β-**Alanine,** formation from CH_4 and NH_3 **14,** 329
—, in rainwater **14,** 332
—, Synthese **4,** 33
—, (transamidination) **18,** 94
—, **N-benzoyl-β-furyl 13,** 336
—, **benzylester 4,** 35
Alantcampher (Helenin) **17,** 149
Alantolactone 12, 7; **17,** 138, 149, 173
—, Dehydrierung **17,** 149
—, **di-** and **tetrahydro- 17,** 150
Alantopikrin 17, 173
Alantwurzel, anthelminthische Wirkung **17,** 149
Alanyl-alanine 9, 349
Alanyl-glucosamin 13, 493
Alanyl-glycyl-glycinmethylester (Polykondensation) **13,** 495
D-**Alanyl-glycine,** crystal structure **8,** 330
DL-**Alanyl-glycine,** free energy of formation **9,** 320
—, synthesis **9,** 321, 322
DL-**Alanyl-glycine,** unit-cell dimensions and space groups **11,** 188
—, **tosyl- 13,** 507
DL-**Alanyl-*DL*-methionine,** unit-cell dimensions and space groups **11,** 188
DL-**Alanyl-peptide,** Synthese **13,** 501
DL-**Alanyl-thyroxine 2,** 118
N-*DL*-Alanyl-*DL*-thyroxine 7, 175
L-**(+)-Alanyl-*D*-(—)-valine, N-phenylacetyl- 7,** 217
Albacore, protein **5,** 269
—, gastric enzyme **5,** 289
Albertisia papuana, Alkaloide **9,** 178
Albinism 5, 300, 305
Albizzia, A. zygea, gum (immunol.) **18,** 511, 520, 521, 522, 526, 527, 528
Alboleersin 6, 169
Albumin, boundary gradient curve **18,** 478
—, buoyant density **20,** 409
—, exchange adsorption **8,** 344
Alcae (Federn, Eischalen), Porphyrin **18,** 205, 210
Alcanna tinctoria, Chinon **6,** 183, 184
Alcapton 5, 304
—, fluorescence **6,** 335
Alcaptonase 5, 304
Alcaptonuria 5, 304, 305
Alcohol, biochem. Hydrierung **3,** 47
—, IR spectra **5,** 362
—, allylic, *cis*-directing effect **19,** 192
—, higher (acid-fast bacteria) **3,** 174
—, ungesättigt, biochem. Hydrierung **3,** 32
Alcohol-dehydrogenase und Chinon **3,** 42; **6,** 220
Aldehyde, biochem. Hydrierung **3,** 34, 47
—, IR spectra **5,** 365, 367
Aldéhydo-déhydrase 9, 94
Aldehyd-dehydrogenase und Chinon **6,** 220
Aldéhyde glycolique, phosphate et phosphatase **19,** 325
Aldehydgruppen, Bildung im Tier **4,** 197
Aldohexose, 3-dimethyl-amino-2,6-bis-desoxy-, in Antibiotica **20,** 219
Aldonic acids, lactones **8,** 54
Aldose-1-phosphates, hydrolysis **8,** 60
Aldrin, insecticide **19,** 151
Alectol-trimethyläther 2, 47
Alectoria impexa, A. lata, A. ochroleuca, A. sarmentosa, Flechtenstoffe **2,** 33, 47; **8,** 224, 225
Alectoronsäure 2, 47

Alectorsäure, Alectorinsäure 8, 225
Aleppogallen, Gerbstoffe 13, 90
Aleuria aurantia, carotenoids 12, 172, 173, 174
Aleuritique (acide) 6, 104
Alfalfa meal, *cis* carotenoids 18, 280
—, Ubichinon 20, 81
Alfin catalyst 10, 134, 135
Algae, carotenoids 5, 24, 25
—, diaminopimelic acid 17, 383
—, green, and gibberellin 18, 411
—, major constituents 17, 382
—, marine, cellulose II 8, 5
—, single-cell, hydrolysis 17, 389
—, Ubichinon 20, 81
Algar-Flynn-Oyamada reaction (flavones) 17, 41
Algarobilla, Gallussäure, Ellagsäure, Brevilagin 13, 105, Hexaoxy-diphensäure 13, 103, Ellagen-Gerbstoffe 13, 89, 132
Alginic acid 8, 37
Alisterus spp., *A. amboinensis, A. cyanopygius,* Federpigmente, Fluoreszenz 18, 196, 199, 201
Alizarin 6, 177, 185; 7, 250
—, in ruberythric acid 7, 251
—, **β-2-glycosid, tetraacetyl-** 1, 2
—, **monomethyläther** 6, 186
—, **primverosid** 2, 192; 6, 177
Alkali cellulose 8, 5
Alkaloidal tropolones, occurrence 13, 247
Alkaloids, d'animaux 6, 118
—, biogenetic-type synthesis 19, 248
—, conformational analysis 19, 166
—, fluorescence 2, 311; 6, 333
—, IR spectra 13, 60
—, Mannich base components 19, 248
—, tert., Unterscheidung von mono- und dimeren 17, 205, 206
—, acridine 13, 305, 312
—, acridone, biosynthesis 19, 256
—, of *Angostura* 13, 307
—, related to anthranilic acid 13, 302
—, with benzyl-isoquinoline structure 13, 332
—, benzyl-isoquinoline, tetrahydro- 19, 258
—, berberine, structure, biosynthesis 19, 257, 258
—, aus Calebassencurare und südamerikanischen Strychnosarten 17, 183
Alkaloids, aus Calebassencurare, Biogenese 17, 228
—, —, Konstitution und Curare-Wirkung 17, 234
—, —, Pharmakologie 17, 232
—, —, Spektrum 17, 191
—, —, B,C,D-Gruppe, Biogenese 17, 231
—, —, —, Curare-Aktivität 17, 234, 235
—, —, —, Strychnin-Typus 17, 207, 226, 227, 234
—, Calebassen 1 und 2 17, 206, 236, 239, 240
—, Calebassen C 17, 200
—, Calebassin-, Curarin- und Dihydrotoxiferin-Gruppen, Biogenese 17, 231
—, isoquinoline, biosynthesis 19, 257
—, of *Lunasia amara* 13, 310
—, Menispermaceae 9, 175, 177
—, of *Rauwolfia* spp. 10, 390, 393, 401, 414, 415, 416; 13, 346
—, Rauwolfia A, B, C, F 13, 368, 375, 376, 391
—, Rauwolfia 3078 = 3-epi-α-yohimbine 13, 393
—, Rauwolfia RS 51, pharmacol. effect 13, 421
—, Solanum 4, 22
—, Steroidgruppe 4, 1, 22
—, Strychnin-Typus 17, 205
—, —, Biogenese 17, 229
—, —, Systematik 17, 226, 227
—, —, natürliche 17, 240
—, aus *Strychnos* spp., südamerikan. 17, 189, 190, 191, 238
—, aus *Strychnos amazonica,* γ 17, 191, 239
—, aus *Strychnos toxifera,* A 8 17, 190, 206, 216, 227, 238, 239, 240
—, Yohimbin-Typus 17, 194, 195
—, —, Biogenese 17, 229
Alkannan, Alkannin 6, 176, 183, 184
Alkaptonurie 4, 193
Alken (Federn, Eischalen), Porphyrin 18, 210
Alkohol, s., see, voir, Alcohol
Alkylation, reductive (N-terminal sequences) 12, 312
Alkyl-benzenes, IR spectra 5, 356, 357
Alkyl-kohlensäuren, Anhydride (Peptid-Synthese) 13, 510
Allanblackia spp., *A. stuhlmannii,* fat, fatty acids 1, 32, 34, 47; 5, 86, 87; 6, 3

Allan-Robinson reaction (flavones) **17**, 20
Allantoin 4, 71
—, **imino- 4**, 71
Allaria officinalis, iso-thiocyanates **18**, 126, 161
Allele (genetics) **5**, 301, 306; **12**, 467
Allelism, multiple (genetics) **12**, 467
Allen-Doisy test 3, 60
Allene, bond distances **3**, 208, 209
Allénoliques (acides) 10, 202
Alleosid A, B 14, 121
Allergic pollens, flavonoids **17**, 28
Allethrin, isomers, insecticidal effect **19**, 153
—, toxicity **19**, 151
C^{14}-Allethrin 19, 147
DL-trans-α- and **-β-Allethrin 19**, 146
Allethrin-type esters, toxicity **10**, 451
Allethrolone 19, 146, 147
Alligator latirostris, A. sclerops, sécrétion odorante **6**, 119, *A. mississipiensis*, ptérine, fluorescence **6**, 329
Allium cepa und Chinone **6**, 211, 212
Allo-aglykone 4, 6
Allo-apo-aromadendrone 19, 53, 54, 55, 56
—, Cotton effect **19**, 55
Allo-aromadendrane 19, 57
Allo-aromadendrene 19, 53, 54, 55, 56
***l*-Allo-ascorbic acid 2**, 148, 149
Allo-ätiansäure-methylester (Alloetianate, methyl), 3β-acetoxy- und **3β-19-diacetoxy- 13**, 163, 164, 165
—, **3-keto- 10**, 360
14β-Allo-ätiansäure-methylester, 3β-acetoxy-14-oxy- 13, 160
17α-Allo-ätiansäure-methylester, 3β-acetoxy- 13, 169
$\Delta^{14;16}$-5-Allo-ätiocholadiensäure-methylester, 3β-acetoxy- 7, 104
Allo-ätiocholansäure 4, 13; **7**, 97, 103
5-Allo-ätiocholansäure-methylester, 3β-acetoxy- 7, 104, 122, 129
Allo-bergapten 9, 262, 263
Allo-betulin 7, 62
Allo-betulone, 2β-bromo-, conformation **19**, 214
Allo-cholansäure (Allocholanic acid) 13, 188, 189
—, **3-chloro- 1**, 59
—, **3,6-dioxy- 3**, 58
—, **3β-oxy- 13**, 189
Allo-cholesterol (Allo-cholesterin) 1, 54, 61; **3**, 53, 54
Allo-cholesteryl-*p*-toluenesulfonate 1, 55
Allo-colchiceine, Allo-colchicine 13, 251
Allo-cortisone, dihydro- 10, 347
Allo-cymarin 7, 127, 136, 152; **13**, 210
Allo-eleutherin 11, 166, 167, 169
—, **methyläther, dihydro- 11**, 165
Allo-emicymarin 4, 6; **7**, 127, 129, 152; **14**, 117
Allo-epicymarin 13, 204
9,10-*seco*-$\Delta^{1,10-5,6-7,8-22,23}$-14-Allo-ergostatetraen-3α,β-ol 11, 110
Allo-geigeric acid 19, 72, 73
Allo-genine, 17α-Butenolid-Ring **13**, 169
Allo-gibberate, methyl 18, 379
—, —, and alkali **18**, 374
—, —, ozonolysis **18**, 368, 378
Allo-gibberic acid 17, 302; **18**, 352, 355, 356, 358, 364
—, abs. configuration **18**, 369, 374
—, degradation **18**, 366, 367
—, → gibberic acid **18**, 370
—, isomerization **18**, 358, 370
—, ozonolysis **18**, 366
—, structure, stereochemistry **18**, 365, 379, 386, 387
—, **$\Delta^{4b(5)}$-dehydro- 18**, 366
—, **dehydro-dihydro- 18**, 370
—, **dihydro- 18**, 365, 372
—, —, oxidation **18**, 366
Allo-glaucotoxigenin 7, 146, 147, 148, 154; **13**, 177, 198; **14**, 123
Allo-glycoside, in *Strophanthus* **7**, 127; **13**, 139, 141, 169
Allo-helenalin, tetrahydro- 19, 68, 70, 71
Allo-imperatorin 9, 268, 269
5- und **14-Allo-17-iso-ätiocholansäure-methylester, 3β-acetoxy- 7**, 98, 105, 110
Allo-isoeleutherin 11, 166, 167, 169
***D*-Allo-isoleucin** in Actinomycinen **16**, 93; **18**, 3, 11, 33, 45
Allo-isoleucyl-prolyl-sarkosin 18, 34
14-Allo-17-iso-19-nor-progesteron 7, 133
Allo-lactose 2, 166
Allo-lupinin 8, 264
Allomerisation (Chlorophyll) **1**, 164, 179
Allomerisierende Enzyme 7, 127; **13**, 139, 141
***D*-Allo-methylose 14**, 73, 102, 104
—, **3-methyläther 14**, 74
—, **osazon 14**, 103

Allomyces, A. arbuscula, A. javanicus, A. macrogyna, A. moniliformis, carotenoids 12, 170, 171, 172, 173, 174, 175
Allo-ocimen (Dien-Synthese) 10, 47, 49, 50, 52
—, Konfiguration 10, 50
—, und α-Naphthochinon 10, 50
Allopathy, use of snake venom 12, 413
Allo-patulin 17, 132
Allo-periplocymarin 7, 127, 129, 152; 13, 204; 14, 119
Allo-periplogenin 7, 108, 121, 122, 127, 128, 129, 135, 147, 152; 13, 169, 196. 204
—, 3-acetat 7, 152
—, Glycoside 7, 129
Allo-peucenin 11, 131, 132
Allo-phäoporphyrin a_7 1, 180, 181
$\Delta^{14;16}$-5-Allo-pregnadien, 3β-acetoxy-20-keto- 7, 108
$\Delta^{7,9(11)}$-Allo-pregnadiene-3β,20β-diol diacetate 10, 337, 338
$\Delta^{7,9(11)}$-Allo-pregnadien-3β-ol-20-one acetate 10, 339
Allo-pregnan-Gerüst 12, 146
Allo-pregnane, dériv., odeur 6, 140
Allo-pregnane-3β,17α-diol-11,20-dione 10, 346, 347
Allo-pregnane-17α,21-diol-3,20-dione 21-acetate 10, 348
Allo-pregnane-3β,11α-diol-20-one diacetate 10, 370
Allo-pregnanedione 1, 72
Allo-pregnan-3α-ol 6, 140, 141
Allo-pregnan-3β-ol-11,20-dione acetate 10, 332, 337, 339, 342, 345, 346
5-Allo-pregnanolon 7, 108
Allo-pregnan-3(β)-16,20-triol 4, 20
Allo-pregnane-3β,17α,21-triol-11,20-dione 21-acetate 10, 347
Allo-pregnane-3β,11α,17α-triol-20-one 10, 348
Allo-pregnane-3,11,20-trione 10, 337
Δ^{8}-Allo-pregnene-3β,11α-diol-7,20-dione, 3-mono- and 3-monoenol-acetate 10, 342
Δ^{16}-Allo-pregnene-3β,11α-diol-20-one diacetate 10, 340, 341, 345, 348
Δ^{8}-Allo-pregnen-3β-ol-7,20-dione acetate 10, 342
Δ^{16}-Allo-pregnen-3β-ol-11,20-dione acetate 10, 331, 332, 345, 346
Δ^{7}-Allo-pregnen-3β-ol-20-one acetate 10, 336, 338
$\Delta^{17,20}$-Allo-pregnène-3-one 6, 141
Δ^{8}-Allo-pregnene-3β,11α,20β-triol-7-one 10, 338
D-Allo-proline, hydroxy-, from etamycin 16, 109
l-Allo-protolichesterinsäure 2, 29
Allosazone, 3,6-anhydro- (glucose) 8, 63
Allose, 2,3-anhydro- 2, 236
D-Allosid, α-methyl-3-anilino-, aus α-methyl-4,6-benzyliden-*D*-glucosid 20, 211
Allo-sitosterol 1, 92
Allo-steroids (cortisone synthesis) 10, 347
Δ^{1}-Allo-steroids, 3-keto-, IR spectra 13, 46
Allo-stigmasterol 1, 92
Allo-strophantidin 7, 108, 135, 147, 152; 13, 169, 196, 210
Allo-threonine, biosynthesis 19, 279
DL-Allo-threonine, separation from *DL*-threonine 11, 248, 255
Allo-uzarigenin 7, 107, 108, 109, 137; 13, 195
—, acetat 7, 108
Allo-visnagin 11, 148, 149, 150
—, dihydro- 11, 136, 150
Alloxan, reagent for amino acids 9, 307; 12, 290
—, [2-alkylamino-anil]-(5) 2, 76
—, [2-alkylamino-3-pyridyl-imid]-(5) 2, 76
—, monomethyl- 2, 77
Allo-xanthoxyletin and dihydro- 9, 281
Alloxazin 2, 65; 4, 67
—, 6,7-dimethyl- 2, 72, 88
Alloxazin-adenin-dinucleotid 2, 93, 94; 3, 73, 74
Alloxazin-adenin-proteid 2, 94
Alloxazin-mononucleotid 2, 91, 93
Allo-yohimbane 13, 354, 356, 358
—, configuration 13, 357, 359
—, 11-methoxy- 13, 380, 384
—, tetradehydro- 13, 357
Allo-yohimbone 13, 357
Allyl-aceton 3, 37, 38
Allyl-benzene, in nature 14, 205
—, deriv., biosynthesis 14, 205
Allyl bromide, γ,γ-dimethyl- 9, 250, 266
Allyl-carbinol 3, 33, 34
Allyl-chlorocarbonat und Aminosäuren 13, 457

Allyl halides, IR spectra **5**, 352
Allylic alcohols, *cis*-directing effect **19**, 192
Allylic hydroxyls, dehydration test **15**, 44, 52
Allylic rearrangement (Allyl-Umlagerung) **9**, 9, 11, 15, 17, 60, 65
Allyl-phosphate et phosphatase **19**, 325
Allyl-rethrin, toxicity **19**, 153
Allyl-rethrolone **19**, 146
Allyl-rethronyl (±)-*trans*-**caronate, methyl-** **19**, 152
Allyl-rethronyl *cis*- and *trans*-**chrysanthemates** **19**, 146
—, insecticides **19**, 154, 155
—, toxicity **19**, 136, 151
—, **dihydro-**, insecticide **19**, 154
—, **2′-methyl-**, insecticide **19**, 154
Allyl-rethronyl *cis*- and *trans*-**pyrethrates**, insecticides **19**, 154
—, toxicity **19**, 136
Allyl-Verbindungen als Philodiene **10**, 7, 65
Almond, fat, digestibility **6**, 15
—, —, fatty acids **6**, 56
—, oil, insecticide **10**, 457
Aloe spp., Chinone **6**, 177, 187, *A. vera* (polysaccharide, immunol.) **18**, 517, 520, 521, 522, 525, 527, 528
Aloe-emodin **6**, 177, 187
Aloin **17**, 173
Alopecurin, Mol.-Gew. **15**, 11
Alopecurus pratensis, lösliche Kohlenhydrate **15**, 2
Alosa vulgaris, protein **5**, 285
Alpinia chinensis, *A. japonica*, izalpinin **17**, 51, *A. officinalis*, galangin, kaempferide **17**, 52
Alstonia spp., *A. constricta*, Alstonine **10**, 414, 417, reserpine **13**, 376, *A. costulata*, Lupeol **7**, 61, *A. scholaris*, therapeutic use **10**, 391
Alstonia-lacton **17**, 173
Alstoninic acid, tetrahydro- **13**, 400
Alstonine **10**, 405, 410, 414, **417**; **13**, 389, 399, 400, 401, 402, 406; **17**, 202
—, **dihydro-** **10**, 410
—, **dimethyl-diselenide** **13**, 400
—, **N(b)-metho-Py-tetrahydro-** = Melinonin-A **17**, 202
—, **tetrahydro-** **17**, 202
—, —, Adamkiewicz reaction **13**, 400
—, —, spectrum **13**, 400
Alstonine, Py-tetrahydro- **13**, 376, 400, 401, 404; **17**, 202
Alstonol, deoxy-hexahydro-, spectrum **13**, 400
—, **tetra-** and **-hexahydro-** **13**, 400, 401
—, —, spectrum **13**, 400
Alstyrine **10**, 406, 414; **13**, 365, 397, 398, 399, 400
—, aus Nor-melinonin-A **17**, 202
—, synthesis **13**, 400
—, **Ind-N-methyl-** **10**, 404; **13**, 372, 373
—, —, **desethyl-** and **desmethyl-** **10**, 404
—, **methoxy-** and **-desethyl-** **13**, 364, 365
Alternaria tenuis, tenuazonic acid. **20**, 15
D-**Altroheptulose**, biogen. Bedeutung **11**, 153
D-**Altromethylose** und **-3-methyläther** **14**, 74
d-**Altropyranosid, 4,6-dimethyl-3-acetamido-β-methyl-** **2**, 236
d-**Altrose, acetochlor-4-*d*-galactosido-** **2**, 202
—, **acetochlor-4β-*d*-glycosido-** **2**, 203
Aludrine, oxidation **14**, 220, 221
—, **semicarbazone**, spectrum **14**, 224
Alumina, anionotropic (iso-thiocyanate glucosides) **18**, 128
Aluminiumchlorid (Umlagerungsmittel) **2**, 202
Aluminum hydroxide, in enzyme chromatography **8**, 344, 357
Alyssin and **benzylthiourea deriv.** **18**, 146
Alyssum alpestre, *A. Arduini*, *A. arenarium*, *A. argenteum*, *A. Benthami*, *A. Bornmuelleri*, *A. Borzaeanum*, *A. calycinum*, *A. corymbosum*, *A. maritimum*, *A. montanum*, *A. orientale*, *A. ovirense*, *A. pedemontanum*, *A. rostratum*, *A. saxatile*, *A. sinuatum*, *A. Wulfenianum*, iso-thiocyanates **18**, 161
Amadori-Verbindungen, → 1-Amino-2-ketosen **20**, 215
—, (Nomenklatur) **20**, 202
Amandier, phosphatase **19**, 324
Amando-albumine et **-globuline** **19**, 324
Amanita spp., *A. mappa*, bufotenine **17**, 266; **20**, 16, *A. muscaria*, acetylcholine, cerebrin, herzynine, muscaridine, muscarine **20**, 3, 4, 5, Chinon **6**, 160, *A. phalloides*, amanitins, phalloin, toxins **20**, 12, 13, 14

α-, β-, and γ-**Amanitin** **20**, 12, 14
α-**Amanitin**, cyclic heptapeptide **20**, 14
Amara, therapeut. Wert **17**, 125, 127
Amarantaceae, flavonoid **17**, 22
Amarogentin **17**, 129, 132
—, Acetylierung **17**, 133
—, Grenzkonzentration (Geschmack) **17**, 126
—, Isolierung, Spaltung **17**, 133
—, Lactontitration **17**, 133
—, Spektrum **17**, 133
Amazona leucocephala, A. oratrix, Federpigmente **18**, 195
Ambalin, Ambalinin **9**, 178, 207
Amberlite, in chromatography **8**, 100, 353; **11**, 260, 284, 286, 287, 367, 389; **12**, 320; **17**, 367
Ambosid **13**, 212; **14**, 116, 119
Amber (Baltic), succinate **17**, 383
Ambra, grauer (Ambergris, Ambre gris) **6**, 90, 120, 143
—, composition **6**, 121, 123
—, Dihydro-γ-jonon **8**, 153, 193
—, Entstehung **7**, 5
—, porphyrins **6**, 128; **11**, 315
—, stérols **6**, 122
Ambratriène **6**, 124, 129; **7**, 6, 11
Ambrein **6**, 121, 123, 124; **7**, 5, 6; **8**, 154; **12**, 63; **19**, 269
—, biosynthèse **6**, 128
—, oxydation, dégradation **6**, 125, 127; **7**, 7
—, rapport avec terpènes de plantes **6**, 128
—, réduction **6**, 124
—, Struktur **7**, 6
—, synthèse **6**, 129
Ambreinolide **6**, 124, 125, 127; **19**, 269
Ambrette, huile, odeur musquée **6**, 96
Ambrettolide **6**, 95, 96
Ambrosia maritima, ambrosin, damsin **19**, 74, 75
Ambrosin, di- and **tetrahydro-** **19**, 74, 75, 76
Amellus spp., Matricariaester **14**, 13, *A. strigosus*, Cosmen, 8-*cis*-2,3-Dihydromatricariaester **14**, 14, 19
Amethopterin, PGA antagonist **11**, 374
Amethyst violet, color **17**, 416
Amianthium muscaetoxicum, amianthine **20**, 313
Amicetamine **16**, 96
—, **methyl glycoside** **16**, 96
Amicetin, inactivation **16**, 97
—, Kohlenhydrat-Komponente **20**, 219
—, structure, hydrolysis **16**, 95
Amides, IR spectra **5**, 365, 371
—, resonance **3**, 218
Amide bonds, enolization **9**, 331
Amide group, bond lengths and angles in amino acids, peptides **11**, 182, 196, 198, 199
—, configuration in peptide chains **11**, 196
—, orientation of α-carbon **11**, 203
—, planar, *trans* configuration **11**, 201
—, resonance, strain energy **11**, 199, 202
Amide residues, number in hemoglobin **17**, 350, 351
Amid-dehydrase **14**, 59
Amidination, dériv. guanidiques **18**, 90
Amidine, donateur et accepteur de (dériv. guanidiques) **18**, 94
Amidinium ion, charge cloud **17**, 418, 419
—, electron density distribution **17**, 418, 419
Amines, and **hydroxy-**, in fungi **20**, 2
—, IR spectra **5**, 364
—, **phenylalkyl-**, and monoamine oxidase **17**, 263
—, **phenylethyl-**, in fungi **20**, 2
Amine oxidase (pea), formation of indole **17**, 252
—, and tryptamine **17**, 263
4-Aminimidazole-5-carboxamide riboside, inosic acid **11**, 391
Amino acids (Aminosäuren, Acides aminés), Abbau durch Chinone **6**, 217
—, abbreviations **17**, 331
—, activation **16**, 153, 154, 155
—, activating enzyme - RNA system **16**, 156
—, acyl-activated **16**, 153, 155, 156
—, Alkalisalze (Peptid-Synthese) **13**, 474
—, Alkyl-Blockierung **13**, 468
—, from ammonium cyanide **20**, 449
—, aromatic, and genes **12**, 478
—, —, precursors **12**, 478
—, basic, in *Naja* neurotoxin **12**, 438
—, biosynthesis **19**, 278
—, in blood **9**, 297
—, bond lengths of amide group **11**, 198
—, chromatography (column and paper) **11**, 242, 243, 244, 245, 246, 247, 249, 255, 257, 258, 259; **12**, 287, 288, 296, 301; **18**, 16, 17

Amino acids, cod **17,** 383
—, color reactions **12,** 290
—, composition of peptides and proteins **12,** 292
—, configuration **3,** 226
—, C-terminal, definition **17,** 357
—, —, liberation by chromatography **12,** 317
—, —, reduction methods **11,** 275; **12,** 319
—, C- and N-terminal sequence **12,** 303, 315
—, Cu complex **12,** 300
—, determination **11,** 242; **12,** 289, 294, 295, 297, 299
—, und α,γ-Dioxy-β,β-dimethyl-butyrolacton **4,** 38
—, earthworm **17,** 383
—, electrophoresis **11,** 255
—, Enzym-Abbau **4,** 203; **11,** 260
—, *Escherichia coli* **17,** 383
—, exchange in tissues **9,** 298
—, fluorescence **2,** 311; **6,** 323, 324, 346, 347; **12,** 290
—, in food **11,** 255
—, foreign, incorporation **9,** 308
—, formation, by electrical discharges, by UV light **14,** 328; **20,** 445, 446, 447
—, —, from CH_4 and NH_3 **14,** 329
—, in fossils **17,** 393, 394, 395
—, free, in plasma **9,** 297
—, —, de novo protein synthesis **9,** 348
—, free energy of formation **9,** 319
—, hemoglobin **17,** 349, 353, 354, 360
—, hydrogen bonds **8,** 326, 329, 333; **11,** 200
—, from hydrolyzates, recovery **12,** 293
—, identification **12,** 276
—, incorporated, linkage **9,** 349, 351
—, incorporation, in Actinomycin **18,** 45
—, —, bone marrow cells **9,** 343
—, —, heat-stable cofactors **9,** 346
—, —, inhibitors **9,** 343, 345, 346
—, —, microsomes **9,** 313, 314
—, —, mitochondria **9,** 313, 314
—, —, and phosphorylation **9,** 346
—, —, in proteins **9,** 343, 347
—, —, in vivo and in vitro **9,** 313
—, in insulin **11,** 253
—, iodés **12,** 349, 351, 389
—, —, abbréviations **12,** 351
—, —, chromatographie **11,** 260; **12,** 351, 352
—, —, réactions colorées **12,** 351, 352
Amino acids, iodés, R_f **12,** 352
—, ketogene **4,** 245
—, → Ketosäuren, **4,** 202
—, labeled **9,** 300
—, —, distribution in cellular components (plants) **16,** 145
—, —, incorporation in vivo and in vitro **9,** 303, 304, 305, 306, 307, 309, 310, 311, 317; **16,** 157, 163
—, labeled with C^{14} **9,** 303
—, labeled with I^{131} **12,** 297, 371
—, labeled with N^{15} **4,** 206; **9,** 297, 300, 303; **11,** 255
—, labeled with S^{35} **9,** 303
—, labeled, $I^{131}:S^{35}$ ratio **12,** 297
—, lobster shell **17,** 383
—, marine mud **17,** 392
—, mehrfunktionelle **13,** 477, 482
—, neutral, and chloramine-T **12,** 300
—, and ninhydrin **11,** 250; **12,** 288
—, non-specific reagents **12,** 290
—, oxidation **12,** 293
—, oxydative Desaminierung **4,** 202
—, partition coefficients **12,** 274
—, in peats and coals **17,** 392
—, in plasma **9,** 297
—, in rain water **14,** 332
—, rat **17,** 383
—, sediments (Recent and Oligocene) **17,** 387, 392
—, Selbstkondensation **13,** 446
—, S-haltige-, in Peptid-Synthesen **13,** 456
—, in shells **17,** 393
—, in soils **17,** 391
—, Spiegelbild-Isomere **3,** 74
—, squid **17,** 383
—, stability tests **17,** 389
—, sterische Umwandlung im Tier **4,** 206
—, S-containing, identification, oxidation **12,** 287
—, in Tabakmosaik-virus **4,** 154
—, *Tetrahymena* **17,** 383
—, turnover, glutathione **9,** 332
—, —, in proteins **9,** 302
—, Umaminierung **3,** 75
—, unnatural, incorporation into proteins **9,** 309
—, vertebrate collagens and gelatins **17,** 384, 385
—, X-ray diffraction **8,** 310, 318; **11,** 181
—, yeast **17,** 383

Amino acids, acetyl-, chromatography **11**, 242, 263
—, —, intermediates in protein biosynthesis **9**, 340
—, **acyl-**, Cyclisierung **13**, 522
—, —, und Phosgen **13**, 510
—, —, RNA complex **16**, 156
—, **N_ω-acyl-** **13**, 478
—, **acyl-thio-** **13**, 506
—, **alkyl-dichloro-phosphit** **13**, 531
—, **anhydride** **13**, 494
—, —, **acyl-** **13**, 453
—, —, **carbobenzoxy-** **13**, 503
—, —, —, gemischte **13**, 504, 507
—, —, **N-trifluoracetyl-** **13**, 536
—, **α-azido-** **13**, 472
—, **benzylester** **13**, 475
—, **benzyliden-** **13**, 471
—, **benzylthiocarbonyl-** **13**, 459
—, **N-carbäthoxy-**, und Thionyl-chlorid **13**, 499
—, **carbobenzoxy-**, und Dibenzyl-chlorophosphat **13**, 504
—, —, (Peptid-Synthesen) **13**, 455
—, **N-carbo-*p*-tolyloxy-** **13**, 458
—, **chlorid, N-benzyl-** (Peptid-Synthese) **13**, 471
—, —, **carbobenzoxy-** **13**, 514
—, —, **N,N-dibenzyl-** **13**, 471
—, —, **N-trityl-** **13**, 471
—, **dibenzyl-** (Alkyl-Blockierung) **13**, 468
—, **dimethyl-**, identification **12**, 312
—, **dinitrophenyl- (DNP)** **17**, 357
—, —, partition chromatography **11**, 263
—, **ester**, und Alkyldichlorophosphit **13**, 531
—, —, und Acyl-aminosäure-nitrophenylester **13**, 496
—, —, energiereiche N-Deriv. **13**, 527
—, —, in peptide synthesis **9**, 333
—, —, **alkyl-dichloro-phosphit** **13**, 531
—, —, **carbobenzoxy-** **13**, 452, 475, 479
—, —, **hydroxy-N-carbobenzoxy-** **13**, 484
—, **N-formyl-** **13**, 460
—, dériv. **guanidiques** **18**, 100
—, **hydrazides** **17**, 360
—, **hydroxy-**, Peptide **13**, 482
—, —, im Tierkörper **4**, 241
—, —, **carbobenzoxy-** **13**, 535
—, **β-hydroxy-** and color reagents **12**, 291
—, **methyl-**, und Ninhydrin **18**, 16
—, **(2-nitrophenoxy)-acetyl-** **13**, 462
Amino acids, nitrophenylester, acyl- **13**, 496
—, **phenylthiocarbamyl deriv.** **12**, 308
—, **O-phosphorsäureester, hydroxy-** **13**, 493
—, **thioglykolester** **13**, 498
—, **thiohydantoin deriv.** **12**, 309, 315
—, **thiophenylester, acyl-** **13**, 496
—, ***p*-tosyl-** **13**, 467
—, **N-trityl-** (Alkyl-Blockierung) **13**, 469, 470
α-Amino acids, differentiation from others **12**, 289
—, Konfiguration **2**, 234
—, **arsenigsäure-anhydride** **13**, 506
—, **(dibenzyl)-phosphorsäure-anhydrid** **13**, 504
—, **phosphorsäure-anhydrid** **13**, 504
β-Aminosäure, N-chloro-formyl- **13**, 515
D- and ***L*-Amino acids**, paper chromatography **12**, 289
***L*-Amino acids**, evolution **20**, 451
***DL*-Amino acids**, enzymatic resolution **11**, 260
Aminosäure-Kette, kontrahierte und gestreckte **1**, 327, 328, 330
Amino acid sequence, Actinomycine **18**, 33, 34, 38, 39, 40, 41, 42, 43, 44
—, insulin **17**, 384
—, peptides and proteins **11**, 261; **12**, 272, 307, 322
***l*-Aminosäure-desaminase** **4**, 202
Aminosäure-dehydrase **4**, 34
***D*-Amino acid oxidase** **4**, 202; **6**, 206; **8**, 359; **9**, 94; **12**, 289
***L*-Amino acid oxidase**, in snake venoms **12**, 419, 430
Aminoacyl-Einlagerung **19**, 281
δ-(α-Amino-adipoyl)-cysteinyl-valine **20**, 29, 30
Amino-aldohexose, 2,6-bis-desoxy-, 3-dimethyl-, in Antibiotica **20**, 219
Amino-aldosen, Cyanhydrin-Synthese **20**, 208
Amino-alkohole, Konfigurations-Umkehr **20**, 210
erythro-**1,2-Amino-alkohole**, Phenylthiourethan-Methode **20**, 211
2-Amino-*D*-allose, 2-desoxy- **20**, 216
3-Amino-*D*-allose, 3-desoxy- **20**, 217
2-Amino-*D*-altrose, 2-desoxy- **20**, 216
3-Amino-*D*-altrose, 3,6-bis-desoxy- **20**, 217
—, **3-desoxy-** **20**, 217

Aminoanfol, PGA antagonist **11**, 374
o-**Amino-anilino-carbonsäuren 2**, 78
2-Amino-*D*- und **-*L*-arabinose, 2-desoxy- 20**, **216**
3-Amino-*D*- und **-*L*-arabinose, 3-desoxy- 20**, 217
DL-α-**Aminobutyrate-copper**, crystal structure **8**, 318
Aminochromes 14, 217
—, and acetic anhydride **14**, 229
—, in acid **14**, 229
—, and carbonyl reagents **14**, 218, 233
—, from catecholamines **14**, 220, 221
—, decolorization **14**, 228
—, formation **14**, 224, 226
—, halogenated, rearrangement **14**, 230
—, opt. activity **14**, 223
—, oxidation **14**, 220, 233
—, physiology and pharmacology **14**, 235, 238
—, rearrangements **14**, 218, 228
—, reduction **14**, 231
—, spectra **14**, 223
—, structure and preparation **14**, 218
—, and Zn or Al salts **14**, 230
—, zwitterion structure **14**, 218, 233
—, **deriv. 14**, 233
—, —, spectra **14**, 224
—, **3-iodo-**, rearrangement **14**, 231
Amino-*d*-carbonsäureester, carbonyl-bis-amino-deriv. **13**, 528
2-Amino-*D*-erythrose, 2-desoxy- 20, 216
Aminoethanol, in fungi **20**, 2, 3
Aminoéthanolphosphate et phosphatase **19**, 325
Aminoethyl alcohol 3, 190, 196
2-Amino-*D*-galactose, 2,3-bis-desoxy- 20, 216
—, **2,6-bis-desoxy-**, aus *Chromobacterium violaceum* **20**, 231
—, **2-desoxy- 20**, 216
2-Amino-*L*-galactose, 2,6-bis-desoxy- 20, 216
—, —, aus Zellwand-Kapseln **20**, 231
3-Amino-*D*-galactose, 3-desoxy- 20, 217
2-Amino-*D*-galacturonsäure, 2-desoxy-, aus Vi-Antigen **20**, 228
3-Amino-*D*-gluco-*D*-guloheptose, 3-desoxy- 20, 217
3-Amino-*D*-gluco-*D*-isoheptose, 3-desoxy- 20, 217
2-Amino-*D*-glucose, in Antibiotica **20**, 219
2-Amino-*D*- und **-*L*-glucose, 2,6-bis-desoxy- 20**, 216
—, **2-desoxy- 20**, 216
2-Amino-*L*-glucose, 2-methyl-, in Antibiotica **20**, 219
3- und **6-Amino-*D*-glucose**, in Antibiotica **20**, 219
3-Amino-*D*-glucose, 3-desoxy- 20, 217
3-Amino-glucose, 1,2,4,6-tetraacetyl- Desaminierung **20**, 207
Amino-Gruppe, Aktivierung (Peptid-Synthese) **13**, 454
—, and phenylisothiocyanate **17**, 358
α-**Amino-Gruppe**, Ammonsalzbildung **13**, 471
ε-**Amino groups** (amino end group analysis) **12**, 313
2-Amino-*D*-gulose, in Antibiotica **20**, 219
—, Darstellung **20**, 213
—, **3-desoxy- 20**, 217
2-Amino-*D*- und **-*L*-gulose, 2-desoxy- 20**, 216
2-Amino-heptose, Darstellung **20**, 209
3-Amino-heptosen, desoxy-, synthetische **20**, 217
2-Amino-hexosen, aus 2-Ketohexosen **20**, 215
—, und Nucleotide **20**, 220
—, **desoxy-**, synthetische **20**, 216
3-Amino-hexosen, desoxy-, synthetische **20**, 217
2-Amino-*D*- und **-*L*-idose, 2-desoxy- 20**, 216
3-Amino-*D*-idose, 3-desoxy- 20, 217
1-Amino-2-ketosen, aus Amadori-Körpern **20**, 215
2-Amino-lactose, Darstellung **20**, 209
Aminolyse und Hydrolyse (Peptid-Synthese) **13**, 450
2-Amino-*D*-lyxose, 2-desoxy- 20, 216
3-Amino-*L*-lyxose, 3-desoxy- 20, 217
3-Amino-*D*-manno-*D*-galaheptose, 3-desoxy- 20, 217
2-Amino-*D*-mannose, Darstellung **20**, 213
—, aus 1-Nitro-3,4,5,6-tetrahydroxy-*D*-arabohexose-en(1) **20**, 212
—, **2,3-bis-desoxy- 20**, 216
2-Amino-*D*- und **-*L*-mannose, 2-desoxy- 20**, 216
3-Amino-*D*-mannose, 3,6-bis-desoxy-, in Antibiotica **20**, 219
—, **3-desoxy- 20**, 217

Amino-nitrile, Halbhydrierung **20,** 208
(9)-Amino-nitrile, N-benzyl- und **N-fluorenyl-,** Epimerisierung **20,** 209
Amino nitrogen, in tissues **9,** 296
L-**Amino oxidase,** purification **8,** 353
2-Amino-pentosen, aus 2-Ketopentosen **20,** 215
—, **desoxy-,** synthetische **20,** 216
3-Amino-pentosen, desoxy-, synthetische **20,** 217
o-**Amino-β-phenyläthanol** → Indol **4,** 263
p-**Amino-phenylglucuronid 4,** 229
Aminopherasen 4, 204
Aminophyllin, pharm. effect **11,** 154
Aminopolypeptidase, purification **8,** 358
Amino-polysaccharide 20, 202, 206, 220
2-Amino-*D*- und **-*L*-ribose, 2-desoxy- 20,** 216
3-Amino-*D*-ribose, in Antibiotica **20,** 219
—, Darstellung **20,** 211
—, **2,3-bis-desoxy- 20,** 217
3-Amino-*D*- und **-*L*-ribose, 3-desoxy- 20,** 217
Aminosäuren, s., see, voir, Amino acids
α-Amino-Schutzgruppen, leicht abspaltbare (Peptid-Synthese) **13,** 455
Amino sugars, s., see, voir, Aminozucker
2-Amino-*D*-talose, 2-desoxy- 20, 216
3-Amino-*D*-talose, 3-desoxy- 20, 217
2-Amino-tetrosen, desoxy-, synthetische **20,** 216
2-Amino-*D*-threose, 2-desoxy- 20, 216
Aminoverbindungen, N-carbo-phenoxy- 13, 458
Amin-oxyde 5, 14
2-Amino-*D*-xylose, Darstellung **20,** 212
—, **2-desoxy- 20,** 216
3-Amino-*D*- und **-*L*-xylose, 3-desoxy- 20,** 217
Aminozucker (Amino sugars), Acylierung **20,** 204
—, Bestimmung **20,** 207
—, Bindung an Inositphosphat **20,** 226
—, und Bleitetraacetat **20,** 206
—, und Blutgruppen-Substanzen **20,** 221
—, in capsular polysaccharides **18,** 506, 515
—, Desaminierung **20,** 207
—, aus Dialdehyden und Nitromethan oder Phenylhydrazin **20,** 213, 214
—, enzymat. Auf- und Abbau **20,** 244
—, Epimerisierung **20,** 206
Aminozucker, aus Episulfiden und Ammoniak **20,** 210
—, aus Epoxyden und NH_3 **20,** 209
—, Glycosidierung **20,** 204
—, Heyns-Carson-Umlagerung **20,** 214
—, Hydrolyse der Glycosidbindung **20,** 205
—, und Keten **20,** 204
—, Methylierung **20,** 207
—, aus Nitroolefinen **20,** 212
—, Nomenklatur **20,** 202
—, und Peptidsynthese **13,** 493
—, Perjodatoxydation **20,** 206
—, und Phenole **20,** 204
—, Synthese **20,** 200, 208
—, Trennung von Zuckern **2,** 232
—, Vorkommen **20,** 200
—, **acetate,** Entacetylierung **20,** 204
1- und **2-Aminozucker, 2-keto- 20,** 215
Aminozucker-haltige Antibiotica 20, 219
Aminozucker-haltige Naturstoffe 20, 219
Aminozucker-haltige Oligo- und **Polysaccharide 20,** 205, 206, 207
Aminozucker-haltige Polysaccharide, Bindung an Peptide und Proteine **20,** 226
Ammi majus, coumarins **9,** 263, 265; **11,** 126, 157, *A. visnaga,* Chromone **11,** 125, 126, 133, pharmakol. Wirkung **11,** 126, 254
Ammidin 9, 268
Ammobium alatum, Matricariaester **14,** 13
Ammoidin 9, 264, 265
Ammonia, in Actinomycin C_3 **18,** 32
—, in hemoglobin hydrolyzates **11,** 252
—, labeled, incorporation **9,** 393; **16,** 163
—, in oxytocic hormone hydrolyzates **11,** 251
—, in primitive atmosphere **20,** 442
Ammoniacum, Umbelliferone **9,** 234
Ammonium bases, quaternary, in Cacti **6,** 252
Ammonium compounds, quaternary, in fungi **20,** 4
Ammonium molybdate, inhibitor **9,** 344
Ammoresinol 9, 226, 227, 240, 256; **17,** 173
Ammothamnus Lehmannii, Lupinen-Alkaloide **8,** 269
Amoebae, enucleated (microsome synthesis) **16,** 147
—, transfer of nuclear RNA to cytoplasm **16,** 148
—, treatment with ribonuclease **16,** 148

Amoeben-dysenterie, und Ipecacuanha **8,** 279, 302
Amoeboid parasites and thiolutin, aureothricin **16,** 101
Amorpha fruticosa, apigenin 5-glucoside **17,** 45
Amosamin, in Antibiotica **16,** 96; **20,** 219
AMP (abbreviation for adenosine monophosphate) **8,** 337; **12,** 425; **16,** 140
AMP-ATP, exchange activity **16,** 157
Ampelion cucullatus (Federn), Lutein **18,** 179
Ampelopsin 16, 12
Amsinckia, pyrrolizidine alkaloids **12,** 200, *A. intermedia,* toxicity **12,** 205
Amsonia elliptica, β-yohimbine **13,** 356
Amurensin 17, 17
Amygdalase, chromatography **8,** 356
Amygdalin, location on columns **8,** 349
Amygdalus, phosphatases **19,** 322
Amylaceous polysaccharides, outer chains **11,** 32
Amylase 5, 103, 111; **19,** 318
—, und Chinon **6,** 218
—, chromatography **8,** 348, 349, 355, 358
α-**Amylase,** and gibberellin **18,** 410
—, purification **8,** 343
β-**Amylase,** action on amylose **11,** 3, 13
—, crystalline, and amylose **11,** 14, 16, 17
—, and plasma substitutes **8,** 41
Amylo-amylose, → maltose **11,** 7
Amylodextrin 11, 16, 18
Amylo-1,6-glucosidase 11, 23
Amyloid (cellulose) **8,** 2
β-**Amylolysis,** and Z-enzyme **11,** 13, 15, 16
Amylopectin 5, 107; **11,** 6, 18
—, and amylases **11,** 22
—, arsenolysis and phosphorolysis **5,** 107
—, branched structure **11,** 3, 7, 18, 19, 24, 25, 28
—, conformation **11,** 24
—, coprecipitation with $Al(OH)_3$ **11,** 8
—, degree of polymerization **11,** 9
—, end groups **11,** 9
—, enzymic synthesis **11,** 29
—, formulas **11,** 18, 24, 25
—, inner and outer chains **11,** 9, 14, 19, 23, 27
—, α-1,6-linkages **11,** 22
—, mol. weight and size **11,** 9, 18
—, periodate oxidation **11,** 20
Amylopectin, (polysaccharides, immunol.) **18,** 512, 520, 521, 522, 525, 526, 527
—, (potato) difference from waxy maize amylopectin **11,** 24
—, and R-enzyme (blue values) **11,** 24
—, reaction with iodine **11,** 9
—, separation from amylose **11,** 8
—, synthetic, absence of fatty acids **11,** 13
Amylo-saccharide 11, 16
Amylose, acetylation and structure **11,** 18
—, → amylopectin **11,** 33
—, arsenolysis and phosphorolysis **5,** 107
—, branching **11,** 13, 17
—, butanol complex **11,** 10
—, crystallinity **11,** 10
—, degree of polymerization **11,** 9
—, end groups **11,** 9, 12
—, enzymic synthesis **11,** 26
—, estimation in starch **11,** 10
—, fractionation **11,** 13
—, helical structure **11,** 17
—, iodine reaction **11,** 6, 9
—, linearity of chains **11,** 7, 16
—, Malaprade reaction **11,** 12
—, mol. arrangement **8,** 37
—, mol. weight and size **11,** 9, 11, 13
—, periodate oxidation **11,** 12
—, ratio to amylopectin **11,** 10
—, retrogradation **11,** 8, 13
—, structure **11,** 8, 15
—, synthetic **11,** 9
—, X-ray diagram **11,** 10
—, **acetate,** stretched films **11,** 10
erythro-**Amylose 11,** 7
α- and β-**Amylose 11,** 3, 6
(±)-*n*-**Amyl-rethronyl** (±)-*trans*-**chrysanthemate 19,** 145
α-**Amyradiene,** from α-amyrin **19,** 216
—, Spektrum **7,** 55, 56
β-**Amyranone oxime,** abnormal Beckmann rearrangement **19,** 200
β-**Amyren 7,** 64
α-**Amyrin 7,** 15, 17, 19, 48, 49, 59; **12,** 52; **19,** 193
—, Abbau, Umsetzungen **7,** 50, 54
—, → α-amyradiene **19,** 216
—, conformation **19,** 183
—, IR spectrum **13,** 49
—, träge Doppelbindung **7,** 54
—, **oxy- 7,** 57
α-**Amyrin-Ursolsäure-Gruppe 7,** 47, 48
—, Nomenklatur **7,** 48

α-Amyrin-Ursolsäure-Gruppe, Stereochemie **7,** 75
—, Vorkommen, Isolierung **7,** 48
β-Amyrin 7, 15, 17, 19, 20, 28, 32, 45; **12,** 52, 108, 111; **19,** 193
—, conformation **19,** 183
—, → friedelin **19,** 271
—, IR spectrum **13,** 49
—, Konfiguration **7,** 75
—, Umwandlungen in Ringen C—E **7,** 27
β-Amyrin-Oleanolsäure-Gruppe 7, 3, 17, 20
—, Konfiguration der Ringe **7,** 24
—, Nomenklatur **7,** 19
—, Stereochemie **7,** 74
—, Vorkommen, Isolierung, Umwandlungen **7,** 19, 20, 48
β-Amyron 7, 39, 40
Amytal 20, 115
Anabasein 2, 290, 291
Anabasin 2, 271, 279, 282, 289, 291; **10,** 425, 427, 428, 434
—, biosynthesis **10,** 428; **19,** 250
—, insecticide **10,** 427, 430, 432
—, and quinhydrone **10,** 434
***l*-Anabasin 2,** 267, 273, 274, 275, 289, 291
—, **N-methyl- 2,** 274, 275, 289, 292
***DL*-Anabasine, N′-ethyl-** and **N′-methyl- 10,** 429
Anabasis aphylla, l-Anabasin **2,** 267, 271, 273, 275; **10,** 427, insecticides **2,** 282; **10,** 428, Lupinen-Alkaloide **8,** 247, 259, 264, 267
Anabsinthin 17, 138, 173; **19,** 61, 62, 63
—, Grenzkonzentration (Geschmack) **17,** 138
Anacardic acid 14, 192
Anacyclin 14, 27, 29
—, insektizide Wirkung **14,** 30
—, Lichtempfindlichkeit **14,** 29
—, Synthese **14,** 29, 30
—, **dehydro- 14,** 29, 30
—, **tetrahydro- 14,** 30
Anacyclus pyrethrum, pellitorine **10,** 452, physiol. Wirkung **14,** 27, 28, 29
Anaemie und Vitamin B_6 **4,** 47
Anaemie-faktoren 20, 238
Anaerobes, chemical activities **17,** 386
—, reducing capacity **17,** 387
Anaerobic environment, preservation of organic matter **17,** 386
Anaerobiosis 9, 343, 344, 345
Anagallis spp., and gibberellin **18,** 397
Anagyramid 8, 253, 254, 256
Anagyrin 8, 247, 253, 254, 255, 256
—, biosynthesis **19,** 254
—, **tetrahydro- 8,** 255
Anagyris foetida, Lupinen-Alkaloide **8,** 247, 253
Anamirta cocculus, Menispermin, Paramenispermin **9,** 178, Picrotoxin, Picrotoxinin **12,** 156; **17,** 155, *A. paniculata,* Menispermin, Paramenispermin **9,** 178, 207
Ana moschata, sécrétion musquée **6,** 110
Anamyrtin 17, 173
Anaphylactic shock, and snake bite **12,** 416
Anaphylaxie 4, 139
Anapodophyllon canadense, emetic **15,** 85
Anaptychia hypoleuca, Flechtenstoffe **2,** 45
Anasterol 1, 94
d-, l- und *dl*-**Anatabin 2,** 271, 273, 275, 289, 291
***l*-Anatabin, benzoyl-** und **N-methyl- 2,** 271, 272, 274, 275, 284, 292
Anatosaurus, amino acid content **17,** 395
Andira araroba, Chinon **6,** 188, 190
Androcymbium spp., colchicum alkaloids **13,** 247
Androgamone 6, 196
Andrographolid 17, 173; **18,** 390
Andropogon sorghum, hordenine **6,** 254
$\Delta^{7,8(11)}$-Androstadiene-3β,17β-diol 10, 334
$\Delta^{5,7}$-Androstadien-3-ol und **-3,17-diol,** Bestrahlung **11,** 94
$\Delta^{4,16}$-Androstadiène-3-one 6, 139
Androstane, IR spectrum **13,** 43, 47
—, **3β-acetoxy-17-keto- 7,** 103
Androstandion 3, 60, 61, 64
Androstan-3β-ol, IR spectrum **13,** 47
Androstan-3α- et **-3β-ol, 3-méthyl- 6,** 140, 141
—, **17-méthyl- 6,** 140, 141
Androstanol-17-one 12, 61
Androstan-17β-ol-3-one 6, 138
5α-Androstan-17β-ol-3-one, acetate, bromination **19,** 210
—, **2α-methyl-19-nor-acetate,** bromination **19,** 211
Androstan-3-one 6, 139
—, IR spectrum **13,** 45
—, **17-méthyl-** et **17-méthylène- 6,** 140, 141

Androstan-17-one, IR spectrum **13**, 45, 47
—, **3β-hydroxy-**, IR spectrum **13**, 47
Androstendiol,→ Testosteron **4**, 238
—, **methyl-** **3**, 63, 65
—, —, → Methyl-testosteron **4**, 237
Δ⁵-Androstendiol **3**, 60, 61, 62
Δ⁵-Androsten-3β,17β-diol, radioaktives **12**, 149
Androsten-3,17-diol, 17-äthinyl-,→ Pregnen-in-17-ol-3-on **4**, 238
Δ¹-, Δ⁴- und **Δ⁵-Androstendion** **3**, 60, 61, 62, 63, 64, 66, 67, 69
Δ⁴-Androsten-3,17-dion, radioaktives **12**, 149
Δ¹⁶-Androstène-3-ol **6**, 137, 138, 319
Δ⁵-Androsten-17β-ol, 3β-chlor-, radioaktives **12**, 149
Δ¹-Androsten-17-ol-3-on **3**, 60, 62
Δ²-Androstène-17-one **6**, 139
Δ¹⁶-Androstène-3-one- **6**, 138
Δ⁴-Androsten-17-on, 3β-chlor-, radioaktives **12**, 149
Androsterone **1**, 68; **3**, 61, 64 67
—, aus C¹⁴-Cholesterol **12**, 150
—, IR spectrum **13**, 20
—, **dehydro-** **1**, 69, 92; **3**, 59, 61, 63, 64; **4**, 234
—, —, → Δ⁴-Androstendion **4**, 237
Androsteryl chloride, dehydro- **1**, 61
Androsteryl-p-toluenesulfonate, dehydro- **1**, 61
Anemones, carotenoids **5**, 26, 27
Anemone nemorosa, and gibberellin **18**, 396
Anemonia sulcata, carotenoids **5**, 26, 27
Anemonin **17**, 173
Anethum spp., and gibberellin **18**, 396
Aneurine **9**, 92
—, fluorescence **6**, 331
Angelic acid **9**, 268; **12**, 206, 208, 248
—, esterifying ceveratrum alkamines **20**, 314
Angelica archangelica, A. glabra, coumarins **9**, 261, 265, 269, 270
Angelica-lacton **7**, 89; **13**, 194
Angelicin **9**, 259, 261; **17**, 173
Angélique, semences, substances macrocycliques **6**, 96
Angiospermen, Acetylenverbindungen **14**, 4, 10
—, and gibberellin **18**, 411
Angiotonin, hydrazinolysis **12**, 320
—, N-terminal residues **12**, 304
Angler fish, carotenoids **5**, 32
Angolensin **17**, 47, 48
Angostura alkaloids **13**, 307, 309; **19**, 255
—, precursor **13**, 309
Anguilla japonica, A. vulgaris, proteins **5**, 285, 286
Angustifolionol **14**, 190, 191, 200
Angustione, dehydro- **14**, 199, 201
Angusturin **17**, 173
Anhalamine **6**, 247, 260, 263
—, N- and **O-methyl-** **6**, 261, 263, 264
Anhalidine **6**, 247, 260, 261, 263
Anhaline **6**, 246, 254
Anhalinine **6**, 247, 260, 261, 263, 271
Anhalonidine **6**, 248, 260, 261, 262, 263
—, pharm. effect **6**, 279
—, **N-** and **O-methyl-** **6**, 248, 260, 261, 262, 267
Anhalonine **6**, 248, 260, 262, 264
—, pharm. effect **6**, 279
d- and *l*-**Anhalonine** **6**, 262
l-**Anhalonine, N-methyl-** **6**, 262
Anhalonium fissuratum, A. jourdanianum, A. lewinii, A. prismaticum, A. williamsii, cactus alkaloids **6**, 245, 246, 247, 248, 249, 251, 254, 257, 261, 262, 272, 279
Anhydride, Aminolyse **13**, 453
—, gemischte (Peptid-Synthese) **13**, 451, 460, 499
—, macrocycliques, odeur **6**, 107
Anhydrid-Methode (Peptid-Synthese) **13**, 459, 460, 469, 508
Aniba spp., phylogenetic development, taxonomy **20**, 158, 159, *A. firmula*, 4-methoxy-paracotoin, 5,6-dehydrokawain **20**, 158, *A. fragrans*, 4-methoxy-phenylcoumalin, anibine **20**, 158, *A. coto, A. Duckei, A. firmula, A. fragrans, A. Heringerii, A. pseudocoto, A. rosaeodora*, phylogenesis **20**, 160, *A. canelilla, A. coto, A. Duckei, A. firmula, A. fragrans, A. pseudocoto, A. rosaeodora*, α-pyrones **20**, 133
Anibine **20**, 135, 156
—, → nicotinic acid **20**, 140
—, pharmacology **20**, 158
—, synthesis **20**, 152
Anilin, o-amino-d-ribityl- **2**, 82
—, **o-nitro-**, glycosides **8**, 116
—, **p-nitro-**, diazotized, spray reagent **17**, 30

Anilin, 4-nitro-2-methoxy-, spray reagent **17,** 30
—, **phtalat** (Papierchromatographie) **14,** 74
Anion exchange resins 8, 100
Anise, oil of, insecticide **10,** 457
o-**Anisidin,** and hippuric acid **9,** 324
Anissäure (Acide anisique) (castoréum) **6,** 113, 114, 115
—, aus Lignin **20,** 46
—, (lipides bactériens) **10,** 228
Anisole, ring enlargement **13,** 257
—, *o*-**ethyl-** (lignin) **5,** 204
Anisoyl-ameisensäure, aus Lignin **20,** 46
1-Anisyl-3-butanone 6, 115
N-(2-*p*-Anisyl-ethyl)-N-methylcinnamide 6, 256
Annelids, carotenoids **5,** 27
Annofoline 20, 286, 287
—, and borohydride **20,** 288
—, configuration **20,** 289
—, → deacetylfawcettiine **20,** 288
—, degradation **20,** 287
—, hemiketal form **20,** 289, 295
—, **O-acetyl- 20,** 288
—, α- and **β-dihydro- 20,** 288
Annotinine, asymmetric centers **20,** 278, 280
—, configuration **20,** 277, 281
—, hemiketal structure **20,** 295
—, (ketoester) and SeO_2 **20,** 277
—, → lactam **20,** 274
—, numbering **20,** 272
—, and phenyl lithium **20,** 281
—, → 8-*n*-propylquinoline **20,** 275
—, structure **20,** 272, 273, 275, 276, 278, 279, 281
—, → 1,8-trimethylene-quinolone **20,** 275
—, X-ray study **20,** 272, 280, 282
—, **deriv.,** oxidation **20,** 278
—, **chlorohydrin, oxo-,** dehydration **20,** 281
—, **dibromide,** hydrolysis **20,** 278
—, **hydrate,** oxidized **20,** 280
Annulus tabaci (Tabakringfleckenvirus) **4,** 151, 170
Anodmin 2, 276, 277, 292
Anonaceae, Biscoclaurin-Basen **9,** 179
Anosmie und Riechstoffe **8,** 192
Anseres (Federn, Eischalen), Porphyrine **18,** 204, 210
Antagonistes, de l'acide folique, acide nicotinique, ac. pantothénique **9,** 95, 98, 100
—, de la biotine **9,** 98
—, des flavines **9,** 94
—, de la pyridoxine **9,** 95
—, de la thiamine **9,** 90, 92
—, de la vitamine B_{12} **9,** 94
—, des vitamines hydro- et liposolubles **9,** 90, 102
Anthelminthische Wirkung (Alantwurzel) **17,** 149
Anthemideae, Acetylenverbindungen, Matricariaester **14,** 13, 61
Anthemis nobilis, apigenin **17,** 15, Taraxasterol **7,** 61
Antheraxanthin 5, 1, 4, 5, 15, 22; **18,** 253
Anthocidaris crassispina, Naphthochinon **6,** 199
Anthocyanase 20, 177
Anthocyanidin 16, 1, 12
—, from acetate units **20,** 192
—, Acetylierung **16,** 13
—, from flavonols **17,** 4, 5
—, fluorescence **20,** 170
—, spectra **20,** 171
—, structure **3,** 218
—, synthesis **20,** 166
—, Vorstufen **16,** 12
—, **3-cellobioside-5-glucoside 20,** 184
—, **3-rhamnoglucoside-5-glucoside 20,** 183
—, **3-xyloglucoside-5-glucoside 20,** 183
Anthocyanins, absence in fungi, algae, bacteria **20,** 186
—, bioconversion to flavonoids **14,** 207
—, biosynthesis **14,** 191, 204, 206; **20,** 192, 193
—, —, sugars joined stepwise **20,** 189, 193
—, chromatography, R_f values **20,** 169, 175, 176, 179
—, concentration and color **20,** 192
—, copigmentation **20,** 191
—, distribution **20,** 179, 180, 186, 187, 188
—, distribution of oxygen **14,** 207
—, distribution tests **20,** 178
—, and enzymes **20,** 177
—, enzymatic transfer of sugar **20,** 193
—, from flavan-4-on-3-ols **14,** 210
—, formation, genetic and photocontrol **5,** 308; **20,** 189, 193, 194
—, hydrolysis **20,** 176
—, identification **20,** 178

Anthocyanins, IR spectra **20,** 173
—, isolation **20,** 168
—, metal chelates and complexes **20,** 171, 190
—, nitrogenous **20,** 185
—, and phenolase **20,** 178
—, and plant color **20,** 189, 190
—, and plant sexuality **20,** 166
—, precursors **20,** 192, 193
—, presence of 3-oxygen **14,** 209
—, properties **20,** 169
—, pseudobase **20,** 177
—, spectra **20,** 170, 172
—, stability **20,** 170
—, structure **20,** 167
—, and sugar components **20,** 165, 176
—, taxonomy **20,** 187
—, in young leaves **20,** 166
—, **acylated,** occurrence **20,** 181, 184
—, —, R_f values **20,** 176
—, —, spectra **20,** 173
—, **3- and 3,5-glycosides,** spectra **20,** 173
—, **leuco- 20,** 186
—, **monosides, biosides, triosides 20,** 179, 182, 183
—, **3-monosides, 3-biosides, 3-triosides,** occurrence **20,** 179, 180
Anthocyanin-like compounds 20, 185
Anthoxanthins, isolation **17,** 10
Anthozoaires, iode **12,** 390
Anthracene, resonance **3,** 216
—, Spektrum **14,** 149
—, **deriv.,** Autoxydation **10,** 95
—, —, und Dien-Synthese **10,** 40, 64, 94
—, —, in fungi **20,** 23
—, **3-carboxylic acid methylester, 1,8,9-triacetoxy- 7,** 258, 259, 265
—, **1,2-dioxy-1,2-dihydro- 4,** 195
—, **9,10-diphenyl-** (Dien-Synthese) **10,** 95
—, **1-glucuronsäure, 1,2-dioxy-1,2-dihydro- 4,** 195
—, **2-methyl- 2,** 53
—, **1,4,5,8,10- und 1,4,5,9,10-pentaacetoxy-,** Spektrum **14,** 148, 149
—, **perhydro-,** *trans-anti-trans* and *trans-syn-trans*, conformation **19,** 177
Anthrachinon (Anthraquinone), abführende Drogen **6,** 176
—, biosynthesis **14,** 198
—, fluorescence **2,** 303
—, (Mineral) **6,** 155
Anthrachinon, in höheren Pflanzen, in Tieren **6,** 176, 200
—, relation to sennidins **7,** 250
—, **deriv.,** Dien-Synthese **10,** 39
—, —, in Flechten **2,** 52; **8,** 231
—, —, aus Mangoldscher Säure **10,** 40
—, **carboxylic acid 10,** 294
—, **2-carbonsäure,** Dien-Synthese **10,** 69
—, **3-carboxylic acid, 1,8-dihydroxy- 7,** 254, 265
—, **3-carboxylic acid methylester, 1-acetoxy-8-methoxy- 7,** 256
—, —, **1,8-dimethoxy- 7,** 256
—, —, **1-methoxy-8-acetoxy- 7,** 256
—, —, **monoacetoxy-monomethoxy- 7,** 256
—, —, **monohydroxy-monomethoxy- 7,** 255
—, **1,3- und -1,4-dicarbonsäure,** Dien-Synthese **10,** 39, 40, 68, 69
—, **1,8-dihydroxy-6-methoxy-3-methyl- 2,** 52
—, **1,3-dihydroxy-5-methyl- 6,** 187
—, **1,8-dihydroxy-3-methyl- 7,** 256
—, **hydroxy-,** Entfernung der O-Atome **14,** 152
—, —, reduzierende Acetylierung **14,** 150
—, —, Spektrum **14,** 148
—, **β-hydroxy-,** Vorkommen **6,** 185
—, **1-jod-2-methyl- 14,** 156, 157
—, **2-methyl- 3,** 23
—, —, in Pilzen **6,** 167
—, **3-methyl-1′-methoxy-8-hydroxy- 7,** 257
—, **oxymethyl-,** from *Rauwolfia serpentina* **13,** 367
—, **polyhydroxy-,** fluorescence **6,** 340
—, —, und Magnesiumacetat **8,** 231
—, **β-sulfonsäure** (Trennung von Actinomycinen) **18,** 5
—, **1,4,5,8-tetracarbonsäure,** Dien-Synthese **10,** 39, 40
—, **1,3,6,8-tetrahydroxy- 2,** 53
—, **1,3,5,7-tetrahydroxy-2,6-dimethyl- 8,** 231
—, **tetrahydroxy-methyl-** (*Coccus*) **6,** 201
—, **1,4,5-trihydroxy- 14,** 148
Anthracite coals, amino acids **17,** 392
Anthradichinon 3, 59
Anthragallol-2-dimethyläther 6, 190
Anthraglycosides 7, 250
Anthranilamide, N-methyl- 13, 331; **19,** 256

Anthranilate, 3-methoxy-2-methyl-, methyl 13, 304
—, **methyl,** in essential oils 13, 304; 17, 253
—, **N-methyl-, methyl** (Citrus oils and rue) 13, 304
Anthranilic acid (Anthranilsäure), biosynthesis in *E. coli* 12, 479
—, (genetics) 5, 316
—, and tryptophan, metabolic relation 13, 304, 334
—, **3-hydroxy-** 5, 316; 13, 304, 305; 17, 257, 258
—, —, $\rightarrow$ cinnabarinic acid 20, 24
—, —, precursor of nicotinic acid 20, 24
—, —, in urine 13, 305
—, **3-methoxy-4-methyl-** 18, 21
—, **4-methoxy-N-oxalyl-** 13, 377, 379
—, **N-methyl-** 13, 331, 337
—, **1-methyl-succinyl-** 13, 304
—, **5-nitro-N-methyl-** 13, 305
—, **N-oxalyl-** 13, 400
—, **trimethoxy-** 13, 326
—, **alkaloids** related to, spectra 13, 322, 330
Anthranilic acid alkaloids, biosynthesis 19, 255
Anthranilic ester, in *Aconitum* and *Delphinium* alkaloids 13, 304
Anthranol, $\rightleftarrows$ anthrone 7, 250
—, $\rightleftarrows$ Dianthrone 14, 161
Anthranoyl-tryptamine, N-methyl- 13, 339
Anthracen, acetoxy-, Spektrum 14, 148
—, **1,2-di-, 1,4,5-tri-** und **1,2,9,10-tetra-acetoxy-,** Spektrum 14, 149
Anthraquinones, s., see, voir, Anthrachinone
Anthrax (polysaccharides, immunol.) 18, 516, 519, 521, 522, 523, 524
Anthricin 15, 93, 121, 122, 123
Anthriscus sylvestris, deoxy-podophyllotoxin 15, 93, 121
—, pharmacology 15, 94
*meso-***Anthrodianthren** 14, 147, 169
Anthrone 7, 250, 261, 264
—, **3-carboxylic acid, 8-glucosido-1,8-dihydroxy-** 7, 258, 259, 262
Anthrosolen polycephalus, glycoside 9, 247
Anthurus aseroformis, carotenoids 12, 172, 173, 174
Antiacrodynie-Faktor 4, 46
Antianemic substances 11, 372
Antiarigenin 7, 140, 152; 13, 182, 198, 212
—, **al-dihydro-** 13, 182, 183, 198, 212
—, **dianhydro-** 7, 139, 140
—, **3-monobenzoat** 7, 152
α- und **β-Antiarin** 7, 139, 152; 13, 182, 212; 14, 123
—, **al-dihydro-** 13, 182, 183, 212
β-Antiarin, penta-O-acetyl-al-dihydro- 13, 183
Antiaris toxicaria, herzaktive Glycoside und Aglykone 7, 139; 13, 182, 212; 14, 108, 123
Antiarose 7, 139, 140; 14, 73, 102
Anti-auxochrome 16, 171, 173
Antibiotica, from Actinomycetes, chemistry 16, 90
—, aminozucker-haltige, Kohlenhydrate 20, 219
—, „broad spectrum" group 16, 98
—, (Flechtenstoffe) 8, 238
—, from *Pseudomonas aeruginosa* 13, 312
—, and tumor formation in plants 17, 306
—, Zucker als Baustein 20, 219
Antibioticum T-1384, „X 45" 16, 116; 18, 3
Antibodies (Antikörper) 4, 138; 18, 503
—, acid dissociation 9, 462
—, activity and cleavage 7, 293
—, amino acid composition 9, 451
—, and antigen, ratio 9, 464, 470
—, Bildung in vitro 4, 456
—, chemistry 7, 270
—, combining site 9, 455, 460
—, denaturation 9, 460
—, electrophoresis, sedimentation 9, 452, 458
—, formation 9, 445
—, framework theory 9, 457
—, to γ-globulin 7, 300
—, and γ-globulin, ratio 9, 461
—, heterogeneity 9, 459
—, inhibiting 9, 453, 459
—, interaction with antigens 18, 485
—, isoelectric point 9, 453
—, mol. weight 9, 454
—, nature 9, 443, 451, 478
—, non-precipitating 9, 459
—, purification 7, 271, 282; 9, 461
—, shape and size 9, 453, 454
—, unitarian theory 9, 459
—, valence, multivalence 9, 453, 454, 456, 457, 458; 18, 485, 505

Antidermatitis-Faktor **4**, 28, 46
Antidiabetischer Tee (Bitterstoffe) **17**, 127
Antifolic substances **11**, 392
Antigen **4**, 137; **9**, 445, 446; **18**, 503
—, Antikörper, Antiserum, Filme **4**, 452
—, and antibody, ratio **9**, 464, 470
—, and antibody, separated by barriers **9**, 471
—, (genetics) **5**, 307
—, insoluble state **9**, 463
—, labeled **9**, 464
—, multivalent **9**, 454, 476; **18**, 505
—, nature **9**, 443, 446, 478
—, precipitation **18**, 504
—, specificity **5**, 306
Antigen-antibody, initial reaction **9**, 465
—, lock-and-key hypothesis **9**, 455
—, occlusion theory **9**, 457
Antigen-antibody combinations, free energy **9**, 468, 469
Antigen-antibody complexes **9**, 462
Antigen-antibody interaction **4**, 138; **9**, 443; **18**, 485
—, coulombic attraction **9**, 471
—, free energy and heat changes **9**, 467, 468
—, hydrogen bonding **9**, 471
—, physical nature **9**, 463, 466
—, van der Waals forces **9**, 471
Antigen-antibody precipitates **9**, 454, 463
—, ageing **9**, 466
—, labeled **9**, 467
Antigènes endocellulaires **10**, 250
Antigen L, S **4**, 181
Antigène de *Shigella paradysenteriae, Sh. sonnei* (lipides bactériens) **10**, 254
Antigenicity **9**, 445
—, acetyl deriv. **9**, 447
—, animal nucleoproteins **9**, 447
—, lipids **9**, 448
—, low-molecular weight compounds **9**, 448
—, polysaccharides **9**, 447
Anti-γ_2-globulin, precipitin curve **7**, 299
Anti-γ_1- and -γ_2-globulin serum **7**, 300
Antigoîtrogène (activité), et structure **12**, 364, 365
Antiinvasin in serum **12**, 427
Antimalaria-Wirkung, Chinone **6**, 204
Antimitotica (Chinone) **6**, 209, 211
Antimony pentachloride, and carotenoids **15**, 50
Antimony trichloride reaction, anhydrovitamin A, retinene, retinylidene methylamine **14**, 255, 286
Antimycin **20**, 115
Anti-*Mycoplasma mycoides* **polysaccharides** **18**, 522
Antiosid **14**, 108, 123
Antiovalbumin **9**, 462
Antioxygènes, et fluorescence **2**, 304
Antiparallel-chain, pleated and rippled sheets **11**, 211, 213
Antipathaires, gorgonine, antipathine **12**, 391, 393, 395
Antipathes myriophylla, A. subpinnata, anthipathines **12**, 393
Antipathines, scléroprotéines iodées **12**, 390, 391, 395
—, acides aminés, halogènes **12**, 393
Antipellagra-Faktor **4**, 46
Antipellagra-Komplex **1**, 101
Antipellagra-Vitamin **2**, 61, 62
Antipneumococcus antibodies **7**, 289; **9**, 460
Antipneumococcus serum **9**, 452
—, cross-reactions **18**, 509, 525
—, precipitation by polysaccharides **18**, 520
—, types I—XXXI **18**, 510, 520
Antipressor effect, adrenochrome **14**, 236
Antirachitic provitamins **1**, 91
Anti-Rh-antibodies and dextran **8**, 43
Anti R_p and **$R_{p'}$-serum** **9**, 473, 474
Antirrhinum spp., *A. majus*, anthocyanins **20**, 180, 182, 187, 188
Anti-*Salmonella* **sera**, cross reactions **18**, 517
Anti-*Salmonella typhi* and *paratyphi* B **polysaccharides** **18**, 522
Antiscorbutic effect, ascorbic acid analogues **2**, 155
Antiserum, to diphtheria toxoid, tetanus toxoid **7**, 277
—, Kreuzreaktion **20**, 235
—, and snake venom **12**, 417
Antisulfamides **9**, 100
Antithiamines, fougères **9**, 93
—, poissons **9**, 93
Antithyroid factor (5-vinyl-2-oxazolidinethione) **18**, 151
Antitoxic serum, electrophoresis **7**, 281

Antitoxin (horse), limiting structure **9**, 458
Antivenin, and snake venoms **12**, 431, 448
Antivitamines 9, 88
Antivitamine A 9, 102
Antivitamine B_1 9, 90, 91, 93
Antivitamine B_6 9, 96, 97
Antivitamine E 9, 102, 103
Antivitamine K 9, 102, 104, 106, 242
Anti X_p-serum 9, 473
Ants and insecticides **10**, 465
Anzia japonica, Flechtenstoffe **2**, 45
Anziasäure 2, 41
A~P (abbréviation pour argininephosphate) **8**, 84
Apeponin 19, 292, 301
Aphanizomenon flos aquae, phycocyanine (fluorescence) **2**, 323
Aphids, and insecticides **10**, 429, 430, 432, 462
Aphidius larvae and nicotine **10**, 432
Aphis fabae, A. pomi, A. rumicis, and insecticides **10**, 430, 432
Aphyllidin 2, 267; **8**, 267, 268
Aphyllin 2, 267; **8**, 259, 267, 268
—, → Spartein **8**, 259
Aphyllinsäure 8, 267
Aphylol 12, 121
Apical dominance (gibberellin, auxin) **17**, 303
Apigenin 14, 199; **17**, 15, 51
—, diuretic and anthelminthic action **17**, 49
—, spectrum **17**, 26, 57
—, **5-glucoside**, from solipurposide **17**, 44, 45
—, **glucuronide 17**, 51
—, **glycosides 17**, 15, 51
—, **7-rhamnoglucoside**, IR bands **17**, 58
—, —, from naringin **17**, 45
Apigeninidin 20, 172, 185
—, **5-glucoside**, spectrum **20**, 186
Apiin, IR bands **17**, 58
Apionol-1-methyl ether 9, 248
Apiose 20, 27
Apium spp., and gibberellin **18**, 396
Aplysina crassa, A. holda, spongines **12**, 395, 397
Apo-ajmaline 13, 374
Apo-ajmalinine 10, 405
Apo-aromadendrone 19, 53, 54, 55, 56
Apo-β-carotenals, *cis* forms **18**, 275
8′-Apo-β-carotenal 18, 225
8′- and **12′-Apo-β-carotenal**, Schiff's bases **14**, 280
Apocynaceae, alkaloid biosynthesis **13**, 406
—, Bitterstoffe **17**, 168
—, herzaktive Glycoside und Aglykone **7**, 88; **14**, 91, 92, 114
Apocynum androsemifolium, A. cannabium, A. venetum, herzaktive Glycoside und Aglykone **14**, 115, *A. androsemifolium, A. cannabium*, therap. use **10**, 391
Apo-dehydrase 1, 100
Apo-dehydrase-Cozymase and **-Dihydrocozymase 1**, 107
Apo-geraniol 8, 194
Apo-morphin, 1-methoxy-5,6-methylendioxy- 9, 189
Apo-picropodophyllins, interconversion **15**, 109
—, **4′-demethyl- 15**, 125, 126, 150
α-Apo-picropodophyllin 15, 100, 103, 108, 109, 111, 112, 115, 120, 142, 147
—, hydrogenation **15**, 113
—, spectrum **15**, 115, 141, 143, 156
—, synthesis **15**, 119
trans-**(3,4)-α-Apo-picropodophyllin**, isomerization **15**, 115
DL-**α-Apo-picropodophyllin**, synthesis **15**, 119
β-Apo-picropodophyllin 15, 108, 109, 111, 112, 113, 115, 142, 147
—, spectrum **15**, 141, 142, 156
DL-**β-Apo-picropodophyllin**, synthesis **15**, 119
γ-Apo-picropodophyllin 15, 108, 109, 112, 113, 142, 148
—, spectrum **15**, 141, 143, 156
α-Apo-podophyllate, methyl 15, 109, 110, 148
α-Apo-podophyllic acid 15, 109, 110, 120, 158
—, spectrum **15**, 156
—, synthesis **15**, 119
—, **4′-ethyl-demethyl- 15**, 125, 126, 150
γ-Apo-podophyllic acid 15, 109, 148
—, spectrum **15**, 156
α-Apo-podophyllotoxin 15, 114, 115
Apo-rhizopterin 11, 382
Aporphine alkaloids 9, 180; **19**, 258
α- and **β-Apo-terramycin 16**, 128, 129
—, alkaline fusion **16**, 130

Apo-xanthoxyletin **9,** 262, 279
—, **deoxy-** **9,** 279
Apparent boundary gradient curves **18,** 472
Apparent distribution curves (sedimentation) **18,** 470
Appias drusilla, A. nero, Pterine **4,** 77
Apple skin, anthocyanins **20,** 180
Apricot (Aprikose), kernel fat, digestibility **6,** 15
—, Lactoflavin **2,** 64
Apteryges, Federpigmente **18,** 205
Apyrases **19,** 319, 360
Aquoflavin **2,** 65
Ara ararauna, A. chloroptera, Federpigmente **18,** 195, 196
Arabidopsis spp., *A. thaliana,* and gibberellin **18,** 396, 406, 409, 410
Arabin **18,** 147
D-**Arabinofuranoside, 3-acetamino-3-deoxy-** **16,** 123
D-**Arabinose,** und Glucosamin **2,** 232, 239
—, from glyceraldehyde **19,** 274
—, rotation **8,** 58
—, from tubercle bacillus **3,** 155, 166, 183, 186
—, **α-acetobrom-** **2,** 165
—, **diethyl-mercaptal** **8,** 70
—, **heptaacetyl-glyco-** **2,** 198
—, **1,2-isopropylidene-5-tosyl-** **8,** 70
—, **5-phosphate** **8,** 70, 71
—, —, rotation **8,** 58, 62
—, **5-tosyl-** **8,** 70
3-*D*-Arabinose, 1-β-*D*-galactosido- **2,** 199
L-**Arabinose** (phosphate) **5,** 116
—, **dimethyl-** **5,** 119, 120
Arabis albida, A. alpestris, A. alpina, A. aubrietoides, A. bellidifolia, A. colinsii, A. corymbiflora, A. hirsuta, A. holboellii, A. procurrens, A. pumila, A. retrofracta, A. rochinensis, A. rosea, A. soyeri, iso-thiocyanates **18,** 147, 161, 162
D-**Arabit** in Flechten **2,** 32, 33; **8,** 212
d- and *l*-**Arabo-ascorbic acid** **2,** 140, 141, 148, 149, 151, 155, 156
Arabo-ascorbic acid, 2,3-dimethyl- **2,** 145
D-**Arabo-furanose, 2,3-isopropylidene-** **8,** 70
Arabogalactan, of Jeffrey pine, of larch (immunol.) **18,** 513, 520, 521, 522
L-**Arabo-ketose** **5,** 115
L-**Arabonic acid, 2,3-dimethyl-** **5,** 120
—, **lactone, dimethyl-** **5,** 121
Aracauria excelsa (Verholzung) **11,** 71, 72
Arachidic acid (Acide arachidique), dans ambréine **6,** 121
—, component acids, glycerides **1,** 42, 49; **5,** 81
—, occurrence **6,** 3
—, in petroleum **17,** 396
Arachidonate, in blood serum **6,** 31
Arachidonic acid (essential) **6,** 4, 27, 28
Arachin, association-dissociation **18,** 484
—, K-Film **4,** 408
—, plant proteins **6,** 294
Arachis hypogaea, fat **1,** 32
Araroth **18,** 196
Aratinga solstitialis, Federpigmente **18,** 195
Arbacia, eggs, and podophyllin **15,** 145
—, embryos, glycine incorporation **9,** 394
A. punctulata, A. pustulosa, Chinone **6,** 189, 197, 198, 213
Arborescine **19,** 52, 62, 79
Arborine **13,** 330, 331
—, biosynthesis **19,** 256
—, **dihydro-** **13,** 331
Arbutin, Synthese **1,** 2
—, **tetraacetyl-methyl-** **1,** 19
Arbutus unedo, violaxanthin **5,** 5
Arcaine **18,** 85, 86, 100, 105, 106
—, désimination **18,** 100
Archangelica officinalis, coumarins **9,** 261, 265, huile, odeur **6,** 96
Archangelisia flava, A. lemniscata, Alkaloide **9,** 177, 178
Arctiolide **19,** 17
Arctiopicrin **19,** 17, 21, 24
—, correlation with santonin **19,** 18
—, cyclization **19,** 18
Arctium minus, bitter principle **19,** 17
Arctotideae, Matricariaester **14,** 13
Areca catechu, arecaidine **19,** 250
Arecaidine, biosynthesis **19,** 250
Arenicola marina, taurocyamine-phosphokinase **18,** 95
Arenobufagin **4,** 12; **5,** 243; **13,** 200
Arenobufogenin **4,** 12; **5,** 243; **13,** 202
—, Spektrum **4,** 14
Arenobufotoxin **5,** 255, 256
Aretostaphylos uva ursi, Uvaol **7,** 48
Arg (abbreviation for arginine) **17,** 331

Arginase, et dériv. guanidiques **18**, 99, 100
—, and low-protein diet **9**, 298
—, **hétéro-** **18**, 99, 100
Arginine **18**, 84, 85, 91, 92, 93, 101, 102, 104
—, in antibodies **9**, 452
—, dans antipathines **12**, 393
—, biogenèse **18**, 84, 90
—, color reactions **12**, 290
—, in crotoxin **12**, 447
—, décarboxylation **18**, 92, 102
—, decomposition during desalting **11**, 248
—, désimination **18**, 100, 102
—, dosage **18**, 103
—, in fish proteins **5**, 272, 288
—, fluorescence **6**, 324
—, dans gorgonines, spongines **12**, 392, 395
—, in hemoglobin, number of residues **17**, 350
—, inhibitor **9**, 450
—, in microsomal protein **16**, 150
—, in *Naja* neurotoxin **12**, 438, 440
—, as N-terminal amino acid **11**, 266, 268
—, → ornithine and citrulline **12**, 277, 293
—, in plant protein **6**, 292, 293, 302
—, in proteins, collagens, gelatins **17**, 383, 385
—, répartition **18**, 106, 107
—, in salmine **11**, 252
—, separation **11**, 244, 245
—, from soils **17**, 391
—, thermostability **17**, 390
—, dans thyroglobuline **12**, 386
—, (transamidination, transphosphorylation) **18**, 94, 95
—, **amide, benzoyl-** **9**, 329, 330
—, **N_ω-nitro-** **13**, 479, 480
—, **phenylthiohydantoin deriv.** **12**, 309, 310
Arginine-phosphate **18**, 84, 90, 95, 98, 104, 105
Arginine-phosphokinase **18**, 95
Arginique (acide) **18**, 85, 92
—, répartition **18**, 107
Arginino-succinique (acide) **18**, 86, 91, 104
—, cyclisé **18**, 98
—, répartition **18**, 105, 106, 107
Arginino-succinique (anhydride) **18**, 85
***L*-Arginyl-*L*-leucin**, Synthese **13**, 531
Arginyl-peptide, Synthese **13**, 479, 480, 500
Aricine **13**, 350, 363, 364, 365, 401, 402, 404, 406
—, degradation **13**, 364
—, dehydrogenation **13**, 365
—, IR spectrum **13**, 363, 364
Aricinic acid **13**, 364, 365
Ariocarpus fissuratus, *A. retusus*, cactus alkaloids **6**, 248, 249
Aristinsäure **18**, 67, 69
Aristolactone **19**, 24, 78
Aristolochia spp., *A. anguicida*, *A. cava*, *A. clematitis*, *A. indica*, *A. reticulata*, *A. rotunda*, *A. serpentaria*, pharm. Wirkung **18**, 66, *A. anguicida*, *A. antihysterica*, *A. argentina*, *A. clematitis*, *A. cymbifera*, *A. cymbifera genuina*, *A. debilis*, *A. eurystoma*, *A. fragrantissima*, *A. grandiflora*, *A. indica*, *A. Kaempferi*, *A. longa*, *A. reticulata*, *A. rotunda*, *A. serpentaria*, *A. sipho*, Aristolochiasäuren, Magnoflorin **18**, 66, 67, 68, 70, 77, *A. cymbifera*, all-*trans*-bixin **18**, 322
Aristolochia-bitter **18**, 67
Aristolochia-gelb **18**, 67, 69
Aristolochiasäuren **18**, 55, 66, 67, 68, 69, 77
—, Biogenese **18**, 78
—, **methylester** **18**, 67
Aristolochiasäure-I **18**, 69, 71, 77
—, → Diphensäure **18**, 73
—, Hydrierung **18**, 70
—, IR-Spektrum **18**, 72
—, Methylendioxy-Gruppe **18**, 72
—, → Phenanthren **18**, 70
—, Phenanthrengerüst **18**, 72, 73
—, **decarboxy-**, Hydrierung **18**, 72, 73
—, **methylester** **18**, 70, 74, 75, 76
Aristolochiasäure-II **18**, 69, 75
—, **decarboxy-**, Abbau **18**, 76
—, **methylester** **18**, 74, 75
—, —, Hydrierung und Oxydation **18**, 75
Aristolochin **18**, 67, 68, 69
Aristolsäure **18**, 67
Aristo-red **18**, 77, 78
Armillaria mellea, Chitin **2**, 219
Armoracia lapathifolia, iso thiocyanates **18**, 162
Arndt-Eistert-Reaktion **10**, 82, 83
Arnica montana, Arnidiol, Faradiol **7**, 61, 62
Arnicin **17**, 173

Aromadendrane **19**, 2
Aromadendrene **5**, 44; **12**, 11, 12, 28; **19**, 52, 53, 54, 55, 56, 57
—, → guiazulene **19**, 54
—, **dihydro-**, isomerization **19**, 54
Aromadendrin and **tetraacetyl-** **14**, 209
Aromadendrone, stereochemistry **19**, 55
Aromatiques (acides) (Mycobactéries) **10**, 227
Aromatische Kerne, Biosynthese **10**, 94
Aromia moschata, sécrétion musquée **6**, 110
Aromolin **9**, 179, 180, 198
Arones, *o*-**aroyloxy-aceto-**, → flavones **17**, 36
Arriagosid **14**, 110, 116, 118, 119
Arsanil-beef serum globulin (antigen) **9**, 468
Arsenate, activator and inhibitor **9**, 343, 344, 365
Arséniates, inhibiteurs de phosphatases **19**, 348
Arsenite, and amino acid incorporation **9**, 343, 344
—, **diäthyl-chloro-** **13**, 505, 536
Arsenitamide (Peptid-Synthese) **13**, 454, 536
Arsonate, *p*-**amino-phenyl-** **9**, 449, 450, 456
Artabsin **17**, 138, 139; **19**, 52, 61, 62
Artebufogenin **13**, 191, 192, 200
Artemazulene **12**, 10, 11; **17**, 140; **19**, 62, 63, 65, 66, 67, 78, 103
Artemetin **17**, 55
Artemisetin **17**, 19, 55
Artemisia absinthia, enzyme **17**, 267, *A. absinthium*, artemetin **17**, 55, hydro-azulenes **19**, 62, proazulenes **12**, 11, *A. arborescens*, artemetin **17**, 55, *A. balchanorum*, costunolide **19**, 19, *A. capillaris*, aesculetin dimethylether **9**, 245, Capillen **14**, 38, *A. lavandulaefolia*, Acetylene **14**, 18, *A. vulgaris*, Acetylene **14**, 17, 18, 21, 22, 24
Artemisia ketone **5**, 64; **14**, 21, 22
Artemisin **12**, 7; **17**, 173; **19**, 74
—, and geigerin, correlation **19**, 73, 74
—, reduction **19**, 18
—, **tetrahydro-deoxo-** **19**, 20
—, **tetrahydro-deoxy-** **19**, 18
Artenyl acetate **12**, 99, 100
Arterenol **6**, 276
Arthrophytum leptocladum, cactus alkaloids **6**, 252, 273, dipterine **17**, 263
Arthropoda, Astaxanthin **18**, 183
Artocarpetin **17**, 8, 17, 52, 57
Artocarpin **17**, 8, 9, 10, 17
Artocarpus integrifolia, butyrospermol, cycloartenol, cycloartenone **12**, 96, 109, 151, artocarpetin, morin, artocarpin, cyanomaclurin **16**, 17; **17**, 8, 10, 52, 54, steroid ketone **1**, 92
Arum maculatum, poly*cis* carotenoids **18**, 282
Arundo donax, gramine content **17**, 262
Asafaetida, Umbelliferone **9**, 243
Asahina test (flavones) **17**, 13
Asarinin, a synergist **10**, 455, 456; **19**, 149
Asbarg, isorhamnetin **17**, 53
Ascalaphus libelluloides, *A. macaronius*, Pterine **4**, 77
Ascaridol, Biosynthese **10**, 94, 96
—, Dien-Synthese **10**, 96, 99
—, from α-terpinene **19**, 271
Ascidians, carotenoids **5**, 31
Asclepiadaceae, Bitterstoffe **17**, 135
—, herzaktive Glycoside und Aglykone **14**, 91, 92, 94, 96, 120
Asclepiadin **17**, 135, 137
Ascobolus furfuraceous, phytoene **12**, 176
Ascomycetes, carotenoids **12**, 172, 173
Ascorbic acid (Ascorbinsäure, Acide ascorbique) **2**, 132; **4**, 201
—, from ascorbigen **17**, 272
—, in Capsicum **2**, 134
—, constitution **2**, 134
—, und Dopachinon **6**, 192
—, fluorescence **6**, 313
—, und Hämochromogene **3**, 106
—, isolation **2**, 132
—, and microorganisms **9**, 411, 427, 428, 429, 433
—, and phenol-indophenol **2**, 139
—, reactions **2**, 142
—, synthesis **2**, 147
—, **acetonide** **2**, 133, 142
—, **analogues** **2**, 152, 155
—, —, antiscorbutic effect **2**, 155
—, —, from 2-keto acids **2**, 149
—, —, with 6-membered rings **2**, 153
—, —, from sugars **2**, 151
—, —, synthesis **2**, 147
—, **dehydro-** **2**, 135, 136, 139, 140, 155; **4**, 201; **19**, 360

Ascorbic acid, dehydro-, condensation products 2, 140
—, —, phenylhydrazone 2, 134, 144
—, 2- and 6-deoxy- 2, 143, 151, 155
—, dimethyl- 2, 135, 137, 138, 144, 145
—, 2,3-dimethyl-arabo- 2, 145
—, 2,3-dimethyl-6-trityl- 2, 142
—, 5,6-di-*p*-nitrobenzoate 2, 142
—, *l*-fuco- 2, 148, 155
—, *d*-galacto- 2, 148
—, *d*-gluco- and *d*-glucohepto- 2, 147, 148, 152, 155
—, *l*-gulo- 2, 148, 149
—, imino- 2, 156
—, imino-*d*-gluco- 2, 147
—, 2- and 3-methyl- 2, 144, 145, 146
—, monoacetone, dimethyl- 2, 135
—, *l*-rhamno- 2, 148, 149
—, 2,3,5-trimethyl- and tetramethyl- 2, 138, 145
—, 6-trityl- 2, 142
l-erythro-Ascorbic acid, 2, 151
d-Ascorbic acid, synthesis 2, 152
ψ-l-Ascorbic acid, 1-methyl- 2, 144, 145, 146
Ascorbigen 17, 272
Ascosterol 1, 94; 12, 143
Ashbya gossypii, Ubichinon 20, 80
Asiaticasäure 7, 3
Asio flammeus, *A. otus* (Federn), Porphyrine 18, 205, 207
Asolectin, phosphatide 6, 23
Asp (abbreviation for aspartic acid) 17, 331, 395
Asparagine, as C- and N-terminal amino acid 11, 266, 273
—, dimensions and configuration 11, 193
—, und Halogen-acylchloride 13, 492
—, synthesis in lupines 16, 159
—, acyl- 13, 528
—, —, → N-Acyl-harnstoffe 13, 528
—, monohydrate, X-ray diffraction 8, 318
—, poly-N-*β*-benzyl- 13, 517
Asparaginyl residues, estimation 12, 327
—, near N-terminal residues 12, 311
—, in insulin 11, 275
Asparagus, amino acid activating enzymes 16, 154
α- und *β*-Asparagyl-peptide, Synthese 13, 468, 473, 474, 491, 525
Aspartate, in microsomal protein 16, 150
Aspartic acid (Asparaginsäure, Acide aspartique), in bacitracin A 11, 253
—, und Brenztraubensäure 4, 205
—, from coal anthracite 17, 392
—, in crotoxin 12, 447
—, in fish protein 5, 272, 288
—, fluorescence 2, 311
—, in fossil bones 17, 395
—, in fossil shells 17, 394
—, dans gorgonine 12, 392
—, (dériv. guanidiques) 18, 91, 100
—, in hemoglobin, determination 17, 350, 351
—, in hemoglobin hydrolyzates 11, 252
—, labeled, incorporation 9, 310, 312
—, as N-terminal amino acid 11, 267, 268; 12, 312
—, in oxytocic hormone hydrolyzates 11, 251
—, in plant protein 6, 292, 302
—, preferential release from proteins 12, 324
—, in proteins, collagens and gelatins 17, 383, 385
—, (protein synthesis) 9, 349
—, separation 11, 234, 244
—, in soils, sediments 17, 391, 392
—, acyliert 13, 525
—, N-acyl-, Benzylester 13, 475
—, anhydrid 13, 525
—, —, N-tosyl- 13, 526
—, N-benzolsulfonyl-N-methyl- 4, 218
—, DNP deriv. 12, 305
L-Aspartic acid, X-ray diffraction 8, 318
DL-Asparaginsäure, N-benzyl- (Peptid-Synthese) 13, 468
Asparto-transferase and -amide-transferase 9, 334, 336
Aspartyl-phosphoserine 12, 325
Aspergillic acid, amino acids 20, 11
—, in *Aspergillus flavus* 20, 24
—, radioactive 20, 26
—, hydroxy-, in *Aspergillus flavus* 20, 24
—, muta- 20, 25
Aspergillus spp., Flavin 2, 63, (microbiological oxygenation) 10, 370, *A. echinulatus*, Chinone 6, 161, echinulin 20, 26, *A. Fischeri*, Chitin 2, 215, *A. flavus*, aspergillic acid 20, 24, *β*-nitropropionic acid 18, 65; 20, 6, penicillin-like subst. 7, 205, 206, *A. fumigatus*, Carotinoid-epoxyde 5,

14, Chinone **6**, 158, 166, indole alkaloids **20**, 19, *A. giganteus*, penicillin-like subst. **7**, 205, 206, *A. glaucus*, Chinone **6**, 161, 164, 165, 168, *A. nidulans*, penicillin-like subst. **7**, 206

A. niger, anthocyanase **20**, 177, et antivitamines **9**, 101, 107, Bildung von Protocatechusäure **4**, 235, (biol. Oxydationen) **4**, 329, biotin-*l*-sulfoxide **20**, 30, Chitin **2**, 219, 14-Dehydroergosterol **12**, 158, and dextran **8**, 38, Enzyme **19**, 308, 309, 310, enzymes, chromatography **8**, 357, panose **11**, 23, penicillin-like subst. **7**, 206

A. oryzae, Chitin **2**, 215, 225, enzymes, and deoxyribosides **9**, 422, 425, β-Nitropropionsäure **18**, 65; **20**, 6, penicillin-like subst. **7**, 206, phospholipase and -diesterase **12**, 422, 423, Takadiastase, Luizym **13**, 152; **19**, 322

A. parasiticus, N-Acetyl-galactosamin **20**, 228, penicillin-like subst. **7**, 206, *A. ruber*, Chinone **6**, 165, *A. sydowi*, choline sulfate **20**, 4, sinigrinase **18**, 138, *A. versicolor*, thioglucosidase **18**, 138

Asperula spp., Chinone **6**, 189

Asphalt, in Frontier Shale **17**, 387, 388

Asphaltites, porphyrins **17**, 399

Aspidistra, proteins **6**, 300

Aspis snake, venom **12**, 410

Asp(NH$_2$) (abbreviation for asparagine) **17**, 331

Assimilation (Chlorophyll) **1**, 229

Assimilations-Einheit **1**, 230

Assimilatorisches Ferment **1**, 230, 231

Astacin **1**, 232

—, *cis-trans* isomers **18**, 235

—, als Federfarbstoff **18**, 182

—, in mollusks, crustaceans **5**, 29, 30

—, spectrum **15**, 68

—, im Tierreich **18**, 183

Astacus gammarus, Astaxanthin, astacin **5**, 30; **18**, 185

Astaxanthin **5**, 22, 27, 30, 31, 32

—, in chick retina **14**, 299

—, als Federfarbstoff **18**, 182, 183, 186, 192

—, aus gelben Carotinoiden **18**, 192

—, im Integument **18**, 193

—, stereoisomerization **18**, 274

—, im Tierreich **18**, 182, 183

Aster spp., and gibberellin **18**, 396, Matricariaester **14**, 13, *A. tripoleum*, Matricarianol, Lachnophyllol **14**, 19, 33

Astereae, Acetylene **14**, 61

Asterias rubens, protoporphyrin **11**, 315

Astern-yellow-Virus **4**, 103

Asteroids, carotenoids **5**, 28

Astérubine **18**, 85, 89, 105, 106

Astrocaryum Tucuma, fat **1**, 31

Astropecten californicus, echinenone **5**, 28

Astrophytum myriostigma, cactus alkaloids **6**, 249

Asymmetric synthesis (evolution) **20**, 451

Athamanta oreoselinum, Athamantin, structure **9**, 275, 276; **17**, 173

Athene noctua, Feder-Porphyrine, Spektrum **18**, 207

Atherogenic index **18**, 469

α- und β-**C$_{16}$-Äthinyl-carbinol** (Carotinoid-Synthese) **9**, 10, 19, 30

C$_{21}$-Äthinyl-carbinol (Carotinoid-Synthese) **9**, 35

Äthinyl-carbinol, methyl-isopropyl- (Dien-Synthese) **10**, 32

Athiorhodaceae, Bacteriochlorophyll **1**, 222

Äthyl, s. auch, see also, voir aussi, Ethyl

Äthylen (Dien-Synthese) **10**, 7, 8

—, **α,β-diacetyl-** (Dien-Synthese) **10**, 79

—, **diphenyl-** (Dien-Synthese) **10**, 25

—, **trimethyl-** (Dien-Synthese) **10**, 52

Äthylenbindung, biochem. Hydrierung **3**, 31, 72

—, —, Stereochemie **3**, 51

Äthylenhydrase **3**, 73

Äthylenoxyd-α,β-dicarbonsäure **5**, 14

Äthyliden-acetophenon **3**, 48, 49

Äthyl-propenyl-carbinol **3**, 39

Äti . . ., s. auch, see also, voir aussi, Eti . . .

Ätiadien-(14,16)-säure-methylester, 3β-acetoxy- **13**, 168

Ätiansäure, 3β,16β-diacetoxy- **13**, 168

—, **3,12-diketo-** **13**, 167

—, **14-oxy-** **13**, 157

Ätiansäure-ester, aus Di-O-acetyl-sarverogenin, Di-O-acetyl-englogenin **14**, 81, 85

Ätiansäure-methylester **13**, 175, 180, 181, 187, 192

—, **3α- und 3β-acetoxy-** **13**, 176

Ätiansäure-methylester, 3β-acetoxy-7-, 12-, und 16-keto- 13, 176; **14,** 78, 79, 80
—, 1β,3β- und 3β,11α-diacetoxy- **13,** 162, 166, 167
—, 3β,11α-diacetoxy-14β-hydroxy- **14,** 85
—, 3β,16α-diacetoxy- **13,** 169; **14,** 78, 79
—, 3β,12β-diacetoxy-11-keto- **13,** 179; **14,** 80
—, 3,12-diketo- **13,** 167
—, 3β,12β-dioxy- **13,** 167
—, 3- und 7-keto- **13,** 162, 176
—, 3β-oxy- **13,** 176
17α-Ätiansäure 13, 155, 159
—, methylester **14,** 78, 79
14β-Ätiansäure-methylester, 3β-acetoxy-14-oxy- 13, 155
Ätien-(7)- und **-(16)-säure-methylester, 3α-** und **3β-acetoxy- 13,** 168, 174, 176
Δ14,16-Ätiocholadiensäure-methylester, 3β-acetoxy- 7, 110
Ätiocholan, 3β-acetoxy-17-keto- 7, 111
Ätiocholan-dion-(3,17) 3, 61, 63
Ätiocholanol-(17)-on-(3) 3, 61, 63
Ätiocholanon aus **C14-Cholesterol 12,** 149, 150
Ätiocholansäure 4, 13
—, 3β-acetoxy- **7,** 97
—, diacetoxy-oxy- **7,** 110
—, 3,12-diketo- **4,** 3
—, 3,11-diketo-, methylester **7,** 118
—, 3β,14-dioxy-5,14-diallo- **7,** 103
—, —, methylester **7,** 106
—, 16-keto- **12,** 160
—, 2β-oxy- **7,** 100
—, tetraacetoxy-dioxy- **7,** 138
Ätiocholansäure-ester, 3α,11α-diacetoxy- 7, 120
—, diacetoxy-oxy- **7,** 118
Δ4-Ätiocholensäure, 3-keto- 12, 160
Δ16-Ätiocholensäure-methylester, 3β-acetoxy- 7, 111
Δ16-Ätiocholensäure-nitril, 3β-acetoxy- 7, 98
Ätiocholsäure, desoxy- 7, 93, 115, 116
Ätioergosterin 17, 102
—, 17β-hydroxy- **17,** 102
Ätiohämin 3, 131
Ätiophyllin 1, 165
Ätioporphyrin 1, 168, 169, 174, 177, 221
Ätiopraecalciferol 17, 102
—, 17β-hydroxy- **17,** 102, 103
Ätiovitamin D 17, 102, 103
—, 17β-hydroxy- **17,** 102, 103
Atisine 12, 27; **16,** 27
—, → azomethine **16,** 53
—, biogenesis **16,** 50
—, degradation **16,** 44
—, isomerism with veatchine **16,** 44
—, → phenanthrenes **16,** 44, 46
—, stereochemistry **16,** 50, 51
—, structure **16,** 38, 44, 45, 47
—, diacetyl- **16,** 44
—, dihydro- **16,** 44, 46, 47
—, hydroxy- (ajaconine) **16,** 53
—, iso-oxo-, structure **16,** 44
—, —, dicarboxylic acid **16,** 46, 48
—, oxo-, A, B, structure **16,** 49
—, —, dicarboxylic acid **16,** 46, 48
—, —, dicarboxylic acid dimethyl ester **16,** 48
—, tetrahydro-, diastereoisomeric **16,** 52
—, —, side-chain **16,** 48
—, —, keto- **16,** 52
α- and **γ-Atlantone 12,** 5
Atmosphere, carbon content **14,** 325
—, reducing (primitive) **20,** 442, 444
Atmung und Carboxylierung **4,** 274
Atmungsferment 2, 61
—, gelbes **1,** 232
Atmungskette, Stellung von Ubichinon **20,** 117, 118
Atoms, non-bonded contact **3,** 213
Atom-Abstände 1, 309
Atom radii, covalent **3,** 210
Atomic coordinates for two pleated sheets **11,** 211
Atomic numbers and X-ray scattering **8,** 315
ATP (abbreviation for adenosine-5′-triphosphate) **8,** 98, 337; **9,** 403; **16,** 140; **17,** 382; **18,** 83; **20,** 112, 202
ATPase 19, 319, 360
—, (abbreviation for adenosine triphosphatase) **12,** 425
—, inhibition by Zn **12,** 433
Atractilodes lancea, hinesol **19,** 59
Atranol 2, 51; **8,** 226
—, chlor- **2,** 45
—, oxy-, carbonsäure **2,** 45
Atranorin 2, 44
—, chlor- **2,** 45
(—)-Atrolactinsäure 16, 20
Atromentin 6, 160, 167

Atropa belladonna, N-Methylpyrrolin **2**, 265
Atropine, biosynthesis **19**, 251
—, fluorescence **2**, 314, 315; **6**, 333
Atropine esterase **5**, 309
Atropisomerie, Hexamethoxy-diphensäure **13**, 95, 114
—, (Vitamin D_2) **11**, 86, 88
Attractants (insecticides) **10**, 425
Aubrietia columnifera, A. deltoidea, A. erubescens, A. hybrida, A. intermedia, iso-thiocyanates **18**, 162
Aubrietin **18**, 149
Aucuba-mosaikvirus **4**, 161, 164, 165, 166
Auranetin **17**, 8, 19, 54
Aurantiamarin **17**, 173
Aurantiogliocladin, Biosynthese **20**, 106
Aurapten **5**, 14, 15; **9**, 252, 253; **17**, 173
Auraptenic acid, dihydro- **9**, 253
Aureine **12**, 209
Aureomycin **16**, 91
—, → chloro-methoxy-methylphthalide deriv. **16**, 98, 99
—, hydrogenolysis to tetracycline **16**, 132
—, IR spectrum **16**, 100
—, methylation, then oxidation **16**, 98
—, structure **16**, 98
—, X-ray data **16**, 98
—, **anhydro-** **16**, 101
—, ***p*-chloromethoxybenzene deriv.** **16**, 98
α- and **β-Aureomycinic acid** **16**, 99
—, **desdimethylamino-** **16**, 99, 100
Aureoneamide **16**, 100
Aureothricin, structure **16**, 101
Auricularia mesenterica, lignase **5**, 213
Aurinsäure, N-benzolsulfonyl-N-methyl-α-amino- → N-Benzolsulfonyl-N-methyl-α-aminoadipinsäure **4**, 218
Aurochrom **5**, 7, 8, 10, 11
Auroglaucin **6**, 161, 167; **20**, 26
Aurones **17**, 4, 5, 41
—, color with alkali **17**, 12
Auroxanthin **5**, 1, 8, 11, 12, 16
Autoradiograms (density gradient method) **20**, 384, 385
Autoxydation, photosensibilisierte **10**, 96, 97, 98, 99
Auwers-Skita Regel **8**, 182; **19**, 171
Auxin, bound **17**, 274, 275, 276
—, and gibberellin, gibberellic acid **18**, 399, 400, 402, 411, 412
—, in growing galls **17**, 307
Auxin, physiol. comparison with gibberellin **17**, 303
—, precursors **17**, 275
—, synergists **17**, 274
—, and tryptophan **17**, 256, 275
—, in Zn deficient plants **17**, 274
Auxochrome **16**, 171, 173
A. V. (abbreviation for absorption value) **11**, 10
Avena, Blätter, Xanthophyll-epoxid **5**, 16
—, coleoptiles, amino acid activating enzymes **16**, 154
—, roots, scopoletin **9**, 241
A. fatua and gibberellin **18**, 410, *A. flavescens*, lösliche Kohlenhydrate **15**, 2, 15, Hexa-, Penta- und Tetrasaccharid **15**, 12; **19**, 311, *A. sativa*, Bitterstoffe **17**, 175
Avenarin F, Mol.-Gew. **15**, 11
Avicennia tomentosa, Chinone **6**, 183
Avicularin **17**, 53
Avidin, chromatography **11**, 285
—, cystin and N-terminal residues **11**, 266; **12**, 322
Avitaminose A, Aufbau von Cholesterin, Squalen und Ubichinon **20**, 108
Avitaminose B_1 **9**, 90, 92
Avitaminosis K **6**, 39
Avocado, fat, fatty acids, digestibility **6**, 15, 56
Avoine, phosphatase, phosphotransférase, phytase **19**, 343, 356
Axerophthene **9**, 72, 78
—, **demethyl-** **9**, 72
—, **4-hydroxy-** **15**, 61, 62
Axerophthol **9**, 42; **12**, 21
Axerophytol **12**, 29
Axial and **equatorial bonds** **19**, 167
Axial and **equatorial conformations**, free energy difference **19**, 170, 171
Axial and **equatorial substituents**, stability **19**, 172
Axial haloketone rule **19**, 198
Axial protonation, rule of **19**, 224
Axinella crista-galli, astacin, astaxanthin **5**, 26
Ayanin **17**, 19, 20, 53
Ayanin-A, oxy- **17**, 8, 20, 30, 55
—, **triethyl ether, oxy-** **17**, 30
Ayanin-B, oxy- **17**, 19, 20, 55
Ayapanin **9**, 243
—, hemostatic properties **9**, 242

Ayapin 9, 245; 17, 173
Aza-azulenes 13, 261
1-Aza-azulene 13, 286
—, 2-chloro- 13, 286
—, 2-oxo-1,2-dihydro- 13, 286
—, 3-phenyl- 13, 287
3-Aza-azulene, 2-oxo-1,2-dihydro-1-thia- 13, 287
1-Aza-bicyclo-[0,3,5]-decan 8, 251
—, 6-keto- 8, 251
8-Aza-chinoxylin-carbonsäure-(3)-ureid, 1-alkyl-2-oxo-1,2-dihydro- 2, 76
Aza-cyanines (potential trough) 16, 200
—, wave shape potential model 17, 427
Aza-cyanine type, symmetrical 16, 175, 194; 17, 405
Aza-flavine 2, 80
8-Aza-flavin, 2-alkyl- 2, 80
—, 9-phenyl- and 9-propyl- 2, 73, 80
Azafrine 10, 221
8-Aza-guanine 9, 369, 404
—, antagonism against guanine 9, 415
—, nucleoside 9, 415
Azaleatin 17, 19, 28, 31, 32, 33, 53
—, difference from quercetin 7-methyl ether 17, 31, 32
—, 3-rhamnoside 17, 32, 53
Azalein 17, 31, 32
—, bathochromic shift 17, 32
—, spectrum 17, 28, 32
Aza-phenanthrene from veatchine or garryine, X-ray study 16, 32
3-Aza-phenanthrene, 1-methyl-7-ethyl- 16, 46
Azarigenin, dihydro- 13, 165
Aza-serine, IR spectrum 16, 102
—, structure 16, 102
—, synthesis 13, 484, 520; 16, 102
—, tumor-inhibitory effect 16, 102
Aza shift, and absorption maxima 16, 198, 200
—, benzporphine 17, 411
Azelainsäure (Azelaic acid, Acide azélaïque) 6, 94, 137
—, Dien-Synthese 10, 41
—, growth effect 6, 38
—, (lipides bactériens) 10, 180, 181, 188, 197
Azelao glycerides 1, 29
Azide (inhibitor) 9, 344, 346
—, Umlagerung 13, 503
O-Azido-acetyl-serin (Peptid-Synthese) 13, 472
α-Azido-acyl-Verbindungen (Peptid-Synthese) 13, 472, 501, 504
α-Azido-fettsäure-(dibenzyl)-phosphorsäureanhydrid (Peptid-Synthese) 13, 504
Azines, *cis*-peak 18, 262
Azin von C_{19}-Carotinoid-Aldehyd 9, 24
Azin-purine 4, 66
—, 2,6-dioxy- 4, 65
Azlactone (Peptid-Synthese) 13, 522, 523
Azo-antigens 9, 462
cis-Azobenzene, steric hindrance 3, 220
Azo-benzoesäureester, phenyl-, Vitamin D_3 17, 118
Azo coupling, tropolones 13, 277
Azo-dicarbonsäureester (Dien-Synthese) 3, 2
5-Azo-hinokitiol 13, 272, 275, 276
Azomethines, decomposition by hydroxylamine 14, 284
Azomethine groups (polyenes) 14, 287
p-Azophenylacetic acid, labeled 9, 464
p-Azophenylarsonic acid 9, 454
Azophenylarsonic acid dyes, and antibodies 9, 444, 464
Azoprotein 9, 459, 462, 468
—, chromatography 8, 352
—, polyhaptenic 9, 466
Azopyrimidine, 2-amino-6-chloro-4-hydroxy-5-phenyl- 11, 378, 379
Azorubin, chromatography 8, 352
Azotobacter (polysaccharide, immunol.) 18, 514, 520, 521, 522, *A. chroococcum,* lipides 10, 173, 253, (polysaccharide, immunol.) 18, 511, 519, 520, 523, 524, *A. vinelandii,* Ubichinon 20, 79, 80
Aztequin 9, 179, 180, 193
Azulenes 5, 40, 47; 12, 10, 11; 13, 234, 235, 288; 19, 32
—, acylation 19, 42
—, basicity 12, 13
—, biochem. aspects 5, 62
—, building stones 5, 62, 63, 64
—, charge cloud accumulation 17, 445
—, color and spectrum 5, 57, 59, 60, 61, 62; 12, 13; 16, 178; 17, 416, 444, 445
—, deuteration 19, 41
—, and 2,4-dinitrophenylsulfenyl chloride 19, 42
—, dipole moments 19, 40

Azulenes, electron densities **19,** 43
—, electrophilic, nucleophilic, and radical attack **12,** 14; **13,** 288; **19,** 41, 44
—, formation, mechanism **19,** 39
—, and 1-formyl-azulene, interaction **19,** 47
—, and N-halogensuccinimide **19,** 41
—, and heterocyclic formylmethylenes **19,** 46
—, IR spectra **19,** 79
—, isolation **5,** 41
—, Mannich base **19,** 48
—, melting points **5,** 42, 43
—, metal complex **19,** 44
—, and 1-N-methylanilino-1-propen-3-al **19,** 42
—, mol. orbital calculations **19,** 41
—, NMR spectra **19,** 40
—, nomenclature **5,** 46
—, nucleus **19,** 33
—, —, ring formation **19,** 50
—, and orthoformic or orthothioformic ester **19,** 47
—, pharmacology **5,** 66
—, polycyclic **12,** 13; **19,** 101
—, precursors **5,** 47, 62; **19,** 73
—, properties **5,** 41, 42, 44; **12,** 12; **19,** 40
—, resonance **5,** 62; **19,** 41
—, structure **5,** 45
—, synthesis **5,** 45; **12,** 12; **19,** 33, 34, 35, 36, 37
—, tetracyclic, from colchicine **19,** 102
—, trinitrobenzene addition **5,** 41, 43, 44
—, from tropolone methyl ethers and halo-tropones **13,** 281
—, X-ray diffraction **19,** 40
—, **deriv. 19,** 47, 80, 101, 103
—, **acetamido deriv. 19,** 48, 80, 84, 85, 87, 88, 91, 95, 96, 99
—, **acetyl deriv. 12,** 14; **19,** 41, 42, 43, 50, 80, 84, 85, 87, 88, 90, 91, 95, 96
—, **1-S-acetylthio deriv. 19,** 80
—, **acyl deriv. 19,** 41, 46, 81, 82, 83, 84
—, **alkoxy-,** synthesis **19,** 34
—, **alkyl and alkenyl deriv. 5,** 42, 59; **19,** 34, 79, 88, 95, 96, 98, 99
—, **1-, 2-, 4-,** and **6-amino- 13,** 288; **19,** 44, 45, 49, 80
—, **2-amino deriv. 19,** 36, 40, 43, 49, 81, 84, 85, 86, 89, 90, 91, 92, 94, 95, 96, 101
—, **2-anilino deriv. 19,** 81, 85, 87
Azulene, aryl and **aralkyl deriv. 19,** 34, 44, 81, 82, 83, 96, 97, 100, 101
—, **azobenzene deriv. 12,** 14
—, **bromo deriv. 12,** 14; **19,** 35, 81, 83, 85, 92, 93, 101
—, **carbamoyl deriv. 19,** 86, 96, 97
—, **carbonitril deriv. 19,** 48
—, **carboxy deriv. 5,** 66; **19,** 81, 84, 85, 89, 90, 91, 93, 94, 95, 97, 103
—, **carboxylic acids 5,** 43; **12,** 10; **19,** 35
—, **6-carboxylic ethyl ester, 4,8-dimethyl-2-isopropyl- 5,** 43
—, —, **2-ethyl- 5,** 43
—, **chloro deriv. 13,** 288; **19,** 40, 43, 44, 81, 82, 85, 86, 87, 88, 89, 90, 91, 92, 93, 94, 96
—, **cyano deriv. 19,** 36, 42, 82, 86, 87, 89, 90, 91, 92, 94, 95, 96, 97, 98, 99, 101
—, **cyclopenteno, cyclopentadieno,** and **cycloheptatrieno deriv. 19,** 102
—, **decahydro- 5,** 47
—, **deutero- 19,** 82
—, **1,3-diaza- 13,** 287
—, **dimethoxy-** and **diethoxy-carbonyl deriv. 19,** 86, 89, 90, 91, 92, 93, 94, 95, 101, 103
—, **1,2-, 1,3-,** and **1,4-dimethyl- 5,** 42, 48, 60, 61; **19,** 78
—, **dimethylamino deriv. 19,** 82, 86, 87, 102
—, **4,7-dimethyl-2-ethyl- 5,** 43
—, **4,8-dimethyl-6-(hydroxy-isopropyl)- 5,** 43
—, **dimethyl-isopropyl deriv. 5,** 43, 52, 60, 64, 65
—, **diperchlorate 19,** 48
—, **dithiocyano deriv. 19,** 82
—, **ethoxycarbonyl deriv. 19,** 50, 82, 86, 87, 88, 91, 93, 94, 95, 96, 98, 103, 104
—, **2-** and **4-ethyl- 5,** 42
—, **2-ethyl-4-methyl-8-methoxy- 5,** 43
—, **ethyl-thiomethyl deriv. 19,** 82, 86, 87
—, **formyl deriv. 19,** 42, 46, 47, 48, 82, 87, 91, 92, 93, 94, 95, 97, 98, 99, 100, 102, 104
—, **halo-,** and Na methoxide **19,** 44
—, **2-halo-,** nucleophilic substitution **19,** 44
—, **hydrazino deriv. 19,** 82, 86
—, **hydroxy deriv. 5,** 53; **19,** 49, 50, 90, 97, 98

Azulene, hydroxyalkyl and hydroxyaryl deriv. 19, 47, 48, 50, 82, 83, 88, 89, 94, 95, 97, 98, 99, 105, 106
—, iodo deriv. 19, 82, 83
—, isopropyl deriv. 5, 42, 50; 19, 92, 93, 94, 95, 96, 97, 98, 99, 100, 101, 104, 105
—, 5-ketone, decahydro- 5, 55
—, methoxy and ethoxy deriv. 19, 34, 44, 82, 83, 86
—, methyl- and ethyl- 5, 42, 51, 53, 54, 55, 56, 57, 58, 60, 61; 19, 63, 78, 89, 90, 91, 98, 99
—, morpholino deriv. 19, 82, 83, 87
—, nitro deriv. 12, 14; 19, 80, 82, 83, 95, 96, 105
—, octahydro- 5, 47; 12, 13
—, oxalyl deriv. 19, 88, 97
—, 1-oxa-2-oxo-1,2-dihydro- 13, 286
—, 2-, 5-, 6-, and 7-oxo-decahydro- 5, 53, 55, 56
—, pentabenzyl- 19, 44, 100
—, pentalene deriv. 19, 51, 52
—, 2- and 4-phenyl- 5, 42, 59
—, phenylazo deriv. 19, 44, 83
—, phenylcarbamoyl deriv. 19, 88, 96, 97, 98
—, picryl deriv. 5, 42, 43; 19, 42
—, piperidino- 19, 42, 87
—, pyrrole-methin dyes 19, 79
—, tetramethyl- 19, 96
—, 1,3,4,8-tetramethyl- 5, 43, 60
—, —, calculation of spectral bands 5, 59
—, thieno-, s., see, voir, Thienoazulene
—, thiocyano deriv. 19, 82, 83
—, triethylsilyl- 19, 34, 35, 84
—, trimethyl deriv. 5, 43, 60; 19, 34, 35, 41, 51, 84, 100
—, triphenyl deriv. 19, 34, 35, 43, 44, 84
Azulenium ion 12, 13; 19, 45
Azulenium salts 19, 45, 46, 105
—, 3-bromophenyl- 19, 105
—, 4-chlorophenyl- 19, 105
—, 2,4-dihydroxyphenyl- 19, 105
—, 4-dimethylaminophenyl- 19, 105, 106
—, 2′-furyl- 19, 105, 106
—, 3′-indolyl- 19, 105, 106
—, 2- and 4-methoxyphenyl- 19, 105
—, phenyl- and naphthyl- 19, 105
—, piperonyl- 19, 106
—, pyrenyl- 19, 106
—, 2′- and 4′-pyridyl- 19, 106
Azulenium salts, 2′- and 4′-quinolyl- 19, 106
—, 2′-thienyl- 19, 106
Azulenogens 5, 40; 19, 33
Azulenoid compounds 13, 235, 288; 19, 39
Azuleno-quinone deriv. 19, 36
Azulenoyl-acetic acid deriv. 19, 42
1-Azulenyl-alanine deriv. 19, 48, 49
1-Azulenyl-benzoate 19, 44
N-(2-Azulenyl)-N′-benzoylthiourea 19, 84
Azulenyl-2,4-dinitrophenyl sulfide 19, 42
2-Azulenyl-hydrazone of cyclohexanone 19, 51
Azulenyl-methylene-azulenium salts 19, 47
Azulenyl-methylene deriv. 19, 45, 47
N-(2-Azulenyl)-N′-phenylthiourea 19, 84
Azulenyl-polyenals → polymethines 19, 42, 46
1-(2-Azulenyl)-thiosemicarbazide 19, 84
N-(2-Azulenyl)-thiourea 19, 84

B.

Babassu, lauric acid 6, 3
—, fat, vitamin E content 6, 55
Baccharis genistelloides, palustrol 19, 57
Bacilli, acid-fast 3, 148
—, virulents, lipides 10, 241
—, —, et rayons X 10, 241
Bacillus, du colon, lipides 10, 255
—, —, (mutations) 5, 320
—, diphtérique, acides gras ramifiés 10, 245
—, —, acides normaux 10, 216
—, —, lipides 10, 172, 173, 175, 194, 196, 225, 233, 242, 255
—, —, phosphatide 10, 243, 244
—, —, polysaccharides 10, 243
—, de Flexner, lipides 10, 250, 254
—, de la lèpre (leprosy), lipoids 3, 153, 158, 163, 181, 185; 10, 176, 199, 236, 237, 238
—, de la morve, lipides 10, 251
—, paratuberculeux, lipides 10, 176, 240
—, tubercle, acid-fast waxes 3, 163
—, —, und Biscoclaurin-Alkaloide 9, 213
—, —, erythropterin 11, 370
—, —, fatty acids 3, 159
—, —, —, branched 10, 238
—, —, higher alcohols 3, 174
—, —, lipoids 3, 145; 10, 185, 194

Bacillus, tubercle, lipoids, firmly bound **3,** 181
—, —, pigments **3,** 177
—, —, riboflavin **3,** 179
—, —, et rouge neutre **10,** 241
—, —, stéroïdes **10,** 228
—, —, unsaponifiable matter **3,** 164, 171; **10,** 176
—, —, **avian 3,** 153, 158, 163
—, —, —, firmly bound lipoids **3,** 184
—, —, —, wax **3,** 167
—, —, **bovine 3,** 153, 158, 163
—, —, —, wax **3,** 169
—, —, **human 3,** 153, 158, 163
Bacillus spp., lipides **10,** 247, Lysozym **20,** 250
B. acidi lactici, Citronensäure-Abbau **4,** 324
B. aerosporus, lipides **10,** 178
B. aertryche, Citronensäure-Abbau **4,** 324, lipides **10,** 241
B. albolactis, lipides **10,** 247, 249
B. anthracis, adenosine requirement **9,** 406, germination and adenosine **9,** 406, lipides **10,** 247, 249
B. brevis, lipides **10,** 225
B. cereus (Chloramphenicol) **18,** 64, coproporphyrin **11,** 322, Enzym **20,** 235, lipides **10,** 224, 247, 249, Vitamin K_2 **6,** 156
B. chitinobacter, Chitin-Abbau **2,** 227
B. coli (biochem. Hydrierung) **3,** 57, 66, Citronensäure-Abbau **4,** 267, 324, Essigsäure-Abbau **4,** 318, 329, Flavin **2,** 63, und Pantothensäure **4,** 41, phosphatase **19,** 323, und Salicylat **4,** 41, sterol color reaction **3,** 187
B. coli communis, lipides **10,** 174
B. Delbrückii and sugar phosphates **8,** 86
B. dysenteriae (Chloramphenicol) **18,** 64
B. fluorescens (biochem. Hydrierung) **3,** 66
B. influenzae and penicillin **7,** 195, 197
B. krzemieniewski, polypeptin **11,** 252
B. lactis acidi et dichloroflavine **9,** 94
B. leprae, acetone-soluble fat **3,** 157
B. megatherium et antivitamines **9,** 95, dipicolinic acid **20,** 21, indole-glucosidic ester **17,** 278, lipides **10,** 174, 247, 248, Zellwand-polysaccharide **20,** 230
B. mesentericus, polysaccharide **5,** 101, Ubichinon **20,** 81
B. mucosus, lipides **10,** 174
B. mycoides, lipides **10,** 224, 247, 249, Vitamin K_2 **6,** 156
B. natto, dipicolinic acid **20,** 21
B. polymyxa, lipides **10,** 178, rhamnogalactan (immunol.) **18,** 513, 520
B. prodigiosus, Glucosamin-Abbau **2,** 238, lipides **10,** 254
B. proteus (biochem. Hydrierung) **3,** 57, lipides **10,** 254, und Nicotinsäure **4,** 238
B. subtilis, und Actinomycin **18,** 3, 42, 47, 48, (Chloramphenicol) **18,** 64, Enzym (Epimerisierung) **20,** 246, enzyme, inhibition by DFP **12,** 316, enzyme, and ovalbumin **12,** 325, Flavin **2,** 63, hybrid formation between DNA molecules **20,** 408, levans **5,** 101, 111, 123, lipides **10,** 224, 254, 255, proteinase **11,** 277, Vitamin K_2 **6,** 156, Zellwand-polysaccharide **20,** 229
B. typhosus, growth **5,** 292
B. welchii, antitoxin **7,** 279
Bacitracin A, amino acid residues **11,** 253
—, branched polypeptide chain **12,** 302
Bacteria, acid-fast, acetone-soluble fats **3,** 156
—, —, and Actinomycetes antibiotics **16,** 96, 101
—, —, carotenoids **3,** 180
—, —, higher alcohols **3,** 174
—, —, waxes **3,** 163
—, acides gras, biosynthèse **10,** 213
—, caroténoïdes **10,** 218, 221
—, carotenoid-protein complex **18,** 279
—, cellulose **8,** 16, 17, 19
—, chromosome-like structures **5,** 320
—, dextrans **8,** 28
—, causing gall formation **17,** 305, 306
—, Gram-negative and Gram-positive, and Actinomycetes antibiotics **16,** 94, 95, 98, 101, 103, 106, 110, 115, 116
—, Gram-positive, und Carlina-Wurzel **14,** 11
—, —, Zellwand **20,** 228
—, inheritance **5,** 303
—, lipides **10,** 174
—, naphtoquinones **10,** 223
—, phosphatases **19,** 323
—, phosphatides **3,** 150, 151; **10,** 173
—, Polysaccharide **20,** 228
—, skatole metabolism **17,** 254
—, und steroide Hormone **3,** 62

Bacteria, viruses, buoyant density **20,** 413
—, —, (genetics) **12,** 470
—, —, sub-units **5,** 321
—, waxes **3,** 163
—, wax acids (avian, bovine) **3,** 168, 170
Bacterial flagella, α-keratin structure **11,** 217
—, meridional reflection **11,** 222
Bakterielle Gärung 4, 306
Bacterial transformations and DNA **12,** 470
Bacterial wilt 17, 301
Bacterio-chlorin und **-trimethylester 1,** 122, 225
Bacterio-chlorophyll 1, 222, 226; **11,** 309, 328
—, color **16,** 178
—, spectrum, field effect **17,** 440
—, **deriv. 1,** 222
Bacterio-isochlorophyllin 1, 224
Bacteriolyse 4, 91
Bacterio-methylphäophorbid 1, 223, 226
Bacteriophages 1, 342; **4,** 91, 182
—, adsorption to bacteria **12,** 470
—, bacterial virus **12,** 470
—, in CsCl, density gradient **20,** 413
—, DNA **20,** 427
—, —, (genetics) **12,** 474, 481
—, —, labeled, and genetics **12,** 470
—, (genetics) **12,** 470, 471
—, (Staphylococcus) **4,** 147, 182
—, vegetative stage **12,** 471
Bacteriophage λ and λ **dg,** buoyant density **20,** 413, 414
Bacteriophage Φ X-**174,** single stranded DNA, buoyant behavior **20,** 414
Bacteriophage T-2 12, 470, 471
—, du Colibacille **9,** 96, 97
—, DNA, infection of *E. coli* **20,** 403
—, Lysozym **20,** 250
Bacteriophage T-2 and **T-4,** DNA, separation of strains **20,** 408
Bacteriophage T-3, amino acid composition **11,** 254
Bacteriophage T-4, DNA, in CsCl, distribution **20,** 375
—, —, 5-bromouracil containing, distribution **20,** 375
—, —, at constant buoyant density **20,** 415
—, —, hydration **20,** 399
Bacteriophage T-4, DNA, mol. weight **20,** 397
—, and vitamin B_{12} **9,** 419
Bacteriophage T-6 9, 423
Bacterio-phäophytin 1, 223, 227
Bacterio-phorbide 1, 223, 225
Bacterio-porphyrine 1, 224
Bacterio-purpurin-7-trimethylester 1, 227
Bacterio-rhodin 1, 224
Bactério-rubérine α et β **10,** 220
Bacterium aceti, Bact. acetigenoideum, Bact. acetosum, Bact. ascendens, Bact. gluconicum, Bact. Kützingianum, Bact. lactis aerogenes, Bact. orleanense, Bact. Pasteurianum, Bact. pyocyaneum, Bact. rancens, Bact. steroidiclasium, Bact. suipertifer, Bact. vini acetati, Bact. xylinoides, Bact. xylinum, biol. Oxydationen **4,** 199, 200, 201, 211 227, 229, 235, 238, 324, 327
Bact. aerogenes, Flavin **2,** 63
Bact. aroideae, enzyme, chromatography **8,** 353
Bact. bongkrek, toxoflavin **11,** 388
Bact. chitinophagum, Chitinabbau **2,** 227
Bact. Delbrückii, Flavin **2,** 63
Bact. dysenteriae und Emetin **8,** 302
Bact. halobium, caroténoïdes **10,** 220
Bact. mycoides, pigment **10,** 219
Bact. Pasteurianum, Flavin **2,** 63
Bact. typhosum, lipides **10,** 253
Bact. xylinum, cellulose **8,** 16
Baeckeol 14, 200
Baeomyces placophyllus, B. roseus, Flechtenstoffe **2,** 45, 50
Baeomycessäure 2, 45
Baicalcin 17, 15, 51, 57
—, **7-glucuronic acid, 6-glucoside** and **glucosiduronic acid 17,** 7, 51
—, **7-methyl ether 17,** 39
Bakanae disease and *Gibberella fujikuroi* (gibberellin) **17,** 298, 301, 313; **18,** 351, 398
Bakanae fungus, fusaric acid **20,** 22
Baker's yeast (Bäcker-hefe), cytolysis **8,** 83
—, Flavin **2,** 63
Baker-Venkataraman transformation 11, 141; **17,** 22, 36, 137
β-**Balalbaresinol 12,** 121
Balanophora, blooms, skatole **17,** 254
Balatol 12, 121
Balchanolide 19, 19, 20, 21, 24, 25

Balchanolide, acetyl- 19, 19, 21, 24
—, —, **tetrahydro- 19,** 21
—, **hydroxy- 19,** 19, 24
Balduilin 19, 67, 70, 71
—, correlation with helenalin, tenulin **19,** 71
—, **deacetyl-, tetrahydro- 19,** 71, 72
Balduina uniflora **19,** 70
Baljet-Test 7, 89, 130
Baltic amber, insects in **17,** 381
—, succinate in **17,** 383
Baltic Kolm, kerogen **17,** 391
Banana, Flavin **2,** 64
—, 6-hydroxy-tryptamine **17,** 264, 265
Bananenfresser, Turacingehalt **18,** 211
Baphia nitida, Santal **17,** 56
Baptifolin 8, 269
Baptisia minor, B. perfoliata, Lupinen-Alkaloide **8,** 269
B. tinctoria, pseudo-baptigenin **17,** 56
Barbaloin 6, 187; **17,** 173
Barbarea arcuata, B. intermedia, B. praecox, B. stricta, B. vulgaris, isothiocyanates **18,** 149, 152, 162
Barbarin 18, 152
—, stereospec. synthesis **18,** 152
Barbasco, insecticides **10,** 436
Barbatinsäure 2, 43, 44
Barbatolsäure 2, 46; **8,** 224
Bargellini test (flavones) **17,** 12, 31
Barley, dormancy and gibberellin, gibberellic acid **18,** 410
—, enzymes **19,** 329, 336, 356
—, glucan (immunol.) **18,** 514, 515, 516, 520, 521, 522
—, hordenine content **6,** 254
—, mutants, gramine content **17,** 261
—, starch, amylose **11,** 11
Barnardius zonarius semitorquatus, Federfarbstoff, Fluoreszenz **18,** 199, 200
Barracuda, vitamin A **6,** 52
Barrier films, imperfections **9,** 472
Bartgeier, Federpigmente **18,** 216
Bartsia spp., dormancy and gibberellin **18,** 410
Barwood, santal **17,** 56
Basidiomycetes, Acetylen-verb. **14,** 4
—, carotenoids **12,** 172, 173
—, Chitin **2,** 215
Basseol 7, 19, 20, 47; **12,** 108, 111
—, **acetate, dihydro- 12,** 111
Bassia longifolia, Bassiasäure **7,** 67
Batyl alcohol, in fish liver **6,** 11
Bauxite in chromatography **2,** 226; **8,** 355, 357, 358
Bc-conjugase 11, 372
BCG (phosphatides) **3,** 151, 187
Beach-worm, carotenoids **5,** 27, 35
Bean, and gibberellin **18,** 395, 403
Bean beetle and insecticides **10,** 462
Bean factor I = gibberellin A_1 **18,** 392
Bean factor II and maize mutants **18,** 392
Bean hypocotyls, glutathione synthesis **16,** 159
—, incorporation of labeled glutamate **16,** 151
Beaver, castoréum **6,** 112
Bebeerin, Biosynthese **9,** 212
D-, L- und *DL*-**Bebeerin 9,** 178, 180, 201, 202
Bebeerinum purum, *L*-Bebeerin **9,** 201
Bee venom, lecithinase value **12,** 421
Beef, fat, digestibility **6,** 16, 20
—, protein value **5,** 280
Beeswax, fatty acids **6,** 3
Beet shoots, tryptophan content **17,** 256
Beetles and insecticides **10,** 457
Befruchtungs-Stoffe (Echinochrome) **6,** 196
Begonia, anthocyanidin 3-xylosyl-glucosides **20,** 182
—, anthocyanins **20,** 180
—, and gibberellin **18,** 397, 398, 405
—, tubers, anthocyanase **20,** 178
Behenic acid (Acide béhénique) (lipides bactériens) **10,** 244
—, occurrence **6,** 3
Beilupeimine 20, 355
Belamcanda chinensis, tectorigenin, irigenin **17,** 56
Belladone, phosphatase **19,** 330, 331, 332
Bellis perennis, Acetylene **14,** 14, 32
Bence-Jones-Protein 20, 243
Benedictin 17, 139, 173
Benedictinerkraut, Bitterstoffe **17,** 139
Bengal fish, protein **5,** 269
Bengalrosa, Sensibilisator **17,** 228
Benzal-aceton, biochem. Hydrierung **3,** 35, 48, 49
—, *o*-**nitro- 13,** 309
Benzal-coumaranone 11, 150; **17,** 41
Benzaldehyde, condensation with ketones, mechanism **19,** 218, 219, 220, 221
—, IR bands **5,** 355

Benzaldehyde, *o*-**amino-,** condensation with methyl ketones **13,** 309
—, **2-äthyl-4-äthoxy-5-methoxy- 8,** 298
—, **2,5-dihydroxy-4,6-dimethoxy- 9,** 249
—, **2,3-dihydroxy-4-methoxy- 9,** 248
—, **3,5-diiodo-4-hydroxy- 12,** 379, 382
—, **3,5-diiodo-4′-méthoxy-4-phénoxy- 2,** 119; **7,** 181; **12,** 368, 369
—, *p*-**dimethylamino-,** and indoles **17,** 251
—, *p*-**hydroxy-,** aus Lignin **11,** 49
—, **2-hydroxy-4-methoxy- 9,** 256
—, *p*-**isopropyl-,** IR spectrum **5,** 355
—, *p*-**methyl-nitrosamine-,** in fungi **20,** 6
—, *p*-**nitro-,** from chloromycetin **16,** 103
Benzal-diacetyl-acetone 14, 197
Benzal-lävulinsäure, biochem. Hydrierung **3,** 46
Benzal-methyl-äthyl-keton, biol. Hydrierung und Oxydation **3,** 48, 49; **4,** 194
Benzal-methylcarbinol, biochem. Hydrierung **3,** 48, 49
Benzamid, N-methyl- and **N,N-dimethyl-hexahydro- 4,** 234
1,2-Benzanthren-3,4-chinon 6, 210
Benzaurine, resonance forms **16,** 174, 175, 194
—, spectrum **17,** 416
1,2-Benzazulene 5, 42; **19,** 101, 102
—, spectrum **5,** 66
—, **3-carboxy- 19,** 101
—, **3-cyano- 19,** 101
—, **6-hydroxymethyl- 19,** 102
—, **3-triethylsilyl- 19,** 102
5,6-Benzazulene, di- and **polybromo- 19,** 35, 102
Benzene (Benzol), bond distances **3,** 209, 214, 216, 223
—, **deriv.,** in Flechten **8,** 212
—, —, *p*-**chloromethoxy-,** from aureomycin **16,** 98
—, **alkyl-,** IR spectra **5,** 356, 357
—, **allyl-,** in nature **14,** 205
—, —, **deriv.,** biosynthesis **14,** 205
—, **arsonic acid,** *p*-**amino- 9,** 462
—, **1,2-diamino-4-nitro- 17,** 271
—, *p*-**di-tert. butyl-,** IR spectrum **5,** 359
—, **1,2-dichloro-4,5-diamino-,** antivitamine **9,** 94
—, *m*-**diethyl-,** IR spectrum **5,** 359
—, **1,2-** und **1,4-dihydro-** (Dien-Synthese) **10,** 47, 53, 55, 66, 67, 69, 70, 89, 94, 95
Benzene, 3,5-diiodo-4-(4′-methoxyphenoxy)-nitro- 7, 180
—, **2,4-dimethoxy-1,3-dicarboxylic acid 9,** 253
—, **1,2-dimethyl-4-amino-5-methylamino-** (Flavin-Abbau) **2,** 71, 75
—, **1,2-dimethyl-4-amino-5-nitro-** (Flavin-Synthese) **2,** 86
—, **1,2-diméthyl-4,5-diamino- 9,** 94
—, **divinyl- 11,** 278
—, **2-ethoxy-4,6-dimethoxy-1,3-dicarboxylic acid 9,** 252
—, **1-fluoro-2-nitro-4-carbomethoxy-,** coupling with amino groups **12,** 413
—, **hexamethyl-,** bond distances **3,** 208
—, **1-iodo-4-méthoxy- 12,** 367
—, *p*-**methoxy-phenoxy- 2,** 114
—, **1-methyl-2,4-diisopropyl-,** from tetrahydro-elemane **12,** 8
—, **1-methyl-4-ethyl-,** IR spectrum **5,** 357
—, **pentacarboxylic acid,** from podophyllin deriv. **15,** 103
—, —, (Dien-Synthese) **10,** 50
—, —, aus Lignin **20,** 47, 48
—, **1,2,3,4,5-pentahydroxy-** (flavones) **17,** 8
—, **polyhydroxy-,** ring enlargement **13,** 289
—, **propenyl-,** in nature **14,** 205
—, —, **deriv.,** biosynthesis **14,** 205
—, *n*-**propyl-,** IR spectrum **5,** 357
—, **1-propyl-3-methoxy-4-oxy- 2,** 17
—, **sulfonamide,** *p*-**amino-,** Schiff's base, spectrum **14,** 285
—, **4-sulfonamid, 1,2-dioxy- 4,** 194
—, **1,2,3,4-tetracarboxylic acid 16,** 32
—, —, aus Columbin **17,** 152
—, —, (Dien-Synthese) **10,** 94
—, **1,2,3,5-tetracarboxylic acid,** from podophyllin deriv. **15,** 110
—, **1,2,3,4-tetrahydroxy- 9,** 226; **17,** 8
—, **1,2,3,5-tetrahydroxy- 13,** 317
—, **1,2,4,5-tetrahydroxy- 17,** 8
—, **1,2,3-tricarboxylic acid 18,** 361, 362
—, —, aus Columbin **17,** 152
—, **1,3,4-trihydroxy-** (lignin) **5,** 218
—, **1,2,4-trimethyl-** (Iron-deriv.) **8,** 169
—, **1,3,5-triphenyl-,** scale drawing **3,** 220
Benzene ring (Benzolring), IR bands **5,** 358
—, Spaltung im Tierkörper **4,** 210

1,2-**Benzfluoren** **17**, 136
—, dialkyliertes **17**, 136
2,3-**Benzfluoren** **17**, 136
—, alkyliertes 17, 136
4,5-**Benzhydrindene** from cevine **20**, 315
Benzidine, tetrazotized, spray reagent **17**, 30
Benzidine-copper acetate, reagent **8**, 349
Benzimidazole, 5,6-dimethyl- **9**, 417
—, **5,6-dimethyl-** and **5,6-dichloro-**, α- and *β*-*D*-**ribofuranosido-** **8**, 104, 121, 122; **9**, 404, 417; **16**, 149
Benzimidazole nucleotide **9**, 417
α-**Benzimidazole riboside** **9**, 417
Benzimidazolol, 1,3-dimethyl-2-alkyl-, IR spectrum **5**, 375
Benziminazole, and pernicious anemia **15**, 211
—, *D*-**arabo-** **8**, 104
—, **1-arabopyranoside**, **5,6-dimethyl-**, platinum complex **15**, 181
—, **5,6-dichloro-** **15**, 183
—, **4,5-dimethyl-** (in vitamin B_{12}) **15**, 177
—, **5,6-dimethyl-**, and pernicious anemia **15**, 211
—, —, in vitamin B_{12} **15**, 180, 183, 208
—, **glycosides**, synthesis **8**, 116
—, **5-hydroxy-**, in Factor III **15**, 208
—, **nucleosides**, synthesis **8**, 116
—, **1-α-*D*-ribofuranoside**, **5,6-dimethyl-**, **2′-** or **3′-phosphate** **15**, 168, 180
Benziminazole-phosphate-propanolamine unit, rigidity **15**, 212
Benzindeno-isoquinoline **20**, 317
6,7-**Benzlumazin** **2**, 65
Benzoate, ethyl, IR spectrum **5**, 355
—, **4-methyl-3,5-dinitro-** **11**, 97
Benzoate ion, free energy of formation **9**, 320, 321
Benzo-azurin (cellulose dye) **8**, 3
Benzochinon, s., see, voir, **Benzoquinone**
3,4-**Benzo-coumarin** **9**, 228, 239, 282, 283
—, **8-hydroxy-** **18**, 76
5,6-**Benzo-flavin, 9-*l*-1′-arabityl-** **2**, 85
—, **9-methyl-** **2**, 78
—, **[9-*d*-1′-ribityl]-** **2**, 85
Benzofuran-5-carbonsäure, 4,7-dimethoxy-6-oxy- **11**, 134
Benzoic acid (Benzoesäure, Acide benzoïque), adsorbent for proteins **11**, 284
—, (castoréum, etc.) **6**, 113, 114, 115, 118, 131, 137
Benzoic acid, nicotine complex **10**, 430
—, *o*-**amino-** (immunol.) **9**, 462
—, *p*-**amino-**, activité antisulfamide **9**, 100, 101
—, —, from amicetin **16**, 95
—, —, biosynthesis **12**, 478; **14**, 203
—, —, condensation with hippuric acid **9**, 324
—, —, reversion of growth inhibition **9**, 410
—, —, **N-benzyl-** **11**, 379
—, *m*- und *p*-**amino-hexahydro-** **4**, 212
—, **2-amino-3-hydroxy-4-methyl-** **18**, 25, 26
—, **2-amino-5-methoxy-** and **-5-methyl-** **18**, 357, 358
—, *o*-**benzoyl-**, nicotine complex **10**, 430
—, **benzyl ether, 3,5-diiodo-4-hydroxy-** **7**, 188
—, **2-bromo-3,4,5-trimethoxy-** **15**, 106
—, **2-chlor-3-methoxy-4-methyl-** **18**, 21
—, **2,3-diethoxy-4-methoxy-** **9**, 246
—, **2,5-diethoxy-4-methoxy-** **17**, 30
—, —, from oxyayanin-A triethyl ether **17**, 30
—, **3,4-diethoxy-**, from fisetin tetraethyl ether **17**, 29
—, **3,4-diethoxy-2,5-dimethoxy-** **9**, 247, 248
—, **3,5-diiodo-4-benzyloxy-**, bioeffect **7**, 188
—, **3,5-diiodo-4-(3′,5′-diiodo-4′-hydroxyphenoxy)-**, bioeffect **7**, 177
—, **3,5-diiodo-4-(4′-nitrobenzyloxy)-**, bioeffect **7**, 188
—, **3,4-dimethoxy-6-(3,4,5-trimethoxybenzoyl)-** **15**, 132
—, **2,4-dimethyl-**, aus Columbin **17**, 152
—, **ester**, *p*-**amino-N-carbäthoxy-** **13**, 460
—, **4-ethoxy-3-methoxy-2-nitro-** **13**, 327
—, *o*-**hydroxy-**, from calycopterin **17**, 30
—, *m*- et *p*-**hydroxy-** (parfums des animaux) **6**, 114, 115, 116, 118, 131, 136, 137
—, *p*-**hydroxy-**, antagoniste **9**, 101
—, —, biosynthesis in *E. coli* **12**, 478, 479
—, —, (flavonols, B-Ring) **17**, 8
—, —, from lignin **5**, 193, 204
—, —, and nornicotine **10**, 434
—, **5-hydroxy-2-bromo-** **9**, 282
—, **3-hydroxy-6-bromo-** **6**, 116, 117
—, **2-hydroxy-4-methoxy-** **9**, 254

Benzoic acid, 2-hydroxy-5-methyl- 14, 193, 194, 198
—, —, labeled, degradation 14, 192
—, *o*-methoxy-, aus Lignin 20, 46
—, *m*-methoxy- (urine) 6, 137
—, 2'-methoxy-4'-methyl-2-benzoyl-3-hydroxy- 7, 257
—, 2-methoxy-3,4-methylenedioxy-6-(3',4',5'-trimethoxybenzoyl)- 15, 128
—, 3,4-methylenedioxy-6-(3',4',5'-trimethoxybenzoyl)- 15, 102, 121
—, methylester, 2-amino-3-hydroxy-4-methyl- 18, 28
—, —, 3,5-dimethoxy- 14, 157
—, —, 3,5-dinitro-4-chloro- 12, 367
—, —, 3,4-(diphenyl-methylendioxy)-5-hydroxy- 13, 117
—, 2,3,4,5-tetrahydroxy- 13, 122, 123
—, 2,3,4,5-tetramethoxy- 9, 247, 248
—, 2,4,5-trihydroxy- (flavonols) 17, 8
—, 2,3,4-, 2,4,5-, and 3,4,5-trimethoxy- 13, 109, 325, 326, 360, 377, 401; 15, 101, 121, 127, 128, 132
Benzoic anhydride, *p*-benzoyloxy- 17, 38
α-Benzoin oxime („cupron") 12, 277
6,7-Benzo-isochroman 11, 162, 170
Benzol, s., see, voir, Benzene
Benzo-nitrile, 3,5-diiodo-4-(4'-methoxyphenoxy)- 7, 180
Benzophenone, *o*-amino-oxalyl- 13, 311
—, 2,4'-dihydroxy- 6, 116
—, 2,6-dihydroxy-4-methoxy-, pharmacology 20, 154
—, 3,3',4',5'-tetramethoxy-4,5-methylenedioxy- 15, 127, 128
—, 3,4,5-trimethoxy-3',4'-methylenedioxy- 15, 102, 103
—, 3,4,5-trimethoxy-4',5'-methylendioxy-2'-vinyl- 15, 103
Benzophthalide nucleus, 1,8-dihydroxy- 16, 130
Benzo-pyranol, 5,7- und 7,8-dihydroxy-2,4-diphenyl-, Acetylierung der Anhydrobase 16, 14
—, 7-hydroxy-2,4-diphenyl-, Acetylierung der Anhydrobase 16, 14
Benzopyrylium ion, 2-phenyl- 3, 218, 220
5,6-Benzoquinoline-3,7-dicarboxylic acid lactam, 3'-amino-1-methyl-1,2,3,4-tetrahydro- 9, 125
Benzochinolizin-Typus 9, 180, 191
5,6-Benzoquinolone(4)-3,7-dicarboxylic acid, 3'-amino- 9, 125, 132
o-Benzoquinone (*o*-Benzchinon), (Bodenbakterien) 6, 157
—, 6-methoxy-2-amyl-3-brom- 2, 47
p-Benzoquinone, und Butadien (Dien-Synthese) 10, 84
—, Gerbwirkung 6, 216
—, Giftigkeit 6, 214
—, in höheren Pflanzen 6, 175
—, and vinylacrylic acid, adduct 13, 388
—, alkyl-hydroxy-, biosynthesis 14, 198
—, chloroimide, 2,6-dichloro- 17, 14
—, 2,5-dihydroxy-, from apoterramycin 16, 130
—, 2,6-dimethoxy-, Wachstumshemmung 6, 202
—, —, deriv., Vorkommen 6, 175, 180
—, 2,3-dimethoxy-5-methyl-, enzymatische Alkylierung 20, 107
—, 5,6-dimethoxy-2-methyl- → Ubichinone (Zellkulturen) 20, 107
—, methoxy-, Giftwirkung 6, 214
—, 2-methoxy-3-methyl- 18, 21
—, tetrahydroxy- (*Pseudomonas*) 6, 156
Benzo[b]tropazine and tautomers 13, 235, 268
Benzotropolone 13, 278
—, synthesis 13, 258
—, 3,7-dibromo- 13, 279
3,4-Benzotropolone 13, 258
—, → *o*-carboxy-cinnamic acid 13, 270
—, electrophilic substitution 13, 279
—, synthesis 13, 258
—, methyl ether 13, 268, 269; 19, 38
4,5-Benzotropolone 13, 252, 258, 268, 279, 285
—, → *o*-carboxy-cinnamic acid 13, 270
—, electrophilic substitution 13, 279
—, methyl ether 13, 268, 269; 19, 38
3,1-Benzoxazine, 4-oxo-2,6-dimethyl- 18, 357
Benzoxazolon-4-carbonsäure, 7-methyl- 18, 20, 30, 31, 39
Benzoyl-acetic ester, *o*-methoxy- 9, 257
Benzoyl-aceton-deriv., natürliche 11, 152
Benzoyl-alanin, hexahydro- 4, 234
Benzoylchlorid, 2-nitro-3-hydroxy-4-methyl- 18, 36
Benzoyl-propionsäure, im Tierkörper 3, 46
Benzporphine, aza shift 17, 411
—, electron jumps 17, 437

Benzporphyrins, simple electron gas model **17**, 407
Benzpteridine 4, 65, 66
1,2-Benzpyrène, fluorescence **6**, 315
3,4-Benzpyren, 8-hydroxy- 4, 195
3,4-Benzpyren-5,8-chinon 4, 195
5,6-Benz-α-pyrone 9, 229
Benz-γ-pyron 11, 125
—, Struktur und UV-Spektrum **11**, 137
Benzyl-aceton, biochem. Hydrierung **3**, 35
Benzylalcohol (Alcool benzylique) 6, 113, 114
—, **o-carboxy- 13**, 74
—, **3,4,5-trimethoxy- 13**, 377, 378
Benzyläther, p-hydroxy- 16, 6
S-Benzyläther-Verfahren (Peptid-Synthese) **13**, 489
Benzylester, p-nitro- (Peptid-Synthese) **13**, 452
Benzyl-glucoside, β-hydroxy-, 2-phosphate 8, 59
—, **β-tetraacetyl- 1**, 11
Benzyliden-brenztraubensäure, biochem. Hydrierung **3**, 40
Benzylidène-muscone 6, 95, 96
Benzyl-isoquinoline alkaloids, biogenesis **6**, 271
—, **tetrahydro-**, biosynthesis **19**, 258
Benzyl ketone, o-hydroxyphenyl- 17, 33
α-(O-Benzyl-oximino)-acyl-deriv. 13, 473
Benzylphosphate et phosphatase **19**, 329
Benzyl salicylate 6, 114
N-Benzylrest als α-Aminoschutzgruppe (Peptid-Synthese) **13**, 469
Berbamin 9, 177, 179, 180, 181, 182, 185, 186, 193, 194, 196, 210
—, Biosynthese **9**, 210
—, **O-methyl- 9**, 184, 194, 207
Berberidaceae, Biscoclaurin-Basen **9**, 179
Berberin 9, 177, 178, 190, 191
—, fluorescence **2**, 305; **6**, 333
—, **dihydro- 19**, 259, 260
Berberin-Typus 9, 180, 190
Berberine alkaloids, structure, biosynthesis **19**, 257, 258
Berbérinium, chlorure, fluorescence **6**, 334
Berberis aquifolium, B. heteropoda, B. repens, B. Thunbergii, B. vulgaris, Biscoclaurin-Basen **9**, 179, 193, 196
Berberitze, Biscoclaurin-Alkaloide **9**, 179, 181, 195
Bergamot camphor 9, 262
Bergamot oil, Bergaptol **9**, 263
—, insecticide **10**, 457
Bergamottin 9, 269; **17**, 173
Bergapten 9, 262, 263, 264; **11**, 126; **17**, 173
—, **amino- 9**, 262
—, **nitro- 9**, 262
Bergapten-quinone 9, 262, 264, 265, 269
Bergaptin 9, 269
Bergaptol 9, 263, 264, 266, 267, 268
—, **γ,γ-dimetylallyl** and **geranyl ether 9**, 266, 269
Bergenin 17, 173
L-C[14]-Berine, incorporation **9**, 307
Bernsteinsäure, s. auch, see also, voir aussi, Succinic acid
—, → Fumarsäure **20**, 114
—, aus Lignin **20**, 47, 48
—, **diäthylester, α,α'-methyl-myristinoyl- 2**, 28
—, **dilacton, dimethylol- 11**, 63
—, **dimethoxy- 1**, 128
—, **α,α'-methyl-dodecyl-, -tridecyl-**, und **-tetradecyl- 2**, 28, 29, 30, 31
—, **(±)-trimethyl- 8**, 162, 163
Bernsteinsäure-dehydrogenase 20, 115
—, **-Flavoprotein 20**, 118
Bernsteinsäure-oxydase 6, 206, 220
Berteroa incana, iso-thiocyanates **18**, 146, 162
Berteroin 18, 146
Beryx dedactylus, carotenoids **5**, 32
Besenginster, Chrysanthemaxanthin **5**, 12
—, Spartein **8**, 254
Beta vulgaris, betanin **20**, 185, Oleanolsäure **7**, 19
Betaine, in ergot **9**, 119
—, fungal **20**, 5
Betanidin 20, 185
Betanin, in *Beta vulgaris* **20**, 185
Bethabarra-Holz, Chinone **6**, 183
Betterave, phosphatases **19**, 332
Betula spp., dormancy and gibberellin **18**, 397, *B. alba*, Betulin, Oleanolsäure **7**, 19, 61, betulenol **19**, 7, *B. lenta*, betulenol **19**, 7, Naphthalin **11**, 161
α- and β-Betulenol 19, 7, 8, 10
α-Betulenol, tetrahydro- 19, 7
Bétuligénol 6, 114, 115, 116
—, **éther monométhylique 6**, 115
—, **méthyl- 6**, 116
Betulin, Betulinsäure 7, 16, 61, 62, 65, 66

Bétuloside 6, 115
Beurre, s., see, voir, Butter
Bézoards, odeur 6, 131
Bezoar stones (ellagic acid) 9, 283
Bhavan-bakra, podophyllum 15, 86
10,10'-Bianthronyl 7, 250, 261, 266
—, reduction 7, 260
Bicarbonate (in Oceans), isotopic composition of C 14, 329, 330
—, in rivers, transport to Oceans 14, 323
Bicyclische Terpene, Dien-Synthese 10, 56, 58, 62
Bicyclo-[0,3,5]- = -[5,3,0]-decane 5, 47
α- et β-**Bicyclo-farnésal** 6, 130; 19, 267
α- et β-**Bicyclo-farnésol** 6, 130
α-**Bicyclo-farnesylic (-farnésique) acid** 6, 130; 12, 10
Bicyclo-farnésylidène-acétone 6, 130
Bicyclo-[2,2,1]-heptan-2-one series, reduction 19, 223
Bicyclo-[1,1,2]-hepten, Dien-Synthese 10, 57
—, Verbrennungswärme 10, 62
Bicyclo-isopren-myrcen, → Eudalin 3, 8
Bicyclo-[5,2,0]-nonane, 2,8,8-trimethyl- 12, 16, 17
Bicyclo-[1,2,3]-nonen, Dien-Synthese 10, 64
Bicyclo-[0,2,4]-octadien, Dien-Synthese 10, 11
Bicyclo-[0,2,4]-, -[1,2,3]- und -[2,2,2]-octan, Dien-Synthese 10, 53, 64, 65, 70
Bicyclo-[2,2,2]-octen, Dien-Synthese 10, 64
—, Verbrennungswärme 10, 62
Bicyclo-vetivene, Bicyclo-vetivenol 19, 58, 59
Bieber, castoréum 6, 112
Bier, Bierhefe, Lactoflavin 2, 63, 64
Biformin, Biforminsäure 14, 53
Bifurcose 19, 297, 298, 305, 306, 307
—, Transfructosidierung 19, 299
Bignoniceae, Chinone 6, 183
Bijvoet effect (crystal structure) 15, 196
Bliane 3, 123
Bile, s. auch, see also, voir aussi, Galle
Bile acid, side-chain degradation 10, 280
Bile pigments, fluorescence 2, 324
Bilharziose 8, 303
Bilichromogene, Nachweis 3, 113
Bilicyanin 3, 109
Bili-diene 3, 99, 123
—, **oxo-** 3, 124
Bili-ene 3, 123
—, **dioxo-** 3, 124
Bilifuscin 3, 86, 87, 125, 128
Bilihumin 3, 132
Bilinigrin 3, 132
Bilinsäure 3, 89
—, **dehydro-** 3, 89
Biliprasin 3, 132
Bilipurpurin 3, 109, 110, 111, 124; 11, 329
Bilirubin 3, 87, 113, 123
—, aktives 3, 102
—, Bildung 3, 82, 83
—, Farbreaktionen 3, 99, 100
—, Formel 3, 91
—, isoelektrischer Punkt, Sedimentationskonstante 3, 101
—, physico-chemischer Zustand 3, 101
—, β-Substituenten 3, 98
—, Synthese 3, 99
—, Umwandlungen 3, 84
—, **dehydroxy-** 3, 132
—, **dihydro-** 3, 87, 98, 99
—, **dimethylester, dehydro-** 3, 105
—, **octamethyl-** 3, 98
Bilirubin-IIIγ-dimethyläther, deutero- 3, 98
Bilirubin-IXα und -XIIIα 3, 94, 99
Bilirubinoide 3, 81, 87
—, Lichtabsorption 3, 124
—, Nomenklatur 3, 96
—, Typen 3, 123
—, **dioxo-** 3, 111
Bilirubinsäure 3, 89
Bilitolin 3, 109
Bili-triene 3, 102, 110, 123
Biliverdin 3, 84, 87, 102, 104, 111, 123; 4, 77
—, Fe-Komplexsalz 3, 107
Bilobol 14, 192
Bimolecular associations, in sedimentation 18, 484
Bimolecular elimination and conformation 19, 199
Binding coefficient (sedimentation) 18, 449
Bindschedler's green, color 16, 176
Biochanetin-A 17, 33
Biochanin as estrogen 17, 50
Biochanin-A 17, 23, 33, 56
—, spectrum 17, 58

Biochanin-B **17**, 23
Biochemische Hydrierung **3**, 30
—, Äthylen-Bindung **3**, 31, 51
—, Fermentsysteme **3**, 71
—, Fettsäuren **3**, 67
—, Steroide **3**, 53
Biochemistry of past creatures **17**, 385
Bioflavanoid **17**, 48
Biogenetic-type syntheses **19**, 242, 245
—, alkaloids **19**, 248
—, stereospecific **19**, 254
—, terpenes **19**, 266
Bio-geochemical processes **14**, 318
Biolumineszenz, Hemmung durch Chinone **6**, 208
Biosen, hexaacetyl-6,6′-dibrom- **2**, 162
α-Bioside, Darstellung **1**, 15
Bio-stereoisomerization, carotenoids **17**, 274, 333
Biosynthesis (Biogenesis), acetic acid hypothesis **14**, 188, 192, 197
—, Acetylene **14**, 55, 57, 58
—, acridone alkaloids **19**, 256
—, allyl- und propenyl-benzene deriv. **14**, 205
—, amino acids **19**, 278
—, anthocyanins **14**, 191, 204, 206; **20**, 192, 193
—, anthranilic acid alkaloids **19**, 255
—, aromatische Kerne **10**, 94
—, benzyl-isoquinoline alkaloids **6**, 271; **19**, 258
—, berberine alkaloids **19**, 257, 258
—, Biscoclaurin-Basen **9**, 209, 210, 211, 212
—, Bitterstoffe **17**, 129
—, Blutgruppen-Substanzen **20**, 235
—, $C_6C_3C_6$-Gruppe **16**, 21
—, cactus alkaloids **6**, 268, 270
—, Calebassen-Alkaloide **17**, 228, 231
—, Cardenolide **12**, 160
—, carotenoids **10**, 223; **12**, 179; **15**, 40
—, Chinone **6**, 170, 172; **20**, 106
—, Chlorophyll **11**, 301, 336; **19**, 277
—, Cholesterin **12**, 133, 135, 159
—, Chromone **11**, 150
—, cinchona alkaloids **13**, 304; **19**, 264
—, clavine alkaloids **20**, 21
—, depsides **14**, 191
—, DNA **9**, 416, 421
—, ergot alkaloids **20**, 21
—, estrogene Hormone **12**, 150; **14**, 211
Biosynthesis, Fette **3**, 67; **10**, 213, 237, 238
—, flavones, flavonoids **14**, 191, 204, 206; **17**, 45, 47
—, Flechtenstoffe **8**, 234
—, Gerbstoffe **13**, 126, 127, 129
—, gibberellins **18**, 389
—, herzaktive Glycoside **14**, 96
—, indole alkaloids **6**, 274; **17**, 228; **19**, 260
—, isoquinoline alkaloids **6**, 272; **19**, 257
—, iso-thiocyanate glucosides **18**, 155
—, Lignin **2**, 22; **5**, 218; **6**, 275; **11**, 55; **14**, 204; **17**, 45; **20**, 41, 55, 59, 61
—, lupin alkaloids **19**, 254
—, lycopodium alkaloids **20**, 294, 295
—, monosaccharides **19**, 273
—, mustard oils and glucosides **18**, 155
—, nucleic acids **9**, 413
—, Oligo- und Polysaccharide (Gräser) **15**, 14, 21
—, orcinol scheme **14**, 189, 190, 191, 192
—, oxygen, introduction and removal **14**, 198
—, penicillin **7**, 208; **20**, 28, 29
—, peptides **9**, 292, 319; **19**, 278
—, piperidine alkaloids **19**, 248
—, polyenes (colorless) **12**, 182
—, porphyrin **11**, 300, 329, 334; **15**, 209; **18**, 213; **19**, 274, 275
—, proteins **9**, 292, 293, 302; **16**, 139
—, pyrimidine nucleosides **9**, 415
—, pyrrolidine alkaloids **19**, 248
—, quinolizidine alkaloids **19**, 252
—, rauwolfia alkaloids **13**, 405
—, relations, phenolic and enolic compounds **14**, 186
—, rubber **12**, 136, 186
—, Steroide **3**, 67; **12**, 131, 132, 155, 156; **19**, 266
—, Strychnin-Typus Alkaloide **6**, 274; **13**, 406; **17**, 228, 229
—, terpenes **8**, 195; **10**, 100; **12**, 28; **19**, 266
—, tropolones **13**, 288, 289
—, Veilchenriechstoffe **8**, 195, 196
—, veratrum alkaloids **20**, 358, 359, 360
—, vitamins **15**, 210; **19**, 277
—, yohimbin type alkaloids **13**, 406; **17**, 228, 229; **19**, 260, 261
—, Zellwand-polysaccharide **20**, 249

Biotin, and fat **6**, 36
—, **oxy-**, antagoniste **9**, 99
—, **sulfone 9**, 99
—, **sulfoxide 6**, 36
—, —, in *Aspergillus niger* **20**, 30
Biphenyl, configuration **3**, 220, 221
—, **5,6-methylendioxy-2,2'-dicarbonsäure 18**, 76
—, **3,2',3'-trihydroxy-2-carbonsäure-lacton 18**, 73
—, **5,6,3'-trimethoxy-2,2'-dicarbonsäure 18**, 73
—, **3',4',5'-trimethoxy-2,3,4,6-tetracarboxylic acid 15**, 114
Birch (Birke), buds, genkwanin **17**, 51
—, Knospenöl, Naphthalin **11**, 161
—, oil, insecticide **10**, 457
—, Rinde, Betulin, Oleanolsäure **7**, 19, 61
Bird cadaver, fossil, composition **17**, 388
Birkhuhn, (Federn) Fluoreszenz **18**, 203, 205
Bisabolane 19, 2
Bisabolene, from nerolidol **19**, 267
γ-Bisabolene 12, 5, 28
Bisabolene type sesquiterpenes 12, 3, 4, 5
Bisabolol 12, 5
Bis-N-carbonsäure-anhydrid (Peptid-Synthese) **13**, 489
Biscoclaurin-Alkaloide 9, 177, 180, 209
—, Abbau **9**, 181
—, Asymmetrie-Zentrum **9**, 207, 208
—, Biogenese **9**, 209
—, in Curare **9**, 179
—, opt. Isomerie **9**, 207
—, Pharmakologie **9**, 213
—, Spaltung durch Na in flüss. NH_3 **9**, 184
—, Struktur **9**, 209
—, Systematik **9**, 180
Biscutella auriculata, B. laevigata, isothiocyanates **18**, 162
2,6-Bis-desoxyzucker 7, 113
1,2-Bis-desoxy-zuckeralkohol, 1,2-diamino- 20, 209
N,N'-Bis-(1,3-diethoxycarbonyl-2-azulenyl)-hydrazine 19, 88
2,2'-Bis-(1,3-diethoxycarbonyl-azulenyl)-sulfide 19, 88
Bis-flavone structures 17, 9
Bis-(2-1 Fru, 2-6 Fru)-*D*-fructofuranosyl-saccharose 19, 297
Bis-(3-nitroazulenyl-1)-disulfide 19, 84
Bis-nor-2-acetoxy-lupan-disäure 7, 65
Bis-nor-allocholanate, 3β-acetoxy-7,11-diketo-methyl 10, 330
Bis-nor-allocholanic acid, 3-keto- 1, 72
Bis-nor-cholanate, 3α-acetoxy-11-keto-, methyl 10, 289, 290, 291
Bis-nor-cholanic acid (Bisnorcholansäure) 10, 297
—, **3-keto- 1**, 72
—, **methyl ester, 17α-hydroxy-**, IR spectrum **13**, 32
—, **3-(β)-oxy-15-keto- 4**, 19
Δ^5-Bis-nor-cholenate, 3β-acetoxy-, methyl 10, 330
Bis-nor-desoxycholic acid 10, 289
5,8-Bis-nor-khellin 11, 133, 134
Bis-nor-lupansäure 7, 63
Bis-nor-methyl-β-carotin, Synthese **9**, 13
13,13'-Bis-nor-methyl-β-carotin 9, 15, 16
—, **15,15'-dehydro- 9**, 15
13,13'-Bis-nor-methyl-β-carotinin 9, 15
Bis-(3-phenylazoazulenyl)-disulfide 19, 84
Bisulfite cook (lignin) **5**, 198
Bitis arietans, venom **12**, 410
—, —, adenyl compounds **12**, 417
—, —, nucleosides **12**, 433
—, —, proteinases **12**, 427
B. gabonica, venom **12**, 410, 412, 426
3,3'- and 3,5'-Bitropolonyl 13, 279
3,3'-Bitropolonyl deriv. 13, 261, 262, 279
Bitterstoff-Chemie 17, 124, 125, 126
Bitterstoffe (Bitter principles), Biosynthese **17**, 129
—, digitalis-artige Wirkung **14**, 86
—, glycosidische, herzunwirksame **14**, 90
—, pflanzliche **17**, 124
—, synthetische **17**, 129
—, therapeut. Verwendung **17**, 127
—, unbenannte **17**, 175
—, wirtschaftliche Bedeutung **17**, 128
—, aus *Achillea* und *Menyanthes*, therapeut. Verwendung **17**, 127
—, Apocynaceae **17**, 168
—, Asclepiadaceae **17**, 135
—, Benediktinerkraut **17**, 139
—, Chicoree **17**, 128
—, Compositen **17**, 137
—, Coriariaceae **17**, 161
—, Gentianaceae **17**, 129
—, Hafer **17**, 128
—, Karotten **17**, 128

Bitterstoffe, Kuhmilch **17,** 128
—, Labiaten **17,** 165
—, *Lactuca virosa* **19,** 65
—, Lupinen **17,** 129
—, Menispermaceae **17,** 151
—, Orangen **17,** 128
—, Rotwein **17,** 129
—, Urticaceae **17,** 162
Bitterwert, Bestimmung **17,** 126, 127
Bituminous coals, amino acids **17,** 392
Bituminous oil shales, porphyrins **17,** 399
Bituminous rocks, porphyrins **11,** 310
Bixa orellana, bixin **18,** 320, 322
Bixin I, II, α-, and β- **18,** 321
Bixin, labile and stable **18,** 271, 321
—, natural **18,** 271, 321, 322
—, stereoisomerization **18,** 271
—, structure **18,** 320
all-*trans*-Bixin 18, 321, 322
***cis*-Bixin 18,** 321
Bixin, dihydro- 18, 321
—, methyl- 18, 320
—, —, *cis*-peak **18,** 254, 262
—, —, equilibrium mixtures **18,** 326
—, —, IR spectrum **18,** 325, 326
—, —, natural **18,** 321, 322, 326
—, —, —, configuration, stereoisomers **18,** 323, 324, 326
—, —, —, spectrum **18,** 322, 323, 326
all-*trans*-Bixin, methyl- 18, 322, 326
—, —, spectrum **18,** 321, 323
***cis*-Bixin, methyl- 18,** 326
central-mono*cis*-Bixin, methyl- 18, 323
—, —, IR and UV spectrum **18,** 298, 323, 325
Biziura lobata, sécrétion musquée **6,** 110
Björkman-Lignin 20, 42
Black rot of crucifers 17, 301
Black Sea ooze, oleic acid **17,** 396
Black spot fungus 17, 300
Black-tongue-Faktor 4, 46
Bladhia sieboldii, delphinidin 7-galactoside **20,** 182
Blaireau, sécrétion musquée **6,** 110
Blasskopfrosella (Federn), Fluoreszenz **18,** 200
Blastenia arenaria, Chinone **6,** 173
Blasteniasäure, Blastenin 6, 173
Blastocladiales, carotenoids **12,** 170, 172, 178
Blatt, s. auch, see also, voir aussi, Leaf
Blätter, Plastochinon **20,** 109
Blätter-alkohol 8, 194
Blattfarbstoffe, Epoxyde **5,** 5, 15
Blattgallen, Gallotannin **13,** 71
Blatthühnchen (Federn, Eischalen), Porphyrin **18,** 210
Blaumeise (Federn), Fluoreszenz **18,** 206
Blautetrazoliumchlorid (Papierchromatographie) **14,** 74
Blé, s., **see, voir, Getreide**
Bleak, visual pigment, bleaching and spectrum **14,** 290, 291
Blood (Blut), amino acid concentration **9,** 297
—, amino nitrogen (free) **9,** 296
—, coagulation and snake venom **12,** 413, 417, 428
Blood cells, red, hemolysis **17,** 340, 341
—, —, minor hemoglobin components **17,** 347
Blutfarbstoffwechsel 3, 81, 86
Blood fibrin, submicroscopic segmentation **8,** 18
Blood groups, antigen-specificity **5,** 306
Blutgruppen-Substanzen, Abbau durch Periodat **20,** 236
—, Abspaltung von Di- und Trisacchariden **20,** 236
—, und Aminozucker **20,** 221
—, Biosynthese **20,** 235
—, chem. Untersuchung **20,** 234
—, Endgruppen **20,** 236
—, und Ficin oder Papain **20,** 236
—, (immunol.) **18,** 521
—, Präzipitation **20,** 236
—, Spaltung durch Alkali **20,** 206
—, wasserunlösliche **20,** 234
Blutgruppen-Substanz A→H(O), und B→H(O) 20, 235
Blood plasma, salting-out fractionation **7,** 273
Blood proteins, fish **5,** 284
Blood substitute 5, 288; **8,** 41
Blow-fly, olfactory sense (coumarin) **9,** 240
Blue value (starch and iodine) **11,** 10, 32
Blue whale, carotenoids **5,** 34
Blume (Gerberei), Ellagen-Gerbstoffe **13,** 89, 104
Blumea eriantha, erianthin **17,** 21, *Bl. lacera, Bl. lacinata,* Acetylene **14,** 31, 32
Blutarmut, ansteckende, Virus **4,** 89

Bluteisen, leicht abspaltbares **3**, 108
Blüten, Carotinoid-oxyde **5**, 5, 11
BM (abbreviation for Brownian motion) **10**, 122
BMA (abbreviation for bovine serum mercaptalbumin) **20**, 409
Boat and chair conformations 19, 168, 212
Boden . . ., s., see, voir, Soil . . .
Boeuf musqué, sécrétion **6**, 110
Bogorosid 14, 108, 123
Bogs, carbohydrates **17**, 398
Bois de rose 20, 133
Boistrosid 13, 208; **14**, 116
D-**Boivinose 14**, 73, 86, 102, 104
Bolbocera gallicus, et odeur **6**, 89
Bolborhynchus, Federfarbstoffe, Fluoreszenz **18**, 199
Bolekic acid (Bolekosäure) **14**, 43, 45
Bolekoöl 14, 42
Boletol 6, 162, 168
Boletus spp., *B. satanas*, Chinone **6**, 162, 168, *B. edulis*, *DL*-alanine **20**, 7, hercynine (herzynine) **20**, 5
Bollinger-Körper 4, 96
Bolting (vegetative) and gibberellin **18**, 412
Bombyx mori, fluorescyanine **11**, 370, sécrétion odorante **6**, 89
—, silk fibroin, structure **1**, 318; **11**, 227
Bombyx mori-**Seide** → *d*-Glucosamin **2**, 231, Röntgenfaserdiagramm **1**, 319
Bond angles and distances 3, 207, 208, 209, 224
Bonducin 17, 173
Bone marrow cells, incorporation of amino acids **9**, 317, 343
—, and labeled acetate **9**, 310
Bonella viridis, pigment **2**, 321
Bonelline 2, 321
Boninsäure 2, 42
Bonito, proteins **5**, 269, 279
—, vitamin A **6**, 53
Boraginaceae alkaloids 12, 210
Borna'sche Krankheit (Pferd), Virus **4**, 90
Borneo tallow, component acids, glycerides **1**, 31, 34, 42, 47; **5**, 86, 87
Borneol, → Campher **3**, 11
—, (castoréum) **6**, 113, 114
—, **acetat, dehydro-**, Dien-Synthese **10**, 59
—, **glucuronid 4**, 229
DL-**Borneol**, Dien-Synthese **10**, 58, 59, 60
Bornträger color reaction 7, 251, 258
Bornylen (Dien-Synthese) **10**, 63
Borodin'sche Kristalle 1, 161
Boronia megastigma, Jonone **8**, 153
Boron, and flavonol content (plants) **17**, 14
Boron trichloride-carotenoid complexes 15, 50
Boron trifluoride, as dehydrogenating agent **15**, 51
—, and anhydrovitamin A_1 **15**, 61, 62
—, and carotenoids **15**, 50; **18**, 274
—, **etherate 15**, 51
Boron trifluoride-*retro*-bis-dehydrocarotene 15, 57
Boron trifluoride-α-, *β*-, and *γ*-**carotene 15**, 51, 52, 60
Boron trifluoride-3,4-dehydro-α- and -*β*-**carotene 15**, 56
Boron trifluoride-*retro*-dehydrocarotene 15, 55, 56
Boron trifluoride-lycopene 15, 58
Borsäure (Flavin-Synthese) **2**, 76, 78, 80, 82
Bos indicus, sécrétion musquée **6**, 110
Boswellia Carteri, Boswellinsäure **7**, 19
α- und *β*-**Boswellinsäure 6**, 17, 19, 20, 40, 48, 59
β-**Boswellic acid**, O—H stretching frequency **19**, 195
Bothropotoxin 12, 433
Bothrops spp., venom, carbohydrates **12**, 433
—, —, electrophoresis **12**, 452, 454, 455
—, —, oxidizing enzymes **12**, 429
—, —, proteinase **12**, 427
—, —, proteolytic enzymes **12**, 417
—, —, splitting of prothrombin **12**, 418
B. alternata, venom **12**, 412
—, —, coagulation value **12**, 429
—, —, lecithinase value **12**, 421
—, —, liberation of tyrosine and tryptophan **12**, 428
—, —, phospholipase C **12**, 422
B. ammodytoides, venom, action on RNA and DNA **12**, 425
B. atrox, venom **12**, 412
—, —, action on RNA and DNA **12**, 425
—, —, coagulation value **12**, 429
—, —, inhibition of glycolysis **12**, 431
—, —, interaction with fibrinogen **12**, 428
—, —, lecithinase value **12**, 421
—, —, liberation of tyrosine and tryptophan **12**, 428

Bothrops bilineata, venom, lecithinase value **12,** 421
B. cotiara, venom **12,** 412
—, —, coagulation value **12,** 429
—, —, liberation of tyrosine and tryptophan **12,** 428
B. itapetiningae, venom **12,** 412
—, —, absence of hemagglutinin **12,** 431
B. jararaca, venom **12,** 412, 426, 434
—, —, action on RNA and DNA **12,** 425
—, —, coagulation value **12,** 429
—, —, and fibrinogen **12,** 428
—, —, hyaluronidase **12,** 427
—, —, lecithinase value **12,** 421
—, —, liberation of tyrosine and tryptophan **12,** 428
—, —, nucleotide-pyrophosphatase **12,** 423
—, —, phospholipase **12,** 422
—, —, proteinases **12,** 427
—, —, proteins **12,** 434
—, —, and prothrombin **12,** 429
—, —, S-containing amino acids **12,** 434
—, —, toxic value **12,** 418
B. jararacussu, venom **12,** 412
—, —, action on RNA and DNA **12,** 425
—, —, coagulation value **12,** 420
—, —, lecithinase value **12,** 421
—, —, liberation of tyrosine and tryptophan **12,** 428
B. neuwiedii, venom **12,** 412
—, —, action on RNA and DNA **12,** 425
—, —, coagulation value **12,** 429
—, —, lecithinase value **12,** 421
—, —, liberation of tyrosine and tryptophan **12,** 428
—, —, phospholipase **12,** 422
B. numifera, venom, and fibrinogen **12,** 428
Botryllus Schlosseri, carotenoids **5,** 31
Bougainvillaea glabra, bougainvillaeidin **20,** 185
Bouguer-Lambert-Beer law **5,** 333
Boundary gradient curve **18,** 441, 451, 465, 466, 470
Boundary position equation (ultracentrifuge) **18,** 455
Boundary sharpening and concentration (ultracentrifuge) **18,** 474, 475
Boundary spreading (ultracentrifuge) **18,** 452
—, and sedimentation coefficient **18,** 466, 470
Bouquetin porte-musc, glande à parfum **6,** 91
Bovine plasma albumin, homogeneity **18,** 452
Bovine serum albumin **18,** 461
—, antigen bivalence **18,** 488
—, buoyant density **20,** 409
—, equilibrium with antibody **18,** 487
—, and methylorange **18,** 482
—, sedimentation **18,** 456
Bovine serum mercaptalbumin, buoyant density **20,** 409
—, concentration distribution in CsCl **20,** 404, 410, 411
Bovochrysoid **14,** 112, 122
Bovocyanotoxin **14,** 112, 122
Bovoeolotoxin **14,** 112, 122
Bovoerythrotoxin **14,** 112, 122
Bovogenin A, E **12,** 160; **13,** 189, 190, 200, 214; **14,** 94, 112, 122
Bovogenol A **13,** 189, 190, 200, 214
Bovopurpurosid **14,** 112, 122
Bovosid A—D **13,** 214; **14,** 112, 121, 122
Bovosid D, mono-O-acetyl- **14,** 112, 122
Bovosidol A, D **13,** 214; **14,** 112
Bovoxanthotoxin **14,** 112, 122
Bowiea spp., *B. Kilimandscharica, B. volubilis,* herzaktive Glycoside und Aglykone **14,** 87, 92, 112, 121, 122
Bowieasubstanz A, al-dihydro- **13,** 200
Bowieasubstanz E, F, G **13,** 200; **14,** 112, 122
Brachiose **11,** 22
Brachychiton, Br. diversifolium, polysaccharide (immunol.) **18,** 511, 520, 521, 522, 526, 527, 528
Brachycome spp., Matricariaester **14,** 13
Branching, amylopectin, amylose **11,** 17, 18
Branching enzyme **11,** 29, 30, 31
Brasilinecine **12,** 201, 206, 254
Brassica spp., extrait, fluorescence **2,** 320, and gibberellin **18,** 391, 396, seeds, antithyroid factor **18,** 151, *Br. campestris,* fat **1,** 32, *Br. cernua, Br. dichotoma, Br. glauca, Br. integrifolia, Br. juncea, Br. napus, Br. nigra, Br. oleracea, Br. pseudojuncea, Br. rapa,* iso-thiocyanates **18,** 124, 126, 143, 157, 163, *Br. napus,* flowering and gibberellin **18,** 406, *Br. oleracea,* anthocyanins **20,** 181, Ubichinon **20,** 81, *Br. rapa,* Lutein (als Vogelfutter) **18,** 191, *Br. rutabaga,* polycis carotenoids **18,** 282

Brassicasterol, Biosynthese 12, 143
Bratton-Marschall-Reagens 18, 63
Braunalge, Ubichinon 20, 81
Braunkohlengenerator-teer, azulenes 5, 40
Brayleyanin 9, 250, 251
Braylin 9, 250, 281, 282
—, di- and tetrahydro- 9, 281
Braylinic acid, tetrahydro-, O-methyl 9, 281
Brazil nut, fat, digestibility 6, 15
—, —, fatty acids 6, 56
Bread mold, red, carotenoids 12, 169
Bread poisoning, and *Senecio* spp. 12, 201
Brechwurzel (*Cephaelis* spp.) 8, 280, 296
—, Alkaloide 8, 278, 280, 281, 297, 300
Brein 7, 48, 57
Brenzcatechin-bis-*d*-glycopyranosid-(β,β), octaacetyl- 1, 20
Brenzcatechin-β-*d*-glycosid, tetraacetyl- 1, 20
Brenzchinovasäure 7, 69, 70, 73
Brenzschleimsäure, oxymethyl- 2, 238
Brenztraubensäure, s. auch, see also, voir aussi, Pyruvic acid
—, → Acetessigsäure 4, 270
—, (Biogenese von Alkaloiden) 17, 229
—, biol. Abbau 4, 269, 270, 277, 292
—, (Biosynthese der Phenylpropankörper) 16, 21
—, Stoffwechsel (Leber) 4, 275
2-C^{14}-Brenztraubensäure 12, 135
Brenztraubensäure, ester, phenylcyan- 2, 34
—, *p*-oxyphenyl- 4, 191
—, phenyl-, im Tierkörper 3, 46
—, —, Vorstufe von C_6C_3 Körper 20, 61
Bresk, Lupeol 7, 61
Brevicoryne brassicae and insecticides 10, 432
Brevifolin 13, 91, 105, 106, 107, 108, 130
—, Abbau 13, 106
—, Spektrum 13, 111, 112
—, benzal- 13, 107, 108
—, carbonsäure 13, 91, 105, 106, 109, 110, 129, 130, 131
—, —, Beziehung zu Hexaoxy-diphensäure 13, 128
—, —, Biosynthese 13, 127
—, —, methylester, trimethyl- 13, 110
—, tetramethyl- 13, 106
—, triacetyl- 13, 106, 108
—, tribenzyläther 13, 109
Brevifolin, trimethyl- 13, 106, 108, 110, 111
—, —, aus Flagellagsäure 13, 111
—, —, Oxydation 13, 108
—, —, Synthese 13, 110
Brevifolsäure, amid, trimethyl- 13, 113
—, —, —, Spektrum 13, 112, 113, 114
—, decarboxy-methyl- 13, 109
—, —, Spektrum 13, 112, 114
—, decarboxy-tetramethyl- 13, 109
—, methylester 13, 109
—, —, tetramethyl- 13, 108
—, tetramethyl- 13, 108, 109
—, —, Spektrum 13, 111, 112, 115
—, tribenzyl-methyl- 13, 109
Brevilagin 13, 91, 105
Brickelia pendula, penduletin 17, 54
Bridgman relationship (sedimentation coefficient) 18, 472
Brigl'sches Anhydrid 2, 205
Brisket, fat, digestibility 6, 16
Brittle star, carotenoids 5, 28
Broad bean and gibberellin 18, 395
Brome des prés, phosphotransférase, phytase 19, 356
Bromelin 7, 292, 293
Brom-lignin 2, 11
N-Bromoacetamide, and carotenoids 15, 38, 48, 49
N-Bromophthalimide, and carotene 15, 48
N-Bromosuccinimide, and carotenoids 15, 36, 40, 41, 42, 43, 49
—, and cholic acid 10, 277
Bromus pratensis, phosphatases 19, 324
Bronchitis (Pferd, Rind), Virus 4, 90
Broom, tyramine 6, 253, 256
Brown coals, lipids 17, 396
Brownian motion 10, 158, 160
—, external and internal 10, 123
—, freezing of 10, 150, 151
—, local 10, 122
—, macro and micro 10, 122, 123, 125
—, overall, random, translational 10, 120, 121, 122
Brown water (algae) 5, 24
Brucea sumatrana, Bitterstoffe 17, 175
Brucella-Stämme und Pantothensäure 4, 30
Br. abortus, *Br. melitensis*, *Br. suis*, lipides 10, 249, préparations antigéniques 10, 250

Brucine, fluorescence **2**, 314
—, Grenzkonzentration (Geschmack) **17**, 126
Brush method (location of enzyme zones) **8**, 348, 349
Bryophyllum spp., *Br. crenatum*, *Br. daigremontianum*, and gibberellin **18**, 397, 405
Bryopogonsäure **8**, 225
BSA (abbreviation of bovine serum albumin) **20**, 409
BTC (Abkürzung für Benzyl-thiocarbonyl) **13**, 459
BTGA (abbreviation for benzoyl-1-tyrosylglycine amide) **9**, 330
BTS (Abkürzung für Brenztraubensäure) **20**, 202
Bubulcus ibis, Federpigmente **18**, 216
Bucarpolate, synergist **19**, 149, 150
Buchenholz, Extraktion mit *m*-xylolsulfonsaurem Na **11**, 45
Buchenlignin, Syringaresinol-komponente **11**, 65
Buchweizen (Buckwheat), biosynthesis of caffeic acid, quercetin **16**, 21; **17**, 46
—, und Hypericismus, Fagopyrismus **14**, 143, 145
—, photodynamisch wirksame Farbstoffe **14**, 177
—, rutin **17**, 19, 53
Buddleia variabilis, flavonoloside **17**, 16
Buddleoflavonol, Buddleoflavonoloside **17**, 16
Buellia canescens, Flechtenstoffe **2**, 45; **8**, 228
Bufadienolide **12**, 145, 156, 160; **13**, 153, 188, 195, 200, 201
—, Abbau **13**, 189
—, Biogenese **12**, 160
—, und Dien-Synthese **10**, 84
—, Farbreaktionen **13**, 145
—, (Nomenklatur) **15**, 153
—, Verknüpfung mit Cardenoliden **13**, 189
—, Vorkommen **14**, 78, 87
Bufadienolid-Glycoside **13**, 214, 215
—, und Cardenolid-Glycoside (Pflanzen-Systematik) **14**, 92
—, Fehlen von 2-Desoxyzuckern **14**, 89
—, physiol. Wirksamkeit **14**, 90
—, mit unbekannter Struktur **14**, 112
Bufagin **4**, 13; **5**, 241, 242
—, pharmacology **5**, 253
Bufagin, structure **5**, 244, 245
Bufalin **4**, 12, 14; **5**, 243, 252; **13**, 153, 189, 200
—, **anhydro-** **5**, 252
Bufalone **5**, 252
Bufo agua, *B. americanus*, *B. arenarum*, *B. bufo gargarizans*, *B. bufo japonicus*, *B. chilensis*, *B. crucifer*, *B. formosus*, *B. fowleri*, *B. marinus*, *B. melanostictus*, *B. paracnemis*, *B. quercicus*, *B. regularis*, *B. spinulosus*, *B. valiceps*, *B. viridis*, *B. viridis viridis*, *B. vulgaris*, *B. vulgaris formosus*, venoms **4**, 12; **5**, 241, 242, 243, 244, 246, 249, 254, 255, 256, 257, 259, 260, 261, 262, *B. vulgaris japon.*, und Dehydrocholsäure **3**, 56, *B. bufo bufo*, Hellebrigenin (Bufotalidin) **14**, 88, *B. marinus*, 5-hydroxy-tryptophan **20**, 16, *B. arenarum* (pharmacol.) **6**, 277, *B. arenarum*, *B. marinus*, *B. paracnemis*, tyrosine and indole deriv. **6**, 273
Bufogenin **4**, 13
β-Bufotalane **5**, 248
α- and **β-Bufotalane, hydroxy-** **5**, 247, 248
Bufotalen, Ringsprengung **4**, 15
Bufotalidin **4**, 12; **5**, 243; **13**, 189, 190, 200; **14**, 88
Bufotaliene **5**, 246, 247
Bufotalienone **5**, 246
Bufotalin **4**, 12, 13, 15; **5**, 243, 244, 246; **12**, 160; **13**, 189, 190, 200; **14**, 88
—, **pseudo-desacetyl-** and **acetyl-** **4**, 13; **5**, 252, 253
—, **α-tetrahydro-** **4**, 15
F_3-Bufotalin **4**, 12
Bufotalinin **4**, 12; **5**, 243, 245; **13**, 202
Bufotalone **5**, 246
Bufotenidine **5**, 258, 259, 260
—, pharmacology **5**, 260
—, synthesis **5**, 258
Bufotenine **5**, 257, 258, 259; **17**, 266; **19**, 282; **20**, 17
—, from amino N,N-dimethyl-tryptamine **17**, 266
—, in fungi **20**, 16
—, pharmacology **5**, 259
—, in plants **17**, 266
—, **dehydro-** **5**, 260, 261
—, —, pharmacology **5**, 261
—, **N-oxide** **17**, 266

Bufothionine 5, 260, 261
Bufotoxin 4, 16; 5, 241, 254, 255, 256; 12, 144; 14, 87
Bulbocodium spp., colchicum alkaloids 13, 247
Bulnesia sarmienti, bulnesol, guaiol 19, 53
Bulnesol and **dihydro-** 19, 53
Buna N, synthetic 10, 132, 141, 146, 147, 154
Buna N type copolymers 10, 141
Buna S, synthetic 10, 132, 139, 146, 154
Bungarus coeruleus, venom 12, 410
—, —, ophio-cholinesterase 12, 426
B. fasciatus, venom 12, 410
—, —, cholinesterase 12, 441
—, —, and coenzyme 12, 423
—, —, inhibiting enzymes 12, 432
—, —, lecithinase values 12, 421
—, —, neurotoxin 12, 443
—, —, peptidases and proteinases 12, 427, 428
Bunias erucago, *B. orientalis*, iso-thiocyanates 18, 163
Buoyant behavior, Hevea rubber, *cis*-1,4-polyisoprene, polystyrenes, synthetic high polymers, viruses 20, 412, 416
Buoyant density 20, 374, 395, 414, 415
—, viruses 20, 412, 413
Buoyant medium 20, 386
Bushmaster (venom) 12, 412
Bushy plants and gibberellin 18, 395
Bushy-stunt-Virus 4, 88, 109, 117, 151, 171, 172
Busycon cannaliculatum, hemocyanin 9, 468
Butadiene, 1,2- and 1,4-addition 10, 136
—, Anlagerung von Maleinsäure-anhydrid 10, 11
—, und *p*-Benzochinon 10, 84
—, bond distances 3, 224
—, copolymers 10, 132, 141
—, (Dien-Synthese) 10, 4, 8
—, electron density distribution 17, 418, 419, 420, 421
—, emulsion polymer, sodium polymer 10, 136
—, excitation energy 17, 419
—, hochmethyliert, und Dien-Synthese 10, 27
—, IR spectrum 5, 355
—, limiting structures 17, 419
—, und 5-Methoxy-toluchinon 10, 85
Butadiene, polymerization 10, 131, 134, 135, 141
—, potential along chain 17, 421
—, reactivity ratio 10, 139, 141
cis- and *trans*-**Butadienes**, spatial arrangement 19, 26
Butadien, acetoxy- 13, 78
—, —, und Fumarsäure-dimethylester 13, 78
—, **1-carbonsäure**, und Acrylsäure 10, 22
—, **2,3-di-isopropyl-** (Dien-Synthese) 10, 29
—, **dimethyl-**, polymerization 10, 131
—, **1,1-** und **1,3-dimethyl-** (Dien-Synthese) 3, 9; 10, 8, 27, 28, 29
—, **hexachloro-** 13, 42
—, **1,1,2,3,4,4-hexamethyl-** (Dien-Synthese) 10, 29, 30
—, **1-hydroxy-**, Tautomerie 10, 101
—, **1-isopropyl-3-methyl-** und **2-isopropyl-**, Dien-Synthese 10, 29, 32, 33
—, α- und **β-methoxy-** (Dien-Synthese) 10, 35
—, **tetramethyl-** 19, 134
—, **1,1,4,4-** und **1,2,3,4-tetramethyl-** (Dien-Synthese) 10, 29, 70
—, **trimethyl-** 8, 159
—, **1,1,2-**, **1,1,3-** und **1,2,3-trimethyl-** (Dien-Synthese) 10, 30, 31, 32, 33
Butadiene-styrene copolymers 10, 138
—, *cis-trans* configuration 10, 139
Butane, 2-carboxylic acid, 1,4-dihydroxy- 19, 23
—, **1,1-dicarboxylate, 4-ethoxy-, diethyl-** 12, 218
—, **2,4-dioxy-4-phenyl-** 3, 48, 49; 4, 191
(—)-1,4-Butanediol, 2,3-diveratryl- 15, 117, 118
Butanofilicinic acid 14, 200
Butanolgärung 4, 317
Butan-1-ol, 2,3-dimethyl-, aus Dihydrovitamin D_2 17, 91, 92
—, **tetracarbonsäure** 13, 78
—, **1,2,3,4-tetracarbonsäure-lacton** 13, 75, 77, 78
(—)-Butan-1-ol, 2-méthyl- 10, 179
Butan-2-ol, 4-methoxy-3-amino- 16, 105
Butan-3-ol, *p*-hydroxy- et ***p*-méthoxy-phényl-(1)-** 6, 116
Butanone methiodide, diethylamino- 10, 353

Butan-2-one, 1-brom- 8, 152
—, **1-chloro-3-methyl-** 13, 327
—, **4-diethylamino-** 10, 362
Butan-3-one, 2-brom- 8, 152
—, **2-chlor-** 8, 152
—, **2',3',6'-trimethylphenyl-(1)** 6, 132
Butan-3-one-1-ol, 2-methyl- 12, 237, 238
Butan-sulfonsäure, δ-oxy- 4, 40
Butan-δ-sulton 4, 42
Butaprene 10, 141
Butein 5, 309; 14, 198, 199
1-(or 2-)Butene, 2,3- and 3,3-dimethyl-, IR spectrum 5, 349
2-Butene, 2-carboxylic acid, 1,4-dihydroxy- 19, 22, 23
—, **1-chloro-2-methyl-4-methoxy-** 9, 64
—, **1,4-dibrom-** 8, 190
2-Butenoic acid, in fats 6, 4
2-Buten-1-ol, 3-methyl- (Ubichinon-Synthese) 20, 93
Butenolid-Ring, in Steroiden 13, 153
—, Synthese, in Cardenoliden 13, 194
3-Butene-2-one, 3-methyl-, IR spectrum 5, 355
But-2'-enylrethrin I 19, 127
But-3-enylrethrin, toxicity 19, 153
(±)-But-3'-enylrethronyl *trans*-chrysanthemate, insecticide 19, 154
Butia capitata, B. eriospatha, poly*cis* carotenoids 18, 282
Butter (Beurre), fatty acids 6, 3
—, —, ramifiés 10, 173
—, fat, digestibility, nutritional value 6, 16, 20, 24, 60, 64
—, scorched flavor, and iso-thiocyanates 18, 156
—, weedy flavor (indole) 17, 252
Butterfish, protein 5, 269, 276
Butterfly, pigments 11, 351, 370, 389
—, wings, flavones 17, 6
Butternut fat, digestibility 6, 15
Butyl alcohol, tert., bond distances 3, 208
Butylbenzene, tert., IR spectrum 5, 357, 359
Butyl bromide and **chloride,** tert., bond distances 3, 209
cis-4-te t.-**Butylcyclohexyl tosylate,** S_N2 replacement 19, 189
Butyl-furfurylester, analgetische Wirkung 11, 156
tert.-Butyl hypochlorite 9, 64
Butylphenoxyl, tritert., und Coniferylalkohol 20, 64
Butylphosphate et phosphatase 19, 325
(±)-Butylrethronyl (+)-*trans*-**chrysanthemate,** insecticide 19, 145, 154
Butyl rubber 10, 126, 132, 152, 163
—, 1,4-*trans*-configuration (helical) 10, 134, 148
—, stretched, X-ray pattern 10, 147
—, vulcanized 10, 134
Butyraldehyde, β-hydroxy- 16, 107
—, **N-methyl-γ-amino-** 19, 248, 249
Butyrat (markiert) → Acetacetat 12, 136
Butyric acid (Buttersäure, Acide butyrique), feeding experiments 6, 13
—, occurrence 6, 3
—, from petroleum 17, 397
—, tubercle bac. fat 3, 158
—, in vegetable fats 5, 82
1- and **3-C^{14}-Buttersäure** 12, 135
Butyric acid, α-amino-, (chromatography) 12, 285
—, —, fluorescence 6, 324
—, —, formation from CH_4 and NH_3 14, 329
—, —, from hydrolysis of farm soil 17, 391
—, —, **β,β-dimethyl-γ-hydroxy-** 4, 40
—, —, **β-hydroxy-** 4, 190
—, *threo* - **α - amino - β - hydroxy -,** crystal structure 8, 326; 11, 182
—, **β-amino-,** und Hefewachstum 4, 38
—, **γ-amino-** 7, 262; 18, 94
—, —, from beet root 11, 260
—, **äthylester, γ-acetyl-** 11, 113
—, **α-cyclohexyl-amino-** 4, 241
—, **α,β-** und **β,γ-deuterio-** 4, 190
—, **α,γ-dihydroxy-** 4, 40
—, —, **β,β-dimethyl-** 4, 40
—, —, **α-** und **β-methyl-** 4, 40
—, —, **β-methyl-β-äthyl-** 4, 40
—, —, **β-methyl-β-hydroxymethyl-** 4, 40
—, **β,γ-dihydroxy-β-methyl-** 4, 40
—, **ester, α-formyl-** 8, 295
—, **α-hydroxy-β-methoxy-** 12, 243
—, **(+)-α-hydroxy-α-methyl-,** esterifying ceveratrum alkamines 20, 314
—, **β-hydroxy-,** from acetoacetic acid, (biol.) 14, 198
—, —, (lipides bactériens) 10, 173, 247, 248
—, **β-hydroxy-** und **deuterio-β-hydroxy-** 4, 190

Butyric acid, γ-hydroxy- **4,** 40
—, —, **β,β-dimethyl-** **4,** 40
—, **α-keto-,** from protoporphyrin **11,** 333, 334
—, —, im Tierkörper **4,** 293
—, —, **β,β-dimethyl-γ-hydroxy-** **4,** 34
—, —, **γ-methio-** **4,** 202
—, (—)-*erythro*- and (+)-*threo*-**α-methyl-, α,β-dihydroxy-,** esterifying ceveratrum alkamines **20,** 314
—, **α,β,γ-trihydroxy-** (biol.) **4,** 40
D-(—)-**Butyric acid, α-methyl-,** esterifying ceveratrum alkamines **20,** 314
L-**Butyric acid, α,γ-diamino-,** in polypeptin **11,** 252
Buttersäuregärung **4,** 317
γ-Butyrolactone, α-carbethoxy- **13,** 320
—, **α,γ-dihydroxy-β,β-dimethyl-,** Kondensation mit Aminosäuren **4,** 38
—, —, aus Pantothensäure **4,** 32
—, **α-hydroxy-** **13,** 333
—, —, **β,β-dimethyl-,** rac., Spaltung **4,** 34
—, —, —, Synthese **4,** 33
—, —, **β-methyl-β-äthyl-** **4,** 42
—, **γ-methyl-,** from guaiol **19,** 79
Butyrospermene **12,** 109
Butyrospermol **7,** 12, 14; **12,** 47, 66, 96, 108, 109, 110, 111, 161
—, euphol-type skeleton **12,** 110
—, less reactive (trisubstituted) double bond **12,** 110, 111
—, **dihydro-** **12,** 109, 110
Butyrospermum Parkii, Butyrospermol, Basseol **7,** 14, 19; **12,** 108, fat **1,** 9, 32
Butyrospermyl acetate **12,** 110, 111
—, isomerization **12,** 109
—, **dihydro-** **12,** 110
B. V. (abbreviation for blue value) **11,** 10
Byakangelicin **9,** 227, 270, 271; **17,** 173
—, **anhydro-** **9,** 271
Byankangelicol **9,** 270, 271, 272

C.

C_2-Körper, Abbau im Tier **4,** 280
C_3-Körper, Bildung im Tier **4,** 310
C_4-Dicarbonsäuren, bakterielle Bildung **4,** 309
C_6C_3 Compounds, biosynthesis **14,** 203
$C_6C_3C_6$-Gruppe, Biogenese **16,** 21
C_{10}-Aldehyde, *retro*-**dihydro-,** *cis*-peak **18,** 253
C_{10}-Carbonsäureester, aus Compositen **14,** 17
C_{13}-Abbau-Ketosäure (Vitamin D_2) **11,** 98
C_{13}-Alkohol, aus *Carlina vulgaris* **14,** 20
C_{14}-Aldehyde (Carotinoid-Synthese) **9,** 22
—, IR and Raman spectrum **9,** 60
—, (vitamin A synthesis) **9,** 58, 60, 61, 62
C_{16}- und **C_{21}-Äthinyl-carbinol** (Carotinoid-Synthese) **9,** 10, 19, 30, 35
C_{17}-Alcohol (vitamin A synthesis) **9,** 70, 74
C_{18}-Aldehyd (Carotin-Synthese) **9,** 15
C_{18}- und **C_{19}-Abbau-Alkohol** (Vitamin D) **17,** 92, 93, 108, 109, 116
C_{19}-Abbau-Keton (Vitamin D_2) **11,** 98, 108, 112
C_{19}-Carotinoid-Aldehyd, Azin **9,** 24
C_{20}-Diol (vitamin A synthesis) **9,** 61; **14,** 206
C_{20}- und **C_{21}-Abbau-Aldehyde** (Vitamine D) **11,** 108; **17,** 76, 90, 117
C_{27}-Keton (Vitamin D_2-Synthese) **17,** 75
$C_{30}H_{42}$-Kohlenwasserstoff, Synthese **9,** 9
Cabbage, anthocyanins and biosynthesis **20,** 181
—, auxins **17,** 268
—, 6-hydroxy-tryptamine **17,** 265
—, indole-acetonitrile **17,** 268
—, 2-phenylethyl iso-thiocyanate **18,** 149
Cabrilla pinta, vitamin A **6,** 53
Cacalia hastata, pyrrolizidine alkaloids **12,** 201, 203
Cacao beans, anthocyanase **20,** 177
Cacao butter, component acids, glycerides, essential fatty acids **1,** 27, 30, 32, 34, 41, 44, 45; **5,** 86, 87; **6,** 56
—, digestibility, intestinal absorption **6,** 15, 20, 24
Cacao germ oil, tritisterols **12,** 121
Cacaorot, aus *l*-Epicatechin **16,** 6
Cacatua, C. citrinocristata, C. moluccensis, C. sulfurea, Federn, Fluoreszenz **18,** 195, 199, 201
Cachalot, ambre gris **6,** 120, 121
Cactus alkaloids, biogenesis **6,** 268, 270
—, history **6,** 242, 244, 252
—, isolation **6,** 250
—, occurrence, location **6,** 247, 249, 250
—, pharmacology **6,** 276
Cadalene **5,** 41, 62; **12,** 4, 6
—, from germacrone **19,** 12
—, **1-hydroxy-** **5,** 48

Cadalene type sesquiterpenes **5**, 63
Cadavers, saturated fatty acids **17**, 388
Cadaverine, in ergot **9**, 119
—, from nocardamine **16**, 118
Cadinane type sesquiterpenes **19**, 2
α-, β-, γ-, δ-, ε-**Cadinenes** **12**, 4, 5, 28
—, dehydrogenation **12**, 4
Cadinene type sesquiterpenes **12**, 3, 4, 5, 28
α-, β-, and γ-**Cadinol** **12**, 5
Caesalpinia brevifolia, C. coriaria, Ellagengerbstoffe **13**, 89, 105
Caféine, salicylate, fluorescence **2**, 313
Cafestol **18**, 390
—, und Dien-Synthese **10**, 13, 69, 87, 93, 94
Caffeic acid **17**, 46
—, biosynthesis in buckwheat, in tobacco **17**, 46
—, precursor **17**, 46
Caica, C. leucogaster, Federpigmente, Fluoreszenz **18**, 195, 199
Caiçara (venom) **12**, 412
Cailcedrin **17**, 173
Cakile maritima, iso-thiocyanates **18**, 163
Calabar bean, phytosterol's **1**, 91
Calacane, Calacorane **19**, 2
Calactin **14**, 96, 108, 120
Calamendiol **12**, 5
Calamenene **12**, 5
Calamintha spp. and gibberellin **18**, 397
Calcareous tests, amino acids **17**, 393
Calciferol **1**, 85; **3**, 24; **11**, 83
—, fluorescence **6**, 318
Calcium carbonate, precipitation and dissolution (carbon cycle) **14**, 318, 324
Calcium-enolat, antirachitische Wirkung **17**, 101
Calcium phosphate, adsorbent for uroporphyrins **11**, 310
Calcium-platelet system (physiol.) **12**, 428
Calebassen-Alkaloide, Bausteine **17**, 194
—, Beziehung zu Strychnin **17**, 189
—, curare-aktive **17**, 232, 234
—, dimere, Strychnin-Typus, Gruppen **17**, 206, 207
—, Elektrophorese, Gegenstromverteilung **17**, 188
—, Geschichte **17**, 186
—, Papierchromatographie **17**, 187, 188, 189
—, Resorption, Verteilung, Ausscheidung **17**, 234
Calebassen-Alkaloide, Spektrum **17**, 191, 239
—, Struktur **17**, 194
—, Strychnin-Typus **17**, 205
—, in *Strychnos* spp. **17**, 237
—, tertiäre, Unterscheidung von dimeren und monomeren **17**, 205, 206
—, und Tryptamin **17**, 185
—, Yohimbin-Typus **17**, 195
Calebassen-Alkaloid, A **17**, 207, 227, 236, 237, 238, 239, 240
—, —, = 18,18′-Dihydroxy-calebassin **17**, 228
—, —, aus Toxiferin-I **17**, 228
—, **B** **17**, 207, 236, 239, 240
—, —, Curarewirkung, Ganglionblokkung **17**, 234
—, **C** **17**, 207, 236, 237, 239, 240
—, **D** **17**, 207, 227, 236, 237, 239, 240
—, —, aus Dihydro-toxiferin **17**, 228
—, **E** **17**, 207, 227, 236, 237, 239, 240
—, —, Letaldose **17**, 186
—, —, aus Toxiferin-I **17**, 226
—, **F** **17**, 207, 227, 228, 236, 237, 239, 240
—, **G** **17**, 207, 226, 227, 236, 237, 239, 240
—, —, Letaldose **17**, 186
—, **H** **17**, 206, 226, 227, 228, 236, 237, 239, 240
—, —, Wirkung **17**, 234
—, **I—Y** **17**, 189, 195, 196, 199, 206, 211, 226, 228, 230, 236, 237, 239, 240
—, **M-chlorid,** Spektrum **17**, 193
—, **T,** = Lochnerin **17**, 200
Calebassin **17**, 189, 207, 220, 225, 227, 236, 237, 240
—, → Desoxy-calebassin **17**, 223
—, aus Dihydrotoxiferin **17**, 228
—, dimere Formel **17**, 224
—, und Fluorocurarin **17**, 207, 228
—, Spektrum **17**, 222, 239
—, Struktur **17**, 223, 224, 225
—, **deriv.** **17**, 225
—, **desoxy-** **17**, 223, 225
—, —, aus Calebassin **17**, 223
—, —, und Fluorocurarin **17**, 207
—, —, Spektrum **17**, 224
—, **dichlorid,** Letaldose **17**, 186
—, —, Spektrum **17**, 193
—, **18,18′-dihydroxy-** **17**, 228
—, **dimethyläther** **17**, 223
—, **18-hydroxy-** **17**, 228
—, **$N_{(a)}$-monometho-desoxy-** **17**, 223, 225

Calebassin, Säureaddukt, Spektrum **17,** 225
—, **tetrahydro-** **17,** 221, 225
Calebassin-Gruppe, Alkaloide vom Strychnin-Typus **17,** 226
—, Curare-Wirkung **17,** 234
—, Partialformeln **17,** 222
—, **tetrahydro-** **17,** 222
Calebassinin **17,** 236, 237, 239
Calendula, Matricariaester **14,** 13
C. officinalis, Violaxanthin **5,** 5, poly*cis*-carotenoids **18,** 282
Calf thymus DNA, concentration distribution **20,** 376
Callichromides, sécrétion musquée **6,** 110
Callocephalon (Federn), Fluoreszenz **18,** 199
Callose (carbohydrate) **8,** 14
Callus formation (gibberellin, auxin) **17,** 303
Calotoxin **4,** 9, 11, 12; **7,** 140, 141, 152; **14,** 96, 108, 120
Calotropagenin **4,** 6, 11; **7,** 152; **13,** 198, 212; **14,** 80, 81, 96, 120
—, **anhydro-** **4,** 9; **7,** 140, 141, 152
Calotropin **4,** 9, 11; **7,** 140, 141, 152; **13,** 212; **14,** 96, 120
Calotropis-Gifte **7,** 140
Calotropis spp., *C. gigantea, C. procera,* herzaktive Glycoside und Aglykone **4,** 6, 9, 11; **7,** 140, 141; **13,** 151; **14,** 80, 90, 92, 94, 96, 108, 110, 120
Calycin **2,** 34
Calycopterin **17,** 8, 20, 30, 38, 55
—, bioeffect **17,** 49
—, → *p*-hydroxy-benzoic acid **17,** 30
—, synthesis **17,** 38
Calycopteris floribunda, calycopterin **17,** 55
Calyptorhynchus (Federn), Fluoreszenz **18,** 199
Cambialsaft, Lignin-Bildung **11,** 66, 72; **20,** 61, 62
Cambium, Coniferylalkohol, Vanillin **11,** 66, 72
—, Querschnitt **11,** 70
Cambrian fossils, organic matter **17,** 380, 381
Camelina dentata, C. microcarpa, C. sativa, iso-thiocyanates **18,** 147, 163
Camelinin **18,** 147
Camellia spp., and gibberellin **18,** 397
Campanula spp. and gibberellin **18,** 396, 397
Campestane **12,** 116
Campesterin, dehydro- **11,** 94
Campestrine **12,** 201, 206
Camphan **3,** 9
—, Dien-Synthese **10,** 59
Camphan-Reihe und Cyclopentadien **10,** 56, 57
Camphen, → Campher **3,** 11
—, Dien-Synthese **10,** 58, 59
—, insecticide **10,** 458
—, in *Lachnophyllum*-Öl **14,** 14
Camphenilol, methyl- **3,** 10, 11; **10,** 58, 59
Camphenilon **1,** 260; **3,** 10, 11
—, Dien-Synthese **10,** 58, 59
Campher (Camphor), Dien-Synthese **3,** 7, 10, 11; **10,** 57, 58, 59, 61
—, Geruch und Ringgliederzahl **8,** 192
—, Hydrierung, katalytische **10,** 61, 62
—, insecticide **10,** 457, 458
—, reduction with alkali metal and NH_3 **19,** 225
—, Schmpt.-Depression **1,** 260
—, im Tierkörper **4,** 196
—, ***trans*-π-oxo-** **4,** 225
—, **3-oxy-,** im Tierkörper **3,** 45
—, **π-oxy-,** *cis-* und *trans-* **4,** 222, 225
Campher-alkohole, Dien-Synthese und Konfiguration **10,** 58, 60
trans-π-**Campher-carbonsäure** **4,** 225
α-Camphoren **3,** 8; **12,** 20, 21, 23
—, Dien-Synthese **3,** 7, 8; **10,** 47
—, aus Isopren **8,** 196
Camphor oil, azulenes **5,** 41
Camphorquinone **3,** 45
Camptosorus rhizophyllus and gibberellin **18,** 411
Canaline **18,** 88, 94
Canard musqué, sécrétion **6,** 110
Canarien-glycosid A **14,** 110, 123
Canarium luzonicum, elemi acids **12,** 116
Canavanine **18,** 85, 88, 89, 93, 94, 99, 105, 106
—, décarboxylation, désimination **18,** 93, 100
—, dismutation **18,** 101
Canavanino-succinique (acide), (biogenèse d'arginine) **18,** 86, 91
—, répartition **18,** 105, 106
Cancer, and podophyllum **15,** 87, 144
—, use of snake venom **12,** 413

Cancer borealis, *C. irroratus*, DNA **20**, 406, *C. pagurus*, xanthopterin, hepatopterin **11**, 368, 386
Candicine 6, 248, 254, 255, 257, 269
—, pharmacol. effect **6**, 277
—, **hydroxy- 6**, 257
—, **O-methyl- 6**, 255
Candida pulcherrima, gibberellin **18**, 351
Canescine 13, 350, 359, 361, 366, 405, 421
—, biol. effect **13**, 422
—, IR and UV spectrum **13**, 360
Cantharellus spp., *C. cibarius*, *C. cinnabarinus*, *C. infundibiliformis*, *C. lutescens*, carotenoids **12**, 169, 172, 173, 174, 175, *C. cinnabarinus*, canthaxanthin **15**, 47
Cantharidin 6, 89
—, Dien-Synthese **3**, 11, 12, 14; **10**, 13, 87, 88, 89, 90, 91, 99
—, exo-Isomeres **10**, 90
—, **dehydro-**, Dien-Synthese **10**, 87, 88
Canthaxanthin 12, 170, 173; **18**, 243
—, *cis*-peak **18**, 253, 254
—, configurational assignments **18**, 301
—, = 4,4′-diketo-β-carotene **15**, 47; **18**, 228
—, in fungi **12**, 176
—, iodine-catalyzed and thermal equilibrium **18**, 267, 270
—, IR and UV spectrum **18**, 302, 303
—, synthesis of *cis* forms **18**, 275
central-mono*cis*-Canthaxanthin 18, 293, 302
—, IR spectrum **18**, 303
Cape cobra, venom **12**, 410
Capensinidin 20, 172
Caperatsäure 2, 30; **8**, 209
Capillary fragility, and rutin, quercetin **17**, 19, 48
Capillen, Capillin 14, 27, 38
Capparidaceae, myrosin **18**, 136
—, iso-thiocyanates and glucosides **18**, 154, 167
Capparis spinosa, iso-thiocyanates **18**, 167
Capra ibex, sécrétion musquée **6**, 110
Caprarsäure 2, 50
Capric acid (Caprinsäure), occurrence, deposition **6**, 3, 13
Caprimulgi (Eischalen, Federn), Porphyrin **18**, 204, 210
Caproic acid (Capronsäure), occurrence, deposition **6**, 3, 13
Caproic acid, tubercle bacillus fat **3**, 158
—, **α,ε-dioxy- 4**, 40
—, **monooxy-2-amino- 2**, 234
Caprylic acid (Caprylsäure), occurrence, deposition **6**, 3, 13
—, **amid**, aus Agrocybin **14**, 50
—, **ω-amino- 14**, 51
Capsanthin 18, 243
—, *cis*-peak **18**, 253, 254
—, *cis-trans* rearrangement **18**, 231, 264
—, configurational assignments **18**, 310
—, iodine-catalyzed equilibrium **18**, 271
—, isomerization by refluxing **18**, 267
—, spectrum **18**, 311
—, structure **18**, 229, 310
—, in tunicates **5**, 31
—, im Vogelfutter **18**, 190, 198
—, **dipalmitate 18**, 267, 270, 311
—, **epoxyd 5**, 3, 4, 8
Capsella bursa pastoris, iso-thiocyanates **18**, 163
Capsicum annuum, Capsanthin **18**, 190, 231, Vitamin C **2**, 134
Capsochrom 5, 8, 10
Capsorubin 18, 243
—, configurational assignments **18**, 316
—, iodine-catalyzed equilibrium **18**, 271
—, isomerization by refluxing **18**, 267
—, isomerization, spontaneous **18**, 264
—, in tunicates **5**, 31
—, **dipalmitate 17**, 270, 317
Capsularin 14, 86, 125
Caracurin-I—IX 17, 190, 207, 238, 240
—, Spektrum **17**, 239
Caracurin-II 17, 189, 227, 237, 238
—, aus Caracurin-Va **17**, 228
Caracurin-V 17, 190, 206, 207, 215, 217, 227, 240
—, → Caracurin-Va **17**, 228
—, und Nordihydro-toxiferin **17**, 214
—, Synthese **17**, 216, 217, 218
—, **dichlormethylat**, Totalsynthese **17**, 218
—, —, → Toxiferin-I **17**, 228, 235
—, **$N_{(b)}$-metho-** und **-dimetho- 17**, 216, 227
Caracurin-Va 17, 217, 227, 228, 240
—, → Caracurin-II **17**, 228
—, → 2 Mol. Caracurin-VII **17**, 215
—, = Nor-toxiferin **17**, 215
Caracurin-VI 17, 190, 206, 227, 240
Caracurin-VII 17, 187, 206, 211, 215, 217, 227, 240

Caracurin-VII = Wieland-Gumlich-Aldehyd **17**, 190, 211
Carassius auratus, carotenoids **5**, 32
ε-**Carballyloxy-*L*-lysin** **13**, 479
Carballyloxy-Schutzgruppe (Peptid-Synthese) **13**, 457
Carbamidsäure, dithio-, Salze (Acyl-Blockierung) **13**, 456
—, **ester** (Acyl-Blockierung) **13**, 455
Carbamin-Bindung, Hydrierung **3**, 30, 74
Carbamylphosphate **18**, 90
Carbanion reduction process **19**, 223
Carbäthoxy-ester (Peptid-Synthese) **13**, 452, 471
α-**Carbäthoxy-glutarsäure-äthylester**, β-sec.-**butyl-** **8**, 288, 289
Carbazole **13**, 369
—, from ajmaline **10**, 403
—, color reaction (nucleotides) **8**, 125
—, aus Nor-curarin **17**, 218
—, **1-methyl-** **17**, 218
Carbinol, 3,4-dihydroxy-benzoyl-methyl- **5**, 217
—, **diphenyl-**, und Resorcin **16**, 8
—, **3-methoxy-4-hydroxy-benzoyl-methyl-** **5**, 218
—, **methyl-isobutyl-** **3**, 38
—, **methyl-syringoyl-** **5**, 219
—, β-**phenäthyl-äthyl-** und **-methyl-** (Harn) **3**, 48, 49
Carboalkoxy-aminosäure-bromide, Cyclisierung **13**, 514
Carbobenzoxy-deriv. → Hydantoin-deriv. **13**, 457
Carbobenzoxy-Rest (Peptid-Synth.) **13**, 446
—, Entfernung **13**, 456, 477
—, als Schutzgruppe **13**, 455
—, *p*-substituierter **13**, 457
Carbobenzoxy-chlorid (Peptid-Synthese) **13**, 455
Carbobenzoxy-*d*-glucosamin **2**, 232
N′-Carbobenzoxy-hydrazide, N-aminoacyl- **13**, 476, 522
Carbobenzoxy-*L*-iso-asparagine **9**, 329, 330
Carbobenzoxy-*L*-iso-glutamine **9**, 329, 330
Carbobenzoxy-*D*- and ***L*-methionine amide** **9**, 329, 330
Carbobenzoxy-*L*-phenylalanyl-glycine **9**, 325, 326, 327
Carbobenzoxy-phenylalanyl-glycyl-glycine anilide **9**, 326
Carbobenzoxy-phenylalanyl-glycyl-tyrosine amide **9**, 325
Carbobenzoxy-*L*-serine amide **9**, 329, 330
Carbodiimide, dicyclohexyl- **15**, 119
Carbodiimid-Verfahren (Peptid-Synthese) **13**, 459, 513
Carbohydrate, s. auch, see also, voir aussi, Kohlenhydrat
Carbohydrates, in bogs, muds, peats, soils, fossils **17**, 398
—, conformational analysis **19**, 166
—, in immune reactions **18**, 504
—, lignin complex **5**, 179, 197
—, in sediments (unpolymerized) **17**, 387
—, source of porphyrins **11**, 330
β-**Carboline**, spectrum **10**, 407
—, **2,3,4,5-tetrahydro-4-carboxylic acid** **10**, 393
—, **3,4,5,6-tetrahydro-** **13**, 351, 366, 392, 401
—, —, **benzyl-**, rearrangement **19**, 262
—, —, **3,4-dimethyl-** **6**, 252
—, —, **3-keto-** **13**, 338
—, —, **11-methoxy-** **13**, 376, 377
β-**Carboline alkaloid** from *Rauwolfia canescens* **13**, 350
β-**Carbolinium-deriv.**, Spektrum **17**, 192, 239
—, $N_{(a)}$-substituierte **17**, 197
4-Carbomethoxy-phenyl-glycyl-, 2-nitro- **13**, 463
Carbomycin, structure **16**, 110
Carbon, cycle in nature **14**, 317, 319, 323
—, distribution on Earth **14**, 325; **20**, 443
—, fixation, annual **14**, 320
—, isotopic composition in nature **14**, 329, 330, 331
—, organic, lifetime in sedimentary cycle **14**, 326
—, —, in marine mud **17**, 392
—, on primitive Earth **14**, 325, 327
—, planetary, oxidation **14**, 328
—, precipitation by organisms **14**, 324
—, reduced, in rocks **17**, 386
—, in sediments **14**, 323, 325, 332
—, total amount in living matter **14**, 319
—, in the universe **14**, 326
Carbon system, evolution **14**, 326
Carbonates, dialkyl-, IR spectra **5**, 373
—, macrocycliques, odeur **6**, 107
Carbonate carbon in marine mud **17**, 392

Carbon dioxide, (air), isotopic composition of carbon **14,** 330, 331
—, amount involved in carbon cycle **14,** 319, 326
—, in the atmosphere **14,** 319
—, interaction with silicate rocks **14,** 318
—, labeled, incorporation **9,** 310, 312, 351
—, rates of fixation **14,** 321
—, in Oceans **14,** 319
Carbon disulfide, from iso-thiocyanates **18,** 130
Carbonic acid deriv., IR spectra **5,** 373
Carbonium ion, rearrangement and steric compression **19,** 216
Carbonmonoxy-hemoglobin (nomenclature) **17,** 325
—, dissociation constants **17,** 369
—, sedimentation constant **17,** 328
Carbonsäure, oestrogene, Dien-Synthese **10,** 75
—, Umsetzung mit Aminen (pH) **13,** 449, 450
Carbonsäure-alkylkohlensäure-anhydride **13,** 497
N-Carbonsäure-anhydride, (Peptid-Synthese) **13,** 465, 478, 508, 515
—, Polykondensation **13,** 519
—, Ringöffnung **13,** 474
Carbon tetrabromide and **tetrachloride,** bond distances **3,** 209
Carbonyl, Bildung im Tierkörper **4,** 199
—, → Carboxyl (biol.) **4,** 288
—, conjugated, bathochromic effect **15,** 68
—, conjugated with C=C, IR spectrum **13,** 35
—, hydride reduction and conformation **19,** 189
—, Hydrierung (Fermente) **3,** 71
—, reactivity and conformation **19,** 189
Carbonyl compounds, IR spectra **5,** 364, 366
N-Carbonyl-aminosäureester **13,** 527
Carbonyl-asparaginsäureester (Peptid-Synthese) **13,** 528
Carbonyl-bisglycin **13,** 499
Carbonyl-glycinester **13,** 527
Carbonyl-glutaminsäureester (Peptid-Synthese) **13,** 528
Carbonyl-peptidester **13,** 527
N-Carbo-propyloxy-Gruppierung **13,** 458
Carbostyril, 3-ethyl-4-methyl- **13,** 328
—, **3ω-hydroxyethyl-dihydro-** **13,** 321
Carboxamide, chlorohydrate **9,** 390
Carboxyhemoglobin (bovine), and fetal hemoglobin (sheep), separation **11,** 287
Carboxyl-Gruppe, Bildung im Tier **4,** 209, 227, 229
—, veresterte, Peptidverknüpfung **13,** 474
Carboxy-peptidase **9,** 332, 351; **11,** 276; **12,** 278, 295, 296, 312, 316, 428
—, amino acid composition **11,** 254
—, autolysis **12,** 316
—, C- and N-terminal residues **11,** 266, 272, 273, 274
—, and C-terminal method **12,** 315
—, and crotoxin **12,** 451
—, and denatured proteins **12,** 316
—, and di-isopropyl-fluorophosphate **12,** 316
—, and DNP-peptides and proteins **12,** 316
—, and oxidized insulin **12,** 317
—, in quantitative analysis (amino acids) **12,** 317
Carboxylic acid, „activated" **19,** 279
—, IR spectra **5,** 369, 370
Carbures d'hydrogène, fluorescence **2,** 332
Carcinogene, Mischfilme **4,** 389
Carcinus maenas, carotenoids **5,** 30
Cardamine amara, C. flexuosa, C. graeca, C. hirsuta, C. pratensis, **iso-thiocyanates** **18,** 163
Cardanolide **13,** 144
—, (Nomenklatur) **13,** 153
—, **14,21-** und **16,21-oxido-** **13,** 139, 142, 144; **14,** 90
—, —, Konfiguration **13,** 158
Cardenolide **12,** 145, 156, 160; **13,** 196, 197
—, Abspaltung des 14-Hydroxyls **13,** 154, 156
—, Biogenese **12,** 160
—, und Dien-Synthese **10,** 84
—, Farbreaktionen **13,** 144
—, herzaktive und inaktive **14,** 90
—, mit Methylreduktinsäure und Oxymethylreduktinsäure verknüpft **14,** 96
—, → Nebennierenhormone **13,** 156
—, Steroidnatur **13,** 154
—, Synthese des Butenolidringes **13,** 194
—, Vorkommen **14,** 78, 87
17α- und **17β-Cardenolide** **13,** 139, 145; 169; **14,** 90

Cardenolid, **11-keto-12α-** und **-12β-oxy-** **13,** 181
—, **11α-oxy-12-keto-** **13,** 181
—, **1β,3β,14-** und **3β,12β,14-trioxy-** **13,** 161, 167
5α-Cardenolid, **3β,14-oxy-** **13,** 160
Cardenolid-glycoside **12,** 202, 203
—, (Pflanzensystematik) **14,** 92
—, physiol. Wirksamkeit **14,** 90
—, mit unbekannter Struktur **14,** 108
Cardinalis cardinalis, Feder-Carotinoide **18,** 187, 191
Cardiotoxin, in snake venoms **12,** 408, 417, 441, 442, 443
Cardol **14,** 192
Cardón grande, cactus alkaloids **6,** 248
Carduelis spp., *C. cannabina, C. carduelis, C. flammea,* Federpigmente **18,** 180, 186, 187, 193, 194
Car-3-ene, IR spectrum **13,** 35
Cariamae, Federpigmente **18,** 205
Caricaceae, iso-thiocyanates and glucosides **18,** 155, 168
Carica papaya, iso-thiocyanates **18,** 168, Violaxanthin **5,** 5
Carimbose **16,** 110, 112
Carissa lanceolata, C. ovata, herzaktive Glycoside und Aglykone **14,** 115
Carissone **12,** 7, 8
Carlic acid **2,** 145, 153
Carlinaoxyd **14,** 2, 10, 11, 27
—, pharm. Wirkung **14,** 11
—, Spektrum **14,** 8
—, Synthese **14,** 11
Carlina acaulis, Carlinaoxyd **14,** 10, 58, *C. vulgaris,* Acetylenverbindung **14,** 20, 58
Carlina-Wurzel, Wirkung **14,** 11
Carlinen **14,** 10
Carminsäure **6,** 200
Carnauba wax, fatty acids **6,** 3
Carnaubic acid, occurrence **6,** 3
Carnegiea gigantea, cactus alkaloids **6,** 246, 248, 265
—, light requirement and gibberellin **18,** 410
Carnegine **6,** 246, 248, 264, 265, 266
—, pharmacol. effect **6,** 279
Carob (polysaccharides, immunol.) **18,** 514, 515, 520, 521, 522, 525, 526, 528
trans-**Caronate, dimethyl-** **19,** 136
Caronic acid, *meso-cis-* and (—)-*trans-* **19,** 129, 130, 132
Carotane **19,** 59, 61
Carotene (Carotin, Carotène), s. auch, see also, voir aussi, Neo- . . ., Pro- . . .
Carotene, and acid **18,** 273
—, in acid-fast bacteria **3,** 181
—, dans Bactéries **10,** 218, 221, 222, 223
—, Biosynthese, in *Mycophyces blakesleeanus* **12,** 137
—, im Blatt **1,** 160, 233
—, in edible fats **6,** 10, 38, 52
—, fluorescence **6,** 344
—, relationship to vitamin A **9,** 80; **18,** 331
—, im Vogelfutter **18,** 190
—, **dehydro-** **15,** 40, 41, 48
—, —, and BF_3 **15,** 55
retro-**Carotene, bisdehydro-** **15,** 40, 41, 43, 44, 49
—, —, BF_3 complex, cleavage **15,** 57, 58
—, —, spectrum **15,** 75
—, **dehydro-** **15,** 40, 41, 48, 51, 52
—, —, BF_3 complex **15,** 55, 56
—, —, *cis* form **18,** 293
—, —, configurational assignments **18,** 306
—, —, from echinenone **15,** 47
—, —, iodine-catalyzed equilibrium **18,** 270, 272
—, —, $\rightleftarrows$ isocryptoxanthin **15,** 55
—, —, isomerization by refluxing **18,** 266
—, —, photoisomerization **18,** 268, 269
—, —, spectrum **15,** 74; **18,** 255
—, —, structure **18,** 228
—, **trisdehydro-** **15,** 41
α-Carotene, adsorption affinity of isomers **18,** 243
—, BF_3 complex **15,** 52, 54
—, biopotency **18,** 332, 333
—, and N-bromosuccinimide **15,** 48
—, *cis*-peak, fine structure **18,** 253, 254
—, configurational assignments **18,** 306
—, → 3,4-dehydro-α-carotene, spectral change **15,** 42
—, in fungi **12,** 172, 174, 175
—, iodine-catalyzed equilibrium **18,** 270, 272
—, IR and UV spectrum **18,** 245, 298, 306, 307
—, (marine) **5,** 21, 26, 29, 31, 32, 33, 35
—, stereoisomerization, spontaneous and thermal **3,** 228; **18,** 235, 264, 266

α-Carotene, structure **18,** 227, 229
—, synthesis of *cis* forms **18,** 275
cis-α-**Carotenes,** biopotency **18,** 332
15,15′-**mono***cis*-α-**Carotene** **18,** 292, 307
DL-α-**Carotin,** Synthese **9,** 31
α-Carotene, 4-acetoxy- **15,** 53
—, **3,4-dehydro-** **15,** 42, 48, 49, 52, 53; **18,** 273
—, —, BF_3 complex **15,** 48, 56
—, —, configurational assignments **18,** 308
—, —, iodine-catalyzed equilibrium **18,** 270
—, —, isomerization by refluxing **18,** 266
—, —, spectrum **15,** 56, 67
—, —, structure **18,** 229
—, **5,6-dihydro-,** *cis*-peak **18,** 253
—, —, iodine-catalyzed equilibrium **18,** 270
—, —, spectrum **17,** 438
—, **3,3′-dihydroxy-** **15,** 62; **18,** 229, 243, 270, 308
—, **4-ethoxy-** **15,** 52; **18,** 270
—, **4-hydroxy-** **15,** 48, 52, 53, 65
—, —, and acid **18,** 273
—, —, *cis*-peak **18,** 253
—, —, formation and conversions **15,** 53
—, —, iodine-catalyzed equilibrium **18,** 270, 272
—, —, isomerization by refluxing **18,** 267
—, —, spectrum **15,** 48, 65
—, **4-keto-** **15,** 52, 53
—, —, iodine-catalyzed equilibrium **18,** 270
—, —, spectrum **15,** 71
—, **monoepoxyd** **5,** 3, 5, 8, 16
—, —, **trihydroxy-** **18,** 267, 271, 308
ψ-α-**Carotene** **18,** 230, 331
—, biopotency **18,** 441
β-**Carotene,** adsorption affinity of isomers **18,** 243
—, → Astaxanthin (Heuschrecke) **18,** 192
—, Bezifferung **9,** 4; **18,** 227
—, BF_3-complex **15,** 51, 52
—, biosynthesis **12,** 188
—, and N-bromosuccinimide **15,** 40, 42, 43, 47
—, *cis*-peak, fine structure **18,** 253, 254
—, configurational assignments **18,** 295
—, → 3,4-dehydro-β-carotene → iso-cryptoxanthin (spectra) **15,** 57
β-**Carotene,** in fungi **12,** 172, 174
—, „glasses" **18,** 263
—, iodine-catalyzed equilibrium **18,** 270, 272
—, IR spectrum **18,** 295, 297
—, Isopren-Bausteine **3,** 4
—, lengthening of chromophore, spectrum **15,** 67
—, oxydation et antivitamine A **9,** 102
—, provitamin A potency **15,** 45
—, from *retro*-dehydrocarotene **15,** 56
—, spectrum **18,** 246, 296
—, —, at low temperature **18,** 263
—, stereoisomerization, spontaneous **9,** 5; **18,** 264
—, —, thermal **3,** 227; **9,** 5; **18,** 265, 266
—, structure **15,** 33; **18,** 227, 228
—, Synthese **9,** 19, 21, 22, 27, 28, 31; **18,** 231, 274, 276, 277
—, → 4,4,4′-tribromo-β-carotene **15,** 47
all-*trans*-β-**Carotene** **9,** 4, 26
—, biopotency **18,** 332, 333
—, IR spectrum **18,** 295
—, model **17,** 278
—, spectrum **18,** 246, 299
cis-β-**Carotenes,** biopotency **18,** 332
—, IR spectrum **13,** 58, 59
—, number **18,** 235
—, unhindered, models **18,** 236, 237
central-mono*cis*-β-**Carotene** **9,** 26; **18,** 282, 297
—, biopotency **9,** 26; **18,** 332
—, dichroism in solid solution **18,** 259
—, IR spectrum **18,** 295, 298
—, model **18,** 278
—, photosensitivity **18,** 269, 293
—, spectrum **18,** 296
—, —, at low temperature **18,** 263
—, Stereoisomerisierung **9,** 26
—, synthesis **18,** 277
11,11′-**di***cis*-β-**Carotene** **18,** 239, 300
—, biopotency **18,** 332
—, configuration **18,** 300
—, spectrum **18,** 299
—, — at low temperature **18,** 263
β-**Carotene, 3,4,3′,4′-bisdehydro-** **15,** 40, 41, 43, 44, 48, 49
—, —, *cis*-peak **18,** 228, 253, 254
—, —, configurational assignments **18,** 305
—, —, provitamin A effect **15,** 45
—, —, spectrum **15,** 70; **18,** 305

β-Carotene, 3,4,3′,4′-bisdehydro-, structure **15,** 41
—, —, synthesis of *cis* forms **18,** 275
—, —, **central-mono*cis*-** **18,** 239
—, —, —, spectrum **18,** 305
—, **11,12,11′,12′-bisdehydro-,** spectrum **18,** 299
—, **13,13′-bisdemethyl-** **18,** 244, 305
—, —, synthesis of *cis* forms **18,** 275
—, **decapreno-,** Synthese **9,** 34
—, **3,4-dehydro-** **15,** 41, 42, 43, 44, 52
—, —, BF_3 complex **15,** 56
—, —, biopotency **15,** 42
—, —, *cis*-peak, fine structure **18,** 253, 254
—, —, configurational assignments **18,** 305
—, —, iodine-catalyzed equilibrium **18,** 270
—, —, spectrum **15,** 68
—, —, structure **18,** 228
—, —, synthesis of *cis* forms **18,** 275
—, —, **4′-hydroxy-, 4′-keto-,** and **4′-methoxy-** **15,** 44
—, **15,15′-dehydro-,** model **18,** 278
—, —, Synthese **9,** 25
—, **dehydro-,** *retro* **15,** 47, 51
—, **diepoxyd** **5,** 3, 4, 5, 7, 8, 11, 16; **15,** 36
—, —, on active surfaces **18,** 274
—, —, *cis*-peak, fine structure **18,** 254
—, —, configurational assignments **18,** 303
—, —, iodine-catalyzed equilibrium **18,** 271, 272
—, —, IR spectrum **18,** 304
—, —, stereoisomerization by refluxing **18,** 267
—, —, structure **18,** 228
—, **4,4′-diethoxy-4′-bromo-** **15,** 47
—, **1,1′-dihydro-,** spectrum **17,** 438
—, **5,6-dihydro-** **15,** 34; **18,** 273
—, —, *cis*-peak **18,** 253
—, —, iodine-catalyzed equilibrium **18,** 270
—, —, isomerization by refluxing **18,** 266
—, **7,7′-dihydro-** **9,** 13, 16, 19, 24
—, **3,3′-dihydroxy-** **12,** 76; **18,** 228, 243, 270, 300
—, —, isomerization by refluxing **18,** 267
—, **3,3′-dihydroxy-4,4′-diketo-** **5,** 30
—, **4,4′-dihydroxy-** **15,** 45, 46, 47; **18,** 228, 301
β-Carotene, 4,4′-dihydroxy-, spectrum **15,** 66
—, **4,4′-diketo-** **15,** 43, 45, 47; **18,** 228, 243, 267, 270, 301
—, —, formation, conversions **15,** 46
—, —, provitamin A effect **15,** 45
—, —, spectrum **15,** 69, 72
—, **4,4′-dimethoxy-** **15,** 46, 47, 56
—, **2,2′-dimethyl-,** biopotency **18,** 331
—, **dodecapreno-,** Synthese **9,** 35
—, **4-ethoxy-** **15,** 47
—, **furanoid oxide** **15,** 36
—, **3-hydroxy-** **12,** 176; **15,** 55; **18,** 228, 243, 270, 300
—, —, isomerization by refluxing **18,** 266
—, **3-hydroxy-3′,4′-dehydro-** = deoxylutein I **15,** 62
—, **4-hydroxy-** **15,** 55, 57, 65; **18,** 228
—, —, spectrum **15,** 65
—, **4-hydroxy-3′,4′-dehydro-** **15,** 41, 44, 57, 58, 62
—, —, provitamin A effect **15,** 45
—, —, spectrum **15,** 69
—, **4-keto-** **15,** 43, 44, 45, 47, 71
—, —, = echinenone **15,** 47; **18,** 301
—, —, spectrum **15,** 71
—, **4-keto-3′,4′-dehydro-** **15,** 44, 46
—, —, formation and conversions **15,** 43,
—, 44, 45, 47
—, —, provitamin A effect **15,** 45
—, spectrum **15,** 72
—, —, **4′-ethoxy-** **15,** 46
—, **4-keto-4′-ethoxy-** **15,** 45, 46, 47
—, **4-keto-4′-hydroxy-** **15,** 45, 46
—, **4-keto-4′-methoxy-** **15,** 47
—, **monoepoxyd** **5,** 3, 5, 8, 11
—, —, on active surfaces **18,** 274
—, —, *cis-trans* isomers **18,** 235
—, —, configurational assignments **18,** 303
—, —, iodine-catalyzed equilibrium **18,** 271, 272
—, —, IR spectrum **18,** 303
—, —, isomerization by refluxing **18,** 267
—, —, structure **18,** 228
—, **perhydro-** **12,** 188
—, **3,4,3′,4′-tetraketo-,** spectrum **5,** 30; **15,** 68
β-Carotene homolog (all-*trans* and middle-di*cis*), biopotency **18,** 332
γ-Carotin, Bezifferung **9,** 4
—, BF_3 complex **15,** 60

γ-Carotene, *cis*-peak, fine structure **18,** 253, 254
—, *cis-trans* isomers, number **18,** 235
—, configurational assignments **18,** 309
—, in fungi **12,** 172, 174
—, in gametangia (male) **12,** 190
—, iodine-catalyzed equilibrium **18,** 270, 272
—, spectrum **18,** 247
—, in sponges **5,** 26
—, stereoisomerization, spontaneous and thermal **18,** 264, 266
—, structure **15,** 33; **18,** 227, 229
all-*trans*-γ-Carotene, biopotency **18,** 332, 333
—, spectrum **18,** 247
***cis*-γ-Carotenes,** biopotency **18,** 332
central-mono*cis*-γ-Carotene **18,** 292, 309
poly*cis*-γ-Carotene **18,** 288
γ-Carotene, 3,3′-dimethoxy- **12,** 177
—, **3-hydroxy-** **12,** 176
—, **3(?)-hydroxy-3′,4′-dehydro-** **18,** 310
—, **4-hydroxy-,** *cis*-peak **18,** 253
—, —, formation, conversion **15,** 61
—, —, spectrum **15,** 66
—, **4′-hydroxy-3,4-dehydro-,** spectrum **15,** 73
—, **5′(?)-hydroxy-5′,6′-dihydro-,** spectrum **15,** 73
—, **4-keto-,** spectrum **15,** 73
δ-Carotene, in fungi **12,** 172, 174
ε_1-Carotin, Carr-Price-Reaktion **9,** 31
—, *cis-trans*-Isomere **9,** 30
—, Synthese **9,** 30, 31
—, **decapreno-,** spectrum **17,** 438
—, —, Synthese **9,** 35
ζ-Carotene, *cis*-peak **18,** 253
—, dehydrogenation **15,** 37, 38
—, in fungi **12,** 173, 175
poly*cis*-ψ-Carotene **18,** 282
15,15′-β-Carotinin, Synthese **9,** 25
Carotenogenesis, and diphenylamine **12,** 171, 177, 183, 184, 191
—, inhibitors **12,** 183, 184
—, dans *Sarcina lutea* **10,** 223
Carotinoide (Carotenoids, Caroténoïdes), in acid-fast bacteria **3,** 180
—, acidic **5,** 22, 26, 27, 29, 32, 33; **12,** 178; **18,** 262
—, adsorption affinity **18,** 241
—, anchoring groups **18,** 242
—, dans Bactéries **10,** 217, 221, 222
Carotinoide, BCl_3 and BF_3 complexes **15,** 50
—, Bezifferung **9,** 3
—, bio-stereoisomerization **18,** 274, 333
—, biosynthesis **12,** 179; **15,** 40
—, —, in fungi **12,** 178
—, —, light-activation **12,** 184
—, —, in *Neurospora* **12,** 181, 182
—, —, O-requirement **12,** 185
—, —, and temperature **12,** 186
—, and Celite **18,** 274
—, in chick retina **14,** 299
—, in chloroplastic protein **6,** 300
—, chromatographic inversion **18,** 242
—, chromophore and spectrum **18,** 244
—, *cis* forms, hindered, stability **18,** 239
—, *cis-trans* isomers, number **9,** 6; **18,** 235
—, *cis-trans* isomerism and provitamin A effect **18,** 331
—, in coelenterates, crustaceans, echinoderms, mollusks, protista, tunicates **5,** 24, 26, 28, 29, 30, 31
—, coloration with acids **15,** 50
—, colorless **18,** 225
—, configurational assignments **18,** 291, 292, 295
—, configuration and IR spectrum **18,** 294
—, cyclohexenyl and cyclohexylidene structures **18,** 226
—, dehydration of allylic hydroxyls **15,** 36
—, double bond character, partial loss of **18,** 294
—, epoxidation **15,** 35
—, als Federfarbstoffe **18,** 179, 186, 189, 216
—, in fishes **5,** 32
—, fluorescence **2,** 332
—, fungal **12,** 169, 170, 171
—, —, biochemistry **12,** 169, 171, 189
—, —, light dependence **12,** 184
—, —, mutant studies **12,** 180
—, hindered double bonds **3,** 228
—, in Hühnereidotter und Hühnerfett **18,** 186
—, hydrogenation **15,** 34
—, insolation **18,** 268
—, IR spectrum **13,** 48, 58; **18,** 294
—, —, methylated and unmethylated double bonds **13,** 58
—, lengthening the chromophore **15,** 36
—, and Lewis acids **15,** 50
—, marine **5,** 20, 21, 23, 34

Carotinoide, melting points **18,** 239
—, dans muqueuse nasalle **6,** 90
—, in nature **18,** 279
—, neo forms **18,** 227
—, nomenclature **18,** 226
—, *normal* and *retro*, interconversion, spectra **15,** 33, 34, 73; **18,** 226, 228, 262
—, numbering system **15,** 32
—, as photosensitizers **12,** 191
—, dans la photosynthèse **10,** 222
—, in reproductive processes **12,** 190
—, in retinas (filter pigment) **14,** 303
—, rotatory power **18,** 239
—, *s-cis* and *s-trans* **17,** 237, 249
—, spécifiques, des Bactéries **10,** 218
—, Spektrum **9,** 9; **15,** 63, 64
—, —, and configuration **15,** 70; **18,** 244
—, —, degraded **18,** 235
—, —, fine structure **18,** 244, 294
—, —, and iodine **18,** 246
—, —, at low temperature **18,** 263
—, —, theory **18,** 255, 256
—, in sponges **5,** 25
—, stability **18,** 238
—, stereoisomere, Anzahl **9,** 6; **18,** 235
—, stereoisomeric equilibria **18,** 226, 292
—, stereoisomerization, by acid catalysis **18,** 273
—, —, via BF_3 complexes **18,** 274
—, —, by contact **18,** 273
—, —, by fusion **18,** 265
—, —, by iodine catalysis **18,** 269, 270
—, —, by light **18,** 268
—, —, by refluxing **18,** 265, 266, 268
—, —, spontaneous **18,** 264
—, sterische Hinderung **9,** 7; **18,** 232, 234, 235, 239
—, synthesis **9,** 1, 12; **12,** 186; **18,** 274, 275
—, —, of hindered *cis* forms **18,** 236, 237
—, terminal groups **18,** 225
—, thermal destruction **17,** 390
—, Umbau in Vögeln **18,** 193
—, utilization (rat) **6,** 39
—, → Veilchen-ketone **8,** 198
—, in worms **5,** 27
all-*trans*-Carotenoids **9,** 4, 6
***cis*-Carotenoids,** IR spectra **13,** 58; **18,** 294, 297
***cis-retro*-Carotenoids,** *cis*-peak **18,** 254
di*cis*-Carotenoids, formation **18,** 293
—, in nature **18,** 279
mono*cis*-Carotenoids, peripheral and central **18,** 279, 292, 293
poly*cis*-Carotenoids **9,** 9; **18,** 280, 292
—, absence from equilibria **18,** 234
—, biosynthesis **18,** 281
—, genetic aspects **18,** 281
—, iodine sensitivity **18,** 273
—, in nature **15,** 71; **18,** 279, 280, 282
—, nomenclature **18,** 282
Carotenoid-carboxylic acids, lower-molecular **18,** 320
Carotinoid-epoxyde **5,** 1
—, and acid **5,** 3; **18,** 273
—, Adsorbierbarkeit **5,** 5
—, biol. Bedeutung **5,** 14, 17
—, *cis* forms **15,** 35
—, → furanoid oxides **5,** 6; **15,** 36
—, as O-transmitters **15,** 35
—, Spektrum **5,** 11
—, Synthese **5,** 1
—, Umwandlungen **5,** 8, 10
—, Vitamin A-Wirkung **5,** 16
Carotenoid-protein complex (bacteria) **18,** 279
β-Carotenone, rearrangement **18,** 231
Carotol **12,** 5, 6, 28; **19,** 52, 60, 61
Carp, protein **5,** 269, 271, 286
—, visual pigment **14,** 289, 290, 291
Carpesia lactone **19,** 52
—, **deoxo-dihydro-** **19,** 76
Carpet grass (seed), light requirement and gibberellin **18,** 410
Carpodacus erythrinus, Federpigmente **18,** 194
κ- and **λ-Carrageenans** and anti Pn sera **18,** 509
Carthamoidine **12,** 209
—, toxic effect **12,** 258
Carthamoidinecic acid **12,** 227
Carthamus lanatus, Acetylen-Kohlenwasserstoff **14,** 23
Carum petroselinum, apigenin **17,** 51
Carvacrol **13,** 289
Carvestren, Dien-Synthese **10,** 56
Carviolacin, Carviolin **6,** 165, 168
Carvomenthen, Dien-Synthese **10,** 98
Carvon **3,** 36, 37, 38
—, **dihydro-** **3,** 37, 38
Caryocar villosum, fat **1,** 32, 34
Caryophyllane **19,** 2
Caryophyllene **5,** 63; **12,** 14, 16, 17, 28; **19,** 3, 4, 10

Caryophyllene, abs. configuration **12,** 17
—, in essential oils **19,** 3
—, relation to humulene **19,** 10
—, stereochemistry **19,** 6
—, X-ray diffraction **12,** 17; **19,** 6
trans-**Caryophyllene 12,** 18
α-, β-, γ-**Caryophyllene 12,** 17, 18; **19,** 8
Caryophyllene, di- and **tetrahydro- 12,** 16; **19,** 5, 6
Caryophyllene alcohol 12, 14, 17, 18
Caryophyllene oxide 12, 12, 16; **19,** 3, 7
—, **dihydro- 12,** 16; **19,** 4
Caryophyllenic acid 12, 16; **19,** 3
Cascara sagrada, Chinone **6,** 177
Cascarillin 17, 173
Cascavel (venom) **12,** 411
Casein, adsorption **8,** 343
—, association-dissociation **18,** 484
—, fluorescence **2,** 311
—, ioduration **12,** 374, 378, 379, 380
α- and β-**Casein,** N-terminal residues **11,** 266
Casimiroa edulis, 5,6-dihydroxy-flavene dimethyl ether **17,** 15
Cassain, Se-dehydrierung **4,** 10
Cassava flour, amino acids **11,** 255
Cassia, oil, insecticide **10,** 457
Cassia spp., Chinone **6,** 178, 187, 189, *C. acutifolia, C. angustifolia,* senna drugs **7,** 248
Castanea sativa and gibberellin **18,** 397, *C. vesca,* Ellagen-Gerbstoffe **13,** 89, 115
Castelamarin 17, 173
Castor, glandes à parfum **6,** 113, 114
Castoramine 6, 114, 118
Castoréum 6, 90, 112, 114, 143
—, acides, amines **6,** 118
—, benzocoumarin **9,** 282
—, pigments jaunes **6,** 116
Castor fiber, castoréum **6,** 112
Castorine 6, 113
Castorique (acide) 6, 113
Castor oil, digestibility **6,** 20
—, vitamin E **6,** 55
Cat, retina, dark adapted **14,** 251, 252
Catalase (Katalase) 3, 107
—, und Chinone **6,** 206, 220
—, in chloroplasts **6,** 301, 303
—, chromatography **8,** 349, 351, 353
—, und Dien-Synthese **10,** 23
—, heme iron **17,** 325
—, Inhibitoren **20,** 238
Catalase, loss in low-protein diet **9,** 298
—, prosthetic group **11,** 308
—, in snake venoms **12,** 429
Catarrhactes chrysocome, Federpigmente **18,** 216
Catechine (Catechols) 16, 1, 3, 5, 16; **17,** 4, 5, 254
—, abs. Konfiguration **16,** 19, 20
—, Biosynthese **16,** 21
—, $\leftrightarrows$ Cyanidin **16,** 15
—, Kondensation (Säure) **16,** 5, 6
—, Papierchromatographie **16,** 5
—, Polymerisation **16,** 6
—, redoxpotential **14,** 226
—, Stereochemie **16,** 18
d-**Catechin 16,** 1, 15
—, dimeres **16,** 8
—, $\rightarrow$ *d*-Epicatechin **16,** 19
Catechin, acetat, 3-galloyl-, Synthese **16,** 18
—, **chlorophosphonate 8,** 52
—, **3-gallat 16,** 17
—, **3-glucosid 16,** 17
—, **3-methyläther, 5,7-dimethyl-, tri-, tetra-** und **pentamethyläther 16,** 4, 15, 18, 19
Catecholamines, catabolism **14,** 235
—, $\rightarrow$ aminochromes **14,** 220, 221
Catenarin 6, 163
Catfish, protein **5,** 279
Catharanthus roseus, Lochnerin **17,** 200
Cathartic acid 7, 249
Cathepsin, loss in low protein diet **9,** 298
Cation exchange resins 8, 100, 103; **17,** 11
Catnip oil, nepetalactone **12,** 2
Catolechin 8, 228
Catopsilia argante, C. rurina, C. statira, Pterine **4,** 77
Cattle, visual pigment **14,** 266, 270, 304
Caudogenin 13, 178, 179, 181, 198, 212; **14,** 80
Caudosid 13, 178, 212; **14,** 116, 117, 120
Caulescent plants 18, 390
—, flowering (vernalization or photoperiod) **18,** 406
—, and gibberellin **18,** 406
—, stem-extension **18,** 398
Caulophyllum thalictroides, Lupinen-Alkaloide **8,** 267
Caulutogenin 13, 178
Caveterpin, Dien-Synthese **10,** 56
Cawal-Kurundu, fatty acids **6,** 3

Cedar, antibiotics **13**, 239
—, terpenoid tropolones **13**, 237
Cedar apple rust (disease) **17**, 300
Cedar Creek peat, amino acids **17**, 392
Cedarwood, oil, insecticide **10**, 457
Cedrane 19, 2
Cedrela (polysaccharides, immunol.) **18**, 521, 522, 525, 527, 528
Cedrelin 17, 173
Cedrene 5, 63; **12**, 18, 19, 28
—, oxidation products **12**, 18
—, **dicarboxylic acid 12**, 18
Cedrol 12, 18
Celastraceae, herzaktive Glycoside und Aglykone **14**, 121
Celaxanthin, configurational assignments **18**, 310
Celery, leaf tier, und insecticides **10**, 432
—, seeds, chrysoeriol **17**, 52
Celite, adsorbent for proteins, DNP-deriv., enzymes **8**, 353; **11**, 263, 282, 284
—, influence on carotenoids **18**, 274
Cell . . ., s. auch, see also, voir aussi, Zell . . .
Cell, extension and multiplication, and gibberellin **18**, 398
—, hydration (gibberellin, auxin) **17**, 303
—, nuclei, in cytoplasm **16**, 140
—, —, incorporation of amino acids **9**, 313, 314
—, —, RNA **16**, 142, 148
—, respiration **5**, 221
Cell walls, cutinized **8**, 3
—, marine algae **8**, 3
—, mineralized **8**, 3
—, ontogeny **8**, 6
—, preparation **8**, 2
—, secondary **8**, 7, 8, 9, 10
Cellenchyma 8, 2
Cellit, Molekülgröße **1**, 261, 273, 276
Cellobial und **-oxyd 2**, 199, 200
Cellobiase 2, 207; **8**, 355
Cellobionsäure-nitril, octaacetyl- 2, 195, 196, 197
Cellobiose, in pneumococcal polysaccharides **18**, 154
—, structure **5**, 131, 134
—, Synthese **2**, 174
—, **acetobrom- 2**, 161, 166, 170
—, **anhydrid, tetraacetyl- 2**, 174
—, **heptaacetyl- 1**, 6, 13
—, **heptamethyl- 2**, 178
Cellobiose, α-octaacetyl- 1, 11, 15; **2**, 175, 177
—, —, Umlagerung mit HF **2**, 203
—, **octamethyl- 2**, 175
Cellobiose-Reihe, Oligosaccharide **15**, 11
α- und **β-Cellobiosid, heptaacetyl-**, Synthese **1**, 9, 10, 13, 15
Cellobiosid, äthyl-, heptaacetyl- 1, 6, 7, 8, 12, 17
—, **β-benzyl-, heptamethyl- 2**, 177
—, **α-cetyl-, heptaacetyl- 1**, 10
—, **α-cyclohexyl-, heptaacetyl- 1**, 6
—, **α-glycolsäure-äthylester, heptaacetyl- 1**, 10
—, **α-guajacol-, heptaacetyl- 1**, 10
—, **α-isopropyl-, heptaacetyl-, 1**, 17
—, **α-mandelsäure-äthylester, heptaacetyl- 1**, 10
—, **β-methyl-, heptaacetyl- 1**, 5, 6
—, α- und **β-methyl-, heptamethyl- 2**, 176, 177, 179, 180
—, α- und **β-naphthol-, heptaacetyl, 1**, 10
—, **α-phenyl-, heptaacetyl- 1**, 6
Cellobiosido-β-6-galactose und **diaceton-deriv. 2**, 170, 171
Cellobiosido-β-gentiobiose 2, 168, 169
α- und **β-Cellobiosido-6-glucose, 1-β-methyl, decaacetyl- 1**, 5; **2**, 180, 181, 182
β-Cellobiosido-6-glucose, 1-α-äthyl-, decaacetyl- 1, 11
—, **α-brom-, decaacetyl- 2**, 185, 186
Cellobiuronic acid 9, 450
—, in pneumococcal polysaccharides **18**, 508, 513, 514
Cellohexose 5, 131, 134
Cellosolve 11, 138, 285; **16**, 48
Cellotetraose 5, 131, 134
Cellotriose 2, 177; **5**, 131, 134
—, **permethyl- 2**, 177
Cellotriosid, **β-1-methyl-,decamethyl- 2**, 177, 178
Cellular differentiation (genetics) **5**, 323
Cellulase, adsorption **8**, 355
—, and gibberellin **18**, 410
—, (Lignin-Bindung) **11**, 67
Cellulomonas flavigena, caroténoïdes **10**, 220
Cellulose 1, 250, 276, 291, 313; **8**, 5
—, acetal bonds **5**, 163
—, acid-sensitive bonds **5**, 133, 155, 156, 167, 169

Cellulose, alkali **8,** 5
—, bacterial **8,** 16, 17, 19
—, basic unit **1,** 313; **5,** 130, 157; **8,** 12; **11,** 5
—, biosynthetische **1,** 300
—, birefringence **8,** 5, 6
—, carboxyl content **5,** 137
—, in cell walls **11,** 2
—, chain length **5,** 147
—, cross-linked **5,** 153, 154
—, crystalline and amorphous **5,** 135, 168; **8,** 3, 9, 19, 20, 21
—, and cuprammonium **8,** 3, 4
—, defective **5,** 148
—, degree of polymerization **5,** 133, 168
—, disaggregation **5,** 153
—, dissolution, dispersity **1,** 278; **8,** 4
—, and dyes **8,** 3
—, elektrometrische Titration **1,** 257
—, electron microscopy **5,** 165
—, elementary cells **8,** 5
—, elongated cells, parallel texture **8,** 9
—, end-groups **5,** 137, 152
—, enzymatic hydrolysis **8,** 23
—, ester linkages **5,** 146
—, fine structure **8,** 1
—, free rotation, lack of **10,** 155
—, in fungi **8,** 5
—, 1,4-β-glycosidic bonds **5,** 131
—, Grundgitter **5,** 157
—, and heavy water **5,** 167
—, hemiacetal bonds **5,** 158, 161, 163
—, homogeneous and heterogeneous degradation **5,** 158, 159, 162, 168, 169
—, in humus, fossils **17,** 398
—, hydroxyl groups **5,** 130, 150
—, identification **8,** 2
—, inaccessible area **5,** 165
—, intermeshing bridges **5,** 155, 157
—, intermicellar spaces **8,** 23
—, iodine coloration, dichroism **8,** 2, 3
—, linear structure **5,** 128, 129, 145
—, looping bonds theory **5,** 151, 153
—, methoxyl content **5,** 145
—, methylation **5,** 131, 152
—, micellar lamina and strands **5,** 139, 146, 158, 164, 165
—, mol. weight **5,** 135, 138, 163, 167
—, native **1,** 300; **5,** 164; **8,** 5
—, network, three-dimensional **5,** 163
—, oxygen bridges **5,** 154
—, periodicity **5,** 155
Cellulose, in phosphoric acid **5,** 159, 161, 168
—, polarimetry **5,** 132
—, powder columns **11,** 284; **12,** 279; **18,** 5
—, slimes **8,** 14, 16
—, sols **8,** 22
—, swelling **8,** 2
—, ultrasonic cleavage **5,** 165; **8,** 21
—, in der Vegetationsperiode (Gräser) **15,** 17, 23
—, X-ray pattern **5,** 134; **8,** 4, 20
—, **deriv.,** H-Filme **4,** 376
—, —, Osmometrie **1,** 265
—, **acetyl- 1,** 260, 271, 272, 276, 292, 298
—, —, äthyl- und **methyl- 1,** 276
—, **äthyl- 1,** 274, 276, 292
—, **methyl- 1,** 273, 276, 293, 296
—, **nitrate 1,** 276; **5,** 166
Cellvibrio fulva and dextran **8,** 38
Celosia cristata, pigment **20,** 185
Celtis durandii, C. reticulosa, skatole, indole precursor **17,** 252, 254
Celtrobiose, acetochlor- 2, 203
Centaur X_{1-4}, **Y 14,** 25, 32
Centaurea spp., *C. cyanus,* Acetylene **14,** 23, 25, 32, *C. jacea, C. scabiosa,* Centaur X **14,** 32, *C.* spp. and gibberellin **18,** 396, 403
Centrifugal field, thermodynamic relation **20,** 386
Cephaelin 8, 280, 281, 284, 297, 298, 301
—, → Emetin **8,** 297
—, Giftigkeit **8,** 302
—, Kuppelung **8,** 301
—, Nachweis **8,** 301
—, **O-äthyl-** und **O-methyl- 8,** 284, 297
Cephaelis acuminata, C. ipecacuanha, Ipecacuanha **8,** 280
Cephalin 2, 190, 196, 197; **5,** 292
—, fluorescence **2,** 310
Cephalophora aromatica, 8-*cis*-2,3-Dihydromatricariaester **14,** 19
Céphalopode, sécrétion musquée **6,** 110
Cephalopsin 14, 295
Cephalosporin C, from *Cephalosporium* **20,** 29, 30
Cephalosporin C, N, precursor **20,** 30
Cephalosporin N → penicillins **20,** 29
Cepharanthin 9, 177, 180, 195, 211, 213
Ceramium sp., *C. rubrum,* phycoerythrin **2,** 323; **8,** 346
Ceratium furca, C. tripos, carotenoids **5,** 24

Ceratospongiaires, présence d'iode **12,** 396
Ceratostomella ulmi, Dutch elm disease **17,** 301
Cerbera floribunda, C. odollam, C. Thanghinia, herzaktive Glycoside und Aglykone **4,** 5, 9; **14,** 115, 120
Cerberigenin 4, 5, 9
—, **anhydro- 4,** 5
Cerberin 4, 5, 9; **13,** 202
Cerberose 4, 9; **14,** 102
Céréales, phosphatases **19,** 318
—, seeds, proteins **6,** 291
Cerebrin 7, 99, 100, 150; **20,** 3
—, **phosphate 20,** 3
Cerebronic acid 20, 4
Cerebrosides, fatty acids **6,** 3
—, galactose **10,** 174
Cerebrosterol 12, 147
Cerelose (nut ition) **6,** 42
Cereus giganteus, C. grandiflorus, C. pecten-aboriginum, C. peruvianus, cactus alkaloids **6,** 245, 246, 248, 249, 251, 264
Cerin 7, 74
Cerotic acid, occurrence **6,** 3
Ceroxylin 17, 173
Cérylique (alcool) et ester 6, 114, 143
Cesium DNA, anhydrous **20,** 399
Cesium sulfate and **chloride,** solution, densities **20,** 418
Cestrum spp., anthocyanins **20,** 187
Céto . . ., s., see, voir, Keto . . .
Cetraria collata, C. crispa, C. hiascens, C. islandica, C. japonica, C. sanguinea, Flechtenstoffe **2,** 28, 33, 41, 42, 47; **8,** 222
Cetrarin 17, 173
Cétylique (alcool) 6, 120
n-**Cetyl-malonsäure 4,** 218
Cevacine 20, 334
Cevadine 20, 315, 334
—, configuration **20,** 328
—, → 7-hydroxy-indanone deriv. **20,** 324
—, hypotensive effect **20,** 356
—, insecticide **10,** 462, 463
—, structure **20,** 324
—, → veracevine **20,** 321
—, **acetate, anhydro- 20,** 325
—, **16-dehydro-, orthoacetate-4-acetate,** reduction **20,** 329
—, **orthoacetate 20,** 327
Cevadine, orthoacetate, 4-acetate, 16-dehydro-, reduction **20,** 329
—, —, **4,16-diacetate 20,** 326, 328
Cevagenine 20, 320, 321
—, isomerization **20,** 325
—, structure **20,** 334
—, **acetate, anhydro- 20,** 325
—, **orthoacetate 20,** 326
—, —, configuration **20,** 330
—, —, isomerization **20,** 326
Cevanthridine, from cevine **20,** 315
—, from protoveratrine **20,** 348
—, structure **20,** 316, 354
—, **tetrahydro- 20,** 316
Cevanthrol, from protoveratrine **20,** 348
Ceveratrum alkaloids 20, 300, 313
—, biogenesis **20,** 358
—, conformation **20,** 353
—, occurrence **20,** 313
—, of unknown structure **20,** 354
Ceveratrum alkamines, esterifying acids **20,** 314
Cevine 4, 25; **20,** 315, 316, 354
—, configuration **20,** 324, 330, 333
—, dehydrogenation, oxidation **20,** 315, 317
—, ether bridge, orientation **20,** 332
—, Hofmann degradation **20,** 333
—, hydrolysis **19,** 185
—, insecticide **10,** 462
—, isomerization **20,** 320, 325
—, → N-methyl-β-pipecoline **20,** 315
—, precursors **20,** 321
—, reactions **20,** 323, 324
—, rotation **20,** 313
—, structure **20,** 317, 321, 322, 323
—, X-ray study **20,** 325, 333
—, **acetates,** structure **20,** 323
—, **betaine 20,** 333
—, **borax complex 20,** 333
—, **3,4-diacetate, 16-dehydro-,** → **3,4-diacetate 20,** 329
—, —, —, rotatory dispersion **20,** 342
—, **orthoacetate 20,** 323, 327
—, **vanilloyl- 20,** 334
Cevinillic acid-δ-lactone 20, 321
Chaetomorpha, cell wall **8,** 3, 19
Chain molecule, flexibility **10,** 157
Chain structure, polybutadienes, polyisoprenes **10,** 136
Chair and boat conformations 19, 168
Chalchupin A and **B 10,** 402, 415

Chalinasterol, Biosynthese **12**, 143
Chalkone **5**, 309; **11**, 150; **16**, 1; **17**, 4, 5
—, *cis-trans*-Isomerie **16**, 14
—, differentiation from flavanones, flavones, flavonols **17**, 11, 13
—, → flavones and flavonols **17**, 4
—, **dibromides, 2'-hydroxy-** and **-acetoxy-** **17**, 34, 41
—, **dihydro-** **17**, 4, 5
—, **glycosides, 2'-hydroxy-**, oxidation **17**, 45
—, **hydro-** **16**, 1
—, —, **acetoxy-** und **hydroxy-** **16**, 14
—, **2'-hydroxy-** **17**, 14, 38
—, **hydroxy-**, Biosynthese **11**, 153
Challote, alkaloids **6**, 247
Chamaecyparis formosensis, Ch. nootkatensis, Ch. taiwanensis, terpenoid tropolones, nootkatin **12**, 20; **13**, 237, *Ch. lawsoniana*, deoxypodophyllotoxin **15**, 93, *Ch. obtusa*, lignin **5**, 216
Chamazulene **5**, 43, 44, 45, 60, 63, 64; **12**, 10, 11, 13; **17**, 138, 141; **19**, 61, 62, 78
—, from absinthin **19**, 63
—, antiphlogistic effect **12**, 11
—, aus Isotenulin **17**, 145
—, precursors **11**, 11; **19**, 20, 65
—, **carboxylic acid** **12**, 10; **19**, 95
—, **di-** and **decahydro-** **5**, 45; **19**, 61
Chamazulen-Reaktion **17**, 138
Chamazulenogen **19**, 61, 62
α- and **β-Chamic acid** **13**, 289
Chamois, sécrétion musquée **6**, 110
Chamomile flowers, apigenin **17**, 15, chamazulene precursors **12**, 11
Champignon, Chitin **2**, 219
—, lipides **10**, 174
Chandrine **13**, 369
Chanoclavine **20**, 17, 19, 20
Ch'an Su (toad venoms) **4**, 12, 13, 14; **5**, 242, 249, 259, 260, 261; **13**, 191, 192
Chantarelle mushrooms, carotenoids **12**, 169
Charlock fat, digestibility **6**, 15
Chasmanthin **17**, 151, 173
Chaulmoogra oil **1**, 27
Chaulmoogric acid **6**, 29
Chavicol **5**, 214; **6**, 114
—, **methyl-** **14**, 205, 206
Chebulagsäure **13**, 73, 90, 95, 97, 98, 99, 131
Chebulagsäure, Abbau **13**, 96
—, Biosynthese **13**, 131
—, → Corilagin **13**, 131
—, **dodeca-** und **tridecamethyl-** **13**, 95, 96
Chebulinsäure **13**, 71, 72, 88, 96, 131
—, Biosynthese **13**, 131
—, Hydrolyse **13**, 85
—, → Neochebulinsäure **13**, 89
—, **tridecamethyl-** **13**, 86
Chebulsäure **13**, 73, 79, 85, 88, 96, 97, 128, 130, 131
—, Abbau **13**, 75
—, Biosynthese **13**, 127
—, Salze **13**, 74
—, Spektrum **13**, 74
—, Zusammenhang mit Ellagsäure **13**, 127
—, **triamid, trimethyl-** **13**, 73, 79
—, **triäthylester** **13**, 73
—, **tri-*p*-bromphenacylester, trimethyl-** **13**, 73
—, **tri-** und **hexamethyl-** **13**, 73, 80, 96
—, **tri-*p*-phenyl-phenacylester, trimethyl-** **13**, 73
Cheimonanthus fragrans, indole **17**, 251
Cheiranthus spp. and gibberellin **18**, 396, methyl anthranilate **13**, 304, *Ch. Allionii, Ch. cheiri, Ch. Kewensis*, iso-thiocyanates **18**, 144, 157, 164, herzaktive Glycoside und Aglykone **14**, 92, 108, 121, *Ch. cheiri*, indole **17**, 251
Cheirolin **18**, 138, 144, 145, 150
—, goitrogenic effect **18**, 156
—, synthesis **18**, 145
Cheirosid A, H **7**, 102, 106, 107, 150; **13**, 204; **14**, 121
Cheirosid A, desgluco- **13**, 204
Cheirotoxin **7**, 134, 135, 152; **13**, 210; **14**, 89, 121
—, **desgluco-** **7**, 134, 135; **13**, 210
Chelation **3**, 128
Chélérythrine **6**, 334
Chelidonin **8**, 255
Chelidonium majus, Spartein **8**, 254
Chélidoxanthine **6**, 334
Chellah (Chromone) **11**, 126
Chellol-Glucosid **17**, 173
Chemical bond, σ and π electron states **16**, 184
Chemigum **10**, 141
Chemotaxis (Echinochrom) **6**, 197

Cheno-desoxy-cholsäure 3, 58, 59
—, **dehydro-** 3, 58, 59
Chenopodium anthelminticum, Ascaridol 10, 96
Cherry, anthocyanase 20, 178
—, kernel fat, digestibility 6, 15
—, leafspot fungus (ethylene) 17, 300
—, seed, seedlings, dormancy and gibberellin 18, 397, 409
Chervil, deoxypodophyllotoxin 15, 93
Cheveux d'adultes, acides gras 6, 119
Chevrotin porte-musc, glande à parfum 6, 92
Chicken, s. auch, see also, v. aussi, Huhn
Chicken, fat, digestibility 6, 16
—, retinal pigments 14, 299, 300, 301, 303, 304
Chicken tumor agent, chromatography 8, 343
Chicoree, Bitterstoffe 17, 128
α-Chigadmarene 12, 11, 12; 19, 52
Chimyl alcohol, in fish liver 6, 11
Chin . . ., s. auch, see also, voir aussi, Quin . . .
Chinaldin, decahydro-(*cis-trans*) 4, 239
Chinasäure 4, 235
—, → Protocatechusäure 4, 235
Chinin, Grenzkonzentration (Geschmack) 17, 126
cis-**Chinit**, Dien-Synthese 10, 96
Chinizarin 3, 59
Chinolin, Dien-Synthese 3, 17
—, **5-chlor-8-oxy-** 8, 306
—, **8-diäthylamino-6-phenoxy-** 8, 305
—, **1,2,3,4-tetrahydro-** → 2-oxy-chinolin 4, 238
Chinolin-oxyd, 2-alkyl-4-hydroxy- 20, 115
Chinolizin-deriv. 3, 17, 18, 20
Chinon, s. auch, see also, voir aussi, Quinone
Chinone 6, 185, 186, 190
—, Antibiotica 6, 202
—, Antimalaria-Wirkung 6, 204
—, antimitotische Effekte 6, 209
—, bakterieller Ursprung 6, 156
—, bakterizide und fungizide Wirkung 6, 201, 208
—, biol. Wirkung 6, 201, 202, 203, 216, 222
—, Biosynthese und Funktion 6, 179
—, blutdrucksenkende Wirkung 6, 215
—, Dehydrierung von Cholesterin 11, 92
Chinone, eiweiß gerbende Wirkung 6, 194, 216
—, und Hämoglobin 6, 214
—, und Hefefett 6, 222
—, im Mineralreich 6, 155
—, mutagene Effekte 6, 212
—, (oxydative Phosphorylierung) 20, 119
—, photosensibilisierende 6, 178
—, und Pflanzenatmung 6, 193
—, im Tierreich 6, 193
—, Vorkommen in Pflanzen 6, 154, 157, 158, 173, 180
—, Wirkung auf Enzyme 6, 217
—, Wirkung auf Invertebraten und Vertebraten 6, 213, 214
—, Wirkung auf Leuchtbakterien 6, 208
—, Wirkung auf Mikroorganismen 6, 201
—, Wirkung auf niedere Pilze 6, 207
—, und Zellteilung 6, 209
o-**Chinon**, in Invertebraten 6, 194
—, **tetrachlor-**, und Dien-Synthese 10, 25
p-**Chinon, chlorimid, 2,6-dichlor-** und **2,6-dibrom-** 4, 56, 57; 8, 229, 349
—, **dimethoxy-** 11, 57
—, **monobutadien-, tetrahydro-** 10, 85
—, **oxy-**, Spektrum 14, 148, 150, 158
p-**Chinonmethide**, Polymerisation 20, 65
Chinonmethid C′ (Lignin) 20, 56, 63
—, Methanol-Addukt 20, 65
—, Rohrzucker-Addukt 20, 66
p-**Chinon-Reihe** und Dien-Synthese 10, 6, 25, 34, 84, 85
Chinon-Ring, Biosynthese 20, 106
Chinovasäure, Decarboxylierung, Dehydrierung, Struktur 7, 69, 70, 71, 72
Chinovin 17, 173
D- und *L*-**Chinovose** 14, 74
Chinoxalin 4, 65
Chinpeimine 20, 355
Chione glabra, fecal odor (indole) 17, 251
Chiratin 17, 133
Chirettakraut, Amarogentin 17, 133
Chitin 2, 212, 213, 214, 221
—, Abbau, **Zwischenprodukte** 2, 227
—, —, durch **Mikroorganismen** 2, 226
—, → N-Acetyl-glucosamin (Schnecken-Enzym) 2, 225
—, Bausteine, Verknüpfung 2, 220
—, cell wall 8, 5, 15
—, double refraction 8, 5
—, Elektronen-mikroskopie 2, 219
—, Elementarkörper 2, 217

Chitin, entacetyliert, Desaminierung **20**, 207
—, und Enzyme **2**, 220, 224, 225; **20**, 248
—, Faserdiagramm **2**, 216
—, in fossils **17**, 387, 398
—, Nachweis **2**, 222
—, pflanzliches und tierisches, Identität **2**, 215, 219
—, Röntgenbild **2**, 216
—, im Schimmelpilz **2**, 219
—, Struktur **2**, 213, 217, 220; **20**, 227
—, **ester** und **äther** **2**, 222, 223
Chitin-Kette, Länge **2**, 219
Chitin-Membrane **2**, 214
Chitin-Zersetzer **2**, 227
Chitinase **2**, 225, 226; **8**, 356, 357
Chitobiase, chromatography **8**, 356, 357
Chitobionsäure, diacetyl- **2**, 230
—, **lacton, hexaacetyl-anhydro-** **2**, 230
Chitobiose **2**, 212, 216, 227, 229, 230
—, **octaacetyl-** **2**, 227, 228, 229
Chitodextrin **2**, 228
Chitosamin **2**, 230, 231
Chitosaminsäure **2**, 238
Chitosan **2**, 223, 224
Chitosazon **2**, 239
Chitose **2**, 238, 240
Chitotriose **2**, 227, 230
—, **undecaacetyl-** **2**, 227, 228, 229
Chlamydomonas (genetics) **5**, 309, *Ch. eugametos*, and isorhamnetin, peonin, quercetin **14**, 206, *Ch. reinhardi*, DNA, replication **20**, 402
Chlamydotis undulata, Porphyrin **18**, 206, 207
Chloractinomycine **18**, 47
Chloramphenicol **18**, 55, 56, 57
—, Biosynthese **18**, 63
—, Farbreaktionen, Bestimmung **18**, 63, 64
—, Spaltstücke **18**, 57
—, aus *Streptomyces* sp. **18**, 56
—, structure **16**, 102
—, Synthese **18**, 58, 59, 60, 61, 62
—, **diacetat** **18**, 57
Chloratranorin **8**, 229
Chlorella, *cis* and *trans* carotenoids **18**, 283
—, fluorescence **2**, 320
—, hematoporphyrin **11**, 317
—, major constituents **17**, 382
—, mutants, and methionine sulfoximine **17**, 309
Chlorella, porphyrins, carboxylated **11**, 320, 323, 328
—, protoporphyrin **6**, 339
—, —, Mg complex **11**, 308, 336
Ch. vulgaris, poly*cis* carotenoids **18**, 282, chlorophyll precursors **11**, 336, and Pseudomonas toxin **17**, 308
Chlorides, aliphatic, IR spectra **5**, 362
Chlorine (aus Chlorophyll) **1**, 171, 184, 202, 211, 213
—, Cu-Komplexe **1**, 204
—, dihydroporphin deriv. **11**, 328
—, schwach-basisch **1**, 165, 179, 182, 184, 209
—, synthetisch **1**, 171, 184, 202, 204, 221
—, **dihydro-** **1**, 194, 204
Chlorin e_4-γ-oxymethyl-lacton **1**, 209
Chlorin e_6 **1**, 162, 166, 170, 171, 180, 184, 188, 194, 202, 209, 215, 217, 220
—, **di-** und **trimethylester** **1**, 172, 182, 187, 208, 217, 220, 227
—, —, **2-acetyl-** **1**, 221
—, **2-desvinyl-** **1**, 199
Chlorin f, k **1**, 207, 210
Chlorin p_6 **1**, 182, 208
Chloris chloris (Federn), Kanarienxanthophyll **18**, 180
Chlorobium spp., poly*cis* carotenoids **18**, 282
Chloroflavin **2**, 73, 89, 90
Chloroform, bond distances **3**, 209
Chlorogenin **4**, 16
—, → Tigogenin, Diosgenin **4**, 21
Chlorogenon **4**, 21
Chloromycetin **16**, 91; **18**, 56
—, bioeffect **16**, 103
—, structure **16**, 103
—, synthesis **16**, 104
Chloronerpes yucatensis, Federpigmente **18**, 181, 182, 186, 187, 191
Chloropentammino-cobaltic chloride, color reagent **17**, 31
Chlorophora tinctoria, dyes, morin **17**, 54
Chlorophosphonate, dibenzyl- **8**, 51, 70, 78, 127, 128, 131, 135
Chlorophyll **1**, 159, 160, 185
—, Allomerisation **1**, 164, 179
—, bacterio- **1**, 222; **11**, 309; **16**, 178; **17**, 440
—, biosynthesis **11**, 301, 336; **19**, 277
—, braune Phase **1**, 164, 179, 187, 201
—, decomposition products **11**, 309

Chlorophyll, Doppelbindung, leicht hydrierbare **1**, 193
—, fluorescence **2**, 317, 318, 319, 320, 321
—, in geologic environment **17**, 399
—, Haftstelle des Phytols **1**, 200
—, isozyclischer Fünfring **1**, 175, 187, 188, 219; **11**, 301, 302
—, Lösung **1**, 231
—, Methin-Brücken **1**, 108, 178
—, opt. Aktivität **1**, 204, 207
—, Oxo-Reaktion **1**, 195
—, in photosynthesis **1**, 229; **11**, 306
—, Proteinbindung **1**, 231
—, in Protista **5**, 24
—, in sediments **17**, 387
—, als Sensibilisator **10**, 96
—, Spaltungsprobe **1**, 163
—, spectrum, field effect **17**, 440
—, Strukturformeln **1**, 168, 178, 206, 210
Chlorophyll a **1**, 160, 163, 166, 184, 185, 187, 193, 198, 205, 206, 210, 212, 220, 223, 228, 233
—, isozyclischer Seitenring **1**, 187
Chlorophyll b **1**, 160, 163, 165, 184, 185, 187, 193, 198, 205, 206, 208, 220, 222, 228, 233
—, Carbonylgruppe **1**, 189
—, Formylgruppe **1**, 190, 199
—, isozyclischer Seitenring **1**, 188
—, Substituenten **1**, 187
Chlorophylle c, d, g, fluorescence **6**, 339
Chlorophyll-deriv. **1**, 166, 170, 173, 181, 183, 188, 190
—, Leuko-Form **1**, 171, 194, 203, 211
—, Oxo-Reaktion **1**, 191, 195
—, pH-Zahl **1**, 179
—, Salzsäure-Zahl **1**, 162, 179, 224
—, Verteilungszahl **1**, 162
—, **dihydro-** **1**, 211
Chlorophyllase **1**, 161, 166, 212, 227
Chlorophyllid a, b, methyl- und äthyl- **1**, 161, 163, 166, 186, 213, 214
Chlorophylline **1**, 164, 202
Chloroplast, composition **6**, 299
—, in cytoplasm **16**, 140
—, enzyme content **6**, 301
—, labeled amino acids, incorporation **16**, 145
—, (mutations) **5**, 322
—, protein **6**, 297, 299, 300; **16**, 160
—, sedimentation **16**, 141
Chloroplastin **1**, 231, 233
Chloroporphyrin e, e_4, e_5, e_6, e_7 **1**, 169, 172, 173, 175, 176, 180, 181, 184, 188, 195, 215, 229
Chloroprene **10**, 149
Chlorotic halo **17**, 308, 309
Chloroxazole ring **7**, 234
Chlorpromazine, comparison to reserpine **13**, 419, 423
$\Delta^{7,9(11)}$-Choladienate, 3α-acetoxy-, methyl **10**, 307, 308, 309
—, **3α-hydroxy-, methyl** **10**, 309
—, **12-keto-3α-hydroxy-, methyl** **10**, 308
$\Delta^{7,9(11)}$-Choladienic acid, 3α-hydroxy-12-keto- **10**, 307
Cholalique (acide), fluorescence **6**, 316
Cholanate, 3α-acetoxy-9α,11β-dihydroxy-, methyl **10**, 304, 305
—, **3α-acetoxy-11-keto-, methyl** **10**, 285, 286, 287, 299, 302, 303, 305, 306, 307, 308, 309, 317
—, **3α-acetoxy-11α,12α-oxido-, methyl** **10**, 299, 300
—, **3α-acyloxy-12-keto-, methyl** **10**, 301
—, **3α,7α-diacetoxy-12-keto-, methyl** **10**, 301, 302
—, **3α,12α-diacetoxy-7-keto-, methyl** **10**, 278
—, **11β,12α-dibromo-3α,9α-epoxy-, methyl**, debromination **19**, 199
—, **3,11-diketo-, methyl** **10**, 284, 285, 305
—, **9α-hydroxy-3,11-diketo-, methyl** **10**, 304
—, **3α-hydroxy-12-keto-, methyl** **10**, 294
—, **3β-hydroxy-11-keto-3α-oxido-, methyl** **10**, 304, 305
—, **3-keto-12α-benzoxy-, methyl** **10**, 284
—, **3α,9α-oxido-11-keto-12α-bromo-, methyl** **10**, 302, 303
Cholanic acid (Cholansäure), side-chain degradation **10**, 278
—, **3α,11α-dihydroxy-** **10**, 299
—, **3,12-diketo-** **3**, 56; **7**, 115
—, —, **7-oxy-** **3**, 57, 58, 59
—, **3-keto-aceto-** **3**, 57, 58
—, **3-keto-7,12-dioxy-** **3**, 58
—, **11-keto-3α,12β-dihydroxy-** **10**, 297
—, **11-keto-3α-hydroxy-** **10**, 296, 298
—, **12-keto-, deriv.** **13**, 167
—, **12-keto-3α-acetoxy-** **7**, 115
—, **12-keto-3α,11α- and -3α,11β-dihydroxy-** **10**, 294, 295, 297
—, **12-keto-3-oxy-** **3**, 56, 57

Cholanic acid, 3α-oxy-12-acetoxy- 3, 58
—, 3β-oxy- 3, 57
—, 3-succinate, 12-keto-3α-hydroxy- 10, 297
—, 3α,11,12-trihydroxy- 10, 299
—, 3,7,12-triketo- 3, 56, 58
14β,17α-Cholansäure 13, 189
Cholanthrène, 20-méthyl-, fluorescence 6, 316
Cholate, 3-acetate-12-benzoate, deoxy-, methyl 10, 284
—, deacetyl-deoxy-, methyl 10, 354
—, deoxy-, methyl 10, 283, 301
—, 12-mono- and 3,12-dibenzoate, deoxy-, methyl 10, 284
Cholecyanin 3, 109, 110
Cholegenin 12, 147
Cholehematin 11, 329
Choleinsäure, Schichtlinien-diagramm 1, 301, 303
Δ⁸-Cholenate, 7,11-diketo-3α-acetoxy-, methyl 10, 307, 308
Δ⁹⁽¹¹⁾-Cholenate, 3α-acetoxy-, methyl 10, 306, 307, 362
—, 3,11-diketo-, methyl 10, 284
—, 3α-hydroxy-, methyl 10, 304, 305
—, 3α-hydroxy-12-chloro-, methyl 10, 299
—, 7-keto-3α-acetoxy-, methyl 10, 307, 308, 309
—, 12-keto-3α,7α-diacetoxy-, methyl 10, 307, 308
—, 12-keto-3α-hydroxy- methyl 10, 300, 301, 302
—, 3α,9α-oxido-, methyl 10, 302
Δ¹¹-Cholenate, 3α- and 3β-acetoxy-, methyl 10, 284, 286, 295, 296
—, bromohydrin, 3-keto-, methyl 10, 285
—, 11α,12α-epoxido-3α-acetoxy-, methyl 10, 295
—, 3α-hydroxy-, methyl 10, 288
—, 3-keto-, methyl 10, 283, 284, 285
—, 3-keto-9,11- and -11,12-dibromo-, methyl 10, 285
—, 3α,9α-oxido-, methyl 10, 299, 300, 301, 303
Δ³-Cholenic acid, 12-keto- 4, 196
Δ⁹⁽¹¹⁾-Cholenic acid, 3α,12α-dihydroxy- 10, 299, 300
—, 12-keto-3α-hydroxy- 10, 304, 305
Δ¹¹-Cholenic acid, 3α-hydroxy- 10, 299
Choleprasin 3, 132
Δ²˒⁴-Cholestadiene 1, 58
—, 6-keto-3-acetoxy- 1, 79
Δ³˒⁵-Cholestadiene 1, 58
—, 7-keto- 1, 59, 60, 81
Δ⁴˒⁶-Cholestadienol 1, 67
Δ⁷˒⁹⁽¹¹⁾-Cholestadien-3β-ol-benzoate 10, 334, 335
Cholestane, side-chain 12, 72
5α- and 5β-Cholestane, conformation 19, 177, 178
Cholestane, 5-chloro-3,6-dihydroxy 1, 67
—, 5,6-dibromo-3-keto- 1, 53
—, 3,4-dihydroxy- 1, 65
—, 3α,4β-, 3β,3β- und 3β,5β-dihydroxy- 7, 122, 125
—, 2,3-, 3,4-, and 3,6-diketo- 1, 66, 67, 68, 70, 73, 78
—, 3,6-diketo-5-hydroxy- 1, 68
—, 5- und 6β-hydroxy- 7, 124, 125
—, 7-hydroxy- 1, 60
—, 7-keto- 1, 60
—, 6-keto-7-bromo-3,5′-diacetoxy- 1, 80
—, 6-keto-3,5′-diacetoxy- 1, 80
—, 6-keto-3,5- and 3,5′-dihydroxy- 1, 78, 80
—, 3-keto-6-hydroxy- 7, 125
—, 2-sulfonic acid, 3-keto- 1, 70
—, tetrabromo- 1, 57
—, 3,5,6- and 4,5,6-tribromo- 1, 61
—, 4,4,14α-trimethyl- 12, 50
—, 3,5,6-triol 1, 66, 67, 68
—, 3β,6,7-triol, oxidation 19, 208
—, 3,7,8-triol 1, 64
5α-Cholestane, 3α,2β- and 3α,4β-dibromo- 19, 201
—, 2α,3α-dihydroxy-3β-phenyl- 19, 202, 203
—, 2α,3α-epoxy-3β-phenyl- 19, 202
—, 2β-halo-3α-acyloxy-, rearrangement 19, 217
—, 3α-hydroxy-3β-methyl- 19, 200
Cholestan-Reihe, Uzarigenin 13, 155
Cholestanol 1, 55, 59, 62
—, *cis-trans*-Isomerie und Film-Verhalten 4, 373
—, 6-keto- 1, 67
β-Choléstanol (castoréum) 6, 114
5α-Cholestan-3β-ol 19, 190
—, 7-one, reduction 19, 190
Cholestan-3β-ol-11-one 10, 334, 335
Cholestanone 1, 57, 71, 74; 3, 60, 63, 65
—, 2- and 4-bromo- 1, 71, 72, 73

Cholestanone, 2,2′-, 2,4-, and 5,6-dibromo- 1, 53, 72, 73, 74, 75, 77
—, 4,4,5,6-tetrabromo- 1, 74, 75, 78
—, 4,5,6-tribromo- 1, 74, 75
Cholestan-3-one, 4β,5β-epoxy-, and HCl or HBr 19, 203
5α-Cholestanone, 2α-chloro- 19, 211
5α-Cholestan-3-one, introduction of 6(7)-double bond 19, 221
—, condensation, reduction 19, 190, 220
—, 5(6)-dihydro- 19, 221
—, 4,4-dimethyl- 19, 221
—, 2β-methoxy-4,4′-dimethyl-, conformation 19, 214
5α-Cholestan-7-one, 3β-acetoxy-, reduction 19, 191
Cholestanyl acetate, 7-bromo- 1, 78
—, 5- and 7-bromo-6-keto- 1, 78, 79
—, 5,7- and 5′,7-dibromo-6-keto- 1, 60, 79
—, 3,7-dihydroxy-6-keto- 1, 79
—, 6,7-diketo- 1, 79, 80, 81
—, 6- and 7-keto- 1, 78, 81
Cholestanyl chloride 1, 58, 59
—, 7-hydroxy- 1, 59, 60
Cholestanyl methyl ether 1, 60
—, 5,6-dibromo- 1, 61
Cholestanyliden-acetaldehyd und p-Methoxy-cyclohexanon 17, 103
$\Delta^{2,4,7}$-Cholestatriene, 6-keto-7-methoxy- 1, 81
$\Delta^{5,7,22}$-Cholestatrien-3β-ol 11, 94
Δ^{2}-Cholestene 1, 62
Δ^{2}-5α-Cholestene 19, 201
—, 3-acetoxy- 19, 211
—, 3-methyl- 19, 200, 202
Δ^{4}-Cholestene, 3,6-dihydroxy- 1, 66, 67, 78
—, 3,6-diketo- 1, 66, 68, 69, 74, 76, 79
—, 6-keto-3-acetoxy- 1, 78
—, —, 7-ethoxy- 1, 80
—, 6-keto-3-hydroxy- 1, 78
—, 6-keto-7-hydroxy-3-acetoxy- 1, 79
—, oxide 1, 58, 67
Δ^{5}-Cholestene, 3-acetoxy-4-hydroxy- 1, 65, 66
—, 3-benzoyloxy-4-hydroxy- 1, 66
—, 3,7-dibenzoyloxy- 1, 63, 64
—, 3,4- and 3,7-dihydroxy- 1, 63, 65, 66
—, 3,4-diketo- 1, 66, 75, 77
—, 7-keto-3-acetoxy- 1, 81
—, oxide 1, 58, 67
Δ^{7}-Cholestene, 3,5,6-triol 1, 64
Δ^{7}-Cholestenol, und Cholesterolbildung 12, 139
α- and γ-Cholestenol 1, 64
Δ^{8}-Cholesten-3β-ol-7-one, benzoate 10, 335
Δ^{4}-Cholestenone 1, 53, 68, 69, 71, 74, 77; 3, 53, 54; 6, 122; 7, 125, 126
—, dimethylation 12, 68
—, deutero- 3, 54
—, 4,6-dibromo- 1, 77
—, 6α- and 6β-substituted, spectra 19, 196
—, sulfonic acid 1, 69
Δ^{5}-Cholestenone 1, 68
Δ^{6}-5α-Cholestenone, condensation 19, 220
—, 2β-methyl- 19, 214
Δ^{7}-5α-Cholestenone, methylation 19, 221
β-Cholestenyl benzoate 1, 64
Cholesterol (Cholesterin) 1, 53, 55, 59, 61; 12, 139, 148
—, Abbau im Organismus 12, 146, 147
—, → Androsteron 12, 150
—, in animal fats 6, 11
—, antirachitische Aktivierung 17, 99, 100
—, Aufbau und A-Avitaminose 20, 108
—, biochem. Hydrierung 3, 53, 54, 55
—, Biosynthese 12, 133, 135, 159
—, im Blut, Herkunft 12, 133
—, → Cholestenon 4, 236
—, → Cholsäure 12, 146
—, conversions, structure 10, 330, 338, 367, 368
—, → Corticosteroide 12, 148
—, Dehydrierung 11, 92
—, in erythrocytes 12, 420, 421
—, aus Essigsäure 12, 134
—, Film-Verhalten 4, 374
—, fluorescence 2, 310; 6, 315
—, → Gallenfarbstoff 3, 55
—, → lanostenol 12, 67, 68
—, oxidation 1, 62
—, und Progesteron 12, 147
—, radioaktiv 12, 146, 149, 150, 151
—, dans sécrétions odorantes 6, 114, 120, 122
—, und Squalen, gemeinsames Vorkommen 12, 136
—, toad skins 5, 262
i-Cholesterol 1, 60, 62
9,10-*seco*-Cholesterin 17, 86, 88, 100, 101, 102

Cholesterol, 7-amino- 1, 65
—, **7-dehydro- 1**, 63, 65, 90, 91; **5**, 262; **11**, 91, 92, 94
—, —, und Cholesterol-Bildung **12**, 139
—, —, (cortisone synthesis) **10**, 335
—, —, (Dien-Synthese) **10**, 70
—, —, Photoisomerisierung **17**, 93
—, —, provitamin D **6**, 54
—, **deuterio- 12**, 132, 147
—, **dibromide 1**, 67; **10**, 330
—, **dihydro- 3**, 53, 54, 55
—, **7-hydroxy-7-methyl- 1**, 64, 65
—, **7-methyl-7-dehydro- 1**, 64
—, **7-methylene- 1**, 65
—, **oléate 6**, 114
—, **oxy-**, fluorescence **6**, 319, 320
α-Cholesterol oxide 1, 67; **7**, 124, 125
Cholesteryl acetate, 7-brom- 11, 91
—, **dibromide 1**, 69; **10**, 278, 354
—, **7-keto- 1**, 63
—, **oxide 1**, 67
Cholesteryl acetate and **benzoate, 7-dehydro- 1**, 63
Cholesteryl chloride 1, 58, 59
—, **7-hydroxy- 1**, 59
—, **7-keto- 1**, 59
Cholesteryl-jodid, Röntgenspektrum **7**, 94
d-, *l*-, and *i*-**Cholesteryl methyl ethers 1**, 61, 62
Cholesteryl *p*-toluenesulfonate 1, 55
Choletelin 3, 109, 111, 124
Cholic acid (Cholsäure) 10, 276
—, biochem. Hydrierung **3**, 54, 58
—, and N-bromosuccinimide **10**, 277
—, degradation **10**, 281
—, → deoxycholic acid **10**, 277
—, Struktur **12**, 145
—, **dehydro- 3**, 56, 57, 59
—, **β-dehydro-chenodesoxy- 3**, 58
—, **dehydro-desoxy- 3**, 56, 57, 59
—, —, selective reduction **10**, 294
—, **deoxy- 3**, 57, 59; **4**, 196; **7**, 93; **10**, 276, 277, 278, 280, 294; **14**, 267
—, —, degradation **10**, 281
—, —, **deriv.**, side-chain degradation **10**, 278
—, **deuterio- 12**, 146
Cholic ester, deoxy- 10, 294
Choline, in ergot **9**, 119
—, in fungi **20**, 4, 5
—, (*Lactobacillus*) **10**, 246
—, in yeast **3**, 196
Choline, acetyl- 12, 415
—, —, in fungi **20**, 4, 5
—, —, (Nervenfaser) **17**, 232
—, —, **β-methyl- 12**, 426
—, **phosphate** et phosphatase **19**, 325
—, **sulfate**, in fungi **20**, 4, 5
Cholinesterase 12, 426; **17**, 232
—, in snake venoms **12**, 415, 426, 441, 443
Choline oxidase, and crotoxin **12**, 432
Chondocurin 9, 178, 180, 202, 203
—, **dijodmethylat, dimethyl- 9**, 203
Chondrillasterol, Biosynthese **12**, 143
Chondrodendrin 9, 201
Chondrodendron spp., Tubocurare **17**, 185, *Ch. candicans*, *Ch. microphyllum*, *Ch. platyphyllum*, *Ch. tomentosum*, Bis-coclaurin-Basen **9**, 178, 200, 201, 202, 207, *Ch. tomentosum*, *d*-Tubocurarin **17**, 185
Chondrofolin 9, 178, 180, 202
Chondroitinsulfat A—C 20, 232
Chondroitin-4- und **-6-sulfat 20**, 232
—, enzymat. Spaltung **20**, 249
—, und Keratansulfat, Verhältnis **20**, 233
Chondrosamin 2, 235
—, in soil hydrolysates **17**, 391
Chorion-gonadotropin 12, 149; **20**, 243
Chottachanda alkaloids 10, 401; **13**, 366
Christyosid 13, 208; **14**, 116, 119
Chroman, 5,7-dimethoxy-2,2-dimethyl- 9, 280
—, **2,2-dimethyl- 9**, 276
—, —, **6-carboxy-**, from novobiocin **16**, 119
—, —, **5,7-dihydroxy- 11**, 131, 132
—, **8-formyl-7-hydroxy-5-methoxy-2,2-dimethyl- 9**, 281
—, **7-hydroxy-2,2-dimethyl- 9**, 277
—, **2-methyl-5,7-dihydroxy- 11**, 131
Chroman- und **Chromen-deriv.**, Ubichinon **20**, 96
Chromatic adaptation (fishes) **5**, 32
Chromatium spp., fluorescence **2**, 320
—, Ubichinon **20**, 79, 81
Chromatography, ascending **12**, 280, 284
—, column (peptides, proteins) **11**, 240
—, conversions during **8**, 343
—, liquid-gel, liquid-liquid and liquid-solid **12**, 275, 276
—, on paper, techniques **12**, 270, 278, 281, 284, 285, 297
—, —, circular **12**, 280, 298
—, —, two-dimensional **8**, 346

Chromatography, Actinomycingemische **18,** 5, 6
—, amino acids **11,** 255, 260; **12,** 351
—, *cis-trans* carotenoids **18,** 241, 242
—, hemoglobin, oxyhemoglobin **17,** 342, 343, 345, 347
—, herzaktive Glycoside und Aglykone **13,** 142, 146
—, peptides, proteins, enzymes **8,** 341, 342, 353, 354; **11,** 240, 255, 277, 284, 287; **12,** 270
Chromatopile 8, 133, 347
Δ^3-Chromene, 2,2-dimethyl- **9,** 276
Chromeno-α-pyrones **9,** 276
Chromen-Ring, aus Benzochinon-Deriv. **20,** 98
Chromobacterium spp., 5-hydroxy-indoles **17,** 265, *Ch. iodinum,* iodinine **10,** 226, *Ch. violaceum* et vitamine K **10,** 224, 2-amino-2,6-bis-desoxy-*D*-galactose **20,** 231
Chromodacryorrhoea (porphyrins) **11,** 322
Chromogens, from polyenes and $SbCl_3$ **9,** 75; **14,** 255, 287, 288
Chromone, aus *Ammi visnaga, Eleutherine bulbosa, Eugenia caryophyllata, Peucedanum Ostruthium* **11,** 126, 129, 133, 138, 142
—, analgetische Wirkung **11,** 156
—, Biogenese **11,** 150
—, Chromatographie **11,** 127
—, Farbreaktionen **11,** 129
—, Flavone, Cumarine, Verwandtschaft **11,** 151
—, formation **9,** 235
—, Isolierung, Struktur **11,** 126, 127
—, kern-methylierte, aus *Eugenia caryophyllata* **11,** 151
—, natürliche **11,** 124
—, Oxoniumsalze **11,** 125
—, Spektrum **11,** 138
—, Struktur und pharmakol. Wirkung **11,** 154, 156
—, Synthese **11,** 125, 140
Chromon-Ring, Numerierung **11,** 125
Chromon, 7-acetoxy-3-acetyl-2-methyl- **17,** 34
—, **3-acetyl-** **11,** 141
—, **2-alkylierte-3-acylierte** und **2,3-dialkylierte,** Unwirksamkeit **11,** 156
—, **2-carbonsäureester,** analgetische Wirkung **11,** 156
Chromon, dihydroxy- **11,** 131
—, **2-(β-dimethylaminoäthyl)-** **11,** 156
—, **2,2-dimethyl-5,7-dihydroxy-, 2,3-dimethyl-5,6,7-** and **-5,7,8-trihydroxy-** **11,** 131, 132
—, **2-(2′-furyl)-** **11,** 157
—, **2-hydroxy-** **9,** 234
—, **5-hydroxy-,** Spektrum **11,** 138
—, **5-hydroxy-7-alkoxy-** **11,** 129
—, **5-hydroxy-6,7-furano-** **11,** 129
—, **5-hydroxy-7-methoxy-2-methyl-** **9,** 249
—, **7-hydroxy-,** Farbreaktionen, Spektrum **11,** 129, 138
—, **7-hydroxy-2-methyl-** **17,** 34
—, **2-methoxy-** **9,** 234
—, **2-methyl-** **11,** 127, 128, 129, 137, 141
—, —, **4′,5′-dihydrofurano-** **11,** 150
—, —, **5,7-dihydroxy-** **11,** 129, 130, 131, 142, 143, 145
—, —, **5,7-dihydroxy-6-formyl-** **11,** 142
—, —, **8-hydroxy-(8-methoxy)-4′,5′-dihydrofurano-** **11,** 150
—, —, **2′-isopropenylfurano-** **11,** 150
—, —, **7-isopropoxy-,** Pharmakologie **11,** 157
—, —, **5-methoxy-4′,5′-dihydrofurano-,** Spektrum **11,** 138
—, —, **5,6,7-** und **5,7,8-trihydroxy-** **11,** 131
—, **2-(3′-** und **4′-N-methyl-piperidyl)-** **11,** 156
—, **polyhydroxy-** **11,** 131, 141
—, **2-(4′-pyridyl)-5-hydroxy-** und **-5-methoxy-** **11,** 157
—, **styryl-** **11,** 128
Chromopeptide 18, 2
Chromophore, full- and half-, bands **18,** 256
—, lengthening of, and spectrum **16,** 171
Chromoproteids, cleavage 8, 352
Chromosomes **5,** 300, 301; **12,** 467
—, aberrations **5,** 319
—, Ca and Mg ion bridges **12,** 468, 481
—, deficiency **12,** 467
—, distribution of DNA **20,** 428
—, and DNA double helix **12,** 474
—, grasshopper testis **12,** 468
—, and high energy radiation **12,** 467
—, inversion **12,** 467
—, and mustard gas **12,** 467
—, nucleoproteins **12,** 468

Chromosomes, segments, rearrangement **12,** 467
—, solubilization **12,** 468
—, translocation **12,** 467
Chromosomin 5, 293
(±)-*cis*-**Chrysanthemate,** (±)-**pent**-*cis*-**2′-enylrethronyl- 19,** 127
(±)-*trans*-**Chrysanthemate, methyl,** IR spectrum **19,** 125
—, (±)-**furfurylrethronyl-,** insecticide **19,** 154
—, (±)-*trans*-**1′-methylcrotonylrethronyl-,** insecticide **19,** 154
—, (±)-**methyl-** and **-ethyl-rethronyl,** insecticide **19,** 154
—, (±)-**pent-2′-** and **-4′-enylrethronyl-,** insecticide **19,** 154
—, (±)-**phenylrethronyl-,** insecticide **19,** 154
—, (±)-**propylrethronyl-,** insecticide **19,** 154
—, (±)-**H-rethronyl- 19,** 152
—, (±)-*trans*-**sorbylrethronyl-,** insecticide **19,** 154
(+)-*trans*-**Chrysanthemate,** (±)-*cis*-**pyrethronyl- 19,** 145
1(*R*),**2**(*R*)-**Chrysanthemate, penta**-*cis*-**2′,4′-dienyl-4**(*S*)-**rethronyl-** (nomenclature) **19,** 127
Chrysanthemaxanthin 5, 1, 8, 9, 11, 12; **18,** 182
Chrysanthemic acid, (+)-*cis*-, (—)-*cis*-, (+)-*trans*-, and (—)-*trans*- **19,** 126, 127, 129, 130, 131, 134, 144, 145
—, (±)-*cis*-, (±)-*trans*-, pyrolysis **19,** 130, 134
—, —, synthesis **19,** 133, 134
(+)-*trans*-**Chrysanthemic acid esters,** insecticides **19,** 154
Chrysanthemic anhydride 19, 146
(±)-*cis*- and (±)-*trans*-**Chrysanthemic ethyl esters,** synthesis **19,** 133, 146
Chrysanthemum acid, non-toxicity **10,** 449
—, **esters,** toxicity **10,** 452
—, —, IR spectra **19,** 125
Chrysanthemum dicarboxylic acid, isoprene units **19,** 129, 148
—, spectrum **19,** 132
—, synthesis **19,** 132, 135
—, **monomethylester, pyrethrolone** and **cinerolone esters 10,** 447, 448
Chrysanthemum monocarboxylic acid 10, 447
—, **cinerolone** and **pyrethrolone esters 10,** 447, 448
—, **dihydro-, ester 10,** 452
Chrysanthemum mono- and **dicarboxylic acids 19,** 126
trans-**Chrysanthemum mono-** and **dicarboxylic acids,** NMR **19,** 132
Chrysanthemum spp., Abwesenheit von Acetylenen **14,** 61, *Ch. caucasicum,* 2-*trans*-Dehydromatricariaester **14,** 18, 61, *Ch. carneum, Ch. cinerariaefolium, Ch. coccineum, Ch. roseum,* insecticides **19,** 120, 121, *Ch. parthenium,* parthenolide **19,** 23
Chrysanthenone 19, 272
Chrysarobin 14, 165
Chrysaron und **-glucosid 6,** 188
Chrysatropic acid 9, 245
Chrysene, from bufotalin **5,** 244
Chryseogenin, Chryseosid 13, 180, 181, 212
Chrysin 17, 2, 3, 7, 15, 29
—, → 5-hydroxy-flavone, phloroglucinol, benzoic acid, acetic acid, acetophenone **17,** 29, 40
—, spectrum **17,** 26, 57
—, synthesis **17,** 3, 34, 35
—, **7-glucoside 17,** 15, 44
—, **glucosiduronic acid 17,** 7
—, **7-methyl ether 17,** 15
Chrysoena victor, Federpigmente **18,** 181, 186
Chrysoeriol 17, 16, 52
—, synthesis **17,** 37
—, **7-apioglucoside 17,** 52
Chrysofléine 10, 221
Chrysophanein 6, 187
Chrysophan-glucosid 6, 187
Chrysophanol 6, 178, 187
Chrysophanol-anthrone 17, 23
Chrysophansäure 6, 163, 177, 187
Chrysopontin 6, 178
Chrysopsin 14, 296
Chrysopterin 4, 64, 77; **11,** 367, 369, 371
—, spectrum **11,** 363
Chrysorhapontin 6, 178
Chrysosplenetin 17, 19, 55
—, IR bands **17,** 58
—, **3-** and **5-glucoside 17,** 55

Chrysosplenin, IR bands **17**, 58
Chrysosplenium japonicum, chrysosplenetin **17**, 55
Ch'uan sen, coumarins **9**, 239
Chymotrypsin **4**, 129; **9**, 325, 328, 331, 333, 351
—, chromatography **11**, 285
—, diffusion rates **17**, 367
—, and insulin **12**, 273, 325
—, **DIP deriv.**, labeled **12**, 324
α-, β-, γ-, π-**Chymotrypsin**, C- and N-terminal residues **11**, 266, 273; **12**, 317, 318
α-**Chymotrypsin** **12**, 320
—, polymerization **18**, 483
δ-**Chymotrypsin, DIP deriv.** **12**, 317
Chymotrypsinogen **12**, 318, 320
—, chromatography **11**, 285, 287
—, C- and N-terminal residues **11**, 266, 273; **12**, 302
Chytridiales, carotenoids **12**, 170
Cicer arietinum, formononetin, biochanin-A **17**, 56, phosphatases **19**, 324
Cichorieae, Matricariaester **14**, 13
Cichorigenin, Cichoriin **9**, 244; **17**, 173
Cichorium spp., and gibberellin **18**, 396, Lactucopicrin **17**, 140
Cicinnurus regius, Federpigmente **18**, 216
Cicuta maculata, cicutin **15**, 93, *C. virosa*, Acetylene **14**, 33, 34
Cicutin **15**, 93, 121, 122, 123
Cicutol **14**, 34
—, Spektrum **14**, 34
—, Synthese **14**, 35
Cicutoxin **14**, 33, 34
Cinchona alkaloids, biosynthesis **13**, 304; **19**, 264
Cinchona pelletierina, aricine **13**, 363
Cinchona-Rinde, Chinovasäure **7**, 69
Cinchonamine, biosynthesis **19**, 264
Cinchonidine, Cinchonine, fluorescence **2**, 312, 313, 314
Cinchonidin, $N_{(b)}$-**metho-** **17**, 191
Cinerins I and **II** **19**, 122, 124, 126, 145, 148
—, biosynthesis **19**, 148
—, insecticides **10**, 447, 448, 449
—, synthesis **19**, 145
—, toxicity **19**, 151
—, UV and IR spectra **19**, 123, 124
Cinerin I, dihydro-, synthesis **19**, 145
C^{14}-**Cinerin-pyrethrin** **19**, 148
Cinerolone **10**, 447, 448; **19**, 126, 137, 140
—, IR spectrum **19**, 125
—, isoprene units **19**, 148
—, steric forms **10**, 448; **19**, 141
—, synthesis **10**, 450; **19**, 141, 144
DL-cis-**Cinerolone**, resolution **10**, 448, 452; **19**, 144
Cinerolone, dihydro- **19**, 141, 143
—, **ester**, of chrysanthemum dicarboxylic acid monomethylester **10**, 448
—, —, insecticides, toxicity **10**, 451, 452
—, **hydrate** **19**, 140
—, **semicarbazones** **19**, 139
cis-**Cinerone**, synthesis **19**, 143
Cinerone, dihydro- **19**, 140, 141, 143
—, —, **4-bromo-** **19**, 147
(+)-*cis*-**Cineronyl** (+)-*trans*-**chrysanthemate** **19**, 145
(±)-*cis*- and (±)-*trans*-**Cineronyl** (±)-*trans*-**chrysanthemates**, insecticides **19**, 154
Cinnabarin **20**, 23, 24
—, (Polystictin) **18**, 31
Cinnabarinic acid **20**, 24
Cinnamal-aceton **4**, 194
—, biochem. Hydrierung **3**, 36, 40, 41, 49
—, **3,4-methylenedioxy-** (methysticol) **20**, 136
Cinnamate, methyl, in *Ocimum* **14**, 205
Cinnamic . . ., s. auch, see also, voir aussi, Zimt . . .
Cinnamic acid 6, 114, 115, 137
—, as precursor (lignin, flavone) **14**, 205; **17**, 45, 46
—, **benzamido-** **2**, 117
—, *o*-**carboxy-**, from benzotropolones **13**, 270
—, **3,5-diiodo-4-(3′,5′-diiodo-4′-hydroxyphenoxyl), dihydro-** **7**, 178
—, **2,6-dimethoxy-4-ethoxy-3-methyl-** **9**, 279
—, **3,5-dimethoxy-4-hydroxy-** **18**, 131
—, **hydroxy-**, in anthocyanins **20**, 184
—, *o*-**hydroxy-**, *cis*- and *trans*- **9**, 229
—, *o*-**methoxy-** **9**, 229, 230
—, —, *cis-trans* isomerism **9**, 229
—, **2,4,6-trimethoxy-3-methyl-** **9**, 279
Cinnamic aldehyde, in nature **14**, 205
Cinnamonum spp., cinnamic aldehyde, safrole, eugenol **14**, 205, *C. camphora*, gum camphor **10**, 458

Cinnamoyl-acetoacetic acid, γ-(*p*-**methoxy**)- **20**, 138
Cinnamoyl-acetone, *p*-methoxy- 20, 138
Cinnamyl alcohol, in nature **14**, 205
—, **hydroxylated**, polymerization **14**, 204
—, *o*-**hydroxy- 9**, 230
—, **methylenedioxy- 14**, 205, 206
Cinobufagin 4, 12, 13, 14; **5**, 250, 251; **13**, 202
—, "new" **5**, 243, 250
—, Se-dehydrierung **4**, 13
—, **acetate, hexahydro- 5**, 251
—, **deacetyl-anhydro- 5**, 250, 251
—, **dihydroxycholanic acid 5**, 251
Cinobufaginic acid, deacetyl-hexahydro- 5, 251
Cinobufagone, "new" **5**, 251
Cinobufotalidin 4, 12; **5**, 243
Cinobufotalin 4, 12, 14; **5**, 243, 250, 252; **13**, 202
Cinobufotoxin 5, 255
Cinosternon pennsylvanicum, sécrétion musquée **6**, 110
Circaea spp., and gibberellin **18**, 397
Cires des Mycobactéries **10**, 232, 233
Cires A, B et C de Bacilles **10**, 176, 226, 227, 230, 235, 237, 238, 239, 241
Cires molles de Bacilles **10**, 180, 227, 230
Cirripathes anguina, C. spiralis, antipathine **12**, 393
Cis **addition**, and conformation **19**, 191
—, rule of α-attack **19**, 191
Cis **double bonds, iodine sensitivity 18**, 272
Cis **elimination** of esters **19**, 209
Cis **isomers, hindered** (carotenoids) **3**, 2, 28; **14**, 258; **18**, 232
Cis-**peak 15**, 48, 72; **17**, 438; **18**, 249
—, azines **18**, 262
—, carotenoids **9**, 8, 9, 16, 33; **18**, 254
—, and fine structure **18**, 254
—, intensity **18**, 252, 259, 292
—, and mol. shape **18**, 260, 261
—, in polystyrene films **18**, 263
—, and solvent **18**, 250
—, and steric hindrance **18**, 254, 313, 318
—, theory **18**, 255, 259
—, vitamin B_{12} **17**, 440
—, wavelength position **18**, 253
Cis-**Prinzip** (Dien-Synthese) **10**, 84
Cis-trans-**Isomerie**, und Geruch **8**, 194
—, β-ionylidene-acetaldehyde **9**, 52
—, carotenoids **9**, 4; **14**, 258; **18**, 223
Cis-trans-**Isomerism**, retinene **14**, 257
—, vitamin A **9**, 51
Cissampelos insularis, C. ochiaiana, Alkaloide **9**, 177
Citidylic acid 9, 403
Citraconsäure-anhydrid (Dien-Synthese) **10**, 6, 70, 74, 79, 82
Citral, biochem. Hydrierung **3**, 33, 35, 46, 47, 51
—, Geruch **8**, 193
—, **dehydro-**, Biogenese **8**, 195
—, —, Dien-Synthese **10**, 100, 101
—, —, **methyl-**, Biogenese **8**, 197
—, **methyl- 8**, 175, 186, 187
β-**Citraurin 18**, 225
Citrinin 6, 159
Citrobacter, Essigsäure-Abbau **4**, 319
C. Freundii, Citronensäure-Abbau **4**, 324, Polysaccharid **20**, 228
Citrogenase 4, 301
Citrolimonin 17, 173
Citromycétine 10, 244
Citronella, oil, insecticide **10**, 457
Citronellal, biochem. Hydrierung **3**, 52
—, Cyclisierung **4**, 196
—, Riechstoff **8**, 193
Citronellol, biochem. Hydrierung **3**, 33, 34, 35, 47, 48, 51
d-**Citronellol** (yacarol) **6**, 120
Citronensäure (Citric acid), Abbau in Bakterien **4**, 324
—, Abbau, und Kationen **4**, 287
—, formation **14**, 197
—, $\rightleftarrows$ Oxalsäure und Oxalessigsäure (biol.) **4**, 282, 328; **13**, 76
—, Synthese im Tierkörper **4**, 290, 292, 298
—, **acetyl- 4**, 290
—, *n*-**hexadecyl- 2**, 31
Citronensäure-Cyclus 4, 266, 267, 283, 290, 301, 303, 319, 323, 330, 332
Citropten 9, 226, 245, 246, 250
Citrorosein 6, 164
—, fluorescence **6**, 343
Citrovorum factor 9, **417**, 420, 422, 426, 431, 432
—, and anemia **11**, 392
—, function **11**, 391
—, from horse-liver **11**, 384
—, inhibition of sulfonamides **11**, 392
—, and mitosis **11**, 392
—, physiol. action **11**, 391

Citrovorum factor, (pteridines) **11,** 373, 377, 382
—, spectrum **11,** 363
—, transfer of single C-atoms **11,** 391
Citroxanthin 5, 11
Citroyl-citronen- und **-essigsäure 4,** 290
Citrulline 18, 91, 100
—, from arginine **12,** 293
Citrus spp., and gibberellin **18,** 397, 405, indole **17,** 250, 251, 252, limocitrin **17,** 55, methyl anthranilate **13,** 304, *C. acida,* coumarins **9,** 263, 277, *C. aurantium,* auranetin **17,** 54, phosphatases **19,** 324, poly*cis* carotenoids **18,** 282, violaxanthin **5,** 5, *C. decumana,* indole **17,** 252, *C. Medica,* coumarins **9,** 263, 277, *C. natsudaidai,* Bitterstoffe **17,** 175, *C. nobilis,* nobiletin **17,** 55, phosphatases **19,** 324, tricin **17,** 54, *C. pooensis,* violaxanthin **5,** 5, *C. unshui,* gibberellin A_1 **18,** 392, *C. vulgaris,* phosphatases **19,** 324
Citrus oils, methyl N-methylanthranilate **13,** 304
Citrus red mite, and insecticides **10,** 432
Citryliden-aceton 8, 148, 193
Civette (Civet), glande à parfum **6,** 90, 92, 93
Civettol 6, 93
—, dihydro- 6, 107, 108
α- et *β*-**Civettone 6,** 89, 93, 94, 95, 104, 105, 106, 138
Civettone, synthèse **6,** 103
—, *α***-carboxylate 6,** 104
, oótal 6, 106
—, —, déhydro- 6, 106
—, dihydro- 6, 94, 98, 107
—, époxyde 6, 141
Cladonia spp., Chinone **6,** 174, *Cl. Boryi, Cl. condensata, Cl. cristatella, Cl. didyma, Cl. impexa, Cl. laxinscula, Cl. mitis, Cl. pityrea, Cl. pseudostellata, Cl. rangiformis, Cl. sylvatica, Cl. uncialis,* Flechtenstoffe **2,** 42; **8,** 209, 211, 212, 223, 238
Cladophora sp., Ubichinon **20,** 81
Claisen-Kondensation (Polyacetoxy-acetophenon) **11,** 141, 142
Claisen migration 9, 232
Claviceps purpurea, alkaloids, amines **20,** 2, 17, 18
Clavine 9, 119
Clavine alkaloids, biosynthesis **20,** 21
Clavolonine, structure **20,** 286, 288
Clemmensen reduction (steroids) **12,** 56, 63, 64
Cleome arabica, Cl. arborea, Cl. gigantea, Cl. graveolens, Cl. monophylla, Cl. speciosissima, Cl. spinosa, Cl. viscosa, Cl. trachysperma, iso-thiocyanates **18,** 157, 167
Cleopatra snake (venom) **12,** 410
Clerodin 17, 173
Clionasterol, Biosynthese **12,** 143
Clitocybe diatreta, Acetylene **14,** 50, diatretyne-I **20,** 7, *Cl. nebularis,* nebularine **20,** 28, *Cl. suaveolens,* *p*-methylnitrosamine-benzaldehyde **20,** 6
Clivia miniata, Xanthophyll-epoxyd **5,** 15
Closed shell structure 16, 186
Clostridium acidi-urici, Cl. aceticum, Bildung von Essigsäure **4,** 315, 316, *Cl. acetobutyricum,* enzyme **4,** 317; **8,** 355, *Cl. butyricum,* Buttersäuregärung **4,** 317, Flavin **2,** 63, *Cl. Kluyveri,* biosynthèse d'acides **10,** 213, *Cl. maebashi,* Enzym **20,** 235, *Cl. perfringens,* Aldolase **20,** 247, und Chinone **6,** 203, Hexosamine **20,** 247, Ubichinon **20,** 81, *Cl. sporogenes,* and nucleotides **9,** 407, et vitamine K **10,** 224, *Cl. tetani* und Pantothensäure **4,** 30, *Cl. tertium,* Enzym **20,** 235, *Cl. Welchii,* Bildung von Essigsäure **4,** 315, und Chinone **6,** 220, Hyaluronidase **20,** 248, und Pantothensäure **4,** 30, phospholipase **12,** 422
Clovene, Clovenic acid 12, 14, 17, 18
Clover, pratol **17,** 15, 23
—, pseudo-baptisin, biochanin-A **17,** 56
—, subterranean, estrogenic properties **17,** 50
Clupanodonic acid (non-essential) **6,** 4, 29
Clupea harengus, Cl. palasii, protein **5,** 275, 279, 294
Clupein 5, 290, 291
—, N-terminal residues **11,** 266
Clupeovin 5, 294
Cluytia similis, Chinone **6,** 187
Clysia ambiguella, odeur **6,** 89
Cnicin 17, 138, 139, 173; **19,** 21, 24, 78
—, acid component **19,** 22
—, Azulen-deriv. **17,** 140

Cnicin, → Chamazulen, Artemazulen **17,** 140
—, hydrogenation, hydrolysis, oxidation **19,** 21, 22
—, stereochemistry **19,** 22
—, Struktur **17,** 140
Cnicus benedictus, Acetylen-Kohlenwasserstoff **14,** 23, bitter principle **17,** 139; **19,** 21
CoA (abbreviation for Coenzyme A) **12,** 26
Coacervate droplets (primitive life) **20,** 440
Coagulin, in snake venoms **12,** 444, 445, 450
Coals, amino acids **17,** 392
—, (brown), lipides **17,** 396
—, carbon content **14,** 325
—, extracts, IR studies **5,** 375
—, isotopic composition of carbon **14,** 330
—, porphyrins **11,** 310; **17,** 399
Cobalamin 9, 419
—, **amino-, chloro-, cyano-, hydroxo-, nitroso-, sulfato- 9,** 419, 420
Cobalt, in vitamin B_{12}, position **15,** 168, 180, 210
Cobra, venom **12,** 409, 410, 454
Cocaïne, fluorescence **2,** 314
Cocarboxylase 9, 338, 339
Cocastrauch, Erythrodiol **7,** 19
Coccellsäure 2, 43
Coccidioides immitis (polysaccharides, immunol.) **18,** 521, 522, 523, 524
Coccidium-Infektion 4, 47
Coccinellids and insecticides **10,** 432
γ-Coccinsäure-methyläther 2, 52
Coccomyces hiemalis, defoliation **17,** 300
Cocculidin, Cocculin 9, 179
Cocculus bakis, C. crispus, C. laurifolius, C. ovalifolius, C. peltata, C. sarmentosus, C. trilobus, C. umbellatus, Alkaloide **9,** 176, 177, 179, 187, 198, 203, 204, 213, *C. indicus*, Picrotoxin **17,** 155
Coccus cacti coccinelliferi, Carminsäure, *C. laccae*, Laccainsäure **6,** 200
Cochenille-Farbstoff 6, 200
Cochlearia anglica, C. danica, C. officinalis, iso-thiocyanates **18,** 142, 151, 164
Cochon, glandes odorantes **6,** 110
Coclaurin 9, 176, 177, 180, 186, 187, 213; **17,** 185
—, Biosynthese **9,** 211
Cockle, protein **5,** 269
Cockroach, and insecticides **10,** 431, 449, 462, 464, 465
Cocksfoot, ergosterol **1,** 90
Cocoa, s., see, voir, Cacao
Coconut, fat, composition, digestibility **5,** 86; **6,** 15, 20, 24
—, —, essential fatty acids **6,** 3, 56
—, —, vitamin E **6,** 55
—, gibberellins **18,** 391
Cocos nucifera, fat **1,** 24, 31
Cod, amino acids **17,** 383
—, bone-gelatin, amino acids **17,** 385
—, carotenoids **5,** 32
—, liver oil, digestibility **6,** 16, 20, 24
—, —, vitamins A, E, D **6,** 52, 54, 55
—, protein **5,** 269, 272, 273, 275, 277, 279, 280
—, retinene$_2$ **14,** 255
Codehydrase 1, 99, 102, 109
—, Nicotinsäureamid-Bindung **1,** 109
—, Spezifität **1,** 102
—, Wirkung (Cozymase) **1,** 99
—, **dihydro- 3,** 71, 72, 73
Codehydrase I und II 1, 101, 104, 123; **3,** 26, 71, 73, 74; **4,** 203
Codehydrase I, deamino-, growth factor **9,** 405
Codehydrase II, dihydro- 1, 109
Codéine, fluorescence **2,** 314
—, **tetrahydro-deoxy- 19,** 259
Codonocarpus cotinifolius, iso-thiocyanates **18,** 168
Coelenterates, carotenoids **5,** 26
Coenomycin 2, 43
Coenzyme, of galactowaldenase **8,** 98
—, of phosphoglucomutase **8,** 66
Coenzyme I and **II 8,** 98; **12,** 423
—, growth promoter **9,** 403, 405, 407
—, (protein biosynthesis) **9,** 338, 339
Coenzyme A 11, 391
—, in Acetylenbildung **14,** 56, 57
—, (Cystein-Synthese) **13,** 487
—, growth promoter **9,** 408
—, (protein biosynthesis) **9,** 339
—, **acetoacetyl- 12,** 26
—, **acetyl-,** formation of acetoacetic and citric acids **14,** 197
—, —, (sesquiterpene synthesis) **12,** 26
—, —, (Sterol-Biosynthese) **12,** 133
—, **S-acetyl-** (Peptid-Synthese) **13,** 498
—, **β-hydroxy-β-methylglutaryl- 12,** 26
—, **β-methyl-isovaleryl- 12,** 26

Coenzyme A, succinyl- 11, 331
Coenzyme F 11, 391
Coenzyme Q, s. auch, see also, voir aussi, Ubichinon
Coenzyme Q 20, 73, 74
—, Lipoid 20, 83
—, Wirkung und Alkoxylgruppen 20, 104
Coenzym Q_{254} 20, 82, 109
Coenzyme Q_{275} 20, 74, 83
Coeruloplasmin 20, 240, 241
Coffea spp., indole 17, 252
—, mutants and gibberellin 18, 395
Coffee bean (polysaccharides, immunol.) 18, 514, 515, 520, 521, 522
Cohn process (plasma) 7, 274
Cohoba snuff, bufotenine 17, 266
Cohumulinon, Cohumulon 17, 163, 164
Cohumulon, tetrahydro- 17, 164, 165
Cohune fat, digestibility 6, 15
Colamine (*Brucella*) 10, 250
—, in fungi 20, 2
Colchamine 13, 254
Colchic acid 13, 251
Colchiceine 13, 247, 248, 250, 251, 285
—, → colchicine 13, 251
—, → iodo-colchinol 13, 284
—, metal complexes 13, 252
—, polarogram 13, 267
—, ring contraction 13, 252
—, spectrum 13, 264
—, deacetyl- 13, 248, 254
—, hexahydro- 13, 251, 255
Colchiceinic acid, amide 13, 282
—, tribromo- 13, 285
Colchicine 6, 109, 211; 13, 234, 247, 248, 250, 253, 287; 19, 38
—, antimitosis 13, 249; 15, 144
—, biosynthesis 13, 289
—, condensation 13, 252
—, configuration 13, 253
—, oxidation, ozonolysis 13, 253, 255
—, polarogram 13, 267
—, rearrangement by alkoxides 13, 252
—, spectrum 13, 264
—, → tetracyclic azulene 19, 102
—, tropolone ring 13, 250
—, X-ray studies 13, 266
—, deacetyl- 13, 253, 254
—, 2- and 3-demethyl- 13, 253, 254
—, dimethyl-deacetyl- 13, 253, 254
—, formyl-deacetyl- 13, 253
Colchicine analogs, synthesis 13, 259
Colchicinic acid, trimethyl- 13, 248
—, —, benzenesulfonate 13, 249
Colchicoside 13, 253, 254
Colchicum alkaloids and glucosides 13, 247
Colchicum autumnale, *C. speciosum*, colchicine, colchamine 13, 247, 248, 254
Colchinol, N-acetyl- 13, 250, 251, 270
—, iodo- 13, 284
—, methyl ether 13, 249, 250
—, —, N-acetyl- 13, 249, 250
—, —, deamino- 13, 249, 250
Coléoptères, sécrétion musquée 6, 110
Coleoptiles, primary cell walls 8, 6
Coleosporium senecionis, carotenoids 12, 172, 173
Coleus hybridus, anthocyanase 20, 178
Colias edusa, Pterine 4, 77
Colicin (Bactericin) 20, 228
Collagen (Kollagen) 8, 18
—, amino acids 17, 384, 385
—, C- and N-terminal residues 11, 266, 273
—, in fish 5, 287
—, hydroxy-proline 17, 383
—, lack of antigenicity 9, 446
—, mol. weight 18, 465
—, polypeptide chain, configuration 11, 215
—, soluble, denatured 18, 464
—, sonic fragmentation 18, 465
—, structure 11, 215, 227
—, X-ray diagram 1, 322, 333; 11, 216, 227
Kollagen-Typus 1, 333, 337
α- und β-Collatolsäure 2, 47; 8, 236
Collidine (amino acid chromatography) 12, 281, 298
α-Collidin 8, 290, 291, 292
Collinin 9, 250
Collose 8, 2
Colominic acid, Anti-„O“-agglutinations-Faktor 20, 228
Colon bacterium (mutations) 5, 320
Color, azulene 16, 178
—, cyanines 16, 170
—, diazine dyes 16, 177
—, electron donors and acceptors 16, 171, 172
—, eosine 16, 177
—, fluorescein 16, 177
—, indamine dyes 16, 176

Color, indophenol **16**, 176
—, iris blue **16**, 177
—, pelargonidin **16**, 174, 175, 194
—, phenolphthalein **16**, 177
—, oxazine dyes **16**, 177
—, polyenes, polyacetylenes **16**, 170, 171
—, porphin **16**, 178
—, pyronine dyes **16**, 177
—, and structure **16**, 170
—, Wurster's blue **16**, 178
Color vision **14**, 245, 249, 250, 278, 303
Colubridae, venom **12**, 409
Columba (Federn, Eischalen), Porphyrine **18**, 204, 210
C. palumbus (Epidermis), Zeaxanthin-Ester **18**, 181
Columbamin **9**, 177, 178, 190, 191
Columbin **17**, 151, 154, 173
—, Isomerie mit Isocolumbin **17**, 154
—, C-Methylgruppen **17**, 153
—, Grundgerüst, Lactonring **17**, 152, 153
—, **acetate** **17**, 152
—, **decarboxy-** **17**, 154
—, **dihydro-** **17**, 153
Columbinsäure, octahydro- **17**, 155
—, —, **decarboxy-** **17**, 152, 154
Columbo-Wurzel, Alkaloide **9**, 178, 213
—, Bitterstoffe **17**, 151
—, und Magensaft-Sekretion **17**, 127
Columnea banksii, pigment **20**, 185
Colupulon **17**, 163
Colymbi (Federn, Eischalen), Porphyrine **18**, 205, 210
Commelina communis, anthocyanin metal complex **20**, 190
Compositae, Acetylene **14**, 22, 25
—, ätherische Öle **14**, 17
—, Bitterstoffe **17**, 125, 137
—, colored essential oils **19**, 61
—, Cumulen **14**, 16
—, Farbstoffe **14**, 31
—, Inhaltsstoffe unbekannter Struktur **14**, 31
—, insecticides **10**, 452
—, lactones **19**, 15
—, Matricariaester **14**, 13
Composition density gradient **20**, 386, 393
Compression density gradient **20**, 386, 394
Conalbumin, differentiation from ovomucoid, ovalbumin **11**, 284
—, N-terminal residues **11**, 266, 270, 284
Conarachin **6**, 294
Conchoporphyrin **11**, 323
Concianella maritima, Chinone **6**, 185
Concrète (Riechstoffe) **8**, 156
Concrétions intestinales, composition **6**, 120
Condensation acyloïnique **6**, 102
Condurangin **17**, 173
Condurango-Rinde und Magensaft-Sekretion **17**, 127
Condyloma acuminatum, and podophyllin, quercetin **15**, 86, 145
Cone (**in retina**) **14**, 245, 266
—, oil globules **14**, 298
—, pigments **14**, 296
—, and rod processes **14**, 248
Conepatus suffocans, excrétion **6**, 111
Conessin **12**, 146
Configuration, und Geruch **8**, 194
—, and insecticidal effect **19**, 154
cis-trans **Configuration**, butadiene-styrene copolymers **10**, 139
—, carotenoids **18**, 223
—, neoprenes **10**, 138
—, polybutadienes **10**, 134, 135
—, polyisoprenes **10**, 134, 135
1,4-*cis* Configuration (rubber) **10**, 127
1,4-*trans* Configuration (butylrubber) **10**, 134
Conformation, and bimol. elimination **19**, 199
—, boat and chair, enthalpy **19**, 168
—, and bromination, protonation of enols **19**, 209
—, and carbonyl reactivity **19**, 189
—, and C—D stretching frequencies **19**, 194
—, and C-halogen bands **19**, 194
—, and chromatogr. behavior of alcohols **19**, 188
—, and *cis* addition **19**, 191
—, and configuration **19**, 167, 178
—, and coplanar cyclic transition states **19**, 208
—, and C=O stretching frequencies **19**, 194
—, and C—O vibrations **19**, 194
—, and deamination **19**, 209
—, definition **19**, 167
—, and diaxial electrophilic addition **19**, 201
—, and 1,2-diaxial rearrangements **19**, 206

Conformation, and double bonds **19,** 193
—, and epoxide ring formation, opening **19,** 202, 205
—, half-chair and half-boat **19,** 175, 176
—, and intramol. H-bonding **19,** 195
—, and IR and UV spectra **19,** 193, 195
—, and NMR spectra, steroids **19,** 197
—, and O—H stretching frequency **19,** 194
—, and opt. rotatory dispersion **19,** 197
—, and oxidation of sec. alcohols **19,** 188
—, preferred **19,** 167
—, and proton magnetic resonance **19,** 196
—, reactions controlled by steric hindrance and compression **19,** 183
—, ring contraction and expansion **19,** 206, 208
—, six-membered rings containing trigonal C **19,** 175
—, and solvolysis **19,** 188
—, steric and electrostatic effects **19,** 172
—, and transition states **19,** 199
—, α- and β-amyrins **19,** 183
—, 2β-bromoallobetulone **19,** 214
—, 5α- and 5β-cholestanes **19,** 177, 178
—, cyclohexane and deriv. **19,** 168, 169, 175
—, *cis*- and *trans*-decalins and deriv. **19,** 176
—, ergosterol-5α,8α-epidioxide **19,** 187
—, ethane **19,** 167
—, 2-halocyclohexanones **19,** 172
—, lanost-8-en-3β-ol iodoacetate **19,** 177, 178
—, lumisterol-5β,8β-epidioxide **19,** 186
—, 2β-methoxy-4,4-dimethyl-5α-cholestan-3-one **19,** 214
—, 8β-methyl-3-oxotriterpenoids **19,** 214
—, oleanane **19,** 182
—, perhydroanthracenes and perhydrophenanthrenes **19,** 177
—, ursane **19,** 182, 183
Conformational analysis, acyclic compounds **19,** 167
—, alkaloids **19,** 166
—, carbohydrates **19,** 166
—, sesquiterpenoids **19,** 166
—, steric hindrance and compression **19,** 183
—, steroids **19,** 165, 177, 182, 214
—, terpenoids, triterpenoids **19,** 166
Conformational driving forces **19,** 216, 217
Conformational equilibria, α-halocyclohexanones **19,** 198
Conformationally rigid molecules **19,** 173
Conformational stability relationship (terpenoids) **19,** 173
Conformational transmission, long range **19,** 217, 222
Conger vulgaris, protein **5,** 285
Congocidine **16,** 116
Congo red, cellulose dye **8,** 3, 4
Conidendrin series, mol. rotations **15,** 146
—, steric correlation to podophyllotoxin **15,** 116
Conidendrin **5,** 215, 216; **15,** 92
α-Conidendrin **15,** 130
—, configuration **15,** 116
α- and β-Conidendrin dimethyl ether **15,** 115, 116, 117, 118
α- and β-Conidendryl alcohol dimethyl ether **15,** 115, 117
—, **anhydro-** **15,** 115
Coniferen, Bitterstoff **17,** 173
—, heartwood (flavones, flavanones) **17,** 6
—, Lignin **11,** 44
Coniferin **11,** 53, 55, 70
—, incorporation into flavone **20,** 193
—, radioaktiv (Verholzung) **11,** 72, 74; **20,** 62
Coniferylalkohol **5,** 210; **11,** 46, 53, 55, 60
—, enzymat. Dehydrierung **20,** 60
—, und Lignin, Beziehung **2,** 2, 11, 20; **11,** 55; **20,** 50, 56
—, → Lignin, Zwischenstufen **20,** 41, 51, 55
—, Polymerisat **11,** 55, 64
—, radioaktiv **11,** 59
—, und Redoxase **11,** 56, 63
—, **bisdehydro-,** aus Lignin **20,** 56
—, **Dehydrierungspolymerisat (DHP),** IR- und UV-Spektrum **11,** 53, 57, 58, 63; **20,** 54
—, —, radioaktiv **11,** 59
—, **5-deuterio-,** Lignin-Bildung **20,** 63
—, **dihydro-,** aus Lignin **20,** 48
—, **α-keto-dihydro-** **5,** 221, 224
—, **5-methoxy-** **20,** 68
—, **β-[2-methoxy-4-(γ-oxypropenyl)-phenoxy]-** **11,** 60, 62
Coniferyl-glucosid **20,** 50
***dl*-Coniin** **3,** 20, 21
Conjugated systems, coplanarity, color **3,** 220, 229

Conjugated systems, interatomic distances **3**, 224
Conophor oil, fatty acids **5**, 80, 82
Conringia orientalis, iso-thiocyanates **18**, 150, 157, 164
Contact poisons (insecticides) **10**, 425
Conurus guarouba, *C. pyrocephalus*, Federpigmente **18**, 195
Convallamaretin 13, 212
Convallamarin 4, 8; **13**, 212; **14**, 95, 122
Convallaria spp., Cardenolide **14**, 92, *C. majalis*, herzaktive Glycoside und Aglykone **4**, 8, 9; **7**, 135; **14**, 92, 94, 95, 108, 110, 122
Convallatoxigenin 4, 4
—, benzoat, anhydro- 4, 4
Convallatoxin 4, 4, 9; **7**, 134, 152; **13**, 210; **14**, 95, 122
—, Teilsynthese **14**, 75
Convallatoxol 13, 210; **14**, 122
Convallosid 7, 134, 152; **13**, 210; **14**, 95, 122
Conyza spp., Acetylene **14**, 61
Copaene 12, 5, 6
Copane 19, 2
Coplanarity, conjugated systems **3**, 216, 217
Copolyamides 10, 148
Copolymers, Buna-N type **10**, 141
—, butadiene **10**, 132
—, stress relaxation **10**, 164
Copper beech, anthocyanins, anthocyanase **20**, 178, 180
Copperhead (venom) **12**, 410, 411
Copper number method (cellulose) **5**, 136
Copratoporphyrin 11, 317
Coprinus atramentarius, amines **20**, 2, *C. comatus*, herzynine and ergothioneine **20**, 5, *C. micaceus*, volatile amines **20**, 2, *C. quadrifidus*, Quadrifine **14**, 54, *C. variegatus*, Acetylene **14**, 55
Copro . . ., s. auch, see also, voir aussi, Kopro . . .
Coprobilirubin-II,β 3, 98
Coprobilirubin-II,γ-dimethyläther 3, 98
Copro-class (porphyrins) **11**, 308
Coproglaucobilin-I,α und **II,β 3**, 104, 106
Coprohämin-I 3, 105, 108
—, tetramethylester, isooxy- 3, 108
Copromesobiliviolin 3, 119
Copronigrin 3, 132
Coproporphyrin, Debye-Scherrer diagram **11**, 321
—, excretion **11**, 321
—, fluorescence **2**, 326, 327, 328, 329; **11**, 321
—, IR spectrum **11**, 321
—, isomeride types **11**, 307
—, occurrence **11**, 320, 321, 322
—, precursor of protoporphyrin **11**, 300
—, Zn and Cu complexes **11**, 321
Coproporphyrin-I 11, 305, 308, 320
—, biosynthesis **11**, 334
—, in porphyria **11**, 322
—, synthesis from glycine (dog) **11**, 335
—, tetramethyl ester 11, 321
Coproporphyrin-III 11, 308, 320, 322; **18**, 209, 212
—, by derangement of hem synthesis **11**, 322
—, incorporation of glycine-N^{15} **11**, 335
—, occurrence **11**, 322
—, in porphyria **11**, 322
—, tetramethyl ester 11, 321; **18**, 208
Coproporphyrinuria 11, 321
Coprostane, rotation **20**, 343
—, 2-sulfonic acid, 3-keto- 1, 71
Coprostanol, fecal **1**, 56, 66
Coprostanone-3 1, 57, 70, 71; **3**, 54, 55; **6**, 122, 123
—, 4,5-d_2- 3, 54, 56
—, 4,4'-dibromo- 1, 72
Coprosterol 3, 53, 54; **4**, 236; **6**, 121, 122
Coraciae, Federpigmente **18**, 205
Corals, carotenoids **5**, 26
Coral snakes (venom) **12**, 410
Coral tree, fatty acids **6**, 3
Corbasil, oxidation **14**, 220, 221
Corchorgenin 13, 198; **14**, 86, 125
Corchorin 14, 86, 125
Corchoritin 14, 86, 125; **17**, 173
Corchorosid 13, 208; **14**, 86, 108, 125
Corchortoxin 13, 198; **14**, 86, 125
Corchorus capsularis, *C. olitorius*, herzaktive Glycoside und Aglykone **14**, 73, 86, 108, 110, 125
Corchsugenin 14, 86
Corchsularin 14, 73, 86, 110, 125; **17**, 173
Corchsularose 14, 73
Cord factor 10, 234, 235, 241
Cordycepin from *Cordyceps militaris* **20**, 27
Cordycepose 20, 27
Cordyline congesta, Indigo-effekt **11**, 72

Coreopsis spp., Acetylene 14, 61, 62, Di-in-en, Phenyl-triin, Tetraen-diin 14, 24, 27, *C. cardaminifolia atrosanguinea, C. Drummondii, C. tinctoria, C. verticillata*, Acetylene 14, 23, 24, 25, 61
Coriamyrtin 17, 161, 162, 173
—, **oxy-** 17, 174
Coriamyrtion 12, 19, 20
Coriaria angustissima, C. japonica, C. ruscifolia, C. thymifolia, Coriamyrtion, Coriarin, Tutin 12, 20; 17, 161, 162
Coriariaceae, Bitterstoffe 17, 161
Coriaria-lactone 17, 162
Coriarin 17, 162
Coriarinsäure 17, 162
Cori ester 5, 103, 110, 112; 8, 50, 72, 73
Corilagin 13, 90, 91, 92, 93, 99, 131
—, aus Chebulagsäure 13, 131
—, Hydrolyse 13, 91, 92
—, Konfiguration 13, 94
—, **enneamethyl-**, Hydrolyse 13, 91
—, **hendecaacetyl-** 13, 91, 93, 94
—, **hendecamethyl-** 13, 91, 94
α- et **β-Corinnique (acide)** (lipides bactériens) 10, 243, 244
Corinnique (alcool) (lipides bactériens) 10, 243
Coriolus sanguineus, Cinnabarin 18, 31; 20, 23
Coriosulfurin 18, 179
Corium solani (Virus) 4, 169
Corn, s. auch, see also, voir aussi, Maize
—, cob, heteroglycan (immunol.) 18, 520, 521, 522, 525, 527, 528
—, coleoptile, growing cell wall 8, 15
—, fiber, hemicellulose (immunol.) 18, 520, 521, 522, 525, 526, 528
—, —, glucuronic acid 18, 511
—, glycogen 5, 107; 18, 469
—, mutations and genes 12, 475
—, oil, digestibility 6, 15, 17, 20, 64
—, —, essential fatty acids 6, 56
—, —, triglycerides 6, 9
—, —, vitamin E 6, 55
—, root, primary cell wall 8, 11, 15
—, —, hair, microfibrils 8, 17
—, seed fat, essential fatty acids 6, 56
Corn borer and nicotine 10, 430
Cornflower, anthocyanin metal complex 20, 190
Corn steep liquor (penicillin) 7, 202
Cornus florida, Betulinsäure 7, 61
Coroglaucigenin 7, 146, 154; 13, 163, 164, 189, 196, 208; 14, 94, 96, 120, 123
Coronary artery, hardening (β-lipoproteins) 18, 460
Coronilla glauca, Glycosidase 13, 152, herzaktive Glycoside und Aglykone 7, 146; 9, 261; 14, 123
Coronopus didymus, iso thiocyanates 18, 148, 164
Corotoxigenin 7, 146, 147, 148, 154; 12, 160; 13, 163, 164, 189, 196, 208; 14, 94, 96, 120, 123, 126
—, **O-acetyl-** 13, 164
—, **dihydro-**, Konfiguration 13, 165
Corpus luteum-Hormon 4, 19
Corrin nucleus (vitamin B_{12}) 15, 183, 184, 211
Cortex Frangulae, Anthrachinone 6, 177
Cortex Quillaiae, Quillajasaponin 7, 19
Corticosteroide, aus Cholesterol 12, 148
Corticosteron 12, 148
—, fluorescence 6, 320, 321
—, radioaktives 12, 149
—, **11-dehydro-** 10, 315; 12, 148
—, —, **acetate**, IR bands 13, 39
—, —, **17-hydroxy-**, therap. value 10, 275
—, **deoxy-** 7, 98; 12, 145, 148, 160; 13, 156
—, —, bioconversion to corticosterone 10, 368
—, —, fluorescence 6, 320
—, —, microbiol. hydroxylation 10, 370
—, —, **acetyl-** 7, 99; 13, 156
—, —, **17-hydroxy-** 10, 311, 368, 370; 12, 148
—, **17α-hydroxy-** 10, 276, 353, 360, 366, 367, 368, 371, 372
—, —, radioaktives 12, 149
—, —, synthesis 10, 370
—, —, **acetate** 10, 371, 372
Corticotropin A, C- and N-terminal sequence 11, 266, 273; 12, 311, 318
α-Corticotropin, amino acid analysis 12, 301
Corticrocin, *cis* peak 18, 262
Cortisone 10, 275, 276, 369
—, from bile acids 10, 276
—, biosynthesis 10, 366; 12, 148
—, from hecogenin 10, 351
—, and reserpine 13, 420
—, from sarmentogenin 10, 349; 13, 156

Cortisone, synthesis **10,** 274, 353, 356, 362, 363, 366, 369
—, **acetate 10,** 313, 314, 320, 323, 347, 350, 352, 360, 361
—, **21-deoxy- 10,** 368
—, **4,5β-dihydro- 10,** 317, 318, 351, 362
—, —, introduction of Δ^4-double bond **10,** 322
—, —, **acetate 10,** 321, 323
Cortisone steroids with ring C unsubstituted **10,** 326
Corydaldin 8, 283; **9,** 181
—, **benzoyl- 8,** 299
Corydaline, biosynthesis **19,** 260
Corydalis aurea, C. pallida, C. tuberosa, cactus alkaloids **6,** 267
Coryline 13, 365
Corynanthe yohimbé, β-yohimbine, pseudo- and allo yohimbine **13,** 355, 356
Corynantheine and deriv. 10, 406, 407, 417; **13,** 363, 398; **17,** 202, 204
—, spectrum **10,** 411
Corynanthidine 13, 354
—, configuration **13,** 359
Corynanthine 13, 354, 356, 368, 390, 393
—, configuration **13,** 359
—, pharmacol. effect **13,** 416
Corynebacterium carotenum, caroténoïdes **10,** 218, 221, *C. diphtheriae,* acides **10,** 197, 213, lipides **10,** 194, 216, 242, und Pantothensäure **4,** 30, 41, phosphorylase **5,** 103, porphyrins **11,** 315, 318, 322, 323, 325, 335, *C. michiganense,* canthaxanthin **12,** 176, 177; **15,** 47
Corynebacterium-induced fermentations 11, 380
Coryneine 6, 246, 249, 257
—, pharmacol. effect **6,** 277
Corynine 10, 197, 198, 243
—, **désoxy- 10,** 197, 198
—, **diacétyl- 10,** 197
—, **ester 10,** 244
Corynocarpus laevigata, Karakin **18,** 64
Coryno-mycolénique (acide) 10, 173, 196, 197, 215, 245
—, biosynthèse **10,** 214
Coryno-mycolique (acide) 10, 173, 194, 195, 196, 213, 214, 244, 245
—, acido résistance **10,** 242
—, **acétate de l'ester 10,** 195
Coryno-mycolique (acide), ester méthylique 195
—, **anhydro- 10,** 195
Coryno-mycolique (alcool), (lipides bactériens) **10,** 195
—, **diacétate 10,** 195
Coryolan-1-ol 12, 18
Corypalline 6, 267
Coscinium blumeanum, C. fenestratum, Alkaloids **9,** 177, 190
Cosmen 14, 14, 24, 61
Cosmic rays, source of energy, synthesis of org. compounds **20,** 445, 448
Cosmos spp., Acetylene **14,** 62
Costaclavine 20, 20
Costunolide 19, 18, 19, 24, 25, 27
—, abs. configuration **19,** 19
—, **dihydro- 19,** 19, 20, 25, 27
Costus-Öl, Jonone **8,** 153, dehydrocostus lactone **19,** 76
Cotarnic acid 15, 128, 129
Cotarnine, fluorescence **2,** 313
Cotiara and **cotiarinha** (venoms) **12,** 412
Cotingidae, Cotinga cotinga, C. ridgwavi, Federfarbstoffe **18,** 187, 188, 189, 192
Cotinin, dibrom- 2, 252
Coto bark, paracotoin, cotoin **20,** 132, 133, 154, 155
Cotoneaster angustifolia, polycis carotenoids **18,** 282
Cotton, cellulose **5,** 167
—, flowers, gossypetin, herbacetin, isoquercitrin, quercimeritrin **17,** 19, 53, 54
—, fruit, 5-hydroxy-tryptamine **17,** 265
—, and gibberellin **18,** 395
—, oxidized (polysaccharides, immunol.) **18,** 520
—, hair **8,** 4, 10, 11, 12
—, mercerized, hydrolysis **5,** 159
—, seed, proteins **6,** 294
—, stretched **10,** 121
Cottonseed oil, component acids, glycerides **1,** 32, 36, 37, 38; **5,** 87; **6,** 4
—, digestibility, nutritional value **6,** 15, 17, 19, 20, 24, 26, 64
—, insecticide **10,** 458
—, vitamin E **6,** 55
Cotton effect, allo-apoaromadendrone **19,** 55
—, Aminosäure-Cu-Komplexe **2,** 235
—, cyclohexanones **19,** 198

Cotton effect, α-fluoroketones **19,** 198
—, gibberellins **18,** 374, 379, 387
—, steroidal ketones **19,** 198
Coumalin, properties **20,** 156
—, phenyl- **20,** 132, 134
—, —, → benzophenone and benzoic acid **20,** 133
—, —, → phenyl-pyridone **20,** 133
—, —, synthesis **20,** 144, 145, 146
—, —, 4-methoxy-, synthesis **20,** 134, 150
Coumalinic-acid methyl ester **5,** 244, 245
p-**Coumaralkohol,** Lignin-Bildung **20,** 53
—, glucosid **20,** 61
Coumaran (Cumaran) **11,** 145
—, 3-acetoxy-, 3,6-diacetoxy- and 3,4,6-triacetoxy- **9,** 260, 262
—, 4,6-diacetoxy- **11,** 150
—, 4,6- and 6,7-dihydroxy- **9,** 262, 264; **11,** 147, 148
—, 4,6-dihydroxy-5-acetyl- **11,** 147, 148
—, 4,6-dihydroxy-5,7-diacetyl- **11,** 149, 150
—, 4,7-dimethoxy-6-hydroxy- **11,** 144, 145
—, 5-formyl-6-hydroxy- **9,** 261
—, 3- and 6-hydroxy- **9,** 259, 260, 261, 272
—, α-isopropyl- and α-isopropylidene- **9,** 276, 277
—, 4-methoxy-6-acetoxy- **11,** 148, 149
Coumaranon (Cumaranon), → Cumaran **11,** 145
—, 7-acetyl- **11,** 148, 149
—, 2-arylidene- **17,** 4, 5
—, benzal- **17,** 41
—, 2-benzylidene- → flavones **17,** 34
—, carbonsäure-(7)-ester, 4,6-dioxy-5-acetyl- **11,** 147
—, 4-methoxy-5-acetyl-6-oxy- **11,** 147
—, 6-oxy-3,5-dimethyl-7-acetyl- **8,** 216, 217
—, sulfonic acid, 2,5-dimethyl- **5,** 198
Coumaric acid **6,** 137; **9,** 228, 229, 230
—, in anthocyanins **20,** 184
—, isomerization **9,** 229
Coumarilic acid **9,** 232
Coumarin (Cumarin) **9,** 225, 226, 230, 232, 242; **11,** 126, 127, 150
—, antivitamin K effect **9,** 242
—, biochem. properties **9,** 240
—, biogenesis **9,** 228; **14,** 204
—, and carbonyl reagents **9,** 231
—, und Chromone **11,** 151
—, color reactions **9,** 240
Coumarin, conversions **9,** 229, 230, 232
—, degradation **9,** 229, 231
—, determination **9,** 239, 240
—, dimer **9,** 233
—, dipole moment **9,** 237
—, electronic interpretation **9,** 237
—, and gibberellin (seed germination) **18,** 410
—, as growth inhibitor **9,** 240
—, as narcotic **9,** 241
—, occurrence, isolation **9,** 239
—, odor **9,** 240
—, Raman spectrum **9,** 239
—, spasmolytische Wirkung **11,** 157
—, structure, isoprenoid units **9,** 226
—, synthesis **9,** 235
—, toxicity **9,** 241
—, aldehyd, dihydro- **17,** 133
—, 6-aldehyde, 7-methoxy- **9,** 250
—, 7-allyl-hydroxy- **9,** 232
—, 3-amino-4-hydroxy-, from novobiocin **16,** 120
—, 4-anilino- **9,** 233, 257
—, 3-carboxylic acid **9,** 235
—, 6-carboxylic acid, 7-methoxy- **9,** 250
—, 6-cyano-7-methoxy- **9,** 254
—, dihydro- (hydrocoumarin) **9,** 226, 228, 243
—, —, 4-hydroxy- **9,** 234
—, —, sulfonic acid **9,** 231
—, 5,7-dihydroxy- **9,** 246
—, 4,7-dihydroxy-3-methyl- **9,** 240, 256
—, 6,7-dimethoxy-8-hydroxy- and -8-ethoxy- **9,** 248
—, 5,7-dimethoxy-8-methyl- **9,** 279
—, 6-(γ,γ-dimethylallyl)-7-methoxy- **9,** 250
—, 6-formyl-7-hydroxy-5-methoxy- **9,** 262
—, furano- **9,** 257
—, —, methoxy- **9,** 259
—, 5-geranoxy-7-methoxy- **9,** 249
—, 4-, 5-, 6- and 7-hydroxy- **9,** 233, 234, 237, 238, 249, 250
—, 5-hydroxy-7-methoxy- and -2-methyl- **9,** 249, 250
—, 6-hydroxy-7,8-dimethoxy- **9,** 249
—, 7-hydroxy-, fluorescence **9,** 238
—, —, 8-acyl- **9,** 232, 233
—, —, 6,8-dimethoxy- **9,** 249
—, —, 8-(γ,γ-dimethylallyl)- **9,** 254
—, —, 6-(1,2-diphenylethyl)- **9,** 259
—, —, 5-methoxy- and -4-methyl- **9,** 249

Coumarin, hydroxy-, glycosides 9, 228, 239
—, **4-** and **7-methoxy- 9,** 233, 234, 243
—, **5-methoxy-7-ethoxy-8-methyl- 9,** 279
—, **7-methoxy, 8-ethoxy- 9,** 246, 248
—, —, **6-isoamyl- 9,** 256
—, —, **8-methyl- 9,** 252, 254
—, **4-methyl- 11,** 141
—, **3,3'-methylene-bis-(4-hydroxy)- 9,** 105, 257
—, **6,7,8-trihydroxy-, 6-methylether 9,** 248
—, **5,6,7-** and **6,7,8-trimethoxy- 9,** 249
Coumarinic acid 9, 228, 229, 230
8-Coumarinyl-acetic acid, 7-methoxy- 9, 252
bis-[3-Coumarinyl-4-hydroxy]-methylene 9, 242
Coumarone (Cumaron), 2-carbonsäureester, 4,7-dimethoxy-6-hydroxy- 11, 143, 144
—, **3,6-diacetoxy-4-methoxy- 11,** 148
—, **4,6-dihydroxy-7-acetyl-2,3,5-trimethyl- 2,** 35
—, **4,6-dihydroxy-2,3,5-** und **-2,3,7-trimethyl- 2,** 35
—, **6-hydroxy- 9,** 259
—, —, **4-acetyl-4-methoxy- 17,** 22
—, **4-methoxy-6-acetoxy-7-acetyl- 11,** 148, 149
—, **3,4,6-triacetoxy- 9,** 262; **11,** 147
Coumingidin, Se-dehydrierung **4,** 10
Countercurrent distribution, fatty acids **6,** 6
—, nucleosides, nucleotides **8,** 98
Courmontosid A—C 14, 108, 116
—, **O-acetyl- 14,** 110, 112
Covalent bond, radii **3,** 206, 210
Covolumen, wirksames, spezifisches **1,** 267
Cow fat, component glycerides **5,** 92
Cowhage, 5-hydroxy-tryptamine **17,** 264
Cozymase 1, 99, 102, 123; **3,** 72, 74
—, Bestimmung **1,** 105
—, biol. Bedeutung **1,** 99
—, Chromatographie **1,** 104
—, und Codehydrase II **1,** 101
—, Dinucleotid **1,** 107
—, gelbe Stufe **1,** 108
—, Hydrierung **1,** 118
—, Hydrolyse **1,** 106, 113
—, Hypojodit-Reaktion **1,** 111
—, Konstitution **1,** 106, 114
—, Modell **1,** 109
Cozymase, Phosphat-Überträger **1,** 115
—, Reaktion mit HNO_2 **1,** 117
—, and snake venom enzymes **12,** 423
—, Spektrum **1,** 108
—, Stabilität, Vitamin-Rolle **1,** 100, 103
—, **deriv. 1,** 116
—, **desamino- 1,** 116, 117
—, **dihydro- 1,** 100, 104, 107, 123; **3,** 72
—, —, Spektrum **1,** 108
—, **hexahydro- 1,** 118
—, **monohydro- 1,** 108
—, **nucleoside 1,** 113
CP (Abkürzung für Cytidinphosphat) **20,** 202
C~P (abbréviation pour créatine-phosphate) **18,** 83
Crab, carotenoids **5,** 30
Crambe maritima, iso-thiocyanates **18,** 164
Cranberry, anthocyanins **20,** 182
Crataegus oxyacantha, Heptahydroxyflavan **16,** 5
Crategin 9, 244
Crawling scale insects and nicotine **10,** 429
Crayfish, carotenoids **5,** 30
Cream, scorched flavor and iso-thiocyanates **18,** 156
Créatine 18, 84, 85, 88, 95, 104
—, cyclisation **18,** 97, 98
—, formation **18,** 95
—, oxydation **18,** 99
—, répartition **18,** 105, 106
—, **phosphate 16,** 156, 157; **18,** 84, 89, 90, 95, 98, 104
—, —, répartition **18,** 105
Creatin-ATP transphorylase 16, 156, 157
Créatine phosphokinase 18, 95
Créatinine 18, 84, 87, 95, 104
—, désamination **18,** 101
—, répartition **18,** 105, 106
Crebanin 9, 177, 180, 189, 190
Crepis leontodontoides, C. virens, and gibberellin **18,** 396
Cresol, s., see, voir, Kresol
Cress, thiocyanates **18,** 133
Cribrina xanthogrammica, carotenoids **5,** 24, 27
Crisco (fat), digestibility **6,** 20, 24
Croaker, protein **5,** 273, 277
Crocetin 3, 4; **9,** 3
—, configurational assignments **18,** 327
—, structure **18,** 327
—, **digentiobioseester 18,** 327

Crocetin, dimethyl- 18, 327, 328
—, —, *cis*-peak 18, 253
—, —, IR spectrum 18, 330
—, —, labile and stable 18, 327, 328, 330
all-*trans*-Crocetin 18, 327
—, **dimethyl-** 18, 327, 328, 329
—, —, IR spectrum 18, 298, 330
—, —, spectrum 18, 328, 329
***cis*-Crocetin, dimethyl-,** natural 18, 328, 329
—, —, photosensitivity 18, 329
central-mono*cis*-Crocetin 18, 327
—, **dimethyl-,** UV and IR spectrum 18, 298 329, 330
Crocin 18, 327
Crocodilus vulgaris, sécrétion musquée 6, 110
Crocus, colchicine 13, 248
Crocus sativus, crocetin 18, 327
Cross-agglutination 18, 514, 516
Crossarchus obscurus, glande à parfum 6, 93
Crossing over (genes) 5, 301; 12, 467, 481
Cross-linked rubbery networks, swelling 10, 153
Cross-reacting microorganisms 18, 519
Cross-reactions, animal and plant polysaccharides, in antisera 18, 519, 523, 525; 20, 235
—, anti-*Mycoplasma mycoides* serum 18, 518
—, antipneumococcal sera 18, 509
—, anti-*Salmonella* sera 18, 517
—, theory 18, 508
Cross-term diffusion coefficients 18, 459
Crotalaria allenii, Cr. burkeana, Cr. distans, Cr. dura, Cr. globifera, Cr. grantiana, Cr. incana, Cr. juncea, Cr. retusa, Cr. sagittalis, Cr. spectabilis, Cr. striata, Cr. usaramoensis, pyrrolizidine alkaloids, toxicity 12, 200, 203, 204, 205, 253
Crotalate, dihydro-anhydro-, methyl 12, 239
Crotalidae 12, 409, 410
—, venom, action on ribonucleic and deoxyribonucleic acids 12, 425
—, —, circulation activity 12, 416
—, —, effect on fibrinogen 12, 418
—, —, electrophoresis 12, 454
—, —, and hemoglobin 12, 428
Crotalidae, venom, proteolytic and coagulating effect 12, 417, 444, 445
—, —, toxic globulin 12, 444
—, —, toxic value 12, 418
Crotalotoxin 12, 433
Crotalus spp., venom, proteinases 12, 427
—, —, sulfur bridge 12, 447
Cr. adamanteus, venom 12, 411
—, —, and fibrinogen 12, 428
—, —, hyaluronidase 12, 427
—, —, 5-nucleotidase 12, 423
—, —, oxidizing enzymes 12, 429
Cr. atrox, venom 12, 411
—, —, effect on vascular system 12, 416
—, —, electrophoresis 12, 454
—, —, hyaluronidase 12, 427
—, —, phospholipase 12, 422
Cr. horridus, venom 12, 411
—, —, effect on vascular system 12, 416
—, —, and fibrinogen 12, 428
—, —, 5-nucleotidase 12, 424
Cr. oreganus, Cr. terrificus, Cr. t. basiliscus, Cr. t. durissus, Cr. viridis, venom 12, 411, 428, 429
Cr. t. terrificus, venom 12, 411, 412, 413, 414
—, —, active proteins 12, 434, 444
—, —, coagulin 12, 429, 444, 445
—, —, color 12, 431
—, —, crotoxin crystallization 12, 445
—, —, electrophoresis 12, 453, 454
—, —, and fibrinogen 12, 428
—, —, hyaluronidase 12, 427
—, —, inhibitor of 12, 432
—, —, lecithinase value 12, 421
—, —, liberation of tyrosine and tryptophan 12, 428
—, —, phospholipase 12, 422, 439
—, —, and RNA and DNA 12, 425
—, —, toxic albumin and globulin 12, 444
—, —, toxic value, toxin 12, 408, 418
Crotamin 12, 454
Crotonaldehyd, biochem. Hydrierung 3, 9, 33, 34
—, from desosamine 16, 107
—, (Dien-Synthese) 10, 27, 30, 101
—, IR spectrum 5, 355
—, Tautomerie 10, 101
—, **β-methyl-** 8, 195, 197; 12, 188, 189
—, —, (carotenoid biosynthesis) 12, 188
—, —, (Dien-Synthese) 10, 100
Crotonate, ethyl, IR spectrum 5, 355

Crotonic acid (Crotonsäure), from aceto-acetic acid **14,** 198
—, (lipides bactériens) **10,** 229, 238, 248
—, occurrence **6,** 4
—, **anhydride,** IR spectrum **5,** 371
—, **anilid** **4,** 194
—, **β-formyl-** **16,** 107
—, **β-methyl-,** intermediate in biosyntheses **12,** 26, 186, 189
Croton oil, fatty acids **6,** 4
Crotonoside **8,** 105, 114
N-Crotonyl-*p*-aminophenol **4,** 194
Crotonyl coenzyme A, β-methyl- **12,** 187
Crotoxin **12,** 407, 408, 445, 446, 450
—, amino acid composition **12,** 447, 448
—, biol. properties **12,** 448
—, and carboxypeptidase **12,** 451
—, chromatography **12,** 451
—, conversions and toxicity **12,** 449
—, dinitrofluorobenzene method **12,** 447, 450, 451
—, effect and antivenin **12,** 448
—, electrophoresis **12,** 446
—, as enzyme inhibitor **12,** 432, 450
—, ionic complex **12,** 451
—, lecithinase and hyaluronidase **12,** 421, 449
—, paralytic effect **12,** 448
—, solubility curve **12,** 446
—, stimulating smooth muscles **12,** 449
Crotylalkohol, biochem. Hydrierung **3,** 32, 33, 34
Crotyliden-aceton, biochem. Hydrierung **3,** 35, 36, 40, 41
Crown gall, first, second, third phase **17,** 304, 305, 306, 307
—, growth and auxin **17,** 304, 307
—, lipides **10,** 186, 246
—, tryptophan **17,** 256
Crown gall bacteria, and deoxyribonucleic acid **17,** 306
Cruceto, alkaloids **13,** 402
Crucianella maritima, Chinone **6,** 189
Cruciferae, herzaktive Glycoside und Aglykone **14,** 94, 121
—, iso-thiocyanates **18,** 154, 167
—, oils, fatty acids **6,** 4
Cruorin, chloro-, prosthetic group **11,** 308, 317
Crustacea, arginine-phosphokinase **18,** 95
—, carotenoids **5,** 22, 30
—, eyes, 11-*cis*-vitamin A **14,** 265
Crypto-, s. auch, see also, voir aussi, Krypto-
Cryptochrom **5,** 8, 10
Cryptococcus, carotenoids **12,** 170, 172, 173, *Cr. neoformans* (polysaccharides, immunol.) **18,** 511, 519, 520, 521, 523, 524
Cryptoflavin **5,** 8, 9
Cryptograndosid, A—C **13,** 208; **14,** 120
—, **A, 16-desacetyl-** **13,** 206
—, **A** und **B, 16-desacetyl-16-anhydro-** **13,** 208
—, **B, tetra-O-acetyl-** **13,** 208
—, **C, O-acetyl-** **14,** 110
Cryptohem **11,** 320
Cryptolepine **13,** 339, 340
—, biosynthesis **19,** 264
—, **tetra-** and **octahydro-** **13,** 339, 340
Cryptolepis sanguinolenta, Cr. triangularis, cryptolepine **13,** 339
Cryptopine, biosynthesis **19,** 259
Cryptopinone **12,** 22
Cryptoporphyrins **11,** 318, 320
Cryptostegia grandiflora, herzaktive Glycoside und Aglykone **14,** 110, 120
Cryptosterol, = lanosterol **1,** 94; **12,** 49, 50
—, **dihydro-** **7,** 13; **12,** 50
Cryptostrobin **11,** 151; **17,** 15
α-Cryptoxanthin, configurational assignments **18,** 307
—, structure **18,** 229
(β-)Cryptoxanthin, and N-bromosuccinimide **15,** 49
—, *cis*-peak **18,** 253, 254
—, configurational assignments **18,** 300
—, in fungi **12,** 173, 176
—, iodine-catalyzed equilibrium **18,** 270
—, isomerization, by refluxing **18,** 266
—, —, spontaneous **18,** 264
—, (Mycobactéries) **10,** 221
—, number of *cis-trans* isomers **3,** 228; **18,** 235
—, structure **15,** 56; **18,** 228
—, synthesis of *cis* forms **18,** 275
all-*trans*- and *cis*-Cryptoxanthins, biopotency **18,** 332
central-mono*cis*-Cryptoxanthin **18,** 300
poly*cis*-Cryptoxanthin, in nature **18,** 282
Cryptoxanthin mono- and **diepoxyd** **5,** 3, 5, 8
Crystalline state, rigid (rubbers) **10,** 120, 121, 122, 123, 146
Crystals, X-ray analysis **8,** 311

Crystal structure, s. auch, see also, voir aussi, X-ray, Röntgen . . .
—, amino acids and peptides 8, 310
—, interatomic distances 15, 170
—, Patterson diagram 8, 314
—, proteins 8, 337
—, refinement 8, 316
C-terminal amino acids, definition 17, 357
—, liberation by chromatography 12, 317
—, reduction methods 11, 275; 12, 319
—, sequence 12, 315
C-terminal residues, hemoglobin 17, 359, 360
—, peptides and proteins 11, 261, 273; 12, 315, 319, 321
C-terminal and **N-terminal residues,** relative number and branching 17, 359
Cuauchichicine 16, 40
—, → epi-tetrahydroveatchine 16, 40
—, **F-dihydro-** 16, 43
Cubé, insecticides 10, 425, 346, 349
Cuckoo pint, poly*cis* carotenoids 18, 282
Cuculi (Federn, Eischalen), Porphyrine 18, 204, 210
Cucumber seeds, proteins 6, 293
Cucumin 17, 173
Cucumis sativus, gibberellic acid, in red light 18, 402
Cucurbitaceae, Mosaikkrankheit 4, 90
Cucurbita maxima, Violaxanthin 5, 5, *C. pepo,* gibberellic acid, in red light 18, 402
Cucurbitacine 17, 173
Cularin 9, 184, 209
Culmomarasmin 20, 8
Cultivar, definition 20, 189
Cumar . . ., s., see, voir, Coumar . . .
m-**Cumic acid, 4,6-dinitro-** 13, 275
Cumulene group (carotenoid synthesis) 18, 275
Cuparane 19, 2
Cupressaceae, heartwood, tropolonic constituents 13, 237
Cupressus macrocarpa, terpenoid tropolones 13, 237
Cupron 12, 277
Cuproxam-lignin 2, 4; 11, 46, 48; 20, 43, 44
—, methyliertes, Hydrolyse 11, 68
Cupuassu fat, digestibility 6, 15
Curare, Calebassen-, Topf-, und Tubo- 17, 184, 185, 186
Curare, (Topf-), Biscoclaurin-Alkaloide 9, 179
Curare activity, snake venoms 12, 415, 416
Curare-Alkaloide 9, 179, 199; 17, 183, 236
—, Ammonium-Gruppe 17, 185
—, Auftrennung 17, 187
—, Biogenese 17, 228
—, muskellähmend 17, 232
—, OH-Gruppen und Toxizität 17, 235
—, Pharmakologie 17, 186, 232
—, Strychnin-Typus 17, 207, 226
—, Wirkung und Struktur 17, 233, 234
Curare-Antagonisten 17, 233
Curarin-Chromophor und Spektrum 17, 193
Curarin-I (Calebassen) 17, 186, 189, 194, 207, 218, 220, 227, 236, 237, 240
—, aus Dihydrotoxiferin 17, 226
—, und Fluorocurarin 17, 207, 220, 228
—, Halochromie 17, 220
—, an den motorischen Endplatten 17, 234
—, radioaktives, Verteilung (Katze) 17, 234
—, Resorption 17, 234
—, Spektrum 17, 220, 239
—, Tertiärisierung 17, 219
—, Verwandtschaft mit Strychnos-Alkaloiden 17, 218
—, **dichlorid,** Letaldose 17, 186
—, —, Papierchromatographie 17, 236
—, —, Spektrum 17, 193
—, **18-hydroxy-** und **18,18′-dihydroxy-** 17, 226
—, **octahydro-,** Abbau 17, 219
Curarin-II und **-III** (Calebassen) 17, 207, 236
α-, β-, and γ-**Curcumene** 12, 5
L-**Curin** 9, 178, 180, 201, 203; 17, 237
Curlytop-Virus 4, 102
Curtius'sche Azid-methode 13, 501
Cuscohygrine 19, 248, 249
Cuscutalin 17, 173
Cusimanse, glande à parfum 6, 93
Cuspareine, Cusparine 13, 307, 308
Cusparia spp., quinoline alkaloids 13, 307
Cutin 8, 2
Cyanamide, à partir de la guanidine 18, 87, 88
—, **diméthyl-** (synthèse d'astérubine) 18, 89
—, **diphényl-phosphoryl-** 18, 89

Cyanide, inhibitor **9**, 345
—, **benzyl-**, in plants **18**, 148
Cyanidin **16**, 4, 16; **20**, 172
—, and Al-ions **20**, 171
—, aus Catechin **16**, 15
—, (genetics) **5**, 308
—, → 2,3,5,7,3',4'-Hexaacetoxy-flaven-(3) **16**, 10
—, Hydrierung zu *dl*-Epicatechin und *dl*-Catechin **16**, 2
—, labeled **14**, 206, 207; **20**, 192
—, from quercetin **14**, 209
—, in red cabbage, biosynthesis **14**, 206
—, structure **20**, 166
—, **acetat**, hydriert **16**, 14
—, **3-α-arabinoside** **20**, 182
—, **chloride, tetramethylether** **14**, 208, 210
—, **3-β-galactoside** **20**, 182
—, **3,5-diglucoside** **20**, 167, 169
—, **3-diglucoside 5-glucoside, sinapyl-** **20**, 174
—, **3-rhamnoside**, spectrum **20**, 171
—, **3-rhamnosylglucoside** **20**, 167
—, **3-xylo-glucoside 5-glucoside** **20**, 184
—, **3-xylo-rhamnoside** **20**, 183
—, **3-xylosyl-glucoside** **20**, 167
Cyanidiol **16**, 11
Cyanines, introduction of N, color change **16**, 195
—, symmetrical, aza deriv. **16**, 194, 195
—, —, aza shift **16**, 198
—, —, charge clouds, standing electron waves and π electrons **16**, 191
—, —, color **16**, 170
—, —, electron gas theory **16**, 193; **17**, 430
—, —, π electrons along zig-zag line **16**, 191
—, —, limiting structures **17**, 429
—, —, oscillator strength **17**, 434
—, —, quantum mechanical aspects **17**, 418
—, —, spectrum **16**, 193; **17**, 407
—, —, vibrational structure **17**, 444
—, unsymmetrical, electron gas model **16**, 173; **17**, 428
—, wave shape potential models **17**, 427, 432
Cyanine dyes, model **16**, 190
—, *cis-trans* isomers **17**, 435
—, from 2-methyl-5(azulenyl-1)-thiazone **19**, 79
Cyanmethemoglobin **17**, 325
Cyanmethylalkohol und -ester (Peptid-Synthese) **13**, 452, 495, 496
Cyanoacetal **9**, 124
Cyanoacetamide (tropones) **13**, 286, 288
Cyanoacetate, in azulene synthesis **19**, 39
—, **ethyl**, IR spectrum **5**, 373
Cyanoacetic acid ethyl ester (azulene synthesis) **19**, 37
Cyanocobalamin **9**, 395, 419, 420
Cyanogen, bond distances **3**, 208, 224
Cyanohydrin method **10**, 317, 325
Cyanomaclurin **14**, 208, 209; **16**, 1, 4, 12, 15, 17; **17**, 10, 17
—, Farbreaktion **16**, 15
—, → Morinidin **16**, 17
—, Polymerisat **16**, 17
—, **tetraacetyl-** **16**, 17
—, **tetramesyl-** **16**, 17
Cyanomalonaldehyde **9**, 124
Cyanopsin **14**, 296, 304
—, spectrum **14**, 304
Cyanorhamphus (Federn), Fluoreszenz **18**, 199
Cyclea barbata, C. insularis, C. peltata, Alkaloide **9**, 177, 178, 200, 205, 207
Cycleanin **9**, 177, 180, 200, 212
—, Biosynthese **9**, 212
Cyclein **9**, 177, 207
Cyclen-Typen, Dien-Synthese **10**, 66
Cycle propanique, (acide lactobacillique) **10**, 185
—, (lipides bactériens) **10**, 188
Cyclethrin **19**, 146
Cyclisierungs-Hypothese (Steroid-Biogenese) **12**, 153, 154
Cyclo-artanone and N-bromosuccinimide **12**, 99
Cyclo-artanyl acetate **12**, 96, 97
Cyclo-artenol **12**, 46, 96, 109, 151, 152
—, cyclopropane ring **12**, 97, 98
—, and DCl **13**, 53
—, = handianol **12**, 96
—, relationship to cyclo-laudenol **12**, 100
—, **dihydro-** **12**, 99
Cyclo-artenone **12**, 96
Cyclo-artenyl acetate, ozonolysis **12**, 101
—, **dihydro-** **12**, 96, 97, 100
Cyclo-butan (Dien-Synthese) **10**, 4
—, IR spectrum **5**, 347
—, **1,3-dioxy-** **9**, 147
Cyclo-butanol (azulene synth.) **5**, 52

Cyclobutyl-methylamine (azulene synth.) 5, 52
Cyclo-camphanon 4, 226
—, π-oxy- 4, 226
3,5-Cyclo-cholestane, IR spectrum 13, 35
Cyclo-citral, 5-dihydro-methyl- (Dien-Synthese) 10, 30
α-Cyclo-citral, 6-methyl- 8, 186
β-Cyclo-citral 9, 63, 66
—, dihydro- 8, 151
Δ^{5}-Cyclo-citral, Dien-Synthese 10, 30
$\Delta^{2,4}$-Cyclo-citral, 5-methyl-, Dien-Synthese 10, 31
Cyclo-colorenone 19, 58
Cyclo-decadienes, delocalization energy, frequency of singlet p-bands 19, 27
—, spatial arrangement 19, 26
Cyclodeca-1,5-dienes, spectrum 19, 25
Cyclo-decane, 1,7-dimethyl-4-isopropyl- 19, 12
—, 1,6-dione (azulene synth.) 5, 49
9,19-Cyclo-eburic-25-en-3β-ol 12, 99, 101
Cyclo-eicosane, modèle moléculaire 6, 98
Cyclo-ethylene ketal (steroids) 10, 364
7-Cyclo-ethylene-mercaptol, 3-acetate and 3,20-diacetate 10, 338, 339
12-Cyclo-ethylene-mercaptol (steroids) 10, 352
α-Cyclo-geraniol, 6-methyl- 8, 186
α- and β-Cyclo-geraniol acetates 19, 266
α- and β-Cyclo-geraniolene 19, 266
α-Cyclo-geraniolen, methyl- 8, 171
Cyclo-geraniumsäure, ester, dihydro- 8, 167
α-Cyclo-geranic acid 15, 110
—, 6-methyl- 8, 161
Δ^{4}-Cyclo-geraniumsäure 8, 157
Cyclo-heptadécanediol-1,17, céto-9 6, 105
Cyclo-heptadécanedione-1,9 6, 141
Cyclo-heptadécanol 6, 107
Cyclo-heptadécanolone-1,17, céto-9 6, 105
Cyclo-heptadécanone 6, 98, 107
Cyclo-heptadien (Dien-Synthese) 10, 9, 16, 64
Cyclo-heptanedione 13, 256, 257
Cyclo-heptanol (azulene synth.) 5, 53
Cyclo-heptanone, (azulene synth.) 5, 54
—, synthèse 6, 97
—, 2-carboxylic acid 5, 55, 56
—, 2,5-dimethyl- 19, 61
Cyclo-heptatriene 13, 234, 256
—, carboxylic acid 13, 257
Cyclo-heptatriene, 1-one 13, 236
—, —, 2-hydroxy- 13, 236
Cyclo-heptatrienium bromide 13, 235
Cyclo-heptenedione 13, 272
Cyclo-heptyl-methylamine (azulene synth.) 5, 53
Cyclo-hexadien (Dien-Synthese) 10, 9, 14, 16, 51, 64, 94, 96
Cyclo-hexadien-Spaltung 10, 68
Cyclo-hexa-3,5-diene-, 1-methyl-2-oxo-, 1-carboxylate, ethyl 18, 381
Cyclohexal-methylamine 5, 52, 53
Cyclohexal-propionsäure 4, 234, 235
Cyclo-hexane, bond distances 3, 208
—, IR spectrum 5, 347; 13, 43; 19, 194
—, Ring, Aromatisierung 4, 234
—, —, boat and chair forms 13, 29
—, deriv., conformation 19, 168, 169, 175
—, —, Wagner-Meerwein rearr. 19, 206
—, acetate, 2-bromomethyl-, ethyl *(DL-cis)* 13, 381
—, 1,2-diacetic acid (*cis*) 13, 357
—, diamino-tetrahydroxy- 16, 124
—, dicarbonsäuren, im Tierkörper 4, 262
—, methyl-, $CH_3—CH_2$ bending region 13, 43
—, 1-methyl-1-ethyl-2,4-diisopropyl- 12, 8
Cyclohexane-diols, H-bonding 19, 195
—, from lignin 5, 204, 205
Cyclohexane-1,2-diol, 4-propyl- 5, 201
Cyclohexane-3,4-diol, 1-propyl- 5, 200, 201
Cyclohexane-2,6-dione, 1-methyl- 10, 362, 363
Cyclo-hexanol (azulene synth.) 5, 53
—, alkyl (lignin) 5, 205
—, 1-äthinyl- 11, 106
—, 2-methoxy-4-ethyl- 5, 206
—, 2-, 3-, and 4-methyl-, conformation 19, 171
—, 3-methyl- (biochem. Hydrierung) 3, 37
—, 4-methyl- and 4-ethyl- 5, 204, 205
—, 4-propyl- 5, 201, 202, 203, 205, 206
—, 2,4,4-trimethyl- 15, 110
Cyclo-hexanon, (Vitamin D-Synthese) 11, 105
—, deriv., spectral shift by halogenation 19, 195, 196
—, *p*-acetoxy- 11, 103
—, 2-azulenylhydrazone 19, 51
—, 2-bromo-, conformation and stability 19, 172
—, 2,4- and 2,6-dimethyl- 13, 380; 16, 92

Cyclo-hexanon, 2-dimethylaminomethyl- **11**, 105, 106
—, α-halo-, conformation **19**, 172, 198
—, **isopropoxy-methylene-** **13**, 380, 381
—, 3- and **4-isopropyl-** **13**, 240
—, *p*-**methoxy-** **11**, 105, 111
—, —, und Cholestanyliden-acetaldehyd **17**, 103
—, **methyl-** (biochem. Hydrierung) **3**, 37
—, **oxime, 2,2-dimethyl-**, abnormal Beckmann rearrangement **19**, 200
—, *p*-**oxy-** **17**, 117
—, **1,1,3,6-tetramethyl-** **8**, 166
—, **3,3,5,5-tetramethyl-**, interaction between axial methyls **19**, 222
cis- and *trans*-**Cyclo-hexanones, 2-bromo-4-tert. butyl-**, equilibrium **19**, 172
Cyclohexantrion-carbonsäure **13**, 127, 128
—, Decarboxylierung **13**, 129
Cyclohexene, IR bands **5**, 351
Cyclohexen-(1), äthinyl- **11**, 107
—, **1-methyl-2-äthinyl-** **17**, 105
—, **1-methyl-2-vinyl-** **17**, 79, 80
—, **2-methyl-1-acetyl** (Vitamin D-Synthese) **11**, 105
Cyclohexen-(1,6), 1-methyl-2-brom-4-methoxy- **11**, 111
—, **1-methyl-2-keto-4-methoxy-** **11**, 111
Cyclohexen-(2), 1,4-peroxido- **10**, 96
Cyclohexen-(4), 1,1,5-trimethyl- **8**, 171
Cyclohexenaldehyd, methyl- **17**, 81, 107
—, —, Wittig-Reaktion **17**, 82
Cyclohexenol, methyl- (biochem. Hydrierung) **3**, 37, 38
Cyclohex-1-en-3-one, 1-methyl- **19**, 14
Cyclohex-1-en-5-one, 1,4,6,6-tetramethyl- **8**, 157
Cyclohex-1-en-6-one, 2-methyl- (biochem. Hydrierung) **3**, 36, 37, 38
Cyclohex-2-en-1-one, 3-methyl-2(β)-propionsäure **11**, 114
—, **2,4,6-trimethyl-** **16**, 114
—, **3,5,5-trimethyl-**, IR spectrum **5**, 355
Cycloheximide, structure **16**, 92
Cyclohexyl-α-aminobuttersäure **4**, 235, 241
9-Cyclohexyl-8-azaflavin **2**, 80
Cyclohexyl-buttersäure **4**, 212
Cyclohexyl-decansäure **4**, 212
Cyclohexyl-essigsäure **4**, 211
9-Cyclohexyl-flavin **2**, 75, 78
α- und β-**Cyclohexyl-glycosid, tetraacetyl-** **1**, 4
Cyclohexyliden-acetaldehyd **11**, 103
Cyclohexyl-propane, aus Lignin **11**, 51
3-Cyclohexyl-1-propanol (from lignin) **5**, 202, 203
Cyclohexyl-propionsäure **4**, 240, 241
Cyclohexyl-valeriansäure **4**, 235, 240, 241
Cyclo-isopren-myrcen, (Dien-Synthese) **10**, 47, 48
—, → Eudalin **3**, 8
Cyclo-ketones, IR spectra **5**, 369
Cyclo-lanostan-3β-ol **12**, 97
9,19-Cyclo-lanost-24-en-3β-ol **12**, 96
Cyclo-laudanyl acetate **12**, 99
Cyclo-laudenol **12**, 46, 73, 99, 101, 115
—, cyclopropane ring **12**, 99
—, IR spectrum **12**, 99
—, relationship to cyclo-artenol **12**, 100
—, side-chain **12**, 101
—, stereochemistry **12**, 101
—, **deriv.**, rotation **12**, 101
—, **dihydro-** **12**, 99
Cyclo-laudenyl acetate, dihydro- **12**, 100
Cyclo-lignan aus Lignin **20**, 58, 59
Cyclol theory of proteins **9**, 138, 146
Cyclo-nonadécanone **6**, 108
Cyclo-octadien (Dien-Synthese) **10**, 4, 16
Cyclo-octanol (azulene synth.) **5**, 53
Cyclo-octanone (azulene synth.) **5**, 54
—, synthèse **6**, 97
Cyclo-octatetraen (Dien-Synthese) **10**, 64
Cyclo-octatrien (Dien-Synthese) **10**, 11
trans-**Cyclo-octen** **10**, 63
Cyclo-olefins, IR spectra **5**, 351
Cyclo-paraffins, IR spectra **5**, 347
Cyclo-penin **13**, 311; **20**, 22
Cyclopenta-cycloheptene **5**, 46, 47
—, **decahydro-** **5**, 47
Cyclo-pentadécanol **6**, 107
Cyclo-pentadécanolone **6**, 103
Cyclo-pentadécanone **6**, 97, 98, 107
—, α- et γ-**méthyl-** **6**, 99, 103
Δ^2-**Cyclo-pentadécène-1-ol, 1-méthyl-** **6**, 102
Δ^2-**Cyclo-pentadécène-1-one** **6**, 102
9-Cyclo-pentadecyl-flavin **2**, 78
Cyclo-pentadien, Addition an Äthylen **10**, 57
—, und Camphan-Reihe **10**, 56, 57
—, (Dien-Synthese) **3**, 10,12; **10**, 9, 16, 57, 58, 62, 65

Cyclo-pentadien, interatomic distances **3,** 224
—, und Vinylester **10,** 60
—, **1,5,5-trimethyl-,** Dien-Synthese **10,** 59
Cyclo-pentadien-on-(1), 3-methyl-4-äthyl- 8, 219
Cyclo-pentane, bond distances **3,** 208
—, IR spectrum **5,** 347
—, **1-carboxamide, 3,4-dihydroxy-2,5-diketo- 16,** 100
—, **1,2-diol** (*cis*) **2,** 155
Cyclopentano-cycloheptane 5, 47
Cyclopentano-heptanone (azulene synth.) **5,** 49, 56
—, **1,4-dimethyl- 5,** 48
Cyclo-pentanol (azulene synth.) **5,** 52
Cyclo-pentanone-(1), 2-methyl-3-*n*-amyl- 19, 140
—, **2-methyl, 3-carboxylic acid 16,** 123
Cyclo-pentanon-(3), 1,1,5-trimethyl- 8, 168
Cyclopentano-octane-dicarboxylic acid (azulene synth.) **5,** 55, 56
Cyclopentano-phenanthrene, methyl- 5, 244
Cyclo-pentene, IR spectrum **5,** 351
—, **1,2,3-triketo- 2,** 155
Cyclopent-1-en-4,5-dion, 1-methyl- 10, 77, 78
Cyclopenteno-cycloheptan-4-one (azulene synth.) **5,** 49
Cyclo-pentenolones and **furfuryl ester,** insecticides **10,** 451
Cyclopent-1-en-2-ol-3-on, methyläther 13, 110
—, —, Spektrum **13,** 112, 113
Cyclopent-2-en-4-olone, 3-methyl-2-pent-4′-enyl-, oxidation **19,** 140
Cyclo-pentenolone deriv., chrysanthemum monocarboxylic acid esters **10,** 450
Cyclo-pentenones, from acetyl-elemolic acid **12,** 120
Cyclo-penten-1-on-2, synthesis **19,** 142
Cyclo-penten-1-on-5, 1-methyl- (Dien-Synthese) **10,** 77
—, **3-methyl- 8,** 219
Cyclopenteno-phenanthrene, structure **20,** 302
—, **1′-methyl- 20,** 302
—, —, aus Solanidin **4,** 23
—, **perhydro-,** stereoisomerism **13,** 28
Cyclopenteno-phenanthrol-3, 1′-methyl- 20, 302
13-(2-Cyclopentenyl)-*n*-tridecanoic acid (fat deficiency) **6,** 29
Cyclopentyl-amine (azulene synth.) **5,** 53
Cyclo-peptide, aus *D*-Leucyl-glycyl-glycin **13,** 512
Cyclo-polyméthylène-cétol-1,2 6, 102
Cyclo-polypeptid, aus N-Aminoacyl-N-carbonsäure-anhydrid **13,** 520
Cyclo-propane, bond distances **3,** 208
—, IR spectrum **5,** 347
Cyclo-propane-carboxylic esters, insecticides **10,** 452
Cyclo-propanique (acide), hydrogénolyse **10,** 184
Cyclo-propenyl-diphenylcarbinol 19, 35
Cyclo-propyl-methylamine (azulene synth.) **5,** 52
Cyclo-pseudo-hypericin 14, 169, 170
Cyclopterus lumpus, carotenoids **5,** 32
Cyclo-pyrethrosin 19, 15, 16
—, **dihydro- 19,** 15
Cyclo-serine, antibiotic effect **16,** 104
—, degradation, structure **16,** 104
—, synthesis **16,** 104, 105
—, zwitterion form **16,** 104
3,5-Cyclo-steroids, IR spectra **13,** 34
Cyclo-tridécanone 6, 108
—, **diméthyl- 6,** 99
Cymarin 4, 8, 11; **7,** 134, 142, 152; **13,** 144, 151, 210; **14,** 115, 116, 117, 118, 123
Cymarol 7, 136, 153; **13,** 210; **14,** 116, 117, 118
D-**Cymaronsäure, S-benzyl-thiuronium-salz 14,** 103
—, **phenylhydrazid 14,** 103
D-**Cymarose,** in nat. Glycosiden, Herzgiften **4,** 9, 11; **7,** 100, 101, 127, 136, 151, 153; **13,** 144; **14,** 73, 102, 104
—, aus Kondurangin **17,** 137
D-**Cymarosid-(1,5),** α- und **β-methyl-,** Drehungswerte **14,** 76
Cymatogaster aggregatus, carotenoids **5,** 32, 33
Cymborhynchus macrorhynchus (Federn) Carotinoide **18,** 187
p-**Cymene,** IR spectrum **5,** 357
Cympesterol, Biosynthese **12,** 143
Cynanchin 17, 135

Cynanchum vincetoxicum, Bitterstoffe **17**, 135, 137
Cynara scolymus, Cynaropicrin **19**, 67
Cynareae, Matricariaester **14**, 13
Cynodontin, in fungi **6**, 164; **20**, 23
Cynoglossum spp., pyrrolizidine alkaloids **12**, 200, *C. viridiflorum*, viridiflorin **12**, 204, 246
Cynomyia cadaverina, and olfactory sense **9**, 240
Cynthia papillosa, Cynthiaxanthin **5**, 31
α- and **β-Cyperone** **12**, 6, 7, 8
Cypress, terpenoid tropolones **13**, 237
Cyprinids, ichthyopterin **11**, 370
Cyprinin **5**, 291
Cyprinus carpio, fluorescyanine **11**, 370
—, protein **5**, 285, 286
Cys (abbreviation for cysteine) **17**, 331
Cy-S-S-cy (abbreviation for cystine) **17**, 331
Cystamine (synthèse de l'astérubine) **18**, 89
Cystathionine **5**, 314, 315
Cysteic acid (Cysteinsäure), → Alanin (biol.) **4**, 204
—, from farm soil **17**, 391
—, **DNP-deriv.** **12**, 305
Cysteic acid method (hemoglobin) **17**, 355, 356
L-**Cysteine**, in bacitracin A **11**, 253
—, color reactions **12**, 291
—, decomposition **12**, 293
—, in fish protein **5**, 272
—, (genetics) **5**, 315
—, in hemoglobin **17**, 352
—, in hemolysin (*Naja*) **12**, 440
—, in protein hydrolyzates, estimation **17**, 355
—, and Raney nickel **12**, 322
—, reaction with DNFB **11**, 262
DL-**Cysteine**, bioeffect **7**, 238
Cystein, β,β-dimethyl- **7**, 204, 205
—, **S-aminoacyl-deriv.** **13**, 490
—, **S-benzyl-** **13**, 456
—, —, **N-phthalyl-** **13**, 490
—, **S-ester, thiophenyl-**, Umesterung **13**, 490
—, **S-oxide, (+)-S-methyl-**, configuration **18**, 147, 148
—, **thiohydantoin** **12**, 309
Cystein-peptide → Cystin-peptide **13**, 488
Cysteyl-glycine sodium iodide, crystal structure **11**, 188, 200
Cystine, in antibodies **9**, 452
—, dans antipathines **12**, 393
—, chromatography **11**, 244
—, color reactions **12**, 291
—, in crotoxin **12**, 447
—, decomposition **12**, 293
—, from farm soil **17**, 391
—, in fish protein **5**, 272, 288
—, fluorescence **6**, 324
—, dans gorgonines, spongines **12**, 392, 395
—, in hemoglobin **17**, 350, 352
—, inhibiting precipitins **9**, 450
—, in microsomal protein **16**, 150
—, in oxytocic hormone hydrolyzates **11**, 251
—, from peptides **12**, 317
—, in plant protein **6**, 292, 293, 302
—, in protein hydrolyzates **17**, 355, 383
—, and Raney nickel **12**, 322
—, dans thyroglobuline **12**, 386
—, X-ray diffraction **8**, 318
—, **dériv. guanidiques** **18**, 100
Cystine peptides, from insulin **12**, 325
—, isolation **12**, 325, 328
—, **dicarbobenzoxy-** **13**, 487
Cystine-PTH **12**, 311
Cystinuria, excretion of amino acids **11**, 254
Cystinylchlorid, carbobenzoxy- **13**, 489
L-**Cystinyl-*L*-valine** → penicillin **20**, 28
Cytidin **1**, 126, 130, 151; **8**, 103, 104, 106
—, → cytosine deoxyriboside **9**, 423
—, deamination **9**, 417
—, and microorganisms **9**, 380, 402, 409, 412
—, synthesis **8**, 108
—, and uridine, microbiol. assay **9**, 412
—, X-ray analysis **8**, 106
—, **3'-phosphate** **8**, 131
Cytidine deaminase **9**, 380
Cytidylic acid (Cytidylsäure) **1**, 133, 134, 135, 151, 152; **8**, 101, 122
—, and *E. coli* **9**, 380
—, growth factor **9**, 409, 410, 411, 412
—, **dihydro-** **1**, 134
—, **5-methyl-deoxy-** **8**, 117
Cytimidine **16**, 95, 96
Cytisin **8**, 253, 264, 265, 266, 267
—, biosynthesis **19**, 254
—, Toxikologie **8**, 271
—, **dihydro-, des-N-dimethyl-** **8**, 265

Cytisin, N-methyl- 8, 265, 267
—, **tetrahydro-desoxy-** 8, 266
—, —, **N-acetyl-** 8, 266
Cytisus spp., Cytisin 8, 265, pyrrolizidine alkaloids 12, 200, *C. laburnum*, laburnine 12, 204, Violaxanthin 5, 5, *C. monspessulanus*, Lupinen-Alkaloide 8, 269, *C. scoparius*, cactus alkaloids 6, 256
Cytochromes, heme structure 17, 325
—, and crotoxin 12, 432
Cytochrom-System 3, 72
Cytochrome a, a_2, a_3, b, c, c_1 3, 119; 20, 82, 115, 118
Cytochrome a, a_1, a_2, a_3, prosthetic group 11, 308, 318
Cytochrome b, protoporphyrin 11, 315
—, prosthetic group 11, 308
Cytochrome c 3, 107
—, chromatography 11, 284, 286, 287
—, and cytochrome oxidase 17, 276
—, deriv. of hemato-hem 11, 308
—, α-helix 11, 233
—, and hematoporphyrin, relationship 11, 317
—, heme-protein linkage 17, 331
—, prosthetic group 11, 308; 17, 331
Cytochrom c-Lipoid 20, 82
Cytochrom c_1-Lipoprotein 20, 82
Cytochrome f 11, 308
Cytochrome oxydase 6, 206; 12, 432
—, association with lipids in mitochondria 11, 319
—, inhibition by snake venoms 12, 432, 443
—, (porphyrin a) 11, 318
—, prosthetic group 11, 308
Cytochrome oxyde, fluorescence 2, 331
Cytodeuteroporphyrin 11, 319
Cytophaga globosa and dextran 8, 30
Cytoplasm, interaction with nucleus 16, 153
—, components 16, 140
Cytoplasmic factors 5, 321, 322
—, inheritance 5, 322
Cytoplasmic protein 6, 297, 289, 301, 302
—, electrophoresis, amino acids 6, 302, 304
—, and virus formation 6, 304
Cytoporphyrin 11, 308, 318
Cytosamine 16, 97
—, conversion with nitrous acid 16, 97
Cytosine 16, 95
—, in DNA 12, 472
—, and *E. coli* 9, 380
—, fluorescence 6, 326
—, growth factor 9, 412, 415
—, and snake venom enzymes 12, 424
—, structure 20, 431
—, **5-methyl-** (nucleoside and nucleotide metabolism) 8, 117; 9, 389, 390
—, **3-β-*D*-ribofuranosido-** 8, 106
Cytosine deoxyribonucleotide, growth effect 9, 424
Cytosine deoxyriboside 1, 131, 132; 8, 117, 118; 9, 403
—, and *E. coli* 9, 380
—, growth factor 9, 412, 423, 424, 428, 429, 432
—, **5-methyl-** 8, 117, 118
—, —, growth factor 9, 403, 424, 425
Cytosine deoxyriboside deaminase 9, 423

D.

Daboia, venom, proteins 12, 435
Dacromyces spp., *D. ellisii*, *D. stillatus*, carotenoids 12, 172, 173, 175, 176, 177
Dacron 10, 143, 152
Dacrydium biformae, manool 6, 127
Dactyle, phosphatase 19, 343
Dactylin 15, 10
—, Bausteinanalyse 15, 16
—, IR bands 17, 58
—, Molekulargröße 15, 6
—, Perjodat-Oxydation 15, 16
Dactylin I—III, Mol.-Gew. 15, 11
Dactylin III, Polyfructosan 19, 311, 312
—, Transfructosidation 15, 16
Dactylis glomerata, amino acids 6, 302, ergosterol 1, 90, lösliche Kohlenhydrate 15, 2, 3, 4, 16, Polyfructosan 19, 311
Daedalea juniperina, S-haltige Acetylene 14, 52, 53
Daemonorops spp., vasicine 13, 332, 333
Dahlia variabilis, anthocyanins 20, 180, 183, apigenin, diosmetin 17, 51, 52, Synanthrose 19, 291
Daidzein 17, 22, 23, 56
—, as estrogen 17, 50
—, synthesis 17, 41
—, **7-glucoside** 17, 56
Daidzin 17, 56
Dakin's reaction 9, 265

Dale's selection rule 17, 438, 440, 444
Daman, hyracéum **6,** 142
Damascenine 13, 304
Damsin 19, 74, 75
DAP (Abkürzung für Diamino-pimelinsäure) **20,** 202
Daphnandra aromatica, D. Dielsii, D. micrantha, D. repandula, Alkaloide **9,** 179, 197, 198, 205, 207
Daphnandrin 9, 179, 180, 198
Daphne genkwa, genkwanin **17,** 51, *D. odora,* coumarins **9,** 241
Daphnetin, and methyl ethers 9, 226, 246, 247, 250, 281
—, **8-acetyl- 9,** 247
—, **7-** and **8-glucosido- 9,** 246, 247
Daphnin 9, 241, 246, 247
Daphnolin 9, 179, 180, 196, 198, 210
—, Biosynthese **9,** 210
Daraprim 11, 385
Darco G-60, adsorption of leucovorin **11,** 388
Darmsaite, Röntgenbild **1,** 335
Darutigenol 18, 390
Darutin 17, 173
Datisca cannabina, datiscetin **17,** 52
Datiscetin 17, 4, 16, 22, 52
—, spectrum **17,** 57
—, **monomethyl ether 17,** 16, 22
—, **rutinoside 17,** 52
Datura stramonium, (TM-Virus) **4,** 107, und Vitamin B_6 **4,** 49
Daucane 19, 2
Daucol 19, 60, 61
Daucus carota, Bitterstoffe **17,** 175, and gibberellin **18,** 396
Dauricin 9, 177, 180, 192, 210
—, Biosynthese **9,** 210
Day-length, and gibberellin **18,** 403
Day-neutral annuals, and gibberellin **18,** 391, 395
DDT, toxicity **10,** 463; **19,** 151
Deacidite 8, 100
Deaminase, (adenosine) **9,** 379, 380, 381
—, bacterial **9,** 380
—, intestinal **9,** 366, 379
De(s)aminierung, Aminosäuren **3,** 75
—, Bildung von COOH (biol.) **4,** 209
—, Chitin **20,** 207
—, and conformation **19,** 209
—, Glucosamin **2,** 237
—, opt. Antipoden **4,** 202
Deamino-cozymase 1, 116
Debranching enzyme (starch) **11,** 23, 31
De Broglie relationship 16, 180
Decadien-diin-dicarbonsäure 14, 52
4,6-Decadienoic acid N-isobutylamide, insecticide **10,** 453
2-*trans*-4-*trans*-Decadien-(2,4)-säure-isobutylamid 14, 28
Decalin, IR spectrum **19,** 194
—, isomers, relative heat content **19,** 180
—, **carboxylic acids,** strength **19,** 187
cis- and *trans-***Decalin,** conformation **19,** 176
—, **9-methyl-,** stability **19,** 177
Décaline, tétraméthyl-(1,1,6,10)-5-(oxo-3'-butyl)- 6, 130
Decalindion-1,6, Anlagerung von Acetylen **17,** 104
Decalon und 2-Methyl-1-acetyl-cyclohexen-1 **11,** 105
(+)-*cis*-**Decalone-1, 9-methyl- 20,** 324
trans-α-**Decalone,** configuration **10,** 353
Decalylamines and HNO_2 **19,** 209
Decalyl 5-carboxylic acid, 1,1,10-trimethyl- 12, 24
Decan, 1,10-dicarbonsäure (Acide décane-1,10-dicarboxylique) 6, 95, 137
—, —, **α-carboxy- 4,** 218
—, **1,2,3,10-tetracarbonsäure 10,** 44
—, **ω,ω'-tetra-*n*-amyl-diamino- 8,** 304
***n*-Decanol-2 10,** 181
Decansäure (Acide décanoïque), ε-äthyl- 4, 219
—, **β-hydroxy-,** (lipides bactériens) **10,** 173, 252
—, —, ***L*-rhamnoside 10,** 252
—, **ω-polyoxy-,** Dissymmetriefaktor **1,** 288
Decapentaene, spectrum **17,** 438
Decapreno-β-carotin, Synthese **9,** 34
Decapreno-ε_1-carotene, spectrum **17,** 438
—, Synthese **9,** 34
Décarboxylase 9, 97
Decarbusninsäure 2, 36; **8,** 217
—, **desacetyl- 2,** 36
Decarbusnol 2, 37; **8,** 217, 218, 219
—, **tetrahydro- 8,** 219
Decasaccharid aus Weizen **19,** 307
all-*cis*-Deca-2,4,6,8-tetraene, spectrum **15,** 72; **18,** 248
Decatetraensäure-amid → Octatetraen-2,4,6,8-dicarbon-1,8-amidsäure-1 **4,** 221

Decatrien-(3,5,7)-diin-(1,9), 3,8-dimethyl-, spectrum **18**, 299
2,6,8-Decatrienoic acid N-isobutylamide, insecticide **10**, 453
Decatriin-(2,4,6)-en(8)-säure, methylester, Spektrum **14**, 17
Decenoic acid 5, 82
(—)-Décène-2-oïque (acide), 2,5,9-triméthyl- 10, 193
Decevinic acid 20, 317, 318
—, → 2-hydroxy-1,8-naphthoic anhydride **20**, 317
—, IR spectrum **20**, 319
Deciduous plants, definition **18**, 390
Decogenin 13, 178, 198, 210
Decoic acid 5, 82
Decosid 13, 178, 210
Décylique (acide), 6-méthyl- (lipides bactériens) **10**, 191
Décyl-magnésium, 6-méthyl-, bromure 10, 191
Deer fat, digestibility **6**, 17
Defoliants 17, 299, 300
Deguelin, insecticide **10**, 439, 440, 445, 446
—, **dehydro- 10**, 439, 440
—, **dihydro-**, insecticide **10**, 439, 440, 444, 446
Dehra Dun, alkaloids **13**, 409
Dehydrierung, cyclische Verbindungen **4**, 234
Dehydro-carotene, s., see, voir, Carotene
Dehydrocostus lactone 19, 19, 76
—, **hexahydro- 19**, 76
Dehydrogenase, adsorption **8**, 258
—, (Chinone) **6**, 207
—, in plant protein preparations **6**, 303
Dehydropeptide, acyl-, Hydrierung **13**, 524
5-Dehydroshikimic reductase 12, 478
Delphanin, occurrence **20**, 188
Delpheline, biogenesis **16**, 80
—, environment of N **16**, 72
—, oxidation **16**, 73, 74
—, ring A, degradation **16**, 86
—, **basic monoacetate 16**, 74, 79, 81
—, **de-ethyl- 16**, 73, 74
—, —, **N-acetyl- 16**, 73
—, —, **amino- 16**, 72
—, —, **N-nitroso- 16**, 72
—, **dehydro- 16**, 73, 74
—, **demethylene- 16**, 64, 74
—, **α-hydroxy- 16**, 73
—, **oxo- 16**, 73
Delpheline, oxo-dehydro- 16, 73, 74
—, —, **demethylene- 16**, 75
—, **oxo-demethylene- 16**, 78, 80
—, —, and lead tetraacetate **16**, 75
—, —, → *seco*-diketone and *diseco*-acid **16**, 75, 76, 77
—, —, **dehydro-**, → α-diketone **16**, 76
Delphinidin, and Al-ions **20**, 171
—, properties **20**, 172
—, **3-rhamnoside 20**, 167, 171
—, —, **5-glucoside 20**, 167
Delphinine, Hofmann degradation **16**, 85
—, insecticide **10**, 464
—, rearrangement of ring B **16**, 85
—, skeleton = aconitine skeleton **16**, 86
—, **deriv.**, demethylation **16**, 82
—, **dihydropyro-**, isomerization **16**, 85
—, **isopyro-deriv.**, dehydrogenation **16**, 86
—, **isopyro-oxo- 16**, 82, 83, 84
—, α- and β-oxo- **16**, 82
Delphinium alkaloids, anthranilic acid deriv. **13**, 304
Delphinium spp., aconite alkaloids **16**, 64, pollen growth and gibberellin **18**, 408, *D. ajacis*, *D. elatum*, *D. formosum*, *D. staphisagria*, insecticides **10**, 464, *D. ajacis*, ajaconine **16**, 53, anthocyanins **20**, 184, *D. cosolida*, kaempferol **17**, 52, *D. elatum*, delpheline **16**, 72, *D. staphisagria*, delphinine **16**, 81, *D. zalil*, iso-rhamnetin **17**, 53
Delphisine, insecticide **10**, 464
Deltaline, insecticide **10**, 464
Demansia spp., *D. textilis*, venom **12**, 409, 410
Demecolcine 13, 253, 254
Demissidin, Biosynthese **12**, 141
Denaturation (proteins) **1**, 342; **11**, 181
Dendraspis spp., *D. angusticeps*, *D. viridis*, venom **12**, 409, 410, 433
Dendrocopus major (Federn), Carotinoide **18**, 187
Dendrodoa grossularia, carotenoids **5**, 31
Denisonia, venom **12**, 409
D. superba, venom **12**, 410
—, —, effect on vascular system **12**, 416
—, —, hemolyzing factor **12**, 422
—, —, hyaluronidase **12**, 427
—, —, inhibition of glycolysis **12**, 431
Density, buoyant **20**, 374
—, versus refractive index **20**, 417
—, in ultracentrifugal cell **20**, 388, 390

Density gradient **20**, 373, 374, 386, 388, 393, 394, 398
—, buoyancy **20**, 394
—, composition, compression, physical **20**, 386
—, effective **20**, 393, 394
—, method, autoradiogram **20**, 384
—, optics **20**, 383, 384
—, sedimentation, theory **20**, 377
Dentaria digitata, *D. enneaphylla*, isothiocyanates **18**, 164
Deoxy- . . . = Desoxy . . .
Deoxynucleosides, structure, synthesis **8**, 118
Deoxypentose, nucleate, mol. weight **18**, 465
Deoxypoly-AT **20**, 406
Deoxyribo-cytidylsäure **1**, 141
Deoxyribo-guanylsäure **1**, 141
Déoxyribo-nucléases **19**, 358
—, in snake venoms **12**, 434, 450
Deoxyribo-nucleic acid (Desoxyribonucleinsäure), s., see, voir, DNA
Deoxyribo-nucleoside **1**, 125, 131, 132; **9**, 420
—, furanoside structure **8**, 103
—, isolation **8**, 117
—, et phénylphosphate **19**, 358
—, *trans*-N-glycosidic reactions **9**, 387
Deoxyribo-nucleotide **1**, 133, 141, 142; **9**, 420
—, growth factors **9**, 411, 424
Deoxyribo-polynucleotide **1**, 146
2-Deoxy-*D*-ribose **1**, 131; **8**, 118; **9**, 364, 390
—, **1-arsenate** **9**, 378
—, **1-phosphate** **9**, 372, 385, 386, 387, 418
—, —, in *trans*-N-glycosidic reactions **9**, 387
—, **5-phosphate** **9**, 372, 377
Deoxyribosides **9**, 373, 422
—, biol. function **9**, 364
—, biosynthesis **9**, 421, 432
—, enzymatic formation **9**, 388, 389
—, in frog eggs **9**, 394
—, growth-promoting activity **9**, 424, 425, 426
—, microbiol. assay **9**, 424
—, paper chromatography **9**, 425
Deoxyriboside phosphorylase, relationship to riboside phosphorylase **9**, 370
Deoxyribosyl group, enzymatic transfer **9**, 425
Deoxyribo-thymidylsäure **1**, 141
2-Desoxy-zucker (Deoxy sugar) **14**, 72, 89, 93
—, in capsular polysaccharides **18**, 506
—, Fehlen in Bufadienolid-Glycosiden **14**, 89
—, Keller-Kiliani-Reaktion **13**, 144, 145
—, Papierchromatographie **14**, 74
—, aus Vincetoxin **17**, 137
—, **glycoside** **7**, 91; **13**, 148
—, —, Farbreaktionen **13**, 145
Dephosphorolytic condensation **5**, 113, 117
Depot fats, **fully-saturated acids** **1**, 30
Depsidan (Biscoclaurin-Basen) **9**, 209
Depside **2**, 37, 38, 39, 44
—, biosynthesis **14**, 191
—, in Flechten **8**, 220; **14**, 191
—, Lecanorsäure- und Sekikasäure-Typen **2**, 40, 42
—, Orcin-Gruppe **8**, 220, 223
—, substituents **14**, 191
Depsidone **2**, 46; **8**, 225
—, Alkalischmelze **13**, 123
—, chlorhaltige **8**, 208, 228
—, dimere **8**, 225
—, in Flechten **8**, 225; **9**, 209
—, Grundskelett **8**, 225
—, Orcin-Gruppe **8**, 225
—, substituents **14**, 191
Depsi-peptides **20**, 9
—, in bacteria, actinomycetes **20**, 11
Dermansulfat **20**, 232, 233
—, enzymat. Hydrolyse **20**, 249
Dermatocarpon miniatum, Flechtenstoff **2**, 33
Dermocybe sanguinea, Chinone **6**, 163, 165, 168
Dermocybin **6**, 165
Dermotoidinsulfat **20**, 232
Derric acid **10**, 441
Derris resin, rotenones **10**, 436, 439, 440, 441
Derris root, toxicity **10**, 446
Derris spp., *D. elliptica*, insecticides, rotenoids **10**, 425, 436, 437, 443, 444; **17**, 23, *D. malaccensis*, toxicarol-isoflavone **17**, 24
Desamin . . ., s., see, voir, Deamin . . .
Desarogenin und **-glycoside** **13**, 166, 196, 204; **14**, 93, 126

Desarosid 13, 167, 204; 14, 120
Descinnamyl-kondurangin 17, 135
Deserpidate, 18-deoxy- 13, 362
—, —, epimerization 13, 361
—, **methyl** 13, 360
—, **tosylate, methyl** 13, 361, 362
Deserpidic acid and **γ-lactone** 13, 360, 361, 363
Deserpidine 13, 350, 359, 361, 362, 406, 421
—, pharmacol. effect 13, 422
—, spectrum 13, 359, 360
—, stereochemistry 13, 361, 363
—, → α-yohimbine 13, 361
Deserpidinediol 13, 361
—, dehydrogenation 13, 361
—, **tetradehydro-** 13, 362
Deserpidinol 13, 361, 362
—, epimerization 13, 361
Déshalogénase (thyroïdienne) 12, 353, 355, 356, 390
Desimino-leucopterin 4, 70, 71, 76
Desman, sécrétion musquée 6, 110
Desmolase (amino acid biosynthesis) 12, 480
Desosamine, in Antibiotica 16, 107, 114; 20, 219
Desoxy . . ., s., see, voir, **Deoxy . . .**
Despeciation (antigenicity) 7, 290
Desthio-biotine et **dériv.**, antagonistes 9, 98, 99
Desthio-lutin 16, 101, 102
Desthio-phalloidin 20, 12
Detritus, carotenoids 5, 25, 34
Deuterio-buttersäure 4, 190
Deuterio-capronsäure 4, 250
Deuterio-cetyl- und **-octadecyl-alkohol** 4, 228
Deuterio-cholestenon 3, 55
Deuterio-cholsäure 12, 146
Deuterio-cyclohexanes, IR spectrum 19, 194
Deuterio-dicarbonsäuren, im Tierkörper 4, 253
Deuterio-fettsäuren 3, 68, 70
Deuterio-laurinsäure 4, 242
Deuterio-leucin 3, 75
Deuterio-myristinsäure 4, 242
Deuterio-β-oxybuttersäure 4, 190
Deuterio-palmitinsäure 4, 228, 241
Deuterio-phenylacetyl-N^{15}-valine 7, 207
Deuterio-porphin 11, 304
Deuterio-progesteron, aus Cholesterol 12, 147
Deuterio-stearinsäure 4, 228, 241
Deuterio-steroids, IR spectra 19, 194
Deuterohemin 11, 316, 318
Deuteroporphyrin 11, 302, 311
—, fluorescence 2, 329, 330
Deuteroporphyrin-IX 11, 308, 316
—, from deuterohemin 11, 316
—, synthesis 11, 303
—, **diacetyl-** 11, 316
Devil's shoestring, insecticides 10, 437
Dewalinic acid 12, 225, 227
Dextran, and adaptive enzymes 8, 38
—, adsorption analysis 8, 40
—, antigen, *Leuconostoc mesenteroides* 8, 31
—, bacterial 5, 109, 110; 8, 28
—, in blood transfusion 8, 41
—, and *Cellvibrio fulva* 8, 38
—, electron microscopy 8, 36
—, enzymic synthesis 8, 30
—, formation in *Leuconostoc* 8, 30
—, fractionation 8, 38, 42
—, 1,6-glycosidic linkages 8, 33, 35, 41
—, hydrolyzates, fractionation 8, 37, 39
—, (immunol.) 8, 31; 9, 448; 18, 512, 514, 520, 521, 522, 525, 526, 527
—, mol. weight 8, 36, 40
—, molecules, shape, dimensions 8, 36, 42
—, polydispersion 8, 37
—, structure, fine structure 8, 33, 36
—, ultracentrifugal studies 8, 39, 40; 18, 474, 475
—, and ultrasonic waves 8, 38
—, X ray diffraction 8, 37
—, **deriv.** 8, 32, 33
—, **stearate** 8, 32
Dextrin 8, 279
—, fluorescence 6, 313
—, (immunol.) 18, 520, 521, 522
β-Dextrin and R enzyme 11, 24
Dextrin A, amylopectin 11, 18
Dextropimaric acid 12, 21, 22, 24, 29
—, Dien-Synthese 10, 67
DFP (abbreviation for diisopropyl-fluorophosphate) 12, 316
DHP (Abkürzung für Dehydrierungspolymerisat, Lignin) 11, 57; 20, 50
Diabetes mellitus, Ketonkörper 4, 243
Diabolin 17, 191, 239
—, = $N_{(a)}$-Acetyl-Wieland-Gumlich-Aldehyd 17, 191

Diabolin, Spektrum **17**, 239
Diacétyle, et protéine, fluorescence **2**, 311
Diacetylene, bond distances **3**, 208, 224
—, in Carotinoid-Synthesen **9**, 12, 31
—, **dimethyl-**, bond distances **3**, 224
Diacidurie **4**, 245
Diadenosin-tetraphosphorsäure **1**, 140
D,*D*-**Dialanine** and **hemihydrate**, unit-cell dimensions and space groups **11**, 188
2,6-Diamino-aldohexose in Antibiotica **20**, 219
1,2-Diamino-1,2-bis-desoxy-zuckeralkohol **20**, 209
Diaminosäure, N_ω-**carbobenzoxy-** **13**, 478
—, α,ω-**diacyl-** (Peptid-Synthese) **13**, 478
Diamond, bond distances **3**, 208, 223
Dianissäure, dehydro-, aus Lignin **20**, 47, 61
Dianthrachinonyl-(1,1′), **2,2′-dimethyl-** **14**, 156, 157
—, —, Bromierung **14**, 158
—, —, **4,5,7,4′,5′,7′-hexahydroxy-** **14**, 160
—, —, —, **methyläther** **14**, 165
Dianthranol **14**, 161
Dianthron **14**, 161, 164
—, **dehydro-**, Deriv. **14**, 173
—, **dihydro-** **7**, 263; **14**, 161
Diapensia spp., dormancy and gibberellin **18**, 410
Diaphorase **1**, 100; **3**, 72, 73; **8**, 358
Diatoxanthin **5**, 22, 31
Diatretin 1 und 2 (Diatretyne) **14**, 50, 51
—, antibiotische Wirkung **14**, 51
—, in fungi **20**, 7
—, genetische Verwandtschaft **14**, 58, 59
—, Synthese **14**, 51
1,3-Diaxial diols, hydrolysis **19**, 185
Diaxial electrophilic addition, and conformation **19**, 201
1,2-Diaxial rearrangements, and conformation **19**, 206
1,3-Diaza-azulene **13**, 287
—, **2-oxo-1,2-dihydro-** **13**, 287
Diazine dyes, color **16**, 177
Diazobenzol-sulfonsäure, Reaktion mit Holz **11**, 58
Diazoessigester, Anlagerung an Chlorine, Phäophorbide, Porphyrine, Phylloerythrine **1**, 197, 198, 208
—, (Dien-Synthese) **10**, 63
—, and veratrole **13**, 257
Diazomethan (Dien-Synthese) **10**, 63
—, **dimethyl-**, and α-methyl-muconic esters **19**, 136
Di-1-azulenyl-disulfide **19**, 84
Diazulenyl-methane **19**, 45
Dibenzochinon, 5,5′-dimethyl- **6**, 166
Dibenzo-α-pyrone, 4,4′-dihydroxy- **6**, 114, 116
—, **2′,3″-dihydroxy-** **9**, 282
1,2,11,12-Dibenzperylen **14**, 150
N,N-Dibenzyl-Rest als α-Aminoschutzgruppe **13**, 469
2,3-Dibenzylbutane skeleton, in lignans **15**, 90
Dibiphenylene-hexatriene, no *cis*-peak **18**, 262
1,2-Dibromoethane, electron diffraction **3**, 213
2,6-Dibrom-2,3,4-triacetyl-*d*-glucose **2**, 194
Dicarbäthoxy-ester (Peptid-Synthese) **13**, 452
$N_{\alpha,\omega}$-**Dicarbobenzoxy-deriv.** (Peptid-Synthese) **13**, 478
Dicarbonsäuren, oxydativer Abbau im Tierkörper **4**, 257, 260
Dicatechin **16**, 9
Dicétones macrocycliques **6**, 101
Dichinon aus Boletol **6**, 168
1,2-Dichloroethane, electron diffraction **3**, 213
Dichroa febrifuga, febrifugine, isofebrifugine **13**, 334, Umbelliferone **9**, 243
Diconiferylalkohol, dehydro- (Lignin) **11**, 60, 61, 64; **20**, 56
Dicotyledonous plants, seed proteins **6**, 293
Dicotyles torquatus, sécrétion musquée **6**, 110
Dicoumarol **9**, 226, 257
—, antagonists **9**, 105, 106, 242
Di-*o*-crésyle (antivitamine) **9**, 104
Dicrotalic acid **12**, 205, 206, 226, 236, 239, 256
—, **anhydride, acetyl-** **12**, 239, 240
Dicrotaline **12**, 203, 204, 206, 239, 256
Dictamnal **13**, 318
Dictamnic acid **13**, 318, 319
Dictamnine **13**, 318, 319
—, hydrogenolysis **13**, 322
—, **dihydro-** **13**, 321, 322
Dictamnus albus, dictamnine **13**, 318
α,β-**Di-Δ^1-cyclohexenyl-äthylen** **11**, 102

Dicyclo-hexylamin-azid **13**, 460
N,N'-Dicyclohexyl-carbodiimide **13**, 513
N,N'-Dicyclohexyl-harnstoff **13**, 513
α-Dicyclo-pentadien, dihydro- **1**, 260
α-Dicyclo-pentadienon-(3), dihydro- **1**, 260
Di-DNP-val-his and **Di-DNP-val-his-leu** (N-terminal) **17**, 358, 363, 364
Didymsäure **8**, 212, 213, 237
—, **decarboxy-** **8**, 212
Dieckmann-Kondensation **11**, 115; **17**, 110
Dieldrin, insecticide **19**, 151
Diels acid **1**, 73
Diels hydrocarbon **13**, 154; **20**, 302
Di-(emodin-anthranol), Di-(emodin-anthron), Di-(emodin-anthronyl)-(1,1') **14**, 165, 173, 174, 175
Diene, conjugated, coplanarity **3**, 220
—, —, mit freien Enden **10**, 33
—, —, mit gem. Methylgruppen **10**, 30
—, —, hexacyclische **10**, 52
—, —, and iodine **18**, 273
—, —, IR spectra **5**, 354, 356
—, —, spectra **18**, 248
—, —, mit 1,2,3-Trimethyl-butadien **10**, 33
$\Delta^{7,8(11)}$-Diene, oxidation (cortisone synthesis) **10**, 335, 338
Dien-Addukte, Fulvene **10**, 13
Dien-Kondensation (Biogenese der Terpene) **8**, 196
Dienometrie **10**, 36
Dien-Substituenten, *cis-trans*-ständige **10**, 8, 14, 18
Dien-Synthese **3**, 1; **10**, 1
—, und Aldol-Kondensation **10**, 99
—, Allyl-Spaltungsregel **10**, 13
—, analyt. Methode **10**, 30
—, Aufbauprinzip in der Natur **3**, 1, 21; **10**, 99
—, Bestrahlung und Addition **10**, 23
—, und conj. Doppelbindungen **10**, 34
—, Cyclohexadien-Typus **10**, 71
—, fraktionierte **3**, 24; **10**, 6, 72, 73
—, und freie Drehbarkeit **10**, 14, 15
—, intracyclische **10**, 11
—, intramolekulare **10**, 10, 11, 52, 66, 101
—, und Katalyse **10**, 23, 83
—, mit mol. Sauerstoff **10**, 94
—, Nachweis konj. Doppelbindungen **10**, 34
—, Stereochemie **10**, 14, 17, 84
Dien-Synthese, strukturelle Auslese **10**, 21
—, mit unsymm. Addenden **10**, 21, 22, 56, 60
—, mit Acetylen-dicarbonsäure **10**, 52
—, und Anthracen-deriv. **10**, 94
—, Butadiene, hochmethylierte **10**, 27
—, Campher **3**, 7
—, Cantharidin-Reihe **3**, 11
—, mit Chinonen **10**, 25, 51, 84, 85
—, und Crotonaldehyd **10**, 30
—, Cyclocitral- und Safranal-Typus-Aldehyde **10**, 27
—, mit Cyclopentadien **10**, 62
—, und β-Eläostearinsäure **10**, 40, 41
—, Equilenin **10**, 75
—, Fettsäure-Reihe **10**, 36
—, Irone **8**, 159
—, Lupinan-Reihe **3**, 17
—, mit Menthadienen **10**, 53
—, und Nor-ascaridol **10**, 96
—, und Oestron **10**, 75
—, Pyrrol-Reihe **3**, 14
—, und Steroide **10**, 69
—, Terpen-Reihe **3**, 7; **10**, 47, 56, 67
—, und Thebain **10**, 35
Dien- und **En-Synthesen,** kombinierte **10**, 45
Dien-Zahl **3**, 25; **10**, 36
Diequatorial epoxide, opening **19**, 214
Diethyl ketone, IR curves **5**, 335
Diffractasäure **2**, 44
Diffusfarbstoffe (Vogel-Gefieder) **18**, 179
Diffusiometer **18**, 453
Diffusion, boundary reactions **18**, 481
—, coefficient (multicomponent systems) **1**, 290; **18**, 448, 449, 453, 459
—, constant, apparent **7**, 286
—, freie **1**, 291
—, and mol. weight **18**, 456
—, proteins **7**, 285, 289
Diffusional mobility **18**, 446
Diffusions-Filme und H-Filme, Unterschied **4**, 417
Difructose **15**, 16; **19**, 300, 301
—, Hydrolyse **15**, 15
—, aus Loliin **15**, 11
—, Struktur **15**, 15
—, **anhydride** **15**, 16
3,2'-Difucosido-lactose aus Frauenmilch **20**, 221
Digalloyl-anhydrohexit **13**, 71

Digalloyl-1-brom-glucose, octaacetyl- 13, 80
Digalloyl-β-methyl-glucosid, octaacetyl- 13, 80
m-**Digallussäure 11,** 48; **13,** 130, 131
—, **dehydro- 13,** 90, 115, 116, 124, 130, 131
—, —, Alkalischmelze **13,** 124
—, —, in Kastanienrinde **13,** 118
—, —, Synthese **13,** 117
—, —, → Xanthon **13,** 116
—, —, **heptamethyl- 13,** 115, 116
—, —, **pentamethyl- 13,** 115, 116
—, —, —, **dimethylester 13,** 117
Diganolid, Digenolid (Nomenklatur) **13,** 153
Digestibility, fats **6,** 14, 15, 16, 17, 18, 20, 21
—, polymerized oils **6,** 18
Digifolein 14, 112, 123, 124
Digilanid A—C 7, 99, 101, 113, 118, 150; **13,** 204, 206, 208; **14,** 96
—, **desacetyl- 7,** 118, 150; **13,** 204, 206
Digilanidase 4, 10; **13,** 152
Digilanidobiose 4, 10, 11; **14,** 102, 104
Diginatigenin 14, 85, 106, 107
Diginatin 14, 85, 106, 123
Diginigenin 12, 146; **13,** 200, 212; **14,** 87, 92
Diginin 13, 212; **14,** 94, 124
—, **oxy- 14,** 112, 124
Diginolid 13, 153
D-**Diginonsäure-S-benzyl-thiuroniumsalz 14,** 103
D-**Diginose 7,** 101, 106, 107, 151; **13,** 170; **14,** 73, 102, 104, 113
Digipronin 14, 124
Digiprosid 14, 106, 124
Digipurpidase 4, 10, 11; **13,** 152
Digipurpurin 14, 112, 124
Digistrosid 13, 202; **14,** 120
Digitalinum verum 7, 113; **13,** 206; **14,** 96, 114, 121, 123, 124
—, **16-anhydro- 14,** 115
—, **desgluco- 13,** 206; **14,** 96
—, **monoacetat 13,** 142, 206; **14,** 115
—, —, **16-anhydro- 13,** 208
Digitalis spp. and gibberellin **18,** 396, *D. ambigua, D. canariensis, D. cariensis, D. ferruginea, D. grandiflora, D. lanata, D. leucophaea, D. mariana, D. micrantha, D. orientalis, D. purpurea, D. thapsi,* herzaktive Glycoside und Aglykone **4,** 9; **7,** 101, 113, 118; **13,** 140, 147, 152; **14,** 73, 85, 92, 96, 110, 112, 123, 124, *D. lanata,* Digilanidase **13,** 152, *D. purpurea,* Digipurpidase **13,** 152, Digitoflavone **17,** 49, Purpurea-glycoside **7,** 101, 113; **13,** 140, *D. thapsi,* calycopterin **17,** 55
Digitalis (digitaloide) Glycoside und **Aglykone 7,** 87, 150, 152; **14,** 71, 94
—, enzymatische Spaltung **7,** 91
—, Kohlenhydrat-Anteil **7,** 90
—, Papierchromatographie **13,** 147
—, Stereochemie **7,** 91
Digitalis-Strophanthus-Typ (Aglykone) **13,** 153; **14,** 88
Digitaloide Lactone, in *Strophanthus* **14,** 92
Digitalonin 14, 124
D-**Digitalonsäure-lacton 14,** 103
D-**Digitalose 7,** 127, 151, 153; **13,** 142; **14,** 73, 93, 94, 102, 104, 107, 111
—, **acetate 14,** 89, 103
—, **osazon 14,** 103
Digitoflavone, diuretic action **17,** 49
Digitogenin 4, 16, 21
Digitonide 13, 158
Digitonin, Mischfilme **4,** 388
—, rhodopsin complex **14,** 272
Digitoxigenin 4, 9; **7,** 91, 92, 94, 95, 98, 99, 150; **12,** 145, 146; **13,** 149, 153, 155, 158, 159, 189, 196, 202; **14,** 75, 86, 93, 94, 107, 109, 121, 123, 126
—, → Ätiansäure **13,** 154, 155
—, → Desoxycorticosteron **7,** 97
—, Drehwerte **14,** 76
—, Isomerie mit Cerberigenin **4,** 5
—, Stereochemie **13,** 157
—, **O-acetyl-,** und Abbau **7,** 150; **13,** 155, 156, 157, 168
—, „β"-($\Delta^{14,15}$)-**anhydro- 7,** 100
—, α- und β-**anhydro-O-acetyl- 13,** 157
—, **anhydro-acetyl, tetrahydro- 4,** 6
—, α-**anhydro-, dihydro- 13,** 170, 171
—, **digitoxoside 14,** 106, 121, 124
—, **glycoside 7,** 99, 101; **14,** 93, 94; **19,** 75
—, α-*L*- und β-*D*-**thevetosid,** Teilsynthese **14,** 75
Digitoxigenin-Cymarose-Glucose-Glucose 14, 76
Digitoxigenon 7, 98, 100; **13,** 149, 150, 159
—, **anhydro- 13,** 167
—, —, **tetrahydro- 7,** 144, 145; **13,** 171

Digitoxin **7**, 99, 101, 150; **13**, 140, 204; **14**, 124
—, im Stoffwechsel **14**, 91
—, **acetyl-** **13**, 140, 204; **14**, 123
D-**Digitoxose** **7**, 100, 101, 113, 151; **14**, 73, 85, 89, 93, 94, 102, 104, 107, 109, 113
—, **hydrazone deriv.** **14**, 103
Diglucan **2**, 162
Diglycin, benzoyl-, Synthese **13**, 508, 512
Diglycoside (herzaktive) **14**, 88, 90, 91
N,N′-Diglycyl-cystine, bondlengths, angles of amide group **11**, 198
—, crystal structure **11**, 188, 191
—, dimensions of H-bonds **11**, 201
—, internal ionization **11**, 191
—, **dihydrate**, crystal structure **11**, 190, 192
α- and **β-Diglycyl-glycine**, X-ray diffraction **8**, 321, 330, 332
Digorid A und **B** **7**, 118; **13**, 206; **14**, 124
Digoxigenin **4**, 3; **7**, 91, 92, 112, 115, 116, 150; **13**, 157, 158, 167, 196, 206; **14**, 85, 88, 94
—, **anhydro-** **7**, 115, 116
—, **3,12-diacetat** **7**, 150
—, **glycoside** **7**, 118; **14**, 75
—, **isolacton** **7**, 115
Digoxin **7**, 118, 150; **13**, 140, 206
—, im Stoffwechsel **14**, 91
—, **acetyl-** (α und β) **7**, 118, 150; **13**, 140, 206; **14**, 124
Diguanidyl-cystamine, tétraméthyl- **18**, 89
DIII (abbréviation de diiodo-histidine) **12**, 351
2,7-Dihalotropone **19**, 37
Dihydro-genine, inaktive **14**, 90
Dihydroxy-acetone phosphate **8**, 86
Dihydroxyacid dehydrase **12**, 477
Diin-diol (Carotinoid-Synthese) **9**, 12, 13, 18, 31
Di-in-en aus *Coreopsis* spp. **14**, 27
3,5-Diiodo-4-(4′-methoxyphenoxy)-benzoate, methyl **7**, 181
Di-isobutylene, intrinsic viscosity **10**, 133
Di-isobutyl-hexamethylene diamine **10**, 144
Di-isoeugenol, dehydro- **2**, 18; **5**, 210, 214, 216, 219; **11**, 52, 53, 55, 62
2,3-Di-isopropylidene fructofuranose, 1,6-diphospho- **8**, 84
1,2,4,5-Di-isopropylidene-fructose **8**, 82
1,2,3,4-Di-isopropylidene-galactose **8**, 80
2,3,4,6-Di-isopropylidene-*L*-sorbose **8**, 85
1,2,3,4-Di-isopropylidene-tagatose **8**, 84
1,2,5,6-Di-isopropyliden-3-tosyl-*D*-glycofuranose → 3-Hydrazino-allose **20**, 212
Dika fat, component acids, glycerides **1**, 31; **5**, 86; **6**, 3
Diketenes, IR spectra **5**, 375
1,2-Diketone und Dien-Synthese (Bestrahlung) **10**, 24
β-Diketones, enolized, IR spectra **5**, 368
Di-lactaminyl-lactose aus Frauenmilch **20**, 24
Di-lauromyristin **1**, 24
Di-linoleo-linolenin **1**, 27
Di-lupin **8**, 263, 264
Dimethylamine, *p*-hydroxy-β-phenyl- **6**, 254
3-Dimethylamino-2,6- und -4,6-bis-desoxy-aldohexose, in Antibiotica **20**, 219
3-Dimethylamino-4-desoxy-aldohexose, in Antibiotica **20**, 219
3-Dimethylamino-6-desoxy-*D*-glucose, in Antibiotica **20**, 219
Diméthylamino-éthanol-phosphate et phosphatase **19**, 325
4-Dimethylamino-2,3,6-tri-desoxy-aldohexose, in Antibiotica **20**, 219
Dimethylanilin-oxyd **4**, 194
Dimethyl-diacetylene, bond distances **3**, 208, 224
2,3′-Dimethyl-6′,8′-dioxy-[naphtho-1′,2′-6,5-pyron(4)] (Eleutherinol) **11**, 140
Dimethylether, bond distances **3**, 208
Dimethylformamid-SO_3-Komplex **13**, 507
Dimethyl-sulfide and **-disulfide**, bond distances **3**, 209
Dimorphoteca aurantiacus, Matricariaester **14**, 13
Dimroth reagent (flavones) **17**, 14
Dimyristo-palmitin **1**, 24
Dinichthys, amino acid content **17**, 395
Dinitrobenzene sulfonic acid, reagent (proteins) **12**, 307
2,4-Dinitro-fluorobenzene, in amino acid analysis **11**, 262, 265, 266, 267, 268; **12**, 290, 298, 300, 303
—, (crotoxin) **12**, 450, 451
—, and proteins **17**, 357
—, and soils **17**, 388
Dinitrophenyl . . ., s., see, voir, DNP.

Dinitrophenylation (amino acids) 11, 256
Dinoflagellates, carotenoids 5, 24
Dinosaur, amino acids 17, 395
Dinucleotides derived from pyrophosphoric acids 8, 135
Diolein, monopalmito- and monostearo- 5, 88
Dioleo-linolein 1, 27, 49
Diophenole 13, 179
Diopterin 11, 381
o-Diorsellinsäure 2, 40
Dioscin 4, 22
Dioscorea Tokoro Makino, Saponin 4, 22
$\Delta^{4,5}$-Diosgendion-3,6 4, 21
Diosgenin 4, 16, 21; 10, 326, 327, 331, 332, 338, 367, 368
—, → Tigogenin 4, 21
Diosmetin 17, 16, 39, 52
—, from hesperetin 17, 39
—, synthesis 17, 37
—, 7-rutinoside 17, 44, 52
Diosmin, from hesperidin 17, 44
Diospyros spp., Chinone 6, 182, *D. costata*, Violaxanthin 5, 5, *D. maritima*, Scopolin 9, 245
Dioxan-Salzsäure-Lignin 11, 45, 66, 67
Dioxindol, fluorescence 6, 337
Dipalmitin 1, 24
Dipalmitostearin 1, 45, 46, 47
Dipenten aus Isopren 3, 7
Dipeptidase, chromatography 8, 358
—, in snake venoms 12, 428
Dipeptides, and carboxy-peptidase 12, 318
—, fractionation 11, 276
—, on papergrams 12, 323
Dipeptidester-N-dithiocarbaminsäure 13, 521
Dipeptid-thiophenylester 13, 497
N-Dipeptidyl-N′-phenylhydrazid 13, 476
o-Diphenolase, chromatography 8, 358
2,2′-Diphensäure (Diphenic acid), deriv., Drehwerte und Racemisierung 13, 100, 101
—, diamid, hexabenzoxy-, hexamethoxy- und hexaoxy- 13, 100, 101
—, dilactone, 4,4′-dihydroxy- 6, 114
—, —, 4,4′-dihydroxy-6,6′-dimethoxy- 9, 284
—, —, 4,6,4′,6′-tetrahydroxy- 9, 282, 283
—, 2,2′-dimethoxy-, Racemisierung 13, 101
2,2′-Diphensäure, dimethylester, hexabenzoxy-, hexamethoxy- und hexaoxy-, sterische Stabilität 13, 102
—, 6,6′-dinitro- 2, 269, 279
—, hexabenzoxy-, opt. Aktivität und Racemisierung 13, 99, 100, 101
—, hexamethoxy- 13, 91, 94, 95, 96, 99, 100
—, —, opt. aktive und racemische 13, 95, 99, 102
—, —, Spektrum 13, 112, 114, 120, 121
—, hexaoxy- (rac. und aktive) 13, 92, 93, 96, 99, 100, 128, 130, 131
—, —, aus Aristolochiasäure-I 18, 73
—, —, atropisomere Antipoden 13, 114
—, —, Beziehung zu Brevifolin-carbonsäure 13, 128
—, —, Biosynthese 13, 126
—, —, → Chebulsäure 13, 128
—, —, → Ellagsäure 13, 102
—, —, in Gerbextrakten 13, 105
—, —, Racemisierung 13, 101
—, —, sterische Stabilität 13, 101
Diphenyl, 4,4′-dihydroxy- (Phenol-oxydation) 14, 173
—, 2,6-diiodo-4′-méthoxy-4-carboxylate, méthyl 12, 367
—, 2,2′-dimethoxy-6,6′-dicarbonsäure 13, 100
—, 4-methoxy- 4, 195
—, phosphate and dibenzylphosphate 8, 51, 74, 79, 80
—, 2,2′,6,6′-tetrasubstituted, opt. isomers 19, 167
—, 3,4,5-tricarboxylic acid 6, 134
—, trimethoxy-dicarbonsäure, aus Lignin 20, 46, 47, 61
Diphenylamine, and carotenogenesis 10, 223; 12, 171, 177, 183, 184, 191
—, 6′-nitro-6,3′,4′-trimethoxy-5,5′-dimethyl-carbonsäure(2) 18, 21
Diphenyläther, in Flechtenstoffen 9, 209
—, 5,4′-dialdehyd, 2-methoxy- 9, 182, 183
—, —, trimethoxy-diäthyl- 9, 182, 183
—, 2,3-dimethoxy-2′-methyl-5,4′-dicarbonsäure 9, 205, 206
—, 2,3-dimethoxy-5,6,4′-tricarbonsäure 9, 181, 182, 205, 206
—, hydroxy-dimethoxy- und -methoxy-, aus Lignin 20, 57
—, 2-methoxy-, 5,4′-dicarbonsäure 9, 181, 182

Diphenyläther, trimethoxy-diäthyl-dimethyl- 9, 182, 183
Diphenyläthersäure, di- und **trimethoxy-,** aus Lignin **20,** 47
p-**Diphenylbenzene,** bond distances **3,** 22
Diphenylbindung, Coniferylbausteine **11,** 65
—, freie Drehbarkeit **13,** 114
Diphenylcarbinol, diphenyl-cyclopropenyl- 19, 35
Diphenyl chlorophosphonate 8, 51, 75, 78, 82, 84, 126, 127, 128
Diphenylen-dioxyd 9, 185, 209
Diphenylen-oxyde, Biosynthese **8,** 237
—, Chlorkalk-Reaktion **8,** 212
—, in Flechtenstoffen **9,** 209
—, **deriv.,** in Flechten **8,** 208, 212, 213
—, **2-bis-(diäthylamino-äthyl-)amino- 3,** 304
—, **2-diäthylamino-äthylamino- 8,** 304, 305
Diphényl-méthane, 2,4′-dihydroxy- 6, 114, 116
Diphenyl-phosphate, enzymatic cleavage **12,** 423; **19,** 333
α,ω-**Diphenyl-polyenes,** configuration and IR spectrum **13,** 58; **18,** 295
—, spectrum at low temperature **18,** 263
1,3-Diphospho-glycerinsäure 4, 314
Diphospho-pyridine nucleotide (DPN) 8, 98, 115, 124; **9,** 403; **12,** 423; **20,** 82, 112
—, **dihydro- (DPNH) 20,** 112
—, , → DPN 20, 114
—, —, **-Dehydrogenase 20,** 115, 118
Diphtheria antitoxin 7, 279, 293, 294
—, and pepsin **7,** 291
Diphtheria toxin 9, 454, 458, 464
—, **G** and antibody **18,** 485
Diphtheria toxoid (antiserum) **7,** 277, 280
Diphthérique (acide), (lipides bactériens) **10,** 243, 244
—, **hydroxy- 10,** 243, 255
Diphtiocol (antivitamine) **9,** 105, 106
Diphyllodes magnificus, Feder-Fluoreszenz **18,** 203
Dipicolinic acid 20, 21
Dipinoresinol G, dehydro-, aus Lignin **20,** 56
Diplocarpon rosae (ethylene) **17,** 300
Diploclisia Kunstleri, Alkaloide **9,** 178
Diplococcus pneumoniae, DNA (heredity) **20,** 407, 427
—, und Pantothensäure **4,** 30, 41
Diploicia canescens, Diploicin **8,** 228
Diploschistes scruposus, Diploschistessäure, Lecanorsäure **2,** 41
Diplotyxis erucoides, D. muralis, D. tenuifolia, iso-thiocyanates **18,** 145, 164
Di-*n*-propyl ether, IR spectrum **5,** 334
Dipterine = amino-N-methyl-tryptamine **17,** 263
2,3′- und **4,4′-Dipyridyl 2,** 251, 266, 267, 271, 273, 275, 280, 288, 291
α,α′-**Dipyridyl** (inhibitor) **9,** 344
Dipyrryl-methane 1, 178; **11,** 302, 303
Dipyrryl-methene 1, 177, 178
ω,ω′-**Diresorcinyldecan 4,** 362
Dirhizoninsäure 2, 44
Disaccharides, enzymatic synthesis **5,** 101, 115
—, lipides bactériens **10,** 174
—, **phosphates 8,** 85
Disinomenin 9, 177, 188, 189
Dispersol A 14, 268
Distearo-monoolein, digestibility **6,** 22
Distemonanthus Benthamianus, distemonanthin, ayanin, oxyayanin-A, B **17,** 20, 53, 55
Distribution, bi- or **polymodal 20,** 376
Distylin 16, 12
Disulfide bridges, proteins and peptides **12,** 328
DIT (abbréviation de diiodotyrosine) **12,** 351
Diterpenes 12, 1, 20
—, aromatization **12,** 21
—, biogenesis **12,** 26; **19,** 266
—, cyclic and pentacyclic, rings A—B **12,** 63
—, Dien-Synthese **10,** 9, 67
—, *trans* A/B rings **12,** 25
—, skeleton, and phytol rule **12,** 28, 39
—, stereochemistry **12,** 8, 23
—, from wormwood **12,** 20
DITh (abbréviation de 3,5-diiodo-thyronine) **12,** 351
Dithiocarbamates, acyl-, methyl, coupling with amino groups of peptides **12,** 314
—, **diethyl-** (inhibitor) **9,** 344
Dithioformic acid (nucleotide synthesis) **8,** 114
Dithiophenylacetate 18, 135

Diuridine-5′-phosphate 8, 133
2,2′-Divanilloyl diethylether 5, 203
Divaricatsäure 2, 41
Divaricosid 13, 206; 14, 116, 117, 120
—, **11-dehydro-** 13, 204
Diveratric acid, dehydro- 2, 12, 13, 18; 5, 193; 20, 45, 47
2,3-Diveratroylbutane 5, 203
2,2′-Diveratroyl dimethylether 5, 204
Diversin 9, 177, 207
Dividivi, Ellagen-Gerbstoffe 13, 89, 90, 91, 99, 105
—, Hexaoxy-diphensäure 13, 103
Divinyl-methan (Dien-Synthese) 10, 12, 45, 46, 66
DNA (abbreviation for deoxyribose nucleic acid, Desoxy-ribonucleinsäure) 16, 140; 18, 465
—, in bacterial cells, estimation 9, 425
—, and bacterial transformations 12, 470
—, of bacteriophages 20, 427
—, bacteriophage, labeled 12, 470, 471
—, biosynthesis 9, 416, 421, 422
—, breakage of H-bonds (genetics) 12, 473
—, 5-bromouracil hybrid, mammalian 20, 402
—, buoyant density 20, 375, 398, 404, 405, 406
—, chromosomal 12, 481
—, complementary RNA, informational role 20, 404
—, and crown gall 17, 304, 306
—, in CsCl solution 20, 374, 415
—, density heterogeneity 20, 397
—, 2-Desoxy-zucker 14, 72
—, double helix 12, 474
—, duplex molecules, separation and recombination 20, 406
—, enzymatic degradation to mononucleotides 12, 423
—, enzymatic synthesis in vitro 20, 431
—, *E. coli*, N^{14}—N^{15} in vivo hybrid 20, 406
—, *E. coli* and N^{15} labeled *E. coli*, separation 20, 400
—, genetic significance 12, 469, 473, 480
—, heating, separation of strands 20, 406
—, in heredity 20, 427
—, heterocatalytic action 20, 437
—, heterogeneity 20, 406
—, hydrogen bonding 20, 429, 430
—, labeled N and D 18, 494; 20, 407
DNA, linked 12, 470
—, lipides bactériens 10, 233, 234
—, microbial, guanine-cytosine content 20, 404
—, and microsomal synthesis 16, 149
—, mol. density 18, 494
—, mol. weight in vivo 12, 472
—, mutation mechanism 20, 430
—, osmotic shock, separation by (phages) 12, 470
—, polydispersity 18, 476
—, polymerization 17, 307; 20, 431
—, protein complex 12, 468
—, protein synthesis 9, 315
—, purine and pyrimidine bases 12, 471
—, relation to RNA 12, 474
—, release 9, 425
—, replication 18, 494; 20, 400, 401, 402, 428, 430, 431, 434, 437
—, sedimentation 18, 465, 475, 477, 494
—, and snake venoms 12, 424, 425, 472
—, solvation, net 20, 398
—, and sonic waves 18, 465, 494
—, structure 12, 471, 472
—, ultracentrifuge, preparative experiments 20, 385
—, Watson-Crick model 12, 471, 474; 20, 428, 429
—, X-ray diffraction 12, 472
DNA polymerase 20, 428, 432
DNAse, and protein synthesis 16, 149; 19, 358
DNFB (abbreviation for 2,4-dinitrofluorobenzene) 11, 262; 12, 300, 303
DNP (abbreviation for dinitrophenyl) 11, 262; 17, 357
DNP-amino acids 11, 283; 12, 300, 303, 304, 306; 17, 357
—, chromatography 11, 263, 264, 265; 12, 306
—, destruction during hydrolysis 11, 272
—, ether soluble, separation 12, 301
—, spectra 12, 304
—, **hydrazides** 11, 376; 12, 320
DNP-amino alcohols, separation 12, 319
DNP-arginine 11, 263; 12, 305, 310
DNP-asparagine 12, 305
DNP-aspartic acid 12, 304, 306, 310
DNP-cysteic acid 12, 305
DNP-cystine 12, 304, 325
DNP-globin, N-terminal peptides 17, 358, 363

DNP-glutamic acid **12**, 306
DNP-glycine **11**, 265; **12**, 304, 305, 306; **17**, 359
DNP-glycyl-glycine **12**, 305
DNP-histidine and **bis-** **12**, 303, 305
DNP-hydroxyproline **12**, 304
DNP-isoleucine **11**, 263, 264
DNP-leucine **11**, 263, 264; **12**, 304, 306, 320
ε-DNP-lysine and **bis-** **11**, 263, 265; **12**, 305, 306
DNP-papain **12**, 305, 307
DNP-peptides **12**, 305, 307; **17**, 357
—, and carboxypeptidase **12**, 316
—, chromatography **11**, 282; **12**, 308
—, (collagen) **11**, 276, 280, 281, 282
—, hydrolysis **12**, 304
—, spectra **12**, 304
—, **glycyl-** **12**, 307
DNP-phenylalanine **12**, 306
DNP-proline **12**, 304
DNP-prolyl-arginine **12**, 305
DNP-proteins **11**, 262; **12**, 305; **17**, 358
—, amino acid sequence **12**, 307
—, and carboxypeptidase **12**, 316
—, hydrolysis **12**, 304, 307
—, and performic acid **12**, 307
—, water-soluble **12**, 307
DNP-ribonuclease **12**, 307
DNP-salmine **12**, 305, 307
DNP-serine **11**, 265; **12**, 306, 310
DNP-threonine **12**, 310
DNP-tryptophan **12**, 304
DNP-tyrosine and **bis-** **11**, 263, 265; **12**, 305, 306
DNP-valine **12**, 306; **17**, 358
DNP-val-leu, N-terminal peptide **17**, 358
—, radioactive **17**, 364
Docosadienoic acid, occurrence **5**, 82
Docosahexaenoic acid (essential) **6**, 28
4,8,12,15,19-Docosapentaenoic acid (non-essential) **6**, 4, 29
Docosène-I, 12-hydroxy-12,18-diméthyl- **10**, 191
13-Docosenoic acid (non-essential) **6**, 4, 28
2,8-Dodecadienoic acid N-isobutylamide **10**, 453
Dodecahexaene, potential along the chain **17**, 421
Dodécaméthylène-α,ω-diméthyl-dicétone **6**, 100
Dodécanoïque (acide), β-hydroxy- (lipides bactériens) **10**, 252
Dodecapreno-β-carotin **9**, 35, 37, 38
Dodecasaccharide im Weizen, Phlein-Typ **19**, 306
2,4,8,10-Dodecatetraenoic acid N-isobutylamide and **-2-hydroxy-** **10**, 454
2,4,8-Dodecatrienoic acid N-isobutylamide **10**, 454
Dodécène-11, nitrile-1 **10**, 191
Dodecenoic acid, occurrence **5**, 82
Dodecyl cation (insecticides) **10**, 431
Dodecyl-nicotinium compounds **10**, 431, 433
Dodecyl-phenol, Filme **4**, 369
Doebner's violet, λ_{max} values **17**, 416
Dogwood, rotenone **10**, 437
Doisynolsäure, Dien-Synthese **10**, 76
—, natürliche, Konfiguration **10**, 82
—, **bisdehydro-**, Dien-Synthese **10**, 76, 82
—, **7-methoxy-** (Dien-Synthese) **10**, 81
—, **7-methoxy-mono-** und **-bis-dehydro-** (Dien-Synthese) **10**, 80, 81
—, **7-methyl-monodehydro-** (Dien-Synthese) **10**, 80, 81
Dolichotele uberiformis, cactus alkaloids **6**, 249
Dollarfish, protein **5**, 269
Domicella garrula, Federpigmente **18**, 196
Donaxine = gramine **17**, 262
Dopa **6**, 192, 194, 195
—, enzymatic oxidation **14**, 218, 219, 224
—, oxidation **14**, 219, 220, 221, 224, 227, 229
—, and pteridines **11**, 390
—, redoxpotential **14**, 226
—, structure **14**, 222
—, aus Tyrosin **4**, 193
—, zinc acetate rearrangement **14**, 230
—, **ethyl ester**, oxidation **14**, 220, 221, 230, 231
Dopachinon **6**, 192, 194, 195
Dopachrome **14**, 221, 222
Doppelbindung (Double bond), *cis* addition **19**, 191
—, conjugierte, Nachweis durch Dien-Synthese **10**, 34
—, —, biochem. Hydrierung **3**, 40
—, —, IR spectra **5**, 354
—, cumulierte, IR- und Raman-Spektrum **14**, 8
—, Entstehung im Tierkörper **4**, 231

Doppelbindung, in gespannten Ringen **10,** 62
—, IR frequencies **5,** 342, 348, 349; **13,** 51; **18,** 295
—, Orientierung mit maximaler Häufung **10,** 18, 19, 20, 60
—, in rings, bathochromic effect **15,** 68
—, saturation by anaerobes **17,** 387
—, steroidal and hydrogen halides **19,** 202
—, Valenzwinkel **1,** 310
Dormancy (gibberellin, auxin) **17,** 303; **18,** 397, 399, 409, 410, 412
Double refraction test (cellulose) **8,** 5
Douglasiine 12, 209
Dowex in chromatography **8,** 100; **9,** 378; **11,** 246, 247, 248, 249, 256, 258, 260, 284; **12,** 278
Downy mildew of grapes **17,** 301
D. P. (abbreviation for degree of polymerization) **11,** 9, 13
DPN (abbreviation for diphospho-pyridine nucleotide) **8,** 98; **9,** 403; **12,** 423; **18,** 83
DPNH (Abkürzung für Dihydro-diphospho-pyridinnucleotid **18,** 83; **20,** 112
DPNH → DPN **20,** 114
DPNH-Dehydrogenase 20, 115, 118
Draba spp., dormancy and gibberellin **18,** 410, *Dr. aizoides, Dr. aizoon, Dr. borealis. Dr. Haynaldi, Dr. incana, Dr. norwegica, Dr. pyrenaica, Dr. repens,* iso-thiocyanates **18,** 164
Dragon's Blood, vasicine **13,** 333
Dregea volubilis, Drevoside A—D **17,** 135, glycosidische Bitterstoffe **14,** 90
Dreifachbindung, Valenzwinkel **1,** 310
Drei-Kohlenstoff-Tautomerie 10, 8, 70
Drevogenin A, B 17, 136
Drevogenin A, desisovaleryl-tetrahydro- 17, 136
Drevoside A—D 17, 135
Drosera rotundifolia, Dr. whittackeri, Chinone **6,** 182
Droseron 6, 182
—, **oxy- 6,** 182
Drosophila, genetics **5,** 301, 302, 310, 319, 323, 324; **11,** 386; **12,** 475; **16,** 148; **20,** 436
—, scléroprotéines iodées **12,** 390
Dr. melanogaster, drosopterine **11,** 386, *Dr. subatrata,* Drosophiline A—D **14,** 53
Drosophilin C, Alkali-isomerisierung **14,** 54
Drosopterine 11, 386
Dryopteris austriaca, Dr. filix-mas and gibberellin **18,** 411, *Dr. divisa,* dryophantin **13,** 345
Dry rots of wood **17,** 315
Duboisia hopwoodii, alkaloids **2,** 268, 270; **10,** 427
Duck's foot, podophyllum **15,** 84
Duff reaction 9, 232, 265
Dumortierigenin 19, 193
Dunaliella salina, D. viridis, carotenoids and chlorophyll **5,** 25
Dünnblattfarben (Vogelgefieder) **18,** 178
Dunnion 6, 176, 184
Duolit C-10, adsorbent for proteins **11,** 284
Dutch elm disease 17, 301
Dwarf growth (gibberellin, auxin) **17,** 303
Dyes, electron gas theory and color **16,** 162, 169, 178; **17,** 405, 433
—, extension of resonating portion **16,** 194
—, quantum mechanical determination of spectral bands **16,** 190
Dyer's broom, genistein **17,** 3
Dyer's weed, barbarin **18,** 152
Dysentery and chloromycetin **16,** 103

E.

Earth, age **20,** 440
—, distribution of carbon **14,** 325, 327
—, formation, synthesis of organic compounds **20,** 441, 443
—, primitive, energy sources **20,** 444
—, —, reduced state **14,** 328
—, temperature during formation **14,** 327
Earth waxes, porphyrins **17,** 399
Earthworm, amino acids **17,** 383
—, protoporphyrin **11,** 315
Easter lily (bulb), amylose **11,** 13
Eberthella typhosa, Vitamin K_2 **6,** 157
Eburicane 12, 73, 101
20-Eburicane structure, stability **12,** 87
Eburic-7-en-21-oate, 3β-acetoxy-, methyl 12, 70
Eburic-8-en-21-oic acid, 3β,16α-dihydroxy- 12, 90
Eburicoate, acetyl-, methyl 12, 70
—, —, —, → eburicol **12,** 70
—, **acetyldehydro-dihydro-, methyl 12,** 69, 85
—, **dehydro-, methyl 12,** 82
—, **dihydro-, methyl 12,** 70

Eburico-7,9(11)-dien-21-oate, 16α-hydroxy-, methyl 12, 86
Eburico-8,24(28)-dien-21-oic acid, 3β,16α-dihydroxy- 12, 88
—, **3β-hydroxy-** 12, 68
Eburico-8,24-dien-26-oic and **-27-oic acid, 3α,12α-dihydroxy-** 12, 73, 81
Eburicoic acid (Eburiconsäure) 12, 46, 68, 69, 70, 72, 115, 151, 152
—, from fungi 12, 68
—, reactive double bonds 12, 69
—, relationship to lanosterol 12, 70
—, **deriv.**, dehydrogenation 12, 104
—, —, reduction 12, 87
—, **acetyl-** 12, 68, 72
—, **dehydro-** 12, 46, 69, 151
—, —, spectrum 12, 70
—, **dehydro-dihydro-** 12, 85
—, **deoxy-** 12, 87
—, **epoxide, acetyl-dihydro-** 12, 104
Eburicol 12, 70
Eburiconic acid 12, 72
Eburico-7,9(11),24(28)-triene, 3β,16α,21-trihydroxy- 12, 91
Eburico-7,9(11),24(28)-trien-21-oic acid, 16α-hydroxy-3-oxo- 12, 81
Echinenone = 4-keto-β-carotene 15, 47
—, *cis* forms 18, 275
—, configurational assignments 18, 301
—, marine 5, 28, 31
—, provitamin A effect 15, 47
—, reduction to *retro*-dehydro-carotene, to isocryptoxanthin 15, 47
central-mono*cis*-Echinenone 18, 301
Echinocactus lewinii, E. myriostigma, E. visnaga, cactus alkaloids 6, 248, 249
Echinocereus mamillosus, cactus alkaloids 6, 249
Echinochrome 5, 28; 6, 196, 197, 198
Echinochrom A, Struktur, Wirkung 6, 197, 198
Echinochrom B, C 6, 198
Echinochrom-Simplex 6, 197
Echinocystis fabacea, Echinocystsäure 7, 19, *E. macrocarpa*, gibberellins 18, 392
Echinocystsäure 7, 17, 19, 20, 24; 14, 94
—, **2-desoxy-** 7, 25
—, **methylester, 2-acetyl-** 7, 24
—, **2-oxy-16-acetyl-** 7, 25
Echinoderms, carotenoids 5, 28, 29
—, eggs (nucleosides) 9, 394
Echinops ritro, echinopsine 13, 305
Echinopsis eyriesii, cactus alkaloids 6, 250
Echinulin from *Aspergillus echinulatus* 20, 26
Echis carinata, venom, carbohydrates 12, 433
—, —, peptidases and proteinases 12, 427, 428
Echubiosid 13, 202
Echujin 13, 149, 204; 14, 114, 115
—, Acetolyse 14, 77
Echujin A, B, Drehungswerte 14, 76, 77
Eclectus polychlorus, Federpigmente 18, 196
Edestin 6, 293
—, Fadenmoleküle 1, 339
—, α-helix 11, 233
—, N-terminal residues 11, 266
Edman's method (N-terminal amino acids, polypeptides) 11, 269; 12, 308, 311; 16, 109; 17, 358, 361
Eel, carotenoids 5, 32
—, protein 5, 286
—, visual pigment 14, 296
Effecteurs (phosphatases) 19, 346
Egg (Ei) albumin, adsorption 8, 343
—, and antibodies 18, 504
—, digestion products 7, 295
—, Fadenmoleküle 1, 339, 340
—, fractionation of hydrolyzate 11, 258, 259
—, labeled 9, 350
—, protein value 5, 280
Egg white, Flavin 2, 65
Egg yolk, fat, digestibility 6, 16
—, Flavin 2, 65
Egonol 5, 214
Ehrlich ascites tumor (mice), and sarkomycin 16, 123
Ehrlich's reagent 3, 113; 8, 218; 12, 288, 291; 17, 251
Eibenfrucht, Rhodoxanthin 18, 183
Eichelhäher, Federfarbe 18, 178
Eichenmoos, Naphthalin 11, 161
Eichenrinde, Ellagen-Gerbstoffe 13, 89
—, Hexaoxy-diphensäure 13, 103
11,14-Eicosadienoic acid (non-essential) 6 29
Eicosanoic acid, IR spectrum 13, 21, 22
Eicosanol 10, 176, 232, 236
***d*-Eicosanol-2** 3, 167, 168, 172, 175, 176, 185, 186
2-Eicosanone 3, 175

5,8,11,14-Eicosatetraenoic acid (essential) **6**, 28
Eicosenoic acid 5, 82
Eigelb, s., see, voir, Egg yolk
Eigenfunctions of Schrödinger equation **16**, 185
Eileiter, aminozucker-haltige Nucleotide **20**, 220
Einschlußkörper, Virus **4**, 9
Einstein-Bohr frequency relation 16, 179
Einzelmoleküle, Form, Größe **1**, 257
Eischalen, Pigmentierung, Protoporphyrin **18**, 210, 211, 213, 214
Eisenia submontana, luminescence **11**, 387
Eiweiß, s. auch, see also, voir aussi, Protein
Eiweiß, in Gräsern, biol. Wert **15**, 17, 22, 23, 25, 26, 27
Eiweiß-Filme (Proteinfilme) **4**, 415
Eiweiß-Körper, Röntgenographie **1**, 314
Ektromelie 4, 92, 94
—, Virus **4**, 89
Elaeis guineensis, fat **1**, 31, 32
Elaidic acid (Elaidinsäure), biotin-like effect **6**, 38
—, Konfiguration **10**, 42
—, (non-essential) **6**, 4, 21, 28
—, **epoxyd 5**, 14, 15
Elaiomycin, azoxy linkage **16**, 105, 106
—, → *n*-octylamine **16**, 105
—, structure, hydrogenolysis **16**, 105
—, tuberculostatic effect **16**, 105
β-Eläostearin, Dien-Zahl **3**, 25
Eläostearinsäure (Elaeostearic acid) 1, 41; **3**, 25; **5**, 75, 76
—, *cis-trans*-Umlagerung **10**, 41
—, (Dien-Synthese) **10**, 40
—, occurrence **6**, 4
α-Eläostearinsäure (Dien-Synthese) **10**, 10, 40, 41
—, und Fumarsäurechlorid **10**, 42
—, Konfiguration **10**, 42
—, und Maleinsäure-anhydrid **10**, 42
—, (non-essential) **6**, 28
β-Eläostearinsäure (Dien-Synthese) **10**, 10, 40, 41
—, und Fumarsäure-chlorid **10**, 42
—, und Maleinsäure-anhydrid **10**, 42
Elapidae, venom **12**, 409, 410, 415, 416
—, —, electrophoresis **12**, 451, 452, 453
—, —, ophio-cholinesterase **12**, 426
Elasticity, modulus **10**, 119, 121
—, reversible **1**, 336
Elastoidin (fish scales) **5**, 289
Elastomers, swelling and mol. weight **10**, 154
—, synthetic **10**, 142
—, temperature range of rubberiness **10**, 126
Elaterin 17, 173
Elbs oxidation (flavones) **17**, 39
Elderberry, anthocyanins **20**, 180, 182
Eleagnine 19, 261
Electrical discharges, amino acid formation **14**, 328
—, synthesis of org. compounds **20**, 445
Electrons, in alternant electric field **17**, 440
—, in a box **16**, 182, 184, 185, 186
σ-Electrons, cloud accumulation **16**, 187
π-Elektrone (Dien-Synthese) **10**, 4, 23, 24
Electron cloud, compression **16**, 185
—, ethylene **16**, 186
—, hydrogen **16**, 185, 186
Electron density distribution, 4,5-diamino-2-chloro-pyrimidine **15**, 172
—, (peptides) **8**, 313, 314, 322, 323, 327, 332, 335
—, two-dimensional projections **8**, 313
—, (X-ray analysis) **15**, 169, 170
Electron diffraction 3, 204, 213
—, rubber **10**, 127
Electron-distribution function, hemoglobin **11**, 234
Electron donator and **acceptor**, and color **16**, 172
Electron gas, branched, unbranched, ring-shaped **17**, 405, 411
—, model, and color **16**, 169, 179; **17**, 430
—, theory of dyes **17**, 404
Electron micrographs, cellulose **5**, 165
—, microfibrils **8**, 11, 15, 17
—, plant tissues, microsomes **16**, 142
—, Virusarten **4**, 118, 119
Electron states, σ and π **16**, 184
π-Elektron-System 10, 89, 92
Elektron-Transport-Partikel 20, 113, 114
Elektron-Transport-System (biol.) **20**, 82
—, (Citronensäurezyklus) **20**, 112
—, Hemmung **20**, 114
—, (isoprenoide Seitenkette) **20**, 117
Electron velocity 16, 181
Elektron-Verteilung im Molekül **1**, 308
Electronic theory of valence 3, 205

Electrophilic oxygen, and methyl group **19**, 247
Electrophoresis **7**, 283, 285, 286, 289; **18**, 441
—, albumin-antibody **18**, 487
—, analogy with chromatography **18**, 482
—, anomaly **18**, 480
—, antibody-rich protein **7**, 279
—, boundary reaction **18**, 481
—, convection method **9**, 461, 462
—, homogeneity test **7**, 285
—, horse antitoxic serum **7**, 281
—, horse serum, hyperimmunized **7**, 277
—, peptides **12**, 326
—, snake venoms **12**, 434, 451, 452, 453, 455
—, velocity sedimentation **18**, 481
—, Virus **4**, 115; **6**, 305
Electro-retinogram **14**, 250
Eledone moschata, sécrétion musquée **6**, 110, 129
Eleginus, carotenoids **5**, 32
Elema-8,24-dien-21-oic acid, 3α-hydroxy- **12**, 116
—, **3-keto-** **12**, 116
Elema-8,24-dien-3β-ol **12**, 112
Elemadienolsäure (Elemadienolic acid) **7**, 14; **12**, 92
Elemadienonsäure **7**, 14
Elemane **12**, 113; **19**, 2, 12
—, **tetrahydro-** **12**, 8
Elemazulene **5**, 43, 44, 63, 64; **12**, 11
Elemene **5**, 64
Elem-8-ene, 3β-hydroxy- **12**, 113
Elemenolsäure-methylester, acetyl- **7**, 14
β-Elemenone from germacrone **19**, 14, 15
Elementar-Körper, (Kristall) **1**, 301
—, (Virus) **4**, 94, 180
Elemi-acids **7**, 114; **12**, 101, 116, 119
α-Elemi-acid (α-Elemisäure) **7**, 114; **12**, 116, 151, 152
Elemicine **6**, 258, 274
Elemi oil **5**, 44
Elemol **12**, 7, 8; **19**, 78
Elemolate acetate, dihydro-, methyl **12**, 117, 118
Elemolic acid (α- and β-) **12**, 47, 101, 102, 116, 117, 121
—, configuration of OH **12**, 118, 120
—, degradation of side-chain **12**, 119
—, dehydrogenation **12**, 118
—, relationship to tirucallol **12**, 121
Elemolic acid, acetyl- **12**, 119
—, **acetyl-dihydro-** **12**, 119
—, **dehydro-** **12**, 47
Elemolic acid series, spectrum **12**, 53
Elemonate, dihydro-, methyl **12**, 118
Elemonic acid (α- and β-) **12**, 47, 113, 116, 117, 120, 121
—, **dehydro-** **12**, 47
Eleutherin **11**, 158, 162, 163, 164, 166, 167, 169, 170
—, bakteriostatische Wirkung **11**, 170
—, Biogenese **11**, 165, 170
—, furanoides Reduktionsprodukt **11**, 166
—, Stereoisomerie **11**, 166, 169
—, **deriv., dihydro-**, Konfiguration **11**, 169
—, **dihydro-** **11**, 165
—, **dimethyläther, dihydro-** **11**, 162, 163, 168
—, **monoacetat, dihydro-** **11**, 162
—, **monomethyläther, dihydro-** **11**, 165, 169
—, **tetrahydro-desmethoxy-dihydro-** **11**, 162, 163
Eleutherin-chinone **11**, 162, 168
Eleutherine bulbosa, Biogenese der Inhaltsstoffe **11**, 170
—, Chinon, Chromone **11**, 126, 127, 165
—, Naphthalin-Deriv. **11**, 157, 162
Eleutherinol **11**, 126, 127, 138, 139, 140, 158; **14**, 194, 195
—, 2-Methylchromon-System **11**, 138
—, **diacetat**, Spektrum **11**, 140
—, **dimethyläther**, Piperonyliden-Kondensation **11**, 138
—, **naphthopyron-deriv.** **11**, 140
Eleutherol **11**, 158, 159, 169, 170
—, Biogenese **11**, 170
(±)-Eleutherol, Synthese **11**, 159
—, **methyläther** **11**, 159
Eleutherolsäure **11**, 158, 159
—, **methyl-** und **äthyläther, desmethoxy-tetrahydro-** **11**, 158
Ellagen-Gerbstoffe **13**, 70, 89, 90, 131
—, Biosynthese **13**, 126
—, fermentative Spaltung **13**, 104
—, Spektren **13**, 111, 112, 120
Ellagitannin **9**, 283
Ellagsäure (Ellagic acid, Acide ellagique) **6**, 114, 117; **9**, 228, 283, 284; **13**, 79, 80, 89, 122, 130, 131
—, Spektrum **13**, 112, 114, 120, 121

Ellagsäure, Vorkommen **13,** 102, 105
—, Zusammenhang mit Chebulsäure **13,** 127
—, **mono-C-benzyl-tetra-O-benzyl- 13,** 119, 120
—, **oxy- 13,** 122, 123
—, **tetraacetate 9,** 283
—, **tetrabenzyl- 13,** 99, 119, 120
—, **tetramethyl- 9,** 283, **284; 13,** 95, 99
Elleryone 19, 58
Elliptone 10, 437, 443, 444
—, toxicity **10,** 444, 445, 446
Ellisella elongata, E. paraplexauroides, gorgonine **12,** 392, 394
Elm, fatty acids **6,** 3
Elodea, fluorescence **2,** 320
E. canadensis, Xanthophyll-epoxid **5,** 5
Elson-Morgan-Reaktion 20, 207, 208
Elymoclavine 20, 20
—, incorporation of radioactivity **20,** 20
Embden ester 8, 59
Embelia ribes, Chinone **6,** 181
Embelin, Embelsäure 6, 181
Emberiza citrinella, E. icterica (Federn), Lutein **18,** 179, 186
Emetamin, Dehydrierung **8,** 293
—, Formel, Nachweis, Reduktion **8,** 300, 301
Emetin 8, 280, 281, 282, 283, 289, 290, 292
—, Abbau **8,** 283, 284, 292
—, Biogenese **8,** 301
—, Nachweis **8,** 301
—, techn. Gewinnung **8,** 296
—, therap. Verwendung **8,** 302
—, **N-acetyl- 8,** 287, 288
—, **N-benzoyl- 8,** 283, 290
—, **dehydro- 8,** 292
—, **demethoxy- 8,** 299
—, **o-dihydro-dehydro- 8,** 294
—, **dijodbenzylat, methyl,** Abbau **8,** 290
—, **N-methyl-,** Wirksamkeit **8,** 302
—, **Salze 8,** 282, 293, 296
—, —, **dehydro- 8,** 293
—, **tetrahydro-dehydro 8,** 293
Emetin-Wirkung (synth. Substanzen) **8,** 303
Emicin 13, 204; **14,** 119
Emicymarin 4, 6; **7,** 126, 127, 150; **13,** 204; **14,** 117, 118, 119, 120
Emodin 2, 52; **14,** 158, 159, 198, 199
—, Synthese **14,** 157, 158, 161
—, **1-brom- 14,** 156, 158
Emodin, dimethyläther 14, 158
—, —, **1-brom- 14,** 158, 159
—, **monomethyläther 14,** 158, 165
—, **ω-oxy- 6,** 164, 172
—, —, fluorescence **6,** 343
—, **trimethyläther 14,** 174
—, —, **1-brom- 14,** 157, 158, 159
—, —, —, → Dianthrachinonyl-deriv. **14,** 158
Emodin-anthranol-(9) 14, 163, 174
—, Vorstufe der *Hypericum*-Farbstoffe **14,** 173
—, **monomethyläther, dehydro- 14,** 165
Emodin-anthron-(9) 14, 158, 161, 162, 167, 174; **19,** 284
—, Luftoxydation **14,** 161, 162
—, → Protohypericin **14,** 163
—, **monomethyläther 14,** 165
Emodin-rhamno-glucosid und **-rhamnosid 6,** 188
Emodinsäure 2, 52; **6,** 162
Empetrum nigrum, anthocyanins **20,** 180
Emulsin 2, 207, 226; **19,** 318, 324
—, and amylose **11,** 16
—, and glucose **11,** 22
—, and indican **17,** 281
—, and Z-enzyme **11,** 15
Emulsion, polymerization **10,** 135, 140
Enation-virus 4, 164, 165
Encephalitis, Virus 4, 90, 93, 144
Encephalomyelitis, Virus 4, 88, 176
Endgruppenbestimmung (Methylierung) **1,** 257, 258
Endococcin 6, 173
Endocrocin 2, 52; **6,** 174
Endo-Konfiguration (Campheralkohole) **10,** 60
Endomyces lindneri, Ubichinon **20,** 80, *E. vernalis,* Fettbildung **3,** 34, 68, 70
Endomycopsis fibuliger, Ubichinon **20,** 80
Endosperm, proteins **6,** 291
Endotoxine, Bacille de Shiga **10,** 254
—, lipides **10,** 254
Endotrope und **exotrope Schichten 4,** 348
3,6-Endoxido-1,2-dimethyl-hexahydro-phthalsäure-anhydrid 10, 87
Endoxydation, Fermentsysteme **20,** 115
Energy sources on primitive and present Earth **20,** 444, 445
Enfleurage 17, 251
Englogenin 14, 86

Englogenin, di-O-acetyl- 14, 86, 106
—, —, Abbau, Konstitution 14, 85
En-in-carbonsäuren, pK-Wert 14, 9
Enniatin A, B 20, 9
Enols, biosynthetic relations 14, 186, 188
En-Synthese 10, 36, 44, 45
—, indirekte substituierende Addition 10, 11, 12
—, mit mol. Sauerstoff 10, 94
—, und Ölsäure-methylester 10, 43
En- und **Dien-Synthesen**, kombinierte 10, 45
Entamoeba dysenteriae, E. histolytica und Emetin 8, 302, 304
Entenvögel (Eischalen, Federn), Porphyrin 18, 210
Enteramine 17, 264
Enterokinase, Kohlenhydrat-Anteil 20, 244
Enthalpy, boat and chair conformations 19, 168
Enzian, und Magensaftsekretion 17, 127
—, Wurzel, Gentiopikrin 17, 130
Enzymes, adsorption, history 8, 342, 344
—, allomerisierende 7, 127; 13, 139, 141
—, bakteriolytische 20, 249
—, chromatography 8, 341, 342, 345, 354; 11, 287
—, colored deriv. 8, 351
—, and configuration problems 8, 359
—, and genes 12, 476
—, und Herzgiftglycoside 4, 6
—, hydrolytic, attack on pectins, cellulose, lignin 17, 315
—, inactivation 8, 344
—, isodynames 19, 321
—, lability 9, 298
—, location on columns by brushing 8, 348, 349
—, proteolytic 12, 325
—, —, and coagulation 12, 428
—, in snake venom 12, 417, 419, 428, 431
Enzyme-like catalysts (primitive Earth) 20, 439
Enzyme-like toxins (snake venoms) 12, 408
D-Enzyme (starch synthesis) 11, 30, 33
Enzyme, "old" yellow, chromatography 8, 352, 353, 358
—, —, N-terminal residues 11, 268
"pH 5" Enzyme, amino acid activation 16, 155
P- and **PR-Enzyme** 5, 107, 109
Q-Enzyme (branching enzyme) 5, 107; 11, 29, 30
—, irreversibility of action 11, 31
—, mechanism of operation 11, 30, 32
—, occurrence 11, 30
—, of *Polytomella coeca* 11, 32
—, substrates for 11, 31
—, transglucosylation 11, 32
R-Enzyme (amylose synthesis) 11, 29, 30
—, and blue value 11, 24
—, debranching 11, 23
—, and glycogen 11, 24
Z-Enzyme = laminarinase 11, 15
—, in starch synthesis 11, 3, 14, 15, 29
Enzymic degradations, sedimentation analysis 18, 476
Enzymic disproportionation 11, 33
Enzymic effect, outer glucose chains 18, 476
Enzymic reactions, long-range forces 9, 471
Enzymic synthesis (amylose, amylopectin, starch) 11, 25, 26, 29, 30
Enzyme-AMP-acylamin acid complex 16, 155
Enzyme-AMP-amino acid complex 16, 154
Enzyme-ATP-amino acid complex 16, 154
Enzyme-glutamyl-ADP-orthophosphate 16, 159
Eocene shales, insects 17, 381
Eos cyanogenys, Federpigmente 18, 196
Eosin 14, 142
—, color 16, 177
—, (Dien-Synthese) 10, 95
—, (electron gas theory) 17, 416
—, Sensibilisator 17, 228
Epanorin 8, 233
(−)-Ephedrin → (+)-Pseudoephedrin 16, 19, 20
Epiactis prolifera, carotenoids 5, 26
Epi-afzelechin 16, 3
Epi-allo-cholesterol 1, 56
Epi-allo-gibberate, methyl, and alkali 18, 374
—, —, ozonolysis 18, 372
Epi-allo-gibberic acid 18, 371, 372
—, abs. configuration 18, 372, 374
—, degradation 18, 366, 372, 373
—, spectrum 18, 358
6-Epi-allo-isotenulin, dihydro- 19, 71, 72
Epi-allo-lithocholsäure 4, 7

3-Epi-allo-yohimbane **13**, 363, 366, 393, 395
—, equilibrium with allo-yohimbane **13**, 384
—, **11-methoxy-** **13**, 380, 384
3-Epi-allo-yohimbone **13**, 393, 394
Epi-α-amyrinacetat **7**, 58
Epi-β-amyrin **7**, 20, 40, 75
Δ^{16}-Epi-androstène-ol-3 **6**, 138
Epi-androsterone **10**, 355, 356, 360
—, **3-acetate** **20**, 328
—, **dehydro-** (radioaktive) **10**, 311; **12**, 149
(+)-**Epi-asarinin**, synergist **19**, 149
Epi-ätiocholandiol-(3,17) **3**, 61, 63, 64, 67
12-Epi-ätiocholansäure **4**, 3
12-Epi-ätiodesoxy-cholsäure **7**, 115
L-**Epi-berberin, tetrahydro-** **9**, 191
DL-**Epi-borneol**, Dien-Synthese **10**, 59
—, Konfiguration **10**, 60
—, **acetat, dehydro-**, Dien-Synthese **10**, 59
Epi-campher, katal. Hydrierung **10**, 61
—, **2-oxy-** **3**, 45
DL-**Epi-campher**, Dien-Synthese **10**, 59, 61
(+)-**Epi-catechin** **16**, 20
l-**Epi-catechin** **16**, 2
—, (Cacaorot) **16**, 6
—, in Tee **16**, 18
—, **3-galloyl-** in Tee **16**, 18
—, **3-glucosid** **16**, 18
—, **heptaacetyl-3-galloyl-**, Synthese **16**, 18
(—)-**Epi-catechin-tetramethyläther** **16**, 18, 19, 20
—, Konfiguration **16**, 20
—, Wasserabspaltung **16**, 19
dl-**Epi-catechin**, und Acrolein **17**, 129
—, **pentamethyl-** **16**, 2
Epi-cholestanol **1**, 55, 58, 59, 60, 62
Epi-cholestanyl acetate and **chloride** **1**, 59, 68
Epi-cholesterol (**Epi-cholesterin**) **1**, 53, 55, 59
—, **7-dehydro-**, Vitamin D-Effekt **11**, 94
—, **7-keto-** **1**, 59
Epi-cholesteryl acetate and **benzoate** **1**, 54
Epi-coprostanol **1**, 56, 62
Epi-coprostérol **6**, 121, 122, 123
11-Epi-corticosteron, di-O-acetyl- **13**, 156
—, **17-oxy-di-O-acetyl-** **13**, 156
Epidermin, α-keratin structure **11**, 217, 222
Epidermis, extensibility **11**, 218
3-Epi-digitoxigenin **13**, 149, 150, 159, 160, 196; **14**, 79
Epi-ergostanol **1**, 62
Epi-ergosterol **1**, 88
Epi-euphol **12**, 102
4-Epi-friedelanone **19**, 222, 223
l-**Epi-gallocatechin**, in Tee **16**, 18
—, **3-galloyl-**, in Tee **16**, 18
Epi-gibbane, 8-methyl- **18**, 355
Epi-gibberate, methyl **18**, 365, 381
—, —, and alkali **18**, 374
Epi-gibberdionic acid **18**, 365
—, spectrum **18**, 358
8-Epi-gibberellic acid, tetrahydro- **18**, 376
Epi-gibberic acid **18**, 355, 358, 361, 371
—, dehydrogenation **18**, 365
—, spectrum **18**, 358
—, structure **18**, 364
—, **deoxo-** **18**, 365
3-Epi-gitoxigenin **14**, 79, 106
Epi-globulol **19**, 55, 56, 57
Epi-glucosamin **2**, 237
—, **N-acetyl-** **2**, 237
—, —, **permethyl-** **2**, 236
Epi-glucosaminsäure, glycyl- **2**, 237
Epi-isoborneol (exo) **10**, 61
—, Konfiguration **10**, 60
DL-**Epi-iso-podophyllic acid** **15**, 121, 149
—, configuration **15**, 119, 121
DL-**Epi-iso-podophyllotoxin** **15**, 119, 121, 149
Epilepsy and snake venom **12**, 413
Epi-lumistanol, IR spectrum **13**, 56
Epi-lumisterol **1**, 88, 89
Epi-lupanol-(2) **7**, 65
Epi-lupanol-2-acetat **7**, 64
Epi-lupinine, biosynthesis **19**, 252, 253
Epimedium macranthum, icariin **17**, 17
Epinard, phosphatases, phytase **19**, 332, 337
Epinasty of leaf stalks **17**, 299, 300, 301, 315
—, (gibberellin, auxin) **17**, 303
Epi-neoergosterol **1**, 83
Epinephelus analogus, vitamin A **6**, 53
Epinephrine, s. auch, see also, voir aussi, Adrenaline
—, in carbohydrate metabolism **14**, 236
—, determination **14**, 218
—, enzymatic oxidation **14**, 219
—, hemostatic action **14**, 237

Epinephrine, oxidation **14,** 218, 220, 221, 226, 227, 233
—, oxidation inhibited by flavonoid chelates **17,** 43, 49
—, reaction with iodine and iodate **14,** 227
—, redoxpotential **14,** 226
Epinine, enzymatic oxidation **14,** 218, 219
—, oxidation **14,** 218, 219, 220, 221, 227, 228
—, redoxpotential **14,** 226
—, **2-carbethoxy-,** oxidation **14,** 220, 221
—, **2-carboxylic acid,** oxidation **14,** 220, 221
Epinochrome, decoloration **14,** 228, 231
—, → 5,6-diacetoxy-1-methylindole **14,** 229, 231
—, Girard compounds **14,** 224, 234
—, **2-carbethoxy-,** Girard compound **14,** 224, 234
—, **2-** and **3-iodo- 14,** 228
—, **3-iodo-,** spectrum **14,** 223
3-Epi-oleandrigenin 14, 79, 106
Epiphyllum ackermannii, cactus alkaloids **6,** 249
Epi-picropodophyllin 15, 106, 107, 108, 147
—, dehydration **15,** 113
—, → picropodophyllin **15,** 113
—, and sarcoma **15,** 153
—, **acetate 15,** 106, 107, 147
—, **benzoyl- 15,** 147
—, **ester,** pyrolysis **15,** 111
—, **ethyl ether 15,** 106, 107, 108, 147
DL-**Epi-pinoresinol L,** aus Lignin **20,** 56
—, im Lignin-Wachstum **20,** 64
Epi-podophyllic acid 15, 106, 147
Epi-podophyllotoxin 15, 106, 107, 108, 122, 147
—, hydrogenolysis **15,** 111
—, → podophyllotoxin **15,** 114
—, and sarcoma **15,** 153
—, **acetyl- 15,** 107, 147
—, **ester,** pyrolysis **15,** 111
—, **ethyl ether 15,** 106, 107, 147
—, **isothiuronium bromide 15,** 137, 154, 155
3-Epi-rauwolscane 13, 357
3-Epi-rauwolscine 13, 369, 406
3-Epi-reserpine, conformational analysis **13,** 384
2-Epi-rosmarinecine 12, 251
12-Epi-rubijervine 20, 302
11-Epi-sarmentogenin 13, 166, 167, 196, 206
11-Epi-sarnovid 13, 167, 206
3-Epi-scilliglaucosidin-ol 14, 87
Epi-β-sitosterol 1, 92
Epi-stephanin 9, 177, 180, 196, 199, 213
—, Biosynthese **9,** 212, 213
Epistephanin-A, N-methyl-dihydro- 9, 199, 208
Epi-sterol 1, 94; **12,** 152
—, Biosynthese **12,** 143
Epi-stigmasterol 1, 92
3-Epi-tanghinigenin 13, 174, 175, 198; **14,** 79
18-Epi-veatchine 16, 41
—, **tetrahydro- 16,** 41, 43
—, —, from cuauchichicine **16,** 40
3-Epi-α-yohimbine 13, 354, 357, 358, 369, 374, 387, 393, 394
—, configuration **13,** 359, 395
—, dehydrogenation **13,** 394
3-Epi-α-yohimbyl alcohol 13, 394
Eponges, cendres, iode **12,** 390
Epoxides and BF_3 **19,** 204
2,3-Epoxyde und NH_3 **20,** 210
3,4-Epoxyde und NH_3 **20,** 210
Epoxide ring, formation, opening, and conformation **19,** 202, 205
Equatorial and **axial bonds 19,** 167
Equatorial and **axial conformations,** free energy difference **19,** 170, 171
Equatorial and axial substituents, stability **19,** 172
Equatorial hydroxyls, esterification **19,** 184
cis-**Equilenan, 3-methoxy-11-keto- 14,** 83
Equilenin, Dien-Synthese **10,** 75, 82, 83
—, fluorescence **6,** 321
—, Konfiguration **10,** 75
Equilibrium sedimentation, macromolecules, viruses **20,** 372
Equiline, fluorescence **6,** 320, 321
—, → Equilenin **4,** 234
Erdtman'sche Säure 2, 18, 19
Erdwurm, Ubichinon **20,** 81
Erechtites spp., *E. hieracifolia, E. quadridentata,* pyrrolyzidine alkaloids **12,** 200, 201, 209
Eremophilane 19, 2
Eremophiline 12, 209
Eremophilone 12, 7, 8, 31
—, dehydrogenation **12,** 8

Eremophilone, precursors **12,** 9
—, **hydroxy- 12,** 7, 9
Eremothecium Ashbyii, and adenine nucleosides **9,** 410
—, et dichloroflavine **9,** 94
Erepsin 9, 351
Ergine 9, 118
D- and *L*-**Ergobasine 9,** 151, 152, 153
Ergobasine 9, 118, 120, 122, 149, 151, 152, 159, 164, 167, 168
—, **deriv.,** isomers, homologs **9,** 152, 164, 165
—, **N-benzyl- 9,** 165
—, **dihydro- 9,** 143, 167
—, **hydroxy- 9,** 165
—, **isopropyl- 9,** 164
—, **methyl- 9,** 164
—, **N-methyl-phenyl- 9,** 165
—, **phenyl-,** stereoisomers **9,** 166
D- and *L*-**Ergobasinine 9,** 151, 152, 153
Ergobasinine 9, 120, 122, 149, 164
—, homologs **9,** 151, 164
—, **hydroxy- 9,** 165
—, **isopropyl- 9,** 164
—, **methyl- 9,** 164
—, **phenyl-,** stereoisomers **9,** 166
Ergobasinine I and **II, dihydro- 9,** 168
Ergoclavine 9, 159
Ergocornine 9, 118, 120, 121, 134, 135, 137, 139, 145, 147, 157, 158, 162, 163
—, structure **20,** 18
—, thermal cleavage **9,** 144
—, **dihydro- 9,** 118, 167
Ergocorninine 9, 120, 121, 162, 163
Ergocorninine I and **II, dihydro- 9,** 168
Ergocristine 9, 118, 120, 121, 134, 137, 139, 145, 147, 157, 158, 159, 160
—, formula **9,** 160; **20,** 18
—, **dihydro- 9,** 118, 135, 144, 167
Ergocristinine 9, 120, 121, 159, 160, 161
Ergocristinine I and **II, dihydro- 9,** 168
Ergokryptine 9, 118, 120, 121, 134, 137, 139, 145, 147, 157, 158, 161, 162
—, thermal cleavage **9,** 144
—, **dihydro- 9,** 118, 135, 142, 144, 167
Ergokryptinine 9, 120, 121, 161
Ergokryptinine I and **II, dihydro- 9,** 168
Ergoline nucleus 20, 17
Ergometrine 9, 118, 122, 149, 151
—, structure **20,** 18
Ergometrinine 9, 149, 151
D- and *L*-**Ergonovine 9,** 118, 122, 149, 153
Ergonovine, dihydro- 9, 143
Ergopentaene 1, 84
Ergosecaline 20, 18
Ergosine 9, 118, 120, 121, 137, 139, 145, 147, 155, 156, 159
—, structure **20,** 18
—, **dihydro- 9,** 142, 167
Ergosinine 9, 120, 121, 155, 156, 159
Ergosinine I and **II, dihydro- 9,** 168
Ergostadiene-3,6-dion-5-ol 1, 83
$\Delta^{8,22}$-**Ergostadien-3β-ol-7-one acetate 10,** 344
5α-**Ergosta-7,22-dien-3-one,** condensation **19,** 220, 221
Ergostadiene-3,5,6-triol 1, 83
Ergostadiène-triol, fluorescence **6,** 319
$\Delta^{8,22}$-**Ergostadiene-3β,7,11α-triol 3-acetate 10,** 329, 330
Ergostane, side-chain **12,** 72
—, stereochemistry **12,** 101
Ergostanol 1, 62; **17,** 84
Ergostan-3β-ol-11-one acetate 10, 334
5α-**Ergostan-3-one,** 5α-**Ergost-7-en-3-one,** and 5α-**Ergost-22-en-3-one,** condensation rates **19,** 220, 221
Ergostanyl acetate 1, 81
9,10-*seco*-$\Delta^{10,5-6,7-8,14-22,23}$-Ergostatetraen-3β-ol 11, 100
9,10-*seco*-$\Delta^{4,5-6,7-8,14-22,23}$-Ergostatetraen-3-on 11, 101
$\Delta^{4,7,22}$-**Ergostatrienol 1,** 88
Ergostatrienone 1, 84, 88
Δ^{2}-**Ergostene 1,** 62
Δ^{22}-**Ergostene-3β,11α-diol 10,** 344
Δ^{22}-**Ergostene-3β,11α-diol-7-one 10,** 344
α-, β-, and γ-**Ergostenol 1,** 81
Ergostenol, dehydro- 1, 82
Δ^{22}-**Ergosten-3β-ol-11-one 10,** 329, 330
5α-**Ergost-22-en-3-one, 7(8),14(15)-dehydro- 19,** 221
—, **7,11-dioxo- 19,** 221
Ergosterol (Ergosterin) 1, 63, 81, 85, 86, 88, 91; **7,** 56, 202; **8,** 197; **9,** 119; **11,** 83, 84, 94, 112; **12,** 138, 139, 140
—, Bestrahlung **10,** 72; **11,** 83, 84, 85; **17,** 94
—, Biosynthese **12,** 134, 143
—, (cortison synthesis) **10,** 326, 327, 330, 331
—, Dien-Synthese **3,** 23, 24; **10,** 9, 69, 70, 72, 94, 95
—, Drehung **11,** 84

Ergosterol, Film-Verhalten **4**,374
—, fluorescence **6**, 316, 318
—, Modellreaktionen **11**, 105
—, Öffnung der 9,10-Bindung **11**, 116
—, Phosphoreszenz-Prüfung **17**, 96
—, photochem. Isomerisierung **17**, 93
—, aus Praecalciferol **17**, 93
—, provitamin D **6**, 54
—, radioaktives **12**, 135, 138
—, in toads **5**, 262
—, → vitamin D_2, (irradiation) **19**, 277
—, —, (Whittier-Prozeß) **11**, 93
—, **dehydro-** **1**, 86, 88; **10**, 328; **11**, 97, 115
—, —, Bestrahlung, Umlagerung **11**, 116
—, —, (Dien-Synthese) **10**, 71
—, **14-dehydro-** **12**, 158
—, —, Biosynthese **12**, 143
—, **dihydro-**, provitamin D **6**, 54
—, **22-dihydro-** **1**, 81, 91
—, —, Dien-Synthese **10**, 72
—, **5α,8α-epidioxide** **19**, 186
—, —, conformation **19**, 187
9β-Ergosterin **17**, 97
Ergosterol D **10**, 327, 328; **12**, 24
—, configuration **12**, 24
22,23-Ergosterin-oxyd, Dien-Synthese **10**, 72
Ergosteryl acetate, α-dihydro- **10**, 333, 341
Ergosteryl D, acetate **10**, 331, 333, 341, 342
—, **acetate-22,23-dibromide** **10**, 341
—, **epoxide** **12**, 53
—, **9α,11α-epoxide acetate** **10**, 333
Ergot, acetylcholine **20**, 4
—, amines **20**, 2
—, ascospores **9**, 115
—, history **9**, 114, 118
—, hyphae **9**, 115
—, in midwifery **9**, 116
—, mixed alkaloids **9**, 159
—, non-specific compounds **9**, 119
—, perithecia **9**, 115
—, of rye **9**, 114
—, sclerotium **9**, 115, 150
—, stroma heads **9**, 115
Ergot alkaloids **9**, 114
—, amino acids **20**, 11
—, biosynthesis **20**, 21
—, cleavage with hydrazine **9**, 122
—, connecting link **9**, 148
—, cyclized peptide **9**, 138
—, cyclol grouping **9**, 148
Ergot alkaloids, dextrorotatory, dihydro deriv. **9**, 168
—, in fungi **20**, 17
—, general formula **9**, 147
—, hydrogenated deriv. **9**, 163, 167, 169
—, IR spectra of cleavage products **9**, 146, 147
—, peptide section **9**, 134, 144; **20**, 18
—, reduction with $LiAlH_4$ **9**, 142, 143
—, stereoisomeric pairs **9**, 120, 121
—, structure **9**, 119, 138
—, synthetic deriv. **9**, 163
—, thermal cleavage **9**, 144
Ergotamine **9**, 117, 118, 120, 134, 136, 137, 139, 145, 147, 153, 154, 159
—, formula **9**, 155
—, pharmacology **9**, 121
—, rearrangement **9**, 154
—, structure **20**, 18
—, thermal cleavage **9**, 144, 146
—, **dihydro-** **9**, 135, 167
Ergotaminine I and II, dihydro- **9**, 168
Ergothioneine **9**, 119
—, in ergot **20**, 5
—, in seminal fluids **20**, 5
—, structure **20**, 5
Ergotinic acid **9**, 119
Ergotinine **9**, 117, 118, 123, 156
—, **hydro-** **9**, 117, 118, 156
Ergotism **9**, 115, 116
Ergotoxine **9**, 118, 122, 159; **10**, 400
—, dextrorotatory isomers **9**, 158
—, pharmacology **9**, 157; **10**, 416
Ergotoxine group **9**, 120, 121, 156, 158, 167
Erianthin **17**, 20, 21, 33
—, hydroxylation pattern **17**, 7
—, **monomethyl ether** **17**, 21
Ericaceae, Ursolsäure **8**, 211
Erigeron spp., Matricaria- und Lachnophyllumester **14**, 13
E. affinis, affinin **10**, 453, *E. annus*, *E. atticus*, *E. aurantiacus*, *E. canadensis*, *E. compositus*, *E. Coulterii*, *E. eriocephalus*, *E. glabellus*, *E. glaucus*, *E. khorassanicus*, *E. montevidensis*, *E. philadelphicus*, *E. polymorphus*, *E. uniflorus*, Acetylene **14**, 12, 13, 16, 17, 19, 61
Eriodictyon glutinosum, chrysoeriol **17**, 52
Eriosoma lanigera, Anthrachinon **6**, 201, 341, and insecticides **10**, 430

Eriostemon spp., methyl anthranilate **13,** 304
Erkältungskrankheiten, Virus **4,** 90
Erlenmeyer reaction 7, 231
Eruca sativa, iso-thiocyanates **18,** 145, 164
Erucastrum gallicum, E. Pollichii, iso-thiocyanates **18,** 164
Erucic acid 5, 82
—, (non-essential) **6,** 4, 13, 28
Erucin 18, 145
Erwinia ananas, E. lathyrie, xanthophylles **10,** 223
Eryngium variifolium and gibberellin **18,** 396
Erypestrin 18, 142
Erysimidin 13, 198, 212
Erysimin 13, 212; **14,** 121
Erysimum spp. and gibberellin **18,** 396, 410
E. alpinum, E. arcansanum, E. cheiranthoides, E. helveticum, E. nanum, E. ochroleucum, E. orientale, E. pachycarpum, E. Perofskianum, E. pumilum, E. rupestre, E. strictissimum, E. vincoleucum, iso-thiocyanates **18,** 142, 150, 164, 165, *E. canescens, E. crepidifolium, E. helveticum,* herzaktive Glycoside und Aglykone **14,** 92, 121
Erysolin 18, 138, 144, 145
—, synthesis **18,** 146
Erytaurin 17, 132, 133, 173
Erythralosamine 16, 106, 107
Erythramarin 17, 173
Erythrin 2, 32; **8,** 220, 221
—, **trimethyläther 8,** 220, 221
Erythrina acanthocarpa, E. hypaphorus, E. variegata and other spp., hypaphorine **17,** 260, 261
Erythrit 2, 32
—, **monoaceton- 8,** 220
i-**Erythrit 8,** 220
Erythroblastosis fetalis, genetic factors **5,** 307
Erythrocentaurin 17, 133
Erythrocyten, A-, B- und O(H)-aktive Substanzen **20,** 237
—, lecithin and cholesterol content **12,** 420, 421
—, sialinsäure-haltige Glycolipide **20,** 237
Erythrocyte elliptocytosis and coproporphyrin **11,** 322
Erythrodiol 7, 17, 19, 20, 30
Erythrogensäure 14, 43
Erythroglaucin 6, 165
Erythrogranulose 11, 18
Erythrolaccin 6, 200
Erythromycin 14, 202; **16,** 91
—, Kohlenhydrat-Komponente **20,** 219
—, structure **16,** 106
Erythromycin-B, structure **16,** 109
Erythronolide, a macrolactonic aglycone **16,** 107
—, → pentane-2,3-diol **16,** 108
—, **dihydro- 16,** 107, 108
Erythropoietin, Kohlenhydrat-Anteil **20,** 243
Erythroporphyrin 1, 169
Erythropterin 4, 64; **11,** 367, 369, 371, 390
—, Chromatographie **4,** 77
—, hydrogen-bonded formula **11,** 368
—, spectrum **11,** 363
—, synthesis **11,** 369
Erythropterin-glucoside 11, 370
Erythrotin 9, 419
Erythroxylon novogranatense, Erythrodiol **7,** 19, *E. truxillense,* hygrine, cuscohygrine **19,** 248
Escargot, sécrétion musquée **6,** 110
Escherichia aerobacter, lipides **10,** 250, 251
E. coli, Aldolase **20,** 247
—, amino acids **17,** 383
—, amino acid incorporation **9,** 344, 346
—, aromatic amino acids **12,** 479
—, bacteriophage T-2 **12,** 470
—, C_6-C_3 compounds **14,** 203
—, (Chloramphenicol-Bestimmung) **18,** 64
—, complexe à activité hémorrhagique **10,** 251
—, coproporphyrin, absence of **11,** 322
—, 5-dehydro-quinase **12,** 478
—, 5-dehydro-shikimic reductase **12,** 478
—, diaminopimelic acid **17,** 383
—, DNA replication **18,** 494; **20,** 400, 401, 428
—, DNA, stability at constant buoyant density **20,** 415
—, DNA, $N^{14}-N^{15}$ in vivo hybrid **20,** 406
—, folic acid **11,** 385
—, genetics **5,** 320
—, Glycopeptide **20,** 229
—, β-glycuronidase **12,** 366
—, Hexosamine **20,** 247
—, indole-3-glycerol phosphate **17,** 252
—, lipides **10,** 250, 251, 255

E. coli, Lipopolysaccharid-Protein-Komplex **20**, 230, 231
—, (nucleoside metabolism) **9**, 371, 374, 376, 378, 380, 381, 393, 410, 413, 414, 416, 418, 419, 423, 430
—, Nucleotide, aminozucker-haltige **20**, 220
—, pantothenic acid **12**, 476
—, (polysaccharides, immunol.) **18**, 520, 521, 522, 523
—, ribosomal RNA **20**, 402
—, ribosomes, transfer **20**, 403
—, SH-Enzym **20**, 246
—, and *Shigella*, DNA **20**, 407
—, sugar phosphates **8**, 79
—, Vergärung von BTS **4**, 319
—, Vi-Antigen **20**, 228
—, and virus **5**, 321
—, vitamine H′ **9**, 102
—, vitamine K **10**, 224, 225
—, Vitamin K_2 **6**, 157
E. communior, lipides **10**, 250, 251
Escholerine, acyl groups **20**, 352
—, hypotensive effect **20**, 356
Eschscholtzia californica, eschscholtzxanthin **15**, 41
Eschscholtzxanthin **15**, 41
—, **anhydro-** **15**, 41, 48, 49
—, —, spectrum **15**, 76
—, **dipalmitate** **15**, 49
Escorcéine, fluorescence **6**, 313, 314
Esenbeckin **17**, 173
Eserine **14**, 221
—, als Curare-Antagonist **17**, 233
—, fluorescence **2**, 314, 315, 317
—, **bleu de**, fluorescence **2**, 31
Eserolin **14**, 221, 223
—, biosynthesis **19**, 263, 264
Esox lucius, carotenoids **5**, 32
—, protein **5**, 285
Essential fatty acids **6**, 14, 26, 27, 30, 31, 56
Essential oils, caryophyllene **19**, 3
—, chromatography **10**, 458
—, insecticides **10**, 257, 258
—, isoquinolines related to **6**, 274
—, methyl anthranilate **13**, 304
—, terpeneless **10**, 458
Essigbakterien und Pantothensäure **4**, 30
Essigester, 2-formyl-3,6-dimethoxy-4-benzyloxy-phenoxy- **11**, 143, 144
Essigsäure, s. auch, see also, voir aussi, Acetic acid
—, Bildung in Mikroorganismen **4**, 315
—, biol. Abbau **4**, 264, 318
—, ⇄ Citronensäure (biochem.) **4**, 328
—, als Steroidbaustein **12**, 132, 134
1- und **2-C^{14}-Essigsäure** **12**, 135
Essigsäure, o-aminophenoxy- (Lactamcyclisierung) **13**, 462
—, **anhydrid, trifluor-, s. TFA**
—, **dichlor-**, aus Chloramphenicol **18**, 57
—, **thioester, trifluor-** **13**, 462, 479
—, **trideuterio-** **4**, 295, 297
Essigsäure-bakterien, Flavingehalt **2**, 63
—, Ketosebildung **4**, 199
Essigsäure-lignin **11**, 45
Esters, *cis* elimination **19**, 209
—, C=O stretching bands **5**, 365
—, C—O—C vibrations **13**, 26
—, **ω-bromo-β-cétoniques** **6**, 100
Ester cellulose **5**, 148
Esters phosphoriques, d'aldoses et de cétoses **19**, 328
—, et phosphatase **19**, 325, 327
Ester linkages, theory (cellulose) **5**, 146, 147, 148
Esterase, location on columns **8**, 349, 357
—, snake venoms **12**, 420
Estro ..., s., see, voir, Oestro ...
Etamycin, structure, hydrolysis **16**, 109
Ethane, bond distances **3**, 208
—, conformation **19**, 167
—, **1,3-bis-(2-hydroxybenzoyl)-** **9**, 257
—, **1,2-chlorobromo-**, electron diffraction **3**, 213
—, **4-hydroxy-3,5-dimethoxyphenyl-** **5**, 203
—, **4-hydroxy-3-methoxyphenyl-** **5**, 202
Ethanol, β-(3,4-dihydroxybenzoyl)- **5**, 217
—, **2-(4-hydroxy-3,5-dimethoxyphenyl)-** **5**, 203
Ethanolamine, in fungi **20**, 2, 3
—, **2,2-dimethyl-**, in fungi **20**, 3
—, **N-methyl-** und **C-dimethyl-**, in *Neurospora crassa* **20**, 3
Ethers, IR spectra **5**, 363
Ethionine, incorporation into proteins **9**, 308
—, (inhibitor) **9**, 348
—, labeled **9**, 308
Ethyl, s. auch, see also, voir aussi, Äthyl

Ethyl bromide and **chloride,** bond distances **3,** 209
Ethyl-décyl-acétique (acide) (lipides bactériens) **10,** 189
Ethyl-décyl-dodécyl-acétamide 10, 189
Ethyl-décyl-dodécyl-acétique (acide) (lipides bactériens) **10,** 189
Ethylene, bond distances **3,** 208, 209, 223
—, electron cloud, box model **16,** 186
—, and Fusarium-wilt **17,** 301, 313
—, and leaves **17,** 315
—, production in plants **17,** 299, 315
—, spatial arrangement **19,** 26
—, **chloro-,** IR spectrum **5,** 353
—, **tetramethyl-,** bond distances **3,** 208
Ethyleneamine tetraacetic acid 12, 468
Ethylene bromide and **chloride,** bond distances **3,** 209
Ethylènediamine-tétracétique (acide) et phosphatases **19,** 341, 351
Ethyleneglycol, copolyesters **10,** 143
—, (lignin) **5,** 206
—, terephthalic and sebacic acid systems, m. p. diagram **10,** 148
Ethylene oxide, phosphorylation **8,** 52
Ethylenic linkages, distortion of bond angles **19,** 218
Ethyl-methyl-acetic acid, from cnicin **19,** 23
Ethyl orthoformate 8, 116
3-Ethyl-2-pentene, IR spectrum **5,** 349
Eti . . ., s. auch, see also, voir aussi, Äti . . .
Etianate, 3α-acetoxy-12α-hydroxy-, methyl 10, 292
—, **3α-acetoxy-11-keto-, methyl 10,** 292, 293, 361, 362
—, **12α-acetoxy-3-keto-, methyl 10,** 292, 293
—, **3,11-diketo-, methyl 10,** 292, 293, 362
Etianic acid 10, 278, 279, 297
—, **3α-acetoxy-11-keto- 10,** 290, 291, 303, 304, 310, 316, 362
—, **3α,12α-dihydroxy- 10,** 279, 280, 292, 293
$\Delta^{4,9(11),16}$-Etiatrienate, 3-keto-, methyl 10, 358, 360, 361
$\Delta^{9(11)}$-Etienate, 3α-acetoxy-, methyl 10, 361
$\Delta^{9(11)}$-Etienic acid, 3α-acetoxy-, methyl 10, 362
Etiocholanic acid methyl ester, 12-keto-, carbonyl absorption **13,** 37
Etiocholan-one-3 6, 139
Δ^{16}-Etiocholène-ol-3-α et **-β 6,** 138, 139
Etioporphyrin 19, 275
—, fluorescence **2,** 325, 326, 327, 329
—, hydrogen bonds **11,** 304
—, IR spectrum **11,** 304
—, isomeride types **11,** 307
Etioporphyrin III 11, 308
ETP (Abkürzung für Elektronen-Transport-Partikel) **20,** 113
—, Zusammensetzung **20,** 114
ETPH (Abkürzung für Elektronen-Transport-Partikel, Phosphorylierung) **20,** 113
Eubactériales, lipides **10,** 247
Eucalyptus oil 19, 53
Eucalyptus, rutin **17,** 19
E. regnans, acetyl-eburicoic acid **12,** 68
Euchloe cardamines, Pterine **4,** 77
Eudalene 5, 41, 62, 63, 64; **12,** 6, 8; **19,** 58
Eudalin (Dien-Synthese) **3,** 8
Eudesamin 10, 455
Eudesmane 19, 2
Eudesmin 11, 62
Eudesmol 5, 64
α- and **β-Eudesmol 12,** 7, 8, 28, 30
—, dehydrogenation **12,** 6
—, → 1-methyl-7-isopropyl-naphthalene **12,** 6
Eudesmolides, isomeric, hydrogenation **20,** 333
Eudesmol type sesquiterpenes 12, 6, 7
Eugenia caryophyllata, Chromone **11,** 126, 127, 129, 131, 142, 152, Oleanolsäure **7,** 19
Eugenin 9, 249; **11,** 126, 129, 130, 142, 151, 152; **14,** 190, 191, 200
—, Spektrum **11,** 138
—, Synthese **11,** 142
—, Vorläufer **11,** 152
Eugenitin 11, 126, 128, 130, 142, 151; **14,** 190, 191, 200
—, Biogenese **11,** 152
—, in Gewürznelken **11,** 151
—, und Jodwasserstoff **11,** 131
—, **methyläther 11,** 127, 128
Eugenol 2, 11; **6,** 274; **8,** 188; **14,** 205, 206
—, (Chromon-Biosynthese) **11,** 153
—, insecticide **10,** 457
—, relation to safrole **14,** 205

Eugenol, dehydro- **5**, 204, 214
—, **dihydro-** **2**, 17
—, **methyl-** **6**, 274
Eugenon **11**, 127, 152; **14**, 190, 191, 200
—, Biogenese **11**, 152
—, (Chromon-Biosynthese) **11**, 153
Eugentiogenin **17**, 131
Euglena gracilis and vitamin B_{12} **9**, 418, 420
Euglobulin **1**, 265; **7**, 272, 273, 295
Eukolloide **1**, 264
Eule (Federn, Eischalen, Fäzes), Porphyrine **18**, 204, 206, 207, 210, 214
Eumelanine **18**, 178
Eunicella ctenocelloides, *E. verrucosa*, gorgonine **12**, 354, 392, 394
Euparin **11**, 150, 152, 153; **14**, 200
Eupatorieae, Matricariaester **14**, 13
Eupatorium ayapana, *E. formosanum*, *E. lathyris*, *E. triplinerve*, coumarins **9**, 243, 244, 245, 246, 284
E. purpureum, Euparin **11**, 153
Eupaverin **11**, 155
Euphadiene **12**, 106
Eupha-8,24-dien-3α-ol and **-3β-ol** **12**, 101, 102
Eupha-7,9(11)-dienyl acetate **12**, 104, 113, 115, 118
Euphadienyl acetate, triketo- **12**, 103
Euphane ring system **12**, 47
Euphane type group (tetracyclic triterpenes) **12**, 101
Euphausiopsin **14**, 293, 306
Euphene **12**, 102, 103
Euph-8-ene, 7,11-diketo- **12**, 102
Euphenyl **12**, 118
Euphenyl acetate, rearrangement **12**, 104
—, **dehydro-** **12**, 82
—, **7,11-diketo-** **12**, 103, 107
Euph-8-en-3β-yl acetate, 7-keto- **12**, 110
Euphol **7**, 14; **12**, 47, 66, 101, 102, 112, 120, 151
—, dehydrogenation **12**, 101
—, inert double bond **12**, 104
—, location of OH group **12**, 103
—, relationship to lanosterol **12**, 104
—, side-chain **12**, 102
—, structure and stereochemistry **12**, 105, 106, 108
Euphol group, conjugated dienes **12**, 104
—, spectra **12**, 53
Euphorba-8,24(28)-dien-3β-ol **12**, 114
Euphorbenetriol **12**, 115
Euphorbenyl acetate **12**, 115, 116, 118
—, **diketo-** **12**, 115
Euphorb-8-en-3β-yl acetate **12**, 116
Euphorbenyl epoxide **12**, 115
Euphorbia spp., euphorbol **12**, 114
—, and gibberellin **18**, 397
Euphorbia aphyla, aphylol, cyclo-artenol **12**, 96, 121, *E. balsamifera*, cyclo-artenol, lanosterol **12**, 50, 96, 151, *E. canariensis*, euphol **12**, 101, *E. electa*, euphol **12**, 101, *E. handiensis*, euphol, cyclo-artenol **12**, 96, 101, *E. ingens*, euphol, euphorbol **12**, 101, 114, *E. obtusifolia*, obtusifoliol, cyclo-artenol **12**, 96, 121, *E. resinifera*, euphol, euphorbol, resiniferol **12**, 101, 114, 121, *E. tirucalli*, euphol, tirucallol, taraxasterol **12**, 101, 112, *E. triangularis*, euphorbol, tirucallol **12**, 112, 114
Euphorbiaceae, iso-thiocyanates and glucosides **18**, 155, 186
Euphorbium, euphol **12**, 101
Euphorbol **12**, 47, 114, 151, 152
—, structure **12**, 115
Euphorbol series, spectrum **12**, 53
Euphorbone **12**, 114
Euphorbyl acetate, dihydro- **12**, 115
Euphorbyl acetate epoxide, dihydro- **12**, 104
Euphorbyl epoxide, dihydro- **12**, 115
Euphyl acetate, dihydro- **12**, 102, 110, 111
—, —, dehydrogenation, oxidation **12**, 101, 104
—, **epoxide, dihydro-** **12**, 104
Euplexaura maghrebensis, *E. pseudobutikofferi*, gorgonine **12**, 392, 394
Euryhaline and **stenohaline**, definition **5**, 286
Euryhaline fishes, rhodopsin and porphyropsin **14**, 288
Eurypygae (Federn), Porphyrine **18**, 204
Euspongia spp., spongines **12**, 397
Eutannin **13**, 72
Eutrema wasabi, iso-thiocyanates **18**, 165
Evatromonosid **13**, 202; **14**, 106, 121
Even distribution principle (fatty acids) **1**, 28; **5**, 73
Evernia prunastri, Naphthalin **11**, 161
Everninsäure **2**, 37
Evernsäure **2**, 40, 43

Evobiosid **7,** 143, 154; **13,** 202; **14,** 86
Evodia alata, acridine alkaloids **13,** 313, 316; **19,** 257, evolatine **13,** 327, 2,3,4-trimethoxy- and 4-hydroxy-2,3-dimethoxy-10-methylacridone **13,** 313, 316; **19,** 257, *E. elleryana*, elleryone **19,** 58, *E. littoralis*, dictamnine **13,** 318, *E. rutaecarpa*, evodiamine, rutaecarpine **13,** 337, *E. xanthoxyloides*, evoxine, xanthoxoline **13,** 316, 326
Evodiamine **13,** 304, 330, 337, 338
—, synthesis **13,** 339
Evodionol **14,** 200
Evolatine **13,** 326, 327, 329
Evolitrine **13,** 323
Evolution, of carbon system **14,** 326
—, and genes **5,** 324, 325; **20,** 436
—, of proteins **20,** 434
Evomonosid **7,** 143, 154; **13,** 202; **14,** 75, 86, 121
—, **14-anhydro-** **14,** 75
Evonogenin **7,** 143, 154; **14,** 86
Evonosid **7,** 90, 143, 154; **13,** 204; **14,** 86, 121
Evonymus atropurpurea, *E. europaea*, herzaktive Glycoside und Aglykone **7,** 143; **14,** 86, 92, 108, 121, Antheraxanthin **5,** 5, *E. fortunei*, poly*cis* carotenoids **18,** 282
Evoxanthidine **13,** 315
Evoxanthine **13,** 314
Evoxine **13,** 326, 327
Evoxoidine **13,** 327
Exaltol **6,** 108
Exaltolide **6,** 96, 97, 98
—, **bromo-** **6,** 99
Exaltone **6,** 89, 97, 98, 107
Excalfactoria chinensis (Federn), Fluoreszenz **18,** 203
Excelsine, fluorescence **2,** 311
Excema and fatty acids **6,** 31
Exchange adsorption (albumin) **8,** 344
Excited electrons, wave functions **17,** 435
Excited states, dyes **16,** 179
—, vitamin B_{12} **17,** 406
Exotoxine, de *Serratia marcescens* **10,** 254
Exzelsin **1,** 340
Eye (human), critical frequencies and intensities **14,** 249
Eyeball, potential difference **14,** 250

F.

F (Abkürzung für Fructose) **20,** 202
Fabiana imbricata, fabiatrin **9,** 245
Fäces, „Körper II" **3,** 125, 127
Factor III, effect on pernicious anemia **15,** 208, 211
Factor A, B, G, H (vitamin B_{12}) **15,** 183, 203, 208, 211
Faktor W (Elvehjem's) **1,** 101
Faktor Y, Faktor 1 (Vitamin B) **4,** 46
FAD (abbreviation for flavin adenin dinucleotide) **8,** 98
Fadenmoleküle, Diffusion **1,** 291, 292
—, Dissymmetriefaktor **1,** 288, 289, 294
—, Osmometrie, Covolumen **1,** 265, 268
—, Verhalten **1,** 265, 270
Faecosterol **1,** 94; **12,** 152
—, Biosynthese **12,** 143
Fagara (polysaccharides, immunol.) **18,** 521, 522, 526, 527, 528
F. xanthoxyloides, xanthotoxin **9,** 264
Fagarine **13,** 323
Fagopyrin **14,** 145, 178
—, Beziehung zu Hypericin **14,** 179
—, aus Proto-hypericin **14,** 178, 179
—, reduzierende Acetylierung **14,** 179
—, Spektrum **14,** 178, 179
—, Struktur **14,** 179, 180, 181
—, **methyläther** **14,** 180
Fagopyrismus **6,** 179; **14,** 143, 145, 181
Fagopyrum spp., Lichtkrankheiten **14,** 143, 145
F. esculentum, *F. tartaricum*, quercetin, caffeic acid, rutin **16,** 21; **17,** 46, 53
Fagus sylvatica, and gibberellin **18,** 397
—, Lignin **20,** 68
Fallacin **6,** 173
Fangchinin **9,** 178
Fangchinolin **9,** 178, 207
Faradiol **7,** 61, 62
Farazulenes **12,** 11
Farben, Vogelgefieder **18,** 177
Farbstoffe, aus Compositen **14,** 31
—, photodynamisch wirksame, in Buchweizen **14,** 172, 177
Farm soils, hydrolysis **17,** 391
Farnesal **6,** 130; **12,** 10
—, **semicarbazone** **19,** 267
Farnesane **19,** 2
Farnesene **12,** 3; **14,** 14

Farnesensäure (Farnesic acid) 4, 228; **6,** 130; **19,** 268
Farnesol 4, 228; **5,** 62; **8,** 195; **12,** 3, 4, 28; **19,** 267
—, in Synthese von Ubichinon-ähnlichen Chinonen **20,** 93
trans-**Farnesol** → cyclic sesquiterpenoids **19,** 77, 78
Farnesol rule 12, 8
Farnesol type sesquiterpenes 12, 26, 27
Farnesol-geranyl-geraniol 12, 20
Farnesyl-acetic acid 19, 269
Farnesyl-bromid 7, 6
Farnesylic acid 12, 10
Farnesylidene acetone 6, 130; **19,** 268
Farnesyl-nerolidol 20, 92
Farsetia clypeata, iso-thiocyanates **18,** 165
Fasan, Federpigmente **18,** 205
Fasciolaria trapezium, sécrétion musquée **6,** 110
Faserdiagramm 1, 298
Faserperiode 1, 319
Faserproteide, Faserproteine 1, 315, 320, 321, 323
Faserstruktur, Definition **1,** 298
Fats, s. auch, see also, voir aussi, Fette
Fats, absorption **6,** 23, 25
—, acetone soluble **3,** 156
—, animal **5,** 73, 74, 79, 90
—, animal and vegetable, comparison **6,** 51, 52
—, antithyrotoxic agent **6,** 49
—, bacterial **10,** 227, 247
—, and biotin **6,** 36
—, brominated **1,** 24, 26
—, caloric density **6,** 14
—, component acids and glycerides **1,** 24, 27, 34, 41, 42, 44, 45, 47, 49; **5,** 72, 82, 88
—, composition **6,** 2, 12
—, conjugated fatty acids **5,** 75
—, digestibility **6,** 14, 16, 19, 21, 57
—, emulsification **6,** 22
—, and folic acid **6,** 36
—, with four major acids **5,** 89
—, and growth **6,** 43
—, human **5,** 77
—, hydrogenated **1,** 24, 26, 36
—, —, digestibility **6,** 17
—, introduced parenterally **6,** 23
—, level, optimum (diet) **6,** 50
—, and niacin **6,** 36
Fats, and nitrogen excretion **6,** 40
—, in nutrition **6,** 1, 14, 50, 51, 63
—, oxido-reduction **5,** 93
—, and pantothenic acid **6,** 34
—, in pregnancy, lactation **6,** 45, 63
—, and protein metabolism **6,** 39, 41
—, provitamins A **6,** 52
—, and pyridoxine **6,** 35
—, and riboflavin **6,** 34
—, and sexual maturity **6,** 45
—, structure **5,** 86
—, unsaturated acid content **6,** 54
—, with unsaturated acids mainly **5,** 86, 87
—, unsaturated, and dermatitis **6,** 35
—, vitamin E content **6,** 55
—, and vitamins, interrelationship **6,** 32, 38
—, vitamin-sparing action **6,** 32
Fatty acids, s. auch, see also, voir aussi, Acides gras
Fatty acids (Fettsäuren), association ratio **1,** 29, 32
—, chromatography **6,** 5
—, composition and glyceride proportions **1,** 47
—, conjugated **5,** 75, 79
—, countercurrent distribution **6,** 6
—, crystallization, distillation **5,** 76; **6,** 4, 5
—, digestibility **6,** 21
—, displacement analysis **6,** 5
—, essential **6,** 14, 26, 27, 30, 31, 56
—, estimation **6,** 4
—, even- and odd-chained, absorption **6,** 25
—, even and random distribution **1,** 28; **5,** 73; **6,** 7, 8
—, liquid (bacterial) **3,** 159, 160
—, mixtures, resolution **5,** 76, 80
—, mono-ethenoid **5,** 79
—, odd-carbon **6,** 13
—, in petroleum **17,** 390
— Raman spectra **6,** 6
—, saturated, in cadavers **17,** 388
—, saturated and unsaturated, in fats **6,** 3
—, spectrophotometry **5,** 75; **6,** 6
—, in tubercle bacillus **3,** 159
Fettsäure-chloride, α-halogen-, Kuppelung mit Aminosäure- und Peptidestern **13,** 500
Fettsäure-dehydrogenase 4, 233

Fatty acid esters, growth promoters **18**, 400
Fatty acid trehalosides **3**, 157
Fatty oils, estimation of acids **5**, 78
—, insecticides **10**, 457
Fäulnisbakterien (biochem. Hydrierung) **3**, 61, 65, 72
Fawcettiine **20**, 286, 288
—, → annofoline **20**, 288
—, **acetyl-** **20**, 288
—, **deacetyl-** **20**, 288
—, —, configuration **20**, 289
—, —, → dehydro-deacetyl-fawcettiine **20**, 289
—, **8-keto-** **20**, 288
Faxén equation **18**, 451, 471, 477
Fearon, réaction de **6**, 326
Febrifugine **13**, 330, 334, 335
—, hemiketal structure **13**, 337
—, opt. activity **13**, 336
—, synthesis **13**, 336
—, **dihydro-** **13**, 335
Fedamazin **17**, 190, 238
—, Spektrum **17**, 239
Federfarbe, Entstehung **18**, 189
—, und Nahrung **18**, 189
Feder-Farbstoffe, Astacin **18**, 182
—, Astaxanthin **18**, 182, 183
—, Carotinoide, Lipochrome **18**, 179, 186
—, Lutein **18**, 179, 183
—, Picofulvin **18**, 181
—, Porphyrine **18**, 205, 207, 209, 214, 215
—, Rhodoxanthin **18**, 183, 184
—, Turacin **18**, 209
—, ungeklärte **18**, 215
—, Xanthophyll **18**, 179
—, Zeaxanthin **18**, 181
Feder-Fluoreszenz **18**, 199, 201, 202, 204, 205
Feder-Keratine **1**, 329; **18**, 185
Felicia spp., Matricariaester **14**, 13, *F. tenella*, 8-*cis*-2,3-Dihydro-matricariaester **14**, 19
γ- und *δ*-**Fenchen**, Dien-Synthese **10**, 63
Fenchon, Biosynthese **10**, 57
Fennel, oil, insecticide **10**, 457
Ferkelgrippe, Virus **4**, 90
Ferment, gelbes, Film **4**, 448
Fermentsysteme, biochem. Hydrierung **3**, 71
Fermentation *L. casei* **factor** **11**, 372, 380
Feronia elephantum, kheta gum (immunol.) **18**, 510
Ferreirea spectabilis, pigments of 4 types **17**, 23, 56
Ferreirin **17**, 23
—, **O-trimethyl-** **17**, 23
Ferrihemoglobin, dissociation constants **17**, 369
—, electron spin resonance **17**, 333
—, (nomenclature) **17**, 325
—, Patterson diagram **11**, 229, 230, 231, 232
—, radial distribution function **11**, 232, 233
—, X-ray study **11**, 230; **17**, 329
—, **cyanide** (nomenclature) **17**, 325
Ferrobilin **3**, 102, 103
Ferro-häm-hydroperoxyd **3**, 107
Ferrohemoglobin, dissociation constants **17**, 369
—, (nomenclature) **17**, 325
—, → oxyhemoglobin **17**, 332
Ferruginol **12**, 21, 22, 25
Fertilization and gibberellin **18**, 408
Fertilizin, antibody-like **9**, 451
Ferula alliacea, ferulin **9**, 271, 272
Ferulic acid (Ferulasäure) **2**, 2; **6**, 137
—, *cis*- und *trans*-, aus Lignin **20**, 59
—, incorporation into tricin **17**, 46
—, lignin precursor **17**, 45, 46
—, **dihydro-** **5**, 209; **6**, 137
Ferulinic acid **9**, 271
Festuca pratensis, *F. rubra*, lösliche Kohlenhydrate **15**, 2
Festucin P, Mol.-Gew. **15**, 11
Festucin R, Bausteinanalyse **15**, 7
—, Mol.-Gew. **15**, 11
—, Polymerisationsgrad und Drehung **15**, 8
Festucin R 2, Mol.-Gew. **15**, 11
Festuclavine **20**, 19, 20
Fett, s. auch, see also, voir aussi, Fat
Fette, Abbau im Tierkörper **4**, 239
—, Acetylene **14**, 39
—, Biogenese **3**, 67
—, Dehydrierung im Tier **4**, 232
—, Depot, Erneuerung im Tier **3**, 67, 70
—, Divinylmethan-Typus (Dien-Synthese) **10**, 36, 39
—, Dreifachbindungen **14**, 39
—, essentielle **4**, 233
—, gedehnte Filme **4**, 371

Fette, Hydrierung **3,** 67
—, und Kohlenhydrat-Abbau, Koppelung **4,** 291
—, Methyloxydation (biol.) **4,** 215
—, β-Oxydation (biol.) **4,** 241, 290
—, im Stoffwechsel **4,** 242
—, Synthese, entgleiste **14,** 55
—, ungeradzahlige, im Tierkörper **4,** 244
—, verzweigte, Abbau im Tierkörper **4,** 254
Fett-antioxygener Komplex (Bitterstoffe) **17,** 128
Fettsäuren, s., see, voir, Fatty acids, Acides gras
Fettstoffwechsel (Deuterium) **3,** 68
Fettstoffwechsel-hormon 4, 240
Fetuin, Komponenten **20,** 242
Fetus, hemoglobin **17,** 338
Feuilles, phosphatases **19,** 330, 352
Feulgen-Test 6, 211; **8,** 103
Feu sacré (ergotism) **9,** 116
Fibraurea chloroleuca, F. tinctoria, Alkaloide **9,** 177, 190
Fiber (cell wall) **8,** 8, 9, 12
—, native, slip planes **8,** 12
Fibrillization, mechanical (tracheid) **8,** 8
Fibrin, Faserdiagramm **1,** 331
—, α-keratin structure **11,** 217
—, meridional reflection **11,** 222
—, N-terminal residues **11,** 266, 267
Fibrinogen 7, 273
—, C- and N-terminal sequences **11,** 266, 267; **12,** 321
—, → fibrin (by papain or thrombin) **12,** 321, 428
—, α-keratin structure **11,** 217
—, Kohlenhydratanalyse **20,** 243
Fibrino-peptide 12, 321
—, N-terminal residues **11,** 267
Fibroblast (Hühnerherz) **6,** 209
Fibroïne, et iode **12,** 377, 378, 380
Fibrous polypeptides (synthetic) **11,** 220
Fibrous proteins, α-form, helix **11,** 223
—, sheets **11,** 209
—, structure **11,** 213, 214
—, X-ray analysis **11,** 213
Fichte, s. auch, see also, voir aussi, Pine
—, Cambialgebiet (Verholzung) **11,** 73
—, Zufuhr von radioakt. Coniferin **11,** 73
Fichtenholz, Extraktion mit *m*-xylolsulfonsaurem Na **11,** 45
—, und Na in flüssigem NH_3 **11,** 51
Fichtenlignin 2, 2, 6; **11,** 44
—, Entstehung **11,** 64
—, und H_2S **11,** 49
—, lösliches **11,** 46, 48
—, Pinoresinol-Komponente **11,** 65
—, Präparate **20,** 42
—, Zusammensetzung **20,** 44, 45
Fichtenrinde, Hexaoxy-diphensäure **13,** 103
Fick's law (diffusion) **18,** 444, 454
Ficulina ficus, carotenoids **5,** 26
Ficus carica, ficusin, psoralene **9,** 260, *F. elasticus,* elastomer **10,** 126
Filme, Antigen, Antiserum, Antikörper **4,** 452, 453
—, ausgesalzene **4,** 421
—, Kettenmoleküle mit Doppelbindung **4,** 372
—, mesomorphe **4,** 360
—, monomolekulare, an Wassergrenzflächen **4,** 347
—, Nomenklatur **4,** 348
—, Reaktionen **4,** 390
—, Schubwerte **4,** 363
—, solid (IR spectroscopy) **13,** 15
—, S-Schichten **4,** 447
—, Verdampfung hindurch **4,** 384
H-Filme 4, 352
—, bewegliche, expansive, gedehnte, starre **4,** 358, 359, 360
—, Cholestanol **4,** 373
—, elektr. Leitfähigkeit **4,** 384
—, an Grenze f/fl und fl/fl **4,** 399, 447
—, Kohlenhydrate **4,** 376
—, kondensierte und gedehnte **4,** 364, 369
—, Polymere **4,** 376
—, Sterine **4,** 373
—, thermodynamisches und molekulares Bild **4,** 358
—, Ultramikroskopie **4,** 382
—, Viskosität **4,** 382
—, Voltapotential der Grenzfläche **4,** 356
K-Filme 4, 446
—, elektr. Eigenschaften **4,** 407
—, Herstellung **4,** 401, 402
—, mol. Orientierung auf Metall **4,** 411
—, und Röntgenstrahlen und Elektronenstrahlen **4,** 410, 412
—, als Schutzschichten **4,** 413
—, S-Schichten **4,** 415
—, im UV-Licht **4,** 414
—, Verdampfung **4,** 415

P-, X-, Y-, Z-Filme **4**, 403, 409
Film-Waage **4**, 355
Filter paper, contaminants **12**, 277
Filth-wood, skatole **17**, 254
Filtratfaktor (Pantothensäure) **4**, 28
—, (Vitamin B_6) **4**, 46
Finger nail, X-ray diagram **11**, 215, 222
„**Fingerprints**", hemoglobin chains, peptides **17**, 361, 370
Fire blight of apple **17**, 300
Firefly, luciferin **11**, 387
Fir wood (tracheid) 8, 8
Fischer rearrangement, dihydroxyaldehyde **10**, 310
Fisetin **17**, 2, 3, 16, 52
—, breakdown in air **17**, 12
—, color and λ_{max} **17**, 51
—, fluorescence **17**, 13
—, spectrum **17**, 32, 57
—, **dihydro-** **16**, 12, 13
—, **methylene-dimethyl ether** **17**, 16
—, **tannic acid** **17**, 52
—, **tetraethyl ether** **17**, 29
Fisetinidin-chlorid **16**, 15
Fisetinidol, Kondensation **16**, 7
Fisetol diethyl ether **17**, 29
—, from tetraethyl ether **17**, 29
Fish (Fisch, Poisson), Astaxanthin **18**, 183
—, carotene → vitamin A **5**, 34
—, carotenoids **5**, 32
—, collagens **5**, 287
—, concrétions odorantes **6**, 131
—, eyes, difference spectra **14**, 292
—, fat, digestibility **6**, 16
—, gelatins and glues **5**, 268, 288
—, liver oils, vitamin A and A_2 **5**, 33; **9**, 43; **14**, 255
—, —, action antivitaminique **9**, 103
—, muscle protein **5**, 268, 269, 271, 272, 273
—, myosin **5**, 271
—, oils, 693 mμ-chromogen **14**, 255, 288
—, plate, fossil, amino acids **17**, 389
—, protamin **5**, 290
—, protein, biochemistry **5**, 267, 280, 281
—, —, in blood and eggs **5**, 284, 286, 294
—, —, digestibility **5**, 282
—, —, enzymatically active **5**, 289
—, —, nutritive value, and growth **5**, 275, 276, 277, 279, 282
—, —, in sperm **5**, 289
—, —, sulfur, distribution **5**, 274
Fish, Pterine **4**, 80
—, retina **14**, 255
—, rhodopsin, porphyropsin **14**, 288
—, visual pigments **14**, 287, 288, 292, 295
Fischgift (Helenalin) **17**, 147
Flächenbedarf, langkettige Verbindungen **4**, 366
—, Harnstoff- und Acetamid-Derivate, Phenole **4**, 368
Flamingo (Federn, Fußhaut), Astaxanthin **18**, 183, 192, 193
Flaumfußtaube, Federfarbstoffe **18**, 184, 192
Flavacidin **7**, 205
Flavacine **10**, 223
Flavacol, in *Aspergillus flavus* **20**, 25
—, biosynthesis **20**, 25
Flavan **5**, 198
—, IR-Spektrum **16**, 14
—, kernsubstituiert **16**, 8
—, Selbstkondensation **16**, 8
—, synthetisch **16**, 4
—, **acetoxy-** **16**, 4
—, **4,7-, 5,7-, 7,4'-** and **3',4'-dihydroxy-** **16**, 2, 3, 4, 12
—, **5,7-dihydroxy-3',4'-dimethoxy-** **16**, 4
—, **5,7-dihydroxy-4'-methoxy-** **16**, 3
—, **7,4'-dimethoxy-** **16**, 6
Flavan-3,4-diols **17**, 4, 5, 6, 18
—, from flavonols or dihydroflavonols **17**, 6
—, dehydration **14**, 209
—, **polyhydroxy-** **16**, 13
Flavan, 2,3,5,7,3',4'-hexaacetoxy- **16**, 4
—, **2,3,5,7,3',4'-, 3,4,7,3',4',5'-, 3,4,5,7,3',4'-, 3,4,7,8,3',4'-**, und **3,5,7,3',4',5'-hexahydroxy-** **16**, 3, 4, 5, 11, 14
—, **hydroxy-** **16**, 1, 2, 4, 5, 6
—, —, Selbstkondensation **16**, 2, 7
—, —, Synthese **16**, 5
—, **2-, 3-, 4-, 7-** und **4'-hydroxy-** **16**, 2, 5, 12, 14
—, **7-hydroxy-4'-methoxy-** **16**, 3
—, **4'-hydroxy-7-methoxy-** **16**, 3
—, **methyläther, 7-hydroxy-4'-methoxy-** **16**, 4
—, **3-oxo-5,7,2',4'-tetrahydroxy-**, Halbketal **16**, 4, 12; **17**, 17
—, **3-oxo-5,7,3',4'-tetrahydroxy-** **16**, 12
—, **2,3,5,7,4'-pentaacetoxy-** **16**, 4, 14
—, **3,4,7,3',4'-, 3,5,7,3',4'-**, und **3,7,3',4',5'-pentahydroxy-** **16**, 1, 3, 4

Flavan, polyhydroxy- **16**, 12
—, 3,5,7,4′-, 3,7,3′,4′- und 5,6,3′,4′-tetrahydroxy- **16**, 3, 4, 7, 8
—, 5,7,3′,4′-tetramethoxy- **16**, 4, 10
—, 7,3′,4′-trihydroxy- **16**, 3
—, 3,3′,4′-trihydroxy-5,7-dimethoxy- **16**, 4
Flavanoide (Flavanoids), biosynthesis **14**, 191
—, in heartwoods **14**, 190
—, aus Kiefernhölzern **11**, 151
Flavanole **16**, 1, 13
Flavanones **16**, 1; **17**, 4, 5
—, Biosynthese **11**, 153
—, color reactions **17**, 12, 13
—, → flavones and flavonols **17**, 4, 41
—, dehydrogenation **17**, 38, 39
—, IR spectra **17**, 28, 58
—, 3-isonitroso deriv. **17**, 34
—, paper chromatography **17**, 11
—, in plants **17**, 6, 23
—, separation from flavonols and chalcones **17**, 11
—, Shinoda test **17**, 13
Flavan-3-one **14**, 209, 210
Flavanone, 7,4′-dihydroxy- **17**, 15
—, 5,3′-dihydroxy-4′-methoxy-7-rutinosyloxy-, dehydrogenation **17**, 44
—, 5-glucosyloxy-7,4′-dihydroxy- **17**, 44
—, 3,5,7,3′,4′,5′-hexahydroxy- **16**, 12
—, 5-hydroxy- **17**, 14
—, 3,5,7,2′,4′-, 3,5,7,3′,4′-, und 3,7,3′,4′,5′-pentahydroxy- **16**, 12
—, 3,5,7,4′- und 3,7,3′,4′-tetrahydroxy- **16**, 12, 13
—, 3,5,7-trihydroxy- **16**, 12
Flavanone glycosides, → flavone glycosides **17**, 44
Flavanonols **17**, 4, 5
—, color reaction **17**, 13
—, distinction from flavanones **17**, 13
—, in plants **17**, 23
—, Shinoda test **17**, 13
Flavan-4-on-3-ols, → anthocyanins (biosynthesis) **14**, 210
Flavellagsäure **13**, 110, 111
Flavene **16**, 1, 9, 11
Flaven-(2) **16**, 9, 10, 11
—, Leucoverbindungen **16**, 10
—, 5,7,3′,4′-tetramethoxy- **16**, 10, 11
Flaven-(3) **16**, 9, 10, 11
—, acetat **16**, 13
—, 2-acetoxy-3-methoxy- **16**, 11
Flaven-(3), 2-äthoxy-3-methoxy- **16**, 10, 11
—, 2,3- und 3,4′-dimethoxy- **16**, 10, 11
—, 2,3,5,7,3′,4′-hexaacetoxy- **16**, 11
—, —, aus Cyanidin **16**, 10
—, 2-hydroxy-, Pseudobase **16**, 10
—, 2-hydroxy-3-methoxy- **16**, 10, 11
—, 2,3,5,7,4′-pentaacetoxy- **16**, 11
—, —, aus Pelargonidin **16**, 10
—, 3,5,7,3′,4′-pentahydroxy- **16**, 11, 12
—, 3,5,7,4′-tetramethoxy- **16**, 10, 11
—, 2,3,4′- und 3,5,7-trimethoxy- **16**, 10, 11
Flavicin **18**, 65
Flavine **2**, 61; **17**, 2
—, Abbau **2**, 70
—, Adsorptionsverhalten **2**, 70
—, antagonistes **9**, 94
—, im Auge **2**, 64
—, in Bakterien, Hefen **2**, 63
—, Bestimmung **2**, 62
—, als Coferment **2**, 90, 95
—, commercial **17**, 7
—, im Ei **2**, 65
—, Essigsäure-bakterien **2**, 63
—, Fluoreszenz **2**, 67, 334
—, im Harn **2**, 65
—, leuko- und leuko-deuterio- **2**, 72, 73, 90
—, Löslichkeit **2**, 68
—, Nomenklatur **2**, 65
—, Pharmakologie **2**, 75
—, Photoderivat **2**, 70
—, Radikale **2**, 88
—, Redoxpotential **2**, 73, 74
—, Schwermetall-Salze **2**, 79
—, in snake venoms **12**, 430
—, Spektrum **2**, 67
—, Synthese **2**, 75
—, tierische **2**, 64, 65
—, im Tomatenmark **2**, 64
—, in tubercle bacillus **3**, 179
—, Vitamin B_2-Wirkung **2**, 95
—, 9-alkyl- **2**, 66, 76
—, 2-alkyl-8-aza- **2**, 80
—, 9-alkylcarbonsäuren **2**, 66, 78
—, 9-aminoalkyl- **2**, 66, 79, 80
—, 9-[*d*- und *l*-1′-arabityl]- **2**, 84
—, 9-aryl- **2**, 66, 76
—, 6-äthyl-7-methyl-[9-*l*-1′-arabityl]- **2**, 85
—, 6-äthyl-7-methyl-[9-*d*-1′-ribityl]- **2**, 85
—, 7-äthyl-[9-*d*-1′-ribityl]- **2**, 85

Flavine, 8-aza-9-propyl- **2**, 67
—, 9-benzyl- **2**, 75, 78
—, chloro- **2**, 73, 89, 90
—, 9-cyclohexyl- **2**, 75, 78
—, 9-cyclopentadecyl- **2**, 78
—, dichloro-, (antivitamine) **9**, 94
—, dihydro- **2**, 88
—, 3,9- und 6,9-dimethyl- **2**, 74, 75, 78
—, 6,7-dimethyl-9-*n*-amyl- **2**, 78
—, 6,7-dimethyl-9-*d*- und -*l*-arabinosido- **2**, 88
—, 5,7-, 6,7- und 6,8-dimethyl-[9-*l*-1′-arabityl]- **2**, 85
—, 6,7-dimethyl-[9-*d*-1′-arabityl]- **2**, 85
—, 6,7-dimethyl-9-*l*-arabo- **2**, 71, 72, 89
—, 6,7-dimethyl-[9-*d*-1′-desoxyribityl]- **2**, 85
—, 6,7-dimethyl-[9-2′,3′-dioxy-1′-propyl]- **2**, 85
—, 6,7-dimethyl-[9-*d*-1′-glucityl]- **2**, 85
—, 6,7-dimethyl-9-gluco- **2**, 74
—, 6,8-dimethyl-9-oxyäthyl- **2**, 85
—, 6,7-dimethyl-[9-*l*-1′-rhamnityl]- **2**, 85
—, 5,7-, 6,7- und 6,8-dimethyl-[9-*d*-1′-ribityl]- **2**, 85
—, 6,7-dimethyl-[9-*l*-1′-ribityl]- **2**, 85
—, 6,7-dimethyl-9-*d*-ribosido- **2**, 87, 88
—, 6,7-dimethyl-[9-*d*- und -*l*-1′-xylityl]- **2**, 85
—, 9-[2′,3′-dioxy-1′-propyl]- **2**, 84
—, 9-dioxypropyl- **2**, 74, 75
—, 9-essigsäure **2**, 75, 79
—, —, 6,7-dimethyl- **2**, 73, 75, 79
—, 9-[*d*-1′-glucityl]- **2**, 84
—, 9-heptadecyl- **2**, 78
—, hexahydro- **2**, 74, 75
—, 9-methyl- **2**, 74, 75, 78
—, 6- und 7-methyl-[9-*l*-1′-arabityl]- **2**, 84
—, 7-methyl-[9-*d*-1′-arabityl]- **2**, 84
—, 6-methyl-9-*l*-arabo- **2**, 97
—, 7-methyl-[9-*d*-1′-dulcityl]- **2**, 84
—, 3-methyl-[9-*d*-1′-glucityl]- **2**, 84
—, 7-methyl-[9-*d*-1′-mannityl]- **2**, 84
—, 8-methyl-[9-oxyäthyl]- **2**, 85
—, 3-methyl-9-phenyl- **2**, 78
—, 6- und 7-methyl-[9-*d*-1′-ribityl]- **2**, 84
—, 7-methyl-[9-*d*-1′-sorbityl]- **2**, 84
—, 7-methyl-[9-*d*-1′-xylityl]- **2**, 84
—, octahydro- **2**, 74, 75
—, oxyalkyl- **2**, 66, 81
—, 9-[2′-oxyäthyl]- **2**, 75, 82, 84
Flavine, 9-[2′-oxy-2′-methyl-1′-propyl]- **2**, 84
—, 9-[3′-oxypropyl]- **2**, 73, 84
—, 9-phenyl- **2**, 74, 75, 78
—, 5′-phosphorsäure, 6,7-dimethyl-9-*l*-arabo- **2**, 94
—, 9-polyoxy-alkyl- **2**, 66, 81
—, 9-[*d*-1′-ribityl]- **2**, 84
—, 3,6,7,9-tetramethyl- **2**, 77, 78
—, 6,7-tetramethylen-[9-*l*-1′-arabityl]- **2**, 85
—, 6,7-tetramethylen-8-*l*-arabo- **2**, 97
—, 6,7-tetramethylen-[9-*d*-1′-ribityl]- **2**, 85
—, 6,7,9- und 6,8,9-trimethyl- **2**, 65, 66, 72, 74, 75, 76, 78
—, 3,6,7-trimethyl-[9-*d*-1′-glucityl]- **2**, 85
—, 3,6,7-trimethyl-[9-*d*-1′-ribityl]- **2**, 85
—, 6,7-trimethylen-[9-*l*-1′-arabityl]- **2**, 85
—, 6,7-trimethylen-9-*l*-arabo- **2**, 97
—, 6,7-trimethylen-[9-*d*-1′-ribityl]- **2**, 85
—, 9-[*d*-1′-xylityl]- **2**, 84
Flavin-adenin-dinucleotide **8**, 98, 133
Flavin-enzym **1**, 100, 111
—, spectrum **2**, 67
Flavin-glucoside **2**, 87
Flavin, mono- and **dinucleotide** **8**, 98, 125, 132, 133
Flavin-phosphorsäure **2**, 62, 79, 91
Flaviolin **14**, 194, 195, 198
Flavobacterium arborescens, Fl. estero-aromaticum, Fl. fecale, Fl. suaveolens, Fl. sulphureum, caroténoïdes **10**, 218, 220, 222
Fl. dehydrogenans, Dehydrierungen **4**, 238
Flavochrom **5**, 8, 9, 11
Flavogenin **13**, 180, 181, 198
—, O-acetyl- **13**, 180
Flavoglaucin **6**, 161, 167; **20**, 26
Flavone **11**, 150; **16**, 1; **17**, 1, 2, 3, 5, 14
—, from *o*-aroyloxyacetoarones **17**, 36
—, bathochromic shift **17**, 25, 26
—, biogenesis **17**, 6, 45, 47
—, blueing effect on anthocyanins **20**, 191
—, and borax **17**, 12
—, in butterfly wings **17**, 6
—, CH_2O_2 groups **17**, 9
—, und Chromone, Verwandtschaft **11**, 151
—, color reactions **17**, 12, 13
—, in conifer heartwood **17**, 6
—, countercurrent distribution **17**, 11

Flavone, degradation on micro scale 17, 30
—, diuretic action 17, 49
—, $FeCl_3$ reaction 17, 14
—, fluorescence 17, 13
—, hydrogenolysis of tosylate 17, 40
—, hydrolysis 17, 3, 28
—, hydroxylation, degree of 17, 7
—, from *o*-hydroxyacetophenone 17, 35, 36
—, IR spectrum 17, 28, 58
—, isolation 17, 9, 10, 11
—, natural 17, 14
—, OH groups and color 17, 13, 51
—, paper chromatography 17, 10
—, physiol. properties 17, 48, 49
—, spectra 17, 25, 57
—, Shinoda test 17, 13
—, structure determination 17, 28
—, synthesis 17, 3, 34, 37
—, **dihydroxy-** 17, 14
—, —, in nature 17, 15
—, **5,6-dihydroxy-**, synthesis 17, 39
—, **5,6-dimethoxy-** 17, 8, 15, 36
—, **dimethyl ether, 5,6-dihydroxy-** 17, 15, 39
—, **furano-**, in nature 17, 21
—, **7- and 4'-β-D-glucosyloxy-**, synthesis 17, 44
—, **heptahydroxy-**, in nature 17, 20
—, **heptamethoxy-** 17, 21
—, **hexahydroxy-**, in nature 17, 19
—, —, **deriv.** 17, 55
—, **5,7,8,3',4',5'-hexamethoxy-** 17, 20
—, **5-hydroxy** 17, 14, 15, 40
—, —, Farbreaktionen 17, 14
—, —, → primetin 17, 39
—, —, synthesis from 5,7-dihydroxyflavones 17, 40
—, **5-hydroxy-3,6,8,3',4',5'-hexamethoxy-** 17, 21
—, **5-hydroxy-3-methoxy-** 17, 40
—, —, from galangin 3-methyl ether 17, 40
—, **5-hydroxy-4,7,3',4'-tetramethoxy-** 15, 156
—, **6-hydroxy-**, coupling 17, 39
—, **7-hydroxy-** and **4'-hydroxy-**, glucosylation with tetracetyl-α-*D*-glucosyl bromide 17, 44
—, **7-hydroxy-5,8-dimethoxy-** 17, 37
—, **methyl and methylene ethers, pentahydroxy-** 17, 54
Flavone, methyl ethers, polyhydroxy- 17, 8
—, —, **tetrahydroxy-** 17, 52
—, —, **trihydroxy-** 17, 51
—, **7-methyl ether, 5,7,2',4'-tetrahydroxy-** 17, 17
—, **8-methyl ether, 5,7,8-trihydroxy-** 17, 16
—, **monohydroxy-**, in nature 17, 15
—, **penta-** and **hexamethyl ethers** 17, 7
—, **pentahydroxy-** 17, 18, 49, 54
—, **polyhydroxy-**, position of OH and OCH_3 17, 30
—, —, synthesis 17, 36, 39
—, **rhamnosides** 17, 7
—, **3-rutinoside, 3,5,7,3',4'-pentahydroxy-** 6, 315
—, **tetrahydroxy-** 17, 16, 52
—, **3,7,2',5'-, 3,7,3',4'-**, and **5,7,2',4'-tetrahydroxy-** 17, 16, 17, 32, 49
—, **trihydroxy-** 17, 15, 51
—, **3,5,7-, 5,6,7-**, and **5,7,4'-trihydroxy-** 17, 15
—, **3,3',4'-trihydroxy-**, metal chelates 17, 49
—, **5,7,4'-trihydroxy-4',4'-dimethoxy-** 17, 46
Flavone glycosides 17, 11, 67
—, cardiac stimulants 17, 49
—, countercurrent distribution 17, 11
—, from flavanone glycosides 17, 44
—, position of sugar 17, 31
—, synthesis 17, 44
Flavonoids 17, 3
—, bioconversion to anthocyanins 14, 207
—, bioeffect 17, 48
—, biosynthesis 14, 206; 17, 45
—, and capillary permeability 17, 48
—, IR spectra 17, 28, 58
—, isolation 17, 11
—, occurrence 17, 6
—, and oxygen removal, distribution 14, 198, 207
—, relationship to lignin 17, 45
—, structural relations 17, 4
Flavonoid metal chelates, and epinephrine oxidation 17, 48, 49
Flavonols 16, 1; 17, 2, 3, 4, 5
—, aerial oxidation 17, 12
—, → anthocyanidins 17, 4
—, antioxidant properties 17, 49
—, bathochromic shift 17, 25, 27
—, biol. action 15, 144

Flavonols, in biosynthesis **14,** 209
—, color reactions **17,** 13
—, content and boron content in plants **17,** 14
—, from flavonones **17,** 34, 41
—, fluorescence **17,** 13
—, from *o*-hydroxyphenyl styryl ketones **17,** 41
—, IR spectrum **17,** 58
—, in podophyllin **15,** 91
—, in *Podophyllum* spp. **15,** 138, 145
—, pro-oxidant effect **17,** 49
—, reduction **17,** 4
—, separation from flavanones and chalcones **17,** 11
—, Shinoda test **17,** 13
—, spectra **15,** 143; **17,** 27
—, synthesis **17,** 3
—, **deriv.** **15,** 155
—, **dihydro-** **16,** 12, 13; **17,** 4
—, —, Hydrierung **16,** 5
—, —, → Leucoanthocyanidin-hydrate **16,** 13
—, **5,8-dihydroxy-,** synthesis **17,** 36
—, **5-hydroxy-,** color test **17,** 14
—, **3-methyl ether,** color tests **17,** 13
—, **5,7,8-trihydroxy-,** color changes **17,** 13
Flavonol glycosides, distinction from aglycones **17,** 13
—, synthesis **17,** 45
Flavonol 3-glycosides, → anthocyanins **20,** 179, 192, 193
—, color test **17,** 13
Flavopereirin = Melinonin-G **17,** 204
Flavo-phospho-protein **2,** 96
Flavo-protein **2,** 96; **20,** 82, 115
Flavorhodine **10,** 219, 220
—, in marine mud **5,** 21
Flavoskyrin **14,** 201
Flavoxanthin **5,** 1, 8, 9, 11, 15, 16; **18,** 181
Flavylium cation, 3,5,7,3′,4′-penta-hydroxy- **20,** 166
Flavyliumchlorid, Leucobase **16,** 10
—, Reduktion **16,** 10
—, **3,4′-dimethoxy-** **16,** 10
—, **7-hydroxy-** **16,** 12, 15
—, **7-hydroxy-4′-methoxy-** **16,** 15
—, **3-methoxy-** **16,** 10
—, **3,5,7,2′,4′-pentahydroxy-** **16,** 17
—, **3,7,3′,4′-tetrahydroxy-** **16,** 15
—, **tetramethoxy-** **16,** 10
—, **7,3′,4′-trihydroxy-** **16,** 15
Flavylium-ion, Leucoverbindung **16,** 10
Flavylium-pseudobase **16,** 13
—, **acetate,** Hydrierung **16,** 5
—, **3-methoxy-** **16,** 10
Flavylium salts (Salze) **14,** 209; **17,** 5
—, Hydrierung **16,** 5
—, **acetate,** Typen **16,** 15
—, **4′-hydroxy-, 4′-methoxy-** und **4′-hydroxy-7-methoxy-,** hydrierte Acetate **16,** 14
Flax, straw hemicellulose, 4-O-methyl-glucuronic acid **18,** 511
—, polysaccharides (immunol.) **18,** 513, 520, 522, 525, 527
—, stretched **10,** 120
Flechten, s. **auch, see also, voir aussi, Lichens**
Flechten, Anthrachinon-Deriv. **2,** 52; **8,** 231
—, Benzol-Deriv. **8,** 212
—, Chinone **6,** 173
—, Depside und Depsidone **8,** 220, 225
—, N-haltige Substanzen **8,** 232
—, Triterpenoide **8,** 210
—, Xanthon-Deriv. **8,** 219
—, Zuckeralkohole **8,** 212
Flechtenstoffe **2,** 53; **8,** 207
—, aliphatische **8,** 209
—, Anthrachinon-Deriv. **2,** 52; **8,** 231
—, als Antibiotica **8,** 238
—, Biogenese **8,** 234
—, chinoide **6,** 174
—, Depside **2,** 37, 39; **8,** 220
—, Depsidone **2,** 46; **8,** 225
—, Fettsäuren **2,** 28
—, Laktone **2,** 28
—, Nachweis **2,** 53; **8,** 239
—, neutrale Substanzen **2,** 32
—, Orcingruppe **2,** 40, 43, 46, 47
—, Pulvinsäure-Deriv. **2,** 33
—, Usninsäure **2,** 35
—, Zuckeralkohole **2,** 32; **8,** 212
Fletcher-Hudson-Regel **14,** 75, 77
Fleurs, phosphatases **19,** 333
Flexible chains (rubbers) **10,** 143
Flexible molecules, thermal agitation **10,** 160
Flexuosin **19,** 68
Fliegenpilz, Pigmente **6,** 160
Flindersia australis, flindersine **13,** 305, *Fl. brayleyana,* braylin **9,** 281, *Fl. collina,* collinin **9,** 250, *Fl. maculosa,* flindulatin **17,** 54

Flindersiamine **13**, 326
Flindersine **13**, 305, 306, 307, 318, 326
—, **chloro-deoxy-** **13**, 305
Flindersinic acid **13**, 305, 306
—, **chloro-deoxy-** **13**, 305, 306
Flindulatin **17**, 19, 54
—, spectrum **17**, 57
Florida diamond back (snake venom) **12**, 411
Floridin und Cholesterin **17**, 100
Florigen **18**, 408
Flounders, protein **5**, 269
Flow birefringence (rubbers) **10**, 128
Flow equations (Baldwin) **18**, 446, 457
Flowers, indole content **17**, 252
Flowering and gibberellin **18**, 406, 407, 412, 413
Flower primordia, definition **18**, 390
Flow point, temperature (rubbers) **10**, 122, 123, 150
Fluorene **6**, 116
—, → 1,2-benzazulene **5**, 66
—, from benzocoumarins **9**, 282, 283, 284
—, **13β-acetic acid, 9β-carboxy-1-methyl-7-oxo-5,6,7,8:12α,13-hexahydro-** **18**, 355, 368
—, —, **1 → 11 lactone, 1α-carboxy-2β:11α-dihydroxy-9β-methoxycarbonyl-1β-methyl-7-oxo-1,2:5,6,7,8:10β,11,12α,13-decahydro-** **18**, 378
—, —, **9β-methoxycarbonyl-1-methyl-7-oxo-5,6,7,8:12α,13-hexahydro-** **18**, 368
—, **1α-carboxy-2β:11α-dihydroxy-9β-methoxycarbonyl-1-methyl-10β:12α-perhydro-** **18**, 380
—, **9-carboxylate, 1,7-dimethyl-, methyl** **18**, 361
—, **1,7-dimethyl-** **17**, 302; **18**, 356, 357, 359, 360, 361, 365
—, **1,7-dimethyl-5,6,7,8:12α,13-hexahydro-7α,9β,13α-tricarboxylic acid** **18**, 361
—, **4-ethyl-5-methyl-** **18**, 356
—, **2-hydroxy-1,7-dimethyl-** **18**, 380
—, —, synthesis **18**, 357, 358
—, **2-** and **7-hydroxy-1-methyl-** **18**, 357, 358, 368, 379, 380
—, **perhydro-** **17**, 136
—, **7α,9β,13α-tricarboxylate, 1,7-dimethyl-5,6,7,8:12α,13-hexahydro-, methyl** **18**, 364
Fluorenone, 1-carboxylic acid, 7-methyl- **18**, 356
—, **7-carboxylic acid, 1-methyl-** **18**, 356
—, —, —, decarboxylation **18**, 357
—, **1,7-** and **4,5-dicarboxylic acid** **18**, 357
—, **1,7-dimethyl-** **18**, 356, 357
—, **4,5-dimethyl-,** from 6,6′-dimethyl-diphenic acid **18**, 357
—, **1-methyl-** **18**, 357
—, **perhydro-** **17**, 136
Fluorescein, color **16**, 177
Fluorescence (Fluoreszenz), acide nicotinique et nicotylamide **6**, 337
—, adrénaline et adrénochrome **6**, 332
—, alcaloïdes **2**, 311; **6**, 333
—, amide de l'acide N-*d*-glucosido-*o*-dihydro-nicotique **2**, 335
—, amino-acides **2**, 311
—, caroténoïdes **2**, 332; **6**, 344
—, chlorophylles **2**, 317, 321; **6**, 338
—, excitation **6**, 332, 346, 348, 349
—, flavines **2**, 334
—, glucosides **2**, 309; **6**, 313
—, hydrocarbones **2**, 309; **6**, 313
—, indols **6**, 336
—, lampyrine **6**, 343
—, lipides et lipoïdes **2**, 310
—, oxypénicilliopsine et hypéricine **2**, 332
—, (paper chromatography) **12**, 279, 290
—, pénicilline et streptomycine **6**, 344
—, phéophorbides et phylloérythrine **2**, 322
—, phycochromoprotéides **2**, 323
—, phytofluène **6**, 344
—, pigments biliaires et urobiliniques **2**, 324
—, polyhydroxy-anthraquinones **6**, 340
—, polyphénols **6**, 335
—, porphine et porphyrines **2**, 325, 330, 331
—, primaire, secondaire et „parasite" **2**, 301, 302
—, produits biologiques **6**, 311
—, protéines et amino-acides **2**, 311; **6**, 323
—, pyrimidines, purines, ptérines **6**, 325
—, refroidissement **2**, 304
—, à l'état solide **2**, 305
—, spectres de **2**, 301, 303, 304, 306, 307; **6**, 311, 312, 345
—, stérols et stéroïdes **6**, 315

Fluorescence, thiamine, thiochrome, thiazol **2,** 335; **6,** 331
—, vitamine A **2,** 332; **6,** 344
—, Vogelfedern **18,** 199, 201, 202
Fluorescyanine **6,** 327; **11,** 367, 370, 385, 390
—, and melanogenesis **11,** 390
—, occurrence **11,** 370
—, spectrum **11,** 363
—, **proteid** **11,** 371
Fluoreszierende Verbindungen, Sensibilisierung von Tieren **14,** 142
1-Fluor-hexaacetyl-4-β-*d*-glycosido-*d*-mannose **2,** 203
Fluoride (inhibitor) **9,** 344, 345, 346
Fluorobenzene (Fluorobenzol), 2,4-dinitro-, identification of N-terminal amino acids **11,** 262, 266, 267, 268
—, —, (Lignin-Analyse) **11,** 47, 49
Fluoroborate, triethyl-oxonium-, and formylazulene **19,** 46
Fluorochrome, fluorescence **6,** 332
Fluorocurarin (Calebassen) **17,** 187, 189, 195, 196, 206, 207, 208, 209, 210, 227, 231, 236, 237, 239, 240
—, aus Calebassin **17,** 207
—, aus Curarin **17,** 220
—, aus Desoxy-calebassin **17,** 207, 223
—, Spektrum **17,** 239
—, **desoxy-isodihydro-$N_{(a)}$-methyl-** **17,** 208, 209, 210
—, **$N_{(a)}$-methyl-** **17,** 208, 209
—, **tetrahydro-$N_{(a)}$-methyl-** **17,** 208, 209, 210
Fluorocurin (Calebassen) **17,** 186, 189, 190, 195, 196, 199, 230, 236, 237, 238
—, Ozonabbau **17,** 196
—, Spektrum **17,** 239
—, **deriv.** **17,** 199
—, **chlorid** und **jodid** **17,** 196
—, **hydro-** **17,** 195, 197, 199
—, **ε_1-hexahydro-** **17,** 197, 199
Fluorohydrins, steroidal **19,** 204
α-Fluoroketones, axial, Cotton effect **19,** 198
Fluorophosphate, di-isopropyl-, and carboxy-peptidase **12,** 316
Fluorures, inhibiteurs de phosphatases **19,** 348
Fluorwasserstoff (Umlagerungsmittel) **2,** 203
Fly and insecticides **10,** 464, 465
Fly-agaric, muscarine **20,** 5
FMN (abbreviation for flavin mononucleotide) **8,** 98
Foetal tissues, incorporation of amino acids **9,** 315
Foies, fluorescence **6,** 344
Folia Sennae, anthraquinone deriv. **6,** 177; **7,** 251
Folic acid (Acide folique), and adenine uptake **9,** 395
—, antécédents **9,** 100
—, and fat **6,** 36
—, fluorescence **6,** 328
—, growth factor **11,** 372, 373
—, inhibitors **11,** 379
—, physiol. action **11,** 391
Folic acid series **11,** 372, 385
Folic acid conjugase and citrovorum factor **11,** 384
Folienstruktur (Mizellen) **1,** 299
Folinic acids, and growth of microorganisms **9,** 431
Folin's reagent **12,** 290; **13,** 377
Folin's theory (protein metabolism) **9,** 294
Follikel-stimulierendes Hormon, Kohlenhydrat-Anteil **20,** 243
Fomes officinalis, eburicoic acid **12,** 68, 69
Foods, amino acid content **11,** 255
—, specific-dynamic effect **6,** 41, 42
Forest, photosynthesis in **14,** 320
Forestal Solvent **16,** 12
Formaldehyde, in amino acid detection **12,** 290
—, bond distances **3,** 208
—, from chloromycetin **16,** 103
—, aus Dehydro-di-coniferylalkohol **11,** 64
—, from lignin **5,** 188; **11,** 51
Formamide, dimethyl- **13,** 381
Formamido-malonamidine **9,** 390
Formazan, triphenyl- **13,** 173
Formazan-Farbstoff **17,** 132
Formic acid, synthesis by electric discharges **20,** 44
Formononetin **17,** 15, 23, 45, 48, 56
—, as estrogen **17,** 50
—, spectrum **17,** 28, 58
—, synthesis **17,** 41
—, **tetrahydro-** **17,** 47
Formononetin glucoside **17,** 45, 56
Formvar films (antigen-antibody separation) **9,** 471, 472

Formylacetic acid **9,** 235
Foromacidine, Kohlenhydrat-Komponente **20,** 219
Forrestine, insecticide **10,** 461
Fossils, age **20,** 440
—, amino acid content **17,** 394, 395
—, Cambrian times **17,** 380, 381
—, cellulose **17,** 398
—, chemicals **17,** 379
—, chitin **17,** 398
—, fruits, cellulose **17,** 398
—, fuels **17,** 379
—, proteins, *Mercenaria mercenaria* shells **17,** 393, 394
—, sediments, *cis* carotenoids **18,** 280
Fougères, antithiamines **9,** 93
Fourier projections, peptides **11,** 186, 190, 196
Fourier series **8,** 313, 317
Fourier synthesis **15,** 171, 173
Fowlero-bufagin **5,** 243
Fraction collector, automatic **11,** 234, 249; **12,** 279
Fragaria spp. and gibberellin **18,** 397, 407, *Fr. vesca,* anthocyanins **20,** 182
Fragarin **20,** 179
Franck-Condon principle **17,** 442
Frangula-emodin **6,** 163, 168, 172, 177, 188
Frangula-emodin-anthranol **6,** 169
Frangulin **6,** 188
Frankonit **2,** 62; **8,** 353
Frauenmilch, lactaminsäure(N-acetylneuraminsäure)-haltige und neutrale Oligosaccharide **20,** 221, 224
Fraxetin **9,** 226, 247, 248, 265
—, **8-glucosido-** **9,** 248
Fraxidin **9,** 248, 249; **17,** 19, 173
Fraxin **9,** 241, 247, 248; **17,** 19, 173
Fraxinol **9,** 249; **17,** 173
Fraxinus spp., coumarins **9,** 244, syringin **11,** 63
—, dormancy and gibberellin **18,** 397
Free energy differences, *cis-* and *trans-*hydrindanones **19,** 181
Free rotation, theory **19,** 167
Friction coefficient (sedimentation) **18,** 456, 462, 464
Friedelanone **19,** 222, 223
Friedel-3-ene → olean-13(18)-ene **19,** 270, 271
Friedelin **7,** 74; **10,** 253
Friedelin, biosynthesis **19,** 271
—, conformation **19,** 173
Fries rearrangement **9,** 232
Fritillaria imperialis, Fr. kamchatkensis, Fr. meleagris, Fr. raddeana, Fr. roylei, Fr. usuriensis, anthocyanins **20,** 183, alkaloids **20,** 355
Frog (Frosch), eggs, deoxyribosides **9,** 394
—, eye, adaptation **14,** 251, 254, 278
—, retina **14,** 246, 271
—, rhodopsin **14,** 267, 276
—, Ubichinon **20,** 81
Fröhde's Reagens **8,** 301
Frontier Shale, asphalt and kerogen **17,** 387, 388
Fructofuranose, 2,3-isopropylidene- **8,** 84
β-*D*-Fructofuranose **5,** 118; **15,** 11
β-Fructofuranosidase **19,** 310
β-*D*-Fructofuranosyl-(2-6)-α-*D*-glucopyranosyl-(1-2)-β-*D*-fructofuranose **19,** 305
Fructosan **5,** 110
—, glucosehaltiges, Drehung **15,** 13
—, in Gräsern, in der Vegetationsperiode **15,** 20
—, in plant metabolism **11,** 2
—, im Weizen **19,** 302
Fructosanase, Verhältnis zu Saccharase **19,** 311
***D*-Fructose,** furanose form **5,** 113
—, → Glucosamin-6-phosphat **20,** 244
—, from glyceraldehyde **19,** 273, 274
—, in plant metabolism **11,** 2
—, rotation **8,** 58
—, **β-di-acetone-** **8,** 82
—, **3,4-dimethyl-** **15,** 12; **19,** 303, 305
***D*-Fructose-1,6-diphosphate** **8,** 56, 80, 81, 82, 83
—, dissociation constants **8,** 64
—, hydrolysis **8,** 61; **19,** 345
—, rotation **8,** 58, 62
—, and periodate **8,** 55
—, et phosphatase **19,** 325, 327, 329
—, reducing power **8,** 58
Fructose phosphates, opt. rotation **8,** 58, 81
***D*-Fructose-1-phosphate** **8,** 80, 81
—, hydrolysis constant **8,** 61
—, reducing power **8,** 58
—, rotation **8,** 58, 62
***D*-Fructose-3-phosphate** **8,** 82

D-**Fructose-6-phosphate** **8**, 56, 81, 82
—, dissociation constants **8**, 64
—, hydrolysis constant **8**, 61
—, and periodate **8**, 56
—, reducing power **8**, 58, 62
—, rotation **8**, 58, 62
D-**Fructose, 1,3,4,6-tetramethyl-** **15**, 12, 16; **19**, 294, 295, 303, 304, 305
—, **1,3,4-** und **3,4,6-trimethyl-** **15**, 12; **19**, 294, 295, 303, 304, 305
Fructosyl-raffinose im Weizen **19**, 304
Fructus Rhamnis catharticae, Anthrachinone **6**, 177
Frugosid **13**, 208; **14**, 96, 120, 121
Fruit, coat fats **1**, 24, 32, 33
—, ethylene as metabolic product **17**, 299
—, growth, swelling and gibberellin **18**, 408, 409
—, phosphatases **19**, 333
Fruit fly, drosopterine **11**, 386
—, salivary gland cells, chromosomes **12**, 469
FSH (Abkürzung für follikel-stimulierendes Hormon) **20**, 243
Fuc (Abkürzung für Fucose) **20**, 202
Fuchsine phéniquée et Mycobactéries **10**, 242
Fuchsisenecionine **12**, 202, 206
Fucomucine **20**, 227
D- und *L*-**Fucosamin** **20**, 231
D-**Fucose** **7**, 107, 150; **14**, 72, 73, 94, 102, 104, 107
—, **arylhydrazone** **14**, 103
L-**Fucose** (immunol.) **18**, 519
—, **2-deoxy-** **14**, 74, 104
—, **2-O-methyl-** **20**, 237
2′-Fucosido-lactose aus Frauenmilch **20**, 221
Fucosterol, from algae **1**, 93
—, Biosynthese **12**, 143
—, **dihydro-** **1**, 93
Fucoxanthin **5**, 1, 22, 31
—, stereoisomerization on glass powder or sugar **18**, 274
cis-**Fucoxanthins** **18**, 280, 317
Fucus sp., Ubichinon **20**, 81, *F. vesiculosus*, fucosterol **1**, 93
Fuels, fossil **17**, 379
Fukugetin **17**, 18
Fulginic acid, **$\alpha\beta$-diphenyl-$\alpha\beta$-dipropyl-** **13**, 333
Fulvene (Dien-Synthese) **10**, 13
Fumarase **6**, 303
Fumarat-hydrase **3**, 73
Fumarprotocetrarsäure **2**, 50; **8**, 211
Fumarsäure, $\leftrightarrows$ Bernsteinsäure (biol.) **4**, 267
—, (biol.) **4**, 267, 273, 285; **18**, 91
—, (Dien-Synthese) **10**, 6, 38
—, **chlorid** und α- oder β-Eläostearinsäure **10**, 42
DL-**Fumaryl-alanine,** from *Penicillium resticulosum* **20**, 7
Fumaryl-bisglycinester **13**, 473
Fumigaclavine A and **B** **20**, 19, 20
Fumigants (insecticides) **10**, 425
Fumigatin **6**, 158, 166, 171, 202
Fundamental band (UV spectrum), theory **18**, 256
Fundulus parvipinnis, xanthophylls **5**, 32, 33
Fungi, s. **auch, see also, voir aussi, Pilze**
Fungal carotenoids, biochemistry **12**, 169, 171, 189
—, light dependence **12**, 184
—, mutants **12**, 180
Fungal gibberellins **18**, 391
Fungal metabolites, amino acids implicated **20**, 32
Fungal pectic enzymes **17**, 315
Fungal peptides, proline **20**, 15
Fungi, amines **20**, 2
—, azanthracene deriv. **20**, 23
—, bufotenin **20**, 16
—, ergot alkaloids **20**, 17
—, heterocyclic N-compounds **20**, 15
—, heterocyclics containing S and N **20**, 28
—, imperfecti, carotenoids **12**, 172, 173
—, indigo **20**, 15
—, indoles (simple) **20**, 15
—, N-containing metabolites **20**, 1
—, nitro- and nitroso-compounds **20**, 6
—, oligopeptides **20**, 7
—, torulene **12**, 177
—, penicillins **20**, 28
—, phenoxazone deriv. **20**, 23
—, phototropic response **12**, 191
—, polyacetylenes, N-containing **20**, 7
—, polyenes **12**, 175, 176, 177
—, primitive, cellulosic framework **8**, 5
—, purine deriv. **20**, 27
—, pyrazine deriv. **20**, 24
—, pyridine deriv. **20**, 21

Fungi, pyrrole deriv. **20,** 15
—, quaternary ammonium compounds **20,** 4
—, quinoline deriv. **20,** 22
—, S-compounds **20,** 30
—, tryptophan **20,** 15
—, wood destroying **8,** 22
Fungisporin, structure **20,** 11
Fungisterol, Biosynthese **12,** 143
Funiculosin **6,** 168
Furan, und Acetylen-dicarbonsäureester **10,** 89
—, α-substituiert, Hinderung der Dien-Synthese **10,** 82
—, thermolabile Addukte **10,** 88
—, **ω-acetoxy-5-methyl-2-carbonsäure** **2,** 238
—, **alkyl-** (Dien-Synthese) **10,** 92
—, **1-äthyl-2-chlor-tetrahydro-** **8,** 189, 190
—, **2,3-dicarboxylic acid** **9,** 258, 259, 260, 261, 265, 267, 268, 269; **11,** 134
—, **3,4-dicarbonsäureester** aus Columbin **17,** 154
—, **2,3-dichlor-tetrahydro-** **8,** 190
—, **α,α'-dimethyl-** (Dien-Synthese) **3,** 13; **10,** 88
—, **2,5-dimethyl-,** → 5-Methyl-brenzschleimsäure **4,** 222
—, **α-isopropyl-** **9,** 276
—, **α-methyl-,** aus Acetylen-Deriv. **14,** 58
—, **5'-tert.-oxy-isopropyl-4',5'-dihydro-** **11,** 151
—, **propionsäure, β-oxy-** **3,** 46
—, **tetrahydro-** **8,** 189, 190
Furano-azulenes **12,** 11
Furano-coumarins **9,** 257
—, **dimethoxy-** **9,** 266
Furano-flavones in nature **17,** 21
Furanoide Oxyde (Carotinoide) **5,** 1, 5, 6, 11
Furanoside, structure **8,** 106
Furano-tropolone **13,** 261, 262
Furan-Reihe und Dien-Synthese **10,** 13, 87, 88, 90, 91, 92
Furcelleria fastigiata, growth promoters **11,** 383
Furet-blaireau, sécrétion musquée **6,** 110
Furethrin **19,** 146
Furfurylester, tetrahydro-, analgetische Wirkung **11,** 156
Furfuryliden-aceton (biochem. Hydrierung) **3,** 35
Furo-[3,2-f]-azulene **19,** 50
—, **5,7-diethoxycarbonyl-3-methyl-** **19,** 103
—, **5(7)-ethoxycarbonyl-3-methyl-** **19,** 103
—, **3-methyl-** **19,** 103
—, **3-methyl-2,3-dihydro-** **19,** 103
—, **3,5,8-** and **3,6,9-trimethyl-** **19,** 103
Furocoumarine **11,** 126, 127
—, und Leukodermie **11,** 157
Furoic acid **7,** 202
Furoquinolines **13,** 317, 320
—, biogenetic pattern **13,** 326
—, **dihydro-** **13,** 321
—, **isopentane ethers** **13,** 326
—, **4-methoxy-** **13,** 319
—, **4-methoxy-6,7-** and **-7,8-methylenedioxy-** **13,** 323, 324
—, **tetraalkoxy-** **13,** 325
—, **3,4,7,8-tetramethoxy-** **13,** 325
—, **4,6,7-,** **4,6,8-** and **4,7,8-trimethoxy-** **13,** 323, 324
Furoquinolin alkaloids **13,** 317, 322
Furoyl-essigsäure (biochem. Hydrierung) **3,** 46
Fürst-Plattner-Regel **20,** 209
Fusaric acid **17,** 313, 315
—, chelation **17,** 313
—, a plant toxin **17,** 313
—, and wilt **17,** 313
—, **dehydro-** **17,** 313; **20,** 22
Fusarium, antibiotics **20,** 9
—, chitin **2,** 215
—, lycomarasmin **17,** 311, 312
—, Naphthochinone **6,** 167
—, peptides **20,** 7
—, polypeptide antibiotics **20,** 9, 10
F. culmorum, wilting agent **20,** 8, *F. heterosporum,* fusaric acid **17,** 313; **20,** 22, *F. javanicum,* Chinone, Javanicin **6,** 161, 162, 203; **11,** 170, *F. lycopersici,* fusaric acid, lycomarasmin **20,** 8, 22, *F. lini,* Naphthochinone **6,** 221, 222, *F. orthoceros,* fusaric acid **17,** 313, *F. oxysporum,* ethylene, fusaric acid, β-glucosidase, pectic enzymes **17,** 300, 310, 313, 314, 315, tomato wilt **17,** 300, 310, *F. solani,* Chinone, Fusarubin **6,** 162, 221; **11,** 162, 170, 171, *F. vasinfectum,* fusaric acid **17,** 313; **20,** 22
Fusarium wilt (peas, cabbage, tomato) **17,** 300, 301, 310, 313, 315
—, and ethylene **17,** 301, 313

Fusarubin 11, 162, 170, 171; **14**, 196
—, hydriertes, Rück-oxydation **11**, 170
—, pharmak. Wirkung **11**, 171
—, wasserlösliches **11**, 172
—, **anhydro-** **11**, 171
—, **desoxy-** **11**, 170, 171
Fusarubinogen **11**, 171
Fuscin **6**, 170
Fustic, dyes **17**, 2
Fustin **16**, 12, 13; **17**, 2

G.

G (Abkürzung für Glucose) **20**, 202
Ga (Abkürzung für Galaktose) **20**, 202
GA (Abkürzung für Glucosamin) **20**, 202
GaA (Abkürzung für Galaktosamin) **20**, 202
Gadus luscus, G. morrhua, protein **5**, 275, 285, vitamins A and D **6**, 52, 54
Gaebel test **16**, 72
Gaena maculata, Pterine **4**, 77
Gaillardia aristata, Matricariaester **14**, 13
Galactan in humus **17**, 398
Galactin **19**, 301
Galactomannans (immunol.) **18**, 514, 517
D-**Galaktosamin** **20**, 202, 203
—, → Aldonsäure **20**, 246
—, enzymat. Abbau und Synthese **20**, 244, 246
—, **N-acetyl-** **20**, 203
—, —, in Gangliosiden, aus Zellwand **20**, 224, 231
Galaktosamino-glycan **20**, 228
D-**Galaktosamin-uronsäure** **20**, 218
D-**Galactose (Galaktose)** **3**, 155, 166, 183, 185, 186, 193
—, in capsular polysaccharides **18**, 506
—, (lipides bactériens) **10**, 232, 236, 243
—, **acetobrom-** **2**, 166, 173, 175; **8**, 79
—, **2-amino-2-desoxy-** und **-2,6-bisdesoxy-** **20**, 202, 231
—, **1-chlor-2,3,4-triacetyl-** **2**, 193
—, **diaceton-** **2**, 169, 173
—, **3,6-di-deoxy-** (immunol.) **18**, 517
—, **galaktosido-** **2**, 173
—, **heptaacetyl-cellobiosido-β-6-diaceton-** **2**, 170, 171
—, **heptaacetyl-laktosido-β-6-diaceton-** **2**, 172
—, **hexaacetat, α-1-chlor-β-6-*l*-rhamnosido-** **2**, 193, 194
D-**Galactose, hexaacetat, β-1-methyl-β-6-*l*-rhamnosido-** **2**, 194
Galactose phosphate **8**, 79
Galactose-1-phosphate **8**, 125
—, dissociation constants **8**, 64
—, → glucose-1-phosphate **8**, 80
—, hydrolysis **19**, 345
α-**Galactose-1-phosphate** **8**, 51, 76, 79, 115
—, hydrolysis constant **8**, 61
—, rotation **8**, 58, 62, 63
β-**Galactose-1-phosphate** **8**, 51
—, hydrolysis constant **8**, 61
—, rotation **8**, 63
Galactose-6-phosphate **8**, 80
Galactose, 6-tetraaceton-mannosido- **2**, 174
—, **tetraacetyl-6-β-*d*-glycosido-diaceton-** **2**, 169
L-**Galactose, 2-amino-2,6-bisdesoxy-** **20**, 231
3-Galactoside, α-methyl-, rotation **8**, 58
β-*D*-**Galaktosid, tetraacetyl-** **1**, 20
α-**Galaktosid, tetraacetyl-phenol-** **2**, 175
α- and β-**Galactosidase**, chromatography **8**, 349, 355
Galactosyl-glycerin im Weizenmehl **19**, 304
Galactowaldenase **8**, 98, 125
—, coenzyme of **8**, 125
Galacturonic acid, in gums, in *Pneumococcus* (immunol.) **18**, 509, 510, 519
Galangin **17**, 15, 51
—, spectrum **17**, 57
—, **dihydro-** **16**, 12
—, **3-methyl ether**, → 5-hydroxy-3-methoxy-flavone **17**, 40
Galbanum, umbelliferone **9**, 243
Galbulin **15**, 92
Galégine **18**, 85, 86, 105, 106
Galeorhinus zyopterus, vitamin A **5**, 33; **6**, 53
Galiosin **6**, 189
Galipea spp., quinoline alkaloids **13**, 307
Galipine, Galipoline **13**, 307, 308, 309
Galium mollugo, G. verum, Chinone **6**, 186, 189
Gallate, methyl, and enzymes **8**, 357
Galle en couronne, lipides **10**, 246
Gall formation, and ionizing radiation **17**, 304, 305, 308
—, and bacteria **17**, 305
—, and inoculation **17**, 304, 305
—, stages **17**, 305
Galle, s. auch, see also, voir aussi, Bile

Gallenblase (Bilirubin) **3,** 84
Gallenfarbstoffe 3, 81, 87, 95
—, Methylenbrücke **3,** 98
—, mit unbekannter Struktur **3,** 87, 125, 131
—, Vorkommen, Bildung, Ausscheidung **3,** 82, 102
—, zwei- und vierkernige **3,** 87, 125
Gallensäuren 12, 145, 147, 152
—, Biosynthese **12,** 146
—, aus Cholesterin **3,** 55
—, Einführung von Hydroxyl **12,** 162
—, Hydrierung **3,** 56
Gallensteine 3, 87
Gallerten, zweidimensionale **4,** 360
Galli (Federn, Eischalen), Porphyrin **18,** 205, 210
Gallic acid, s., see, voir, Gallussäure
Gallocatechin 16, 3
Gallotannin 9, 283; **13,** 70, 71
—, Beziehung zu Gallussäure **13,** 131
—, chinesisches, türkisches **13,** 71
—, Phenol-carbonsäuren **13,** 129
—, Spektrum **13,** 74
Galloxanthin, in chick retina **14,** 299
3-Galloyl-*d*-catechin-acetat, Synthese **16,** 18
Galloyl-chlorid, tribenzyl- 13, 83, 84, 87
—, **trimethyl- 13,** 377
3-Galloyl-*l*-epicatechin und **-*l*-epigallocatechin in Tee 16,** 18
Galloyl-glucose, 1,2-aceton-3,5-benzyl-6-tribenzyl- 13, 84
—, **1,2-aceton-3,6-di-tribenzyl- 13,** 84
—, **1,2-aceton-3-tribenzyl- 13,** 82, 83
—, ***p*-bromphenylosazon 13,** 81, 85
1-Galloyl-α- und **-β-glucose-heptaacetat 13,** 94
3-Galloyl-glucose-heptaacetat 13, 83
3-Galloyl-glycerinaldehyd 13, 72
Gallussäure (Gallic acid) 13, 85, 92, 122, 127, 130, 131
—, Beziehung zu Gallotanninen **13,** 131
—, → Dihydrogallussäure **13,** 127, 128
—, (flavonols, B-ring) **17,** 8
—, und KCN **13,** 118, 119
—, → 2-Oxy-4-carboxy-adipinsäure **13,** 128
—, **anhydride, trimethyl-** (hibiscetin synthesis) **17,** 21
—, **brom-, trimethyläther 13,** 117
Gallussäure, chlorid, acetyliert 13, 82
—, —, **dimethyl- 13,** 80
—, —, **tribenzyl- 13,** 82
—, **methylester,** Dehydrierung **13,** 126
—, —, Spektrum **13,** 74
—, —, **3,4-dimethyläther- 13,** 117
—, —, **trimethyläther-amino- 13,** 110, 113
—, **trimethyl- 2,** 11, 13, 14; **13,** 89, 94, 96, 111, 119, 377, 378
—, —, aus Lignin **20,** 46, 61
Gamabufagin 5, 242, 243, 249, 256; **13,** 200
Gamabufogenin 4, 12, 14; **5,** 249; **13,** 200
—, Spektrum **4,** 14
Gamabufotalin 4, 12; **5,** 249; **13,** 189, 190, 200
Gamabufotoxin 5, 255, 256
Gamatin 17, 22
Gamon, Befruchtungsstoff **6,** 196
Gambir (Block-), *d*-Catechin **16,** 2
Gangaleoidin 8, 229
Ganglionblocker (Curare-Alkaloide) **17,** 233, 234
Ganglioside 20, 224, 225
—, und Tetanustoxin **20,** 226
—, und *d*-Tubocurarin **20,** 226
Ganglioside G_I—G_{IV} aus Rinderhirn **20** 225, 226
Garcinia, fat, component acids **1,** 47; **5,** 86, 87
G. spicata, fukugetin, garcinin **17,** 18
Gardenia spp., methyl anthranilate **13,** 304, *G. lucida,* gardenin **17,** 21
Gardenin 17, 7, 8, 20, 21, 31, 40
—, alkali fusion **17,** 31
Garibaldi (fish), carotenoids **5,** 32, 33
Garnele, Ubichinon **20,** 81
Garrulus glandarius (Federn), optische Farbe **18,** 178
Garrya spp., *G. laurifolia, G. veatchii,* aconite alkaloids, cuauchichicine, garryfoline, garryine, veatchine **16,** 27, 28, 40
Garrya alkaloids 12, 27; **16,** 27, 28
Garrya skeleton, hindered methylene **16,** 37
—, stereochemistry **16,** 36
Garryfoline 16, 40
—, acid-catalyzed ketonization **16,** 42, 43
—, configuration of the sec. OH **16,** 42
—, → cuauchichicine **16,** 56
—, epimer of veatchine **16,** 42
—, isomerization **16,** 39, 40, 41

Garryfoline, reduction to F-dihydro compound **16,** 41
—, **F-dihydro- 16,** 41
—, —, protonation **16,** 52
Garryine 16, 28
—, carbinolamine form **16,** 31, 35, 37, 38
—, hydrate **16,** 28, 29
—, isomerization **16,** 39
—, oxidation **16,** 31
—, partial resynthesis **16,** 30
—, pyrolysis **16,** 30
—, salts **16,** 29, 30, 33, 38
—, stability in basic media **16,** 38
—, structure **16,** 27, 28, 29, 34, 35
—, zwitterionic and oxazolidine forms **16,** 29, 30, 37, 38
—, **acetyl- 16,** 28
—, **methyl-dihydro- 16,** 35, 36
—, —, dehydrogenation **16,** 35, 36
—, **oxo- 16,** 29, 31
Gärung, alkoholische **1,** 105, 123
—, bakterielle **4,** 306
GAS (Abkürzung für Glucosaminsäure) **20,** 202
Gas, natural, isotopic composition of carbon **14,** 330
Gasparinia elegans, chinoide Flechtenstoffe **6,** 174
Gaussian bands, resolution **20,** 379
Gaussian chains 10, 161
Gaussian distribution, macrospecies **20,** 374, 376
Gavan, Gavano, Pharmakol. **8,** 304, 306
Gazaniaxanthin 12, 176
—, *cis* forms **18,** 310
Gecko, glandes odorantes **6,** 111
—, visual pigment **14,** 250, 293, 295, 307
Gehirn, Abbau der Brenztraubensäure **4,** 277
—, Cholesterol-Biosynthese **12,** 133
—, Flavingehalt **2,** 64, 65
Geigeria aspera, **geigerin 19,** 72
Geigerin 17, 173; **19,** 72, 73, 77
—, correlation with artemisin and isophotoartemisin **19,** 73, 74, 76
—, → guaiazulene **19,** 72
—, **acetylbromo- 19,** 73, 74, 76
—, **anhydro- 19,** 72, 73, 74
—, **dehydro-,** → chamazulene **19,** 72
Geigerinin 19, 72, 74
Geijerene 19, 78, 79
Geissospermum laeve, G. vellosii, flavopereirin **17,** 204
Gelatin, amino acid composition **17,** 385
—, (antigène) **9,** 446; **12,** 388
—, C- and N-terminal residues **11,** 267, 273
—, chromatography of hydrolyzate **11,** 279
—, collagen structure **11,** 214
—, DNP-peptides **11,** 282
—, fluorescence **2,** 311; **6,** 324
—, (Gerbstoff-Reaktion) **16,** 9
—, helical structure **11,** 227, 228
—, hydrolyzate, separation of peptides **11,** 280
—, Molgewicht **1,** 265
—, sedimentation analysis **18,** 475
—, X-ray diagram **1,** 333; **11,** 227
Gelbes Ferment, s. auch, Yellow enzyme
Gelbes Ferment 1, 122; **3,** 73
—, altes und neues **2,** 61, 74, 92, 96
—, Film **4,** 448
Gelbfieber, Virus **4,** 89
Geldikkopp (Geeldikop) (Lichtkrankheit) **6,** 179; **14,** 182
Gelseminic acid 9, 245
Gelsemium sempervirens, sempervirine **10,** 397
Gene 5, 300, 304; **12,** 480
—, action **5,** 317; **12,** 466, 473, 482
—, and anthocyanin formation **20,** 189
—, and aromatic amino acids **12,** 478
—, in bacteria **5,** 321
—, control of protein specificities **5,** 310
—, defective, dominant, recessive, normal **5,** 301
—, directed reactions **5,** 308
—, and DNA structure **12,** 473
—, and enzymes **12,** 476; **20,** 432
—, and evolution **5,** 324; **20,** 436
—, and hydrogen bonds **12,** 473
—, inactivation **12,** 482
—, localization in chromosomes **12,** 468
—, mutation **5,** 301, 318, 319; **12,** 468
—, replication **12,** 473, 474, 480; **20,** 436
—, reproduction **5,** 318
—, specificity **12,** 472, 480
—, structure **12,** 466
—, universality **5,** 320
—, and X-ray **5,** 319
Genetics, classical and chemical **5,** 300, 302; **12,** 466

Genetics, of hemoglobin structure **12,** 475
—, of viruses **12,** 470
Genetic control and chemical reactions **12,** 475
Genetic **dwarfs** (plants) **17,** 304
—, and gibberellin **18,** 391, 415
Genetic information, transfer to ribosome by emplate RNA **20,** 403
Genetic material, characteristics **12,** 468; **20,** 427
—, heterocatalytic function **20,** 432
Genetic substances in animals **20,** 428
Genetta vulgaris, glandes à parfum **6,** 93
Genin, s. **auch, see also, voir aussi, Glycoside, Herzgifte**
Genin, (toad poisons) **5,** 242
—, **A** (Triterpen) **7,** 17, 20, 31, 32
—, **B, D, E, F, H** aus *Digitalis grandiflora* **14,** 106, 123
—, **H 15,** aus *Strophanthus amboënsis* **14,** 116
—, **acetyl-,** Ozonabbau **13,** 155
—, **anhydro-,** (Herzgifte) **13,** 149, 154
—, **dihydro-,** inaktive **14,** 90
Genista spp., galls, purpurogallin **13,** 245, *G. tinctoria,* genistin **17,** 56
Genistein 8, 269; **17,** 3, 23, 43, 45, 56
—, estrogenic effect **17,** 50
—, spectrum **17,** 28, 58
—, synthesis **17,** 43
—, **7-glucoside 17,** 56
—, —, estrogenic effect **17,** 50
—, —, synthesis **17,** 45
—, **4'-glucoside 17,** 45, 56
—, **4'-rhamnoglucoside 17,** 56
Genistin 17, 56
Genkwanin 17, 47, 51
—, diuretic and anthelminthic action **17,** 49
—, **5-glucoside 17,** 51
Genotypic and **phenotypic variations 20,** 426
Genplatyphylline 12, 252
Gentiamarin 17, 129, 132, 133
Gentianaceae, Bitterstoffe **17,** 125, 129
Gentiana spp., dormancy and gibberellin **18,** 410, *G. lutea,* Gentiopikrin **17,** 130
Gentiin 17, 173
Gentiobiase, chromatography **8,** 356
Gentiobiose 2, 207
—, (Herzglycoside) **14,** 104
—, → isomaltose **11,** 22
Gentiobiose, acetobrom- und **acetochlor- 2,** 166, 188, 191
α-Gentiobiose 14, 102
β-Gentiobiose, gentiobiosido- 2, 169
—, —, **tetradecaacetat 2,** 168
α- und **β-Gentiobiose, octaacetyl- 2,** 165; **14,** 77, 103
Gentiobiosid, heptaacetyl-1-β-methyl- 2, 184
—, **heptaacetyl-phenol- 1,** 20
—, **1-β-methyl-heptaacetyl- 2,** 183, 184, 185
—, **tridecaacetyl-1-β-methyl-6'-α-** und **-β-cellobiosido- 2,** 186, 187, 188
Gentiobiuronic acid of polysaccharides **9,** 450
Gentiogenin, dimeres **17,** 131
—, **hexahydro- 17,** 132
—, —, **methyläther 17,** 132
Gentiopikrin 12, 57; **17,** 129, 130, 132, 173
—, Enzymspaltung **17,** 131
—, Hydrierung **17,** 130
—, IR-Spektrum **17,** 132
—, Lactonring, Ozonolyse **17,** 131
—, Reaktionen **17,** 130, 132
—, **hexahydro- 17,** 131
—, **tetraacetyl- 17,** 130, 131
—, α- und **β-tetraacetyl-tetrahydro-deriv. 17,** 131, 132
—, **tetrahydro-,** Enzymolyse **17,** 131
Gentisinalkohol 6, 161, 167
Gentisinchinon 6, 158
Gentisinsäure (Acide gentisique) 6, 160
—, (castoréum) **6,** 114, 115, 118
Geochemistry, organic **17,** 379
Geoclymys reevesii, visual pigment **14,** 298
Geoffroyus (Federn), Fluoreszenz **18,** 199
Geralbine 10, 464; **20,** 313
Geraniol 3, 33, 35, 46, 47, 51, 52; **12,** 3; **19,** 266, 267
—, cyclization **12,** 30; **19,** 266
—, Dien-Synthese **10,** 100
—, insecticide **10,** 457
—, Riechstoff **8,** 193, 195
—, in Synthese von Ubichinon-ähnlichen Chinonen **20,** 93
—, **methyl- 8,** 174, 175
Geraniolene, cyclization **19,** 266
Geraniumsäure 3, 46, 47; **4,** 222, 223
—, **ε-methyl- 8,** 161
—, **ester, methyl- 8,** 186

Geranium spp., dormancy and gibberellin **18**, 410
ω-**Geranyl-geranic acid** **19**, 268
Geranyl-geraniol **12**, 20
Gérardiidés, gorgonine, antipathine **12**, 391, 393, 396
Gerbstoffe, Bildung in der Pflanze durch Dehydrasen **16**, 5
—, (Ellagen-) **13**, 89
—, Ellagsäure-freie **13**, 71
—, genetische Beziehungen **13**, 126
—, hydrolysierbare, Biosynthese **13**, 129
—, aus Leucoanthocyanidinen **16**, 9
—, Nachweis **16**, 9
—, natürliche **13**, 70
—, Reindarstellung **13**, 91
—, Zusammenhang mit Lignin **11**, 55
Gerbstoffrot **11**, 55
—, Bildung in der Pflanze durch Dehydrasen **16**, 5
Gergensohnia diptera, dipterine **17**, 263
Germacrane **19**, 2, 12, 13
Germacrane type (sesquiterpenes) **19**, 12
—, biogenetic relationships **19**, 24
Germacrol **12**, 11, 12; **19**, 11, 25
Germacrone **19**, 10, 11, 14, 20, 78, 79
—, cyclodecane skeleton **19**, 12
—, oxidation, reduction, degradation **19**, 11, 13, 14
—, $\rightarrow$ selinane **19**, 14, 15
—, UV, IR and Raman spectra **19**, 25, 27
—, **dioxide**, Raman spectrum **19**, 27
—, **tetrahydro-**, oxidation and reduction **19**, 12
Germanicol **7**, 17, 19, 20, 46, 75; **12**, 50
—, biosynthesis **19**, 271
—, from lupeol **19**, 271
Germanitrine, acyl groups **20**, 345
—, hypotensive effect **20**, 356
Germbudine, acyl groups **20**, 345
Germerine **20**, 335
—, acyl groups **20**, 345
—, hypotensive effect **20**, 356
—, toxicity **10**, 464
Germidine, acyl groups **20**, 345
Germination, et acide phytique **19**, 337
—, activités phosphatasique et phosphomonoestérasique **19**, 329, 330
—, and gibberellin **18**, 410
Germine **20**, 300, 313, 314, 335, 336
—, $\rightarrow$ cevanthrol, cevanthridine **20**, 335
—, configuration **20**, 342
Germine, dehydrogenation **20**, 335
—, $\rightarrow$ formic acid **20**, 337
—, $\rightarrow$ hexane-tetracarboxylic acid **20**, 342
—, hydrolysis **19**, 185
—, hypotensive effect **20**, 356
—, $\rightleftarrows$ isogermine $\rightarrow$ pseudogermine **20**, 336, 342, 343
—, periodate oxidation **20**, 337
—, reactions **20**, 338
—, rotation **20**, 343
—, skeleton **20**, 317, 335
—, triol system **20**, 339
—, $\rightarrow$ zygadenine **20**, 335
Germine acetonides **20**, 336, 337, 338
Germine 14,15-acetonide, diacetate **20**, 342
—, **3,16-diacetate**, IR spectrum **20**, 344
—, **7-dehydro-**, IR spectrum **20**, 338, 344, 351
—, **7-deoxy-**, IR spectrum **20**, 344
Germine, 7-deoxy- = zygadenine **20**, 346
Germine diacetate **20**, 338
—, **dehydro-** **20**, 338, 340, 347
Germine-3,16-diacetate, 7-dehydro-, oxidation **20**, 340, 345
Germine, dihydro-, structure **20**, 336
—, —, **pentaacetate** **20**, 336, 337
—, **esters**, pharmacology **20**, 346, 356
—, **hydroxy-** = protoverine **20**, 348
—, **tetraacetate** **20**, 336, 337, 342
—, **3,4,7,15-tetraacetate**, oxidation **20**, 341
—, —, **16-dehydro-**, rotatory dispersion **20**, 342
Germinitrine, acyl groups **20**, 346
—, hypotensive effect **20**, 356
Germitetrine, acyl groups **20**, 345
Germitrine **20**, 342
—, acyl groups **20**, 345
—, hypotensive effect **20**, 356
Geronsäure, aus β-Ionen **8**, 150
—, β-**methyl-**, aus β-Ionen **8**, 187
Geruch, und *cis-trans*-Isomerie **18**, 94
—, und Doppelbindung **8**, 192
—, und Konstitution **8**, 190, 192, 193
Geschmack, salzig, sauer, süß, bitter **17**, 126
Getreide (Blé), germination et phosphotransférase, phytase **19**, 336, 356, 358
—, glycérophosphatase, phytase **19**, 336
—, inositophosphates **19**, 336
—, Kohlenhydratreserven **15**, 20, 21
—, phosphatases **19**, 332

Geum spp. and gibberellin 18, 396,
G. urbanum, flowering and gibberellin 18, 406
Gewürznelke, Chromone, Eugenitin, Isoeugenitin und Isoeugenitol **11**, 127, 151
10aξ-Gibba-3,4a(4b)-diene-1,10-dicarboxylic acid 18, 375
4aξ-Gibba-3,4a(4b)-diene-1,10β-dicarboxylate, 7-hydroxy-1-methyl-8-methylene-2-oxo-, methyl 18, 381
Gibbane 18, 354, 355
—, epimerization 18, 382
7α-Gibbane 18, 354
4aξ-Gibbane-1α-carboxylic acid, 2β,7-dihydroxy-10β-methoxycarbonyl-1,8-epi-dimethyl- 18, 377
4aξ-Gibbane-10β-carboxylate, 7-hydroxy-1,8-epi-dimethyl-2-oxo-, methyl 18, 387
7α-Gibbane-1,10-dicarboxylic acid 1 → 4a lactone, 4a-hydroxy-1,7-dimethyl-2,8-dioxo- 18, 380
7α-Gibbane-1,10β-dicarboxylic acid 1 → 4a lactone, 2β,4a-dihydroxy-1,7-dimethyl-8-oxo- 18, 376, 379
Gibbanes, 2β-(axial)-hydroxy- 18, 382
—, 2α- and 2β-hydroxy- 18, 355, 388
—, 1 → 4a lactones, epimerization 18, 383, 385, 388
—, 8-methyl- 18, 355
7α-Gibbane, 2β:4aα:8ξ-trihydroxy-1α:10β-bis-hydroxymethyl-1,7-dimethyl- 18, 388
Gibbane, 2β:4aα:7-trihydroxy-1α:10β-bis-hydroxymethyl-1-methyl-8-methylene- 18, 388
—, 2β : 4α : 7-trihydroxy-1,8-dimethyl-1,10β-dicarboxylic acid 1 → 4a lactone 18, 376
Gibba-3,4a(4b),5-triene-1,10β-dicarboxylate, 1,7-dimethyl-8-oxo-7α,10aξ, methyl 18, 381
Gibb-2-ene, Gibb-3-ene 18, 380, 388
Gibb-4a(4b or 10a)-enes 18, 388
Gibb-3-ene-10β-carboxylate 1 → 4a lactone, 1-carboxy-2β:4a:7-trihydroxy-1,8ξ-dimethyl-, methyl 18, 377
Gibb-4a(4b or 10a)-ene-10β-carboxylic acid, 7-hydroxy-1,8-dimethyl-2-oxo- 18, 388
Gibb-4-ene-10β-carboxylate 1 → 3 lactone, 1-carboxy-2β,3α:7-trihydroxy-1-methyl-8-methylene, methyl 18, 384, 385
Gibb-3-ene-1-carboxy-2β,4a,7-trihydroxy-1-methyl-8-oxo-, methyl 18, 372
—, 10β-carboxylate 1 → 4a lactone, methyl 18, 378
Gibb-4-ene-1,10β-dicarboxylate, 2β,7-dihydroxy-1-methyl-8-methylene-3-oxo-, methyl 18, 385
7α-Gibb-4a(4b or 10a)-ene-1,10β-dicarboxylate, 2β-hydroxy-1,7-dimethyl-8-oxo-, methyl 18, 388
Gibb-3(or 4)-enes, 2-hydroxy-, color test 18, 416
4aα,4bξ-Gibb-1(10a)-ene, 7-hydroxy-1,8-dimethyl-2-oxo- 18, 388
Gibb-3-ene 1 → 4a lactones, rearrangement 18, 385
Gibb-4-ene 1 → 3 lactones 18, 385
Gibb-4-ene 1 → 3 lactonic acid 18, 386
Gibb-4-ene-, 2β,3α:7-trihydroxy-1-methyl-8-methylene-1,10β-dicarboxylic acid 18, 385
Gibb-3-ene-, 2β:4a:7-trihydroxy-1-methyl-8-methylene-1:10β-dicarboxylic acid 1 → 4a lactone 18, 354, 355
4bα,10aβ-Gibb-3-ene-, 2β:4aα:7α-trihydroxy-1β-methyl-8-methylene-1α:10β-dicarboxylic acid 1 → 4a lactone 18, 354
Gibberate, methyl 18, 364, 365, 381
—, —, and alkali 18, 374
—, —, from methyl gibberellate 18, 379
—, **ethylene ketal, methyl** 18, 364
Gibberdionate, methyl 18, 364
—, —, dehydrogenation 18, 361
Gibberdione 18, 360, 361
—, spectrum 18, 358
Gibberdionic acid, spectrum 18, 358
—, structure 18, 359, 360
Gibberella fujikuroi, bakanae disease **17**, 301; 18, 351, 398
—, fusaric acid, gibberellic acid, gibberellin A_1 **17**, 313; 18, 352, 353, 370, 375, 390; **20**, 22
Gibberellate, methyl 18, 377
—, —, degradation, ozonolysis 18, 377, 378
—, —, and HCl 18, 381
—, —, → methyl gibberate 18, 379
—, —, reduction 18, 376

Gibberellate, tetrahydro-, methyl 18, 383, 384
—, —, —, oxidation 18, 378, 384
—, **8-epi-tetrahydro-, methyl,** oxidation 18, 378
Gibberellenic acid 18, 365, 371, 375, 386
—, color test 18, 416
—, a heteroannular 3,4a(4b)-diene 18, 380
—, spectrum 18, 416
Gibberellic acid 17, 302; 18, 352, 353, 354, 355, 365, 371, 375
—, abs. configuration 18, 386, 390
—, aromatization 18, 379
—, color test 18, 416
—, degradation products 18, 365, 371, 386
—, detection 18, 415
—, in fermentation broths 18, 471
—, and fruit-set (parthenocarpic) 18, 409
—, and glutathione 18, 404
—, growth responses and auxin 18, 400
—, and hydrazine 18, 375
—, hydrogenation 18, 375
—, hydrolysis 18, 358
—, reduction products 18, 376
—, R_f values 18, 416
—, rings B/C/D, identical with allo-gibberic acid 18, 379, 386, 387
—, and rosette plants 18, 413
—, spectrum 18, 375
—, structure and stereochemistry 18, 359, 374, 381
—, synergism with Zn salts 18, 403
—, and wheat leaves 18, 404
—, **dihydro-** 17, 274; 18, 353, 355
—, **tetrahydro-** 18, 376, 390
8-C^{14}-Gibberellic acid 18, 370
Gibberellins 17, 298, 303; 18, 350, 352
—, and auxin, relationship of effects 17, 303; 18, 399, 400, 402, 411, 412
—, —, effect on roots 18, 405
—, —, synergism, fatty acid esters 18, 400
—, bioassay 18, 414, 415
—, biogenesis 18, 389
—, biosynthesis, cold- or light-induced 18, 413
—, bolting, vernalization 18, 406
—, cell-extension and -multiplication 18, 398
—, and coumarin (seeds) 18, 410
—, and day-length 18, 403
—, deriv., rotatory dispersion curves 18, 369
Gibberellins, detection and estimation 18, 414
—, and dormancy 18, 397, 409
—, effect on lower plants 18, 410
—, effect on plant growth 18, 394
—, evolutionary history 18, 411
—, by fermentation 17, 302
—, fertilization and fruit-growth 18, 308
—, and flowering 18, 406, 407, 413
—, and fruit-swelling 18, 409
—, and germination 18, 410
—, and herbaceous plants 18, 395
—, in higher plants 18, 390
—, IR spectrum 18, 417
—, kinin interaction 18, 412
—, and leaf growth 18, 404
—, and light 18, 402, 410, 413
—, mode of action 18, 399, 403
—, nomenclature 18, 354
—, occurrence 17, 304
—, paper chromatography 18, 415, 416
—, and parthenocarpy 18, 409
—, and peroxidase 18, 401
—, photoperiod 18, 413
—, and plant hormones 18, 412, 414
—, polarography 18, 417
—, and pollen growth 18, 408
—, reactions of ring A 18, 388
—, reversal of genetic dwarfing 18, 391
—, and root growth, root nodules 18, 405
—, and seed germination 18, 409
—, and short-day plants 18, 407
—, simulation of long-days 18, 398
—, specificity (biol.) 18, 414
—, and stem growth 18, 394, 408
Gibberellin A 18, 352, 353, 358
—, dehydrogenation 18, 356
Gibberellin A_1, isolation from runner beans 17, 304
—, **methyl ester** 18, 376, 388
—, —, epimerization 18, 382
—, —, ozonolysis 18, 379
Gibberellins A_1—A_5 18, 353, 354, 356, 376, 381, 388, 392, 403
—, from higher plants 18, 392, 394
—, R_f values 18, 416
Gibberellin A_4 methyl ester 18, 370
Gibberellin A_5, structure, abs. configuration 18, 392, 393
Gibberellin B 18, 352, 356
—, dehydrogenation 18, 346
Gibberellin C 18, 358, 376

Gibberellin X **18**, 352, 353
Gibberene **17**, 302; **18**, 352, 356, 357
—, oxidation **18**, 356
Gibberenone **18**, 356, 367
Gibberic acid **18**, 358, 371
—, abs. configuration **18**, 370
—, degradation **18**, 359
—, dehydrogenation **18**, 356, 360, 361
—, dimorphism **18**, 358
—, hexahydrofluorene nucleus **18**, 361
—, reduction **18**, 364
—, spectrum **18**, 358
—, **dehydro-**, reduction **18**, 270
—, —, spectrum **18**, 358
—, —, structure **18**, 359, 361
—, **dehydro-dihydro-** **18**, 370, 372
—, **deoxo-** **18**, 364
Gibberone **18**, 356, 361, 364, 365
—, spectrum **18**, 358
—, structure **18**, 359
—, **dihydro-** **18**, 273
Gibbs-Donnan effect (osmosis) **18**, 443
Gibbs test, hydroxyflavones **17**, 14
Gift-Lattich, Lactucin, Lactucopikrin **17**, 140
Gigantic acid **7**, 205
Gigantism (plants) **17**, 301
Gigartina agardhii, *G. radula*, pigments **6**, 339
Gillichthys mirabilis, carotenoids **5**, 32, 33
Gimpel, Thyroxin-Mauser **18**, 198
Gindaricin, Gindarin, Gindarinin **9**, 178, 207
Ginkgetin **17**, 9
Ginkgolic acid **14**, 192
Girard compounds, of adrenochrome **14**, 233
—, of 2-carbethoxy-epinochrome **14**, 234
—, of epinochrome **14**, 234
—, of *DL*-1-isopropyl-noradrenochrome **14**, 234
Girard-Reagens P und **T** **8**, 182; **13**, 143
Girella nigricans, carotenoids **5**, 32, 33
Gitaloxigenin **13**, 168, 196, 208; **14**, 107
—, **mono-** und **bis-digitoxosid** **14**, 106, 124
Gitaloxin **13**, 208; **14**, 124
Gitofucosid, hexa-O-acetyl- **13**, 206
Gitogenin **4**, 16, 21
Gitorin **13**, 206; **14**, 123, 124
Gitoxigenin **4**, 9; **7**, 91, 92, 98, 110, 113, 114, 150, 154; **12**, 160; **13**, 165, 167, 168, 169, 189, 196, 206; **14**, 94, 107, 123, 126
—, in *Adenium* und *Nerium* spp. **14**, 93
—, Konstitution **14**, 78, 79
—, **acetyl-** = oleandrigenin **7**, 114, 150
—, **16-acetyl-** **4**, 5; **7**, 113; **13**, 167, 208
—, **Δ^{14}-anhydro-** und **-diacetat** **7**, 146
—, **16-anhydro-** **13**, 168, 172, 196, 208
—, —, **glycoside** **14**, 89, 115
—, **di-O-acetate** **13**, 168; **14**, 79
—, **3,16-diacetat** **7**, 150
—, **dianhydro-** **4**, 59; **7**, 110, 113, 117, 144, 146, 154; **13**, 167, 168, 172
—, **16-formyl-** **13**, 167, 168, 208
—, **glycoside** **7**, 113
—, **mono-** und **bis-digitoxosid** **14**, 106, 124
Gitoxigeninsäure, *β*-dihydro- **13**, 169
Gitoxigenon, dianhydro- **7**, 114
—, **dihydro-** **7**, 113
Gitoxin **7**, 113, 150; **13**, 140, 206; **14**, 124
—, α- und *β*-**acetyl-** **13**, 140, 206
Gl (Abkürzung für Glycerinaldehyd) **20**, 202
Glandes à parfum **6**, 91
Glandes sébacées **6**, 91, 119
Glanzstar, Federfarbe **18**, 178
Glassy state **10**, 122, 123, 146
Glaucine, biosynthesis **19**, 258
Glaucobilin **3**, 102, 104, 111, 115, 123
Glaucobilin-IX,α und **-XIII,α** **3**, 104, 116 125
Glaucoma piriformis, et antivitamines **9**, 107
—, und Phenanthrenchinon **6**, 213
Glaucorigenin **7**, 146, 147, 154; **13**, 177, 198; **14**, 123
Gleditschia monosperma, robinetin **17**, 54, *Gl. triacanthos*, acrammerin, olmelin **17**, 23, 55, *l*-Epicatechin-3-glucosid **16**, 18
Gliadin, amino acid composition **6**, 292
—, in grains **6**, 291, 292
—, N-terminal residues **12**, 304
—, **dérivés iodés** **12**, 378
Gliederfüßler, Astaxanthin **18**, 183
Gliotoxin, biosynthesis **20**, 31
—, from *Gliocladium fimbriatum* **20**, 30, 31
—, radioactive **20**, 31
Globicin **19**, 79

Globigerina, carotenoids **5**, 25
Globin **17**, 325
—, (adult), sedimentation constant **17**, 328, 329
—, —, mol. weight **17**, 329
—, amino acid composition **17**, 349
—, dialysis **17**, 366
—, (fetal), reaction with iodoacetamide and thioglycolic acid **17**, 367
—, linkage with heme **17**, 331, 332
—, oxidation with performic acid **17**, 366
—, separation of chains **17**, 366
—, separation from heme **17**, 330
—, spatial relationship to heme **17**, 333
—, **dérivés iodés** **12**, 478
—, **DNP-**, N-terminal peptides **17**, 358, 363
Globulin, boundary gradient curve **18**, 478
—, crystalline **6**, 293
—, fragments, antibody activity **9**, 455
—, immune, and serum albumin, differentiation **11**, 284
—, mobility **9**, 452
—, thyroid **2**, 103
—, Zuckergehalt **20**, 240
—, **-*p*-azophenylarsonic acid** **9**, 444, 445, 467
α-Globulin **7**, 272
β-Globulin **7**, 272
—, separation from γ-globulin **7**, 275
β_1-Globulin **20**, 241
γ-Globulin **7**, 270, 271, 272
—, Abbau mit Papain **20**, 242
—, amino acid sequence **11**, 281
—, antibody **7**, 300; **9**, 451, 452, 453, 461; **20**, 242
—, digested, sedimentation diagram **7**, 294
—, diphtheria antitoxin content **7**, 280
—, enzyme action and sedimentation **18**, 473
—, estimation **7**, 297
—, fractions **7**, 274, 275
—, → Glycopeptide **20**, 242
—, and hemophilia **5**, 307
—, immunological functions and tests **7**, 270, 296, 298
—, isoelectric points **7**, 287, 288
—, N-terminal residues **11**, 267
—, physical properties **7**, 298
—, and proteolytic enzymes **7**, 290
γ_1-Globulin **7**, 278, 280, 298
—, electrophoresis **7**, 287
—, isoelectric point **7**, 285, 288
γ_2-Globulin **7**, 278, 280, 287, 298
—, antibody activity **7**, 293
—, and bromelin **7**, 292
—, electrophoresis **7**, 287
—, immunological assays **7**, 294
—, isoelectric point **7**, 288
—, and papain, pepsin **7**, 291, 292, 293
—, sedimentation diagrams **7**, 293
γ_1- and γ_2-Globulin, mobility-pH data **7**, 284, 285
Globulol **12**, 11, 12; **19**, 52, 54, 55, 56
—, correlation with ledol and viridiflorol **19**, 56
Glomellifersäure **2**, 42
Glomellin **2**, 42
Gloriosa spp., *Gl. superba*, colchicine **13**, 247
Glossostelma spatulatum, herzaktive Glycoside und Aglykone **14**, 121
Glouton, sécrétion odorante **6**, 142
Glu (abbreviation for glutamic acid) **17**, 331, 395
Glucagon **17**, 323
Glucamin **20**, 203
Glucides, fluorescence **2**, 309; **6**, 313
***D*-Glucitol tetraacetate, 1,5-anhydro-** **18**, 132
Glucoalyssin **18**, 134, 146, 158, 159
Glucoarabin **18**, 147, 159
Gluco-*D*-arabinose **2**, 196, 198
Glucoaubrietin **18**, 149, 159
Glucobarbarin **18**, 152, 159
Glucoberteroin **18**, 126, 146, 159
Glucobrassicanapin **18**, 143, 159
Glucocamelinin **18**, 134, 147
Glucocapparin **18**, 125, 134, 141, 157, 158, 159
Glucocaulorapin **18**, 153
Glucocheirolin **18**, 124, 142, 144, 157, 158, 159
Glucochrysaron **6**, 188
Glucocochlearin **18**, 142, 158, 159
Glucoconringiin **18**, 125, 134, 150, 151, 157, 158, 159
Glucocumaralkohol **20**, 61
Glucoerucin **18**, 145, 159
Glucoerypestrin **18**, 134, 142, 158, 159
Glucoerysolin **18**, 146, 159
Glucofrangulin **6**, 188

Glucofructosan im Weizen, Struktur 19, 306
Glucofuranose, 1,2-isopropylidene-3-acetyl-6-trityl- 8, 76
—, 1,2-isopropylidene-, 5,6-anhydro- 8, 52
Glucofuranosid, digalloyl-β-äthyl- 13, 80
—, digalloyl-α-(?)äthyl- 13, 80, 81
—, tetra-β-azobenzol-carbonsäureester 13, 80
Glucogallin, und -heptaacetat 13, 71, 94
—, and enzymes 8, 357
—, 3,6-hexaoxy-diphenoyl- 13, 95
Glucogitofucosid und -heptaacetat 13, 208; 14, 123
Glucogitorin und -octaacetat 13, 208; 14, 123
Glucohirsutin 18, 134, 147, 159
Glucoiberin 18, 125, 126, 128, 144, 157, 158, 159
Glucoibervirin 18, 144, 159
Glucolepidiin 18, 141, 159
Glucolimnanthin 18, 159
Glucomalcolmiin 18, 149, 159
Glucomannan (immunol.) 18, 515, 520, 525, 528
Glucomatronalin 18, 126, 135, 153
Glucomelinin 18, 159
D-Glucomethylose 14, 74, 104
Gluconapin 18, 143, 159
Gluconastrutiin 18, 126, 149, 152, 157, 159
D-Gluconate, 2-keto-6-phospho- 9, 377, 378
—, methyl-2-keto- 2, 149
—, 3,4,6-trimethyl-2-keto- 2, 153
D-Gluconsäure 2, 235
—, 2- und 5-keto- 2, 149, 151
—, 2-keto-3-desoxy- 4, 201; 20, 246
Glucoputranjivin 18, 142, 158, 159
6-α-Glucopyranose-*D*-glucopyranoside 8, 35
α-*D*-Glucopyranose-1-phosphate 5, 103
Glucopyranoside, (rings) 8, 56
—, digalloyl-β-(?)äthyl- 13, 80, 81
D-Glucopyranosid, 4,6-dimethyl-2-acetamido-β-methyl- 2, 236, 237
3-(α-*D*-Glucopyranosido)-*L*-arabinose-phenyloso-triazole 5, 119
α-*D*-Glucopyranosido-β-*L*-araboketo-furanoside 5, 117, 118
3-(α-*D*-Glucopyranosido)-*L*-arabopyranose 5, 121
α-*D*-Glucopyranosido-β-*D*-fructofuranoside 5, 113
α-*D*-Glucopyranosido-α-*L*-sorbofuranoside 5, 118
α-*D*-Glucopyranosido-β-*D*-xyloketo-furanoside 5, 117
O-α-*D*-Glucopyranosyl-(1—2)-O-β-fructofuranosyl-(1—2)- und -(6—2)-β-*D*-fructofuranosid 19, 310, 319
4-(α-*D*-Glucopyranosyl)-*D*-glucopyranose 11, 4
6-(α-*D*-Glucopyranosyl)-*D*-glucose from starch hydrolyzate 11, 21
Glucoraphanin 18, 145, 159
Glucoraphenin 18, 145, 158
Glucorapiferin 18, 125, 151, 158, 159
D-Glucosamin 2, 230, 232; 3, 166, 185; 20, 202
—, → Aldonsäure 20, 246
—, Desaminierung 2, 237, 238
—, enzymat. Abbau und Synthese 20, 244, 246
—, Konfiguration 2, 233, 236, 237
—, (lipides bactériens) 10, 232, 236
—, Struktur 20, 203
—, Synthese 20, 208
—, N-acetyl- 2, 122, 225, 229, 230, 233
—, —, und Diazomethan 20, 205
—, —, (immunol.) 18, 519
—, —, und Perjodat 20, 207
—, —, Struktur 20, 203
—, —, als Wuchsstoff 20, 221
—, α-1-brom-, Glycosidierung 20, 205
—, α-1-brom-N-benzoyl-triacetyl- 20, 205
—, α-1-brom-tri-O-acetyl-hydrobromid 20, 204
—, α-1-chlor-tetraacetyl- 20, 205
—, 3-O-*D*-lactyl- 20, 217
—, N-methyl-, Biosynthese 20, 244
—, —, from streptobiosamine deriv. 16, 125, 126, 127
—, 6-phosphat 20, 229, 244
—, tetraacetyl- 2, 232
—, 1,3,4,6-tetraacetyl- 20, 205
D-Glucosaminid, N-acetyl-trimethyl-benzyl- 2, 232
—, N-acetyl-trimethyl-β-methyl- 2, 232, 236, 237
—, β-äthyl-N-acetyl-, als Wuchsstoff 20, 221
—, N-benzoyl-trimethyl- 2, 232

D-**Glucosaminid,** α-**benzyl-N-carbobenzoxy-,** → Uronsäure-deriv. **20,** 218
—, α- und **β-methyl- 2,** 232, 234
—, **β-phenyl-N-acetyl- 2,** 232
D-**Glucosamino-4-glucosamin 2,** 230
D-**Glucosaminol 2,** 232
D-**Glucosamin-peptide 2,** 232
D-**Glucosaminsäure 2,** 232, 235, 238
—, → 2-Keto-3-desoxy-gluconsäure **20,** 246
—, Kupfer-Komplex **2,** 235
—, **N-acetyl-,** und Perjodat **20,** 207
—, **glycyl- 2,** 237
Glucosaminsäureester, N-carboäthoxy-4,6-benzyliden-, und Bleitetraacetat **20,** 207
D-**Glucosamin-uronsäure 20,** 218
Glucosan 2, 206; **5,** 110
Glucoscillaren A 13, 214; **14,** 122
Glucoscilliphäosid 14, 112, 122
D-**Glucose,** in capsular polysaccharides **18,** 506
—, chains, α-1,4-linked, lengthening **11,** 27
—, in Herzglycosiden **7,** 151, 153, 155; **14,** 72, 73, 89, 94, 102, 104, 111, 113
—, aus Kondurangin, Vincetoxin **17,** 137
—, in life processes **11,** 2
—, in 1,4,6-linkage (immunol.) **18,** 512
—, → ribose **9,** 377
—, rotation **8,** 58
—, **2-acetamino-4,6-benzyliden-,** Glycosidierung **20,** 205
—, **2-acetamino-3-O-enol-pyruvyl-,** Uridinnucleotid **20,** 248
—, **2-acetamino-, mercaptal 20,** 204
—, **acetobrom- 2,** 161; **8,** 74; **17,** 44
—, **acetochlor-β-6-cellobiosido- 2,** 189
—, **α-acetochlor-β-1-*l*-rhamnosido-6- 2,** 191, 192
—, **1,2-aceton-3,5-benzal- 13,** 84
—, **1,2-aceton-3-benzoyl- 13,** 83
—, **Amadorikörper,** Struktur **20,** 203
—, **2-amino-2-desoxy- 20,** 202
—, **3-amino-1,2,4,6-tetraacetyl-,** Desaminierung **20,** 207
—, **6-β-1-arabinosido-heptaacetat 2,** 165
—, **1-arsenate 5,** 113
—, **4,6-benzylidene- 8,** 75
—, **α-1-brom-2,3,4-triacetyl- 2,** 190
—, **6β-cellobiosido-, hendecaacetat 2,** 167
D-**Glucose, α-1-chlor-2,3,4-** und **-3,4,6-triacetyl- 2,** 188, 190, 191, 192, 205, 206
—, **α-1-chlor-2-trichloracetyl-2,4,6-triacetyl- 2,** 205
—, **1,2,5,6-diaceton- 13,** 82, 83
—, **1,6-dibromo-triacetyl- 8,** 79
—, **2,6-dibrom-2,3,4-triacetyl- 2,** 194
—, **3,6-digalloyl- 13,** 80, 83, 84, 85
—, —, aus Chebulinsäure **13,** 80
—, —, Synthese **13,** 81, 82, 83
—, **2,3-dimethyl- 8,** 34
—, **1,6-diphosphate 8,** 78, 79; **9,** 376
—, —, biosynthesis **8,** 79
—, —, ⇄ glucose-1-phosphate **8,** 67
—, —, hydrolysis constant **8,** 61
—, —, reducing power **8,** 58
—, —, rotation **8,** 62
—, **3,6-di-(tribenzyl-galloyl)- 13,** 83, 84
—, **1-fructoside 5,** 110, 111, 122, 123
—, **6-α-*d*-galactosido- 2,** 175
—, **1-, 3-** und **6-galloyl- 13,** 81, 82, 83, 84, 94
—, **6β-gentiobiosido- 2,** 166
—, —, **hendecaacetat 2,** 167
—, **N-glycosid 20,** 203
—, **hexaoxy-diphenoyl- 13,** 92, 93, 96
—, **1,2-isopropylidene- 8,** 77, 78
—, **6β-lactosido-, hendecaacetat 2,** 167
—, **methyl-,** fluorescence **6,** 313
—, **1-methyl-6-brom- 2,** 194
—, **1-β-methyl-α-** und **-β-cellobiosido- 2,** 185
—, **1-β-methyl-6-α-glycosido- 2,** 184
—, **1-β-methyl-heptaacetyl-6-α-glycosido- 2,** 183, 185
—, **1-β-methyl-heptabenzoyl-6-α-glycosido- 2,** 185
—, **1-β-methyl-heptamethyl-6-α-glycosido- 2,** 184, 185
—, **β-1-methyl-hexaacetyl-β-1-*l*-rhamnosido- 2,** 192
—, **1-β-methyl-2,3,4-triacetyl- 2,** 180, 182
—, **octaacetyl-6-β-*d*-galactosido- 2,** 166
—, **octamethyl-(hexaoxy-diphenoyl)- 13,** 94
—, **osazon 14,** 103
—, —, **allo-3,6-anhydro- 8,** 63
—, **β-pentaacetyl- 2,** 205; **9,** 272
—, **pentagalloyl- 13,** 71, 131
—, —, → Ellagen-Gerbstoffe **13,** 131
Glucose-1-phosphate 5, 103, 105, 110, 111, 112, 122; **8,** 55, 73, 79, 125

Glucose-1-phosphate, dissociation constant **8,** 64
—, in enzyme chromatography **8,** 349
—, hydrolysis constant **8,** 61
—, labeled **8,** 67
—, and periodate **8,** 55
—, → -6-phosphate **19,** 345
—, and phosphorylase **11,** 26
—, reducing power **8,** 58
—, rotation **8,** 58, 62
—, synthesis **8,** 50
α-*D*-**Glucose-1-phosphate 8,** 72, 73, 74; **11,** 26, 27
α-*L*-**Glucose-1-phosphate 5,** 115; **8,** 62, 74
Glucose-2-phosphate 8, 54, 74, 75
—, rotation **8,** 58, 62
Glucose-3-phosphate 8, 54, 75, 76
—, dissociation constant **8,** 64
—, rotation **8,** 58, 62
Glucose-4-phosphate 8, 75
Glucose-5-phosphate 8, 76
—, rotation **8,** 58, 62
Glucose-6-phosphate 8, 50, 52, 60, 76, 77
—, dissociation constant **8,** 64
—, hydrolysis **8,** 61; **19,** 345
—, et phosphodiestérase **19,** 320, 359
—, reducing power **8,** 58
—, rotation **8,** 58, 62
—, from yeast **8,** 77
D-**Glucose, polygalloyl- 13,** 71
—, **β-1-*l*-rhamnosido-heptaacetat 2,** 192
—, **1,2,3,4-tetraacetyl- 2,** 164, 165, 188, 192; **8,** 78
—, —, **6-triphenylmethyl- 2,** 164
—, **1,2,3,6-, 1,3,4,6-,** and **2,3,4,6-tetraacetyl- 2,** 160; **8,** 75
—, **tetramethyl- 5,** 119, 137, 152
—, —, (starch end groups) **11,** 5, 20
—, —, (Dactylin) **15,** 16
—, **2,3,4,6-tetramethyl- 2,** 176; **8,** 34; **19,** 304, 305
—, **triacetyl-,** bitterer Geschmack **17,** 127
—, **1,2,3-triacetyl- 8,** 75
—, —, **4,6-benzylidene- 8,** 75
—, **3-** und **6-tribenzylgalloyl- 13,** 82, 83, 84, 85
—, **3-tribenzylgalloyl-diaceton- 13,** 82, 83
—, **1,3,6-trigalloyl- 13,** 85, 86, 87, 88
—, —, aus Chebulinsäure **13,** 86
—, —, Synthese **13,** 87
—, **2,3,4-trimethyl-** (immunol.) **8,** 34; **18,** 512
D-**Glucose, 2,3,6-trimethyl- 2,** 176, 179; **11,** 4, 20, 69
—, **6-triphenylmethyl- 2,** 163
—, **1,3,6-tri-(tribenzylgalloyl)-2,4-dibenzyl- 13,** 87
—, **1-xyloketoside 5,** 122, 123
—, **6-xylosido- 2,** 192; **11,** 160
L-**Glucose** (Herzglycoside) **14,** 89
Glucosidase, in Verholzung **11,** 72
α-**Glucosidase 14,** 77
—, chromatography **8,** 349, 351
—, and maltose **11,** 5
α- and β-**Glucosidase** (Herzgifte) **2,** 225; **4,** 10
β-**Glucosidase,** and cellobiose **11,** 5
—, chromatography **8,** 349, 354, 355, 356, 357
—, fungal **17,** 314, 315
—, séparation de phosphatase **19,** 325
D-**Glucosides,** cyanophoric **5,** 309
—, fluorescence **2,** 309; **6,** 313
—, iso-thiocyanate producing **18,** 123, 124
—, phenolic, → quinones **17,** 315
—, α- und **β-methyl-,** Drehwerte **8,** 58; **14,** 76, 77
—, **α-methyl-, 2-acetamino-2-desoxy-4,6-benzyliden- 20,** 217
—, —, **6-bromhydrin 1,** 3
—, α- und **β-methyl-, 2,3-** und **2,4-dimethyl- 8,** 33; **13,** 93, 94
—, **α-methyl-,** 3-keto- **20,** 215
—, α- and **β-methyl-, octamethyl-(hexaoxydiphenoyl)- 13,** 94
—, **methyl-, 2,3,4,6-tetramethyl- 8,** 33
—, **β-methyl-, triacetyl-(triphenylmethyl)- 1,** 3
—, **methyl-, 2,3,4-** and **2,3,6-trimethyl- 2,** 179; **8,** 33
α- and β-**Glucosides,** differentiation by antibodies **9,** 459
D-**Glucosido-*L*-arabinose 5,** 116, 118
D-**Glucosido-*L*-araboketoside 5,** 115, 116
7- and **8-Glucosido-daphnetin 9,** 246, 247
N-*D*-Glucosido-*o*-dihydro-nicotique amide 2, 335
8-*D*-Glucosido-fraxetin 9, 248
6-β-*D*-Glucosido-*D*-galactose 2, 170
β-1-*D*-Glucosido-2- (oder **-3-)-*D*-glucose 2,** 195
D-**Glucosido-glykolsäure 11,** 137
5-β-*D*-Glucosido-*D*-mannose 2, 200
D-**Glucosido-*L*-sorboside 5,** 115, 116

D-**Glucosido-*D*-xyloketoside** **5**, 115, 116
α-**Glucosidyl bromide, tetraacetyl-** **9**, 246, 247
Glucosinalbate, tetramethyl- **18**, 157
Glucosisymbrin **18**, 152, 159
Glucosylamin **20**, 203
Glucotropaeolin **18**, 134, 148, 157, 158, 159
—, conformation **18**, 135
—, enzymic cleavage **18**, 133, 148
—, synthesis **18**, 134, 135
—, **tetraacetyl-** **18**, 134
D-**Glucurone** **2**, 152, 153
D-**Glucuronic acid (Glucuronsäure)**, im Harn **4**, 229
—, (immunol.) **18**, 511, 519
—, Vorstufen **4**, 229
—, **benzoyl-** **4**, 229
—, **4-methyl-** (immunol.) **18**, 511
Glucuronidase, location on columns **8**, 349
Glu(NH$_2$) (abbreviation for glutamine) **17**, 331
Glutaconic acid (Glutaconsäure), dimethyl-ester, β-methyl- **7**, 26; **9**, 63, 65; **14**, 240, 259, 260
cis-**Glutaconic acid, β-methyl-** and **tri-methyl-** **12**, 239, 240
Glutaconic anhydride, α-acetyl-α′-ethyl-β-methyl-, IR spectrum **20**, 319
—, **β-methyl-** **9**, 65
Glutamate, labeled, incorporation **16**, 150, 151, 157, 161
L-**Glutamate, poly-γ-benzyl-** and **poly-γ-methyl-**, X-ray photograph **11**, 220, 221, 222
L-**Glutamic acid (Glutaminsäure)**, from anthracite coal **17**, 392
—, in bacitracin A **11**, 253
—, und Brenztraubensäure oder Oxalessigsäure **4**, 205
—, in collagens, gelatins, proteins **17**, 383, 385
—, condensation of its γ-carbonyl **9**, 332
—, in crotoxin **12**, 447
—, crystal structure **8**, 318; **11**, 182
—, decomposition **12**, 293
—, DNP deriv. **12**, 305
—, enzymatic synthesis **9**, 336
—, from farm soils **17**, 391
—, in fish protein **5**, 272, 288
—, fluorescence **6**, 324
—, in fossil bones, shells **17**, 394, 395
—, dans gorgonine **12**, 392
L-**Glutamic acid**, in hemoglobin **11**, 252; **17**, 350
—, labeled, (chlorophyll biosynthesis) **11**, 336
—, —, incorporation **9**, 310, 312; **11**, 336
—, (lipides bactériens) **10**, 233, 234
—, 450 million years old **17**, 389
—, as N-terminal amino acid **11**, 267, 268
—, in oxytocic hormone hydrolyzates **11**, 251
—, in plant protein **6**, 292, 302
—, Ringschluß (Lactam) **13**, 466, 467
—, in sediments **17**, 392
—, separation **11**, 244, 245
—, thermostability **17**, 390
—, **N-acetyl-** **13**, 253
—, **acyliert**, innere Anhydride **13**, 525
—, ***p*-aminobenzoyl-** (pteridines) **11**, 373, 374, 375, 376, 377, 379, 380
—, ***p*-(2-amino-4-hydroxy-6-pteridyl)-methylaminobenzoyl-** **11**, 373
—, **anhydrid, N-acyl-**, Spaltung mit Thiophenol **13**, 527
—, —, **carbobenzoxy-** **13**, 524, 525
—, **azid, carbobenzoxy-** **13**, 492, 526
—, **N-benzolsulfonyl-N-methyl-** **4**, 218
—, **γ-ester, N-carbobenzoxy-** **13**, 491
—, ***p*-nitrobenzoyl-** **11**, 381
—, α- und **γ-thiophenyl-ester, N-acyl-** **13**, 491
—, **N-toluenesulfonyl-*p*-aminobenzoyl-** **11**, 377
Glutamico-aminopherase **4**, 204
Glutamine, → N-Acyl-harnstoffe **13**, 528
—, crystal structure **11**, 182
—, enzymatic synthesis **9**, 336, 337
—, und Halogenacyl-chloride **13**, 492
Glutamine synthetase = glutamyl transferase **16**, 159
Glutaminyl-hydrazid, carbobenzoxy- **13**, 492
Glutaminyl-peptide, Synthese **13**, 492, 493, 524
Glutaminyl residues, estimation **12**, 327
—, in insulin **11**, 275
—, near N-terminal groups **12**, 311
Glutamo-amide transferase **9**, 336
Glutamo-transferase **9**, 334, 342, 345
γ-**Glutamyl-amide**, Synthese **13**, 526
Glutamyl-aminosäure-monoester, N-acyl- **13**, 491
γ-*L*-**Glutamyl-*L*-cysteine** **9**, 342

Glutamyl-cysteinyl-ADP-orthophosphate 16, 159
γ-**Glutamyl-cysteinyl-glycine** 9, 332
Glutamyl-deriv., carbobenzoxy- 13, 492
α-**Glutamyl-glutaminsäure-tri-** und **-tetra-äthylester** 13, 467, 525
γ-**Glutamyl-glutamate, triethyl-** 11, 381
γ-**Glutamyl-γ-glutamyl-glutamic acid,** *p*-**aminobenzoyl-** 11, 381
α-**Glutamyl-peptides, carbobenzoxy-** 13, 525
α- und γ-**Glutamyl-peptide,** Synthese 13, 464, 467, 491, 526
Glutamyl residues in insulin 11, 275
D-(—)-**Glutarate de méthyle, méthyl-** 10, 182, 183, 187
Glutardialdehyd, (Dien-Synthese) 10, 26
—, Synthese von acht-gliedrigen Ringen 10, 23
Glutaric acid (Glutarsäure), β-**sec.-butyl-** 8, 288, 289
—, **di-N-benzoylamino-hydroxy-** 16, 125
—, α,α′-**dimethyl-** und α,α,β-**trimethyl-** 8, 162, 265
—, **ester, 2,4-di-(α-pyridyl)-** 8, 258
—, β-**hydroxy-**β-**methyl-** 12, 137; 14, 197
—, α-**keto-** 3, 74; 4, 267, 270, 272, 278, 285; 9, 314
—, α-**methyl-,** from cnicin, guaiol 19, 22, 79
—, α-**methyl-**α-*n*-**amyl-** 8, 253, 254
—, **methyl-ethyl-** 12, 227, 228, 229, 232, 233
—, α-**methyl-**γ-**ethylidene,** *cis-* and *trans-* 12, 227, 228
meso-**Glutaric acid,** α,α′-**dimethyl-** 16, 115
—, α,α′-**dimethyl-**β-**hydroxy-** 16, 108
Glutathione, amino acid turnover 9, 332
—, biosynthesis 16, 158, 159
—, C- and N-terminal residues 11, 271, 272
—, and gibberellic acid 18, 404
—, in peptide biosynthesis 9, 331, 332, 341
—, Synthese 13, 489, 525, 534
—, X-ray diffraction 8, 330
S^{35}-**Glutathione,** incorporation 9, 306
Glutelin in grains 6, 291, 293
Gluten 6, 291
Glutenin, amino acid composition 6, 292
—, in grains 6, 291
Glutinone, biosynthesis 19, 271
Gly (abbreviation for glycine) 17, 331, 395
Glyceraldehyde, → sugars 19, 273, 274
—, **2-acetamino-** und Perjodat 20, 207
—, **-phosphorsäure** 3, 72; 4, 197, 314
Glyceric acid, 2,3-diphospho- (coenzyme) 8, 67
Glycerides, components in natural fats 5, 72
—, crystallization 5, 81; 6, 7
—, di-saturated-mono-unsaturated, di-unsaturated-mono-saturated and tri-unsaturated 5, 83, 85, 90
—, en lipides bactériens (absence) 10, 172
—, mixed, resolution 1, 24; 5, 81, 83
—, —, synthesis 5, 95
—, —, transformation 5, 95
—, mono- and di-oleo- 1, 4, 5, 45, 46, 47
—, saturated 1, 28, 29, 30, 34, 40, 45, 46, 47
—, saturated and unsaturated acids, proportion 1, 27; 5, 84
Glycerides, tri-C_{18}, in vegetable fats 1, 36, 38
Glycerol (Glycerin), (lipides bactériens) 10, 229
—, **dichlorhydrin** und Vitamin D_2 11, 97
—, **ethers** in fish fats 6, 11
—, **phosphorsäureester,** polymer 20, 230
Glycerophosphatase, adsorption 8, 342, 344
Glycérophosphates 19, 328, 343
α-**Glycérophosphate,** préparé par trans-phosphatase 19, 356
α- et β-**Glycérophosphates** et phosphatase 19, 324, 325, 327, 329, 333
Glycerophosphoric acid 3, 190, 196; 19, 335
—, et acide phytique 19, 340
α- et β-**Glycérophosphorique (acides),** hydrolyse 19, 323
Glycine (Glykokoll, Glycocolle), dans anti-pathines 12, 393
—, from anthracite coal 17, 392
—, bond distances 3, 224, 225
—, from CH_4 and NH_3 14, 329
—, as C- and N-terminal amino acid 11, 266, 267, 268, 273; 12, 304, 313
—, in crotoxin 12, 447
—, crystal structure 3, 225; 8, 318, 319, 320, 321; 11, 182
—, DNP-deriv. 12, 305
—, from farm soils 17, 391
—, in fish protein 5, 272, 288

Glycine, fluorescence **6,** 324
—, in fossil bones, shells **17,** 394, 395
—, free energy of formation **9,** 320, 321
—, dans gorgonines et spongines **12,** 392, 395
—, in hemoglobin, number of residues **17,** 350, 352
—, in insulin **11,** 253
—, in microsomal protein **16,** 150
—, 450 million years old **17,** 389
—, mol. dimensions **8,** 318, 319, 321
—, in oxytocic hormone hydrolyzates **11,** 251
—, packing drawing **3,** 213; **8,** 321
—, polymers, X-ray diffraction **8,** 330
—, in proteins, collagens, gelatins **17,** 383, 385
—, in rain water **14,** 332
—, in salmine **11,** 252
—, in sediments **17,** 392
—, in seed proteins **6,** 292
—, separation **11,** 243
—, thermostability **17,** 389, 390
—, from threonine **12,** 293
—, dans thyroglobuline **12,** 386
—, transamidination **18,** 94
C^{14}-Glycine and **N^{15}-Glycine,** incorporation **9,** 301, 304, 305, 306, 311, 317, 318, 348, 351, 392, 394
Glycine, N-acetyl-, bond lengths and angles **11,** 198, 201
—, —, crystal structure **8,** 333, 335, 336, 337, 338
—, —, dimensions of molecule **8,** 335, 336
—, —, hydrogen bonds, dimensions **11,** 201
—, —, X-ray analysis **8,** 321, 333, 337; **11,** 188
—, **amide 9,** 330, 331
—, —, **benzoyl-,** digestion with papain **9,** 329
—, **2-amino-3-hydroxy-4-methylbenzoyl- 19,** 283
—, *o*-**aminophenyl-,** Lactam-cyclisierung **13,** 462
—, **anhydride,** X-ray diffraction **8,** 330
—, **anilide** (peptide synthesis) **9,** 325, 326, 328
—, **-$BaCl_2$,** crystal structure **8,** 318
—, **α-brom-β-phenylpropionyl- 13,** 472
—, —, Aminierung **13,** 501
—, **N-carbonsäure-anhydrid 13,** 514, 517
Glycine, dériv. guanidique 18, 100
—, **3,5-diiodo-4(3',5'-diiodo-4'-hydroxy-phénoxy)phényl- 12,** 367
—, **methylester,** → Biuretbase **13,** 494
—, —, **N-[2-amino-3-hydroxy-4-methyl-benzoyl]- 18,** 28
Glycin-peptide, Synthese **13,** 501, 502
Glycine spp., *Gl. max* and gibberellin **18,** 397, 407, *Gl. histida,* Bitterstoffe **17,** 175
Glycocyamidine 18, 85
—, from netropsin **16,** 116
Glycocyamine 18, 85, 104
—, cyclisation **18,** 98
—, → glycocyamidine **18,** 98
—, méthylation enzymatique **18,** 95
—, répartition **18,** 105, 106
—, synthèse **18,** 88
—, transamidination, transphosphorylation **18,** 94, 95
Glycocyamine-phosphate et **-phosphokinase 18,** 90, 95, 98, 104
Glycogen, boundary gradient curve, sedimentation **18,** 468, 475
—, diffusion **18,** 470
—, formation **5,** 107, 114
—, (immunol.) **18,** 512, 520, 521, 522
—, Molgewicht **1,** 280
—, outer chains **11,** 27
—, phosphorolysis **5,** 102, 104
—, priming effect **11,** 33
—, and R-enzyme **11,** 24
—, Speicherung und Pantothensäure **4,** 30
Glycolipoproteine, Rezeptor für Phagen **20,** 230
Glycolphosphate et phosphatase **19,** 325, 327, 328
Glycolsäure-nitril-ester 13, 495
N-Glycolyl-neuraminsäure 20, 239
Glycolyse 1, 123
—, Einfluß von Chinonen **6,** 221
—, inhibition by snake venoms **12,** 431
Glycopeptide, aus Milch-kasein **20,** 239
—, Nomenklatur **20,** 203
Glycoproteine 20, 233
—, aus Eiklar **20,** 239
—, aus Harn oder Ascitesflüssigkeit **20,** 237, 238
—, aus Hefe **20,** 228
—, krebs-spezifisch (Harn) **20,** 238
—, aus Magenschleimhaut, Magenkrebs **20,** 237

Glycoproteine, aus Milch **20,** 239
—, Nomenklatur **20,** 203
—, N-terminal residues **12,** 304
—, sialinsäure-haltige **20,** 227
a_1- und a_2-**Glycoproteine** **20,** 240, 241
β-**Glycoside** → *α*-**Glycoside** **1,** 2
Glycoside, Auftrennung von Gemischen **13,** 142
—, CrO_3-Oxydation **13,** 149
—, aus *Digitalis* spp. **14,** 123, 124
—, of flavones and isoflavones **17,** 6
—, Gegenstromverteilung **13,** 143
—, Isolierung **13,** 140
—, linkages, exchange **5,** 121, 123
—, mit mehreren 2-Desoxyzuckern **13,** 148
—, stufenweise Spaltung **13,** 151
—, aus *Strophantus* spp. **14,** 106, 110, 116, 119
—, Synthese **1,** 1; **14,** 75
—, aus *Urechites* spp. **14,** 110
—, aus Zwiebeln **13,** 140
Glycoside, herzaktive, s. auch, see also, voir aussi, Digitalis . . .
Glycoside, herzaktive **4,** 8; **7,** 87, 106, 134, 135; **13,** 137; **14,** 71
—, —, Abbau **13,** 148
—, —, Aktivität und Verknüpfung der Ringe **14,** 90
—, —, Bestimmung **13,** 145
—, —, Biogenese **14,** 96
—, —, botan. Verteilung **7,** 88; **14,** 114
—, —, Chromatographie **13,** 142, 146
—, —, Farbreaktionen **13,** 143
—, —, *α*-Konfiguration von *L*-Zuckern **14,** 77
—, —, Rohextrakte **13,** 140
—, —, Spaltung **13,** 144, 148, 151
—, —, im Stoffwechsel **14,** 91
—, —, strukturell geklärte und ungeklärte **14,** 86, 88, 106, 108
—, —, Strukturtypen und Nomenklatur der Aglykone **13,** 152
—, —, Teilsynthese **14,** 74
—, —, Verteilung in Pflanzenorganen **14,** 95
—, —, Wirksamkeit **14,** 90, 91
—, —, Zucker **14,** 73, 76, 88, 102
Glycosid-acetate, Entacetylierung, Abbau **13,** 142, 156
Glycosidische Bitterstoffe, herz-unwirksame **14,** 90
Glycosid-haltige Pflanzenfamilien **14,** 91
Glycosin **13,** 331
Glycosmis arborea, Gl. pentaphylla, arborine **13,** 331
Glycuro-conjugaison, hormones thyroïdiennes **12,** 366
β-**Glycuronidase** **12,** 366
Glycurothyronine, 3,5,3′-triiodo- **12,** 366
Glycurothyroxine **12,** 366, 367
Glycyl-*DL*-alanine, unit-cell dimensions and space groups **11,** 188
Glycyl-*L*-alanine, unit-cell dimensions and space groups **11,** 188
—, **hydrobromide,** crystal structure **11,** 188
—, **hydrobromide monohydrate,** unit-cell dimensions and space groups **11,** 188
Glycyl-aminosäuren, tosyl- **13,** 467
Glycyl-*L*-asparagine, bond lengths and angles of amide group **11,** 198
—, crystal structure **11,** 188, 193, 194
—, hydrogen bonds, dimensions **11,** 200, 201
—, X-ray diagram **11,** 216, 217
—, *α*-**hydroxy-*α*-acetaminopropionyl-** **17,** 311
Glycylchlorid, carbäthoxy- **13,** 514
—, **tosyl-** **13,** 483
Glycyl-diiodotyrosine **2,** 120
Glycyl-epiglucosaminsäure **2,** 237
Glycyl-glucosamin, Synthese **13,** 493
Glycyl-*D*-glucosaminsäure **2,** 237
α- and *β*-**Glycyl-glycine,** bond lengths and angles of amide group **11,** 198
—, crystal structure **8,** 330, 333, 334, 337, 338; **11,** 188, 189, 190
—, electron densities **8,** 332
—, free energy of formation **9,** 320, 321
—, hydrogen bonds, dimensions **11,** 201
—, X-ray analysis **11,** 188, 189
—, **methylester, carbäthoxy-** **13,** 495
Glycyl-glycines, di-, tri-, tetra-, penta-, hexa-, and **hepta-,** X-ray diffraction **8,** 330
α-**Glycyl-glycyl-glycine** and **hemihydrate,** unit-cell dimensions and space groups **11,** 188
Glycyl-leucine, formation **9,** 326
—, unit-cell dimensions and space groups **11,** 188
Glycyl-peptid, *o*-aminophenyl- **13,** 463
—, **tosyl-** **13,** 467

Glycyl-phenylalanin, carbobenzoxy- **13,** 507
Glycyl-phenylalanyl-glycin, carbobenzoxy- **13,** 507
Glycyl-Rest, chloroacetyl-(2-amino-phenyl)- **13,** 463
—, **2-nitro-4-carbomethoxy-phenyl-** **13,** 463
Glycyl-serine, unit-cell dimensions and space groups **11,** 188
—, Synthese **13,** 472, 520
—, **-phosphoric acid** **12,** 324
Glycyl-thyroxine **2,** 118
Glycyl-*L*-tryptophan dihydrate, crystal structure **11,** 188, 195, 197
—, Fourier projection **11,** 196
—, X-ray analysis **11,** 195
Glycyl-*L*-tyrosine hydrochloride, crystal structure **11,** 188
Glycyl-*L*-valine hydrochloride and **hydrobromide,** unit-cell dimensions and space groups **11,** 188
Glycyrrhetinsäure **7,** 17, 19, 20, 44, 45
—, **desoxo-** **7,** 45
—, **methylester, acetyl-** **7,** 45
—, —, **acetyl-desoxo-** **7,** 45
Glycyrrhiza glabra, Glycyrrhizinsäure **7,** 19, liquiritin **17,** 15
Gly-his-phe (N-terminal sequence) **17,** 359
Glykokoll, s., see, voir, Glycine
Glyoxal, bond distances **3,** 208
—, **methyl-,** dimer **5,** 219
Glyoxylsäure, phenyl- **16,** 20
Gly~P (abbréviation pour glycocyamine-phosphate) **18,** 83
Gmelins'che Reaktion **3,** 101, 109, 119, 127
Gnaphalium luteoalbum, Gn. silvaticum 4100-Pigment **14,** 31
Gnidia polycephala, glycoside **9,** 247
Goat's butter, digestibility **6,** 16
Goby, carotenoids **5,** 32
Gofrusid **13,** 150, 208; **14,** 121
Goitrin, abs. configuration **18,** 151
Goldfish, carotenoids **5,** 32
Goldhafer, lösliche Kohlenhydrate **15,** 2
Goldlack, Strophanthidin, Uzarigeninin-Glycoside **7,** 107, 135
Goldregen, Cytisin **8,** 265
Gold shadowing technique **8,** 36
Gomphocarpus spp., *G. fruticosus,* herzaktive Glycoside und Aglykone **14,** 85, 94, 96, 108, 110, 121
Gomphogenin **14,** 85, 106, 107
Gomphosid **14,** 85, 106, 121
Gonepteryx rhamni, fluorescence **6,** 329
—, Pterine, pteridines **4,** 77; **11,** 369, 370
Gonioma kamassi, kamassin **10,** 394
Gonococcus, lipides **10,** 252
Gonyaulax polyedra, carotenoids **5,** 24
Goose-barnacle, carotenoids **5,** 30
Goose fat, digestibility **6,** 16
Gorgonaires, gorgonine **12,** 391, 392
Gorgonellidés, gorgonines **12,** 392, 394
Gorgones, iodés **12,** 390
Gorgonia adamsii, gorgonine **12,** 392, 394, *G. cavolini,* *L*-3,5-diiodotyrosine **12,** 354, *G. elegans,* antipathine, gorgonine **12,** 393, 394
Gorgonidés, gorgonines **12,** 392, 394
Gorgonines **12,** 354, 390, 391, 392, 395
—, acides aminés **12,** 392
—, 3,5-dibromo- and -diiodo- *L*-tyrosine **12,** 391
—, halogènes et tyrosine, teneurs **12,** 394
—, iodo- **12,** 354
—, et kératines, différence **12,** 392
—, 3-monobromo- and -monoiodo-*L*-tyrosine **12,** 391
—, *L*-thyroxine **12,** 391
Gorgonique (acide), iodo- **12,** 391
Gossweilosid **14,** 110, 116, 118, 119
Gossypetin **17,** 19, 20, 36, 55
—, color changes **17,** 13
—, and oxidation of ethyl linoleate **17,** 49
—, from quercetin **17,** 39
—, **dimethyl ether,** in lemon peel **17,** 19
—, **7-** and **8-glucoside** **17,** 55
—, **tetramethyl ether** **17,** 39
Gossypetone reaction (flavones) **17,** 14
Gossypium spp., gossypetin **17,** 55, *G. herbaceum, G. indicum,* herbacetin **17,** 54, *G. hirsutum,* fat **1,** 32
Gracilosid **13,** 202; **14,** 115, 117
Graebeit a und **b** **6,** 156
Graines, germination et phytase **19,** 337, 356
—, phosphatases et phosphotransférase **19,** 323, 356
—, (Orge), amylase **19,** 239
—, (Seigle), fractionnement des enzymes **19,** 357
Graisse, s., see, voir, Fat, Fett
Gramicidin S, N-terminal residues **11,** 267
—, partial hydrolysis **12,** 272, 324

Gramifoline 12, 202, 206
Graminaceae, Mosaikkrankheit 4, 90
Gramine 17, 261
—, biosynthesis 17, 262; 19, 263
—, content, and nematode resistance 17, 262
—, relation to hordenine 6, 273
—, synthesis 17, 262
Graminin A und **B** 19, 294, 296, 299, 301, 308, 310
—, Bausteinanalyse 19, 294
—, Inulintyp 19, 299
—, Komponenten 19, 296, 297
—, Vergleich mit Sitosin 19, 295
—, verzweigter Bau 19, 296
Grana, chloroplastic material 6, 300
Granatbaum, Ellagen-Gerbstoffe 13, 90
Grantianic acid 12, 206, 226, 236, 254
Grantianine 12, 203, 206, 236, 253, 254
—, **tetrahydro-** 12, 236, 253
Grape, seed fat, essential fatty acids 6, 56
—, seedless, and gibberellin 18, 409, 412
Grapefruit, seed fat, essential fatty acids 6, 56
Grapevine moth and nicotine 10, 429
Graphite, bond distances 3, 222, 223
Gräser, Acetyl-kohlenhydrate 15, 3, 6
—, Anwuchsmasse 15, 24, 25
—, Eiweiß, biol. Wert 15, 25, 27
—, Kohlenhydrat- und Eiweißgehalt 15, 17, 20, 21, 22
—, Kohlenhydrate, lösliche, niedermolekulare 15, 3, 12
—, Kohlenhydrat-Stoffwechsel 15, 1
—, Lactoflavin 2, 64
—, Mono- und Oligosaccharide 15, 4, 5
—, Polyfructosane, Drehung und Polymerisationsgrad 15, 7, 8
—, Polysaccharide 15, 4, 7
—, —, Aufbau aus Fructofuranosen 15, 11
—, —, enzymatische Spaltung 15, 9
—, —, Mol.-Gew. 15, 11
—, —, unverzweigte Kettenmoleküle 15, 7, 10
—, Saccharose 15, 21
—, Stärke 15, 21
Grasshopper and insecticides 10, 463
Grayfish, food value 5, 276
Green gram, Q-enzyme 11, 30
Green malt, gibberellic acid 18, 393
Grenzflächen-aktive Stoffe, Wanderungsgeschwindigkeit 4, 382
Grenzflächenforschung, und biochem. Probleme 4, 394, 464
—, Nomenklatur 4, 347, 348
Gressores, Federpigmente 18, 205
Griessmayer reaction 9, 282, 284; 13, 118
Grindelia spp., Acetylene, Matricariaester 14, 13, 19, 20, *Gr. arenicola*, Matricarianol, 2-*trans*- und 2-*trans*-8-*cis*-Matricariaester 14, 14, 19, *Gr. stricta*, Matricarianol 14, 19
Grippe, Virus 4, 90
Griseofulvin 14, 193, 194
—, biosynthesis 19, 283, 284
—, labeled, degradation 14, 193
Grönhartin 6, 183
Großtrappe (Gefieder), Porphyrin 18, 214
Groundnut oil, fatty acids, glycerides 1, 32, 37, 38; 5, 80, 82, 87
—, insecticides 10, 458
Ground state and **excited states** 17, 179
Group rate factors 19, 220
Growth, by intussusception (cellulose) 8, 7
—, lactic acid bacteria, requirement 9, 424
—, of microorganisms 9, 401, 426
—, tests (fats) 6, 57, 59
—, of woody plants, photoperiod-controlled 18, 397
Growth factors, adenosine-phosphates 9, 406, 410, 411
—, cytidylic acid 9, 410, 411
—, deoxyribonucleotides 9, 411, 424
—, deoxyribosides 9, 424
—, guanine-less and purine-less microorganisms 9, 407
—, guanylic acid 9, 410
—, hemolytic streptococci 9, 408
—, lactic acid bacteria 9, 424
—, microorganisms 9, 401, 426
—, nucleosides and nucleotides 9, 401, 405, 411
—, orotic acid 9, 412
—, pyrimidine nucleosides and nucleotides 9, 411
—, uracil 9, 411, 412
—, uridine 9, 412
—, uridylic acid 9, 410
—, "V" 9, 405
Growth hormone, amino acid analysis 12, 301
—, hypophyseal, N-terminal residues 12, 317

Growth inhibition, adenosine and -3'-phosphate **9,** 409
—, 5-bromo- and 5-chloro-uridine **9,** 412
—, in *Chlorella vulgaris,* by toxin **17,** 308
—, guanosine and guanylic acid **9,** 409
—, maleic hydrazide **17,** 308
—, and *l*-methionine **17,** 309
—, in microorganisms **9,** 409, 410
—, pyrimidine nucleosides and nucleotides **9,** 412
Grues (Federn, Eischalen), Porphyrin **18,** 210
Gru-gru fat, fatty acids, glycerides **1,** 31
Grundgerüche 8, 191
Grünalgen, Ubichinon **20,** 81
Grün-düngung (Lupinen) **8,** 246
Grünfink, Thyroxin-Mauser **18,** 198
Grünspecht, Federpigmente **18,** 191, 205
Grus grus, Federpigmente **18,** 216
Guai ... = Guaj ...
Guaiacol 6, 113, 114
—, (lignin) **5,** 204, 211
—, *o*- and *p*-**ethyl-** (lignin) **5,** 204, 211
—, *β*-*D*-**glucosid, tetraacetyl- 1,** 19
Guaiacol-Rest (Lignin) **2,** 2
Guaiacyl-carbinol, aus Lignin **20,** 49
—, **acetyl- 2,** 7, 8
Guaiacyl-carbohydrate complex (lignin) **5,** 178
Guaiacyl-glycerin 2, 7, 8; **11,** 52, 61
—, **bis-coniferyläther H** (aus Lignin) **20,** 57
—, *β*-**coniferyläther C** (aus Lignin) **20,** 56, 60, 66
—, —, **methyläther 20,** 60
—, *α*-**dehydro-diconiferyl-*β*-coniferyläther** (aus Lignin) **20,** 57
—, **pinoresinoläther** und **epi-pinoresinoläther** (aus Lignin) **20,** 57
Guaiacyl-Gruppen und Chinonchlorimin **20,** 54
1-Guaiacyl-3-hydroxy-2-propanone 5, 219, 220, 224
Guaiacyl-propane ⇄ Lignin **5,** 217; **20,** 48, 50
Guaiacyl-propan-Ketone (Lignin) **20,** 49, 55
1-Guaiacyl-propanol-2 11, 50, 51
Guaiane 19, 2, 11, 15, 52
—, numbering system **19,** 52
Guaiane group (hydroazulenes) **19,** 77
Guaianin 17, 207, 236, 239, 240
Guaianolide 12, 11, 12; **17,** 139
—, azulene precursor **19,** 34
—, **hydroxy- 17,** 140; **19,** 62
Guaiaretic acid dimethyl ether 15, 117, 118
—, steric correlation with *L*-3,4-dihydroxyphenyl-alanine and isolariciresinol dimethyl ether **15,** 118
—, **dihydro- 15,** 117, 118
Guaiazulene 12, 10, 11, 12; **17,** 139, 147; **19,** 12, 46, 52, 62, 67, 96
—, and acyl bromides **19,** 41
—, formylation **19,** 43
—, from geigerin **19,** 72
—, from *α*-gurjunene **19,** 57
—, → polymethines **19,** 48
—, and trifluoroacetic anhydride **19,** 41
—, **1-acetyl-** and **1-benzoyl-,** hydrolysis **19,** 48
—, **1-cyano-,** hydrolysis **19,** 48
—, **diperchlorate 19,** 48
S-Guaiazulene 5, 41, 43, 44, 46, 48, 51, 52, 60, 62, 63; **12,** 11, 13
—, **deca-** and **octahydro- 5,** 45
Se-Guaiazulene 5, 43, 44, 60, 64, 65; **12,** 11, 13; **19,** 97, 98
Guaiazulenic acid 19, 65
Guaiazulenium salts 19, 46
Guaiazulenyl-polyenals → polymethines **19,** 48
δ-Guaiene 12, 11; **19,** 52
—, **dihydro- 5,** 48, 49
Guaiol 5, 41, 45, 46, 47, 48, 49; **12,** 11, 12, 28; **19,** 52, 53, 79
—, **dihydro- 5,** 48; **19,** 53
Guanase 8, 68; **9,** 371
Guanidine 18, 84, 85, 86, 87, 93, 94, 99, 101
—, basicité **18,** 96
—, substituée **18,** 88, 89, 95
—, and tropolone methyl ether **13,** 287
Guanidines biologiques, électrophorèse **18,** 83, 103
—, hydrolyse **18,** 97
—, métabolism (isotopes) **18,** 104
—, propriétés **18,** 96
—, réactions colorées **18,** 102, 103
—, répartition **18,** 105, 106, 107
—, sels **18,** 96
—, stabilité **18,** 97
Guanidine, hydroxy- 18, 85, 86, 93, 94, 96, 99, 106, 107
—, **mono-** et **diméthyl- 18,** 84, 85, 86, 88, 99, 106, 107

Guanidine, mono- et diméthyl-, basicité **18,** 96
—, **oxybutyl- 18,** 100
—, **N-phosphorylée 18,** 89
Guanidinium, stabilité **18,** 97
Guanidino-acetic acid from netropsin **16,** 116, 117
ω-**Guanidiques (acides) 18,** 88, 100
Guanidiques (dériv.), amidination, désaminidation **18,** 90, 99, 100
—, analyse et préparation **18,** 102
—, basicité **18,** 96
—, biogenése **18,** 90
—, chromatographie **18,** 103, 104
—, cyclisation **18,** 98
—, dégradation biochimique **18,** 99
—, déguanidylation, désamidination **18,** 99, 100
—, électrophorèse **18,** 103
—, formation **18,** 92
—, hydrolyse **18,** 97
—, métabolisme (isotopes) **18,** 104
—, oxydation **18,** 99
—, propriétés **18,** 96
—, répartition **18,** 105, 106
—, sels **18,** 96
—, stabilité **18,** 97
—, synthèse **18,** 88
—, transamidination **18,** 94
ω-**Guanido-acides 18,** 85
ω-**Guanido-α-amino-acides 18,** 85, 100
Guanido-butane 18, 99
γ-**Guanido-butyramide 18,** 86, 92, 93, 101, 102, 104, 106, 107
γ-**Guanido-butyrique (acide) 18,** 85, 92, 93, 94, 99, 100, 101, 102, 104, 106, 107
γ-**Guanidobutyro - hydroxamique (acide) 18,** 93
Guanido-éthanol 18, 101
Guanido-éthylsérylphosphate 18, 86
Guanido-glyoxylique (acide) 18, 99
ω-**Guanido-Gruppe** (Peptide) **13,** 479
1-Guanido-2-(p-hydroxyphényl)-éthane 18, 100
Guanido-phosphates, naturels **18,** 95
β-**Guanido-propanol 18,** 99
Guanido-propionique (acide) 18, 93, 94, 99, 100
γ- et δ-**Guanido-valérianique (acide) 18,** 85, 92, 94, 100, 104, 106, 107
—, **α-hydroxy- 18,** 85, 92
—, **α-keto- 18,** 85, 92, 99, 102, 104, 106, 107
D-**Guanidyl-butylamine 9,** 119
Guanine 18, 84
—, → adenine **9,** 395
—, in DNA **12,** 424, 472
—, and *E. coli* **9,** 380
—, exchange reactions **9,** 390
—, fluorescence **6,** 326
—, labeled, incorporation **9,** 395
—, sparing action on adenine **9,** 407
—, Spektrum **4,** 74
—, structure **20,** 431
Guanine-less microorganisms, growth factors **9,** 407
Guanine-cytosin content of DNA (buoyant density) **20,** 405, 406
Guanine-deoxyriboside 1, 131, 132; **8,** 68, 117, 118; **9,** 385, 387, 404, 432
—, phosphorolysis **9,** 370
Guanine glycoside, synthesis **8,** 110
Guanine ribosides, phosphorolysis **9,** 369
Guanin-uridylsäure 1, 153, 154
Guano, porphyrins **17,** 399
Guanopterin 11, 367
Guanosine 1, 125, 127, 130, 151; **8,** 105, 111
—, estimation **9,** 366
—, and growth **9,** 404, 405, 409
—, (nucleoside metabolism) **9,** 375, 380
—, synthesis **8,** 110
—, **triphosphate 16,** 158
Guanylic acid (Guanylsäure) 1, 133, 135, 151, 152; **8,** 101, 121, 122; **9,** 404
—, and growth **9,** 409, 410
Guar, (polysaccharides, immunol.) **18,** 520, 521, 522
—, galactomannan (immunol.) **18,** 514, 515
Guara rubra, Federfarbstoffe **18,** 187, 188 192, 194
Guarneri-Körper 4, 96
Gudham (Tabakbase) **2,** 276, 292
Guiacurarin-III 17, 191, 239
Guinea pig, anthrax (polysaccharides, immunol.) **18,** 521, 522
—, retina **14,** 251
Gulo luscus, sécrétion odorante **6,** 142
D-**Gulomethylonsäure-lacton 14,** 103
D-**Gulomethylose 7,** 139, 140, 153; **14,** 73, 102, 104
—, **p-bromphenylhydrazon 14,** 103
—, **3-methyläther 14,** 74
L-**Gulomethylose 14,** 89

l-**Gulonic acid, 2-keto-** and **2,3-diketo- 2,** 136, 140, 150; **4,** 201
—, **methyl-2-keto- 2,** 150
l-**Gulonolactone, 2-keto- 2,** 138
Gum ammoniacum, ammoresinol **9,** 256
Gum arabic (polysaccharides, immunol.) **18,** 510, 517, 520, 521, 522, 525, 526, 528
Gum camphor, insect repellant **10,** 458
Gum ghatti (polysaccharides, immunol.) **18,** 511, 517, 520, 522, 525, 526, 528
Gurjunene 5, 44
α-**Gurjunene** → guiazulene **19,** 57
Gurjun oil, pigment **5,** 41
Gurkenmosaik-Virus (Gurken-Virus) 4, 141, 151, 164, 166, 167
Gürtelrose-Virus 4, 90
Gusserow-Varrentrapp method 3, 160
Guttapercha 1, 282
α- and β-**Guttapercha,** 1,4-*trans*-configuration **10,** 146
—, melting range **10,** 149
Gymnocalycium gibbosum, G. multiflorum, cactus alkaloids **6,** 250, 257
Gymnosperms and gibberellin **18,** 411
Gymnosporangium juniperi-virginianae, carotenoids **12,** 172, 173, 191
Gynaminsäure 20, 204
Gynandropsis gynandra, G. pentaphylla, iso-thiocyanates **18,** 167
Gynogamone 6, 196, 198
Gypaëtus barbatus, Federpigmente **18,** 216
Gyps fulvus, sécrétion musquée **6,** 110
Gypsogenin 7, 17, 19, 20, 32, 34, 74
—, **acetyl- 7,** 33
Gypsophila paniculata, Gypsogenin **7,** 19
Gyrophorsäure-methylester, tetraacetyl- 2, 43
Gyrophorsäure-Typus (Depside, Flechtenstoffe) **2,** 42; **8,** 222

H.

Habú, venom **12,** 411
Habú-Enzym 1, 149, 153
Hackberry tree seed oil, essential fatty acids **6,** 55, 56
Haddock, proteins **5,** 268, 269, 270, 273, 276
Haematococcus, cis carotenoids **18,** 280
Haematoderus militaris, Feder-Carotinoide **18,** 187
Haematomma porphyrium, Chinon **6,** 173
Haemophilus influenzae, growth factor **9,** 405, 411, 423
—, (immunol.) **18,** 518
—, and penicillin **7,** 197
H. parainfluenzae, growth factor **9,** 405, 411, 423, *H. pertussis,* antigen **7,** 278, agglutinins **7,** 279, lipides **10,** 254
H. piscium, adenosine triphosphate **9,** 406
Hafer, s. auch, s. also, Avoine, Oat
—, Bitterstoffe **17,** 128, 175
—, Polysaccharide **19,** 312
Hagebutten, Lactoflavin **2,** 63
Hagedorn and Jensen method 8, 65, 82
Hagemann-Ester 11, 115
Hair, stretched, polypeptide chain **11,** 209
—, X-ray diagram **11,** 215, 222
Hairy root (plant disease) **17,** 299
Halcyones (Federn), Porphyrine **18,** 204
Half-chair and **half-boat conformations 19,** 175, 176
Halibut, gastric enzyme **5,** 289
—, liver oil, intestinal absorption **6,** 24
—, proteins **5,** 269, 272, 273, 274, 279, 280
Haliclonasterol, Biosynthese **12,** 143
Halicystis, cellulose **8,** 5
Halides, alkyl-, IR spectra **5,** 361
Halla parthenopea, Hallachrom **6,** 194; **14,** 221
Hallucinogenic effect, adrenochrome **14,** 236
—, indole bases **17,** 264
—, pellote alkaloids **6,** 278
Halocynthia papillosa, carotenoids **5,** 31
Halogen-carbon bonds and conformation **19,** 194
Halohydrins, steroidal, replacement reactions **19,** 205
Halotropolones, anionic substitution **13,** 283
—, and arylsulfonamides **13,** 283
—, and azulene deriv. **13,** 281
—, complexes **13,** 263
—, synthesis **13,** 260
—, **cyano** and **mercapto deriv. 13,** 283
Halotropones 13, 261
—, anionic substitution **13,** 283
—, → azulenes **13,** 286, 288
—, rearrangement **13,** 282
—, and thiourea **13,** 287
—, **cyano** and **mercapto deriv. 13,** 283, 288

2- and 7-Halotropone, 2-methoxy-, in azulene synthesis **19,** 36, 37, 39
Hamamelis virginica, Hamameli-tannin **13,** 71
Hamamelose 13, 71
Hamamelosid, methyl- 13, 72
Häma..., Hämo... s., see, voir, Hema..., Hemo...
Handianol 12, 96
Han-fang-chi, Alkaloide **9,** 178, 207, 213
Hansenula ciferri, tetraacetyl-C_{18}-phytosphingosine **20,** 4
Haplophyllum spp., haploperine **13,** 326
Hapten 4, 137; **9,** 445, 449, 450
—, inhibition **9,** 445, 458, 473, 474
—, polymers **9,** 470, 476
—, polyvalent, aggregation **9,** 476
Hapten-antibody reactions, free energy **9,** 467
Haptenic groups, number **9,** 450, 459
Haptoglobin 20, 240, 241
—, katalase-aktiver Komplex **20,** 241
Harden and Young equation 8, 49
Harden and Young ester 4, 238; **8,** 77, 78, 82, 83
Hardpalate fat, digestibility **6,** 16
Harman 10, 395, 396, 400; **13,** 352, 353, 400
—, **Ind-N-methyl- 10,** 402, 403, 404; **13,** 369, 370, 373, 374, 396
—, **$N_{(b)}$-metho-** = Melinonin-F **17,** 191
—, **tetrahydro- 6,** 274
Harmine 13, 377, 380
Harn, s. auch, see also, voir aussi, Urine
Harn, Flavin **2,** 65
—, Glucuronide **4,** 229
—, Glycoproteine **20,** 238
—, Pterine **4,** 80, 81, 84
—, Rubilinogen und Urobilinogen **3,** 114
—, Steroide **12,** 150
Harnstoff, s., see, voir, Urea
Harpactes diardi, Feder-Carotinoide **18,** 187
Hartheu (Hypericismus) **14,** 144
K-M-Harze, Harzsäuren, Dien-Synthese **10,** 67
Hastacine 12, 201, 206, 224, 236
—, spasmolytic properties **12,** 259
Hastanecic acid 12, 206, 226, 236
Hasubanin, Hasubanonin **9,** 177, 207
Hatano's ester 8, 74, 75
Hauptvalenz-Kettengitter 1, 313
Hauptvalenz-Kettenrost (β-Keratin) **1,** 324
Hausfliege, Ubichinon **20,** 81
Haut, Cholesterol-Biosynthese **12,** 133
HDP (abbréviation de hexosediphosphate) **18,** 83
Head-drop (Curarewirkung) **17,** 233
Head-to-tail rule (terpenes) **12,** 30
Heavy atoms (Patterson diagram) **8,** 316
Hecogenin, and cortisone synthesis **10,** 351, 352
—, **11,23-dibromide acetate 10,** 351
Hederagenin 7, 17, 19, 20, 32, 34, 35
Hederagenon-disäure, Hederagonsäure, Hederatrisäure 7, 34
Hedera helix and gibberellin **18,** 398, Hederagenin **7,** 19
Hefe, s. **auch, see also, voir aussi, Yeast, Levure**
Hefe, Abbau der C_2-Körper **4,** 283
—, Adenylsäure **1,** 133, 135, 151, 152; **8,** 101, 119, 121
—, aminozucker-haltige Nucleotide **20,** 220
—, (biochem. Hydrierungen) **3,** 61
—, und C^{14}-Acetat **12,** 128
—, Citronensäure-Cyclus **4,** 283
—, Fett und Chinone **6,** 222
—, Gärung und Pantothensäure **4,** 30
—, Glucosidase **2,** 207; **13,** 152
—, Inulase, Hemmung durch Streptomycin **19,** 309
—, Invertin, Abbau von Polyfructosanen **19,** 310
—, und α-Ketosäuren **3,** 31
—, Lactoflavin **2,** 64
—, Nucleinsäure **1,** 125, 133, 145, 151, 152, 153
—, Polyose **2,** 215
—, Proteinase, Hemmung **6,** 219
—, Rassen, Wuchsstoffe **4,** 28
—, und sec. Alkohole **3,** 38
—, und steroide Hormone **3,** 59
—, verarmte **3,** 64, 65
—, Wachstum und β-Aminobuttersäure **4,** 38
—, wilde, Flavin **2,** 63
Heidekorn (Fagopyrismus) **14,** 145
Helenalin 17, 138, 139, 147, 148, 173; **19,** 52, 67, 68, 70, 71
—, correlation to tenulin and balduilin **19,** 71

Helenalin, physiol. Wirkung, Wurmmittel, Fischgift, Insectizid **17,** 147
—, rotatory dispersion **19,** 70
—, **dihydro- 17,** 148; **19,** 68
—, —, NMR studies **17,** 149; **19,** 67
—, **tetrahydro- 17,** 148; **19,** 68
Helenalon, tetrahydro- 17, 148, 149; **19,** 68
—, —, NMR studies **19,** 67
Helenieae, Matricariaester **14,** 13
Helenin, Lactongemisch **17,** 138, 149
Hélénique (acide) 17, 147
Helenium lactones, stereochemistry **19,** 70
Helenium spp., Toxicität **17,** 147, *H. autumnale, H. badium, H. elegans, H. macrocephalum,* Helenalin, Tenulin **17,** 144, 147, *H. mexicanum,* Mexicanin **19,** 70, *H. microcephalum, H. montanum, H. quadridentalum, H. tenuifolium,* Helenalin, Isohelenalin, Tenulin **17,** 144, 147, 148
Heliantheae, Acetylene, Matricariaester, Farbstoffe **14,** 13, 31, 62
Helianthren 14, 150
—, lichtempfindliches Deriv. **14,** 161
—, Photooxyd **14,** 150
—, **10,10′-diacetoxy- 14,** 150, 151
—, —, Photooxyd, Spektrum **14,** 151
—, **10,10′-diacetoxy-2,2′-dimethyl- 14,** 152, 153
—, **10,10′-dihydroxy-2,2′-dimethyl- 14,** 157
—, **2,2′-dimethyl- 14,** 152, 153
—, **pentaacetoxy- 14,** 151, 152
Helianthron 14, 150, 163, 181
—, reduzierende Acetylierung **14,** 151
—, **2,2′-dimethyl- 14,** 147, 153, 157
—, —, Spaltung in Antipoden **14,** 176
—, **4,5,7,4′,5′,7′-hexaoxy-,** Ringsystem **14,** 181
—, **hydroxy-,** Spektrum **14,** 152
—, **3,4,3′,4′-tetrahydroxy- 14,** 151
—, —, reduzierende Acetylierung **14,** 152
Helianthus spp. and gibberellin **18,** 402
Helical structures, nomenclature **11,** 204
Helicin 9, 243
Helictis moschata, sécrétion musquée **6,** 110
Heliopsis helianthoides, H. longipes, affinin, scabrin **10,** 453, 454
L- and *DL-***Heliotridane 12,** 208, 209, 210, 211, 212, 217, 220, 221, 222, 224, 246
Heliotridane, degradation **12,** 211
—, IR spectrum **12,** 220
—, stereochemistry **12,** 220, 221, 222
—, synthesis **12,** 220
—, **chloro- 12,** 210, 211
—, **dihydro-des-N-methyl- 12,** 211, 212, 213
—, —, dehydrogenation **12,** 211
—, **dihydroxy- 12,** 214
—, **hydroxy- 12,** 247
—, **oxy- 12,** 210, 211, 214, 224, 225, 247, 248
—, **tetrahydro-des-N-dimethyl- 12,** 211, 212
Heliotridene 12, 210, 211
Heliotridine 12, 206, 209, 210, 211, 214, 224, 247, 248, 257
—, degradation **12,** 211
—, → heliotridane **12,** 208
—, **dibenzoyl- 12,** 210
—, **lasiocarpic ester 12,** 204
—, **N-oxide 12,** 257
Heliotridine alkaloids 12, 247
Heliotrine 12, 204, 206, 210, 241, 247, 257
—, **N-oxide 12,** 206, 257
Heliotrinic acid 12, 206, 210, 226, 241, 242, 244, 246, 247
—, stereochemistry **12,** 242
Heliotropium spp., *H. eichwaldi, H. europaeum, H. lasiocarpum, H. supinum,* pyrrolizidine alkaloids **12,** 200, 204, 205, 209, 246, 247, 248
Helipterum spp., *H. Manglesii, H. roseum, H. Sandfordii,* Farbstoffe **14,** 31
α-Helix, atomic coordinates **11,** 206
—, compound **11,** 223, 224
—, diagram **11,** 205
—, drawing **11,** 205
—, hexagonal packing **11,** 219, 220
—, hydrogen bonds **11,** 208
—, in α-polypeptides, fibrous proteins **11,** 223
—, polypeptide chains **11,** 204, 206
—, radial-distribution curves **11,** 222
—, in seven-strand cable **11,** 225
—, synthetic polypeptides **11,** 221
—, twisted about one another **11,** 223, 225
α- and **γ-Helix,** difference **11,** 208
γ-Helix, absence in proteins **11,** 208
—, polypeptide chains **11,** 207
—, radial-distribution curves **11,** 222
—, strain energy **11,** 208

Helix pomatia, Chitin-Abbau **2,** 224, 226
—, Enzym **5,** 179; **13,** 152
—, (enzyme chromatography) **8,** 357
Hellebore, insecticide **10,** 425, 463
Helleborus foetidus, phosphatase **19,** 340, *H. niger,* herzaktive Glycoside und Aglykone **14,** 88, 92, 95, 123
Hellebrigenin 12, 158, 160; **14,** 87, 95
—, = Bufotalidin **14,** 88
Hellebrigenol 13, 200, 214
Hellebrin 13, 214; **14,** 123
—, **desgluco- 13,** 214
Hellebrol, desgluco- 13, 214
Helminths, immuno-polysaccharides **9,** 447
Helminthosporin 6, 163
Helminthosporium spp., *H. catenarium, H. cynodontis, H. euchlenae, H. gramineum, H. leersii, H. tritici-vulgaris, H. velutinum,* Chinone **6,** 163, 164, 165, 167
Helmvögel (Federn), Turacingehalt **18,** 211
Helveticosid 13, 210; **14,** 121
Helvolic acid 7, 195
Hemafolin 11, 385
Hemagglutination und Influenzaviren **20,** 234
Hemaglutinin, in *Bothrops* venom **12,** 431
Hématies, phosphatases **19,** 323
Hematin 3, 114
Hematin compounds, → bile pigments **11,** 337
Hematin enzymes 11, 300
Hematinsäure (**Hematinic acid**) **3,** 88, 126
—, **imide 11,** 332
—, —, **ester 1,** 167, 197
Hematohemin c from cytochrome *c,* from hemoglobin **11,** 317
Hematoidin 3, 82, 88, 123
Hematommsäure, und **-methyläther 2,** 44, 49
Hematoporphyrin 11, 316, 320; **18,** 211
—, countercurrent distribution **11,** 311
—, and cytochrome *c,* relationship **11,** 317
—, fluorescence **2,** 325, 326, 327, 329; **6,** 349
—, **dimethyl ester dimethyl ether 11,** 317
Hematoporphyrin-IX 11, 308
Hematoporphyrinuria 11, 317
Hematoporphyroidin 11, 315
Heme, definition **17,** 324
Heme, linkage with globin **17,** 331, 332, 368, 369
—, —, and SH groups **17,** 331, 332
—, separation from globin **17,** 330
—, spatial relationship to globin **17,** 333
—, **diethyl ester,** in polystyrene **20,** 439
Heme group, hemoglobin and myoglobin, shielding **17,** 333
Heme-heme interaction 17, 369
Hemiacetalic hydroxyl, phosphorylation **8,** 50
Hemiaphylliden 8, 268
Hemibilirubin 3, 81, 88, 112
Hemicellulose 8, 2, 6
—, double refraction **8,** 5
—, (immunol.) **18,** 525, 526, 528
—, in kerogen and humic acid **17,** 388
—, Verbindung mit Lignin **11,** 68
Hemicytisylen, tetra- and **octahydro- 8,** 265, 266
Hemiglobin, (nomenclature) **17,** 325
—, **cyanide** (nomenclature) **17,** 325
Hemin, Kernstruktur **1,** 168; **3,** 9
—, → mesoporphyrin-IX **11,** 316
—, in molten resorcinol **11,** 316
—, Reduktion **3,** 88
—, synthesis **11,** 316
—, **chloride 17,** 330
—, **grünes 3,** 104, 105, 108
Hemin-IX 3, 94
Hemin-protein complex, paper chromatography **8,** 352
m-**Hemipinsäure 8,** 283, 284; **15,** 101, 132
—, aus Lignin **20,** 46
Hemochromogen 3, 107
Hemocyanin 9, 468
—, antigen, labeled **9,** 464
—, Film, Schichtdicken **4,** 449
Hemoglobin, age, function of (change of type, embryonic → adult) **17,** 334
—, alkali denaturation **17,** 336, 341
—, amide groups, determination **17,** 351
—, amino acids, composition **11,** 251; **17,** 352
—, —, residues **17,** 349
—, —, sequence **17,** 360
—, and antigens **9,** 446
—, association-dissociation **18,** 484
—, binding capacity, for O_2 **17,** 327
—, —, for Ag^+, Hg^{++}, and SH **17,** 355
—, branched chains, absence of **17,** 369

Hemoglobin, chains, nomenclature **17,** 364
—, β-chain, amino acid substitution **20,** 435
—, chem. investigations **17,** 348
—, und Chinon **6,** 214
—, and *p*-chloromercuribenzoate **17,** 332
—, chromatography **8,** 352; **11,** 284; **17,** 347
—, components (minor), in red blood cells, function **17,** 347, 348
—, connection between chains **17,** 369
—, crystallized, impurities **17,** 344
—, C-terminal amino acid residues **17,** 359, 360
—, cystine residues **12,** 322
—, dialysis and oxygen dissociation curve **17,** 340
—, dissociation **17,** 327, 329, 364
—, —, asymmetrical and symmetrical **17,** 364, 368
—, disulfide bonds **17,** 356, 369
—, electron-distribution function **11,** 234
—, electrophoresis **17,** 327, 337, 341, 342
—, evolution **20,** 436
—, "fingerprints" **17,** 370
—, function **17,** 325, 347, 348
—, → hematoporphyrin-IX **11,** 317
—, heme groups, shielding **17,** 333
—, —, (four) and four polypeptide chains **17,** 368
—, heterogeneity, and biological significance **17,** 340, 341, 347
—, hybridization of chains **17,** 365, 370, 371
—, hydrolysis **17,** 351
—, insoluble residue from tryptic hydrolyzates **17,** 365
—, on ion exchange resin **17,** 343, 345
—, iron content **17,** 326
—, isoelectric points **17,** 361
—, isolation **17,** 340
—, ⇄ Methemoglobin **6,** 214
—, mol. shape, axis of symmetry **17,** 329
—, mol. weight **17,** 326, 327, 328, 367
—, mutations **20,** 435
—, nomenclature **17,** 324, 325, 348, 364
—, non-heme protein content **17,** 345
—, normal and abnormal (genetics) **12,** 476
—, N-terminal amino acids **11,** 267; **12,** 313; **17,** 357
—, octahedral coordination around Fe **17,** 332
Hemoglobin, Osmose **1,** 266
—, oxygen affinity, capacity **17,** 332, 333
—, oxygen dissociation curve **17,** 332, 368
—, Patterson projection **17,** 330
—, polypeptide chains, separation **17,** 365, 367, 370
—, prosthetic group **11,** 308; **17,** 324, 330
—, radioactive **17,** 364
—, sedimentation constant **17,** 238
—, SH groups **17,** 355, 356
—, im Stoffwechsel **3,** 87, 108, 114
—, structure and genetics **12,** 475
—, tryptic hydrolyzate, peptides **17,** 361
—, ultracentrifugation **17,** 327
—, undenatured **17,** 336
—, X-ray analysis **1,** 338; **11,** 204, 222; **17,** 329
Hemoglobin A = Hemoglobin, adult
Hemoglobin, adult **17,** 324, 326, 334, 343, 348, 364
—, —, abnormal and normal **17,** 322, 323, 333
—, —, alkali-resistant fraction **17,** 341
—, —, amino acid analysis **17,** 349, 350, 351
—, —, amino acid sequence **17,** 363
—, —, α-chains, identity in hemoglobins S and C **17,** 368
—, —, chromatography **17,** 346, 347
—, —, estimation **17,** 336
—, —, four chains **17,** 367
—, —, half-cystine residues, number of **17,** 355
—, —, heterogeneity **17,** 341
—, —, immunol. methods **17,** 341
—, —, mutation **20,** 435
—, —, nomenclature **17,** 324, 326, 348
—, —, N-terminal amino acids **17,** 357, 359, 363
—, —, radioactive **17,** 364
—, —, separation from fetal hemoglobin **17,** 339
—, —, tryptic hydrolyzate **17,** 361, 362, 363
—, —, tryptophan content **17,** 354
Hemoglobin C, N-terminal sequence **17,** 363
Hemoglobin, from cord blood (umbilical) **17,** 337, 341
—, —, amino acid sequence **17,** 363
—, —, chromatography **17,** 338, 343

Hemoglobin, from cord blood, components 17, 335, 338, 341, 348
—, —, SH groups 17, 356
Hemoglobin, embryonic 17, 324, 334, 335, 336, 337, 340
—, —, destruction 17, 335
—, —, paper electrophoresis 17, 337
Hemoglobin F = Hemoglobin, fetal
Hemoglobin, fetal 17, 324, 326, 334, 335, 337, 338, 339, 348, 359, 370
—, —, amino acid residues 17, 350, 353
—, —, comparison of amino acids with hemogl. A 17, 349, 354, 370
—, —, disulfide link 17, 367
—, —, estimation 17, 336
—, —, in evolution 20, 436
—, —, half-cystine residues 17, 355
—, —, immunological methods 17, 341
—, —, ion exchange chromatography 17, 353
—, —, nomenclature 17, 326, 348
—, —, N-terminal amino acids 17, 359
—, —, occurrence 17, 334, 335
—, —, sedimentation constant 17, 328
—, —, separation from A by electrophoresis 17, 339
—, —, separation of chains by dialysis 17, 366, 367
—, —, tryptophan content 17, 354
—, —, X-ray studies 17, 330
Hemoglobin S = Hemogl. in sickle-cell anemia
Hemoglobin, sickle-cell anemia 17, 323, 326, 364
—, —, amino acid sequence 11, 251; 17, 363
—, —, dissociation 17, 323, 326, 364
—, —, heterogeneity 17, 346
—, —, identical halves 17, 363
—, —, isoelectric points 17, 361
—, —, N-terminal sequence 17, 363, 364
—, —, radioactive 17, 364
—, —, SH groups 17, 356
—, —, tryptic hydrolyzates 17, 361, 362, 363
Hemoglobins A_1, A_2 17, 326, 342; 20, 436
Hemoglobins b, B (nomenclature) 17, 326
Hemoglobins A, C, D, E, F, and S (genetics) 12, 475, 476
Hemoglobins F_1, F_2, F_I, F_{II} (nomenclature) 17, 326, 338
Hemoglobin, animal 17, 324
Hemoglobin, dog, crystalline 17, 326
—, horse, crystallization 17, 326
—, —, dissociation in urea 17, 328
—, —, Patterson projection 17, 330
—, sheep, fetal, and carboxyhemoglobin, separation 11, 287
Hemoglobin, carbonmonoxy- (carboxy-) 17, 325
—, —, dissociation constants 17, 369
—, —, sedimentation constant 17, 328
Hemolyse, photodynamische 14, 144
Hemolysin 12, 407
—, crystalline, amino acids 12, 439, 440
—, inactivation 12, 440
—, (in *Naja*) 12, 439, 440, 443
Hemolytic streptococcus, group-specific C-polysaccharide 18, 512
—, growth factors 9, 406, 408
—, penicillin assay 7, 197
Hemophilia, genetics 5, 307, 308
Hemopoiesis 11, 300
Hemopyrrol 1, 167; 3, 96
—, **oxy-** 3, 96
—, **carbonsäure** 1, 178
Hemorrhagic effect, snake venoms 12, 413, 415, 417
Hemostatic action, adrenaline, adrenochrome 14, 237
Hempseed oil, digestibility 6, 15
—, essential fatty acids 6, 56
—, vitamin E 6, 55
Heneicosénoïque (acide), (lipides bactériens) 10, 244
Henna, Chinone 6, 181
Hepaflavin 2, 65
Heparansulfat 20, 232, 233
Heparin 5, 293; 8, 32; 20, 232, 233
β-Heparin 20, 232
Heparitinsulfat 20, 232
Hepatopankreassaft (Weinbergschnecke) 2, 224, 226; 13, 142
Heptadécane-dioate, 9-céto-, éthyle 6, 105
Heptadecan-diol-(1,14) 14, 33
Heptadécanoïque (acide), (lipides bactériens) 10, 204
Heptadecanol-(1) 14, 33
Heptadecan-1,2,3-tricarbonsäure 8, 200
Heptadecylsäure, α-methyl- 2, 28
Heptadienal 8, 197
Hepta-3,5-diene, 1,2-dihydroxy-3-methyl-, 2,5-dicarboxylic acid 12, 233

Hepta-3,5-diene, 2-hydroxy-3-methyl-2,5-dicarboxylic acid 12, 231
Heptafulvene 19, 40
—, → azulene 19, 36, 39
Heptaglycyl-glycine, X-ray diffraction 8, 330
Heptalene, deriv., from 4,6,8-trimethylazulene 19, 51, 52
Heptane, 1,7-dibromo-4-amino- 12, 218
—, **4,4-dicarboxylate, diethyl-1,7-diethoxy-** 12, 218
—, **1,7-diethoxy-4-amino-** 12, 218
—, **4-dimethylamino-3-methyl-** 12, 212
—, **2,6-dione** 19, 14
D- and *L*-**Heptanoate, 2,6-dimethyl-, methyl** 12, 107, 108, 113
n-**Heptanoic acid** 17, 397
—, (lipides bactériens) 10, 196, 197
—, ω-**acetamido-** 16, 94
—, **6-oxo-** 6, 100
Heptan-2-one, 6-methyl- 12, 59
Heptan-4-one, 1-phenoxy-7-ethoxy-3-methyl- 12, 218
Heptan-6-one, 2-methyl-3-methylen- 8, 185, 186
Heptane-tetracarboxylic acid from cevine 20, 319
Hepten-(1,2)-1,7-dicarbonsäure, 2-methyl- 4, 218
cis- and *trans*-**Hept-5-ene, 1,2-dihydroxy-, 2,5-dicarboxylic acid** 12, 227
—, **2-hydroxy-3-methyl-2,5-dicarboxylic acid** 12, 229
Heptenol 8, 188
Hepten-(2)-ol-(1), 7-carbonsäure, 2,6-dimethyl- 4, 224
Hepten-(2)-ol-(6), 2-methyl- 3, 39
Hepten-(2)-ol-(7), 2,6-diméthyl- 6, 120
Hepten-(5)-ol-(2) 3, 41
Heptenone, methyl- 9, 256, 257
Hepten-(2)-on-(6), (Jonon- und Iron-Synthese) 8, 161, 174, 175, 185, 186
Hepten-(5)-on-(2) 3, 4
Heptonsäure, 2-keto-3-desoxy- 20, 246
Heptose, keto-, monophosphate 8, 86
—, —, —, hydrolysis constant 8, 61
—, —, —, rotation 8, 63
Heptylresorcin 8, 303
n-**Heptylsäure** 8, 188
—, from petroleum 17, 397
—, **2,4-dimethyl-3-carboxy-6-keto-** 12, 19
Heracleum nepalanese, H. sphondylium, coumarins 9, 263, 264, 265
Heraclin 9, 262, 263
Herbaceous plants, vernalization, photoperiod and gibberellins 18, 395
Herbacetin 17, 18, 54
—, **ethers** 17, 19, 37
—, **7-glucoside** 17, 54
Herba chirettae, Amarogentin 17, 133
Herba marrubii, Marrubiin 17, 165
Herculin, insecticide 10, 452, 453, 454
Hercynine (herzynine) in fungi, in seminal fluids 20, 5
Hereditary mechanism 5, 323; 20, 427
d'Herellen (Bakteriophagen) 4, 183
Herkulesöl, Acetylene 14, 42
Hermidium alipes, hydroxytyramine 6, 256
Hernandia ovigera, H. sonora, acetylpodophyllotoxin, acetyl-picropodophyllin, deoxy-podophyllotoxin 15, 93, 99, 121
Hernandion 15, 93, 121, 123
Herniania hirsuta, herniarin 9, 243
Herpes simplex, Virus 4, 90
Herring, oil, fatty acids 5, 89
—, protein 5, 268, 273, 275, 276, 279, 280
Herring-bone formula (amylopectin) 11, 24, 25
Herzgifte, glycosidische, s., **see, voir, Glycoside, herzaktive**
Herzgift-Enzyme 4, 10
Herzmuskel, Abbau der Brenztraubensäure 4, 269
Hesperetin 17, 39
—, → diosmetin 17, 39
Hesperidin, dehydrogenation 17, 44
—, IR bands 17, 58
Hesperis matronalis, iso-thiocyanates 18, 153, 165
Heteroatom, normalized wave function 16, 290
Heteroauxin 17, 273
Heterobetulin 7, 17, 61, 62, 66
Heterobetulin-Gruppe (pentacyclische Triterpene) 7, 3, 61
—, Nomenklatur 7, 61
—, Stereochemie 7, 76
Heterocentrotus mammilatus, Naphthochinon 6, 199
Heterocholestenone 1, 62
Heterocyclic aromatics, IR spectra 5, 360

Heterocyclic compounds containing S and N, in fungi **20**, 28
Heterocyclische Ringe im Tierkörper **4**, 212
Heterodispersität **1**, 283, 294
Heterolupan, Heterolupanol, Heterolupen **7**, 62
Heteropeucenin, und **-methyläther** **11**, 143
—, **dihydro-** **11**, 132
Heterophylline **13**, 402
Heterotetrax rüppelli (Federn), Porphyrin **18**, 206, 207
Hétérovitamine B, antagoniste **9**, 90
Heteroyohimbane system **13**, 405, 406
Heterozygote **5**, 301
—, molecules (DNA) **20**, 406
—, (sickle cell mutant gene) **12**, 476
Hetisine **16**, 62
—, → 1,7-dimethyl-phenanthrene **16**, 62
—, **demethyl-** **16**, 62
—, **tetrahydro-demethyl-** **16**, 63
Heu, Kohlenhydrate, lösliche **15**, 22
—, Lactoflavin **2**, 64
Heuschrecke, β-Carotin → Astaxanthin **18**, 192
Hevea brasiliensis, elastomer **10**, 119, 126
—, indole **17**, 252
Hevea rubber, buoyant behavior **20**, 416
Hevea sol rubber **10**, 140
Hexacarboxylic acid from vitamin B_{12} **15**, 185, 199
—, abs. configuration **15**, 196
—, arrangement around Co **15**, 201
—, atomic positions **15**, 197, 213
—, bond lengths **15**, 196
—, conformations **15**, 217
—, crystal structure **15**, 212
—, electron densities **15**, 185, 187, 188, 191
—, interatomic distances **15**, 200, 205
—, oxidation **15**, 204
—, planarity of inner ring **15**, 200
—, propionic residues **15**, 203
—, purification **15**, 203
—, structure **15**, 196, 201
—, X-ray analysis **15**, 172, 173, 185, 212
—, **dicyanide** **15**, 203, 207
Hexacoralliaires, gorgonine, antipathine, scléroprotéines iodées **12**, 391, 393, 395
n-**Hexacosanoic acid (Acide hexacosanoïque)** **3**, 159, 161, 164, 165, 170
n-**Hexacosanoic acid,** (lipides bactériens) **10**, 198, 206, 209, 212, 217, 238
—, **2-hydroxy-,** in sphingolipides **20**, 4
—, **α-keto-** (lipides bactériens) **10**, 199, 203
Hexadécaméthylène-imine **6**, 105
Hexadécane-1,16-dicarboxylique (acide) (lipides bactériens) **10**, 198
Hexadécane, 2,15-dioxo- **6**, 100, 101
Hexadecenoic acid, in fats **5**, 82
—, —, separation **1**, 42
—, (lipides bactériens) **10**, 243, 253
16-Hexadécène-9-oïque-1 (acide), bromo- **6**, 104
Hexadecenyl alcohol, in fats **6**, 12
Hexadecyl alcohol, in fats **6**, 12
p-**Hexadecyl-cyclohexanol,** Film-Verhalten **4**, 374
p-**Hexadecyl-phenol,** Film-Verhalten **4**, 374
Hexa-deuterio-äthylalkohol **4**, 228
Hexa-1,5-dien-1,6-dicarbonsäure, 1,5-dimethyl- **4**, 223
Hexa-2,4-diene, 2,5-dimethyl- **19**, 133
Hexaglycin, benzoyl-, Synthese **13**, 495, 508
—, **ester** **13**, 494
Hexaglycyl-glycine, X-ray diffraction **8**, 330
cis-**Hexalin** (Dien-Synthese) **10**, 86
Hexalupin **8**, 263
Hexamethylene diamine, polyamides, elasticity **10**, 144
—, **dimethyl-** and **di-iso-butyl-,** polyamides, elasticity **10**, 144
Hexamethylene tetramine, bond distances **3**, 208
—, Elektronen-Dichte **1**, 308
Hexamethylose **14**, 72, 89
—, in *Acokanthera* spp. **14**, 93
—, Unterscheidung von 2-Desoxy-hexamethylose und 3-Methyläther **14**, 74
—, **2-deoxy-** **14**, 72, 89
—, **3-methyläther** **14**, 89
—, —, **2-deoxy-** **14**, 89
n-**Hexane,** IR spectrum **5**, 345
—, **1-phenyl-** **14**, 38
—, **tetracarboxylic acid,** from cevine **20**, 319
—, **1,2,5-tricarbonsäure-trimethylester, 2-methyl-** **7**, 53

Hexanoate, α- and **β-3,5-dimethoxycarbonyl-6-(2-methoxycarbonyl-6-methylphenyl)-3-methyl-, methyl,** synthesis **18,** 363
n-**Hexanoic acid 17,** 397
—, **α-äthyl-β-oxy- 4,** 191
—, **3-carboxy-6-(2-carboxy-6-methylphenyl)-5-cyano-3-methyl- 18,** 362
—, **3,5-dicarboxy-6-(2-carboxy-6-methylphenyl)-3-methyl- 18,** 363
—, **3,5-diketo- 14,** 197
—, **2-** and **4-methyl-,** bacterial origin **17,** 397
—, **2-, 3-, 4-,** and **5-methyl-,** from petroleum **17,** 397
Hexaoxy-diphenoyl-Verbindungen, Biosynthese **13,** 126
Hexasaccharid, aus Gräsern **15,** 5, 12
—, aus Weizen **19,** 307
Hexatrien-1,3,5, (Dien-Synthese) **10,** 49
—, **1,6-amidsäure-1 4,** 221
—, **dibiphenylene-,** no *cis*-peak **18,** 262
—, **1,6-dicarbonsäure 4,** 221
—, **diphenyl-,** *cis*-peak **18,** 253, 262
—, —, and iodine **18,** 273
1-Hexene, IR spectrum **5,** 349
Hex-1-en-1,6-dicarbonsäure, 1,5-dimethyl- 4, 223
Hex-3-enoic acid (Hexensäure) 8, 190
cis-**Hex-4-enoic acid 19,** 144
Hex-3-en-1-ol 3, 41; **8,** 189, 190
—, *cis-trans*-Formen **8,** 189, 190; **19,** 142, 148
—, Geruch und Konfiguration **8,** 194
Hex-4-en-1-ol 3, 34, 41
Hex-5-en-2-ol, 6-*p*-oxyphenyl- 4, 194
Hex-5-en-2-on, 6-*p*-oxyphenyl- 4, 194
—, **6-phenyl-** (biochem. Hydrierung) **3,** 41
Hexocytidin-diphosphorsäure 1, 147
Hexoic acid, in fats **5,** 82
Hexokinase 8, 81
Hexosamine, in antibodies **9,** 452
—, enzymatische Synthese **20,** 244, 245
Hexose, 2-deoxy- 14, 89
—, **dimethyl-** (Saccharide der Gräser) **15,** 6
—, **diphosphate 8,** 49
—, **3-methyl-2-desoxy- 14,** 89
—, **monophosphate 8,** 49
Hexose-phosphatases 19, 320, 345
Hexothymidin-diphosphorsäure 1, 147
Hexuronic acid 2, 134
β-*n*-**Hexyl-glycosid, tetraacetyl- 1,** 4
Hexylresorcin 8, 303
Heyns-Carson-Umlagerung (Aminozukker) **20,** 214
Hiascinsäure 8, 222, 223
—, **methylester, tetramethyläther 8,** 222
—, **pentaacetyl-** und **pentacarbäthoxy- 8,** 223
Hibbalactone, synergist **19,** 149
Hibiscetin 17, 7, 20, 21
—, **3-glucoside 17,** 20
Hibiscitrin 17, 20
Hibiscus spp., gossypetin **17,** 55, *H. abelmoschus,* substance musquée **6,** 96, *H. cannabinus, H. sabdariffa,* hibiscitrin **17,** 20
Hickory nut fat, digestibility **6,** 15
Hieracifoline 12, 209, 231
Hieracinecic acid 12, 227, 231
High polymers, s., see, voir, Hochpolymere
Hildebrandt-Säure 3, 46, 47; **4,** 222, 223, 224
—, **dihydro- 3,** 47, 48
Hill reaction (enzyme) **6,** 301
Hillmann, réaction de (protéines) **6,** 325
Himantandra baccata, himbaccol **19,** 56
Himbaccol = viridiflorol **19,** 56
Himbeersaft, Jonon **8,** 153
Hinesol 19, 59, 60
—, **dihydro- 19,** 59, 60
Hinoki, tropolones **13,** 236, 237
Hinokiflavone 17, 9
Hinokinen 5, 215, 216
Hinokinin, synergist **19,** 149
Hinokitin 13, 237
Hinokitiol 13, 234, 236, 237, 240, 271, 285
—, conversions **13,** 238, 275, 276
—, oxidation **13,** 270, 271
—, **3-, 5-,** and **7-amino- 13,** 274, 276, 277
—, **azo compounds,** rearrangement **13,** 271
—, **3-, 5-,** and **7-bromo- 13,** 275, 276, **277**
—, **7-bromo-5-nitro- 13,** 275
—, **chloro-,** rearrangement **13,** 285
—, **5-chloro-,** azo coupling **13,** 277
—, **3,7-** and **5,7-dibromo- 13,** 276
—, **5,7-dinitro- 13,** 238, 239, 275
—, **3-, 5-,** and **7-nitro- 13,** 274, 275, 277
—, **7-sulfonic acid 13,** 276
—, —, **3-** and **5-bromo-** and **3,5-dibromo- 13,** 276
Hinopurpurin 13, 239, 271, 272, 277
—, oxidative degradation **13,** 272

Hippolyte californiensis, carotenoids **5**, 33
Hippopotame, glandes odorantes **6**, 110
Hippurate ion, free energy of formation **9**, 320, 321
Hippuric acid (Hippursäure), aus Anatabin **2**, 272
—, amino acid incorporation **9**, 323, 345
—, biosynthesis **9**, 337, 338, 340
—, Synthese **13**, 450
—, **p-amino-** **9**, 345
—, **3,5-diiodo-4-(3',5'-diiodo-4'-hydroxyphenoxy)-**, bioeffect **7**, 177, 189
—, **hexahydro-** **4**, 234
Hippuryl-anilide, enzymatic synthesis **9**, 323
—, free energy of formation **9**, 324
Hippuryl-azid (Peptid-Synthese) **13**, 446
Hippuryl-chlorid (Peptid-Synthese) **13**, 446
Hippuryl-glycine, free energy of formation **9**, 321
Hiptage Madablota, Hiptagin **18**, 55, 64
Hiptaginsäure (Hiptagenic acid) = β-Nitropropionsäure **18**, 64; **20**, 6
Hirs, Moore, and Stein method (amino acids) **11**, 256
Hirsutidin **20**, 172, 188
—, **5- and 3,5-glycoside,** fluorescence **20**, 170
Hirsutin **18**, 147
Hirudonine **18**, 99, 104
His (abbreviation for histidine) **17**, 331
Hispidin, (two forms) **20**, 160
—, **tri-O-methyl-** **20**, 160
Histamine, in ergot **9**, 119
—, in fungi **20**, 2
—, und Khellin als Antagonist **11**, 155
Histamin-Aerosol **11**, 155
L-**Histidine,** N-acyl complex **19**, 280
—, in antibodies **9**, 452
—, dans antipathines **12**, 393
—, in bacitracin A **11**, 253
—, color reaction **12**, 291
—, in crotoxin **12**, 447
—, dégradation **12**, 357
—, DNFB reaction **11**, 262
—, in ergot **9**, 119
—, → ergothioneine **20**, 6
—, in fish protein **5**, 272, 288
—, fluorescence **6**, 324
L-**Histidine,** dans gorgonines, spongines **12**, 392, 395
—, in hemoglobin **17**, 350
—, in hemolysin **12**, 440
—, inhibiting precipitins **9**, 450
—, ioduration **12**, 355, 356, 357, 377
—, labeled **9**, 304, 305, 311, 318, 351
—, in microsomal protein **16**, 150
—, in *Naja* neurotoxin **12**, 438
—, as N-terminal residue **12**, 304
—, in papain **11**, 254
—, (Peptid-Synthese) **13**, 481
—, in plant proteins **6**, 292, 293, 302
—, in proteins, collagens, gelatins **17**, 383, 385
—, in Protein, Photooxydation **14**, 143
—, separation **11**, 244
—, from soils **17**, 391
—, dans thyroglobuline **12**, 386
Histidin, anhydrid, N-(Im)-benzyl-, N-carbonsäure **13**, 481
—, —, **2,2'-diiodo-** et **2,2',4,4'-tétraiodo-** **12**, 358
—, **azid, carbobenzoxy-** **13**, 482
—, **3-N-benzoyl-,** ioduration **12**, 358
—, **betaine** in fungi **20**, 5
—, **ester, N,N(Im)-dibenzoyl-** **13**, 512
—, **iodo-** **12**, 352, 355, 356, 389
—, —, formation biologique **12**, 358
—, **2-** et **4-iodo-**, **2,4-diiodo-** et **2,3,4-triiodo-** **12**, 351, 355, 356, 358, 377
—, **3-methyl-,** in urine **11**, 254
—, **methylester, N(Im)trityl-** **13**, 482
—, **thiohydantoin** **12**, 309
Histidyl residue, C-terminal, in hemoglobin **17**, 360
Histones **5**, 289, 290
—, pharmacol. effect **5**, 291
HMP (abbréviation pour hexosemonophosphate) **18**, 83
Hochpolymere (High polymers), Röntgenographie **1**, 312
—, synthetisch **1**, 282
—, —, buoyant behavior **20**, 416
Hodgkin'sche Krankheit und Actinomycin C **18**, 4
HODS (Abkürzung für Hexaoxy-diphensäure) **13**, 104
Hoelit **6**, 155
Hofmann'scher Abbau (Alkaloide) **8**, 247, 248, 253, 260, 265, 268; **12**, 211, 213

Holarrhena-Alkaloide **12**, 146
Holarrhena antidysenterica **10**, 391
Holmes' Masked und **Ribgrass Virus** **4**, 166
Holodehydrase **1**, 100
Holothurians, carotenoids **5**, 28
Holy Fire (ergotism) **9**, 116
Holz, s. auch, see also, voir aussi, Lignin, Verholzung, Wood
Holz, Bildung und Glucosidase **11**, 72
Holzöl, Eläostearinsäure **10**, 40, 43
—, → Leinölstandöl **3**, 25
Holzschnitt und Indicanlösung **11**, 70, 72
Holzteer, Pyrogallol-Abkömmlinge **20**, 68
Holzwand, Elektronenmikroskopie **11**, 68
Holz-zerstörende Pilze und Lignin-Bindung **11**, 68
Homarus americanus, carotenoids **5**, 30, Ubichinon **20**, 81
Homeopathy, use of snake venoms **12**, 413
D-**Homo-5β-androstane, 3α-acetoxy-16α, 17α-epoxy-11,17a-dioxo-**, and HBr **19**, 203
16,16'-Homo-β-carotin **9**, 2, 32
—, *cis*-peak **18**, 253, 254
—, *cis-trans*-Isomere **9**, 31, 32; **18**, 261
—, —, Spektra **9**, 32; **18**, 260
—, Synthese **9**, 31
—, synthesis of *cis* forms **18**, 275
middle-mono- and **di***cis*-**16,16'-Homo-β-carotene** **18**, 260, 305
Homo-caryophyllenic acid **19**, 3, 5, 7
—, **methyl-** **19**, 5
Homo-cystein **5**, 315; **9**, 418
—, **S-benzyl**-deriv. **13**, 490
Homo-ferreirin **17**, 23
Homo-gentisinsäure **4**, 192
—, fluorescence **6**, 335
Homo-levulinic acid **19**, 14
Homo-phtalsäure, dimethyl- **8**, 150, 156
—, **monoäthylester, dioxy-** **8**, 222
Homo-piperonylamine, N-(3,4,5-trimethoxybenzoyl)- **15**, 103
Homo-pyrocatechol **5**, 204
Homo-sekikasäure **2**, 42; **8**, 237
Homo-sérine **5**, 315; **18**, 93, 94, 99, 101
Homo-skimmianine **13**, 327
Homo-stephanolin **9**, 177, 207
D-**Homo-steroid, 17-amino-17a-β-hydroxy-17a-α-methyl-**, and HNO_2 **19**, 207
—, **17α-epi-** **19**, 222
9,10-*seco*-*D*-**Homo-Steroid-Verbindung** **17**, 104
Homo-thiamine **9**, 92
Homo-thiamine-glycol **9**, 91, 92
Homo-thyroxine **12**, 378
Homo-trilobin **9**, 204
p-**Homo-veratrol** **5**, 204
Homo-veratrylamin **8**, 295
—, **N-acetyl-** **6**, 265
Homo-vitexin **17**, 16
Homozygotes (sickle cell mutant gene) **12**, 476
Honghelin **13**, 202; **14**, 75, 89, 114
—, Drehwerte **14**, 77
—, Teilsynthese **14**, 75
Hongheloside A—G **13**, 202, 208; **14**, 108, 110, 114, 115
Honghelosid A, 16-deacetyl- **13**, 206
—, **16-deacetyl-anhydro-** **13**, 208; **14**, 115
Honig, Flavingehalt **2**, 64
Hopenone-I, synthesis **19**, 270
Hopfenbitterstoffe **17**, 162, 165
—, antibiotische Wirkung **17**, 163
Hops „phenols" **14**, 200
Hordeacin **19**, 299
Hordenine, in Cactaceae **6**, 248, 269, 273
—, in cereal seedings **6**, 254
—, fluorescence **6**, 325
—, pharmacol. effect **6**, 276
—, **O-acetyl-** and **O-methyl-** **6**, 254
Hordeum sativum, hordenine **6**, 254, *H. vulgare*, phosphatases **19**, 324
Hormidium flaccidum; fluorescence **2**, 320
Hormones, and amino acid incorporation **9**, 305, 306
—, Corpus luteum **4**, 19
—, galactogène hypophysaire, dériv. iodés **12**, 378
—, (growth), amino acid analysis **12**, 301
—, oestrogene, Biosynthese **12**, 150
—, —, Konfiguration **10**, 75, 83
—, —, verätherte **10**, 77
—, sexuelles (musc) **6**, 92
—, —, fluorescence **6**, 321
—, steroide, biochem. Hydrierung **3**, 59
—, surrénales, fluorescence **6**, 320
Hormones thyroïdiennes (thyroglobuline) **12**, 350, 370, 383
—, dériv. α-cétoniques **12**, 370
—, différence de la thyronine **12**, 358, 359
—, glycuro-conjugaison **12**, 366
—, et sémicarbazide **12**, 370
Horn, X-ray diagram **11**, 215, 222

Horse, fat, digestibility **6,** 16
—, hair, X-ray photograph **11,** 214, 223
—, liver enzyme, chromatography **8,** 353
—, prehistoric, amino acid content **17,** 395
—, serum antibody, two unlike valences **7,** 277; **18,** 486
Horseradish, iso-thiocyanates **18,** 143, 153, 194
—, peroxidase, prosthetic group **11,** 308
House (dry rot) fungus, enzymes, chromatography **8,** 356
House dust (polysaccharides, immunol.) **18,** 520, 521, 522, 526, 527, 528
House flies, and insecticides **10,** 430, 436, 462; **19,** 151, 153
Hualtaco gum (polysaccharides, immunol.) **18,** 510, 520, 521, 522, 525, 527, 528
Hudson's lactone rule 13, 383
Hudson-Fletcher-Regel (Drehvermögen) **14,** 75, 77
Huflattich, Arnidiol, Faradiol **7,** 61
Huhn, s. auch, see also, v. aussi, Chicken
Huhn (Eidotter), Lipochrome **18,** 189, 205
—, (Embryo), Koproporphyrin I **18,** 213
—, (Federn, Ei), Porphyrine **18,** 210
Hühnerlähme, Virus **4,** 90
Hühnersarkom, Übertragung **4,** 99
Humic acid 17, 388; **20,** 69
—, hydrolyzates **17,** 391
Hummer, s., see, voir, Lobster
Humulane 19, 2, 9
Humulene 12, 14, 18, 28
—, IR spectrum **19,** 9
—, relation to caryophyllene **19,** 10
—, **hexahydro- 19,** 9, 10
—, **nitrosite, nitrosochloride, trioxide 19,** 8
α- and **β-Humulenes 19,** 8, 9, 10
Humulinon 17, 162, 163, 164
Humulochinon, Synthese **17,** 164
Humulohydrochinon, Synthese **17,** 164
Humulone 14, 200; **17,** 162, 163, 173
—, biosynthesis **19,** 272
—, Hydrogenolyse **17,** 164
—, → Isopentan **17,** 164
—, Synthese **17,** 163
—, Wachstumshemmung **17,** 128
Humulone-lupulone skeleton 14, 201
Humulus lupulus, Bitterstoffe **17,** 162
Humus 20, 68, 69
—, cellulose, galactan, levulan, pentosan **17,** 398
Hundestaupe, Virus **4,** 90
Hutchinsia alpina, iso-thiocyanates **18,** 165
HUZ (Abkürzung für Halbumsatzzeit) **15,** 5
Hyacinth, anthocyanins **20,** 181
Hyaluronidase, estimation **12,** 427
—, from leech heads **12,** 426
—, from mammalian testicles **12,** 426
—, penetration, inhibition **12,** 427
—, from snake venom **12,** 419, 426, 434
—, value, crotoxin **12,** 449
Hyaluronidasen-Arten 20, 248
Hyaluronsäure 20, 232
—, in Bakterium-Kapseln **20,** 231
—, enzymat. Hydrolyse **20,** 249
Hyanachin 17, 173
Hybridization, hemoglobins **17,** 370, 371
Hydantoine, méthyl- 18, 101
—, —, de la créatine **18,** 97
Hydantoin-deriv. aus Carbobenzoxy-deriv. **13,** 457
Hydantoin-essigsäure 13, 518, 519
—, **amide 13,** 493
Hydergine 9, 118, 169
Hydnocystis arenaria, odeur **6,** 89
Hydnum ferrugineum, Chinone **6,** 166
Hydrangea spp., anthocyanin metal complex **20,** 190
—, febrifugine **13,** 334, 335
Hydrangenol 14, 190
Hydrastic acid 15, 102
Hydrastine, fluorescence **2,** 313, 314
Hydrat-cellulose 1, 300
Hydrazide, N'-carbobenzoxy- 13, 476
Hydrazino-glycosid → Amino-glycosid **20,** 212
Hydrazinolytic method (C-terminal amino acids) **11,** 275
Hydrierung, Äthylenbindung **3,** 31
—, durch Bakterien und Hefe **3,** 32
—, biochemische **3,** 30
—, partielle, Acetylen-Verbindungen **14,** 5
—, im Tierkörper **3,** 45
cis- and *trans-***Hydrindanes 19,** 179
—, **aldehyde,** (Vitamin D_3-Synthese) **17,** 116
cis- und *trans-***Hydrindandion-(1,4), 8-methyl- 11,** 113, 115; **17,** 93, 110
—, —, **2-carbonsäure-methylester 11,** 115
—, —, **2,5-dicarbonsäure-methylester 11,** 113
(+)-*trans*-**Hydrindanol-(4)-on-(1), 8-methyl- 17,** 92, 93, 108, 109, 110, 113

Hydrindanones, conformational analysis **19,** 179
—, stability of ring junctions **19,** 179, 181
—, steroidal, reflex effect **19,** 222
Hydrindan-4-on, 8-methyl- 11, 105
Hydrindan-C,D-Ringsystem, Synthese **11,** 112, 114
—, (Vitamine D) **17,** 71
Hydrindene, 1,3-diketo-, and nornicotine **10,** 434
Hydrindylamines and HNO_2 **19,** 209
Hydroazulenes 19, 32
—, lactonic and non-lactonic **19,** 53, 61
—, natural **19,** 52
—, rotatory dispersion **19,** 76
—, stereochemistry **19,** 76
—, **deriv.,** dehydrogenation **5,** 57; **19,** 35
Hydroazulenic sesquiterpenoids 19, 52
Hydrobilirubine, fluorescence **2,** 324
Hydrocarbones, fluorescence **2,** 309
—, meteoritic **20,** 454
—, in shale **17,** 388, 390
—, straight-chain, in petroleum **17,** 397
Hydrocellulose 5, 144, 161, 163
—, hypoiodite method **5,** 136
—, nitration **5,** 149
—, polymer-homolog, units **5,** 155, 165
Hydrochalkon 16, 1, 14
Hydrochinon, *n***-amyl- 2,** 48
—, **2,3-dimethoxy-6-methyl-,** Kondensation mit Farnesylnerolidol, mit Solanesol **20,** 92, 94
—, **2,3-dimethyl-,** → Plastochinon **20,** 111
—, **éther monométhylique 6,** 114
—, **monoglycosid 1,** 2
—, **octaacetyl-bis-*d*-glycopyranosid(*β*,*β*) 1,** 20
Hydrocinerones 19, 142
Hydrocornicularsäure-methylester, methoxy- 2, 34
Hydrocortisone 10, 276; **12,** 148
Hydrocotarnine 6, 267
Hydrocyanic acid, nicotine complex **10,** 430
Hydrodictyon, cellulose II **8,** 5
Hydrogen, escape (planetary) **14,** 328
Hydrogen atom, electron cloud **16,** 185, 186
Hydrogen bond, amino acids and peptides **11,** 200
—, dimension in crystals **11,** 201
—, N—H . . . O **11,** 200
—, strain energy **11,** 202, 203
Hydrogen-bonded structure, fully-extended polypeptide chains **11,** 210
Hydrogen bonding, antigen-antibody reactions **9,** 471
—, and gene mutation **12,** 473
—, intramolecular, and stereochemistry, conformation **13,** 32; **19,** 195
—, OH stretching vibration **13,** 31
—, polyamides **10,** 143
Hydrogen cyanide, bond distances **3,** 208, 209
—, in chromatography **12,** 282
Hydrogenomonas sp., Ubichinon **20,** 81
Hydrohydrastinine 6, 267
α-Hydrojuglon 11, 161
Hydrolapachol 6, 204
Hydrolases 19, 317, 318
Hydrolecithin, Filme **4,** 369
Hydropyrethrones 19, 142
Hydroxamic acid 9, 231, 329
—, **aceto- 12,** 426
***β*-Hydroxyamino acids,** cleavage **19,** 279
***p*-Hydroxybenzoïque (acide)** et croissance **9,** 101
Hydroxycinnamic acid in anthocyanins **20,** 184
Hydroxyl-, alcoholic, phosphorylation **8,** 51
—, allylic, dehydration **15,** 44, 52
—, Bildung im Tierkörper **4,** 190
—, equatorial, esterification **19,** 184
Hydroxylamine, (inhibitor) **9,** 344
—, (transamidination) **18,** 94
—, **bis-(4-methyl-1-oxo-indanylidene-methyl)- 18,** 362
17α-, 6β-, 11β- und 21-Hydroxylase in Nebennieren **12,** 149
*o***-Hydroxyphenyl ketone, benzyl-,** → isoflavone **17,** 43
—, —, cyclization **17,** 42
Hydrozimtalkohol, durch biochem. Hydrierung **3,** 32, 33, 35, 40
Hydrozimtsäure (Acide hydrocinnamique), (castoréum) **6,** 114, 115
—, **3,4-dimethoxy- 8,** 287
—, —, **6-äthyl- 8,** 285, 287
Hyflo Super Cel in enzyme chromatography **8,** 353
Hygrine, biosynthesis **19,** 248, 249
Hygrinsäure 2, 259
Hygromycin, Kohlenhydrat-Komponente **20,** 219

Hymeniacidon sanguinea, carotenoids **5**, 26
Hymenoptera, Pterine **4**, 77, 80
Hymenorhodin 6, 173
Hyoscyamine, fluorescence **2**, 314, 315
Hyoscyamus spp., *H. niger*, and gibberellin **18**, 395, 396, 399, 406, *H. peruvianus* (Tabak) **2**, 248
Hypaphorine 17, 250, 260
—, decomposition **17**, 260
—, in *Erythrina* spp. **17**, 260, 261
—, toxicology **17**, 261
Hypericin 6, 169, 174, 178, 191; **14**, 145, 146, 162, 173
—, Beziehung zu Fagopyrin **14**, 179
—, Biosynthese **14**, 173, 174; **19**, 284
—, blaues Reduktionsprodukt **14**, 153, 155
—, aus Emodin-anthron-(9) **14**, 173
—, gepaartes **14**, 177
—, = 4,5,7,4′,5′,7′-Hexahydroxy-2,2′-dimethyl-meso-naphthodianthron = Mykoporphyrin **14**, 160, 164
—, aus *Hypericum perforatum* und *H. hirsutum* **14**, 167, 172
—, Kolorimetrie **14**, 171
—, Molekülmodell **14**, 156
—, natives **14**, 176
—, opt. aktives und racem. **14**, 175
—, Partialsynthese **14**, 165
—, aus Penicilliopsin **14**, 165, 166
—, photodynamischer Effekt auf Mäuse **14**, 146
—, und Pseudo-hypericin-Gehalt in *Hypericum* spp. **14**, 171
—, reduzierende Acetylierung, Benzoylierung **14**, 147, 153
—, Stammkohlenwasserstoff **14**, 153
—, Stereochemie **14**, 175
—, —, Vorbeidrehen **14**, 176
—, Struktur **14**, 146, 147, 155, 156
—, Synthese **14**, 156, 161, 162, 164
—, Trennung von Pseudo-hypericin **14**, 167, 168, 169
—, Vorstufe in der Pflanze **14**, 162, 175
—, **pentamethyläther 14**, 179
Hypericinfarbstoffe 14, 171
Hypericismus 6, 178; **14**, 143, 181
Hyperico-dehydro-dianthron 14, 173, 174, 175
Hypericum-Farbstoff, fluoreszierender, Lichtkrankheit **14**, 144
Hypericum spp., Lichtkrankheiten **14**, 143, 144, 145
—, Farbstoff-gehalt **14**, 171, 172
—, Pharmakologie **14**, 177
H. acutum, H. androsaceum, H. aureum, H. barbatum, H. calycium, H. coris, H. crispum, H. densiflorum, H. elegans, H. gentianoides, H. hirsutum, H. humifusum, H. inodorum, H. lobocarpum, H. maculatum, H. montanum. H. Moserianum, H. olympicum, H. patulum, H. perforatum, H. polyphyllum, H. Przewalskyanum, H. pulchrum, photodynamisch wirksame Farbstoffe **14**, 172
H. hirsutum, Auftrennung des Rohfarbstoffes **14**, 173
—, Hypericin **14**, 146, 167, 171, 172
—, Proto-hypericin, Hyperico-dehydrodianthron **14**, 173
H. montanum, Pseudo-hypericin, Protopseudo-hypericin **14**, 174
H. perforatum, Hypericin, Pseudo-hypericin, hyperin, Chinone **2**, 334; **6**, 178, 191; **14**, 145, 146, 167, 171, 172; **17**, 53
Hyperimmune horse serum, antibody **7**, 277, 279
—, electrophoresis **7**, 276, 277
Hyperin 15, 138; **17**, 53
—, spectrum **17**, 57
Hyperoside 17, 53
Hypertensinase und Chinone **6**, 220
Hypertension and *Rauwolfia* alkaloids **10**, 391, 400; **13**, 411
Hypobarbatolsäure-methylester 8, 225
Hypoepistephanin 9, 177, 180, 196, 199
Hypoglossus stenolepsis, protein **5**, 279
Hypoparellinsäure 2, 51, 52
—, **dimethyläther 8**, 226, 227
Hypophyse, Flavingehalt **2**, 64
Hypoprotocetrarsäure 2, 51
Hypopsoromsäure 2, 51
Hyposalacinol 2, 48; **13**, 123
—, **desoxy- 2**, 48, 49, 51
—, **trimethyläther, desoxy- 2**, 51; **8**, 226
Hyposalazinolid 2, 48, 49, 50
Hyposalazinsäure 2, 48, 49
—, **trimethyl- 2**, 49, 50
Hypostictinsäure 2, 49, 50
Hypothamnolsäure 8, 223, 224

Hypoxanthine **8,** 67
—, in Factor G **15,** 208
—, fluorescence **6,** 326
—, (nucleoside metabolism) **1,** 154; **9,** 376, 383, 386, 388, 390, 392, 394, 404, 407
—, **deoxyriboside** (nucleoside metabolism) **1,** 131; **9,** 366, 370, 373, 374, 385, 386, 388, 393, 432
—, **furanobiosid-5-phosphorsäure** **1,** 107
—, **2-methyl-,** in Factor H **15,** 208
—, **riboside** (nucleoside metabolism) **9,** 366, 367, 368
Hypoxanthus rivolii, Federpigmente **18,** 182, 187
Hypro (Abkürzung für γ-Hydroxyprolin) **17,** 331; **18,** 16
a-**Hypro** (Abkürzung für γ-Allo-hydroxyprolin) **18,** 16
allo-**Hypro** (Abkürzung für Allo-hydroxyprolin) **18,** 41
Hypserpa cuspidata, Alkaloide **9,** 178
Hypsypops rubicunda, carotenoids **5,** 32, 33
Hyrax capensis, hyracéum **6,** 142, 143
Hyssopus officinalis, diosmetin **17,** 52
Hystazarin-monomethyläther **6,** 186

I.

IAA, (abbreviation for indolylacetic acid) **18,** 401
—, interaction with gibberellin **18,** 402, 409
IAA-oxidase system **18,** 401
Ibamarin **17,** 174
Iberin **18,** 144, 145
Iberis spp., and gibberellin **18,** 397
I. amara, I. sempervirens, I. umbellata, iso-thiocyanates **18,** 128, 144, 145, 157, 165
Ibervirin **18,** 144
Icariin **17,** 17
Icaritin **17,** 17
—, **rhamnoside-glucoside** **17,** 17
Ichthylepidin **5,** 289
Ichthyocolla **5,** 287
Ichthyopterin **4,** 64, 80; **11,** 367, 370, 387
—, fluorescence **6,** 319, 327
—, spectrum **11,** 363
ICSH (Abkürzung für Luteinisierungshormon) **20,** 243
Icterus xanthornus (Federn), Lutein **18,** 179
L-**Idomethylose** **14,** 74, 104
D-**Idomethylose-3-methyläther** **14,** 74
Igelstacheln, Porphyrin **18,** 215
Iles glucomannan (immunol.) **18,** 520, 525, 528
Ileu (abbreviation for isoleucine) **17,** 331
Imbecillitas phenylpyruvica (Harn-Phenylbrenztraubensäure) **4,** 191, 208
Imidazole, N(Im)-acyl- (Peptid-Synthese) **13,** 512
5-Imidazole, 4-amino- **9,** 390
—, **N-benzoyl-** **13,** 512
—, **carboxamide, 4-amino-** **9,** 415
—, —, —, precursor of purines **9,** 389
—, —, —, **deoxyriboside** **9,** 389
—, **méthyl-,** ioduration **12,** 358
Imidazole ring, linkage to Fe in hemoglobin **17,** 332
—, in penillic acid **7,** 212
—, (Peptid-Synthese) **13,** 481
Imidazolyl-acetic acid, -propionic acid and **-ethanol,** in fungi **20,** 2
Imidazyl-acrylsäure **4,** 213
Imino-*l*-ascorbic acid **2,** 156
Iminobenzoate, ethyl **16,** 104
Imino-*d*-glucoascorbic acid **2,** 147
Imino groupings, detection (peptide chromatography) **12,** 289
22,27-Iminojervane-3,11,23-trione-N-acetate **20,** 311
Iminolumazin, Spektrum **4,** 74
Immune globulin and serum albumin, differentiation **11,** 284
Immune precipitation, agglutination **18,** 504
Immune reactions, carbohydrates **18,** 504
Immunochemistry **7,** 270; **9,** 443; **18,** 503
Immunochemical reagents **18,** 518
Immunological methods, adult and fetal hemoglobin **17,** 341
Immunologische Reaktionen, in Filmen **4,** 452
—, long-range forces **9,** 459, 471
Immunological specificity **18,** 503, 505
—, and polysaccharides **18,** 504
—, and sugars **18,** 506
—, and structure **18,** 505
Immuno-polysaccharides **9,** 447; **18,** 503
—, (helminths) **9,** 447
Immunserum, Filme **4,** 453

Impatiens balsamina, Chinone **6**, 182
—, and gibberellin **18**, 402
Imperatoria ostruthium, isoimperatorin **9**, 266, Peucenin **11**, 127
Imperatoria rhizome, coumarins **9**, 253, 254
Imperatorin **9**, 268, 269; **11**, 126, 127; **17**, 174
—, **oxy-** **9**, 269
Imperialine, Imperialone **20**, 355
Imperoline, Imperonine **20**, 355
Incarnatrin **17**, 53
Incense cedar, terpenoid tropolones **13**, 237
Indamine dyes, color **16**, 176
Indan, 2-carboxylate, 2-acetonal-4-methyl-1-oxo-, ethyl **18**, 362
—, **1,2-diacetoxy-** **19**, 35
—, **4,7-dimethyl-** **5**, 50
—, **1,4-dimethyl-6-isopropyl-** **5**, 51, 52
—, **5-methyl-** **5**, 51, 54
—, **6-methylamino-** **5**, 53
—, **5-methyl-6-amino-methylhexahydro-** **5**, 54
—, **2-*spiro*-1′-(4′-methyl-3′-oxo-cyclopentane-4′-acetic acid), 4-methyl-1-oxo-** **18**, 362
Indanedione, phényl-, antivitamine K **9**, 105, 106
5-Indanol **5**, 54, 55
—, **hexahydro-** **5**, 55
6-Indanol, 4,7-dimethyl-2-isopropyl- **5**, 46
Indan-1-one **18**, 362
—, **4-methyl-** **18**, 362
Inden (Dien-Synthese) **10**, 25
Indeno-(1,2,2′,1′)-azulene **5**, 42, 66
Indian apple, podophyllum **15**, 84
Indican, distribution **17**, 281
—, enzymatic and bacterial cleavage **17**, 281, 282
Indicator-Öle (Filme) **4**, 377
Indicator yellow, and analogs **14**, 257, 273, 274
—, from rhodopsin **14**, 273
—, spectrum **14**, 285
—, structure **14**, 279, 280
Indigo, in fungi **20**, 15
—, Glucosidase anzeigend (Holzbildung) **11**, 70
—, precursor, in woad **17**, 282
—, from *Schizophyllum commune* **17**, 282
—, "trailing" **18**, 64
—, **dehydro-** (Dien-Synthese) **10**, 24, 25
Indigofera endecaphylla, hiptagenic acid **20**, 6, β-Nitropropionsäure **18**, 64, *I. tinctorum*, indican **17**, 281
Indimulsin **17**, 281
Indole, color reactions **17**, 251
—, (genetics) **5**, 316
—, in plants **17**, 248, 250, 252, 261
—, plant growth hormone **17**, 253
—, and soil bacteria **17**, 282
—, Spektrum **17**, 192, 239
—, → tryptophan **17**, 259; **20**, 15
—, utilization by tomatoes **17**, 259
—, volatile **17**, 250
Ind oles, simple, in fungi **20**, 15
—, —, → Kynurensäure **4**, 207
—, —, in plants **17**, 248
—, —, related to tyrosine **6**, 273
—, —, **dériv.**, fluorescence **6**, 336
Indole-3-acetaldehyde **17**, 251, 267, 271, 280
—, → acid auxin **17**, 267
—, synthesis **17**, 267
—, **5-hydroxy-** **17**, 265
Indole-3-acetamide **17**, 268, 278
—, ⇆ indoleacetic acid **17**, 278, 279
Indole-2-acetic acid **7**, 202
Indole-3-acetic acid **17**, 254, 255, 270, 273, 274, 279
—, from ascorbigen **17**, 272
—, biogenesis **17**, 274
—, and crown gall **17**, 304
—, decomposition in *Avena* **12**, 191
—, distribution in plants **6**, 303; **17**, 273
—, enzymatic esterification **17**, 278
—, fluorescence **6**, 337
—, and gibberellin **18**, 400
—, growth hormone **17**, 273, 277
—, from indole, dimethyl-tryptamine, indole-acetaldehyde, indole-acetonitrile, indolepyruvic acid, methyl-tryptamine, tryptophan **17**, 253, 274
—, from indole acids by β-oxydation **17**, 275
—, and ionizing radiation **17**, 277
—, microbial product **17**, 274
—, and oxidase **17**, 276
—, photolysis **17**, 276
—, precursors in plants **17**, 267
—, products formed from, in plants **17**, 277
—, to proteins bound **17**, 276
—, relation to tryptophan **17**, 256

Indole-3-acetic acid, esters **17**, 252, 278
—, **β-glucosidic ester 17**, 278
—, **5-hydroxy- 17**, 265, 266, 277
—, —, auxin potency **17**, 266
—, —, from 5-hydroxy-tryptamine **17**, 266
—, —, urinary **17**, 264
—, **α-hydroxy-**, fluorescence **6**, 337
Indole-3-acetonitrile 17, 278
—, as auxin **17**, 268
—, hydrolysis by oats **17**, 268
—, inactivity on peas **17**, 268
—, → indolecarboxylic acid **17**, 269, 280
—, from indolepyruvic acid **17**, 269
Indoleacetyl arabinoside in coconut milk **17**, 278
Indole-3-acetyl-asparagine 17, 279
Indole-3-acetyl-aspartic acid 17, 279
—, auxin potency **17**, 279
—, formation in peas **17**, 279
Indole-3-aldehyde 17, 271, 277
—, from cabbage **17**, 277
—, enzymatic oxidation **17**, 277
—, from indoleacetic acid **17**, 277
—, in mammalian tissue **17**, 277
—, tautomerism **17**, 277
Indole, 3-(2-aminoethyl)- 13, 337; **17**, 262
Indole-butyric acid 17, 275, 279
Indole, 2-carbethoxy-3-iodo-5,6-diketo-1-methyl-tetrahydro-, rearrangement **14**, 231
Indole-carboxylic acid, β-oxydation **17**, 275
Indole-2-carboxylic acid 10, 395, 396, 400, 404; **13**, 352, 353, 370, 396, 399; **14**, 229
—, **dihydro-5,6-quinone 14**, 219
—, **5,6-dimethoxy- 14**, 219
Indole-3-carboxylic acid 17, 279, 280
—, algal hormone **17**, 280
—, from ascorbigen **17**, 272
—, enzymatic formation **17**, 280
—, from indole-acetonitrile **17**, 280
—, as inhibitor **17**, 280
—, isolation from cabbage **17**, 280
—, photolysis to anthranilic acid **17**, 280
Indole, *o*-chinon **6**, 195
—, **5,6-chinon (5,6-quinone), 2,3-dihydro- 14**, 218
—, —, **N-methyl-2,3-dihydro-3-hydroxy- 4**, 193
—, **3-cyano- 17**, 269
Indole, 5,6-diacetoxy-1-methyl-, from epinochrome **14**, 229
—, **dihydro-**, IR spectrum **10**, 404
—, —, **1-acetyl-5,6-diacetoxy-2-methyl-2-iodo-3-keto- 14**, 229, 230
—, **5,6-dihydroxy- 14**, 229; **17**, 265; **19**, 281, 282
—, —, oxidative polymerization **13**, 289
—, —, from 3,5,6-trihydroxy-1-methyl-indole **14**, 233
—, —, **3-iodo-2-carbethoxy- 14**, 231
—, —, **1-methyl- 14**, 219, 232, 233
—, —, —, from epinochrome **14**, 231
—, —, —, from leuco-adrenochrome **14**, 233
—, —, **1-methyl-2,3-dihydro- 14**, 231
—, —, **1-methyl-octahydro- 14**, 231
—, **5,6-dimethoxy- 14**, 219
—, **3-(dimethylaminomethyl)- 17**, 261
—, **5,6-dione, 2,3,5,6-tetrahydro- 14**, 218
—, **2,3-disubstituted, 5,6-dimethoxy-**, spectrum **13**, 392
—, **β-ethyl- 10**, 395; **13**, 352, 353; **17**, 218
Indole-3-glycerol phosphate 17, 253
—, from *Escherichia coli* **17**, 252
Indole-3-glycolic acid 17, 271, 277, 280
—, from indole and indolepyruvic acid **17**, 281
—, weak auxin **17**, 281
Indole, 5-hydroxy- 14, 221; **19**, 281, 282
—, —, biosynthesis **19**, 282
—, **5-hydroxy-6-keto-1-methyl-2,3,4,5,6,9-hexahydro- 14**, 231
—, **2-iodo-5,6-dihydroxy-1-methyl- 14**, 219
—, —, from 2-iodo-adrenochrome **14**, 219, 228
Indole-lactic acid 17, 271, 280, 281
Indole, N-methyl-5,6-dimethoxy- 14, 219
—, **2-methyl-2-iodo-3-hydroxy-5,6-diketo-tetrahydro- 14**, 230
—, —, → 1-acetyl-5,6-diacetoxy-2-methyl-2-iodo-3-keto-dihydro-indole **14**, 229
—, **3-methyl- 17**, 218, 254
—, —, from rauwolscine **10**, 396
—, **3-(2-methylaminoethyl)-5-methoxy- 17**, 265
Indole-propionic acid 17, 275, 278, 279
—, from tryptophan by bacteria **17**, 275
—, *dl*-**α-methylamino- 17**, 260
Indole-3-pyruvic acid 17, 269
—, and ammoniacal silver nitrate **17**, 270

Indole-3-pyruvic acid, auxin effect **17,** 270
—, in biological material **17,** 272
—, decomposition **17,** 270, 271
—, enol and keto forms **17,** 270
—, indole formation in *E. coli* **17,** 271
—, in rat diet **17,** 271
—, from tryptophan **17,** 272
—, **oxime 17,** 269
Indole, 3,5,6-triacetoxy-1-methyl-, from adrenochrome **14,** 229
—, **3,5,6-trihydroxy-1-methyl- 14,** 230, 232, 237, 238
—, —, → 5,6-dihydroxy-1-methyl-indole **14,** 233
—, —, **2,3-dihydro- 14,** 233
Indole alkaloids, in *Aspergillus fumigatus* **20,** 19
—, biogenesis **6,** 274; **19,** 260
—, Yohimbin- und Strychnin-Typus, Biogenese **17,** 228
Indole bases, hallucinogenic effect **17,** 264
—, (*Rauwolfia*) **13,** 406
—, **dihydro- 13,** 407
Indol-Ring (Peptid-Synthese) **13,** 482
Indolenine, aza shift **16,** 200
—, **hydroxymethylene- 17,** 277
Indolenine-acetaldehyde 17, 271
Indolin, Chromophor, Spektrum **17,** 193, 194, 239
—, **N-acyl-,** Spektrum **17,** 239
—, **β-hydroxy- 17,** 195
—, **α-methylen-,** Spektrum **17,** 192, 209
Indoline alkaloids, tert., pharmac. effect **13,** 413, 415
Indolizin 3, 20
—, **1-methyl- 3,** 20
—, **octahydro- 3,** 20
—, **octahydro-1-methyl- 3,** 20, 21
Indolo[3,2-a]-azulene, 1,2,3,4-tetrahydro- 19, 103
5-Indolol, 3-(2-aminoethyl)- 17, 264
—, **3-(2-dimethylaminoethyl)- 17,** 266
Indolyl-acetic acid 18, 401, 409
DL-trans-**N(β-3′-Indolyl-ethyl)-2-amino-methylhexahydrophenyl-acetic acid lactam 13,** 355
Indophenol, color **16,** 176
Indophenolblau 4, 56
Indoxyl (*Pseudomonas*) **17,** 254
—, **mono- et diacétyl-,** fluorescence **6,** 336
Indulin 5, 201
Indyl-alanine 12, 351
Inertogenin 13, 179, 180, 181, 198, 212
Inertosid 13, 181, 212; **14,** 116, 118, 119, 120
Infektiositäts-spektrum (Virusforschung) **4,** 107
Influenza A, Hirst test **7,** 294
Influenza-viren, und Haemagglutination **20,** 234
—, Rezeptor (N-Acetyl-neuraminsäure) **20,** 233
Infrared, s., see, voir, IR
Ingvaldsen et Cameron, réaction de 12, 352
Inhibitors, amino acid incorporation **9,** 343, 450
—, antibodies **9,** 453, 459
—, antivitamines **9,** 89
—, haptens **9,** 445
—, of precipitation **9,** 470
Inocybe patouillardi, muscarine **20,** 5
Inosin 1, 126, 130; **8,** 67, 104, 108
—, estimation **9,** 366
—, (nucleoside metabolism) **9,** 375, 376, 383, 392, 394, 404
—, **di-** und **triphosphorsäure 1,** 138, 139
—, **2,3-monoaceton- 1,** 144
—, **5-phosphorsäure, monoaceton- 1,** 144
Inosinsäure 1, 117, 133, 144; **8,** 70; **9,** 404
Inositol (Inosit) 3, 152, 166, 183; **5,** 218
—, in bacterial phosphatides **3,** 152, 153
—, fluorescence **6,** 313
—, (lipides bactériens) **10,** 229, 232
—, **amino-deriv. 20,** 220
—, **glycéromono-** et **-diphosphorique (acide)** (lipides bactériens) **10,** 173, 229
—, **hexaphosphorique (acide) 19,** 335
—, **phosphates 19,** 325, 327, 328, 329, 338, 341, 343
—, **phosphoriques (acides),** et phosphomonoestérases **19,** 341
—, —, et protéines **19,** 339, 340
meso-**Inosit 16,** 21
Inosose 4, 200
Insects, in Baltic amber **17,** 281
—, Chitin **2,** 213
—, in Eocene Green River shales **17,** 281
—, and nicotine **10,** 429
—, odeur **6,** 88, 144
—, Pigmente **4,** 64; **18,** 31
—, Pterine **4,** 79, 82
—, Virus, **4,** 90, 117, 429, 449
Insecticides 19, 120
—, in higher plants **10,** 423

Insecticides, selectivity **10,** 432, 438
Insecticidal effect, and abs. configuration **19,** 154
—, allethrin isomers **19,** 153
—, (+)-*trans*-chrysanthemic acid esters **19,** 154
—, pyrethrins and rethrins **19,** 150, 151, 154
Insecticidal plants, Chinese **10,** 461
Insecticidal principles, in plants **10,** 423, 425
Insecticidal value 10, 424
Insularin 9, 177, 180, 205, 206, 208
—, Biosynthese **9,** 212
Insularinsäure 9, 205, 206
Insulin, et acides β-glycérophosphorique et phytique **19,** 339
—, amide distribution in **12,** 327
—, amino acids, sequence, chromatography **11,** 253, 262, 275; **12,** 272, 301; **17,** 384
—, and amino acids in blood **9,** 307
—, asparaginyl residues **11,** 275
—, association-dissociation **18,** 484
—, chains, separation of **17,** 366
—, chains A and B **12,** 273
—, chromatography **11,** 284, 285
—, C- and N-terminal residues **11,** 267, 270, 273; **12,** 302, 311, 313, 317, 319
—, cystine peptides **12,** 325
—, disulfide cross-linking **12,** 322
—, esterified **12,** 324
—, α-helix **11,** 233
—, hydrolyzate, resolution **12,** 283
—, and iodine **12,** 375, 377, 379, 380
—, Netzebenen **1,** 338
—, N-terminal peptides **11,** 281
—, oxidized **12,** 273, 282, 295, 312, 326
—, —, acid hydrolysis **12,** 324
—, —, and carboxypeptidase **12,** 317
—, phenylalanyl chain **12,** 273
—, protamine binding **18,** 488
—, PTH-peptides **12,** 311
—, reduction of free carboxyls **11,** 275
—, thiohydantoin method **12,** 319
Intarvin 4, 244
Integerrimine 12, 202, 203, 206, 229, 250, 251, 253
Integerrinecic acid 12, 206, 226, 228, 229, 230, 231, 252, 253
—, geometr. isomerism **12,** 229
—, lactone **12,** 230, 231
Interatomic distances and resonance **3,** 207, 209, 222
Interelectronic interaction (spectra) **17,** 439
Interferenz (Röntgenbild) **1,** 305, 343
Interfibrillar capillaries 8, 24
Intergenic and **intragenic crossing over 12,** 481
Intermediosid 13, 180, 181, 212; **14,** 116, 117, 118, 119, 120
—, **di-O-acetyl- 13,** 179
Intermicellar spaces 8, 9, 23, 24
Intermolekulare Abstände 1, 344
Internode, definition **18,** 390
—, and gibberellin **18,** 395
Intestin, phosphatase **19,** 324
Intravital-Mikroskopie 2, 62
Intrinsic factor, Wuchsstoffe für *L. bifidus* **20,** 237
Intussusception 8, 7
Intybin 17, 140, 174
Inula helenium, Bitterstoffe **17,** 149
Inulase, aus *Aspergillus niger* **19,** 309
—, Hemmung durch Streptomycin **19,** 308, 309
—, und Transfructosidasen **19,** 310
Inuleae, Matricariaester **14,** 13
—, 4100-Pigment **14,** 31
Inulin 1, 280; **19,** 309
—, und Invertin **19,** 309
Inulin-Typ, Graminin **19,** 295, 299
—, Saccharide **19,** 294
—, Sitosin **19,** 303
Invasin 12, 426
Invertase 5, 111
Invertébrés, dériv. guanidiques **18,** 105, 106
—, Polysaccharide **20,** 227
Invertin, und Inulin bzw. Loliin **15,** 16; **19,** 309
—, Spaltung, Polymerisationsgrad und Zeitwert **15,** 10
Iod . . ., s. auch, see also, voir aussi, Jod . . .
Iode (Iodine), et acides aminés iodés **12,** 389
—, dans Anthozoaires **12,** 390
—, catalyst in stereoisomerization **18,** 269
—, compounds, thyroid **2,** 103, 106
—, dans éponges, gorgones **12,** 390
Iodine reaction (amylose, amylopectin) **11,** 9

Iodine-sensitivity and degraded spectrum (carotenoids) **18**, 273
Iodinine, inhibiteur de croissance **10**, 226
Iodo-acetate (inhibitor) **9**, 344, 345
Iodo-colchinol, N-acetyl- 13, 249
p-**Iodo-phenylsulfonyl, s., see, voir, Pipsyl**
Iodo-protéines, activité biologique **12**, 379
Iodopsin 14, 249, 264, 296, 299, 305
—, bleaching by *p*-chloromercuribenzoate **14**, 302
—, cone pigment **14**, 299
—, from retinene$_1$ **14**, 301
—, synthesis **14**, 305
Iodothyrine 2, 107
Ioduration, protéines, acides aminés **12**, 349, 356, 357, 358, 374, 375, 376, 377, 378, 380
Iodurémie 12, 355
Iodures marqués et corps thyroïdes **12**, 383
Ion . . ., s. auch, see also, voir aussi, Jon . .
Ionane, *cis*-**tétrahydro- 6**, 133, 134
Ion exchange (amino acids) **11**, 246; **12**, 273, 295
—, (nucleosides and nucleotides) **8**, 90
—, peptides, proteins **12**, 272, 277, 326
—, theory **8**, 100
Ion exchange resin IRC-50 17, 343, 345
Ionic strength, calculation **7**, 272
Ionizing radiation, and auxin synthesis **17**, 308
—, and gall development **17**, 308
β-**Ionol,** (urine) **6**, 132
—, **di- et tétrahydro- 6**, 115, 132
—, α-**ethynyl- 9**, 64
—, *cis* **hydroxy-5-tétrahydro- 6**, 114, 115
β-**Ionol-acetic acid 9**, 46
—, **ester,** spectrum **9**, 44, 48
Ionone, biosynthesis **19**, 266
—, **dériv.,** dans castoréum **6**, 117
retro-**Ionone ring,** coplanarity **15**, 74
β-**Ionone,** (carotene biosynthesis) **12**, 189
—, (vitamin A and carotenoid syntheses) **9**, 2, 10, 12, 43, 47, 53, 55, 58, 62, 63
—, **3-dehydro- 9**, 77
—, **di- et tétrahydro- 6**, 124, 125
—, **hydroxy- et hydroxy-dihydro- 6**, 132
Ionophoresis (peptides) **12**, 272, 273, 287, 326
β-**Ionylidene-acetaldehyde 14**, 259
—, spectrum **9**, 44
—, (vitamin A synthesis) **9**, 48, 52, 63, 66
β-**Ionylidene-acetaldehyde,** *cis-trans* isomers **9**, 48, 52, 56
—, —, **semicarbazone 9**, 48
β-**Ionylidene-acetate, ethyl- 9**, 46, 47, 48, 50; **14**, 259
—, —, spectrum **9**, 44
—, —, isomer **9**, 48
β-**Ionylidene-acetic acid 9**, 43, 48, 50, 51
α- and β-**Ionylidene-acetic acids, dihydro- 19**, 268
β-**Ionylidene-crotonic acid 9**, 54
β-**Ionylidene-ethanol 9**, 46, 47, 48, 50, 52
—, spectrum **9**, 44
β-**Ionylidene-pyruvic acid 9**, 52
Ipecacuanha 8, 278, 279, 280, 301
—, Alkaloide Nachweis **8**, 300
—, podophyllum **15**, 86
Ipecacuanha blanca, I. Griscendré-glicyrrhizé **8**, 279
Ipomeamarone (*cis*) **12**, 3
Ipomoea batatas, Ubichinon **20**, 81
Iraldeïn, Riechstoff **8**, 193
Iralia, Riechstoff **8**, 193
Iran, dihydro- 8, 170, 171, 172
Iren 8, 156, 160
Iresane 19, 2
Iresin 12, 9, 10, 28
Iresine celosioides, tlatlancuayin **17**, 56
Iridaea sp., pigments fluorescents **6**, 339
I. laminaroides, polysaccharides, and anti-Pn sera **18**, 509
Iridin 5, 291; **17**, 56
Iridomyrmecin, biosynthesis **19**, 272
Iridomyrmex, iridomyrmecin **19**, 272
Irigenin 17, 22, 44, 56
—, synthesis **17**, 44
—, **7-glucoside 17**, 56
Iris blue, color **16**, 177; **17**, 416
Irisketon, natürliches **8**, 172; **10**, 27
Irisöl 8, 148, 156, 173
Iriswurzel-keton 8, 149
Iris florentina, I. germanica, I. pallida, Iron, irigenin **3**, 8; **8**, 155; **10**, 271; **17**, 56, *I. pseudacorus,* Violaxanthin **5**, 5, *I. tectorum,* tectorigin **17**, 56, *I. tingitana,* (—)-β-amino-isobutyric acid **18**, 153
α- und β-**Irol 8**, 186
Irol, di- und tetrahydro- 8, 171, 183, 187
Irone 3, 8, 9; **8**, 148, 159, 171
—, Biogenese **8**, 196

Irone, Charakterisierung durch Derivate **8,** 179
—, im genuinen Gemisch **8,** 171, 173
—, Geruch und Konfiguration **8,** 193, 194
—, Hydrierung, Dehydrierung **8,** 168, 184
—, IR- und Raman-Spektrum **8,** 171, 175, 176
—, Konstanten **8,** 164, 179, 180, 181
—, natürliche (Dien-Synthese) **10,** 34
—, natürliche und synthetische, Vergleich **8,** 179
—, oxydativer Abbau **8,** 162, 168
—, Spektrum **8,** 164
—, Stereoisomerie **8,** 176, 177, 178
—, Synthese **8,** 157, 185
(±)-*cis*- und *trans*-(2,6)-Iron **8,** 178
Irone, dihydro- 8, 170, 171, 172, 181, 183
—, —, Charakterisierung durch Derivate **8,** 183
—, —, *cis*- und *trans*(2,3)- **8,** 182, 184
—, —, opt. aktiv und rac. **8,** 182, 183
—, —, Stereoisomerie **8,** 176, 177
—, **methyl- 8,** 159; **10,** 31
—, **tetrahydro- 8,** 158, 159, 165, 183, 184; **10,** 33
—, —, Abbau **8,** 165, 166
—, —, Beckmann'sche Umlagerung **8,** 167
—, —, Charakterisierung durch Derivate **8,** 184
—, —, opt. aktiv und rac. **8,** 184, 185
—, —, Stereoisomerie **8,** 177, 184
—, **Siebenring-Analoge 8,** 164
α-, β-, γ-**Iron,** (Dien-Synthese) **10,** 27, 28, 31, 32, 99
—, IR-Spektrum **8,** 176
α-Iron 8, 149, 165, 171, 174, 177, 187
—, *cis-trans*-Isomere nach Ringschluß **8,** 178
—, in Natur-Iron **8,** 173
—, Parachorwerte **8,** 178
—, Spektrum **8,** 173
—, *cis*-(2,6)-Struktur **7,** 177
—, Synthese **8,** 174
(+)-, (−)- und (±)-**α-Iron 8,** 174, 178, 181
β-Iron 8, 149, 164, 174, 177, 187
—, in Natur-Iron **8,** 173
—, Spektrum **8,** 173
(+)- und (±)-**β-Iron 8,** 174
—, Synthese **8,** 174
γ-Iron 8, 148, 169, 170, 174, 177
—, Nachweis **8,** 170
—, in Natur-Iron **8,** 173
γ-Iron, Spektrum **8,** 173
—, *cis*-(2,6)-Struktur **8,** 177
—, *trans*-(2^1,2^2)-Struktur **8,** 178
Ironartige Ketone mit Siebenring **8,** 164
Ironsäure, tetrahydro- 8, 166, 167, 168
IR spectrum, acetylenes **5,** 361; **14,** 8
—, acid anhydrides, halides **5,** 371
—, alcohols, phenols, ethers **5,** 362
—, aldehydes **5,** 367
—, alkyl benzenes **5,** 356
—, alkyl halides **5,** 461
—, amides of carboxylic acids **5,** 371
—, amines, mercaptans, sulfides **5,** 364
—, aromatic ring systems **5,** 356
—, bending vibrations **13,** 3, 41, 43
—, carbonyl **5,** 365
—, —, effect on adjacent CH_2 **13,** 45
—, —, in five- and six-membered ring **13,** 38
—, carboxylic acids, esters, deriv. **5,** 369, 370, 373
—, comparison with Raman spectra **5,** 344
—, and conformation **19,** 193
—, correlation charts **13,** 5
—, cycloparaffins **5,** 347
—, double bonds (C=C) **5,** 354; **13,** 40; **14,** 8
—, —, *cis* disubstituted **13,** 34
—, —, *cis-trans* **13,** 57
—, —, effect of Cl substitution **5,** 353
—, —, at ring junction **13,** 33
—, double bonds (C=N) **5,** 373
—, fingerprint region **13,** 23, 25
—, forbidden bands **5,** 340
—, group vibrations and frequencies **5,** 341
—, hydrocarbons **5,** 345; **13,** 60
—, hydroxyls, axial and equatorial **13,** 53
—, and intramolecular H-bonding **13,** 31, 32
—, ketones **5,** 367
—, —, in rings **13,** 38
—, konjugierte und kumulierte Systeme **14,** 8
—, liquid and vapor **5,** 340
—, long-chain compounds **13,** 60
—, methods **5,** 332; **13,** 3
—, and molecular size **13,** 4
—, natural products **13,** 1
—, nitro compounds **5,** 373
—, olefins **5,** 348

IR spectrum, out-of-plane bending vibrations CH **13**, 27
—, overtones **5**, 339
—, polarized radiation **13**, 22
—, rocking vibrations **13**, 22
—, steroids **13**, 28
—, and stereochemistry **13**, 53
—, stretching vibrations **5**, 341, 361, 365, 373; **13**, 26, 27, 33, 34, 35, 41, 54; **19**, 194
—, and structure determination **5**, 331, 374
—, sulfones and sulfonates **5**, 374
—, terpenoids **13**, 48
—, wagging vibrations **5**, 350
Irvingia Barteri, fat, fatty acids, glycerides **1**, 31
Isanolsäure 14, 43, 44, 45
—, **äthylester 14**, 45
—, **estolid 14**, 45
Isanoöl 14, 42, 43, 44
—, Acetylenfettsäuren **14**, 42
Isansäure 14, 29, 43, 44
—, Lichtempfindlichkeit **14**, 29, 44
Isatan 17, 282
Isatase 17, 282
Isatidine 12, 202, 203, 206, 216, 217, 225, 248
—, biol. properties **12**, 258, 259
—, hydrolysis **12**, 253
—, **hexahydro-deoxy- 12**, 216, 217, 248
Isatin, and carotenoids **15**, 38
—, **4,6,7-trimethoxy- 13**, 325, 326
Isatin test 12, 288, 291
Isatinecic acid 12, 206, 207, 225, 226, 227, 228, 253
—, geometrical isomerism **12**, 229
—, spectrum **12**, 230
—, **dihydro- 12**, 227, 228
—, **dihydroxy-dihydro- 12**, 228
Isatinecine 12, 206, 210, 216, 223
—, **epoxide 12**, 223
—, **tetrahydro- 12**, 216, 217
Isatis tinctoria, and gibberellin **18**, 396, indican **17**, 281, iso-thiocyanates **18**, 165
Isatosäure-anhydrid (Isatoic anhydride) 4, 214
—, **N-methyl- 13**, 339
Ishinagi, vitamin A **6**, 53
Isinglass 5, 287, 288
Islandicin 6, 164, 168
Islanditoxin, from *Penicillium islandicum* **20**, 14
Isnardia spp. and gibberellin **18**, 397
Iso-acronycidine 13, 325
Iso-actinomycine 18, 40, 46
Iso-adynerin 13, 171
Iso-agglutinin 7, 275
Iso-ajmaline 10, 401, 402; **13**, 366, 368, 372, 374, 399
—, pharmacol. effect **13**, 413, 414
Iso-alantolacton 17, 149
—, **dihydro- 17**, 149, 150
Iso-alloxazin 2, 65
Iso-ambrosin, dihydro- 19, 75
Iso-amylamine, in ergot **9**, 119
Iso-androstandiol 3, 60, 61, 62, 64
Iso-androsterone 1, 92; **3**, 61
—, **dehydro- 12**, 150
—, —, und Cholesterol-Bildung **12**, 139
—, —, radioaktives **12**, 149, 150
Iso-anhydrovitamin A 9, 43, 61, 72, 79
Iso-anthricin 15, 121, 122, 123
Iso-anthricinic acid 15, 123
—, **methyl ester 15**, 123
Iso-apoaromadendrone 19, 53
Iso-aristolochiasäure 18, 68, 69
Iso-*l*-ascorbic acid, 2,3-dimethyl- 2, 145, 146
Iso-asparagine 12, 327
17-Iso-ätiocholansäure, methylester, 3β, 14-dioxy-5,14-diallo- 7, 106
—, **3,5,14-trioxy- 7**, 122, 129
17-Iso-ätiodesoxycholsäure 7, 93
Iso-ätiomesobilirubin 3, 98
Iso-atisine 16, 38, 44, 47
—, **acetyl- 16**, 50
—, **oxo- 16**, 44
Iso-auraptene 9, 252, 253
Iso-aureomycin 16, 99
Iso-balchanolide 19, 19, 20, 21, 24
—, **tetrahydro-**, oxidation **19**, 20
Iso-barbaloin 6, 187
Iso-bebeerin 9, 178, 180, 199
Iso-benzofuran (Dien-Synthese) **10**, 93
Iso-bergapten 9, 263, 264
Iso-bixin 18, 321
Iso-borneol, Dien-Synthese **10**, 58, 59, 60, 61
Iso-bornyl-acetat 3, 11
Iso-bufocholanic acid 5, 244, 248, 249; **13**, 189
—, **13β-acetoxy- 13**, 189

Iso-butane, bond distances **3,** 208
Iso-butene → butyl rubber **10,** 132
Iso-butylamide, von ungesättigten Säuren **14,** 28
—, unsaturated, insecticides **10,** 452
N-Iso-butyl-2,4-decadienamide **10,** 453
N-Iso-butyl-2,8-dodecadienamide, *cis-trans* isomers **10,** 454
Iso-butylene, IR spectrum **5,** 340
—, polymerization **10,** 132
Iso-butyl-methyl-ketone (lignin) **5,** 193
Iso-butyl propionate, IR spectrum **5,** 366
4-Iso-butyl-2-thiohydantoin **7,** 228
N-Iso-butyl-undecylenamide, synergist **10,** 452
Iso-butyraldehyde, IR spectrum **5,** 366
—, **α-hydroxy-** **13,** 306
Iso-butyrate, methyl-α-benzoyl-, IR spectrum **5,** 366
Iso-butyric acid (Isobuttersäure), from crude petroleum **17,** 397
—, (Dien-Synthese) **10,** 68
—, **α-amino-,** from CH_4 and NH_3 **14,** 329
—, **α-benzoyl-amido-,** IR spectrum **5,** 375
—, **dithiol-** **6,** 142
—, **α-hydroxy-** **9,** 268, 270, 273, 276, 278, 280; **13,** 305, 315, 328, 329
—, **β-hydroxy-** **19,** 17
Iso-butyrospermol, tetrasubstituted double bond **12,** 110
—, **acetate** **12,** 110
—, **dihydro-** **12,** 110
Iso-byakangelicolic acid **9,** 270, 272
Iso-calebassin **17,** 225
—, Autoxydation **17,** 226
—, Säureaddukt **17,** 221, 225
—, Spektrum **17,** 225, 226
—, **methyl-** **17,** 225
—, **tetrahydro-,** Emde-Base **17,** 225
—, —, Säureaddukt **17,** 221, 225
Iso-calotropagenin, anhydro- **7,** 141
Iso-camphan, Schmp.-Depression **1,** 260
Iso-cantharidin, Dien-Synthese **3,** 13, 14; **10,** 88
Iso-cantharsäure, Dien-Synthese **3,** 13
Iso-caproic acid, α-hydroxy- **12,** 188
—, **α-keto-** **12,** 188, 189
Iso-carbostyril-3-carboxylic acid **13,** 305
Iso-carotene **15,** 40, 41
Iso-caryophyllene **12,** 17, 18
Iso-cephaelin **8,** 281, 297
Isochin . . ., s. auch, see also, voir aussi, Isoquin . . .
Iso-chinolin (Dien-Synthese) **3,** 17
—, **benzyl-,** Typus **9,** 180, 186
—, **1-carbonsäure, 6,7-dimethoxy-** **8,** 283
—, **N-diäthylaminoäthyl-, tetrahydro-** **8,** 305
—, ***L*-1-(4′-methoxybenzyl)-6,7-dimethoxy-N-methyl-1,2,3,4-tetrahydro-** **9,** 184, 185, 186
—, **1-methyl-6,7-dimethoxy-** **8,** 300
—, *D*- und ***L*-1-(4′-oxybenzyl)-6,7-dimethoxy-N-methyl-1,2,3,4-tetrahydro-** **9,** 185, 186, 200
—, ***D*-1-(4′-oxybenzyl)-6-methoxy-7-oxy-N-methyl-1,2,3,4-tetrahydro-** **9,** 184, 185
Iso-chinolin-Alkaloide, bis-benzyl- **9,** 180
Iso-chlorin e_4 und **-dimethylester** **1,** 217, 219
Iso-chlorophyllin a und **b** **1,** 165
Iso-chloroporphyrin e_4 und **-dimethylester** **1,** 217, 219
Iso-cholanic acid, hydroxy- **5,** 248
Iso-cholesterol **12,** 38, 39
—, ozonolysis **12,** 59
Iso-cholesteryl acetate, oxidation **12,** 80
Iso-chondodendrin **9,** 178, 180, 199, 200, 203, 212
—, Biosynthese **9,** 212
—, **O,O-dimethyl-** **9,** 178, 181, 182, 200, 203
—, —, Des-Base **9,** 181
Iso-citronensäure **4,** 266, 285; **13,** 76, 77
Iso-citronensäure-dehydrase **4,** 280
Iso-clovene **12,** 17
Iso-coclaurin **9,** 178, 187
Iso-colchicine **13,** 251, 252, 253; **19,** 38
Iso-columbin **17,** 151, 154
—, **acetate** **17,** 152
—, —, **decarboxy-** **17,** 154
—, **dihydro-** **17,** 153
—, **2-methyl-** **17,** 155
—, **O-methyläther, decarboxy-** **17,** 154
Isoconcentration distances (ultracentrifuge) **20,** 389
Iso-cotarnic acid **6,** 264; **15,** 129
Iso-crotonique (acide), (lipides bactériens) **10,** 238
Iso-crotylcarbinol **17,** 113
Iso-cryptoxanthin **15,** 44, 47, 51, 52, 55, 56, 65

Iso-cryptoxanthin, bioeffect 15, 56
—, ⇆ *retro*-dehydro-carotene 15, 55
—, → echinenone 15, 47
—, spectrum 15, 65
—, structure 18, 228
—, **methyl ether** 15, 55
Iso-cuauchichicine, structure 16, 40
Iso-cyanate, Umsetzung mit N-Carbonsäuren 13, 454
α-Iso-cyanat-fettsäureester 13, 527
Iso-cyanopsin 14, 304
Iso-cytosine, action of *E. coli* 9, 380
3-Iso-deserpidine-diol 13, 361, 362
Iso-dictamnine 13, 318, 320
Iso-digitoxigenin 7, 97; 13, 154, 158, 159
Iso-diglucan 2, 162
Iso-digoxigenin 7, 116
Iso-dipyridin 2, 251
20-Iso-eburico-7,9(11)-diene, 3β,16β,21-trihydroxy- 12, 88
20-Iso-eburico-7,9(11)-dien-21-oate, 16α-hydroxy-, methyl 12, 86
Isoelectric precipitation 7, 272
Iso-eleutherin 11, 152, 158, 165, 166, 167, 169, 170
—, Biogenese 11, 170
—, sterische Anordnung der Methyle 11, 169
—, **dihydro-deriv.**, Konfiguration 11, 160
Iso-emetin 8, 281, 292, 300, 302
—, **demethoxy-** 8, 299
Iso-emodine 6, 178
Iso-equilenin, Dien-Synthese 10, 75, 78, 82
—, Konfiguration 10, 83
Iso-ergostatrienone 1, 84
Iso-eugenitin 11, 126, 130, 131, 142, 151; 14, 190, 191
—, Vorläufer 11, 152
Iso-eugenitol 11, 126, 130, 131, 142, 151
—, Synthese 11, 142
—, Vorläufer 11, 152
Iso-eugenol 2, 2, 18; 5, 204, 211, 214, 219; 11, 52, 53
—, **dehydro-dihydro-** 5, 209
Iso-euphadiene, dehydrogenation 12, 106
Iso-euphenol, structure 12, 105
Iso-euphenyl acetate 12, 104, 106, 107
—, → keto-epoxide 12, 107
—, tetrasubstituted double bond 12, 105
20-Iso-euphol 12, 113
Iso-everninsäure 8, 220, 222
Iso-evolitrine 13, 323
Iso-evoxine 13, 326
Iso-fawcettiine 20, 288
Iso-febrifugine 13, 330, 334, 336
Iso-flavanones, in plants 17, 23
—, **2-hydroxy-** 17, 42
Iso-flav-3-en, structure and estrogenic effect 17, 50
—, **4-ethyl-7,4′-dimethoxy-2-methyl-**, estrogenic effect 17, 50
Iso-flavones 17, 1, 2, 3, 4, 22, 56
—, absence of chalcone chromophore 17, 26
—, alkali fusion 17, 34
—, bathochromic shift 17, 26, 27
—, biogenesis 17, 45, 47, 48
—, color reactions 17, 12
—, containing CH_2O_2 groups 17, 9
—, degradation and structure 17, 28, 33
—, distribution 17, 3, 6, 23
—, estrogenic effect 17, 50
—, $FeCl_3$ reaction 17, 14
—, fluorescence 17, 13
—, hydrolytic fission 17, 28
—, isolation 17, 9, 10
—, paper chromatography 17, 10
—, physiol. properties 17, 48, 50
—, spectrum 17, 25, 26, 28, 58
—, sugar residues 17, 7
—, synthesis 17, 41, 45
—, **2-carbethoxy-** 17, 43
—, **7,4′-dihydroxy-** 17, 22
—, **5,7-dihydroxy-2′,4′-dimethoxy-** 17, 23
—, **5,4′-dihydroxy-7-methoxy-** 17, 33
—, **5-hydroxy-**, Gibbs test 17, 14
—, **5-hydroxy-7,8-dimethoxy-**, isomerization 17, 34
—, **7-hydroxy-4′-nitro-**, from 2,4-dihydroxyphenyl 4-nitrobenzyl ketone 17, 42
—, **7-** and **8-methoxy-** 17, 41, 44
—, **5,6,7,4′-, 5,7,2′,4′-**, and **5,7,3′,4′-tetramethoxy-**, demethylation 17, 23, 42, 43
Iso-flavone glycosides 17, 6, 11
—, synthesis 17, 44, 45
Iso-fluorocurarin, dihydro-N(a)-methyl- 17, 208, 209, 224
—, —, Rotverschiebung 17, 209
Iso-fraxidin 9, 249; 17, 19, 173
Iso-galipine 13, 308
Iso-garryfoline 16, 39

Iso-genine inaktiv als Herzgifte **14,** 90
—, Konfiguration **13,** 158
—, **methylester 13,** 158
—, **semicarbazon 13,** 158
Iso-genistein 17, 23
Iso-germacrone and **oxid. products 19,** 14
Iso-germidine, acyl groups **20,** 345
Iso-germine 20, 335, 336
—, isomerization **20,** 343
—, **14,15-acetonide,** IR spectrum **20,** 344
—, **tetraacetate 20,** 350
Iso-geronsäure 8, 150, 157
—, **β-methyl- 8,** 187
Iso-gibberic acid 18, 358
Iso-gitoxigenin 13, 169
Iso-glucosamin 20, 215
Iso-glutamine 12, 237; **13,** 525
—, **carbobenzoxy- 13,** 525
Iso-guaiazulene 19, 97, 98
Iso-guanine 9, 404, 407; **11,** 367
—, **9-glycosyl- 8,** 112
—, **9-β-*D*-ribofuranosido- 9,** 404
Iso-guanosine 9, 370, 379, 404
Iso-hämopyrrol 1, 167
Iso-harnstoff, s., see, voir, Iso-urée
Iso-helenalin 17, 148; **19,** 67, 68
—, **dihydro- 17,** 148
Iso-heliotridene 12, 214, 246
Iso-hemipinsäure 2, 12, 13, 14, 16, 17, 18, 19; **5,** 193, 210; **11,** 50, 52, 56
—, aus Lignin **20,** 45, 47, 61
—, radioaktive, aus Lignin **11,** 59; **20,** 62
Iso-hernandion 15, 121, 122, 123
Iso-heteropeucenin 11, 142, 143
Iso-humulon 17, 165
Iso-hypericin 14, 164, 175
Iso-imperatorin 9, 226, 227, 266, 267, 268; **11,** 127
Iso-iodopsin 14, 304, 305
Iso-iridomyrmecin from citronellal **19,** 273
Iso-irone 8, 177, 178, 179, 181
17-Iso-20-isoeuphol 12, 113
Iso-kestose 19, 296, 297, 298, 309, 310, 312
Iso-khellin 11, 133, 134
Iso-kokusaginine 13, 329
Iso-lanostenol 12, 66, 68
—, trisubstituted double bond **12,** 57
Iso-lariciresinol dimethyl ether 15, 115, 117, 118, 146
—, correlation with guaiaretic acid **15,** 117, 118
—, mol. rotation **15,** 146
Iso-lariciresinol dimethyl ether, anhydro- 15, 115
—, —, mol. rotation **15,** 146
***DL*-Iso-leucin,** Kulturlösung für Actinomycine **18,** 45
***L*-Iso-leucine,** in antibodies **9,** 452
—, in bacitracin A **11,** 253
—, biosynthesis **12,** 477
—, configuration **18,** 142
—, in crotoxin **12,** 447
—, from farm soils (hydrolysis) **17,** 391
—, in fish protein **5,** 272, 288
—, in fossil shells **17,** 394
—, dans gorgonines **12,** 392
—, in hemoglobin **17,** 343, 350, 352, 354
—, inhibiting precipitins **9,** 450
—, in insulin **11,** 253
—, in microsomal protein **16,** 150
—, as N-terminal residue **11,** 268; **12,** 304
—, in oxytocic hormone hydrolyzates **11,** 251
—, in polypeptin **11,** 252
—, in proteins, gelatins, collagens **17,** 383, 385
—, in salmine **11,** 252
—, in seed proteins **6,** 292, 293
—, separation **11,** 242, 245
—, thermostability **17,** 390
—, in wool **11,** 254
—, **N-methyl- 20,** 9
—, —, in Actinomycin **18,** 16, 46
Iso-leucopterin 11, 367
Iso-leucovorin chloride 11, 384
Iso-linusic acid (essential) **6,** 28
Isoloma hybrid, pigment **20,** 185
Iso-longifolic acid 12, 14
***DL*-Iso-lupinin 8,** 253
Iso-lycoctonine from hydroxy-lycoctonine **16,** 67
Iso-lysergic acid 9, 121, 129
—, condensation with 2-aminopropanol-(1) **9,** 151
—, configuration **9,** 129
—, decarboxylation **9,** 127
—, enol form **9,** 130
—, formula **9,** 124, 126, 127, 128
—, peptide-like deriv. **9,** 166
—, spectrum **9,** 127
—, synthesis **9,** 125
—, **deriv. 20,** 18
—, **amide, dihydro- 9,** 133
—, **lactam,** spectrum **9,** 126, 127

D- and *L*-Iso-lysergic acid, azide 9, 151, 152
D-Iso-lysergic acid, (+)-butanolamide-(2) 9, 164
—, diethylamide 9, 165
—, 2-diethylamino-ethylamide 9, 165
—, 1,3-dihydroxy-propaneamide-(2) 9, 165
D- and *L*-Iso-lysergic acid *D*- and -*L*-nor-ephedride, and ψ-ephedride 9, 166
D-Iso-lysergic acid ethanolamide 9, 164
D- and *L*-Iso-lysergic acid hydrazide 9, 122, 123, 151, 163
D-Iso-lysergic acid-*L*-(+)-4-methylpentanolamide-(2) 9, 164
D- and *L*-Iso-lysergic acid-*D*- and -*L*-propanolamide-(2) 9, 151, 152, 153
Iso-lysergic acid I and II, dihydro-, and deriv. 9, 130, 131, 133
Iso-maltose 2, 185; 11, 21, 22
—, from maltose 9, 422
β-Iso-maltose octaacetate 2, 185; 11, 23; 14, 77
4-α-Iso-maltosyl-*D*-glucose 11, 22
Iso-medicosmine 13, 328
Isomers, *cis*, hindered 3, 228; 14, 258; 18, 232
Iso-méthylbixine, fluorescence 2, 332
Iso-methysticin 20, 137
Iso-mycomycin 14, 46; 16, 116
—, antibiotische Wirkung 14, 48
—, Synthese 14, 47
—, methylester 14, 46, 47
Iso-napelline 16, 54, 55
—, → phenanthrenes 16, 58
—, reduction 16, 54
Iso-naphthazarin, Giftwirkung 6, 214
Iso-nemotinsäure und -lacton 14, 49
Iso-neobilirubinsäure 3, 115, 116
Iso-neoxanthobilirubinsäure 3, 94, 95, 97, 99, 103, 126
—, formyl- 3, 103
Iso-nephrosterinsäure 2, 30
Iso-nicotein 2, 265, 289, 291
Iso-octane, polymer 10, 133
Iso-odyssinsäure 14, 50
Iso-olivil 15, 92
Iso-osajin 17, 25
—, dihydro- 17, 25
Iso-osajinol, dihydro- 17, 25
Iso-ouabain 13, 183
Iso-pedicin 17, 19
Iso-pelletierine 11, 331
—, biosynthesis 19, 249
—, N-methyl-, biosynthesis 19, 249
Iso-β-peltatin-A, nicotinoyl- 15, 154
Iso-penniclavine 20, 20
Iso-pentan-sulfonsäure, γ-oxy-, Wachstumswirkung 4, 40
γ-Iso-pentan-sulton 4, 42
Iso-pentenyl group, introduction (biosynthesis) 14, 200
Iso-periplogensäure 7, 131, 132
Iso-peucenin 11, 132
Iso-phäoporphyrin a_7 1, 181
Iso-phonopyrrolcarbonsäure 3, 89
Iso-phorone, IR spectrum 5, 355
—, carbonsäureester 8, 157
Iso-photoartemisin acetate 19, 73, 74, 76
Iso-photosantonic lactone 19, 76, 77
Iso-photosantonin 19, 272
Iso-phthalaldehyde, 2,4-dihydroxy- 9, 275, 278
Iso-phthalic acid (Iso-phtalsäure) 13, 352, 353
—, from rauwolscine 10, 396, 399
—, äthoxy-methoxy-, aus Holz 2, 13
—, 2,4-dimethoxy- 9, 261
—, 5-hydroxy- 13, 242, 377, 378
—, methoxy-, radioaktiv, aus Lignin 20, 47, 60, 62
Iso-phyllocladene 12, 21
Iso-picropodophyllin, deoxy- 15, 112, 113, 114, 148
—, —, mol. rotation 15, 146
—, —, and sarcoma 15, 153
Iso-picropodophyllyl alcohol, deoxy- 15, 116, 146, 149
—, —, anhydro- 15, 116, 146, 149
Iso pigments (visual) 14, 304, 305
Iso-pimpinellin 9, 265, 266
Iso-podophyllate, deoxy-, methyl 15, 112, 146, 148
all-*trans*-Iso-podophyllate, deoxy-, methyl and ethyl 15, 114, 148
Iso-podophyllic acid, deoxy- 15, 112, 119, 121, 148
—, —, and sarcoma 15, 153
—, —, methyl ester 15, 114
DL-Iso-podophyllotoxin 15, 119, 121, 149
Iso-podophyllotoxin, deoxy- 15, 112, 113, 114, 116, 118, 119, 121, 122, 146, 148
—, —, configuration 15, 113
—, —, and sarcoma 15, 153
—, nicotinoyl- 15, 154
DL-Iso-podophyllotoxone 15, 119, 121, 149

Iso-podophyllyl alcohol, deoxy- **15**, 116, 117, 149
—, —, **anhydro-** **15**, 116, 146, 149
Iso-polyporenate, methyl **12**, 81, 84
Iso-polyporenic acid **12**, 81
Iso-pomiferin **17**, 25
—, **dihydro-** **17**, 25
Iso-porphyropsin **14**, 304
Isoprene, 1,2- and 1,4-addition **10**, 136
—, als Baustein **3**, 3, 5
—, block copolymer, density gradient sedimentation **20**, 416
—, chain, regular and irregular **12**, 31, 230
—, (Dien-Synthese) **10**, 56, 100
—, Kondensationsprodukte **8**, 195
—, polymerization **10**, 134, 135, 136; **19**, 267
—, polymere, Biogenese **12**, 136, 137
—, reaction with umbelliferone **9**, 227
—, from rubber **10**, 126, 131
—, Verkettung **10**, 99
—, und Vinyl-methyl-keton **10**, 56
—, **hydrobromide** **9**, 269
Isopren-Reste, Anordnung in Triterpenen **7**, 2
Isoprene rule (biogenesis) **7**, 4; **12**, 31, 60, 235; **14**, 187, 194
Isoprenaldehyd **8**, 195; **10**, 100
Isoprenalkohol **8**, 195; **10**, 100
Isoprenoid compounds **14**, 187
—, steric hindrance **14**, 258
Iso-propyl bromide and **chloride,** bond distances **3**, 209
2-Iso-propyl-butadien, Dien-Synthese **10**, 32, 33
Iso-propyl-phosphate, et phosphatase **19**, 325, 327
Iso-proto-hypericin **14**, 164, 175
Iso-protoverine **20**, 335, 336, 348
—, **diacetonide-diacetate** **20**, 351
Iso-psoralene **9**, 261
(—)-Iso-pyrethrolone **19**, 139
Iso-pyrocalciferol **1**, 86, 88
—, (Dien-Synthese) **10**, 69, 70
Iso-pyrodelphinine deriv., dehydrogenation **16**, 86
Iso-pyrooxodelphinine **16**, 82, 83, 84
Iso-pyrovitamin D **17**, 97
Iso-quassin, insecticide **10**, 461, 462
Iso-quercitrin **17**, 53
—, spectrum **17**, 57
—, synthesis **17**, 45
Isoquin . . ., s. auch, see also, voir aussi, Isochin . . .
Iso-quinoline, biosynthesis **6**, 272
—, from rauwolscine **10**, 396; **13**, 352, 353
—, **N-methyl-*trans*-decahydro-** **13**, 354, 355
—, **2-methyl-6,7-dimethoxy-tetrahydro-** **6**, 267
—, **2-methyl-6-methoxy-7-ethoxy-tetrahydro-** **6**, 267
—, **octahydro-, benzyl-,** cyclization **19**, 259
—, **tetrahydro-,** in *Anhalonium lewinii* **6**, 260
—, —, **benzyl-,** cyclization **19**, 259
—, **1-(3,4,5-trimethoxyphenyl)-6,7-methylenedioxy-3,4-dihydro-** **15**, 103
Iso-quinoline group (*Rauwolfia* alkaloids) **13**, 407
Iso-quinoline alkaloids, from *Anhalonium lewinii* **6**, 262
—, biosynthesis **19**, 257
—, **tetrahydro-, benzyl-** **19**, 258
Iso-quinolyl-3-ethyl-indole, 2,3′-(5′,6′,7′,8′)-tetrahydro- **10**, 400; **13**, 352
Iso-rauhimbine **13**, 354, 357, 368, 391, 406, 416
—, configuration **13**, 359
Iso-raunescine **13**, 350, 366
Iso-rauwolfine **13**, 368
Iso-rauwolscine **10**, 395; **13**, 352
Iso-renieratene **18**, 319
3-Iso-reserpane **13**, 384
L- and *DL*-**Iso-reserpate, O-acetyl-, methyl** **13**, 389
3-Iso-reserpate, 3,4,5-trimethoxybenzoyl-ester, methyl **13**, 366
3-Iso-reserpic acid and **lactone** **13**, 384, 389
Iso-reserpiline **13**, 350, 365, 406
3-Iso-reserpine **13**, 384
—, conformational analysis **13**, 384, 387
Iso-reserpinine **13**, 350, 365, 406
3-Iso-reserpinol **13**, 383, 384
Iso-retinene a **14**, 259, 260, 262
—, and opsin **14**, 260
—, spectrum **14**, 264
Iso-retinene b **14**, 259, 260, 262
—, spectrum **14**, 264
D- and *L*-**Iso-retronecanol** **12**, 207, 214, 216, 224, 246
—, **benzoyl-** **12**, 213
D-**Iso-retronecanol alkaloids** **12**, 246

Iso-rhamnetin 15, 90, 91, 95, 96, 138, 145, 156; **17,** 19, 53
—, in *Chlamydomonas eugametos* **17,** 50
—, gymnotermone effect **17,** 49
—, IR spectrum **17,** 58
—, synthesis **17,** 37
—, **3,4′-diglucoside 17,** 53, 58
—, —, IR spectrum **17,** 58
—, **3-glucorhamnogalactoside 17,** 53
—, **3-rutinoside 17,** 53
—, **3-sulfate 17,** 7, 53
—, **tetraacetate 15,** 156
—, **3,7,4′-trimethyl ether 15,** 156
Iso-rhodopsin 14, 260, 264, 276, 277, 304
—, difference from rhodopsin **14,** 276
Iso-rotenone, toxicity **10,** 445
Iso-rubijervine 20, 300, 301, 302
—, biogenesis **20,** 358, 359
—, → cyclopenteno-phenanthrene **20,** 302, 303
—, **dihydro- 20,** 302
Iso-rubijervosine 20, 312
Iso-safrole 14, 205
—, **oxide 15,** 104
Iso-sapogenins 13, 47
—, IR spectra **13,** 47
Iso-seneciphyllic acid 12, 208, 226, 227, 231, 232, 252, 253
DL-**Iso-sérine,** dériv. guanidiques **18,** 100
Iso-sesamin, as synergist **10,** 456
Iso-setoclavine 20, 20
Iso-sikkimotoxin 15, 131, 132, 133, 152
—, **acetyl- 15,** 131, 152
α-Iso-spartein 8, 258; **19,** 253
Iso-squalen-Hypothese (Steroid-Biogenese) **12,** 155
Iso-squamatsäure 2, 45
λ-Iso-stearinsäure 2, 28, 29
Isosterism in biology **17,** 310
Iso-strophanthidin 7, 133
α-Iso-strophanthidsäure 7, 131, 132
Iso-sucrose octaacetate 5, 114
Iso-tachysterin 11, 97, 98, 99, 100, 101, 110, 112; **17,** 81, 98, 99
—, Isomerisierungsprodukt mit BF_3 **17,** 81, 98
—, Konfiguration **11,** 99
—, und Maleinsäureanhydrid **17,** 82
—, Oxydation **11,** 101
—, aus Peroxyd **17,** 101
—, **äther 17,** 107
Iso-tachysterin, 3-desoxy- 17, 107
—, —, Partialsynthese **17,** 107
—, **methyläther 11,** 110, 111, 112
—, **4-methyl-3,5-dinitrobenzoat 11,** 97, 100
cis-**Iso-tachysterin 17,** 107
Iso-tachysterin$_2$ 17, 78, 79, 81
—, aus Tachysterin$_2$ **17,** 79
—, thermische Stabilität **17,** 98
—, **-keton 17,** 81, 82, 90
—, —, Spaltung des Semicarbazons **17,** 90
6,7-*cis*-Iso-tachysterin$_2$-methyläther-$C_{(3)}$-Epimerengemisch, Partialsynthese **17,** 106, 107
Iso-taxiresinol 15, 92
Iso-tenulin 17, 139, 144; **19,** 69, 70
—, → Chamazulen **17,** 145
—, NMR study **19,** 70
—, Verhältnis zu Tenulin **17,** 146
—, **deacetyl- 17,** 144
—, **dihydro- 17,** 145; **19,** 69, 70, 71
—, —, **diacetyl- 19,** 69, 70
Iso-tetrandrin 9, 177, 179, 180, 184, 185, 194, 207, 210
—, Biosynthese **9,** 210
Iso-thiocolchicine 13, 252
Iso-thiocyanates, s. auch, see also, voir aussi, Mustard oils
—, antibacterial and fungiostatic properties **18,** 155
—, aromatic **18,** 148
—, biogenesis **18,** 155
—, biol. properties **18,** 155
—, in Cruciferae **18,** 161
—, cyclization **18,** 141
—, detection **18,** 139
—, of doubtful structure **18,** 153
—, enzymic hydrolysis **18,** 136
—, history **18,** 123
—, and hydroxylamine **18,** 132
—, isolation **18,** 140
—, nitrile formation **18,** 130, 131
—, nomenclature **18,** 136
—, occurrence **18,** 122, 138, 167
—, OH-substituted **18,** 150
—, paper chromatography **18,** 139
—, partition methods **18,** 140
—, spectrum **18,** 141
—, steam-volatile **18,** 139
—, structure **18,** 141
—, **alkyl-,** saturated and unsaturated **18,** 141, 142

Iso-thiocyanates, allyl- 18, 142
—, **3-benzoyl-oxypropyl-** 18, 149
—, **benzyl-**, in plants 18, 148
—, **3-butenyl-**, in plants 18, 143
—, **(+)-2-butyl**, abs. configuration 18, 142
—, **3,5-dinitro-4-dimethylamino-phenyl-** 12, 309
—, **ethyl-**, in seeds 18, 141
—, **hydroxy-**, cyclization 18, 150
—, **4-hydroxybenzyl-** 18, 130, 138, 148
—, **2-hydroxy-3-butenyl-**, abs. configuration 18, 151
—, **2-hydroxy-isobutyl-** 18, 150
—, **2-hydroxy-isopropyl-** 18, 152, 153
—, **2-hydroxy-2-phenylethyl-** 18, 151, 152
—, **3-hydroxypropyl-**, cyclization 18, 149
—, **isopropyl-** 18, 141, 142
—, *m-* and *p-***methoxybenzyl-** 18, 149
—, **methyl-** 18, 141
—, **β-methyl-allyl-** 18, 150
—, **ω-methyl-sulfinylalkyl-**, stereochemistry 18, 147
—, **4-methyl-sulfinyl-3-butenyl-** 18, 145
—, **4-methyl-sulfinylbutyl-** 18, 145
—, **10-methyl-sulfinyldecyl-** 18, 147
—, **9-methyl-sulfinylnonyl-** 18, 147
—, **8-methyl-sulfinyloctyl-** 18, 147
—, **5-methyl-sulfinylpentyl-** 18, 146
—, **3-methyl-sulfinylpropyl-** 18, 144
—, **4-methyl-sulfonylbutyl-** 18, 145
—, **3-methyl-sulfonylpropyl-** 18, 144
—, **ω-methyl-thioalkyl-** 18, 144
—, **4-methyl-thiobutyl-** 18, 145
—, **5-methyl-thiopentyl-** 18, 146
—, **3-methyl-thiopropyl-** 18, 144
—, **4-pentenyl-**, synthesis 18, 143
—, **phenyl-**, and amino groups 17, 358
—, —, coupling with α-amino and imino groups 12, 308
—, —, coupling with peptide or protein 11, 269
—, **2-phenyl-ethyl-** 18, 126, 149
—, **3-phenyl-propyl-** 18, 153
—, **thiourea deriv.** 18, 140
Iso-thiocyanate glucosides 18, 122, 124
—, biogenesis 18, 155
—, biol. properties 18, 155
—, botan. distribution 18, 126, 154, 167
—, in Cruciferae 18, 161
—, crystalline 18, 157
—, determination 18, 129
—, enzymic attack 18, 133
Iso-thiocyanate glucosides, and insect feeding 18, 156
—, ion-exchange 18, 128
—, IR spectra 18, 134
—, isolation 18, 128
—, nomenclature 18, 125
—, paper chromatography 18, 127
—, rotation 18, 126
—, side-chains 18, 158
—, structure 18, 129, 131
—, synthesis 18, 134
—, **tetraacetates** 18, 158
Iso-thiocyanate method (N-terminal sequence) 12, 308
4-Iso-thiocyanatobutyrate, methyl 18, 142
Iso-thiourée (Iso-thioharnstoff), à partir de la guanidine 18, 87
—, **S-méthyl-** 18, 90
—, —, (Peptid-Synthese) 13, 481
—, —, **phosphorylphénylester** 18, 89
Iso-tirucallenyl acetate 12, 133
Isotopen-Technik 4, 189
Isotopic tracer studies (biosynthesis of proteins and peptides) 9, 292
Iso-toxiferin, dihydro- 17, 206, 236, 240
—, —, Spektrum 17, 239
Iso-trilobin 9, 177, 180, 182, 204, 211
Iso-triseclavine 20, 20
Iso-urée (Iso-harnstoff), à partir de la guanidine 18, 87
—, **O-methyl-** (Peptid-Synthese) 13, 481
—, **S-méthyl**, dériv. N-phosphorylés 18, 89
Iso-valeric acid, bacterial origin 17, 397
—, from crude petroleum 17, 397
—, (glandes d'alligators) 6, 120
—, in Steroid-Biosynthese 12, 133
1-C^{14}- und **4,5-C^{14}-Iso-valeriansäure** 12, 135
D- and *L-***Iso-valeric acid, α-hydroxy-** 20, 9, 11
—, —, from valinomycin 16, 132
—, **α-methoxy-β-hydroxy-**, from novobiocin 16, 120
Iso-valerophenone, 2,4,6-trihydroxy- 19, 272
Iso-valeryl-*L*-leucyl-*L*-proline 9, 135
***D*-Iso-valeryl-N-methyl-*L*-valine, α-hydroxy-** 20, 9
Iso-valeryl-*L*-phenylalanyl-*L*-proline 9, 135
***D*-Iso-valeryl-*D*-valine, α-hydroxy-,** from valinomycin 16, 132

L-**Iso-valeryl-*D*-valyl-*D*-leucine, α-hydroxy- 20,** 10
L-**Iso-valeryl-*L*-valyl-N-methyl-*L*-leucine, α-hydroxy- 20,** 10
Iso-valeryl-*L*-valyl-*L*-proline 9, 135
Iso-veatchine, tetrahydro-, keto- 16, 52
Iso-visnagin 11, 148
—, Synthese **11,** 148, 149
—, **dihydro- 11,** 136, 150
Iso-visnaginon 11, 148, 149
—, **dihydro- 11,** 148, 149
Iso-vitamin A, acetate 9, 71, 74
—, **methyl ether 9,** 71, 75
Iso-vitamins Aa and **Ab,** spectra **14,** 264
Iso-vitamine D 17, 75, 76
—, **dihydro- 17,** 85
Iso-vitamin D_2 11, 99, 102, 109, 112; **17,** 74, 75, 83, 98, 99
—, und BF_3 **11,** 110; **17,** 81, 98
—, 3-Epimerengemisch **17,** 75
—, Isomerisierung mit BF_3 zu Iso-tachysterin **17,** 98
—, Konfiguration **11,** 110
—, und Maleinsäureanhydrid **17,** 76
—, Struktur **17,** 75
—, thermische Stabilität **17,** 97
—, aus Vitamin D_2 und 5,6-*trans*-Vitamin D_2 **17,** 99
—, **äther 17,** 107
—, **methyläther-$C_{(3)}$-Epimerengemisch,** Partialsynthese **17,** 106
3-β-Iso-vitamin D_2, Darstellung durch Isomerisierung **17,** 76
Iso-vitexin 17, 16
Iso-xanthobilirubinsäure 3, 95, 96
Iso-xanthopterin 4, 64, 67, 69; **11,** 351, 352, 354, 367, 370, 378
—, ionization **11,** 357, 359
—, pharmacology **11,** 390
—, spectrum **4,** 74; **11,** 357, 362
—, Synthese **4,** 68
—, **6-carboxylic acid 11,** 380
—, —, and oxidation of Dopa **11,** 390
—, **6-methyl- 11,** 370
Iso-xanthopteryl-6-acetic acid 11, 367
Isoxazole aus 2-Methylchromonen **11,** 129
D-**3-Isoxazolidone, 4-amino- 16,** 104
Iso-yobyrine, tetrahydro- 13, 352
Iso-zeaxanthin 15, 45, 46
—, *cis*-peak **18,** 253
—, configurational assignments **18,** 301
—, structure **18,** 228
Iso-zeaxanthin, synthesis of *cis* forms **18,** 275
central-mono*cis*-Iso-zeaxanthin **18,** 292, 301
Iso-zeorinin, dehydro- 8, 211
Iso-zygadenine 20, 346
Istizin 6, 177
Ithaginis sinensis, Federpigmente **18,** 216
Ivy and gibberellin **18,** 398
Izalpinin 17, 51

J.

Jacanae (Federn, Eischalen), Porphyrin **18,** 210
Jackbaum, Cyanomaclurin **16,** 17
Jacobine 12, 201, 202, 206, 235
Jacodine 12, 201, 202, 209
Jaconecic acid 12, 206, 207, 226, 235, 236
Jaconine 12, 202, 206, 235
—, neutral lactone **12,** 235
Jacoline, Jacozine 12, 202, 206
Jaffé, réaction de 12, 370
Jagdfasan (Papillen), Astaxanthin **18,** 183, 192
Jamaicin 17, 9, 24, 25
Japan wax, fatty acids **6,** 3
Jararaca pintada (venom) **12,** 412
Jararacuçú (venom) **12,** 412
Jasmine, methyl anthranilate **13,** 304
Jasmine oil, indole **17,** 250, 251
Jasminum sp., Syringin **11,** 63, *J. grandiflorum,* jasmone **19,** 142
Jasmone, occurrence, synthesis **19,** 142, 143, 148
Jatamanson 19, 78
Jatazulene 19, 98
Jatropha multifida, iso-thiocyanates **18,** 148, 168
Jatrorrhiza columba, J. palmata, Alkaloide **9,** 178, *J. palmata,* Bitterstoffe **17,** 151
Jatrorrhizin 9, 177, 178, 190, 191
Jaundice and snake venom **12,** 413
Javanicin 6, 161, 167, 203; **11,** 170, 171; **14,** 196
—, **oxy- 6,** 162, 167; **11,** 170
Jeffrey pine, arabogalactan (immunol.) **18,** 513, 520, 521, 522
Jellyfish, carotenoids **5,** 26
Jerveratrum alkaloids 20, 300, 301
—, biogenesis **20,** 358
—, pharmacology **20,** 313

Jervine 4, 25; 17, 136; 20, 300, 301, 304, 305
—, configuration 20, 311
—, dehydrogenation 20, 304
—, insecticide 10, 464
—, isomerization 20, 310
—, → 3-methyl-5-hydroxy-6-ethyl-pyridine 20, 305
—, transformation 20, 305, 307
—, and veratramine, correlation 20, 306
—, **N-acetyl-** and **O,N-diacetyl-tetrahydro-** 20, 310, 311
—, **diacetate** and **3,23-N-triacetate** 20, 308
—, **12,13-dihydro-** and **tetrahydro-**, structure 20, 305
—, **N-methyl-** → N-methyl-piperidone 20, 311
Jervisine-17-monoacetate 20, 308
Jervisine rearrangement 20, 308, 309
Jod . . ., s. auch, see also, voir aussi, Iod . . .
5-Jod-dimethyluridin 1, 127
Jod-gorgosäure 13, 484
Jod-Katalyse (Carotinoide) 9, 5
Jod-nicotyrin 2, 264
Jodopleura isabellae, Federfarbe 18, 188
Jodzahl (Stärke, Kammformel) 1, 257
Johanniskraut, Hypericin 6, 178; 14, 144
Johnston-Ogston effect (boundary gradient) 18, 475, 478, 480
Jon . . ., s. auch, see also, voir aussi, Ion . . .
Jonen 8, 150, 160
—, **6-methyl-** 8, 174
Joniregen-tricarbonsäure 8, 150, 156, 160
Jonol, oxo-tetrahydro- 8, 198
—, **5-oxo-*cis*(2,3)-tetrahydro-** 8, 154
—, **5-oxy-tetrahydro-** 8, 154, 198
—, **tetrahydro-** 8, 151
α-Jonol, dihydro- 8, 151
β-Jonol, dihydro- 3, 49
—, **oxy-dihydro-** 3, 50
Jonone 8, 149, 153
—, Hydrierung 8, 151
—, Molekularrefraktion 8, 164
—, in Seitenkette methyliert 8, 151
—, Spektrum (IR und UV) 8, 153, 176
—, tricyclisches Isomeres 8, 152
—, **dihydro-deriv.**, IR-Spektrum 8, 176
—, *cis*- und ***trans*-dihydro-** 8, 151
—, ***cis*(2,3)-dihydro-** 8, 153
—, **dimethyl-** 8, 187
Jonone, 4-, 5- und 6-methyl- 8, 161, 186, 193
—, **oxo-tetrahydro-** 8, 154, 198
—, **oxy-tetrahydro-** 8, 198
—, **5-oxy-*cis*(2,3)-tetrahydro-** 8, 154
—, **tetrahydro-** 8, 151, 153, 159, 193
—, —, Stereoisomerie 8, 159
α-Jonon, Trennung in Antipoden 8, 152
—, **dihydro-** 8, 151, 154
—, **methyl-** 8, 152
—, ***cis*(2,6)-, 6-methyl-** 8, 177
β-Jonon, biochem. Oxydation 8, 155
—, ⇄ α-Jonon 8, 152
—, Kettenverlängerung 8, 153
—, im Tier 3, 49, 50; 4, 224
—, **dehydro-** 8, 152
—, **dihydro-** 8, 151, 154
—, **methyl-** 8, 152
—, **oxy-dihydro-** 3, 50
γ-Jonon 8, 154
—, **dihydro-** 7, 11; 8, 154, 193
—, —, in grauer Ambra 8, 154
—, —, aus Ambreïn 8, 198
—, —, Synthese 7, 12
Jonon-epoxyde 8, 152
Jonquil, methyl anthranilate 13, 304
α- und β-Jonyliden-aceton 9, 2
Juglandaceae, Chinone 6, 181
Juglans regia, Naphthalin-deriv. 11, 161
Juglon 6, 181, 198
α-Juglon, hydro- 11, 161
Julolidine 20, 287
—, **hexahydro-** 20, 283, 287
Julus terrestris, Chinon 6, 193
Jungvögel (Federn), Fluoreszenz 18, 206
Junipal 14, 52, 53
—, Biosynthese 14, 59, 60
Juniperin 17, 174
Juniperus lucayana, J. sabina, J. scopularum, J. silicicola, J. virginiana, podophyllotoxin, deoxy-podophyllotoxin 15, 93, 94, 112, *J. chinensis*, terpenoid tropolones 13, 237, *J. oxycedrus*, Dimethyl-naphthalin 11, 161
Junipinsäure 14, 52
Jute-pflanze, Corchorin, Corchorgenin, Corchsularin 14, 73, 86

K.

Kaempferide 17, 16, 52
—, synthesis 17, 37

Kaempferol **15,** 90, 91, 95, 138, 139, 145, 156; **17,** 16, 52
—, spectrum **17,** 26, 51, 57
—, **dihydro- 16,** 12
—, **glycosides 17,** 52
—, **monomethyl ether 17,** 16
—, **3-rhamnoglucoside,** pharmacol. action **17,** 49
—, **rhamnosid 2,** 193
—, **tetraacetate 15,** 156
Kaffeealkohol 11, 57
Kalanchoë, crown gall **17,** 305
Kalanchoë blossfeldiana and other spp., and gibberellin **18,** 397, 407, 410
Kallikrein, Kohlenhydrat-Anteil **20,** 243
Kamassin, IR spectrum **10,** 394
Kamille, Taraxasterol **7,** 61
Kamulchi, blood protein **5,** 286
Kanamycin, Kohlenhydrat-Komponente **20,** 219
Kanarienvogel, Federpigment und Futter **18,** 189, 190, 197, 198
Kanarien-xanthophyll 18, 180, 186, 192, 193
—, Umwandlungsprodukt des Nahrungs-Luteins **18,** 190
Kangaroo-tail tendon, X-ray diagram **11,** 214, 216
Kangourou musqué, sécrétion **6,** 110
Kaninchen-Papillom-Virus 4, 88, 117, 178, 179
Kanugin 17, 8, 19, 54
—, spectrum **17,** 57
—, **demethoxy- 17,** 8, 16, 52
Kappa particles (genetics) **5,** 322
Karakin 18, 55, 64
Karanjin 17, 21, 22
—, spectrum **17,** 57
—, **3′,4′-methylenedioxy- 17,** 22
Karaya (polysaccharides, immunol.) **18,** 520, 521, 525, 526
Karlingia rosea, carotenoids **12,** 172, 173
Karotten, Bitterstoffe **17,** 218
—, Cambium (Verholzung) **11,** 72
—, Lactoflavin **2,** 64
Kartoffel, s. auch, see also, voir aussi, Potato
Kartoffel, Lactoflavin **2,** 64
—, Scheiben, oxydierende Wirkung **6,** 193
Kartoffel-Virus A, Y, Z 4, 151, 168, 170
Kartoffel-X-Virus 4, 88, 91, 109, 151, 168, 169
Kartoffel-X-Virus, Elektronenmikroskopie **4,** 119
Kastanie, Ellagen-Gerbstoffe **13,** 89, 90, 103, 115
—, Hexaoxy-diphensäure **13,** 103
Katalase, s., see, voir, Catalase
Katalpa (Blatt), Plastochinon **20,** 109
Katsuranin 16, 12
Kautschuk, s., see, voir, Rubber
Kawain 14, 191; **17,** 174; **20,** 133, 134, 137, 157
—, synthesis **20,** 141, 152, 153
—, **5,6-dehydro- 20,** 133, 134, 157
—, —, → benzaldehyde and cinnamic acid **20,** 140
—, —, no bioeffect **20,** 155
—, —, synthesis **20,** 141, 148, 149, 150
—, **dihydro- 20,** 133, 134, 137, 157
—, —, synthesis **20,** 152, 154
Kawa resin, constituents **20,** 132
—, pharmacology **20,** 155
Kayaflavone 17, 9
Kayser (spectroscopic unit) **13,** 4
KDGS (Abkürzung für 2-Keto-3-desoxygluconsäure) **20,** 202
Keller-Kiliani-Reaktion 13, 144, 145
Keller test 13, 390
Kepayang oil, component acids, glycerides **1,** 42, 47; **5,** 89, 90
Keratansulfat (Keratosulfat) 20, 232
—, Verhältnis zu Chondroitinsulfat **20,** 233
Keratin, différence des gorgonines et spongines **12,** 392, 396
—, Festigung **1,** 327
—, große Perioden **1,** 329
—, Röntgenbild **1,** 322
—, Rückgrat-Dicke **1,** 323
—, Seitenketten **1,** 323
—, temporäre Streckung **1,** 327
—, zweidimensionaler Rost **1,** 324
Keratin, $\alpha \rightleftarrows \beta$ **1,** 325, 327
α-Keratin, equatorial reflection **11,** 220
—, α-helix **11,** 220, 222
—, seven-strand cables **11,** 224
—, structure **11,** 214, 215, 219
—, X-ray diagram **11,** 214, 217
α-Keratin proteins, arrangement of polypeptide chain **11,** 215, 218, 219
β-Keratin, equatorial reflection **11,** 222
—, Hauptvalenzketten-Rost **1,** 324
—, polypeptide chain **11,** 209

β-Keratin, structure **11,** 214
—, X-ray diagram **11,** 214
β-Keratin proteins, basic polypeptide chain configurations **11,** 215, 225
—, pleated sheets **11,** 226
Keratin-myosin-epidermin-fibrinogen class, X-ray diagram **11,** 215
Keratin-Myosin-Typus, Faser-Proteine **1,** 315
Keratinous proteins, preservation **17,** 387
Kermessäure (Kermic acid) 6, 200; **7,** 250, 251; **14,** 195, 197
Kernabstand, Hauptvalenzverbindungen **1,** 309
Kernera saxatilis, iso-thiocyanates **18,** 165
Kerogen, formation **17,** 388
—, in Frontier Shale **17,** 387
—, 500 million years old **17,** 391
Kerria japonica, Xanthophyll-epoxyd **5,** 5
Kessyl alcohol 5, 44; **12,** 11, 12; **19,** 52
Kessyl glycol 19, 52
1- und **6-Kestose 15,** 12, 15, 16; **19,** 297, 298, 305, 310, 312
—, aus Saccharose **15,** 15
Keten, und Aminozucker **20,** 204
—, (Dien-Synthese) **10,** 3
—, IR spectra **5,** 368
—, **dimethyl-** and **diphenyl-,** addition to 2-methylthiazoline **7,** 222
Ketha gum (immunol.) **18,** 510, 511, 520, 521, 522, 525, 527, 528
Ketipinsäure-dicyanid, *p*-methoxydiphenyl- 2, 34
Keto-acids (Keto-carbonsäuren),→ ascorbic acid **2,** 149
—, biochem. Hydrierung **3,** 39
—, biol. Abbau **4,** 264, 290
Ketocarbon-nitrogen bond, distance **8,**337
Ketone (Cétones), biochem. Hydrierung **3,** 35, 39, 45, 48
—, IR spectra **5,** 365, 367
—, macrocycliques (odeur) **6,** 97, 101, 107
—, **α-bromo-,** stereochemistry and IR bands **13,** 56
—, **méthyl-hexa-** et **-octadécyl-** (lipides bactériens) **10,** 176
—, **méthyl-*n*-nonyl-** (de désoxycorinine) **10,** 181, 198
—, **méthyl-*n*-octyl-** (d'acide tuberculostéarique) **10,** 180, 181
—, **méthyl-pentadécyl-** (de corynine) **10,** 198
Keton „250" aus Vitamin D **17,** 102
Ketonization of enols (deuterium) **19,** 210
Ketoplenoids 19, 78
Ketosebildung, Essigsäurebakterien **4,** 199
Ketupa flavipes, Federporphyrine, Spektrum **18,** 207
Keyakinin, Keyakinol 17, 18
Khapli wheat, tricin **17,** 54
Khaya grandifolia, K. senegalensis (polysaccharide, immunol.) **18,** 510, 514, 520, 521, 522, 525, 526, 528
Khellakton aus *Ammi visnaga* **11,** 126
Khellin 11, 125, 126, 133, 134, 146
—, aus *Ammi visnaga* **11,** 146
—, pharmakol. Wirkung **11,** 126, 154, 157
—, Synthese **11,** 141, 142, 143, 144, 145, 146
—, aus Visnagin **11,** 135, 146
—, **dihydro- 11,** 145, 150
—, —, Spektrum **11,** 138
Khellinin, Khellinol 11, 126, 136
Khellinon 11, 133, 134, 144, 145
—, Synthese **11,** 143
—, **dihydro- 11,** 144, 145
Khellol 11, 137, 146
—, Pharmakologie **11,** 156
—, Synthese **11,** 146
—, **glucosid 11,** 125, 126, 137
—, —, Pharmakologie **11,** 155, 156
Khevisin 11, 150
Kid fat, digestibility **6,** 16
Kiebitz (Eischalen), Ooporphyrin **18,** 210
Kiefern-hölzer, Flavanoide **11,** 151; **14,** 190
Kieselguhr, activated (amino acids) **11,** 264
Kilimandscharogenin A, B 13, 202; **14,** 112, 122
Kilimandscharotoxin 14, 112, 122
Killifish, carotenoids **5,** 32, 33
Kinderlähmungs-Virus 4, 90, 177
Kinetin and leaf-disc expansion **18,** 404
Kinin, interaction with gibberellin **18,** 410, 412, 415
Kirondrin 17, 174
Kitol 9, 43, 70, 73
Klebsiella pneumoniae B (polysaccharides, immunol.) **18,** 512, 519, 520
Kleiner, réaction de 6, 322
Klippschliefer, hydracéum **6,** 142
Klyne-Regel (Drehwerte) **14,** 76, 78
Knaulgras, lösliche Kohlenhydrate **15,** 2

Knockdown (insecticides) **10**, 447, 449, 451, 456, 462, 463
Knorpel, Bindung von Kationen **20**, 233
—, Chondroitinsulfat **20**, 232
Kofler's Chinon 20, 82, 100, 109
Kohlenhydrate, s. auch, see also, voir aussi, Carbohydrates
Kohlenhydrate, Bindung an Lignin **20**, 66
—, und Fettsäure-Abbau, Koppelung **4**, 291
—, H-Filme **4**, 376
—, lösliche, und Gründlandwirtschaft **15**, 23
—, —, (Heu) **15**, 22
—, —, Isolierung (Gräser) **15**, 3
—, —, in *Lolium multiflorum, L. perenne* **15**, 17, 19
—, —, in der Vegetationsperiode **15**, 17
—, niedermolekulare, in Gräsern **15**, 12
—, Reserven, in Gräsern und Getreide **15**, 20, 21
—, Stoffwechsel, Gräser, Getreide **15**, 1; **19**, 291
Kohlenhydrat-Protein-Komplex (Weizen) **19**, 302
Kohlensäure-benzylester, chlor- 13, 455
Kohlensäure-deriv., anhydride (Peptid-Synthese) **13**, 510
Kohlweißling, Pterine **4**, 67, 76
—, Ubichinon **20**, 81
Kojisäure 6, 171
Kokkelskörner, Picrotoxin **17**, 155, 156
Kokusagine 13, 324
Kokusaginine 13, 324, 327, 329, 330, 331
Kokusagininic acid 13, 319, 324
Kolbe anodic synthesis (hexahydrohumulene) **19**, 9
Kolibri, Federfarbe **18**, 178
Kollagen, s., see, voir, Collagen
Kollodium-Zelle 1, 286
Kolophonium-Maleinsäureanhydrid → Kunstharze **10**, 67
Kolostrum, aminozucker-haltige Nucleotide **20**, 220
Kombo, fatty acids **6**, 3
Komplementbindung 4, 139
Kondurangin 17, 135, 174
—, Zuckerkomponente **17**, 137
—, **descinnamyl- 17**, 136, 137
Kondurangobiose 17, 135, 137
Konfiguration, s., see, voir, Configuration
Konformation s. Conformation
Kongoöl, Acetylenfettsäuren **14**, 42
Konjunktivitis, Virus **4**, 90
Konstellation, gestreckte und gekrümmte (Dien-Synthese) **10**, 15, 16
—, quasi-cyclische **10**, 16, 70
Konstitution und Geruch **8**, 190, 192
Koppelung, energetische **4**, 287
Kopro, s. auch, see also, voir aussi, Copro
Koproporphyrin, in Eulen- und Trappen-Kot **18**, 214
—, in Vogelfedern **18**, 203, 207, 214
Koproporphyrin-I. aus Hühnerembryo **18**, 213
Koproporphyrin-III 18, 209, 212
—, **ester 18**, 208, 209
—, **tetramethylester** aus Federn **18**, 208
Koprostan, **3α,5-dioxy- 7**, 126
—, **3β,5-dioxy- 7**, 124, 125
—, **3-keto-4β,5-oxido- 7**, 125
—, **5-oxy**, Partialsynthese **7**, 125
—, **3α-** und **3β-oxy-4β,5-oxido- 7**, 125
Koprostan-Reihe, Digitoxigenin **13**, 155
Koprostan-27-säure 12, 152
Kork, Cerin, Friedelin **7**, 74
Korksäure (En-Synthese) **10**, 44
—, **γ-äthyl- 4**, 220
—, **halbamid 14**, 51
Körnerfresser (Federn), rote Lipochrome **18**, 191
Kossoglycol 12, 11
Kostanecki synthesis (flavones) **17**, 34
Köster-Logemann ketone 10, 355, 356
Kostir, réaction de 6, 326
Krait snakes, venom **12**, 410
Kranich, Federpigmente **18**, 216
—, (Federn, Eischalen), Porphyrin **18**, 210
Krapp-Wurzel, Alizarin **6**, 177
Kräuterbücher, Bitterstoffe **17**, 125, 127
Krebs, s. auch, see also, voir aussi, Cancer
Krebs, Virus, Ätiologie **4**, 100
Krebs cycle 4, 267; **17**, 382
Krebs-Panzer, Chitin **2**, 213
o-**Kresol**, *α-L*-**arabinosid, triacetyl- 1**, 19
—, *β-D*-**fructosid, tetraacetyl- 1**, 20
—, *β-D*-**galactosid, tetraacetyl- 1**, 20
—, *α-D*-**glucosid, tetraacetyl- 1**, 19
—, *β-D*-**xylosid 1**, 19
p-**Kresol**, from lignin **5**, 204, 211
Kresse, Xanthophyll-epoxyd **5**, 16
Kreuzblütler, herzaktive Glycoside **14**, 94
Kreuzotter, venom **12**, 410, 412

Kreuzschnabel, Federfarbe und Rhodoxanthin-Futter **18**, 192
Krill, carotenoids **5**, 34
Kritesin **19**, 299
Krokodil-galle, Koprostan-27-säure **12**, 152
Krötengift, s., see, voir, Toad venom
Kryoskopie und Ebullioskopie **1**, 259
Krypto ... s. auch, see also, voir aussi, Crypto ...
Kryptopyrrol **1**, 167, 179; **3**, 89
—, **oxy-** **3**, 96
Kryptopyrrol-methen, bromiertes **1**, 179
Kryptostenol und **-acetat** **7**, 13
Kryptosterin (Kryptosterol) **1**, 94; **7**, 13; **12**, 49, 50
—, **dihydro-** **7**, 13; **12**, 50
Kryptosterin-Gruppe **7**, 13
Kuckuck (Federn, Eischalen), Porphyrin **18**, 210
Kudzu vine, gibberellic acid **18**, 393
Kuhmilch, Bitterstoffe **17**, 128
—, Flavin, gebundenes **2**, 65
Kuhn-Roth oxidation method **12**, 243
Kuhreiher, Federpigmente **18**, 216
Kupfergehalt in Turacin **18**, 211
Kupferzahl (Cellulose) **1**, 257
Kurchi, therapeutic use **10**, 391
Kurchi alkaloids **20**, 300
Kusum fat, fatty acids, glycerides **1**, 32
Kwangosid **13**, 206; **14**, 116, 120
Kynurenic acid **4**, 207; **17**, 257
—, growth promoting effect **17**, 259
—, aus Tryptophan **4**, 197
Kynurenine **5**, 310, 316; **13**, 304; **17**, 257, 258
—, auxin activity **17**, 258, 259
—, **hydroxy-** **13**, 304; **17**, 257; **19**, 283

L.

Labiaten, Bitterstoffe **17**, 165
Labrus begryla, protein **5**, 285
Laburnine **12**, 204, 206, 224
Laburnum anagyroides, Violaxanthin **5**, 5, *L. laburnum*, laburnine **12**, 204
Lacarnol **1**, 137
Laccainsäure **6**, 200
Laccase **19**, 322; **20**, 50, 64
Laccol, fluorescence **6**, 335, 336
—, **diacétyl-**, et **diméthyl-**, fluorescence **6**, 335, 336
Lac-dye. Laccainsäure **6**, 200
Lacebugs and nicotine **10**, 429
Lachesis spp., venom, proteolytic enzymes **12**, 417
L. muta, venom **12**, 412, 413
—, —, coagulation value **12**, 429
—, —, lecithinase value **12**, 421
—, —, oxidizing enzymes **12**, 429
—, —, tyrosine and tryptophan **12**, 428
Lachmöwe (Kot), Protoporphyrin **18**, 214
Lachnophyllol **14**, 33, 52
Lachnophyllum gossypinum, Lachnophyllumester **14**, 12, 14
Lachnophyllumester **14**, 2, 11, 12
—, in *Erigeron* spp. **14**, 12, 13
—, —, Verhältnis zu Matricariaester **14**, 13
2-*trans*-Lachnophyllumester, Synthese **14**, 15
***trans*-Lachnophyllumsäure** **14**, 32
Lactal **2**, 201
Lactam ⇆ Lactim **1**, 326
Lactam-cyclisierung, *o*-Aminophenoxyessigsäure **13**, 462
β-Lactam-dihydrothiazine system (cephalosporin C) **20**, 30
Lactaminsäure **20**, 204
3′- und **6′-Lactaminyl-lactose** aus Frauenmilch **20**, 224
3′-Lactaminyl-lactose-6′-sulfat aus Rattenmilch **20**, 224
x- und **y-Lactaminyl-lacto-N-tetraose** und **-neotetraose** aus Frauenmilch **20**, 224
Lactam-Schutzgruppen (Acyl-Blockierung) **13**, 462
Lactarazulene and precursors **5**, 43, 44, 63, 64; **12**, 10, 11
Lactarius deliciosus, lactaroviolin **5**, 44; **12**, 11
Lactaroviolin and precursors **5**, 43; **12**, 10, 11; **19**, 52
Lactase, location on columns **8**, 349
Lactic acid, s. auch, see also, voir aussi, Milchsäure
***L*-Lactic acid**, from valinomycin **16**, 132
***DL*-Lactique (acide), 3,5-diiodo-4-(3′,5′-diiodo-4′-hydroxy)-phénoxy-phényl-** **12**, 382
—, **3,5-diiodo-4-hydroxyphenyl-** **7**, 186
Lactic acid bacteria, growth requirement **9**, 424
Lactic aldehyde, α-(3,5-dimethoxy-4-hydroxyphenyl)- **5**, 219

Lacticodéhydrogénase **18,** 101, 102
Lactim ⇄ Lactam **1,** 326
Lactobacillique (acide) (lipides bactériens) **10,** 184, 185, 186, 237, 246
Lactobacillus acidophilus, acides gras libres **10,** 245, 246
—, growth factors **9,** 424, 426, 427
—, lipoids and phosphatides **3,** 191, 193; **10,** 173, 245, 246
—, polysaccharide du phosphatide **10,** 173
—, response to deoxyribosides, to reducing agents, and to vitamin B_{12} **9,** 428, 429, 430
L. arabinosus, and *p*-aminobenzoic acid **11,** 382
—, folic acid-like substance **11,** 385
—, growth factors **6,** 37, 38; **9,** 409, 424
—, lipides **10,** 185, 245, 246
L. bifidus, growth factors **9,** 427; **20,** 221
—, response to deoxyribosides, to reducing agents, and to vitamin B_{12} **9,** 429
—, utilization of deoxyribonucleic acid **9,** 410
L. bulgaricus, growth factors (orotic acid requirement) **9,** 409, 412, 417
L. casei, et antagonistes de la biotine **9,** 98, 99, 100
—, growth factors **6,** 36, 37; **9,** 407, 413, 414, 421, 431; **11,** 372
—, incorporation of adenine **9,** 395
—, lipides **10,** 186, 246
—, (nucleoside metabolism) **9,** 371, 374, 380, 395
—, and pteroic acid **11,** 373
—, and pteroylglutamic acid **11,** 379
L. casei factor (liver) **11,** 372
L. delbrückii, growth factors **9,** 424, 427, 430, 433
—, (nucleoside metabolism) **9,** 371, 373, 374, 387
—, response to deoxyribosides, to reducing agents, and to vitamin B_{12} **9,** 429
L. gayonii, and nucleotides **9,** 410, 411, 433
L. helveticus, growth factors **9,** 411, 425, 426, 427, 430, 433
—, (nucleoside metabolism) **9,** 371, 372, 373, 374, 380, 387, 389
—, response to deoxyribosides, to reducing agents, and to vitamin B_{12} **9,** 428
L. lactis, growth factors **9,** 407, 417, 420, 424, 430
—, vitamin B_{12} requirement **9,** 427
L. leichmannii, growth factors **9,** 419, 420, 424, 427, 432
—, and pteroylglutamic acid **9,** 432
—, response to deoxyribosides, to reducing agents, and to vitamin B_{12} **9,** 428
—, ribosidase **9,** 374
L. pentosus, and adenosine **9,** 369
—, growth factor **9,** 412
L. plantarum, and labeled C **4,** 312
Lactobionsäure-nitril, octaacetyl- **2,** 199
Lactochrom **2,** 61
Lacto-N-difucohexaose I und II aus Frauenmilch **20,** 221, 222
Lactoflavin **1,** 121; **2,** 61, 65, 66, 70, 72, 81, 94, 97
—, antagonistes de **9,** 94
—, Darstellung und Verbreitung **2,** 62, 63
—, Fluorescenz **2,** 62
—, in Gras **2,** 64
—, (lipides bactériens) **10,** 244
—, in Nahrungs- und Genußmitteln **2,** 63
—, Spektrum **4,** 74
—, **2′,3′,4′,5′-diaceton-** **2,** 69
—, **2-methyl-** **2,** 69
—, **2′,3′,4′,5′-tetraacetyl-** **2,** 69
—, **2′,3′,4′-triacetyl-** **1,** 122; **2,** 69, 70
—, **trityl-** und **trityl-triacetyl-** **1,** 122
Lactoflavin-5′-phosphorsäure **1,** 122; **2,** 91, 92
Lacto-N-fucopentaose I und **II** aus Frauenmilch **20,** 221, 222
β-Lactoglobulin, amino acid composition **11,** 250
—, diffusion rates **17,** 367
—, electrophoresis **7,** 289
—, α-helix **11,** 233
—, N-terminal residues **11,** 267, 270, 271; **12,** 317
—, sedimentation and mol. weight **18,** 461, 462, 484
Lactones, from Compositae **19,** 15
—, macrocycliques, odeur **6,** 107
—, Öffnung und Spektrum (Ellagsäure) **13,** 114
—, ten-membered ring **19,** 15
—, ten-membered, sesquiterpenic **19,** 24
—, **deoxy-**, conformational analysis **15,** 114

Lactoperoxidase, crystalline (from milk) **11**, 285
—, prosthetic group **11**, 308
Lactose, Struktur **2**, 204
—, **acetobrom- 2**, 161, 166, 201
—, **octaacetyl- 2**, 202
Lactosido-β-6-diaceton-galactose 2, 172
Lactosido-β-6-galactose 2, 173
6-β-Lactosido-β-*D*-glucose 2, 166
—, **hendecaacetat 2**, 167
Lacto-N-tetraose und -neotetraose aus Frauenmilch **20**, 221, 223
Lactuca spp., *L. scariola*, and gibberellin **18**, 395, 396, 406, *L. virosa*, Lactucin, Lactucopikrin **17**, 140; **19**, 65
Lactucarium germanicum, Germanicol **7**, 19
α-Lactucerol 7, 61
Lactucin 17, 138, 140, 141, 142, 143, 174; **19**, 65, 66
—, Biogenese **17**, 143
—, Dehydrierung **17**, 141
—, katalyt. Hydrierung **17**, 141
—, Umwandlungen **17**, 142
—, **dihydro- 17**, 142
—, **hexahydro- 17**, 141, 142; **19**, 66
—, —, Raumformel **17**, 143
—, —, Reaktion mit Benzaldehyd **17**, 142, 143
Lactucinsäure, hexahydro- 17, 144
Lactucopikrin 17, 138, 140, 143, 144, 174
Lactulose, Darstellung **2**, 204
N-Lactyl-thyroxine 2, 118
***L*-Lactyl-*L*-valine** from valinomycin **16**, 132
Lamellidens marginalis, thiaminases **8**, 358
Laminaria spp., *L*-3,5-diiodotyrosine **12**, 354
Laminarin 11, 15
Laminarinase = Z-**enzyme 11**, 15
Lamination (microfibrils) **8**, 7, 19
Lamm equation (ultracentrifuge) **18**, 444, 450, 451, 483
Lamprocolius, Federfarbe **18**, 178
Lampyrine, fluorescence **6**, 343
Lanafolein 14, 112, 123
Lanata-glycoside A—C 4, 10
Lanatoside, Acetylgruppe **14**, 89
—, Xanthydrol-Farbreagens **13**, 145
Lanatoside A—C 13, 140, 204, 206, 208; **14**, 89, 123, 124
Lanatosid C, im Stoffwechsel **14**, 91
Lanceol 12, 5
—, abs. configuration **12**, 6
Lanceolatin B 17, 21, 22
Land plants, isotopic composition of carbon **14**, 330
Langmuir-Waage 4, 355
Langusten-Sehnen, Faserstruktur **2**, 217
Laniarius spp. (Federn), Astaxanthin **18**, 182, 191, *L. atrococcineus*, *L. barbarus*, *L. erythrogaster* (Federn), Astaxanthin **18**, 182, 183, 186, *L. atrococcineus*, Mutante, *L. preussi* (Federn), Kanarien-xanthophyll **18**, 180, 192
Lanigerin, aus Blutlaus **6**, 201
—, fluorescence **6**, 341, 342
Lanosta-8,24-diene, 3-oxo-21-hydroxy- 12, 94
—, —, **dehydro- 12**, 94
Lanosta-8,24-dien-21-oic acid, 3β-hydroxy- 12, 95, 96
—, **3-oxo 12**, 92
Lanostadienol 12, 24
—, IR spectrum **13**, 48
Lanosta-7,9-dien-, -7,25-dien-, and **-8,24-dien-3β-ol 12**, 49, 66
Lanosta-7,9-dienyl acetate 12, 66
Lanosta-8,24-dienyl acetate, IR spectrum **13**, 35
Lanosta-5,8-dien-3β-yl acetate, 7,11,12-triketo-, spectrum **12**, 76
Lanostane 12, 48, 51
—, nomenclature **12**, 50
—, stereochemistry **12**, 51, 64, 73
—, **deriv.**, *trans-anti-trans* arrangement **12**, 51, 65
—, **2β,3β-epoxide**, ring opening **19**, 214
Lanostane series, spectrum **12**, 53
Lanostane type group (tetracyclic triterpenes) **12**, 48
Lanostanedione, acetoxy-, IR spectrum **12**, 55
—, **21-hydroxy- 12**, 46
Lanosta-7,8,24-trien-3β-ol 12, 49
Lanostene, deuterated, IR spectrum **12**, 99
—, location of angular methyls **12**, 59
Lanost-8-ene 12, 72
—, **3β-acetoxy- 12**, 53
—, **2β,3β-epoxides**, ring opening **19**, 214
Lanost-8-en-21-oate, methyl 12, 72
Lanostenol, from cholesterol **12**, 67, 68
—, synthesis **12**, 67

Lanostenol, iodoacetate, X-ray analysis **12,** 12
Lanost-7-enol **12,** 66, 68
Lanost-8-en-3β-ol **12,** 49, 52; **19,** 212
—, → lanost-7-enol **12,** 110
—, iodoacetate, conformation **19,** 177, 178
Lanostenol series, reactivity of carbonyls **12,** 58
Lanost-8-en-3-one, bromination **19,** 212
—, condensation rate **19,** 218, 219
Lanostenyl acetate, double bond migration **12,** 66
—, oxidation **12,** 53, 55, 56
Lanost-7- and -8-enyl acetate **12,** 66, 96, 97
Lanost-9(11)-enyl acetate **12,** 96, 97
—, deuterated **12,** 98
Lanostenyl deriv., ene-dione, dehydrogenation **12,** 55
Lanosterol **1,** 94; **7,** 13; **12,** 45, 46, 49, 50, 62, 69, 101, 108, 151, 152
—, = cryptosterol **12,** 50
—, inert double bond **12,** 52, 56
—, IR spectrum **13,** 48, 49
—, iso-propylidene group **12,** 59
—, relationship to euphol, eburicoic acid, and polyporenic acid A **12,** 70, 79, 80, 104
—, rings A—D **12,** 52, 62, 63
—, Se dehydrogenation **12,** 58
—, side-chain, degradation **12,** 59, 61
—, stereochemistry **12,** 62, 64
—, structure **12,** 51
—, dehydro-, spectrum **12,** 82
—, dihydro- **6,** 123; **12,** 46, 49, 50, 52
—, —, relationship to dihydro-agnosterol **12,** 51
Lanosterol deriv., dehydrogenation **12,** 104
—, IR spectrum **12,** 60
—, dihydro-, oxidation **12,** 54, 59, 101
γ-Lanosterol **12,** 49, 53
—, heteroannular diene system **12,** 53
Lanosterol type, tetracyclic triterpenes **12,** 45, 48
Lanosteryl acetate **12,** 79
—, → iso-lanosterol **12,** 66
—, dihydro- **12,** 53, 104, 105
—, epoxyde **12,** 104
—, —, dihydro- **12,** 104
Lanthionine **12,** 285; **13,** 490
—, from cystine **12,** 293
Lapacho-Holz, Chinone **6,** 183
Lapachol **6,** 176, 183
—, hydro- **6,** 204
Lapsana spp. and gibberellin **18,** 396
Larch arabogalactan (immunol.) **18,** 521
Lard, digestibility **6,** 16, 20, 24
—, rancid, absorption **6,** 24
—, vitamin E **6,** 55
Lariciresinol **5,** 215, 216
—, dimethyl ether **15,** 117
Larkspur, insecticide **10,** 464
Laro-Limicolae (Federn, Eischalen), Porphyrin **18,** 205, 210
Larus, Federpigmente **18,** 216
Laserane **19,** 2
Laserpitium latifolium, coumarin **9,** 242
Lasiocarpic acid **12,** 206, 226, 243, 244, 247, 248
Lasiocarpine **12,** 204, 206, 243, 247, 248, 257
—, N-oxide **12,** 206, 248, 257
Lasiocarpinic acid **12,** 243
Lathraein **2,** 276
Lathyrismus **6,** 179
Lathyrus spp., anthocyanins **20,** 187, *L. macrorrhizus*, orobol **17,** 56, *L. odoratus*, anthocyanins **20,** 180, 188, and gibberellins **18,** 395
Laubholz-lignin **11,** 44
—, → Vanillin, Syringaaldehyd **20,** 68
Laudane = eburicane **12,** 101
Laudanosine **6,** 271
—, biosynthesis **19,** 257, 258
Laudanosoline, N-methyl- **19,** 257, 259
Laudenyl acetate, oxidation **12,** 99
Laurel, kernel oil, fatty acids **1,** 32; **5,** 86; **6,** 3
Lauric acid (Laurinsäure, Acide laurique) **1,** 24
—, (lipides bactériens) **10,** 251
—, occurrence and deposition **5,** 82; **6,** 3, 13
—, β-carboxy-, → β-Carboxy-γ-oxyadipinsäure **4,** 219, 262
γ-Laurinoyl-propionsäure, α-methyl- **2,** 30
Lauro-dimyristin **1,** 24
Laurus nobilis, fat **1,** 24, 32
Lavandula delphinensis, coumarin **9,** 242, *L. pedunculata*, petunidin xyloside **20,** 179, *L. spica*, coumarin **9,** 242
Lavender oil, herniarin **9,** 243
Lavendulol **5,** 64; **12,** 2
Lävo..., s., see, voir, Levo...

Lawson (Chinon) **6,** 181, 214
Lawsonia alba, Chinone **6,** 181
Leaf, s. auch, see also, voir aussi, Blatt
Leaf, amino acid activating enzymes **16,** 154
—, diseases **17,** 300
—, growth (gibberellin, auxin) **17,** 303; **18,** 404
—, incorporation of labeled NH_3 **16,** 163
—, primordia **18,** 39
—, proteins **6,** 295, 296; **16,** 162; **18,** 404
—, xanthophylls **18,** 231
Leaf alcohol 19, 142
Leaf-hopper and nicotine **10,** 429
Leandrigenin 4, 5
Le^a - und **Le**^{b} **-Substanz** aus Frauenmilch **20,** 221
Leber, s. auch, see also, voir aussi, Liver
Leber, Abbau der Brenztraubensäure **4,** 270
—, Cholesterol-Biosynthese **12,** 133
—, Flavine **2,** 64, 65
—, O-Verbrauch **4,** 247
—, Ubichinon und Vitamin A-Gehalt **20,** 75, 76
Lecanium ilicis, Farbstoff **6,** 200
Lecanora epanora, L. gangaleoides. L. parella, L. sordida, Flechtenstoffe, Mannit **8,** 212, 229, 233
Lecanorolsäure 2, 47
Lecanorsäure (Depside) **2,** 32, 40
—, **chlorid, trimethyläther 8,** 220
—, **dicarbomethoxy- 2,** 39
—, **erythritester 8,** 220
—, **oxy- 2,** 41
Lecanorsäure-Typus 8, 220
α- und **β-Lecithin 3,** 190, 196, 197; **6,** 10
—, attack of phospholipases **12,** 420
—, Dehydrierung im Tier **4,** 233
—, in erythrocytes **12,** 420, 421
—, → lysocithin **12,** 420
Lecithin-Filme und Schlangengift **4,** 387
Lecithinase in snake venom **12,** 420
Ledene 19, 56
Ledglycol 19, 56, 57
Ledienosid 13, 204; **14,** 118
Ledol 5, 44; **12,** 5, 6, 12, 28; **19,** 52, 54, 55, 56
—, correlation with globulol and viridiflorol **19,** 56
Legal-Reaktion 7, 89, 130, 134, 139, 141, 142, 143, 145, 146; **13,** 144, 158
Leguminosen, Mosaikkrankheit **4,** 90
—, rotenoids **17,** 23
Lei kung teng, insecticides **10,** 460
Leinöl → Leinölstandöl **3,** 25
Leistes militaris, Feder-Carotinoide **18,** 187
Lemon peel, gossypetin **17,** 19
Lens esculenta, phosphatases **19,** 324
Lentinus dactyloides, eburicoic acid (Eburiconsäure) **12,** 68, 69, 151, *L. lepideus,* wood destroying **5,** 180
Lepas fascicularis, carotenoids **5,** 30
Lepidium campestre, L. densiflorum, L. draba, L. graminifolium, L. latifolium, L. Menziesii, L. ruderale, L. sativum, L. virginicum, iso-thiocyanates **18,** 133, 141, 145, 148, 149, 165, 166, *L. sativum* und Chinone **6,** 213, Xanthophyll-epoxyde **5,** 16, *L. virginicum,* indole precursor **17,** 252
Lepidoporphyrin 11, 367
Lépidoptères, corps odorants **6,** 88
—, Pterine **4,** 77, 80
Lepra, and azulenes **5,** 66
—, and Biscoclaurin-Basen **9,** 213
Lepraria, Flechtenstoff **2,** 33
Leprosin 3, 172, 175; **10,** 236
Leprosinic acid 3, 172
α- and **β-Leprosol 3,** 157, 176; **10,** 176, 228
Leprosy bacillus, lipoids **3,** 153, 158, 163, 181, 185
Leprotin 3, 181; **5,** 21; **10,** 218, 221
Leptocladine 6, 252
Leptogenin 13, 179, 180, 181, 198, 212
Leptogorgia chevallieri, gorgonine **12,** 394
—, taux d'halogènes **12,** 391
L. petechizans, gorgonine **12,** 394
Leptolophus (Federn), Fluoreszenz **18,** 199
L. novaehollandiae (Federn), Fluoreszenz **18,** 201
Leptosid 13, 180, 212; **14,** 116, 118, 119, 120
Leptospermone 14, 200
Lettuce seed, and coumarin **18,** 410
—, light requirement and gibberellin **18,** 410
Leu (abbreviation for leucine) **17,** 331, 395
L-**Leucine,** dans antipathines **12,** 393
—, in bacitracin A **11,** 253
—, as C- and N-terminal amino acid **11,** 266, 267, 268, 273, 276
—, and carotene biosynthesis **12,** 188

L-**Leucine,** in crotoxin **12,** 447
—, from ergot alkaloids **9,** 134
—, in fish proteins **5,** 272, 288
—, in fossil shells **17,** 394
—, dans gorgonines, spongines **12,** 392, 395
—, in hemoglobin, number of residues **17,** 350
—, labeled **9,** 293, 301, 304, 305, 311, 317, 318, 351; **17,** 364
—, —, incorporation **9,** 307; **16,** 151
—, —, in peptide biosynthesis **9,** 298, 304, 305, 311, 317, 318, 351
—, —, transfer to RNAase-sensitive acceptor **16,** 156
—, in microsomal protein **16,** 150
—, 450 million years old **17,** 389
—, in oxytocic hormone hydrolyzates **11,** 251
—, Polymere **13,** 517
—, in polypeptin **11,** 252
—, in proteins, collagens, gelatins **17,** 383, 385
—, in sediments **17,** 392
—, in seed proteins **6,** 292, 293
—, separation **11,** 242, 245
—, thermostability **17,** 390
—, dans thyroglobuline **12,** 386
—, in transfer reactions **9,** 331
—, in wool **11,** 254
—, **acylated,** inhibitory activity **9,** 450
—, **anilide 9,** 325, 328
—, —, **benzoyl- 9,** 328
—, **benzoyl- 9,** 325, 328
—, —, thiohydantoin synthesis **7,** 228
—, ***erythro*-γ,δ-dihydroxy- 20,** 13
—, **β-N-dimethyl-,** from etamycin **16,** 109
—, **DNP deriv. 12,** 305
—, **β-hydroxy-,** biosynthesis **19,** 279
—, **lactone, γ,δ-dihydroxy- 20,** 13
—, **β-methyl-γ,δ-dihydroxy- 20,** 14
—, **methylester,** in Epanorin **8,** 233
D-**Leucine** from etamycin **16,** 109
DL-**Leucine,** free energy of formation **9,** 320, 321
—, **mercapto- 7,** 238
D- and *DL*-**Leucine,** X-ray diffraction **8,** 318
Leuco-adrenochrome, → 5,6-dihydroxy-1-methyl-indole **14,** 233
—, fluorescence **6,** 333
Leuco-anthocyanidins 16, 17; **17,** 4, 5, 6
—, from flavonols or dihydroflavonols **17,** 6
—, aus Gerbstoffen und Phlobaphenen **16,** 9
—, Hydrate **16,** 12, 13, 17
—, Hydrierung **16,** 5
—, Kondensation **16,** 5, 6
—, Papierchromatographie **16,** 5
—, Synthese **16,** 13
—, **acetat 16,** 14
Leuco-anthocyanins 14, 209; **17,** 6; **20,** 186
—, biogenetic relation to lignin **17,** 45
Leuco-epinochrome 14, 231
Leuco-flavin 2, 73, 90; **16,** 10
—, **deutero- 2,** 72
Leuco-flavin-enzym 1, 100
Leuco-flavylium-Verbindungen, Hydrate **16,** 4
Leuco-muscarufin 3, 22
Leuconostoc, biotin requirement **8,** 30
—, dextrans **8,** 28, 30, 34
—, growth factors **8,** 29
—, polysaccharides **5,** 101, 110, 123; **9,** 448
—, serology **8,** 31
L. arabinosus, Zellwand-polysaccharide **20,** 229
L. citrovorum, antagoniste d'aminoptérine **9,** 101
—, growth factors **9,** 408, 413, 420, 426, 431, 432, 433
—, (nucleoside metabolism) **9,** 373, 389
—, and pteridines **11,** 373, 382, 383
—, and pteroylglutamic acid **9,** 432
—, response to deoxyribosides, to reducing agents, and to vitamin B_{12} **9,** 429
—, thymidine requirement **9,** 424
L. dextranicum, fermentation products **8,** 29
L. mesenteroides, dextrans **5,** 110; **8,** 29, 30, 35
—, growth factors **9,** 420, 421, 431, 433
—, serology **8,** 31
Leuco-pelargonidin, aus Tetramethyl-pelargonidin **16,** 11, 15
Leuco-phylloerythrin 11, 329
Leuco-pterin 4, 64, 67, 69; **11,** 354, 357, 367, 370, 371
—, fluorescence **6,** 328, 329
—, reduction **11,** 367
—, Spektrum **4,** 74; **11,** 362

Leuco-pterin, stability **11,** 356
—, Synthese **4,** 67
—, toxicity **11,** 389
—, **anhydro- 11,** 367
—, **6-** and **8-deoxy- 4,** 70; **11,** 367
—, —, fluorescence **6,** 328
—, **desimino- 4,** 70, 71, 76; **11,** 367
—, **-glykol 4,** 71
—, **trimethyl- 4,** 70
Leuco-robinetinidin-hydrat 16, 4, 17
Leucosin in grains **6,** 291
Leucotylin 2, 32; **7,** 3; **8,** 211
Leucovorin 11, 373, 382, 383, 384, 388
—, hydrogenation **11,** 384
—, nitrosation **11,** 384
Leucovorin-A and **-B, anhydro- 11,** 383, 384
DL-**Leucyl-glycine,** free energy of formation **9,** 320, 321
L-**Leucyl-glycine** and **dihydrate,** unit-cell dimensions and space groups **11,** 188
D-**Leucyl-glycyl-glycin** → Cyclopeptid **13,** 512
DL-**Leucyl-glycyl-glycine,** unit-cell dimensions and space groups **11,** 188
—, **methylester** (Polykondensation) **13,** 495
L-**Leucyl-leucine anilide, benzoyl- 9,** 325, 328
DL-**Leucyl-peptide,** Synthese **13,** 501
L-**Leucyl-***L*-**proline lactam,** reduction **9,** 144
L-**Leucyl-***D*-**proline lactam,** thermal cleavage **9,** 144
L-**Leucyl-***L*-**tyrosine** et iode **12,** 382
Leukemia, and antifolic substances **10,** 392
Leukose (Huhn), Virus **4,** 90
Levan, bakterielles **5,** 109, 110; **19,** 299
—, from sucrose **8,** 30
Lävan-polyase 19, 311
Levan-sucrase 8, 30
Levodeguelin 10, 437
Levoglucosan 2, 174
—, **2,4-dibenzyl- 13,** 87
—, **triacetyl- 2,** 190
—, **3-tribenzylgalloyl-2,4-dibenzyl- 13,** 87
Levopimaric acid 12, 21, 22, 24, 26
—, Dien-Synthese **10,** 9, 67, 68, 94
—, und α-Naphthochinon **10,** 68
—, Ozonisation **10,** 68
Levosin 19, 292, 293, 301
—, Bildung im Weizen **19,** 301
Levo-α-toxicarol 10, 437
Levulan in humus **17,** 398
β-**Levulin 19,** 292
Levulinic acid 6, 120
—, from germacrone **19,** 13
—, **δ-amino-** → porphobilinogen → uroporphyrin-III **11,** 331; **19,** 275
—, **β-isopropyl- 13,** 238, 271
—, —, from hinokitiol **13,** 271
—, **phenyl- 7,** 205
Lévulose, fluorescence **6,** 313
Levure, s. auch, see also, voir aussi, Hefe, Yeast
Levures, action des quinones **9,** 107
—, phosphatases **19,** 323
Lézard, glandes odorantes **6,** 111
LH (Abkürzung für Luteinisierungshormon) **20,** 243
Libocedrus decurrens, terpenoid tropolones **13,** 237
L. formosana, nepetalactone **12,** 2
α- und β-**Licansäure** (Dien-Synthese) **10,** 10, 40, 43
Lice and nicotine **10,** 429
Lichens, s. auch, see also, voir aussi, Flechten
Lichen (biosynthesis of depsides) **14,** 191
—, pteridine deriv. **11,** 382
Lichenase 2, 226; **8,** 355
Lichesterinsäure 2, 29; **8,** 238; **17,** 174
Lichesterylsäure und **-lacton 2,** 28, 29
Lichexanthon 8, 219, 220
Lichtkrankheiten 14, 143
Lichtschädigungen, *Hypericum* spp. **14,** 144, 145
—, photodynamisch wirksame Pflanzenfarbstoffe **14,** 143
Lichtsensibilisierung 14, 142
—, fluoreszierender Hypericum-Farbstoff **14,** 144
—, Mikroorganismen **14,** 142
—, durch Porphyrin **14,** 142
—, durch Trypaflavin **14,** 142
Licmetis (Federn), Fluoreszenz **18,** 199
Liebermann'sche Reaktion 13, 145
Life, definition by replication and mutation **20,** 425, 426
—, origin **20,** 423, 440
Light and gibberellin effect **18,** 402, 410, 413

Light quanta and the Einstein-Bohr frequency relation **16**, 179
Lignans 2, 2; **5**, 213; **15**, 90; **20**, 4
—, biosynthesis **14**, 204; **15**, 92
—, *trans*-(2,3)-*cis*-(3,4)-configuration **15**, 92
—, in *Podophyllum* **15**, 91, 92, 145
Lignan glucosides, and deriv. **15**, 133, 152
—, structure **15**, 135
—, tumor-damaging effect **15**, 136
Lignified cell walls and chlorozinciodide **8**, 3
Lignin 2, 1; **5**, 175; **8**, 2; **11**, 43; **20**, 41
—, Abbau **2**, 11, 14, 16, 18; **11**, 49
—, Abbausäuren **20**, 45
—, and alcoholic alkali **5**, 206
—, alkali spruce- **5**, 185
—, Analyse **11**, 46; **20**, 44, 45
—, Bauplan **2**, 20
—, Bindung im Holz **2**, 3; **11**, 67; **20**, 66
—, biochem. decomposition **5**, 212
—, biogenetic relation to leuco-anthocyanins **17**, 45
—, biosynthesis **2**, 22; **5**, 218; **6**, 275; **11**, 55; **14**, 204; **17**, 45; **20**, 41, 55, 59, 61
—, der Buche **20**, 68
—, building stones **5**, 177
—, butano- **5**, 184, 187, 194
—, carbohydrate linkage **5**, 179
—, chinonmethid-artige Zwischenstufen **11**, 69
—, chlorination **5**, 194
—, colloidal properties **5**, 188
—, color reactions **5**, 181
—, der Coniferen **11**, 44
—, und Coniferylalkohol, Beziehung **5**, 190; **20**, 50
—, conversions **5**, 188
—, cuoxam- **5**, 190
—, → Cyclohexyl-propane **11**, 51
—, decomposition by sea water and ageing **5**, 212
—, Dehydrierungs-polymerisat (DHP) von Coniferylalkohol **11**, 59; **20**, 50
—, determination **5**, 182, 183
—, und Diazomethan **11**, 51, 58
—, und Diazonium-Verbindungen **11**, 51
—, dimere Bausteine A—D **11**, 64
—, Eigenschaften **2**, 5; **5**, 186
—, C_6C_3-Einheit **20**, 51, 61
—, ethanolysis **5**, 199
Lignin, extraction **5**, 182, 184, 185
—, as fertilizer **5**, 188
—, form of particles **5**, 186
—, → Formaldehyd **11**, 51
—, formation **5**, 176, 180, 217
—, and Grignard reagent **5**, 189
—, Hemicellulose, Verbindung mit **11**, 68
—, hydrogenation **5**, 200, 204, 207; **20**, 48
—, hydrol- **5**, 202
—, and hypobromite **5**, 191
—, IR-Spektrum **11**, 52, 53
—, → Isohemipinsäure **11**, 50
—, (Klason) **5**, 185
—, Kondensationsstufen **2**, 23; **5**, 186
—, künstliches (Laccase, Peroxydase, MnO_2) **5**, 176; **11**, 72; **20**, 50, 51, 52
—, —, → Huminkörper **20**, 69
—, —, IR-Spektrum **11**, 52
—, —, Vorstufen **11**, 60, 61, 64, 65; **20**, 55
—, der Laubbäume **20**, 68
—, location **5**, 181
—, lösliches **11**, 44, 48, 67
—, magnetische Kernresonanz **20**, 54, 67
—, → Metahemipinsäure **11**, 50
—, methoxyl content **5**, 182; **11**, 58; **20**, 44, 54
—, Methoxyl-, Methylendioxy-, Hydroxyl-Gruppen **2**, 6; **11**, 58
—, methylated **2**, 10; **5**, 180, 193; **11**, 67
—, C-Methylbestimmung **11**, 48
—, Milled-wood (MW) **20**, 42, 43
—, —, und DHP, Vergleich **20**, 53
—, Misch-DHP **20**, 53
—, Modellsubstanzen **5**, 198; **11**, 51, 52
—, mol. distillation **5**, 187
—, mol. weight **5**, 186
—, natürliches und künstliches, Vergleich **5**, 178; **11**, 44, 66, 77; **20**, 53, 54
—, nitration **5**, 195
—, occurrence **5**, 175
—, O-Funktionen **11**, 46, 47
—, opt. Inaktivität **11**, 52; **20**, 54
—, oxidation, ozonolysis **5**, **190**, 193
—, → *p*-Oxybenzaldehyd **11**, 49
—, Phenylcumaran-System **11**, 50, 64
—, Präparate, Herstellung **20**, 42, 43
—, radioaktives **11**, 73; **20**, 60, 62
—, Reaktionen **11**, 46, 48, 58
—, reduction **5**, 194, 200, 204, 207; **20**, 48
—, Säure- **2**, 4
—, separation from humic substances **5**, 184

Lignin, spectrum **5,** 179, 187
—, —, pH-Abhängigkeit **11,** 54
—, spruce bark **5,** 179
—, Strukturschema **20,** 67
—, and sulfides **5,** 191
—, und Sulfit **20,** 55
—, synthesis **5,** 208, 210
—, → Syringaaldehyd **11,** 49
—, thermal decomposition **5,** 211
—, Thermoplasticität **11,** 45
—, (Tornesch) **2,** 8
—, Tosylierung **11,** 48
—, → Vanillin **5,** 192; **11,** 49
—, in der Vegetationsperiode (Gräser) **15,** 17, 23
—, → Veratrumsäure **11,** 50
—, Wachstum, Zwischenstufen **20,** 63, 65
—, Wasserstoffbrücken **20,** 67, 68
—, and water gas **5,** 205
—, Zimtaldehyd-Gruppen **20,** 50
—, **deriv.,** soluble **5,** 183
—, **acetomercuric** **5,** 195
—, **acetyliert** **11,** 45
—, **azobenzolsulfonsäure** **2,** 5
—, **bromo-** **2,** 11; **5,** 195
—, **chloro-** **5,** 194
—, **iodo-** **5,** 195
—, **jod-methyl-** **2,** 1
—, **methyl-** **2,** 10; **11,** 46
—, —, Spektrum **11,** 59
Lignin-sulfonic acid **2,** 14; **5,** 183, 193, 196, 197, 198; **11,** 48
—, bromination **5,** 194
—, hydrogenation **5,** 205, 206
—, und Hypochlorit **11,** 49
—, ion exchanger **5,** 199
—, mol. weight **5,** 186
—, Phenolgruppen **11,** 49, 54
—, und Perjodsäure **11,** 49
Lignin-toluolsulfonsäure **2,** 10
Ligninogen **5,** 176, 177
Lignite, amino acids **17,** 392
—, fossil **17,** 398
Lignoceric acid **6,** 3; **20,** 4
—, (lipides bactériens) **10,** 244
—, in soils **17,** 396
Lignothioglycolic acid **5,** 191
Ligularia tussilaginea, senecioic acid **12,** 202
Ligusticum acutilobum, bergapten **9,** 263
Ligustrum sp., Syringin **11,** 63
Liliaceae, Bufadienolide **14,** 92, 94
Liligenin **4,** 16, 21
Lilium spp., pollen growth and gibberellin **18,** 408, herzaktive Glycoside und Aglykone **7,** 88; **14,** 91, 92, 121, *L. candidum, L. mantchuricum, L. Maxwill, L. regale, L. umbellatum, L. Willmottiae unicolor,* monocis-antheraxanthin **18,** 280, *L. candidum,* Xanthophyll-epoxyd **5,** 15, *L. rubrum,* Saponin **4,** 21, *L. tigrinum,* Antheraxanthin, Xanthophyll **5,** 5, 15
Lily (ovaries, pollen), tryptophan **17,** 256
Limacia cuspidata, L. obrenga, L. veltina, Alkaloide **9,** 178
Lime oil, deposits, coumarins **9,** 249
—, insecticide **10,** 457
—, isopimpinellin **9,** 266
Lime seed oil, fatty acids, glycerides **5,** 80, 82, 83, 84, 85, 87
Limestone, isotopic composition of C **14,** 330
Limettin **9,** 245; **17,** 174
Limnanthaceae, iso-thiocyanates and glucosides **18,** 136, 155, 168
Limnanthes douglasii, iso-thiocyanates **18,** 149, 168
Limnanthin **18,** 149
Limocitrin **17,** 55
Limonen **8,** 196; **19,** 266, 267
—, (Dien-Synthese) **10,** 54, 98
Limonin **17,** 174
—, in Orangensamen **17,** 128
Limulus polyphemus, hercynine and ergothioneine **20,** 5
Linaloeöl, Epoxyde **5,** 14, 15
Linalool **8,** 195; **12,** 3
—, (Dien-Synthese) **10,** 48, 49
—, **methyl-** **8,** 175, 185
Linamarin, Linamarase (genetics) **5,** 309
Linaria spp., pollen growth and gibberellin **18,** 408
L. vulgaris, acacetin, pectolinarigenin **17,** 51, 52
Linarin **17,** 16
—, synthesis **17,** 44
Lindane, insecticide **19,** 151
Lindelofamine **12,** 204, 207, 240, 246, 247
Lindelofia spp., *L. anchusoides,* pyrrolizidine alkaloids **12,** 200, 204
Lindelofine **12,** 204, 207, 240, 246, 247
Lindera strychnifolia, humulene **19,** 9

Linderazulene 12, 10, 11; **17,** 145; **19,** 65, 66, 103
—, from dihydro-isotenulin **19,** 70
Linderene 19, 52
Lindlar catalyst 18, 278
Linoleate in blood serum **6,** 31
Linoleic acid (Linolsäure) 5, 75, 76, 82, 87
—, biotin-like effect **6,** 38
—, (Dien-Synthese) **10,** 12, 45, 46
—, essential **6,** 27, 28, 35
—, in fats **1,** 34, 40, 41, 42, 44, 45, 49
—, in Isanoöl **14,** 43
—, Katalyse der Autoxydation durch Hämin **4,** 393
—, occurrence **6,** 4, 12
—, in tubercle bacillus **3,** 160
9,11-Linoleic acid (non-essential) **6,** 28
Linoleic glycerides 1, 36
Linolelaidic acid (non-essential) **6,** 28
Linolenic acid (Linolensäure) 5, 75, 76, 82, 87
—, biotin-like effect **6,** 38
—, (Dien-Synthese) **10,** 12, 45, 46
—, essential **6,** 27, 28
—, occurrence **6,** 4, 12
—, in tubercle bacillus **3,** 160
Linoleo-dilinolenin 1, 27
Linoleyl alcohol, and fat deficiency **6,** 28
Linseed oil 1, 27, 36
—, essential fatty acids **6,** 56
—, fatty acids **5,** 80, 82, 87
—, insecticide **10,** 458
—, intestinal absorption **6,** 24
—, occurrence **6,** 4
—, vitamin E **6,** 55
Linseed slime, microfibrils 8, 16, 17
Linters, cellulose **5,** 167
Linusic acid, essential **6,** 28
Lipase, chromatography **8,** 358
Lipids, s. auch, see also, voir aussi, Lipoids
Lipids, in antibodies **9,** 452
—, antigenicity **9,** 448
—, und ETP-System **20,** 115
Lipides bacillaires, composition **10,** 226
—, cultures **10,** 175
—, liés **10,** 180, 237
—, lipo-diholoside **10,** 174
—, propriétés biol. **10,** 255
—, variations **10,** 174, 175, 239, 240
Lipides bactériens 10, 170, 172, 176
—, absence de glycérides et stérols **10,** 172
Lipides bactériens, acides gras ramifiés **10,** 173
—, disaccharides **10,** 174
—, endotoxines **10,** 254
—, lipo-polysaccharides **10,** 234
—, membranes cellulaires **10,** 255
—, polysaccharides **10,** 172, 174
—, souches virulentes **10,** 241
—, structure de type étholide **10,** 248
Lipide β-hydroxy-butyrique 10, 247, 248, 249, 253, 254
Lipide „infiltrable“ 10, 237
Lipochrome, rote **18,** 188
—, als Federfarbstoff **18,** 179, 184
—, im Tierkörper, Herkunft **18,** 189
Lipoids, alcohol-ether soluble **3,** 158
—, bound (avian) **3,** 185
—, in coals, peats, petroleum **17,** 396
—, "firmly bound", leprosy bac. **3,** 185
—, fluorescence **2,** 310
—, *Lactobacillus acidophylus* **3,** 191
—, *Phytomonas tumefaciens* **3,** 189
—, tubercle bacillus **3,** 145, 147, 181
—, yeast **3,** 194
Lipoidfilme, Viskosität **4,** 443
Lipoitrin 4, 240
Lipo-polysaccharide 10, 233, 235, 237, 241
—, Protein-Komplex **20,** 230, 231
Lipo-proteins 14, 268
—, association with microsomal particles **16,** 142
—, aus Mitochondrien **20,** 82
α_1-, α_2- und **β-Lipo-protein 20,** 243
β-Lipo-proteins, diffusion, mol. size **18,** 470
β_1-Lipo-protein 7, 275
Lipositol, in fats **6,** 10
Liquiritigenin, Liquiritin 17, 15
Liriodendron spp., dormancy and gibberellin **18,** 397
Lissotis melanogaster, Feder-Porphyrin **18,** 207, 208
Lithium-acetylid (Carotin-Synthese) **9,** 22
Lithium aluminum hydride, reduction of coumarins **9,** 230
—, (vitamin A synthesis) **9,** 43
Lithium-enolat (Vitamin D) **17,** 115
Lithium-éthyl-aniline (synthèses) **6,** 99
Lithium harmine 13, 380, 381
Lithium monobenzyl-phosphonate 8, 128
Δ^{11}-Lithocholenate acetate, methyl 10, 283, 284
Δ^{11}-Lithocholenic acid 10, 299, 300

Lithocholic acid 10, 299
—, 11-keto- 10, 307
β-**Lithocholsäure** (=*β*-3-Oxycholansäure) 3, 57
Lithospermon erythrorhizon, Chinone 6, 183
Liver, s. auch, see also, voir aussi, Leber
Liver, glycogen (human), polydispersity 18, 469
—, homogenate, incorporation of amino acids 9, 344
—, microsomes 16, 142, 145
—, mitochondria, incorporation of amino acids 9, 317
—, nucleosidase 9, 366
—, nucleoside phosphorylase 9, 366
—, protein synthesis 9, 312
Liverwort, and gibberellin 18, 411
—, skatole odor 17, 254
Living matter, carbon content 14, 325
—, major components 17, 380, 381, 382
Living organism, first 20, 439
Living systems, origin 5, 326; 20, 423
Lobaria pulmonaria, Flechtenstoffe 2, 32, 42, 43, 49, Telephorsäure 8, 232, *L. vetigera*, Telephorsäure 6, 175; 8, 232
Lobariol und **-carbonsäure** 2, 47
Lobaritonid 2, 48
Lobarsäure 2, 47
Lobelanine, biosynthesis 19, 249
Lobelia spp., pollen growth and gibberellin 18, 408
Lobry de Bruyn Umlagerung, 2-Acetamino-zucker 20, 206
—, Oligosaccharide 2, 203
Lobster (Hummer), Astaxanthin, carotenoids 5, 30; 18, 185
—, blood, agglutinins 9, 451
—, Chitin 2, 219
—, eyes, 11-*cis*-vitamin A 14, 265
—, Sehne, Orientierung 2, 218
—, shell, amino acids 17, 383
—, Ubichinon 20, 81
Lochnera rosea, Lochnerin 17, 200, serpentine 13, 396
Lochneram 17, 195, 200, 201, 230, 236, 239
—, Spektrum 17, 239
Lochnerin 17, 195, 200, 201, 230, 237, 239
—, Spektrum 17, 239
—, **O-acetat** 17, 200, 201
—, **desoxy-** 17, 201
—, **dihydro-** 17, 201
Locust, eyes, xanthopterin 11, 386
Locusta migratoria (Eier), *β*-Carotin → Astaxanthin 18, 192
Loganetin 17, 134
—, Tritylierung 17, 134
Loganiaceae (alkaloid biosynthesis) 13, 406
Loganin 17, 129, 133, 134, 135, 174
—, = Meliatin 17, 134
—, aus *Strychnos lucida*, *Str. nux vomica* 17, 134
—, Tritylierung 17, 134
—, **pentaacetat** 17, 134
Lohitam 2, 276, 292
Loliin, Hydrolyse und Drehung 15, 8, 9, 10, 16
—, und Invertin 19, 309
Loliin I, Ib, II, III, M, Mol.-Gew. 15, 11
Loliin P, Bausteinanalyse 15, 7
—, Polymerisationsgrad und Drehung 15, 8, 14
Lolium multiflorum, Cellulose- und Ligningehalt 15, 23
—, Eiweiß-Ertrag 15, 25, 26
—, Kohlenhydrate 15, 2, 17, 18, 19, 22, 25, 26, 27
L. perenne, Analyse (Extrakt) 15, 13, 14
—, Eiweiß-Ertrag 15, 26
—, Fructosan-Anteil 15, 18, 21
—, and gibberellin 18, 395
—, Kohlenhydrate, lösliche 15, 2, 3, 7, 12, 15, 17, 22
—, —, Polymerisationsgrad und Vegetationsperiode 15, 1, 14, 17
—, Tetrasaccharid 15, 12; 19, 311
—, Verhältnis von Glucose zu Fructose 15, 18
L. westerwoldicum, lösliche Kohlenhydrate 15, 26
Lomatia spp., Chinone 6, 183
Lomatiol 6, 183
Lombricine 18, 86, 101, 104, 105, 106
—, **phosphate** 18, 104
Lonchocarpus spp., rotenoids 10, 436, 437
London equation 11, 203, 208
Long's medium 3, 148; 10, 231
Long-chain compounds, Flächenbedarf 4, 366
—, IR spectra 13, 60
—, statistical treatment 10, 157
Long-day plants, definition 18, 391
—, and gibberellin 18, 396

Longfield and roundfield molecules, spectra 11, 304
Longifolane 19, 2
Longifolene 5, 63; 12, 14, 15, 28
—, abs. configuration 12, 15
—, **hydrochloride,** structure (X-rays) 12, 15
Longifolic acid 12, 14
α- and **β-Longilobine** 12, 209
α- and **β-Longinecic acid** 12, 227, 231
Lonicera spp., pollen growth and gibberellin 18, 408
—, Syringin 11, 63
Lophira alata, fat, fatty acids, glycerides 5, 89, 90
Lophius piscatorius, carotenoids 5, 32
Lophocereus schottii, cactus alkaloids 6, 250
Lophophora williamsii, cactus alkaloids 6, 247, 261
Lophophorine 6, 248, 260, 262, 264
—, pharmacol. effect 6, 279
Lophotis r. gindiana, L. r. ruficrista, Feder-Porphyrin 18, 205, 207, 208, 214
Loriculus (Federn), Fluoreszenz 18, 199
Lorius salvadorii, Federpigmente, Spektrum 18, 195, 196
Loroglossin 17, 174
Lotaustralin (genetics) 5, 309
Lotoflavin 17, 16
Lotus arabicus, lotusin 17, 16
Löwenzahn, Flavoxanthin 5, 11, ψ-Taraxasterol 7, 61
Lower plants, effect of gibberellin 18, 410
Low temperature spectra 18, 263
Loxia, Federfarbe und Rhodoxanthin-Futter 18, 192
L. curvirostra, Federpigmente 18, 187, 194
LS-Antigen 4, 143
Luciferesceine 11, 387
Luciferin 6, 208; 11, 387
Luffaria sp., teneur en halogènes 12, 396
Luizym 13, 152
Lumazin 2, 65; 4, 65, 67; 11, 367
—, **5-amino-4-*D*-ribityl-** 19, 278
—, **imino-,** Spektrum 4, 74
Lumbricus terrestris, Ubichinon 20, 81
Lumichrom 2, 71; 19, 277
—, fluorescence 2, 334
α-, β-, and **γ-Lumicolchicine** 13, 255
Lumiflavin 2, 62, 71, 72
—, fluorescence 2, 334
—, **3-methyl-** 2, 77
Lumilactoflavin 2, 65, 66, 70, 76, 77
Luminosity curves, photopic and scotopic 14, 246
Lumirhodopsin 14, 275, 277, 284
—, ⇄ retinene 14, 275, 276
Lumistan-3α- and -3β-ol, IR spectrum 13, 54, 56
Lumistatrienone 1, 88
Lumisterol (Lumisterin) 1, 85, 86, 88, 90; 3, 24; 11, 83, 84, 112; 17, 93, 94, 95; 19, 192, 203
—, Bestrahlung 17, 94
—, (Dien-Synthese) 10, 69, 70, 72
—, Öffnung der 9,10-Bindung 11, 116
—, aus Praecalciferol 17, 93
—, **dehydro-** 1, 86, 88; 11, 97
—, **5β,8β-epidioxide,** cleavage 19, 186
—, —, conformation 19, 186
—, **5β,6β-epoxy-dihydro-** → 5β-hydroxy-6β-benzoyl-oxydihydro-lumisterol 19, 203
—, **5β-hydroxy-6β-benzoyloxy-, dihydro-,** from 5β,6β-epoxydihydro-lumisterol 19, 203
9α-Lumisterol 17, 97
Lumitoxiferin-I, dihydro-, aus Calebassen-dihydrotoxiferin 17, 228
Lumi-$\Delta^{10,11;12,13}$-ursadien, 2-acetoxy- 7, 57
Lunaria annua, L. biennis, L. rediviva, iso-thiocyanates 18, 142, 146, 166, *L. biennis* and gibberellin 18, 396
Lunasia amara, alkaloids 13, 310
Lunge, Flavin 2, 64
—, galactan (immunol.) 18, 511, 520, 521, 525, 526, 527
Lungfish, skin collagen, amino acids 17, 385
Lupanin 8, 246, 247, 256, 260, 261
(+)- and **(—)-Lupanin** 8, 255, 261
Lupanin, aminoxyd, C-methyl- 8, 264
—, **anhydro-hydroxy-** 8, 263
—, **hydroxy-** 8, 261, 262, 263
—, —, → β-Alanin 8, 262
(+)-Lupanin-*D*-bitartrat 8, 261
Lupanol-(2) und **-acetat** 7, 64
Lupanolen-(2) 7, 64
α- und **γ-Lupen** 7, 62, 63, 64
$\Delta^{2,3}$-Lupen 7, 65

Lupenal **7,** 63
Lupenon **7,** 62, 63
Lupeol **7,** 15, 16, 17, 61, 62, 63, 64; **12,** 52
—, → germanicol **19,** 271
—, IR spectrum **13,** 49
Lupeol-Gruppe **7,** 3, 61
—, und Heterobetulin-Gruppe, Zusammenhänge **7,** 62
—, Stereochemie **7,** 76
Lupinan **8,** 248, 251, 252
—, **ω-brom-** **8,** 252, 253
Lupinan-Reihe, Dien-Synthese **3,** 17
Lupine, Kultur, Geschichte **8,** 245
—, Samen, Bestimmung der Alkaloide **8,** 271
—, —, Entbitterung **8,** 246
—, —, gibberellins **18,** 394
—, Stickstoff-Fixierung **8,** 245, 246
—, tryptophan content **17,** 256
Lupinen-Alkaloide **8,** 245, 246
—, biosynthesis **19,** 254
—, Pharmakologie **8,** 271
—, unbekannter Struktur **8,** 263
—, zell-mögliche Synthese **8,** 269
Lupinin **2,** 267; **3,** 17; **8,** 246, 247, 248, 253, 264, 270
—, Biosynthese **8,** 270; **19,** 252
—, Stereochemie **8,** 251
—, Synthese **8,** 252, 253
—, **anhydro-** **8,** 248
Lupininaldehyd **8,** 270
Lupininsäure **8,** 247
Lupinus albus, L. Andersonii, L. angustifolius, L. barbiger, L. caudatus, L. corymbosus, L. hilarianus, L. laxiflorus, L. laxus, L. luteus, L. Macounii, L. niger, L. palmeri, L. perennis, L. pusillus, L. sericeus, L. spathulatus, L. termis, Lupinen-Alkaloide **3,** 17; **8,** 247, 253, 254, 255, 260, 261, 263
L. albus, free tryptophan **17,** 256, *L. luteus,* Lupeol **7,** 61
Lupulon **14,** 201; **17,** 162, 163, 174
—, biosynthesis **19,** 272
—, Hydrogenolyse **17,** 164
—, → Iso-pentan **17,** 164
—, Wachstumshemmung **17,** 128
Luridum-virus **4,** 164
Lutein, dans Bactéries **10,** 221, 222
—, *cis*-peak **18,** 253
—, configurational assignments **18,** 308
Lutein, dehydration and dehydrogenation **15,** 62, 63
—, als Federfarbstoff **18,** 179, 180, 183, 186, 195, 196
—, in Fußhaut und Schnabel **18,** 180
—, iodine-catalyzed equilibrium **18,** 270
—, in marine organisms **5,** 22, 31
—, Spektrum **18,** 186, 195
—, stereoisomeric **18,** 235, 243, 267
—, stereoisomers, spectrum **18,** 251
—, structure **18,** 229
—, Umbau in Vögeln **18,** 190, 191, 193
—, **deoxy-I,** = 3-hydroxy-3,4-dehydro-β-carotene **15,** 62
—, **deoxy-I—III** **15,** 62, 63
—, —, spectrum **15,** 69, 70
Luteinisierungs-hormon, Kohlenhydrat-Anteil **20,** 243
Luteochrom **5,** 7, 8, 16
Luteoleersin **6,** 169
Luteolin **17,** 2, 16, 52
—, color and λ_{max} **17,** 51
—, diuretic action **17,** 49
—, IR bands **17,** 58
—, spectrum **17,** 26, 57
—, **7-glucoside,** IR bands **17,** 58
—, **glycosides** **17,** 52
—, **monomethyl ether** **17,** 16
Luteolinidin **20,** 172
—, and Al-ions **20,** 171
Luteose **8,** 36, 41
Lutidine-collidine (chromatography) **12,** 281
Luvanga scandens, coumarins **9,** 265, 277, 280
Luvangetin **9,** 280, 281; **17,** 174
—, **di-** and **tetrahydro-** **9,** 280
Luzerne, Glucosidase **13,** 152
—, phosphotransférase, phytase **19,** 356
—, Plastochinon **20,** 109
Luzula spp., dormancy and gibberellin **18,** 410
LV (abbreviation for lecithinase value) **12,** 421
Lycaconitine, methyl- **13,** 304; **16,** 72
Lycoctonal **16,** 66
Lycoctonam **16,** 65
—, **anhydro-** **16,** 71
—, **anhydro-des-(oxymethylene)-** **16,** 71
—, —, isomerization **16,** 71
—, **des-(oxymethylene)-hydroxy-** **16,** 67
—, **hydroxy-** **16,** 67

seco-**Lycoctonam, diketone 16,** 68
—, —, → iso compound **16,** 69
—, —, **des-(oxydemethylene)- 16,** 68
—, **ketol 16,** 69
—, —, **des-(oxymethylene)- 16,** 68, 69
Lycoctonamate, hydroxy-, methyl 16, 67
Lycoctonamic acid 16, 65, 66
—, **hydroxy- 16,** 67
Lycoctonine 16, 27, 63, 64, 72
—, biogenesis **16,** 80
—, → hydroxy-lycoctonine → iso-lycoctonine **16,** 72
—, oxidation **16,** 65
—, skeletal changes **16,** 69
—, **anhydro-iso- 16,** 69, 70, 71, 72
—, **des-(oxymethylene)-**, X-ray analysis **16,** 63, 64, 79
—, **hydroxy- 16,** 66
—, —, → iso-lycoctonine **16,** 67, 69, 70, 72
—, —, **anhydro-, hydriodide 16,** 67
—, —, —, **perchlorate,** IR spectrum **16,** 67
—, **perchlorate,** spectrum **16,** 65
Lycodine, structure **20,** 291, 293
—, and lycopodine, correlation **20,** 293
Lycogola, torulene **12,** 177, *L. epidendron,* carotenoids **12,** 172, 173, 177
Lycomarasmin, hydrolysis and structure **17,** 311
—, metal chelation **17,** 312
—, wilting toxin **17,** 311, 312; **20,** 7, 8
Lycopene (Lycopin, Lycopène), dans Bactéries **10,** 222, 223
—, biosynthesis **12,** 179
—, and N-bromosuccinimide **15,** 49
—, *cis*-peak, fine structure **18,** 253, 254
—, *cis-trans* isomeric, IR spectrum **18,** 285
—, configurational assignments **18,** 311
—, fluorescence **2,** 332
—, in fungi **12,** 172, 174
—, genetic control of configuration **5,** 309
—, hydrogenation, intermediates **15,** 35
—, iodine-catalyzed equilibrium **18,** 270, 271
—, in marine organisms **5,** 26, 31
—, spectrum **17,** 438; **18,** 248, 250, 251, 288
—, —, at low temperature **18,** 263
—, stereoisomerization (spontaneous) **18,** 264
—, stereoisomers **3,** 228; **18,** 235, 258, 289
—, structure **3,** 4; **15,** 33; **18,** 227, 229
Lycopene, Synthese **9,** 28
—, —, of *cis* forms **18,** 275
—, als Vogelfutter **18,** 190
all-*trans*-Lycopene 18, 289
—, rearrangement in chicks **18,** 333
„**all-*cis*“-Lycopene 18,** 287, 289
cis-**Lycopenes 18,** 239, 285, 286, 289, 313, 314
central-mono*cis*-Lycopene 18, 239, 292, 312
—, spectrum **18,** 313
poly*cis*-Lycopenes, s. auch, see also, voir aussi, Prolycopene
poly*cis*-Lycopenes, from chicks **18,** 289
—, *cis*-peak **18,** 252
—, genetic control **5,** 309
—, in nature **18,** 282
—, from *Pyracantha* **18,** 288
—, spectrum **18,** 286, 287, 288, 313
poly*cis*-Lycopenes I—VI, spectra **18,** 287, 289, 313
poly*cis*-Lycopenes 44 : 66; 37; 34; 32 : 54; 26; 29; and **18,** spectra **18,** 290
Lycopene, BF_3 complex 15, 58, 59
—, **3,4,3′,4′-bisdehydro- 15,** 38, 48, 49
—, **3,4-dehydro- 15,** 38, 48, 49
—, **15,15′-dehydro-,** spectrum **18,** 313
—, **4,5-diacetoxy-5,6-dihydro- 15,** 59
—, **5,6-dihydroxy-5,6-dihydro- 15,** 58, 59, 60
—, —, formation, conversions **15,** 59
—, —, isomerization **18,** 267, 270
—, —, spectrum **15,** 66
—, —, **acetonide 15,** 59
—, **5,6-dimethoxy-5,6-dihydro- 15,** 58, 59
—, **7,8,11,12,8′,7′-hexahydro- 15,** 39; **18,** 315
—, **3-hydroxy- 12,** 176
—, **5-hydroxy-6-methoxy-5,6-dihydro- 15,** 59
—, **6-methoxy- 15,** 58, 59
—, **monoepoxide 15,** 58
—, **5,6,5′,6′- and 6,7,6′,7′-tetrahydro- 12,** 175; **15,** 59; **18,** 314, 316
—, **5,6,5′,6′-tetrahydro-5,6,5′,6′-tetrahydroxy- 15,** 59
—, —, spectrum **15,** 67
Lycopersicum esculentum, L. hirsutum, L. pimpinellifolium, poly*cis* carotenoids **18,** 282, *L. esculentum* (leaves), anthocyanins **20,** 181

Lycopodine, and acrifoline, correlation **20**, 287
—, → 7-methyl- and 5,7-dimethylquinoline **20**, 285
—, nicotine-like features **20**, 296
—, structure **20**, 283, 284, 290
—, **α-cyano- benzylidene-**, ozonolysis **20**, 285
—, **α-cyano-** and **α-cyanobromo- 20**, 283, 284
—, **β-cyanobromo- 20**, 291
—, —, and sodium azide **20**, 293
—, α- and **β-cyano-dihydro- 20**, 285
—, **dihydro-anhydro- 20**, 290
Lycopodine alkaloids, interrelation and configuration **20**, 288, 289, 290
—, abs. configuration **20**, 271, 290
Lycopodium alkaloids, biogenesis **20**, 294, 295
Lycopodium pyridone and **pyridine alkaloids 20**, 290, 291
Lycopodium annotinum, acrifoline, annofoline, annotinine, lycopodine **20**, 272, 283, 286, 287, *L. fawcettii*, fawcettiine, clavolonine **20**, 288, *L. selago*, selagine **20**, 290, *L. obscurum*, obscurines, lycodine **20**, 293
Lycoxanthin, *cis-trans* isomers **18**, 235
—, in fungi **12**, 176
Lymphocytes, transfusion **8**, 43
Lymphogranuloma inguinale, Virus **4**, 90
Lymphogranulomatose und Actinomycin C **18**, 4
Lymphosarcomes (souris) et désoxypyridoxine **9**, 96
Lyrurus tetrix (Federn), Fluoreszenz **18**, 203
Lys (abbreviation for lysine) **17**, 331
Lysergic acid, biosynthesis **20**, 19, 21
—, condensation with 2-amino-propanol-(1) **9**, 151
—, configuration **9**, 129
—, connecting link **9**, 136
—, decarboxylation product, spectrum **9**, 127
—, double bond position **9**, 126
—, enol form **9**, 130
—, from ergot alkaloids **9**, 122, 124, 128, 134
—, hydrogenation **9**, 131
—, spectrum **9**, 127
—, stereoisomerization **9**, 122, 129
Lysergic acid, structure **9**, 128; **20**, 18
—, synthesis **9**, 125
—, **amide 9**, 134, 136
—, **dihydro- 9**, 118, 125, 131, 132, 133
—, —, spectrum **9**, 127
—, —, **azide** and **hydrazide 9**, 133, 141
—, —, *D*- and *L*-**isopropanolamide 9**, 143
—, —, **methyl ester 9**, 133
—, —, **peptide-like deriv.**, **9**, 166
—, —, *D*- and *L*-**valine methylester 9**, 143
—, **hydrazide 9**, 123, 152
—, **lactam**, spectrum **9**, 126, 127
D-**Lysergic acid**, *L*-**N-benzylpropanolamide-(2) 9**, 165
—, **(+)-butanolamide-(2) 9**, 164
—, **diethylamide 9**, 165, 166
—, **2-diethylamino-ethylamide 9**, 165
—, **1,3-dihydroxy-propaneamide-(2) 9**, 165
—, *L*-**ephedride 9**, 165
—, **ethanolamide 9**, 164
—, *L*-**(+)-4-methylpentanolamide-(2) 9**, 164
—, *D*- and *L*-**nor-ephedride 9**, 166
—, *D*-**nor-ψ-ephedride 9**, 166
—, *D*- and *L*-**propanolamide-(2) 9**, 151, 152, 153, 164
L-**Lysergic acid**, *L*-**nor-ephedride 9**, 166
—, *D*- and *L*-**propanolamide-(2) 9**, 151, 152, 153
Lysergyl-amino acid azide, dihydro- 9, 141, 142
L-**Lysine**, in Alkaloid-Biosynthese **8**, 270
—, in antibodies **9**, 452
—, dans antipathines **12**, 393
—, in bacitracin A **11**, 253
—, in crotoxin **12**, 447
—, in fish proteins **5**, 272, 288
—, fluorescence **6**, 324
—, dans gorgonines, spongines **12**, 392, 395
—, in hemoglobin, determination **17**, 350, 352
—, in hemolysin (cryst.) (*Naja*) **12**, 440
—, inhibitory activity **9** 450
—, labeled **9**, 301, 304, 305, 311, 317, 318, 351; **11**, 331
—, in microsomal protein **16**, 150
—, in *Naja* neurotoxin **12**, 438
—, as N-terminal amino acid **11**, 266, 267, 268
—, in plant proteins **6**, 292, 293, 302

L-**Lysine,** precursor of lupinine and sparteine **19,** 252
—, in proteins, collagens, gelatins **17,** 383, 385
—, separation **11,** 244
—, from soil **17,** 391
—, thermostability **17,** 390
—, dans thyroglobuline **12,** 386
—, **amid, dicarbobenzoxy- 13,** 503
—, **azid, dicarbobenzoxy- 13,** 503
—, **ε-carbobenzoxy- 13,** 478
—, —, Cu-Komplex **13,** 478
—, **di-DNP- 11,** 265
—, **hydroxy-** (collagen, gelatin) **17,** 385
—, —, color reactions **12,** 291
—, —, in fish protein **5,** 272, 288
—, —, (lipides bactériens) **10,** 173, 230
D-**Lysine,** incorporation **9,** 313
Lysin-peptide, Synthese **13,** 478, 482
Lysocithin, from lecithin **12,** 420
—, cholesterol complex **12,** 420
Lysozyme, adsorption on IRC-50 **11,** 284
—, amino acid residues **12,** 310, 315
—, basic amino acids **11,** 254
—, chromatography **8,** 345; **12,** 293
—, C- and N-terminal residues **11,** 267, 271, 273, 276, 281, 287; **12,** 304, 316, 319
—, dicarboxylic residues **12,** 320
—, diffusion rates **17,** 367
—, electrophoresis **7,** 289
—, α-helix **11,** 233
—, hydrazinolysis **11,** 276; **12,** 320
—, hydrolyzate **12,** 280, 281, 326
—, und *Micrococcus lysodeikticus* **20,** 249
—, polypeptide chains **17,** 371
—, und Zellwand-polysaccharide **20,** 229
—, **carbonate 11,** 287
—, **ester,** reduction with $LiAlH_4$ **12,** 319
—, **hydrochloride,** X-ray photograph **11,** 228, 230
9-(*L*-1′-Lyxityl)-iso-alloxazine, 6,7-dimethyl- 8, 104
Lyxofuranoside, 2,3-anhydro-, methyl 16, 123
D-**Lyxosamin,** Darstellung **20,** 209
D-**Lyxose,** (digitaloide Glycoside) **7,** 153; **14,** 89
L-**Lyxose,** in nucleosides **8,** 103, 104

M.

Maaliane skeleton 19, 2, 13
Machaerate, methyl, hydrolysis **19,** 216
Mackerel, protein **5,** 269, 272, 273, 276, 277, 284
—, vitamin A **6,** 52
Maclura braziliensis, morin **17,** 54, *M. pomifera,* osajin, pomiferin, morin **17,** 2, 25, 54
Maclurin, cyano- 17, 10, 17
Macrochires (Federn, Eischalen), Porphyrin **18,** 205, 210
Macrocycliques (substances) 6, 94, 143
—, constitution et odeur **6,** 106, 108
—, odeur (urine de vertébrés) **6,** 131
—, végétales **6,** 96
Macrocystis pyrifera, carotenoids **5,** 24
α_2- und β_2-**M-Macroglobulin 20,** 243
Macrolide, Zucker **20,** 219
Macrolide class of natural products **16,** 106, 110, 115
Macromolecules, biological, separation of new and old **20,** 400
—, buoyant density **20,** 374
—, Empfindlichkeit **1,** 276
—, flexible **10,** 120, 121
—, giant **20,** 112
—, partial specific volume and mol. weight **18,** 492, 493
—, sedimentation **18,** 451; **20,** 372
—, solvation **18,** 489, 491
—, solvated and anhydrous, mol. weight **20,** 377, 396
—, swollen **10,** 130
—, viscous resistance **18,** 462
Macrophyllin A 17, 191, 239
Macrosiphoniella sanborni and insecticides **10,** 446
Macrosiphum pisi and insecticides **10,** 432
Macrospecies, concentration distribution (ultracentrifuge) **20,** 377, 390, 397
—, Gaussian distribution **20,** 374
Macrotomia spp., *M. echoides,* pyrrolizidine alkaloids **12,** 200, 204
Macula lutea, xanthophyllic pigment **14,** 246
Maculine, Maculosidine 13, 324, 330
Macumbine 10, 417
Madhuca butyracea, M. latifolia, fat **1,** 31, 32
Maesa emirnensis, Bitterstoffe **17,** 175, *M. japonica,* Chinone **6,** 181
Magensaftsekretion und Bitterstoffe **17,** 127

Magnamycin 14, 202
—, Kohlenhydrat-Komponente **20,** 219
—, structure **16,** 110, 112
Magnamycin-B 16, 111, 112
—, α,β,γ,δ-unsaturated system **16,** 111
—, **tetrahydro- 16,** 113
Magnesium, in Chlorophyll **1,** 161, 164, 165, 186, 212, 220, 223, 228
Magnesiumacetat (Reagens für Polyoxy-anthrachinone) **8,** 231
Magnesium ion and glutamo-transferase **9,** 342, 345
Magnesium silicate in enzyme chromatography **8,** 358
Magnesiumsulfat, bitterer Geschmack **17,** 127
Magnesol as adsorbent **11,** 127, 388; **17,** 11
Magnocurarin 9, 179, 187
Magnoflorin 18, 77, 78
Magnolamin 9, 179, 180, 192
Magnolia fuscata, M. Kobus, M. obovata, M. salicifolia, Biscoclaurin-Basen **9,** 179, 187, 188, 192
Magnolin 9, 179, 180, 192, 210
Magnolol 5, 214
Mahonia acanthifolia, M. borealis, M. Griffithii, M. japonica, M. leschenaultii, M. manipurensis, M. sikkimensis, — *M. Simonsii, M. Swaseyi,* Biscoclaurin-Basen **9,** 179, 194
Maiglöckchen, Convallosid **7,** 135
Maize, s. auch, see also, voir aussi, Corn
Maize, coleoptile, composition **8,** 6
—, (genetics) **5,** 302
—, and gibberellin **18,** 392, 395, 398, 405
—, indoleacetic acid, tryptophan (free) **17,** 256
—, phosphatase, phosphotransférase, phytase **19,** 329, 356
—, polysaccharides (immunol.) **18,** 520, 524
—, waxy, amylopectin, difference from potato amylopectin **11,** 11, 24
Maize oil, insecticide **10,** 458
Maize starch, α-amylolysis **11,** 20
—, amylopectin **11,** 19
—, branching of amylose **11,** 11, 13
—, debranching **11,** 24
—, hydrolysis **11,** 22
—, resolution (leaching out) **11,** 12
Majalosid 14, 110, 122
Maja squinado, carotenoids **5,** 30
Majudin 9, 262, 263
Makrotomine 12, 204, 207, 243, 244, 245, 246
Malaccol 10, 443
Malaconotus cruentus (Federn), Kanarien-xanthophyll **18,** 180
Malaprade reaction (amylose) **11,** 12
Malbranchea pulchella, penicillin-like substances **7,** 206
Malcolmia maritima, iso-thiocyanates **18,** 149, 166
Malcolmiin 18, 149
Maleic hydrazide, growth inhibitor **17,** 308
Maleinat-öle 10, 47
Maleinimid, methyl-äthyl- 3, 88, 126
—, —, from porphyrins **1,** 167; **11,** 332, 333
Maleinsäure (Maleic acid), Dien-Synthese **3,** 2
—, **dihydroxy- 2,** 135; **5,** 221
Maleinsäure-anhydrid, Anlagerung an Butadien, Propylen **10,** 11
—, Addukte, Acetylen-Verbindungen **14,** 6
—, (Dien-Synthese) **3,** 26; **10,** 5, 6, 24, 25
—, **brom-,** und Cyclopentadien **10,** 65
—, **dimethyl-** (Dien-Synthese) **10,** 6, 87, 88, 89
—, **hydroxy- 9,** 52
Maliane, structure 19, 2
Malic dehydrogenase, Malic oxidase, and snake venom **12,** 432
Malleomyces mallei, acides gras libres, lipides **10,** 251
—, effets pathologiques **10,** 255
Malonate, (inhibitor) **9,** 346
—, **diethyl-ethoxy-, methylene- 9,** 131, 132
—, **diethyl-2-nitro-4-methoxybenzoyl-, ethyl 13,** 323
—, **2-nitro-4-methoxybenzoyl-, ethyl 13,** 323
—, **phenyl-, ethyl 13,** 331
Malonat-Hemmung 4, 267, 285
Malonic acid, dimethyl- 15, 204
—, **pyridyl- 19,** 255
Malonyl-tryptophan 17, 261
Maltase, chromatography **8,** 355
Maltodextrin 11, 16
—, priming effect **11,** 33

Maltoheptaose, Maltopentaose 11, 16, 17
—, —, enzymic disproportionation 11, 33
Maltosaccharides 11, 16, 27, 31
—, action of cryst. β-amylase 11, 17
—, enzymic disproportionation 11, 33
—, polymer-homologous series 11, 16
—, as primers 11, 29, 33
—, rotation 11, 17
Maltose 11, 4, 11, 16, 17
—, enzymat. Synthese 2, 207
—, fluorescence 6, 313
—, → isomaltose 9, 422
—, C^{14}-labeled 11, 33
—, and maltotriose, ratio 11, 24
—, priming effect 11, 33
—, transglucosylation 11, 32
—, **bromoacetyl-** 8, 85
—, **heptaacetyl-**, from starch 11, 4
—, **β-octaacetyl-** 1, 15
—, **1-phosphate** 5, 115; 8, 85
—, —, hydrolysis and dissociation constants 8, 61, 64
α-Maltosid, heptaacetyl-*o*- und -*p*-kresol- und -phenol- 1, 20
—, **heptaacetyl-saligenin-** 1, 20
Maltotetraose, Maltotriose 11, 16, 17, 27, 28
—, —, enzymic disproportionation 11, 33
Malus arnoldiana, dormancy and gibberellin 18, 397
Malvidin, properties 20, 172
—, **3-galactoside** 20, 167, 169
—, **3-glucoside**, and copigmentation 20, 169, 191
—, **5- and 3,5-glucoside**, fluorescence 20, 170
Malzextrakt, Lactoflavin 2, 64
Mamba, venom 12, 410
Mamey, insecticide 10, 464
Mamillaria centricirrha, M. uberiformis, cactus alkaloids 6, 249
Mammea americana (mamey tree), insecticides 10, 464
Mammifères, dériv. guanidiques 18, 105
—, sécrétions et excrétions odorantes 6, 90, 143
Mandeln, bittere, Glucosidase 13, 152
—, —, (Mischung mit Ipecacuanha) 8, 279
Mandel-redoxase 11, 63
D-(—)-**Mandelsäure** 3, 46; 16, 20
—, → *L*-(+)-**Mandelsäure** 16, 19
Mandrake, podophyllum 15, 84
Mangano-ion (activator) 9, 335, 337, 342, 345
Mangold'sche Säure (Dien-Synthese) 10, 36, 37, 38, 39, 42
Mangue, glande à parfum 6, 93
Manicaria saccifera, fat 1, 31
Maniladiol 7, 17, 19, 20, 31, 32, 33
Maniladion 7, 20, 32, 33
Manila elemi resin (Manila-Elemi-Harz), α-elemolic acid (α-Elemisäure), β-elemonic acid 12, 116, 152
—, Maniladiol, Amyrin, Brein, Elemadienolsäure, Elemadienonsäure 7, 14, 19, 48
Mannan, in humus 17, 398
—, in yeast (immunol.) 18, 522, 524
Mannich-Spaltung 7, 91, 135, 140, 142
Manninositose 3, 154, 155; 10, 173, 229
—, (Mycobacteria) 10, 173
—, **phosphoric acid** 3, 154
Mannit (Mannitol), en castoréum 6, 114, 115
—, in Flechten 2, 32
9-*D*-Mannopyranosido-adenine, dialdehyde from 8, 105
Mannosamin 20, 246
—, **N-acetyl-** → N-acetyl-neuraminsäure 20, 218
D-**Mannose** 3, 152, 154, 155, 183, 185
—, in bacterial phosphatides 3, 152, 153
—, fluorescence 6, 313
—, (lipides bactériens) 10, 229, 232,233, 236
—, (tubercle bacillus) 3, 166
—, **acetobromo-** 8, 80
—, **diaceton-** 2, 162, 173
—, **3,6-di-deoxy-** (immunol.) 18, 517
—, **1-fluor-hexaacetyl-4-β-*d*-glycosido-** 2, 203
—, **4-*d*-galactosido-** 2, 201
—, **glycerol diphosphoric acid** 3, 154
—, **phosphates** 8, 80
—, —, (lipides bactériens) 10, 243
—, **6-phosphate** 8, 60, 80, 81
—, —, hydrolysis constant 8, 61
—, —, reducing power 8, 58
—, —, rotation 8, 63
α-*D*-Mannose-1-phosphate 5, 115; 8, 58, 63, 80
Mannosid, 4,6-dimethyl-2,3-anhydro-β-methyl- 2, 236
—, **α-methyl-**, rotation 8, 58

Mannosid, α-methyl-2-anilino-, aus α-methyl-4,6-benzyliden-*D*-glucosid **20,** 211
Mannosido-6-galactose 2, 173, 174
Mannosido-1-mannose 2, 163
Mannosido-streptomycin 16, 127
Manool 6, 124, 127; **7,** 7, 8; **12,** 21, 22, 24, 29, 63
—, configuration **12,** 25
—, **tetrahydro- 7,** 8
Manoyl oxide 12, 21, 22, 25
Mansonia altissima, herzaktive Glycoside und Aglykone **14,** 108, 110, 124
Mansonin A—E 14, 108, 110, 124; **17,** 174
Margarine, nutritional value **6,** 20, 24, 60, 64
Marigold, ethylene sensitivity **17,** 299
—, poly*cis* carotenoids **18,** 282
—, quercetagetin **17,** 19
Marine animals, oils, fatty acids **5,** 79
—, carotenoids **5,** 20, 23, 35
Marine fishes, rhodopsin **14,** 288
Marine mammals, carotenoids **5,** 34
Marine mud, carotenoids **5,** 21
—, Recent and Oligocene, organic substances **17,** 392
Marine organisms, isotopic composition of C **14,** 330
Marine sediments, carotenoids **5,** 22
Marinobufagin 4, 12, 13; **5,** 242, 243, 244, 249, 254; **13,** 193, 202
—, Se-dehydrierung **4,** 13
—, **dianhydro- 5,** 256; **13,** 193
Marinobufogenin 13, 202
Marinobufotoxin 5, 255, 256
Marker-Lawson acid 10, 294, 296, 297, 298, 299
Markownikow and **anti-Markownikow** addition (IR) **5,** 346; **19,** 201, 202
Marmelosin 9, 268
Marmesin 9, 272; **11,** 151
Marmor angliae, M. astrictum, M. crudens, M. cucumeris, M. dodekahedron, M. dubium, M. letale, M. solani, M. tabaci, Virus **4,** 91, 149, 151, 164, 168, 171, 173
Marrianolsäure, Dien-Synthese **10,** 75, 80
—, **bisdehydro-,** Dien-Synthese **10,** 75, 76, 78
—, **7-methoxy-bisdehydro-,** Dien-Synthese **10,** 78
—, **7-methyl-monodehydro-,** Dien-Synthese **10,** 80
Marronnier, phosphatase **19,** 330
Marrubiin 12, 22, 23; **17,** 165, 166, 174
—, physiol. Wirkung **17,** 165
—, Ring-Ring-Tautomerie **17,** 167, 168
—, Struktur **17,** 165, 166
—, **anhydro- 12,** 23; **17,** 166
—, —, Ozonolyse **17,** 167
Marrubinsäure 17, 165
—, **methylester 17,** 166, 167
Marrubium vulgare, Marrubiin **12,** 23; **17,** 165
Marsdenia condurango, glycosidische Bitterstoffe **14,** 90
—, Kondurangin **17,** 135
Martre, sécrétion musquée **6,** 110
Masern, Virus **4,** 89
Massassauga, venom **12,** 411
Matricaria spp., Acetylen-Vorkommen, *M. caucasicum,* Matricariaester, 2-*trans*-Dehydromatricariaester **14,** 13, 18, *M. chamomilla,* Abwesenheit von Acetylenen **14,** 61, herniarin **9,** 243, matricarin **19,** 64, 65, *M. globifera,* arborescine, globicine **19,** 79, *M. inodora,* Acetylene **14,** 12, 13, 14, 16, 18, 19, 61, *M. oreades,* Matricariaester, 2-*trans*-Dehydro-matricariaester **14,** 13, 18, 61
Matricariaester 14, 2, 11, 12, 13
—, Bestrahlung **14,** 14
—, Biogenese **14,** 55
—, in *Erigeron* spp. **14,** 12, 13
—, und Lachnophyllumester, Gleichgewicht **14,** 13, 59
—, Vorkommen **14,** 13
—, **hexahydro- 14,** 16
2-*cis*-Matricariaester 14, 14
—, Synthese **14,** 15
—, **8-dehydro- 14,** 18, 21
—, —, Spektrum **14,** 17
—, —, Synthese **14,** 18
2-*trans*-Matricariaester 14, 14
—, Synthese **14,** 14, 15
—, **8-dehydro- 14,** 18, 61
—, —, Spektrum **14,** 17
—, —, Synthese **14,** 18
2-*cis*-8-*cis*-Matricariaester 14, 19
2-*trans*-8-*cis*- und **-8-*trans*-Matricariaester 14,** 14, 15, 19, 52
8-*cis*- and **8-*trans*-Matricariaester, 2,3-dihydro- 14,** 19
—, —, Synthese **14,** 19

2-*trans*-8-*trans*-Matricarianol **14,** 19, 20, 51
Matricarianol-acetat **14,** 19
Matricariasäure, Biosynthese **14,** 56
Matricarin **19,** 64, 65
Matricin **17,** 138, 139; **19,** 52, 64, 65
Matrin und **-N-oxyd** **8,** 269
Matthiola annua, M. bicornis, M. fenestralis, M. incana, iso-thiocyanates **18,** 145, 166, *M. incana,* anthocyanins **20,** 181, 184, 185, 189
Matthiolanin **20,** 181, 184
—, spectrum **20,** 173
Maul- und **Klauenseuche-Virus** **4,** 87, 88, 90, 109, 117, 175
Mäule test (lignin) **5,** 181
Mauser und Farbstoffaufnahme **18,** 215
Maustest (Curarewirkung) **17,** 233
Mavacurin **13,** 406; **17,** 186, 189, 190, 195, 196, 199, 230, 236, 237, 238
—, Ozonabbau **17,** 196
—, Spektrum **17,** 239
—, Struktur **17,** 197, 198, 200
—, **deriv.** **17,** 199
—, **ε_2-dihydro-** **17,** 198, 199
—, —, Protonisierung und (radioaktive) Methylierung **17,** 200
Maximin **17,** 22, 56
Maxwell-Boltzmann distribution curve **10,** 159
May apple, podophyllum **15,** 84
Mayumbine **13,** 363
Meadol **5,** 201
Meconium. porphyrins **11,** 323
Medicago sativa, Plastochinon, Ubichinon **20,** 81, 109
Medicosma cunninghamii, medicosmine **13,** 328
Medicosmine, and **tetrahydro-** **13,** 328
Medium-ring sesquiterpenes, constants **19,** 10
Medium-ring terpenes **19,** 1
—, spectral anomalies **19,** 25
Meerschweinchen, Ubichinon **20,** 81
Meerzwiebel (Herzgifte) **4,** 7
Megacephalon maleo, Federpigmente **18,** 216
Megaloprepia magnifica (Federn), Rhodoxanthin **18,** 184, 186
Me-ileu (Abkürzung für N-Methyl-isoleucin) **18,** 16
Meisterwurz, Chromone, Furocumarine, Cumarine **11,** 127
Melacacidin **14,** 208, 209; **16,** 4, 17; **17,** 18
Melanin **6,** 192, 194, 195, 196, 269; **14,** 218, 229, 233
—, (genetics) **5,** 300
—, from tyrosin **14,** 229
—, (Vogelfarbstoff) **18,** 178, 216
Melanizing process **17,** 265
Melanoma and podophyllum lignans **15,** 144
Melanostico-bufagin A and **B** **5,** 243
Melanoxetin **17,** 18, 54
Melanurensäure **4,** 72
Meles meles, sécrétion musquée **6,** 110
Meliatin **17,** 134, 174
—, = Loganin **17,** 129, 134
Melibiose, Synthese **2,** 175
—, **β-octaacetyl-** **2,** 175
Melicope spp., hexahydroxy-flavones **17,** 19, pigments **17,** 33
M. fareana, melicopicine **13,** 313
M. simplex, melisimplexin, melisimplin **17,** 9, 55
M. ternata, meliternatin, meliternin, ternatin, wharangin **17,** 9, 11, 55
Melicopicine, Melicopidine, Melicopine **13,** 313, 314, 315
Melilotic anhydride **9,** 243
Melilotol, Melilotoside **9,** 242, 243
Melilotus altissima, M. arvensis, M. dentata, M. officinalis, coumarins **9,** 242, 243
Melinonine A—M **17,** 191, 238, 239
—, Spektrum **17,** 239
Melinonin-A **17,** 190, 195, 202, 230
—, = N(b)-Methoxytetrahydro-alstonin **17,** 202
Melinonin-B **17,** 190, 195, 202, 203, 230
—, Ozonisierung **17,** 203
—, → Yobyrin **17,** 203
—, **chlorid,** Spektrum **17,** 192
—, **dihydro-** **17,** 203, 204
Melinonin-C = *l*-Narcotin **17,** 190
Melinonin-D = Thebain **17,** 190
Melinonin-E **17,** 190, 195, 204, 230
Melinonin-F = N(b)-Methoharman **17,** 191
Melinonin-G **17,** 190, 195, 204
—, = Flavopereirin **17,** 204
Melinonin-H, ein Chinolin-Abkömmling **17,** 101
Melisimplexin **17,** 8, 9, 19, 37, 55
—, spectrum **17,** 27, 57

Melisimplin **17**, 19, 20, 55
—, synthesis **17**, 37
Meliternatin **13**, 326; **17**, 9, 11, 19, 22, 55
—, spectrum **17**, 27, 57
Meliternin **17**, 8, 11, 12, 19, 55
—, spectrum **17**, 27, 57
Mellein **6**, 171; **14**, 195
Mellophansäure, (Dien-Synthese) **10**, 37, 94
—, aus Iron **8**, 169
Melon seed, fat, digestibility **6**, 15
Melon worm and insecticides **10**, 431, 465
Melonin-A-chlorid **17**, 202
—, → Nor-melonin-A-chlorid **17**, 202
Melophagus ovinus and derris **10**, 445
Melopsittacus (Federn), Fluoreszenz **18**, 199, *M. undulatus*, Federpigmente **18**, 195, 196, 197, 200, 201
Melting point diagram, ethylene glycol, terephthalic and sebacic acids **10**, 148
Membrane, nuclear, holes **16**, 148
—, plan-eingespannte und sackförmige **1**, 286
Membranes cellulaires, lipides **10**, 255
Membran-Gleichgewicht **1**, 264
Menisarin **9**, 177, 180, 204, 211
—, **methyl-methin**, **N-methyl-dihydro-** **9**, 205
Menisin, **Menisidin** **9**, 178
Menispermaceae, Bitterstoffe **17**, 151
Menispermaceae-Alkaloide **9**, 175, 177
—, Benzochinolizin-Typus **9**, 180, 191
—, Benzylisochinolin-Typus **9**, 180, 186
—, Berberin-Typus **9**, 180, 190
—, Biscoclaurin-Typus **9**, 180, 192
—, Klassifizierung **9**, 180
—, mediz. Anwendung **9**, 213
—, Phenanthropyridin-Typus **9**, 180, 188
Menispermin **9**, 178, 207
Menispermum canadense, *M. cocculus*, *M. dauricum*, Alkaloide **9**, 177, 178, 192, 194, 196, *M. cocculus*, Picrotoxin **17**, 155
Menthadien und Dien-Synthese **10**, 53, 54, 94
m- und *p*-**Menthan**, Dien-Synthese **10**, 55
m-**Menthandiol**, Dien-Synthese **10**, 56
cis- und *trans*-*p*-**Menthan-1,8-diol**, Dien-Synthese **10**, 56
p-**Menthan-3,8-diol**-*d*-**glucuronsäure** **4**, 197
Menthofuran, Dien-Synthese **10**, 93
Menthon **3**, 37, 38
Menyanthes, Bitterstoffe, therapeut. Verwendung **17**, 127
M. trifoliata, Meliatin **17**, 129, 134
Mephitis nigra, substance soufrée **6**, 111
Meratia praecox, meratin **17**, 53
Mercaptalbumin, buoyant behavior **20**, 409
—, mol. weight **20**, 397
Mercaptan **5**, 190
—, IR spectra **5**, 364
—, (moufette) **6**, 112
—, **benzyl-**, in plants **18**, 148
—, *n*-**butyl-** **6**, 111
Mercapto-adenine, 2-methyl- **15**, 208
Mercapto-essigsäure **11**, 49
Mercapto-pteridines, alkylation **11**, 366
4-Mercapto-pteridine, spectrum **11**, 361
2-Mercapto-purine, spectrum **11**, 365
Mercenaria mercenaria (paleobiochemistry) **17**, 385, fossil proteins, amino acids **17**, 393, 394
Mercuribenzoate, *p*-**chloro-** **14**, 281, 282, 302
Merendera spp., colchicum alkaloids **13**, 247
Mergus, Federpigmente **18**, 216
Meropes, Federpigmente **18**, 205
Merosinigrin **18**, 131, 132
—, conformation **18**, 132
Merulius lacrimans, enzyme, chromatography **8**, 356
Mesacon-α-amidsäure **4**, 221
Mescal buttons, cactus alkaloids **6**, 245, 247, 257, 259, 262
Mesitylene, bond distances **3**, 208
Mesityl-oxide, IR spectrum **3**, 36; **5**, 355, 366
Mesoacetyl- and **mesodiacetyl-sennidines** **7**, 264
Mesoanthro-dianthron, hydroxy- **14**, 147
Mesoaza-dicarbocyanines, spectrum **16**, 200
Mesobilicyanin **3**, 122, 123
Mesobilierythrin **3**, 122, 123
Mesobilifuscin-I und **-II** **3**, 86, 87, 125, 126, 128
—, **oxo-** **3**, 131
Mesobilipurpurin **3**, 110, 111, 124
—, isomeres **3**, 124
Mesobilirhodin **3**, 119, 121, 122, 123
Mesobilirhodin-IX,α **3**, 120

Mesobilirubin, Farbreaktionen, Kuppelungsfähigkeit **3,** 99, 101
—, **dihydro- 3,** 118, 122, 123
Mesobilirubin-III,γ und **-XIII,γ, dimethyläther 3,** 98
Mesobilirubin-IX,α und **-XIII,α 3,** 90, 92, 97, 98, 102, 103, 113, 123, 125
Mesobilirubin-K 3, 92
Mesobilirubinogen 3, 84, 88, 96, 114, 123
—, acid und nicht-acid **3,** 112
—, fluorescence **2,** 324, 325
Mesobilirubinogen-IX,α und **-XIII,α 3,** 112, 113, 116, 125, 126
Mesobiliviolin 3, 110, 119, 121, 122, 123
—, fluorescence **2,** 324
—, **oxo- 3,** 110
Mesobiliviolin-IX,α und **-XIII,α 3,** 113, 120, 121
Mesochlorine 1, 204
—, **e_6-trimethylester, 2-α-oxy- 1,** 227
Mesocholetelin 3, 111, 124
Mesogentiogenin-Fraktion (aus Gentiopikrin) **17,** 131
Mesohippus, amino acids **17,** 395
Mésoinositol 14, 206; **19,** 335
—, **ester hexa-mono-orthosphosphorique 19,** 318
Mesoisochlorin e_4 1, 219
Mesonaphthodianthren 14, 150, 151
—, Spektrum **14,** 154
—, **10,10'-diacetoxy- 14,** 150, 151
—, **2,2'-, 3,3'-** und **4,4'-dimethyl- 14,** 152, 153, 154, 155
—, **4,5,7,4',5',7'-hexaacetoxy-2,2'-dimethyl- 14,** 155, 168
—, —, Spektrum **14,** 153
—, **3,4,3',4'-tetraacetoxy- 14,** 151, 152
—, **2,2',10-triacetoxy- 14,** 155
—, —, Spektrum **14,** 155
Mesonaphthodianthron 14, 150, 161
—, reduzierende Acetylierung **14,** 151
—, **deriv. 14,** 181
—, —, Darstellung durch Photodehydrierung **14,** 160
—, **2,2'-dihydroxy-,** reduzierende Acetylierung **14,** 155
—, **2,2'-dimethyl- 14,** 147, 153, 155, 156, 157
—, **4,5,7,4',5',7'-hexahydroxy-** = Pseudohypericin **14,** 169
—, —, **2,2'-dimethyl- 14,** 156
—, —, —, = Hypericin **14,** 160
Mesonaphthodianthron, hydroxy-, Spektrum **14,** 152
—, **3,4,3',4'-tetrahydroxy- 14,** 151
—, —, reduzierende Acetylierung **14,** 152
Mesophäophorbid a 1, 219
Mesophyllochlorin 1, 204
Mesoporphyrin 6, 128; **11,** 315, 317, 320, 332, 334
—, countercurrent distribution **11,** 311
—, fluorescence **2,** 326, 327
—, **diméthylester,** fluorescence **2,** 305
Mesoporphyrin-III 1, 177, 196
Mesoporphyrin-IX 11, 308, 316
Mesopterin 4, 64; **11,** 367, 370
Mesopyrophäophorbid a 1, 219
Mésopyrrochlorine, fluorescence **2,** 330
Mesoxal-aldehyde, diphenylhydrazone 8, 106, 107
Mesquite, 5-hydroxy-tryptamine, tryptamine **17,** 262, 264
—, (gum), 4-O-methyl-*D*-glucuronic acid (immunol.) **18,** 511
Mesuol 17, 174
Met (abbreviation for methionine) **17,** 331
Metabolic pathways, abnormal, in plants **17,** 308
Metahemipinsäure aus Lignin **11,** 50; **20,** 45
Metallic state 16, 192
Metaphanin 9, 177, 207
Métaphosphatase 19, 319
Métaphosphates et phosphodiestérase **19,** 359
Métaphosphoriques (acides), et protéines **19,** 339
Metarhodopsin 14, 275, 276, 277
—, → N-retinylidene-opsin **14,** 284
—, from rhodopsin **14,** 275
—, (squid) **14,** 275
—, structure, characteristics **14,** 284
—, (vertebrates) **14,** 275
Metathyroxine 7, 171, 173
Métavanadique (acide), inhibiteur de phosphatases **19,** 350
Metazoans, oxygen requirement **17,** 386
Meteloidine 19, 252
Meteorites, carbonaceous chondritic **14,** 327, 336
Methacrylate, methyl, IR spectrum **5,** 355
—, **polymethyl,** sedimentation analysis **18,** 475

Methane, atmospheric (primitive) **14,** 332; **20,** 442
—, bond distances **3,** 209
—, **triacetic acid 16,** 92
Methangärung 4, 243
Methanol, from lignin **2,** 17; **5,** 201, 204
Methanol-lignin 20, 48
Methemoglobin 1, 265; **12,** 429
—, ⇄ hemoglobin **6,** 214
—, (nomenclature) **17,** 325
L-**Methionine,** absence in papain **11,** 254
—, in antibodies **9,** 452
—, dans antipathines **12,** 393
—, in biosynthesis **14,** 57, 205
—, color reactions **12,** 291
—, in crotoxin **12,** 447
—, from fish protein **5,** 272, 288
—, (genetics) **5,** 314, 315
—, dans gorgonines, spongines **12,** 392, 395
—, growth factor **9,** 418, 419, 429, 430
—, in hemoglobin, number of residues **17,** 350, 352
—, in hemolysin (cryst.) (*Naja*) **12,** 440
—, inhibiting precipitins **9,** 450
—, labeled in methyl **14,** 202
—, S^{35}-labeled, incorporation **9,** 306, 307, 308, 311, 346, 348, 350
—, in microsomal protein **16,** 150
—, as N-terminal amino acid **11,** 267
—, in plant proteins **6,** 292, 293, 302
—, in proteins, collagens, gelatins **17,** 383, 385
—, and Raney nickel **12,** 322
—, separation **11,** 245
—, from soil **17,** 391
—, structure **17,** 309
—, dans thyroglobuline **12,** 386
—, → Ubichinon **20,** 107
—, and wildfire toxin **17,** 310
—, **acetyl deriv. 11,** 242
—, **dériv. guanidiques 18,** 100
—, **DNP deriv. 12,** 305
—, esters (peptide biosynthesis) **9,** 333, 334
—, **peptides 9,** 333; **13,** 456, 490
—, **sulfone 12,** 287
—, —, from soil **17,** 391
—, **sulfoxide 12,** 293
—, —, color reactions **12,** 291
—, **sulfoximine,** inhibitor of *Chlorella* **17,** 309, 310
DL-**Methionine,** X-ray diffraction **8,** 318; **11,** 182
L-**Methionyl-*L*-methionine 9,** 334
Methylacetylene, bond distances **3,** 208, 224
Methylalcohol, bond distances **3,** 208
Methylamine, 3,4,5-trimethoxybenzyl- 6, 258
1-N-Methylanilino-1-propen-3-al 19, 42
Methylation, biological **14,** 200, 202
Methyl benzoate, IR spectrum **5,** 355
Methylbixin 18, 320
—, *cis*-peak **18,** 254, 262
—, equilibrium mixtures **18,** 326
—, IR spectrum **18,** 323, 325, 326
—, natural **18,** 321, 322, 326
—, —, configuration, stereoisomers **18,** 323, 324, 326
—, —, spectrum **18,** 322, 323, 326
all-*trans*-Methylbixin 18, 322, 326
—, spectrum **18,** 321, 323
cis-**Methylbixins,** interconversion **18,** 326
central-mono*cis*-Methylbixin 18, 323
—, IR spectrum **18,** 298
—, spectrum **18,** 323, 325
Methylcellulose 1, 273, 276, 293, 296
—, Diffusions-Gradient, osmotischer Druck **1,** 273, 293
—, **acetyl- 1,** 276
Methyl chloride, bond distances **3,** 209
Methyl chloroform, bond distances **3,** 209
Methyl cyanide, bond distances **3,** 208, 224
cis-**9-Methyldecal-1-one 19,** 177
Méthylène, bleu, antagoniste **9,** 104
Methylene bromide and **chloride,** bond distances **3,** 209
Methylene-dioxyphenyl group (insecticide) **10,** 456
Methyl-ethyl-ketone, IR spectrum **5,** 366
—, from lignin **5,** 193
Methyl-glucosides, s., see, voir, Glucosides, methyl-
Methyl group and electrophilic oxygen **19,** 247
2-Methyl-hexa-2,4-diene- 1,3-dicarboxylic acid 12, 233
Methyl-hexosen, Verteilungs-chromatographie **15,** 6
Methyl-holz 11, 67
Methyl-isopropenyl-ketone, 2,4-dinitrophenylhydrazone 12, 237, 238

Methyl-isopropyl-ketone, (Dien-Synthese) **10,** 32
—, IR spectrum **5,** 366
Methyl-ketone (Ranzigkeit) **4,** 200
Methyl-lignin 2, 10; **11,** 46
—, Spektrum **11,** 59
Methyloxydation im Tier **4,** 214, 215, 216, 217, 222, 226
Methylpentose, 2-deoxy- 14, 73
Methyl-β-phenyläthyl-carbinol 3, 35, 38
Methyl shift (terpenes) **12,** 9, 11, 30, 31
Methymycin 14, 202; **16,** 113
—, Kohlenhydrat-Komponente **20,** 219
Methynolide 16, 115
Methystic acid 20, 136, 137, 138
Methysticin 14, 191; **20,** 132, 135, 157
—, degradation, structure **20,** 136
—, pharmacology **20,** 155
—, → piperonylic acid and piperonal **20,** 136
—, synthesis **20,** 152, 153, 154
—, **5,6-dehydro- 20,** 135, 141, 147, 150
—, **dihydro- 20,** 133, 135, 137, 152, 157
—, —, pharmacology **20,** 155
Methysticol 20, 136, 137, 138
Metmyoglobin, formation and antiserum **12,** 429
Metrazole 13, 410
Metridium senile, carotenoids **5,** 26, 27
Metrosiderene 12, 5, 6
Metrosideros scandens, allo-aromadendrene **19,** 54
Meval (Abkürzung für N-Methylvalin) **18,** 16
Mevalonsäure, Einbau bei A-Avitaminose **20,** 108
(±)-2-C[14]-Mevalonic acid, incorporation into chrysanthemic acids **19,** 148
2-C[14]- und **4-C[14]-Mevalonsäure** → Ubichinon **20,** 105, 106
2-C[14]-Mevalonic lactone (gibberellin biosynthesis) **18,** 390
Mexicanin C 19, 67, 70
—, **dihydro- 19,** 70
Meyerhof cycle 17, 382
Mezcaline 6, 246, 247, 248, 257, 258, 271
—, pharmacol. effect **6,** 277
—, synthesis **6,** 258
—, → Trimethoxy-phenylessigsäure **4,** 210
—, **N-acetyl- 6,** 247, 259, 262
—, **N-dimethyl- 6,** 257, 259
Mezcaline, N-methyl- 6, 247, 259
Micellae 1, 316, 340; **8,** 20, 22
—, Orientierung **1,** 299
Micellar strands 8, 9, 12, 20, 21
Michael condensation, (coumarin) **9,** 233
—, (pyrrolizidine synthesis) **12,** 219, 221
Michael reaction, reverse (triterpene synthesis) **12,** 108
Michaelis, constante de 19, 347
Michler's hydrol blue, color **16,** 173
—, (unbranched electron gas model) **17,** 411, 412
Micranthin 9, 179, 180, 198, 205, 211
—, Biosynthese **9,** 211
—, **methylmethin-, O,O-dimethyl-N-methyl- 9,** 205
Microbial DNA, guanine-cytosine content **20,** 404
Microbiological hydroxylation, deoxycorticosterone **10,** 370
—, (*Streptomyces fradiae*) **10,** 370
Microbiological oxygenation (cortisone synthesis) **10,** 369
Micro Brownian motion 10, 122, 123, 124
Micro-chromsäureoxydation 17, 196
Micrococcus dehydrogenans, Dehydrierung von Steroiden **4,** 238, *M. flavus, M. luteus, M. sulfureus, M. tetragenus,* caroténoïdes **10,** 220, 223, *M. lysodeikticus,* Enzym **4,** 275, 311, und Lysozym **20,** 249, Zellwand-polysaccharide **20,** 229
Micrococmus polymorphus, Xanthopterin **11,** 368, *M. sulcatus,* carotenoids **5,** 31
Micro-electrodes and retina **14,** 251
Microfibrils 8, 9, 10, 12, 21
—, (cellulose) **8,** 24
—, cross-section **8,** 9
—, crystallinity **8,** 20
—, (flax cell wall) **8,** 11
—, growth **8,** 13
—, lamination **8,** 19
—, occurrence **8,** 10
—, (primary cell walls) **8,** 13
—, shadowed with Cr or Pd **8,** 18
Micromonospora, antibiotics **16,** 91, 94
Microorganisms, growth inhibition **9,** 409
—, incorporation of purines **9,** 394
—, Lichtsensibilisierung **14,** 142
—, purine-less **9,** 409
—, purine precursors **9,** 413
—, pyrimidine-less **9,** 409

Microorganisms, und Vitamin B_6 **4,** 48
Microphyllinsäure 2, 41; **8,** 236
Micropsitta (Federn), Fluoreszenz **18,** 199
Microsides (lipides bactériens) **10,** 174
Microsomes 16, 140, 142
—, in animal tissues **16,** 142
—, biology **16,** 146
—, in cell nuclei **16,** 147
—, degradation **16,** 144
—, incorporation of amino acids **9,** 313, 314; **16,** 145, 157, 161
—, isolation **16,** 140
—, Mg content **16,** 144
—, mol. weight **16,** 143
—, in nucleoli **16,** 146, 149
—, origin **16,** 147
—, of pea stems **16,** 141
—, in plants, characteristics **16,** 143
—, in protein synthesis **16,** 144
—, ribonucleo-protein units **16,** 143, 144, 146
—, RNA **16,** 142, 144
—, —, mol. weight **16,** 144
—, —, transfer **16,** 148
—, sedimentation constant **16,** 143
—, shape and diameter, structure **16,** 143
—, in silk glands **16,** 150
Microsomal particles, association with lipoproteins **16,** 142
—, incorporating glutamate into protein **16,** 157
—, RNA content **16,** 142, 143
—, sedimentation constants **16,** 142
Microsomal protein, amino acid composition **16,** 150
—, formation **16,** 152
—, synthesis **16,** 147, 149
Microsporon andouini et acides gras **6,** 119
Microstructure (polyamide chains) **10,** 144
Micrucurus, venom **12,** 409, 410, 429
Midges, and nicotine **10,** 429
Miescher, réaction de 6, 322
Migraine, and snake venom **12,** 413
MIH (abbréviation de monoiodohistidine) **12,** 351
Mikanecic acid 12, 207, 226, 236
Mikanecine 12, 207, 210, 224
Mikanine, Mikanoidine 12, 202, 207, 224, 236
Milch (Milk), Bitterstoffe **17,** 128
—, (human), amino acids **11,** 255
Milch (Milk) (human), Aminozucker, Oligosaccharide **20,** 221, 224
—, Lactoflavin **2,** 64
Milk fat, component acids, glycerides **1,** 30; **5,** 79, 82, 93, 94; **6,** 3
—, digestibility **6,** 16
Milchsäure, s. auch, see also, voir aussi, Lactic acid
Milchsäure, und Codehydrase **3,** 71
—, **deuterio-phenyl- 4,** 192
—, **3,5-dijodo-4-oxyphenyl- 4,** 191
—, ***p*-oxyphenyl- 4,** 191, 192
—, **phenyl- 4,** 191
D-(—)-**Milchsäure,** aus (+)-Eleutherol **11,** 159
Milchsäurebakterien, Flavingehalt **2,** 63
—, Wachstums-Faktoren **4,** 28, 40, 41
Milchzucker, s., see, voir, Lactose
Mildew, powdery **17,** 300
Milkweed bug and insecticides **10,** 432, 463
Millepertuis (Hypericismus) **14,** 144
Millet starch, amylose **11,** 11
Millettia spp., rotenoids **10,** 437
Millon, réaction de 12, 352, 353, 355, 376, 377
Millosid 13, 208; **14,** 116
Milz, Flavingehalt **2,** 64
Mimulus spp. and gibberellin **18,** 396, 406, *M. longiflorus,* poly*cis* carotenoids **18,** 282, 283, provitamins A **6,** 53
Mimusops elengi fat, Bassiasäure **7,** 67, component acids, glycerides **5,** 89, 90
Mineralöl, H-Filme **4,** 377
—, porphyrins **11,** 310
Minpeimine 20, 355
Mirene 12, 27
Mischfilme, chem. Reaktionen **4,** 386
—, Penetrierung, Komplexe, Verdrängung, Wechselwirkung **4,** 385, 386
Mistelblätter, Oleanolsäure **7,** 19
Mistletoe, cactus alkaloids **6,** 252, 253
MIT (abbréviation de monoiodotyrosine) **12,** 351
Mitchell color reactions (lignin) **5,** 182
Mites and nicotine, jervine **10,** 429, 464
MITh (abbréviation pour monoiodothyronine) **12,** 359
Mitochinon (Mitoquinone) 20, 74, 83
Mitochondria, Aufbau-Schema **20,** 113
—, in cytoplasm **16,** 140
—, enzymes **16,** 160; **20,** 112

Mitochondria, ETP und ETP_H **20,** 114
—, incorporation of amino acids **9,** 313, 314; **16,** 145, 160
—, incorporation of labeled orthophosphate **16,** 160
—, inheritance of characteristics **16,** 160
—, Lipoide **20,** 82
—, protein synthesis **16,** 160
—, RNA **16,** 142, 160
—, sedimentation **16,** 142
—, Ubichinon **20,** 116, 117
—, und Ultraschall **20,** 113
Mitose-hemmende Stoffe 6, 209, 211
Mitosis and podophyllum lignans **15,** 144
Mitotic activity and gibberellin **18,** 399
Mitraphylline 13, 354
Mkanwi fat, fatty acids, glycerides **1,** 32
Moccasin snake, venom **12,** 411
Modiolus demissus, Vitamin D_m **17,** 105
Mohrrübe, Bitterstoff **17,** 175
Molds, s., see, voir, Moulds
Molecular chains, internal pressure **10,** 161
Molecular disease 17, 323
Molecular network, irregular **10,** 160
Molekularer O, und En- und Dien-Synthese **10,** 94, 95
Molecular spectra, rotational fine structure **3,** 204
Molecular vibrations, IR spectra **5,** 341
Molecular weight, by sedimentation, viscosity **18,** 453, 457, 462
Molecule, with branched electron gas **17,** 433
—, einzelnes, Form, Größe **1,** 257
—, excited, vibrational energy **17,** 441
—, linear, thermal agitation **10,** 158, 160
—, longfield and roundfield, spectra **11,** 304
—, of low symmetry **5,** 339
—, non-resonating, electronic theory **3,** 205
—, —, interatomic distances **3,** 207
Molekülkristall 1, 346
Molke, Flavingehalt **2,** 64
Molliclavine 20, 20
Mollisacacidin 16, 3, 17
Mollusques, arginine-phosphokinase **18,** 95
—, carotenoids **5,** 29
Molteno's disease, and *Senecio* spp. **12,** 200
Moluscum contagiosum, Virus **4,** 90
Molybdates, inhibiteurs de phosphatases **19,** 349
Monarda didyma, anthocyanins **20,** 181,
M. fistula, Chinone **6,** 180
Monardein 20, 181, 184
—, spectrum **20,** 170, 173, 174
Monilia formosa, Carotinoid-epoxyde **5,** 14
Monimiaceae, Biscoclaurin-Basen **9,** 179
Monkey flowers, poly*cis* carotenoids **18,** 282, 283
Monoamine oxidase and phenyl-alkylamines **17,** 263
Monocrotalate, anhydro-, methyl 12, 237, 238, 239
—, **dihydro-anhydro-, methyl 12,** 237, 238
—, **methyl 12,** 237
Monocrotalic acid 12, 205, 207, 226, 236, 238, 253, 254, 255
—, configuration **12,** 239
—, degradation, structure **12,** 237, 238
—, synthesis **12,** 239
—, **dihydro-anhydro- 12,** 237
Monocrotaline 12, 204, 207, 213, 236, 254, 255
—, biol. properties, toxicity **12,** 258, 259
—, hydrogenolysis **12,** 256
—, **sulfite ester 12,** 256
Monocrotic acid 12, 207, 226, 236, 237, 254
Monoesters orthophosphoriques 19, 317, 318
Monolinia fructicola und Chinone **6,** 208, 220
Monomer-polymer equilibria (sedimentation analysis) **18,** 482
Monomolekulare Filme an Wassergrenzflächen **4,** 347
Mononucleotide 1, 133
—, derived from polyphosphoric acids **8,** 133
Monoolein, dipalmito- und **distearo- 5,** 88
Monophenolase, chromatography **8,** 349, 358
Monosaccharides, biosynthesis **19,** 273
—, in Herzglycosiden **14,** 73
Monoschichten, photochem. Reaktionen **4,** 390
—, Polymerisation, Oxydation **4,** 391, 392
Monostearo-diolein, digestibility **6,** 22
Monspessulanin 8, 269
Montagnetol 8, 221

Moore and Stein method (amino acids) **11**, 241, 243
Moos, isländisches, Flechtenstoff **2**, 28
Moraceae, Herz-Glycoside **7**, 88; **14**, 123
Moréacol, fluorescence **6**, 336
—, **diacétyl-,** fluorescence **6**, 336
Morin 17, 2, 4, 8, 10, 17, 18, 54
—, Al-complex, fluorescence **17**, 13
—, spectrum **17**, 26, 51, 57
—, **dihydro- 16**, 12
—, **ethers 17**, 19
Morinda citrifolia, M. longiflora, M. umbellata, Chinone **6**, 177, 178, 185, 186, 187, 190
Morindadiol 6, 177
Morindin 6, 187
Morindon und **-2-hexosid 6**, 187
Moringaceae, iso-thiocyanates and glucosides **18**, 154, 168
Moringa pterygosperma, iso-thiocyanates **18**, 168
Morinidin, aus Cyanomaclurin **16**, 17
Morphine, biosynthesis **19**, 258
—, fluorescence **2**, 314; **6**, 333
—, **N-phenyl- 9**, 77
Morpholine, 4-methyl-3,6-diisopropyl-2,5-diketo- 20, 9
Morpholino-éthanolphosphate et phosphatase **19**, 325
Mosaikkrankheiten (Virus) **4**, 90
Mosasaurus (dinosaur), amino acids **17**, 395
Moschus moschiferus, glande à parfum **6**, 91, 92
Moschusgeruch und Ringgliederzahl **8**, 192
Moschusratte 6, 108
Mosquito, and insecticides **10**, 430, 436, 465
Motacilla flava (Federn), Lutein **18**, 179
Moufette, substance soufrée **6**, 111
Moulds, aromatic and aliphatic metabolites **13**, 289
—, chemical activities **17**, 386
—, feeding experiments **14**, 192
—, metabolites, biosynthesis **20**, 32
—, tropolones **14**, 211
Mould protease 12, 325
Moutarde-blanche, phosphatase **19**, 326, 327
Möwen, Federpigmente **18**, 216, (Federn, Eischalen), Porphyrine **18**, 210
Mowrah fat, fatty acids, glycerides **1**, 32, 34, 42, 47; **5**, 86, 87
Mucin-molekül, Proteinspirale **20**, 234
Mucolipid 20, 224
Mucolytic enzyme, snake venom **12**, 419
Mucon-amidsäure 4, 220
—, *β*-**methyl- 4**, 221
Mucon-anilidsäure 4, 221
cis-cis- und *trans-trans-***Muconsäure** (Harn) **4**, 210, 220
*cis-cis-***Muconic acid,** from tropolone **13**, 270
—, *α*-**isopropyl- 13**, 270, 271
Muconic ester, *α*-**methyl- 19**, 136
—, *trans*-**2**,*trans*-**4**-, and *cis*-**2**,*trans*-**4**-*α*-**methyl-,** and dimethyldiazomethane **19**, 136
Mucopolysaccharide 20, 231, 232, 233
—, (Nomenklatur) **20**, 202, 232
—, uronsäure-haltige und schwefelsäurehaltige, enzymat. Synthese **20**, 248
Mucoprotein (Mucin) 20, 226, 234
Mucor sp., and labeled acetate (carotene biosynthesis) **12**, 187, *M. corymbifer,* Ubichinon **20**, 81, *M. hiemalis,* carotenoids **12**, 172, 173, 190
Mucorineen, Chitin **2**, 215
Mucuna pruriens, 3,4-Dioxyphenylalanin **4**, 193, 5-hydroxy-tryptamine **17**, 264
Mud, carbohydrates **17**, 398
—, carotenoids **5**, 21
—, microorganisms **5**, 35
Mudsucker, visual pigment **14**, 295
Mufangchin 9, 178, 213
Mullet, proteins **5**, 273, 279
Multigenetic systems, origin **5**, 325
Mumps, Virus **4**, 90
Mundulea spp., rotenoids **10**, 436, 437, *M. suberosa,* munetone, jamaicin **17**, 24
Munetone 17, 9, 24, 25
Muningin 17, 10, 19, 22, 43, 47, 56
—, synthesis **17**, 43
Munjistin 6, 180
Muraminidase 20, 249
Muraminsäure 20, 217
—, **N-acetyl- 20**, 203, 229
—, **6-phosphat 20**, 229
Murex trunculus, mercaptans **6**, 112
Muricéidés, gorgonines **12**, 392, 394
Murraya exotica, scopolin **9**, 245, indole **17**, 252

Murrayosid **17**, 174
Musarosid **13**, 212; **14**, 93, 119
Musc, glandes, constitutants **6**, 90, 91, 106
Musc synthétique, odeur **6**, 96
Musca domestica and insecticides **10**, 444
—, and pyrethrins **19**, 151, 153
—, Ubichinon **20**, 81
Muscaridine, from *Amanita muscaria* **20**, 5
—, structure **20**, 5
Muscarine, in fungi **20**, 5
—, structure **20**, 5
Muscarufin **3**, 22; **6**, 160, 167
—, und Dien-Synthese **10**, 34, 36
Musc deer, glande à parfum **6**, 92
Muscénone **6**, 100
Muscheln, Porphyrin **18**, 215
Muscone **6**, 91, 94, 95, 96, 98, 102, 103; **8**, 191
—, biosynthèse et synthèse **6**, 100, 109
—, principe des grandes dilutions **6**, 98
—, **benzylidène-** **6**, 95
Muscopyridine **6**, 92, 118
Musc rat, glande à parfum **6**, 108
Mushroom flies and nicotine **10**, 429
Muskel (Muscle), Adenylsäure **1**, 135, 136, 143, 144; **8**, 119, 120
—, Adenosin-phosphorsäure **1**, 137
—, amino nitrogen, free **9**, 296
—, Brei, Ketonkörper-Verwertung **4**, 248
—, Cozymase **1**, 101
—, curarisierter, Vorgänge in **17**, 232
—, fossil **17**, 381, 385
—, inosinic acid **8**, 120
—, meridional reflection **11**, 222
—, Myosin **1**, 331, 332
—, phosphorylase, crystallin **11**, 29
—, proteins, X-ray diagram **11**, 217
—, shell-closing, meridional reflection **11**, 222
Musophagidae, Porphyrin **18**, 204
—, Turacin **18**, 211, 212
Mussels, carotenoids **5**, 35
Mustard, as condiment and remedies **18**, 123
—, black, iso-thiocyanates and glucosides **18**, 124, 126, 143, 149
—, white, sinalbin **18**, 124, 125, 130, 148
—, —, 2-phenylethyl iso-thiocyanate **18**, 149
Mustard beetles and pyrethrins **19**, 151, 153
Mustard gas and mutations **5**, 319
Mustard oils, s. auch, see also, voir aussi, Iso-thiocyanates
Mustard oil, antibacterial and fungiostatic properties **18**, 155
—, biogenesis **18**, 155
—, in Cruciferae **18**, 161
—, cyclization **18**, 141
—, enzymic hydrolysis **18**, 136
—, history **18**, 123
—, insecticide **10**, 457
—, natural **18**, 122
—, occurrence **18**, 167
—, paper chromatography **18**, 139
—, parent glucosides **18**, 124
—, separation and isolation **18**, 139, 140
—, spectra **18**, 139
—, steam-volatile **18**, 139
—, structure **18**, 141
—, **2-hydroxy-2-phenylethyl-** **18**, 152
—, **isopropyl-** **18**, 142
—, —, biogenetic relationships **18**, 153
—, *m*- and *p*-**methoxybenzyl-** **18**, 149
—, **phenyl-** **18**, 153
—, **2-phenylethyl-** **18**, 152
—, **thiourea deriv.** **18**, 140
Mustard oil glucosides, biogenesis **18**, 155
—, biol. properties **18**, 155
—, botan. distribution, occurrence **18**, 126, 154, 167
—, in Cruciferae **18**, 161
—, crystalline **18**, 157
—, enzymic attack **18**, 133
—, and insect feeding **18**, 156
—, on ion-exchangers **18**, 128
—, IR spectra **18**, 134
—, paper chromatography **18**, 127
—, rotation **18**, 126
—, separation, estimation **18**, 128, 129
—, side-chains **18**, 159
—, structure **18**, 129, 131
—, synthesis **18**, 134
—, **tetraacetates** **18**, 158
Mustard seed, fat, digestibility **6**, 15
Mustela foina, sécrétion musquée **6**, 110
Mustélidés, substances soufrées **6**, 111
Mutagenic agent **5**, 312
Mutation **12**, 180, 475
—, action spectrum **20**, 428
—, genes **5**, 302, 318
—, mechanism (DNA) **20**, 430

Mutatochrom **5**, 7, 8, 11
Mutatoxanthin **5**, 1, 8, 9, 11
Mutirieae, Matricariaester **14**, 13
Mutton tallow, digestibility **6**, 17, 20
—, glycerides **1**, 30
MW (Abkürzung für Milled Wood) **20**, 43
MW-Fichtenlignin, C_9-Einheit **20**, 49
Mycaminose **16**, 110, 111, 112
—, in Antibiotica **20**, 219
—, **mono-O-methyl-** **16**, 111
Mycarose **16**, 110
—, in Antibiotica **20**, 219
Mycaroside, methyl-isovaleryl- **16**, 110
Mycelianamide from *Penicillium griseofulvum* **20**, 27
Mycins, β-polyketo chain **14**, 202
Mycobactéries, acides aromatiques **10**, 227
—, acides gras **10**, 237, 238
—, acides hydroxylés **10**, 239
—, acides lévogyres **10**, 238
—, acides mycoliques **10**, 198, 207
—, acides ramifiés **10**, 238
—, acido-résistance **10**, 242
—, cires, composition **10**, 232
—, composition chimique **10**, 226
—, extraction **10**, 227
—, et fuchsine phénique **10**, 242
—, graisse, neutre **10**, 228
—, —, soluble dans l'acétone **10**, 227
—, —, substances aromatiques et odorantes **10**, 228
—, insaponifiable **10**, 228
—, lipides **10**, 172, 231, 235, 236, 239
—, —, activité biologique **10**, 255
—, phosphatides **10**, 229
—, pigments **10**, 221, 229
—, and Streptomyces **16**, 94, 115
Mycobacterium avium und Usninsäure **8**, 238, *M. Grassberger*, pigments **10**, 221, *M. Johnei*, mycobactin **11**, 387, *M. lacticola*, erythropterin **11**, 369, Mykol **3**, 175, pigments **10**, 218, 221, *M. Lombardo-Pellegrini*, pigments **10**, 221, *M. phlei*, acides mycoliques **10**, 212, 215, caroténoïdes **10**, 221, 223; **12**, 171, 183, lipides **10**, 173, 213, 217, 233, 240, phosphatide **10**, 230, und Vitamin K **6**, 223, *M. smegmatis*, acides mycoliques **10**, 212, fluorescence **2**, 302, lipides **10**, 240, Ubichinon **20**, 81
M. tuberculosis, acides mycoliques **10**, 212, 214, 215, caroténoïdes **10**, 218, and Fusarium polypeptide **20**, 9, growth and pyrimidine **9**, 412, lipides **10**, 175, 180, 217, 226, 240, manninositose **10**, 173, und Mycomycin **14**, 46, vitamine K_2 **6**, 157; **10**, 224, 225, Wachstumshemmung durch Humulon und Lupulon **17**, 128
Mycocéranique et **Mycocérosique (acides)** (lipides bactériens) **10**, 194, 239
Mycoderma monosa, Ubichinon **20**, 80
Mycolane **10**, 200, 203
Mycolanoate de méthyle, méthoxy-x-oxo-3 **10**, 202
Mycolanoïque (acide), dihydroxy- **10**, 200, 203, 205
—, —, **ester méthylique** **10**, 200
—, —, **monoacétate** **10**, 200
—, **hydroxy-3-méthoxy-x-** **10**, 203
Mycolate de méthyle **10**, 199, 200
—, acido-résistance **10**, 242
—, **acétate** **10**, 200
—, **bis-anhydro-** **10**, 211, 215
Mycol-diène-2,x-oïque (acide) (lipides bactériens) **10**, 203, 204
Mycolène-2-diol-1,x et **acétate** **10**, 201
Mycolène-2-oïque (acide), acétoxy- **10**, 201
—, **hydroxy-x-** **10**, 201, 203, 204
Mycolipénique-I (acide), (lipides bactériens) **10**, 188, 192, 193, 194, 213
Mycolique (acide) (Mycolic acid) **3**, 165, 168, 174, 183, 184; **10**, 173, 194, 196, 199, 203, 216, 232, 233, 236, 239, 241
—, acido-résistance **10**, 242
—, biosynthèse **10**, 216, 217
—, (Mycobactéries) **10**, 198, 207
—, pyrolyse **10**, 203, 212
—, et rouge neutre **10**, 241
—, de souches bovines **10**, 210, 211, 212, 214, 215
—, de souches humaines **10**, 198, 207, 208, 210, 211
—, **acétate** **10**, 208, 209, 210, 211, 214, 215
—, **anhydro-** **10**, 208, 209, 210, 211, 214, 215
—, α- et **β-anhydro-** **10**, 199, 207
—, **2-anhydro-** **10**, 200, 203
—, —, **ester méthylique** **10**, 200
—, **x-anhydro-** **10**, 201, 203, 204

Mycolique (acide), bis-anhydro- **10,** 201, 210
—, —, **ester méthylique** **10,** 201
—, **cétone neutre** d'oxydation **10,** 208, 209, 210, 211, 214, 215
—, **ester méthylique** **10,** 208, 209, 210, 211, 214, 215
α-Mycolique (acide) **3,** 185; **10,** 200, 205, 207, 209, 212, 216
—, C-méthyle, dosage **10,** 204
—, constitution **10,** 199
—, produits de déméthylation, deshydratation, décarboxylation, oxydation **10,** 200, 201, 202
—, **dériv.** **10,** 200, 201, 202
α_1- et **α_2-Mycolique (acide)** **10,** 207, 210, 211, 216
β-Mycolique (acide) **3,** 185; **10,** 206, 207, 209, 210, 212
γ-Mycolique (acide) **10,** 206, 207, 209, 212
δ-Mycolique (acide) **10,** 206, 207, 209
Mycolique (alcool) **10,** 200, 209, 210
—, acido-résistance **10,** 242
—, **acetate** **10,** 200
—, **anhydro-2-** **10,** 200, 201
—, **bis-anhydro-** **10,** 201
—, —, **acétate** **10,** 201
—, **diacétate** **10,** 200
Mycolonique (acide) (lipides bactériens) **10,** 211, 212, 217
β- et **γ-Mycolonique (acide)** **10,** 212
Mycomycin **14,** 46, 54
—, antibiotische Wirkung **14,** 46
—, IR spectrum **13,** 57
—, Isomerisierung **14,** 46
—, structure **16,** 115
—, **methyl ester,** carbonyl frequency **13,** 57
Mycophenolic acid **14,** 201, 202
Mycophyces blakesleeanus, Carotin-Synthese **12,** 137
Mycoplasma mycoides (polysaccharides, cross-reactions) **18,** 518, 519
Mycosamin in Antibiotica **20,** 219
Mycotherium verrucei, Trisaccharid **19,** 304
Mycus persicae und Kartoffel-Virus **4,** 168, 169
Mydaus marchei, substance soufrée **6,** 111
Myeloma proteins, N-terminal residues **11,** 267
Myeloperoxidase, prosthetic group **11,** 308
Mykoporphyrin **14,** 164
Mylar **10,** 143
Myobilin **3,** 85, 87, 125, 219
Myogal moschatus, sécrétion musquée **6,** 110
Myogen-fibrin **5,** 270
Myoglobin, chromatography **11,** 284
—, C- and N-terminal residues **11,** 267; **12,** 321
—, (evolution) **20,** 436
—, α-helixes **11,** 233
—, prosthetic group **11,** 308
—, —, shielding **17,** 333
—, X-ray analysis **11,** 204
Myoinosit, Anaemie-faktor **20,** 238
Myopathiker, Blutserum **3,** 239
Myoproteid **5,** 270
Myosin, extensibility **11,** 218
—, Faserdiagramm **1,** 331
—, hydrazinolysis **12,** 320
—, in muscle **5,** 271
—, splitting ATP **17,** 385
—, terminal residues **11,** 267; **12,** 302, 317
—, X-ray diagram **11,** 217
Myosmin **2,** 276, 277, 278, 288, 291
—, **N-methyl-** **2,** 278, 290, 291
Myoston **1,** 137
Myosurus spp. and gibberellin **18,** 396
Myrcen **3,** 7; **8,** 196; **12,** 8
—, Dien-Synthese **10,** 47, 48
—, **dihydro-** **4,** 224
Myrica rubra, myricetin **17,** 19, 20, 55
Myricetin, spectrum **17,** 27, 51, 57
—, **dihydro-** **16,** 12
—, **C-methyl deriv.** **17,** 19
—, **6-methyl-** **17,** 10
—, **3,3′,4′,5′-tetramethyl ether** **17,** 40
Myricetin, galactoside **17,** 55
—, **3′-glucoside** **17,** 55
—, **3-rhamnoside** **17,** 55
Myricitrin **17,** 12
Myristic acid (Myristinsäure) **5,** 81, 82; **8,** 156
—, gedehnte Filme **4,** 370
—, (lipides bactériens) **10,** 238, 244, 251
—, (mycins) **14,** 202
—, occurrence and deposition **6,** 3, 13, 120
—, in petroleum **17,** 396
—, pH und Voltapotential **4,** 372
—, **β-hydroxy-** (lipides bactériens) **10,** 173, 251
Myristica fragrans, M. malabarica, fat, component acids, glycerides **1,** 31, 32; **5,** 86

Myristicin **6**, 274; **15**, 142
—, spectrum **15**, 140
Myristicinic acid **15**, 128, 129
Myristoléique (acide) (lipides bactériens) **10**, 244
Myrmecophaga tetradactyla, sécrétion musquée **6**, 110
Myrobalanen, Gerbstoffe **13**, 72, 89, 90, 95, 99, 103
Myronique (acide) = sinigrin **18**, 124
Myrosin, occurrence **18**, 136
Myrosinase **18**, 124, 136
—, specificity **18**, 137
—, stability **18**, 137
—, two components **18**, 137
Myrtaceae, Chromone **11**, 151
Myrtenol, Dien-Synthese **10**, 97, 98
Myrtenyl-hydroperoxyd (Dien-Synthese) **10**, 97
Mytiloxanthin **5**, 29
Mytilus californianus, carotenoids **5**, 29
Myxomatosis, Virus **4**, 89, 109
Myxomycetes, carotenoids **12**, 172, 173
Myxotheca arenilega, carotenoids **5**, 25

N.

Nabogenin **13**, 200; **14**, 87
NAcGA (Abkürzung für N-Acetyl-glucosamin) **20**, 202
NAcGaA (Abkürzung für N-Acetyl-galactosamin) **20**, 202
NAcGAS (Abkürzung für N-Acetyl-glucosaminsäure) **20**, 202
NAcM (Abkürzung für N-Acetyl-mannosamin) **20**, 202
NAcMur (Abkürzung für N-Acetyl-muraminsäure) **20**, 202
NAcN (Abkürzung für N-Acetyl-neuraminsäure) **20**, 202
Nachtschwalbe (Federn, Eischalen), Porphyrin **18**, 204, 207, 210
Nahrungsstoffe, Endabbau **4**, 331
Naja spp., toxin, purification, thermostability **12**, 435, 436
—, venom, active principles **12**, 435
—, —, curare and cardiac activities **12**, 416, 441, 442
—, —, electrophoresis **12**, 452, 453
—, —, hemolysin **12**, 439
—, —, inactivation **12**, 438
—, —, inhibitor, cytochrome cytochrome-oxidase system **12**, 442, 443
Naja spp., venom, neurotoxin **12**, 435, 437
N. bungarus, venom, oxidizing enzymes **12**, 429, *N. flava* venom **12**, 410, circulation activity **12**, 417, neurotoxin **12**, 436, and prothrombin **12**, 429, toxic value **12**, 418, 436, *N. hannah* venom **12**, 409, *N. haje* venom **12**, 410, circulation activity **12**, 417, hemolyzing factor **12**, 422, phosphoesterases **12**, 423, toxic action and value **12**, 415, 418, *N. melaneuca* venom, phosphoesterases, ophio-cholinesterase **12**, 423, 426
N. naja venom **12**, 408, 409
—, active proteins **12**, 434, 435, 443
—, cholinesterase **12**, 441
—, heating **12**, 432
—, hemolytic fraction **12**, 421, 422
—, inhibitor (cytochrome cytochrome-oxidase) **12**, 443
—, lecithinase value **12**, 421
—, neurotoxin, basic amino acids **12**, 438
—, ophio-cholinesterase **12**, 426
—, oxidizing enzymes **12**, 429
—, phosphoesterases, phospholipase A **12**, 423, 439
—, proteinases and peptidases **12**, 427, 428
—, and prothrombin **12**, 429
—, toxic action and value **12**, 415, 416, 417, 436
N. nigricollis venom **12**, 410, carbohydrates **12**, 433, lecithinase value **12**, 421, phospholipase, ophio-cholinesterase **12**, 422, 426, *N. tripudians* venom **12**, 409
Nalcit SAR (ion-exchange) **12**, 278
Nalgiovensin **14**, 195, 196
Napelline **16**, 27
—, ethanolamine group **16**, 54
—, isomerization **16**, 54, 56
—, structure **16**, 53, 55, 61
Napelline A and **B, dehydro-**, oxidation **16**, 59
—, **dihydro-** **16**, 54, 55, 56, 58
Napellonine **16**, 54, 55, 62
—, abnormal spectrum **16**, 56
—, → 1,10-dimethyl-7-ethyl-phenanthrene **16**, 61
—, IR spectrum **16**, 54
—, isomerization, mechanism **16**, 56
—, = songorine **16**, 60

Naphthacene from terramycin **16**, 131
Naphthalin (Naphthalene, Naphtalène), bond distances **3**, 216
—, **deriv.**, natürliche **11**, 157, 161
—, **-acetaldehyde**, enzymatic oxidation **17**, 267
—, **-acetamide** and gibberellic acid **18**, 409
—, **-acetic acid** (auxin effect) **18**, 401
—, **acetoxy-**, Spektrum **14**, 150
—, **1-carbonsäure-, 1,2,3,4-tetrahydro- 4**, 236
—, **2-carbonsäure, 1-methyl-**, aus Columbinsäure **17**, 153
—, **8-carbonsäure-methylester, 5-oxy-2,2,7-trimethyl-, 1,2,3,4-tetrahydro- 7**, 26
—, **chloro-**, spectrum **17**, 309
—, **2,3-dicarbonsäure** (Dien-Synthese) **10**, 73, 74
—, **1,2-dicarbonsäure, 4,7-dimethyl- 10**, 54
—, **5,6-dicarbonsäure-anhydrid, 1,2-dimethyl- 7**, 71
—, **1,6-dihydroxy-** (cortisone synthesis) **10**, 353, 354
—, **1,8-dihydroxy-**, Borsäurekomplex **11**, 159
—, **1,8-dimethoxy- 11**, 158
—, **1,2-, 1,6-** und **2,7-dimethyl-**, aus Triterpenen **7**, 15, 16, 22, 59, 67, 68, 71
—, **1,6-diméthyl-** (ambréine) **6**, 126
—, **2,3-dimethyl-** (Dien-Synthese) **10**, 73, 74
—, **1,4-dimethyl-6-isopropyl- 5**, 45, 46, 52
—, **1,5-dimethyl-7-isopropyl- 5**, 45, 46
—, **1,6-dimethyl-4-isopropyl- 12**, 4
—, **1,6-disulfonat** (Actinomycine) **18**, 5, 6
—, **3,6-disulfonic acid, 1-amino-8-hydroxy- 9**, 457
—, **5-β-*D*-glucosid, 1,4,5-trioxy- 11**, 161, 162
—, **2-methoxyphenyl-**, Dehydrierung **17**, 136
—, **2-methyl- 15**, 100
—, —, aus Eleutherol **11**, 159
—, —, **3-amino-6,7-dimethoxy- 15**, 101
—, **1-methyl-7-äthyl- 17**, 149
—, **1-methyl-7-isopropenyl- 17**, 150
—, **6,7-methylenedioxy-1-(3,4,5-trimethoxyphenyl)-3-hydroxymethyl- 15**, 148
—, **β-sulfonsäure** (Actinomycine) **18**, 5
Naphthalin, 1,3,4,8-tetraacetoxy-, Spektrum **14**, 149
—, **1,2,5,6-tétraméthyl-** (ambréine) **6**, 124, 126
—, **1,2,5-trimethyl-**, aus Columbin **17**, 152
—, **1,2,6-trimethyl-**, aus Iren **8**, 160
—, **1,2,7-trimethyl- 2**, 32; **7**, 15, 16, 52, 54, 59, 68, 74
—, **1,5,6-trimethyl- 6**, 126; **7**, 5, 6, 7, 15, 74
—, **1,6,7-trimethyl-** (Dien-Synthese) **10**, 48
—, **1,5,6-trimethyl-2-oxy- 7**, 15, 39, 64, 67, 68
—, **1-vinyl-6-methoxy-3,4-dihydro-** (Dien-Synthese) **10**, 76, 78, 79, 82
Naphthazarin, Einfluß auf Fusarium **6**, 221
—, Giftwirkung **6**, 214
Naphthenic acid (petroleum) **17**, 397
Naphthionsäure (Actinomycine) **18**, 5
β-Naphtho-2-quinoline (aza shift) **16**, 200
Naphthochinon (Naphtoquinone), activité bactériostatique **10**, 226
—, bakteriell **6**, 156; **10**, 223
—, biochemischer Antagonismus **6**, 223
—, aus *Eleutherine bulbosa* **11**, 162
—, und Enzyme **6**, 206
—, in Pilzen, höheren Pflanzen, Tieren **6**, 167, 173, 196
—, rôle biologique **10**, 226
—, **hydroxy-**, reduzierende Acetylierung **14**, 150
α-Naphthochinon, und Allo-ocimen **10**, 49
—, (Dien-Synthese) **10**, 34, 39, 50
—, und Lävopimarsäure **10**, 68
—, **2-acetyl-tetraoxy- 6**, 199
—, **alcoylée** (bactéries) **10**, 223
—, **2-äthyl-3,5,6,7,8-pentaoxy- 6**, 197
—, **2-chloro-** et uréase **9**, 107
—, **2,3-dichloro-**, action bactériostatique **6**, 208; **10**, 226
—, —, antivitamine **9**, 106
—, **2-méthoxy-**, antagoniste **9**, 105, 107
—, —, Vorkommen **6**, 182
—, **8-methoxy-** (Eleutherin) **11**, 162
—, **2-méthyl-**, antagoniste **9**, 98, 105, 107
—, —, action bactériostatique **10**, 226
—, —, biochem. Effekt **6**, 211, 223; **11**, 156
—, **2-méthyl-3-difarnésyl- 10**, 224
—, **2-méthyl-3-phytyl- 9**, 106

α-Naphthochinon, 3,3′ méthylène-2 bis-hydroxy- (diphtiocol) **9,** 105
—, **2-oxy-3-alkyl-Reihe** (Malaria) **6,** 204
—, **2-oxy-3-(2′-methyloctyl)- 6,** 213
—, **5-oxy-,** und Spermatozoen **6,** 198
—, **5,6,8-trihydroxy-** (Agglutination) **6,** 198
β-Naphthochinon, Giftwirkung **6,** 214
—, **3-methyl-** (Eleutherinol) **11,** 140
—, **4-sulfonsäure,** biol. Effekt **6,** 213
Naphthodianthren, Spektrum **14,** 154
—, **2,2′-, 3,3′-,** und **4,4′-dimethyl-,** Spektrum **14,** 154
Naphthodianthron, 4,5,7,4′,5′,7′-hexaoxy-, Ringsystem **14,** 181
α- und **β-Naphthoesäure (Naphthoic acid) decahydro- 4,** 236
β-Naphthoesäure, (Dien-Synthese) **10,** 73, 74
—, **4-methoxy-,** aus Eleutherolsäure **11,** 159
—, **4-oxy-5-** und **-8-methoxy- 11,** 159
—, **4-oxy-3-oxymethyl- 11,** 161
—, **lactone, 6,7-methylene-dioxy-1-(3,4,5-trimethoxyphenyl) -3-hydroxymethyl-, 5,6,7,8-tetrahydro- 15,** 114, 148
2-Naphthoic acid, 3-methyl-6,7-methylene-dioxy- 15, 100
—, **6,7-methylenedioxy-1-(3,4,5-tri-methoxyphenyl)-3-methyl-, 1,2,3,4-tetrahydro- 15,** 148
1,8-Naphthoic anhydride, 2-hydroxy-, structure **20,** 318
1,4-Naphthohydrochinon-diphosphat, 2-methyl-, mitosehemmende Wirkung **6,** 211
—, —, et protéines **19,** 339
α-Naphthol, 2-amino- (biol. Oxydation) **4,** 195
—, **8-amino-3,6-disulfuric acid 9,** 467
β-Naphthol, Dien-Synthese **10,** 94
—, **decahydro-** (biol. Oxydation) **4,** 195
—, **α-nitroso-** (tyrosine reagent) **12,** 292
α- und **β-Naphthol-β-*d*-glycosid, tetra-acetyl- 1,** 19
Naphthopurpurin 6, 198
Naphthopyron 11, 150, 158
—, natürliches **11,** 127
—, Spektrum **11,** 138
Naphthoquinone, s., see, voir, Naphthochinon
Naphthostyril, 4-amino- 9, 131, 132
—, **2-cyano-2-formylethylidene-4-amino- 9,** 124, 125
β-Naphthothiazole (aza shift) **16,** 200
2-Naphthoxy-acetic acid (synergism) **18,** 409
β-Naphthylamin im Tier **4,** 195
α-Naphthyl-äthylendiamino-chlorhydrat 18, 63
Naphthyl-carotene, configurational assignments **18,** 320
—, synthesis of *cis* form **18,** 275
Naphthyl-glucuronsäure 4, 229
Naphthyliden-acetaldehyd, decahydro- 11, 105
Narbomycin, Kohlenhydrat-Komponente **20,** 219
—, oxidation **16,** 115
Narcissus jonquilla, indole **17,** 251
L-**Narcotine 13,** 402
—, = Melinonin-C **17,** 190
Naringenin 17, 23
Naringin, IR bands **17,** 58
—, → rhoifolin **17,** 45
Nasturtium officinale, iso-thiocyanates **18,** 149, 157, 166
Natalo-emodin 6, 178
Natural gas, isotopic composition of carbon **14,** 330
Neat's foot oil, fat **5,** 80, 82; **6,** 20
Nebenniere, Cholesterol-Biosynthese **12,** 133
—, Flavingehalt **2,** 64
Nebennierenrinde, Hormone **12,** 145, 148
Nebennieren-tumor, Harnsteroide **12,** 150
Nebularine, from *Clitocybe nebularis* **20,** 27, 28
—, = 9-β-*D*-ribofuranosyl-purine **20,** 28
Necic acids from *Senecio* alkaloids **12,** 204, 225, 230
Nectandra globosa, skatole **17,** 254
Nectria cinnabarinus, phytoene **12,** 176
Negretein 20, 184
Negri-Körper 4, 96
Neisseria gonorrhoeae, growth factors **9,** 406, lipides **10,** 252
N. meningitidis, N-acetyl-neuraminsäure **20,** 228, *N. perflava,* Q-enzyme **11,** 30
Nelkenstiel-Öl, Naphthalin **11,** 161
Nemotin 14, 48, 50, 54
—, Isomerisierung und Polymerisierung **14,** 48

Nemotin A **14**, 49
Nemotinsäure **14**, 48, 50
—, Isomerisierung und Polymerisierung **14**, 48
—, → Nemotin **14**, 48
Nenitzescu-säure-äthylester **17**, 109
Neo-abietic acid **12**, 21, 22
Neo-ajmaline **10**, 401, 402; **13**, 366, 368
—, pharmacol. effect **13**, 413, 414
Neo-bilirubinsäure **3**, 93, 94
—, **formyl-** **3**, 115, 120
Neo-bixin A—C, methyl- **18**, 322, 326
—, —, configuration **18**, 324, 327
—, —, spectrum **18**, 323, 324
Neo-canthaxanthin A—F **18**, 301, 302, 303
—, spectrum (IR and UV) **18**, 302, 303
Neo-capsanthin A, *cis*-peak **18**, 252
—, spontaneous isomerization **18**, 264
Neo-capsanthin A—C **18**, 310
—, rotatory power **18**, 240
Neo-capsanthin B, spontaneous isomerization **18**, 264
Neo-capsanthin dipalmitate A, B, rotatory power **18**, 240
Neo-capsorubin A, B, rotatory power **18**, 240, 316
Neo-capsorubin dipalmitate A, B, rotatory power **18**, 240
Neo-α-carotenes **18**, 230, 231
—, biopotency **18**, 331, 332
—, *cis*-peak **18**, 252
—, IR spectrum **18**, 306, 307
Neo-α-carotene B, C, U, W, X **18**, 306, 307
Neo-α-carotene U, rotatory power **18**, 240
—, stability **18**, 239
Neo-β-carotenes, *cis*-peak **18**, 252
Neo-β-carotene B, biopotency **18**, 331, 332, 333
—, configuration **18**, 297, 299
—, IR spectrum **13**, 58; **18**, 297, 298
—, spontaneous isomerization **18**, 264
—, stereoisomerization by refluxing **18**, 268
Neo-β-carotene U, biopotency **18**, 332, 333
—, configuration **18**, 297, 298
—, IR spectrum **13**, 58; **18**, 297, 298
—, rearrangement in the body **18**, 333
—, spectrum **18**, 296
—, stability **18**, 239
—, stereoisomerization by refluxing, in melt **18**, 265, 268
Neo-β-carotene A, B, U, 3,4-dehydro- **18**, 305, 308
Neo-β-carotene mono- and **diepoxides** **18**, 303, 304
Neo-γ-carotenes, *cis*-peak **18**, 252
Neo-γ-carotene H, P, U **18**, 309
Neo-γ-carotene P **18**, 288, 291
—, biopotency **18**, 332
—, UV and IR spectrum **18**, 309, 310
Neo-carotene A, D, J, *retro*-**dehydro-** **18**, 306
Neo-carotenoids, nomenclature **18**, 227
Neo-celaxanthin A—C **18**, 310
Neo-chebulagsäure **13**, 96, 97, 98
—, **tetradecamethyl-** **13**, 97
Neo-chebulinsäure **13**, 85, 88, 89
—, aus Chebulinsäure **13**, 89
—, **tetra-** und **pentadecamethyl-** **13**, 86, 89
Neo-cryptoxanthin A, *cis*-peak **18**, 252
Neo-cryptoxanthin A, U, biopotency **18**, 332
Neo-cryptoxanthin A, B, U, configuration **18**, 300
Neo-α-cryptoxanthin A, B, U **18**, 307
Neo-ergosterol **1**, 83; **11**, 93
Neo-fucoxanthin A, B **18**, 317
Neo-gazaniaxanthin, rotatory power **18**, 240
Neo-germbudine, acyl groups **20**, 345
Neo-germidine, acyl groups **20**, 345
Neo-germitrine **20**, 342
—, acyl groups **20**, 345
—, hypotensive effect **20**, 356
Neo-helenalin **19**, 67, 68, 69
Neo-herculin **10**, 454
Neo-inosit, 2-amino-, in Antibiotica **20**, 219
Neo-irone (α- und γ-) **8**, 177, 178, 179, 180
Neo-isoirone **8**, 177
Neo-kestose **19**, 305, 306, 312
Neo-lactose, acetochlor- **2**, 202
Neo-lactucin **17**, 140
Neo-lutein A, B **18**, 308
—, *cis*-peak **18**, 251
Neo-lycopenes, *cis*-peak **18**, 252
Neo-lycopene A, *cis*-peak **18**, 252
—, configuration, spectrum (IR and UV) **18**, 229, 288, 312
Neo-lycopene A—D **18**, 289, 314
Neomamillaria magnimamma, cactus alkaloids **6**, 249

Neo-methymycin, isomer of methymycin **16**, 115
Neo-mycin B und **C**, Kohlenhydrat-Komponente **20**, 219
Neo-neurosporene A—F **18**, 314
Neo-neurosporene P, R **18**, 282, 288, 291
Neo-nicotin **2**, 267; **10**, 228
Neo-pentane, bond distances **3**, 208
Neo-phäoporphyrin a_6 **1**, 180
Neophema (Federn), Fluoreszenz **18**, 199
Neophromin **6**, 173
Neophromium lusitanicum, Chinone **6**, 173
Neoplasms and α-peltatin **15**, 143, 144
Neoprene **10**, 126, 132
—, *cis-trans*-configuration **10**, 138
—, stretched, fiber diagram **10**, 147
—, transition temperature **10**, 152
—, viscosity **10**, 137
Neoprene CG and **GN** **10**, 137, 138, 140, 141, 154
Neo-protocuridin **9**, 179, 180, 201; **17**, 184
Neo-protoveratrine, acyl groups **20**, 352
Néo-pyrithiamine, antivitamine **9**, 90, 91
Neo-quassin, insecticide **10**, 461, 462
Neo-retinene a **14**, 258, 260, 262
—, spectrum **14**, 264
Neo-retinene b (hindered) **14**, 259, 260, 261, 262
—, = 11-*cis*-retinene **14**, 262
—, spectrum **14**, 264
—, structure **14**, 261
Neo-retinene b alcohol **14**, 261
Neo-retinene c **14**, 261, 262
—, spectrum **14**, 264
Neo-rhodin-porphyrin g_3 **1**, 202
Neo-rhodoviolascin A **18**, 264, 316
Neo-sabadine **20**, 354
—, **dihydro-** **20**, 354
Neo-spongosterol, Biosynthese **12**, 143
Neo-sterol **1**, 63, 93
Neo-tanghiferin **13**, 210; **14**, 79, 88, 106, 120
Neo-taraxanthin A—C **18**, 308
Neo-tenulin, deacetyl- **17**, 145; **19**, 69, 70
—, —, NMR study **19**, 70
Neothunnus macropterus, protein **5**, 289
—, vitamin D **6**, 54
Neo-trehalose **2**, 206
—, **heptaacetyl-** **2**, 206
Neo-vitamin A **9**, 42, 46, 49, 67, 70; **14**, 258, 260
—, biopotency **9**, 66
Neo-vitamin A acid **9**, 68
—, **anthraquinone-β-carboxylate** **9**, 49
—, ***p*-phenylazobenzoate** **9**, 49
Neo-vitamin Aa, Ab and **Ac**, spectrum **14**, 261, 264
Neo-vitamin A_1 **12**, 21
Neo-xanthobilirubin **3**, 97
Neo-xanthobilirubinsäure **3**, 92, 93, 94, 95, 103, 126
—, **formyl-** **3**, 102, 115, 116, 120
—, **methylester, oxymethyl-** **3**, 97
—, **vinyl-** **3**, 99
Neo-zeaxanthin A **18**, 300
Neo-zeaxanthin A, B, *cis*-peak **18**, 252
—, configuration **18**, 301
—, IR and UV spectrum **18**, 252, 301
—, rotatory power **18**, 240
Neo-zeaxanthin C **18**, 301
Nepetalactone **12**, 2
Nepetalinic acid **19**, 53
Nephelium lappaceum, *N. mutabile*, fat **1**, 32, 34
Nephromopsinsäure **2**, 30; **8**, 209
Nephromopsis endocrocea, *N. Stracheyi*, Flechtenstoff **2**, 30, 52, Chinoide **6**, 174
Nephrosteransäure, Nephrosterinsäure **2**, 30, 31; **8**, 209
Nephrosterylsäure und **-lacton** **2**, 30
Nereis diversicolor, glycocyamine-phosphokinase **18**, 95
Neriantin **4**, 5, 9; **7**, 144, 154; **13**, 210; **14**, 116
Neriantogenin **4**, 5, 9; **7**, 144, 146, 154; **12**, 158; **13**, 172, 196, 210
—, **acetyl-** **4**, 5
Neriifolin **7**, 99, 100, 150; **13**, 202; **14**, 75, 77, 89, 120
—, **acetyl-** **7**, 99, 150; **13**, 142, 202; **14**, 89, 115, 120
—, **desacetyl-** **13**, 149, 150
Nerium spp., *N. odorum*, *N. oleander*, herzaktive Glycoside und Aglykone **4**, 5; **7**, 106, 114; **14**, 92, 93, 110, 115, 116, *N. oleander*, rutin, kaempferol **17**, 49
Nerolidol **12**, 3
—, → bisabolene **19**, 267
—, in Synthese von Ubichinon-ähnlichen Chinonen **20**, 93
Nervenganglien (Curarewirkung) **17**, 233
Nessler reagent and periodic acid (amino acid chromatography) **12**, 291

Nesterseide, Röntgendiagramm **1**, 319
Netropsin **16**, 116, 118
Nettle, 5-hydroxy tryptamine **17**, 264, 265
—, fibers, cellulose **5**, 167
Nettle sting enzyme **17**, 266
Netzebenen (cellulose) **5**, 157
Netzhaut (retina), Flavingehalt **2**, 64
Neuberg ester **8**, 59, 77, 82
Neuraminidase **20**, 224
Neuraminsäure **20**, 203
—, **N-acetyl-** **20**, 203, 204
—, —, Entstehung im Säugetier **20**, 247
—, —, in Gangliosiden **20**, 224
—, —, Synthese **20**, 218
Neuraminsäure-haltige Polysaccharide **20**, 228
Neuropharmacology (*Rauwolfia* alkaloids) **13**, 423
Neuroptera, Pterine **4**, 77, 80
Neurospora, anthranilic acid **13**, 304
—, carotenoid formation **12**, 169, 184, 185
—, (genetics) **5**, 310, 311, 315, 316, 318, 320, 326; **6**, 170; **20**, 432
—, growth factors **9**, 402, 407, 408, 409, 410, 412, 414, 415, 416
—, indole **17**, 253
—, isoleucine and valine requirement **12**, 477
—, mutant strains **5**, 312, 313; **12**, 476, 478, 480
—, orotic acid riboside **9**, 392
—, pantothenic acid formation **5**, 314
—, spirilloxanthin **12**, 177
—, tryptophan **5**, 316
—, Zn content and tryptophan **17**, 259
N. crassa, carotenoids **12**, 172, 173, 174, 175, 176, 177, 178, 181
—, —, polyene deficiencies **12**, 181, 182, 183
—, Chitin **20**, 248
—, Ergosterol, markiertes **12**, 133
—, Hexosamine **20**, 244
—, life cycle **5**, 311
—, neurosporene **18**, 290, 314
—, phototropic response **12**, 191
—, phytoene **12**, 176
—, tyrosinase **20**, 434, 435
—, Ubichinon **20**, 81, 82
N. sitophila, carotenoids **12**, 172, 173, 174, and pyridoxine **9**, 430, *N. tetrasperma*, reproduction **12**, 190
Neurosporene **12**, 173, 179
—, *cis*-peak **18**, 253
—, configurational assignments **18**, 314
—, dehydrogenation **15**, 37, 38
—, in fungi **12**, 175
—, iodine-catalyzed equilibrium **18**, 270
—, isomerization by refluxing **18**, 266
—, structure **18**, 316
cis-**Neurosporenes** **18**, 314
Neurotoxin **12**, 408
—, in *Bungarus fasciatus*, *Naja*, *Vipera* venoms **12**, 435, 436, 437, 443
Nezuko, terpenoid tropolones **13**, 237
Ngaione **12**, 3
NGN (Abkürzung für N-Glykolyl-neuraminsäure) **20**, 202
N—H stretching vibrations (IR) **13**, 26
Niacin **17**, 257
—, antagoniste **9**, 98
—, biosynthesis and inhibitors **17**, 257, 258
—, and fat **6**, 36
Niam, fatty acids **6**, 3
Nickel glycine dihydrate, crystal structure **8**, 318
Nickel-phtalocyanin, Elektronen-Dichte **1**, 307
Nicotal **2**, 252
Nicotein **2**, 263, 264, 266, 267, 271, 272, 281, 284, 289, 291
Nicotellin **2**, 264, 265, 268, 289, 291
Nicotiana alkaloids, color tests **10**, 434
—, insecticides **10**, 429
—, relative toxicity **10**, 430
Nicotiana spp., alkaloids **2**, 280; **10**, 427, anthocyanins **20**, 187, and gibberellin **18**, 396, 397, 407
N. attenuata, *N. affinis*, *N. debneyi*, *N. glauca*, *N. glutinosa*, *N. rustica*, *N. sylvestris*, *N. tabacum*, *N. trigonophylla*, alkaloids **2**, 273, 280, 287; **10**, 426, 427, 428, 429, *N. glutinosa*, *N. sylvestris*, *N. rustica*, und Tabakmosaik-Virus **4**, 106, 107, 161, 164, 165, *N. tabacum*, caffeic acid **17**, 46
Nicotianin **2**, 249
Nicotimin **2**, 263, 267, 275, 289, 292
Nicotin **2**, 249, 276, 280, 287, 290; **10**, 426, 427
—, biosynthesis **10**, 428; **19**, 250
—, insecticide **2**, 282; **10**, 429, 430, 432, 433

Nicotin, IR spectrum **10,** 434
—, Struktur, Konfiguration **2,** 250, 258
—, Synthese **2,** 253
—, toxicity **10,** 430, 432, 435
—, **complex salts 10,** 430, 433
—, **cyanide, cuprous,** insecticide **10,** 431
—, **dehydro- 2,** 252, 290, 291
—, **dibrom-dehydro-** und **dibrom-dioxy-dehydro- 2,** 252
—, **Glucoverbindungen 2,** 281
—, **hexa-** und **octahydro- 2,** 255, 256, 290
—, **jodmethylat 2,** 258, 266; **10,** 431
—, **silicotungstate 10,** 434
—, **Isomere,** synthetische **2,** 259
d-, l- und *dl-***Nicotin 2,** 261, 282, 289, 291
α- and **β-Nicotine,** insecticide **10,** 426
α,α'- und **β,β'-Nicotin 2,** 261, 290
2,2'- und **3,3'-Nicotin 2,** 259, 261
l-**3,2'-Nicotin 2,** 282
m-**Nicotin 2,** 252, 282, 290, 291
—, **N-brom-dihydro- 2,** 257
—, **di-, hexa-** und **octahydro- 2,** 290
Nicotin-ähnliche Basen 2, 290
Nicotinamide 1, 100, 101, 106, 107, 109, 114
—, antagoniste **9,** 98
—, Bindung in Codehydrase **1,** 109
—, fluorescence **6,** 337
—, und Hypojodit **1,** 112
—, inhibitor **9,** 338
—, **deriv. 1,** 110
—, **acetobrom-glucosido- 1,** 112
—, **glucosido-dihydro- 1,** 112
—, **glycosides 8,** 115
—, **jodmethylat 1,** 109, 111, 112
—, **N-méthyl-,** fluorescence **6,** 337
—, **nucleosides** and **nucleotides 1,** 112, 113, 115, 117; **8,** 115, 123
—, **riboside 9,** 369, 384, 405
—, —, **dihydro- 8,** 115, 116
Nicotinammino compounds, toxicity **10,** 430
Nicotinium compounds, octyl-, dodecyl-, hexadecyl- and octadecyl- **10,** 433
Nicotinium diiodide, dimethyl- 10, 431
Nicotinoyl-β-peltatin-A, B 15, 154
—, **methiodide 15,** 137, 155
—, —, and sarcoma **15,** 154
Nicotinoyl-picropodophyllin 15, 154
Nicotinoyl-podophyllotoxin 15, 154
—, **methiodide 15,** 137, 155
—, —, and sarcoma **15,** 153
Nicotinoyl-podophyllotoxin, methosulfate 15, 137, 155
—, —, and sarcoma **15,** 154
Nicotinsäure (Nicotinic acid) 2, 250, 252, 254, 263, 268; **8,** 30
—, from anibine **20,** 140
—, antagonistes de **9,** 98
—, fluorescence **6,** 337
—, (genetics) **5,** 316
—, from hydroxy-kynurenine **13,** 304
Nicotinsäureester 2, 278, 279
—, **imidoäthyläther 1,** 109
—, **β-methyl- 8,** 266, 267
—, **methylamid 1,** 109
—, **methylbetain 2,** 259, 280
—, **nitril 2,** 258
Nicotoin 2, 291
Nicotol und **Nicoton 2,** 252
Nicoton, N-methyl- 2, 259
Nicotoyl-essigester 2, 257
Nicotyrin 2, 255, 261, 269, 274, 275, 282, 289, 291
—, **brom-dihydro- 2,** 255
—, **dihydro- 2,** 254, 255, 258, 261, 263, 264, 272
—, **jod- 2,** 254, 264
—, **tetrahydro- 2,** 255
2,2'-, 2,3'-, und **3,3'-Nicotyrin 2,** 259, 260, 261, 290
Nidhone synthesis (coumarin) **9,** 233
Niere, Cholesterol-Biosynthese **12,** 133
—, Flavingehalt **2,** 64, 65
Nigella damascena, damascenine **13,** 304
Niger seed oil, fatty acids **5,** 80, 82
Night blindness 14, 253
Nigrescigenin 13, 183, 198; **14,** 121
Nimbicetin 17, 16
Ninhydrin, in amino acid and peptide estimation **11,** 250; **12,** 288, 289, 295, 297
—, et hormones thyroïdiennes **12,** 370
Ninox roseoaxillaris (Federn), Porphyrin **18,** 205
Nioi-hiba, terpenoid tropolones **13,** 237
Nitramine, 3-hydroxy-2,4,6-trinitrophenyl-methyl- 13, 310
Nitriles, IR spectra **5,** 373
—, in plants **17,** 269
—, **acetyl,** Abbau **2,** 195
„Nitritkörper“ (Furanopyrrol Deriv.) **3,** 91, 95, 98

Nitro compounds (Nitrokörper), in fungi **20**, 6
—, IR spectra **5**, 373
—, natürliche **18**, 55
N_ω-Nitroarginin, N_α-carbobenzoxy- **13**, 480
***p*-Nitrobenzaldehyde** from chloromycetin **16**, 103
Nitrobenzene, 3,5-diiodo-4-(4′-methoxy)-phenoxy- **2**, 116
—, ***o*-nitroso-**, and phytofluene **15**, 38
—, —, **3,4,5-triido-** **2**, 116, 121
3-Nitrobenzoic acid, 2′-hydroxy-4′-methyl-2-benzoyl- **7**, 256, 257
4-Nitrobenzyl ketone, 2,4-dihydroxy-phenyl-, → 6-hydroxy-4′-nitro-isoflavone **17**, 42
Nitrocellulose **1**, 268, 271, 272, 276
—, adsorbability **8**, 343
—, osmotischer Druck **1**, 268, 271, 272
Nitrogen, excretion, wear and tear quota **6**, 39
—, (Lupinen) **8**, 245, 246
—, metabolites, in fungi **20**, 1
—, organic, in marine mud **17**, 392
—, pool in humans **9**, 302
—, turnover and balance (animals) **9**, 295
—, Verbindungen in Flechten **8**, 232
Nitrolignin **2**, 11; **5**, 195
Nitromethane-HCl (peptides) **12**, 310
Nitromoschus, Geruch **8**, 191, 192
Nitrophenyl-ester (Peptid-Synthese) **13**, 496
Nitrophenyl-hydrazide (Peptid-Synthese) **13**, 476
***p*-Nitrophényl-phosphate** **19**, 346, 354, 357
—, transfert de phosphate **19**, 356
β-Nitropropionic acid (**β-Nitropropionsäure**) **18**, 64; **20**, 6
—, aus *Aspergillus flavus, A. oryzae, Penicillium atrovenetum* **18**, 65
—, biosynthesis **20**, 6, 7
—, in fungi (Nitratstoffwechsel) **18**, 65; **20**, 6
—, natürliche **18**, 55, 64
Nitroso-cobalamin **9**, 420
Nitroso compounds, in fungi **20**, 6
α-Nitroso-β-naphtol, et hormones thyroïdiennes **12**, 370
NMR, s., see, voir, Nuclear magnetic resonance
Nobiletin **17**, 8, 19, 55
Nocardamine, structure **16**, 118
Nocardia, antibiotics **16**, 91, 115, 118,
N. acidophilus, Mycomycin **14**, 46
Noctiluca scintillans, carotenoids **5**, 24
Nodakenetin **9**, 227, 272; **11**, 151
—, **anhydro-** **9**, 272
Nodakenin **9**, 272; **17**, 174
Nomenklatur (nomenclature), Actinomycine **18**, 11, 46
—, Aglykone der Herzglycoside **13**, 153
—, Aminozucker **20**, 202
—, azulenes **5**, 46
—, Bilirubinoide **3**, 96
—, carotenoids **18**, 226
—, diterpenes **12**, 26
—, Flavine **2**, 65
—, gibberellins **18**, 354
—, Glycopeptide, Glycoproteine **20**, 203
—, Grenzflächenforschung **4**, 347, 348
—, dériv. guanidiques **18**, 85
—, helical structures **11**, 204
—, hemoglobins **17**, 324, 325, 348, 364
—, Heterobetulin-Gruppe **7**, 61
—, iso-thiocyanates and glucosides **18**, 125, 136
—, lanostane deriv. **12**, 50
—, pyrethrins **19**, 126
—, Steroide **11**, 100
—, Triterpene **7**, 19
—, Ubichinone **20**, 74
—, vitamin A **9**, 2; **14**, 262
Nomilin **17**, 174
—, in Orangensamen **17**, 128
10,13-Nonadecadienoic acid (non-essential) **6**, 29
***n*-Nonadécanoïque (acide)**, (lipides bactériens) **10**, 184, 185, 186
—, **10- et -11-méthyl-** (lipides bactériens) **10**, 187, 188
Nonadien-(2,6)-al-(1) **8**, 187, 188, 189
—, Geruch und Konfiguration **8**, 194
—, Stereoisomerie **8**, 198
Nonadien-(2,6)-ol-(1) **8**, 188, 189, 194, 198
—, Biogenese **8**, 197
—, Geruch und Konfiguration **8**, 194
—, Stereoisomerie **8**, 189
—, **1-brom-** **8**, 190
cis-**$\Delta^{6,7}$-Nonadienol** **8**, 189
Nonalupin **8**, 263
Nonan, 5-amino-1,9-dibrom- **8**, 250
—, **α-carboxy-, dicarbonsäure-(1,9)** **4**, 217

n-**Nonanoic acid,** from petroleum **17,** 397
—, (Veilchenblätteröl) **8,** 187
—, **4,8-dimethyl- 9,** 253
—, **8-keto- 10,** 197, 198
Nonatrienal 8, 197, 198
Nonne, Virus **4,** 174
n-**Nonylic acid,** from petroleum **17,** 397
p-**Nonylphenol,** Mischfilme **4,** 386
Nootkatin 12, 19, 20; **13,** 236, 237, 241, 289
—, Cu complex **13,** 241
—, X-ray studies **13,** 266
Nor-acronidine 13, 329
Nor-adrenaline 6, 276
—, in carbohydrate metabolism **14,** 236
—, oxidation **14,** 220, 221, 227
—, **2-methyl-, 2-ethyl-,** and **1-isopropyl-,** oxidation **14,** 220, 221, 227
Nor-adrenochrome, in the body **14,** 235
—, spectrum **14,** 223
—, **2-ethyl-,** spectrum **14,** 223
—, —, **semicarbazone 14,** 224, 234
—, **1-isopropyl-** and **semicarbazone 14,** 234
N-Nor-apomorphin, 3-oxy-5,6-dimethoxy- 9, 189
Nor-ascaridol, Dien-Synthese **10,** 96
Nor-atranorin 8, 236
Nor-barbatinsäure 2, 44
Nor-bixin 9, 3; **18,** 320
Nor-borneol (Dien-Synthese) **10,** 57, 58, 60
α- and **β-Nor-borneol 10,** 60, 61
Nor-bornylan und **Nor-bornylen,** Dien-Synthese **10,** 57
Nor-Calebassen-alkaloid-H 17, 190
Nor-calebassin, desoxy- 17, 223, 225
Nor-campher 3, 10, 11
—, Dien-Synthese **10,** 57, 58
—, katalytische Hydrierung **10,** 61, 62
—, **N-methyl- 3,** 11
—, **6-methyl-** (Dien-Synthese) **10,** 58, 59
Nor-cantharidin 3, 13, 14
—, Dien-Synthese **10,** 88
Nor-caperatsäure 2, 30; **8,** 209
—, **desoxy- 8,** 209, 210
Nor-caradien (Dien-Synthese) **10,** 64
Nor-carnegine 6, 265
Nor-caryophyllenic acid 12, 26; **19,** 3
Nor-cedrene dicarboxylic acid 12, 18, 19
$\Delta^{5,6;20,22}$-Nor-choladiensäure-lakton, 3-acetoxy-21-oxy- 4, 2
Nor-cholanate, 3α-acetoxy-11-keto-, methyl 10, 288
Nor-cholanate, 3α,9α-oxido-11-keto-, methyl 10, 303, 304
Nor-cholanic acid 10, 297
$\Delta^{20,22}$-Nor-cholensäure, 3-oxy-, Oxydation **4,** 2
$\Delta^{5,7}$-Nor-cholestadien-3β-ol 11, 94
Nor-cholestenol-(3)-on-(25) → Nor-cholesten-dion-(3,25) **4,** 238
Nor-colchiceine, deacetyl-amino- 13, 260
Nor-α-collatolsäure 2, 47
Nor-coralydine, biosynthese **19,** 257, 259
Nor-curarin 17, 218, 219
—, Halochromie **17,** 220
—, Zinkstaubdestillation **17,** 218
—, **monochlormethylat,** Toxicität **17,** 235
Nor-cuspareine 13, 309
Nor-cyclen und **-dicarbonsäure,** Dien-Synthese **10,** 65, 66
Nor-deoxycholic acid 10, 288
Nor-dictamnal, Nor-dictamnine 13, 318, 320, 322
Nor-didymsäure, decarboxy- 8, 212
28-Nor-eburic-8-en-21-oate, methyl 12, 94
Nor-eleutherolsäure, Borsäurekomplex **11,** 158
Nor-ephedrin 9, 122; **18,** 62
Nor-ergobasine, Nor-ergobasinine 9, 164
Nor-euphorbenol, keto- 12, 115
Nor-evoxine 13, 327
Nor-fluorocurin 17, 196, 199
—, **tetrahydro- 17,** 196, 199
Nor-harman, dihydro- 13, 337, 339
Nor-icariin 17, 17
Nor-icaritin 7-glucoside 17, 17
Nor-isoacronycidine 13, 325
Nor-isolysergic acid, dihydro- 9, 132
7-Nor-isovisnagin 11, 135
Nori utsugi (polysaccharides, immunol.) **18,** 510, 520, 525, 527, 528
2-Nor-khellin, Pharmakologie **11,** 156
5-Nor-khellol 11, 137
Nor-laudanosine 6, 271
—, biosynthesis **19,** 257, 259
Nor-leucine 12, 276
—, crystal structure **8,** 318; **11,** 182
—, in fish proteins **5,** 272
Nor-lupanalon 7, 63
Nor-lupinan 3, 17, 20; **8,** 247, 248, 249, 250, 251
—, Synthese **8,** 248, 249
—, **3-carbonsäureester, 4-oxo- 8,** 250
—, **keto- 8,** 250, 251

α-**Nor-lupinon 8**, 249, 250, 251, 265
—, Dehydrierung **8**, 251
—, **methyl-amyl- 8**, 260
Nor-lysergic acid, dihydro-, and **methyl ester 9**, 132
Nor-mavacurin, Se-dehydrierung **17**, 197
Nor-medicosmine 13, 328, 329
Nor-melinonin-A → Alstyrin **17**, 202
Nor-melinonin-B 17, 202
Nor-menisarin 9, 177, 180, 204
Nor-muscone 6, 107
Nor-mycolanol, méthoxy-, acétate 10, 202
Nor-mycolanone, anhydro- et **oxime 10**, 202
—, **hydroxy-** et **oxime 10**, 202
—, **méthoxy- 10**, 202
Nor-mycol-diène-25,x 10, 202
Nor-mycolène-25, hydroxy-x- 10, 202
Nor-nicotin 2, 258, 262, 266, 267, 269; **10**, 426, 427, 434
—, biosynthesis **10**, 428
—, color tests **10**, 434
—, insecticide **10**, 427
—, toxicity **10**, 432
—, **N-acetyl- 2**, 269
d-, *l-* und *dl-***Nor-nicotin 2**, 256, 268, 270, 275, 282, 288, 291
2,2′-, 3,2′- und **3,3′-Nor-nicotin 2**, 261, 290
Nor-nicotyrin 2, 254, 266, 291
2,2′-, 2,3′- und **3,3′-Nor-nicotyrin 2**, 259, 260, 261, 290
Nor-obtusatsäure 2, 43
Nor-phytane 6, 121
Nor-picrotinsäure, hydroxy- 17, 158
Δ^{4}-**19-Nor-pregnene-3,20-dione,** IR spectrum **13**, 46
Nor-rangiformsäure 8, 209, 234
17-Nor-reserpate-3,4,5-trimethoxy-benzoylester, methyl 13, 366
Nor-salsoline, biosynthesis **19**, 257, 259
Nor-santal 17, 42, 56
A-Nor-steroids, 3-oxo-, equilibration **19**, 180
B-Nor-steroids, conformational analysis **19**, 182
Nor-stictinsäure 2, 50
Nor-toxiferin-I (Calebassen) **17**, 190, 206, 215, 217, 227, 240
—, → Caracurin-II **17**, 228
—, Totalsynthese **17**, 218
Nor-toxiferin, dihydro- 17, 190, 206, 211, 212, 214, 227, 238, 240
—, —, aus Caracurin-V **17**, 214
—, —, → 18-Desoxy-Wieland-Gumlich-Aldehyd **17**, 215
—, —, Doppelbindung **17**, 214
—, —, Raumformel **17**, 214
—, —, Spektrum **17**, 239
—, —, Totalsynthese **17**, 218
—, —, **$N_{(b)}$-monometho- 17**, 214
Nor-tropinone 19, 251
$\Delta^{12,13;17,18}$-**28-Nor-ursadien, 2-acetoxy-11-oxo- 7**, 59
$\Delta^{12,13}$-**23-** und **-24-Nor-ursen, 2-oxo- 7**, 59
Nor-valine, in fish proteins **5**, 272
2-Nor-visnagin, Pharmakologie **11**, 156
5-Nor-visnagin 11, 135, 136
Nor-vitamin A, acetate 9, 70, 74
—, **methyl ether 9**, 71, 75
Nor-vulpinsäure 2, 33
Notatin 7, 201
Notechis spp., venom **12**, 409
N. scutatus, venom, effect on oxidases and dehydrogenases **12**, 432
—, —, inhibition of glycolysis **12**, 431
—, —, and phosphoesterase **12**, 423
—, —, and prothrombin **12**, 429
—, —, toxic value **12**, 410, 418
Novachinon 7, 70
Novasäure 7, 70, 73
Novobiocin, glycosidic unit **16**, 119, 120
—, → oxazole **16**, 119
—, structure **16**, 118
—, synthesis of related amide **16**, 120
Novocaïne, fluorescence **2**, 314
Novorbol 12, 114
N-oxides (pyrrolizidine alkaloids) **12**, 205, 208, 216, 246, 247, 256, 257, 258
N-terminal amino acids, definition, identification, determination **11**, 262; **12**, 304, 313; **17**, 357
N-terminal residues, in peptides and proteins **11**, 261, 266, 268; **12**, 271, 302, 304, 307, 308, 311, 321
N-terminal and **C-terminal residues,** relative number and branching **17**, 359
N-terminal sequence, deamination method **12**, 312
—, iso-thiocyanate method **12**, 308
—, pipsyl method **12**, 297, 312
—, reductive alkylation **12**, 312

Nuclear magnetic resonance and conformation **19,** 196, 197
Nuclear membrane, holes **16,** 148
Nuclear microsomes, biology **16,** 146, 149
Nuclear RNA, transfer to cytoplasm **16,** 148
Nucleic acids (Nucleinsäuren) 1, 121
—, biosynthesis, purine precursors **9,** 413
—, in cell **20,** 428
—, *D*-configuration of sugars **20,** 452
—, fluorescence **6,** 347
—, Funktion **1,** 124
—, in genes **12,** 468
—, (Hefe) **1,** 125, 133, 145, 151, 152, 153
—, incorporation of purines and pyrimidines **9,** 391
—, metabolism (excised leaves) **17,** 164
—, → nucleosides **9,** 364
—, protein complex **12,** 481
—, and protein synthesis **9,** 315
—, Struktur **1,** 125
—, im Virusmolekül **4,** 156
Nucleic acid purines, formation **9,** 391
—, incorporation of glycine **9,** 394
—, labeled **9,** 392
Nucleogelase 1, 151
Nucleoli, microsomes **16,** 146
Nucleoproteins, animal, antigenicity **9,** 447
—, in chromosomes **12,** 468
—, (genetics) **5,** 317, 320
—, purification **8,** 342
—, in thyroid extracts **2,** 105
Nucleosidases and purine nucleosides **9,** 365
Nucleosides 1, 125; **8,** 97
—, chromatography **8,** 101
—, *β*-configuration **8,** 106
—, countercurrent distribution **8,** 98
—, aus Cozymase **1,** 113
—, of deoxyribose **9,** 420
—, enzymatic phosphorylation **9,** 390
—, enzymatic polymerization **20,** 431
—, as growth factors **9,** 401
—, ion exchange **8,** 99
—, labeled, incorporation **16,** 147
—, metabolism **9,** 364
—, —, enzymes **9,** 363, 365
—, periodate oxidation **8,** 102
—, preparation **9,** 364
—, of ribose **9,** 405
—, ring numbering **8,** 98
—, (snake venoms) **12,** 424, 433
Nucleosides, structure **8,** 104, 106, 129
—, synthetic **9,** 413
—, **deoxy- 8,** 118
—, **2′-, 3′-,** and **5′-phosphates 8,** 130, 131
Nucleoside deaminase 9, 378
Nucleoside phosphorylase 9, 366, 368, 374, 381, 385, 392, 393, 426
—, in *Escherichia coli* **9,** 416, 430
Nucléoside-phosphotransférase 19, 358
Nucleotidase 1, 141, 148
5-Nucleotidase 9, 365
—, absence from crotoxin **12,** 450
—, inhibited by Zn **12,** 433
—, in snake venom **12,** 424
Nucleotides 1, 133; **8,** 96, 97
—, aminozucker-haltige **20,** 220
—, chromatography **8,** 101
—, countercurrent distribution **8,** 98
—, of deoxyribose **9,** 420
—, derived from phosphoric acid **8,** 119, 130
—, enzymat. Synthese **20,** 221
—, growth-promoter **9,** 401, 405, 411
—, ion exchange **8,** 99
—, isolation and structure **8,** 119
—, periodate oxidation **8,** 102
—, of ribose **9,** 405
—, Synthese **1,** 143; **8,** 125
—, in vitamin B_{12} **8,** 122; **15,** 180
—, X-ray diagram **8,** 102
Nucleotide pyrophosphatase 12, 423; **19,** 319
Nucleus, chromosomes **5,** 323
—, interaction with cytoplasm **16,** 153
Nucleus-free cells, incorporation of RNA precursors **16,** 147
Nudicaulin, in *Papaver nudicaule* **20,** 185
—, spectrum **20,** 186
Nutmeg fat, component acids, glycerides **1,** 24, 31; **5,** 86; **6,** 3
Nutritional value (fats) **6,** 43, 64
Nylon 10, 121, 144, 152
6,6-Nylon 10, 144, 149, 152
Nystatin, Kohlenhydrat-Komponente **20,** 219

O.

OAAO (abbreviation for ophio-*L*-amino acid oxidase) **12,** 430
Oak galls, ellagic acid **9,** 283
Oakwood, acetolysis **5,** 184
Oar-fish, carotenoids **5,** 32

Oat, s. auch, s. also, Avoine, Hafer
—, coleoptile **8,** 6
—, false, and gibberellin **18,** 410
—, glucan (immunol.) **18,** 510, 514, 515, 516, 517, 520, 521, 522, 525, 526, 527
—, oxidase **17,** 267
Obelin 2, 276, 292
Obscurines, relation to lycopodine **20,** 293
α- and **β-Obscurine 20,** 291, 293, 294
Obtusatsäure 2, 43
Obtusifoliol 12, 121
Oceans, carbon content **14,** 325
—, floor, carotenoids **5,** 21
OChEase (abbreviation for ophio-cholinesterase) **12,** 426
Ochracin 14, 195
Ochrolechiasäure 8, 225
Ocimene 12, 8
—, (Dien-Synthese) **10,** 47, 49
Ocimum spp., methyl cinnamate, methyl chavicol **14,** 205
Octacosénoïque (acide) (lipides bactériens) **10,** 244
9,11-Octadecadienoic acid, Dien-Synthese **10,** 37
—, (non-essential) **6,** 28
9,12-Octadecadienoic acid (essential) **6,** 4, 28
trans-**9**-*trans*-**12-Octadecadienoic acid** (non-essential) **6,** 28
9,12-Octadecadienol, in fat deficiency **6,** 28
Octadecanoic acid, 9,12-dioxido- (non-essential) **6,** 28
—, **9,10,12,13,15,16-hexahydroxy-** (essential) **6,** 28
—, **8-keto-10-methyl- 10,** 183
—, *trans-DL*-**méthylène-9,10-** et **-11,12-,** (lipides bactériens) **10,** 186
—, **9,10,12,13-**α**-**, -β-, -γ-, and -δ-**tetrahydroxy-** (non-essential) **6,** 29
—, **9,10,12-trihydroxy-** (non-essential) **6,** 29
Octadécanol (lipides bactériens) **10,** 176, 232, 236, 244
d-**2-Octadecanol 3,** 167, 168, 172, 175, 176, 186
Octadecanonaene, 1,18-dinaphthyl-3,7,12,16-tetramethyl-, *cis*-peak **18,** 254
—, **1,18-diphenyl-3,7,12,16-tetramethyl-,** *cis* forms **18,** 237, 239, 285, 318, 319
—, —, fine structure at *cis*-peak **18,** 254
—, —, synthesis of *cis* forms **18,** 275
Octadecanonaene, 1,3,7,12,16,18-hexaphenyl-, *cis* forms **18,** 239, 275, 319
—, —, structure **18,** 320
2-Octadecanone 3, 175
Octadecapentaenoic acid N-isobutylamide 10, 454
9,11,13-Octadecatrienoic acid (= Eläostearinsäure), (Dien-Synthese) **10,** 40
—, (non-essential) **6,** 4, 28
9,12,15-Octadecatrienoic acid (essential) **6,** 4, 28
Octadécène-9-dicarboxylique-1,18 (acide) 6, 103, 104
11-Octadécèneoate, 3-keto-18-bromo-, ethyl 6, 104
6-Octadecenoic acid, occurrence **6,** 4
9-Octadecenoic acid, *cis*- and *trans*- (non-essential) **6,** 4, 28
—, **12-hydroxy-** (non-essential) **6,** 28
11-Octadecenoic acid, in butter **6,** 61
cis-**Octadécène-11,12-oïque (acide)** (lipides bactériens) **10,** 246
12-Octadecenoic acid (non-essential) **6,** 28
Octadecyl-amin, Assoziation mit Säuren (Filme) **4,** 387
Octadecyl-methyläther, pH und Voltapotential **4,** 372
Octadien-(2,6), 2,6-dimethyl- 4, 224
Octadienol 3, 33, 34, 40
Octadien-(2,6)-ol-(1), 7-methyl- 8, 194
Octalene (azulene synthesis) **5,** 49
Octalin-3,8-dione, Δ^4**-8a-methyl- 10,** 362, 363
Octalone series, reduction of α,β-unsaturated ketones **19,** 223
Octalupin 8, 263, 264
n-**Octanoic acid (Octansäure),** from petroleum **17,** 397
—, γ-äthyl- **4,** 191, 219
—, **β-hydroxy-** (lipides bactériens) **10,** 252
—, **6-méthyl-** (lipides bactériens) **10,** 178, 179, 180
Octant rule 19, 198, 241
Octasaccharid im Weizen **19,** 305, 306, 307
Octatetraene, bond distances **3,** 223
—, **diphenyl-,** *cis*-peak **18,** 253, 262
—, —, and iodine **18,** 273
2,4,6,8-Octatetraen, 1,8-amidsäure-1 4, 221
Octatrienal 3, 34, 40
Octa-2,4,6-triene-1,8-dial, 2,7-dimethyl-, *cis*-peak **18,** 253

Octatrienol 3, 33, 34, 40
trans-3-**Octene**, IR spectrum 5, 349
Octendion 9, 20, 28, 30
Octenol (Veilchenblätteröl) 8, 188
Octet rule 3, 205
Octocoralliaires, gorgonine, antipathine 12, 391, 392
Octodecenyl and **octodecyl alcohol**, in animal fats 6, 12
Octoic acid (Octonsäure) 5, 82
—, **2-keto-3-desoxy-** 20, 246
Octopine 18, 86, 87, 93, 104, 106, 107
—, déshydrogénation 18, 101, 102
—, dismutation 18, 101
Octopus bimaculatus, carotenoids 5, 29
Octyl-resorcin 8, 303
Odeurs, s. auch, see also, voir aussi, Geruch
Odeurs, (Homme), substances soufrées malodorantes 6, 112
—, influence de groupes méthyles 6, 140
—, et parfum des animaux 6, 87
—, rôle biologique 6, 88
—, substances macrocycliques et odeur musquée 6, 106, 107
—, urine 6, 139
Odorobiosid G und **K** 13, 202, 204; 14, 115
Odorosid A—M 7, 99, 101, 102, 106, 150; 13, 149, 202, 204; 14, 115, 117, 120, 124
Odorosid H, L, M, acetyl- 13, 202; 14, 110
Odorosid K, Acetolyse 14, 77
Odorotriose 13, 149; 14, 104
Odorotriosid G, acetat, Acetolyse 13, 204; 14, 77, 115
Odyssin, Odyssinsäure 14, 48, 49, 50
Oenanthe crocata, Acetylene 14, 33, 35
Oenanthetol, Synthese 14, 36, 37
Oenantheton, Synthese 14, 36, 37, 38
Oenanthotoxin 14, 35, 36, 37
DL-**Oenanthotoxin**, Synthese 14, 36, 37
Oenothera biennis, and gibberellin 18, 396
Oestradiol (Estradiol) 3, 60, 62; 8, 192
—, fluorescence 6, 320, 321
$\Delta^{1,3,5,16}$-**Oestratétraène-ol-3** 6, 139
Oestratrien-(1,3,5), 3-methoxy-17β-carbomethoxy- 14, 83, 84
$\Delta^{1,3,5}$-**Oestratriène-ol-3** 6, 139
Oestriol, in Tier und Pflanze 12, 144, 145
Oestriol, 3,16,17-triacetyl-, Film-Verhalten 4, 374
—, **3-methoxy-16,17-diacetyl-**, Film-Verhalten 4, 374
Oestrogene Carbonsäuren, Dien-Synthese 10, 75
Oestrogene Hormone, Biosynthese 12, 150
—, Dien-Synthese 10, 75
—, Konfiguration 10, 75, 83
—, verätherte 10, 77
Oestrone 1, 83; 3, 60, 62; 8, 192
—, biosynthesis 14, 211
—, Dien-Synthese 10, 75, 77, 79
—, fluorescence 6, 320, 321
—, Konfiguration 10, 75
—, sterische Umlagerung 11, 86
—, in Tier und Pflanze 12, 144, 145
—, Verknüpfung der Ringe 10, 83
—, Vorstufe 12, 159
—, **methyl ether**, IR spectrum 13, 23
Oestron-Gruppe, *cis-trans*-Isomerie **und** Film-Verhalten 4, 373
O—H stretching frequency and conformation 19, 194
O—H stretching vibrations (IR) 13, 26
Oidiodendron fuscum, Chinon 6, 170
Oidium sp., Chitin 2, 215
Oils (Öle), of birch, betulenols 19, 7
—, of cloves, caryophyllene 12, 16, 17; 19, 3
—, crude, porphyrins 17, 399
—, essential, as insecticides 10, 457
—, fette, Acetylene 14, 39
—, —, as insecticides 10, 457
—, hops, humulene 19, 8
—, mineral, isotopic composition of carbon 14, 330
—, non-marine, isotopic composition of carbon 14, 330
—, polymerized, digestibility 6, 18
—, rearrangement 5, 95
—, of rue, methyl N-methyl-anthranilate 13, 304
Oiticica oil, component acids 1, 40
—, Licansäure (Dien-Synthese) 10, 40
Okra (polysaccharides, immunol.) 18, 510, 514, 520, 521, 522, 525, 526, 528
Oldenlandia umbellata, Chinone 6, 185, 186, 190
Old yellow enzyme, chromatography 8, 352, 353, 358
—, N-terminal residues 11, 268

Olea europaea, fat **1**, 32, Oleanolsäure **7**, 19, *O. Forsythia*, syringin **11**, 63
$\Delta^{10,11;13,18}$-**Oleadien, 2-acetoxy-12,19-dioxo- 7**, 29, 31
—, **2,23,*x*-** und **2,24,*x*-triacetoxy-12,19-dioxo- 7**, 45
—, **2,23,*x*-** und **2,24,*x*-trioxy-12,19-dioxo- 7**, 20
$\Delta^{12,13;18,19}$-**Oleadien, 2-acetoxy- 7**, 46
—, **2,23-** and **2,24-diacetoxy- 7**, 43
—, **2-oxy- 7**, 20
$\Delta^{12,13;18,19}$-**Oleadien-28-säure, 2-oxy- 7**, 20
$\Delta^{6,7;12,13}$-, $\Delta^{12,13;15,16}$- und $\Delta^{12,13;18,19}$-**Oleadien-28-säure-methylester, 2-acetoxy- 7**, 24, 37, 45
Oleanan 7, 19
—, conformation **19**, 182
—, **2-acetoxy-12-oxo- 7**, 27
—, **2-oxy- 7**, 28
18α-Oleanan-19β-ol and **-one 19**, 174
Oleanan-28-säure-lacton, 13-oxy-, enol-23- und **-24-nor-2,3-diketo- 7**, 35
Oleanane series, carbonyl band **13**, 50
Oleander, Odorosid B **7**, 106
—, Nebenglycoside **7**, 144
Oleandomycin 16, 115
Oleandrigenin 4, 9; **7**, 91, 92, 113, 114, 150; **12**, 160; **13**, 167, 168, 189, 196, 208; **14**, 89
—, **acetyl-anhydro- 4**, 5
—, **3-dehydro- 14**, 79
—, **glycoside 14**, 89
Δ^{14}-**Oleandrigenin, anhydro- 13**, 172
Oleandrigenon 7, 114; **14**, 79
Oleandrin 4, 5, 9; **7**, 114, 144, 150; **13**, 172, 208; **14**, 115, 116
—, **desacetyl- 4**, 9; **7**, 113, 144, 150; **13**, 206; **14**, 116
—, **16-desacetyl-16-anhydro- 13**, 208
L-**Oleandronsäure, S-benzylthiuronium-salz 14**, 103
—, **phenylhydrazid 14**, 103
Oleandrose 4, 9
D-**Oleandrose 14**, 113
L-**Oleandrose 7**, 113, 114, 151, 155; **14**, 73, 102, 104
—, aus Vincetoxin **17**, 137
Olean-13(18)-ene, from friedel-3-ene **19**, 270, 271
$\Delta^{10,11}$-**Oleanen, 13,18-epoxyd, 2-acetoxy-12,19-dioxo- 7**, 31
$\Delta^{12,13}$-**Oleanen, 2-acetoxy-11-** und **-16-oxo- 7**, 29, 32
—, **2,16-dioxo-** und **2,16-dioxy- 7**, 32
—, **2,23-** und **2,24-dioxy- 7**, 20
—, **2,16-epidioxy- 7**, 19
—, **2-oxo- 7**, 39, 40, 63
—, **2,23,*x*-** und **2,24,*x*-trioxy- 7**, 43
$\Delta^{13,18}$-**Oleanen, 2-acetoxy- 7**, 29
—, **2,23-** und **2,24-diacetoxy- 7**, 43
—, **2,23-** und **2,24-dioxy- 7**, 20
$\Delta^{12,13}$-**Oleanen-23-** und **-24-säure, methylester, 2-oxo- 7**, 41
$\Delta^{12,13}$-**Oleanen-28-säure, methylester, 2-acetoxy-16-oxo-** und **16-acetoxy-2-oxo- 7**, 25
—, **methylester, 2-oxy-7-oxo- 7**, 37
—, **16-oxy- 7**, 25
$\Delta^{12,13}$-**Oleanen-30-säure, 2-oxy-11-oxo- 7**, 19
Oleanolate, methyl 19, 216
—, **methyl, iodoacetate**, X-ray study **19**, 182
—, —, **11-oxo-**, isomerization **19**, 183
Oleanolic lactone, 11,12-*seco*-dicarboxylic acid, methyl ester, acetyl- 19, 173
Oleanolsäure (Oleanolic acid) 6, 126, 143; **7**, 17, 18, 19, 20, 21, 22, 24, 28, 74
—, correlation with manool **12**, 63
—, (Gewürznelke) **7**, 19
—, **acetyl- 7**, 31
—, **acetyl-keto- 7**, 22
—, **methylester, acetyl- 7**, 24
—, **19-oxy- 7**, 45
Oleate, methyl, biotin-like effect **6**, 38
$\Delta^{10,11;12,13;18,19}$-**Oleatrien, 2-acetoxy- 7**, 29
Oléfaction, chimie de 6, 90
Olefins, IR spectra **5**, 348, 349, 350
—, philodiener Charakter **10**, 7
Olefin-aldehyde und **-ketone**, enzymat. Hydrierung **3**, 43
Öle, s., see, voir, Oils
Oleic acid (Ölsäure) 1, 34, 41, 42, 44, 45, 49
—, (bacterial fats) **3**, 152, 158, 164, 189, 192; **10**, 246, 253
—, biotin-like effect **6**, 37, 38
—, from Black Sea ooze **17**, 396
—, digestibility **6**, 21
—, in fats **5**, 75, 76, 82, 87
—, Film, monomolekularer **4**, 404
—, aus Isanoöl **14**, 43
—, Konfiguration **10**, 37, 42, 43
—, (non-essential) **6**, 4, 28

Oleic acid, (Steroid-Biogenese) **12,** 153
—, **amide,** biotin-like effect **6,** 38
—, **deuterio- 3,** 69
—, **glycerides 1,** 36
—, **methylester,** und En-Synthese **10,** 43
Oleo-dilinolenin 1, 27, 49
Oleo-dipalmitin 1, 45, 47
Oleo-distearin 1, 24, 27, 46, 47, 48
Oleo-linoleostearin 1, 27
Oleo-margarine, digestibility **6,** 18
Oleo oil, digestibility **6,** 16
—, vitamin E **6,** 55
Oleo-palmitostearin 1, 24, 27, 45, 46, 47, 48
Oleo resins 12, 14; **13,** 388, 403
Oleo-stearin, digestibility **6,** 17
Oleo stock, fat, digestibility **6,** 20
Oleracea, chloroplastic, amino acids **6,** 302
Oleum hyperici, Heilwirkung **14,** 177
Oleyl alcohol, biotin-like effect **6,** 38
2-Oleyl-dipalmitin, in fats **6,** 7
Olibanum (polysaccharides, immunol.) **18,** 510, 520, 521, 522, 525, 527, 528
Oligocene and **Recent sediments,** amino acids **17,** 392
Oligofructosane, Drehung **15,** 13
Oligo-galloyl-glucose 13, 126
Oligopeptides, in fungi **20,** 7
Oligophrenia phenylpyruvica, Harn, Phenylbrenztraubensäure **4,** 208
Oligosaccharase 2, 226
Oligosaccharide 5, 132, 134
—, aus Acetyl-nitrilen **2,** 195
—, aminozucker-haltige, aus Frauenmilch **20,** 221, 224
—, —, Methylierung **20,** 207
—, aus Cellobialen **2,** 199
—, enzymat. Synthese **2,** 207; **20,** 248
—, Gräser, Bausteinanalyse **15,** 6
—, —, Biogenese **15,** 14
—, lactaminsäure(N-acetyl-neuraminsäure)-haltige, aus Frauenmilch **20,** 224
—, methylierte, Synthese **2,** 175, 178, 188, 202
—, neutrale, aus Frauenmilch **20,** 221
—, Synthese **2,** 160, 178, 188, 202, 205
Oliven, Verfälschung von Ipecacuanha **8,** 279
Olivenblätter, Oleanolsäure **7,** 19
Olive oil, component acids, glycerides **1,** 24, 32, 37, 39; **5,** 87
—, digestibility **6,** 15, 20, 24
Olive oil, essential fatty acids **6,** 56
—, fluorescence **2,** 310
—, insecticide **10,** 458
—, vitamin E **6,** 55
Olivetol 2, 46
—, **dimethyläther, monobrom- 2,** 47
Olivetonid 8, 222
—, **dimethyläther 8,** 222
—, **p-methyläther 2,** 42, 47
Olivetonsäure 8, 222
Olivetorsäure 8, 236
Olivetorsäure-Typus (Depside) **2,** 41; **8,** 222; **14,** 191, 192
Olivil 11, 60, 61, 62
Ombelliprenin 17, 174
Ombuin 17, 19, 53
—, **4-rutinoside 17,** 53
Ommochrom 14, 168; **19,** 282; **20,** 24
—, 2-Amino-phenoxazon-(3)-Ring **18,** 31
Oncopeltus fasciatus and insecticides **10,** 432
Oncorhynchus chouicha, proteins **5,** 275, *O. nerka,* carotenoids **5,** 32, *O. tshawytsha,* proteins **5,** 279
Ondatra zibethicus rivalicium, glande à parfum **6,** 106, 108
One-gene-one-polypeptide-chain hypothesis 20, 432
Onguekoa Gore, O. klaineana, Isansäure, Isanolsäure **14,** 42
α-Onoceradienediol, cyclization **19,** 270
Onocerin 7, 3
Ononin, from *Ononis spinosa* **17,** 56
—, synthesis **17,** 45
Oocyan in Eischalen **3,** 105, 123; **18,** 214
Oocyanine, fluorescence **2,** 324
Oomycetes 2, 215; **8,** 4
Ooporphyrin, in egg shells **11,** 315; **18,** 210
Oospora colorans, O. sulfurea-ochracea, Chinone **6,** 159, 172
Oosporein 6, 159, 160, 166
Opal-eye, carotenoids **5,** 32, 33
Ophelia chirata, Chiratin (Amarogentin) **17,** 133
Ophio-*L*-amino acid oxidase, activation of proteases, peptidases **12,** 430, 431
—, prosthetic group **12,** 430, 431
—, in snake venoms **12,** 428, 430
Ophiocephalus tradianus, proteins **5,** 286
Ophio-cholinesterase, in snake venoms **12,** 426, 441
Ophiodon elongatus, proteins **5,** 279

Ophio-phosphoesterase and **-phosphodiesterase** **12**, 423
Ophiostoma, growth, guanine-less and pyrimidine-less strains **9**, 408, 409, 412, 413, 415, 416
O. multiannulatum, growth factor **9**, 407,
O. ulmi und Vitamin B_6 **4**, 49
Ophio-toxin (snake venoms) **12**, 433
Ophiuroids, carotenoids **5**, 28, 29
Opium, constituents **12**, 99; **19**, 258
—, wax, fatty acids **6**, 3
Opopsitta (Federn), Fluoreszenz **18**, 199
Opsin **14**, 257, 276, 280, 281, 282
—, ability to isomerize retinene **14**, 277
—, active amino group **14**, 281
—, lability **14**, 282
—, and 9-*cis*-retinene **14**, 277
—, spectrum **14**, 285
Opsin-retinene compounds, photolability **14**, 284
—, linkage **14**, 274, 281, 284
Opsopyrrol und **-carbonsäure** **1**, 167; **3**, 126, 127
Optical activity, origin **20**, 450
Optical rotatory dispersion and conformation **19**, 197
Optic nerve, micro-dissection **14**, 251
Optische Farben (Vogelfedern) **18**, 177, 178
Optochine, fluorescence **2**, 313
Opuntia vulgaris, cactus alkaloids **6**, 249
Orange, auraptene **9**, 252
—, Bitterstoffe **17**, 128
—, Carotinoide **5**, 11
—, —, poly*cis* **18**, 282
—, indole **17**, 251
—, Lactoflavin **2**, 63
—, phosphatases, transfert de phosphates **19**, 333, 355
Orange seed, fatty acids **5**, 87
—, Limonin, Nomilin **17**, 128
Orcin (Orcinol), aus Flechtenstoffen **2**, 46, 51
—, aus Hyposalacinol **13**, 123
—, aus Pannarin **8**, 230
—, **dimethyläther**, *β*-**brom-** **2**, 48
β-**Orcin-carbonsäure-methylester** **2**, 44
—, **oxy-** **8**, 224
Orcin-dicarbonsäure, **2-methyläther** **8**, 223
—, *p*-**methyläther** **2**, 45
—, **monomethylester**, **dimethyläther** **2**, 45
Orcin-dicarbonsäure, **3-monomethylester**, **4-methyläther** **8**, 224
Orcin-kalium, **monomethyläther** **2**, 47, 48
Orcin-tricarbonsäure-diäthylester **8**, 222
Orcin-Gruppe (Depside) **2**, 40, 43
Orcinol scheme (biosynthesis) **14**, 189, 190, 191, 192
Oreoselone **9**, 272, 273, 274, 275
—, **deoxy-dihydro-** **9**, 272, 273, 274
—, **dihydro-** **9**, 273
Oreosolon **17**, 174
Organic complexes, high-molecular, fossils **17**, 387
Organic debris, carbon content **14**, 325
—, on land, in oceans **14**, 319
Organic geochemistry **17**, 379
Organic matter, aerobic and anaerobic destruction **17**, 380, 386
—, in carbon cycle **14**, 318
—, early production on Earth **14**, 328
—, Precambrian **17**, 399
—, in rainwater **14**, 332
—, in rocks, soil **17**, 386, 389, 391
—, synthesis by cosmic rays, electric discharges, radioactivity, thermal energy, UV light **20**, 444, 445, 447, 448
—, synthesis under oxidizing conditions (Earth) **20**, 444
Organism, „all-*D*" and „all-*L*" **20**, 452
—, first living, replication **20**, 438
—, reproduction **20**, 426
Orge, **s. auch**, **s. also**, **voir**, **Barley**
—, amylase, phosphotransférase, phytase **19**, 329, 336, 356
Oridigin **13**, 206; **14**, 73, 124
Origidin **4**, 9; **7**, 113, 154
Origin of life, history of ideas **20**, 423, 424
Oriolus auratus, *O. oriolus* (Federn), Lutein **18**, 179, 180, 186, 195
Orlean bixin **18**, 320, 321
Orn (abbreviation for ornithine) **17**, 331
D-**Ornithine**, in bacitracin A **11**, 253
L-**Ornithine**, from arginine (electrolytic desalting) **12**, 293
—, Cu-Komplex **13**, 478
—, → Glutaminsäure **4**, 210
—, from soil hydrolyzates **17**, 391
—, transimidation **18**, 94
—, *α*- and *δ*-**benzoyl-** **9**, 339, 340
—, *δ*-**carbobenzoxy-** **13**, 479
—, *δ*-**tosyl-** **13**, 479
Ornithin-peptide, Synthese **13**, 478, 480

Ornithoptera rubicollis, Fluoreszenz **18**, 202
Ornithuric acids, enzymatic synthesis **9,** 339, 340
L-**Ornithuric acid,** *p*- and *p'*-**amino- 9,** 340
Orobol 17, 42, 56, 58
—, **glucoside 17,** 56
Orobus tuberosus, oroboside **17,** 56
Oroselone 9, 258, 275
—, di-, tetra-, and **hexahydro- 9,** 275
Orosomucoid 20, 240
Orotic acid 9, 403, 415, 416
—, growth factor **9,** 412
—, precursor of uridine, cytidine, pyrimidine **9,** 416, 417
—, **riboside 9,** 392, 416
Orotic acid decarboxylase 9, 416
Oroxylum indicum, baicalein, oroxylin-A **17,** 51
p-**Orsellinaldehyd 2,** 44
Orsellinoylchlorid, dicarbomethoxy- 2, 39
Orsellinsäure 2, 43; **8,** 222, 235; **14,** 198, 199
—, Biosynthese **8,** 235
—, **dimethyläther 8,** 220
—, **2,4-dimethyläther-5-oxy- 8,** 222
—, **erythritester 8,** 220
—, **methylester 8,** 222
—, —, **dimethyläther 2,** 45
—, —, **5-oxy- 8,** 222
Orthagoriscus mola, carotenoids **5,** 32
Orthophosphates, inhibiteurs de phosphatases **19,** 348, 363
—, labeled, incorporation **16,** 147, 160
Orthophosphorique (acide) et **esters 19,** 317, 318
—, liaison avec un ose **19,** 345
Orthophosphorique (**ester**), **diéthyl-*p*-nitrophényl-,** et phosphatase **19,** 319
Orthothyronine, Orthothyroxine 7, 171
Orysterol 1, 92; **12,** 121
Oryzacidin 18, 65
Osage orange, pigment **17,** 2
—, pomiferin, osajin **17,** 25
Osajin 17, 9, 24, 25
—, **dihydro- 17,** 25
Oscillations, stationary **16,** 181
Oscillator strength, calculating device **17,** 435, 436
Oses, liaison avec acide orthophosphorique **19,** 345
Osmanthus fragrans, neo-β-carotene B **18,** 280
Osmium complex (cortisone synthesis) **10,** 317
Osmoceptor 8, 191
Osmophore Gruppe 8, 191
Osmotische Methoden 1, 255, 262, 283; **11,** 5
Osones → ascorbic acid **2,** 147
Osterluzei in Volksmedizin **18,** 66
Osthenol 9, 254, 255, 278; **17,** 174
Osthol 9, 253, 254, 255, 256; **11,** 127; **17,** 174
—, **di-** and **tetrahydro- 9,** 254, 255
Ostholic acid 9, 252, 253, 255
Ostreasterol 1, 93
Ostruthin 9, 226, 253, 254; **11,** 127
—, toxicity **9,** 241
Ostruthol 9, 267, 268; **11,** 127
Osylphosphatases, Osylphosphates 19, 319, 344, 345
Otides (Federn, Eischalen), Porphyrin **18,** 204, 205, 210
Otis tarda (Federn), Porphyrin **18,** 206, 214
Otitis, and snake venom **12,** 413
Otolithus regalis, proteins **5,** 287
Otonecine 12, 207, 210, 224, 225
—, **dihydro-deoxy- 12,** 225
Otosenine 12, 202, 203, 207, 225, 235
Ouabagenin 7, 136, 137, 152; **12,** 160; **13,** 183, 184, 200, 212; **14,** 83, 119, 126
—, in *Acokanthera* spp. **14,** 92
—, β-Konfiguration **14,** 83
—, Struktur **14,** 83, 84
—, **acetonid 4,** 4; **7,** 137; **13,** 184
—, —, **di-O-acetyl- 13,** 184
—, **anhydro- 7,** 136; **13,** 184
—, α- und **β-diacetat 13,** 184, 185, 188
—, **dihydro- 13,** 185, 187
—, **1β,19-isopropyliden-3β,11α-di-O-acetyl- 14,** 83, 84
—, **tetraacetat A** und **B 7,** 137, 138, 152
—, **tri-** and **tetra-O-acetat 13,** 184, 187
Ouabain 4, 9; **7,** 136, 137, 152; **13,** 141, 183, 184, 212; **14,** 83, 114, 117
—, **dihydro- 13,** 183
Ovalbumin 1, 265; **7,** 289, 297; **12,** 316, 320; **20,** 240
—, and antibody **9,** 450, 454, 464, 465
—, antigens, bivalency **18,** 488
—, C- and N-terminal residues **11,** 267, 273, 274

Ovalbumin, denatured **9**, 463
—, differentiation from ovomucoid and conalbumin **11**, 284
—, electrophoresis **7**, 289
—, Flavingehalt **2**, 64
—, Gorter-Kurve **4**, 428
—, α-helix **11**, 233
—, (peptide synthesis) **9**, 348
—, → plakalbumin **11**, 270, 277
—, precipitation curve **9**, 460
—, proteolysis **12**, 325
Overtones (IR) **5**, 339
Overtone bands (polyenes) **17**, 438
Ovibos moschatus, sécrétion musquée **6**, 110
Ovicides **10**, 457
Ovoflavin **2**, 65
Ovomucin, Polysaccharid-Teil **20**, 240
Ovomucoid **20**, 239
—, C- and N-terminal residues **11**, 268, 273; **12**, 319
Ovoverdin **5**, 30
Ox, bile, cholic and deoxycholic acids **10**, 276
—, fat, component acids, glycerides **5**, 92
—, —, digestibility **6**, 16
Oxalbernsteinsäure, (Gallotannine) **13**, 76
—, im Tier **4**, 267
Oxalcitramalsäure **4**, 292
Oxalessigsäure (Oxalacetic acid) **13**, 77
—, Bildung (Leber) **4**, 275
—, → Citronensäure **4**, 290
—, and coenzyme A **14**, 197
—, aus Nährstoffen **4**, 265
—, signierte **4**, 295
Oxalic acid, from lignin **5**, 193
Oxalyl-*o*-aminobenzophenone **13**, 311
N-Oxalyl-anthranilic acid **13**, 400
Oxamide, crystal structure **11**, 188
Oxamidsäure, N-acetyl- **2**, 230
Oxamycin, structure **16**, 104
Oxazine dyes, color **16**, 177
1,3-Oxazine-2-thione, tetrahydro- **18**, 150
***p*-Oxazino-pyrimidine, 2,4-diamino-6-hydroxy-** **11**, 367
Oxazole-4-carboxylate, ethyl-2-amyl-5-chloro- **7**, 234
Oxazolid-dione **13**, 457, 514, 516
Oxazolidin, 5-oxo-2-phenyl-3-trifluor-, acetyl- **13**, 524
Oxazolidine lactam, diketo- **16**, 59
Oxazolidine-thiones, goitrogenic effect **18**, 156
—, from mustard oils **18**, 141
2-Oxazolidine-thione, 5,5-dimethyl- **18**, 151, 159
—, **4-methyl-** **18**, 153, 159
—, **5-phenyl-** **18**, 152, 159
—, **5-vinyl-**, antithyroid factor **18**, 151, 159
—, —, **4,4-dimethyl-** **18**, 153
Oxazolidone, N-acyl- (Peptid-Synthese) **13**, 524
Oxazolin, 2-dichlormethyl-5-(*p*-nitrophenyl)-4-carbäthoxy- **18**, 62
—, **2-methyl-4-hydroxymethyl-5-*p*-nitrophenyl-** **18**, 62
—, **5-(*p*-nitrophenyl)-4-carbäthoxy-**, 2-substituiert **18**, 62
—, **4-oxymethyl-** **18**, 62
—, **2-phenyl-4-carbohydroxyamido-** **16**, 104, 105
Oxazolone, (Peptid-Synthese) **13**, 522, 523
—, synthesis **7**, 225, 226, 235
—, **4-alkyliden-2-alkyl-** (or **-aryl-**) **13**, 523
—, **alkylidene-4-hydroxy-** **7**, 229
—, **aminomethylene-** **7**, 229
—, **2-** and **3-benzyl-4-hydroxymethylene-** **7**, 213, 216
—, **2-benzyl-4-methoxymethylene-** **7**, 236
—, **2-benzyl-4-styryl-4-methyl-** **7**, 230
—, **4-ethoxymethylene-** **7**, 228
—, **4-formyl-** **7**, 229, 236
—, **4-hydroxymethylene-** **7**, 228, 236
—, **2-methyl-** **13**, 523
—, **2-phenyl-** **7**, 225
—, **α-phenyl-4,4-dimethyl-**, IR spectrum **5**, 375
Oxazolo-tropone **13**, 262
Oxidases, (*D*-amino-acides) **9**, 94
—, inhibitor, in *Naja* venom **12**, 442
—, and ionizing radiation **17**, 267
—, in snake venoms **12**, 429
—, **monoamine**, and phenyl-alkyl-amines **17**, 263
Oxindol-Chromophor, Spektrum **17**, 193, 239
Oxindolic acid, from indoleacetic acid **17**, 276
Oxine, in amino acid chromatography **12**, 277
Oxo-glucoside → 3-Amino-*D*-glucosid und -allosid **20**, 215

Oxonium fluoroborate, triethyl-, and formylazulene **19,** 46
Oxonium structure, anthocyanidines 3, 218
—, Chromone **11,** 125
Oxopro oder **Opro** (Abkürzungen für γ-Oxoprolin) **18,** 16, 41
Oxorhodo type spectrum (porphyrins) 11, 314
Oxycellulose 5, 136, 140, 142
Oxydation, biologische **4,** 188
—, multiple, alternative, im Tier **4,** 246
—, of organic matter (carbon cycle) **14,** 318, 323
β- und ω-**Oxydation** im Tier **4,** 215, 220, 240, 251
Oxydationsferment 2, 61
Oxygen, amount involved in carbon cycle **14,** 319
—, in the atmosphere **14,** 319, 327
—, introduction (biosynthesis) **14,** 198
—, removal (biosynthesis, phenols) **14,** 198
Oxyhemoglobin 1, 265
—, (adult), chromatography, components **17,** 342, 343, 345
—, (cord), chromatography **17,** 338
—, dissociation constants **17,** 369
—, from ferrohemoglobin **17,** 332
—, nomenclature **17,** 325, 326
p-**Oxy-β-phenäthyl-äthylketon** (biol.) **4,** 194
p-**Oxyphényl-éthylamine, diméthyl-,** fluorescence **6,** 325
Oxysäuren → Ketosäuren (biol.) **4,** 200
Oxytocic hormone, amino acid composition **11,** 251
Oxytocin 11, 251
—, and bromine **12,** 322
—, free amides by papain **12,** 327
—, hydrolyzate **12,** 281
—, N-terminal residues **12,** 310, 311
—, Synthese **13,** 489, 492, 531
Oyster, constituents **17,** 382
—, glycogen A (immunol.) **18,** 525, 526, 527
—, proteins **5,** 277

P.

P (Abkürzung für Phosphat) **20,** 202
P (Abkürzung für Polymerisationsgrad) **19,** 299
P[32], exchange **5,** 121, 122
PAB (abbreviation for *p*-amino-benzoic acid) **8,** 338
Pachycarpus lineolatus, P. schweinfurthii, glycosidische Bitterstoffe **14,** 90
Pachycereus marginatus, cactus alkaloids **6,** 250, 269
Pachymisäure 7, 3
Pachyrhizus erosus, rotenone **10,** 437
Packing drawing, glycine **3,** 213
Padmakastein and **glycoside 17,** 23
Paederia foetida, indole **17,** 251
Paeonia spp., dormancy and gibberellin **18,** 397, *P. albiflora,* datiscetin **17,** 52
PAH (abbreviation for *p*-amino-hippuric acid) **8,** 338
Palaeornis (Federn), Fluoreszenz **18,** 199
Palaquium oblongifolium, fat **1,** 31, 34
Paleobiochemistry 17, 379
Palinurus vulgaris, Faserdiagramm **2,** 217
Palm kernel fat, component acids **1,** 24, 31; **5,** 86
Palm oil (Palmöl), digestibility **6,** 3, 15
—, essential fatty acids **6,** 56
—, fatty acids and glycerides **1,** 31, 32; **5,** 80, 82, 83, 84, 85, 86, 87
—, Oestrogen-Gehalt **12,** 144
—, (red), provitamin A **6,** 53
—, vitamin E **6,** 55
Palmarin 17, 151, 174
Palmatin 9, 177, 178, 190, 191
Palmitate, methyl 3, 171; **10,** 195
Palmiténone (lipides bactériens) **10,** 215, 216, 245
Palmitic acid (Palmitinsäure, Acide palmitique) 6, 120, 143
—, (bacterial fats) **3,** 152, 159, 164, 183, 189, 193, 195
—, digestibility **6,** 3, 21
—, estérifié par dihydroxy-acétone, docosanol, octadécanol **10,** 244
—, in fats **1,** 41, 42, 44, 45, 49; **5,** 82
—, Film-Verhalten **4,** 374
—, (lipides bactériens) **10,** 195, 196, 214, 215, 238, 244, 245, 246, 251, 254
—, in petroleum **17,** 396
—, **9,10,16-tribromo- 6,** 104
—, **9,10,16-trihydroxy- 6,** 104
Palmitin, dimyristo- 1, 24
Palmito-dilinolein 1, 49
Palmito-diolein 1, 45, 46, 47, 48, 49
Palmito-distearin 1, 36, 46, 47

Palmitoleic acid (Acide palmitoléique), (bacterial phosphatides) **3,** 152
—, (lipides bactériens) **10,** 215, 243, 244, 245
Palmitolsäure, Konfiguration **10,** 37, 42
Palmitone (lipides bactériens) **10,** 195, 214, 216, 245
Palmito-oleolinolein **1,** 49
α-Palmitoyl-palmitate de méthyle **10,** 195
2-Palmityl-oleostearin in lard **6,** 7
Palustrol **19,** 56, 57
—, → ledglycol **19,** 57
Panaxtoxin (rhodopsin preparation) **14,** 267
Pancreas, enzyme, chromatography **8,** 353
Pankreas-lipase und Chinone **6,** 218
Pankreas-nucleinsäure **1,** 146, 155
Pancreatic trypsin inhibitor, N-terminal residues **11,** 268
Panicum miliaceum, and gibberellin **18,** 407, hordenine **6,** 254
Pannaria fulvescens, P. lanuginosa, P. lurida, Pannarin **8,** 229, 230
Pannarin-anil, Methyläther **8,** 230
Pannaritol **8,** 230
Pannarsäure **8,** 230
Panose **11,** 21, 23
Panspermia theory **20,** 424, 454
Panstrosid **13,** 212; **14,** 93, 116, 117, 118, 119, 120
Pantethein, benzoyl- **13,** 450
Pantoic acid **12,** 476
Pantothenate **8,** 30
Pantothensäure (Pantothenic acid, Acide pantothénique) **4,** 28, 29, 46
—, Abbau und Konstitution **4,** 30, 31
—. antagonistes de **9,** 95
—, biol. Wirkung **4,** 29
—, Biosynthese **4,** 37; **12,** 133
—, —, genetic aspects **12,** 476
—, and fat **6,** 34
—, free and bound, growth factors **9,** 409
—, (genetics) **5,** 313
—, in Insekten und Protozoen **4,** 29
—, Konstitutions-Spezifität **4,** 38
—, Nachweis und Bestimmung **4,** 42
—, in Pflanzen und Mikroorganismen **4,** 29
—, (rac.), Spaltung **4,** 37
—, Synthese **4,** 32, 36
—, Verknüpfung der Spaltstücke **4,** 35
—, und Wachstum **4,** 29
Pantothensäure, α-acetyl-, als Wuchsstoff **4,** 39
—, **Analoge** und Wachstum von Bakterien **4,** 40, 41
—, **ester** als Wuchsstoff **4,** 38
—, **β-mercapto-ethylamino deriv.,** growth factor **9,** 409
—, **α-p-nitrobenzoyl-,** als Wuchsstoff **4,** 39
Pantothensäure-Mangel und Nebennierenrinde **4,** 29
Pantoyl-taurine, antivitamine **9,** 95
Papagei, Federfarbstoffe **18,** 194, 195, 196, 197, 198
—, —, fluoreszierende **18,** 199, 201
—, (Federn, Eischalen), Porphyrin **18,** 210
Papain, action on fibrinogen **12,** 428
—, action and sedimentation **18,** 473
—, amino acid composition, terminal sequence **11,** 254, 268, 281
—, crystalline **12,** 325
—, Hemmung durch Chinon **6,** 219
—, (peptide synthesis) **9,** 323, 325, 326, 327, 328
—, and serum globulin **7,** 292, 293
Papain-HCN (peptide synthesis) **9,** 326
Papaver spp., anthocyanins **20,** 187, and gibberellin **18,** 396, *P. nudicaule, P. orientale, P. rhoeas,* anthocyanins **20,** 180, 181, 182, 183, 185
Papaverine **11,** 154; **13,** 369, 396, 407
—, biosynthesis **19,** 258
Paper chromatography (Papier-Chromatographie), apparatus **12,** 279
—, Calebassen-Alkaloide **17,** 187, 188
—, equilibrium **12,** 280
—, flavones and isoflavones **17,** 10
—, gibberellins **18,** 415
—, herzaktive Glycoside und Aglykone **13,** 146, 147
—, large scale **8,** 346, 347
—, maximum density method **12,** 297
—, mustard oils **18,** 127
—, nucleosides and nucleotides **8,** 101
—, partition **12,** 271, 275
—, peptides and proteins **12,** 270, 272, 326
—, and pH **12,** 279
—, podophyllin **15,** 97
—, porphyrins **11,** 311
—, spots **12,** 278, 295, 296
—, spots in UV light **18,** 285
—, strip transfer method **12,** 287
—, sugar phosphates **8,** 66

Paper chromatography, theory **12**, 274
—, Zucker, R_f-Werte **14**, 74, 104
Paper electrophoresis, flavonoids **17**, 11
—, hemoglobin **17**, 337, 339
Papergrams, (amino acids) **12**, 277, 279, 285, 286, 288
—, radioactive substances **12**, 288
—, separation of DNP-deriv. **12**, 306
—, two-dimensional **12**, 284
Paper ionophoresis **12**, 287, 327, 328
Papierpack-chromatographie **14**, 168
Papilionaceae, herzaktive Glykoside und Aglykone **14**, 123
Papillom (Kaninchen) **4**, 90
Pappataci-fieber, Virus **4**, 89
Papri, podophyllum **15**, 86
Paprika, s. auch, see also, voir aussi, Capsicum annuum
—, ascorbic acid **2**, 134
Paprikaschote als Kanarienvogel-Futter **18**, 190
Parabaena hirsuta, Alkaloide **9**, 177, 190
Parabanic acid, crystal structure **11**, 188
Paracaryum heliocarpum, Lindelofine, Lindelofamine **12**, 204
Paracentrotus lividus, Chinone **6**, 199
Paracolobactrum ballerup, Vi-Antigen **20**, 228
Paracon (synth. rubber) **10**, 143
Paraconsäure, α-methyl-γ-tridecyl- **2**, 30
Paracoto bark, pharm. preparations **20**, 155
Paracotoin **20**, 132, 135, 156
—, → acetopiperone and piperonylic acid **20**, 133
—, biosynthesis **20**, 159
—, pharmacology **20**, 154, 155
—, synthesis **20**, 144
—, **4-methoxy-** **20**, 135, 156
—, —, → piperonylic acid **20**, 140
—, —, synthesis **20**, 151, 152
Paradisaeidae (Paradiesvögel) (Federn), Fluoreszenz **18**, 203
Paradisea minor finschi (Federn), Fluoreszenz **18**, 203
Paradoxurus typus, glande à parfum **6**, 93
Paraffins, character of chain **10**, 157
—, IR spectra **5**, 345
—, **α,ω-dichloro-** **10**, 145
Paraffinöl, Mischfilme **4**, 389
Paraldehyde, bond distances **3**, 208
Paralysis agitans und Vitamin B_6 **4**, 48
Paramecium (genetics) **5**, 307, 322, 323, 324
Paramenispermin **9**, 178, 207
Paramomycin, Kohlenhydrat-Komponente **20**, 219
Paramuricea placomus, gorgonine **12**, 392, 394
Paraoxon and **parathion**, insecticides **19**, 151
Parasanten, Dien-Synthese **10**, 63
Paratetranychus citri and insecticides **10**, 432
Pareira-Wurzel, Alkaloide **9**, 178, 179, 199, 201, 213
Parellsäure **2**, 51; **8**, 225
Parental material, transfer to progeny **20**, 400
Parfums d'animaux **6**, 87
Parietin **2**, 52; **6**, 174
Parinaric acid **5**, 75
Parmelia cetrarioides, P. formosana, P. furfuracea, P. glomellifera, P. kamtschadalis, P. latissima, P. laucotyliza, P. marmariza, P. pertusa, P. physodes, P. prunastri, Flechtenstoffe **2**, 32, 33, 41, 42, 44, 45, 50; **8**, 211, 212, 219
Parmon **8**, 188
Paroaria cucullata, Feder-Carotinoide **18**, 187
Parophris vetulus, protein **5**, 279
Parra variabilis, Federpigmente **18**, 216
Parrya menziesii, iso-thiocyanates **18**, 166
Parsley, apigenin **17**, 51
—, (oil), insecticide **10**, 457
Partenocissus spp., dormancy and gibberellin **18**, 397
Parthenin **19**, 75, 76
—, **di-** and **tetrahydro-** **19**, 76
Partheniol **12**, 11, 12; **19**, 52
Parthenium hysterophorus, bitter principle **19**, 75
Parthenocarpy, definition **18**, 391
—, (gibberellin, auxin) **17**, 303; **18**, 409
Parthenocarpy-stimulating action (ethyl indoleacetate) **17**, 278
Parthenolide **19**, 23, 24
—, **di-** and **hexahydro-** **19**, 23, 24
Partition coefficients, amino acids **12**, 274
Passeres (Federn, Eischalen), Porphyrine **18**, 204, 210
Pasteurella spp. und Pantothensäure **4**, 30
Pastinaca sativa, coumarin **9**, 242

Patates douces, phosphatase **19,** 333
Patchoulane 19, 2
Patchouli alcohol 12, 11, 12, 28; **19,** 52
Patterson diagram 8, 311, 314, 315; **11,** 190, 196, 231, 232, 234; **15,** 170, 176; **17,** 330
Patterson function 8, 314; **11,** 186, 230
Patuletin 17, 19, 55
Patulin 6, 171; **17,** 130, 132
Pauli principle 16, 180, 183, 190, 192; **17,** 406
Pauliosid 13, 208; **14,** 116
Pauly reaction 12, 291, 292, 366, 370, 377
Páu rosa 20, 133
Pausinystalia yohimbe, yohimbine **6,** 334; **10,** 397
Paxillus atromentosus, Chinoide **6,** 160, 167
Pea, and gibberellin **18,** 395, 403
—, proteins **6,** 294
—, Q-enzyme **11,** 30
—, **(epicotyls),** amino acid activating enzymes **16,** 154
—, **(seed),** protein synthesis **16,** 162
—, **(seedlings),** free amino nitrogen **9,** 296
—, **(shoots),** isolation of gibberellins **18,** 394
—, **(stems),** incorporation of labeled glutamate **16,** 157
—, —, microsomal protein, amino acids **16,** 150
—, —, microsomes **16,** 141
—, —, tryptophan (free) **17,** 256
—, —, (etiolated), subcellular particles, RNA **16,** 142
Pea starch, amylose content **11,** 11
Peach, dormancy and gibberellin **18,** 397, 409
—, kernel fat, digestibility **6,** 15
Peach leaf curl (disease) **17,** 301
Peanut, proteins **6,** 294
Peanut fat, digestibility **6,** 15, 17, 20, 64
—, fatty acids **6,** 56
—, occurrence **6,** 3
—, vitamin E **6,** 55
Pearl mussel, conchoporphyrin **11,** 323
Peats, amino acids **17,** 392
—, carbohydrates **17,** 398
—, lipides **17,** 396
Pecan fat, digestibility **6,** 15
—, vitamin E **6,** 55
Pécari, sécrétion musquée **6,** 110
Pechmann reaction 9, 244
Pectenine 6, 246, 248
Pecten maximus, carotenoids **5,** 29
Pectenoxanthin 5, 29, 31
Pectic acid (immunol.) **18,** 510
Pectic enzymes, in *Fusarium oxysporum* **17,** 314
—, and wilting **17,** 313, 314
Pectin, and basic dyes **8,** 4
—, in coleoptiles **8,** 2, 6
—, (immunol.) **18,** 510
Pectinase, purification **8,** 353
Pectin depolymerase 17, 314
Pectin esterase, purification **8,** 353
Pectin methylesterase 17, 314
Pectolinarigenin 17, 16, 36, 37, 52
—, **7-rutinoside** and **7-dirutinoside 17,** 52
Pectolinarin, IR bands **17,** 58
Pectunculus glycymeris, carotenoids **5,** 29
Peganum harmala, vasicine, harmine alkaloids **13,** 332, 334
Peiminine 20, 355
Pelanin 20, 181, 184
—, spectrum **20,** 173
Pelargonic acid (Pelargonsäure, Acide pélargonique), biotin-like effect **6,** 38
—, (lipides bactériens) **10,** 197, 198
—, spectre IR **10,** 178
—, **β-carboxy- 4,** 262
Pelargonidin 16, 4
—, color **16,** 174, 175, 194
—, → 2,3,5,7,4′-pentaacetoxy-flaven-(3) **16,** 10
—, properties **20,** 172
—, **chlorid,** hydrierte Acetate **16,** 14
—, **3,5-diglucoside,** in plants **20,** 183
—, **3-diglucoside 7-glucoside 20,** 167
—, **3-galactoside 20,** 179
—, **glycosides,** glycosylation and chromatography **20,** 175
—, —, spectra **20,** 170, 172, 173
—, **5-** and **3,5-glycoside,** fluorescence **20,** 170
—, **3-rhamnoside,** spectrum **20,** 171
—, **tetramethyl-** → Tetramethyl-leucopelargonidin **16,** 15
Pelargonium zonale, fluorescence **2,** 319, 320
Pelecanus onocrotalus (Pelikan), Federpigmente **18,** 216
Peliade, venom **12,** 410
Pellagra, makrocytäre Anämie **4,** 47

Pellagra, und Vitamin B_6 **4,** 46, 47
Pellia epiphylla and gibberellin **18,** 411
Pellitorine, *cis-trans* isomeric, insecticides **10,** 452, 453; **14,** 28, 30
Pellitory, pellitorine **10,** 452; **14,** 28
Pellote, pharmacol. properties **6,** 247, 257, 278
Pellotine 6, 248, 260, 261, 262, 263
—, pharmacol. effect **6,** 279
—, **iodide, O-methyl- 6,** 262
Pelosin 9, 178, 201
α- and **β-Peltatic acid 15,** 127, 151
—, and sarcoma **15,** 153
β-Peltatic acid hydrazide 15, 151
Peltatins, biol. effect **15,** 130
—, configuration **15,** 130
—, deriv. **15,** 136, 151
—, epimerization, acetylation, methylation **15,** 126, 127
—, isolation **15,** 126
—, and mitosis **15,** 144
—, spectra **15,** 129, 140
—, structure **15,** 129
α-Peltatin 15, 89, 90, 91, 95, 96, 97, 126, 127, 128, 135, 141, 145, 151
—, and neoplasms **15,** 143, 144, 153
—, spectrum **15,** 139, 156
—, **β-*D*-glucopyranosyl-pentaacetyl- 15,** 97
—, **glucoside 15,** 90, 91, 95, 98, 133, 135, 136, 141, 145, 152
—, —, antimitotic effect **15,** 144
—, —, and sarcoma **15,** 153
—, —, spectrum **15,** 156
α-Peltatin-A, 8-O-(β-*D*-glucopyranosyl)- 15, 136
—, **dimethyl ether 15,** 127, 151
—, **disulfate 15,** 137, 155
—, —, and sarcoma **15,** 154
α-Peltatin-A and **-B, diacetyl- 15,** 127, 151
α-Peltatin-B, 15, 127, 151
—, and sarcoma **15,** 153
—, **diethyl** and **dimethyl ether 15,** 127, 128, 151
β-Peltatin 15, 90, 91, 95, 96, 97, 126, 127, 128, 135, 141, 145, 151
—, antimitosis **15,** 144
—, and sarcoma, melanoma **15,** 143, 144, 153
—, spectrum **15,** 139, 156
—, **4′-demethyl- 15,** 127
β-Peltatin, glucoside 15, 90, 91, 95, 98, 133, 134, 135, 141, 145, 152
—, —, antimitotic effect **15,** 144
—, —, and sarcoma **15,** 153
—, —, spectrum **15,** 156
—, **methyl ether, dehydro- 15,** 130, 142, 151
—, —, —, spectrum **15,** 140, 142, 156
β-Peltatin-A, hydrazide 15, 151
—, **methyl ether 15,** 127, 151
—, **sulfate 15,** 137, 155
—, —, and sarcoma **15,** 154
β-Peltatin-A and **-B, acetyl- 15,** 127, 161
—, **methiodide, nicotinoyl- 15,** 137, 155
—, —, —, and sarcoma **15,** 154
—, **nicotinoyl- 15,** 154
β-Peltatin-B 15, 127, 151
—, and sarcoma **15,** 153
—, **methyl** and **ethyl ether 15,** 127, 129, 130, 141, 151
—, —, oxidation **15,** 127
—, —, spectrum **15,** 156
Peltogynol 14, 208, 209
Pelvetia canaliculata, fucosterol **1,** 93
Penaldate, *n*-amyl-, ethyl 7, 211
Penaldic acid, benzyl- 7, 209
—, —, (IR spectroscopy) **5,** 376
Penduletin 17, 19, 54
D-, *L*-, and ***DL*-Penicillamine 7,** 202, 204, 210, 211, 229, 233, 236, 238, 239
Penicillanic acid, 6-amino-, biosynthesis **20,** 29
Penicillenate, benzyl-, methyl 7, 216, 217
Penicillenic acid 7, 199, 229
—, **benzyl- 7,** 237
—, —, (IR spectroscopy) **5,** 377
Penicillin 7, 195, 210, 233
—, amino acids **20,** 11
—, and amino acid incorporation **9,** 344
—, assay methods **7,** 196, 198
—, bacterial spectra **7,** 197, 232
—, biosynthesis **7,** 209; **20,** 28, 29
—, chromatography **7,** 200, 206
—, culture media **7,** 201
—, cup-plate method **7,** 198
—, fluorescence **6,** 344
—, in fungi **20,** 28
—, history **7,** 194
—, inactivation **7,** 199, 200
—, international unit **7,** 197
—, IR spectrum **5,** 376, 377

Penicillin, β-lactam ring **5,** 376; **7,** 215, 218, 220, 222
—, and mutation **7,** 203
—, natural media **7,** 203
—, oxazolone ring **7,** 218
—, place in science **7,** 193
—, production **7,** 200
—, slide-cell method **7,** 197
—, specificity of effect **7,** 209
—, spectrum **7,** 199
—, structure **5,** 376; **7,** 204, 214, 215, 220, 223
—, synthesis **7,** 219, 231, 236, 237
—, X-ray crystallography **5,** 379
—, ***n*-amyl-** **7,** 205, 210
—, **benzyl-** **7,** 205, 217, 225; **11,** 200
—, —, desulfurization **7,** 216, 217
—, —, estimation **7,** 199
—, —, inactivation **7,** 216
—, —, IR spectrum **5,** 376, 377
—, —, oxidation **7,** 225
—, —, precursor **20,** 30
—, —, synthesis **7,** 232
—, **benzyl-, benzyl** **7,** 207
—, ***p*-bromobenzyl-** **7,** 208
—, ***p*-chlorobenzyl-** **7,** 208
—, **desthio-benzyl-** (IR spectroscopy) **5,** 379
—, **β-diethylaminoethyl-, benzyl-** **7,** 207
—, *o*-, *m*-, and ***p*-fluorobenzyl-** **7,** 208
—, ***n*-heptyl-** **7,** 205
—, ***p*-hydroxybenzyl-** **7,** 202, 205, 206, 210
—, ***p*-iodobenzyl-** **7,** 208
—, —, **benzyl** **7,** 207
—, ***p*-methoxybenzyl-** **7,** 208
—, **methyl-Δ^2-pentenyl-** **7,** 207
—, ***p*-nitrobenzyl-** **7,** 208
—, **Δ^2-pentenyl-** **7,** 205, 210
—, **phenoxymethyl-** **7,** 208
—, **2-thiophene-, methyl** **7,** 208
—, ***p*-tolylmercapto-, methyl** **7,** 208
—, **unnatural,** semisynthetic **7,** 209
Penicillin-I—III **7,** 205
Penicillin-I, dihydro- **7,** 205
Penicillin F, G, K, X, diH-F **7,** 205
Penicillinamide, benzyl- **7,** 207
Penicillinase **7,** 196; **8,** 353
Penicilliopsin **6,** 169; **14,** 164; **19,** 284
—, Abbau **14,** 165
—, fluorescence **6,** 340
—, → Hypericin **14,** 165, 166
—, Luftoxydation **14,** 167
Penicilliopsin, und Pyridiniumchlorid **14,** 164
—, → Skyrin **14,** 166
—, Struktur **14,** 164, 165, 166
—, **oxy-** **6,** 169; **14,** 164
—, —, fluorescence **2,** 303, 332, 333; **6,** 340, 342
Penicilliopsis clavariaeformis, Chinone **6,** 169, oxypénicilliopsine **2,** 332, Penicilliopsin, Mykoporphyrin **14,** 164
Penicillium, Flavingehalt **2,** 63
—, mineral requirements **7,** 202
—, mutants, penicillin **7,** 206
P. atrovenetum, β-nitropropionic acid (β-Nitropropionsäure) **18,** 65; **20,** 6
P. aurantio-virens, tropolones **13,** 242
P. baculatum, penicillin **7,** 206
P. brevi-compactum, Flechtenstoff **2,** 39, Ubichinon **20,** 80
P. carmino-violaceum, Chinone **6,** 165, 168
P. Charlesii, ascorbic acid analogues **2,** 153
P. chrysogenum, *L*-cistinyl-*L*-valine → penicillin **20,** 28, penicillin **7,** 201, 203, 206, Ubichinon **20,** 80
P. cinerascens, Chinone **6,** 158
P. citreoroseum, Chinone **6,** 164, 343, penicillin **7,** 206
P. citreo-viride, dipicolinic acid **20,** 22
P. citrinum, Chinone **6,** 159
P. cyclopium, Chinone **6,** 162, 164, cyclopenin **13,** 311, viridicatin **20,** 22
P. cyclopium viridicatum, tropolones **13,** 242
P. digitatum, ethylene **17,** 300
P. fluorescens, penicillin **7,** 206
P. funiculosum, Chinone **6,** 168, growth on dextran **8,** 38
P. glaucum und Fettsäuren **4,** 200
P. griseofulvum, Bildung von Essigsäure, von Protocatechusäure **4,** 211, 235, Chinone **6,** 160, 2-hydroxy-6-methylbenzoic acid **14,** 192, mycelianamide **20,** 27, penicillin **7,** 206
P. griseoroseum, penicillin **7,** 206
P. islandicum, Chinone **6,** 163, 164, 168, islanditoxin **20,** 14, Skyrin **14,** 165
P. javanicum, Chitin **2,** 215
P. Johannioli, tropolones **13,** 242
P. lilacinum, growth on dextran **8,** 38
P. luteum zukal, Luteose **8,** 35, 36

P. notatum, bacteriostatic properties **16**, 91, Glucose-oxydase **20**, 246, penicillin **7**, 194, 196, 203, 205, 206, phospholipase B **12**, 422
P. patulum, Chinone **6**, 161, 167, griseofulvin **19**, 284
P. phoeniceum, Chinone **6**, 159
P. puberulum, tropolones **13**, 242, 243
P. resticulosum, *DL*-fumaryl-alanine **20**, 7
P. rubrum, *P. spinulosum*, Chinone **6**, 158, 159, 166
P. stipitatum, tropolones **13**, 242
P. terlikowskii, gliotoxin **20**, 31
P. urticae, Chinone **6**, 158, 161, 167
P. varians, varianose **5**, 101
P. viridicatum, viridicatin **13**, 311; **20**, 22
Penicilloates **7**, 199
—, configuration **7**, 227
—, *n*-**amyl-**, α-**ethyl** **7**, 211
Penicilloic acids **7**, 200, 210, 211, 214, 218
—, cyclization **7**, 227
—, *D*-α-**desthio-benzyl-** **7**, 218
Penillamine **7**, 210
—, synthesis **7**, 205, 213
Penillate, benzyl-, dimethyl **7**, 213
Penillic acid **7**, 210, 212, 213, 214
—, **benzyl-** **7**, 213
—, —, (IR spectroscopy) **5**, 376
Penilloaldehyde **7**, 210
—, *n*-**amyl-** and **dinitrophenylhydrazone** **7**, 211
—, **benzyl-** **7**, 211
Penilloic acids **7**, 211
Penillonate, benzyl-, methyl **7**, 215 216,
Pennatulacées, gorgonine, antipathine **12**, 391, 392
Penniclavine **20**, 20
Pennyroyal (oil), insecticide **10**, 457
Pentacarboxylic acid (from vitamin B_{12}), **dicyanide** **15**, 203
Pentacosanoïque (acide) (lipides bactériens) **10**, 199, 203, 204
Pentacyclic triterpenes **12**, 45, 52, 59, 63
Pentadécaméthylène 1,15-dioïque (acide) **6**, 94
Pentadécane 1,15-dicarboxylique (acide) (lipides bactériens) **10**, 198
Pentadécanoïque (acide), ω-**hydroxy-** **6**, 99
Pentadécanolactone **6**, 96
Pentadécanolide **6**, 99
Pentadecylketon, methyl- **2**, 31
Pentadecylsäure, β-**carboxy-** **4**, 262
—, α-**oxy-** **2**, 28, 29
Pentadesma butyracea, fat **1**, 32, 34
1,3-Pentadiene, 3-ethoxy- **10**, 363, 364
Penta-2,4-dienal **19**, 145
trans-**Penta-2,4-dienol** **19**, 145
cis-**Penta-2′,4′-dienyl side-chain** and insecticidal effect (rethrins) **19**, 152
Pentaen mit Dien-Funktion **10**, 9
Pentagalloyl-glucose **13**, 71, 131
—, → Ellagen-Gerbstoffe **13**, 131
Pentaglycyl-glycine, X-ray diffraction **8**, 330
Pentain aus Compositen **14**, 31
Pentalene **5**, 66
Pentalupin **8**, 263
Pentane, 2,3-dihydroxy-4-methoxy-2-methyl-, 3-carboxylic acid **12**, 243
—, **2,3-dihydroxy-4-methyl-, 3-carboxylic acid** **12**, 240
—, (±)-*erythro*- and (±)-*threo*-**3,4-dihydroxy-2-methyl-, 3-carboxylic acid** **12**, 241
—, **3-hydroxy-2-methoxy-4-methyl-, 3-carboxylic acid** **12**, 242
—, **2-hydroxy-2-methyl-, 1,3-dicarboxylic acid** **12**, 239, 256
—, **2-** and **3-methyl-**, IR spectrum **5**, 345
—, **4-methyl-, 3-carboxylic acid** **12**, 240
—, **2,3,4-trihydroxy-2-methyl-, 3-carboxylic acid** **12**, 243
Pentane-2,3-dione, 4-methyl- **12**, 240
Pentanoate, 4-oxo-2-(2-methoxycarbonyl-6-methyl-benzyl)-, methyl **18**, 362
Pentanoic acid (Acide pentanoïque), 3-méthyl-, (lipides bactériens) **10**, 179
—, **2-** and **3-methyl-**, from petroleum **17**, 397
2-Pentanone, 3-hydroxy- **16**, 108, 115
3-Pentanone, IR spectrum **5**, 335
Pentane-3-one, 2-methoxy-4-methyl- **12**, 241, 242
Pentane-4-one, 3-methyl-, 2-carboxylic acid **12**, 236, 237, 239
—, —, —, **cyano-lactone** **12**, 237
Pentasaccharid, aus *Avena flavescens* **15**, 12
—, aus Graminin **19**, 297
—, im Weizen **19**, 306, 307
Pentasuberone **13**, 261
Pentdyopent **3**, 86, 87, 130
1-Pentene, 3-methyl-, IR spectrum **5**, 349
cis-**2-Pentene**, IR spectrum **5**, 349

Pentene-2, 1-brom- 8, 190
—, **1,4-dibrom- 8,** 190
—, **2-** and **4-methyl-,** IR spectrum **5,** 349
Pent-3-ene, 2-methyl-, 3-carboxylic acid 12, 241
—, —, —, *cis-* and *trans-*hydroxylation **12,** 240
Penten-(2)-al-(1) 8, 197
***trans*-Pentenin 14,** 19
Penten-2-in-4, 1-brom-3-methyl- (Carotin-Synthese) **9,** 16
—, **1-chlor- 14,** 15
—, **1-hydroxy- 14,** 58
—, —, **3-methyl- 9,** 58, 61
***trans*-Pent-2-en-4-ynol 19,** 145
Pent-3-en-1-yn-5-ol, 3-methyl- 14, 261
3- and **4-Pentene-2-one, 4-methyl-,** IR spectrum **5,** 355, 366
Pentin, Pentinen 14, 30
Pentosan in humus **17,** 398
Pentose, methyl-, 2-desoxy- 14, 73
—, **diphosphate 9,** 382
—, **phosphate 8,** 67
Pentose-phosphorsäure-Adenylsäure 1, 107
Pentosurie, *l*-Xyloketose **4,** 200
Peonidin, properties **20,** 172
—, **5-** and **3,5-glycoside,** fluorescence **20,** 170
—, **3-triglucoside 20,** 167
Peonin 17, 50
Peony, anthocyanins **20,** 180
PEP (Abkürzung für Phosphor-enol-brenztraubensäure) **20,** 202
Pepper, black, Piperine **16,** 456
Peppergrass, indole precursor **17,** 252
Pepsin, action and sedimentation **18,** 473
—, C-terminal residues **12,** 318
—, crystals, X-ray photograph **11,** 229
—, effect on insulin **12,** 273, 325
—, Elementarzelle **1,** 339
—, from fish **5,** 289
—, α-helix **11,** 233
—, (histoire) **19,** 318
—, ioduration **12,** 375
—, N-terminal residues **11,** 268; **12,** 304, 318
—, reduction with $LiAlH_4$ **12,** 319
—, reversal of hydrolysis **9,** 327
—, and serum globulins **7,** 292
—, **iodo- 12,** 353, 375, 378
Pepsinogen, activation **12,** 321
—, N-terminal sequence **12,** 304
Peptidase, role in peptide and protein synthesis **9,** 322
—, in snake venom **12,** 419, 428
Peptides, abbreviated names **11,** 251; **12,** 292; **17,** 331
—, adrenocorticotropic **11,** 287
—, from amino acids **19,** 279
—, amino acid composition **11,** 242; **12,** 292
—, biosynthesis **9,** 292; **19,** 278
—, —, (plants), pathways **16,** 158
—, bond, biosynthesis, mechanism **9,** 319
—, —, enolization **9,** 331
—, —, equilibrium constants and free energy of formation **9,** 321
—, —, hydrolysis **12,** 292
—, —, lengths and angles of amide group **11,** 198
—, —, stability **12,** 292
—, chains (amide groups), strain energies **11,** 202
—, —, cross-linking **12,** 322
—, —, lengthening **9,** 334
—, chromatography **11,** 240, 250, 277, 278; **12,** 270, 277
—, —, ion-exchange **11,** 250, 280; **12,** 326
—, color reactions **12,** 290
—, C- and N-terminal residues **11,** 261; **12,** 271, 302, 321
—, C-terminal sequence, methods **12,** 315, 321
—, crystal structure **8,** 330
—, cyclic **9,** 138, 327
—, degradation, stepwise **12,** 310, 319, 323
—, detection on paper **12,** 288, 289
—, disulfide bridges **12,** 328
—, electron density distribution **8,** 313, 314, 322, 323, 327, 330, 335
—, electrophoresis **12,** 326
—, "finger-print" **17,** 361
—, Fourier projection **11,** 188
—, fractionation **12,** 272
—, free energy of formation **9,** 319, 320, 321
—, hydrogen bonds **11,** 200
—, hydrolysis, activation of carbonyl **9,** 330
—, —, acid and alkaline **12,** 292, 323, 324
—, —, partial **12,** 326

Peptides, hydroxyl-haltige, Synthese **13,** 512
—, identification **11,** 276, 282
—, as intermediates in protein synthesis **9,** 348
—, Knüpfung, Methoden **13,** 474, 494
—, microbiol. detection of amino acids **11,** 270
—, nomenclature **11,** 251
—, (lower), polypeptide sequence **12,** 327
—, reaction, with ammonium cyanate **11,** 273
—, —, with hydrazine **11,** 275
—, reduced, stepwise degradation **12,** 319
—, released in the conversion, ovalbumin → plakalbumin **11,** 278
—, separation **11,** 261, 276
—, spots, fluorescence in UV light **12,** 290
—, synthesis **13,** 444
—, —, (aktives Acyl) **13,** 448, 452
—, —, aus N(Im)-Acyl-imidazolen **13,** 512
—, —, mit Alkyl-Kohlensäuren **13,** 511
—, —, from amino acid esters **9,** 333
—, —, und Aminozucker **13,** 493
—, —, Anhydrid-Methode **13,** 508, 514
—, —, Carbodiimid-Verfahren **13,** 513
—, —, Carbonsäureamid-Gruppe **13,** 492
—, —, energiereiche O- und S-ester **13,** 495
—, —, Esterkondensation **13,** 491, 494, 495
—, —, in exchange reactions **9,** 328
—, —, Historisches **13,** 446
—, —, mit Imidazol- und Indolring **13,** 481, 488
—, —, Methodik **13,** 455
—, —, Umlagerungen **13,** 536
—, terminal carboxyl group reduction **11,** 272, 273
—, unit-cell dimensions and space groups **11,** 188
—, X-ray analysis **8,** 310; **11,** 181, 188
Peptide A, B, Actinomycine **18,** 30, 31
—, —, Aminosäure-Sequenz **18,** 38
Peptides A—C, separation, amino acid composition **11,** 277
γ-**Peptide linkages** in natural peptides **12,** 302
Peptides, N-[2-amino-3-hydroxy-4-methoxy-benzoyl]- **18,** 45
—, **benzoyl-** **13,** 502
—, **chloracetyl-,** Synthese **13,** 463
—, **chromo-** **18,** 2
Peptides, dinitrophenyl- **17,** 357
—, **esters,** reduction with $LiAlH_4$ **12,** 319
—, —, **acyl-,** Verseifung **13,** 475
—, —, **carbaminat** **13,** 516
—, —, **carbobenzoxy-** → Harnstoff-Deriv. **13,** 457
—, —, —, Verseifung **13,** 457
—, —, **benzyl-, hydrochlorid** (Peptid-Synthese) **13,** 469
—, —, **dibenzyl-, hydrochlorid** **13,** 469
—, **hydrazid, acyl-** **13,** 476
—, **lacton, 2-amino-3-hydroxy-4-methyl-benzoyl-** **18,** 34, 35
—, **octadeca-** und **nonadeca-,** Synthese **13,** 501
—, **phosphorsäureester** **13,** 493
—, **pipsylated** **12,** 314
—, **thioester, hydrochlorid** **13,** 471
—, **thioglykolester** **13,** 498
N-Peptidyl-N′-carbobenzoxy-hydrazid **13,** 476
N-Peptidyl-oxazolid-dion **13,** 520
Peptone I et II de caséine, ioduration **12,** 380
Peptones, dériv. iodés **12,** 378
Peraplex **10,** 143
Perbunan **10,** 141
Perca fluviatilis, carotenoids **5,** 32
Perch, carotenoids **5,** 32, 33, 34
Perezon **6,** 175, 180
(—)-**Perezone** **12,** 5, 6
Performic acid and insulin **12,** 322
trans-anti-trans- and *trans-syn-trans-***Perhydroanthracenes,** conformation **19,** 177
cis-**Perhydroquinoline,** Hofmann degradation **19,** 200
Pericampylus glaucus, P. incanus, Alkaloide **9,** 178
Pericarp fats **1,** 32, 33
Pericrocotus miniatus, Feder-Carotinoide **18,** 187
Peridinin **5,** 22
Peridinium cinctum, carotenoids **5,** 24
Perilla fat, digestibility, fatty acids **6,** 19, 20, 56
Perilla spp. and gibberellin **18,** 397, 402, 407, *P. nankinensis* and gibberellin **18,** 407
Periodate lignin **5,** 183
Periodate oxycellulose **5,** 140, 142
Periodic acid and Nessler reagent **12,** 291

Periplaneta, Flügel, Faserdiagramm **2**, 219
Periplobiose **14**, 102
—, **pentacetat** **14**, 103
Periploca spp., herzaktive Glycoside **14**, 94, *P. graeca*, Periplocin **4**, 9; **7**, 126; **14**, 121, *P. nigrescens*, herzaktive Glycoside und Aglykone **12**, 198, 200; **14**, 108, 121
Periplocin **4**, 9, 10; **7**, 126, 150; **13**, 204; **14**, 119, 121
Periplocymarin **7**, 126, 127, 150; **13**, 204; **14**, 117, 118
Periplogenin **4**, 9, 10; **7**, 91, 92, 107, 120, 121, 124, 131, 150; **12**, 158; **13**, 156, 159, 162, 163, 189, 196, 204; **14**, 94, 107, 117, 118, 119, 126
—, und Strophanthidin **7**, 130
—, Synthese **7**, 124
—, **3,5-anhydro-** **13**, 150
—, **dihydro-** **7**, 123, 130, 131; **13**, 165
—, **di- und tetrahydro-anhydro-** **7**, 123
—, **glycoside** **7**, 126; **14**, 75, 93
Periplogenon, anhydro- **13**, 162, 163
Perlatolinsäure **2**, 41; **8**, 211
Perlon in chromatography **17**, 11
Permutoide Reaktion **1**, 278
Pernicious anemia and vitamin B_{12} **15**, 168, 211
Peroxidase, and gibberellin treatment **18**, 401
—, (künstliches Lignin) **20**, 51
—, (plant protein fractions) **6**, 303
1,4-Peroxido-cyclohexen-(2) **10**, 96
Persian berries, dyes, rhamnetin **17**, 2, 53
Persicarin **17**, 7, 53
Perturbation treatment (color of dyes) **16**, 197
Pertusaria concreta, Mannit **8**, 212
Pesez, réaction de **6**, 322
Pest (Rinder, Schweine, Geflügel), Virus **4**, 89
Petaloxanthin **5**, 22
Petanin **20**, 167, 188
PETP (Abkürzung für Elektronen-Transport-Partikel, mit Fähigkeit zur Phosphorylierung) **20**, 113
Petrex-Harze **10**, 53
Petroleum, acids, fatty, mono- and bicyclic, and sterols **17**, 390, 396
—, arachidic acid **17**, 396
—, hydrocarbons, branched and straight-chain **17**, 397
Petroleum, hydrocarbons, from fatty acids **17**, 397
—, lipids **17**, 396, 397
—, myristic, palmitic, and stearic acids **17**, 396
Petromyzon marinus, protein **5**, 285
Petroselenic acid, occurrence **6**, 4
Petroselinum spp., and gibberellin **18**, 396, *P. sativum*, coumarin **9**, 242
Petunia spp., and gibberellin **18**, 396, 408, *P. hybrida*, anthocyanins **20**, 181, 183
Petunidin, and Al-ions **20**, 171
—, properties **20**, 172
—, **3-glucoside** and **3,5-diglucoside** **20**, 169, 191
Peucedanin **9**, 227, 228, 260, 272, 273, 274; **17**, 174
—, toxicity **9**, 241
—, **hydroxy-** **9**, 267
—, **isooxy-** **9**, 267, 268
—, **oxy-** **9**, 227, 267, 268; **11**, 127
—, **tetrahydro-** **9**, 273
Peucedaninic acid, oxy- **9**, 267
Peucedanum decursivum, nodakenetin **9**, 272, *P. officinale*, peucedanin **9**, 273, *P. oreoselinum*, athamantin **9**, 275, *P. ostruthium*, iso-imperatorin **9**, 266, Chromone **11**, 126, 127, 131
Peucenin **11**, 126, 127, 131, 132, 142, 143; **17**, 174
—, Synthese **11**, 142
—, **dihydro-** **11**, 132, 135
—, —, → Isoamylphloroglucin **11**, 131
Peyote (peyotl) **6**, 244, 245, 247
Peziza aeroginosa, Chinon **6**, 169
Pfaffenhütchen, herzaktive Glycoside und Aglykone **7**, 143; **14**, 86
Pflanzen, s. auch, see also, voir aussi, Plants
Pflanzen, Familien und herzaktive Glycoside **14**, 91, 92
—, Farbstoffe, photodynamisch wirksame **14**, 141
—, Gallen, Verfälschung von Ipecacuanha **8**, 279
—, Organe, Verteilung herzaktiver Glycoside **14**, 95
—, Sterole, Beziehung zu Tier-sterolen **12**, 139
—, —, Vorstufe **12**, 139
—, Viruskrankheiten **4**, 90
—, und Vitamin B_6 **4**, 48

Pflanzen-Systematik und Acetylene **14**, 60
PGA (abbreviation for pteroylglutamic acid) **11**, 373
Phaeanthin **9**, 179, 180, 195, 207, 210
—, Biosynthese **9**, 210
Phaeanthus ebracteoratus, Biscoclaurin-Alkaloide **9**, 179, 195
Phaedon cochleariae and pyrethrins **19**, 151, 153
Phaemonas, photosynthine **10**, 222
Phaeo- = **Phäo-** = **Phéo-**
Phaeomelanine 18, 178
Phäophorbide **1**, 163, 203, 211, 213
—, fluorescence **2**, 322
—, **äthyl-** **1**, 166, 186
—, **dihydro-** **1**, 194, 197, 211, 213
Phäophorbid a **1**, 163, 166, 172, 180, 184, 187, 188, 193, 198, 200, 201, 202, 207, 209, 212, 217, 225; **11**, 328
—, **2-acetyl-** **1**, 226
—, **methyl-** **1**, 166, 182, 187, 200, 212, 220, 229
—, **oxim** **1**, 187, 188
—, **protomethyl-** **1**, 229
Phäophorbid b **1**, 163, 185, 188, 193, 198, 200, 201, 202, 213
—, **methyl-** **1**, 190, 200, 212, 220
—, **oxim** **1**, 187, 188, 190
Phäophorbid b_7 **1**, 193
Phäophytin **1**, 161, 163, 165, 170, 200
—, → phylloerythrin **17**, 399
Phäophytin a **1**, 162, 164, 166, 212, 221; **5**, 24
—, fluorescence **2**, 322
Phäophytin b **1**, 163, 221
Phéoporphyrine, fluorescence **2**, 329
Phäoporphyrin a **1**, 171, 174, 202, 211
Phäoporphyrin a_5 **1**, 172, 175, 181, 184, 187, 188, 191, 194, 202, 213, 217, 225, 229; **11**, 306, 328
—, decarboxylated **11**, 329
—, **2-acetyl-** **1**, 225
—, **oxim** **1**, 175, 219
—, **oxo-** **1**, 225; **11**, 309
—, **10-oxy-** **1**, 181
—, **9-oxy-desoxo-** **1**, 191, 217
—, **vinyl-** **1**, 199; **11**, 309, 328
—, —, from phacophorbid a **11**, 328
Phäoporphyrin a_6 und a_7 **1**, 180, 181
Phäoporphyrin b **1**, 171, 202, 211
Phäoporphyrin b_6 und b_7 **1**, 171, 188, 191, 192
Phaeoporphyrin b_6, **vinyl-** **11**, 309
Phäoporphyrinogen **1**, 195, 203
Phäopurpurin **1**, 182, 213
—, **18-monomethylester** **1**, 183
—, **7-** und **18-trimethylester** **1**, 183, 207, 209
Phäopurpurin-5, **-7** und **-18** **1**, 182, 183, 207, 209
Phagen-protein **4**, 182
Phalaris arundinacea, 5-methoxy-amino-N-methyl-tryptamine **17**, 265
Phallacidin **20**, 12, 13
Phalloidin **20**, 12, 13
—, synthesis of model **20**, 14
—, **desthio-** **20**, 12
—, **keto-** **20**, 12, 13
Phalloin **20**, 12, 13
—, synthesis of model **20**, 14
Phallus impudicus, di- and trimethylamine **20**, 2
Phanostenin **9**, 177, 190
Pharmakologie, Alkaloide aus Calebassencurare und Strychnos **17**, 232
—, aminochromes **14**, 235
—, azulenes **5**, 66
—, Biscoclaurin-Alkaloide **9**, 213
—, Chromone **11**, 154, 156
—, Curare-Alkaloide **17**, 232
—, Flavine **2**, 75
—, Hypericum **14**, 177
—, Lupinen-Alkaloide **8**, 271
—, pyrethrum **10**, 449; **19**, 121
—, α-pyrones **20**, 154
—, pyrrolizidine alkaloids **12**, 257
—, rauwolfia alkaloids **10**, 400, 413, 415, 416; **13**, 408, 413, 421
—, rotenoids **10**, 445
—, senecio alkaloids **12**, 257
—, senna **7**, 268
—, snake venoms **12**, 414
—, toad venoms **5**, 253, 256, 259, 260, 261
—, veratrum alkaloids **20**, 313, 355, 356
Pharomachrus mocinno, *Ph. pavoninus*, Feder-Carotinoide **18**, 187, 188
Phaseolus spp., and gibberellin **18**, 397, 398, 403, 404, *Ph. multiflorus*, amino acids **6**, 302, anthocyanins **20**, 180, gibberellin **18**, 392, *Ph. vulgaris*, biosynthesis of niacin **17**, 257, gibberellin **18**, 395, 397, 405, 415, quercituron **17**, 53, (TM-Virus) **4**, 107

Phasianorubin, Phasianoverdin 18, 216
Phasianus colchicus (Papillen), Astaxanthin 18, 183, 186, 192
Phe (abbreviation for phenylalanine) 17, 331
Phellamurin 17, 17
α-Phellandren (Dien-Synthese) 3, 22, 23; 10, 9, 53
Phellodendron amurense, amurensin, phellamurin 17, 17
Phellopterin and epoxide 9, 269, 270
Phellopterus littoralis, phellopterin 9, 269
Phenaceturate, ethyl, IR spectrum 5, 366
Phenacylester, tri-p-brom- und tri-p-phenyl- 13, 73
Phenalan, 1,1,4,7-tetramethyl- 12, 21
Phenanthrene, from iso-napelline 16, 58, 59
—, 1,6-dimethyl- from atisine 16, 45
—, 1,7-dimethyl-, from hetisine 16, 62
—, —, aus Triterpenen 7, 12
—, —, from veatchine 16, 46
—, 1-methyl-, from atisine 16, 44
—, 2-methyl-, from β-ergostenol 1, 82
—, 9-methyl- (colchinol) 13, 248, 249, 250
—, 1-methyl-6-ethyl-, from atisine 16, 44, 45
—, 1-methyl-7-ethyl-, from methyl-dihydro-garryine 16, 35
—, —, from veatchine or garryine 16, 31
—, 4,5-methylene- 18, 357
—, 3,4-methylendioxy-carbonsäure-(10) 18, 76
—, 3,4-methylendioxy-8-methoxy-10-nitro-carbonsäure-(1) 18, 74
—, 3,x-methylendioxy-10-nitro-carbonsäure-(1) 18, 76
—, 3,4-methylendioxy-8,x,y-trimethoxy-carbonsäure-(1)-lactam 18, 77
—, 1,5,6-trimethoxy-carbonsäure-(10) 18, 73
—, 1,2,6- und 1,2,8-trimethyl- (triterpenes) 7, 12, 67, 74; 12, 45, 58, 77, 101, 105, 106, 118
—, 1,3,8-trimethyl-, from vinhaticoate 12, 23
—, 1,7,8-trimethyl-, from agathene 12, 21
Phenanthrenchinon, biol. Wirkung 6, 210, 213
—, (Dien-Synthese) 10, 24
—, in Pflanzen 6, 169, 178
—, deriv., in Flechten 8, 231
9,10-Phenanthrenchinon, 1,6-dimethyl- 6, 210
—, 1-methyl-7-isopropyl- 6, 210
—, 1,5,6-trimethoxy- 18, 73
Phenanthrene hydrocarbons from aconite alkaloids 16, 27
Phenanthridone-dicarboxylic acid, N-methyl- 16, 32
Phenanthropyridin-Typus 9, 180, 188
β-Phenäthyl-äthyl- und -methyl-carbinol (Harn) 3, 48, 49
Phenols, acyl-phloroglucinol type, biosynthesis 14, 190
—, und Aminozucker 20, 204
—, with one aromatic ring, biosynthesis 14, 190
—, biosynthesis from acetic acid 14, 188
—, Chinonsysteme in Pflanzen 6, 192
—, IR spectrum 5, 363
—, orcinol type 14, 190
—, oxidation products, biosynthesis 19, 281
—, resonance 3, 221
—, terpenoid-derived 14, 210
—, (urine de Jument gravide) 6, 135
—, volatils, castoréum 6, 115
Phenol-containing mixtures, paper chromatography 12, 281, 282, 284, 287
Phenol, o- and p-amino-, and hippuric acid 9, 324
—, o-amino-methyl- 18, 23
—, benzyläther → Benzylphenole 16, 8
—, α-bioside 1, 16, 18
—, carbonsäuren, in Gallotanninen 13, 129
—, o-diiodo- 12, 361, 364
—, 3,5-diiodo-4-méthoxy- 12, 361
—, 3,4-dimethoxy-6-äthyl- 8, 285, 286
—, o-(3,3-dimethyl-allyl)- 9, 277
—, 3,5-diméthyl-4-méthoxy- 12, 365
—, o- et p-éthyl- 6, 113, 114, 115, 135
—, p-ethyl- (lignin) 5, 204
—, β-d-fructosid, tetraacetyl- 1, 20
—, α-galactosid 2, 175
—, —, tetraacetyl- 1, 20
—, glycoside und bioside, Synthese 1, 18,
—, α- und β-glycosid, tetraacetyl- 1, 2, 18, 19
—, β-d-mannosid, tetraacetyl- 1, 20
—, m-méthoxy- (lipides bactériens) 10, 176
—, p-methoxy-tetrachlor- 14, 54
—, p-propyl- (naturel) 6, 114, 115, 136

Phenol, tribromo-, from tropolone **13**, 284
—, **triiodo-**, from tropolone **13**, 284
—, **β-d-xylosid** **1**, 19
Phénolique (acide) **6**, 137
Phenolic compounds, biosynthetic relations **14**, 186
—, marker oxygen **14**, 189
—, **O-methyl-**, in plants **18**, 149
Phenolic coloring matters and lead acetate **17**, 11
Phenolic glucosides → quinones **17**, 315
Phenolic hydroxyls, removal (biosynthesis) **14**, 198
Phenolisierung im Tierkörper **4**, 192
Phenolphthalein, color **16**, 177
—, **mono-β-glucuronid** **4**, 229
—, —, in enzyme chromatography **8**, 349
—, **phosphate**, in enzyme chromatography **8**, 349
Phenolredoxase und Coniferylalkohol **11**, 62
Phenotypic and **genotypic variations** **20**, 426
Phenoxazone deriv., in fungi **20**, 23
Phenoxazon-(2), 3-amino-, Halochromie **18**, 29
—, **3-amino-4-carboxy-5-hydroxymethyl-** **18**, 31
—, **3-amino-1,8-dimethyl-dicarbonsäure-(4,5)** **18**, 28
—, **3-hydroxy-** **18**, 23
—, **3-hydroxy-dimethyl-** **18**, 23
—, **3-hydroxy-1,8-dimethyl-carbonsäure-(5)** **18**, 26
—, **3-hydroxy-1,8-dimethyl-dicarbonsäure-(4,5)** **18**, 28
Phenoxazon-(3), 2-amino-, Ringsystem **18**, 31
γ-Phenoxy-*n*-propyl-bromid **8**, 252
Phenylacetaldehyde, trimethoxy- **6**, 258
Phenyl acetate, and esterase **8**, 357
DL-trans-**Phenylacetate, 2-bromomethyl-hexahydro-, ethyl** **13**, 355
Phenylacetic acid (Phenylessigsäure, Acide phénylacétique), (Flechtenstoffe) **2**, 33, 35
—, (lipides bactériens) **10**, 228, 229
—, (penicillin) **7**, 202, 207, 216
—, in plants **17**, 274
—, im Tierkörper **3**, 46
—, (urine de Jument gravide) **6**, 137
Phenylacetic acid, 2,5-diacetoxy-3,4-dimethoxy-6-methyl- **20**, 91
—, **2,5-dihydroxy-** **5**, 305
—, **3,4-dihydroxy-** **17**, 49
—, —, by detoxication of rutin or quercetin **17**, 49
—, ***m*-hydroxy-** **17**, 49
—, ***p*-hydroxy-**, and penicillin production **7**, 202, 207
—, **2-methyl-3,4,5,6-tetramethoxy-** **20**, 90
—, ***o*-oxy-** **2**, 35
—, **4-phenoxy-α-amino-** **7**, 175
β-Phenyl-N-acetyl-*D*-glucosaminase **8**, 357
Phenylacetylene, 3,4-dioxymethylene- **20**, 145
Phénylacyl-ester, *p*-bromo-, amide (lipides bactériens) **10**, 179
Phenylalanine, as alkaloid-precursor **13**, 332
—, bioconversion **6**, 269
—, biosynthesis **12**, 478, 479; **14**, 203
—, in crotoxin **12**, 447
—, as C-terminal amino acid **11**, 273
—, from ergot alkaloids **9**, 134
—, in fish protein **5**, 272, 288
—, (genetics) **5**, 305
—, dans gorgonines **12**, 392
—, in hemoglobin, number of residues **17**, 350, 352
—, et iode **12**, 377
—, labeled (anthocyanin biosynthesis) **20**, 192, 193
—, —, (Biosynthese der Phenylpropankörper) **16**, 21
—, —, → epinephrine **6**, 269
—, —, (Lignin-Bildung) **20**, 60, 62
—, lignin precursor **5**, 204; **17**, 45, 46
—, in microsomal protein **16**, 150
—, as N-terminal residue **11**, 267, 268; **12**, 313
—, in peptide biosynthesis **9**, 334, 341
—, → Phenylbrenztraubensäure **4**, 208
—, Polymere **13**, 517
—, precursor of quercetin **17**, 46
—, in proteins, collagens, gelatins **17**, 383, 385
—, in sediments **17**, 392
—, in seed proteins **6**, 292, 293
—, from soils **17**, 391
—, thermostability **17**, 390
—, dans thyroglobuline **12**, 386

Phenylalanine, tyrosine metabolism (genetics) **5,** 305
—, **acetyl- 9,** 341; **11,** 242
—, **β-4′-amino- 7,** 175
—, **benzoyl- 9,** 325
—, **N-carbobenzoxy-*p*-methoxy- 16,** 123
—, **N-carbonsäureanhydrid 13,** 516
—, **2,5-dihydroxy-,** oxidative cyclization **14,** 220
—, **3,4-dihydroxy- 5,** 305, 306; **6,** 271; **14,** 221, 222; **15,** 118; **17,** 49
—, —, correlation with guaiaretic acid dimethyl ether **15,** 118
—, —, oxidation **14,** 218, 227
—, **3,5-diiodo-4-(2′,4′-diiodo-3′-hydroxy- and 3′,5′-diiodo-2′-hydroxy-phenoxy)- 7,** 171
—, **3,4-dioxy- 4,** 191; **6,** 192, 195; **8,** 301
—, —, (Peptid-Synthese) **13,** 484
—, **DNP-deriv. 12,** 305
—, **éthylester, 3,5-diamino-*p*-méthoxy-phénoxy-N-acétyl- 12,** 372
—, **éthylester, 3,5-diiodo-*p*-méthoxy-phénoxy-N-acétyl- 12,** 372
—, **ethyl ester, 3,5-dinitro-4-(4′-methoxy-phenoxy)-N-acetyl- 7,** 184
—, **guanidiques (dériv.) 18,** 100
—, **4-(4′-hydroxy-phénoxy)- 12,** 359
—, **4′-iodo-4-phenoxy- 7,** 175
—, **methylester 8,** 233
D-**Phenylalanine,** in bacitracin A **11,** 253
—, in polypeptin **11,** 252
—, X-ray diffraction **8,** 318
DL-**Phenylalanine, 4-(3′,5′-diiodo-2′-hydroxy-phenoxy)- 7,** 172
—, **4-(2′-hydroxy-phenoxy)- 7,** 172
Phenylalanyl chain (insulin) **12,** 273
L-**Phenylalanyl-*L*-glutamyl anilide, acetyl- 9,** 324
L-**Phenylalanyl-glycine, acetyl- 9,** 326, 327
L-**Phenylalanyl-glycine anilide, acetyl- 9,** 326
L-**Phenylalanyl-glycyl-glycyl-leucine, acetyl- 9,** 326, 327
L-**Phenylalanyl-leucine anilide, benzoyl- 9,** 325
L-**Phenylalanyl-*D*-proline lactam 9,** 135
DL-**Phenylalanyl-peptide,** Synthese **13,** 501
Phenylarsonate, *p*-amino- 9, 456
—, —, coupled to protein **9,** 449, 450
Phenylarsonic acid, *p*-(*p*-hydroxyphenyl-azo)- 9, 467
Phenyläther, 4-bis-(diäthylaminoäthyl)-amino-3′,5′-dimethyl- 8, 306
Phenylazid, Addition (Dien-Synthese) **10,** 63
Phenyl-azo-triphenylmethane 19, 44
2-Phenylbenzopyrylium ion 3, 218, 220
Phenylcoumalin 20, 132, 134, 156
—, → benzophenone and benzoic acid **20,** 133
—, biosynthesis **20,** 158, 159
—, → phenylpyridone **20,** 133
—, synthesis **20,** 144, 145, 146
—, **4-methoxy- 20,** 134, 150, 156
—, —, → benzoic and piperonylic acids **20,** 140
Phenylcumarane, Aufschluß **20,** 48
Phenylcumaran-System, Lignin, Ligninsulfosäure **11,** 50, 64
o-**Phénylènediamine,** et hormones thyroïdiennes **12,** 370
—, **4,5-dimethyl- 15,** 207
—, **N,N′-dimethyl-N-acyl-,** IR spectrum **5,** 375
o- and *p*-**Phenylenediamine,** condensation with hippuric acid **9,** 324
p-**Phenylenediamine,** oxidation, inhibition by snake venom **12,** 432
Phenylessigsäure, s., see, voir, Phenyl-acetic acid
β-**Phenyläthylalkohol (Alcool phényl-éthylique) 1,** 9
—, (lipides bactériens) **10,** 228, 229
β-**Phenylethylamine,** in *Acacia* spp. **17,** 262
—, biosynthesis **6,** 268, 269
—, from corn steep **7,** 202
—, in fungi **20,** 2
—, pharmacol. effect **6,** 276
—, properties **6,** 252
—, ***o*-amino- 17,** 252
—, **2,5-dihydroxy-,** oxidative cyclization **14,** 220
—, **3,4-dihydroxy- 6,** 253, 256; **14,** 218
—, ***p*-hydroxy- 6,** 253
—, **N-methyl- 6,** 252, 273
—, ***p*-oxy-,** fluorescence **3,** 325
—, **4-phenoxy- 7,** 175
—, **3,4,5-trimethoxy- 6,** 257
β-**Phenylethyl-ketone, *p*-oxy- 3,** 48
β-**Phenylethyl-methylamine, 3,4-dihydroxy-,** PbO_2 oxidation **14,** 227

β-Phenylethyl-methylamine, 3,4-dihydroxy-, enzymatic oxidation **14**, 219
β-Phenylethyl-trimethyl-ammonium hydroxide, 3,4-dihydroxy- 6, 257
DL-**Phenylglycine, 3,5-diiodo-4-(3',5'-diiodo-4'-hydroxy-phenoxy)-**, bioeffect **7**, 176
α-*D*-**N-Phenylglycin, brom-isocapronyl- 13**, 472
N-Phenylglycin-N-carbonsäureanhydrid 13, 515
Phenyl-glyoxylsäure im Tierkörper **3**, 46
Phenyl-harnstoff, bitterer Geschmack **17**, 127
N'-Phenylhydrazid (Peptid-Synthese) **13**, 476
—, **N-aminoacyl- 13**, 476
Phenyl-isothiocyanate, coupling with α-amino and imino groups **12**, 308
Phenylketonuria 4, 208, 211
—, (genetics) **5**, 305
Phenyl-lithium and 4-methyltropolone **13**, 284
β-Phenyl-methylamine, pharmacol. effect **6**, 276
Phenyl-methyl-carbinol im Tierkörper **3**, 45
Phenyl-milchsäure im Tierkörper **3**, 46
Phenyl-α-oxybuttersäure im Tierkörper **3**, 46
Phénylphosphate, et phosphatase, **transfert** de phosphate **19**, 328, 329, 333, 355, 358
Phenylpropane, (lignin, building stones) **5**, 177, 213, 217, 219, 224
—, **sulfonic acid 5**, 193
Phenylpropankörper, Biosynthese **11**, 75; **16**, 21
Phenyl-propionsäure (Acide phénylpropionique) 6, 118
—, → Benzoesäure **4**, 241
Phenyl-pyridone → 2-phenylpyridine **20**, 133, 136
Phenylpyruvic acid 12, 479
—, (genetics) **5**, 304, 305
—, **2,5-dihydroxy-** (genetics) **5**, 305
—, ***p*-hydroxy-** (genetics) **5**, 304
α-**Phenyl-sarcosine-*L*-alanine-β,N-dimethyl-leucine 16**, 109
Phenyl-serin (Chloramphenicol-Synthese) **18**, 60
Phenyl-sodium-phosphate, enzyme chromatography **8**, 349
Phenyl-thiocarbamyl, s., see, voir, PTC
Phenyl-thiocarbonyl-aminosäuren, Alkali-Empfindlichkeit **13**, 458
Phenyl-thiocarbonyl-peptidester 13, 459
Phenyl-thiohydantoin, s., see, voir, PTH
Phéo-, s., see, voir, Phaeo-
Phillyrea sp., Syringin **11**, 63
Philodien 3, 1; **10**, 3, 4, 5, 7
—, Funktion, Anomalien **10**, 23
—, Kategorien **10**, 25
—, unsymmetrisches **10**, 21, 22, 23
Philpot-Svensson optical system 18, 476
Phlebitis, and snake venom **12**, 413
α- et **β-Phlei-mycolique (acide)** (lipides bactériens) **10**, 212, 213
Phlein 15, 11
—, Bausteinanalyse **15**, 7
—, Hydrolyse und Drehung **15**, 8, 9, 10
—, Invertin-hydrolyse, Papierchromatogramm **15**, 16
—, Löslichkeit **15**, 11
—, Mol.-Gew. **15**, 11
—, Polymerisationsgrad **15**, 14
—, —, und Drehung **15**, 8
Phlein$_{15}$, Phlein$_{28}$ 15, 12
Phlein$_{29}$ → Phlein$_{41}$ 15, 14
Phlein-typ, Pyrosin **19**, 303
—, Saccharide **19**, 295, 299, 306
Phleinase, aus Hefe **19**, 309
—, und Streptomycin **19**, 308
—, Verhältnis zu Saccharase **19**, 311
Phleum pratense, Cellulose- und Ligningehalt **15**, 23
—, Eiweiß-ertrag **15**, 25, 26
—, Kohlenhydrate, Polymerisationsgrad **15**, 14
—, —, (Vegetationsperiode) **15**, 17
—, —, lösliche **15**, 2, 11, 22, 24, 25
—, Verhältnis von Glucose zu Fructose **15**, 20
Phlobaphenes 17, 5
—, aus Leucoanthocyanidin **16**, 9
Phloem, secondary, definition **17**, 305
Phloracetophenon, carbonsäureester 11, 147
—, **ω-methoxy- 17**, 35
—, **methyl- 19**, 283
—, **3-methyl-4,6-dimethyläther 11**, 142
—, **trimethyl ether 17**, 34
Phloramine dimethyl ether 13, 313

Phlorisovalerophenon **17**, 163
Phloroglucinaldehyde, (citropten synthesis) **9**, 246
—, (Visamminol-Abbau) **11**, 136
Phloroglucinol (Phloroglucin) **9**, 226, 245, 267
—, **deriv.** (Cumarine, Flavone, Chromone) **11**, 151
—, **C-methyl-,** → Eugenitin **11**, 142
—, **β-methyläther, C-methyl-** **11**, 130
—, **oxy-** **11**, 151
—, **trinitro-** **14**, 207
Phloroglucinol ring, degradation **14**, 194
Phloroglucinol route (biosynthesis) **14**, 191
Phlyctaenia rubigalia and insecticides **10**, 432
Phoenicin **6**, 159, 166, 171
—, **tetrahydro-** **6**, 167
Phoenicircus nigricollis (Federn), Rhodoxanthin **18**, 183, 186
Phoenicopterus, Ph. antiquorum, Ph. ruber, Federpigmente (Carotinoide) **18**, 183, 187, 192, 193, 205
Phoenix dactylifera, phosphatases **19**, 324
Phoma terrestris, phomazarin **6**, 166, 169; **20**, 23
Phoradendron californicum, Ph. flavescens, Ph. villosum, tyramine **6**, 253
Phorbide **1**, 171, 184, 203, 213
Phorbin-Kern **1**, 202, 205, 210, 221, 226
—, **dihydro-** **1**, 226
Phosphagènes **18**, 87, 95, 98, 103, 104, 105
—, cyclisation **18**, 98
—, instabilité **18**, 97
Phosphamidases **19**, 318, 319
Phosphamides, liaison phosphorée **19**, 344
Phosphatamide (Peptid-Synthese) **13**, 468, 528
Phosphataminosäuren, N-di-(p-nitrobenzyl)- **13**, 468
Phosphatase **1**, 149; **5**, 111; **8**, 76, 84
—, et acide éthylènediamine-tétracétique **19**, 351
—, acide, séparation de pyrophosphatase alcaline **19**, 321, 333
—, action synthétisante **19**, 353
—, activité et germination **19**, 329
—, d'Amandier **19**, 324
—, d'animaux **19**, 319
—, et cations **19**, 347, 351
—, chromatography **8**, 348, 349, 357
—, classification **19**, 317, 319
Phosphatase, dosage **19**, 328
—, et effecteurs **19**, 346, 352
—, et esters phosphoriques **19**, 325, 327, 341
—, dans graines et feuilles **19**, 323, 330
—, Hemmung durch Chinone **6**, 218
—, histoire **19**, 318
—, inhibiteurs **19**, 348, 349, 350, 351, 363
—, isodynames **19**, 320
—, (low-protein diet) **9**, 298
—, de moutarde-blanche **19**, 326, 327
—, (nucleoside metabolism) **9**, 371, 380
—, d'organes chlorophylliens **19**, 362
—, purification **19**, 324
—, dans racines, fleurs, fruits, tubercules **19**, 332, 333
—, réactivation **19**, 349, 350
—, rénale **19**, 320
—, réversibilité d'action **19**, 353
—, rôle physiologique **19**, 360
—, et saisons **19**, 332
—, séparation de β-glucosidase **19**, 325
—, in snake venom **12**, 419
—, de son de Blé **19**, 328
—, transfert de phosphates **19**, 355
—, variations pendant végétation **19**, 361
—, dans végétaux supérieurs **19**, 316
—, —, action hydrolysante **19**, 362
Phosphatase-fluorure **19**, 349
Phosphate, (activator) **9**, 365
—, inorganic, from glucose-1-phosphate **5**, 116
—, organic (evolution) **20**, 453
—, transfert photochimique **19**, 358
—, **dibenzyl-** **8**, 50, 80
—, **diéthylaminoéthanol-,** et phosphatase **19**, 325
—, **méthyl-,** synthétisé par phosphatase **19**, 325, 354
—, **n-propyl-,** et phosphatase **19**, 325, 328
Phosphatidase, in snake venom **12**, 420
Phosphatides, bacillary **3**, 150, 152
—, de Bacille diphtérique **10**, 244
—, bacterial **3**, 150, 151; **10**, 173
—, —, (acid-fast) **3**, 150
—, in fats **6**, 4, 10
—, fluorescence **2**, 310
—, in *Lactobacillus acidophilus* **3**, 193; **10**, 246
—, de Mycobactéries **10**, 226, 229, 230
—, de *Phytomonas tumefaciens* **10**, 247
—, in yeast **3**, 195

Phosphatidiques (acides) **19,** 328
Phosphatidyl-ethanolamine **6,** 10
Phosphatidyl-serine **6,** 10
Phosphatiques (acides) (lipides bactériens) **10,** 229
Phosphinate, dichloro-phenyl- **8,** 126, 127, 133
Phosphinic acid, dichloro- **8,** 126
Phosphit, diäthyl-chloro-, als Anhydridbildner **13,** 504
—, **monobenzyl-** **8,** 129
Phosphitamide (Peptid-Synthese) **13,** 505, 529
Phosphitimide (Peptid-Synthese) **13,** 529, 530
Phospho-arginine **18,** 84, 106
Phospho-brenztraubensäure **4,** 295, 313
Phospho-créatine **18,** 84, 95
—, instabilité **18,** 97, 106
1-Phospho-deoxyriboside **9,** 386
Phospho-diestérases **19,** 317, 319, 358
—, et métaphosphates, ATP, glucose-6-phosphate **19,** 359
Phospho-di- and **mono-esterase,** in snake venom **12,** 422, 424
Phospho-dihydroxyacetone **8,** 82
1-Phospho-furanoriboside **9,** 374
Phospho-glucomutase **8,** 66, 67, 78; **9,** 376; **19,** 345
—, chromatography **8,** 357
—, coenzyme **8,** 66
Phospho-gluconic acid, rotation **8,** 62
2-Phospho-gluconic acid **8,** 74
—, hydrolysis constant **8,** 61
6-Phospho-gluconic acid **8,** 78; **9,** 375, 377
—, enzymatic oxidation **9,** 375, 377
—, **6-keto-** **8,** 78
Phospho-gluconic lactone, rotation **8,** 62
2- and **3-Phospho-glyceric acid (Phosphoglycerinsäure)** **1,** 100; **8,** 67
Phospho-glycocyamine **18,** 84, 106
Phospho-glycolique (acide), et phosphatase **19,** 325, 327, 329
Phospho-hexaose **11,** 28
Phospho-kinases **19,** 354
—, (synthèse de composés phosphorés) **19,** 361
Phospho-lipase A, estimation **12,** 421
Phospho-lipase A and **B,** in snake venom **12,** 420, 422, 434
Phospho-lipase C, in wasp venom **12,** 422
Phospho-lipides I et **II,** de *Brucella melitensis* **10,** 250
Phospho-lombricine **18,** 84, 106
6-Phospho-mannonic acid and **lactones** **8,** 61, 63, 81
Phospho-molybdique (acide), inhibiteur de phosphatases **19,** 349
Phospho-monoestérases **19,** 319, 323
—, action transférante **19,** 354
—, banale **19,** 336, 338, 342
—, —, différence de phytase **19,** 342
—, inhibition par l'ac. phytique **19,** 341
—, spécificité **19,** 320, 324
—, types I—V **19,** 320, 321, 322, 323
Phosphonate, mono- and **dibenzyl-** **8,** 128, 129
Phosphono-glucose, 1,2,3,4-tetraacetyl-6-diphenyl- **8,** 79
Phospho-peptide **13,** 493
3-Phospho-pyruvate **9,** 391
Phosphorazo-anilid, N-phenyl- **13,** 533
Phosphorazo-Körper (Peptid-Synthese) **13,** 454, 462, 487, 520, 533, 534
Phospho-ribomutase **9,** 369, 372, 375, 376, 381, 382
—, in muscle extracts **9,** 375
2-, 3- and **5-Phospho-ribonic acid** **8,** 69, 70
1-Phospho-ribose **9,** 367
Phospho-ribosides **9,** 381, 384
Phosphoric acid (Phosphorsäure), in capsular polysaccharides **18,** 506
—, und Vitamin D_2 **11,** 97
—, **amido-** (Peptid-Synthese) **13,** 529
—, —, **dialkyl-,** als α-Amino-Schutzgruppe **13,** 468
—, **anhydrides** mixtes **19,** 344
—, **dialkyl esters** **8,** 64, 132
—, **diamido-** **13,** 529
Phosphoric ester, hydrolysis **8,** 59
Phosphorigsäure, diamido- und **dianilido-** **13,** 532, 533, 534
—, **triamide** **13,** 535
Phosphorites, porphyrins **17,** 399
Phosphorolysis (starch) **5,** 103
Phosphoryle, accepteur de (dériv. guanidiques) **18,** 95
Phosphoryl-arginine **18,** 87
Phosphorylase **5,** 103, 105, 106, 108; **8,** 78
—, in chloroplasts **6,** 301
—, chromatography **8,** 344, 349, 353, 357
—, and glycogen **18,** 469

Phosphorylase, from potato and muscle, difference **11,** 29
Phosphorylation, of alcoholic hydroxyls **8,** 51, 126
—, and amino acid incorporation **9,** 345, 346
—, and group migration **8,** 52
—, of hemiacetalic hydroxyl **8,** 50
—, methods **8,** 126
—, of nucleosides **9,** 390
—, of sugars and sugar anhydrides **8,** 50, 52
Phosphoryl-créatine 18, 87, 98
—, cyclisation à la créatinine **18,** 96
—, **benzyl-ester, N-diphényl- 18,** 89, 90
Phosphor-Ylen 14, 9
Phosphoryl-glycocyamine 18, 87
O-Phosphoryl-4-hydroxy-ω-N-N-diméthyl-tryptamine 19, 328
Phosphoryl-lombricine 18, 87
Phosphoryl-taurocyamine 18, 87
Phospho-serin 13, 493
Phospho-seryl-glutaminsäure 13, 493
Phospho-seryl-glycine 12, 324
Phospho-taurocyamine 18, 84, 106
Phospho-tetraose 11, 28
Phospho-threonin 13, 493
Phosphotransférase, et germination **19,** 356, 358
—, et phytase, différence **19,** 356
Phosphotungstique (acide), inhibiteur de phosphatases **19,** 350
Phospho-tyrosin-peptide 13, 493
Photinus marginellus, fluorescence **6,** 343, *Ph. pyralis,* luciferesceine **11,** 387
Photobacterium fischeri, growth factor **9,** 407
Photo-dehydroergosterin 11, 115, 116
Photodynamischer Effekt 14, 142
Photodynamische Hämolyse 14, 144
Photodynamisch wirksame Pflanzenfarbstoffe 14, 141, 145, 147
—, Lichtschädigungen **14,** 143
Photo-isomerization, carotenoids **18,** 268
—, —, iodine-catalyzed **18,** 269, 271
Photolysis and indoleacetic acid **17,** 276, 277
Photoperiodically sensitive plants and gibberellin **18,** 413
Photoperiodism, definition **18,** 391
Photopic dominator 14, 251, 252
Photopic vision 14, 245, 248, 250
Photopsin 14, 302, 305
Photo-sensibilisierte Oxydation 10, 96, 97, 98, 99; **14,** 143
Photo-sensibilisierende Chinone 6, 178
Photosynthese (Photosynthesis, Photosynthèse) 1, 229, 230, 233
—, Bactéries **10,** 222, 223
—, (carbon cycle) **14,** 318, 321
—, fraction of isotopic carbons **14,** 329
—, on land, magnitude and rates **14,** 320
—, marine **14,** 320, 321
—, and oxidation rates **14,** 320
—, and respiration **14,** 322
Photosynthine, dans Rhodobacilles **10,** 222
Phototaxe, Rhodobacilles **10,** 222, 223
Photo-transition, normal → excited states **17,** 441, 442
Phototropic curvature 17, 276
Phototropic responses, in fungi **12,** 191
Phototropism 17, 277
Phoxinus laevis, Pterine **4,** 80
Ph. phoxinus (fluorescence) **6,** 329
Phthalaldehyde and methoxy-acetone **13,** 258
Phthalate, hexahydro-3,6-endoxo- (defoliant) **17,** 299
Phthalhydrazid 13, 464
Phthalic acid (Phthalsäure, Acide phtalique), (lipides bactériens) **10,** 225
—, radioaktiv, aus Lignin **20,** 62
—, **6-chloro-3-methoxy-,** from aureomycin **16,** 98
—, **3,5-dimethoxy- 11,** 161
—, **3,4-dimethoxy-5-ethoxy- 13,** 254
—, **dimethylester, 3,4-dimethyl- 10,** 52
—, —, **3,4-dioxy-5-methoxy- 9,** 205
—, —, **3,6-diphenyl-** (Dien-Synthese) **10,** 98
—, —, **3-methyl- 10,** 52
—, **6-*n*-hexyl-3-carboxyheptyl- 10,** 42
—, **4-iodo-5-methoxy- 13,** 248, 249
—, **4-isopropyl-** (Dien-Synthese) **10,** 33
—, **3-methoxy-** aus Eleutherol **11,** 158, 159, 162
—, **4-methoxy-** aus Lignin **20,** 46
—, **Δ^3-tetrahydro-,** Dien-Synthese **10,** 22
—, **Δ^4-tetrahydro-, 3-acetoxy-dimethylester 13,** 78
—, **Δ^4-tetrahydro-, 3,6-diphenyl-dimethylester 10,** 98

Phthalic acid, 3,4,5-trimethoxy- **13,** 79, 80, 106, 109, 245, 246, 249
—, —, aus Lignin **20,** 46, 61
Phthalic anhydride (Phthalsäure-anhydrid), 3,5-dimethoxy- 11, 138, 139; **14,** 158
—, **3-oxy-4-methyl-5-methoxy- 2,** 51; **8,** 226
—, **tetramethoxy- 20,** 90
—, **4,5,6-trimethoxy- 13,** 255
Phthalide 13, 74
—, **5,6-dimethoxy-3-(3,4,5-trimethoxyphenyl)- 15,** 132
—, **4-methyl-3,5-dimethoxy- 8,** 224, 225
—, **5,6-methylene-dioxy-3-(3,4,5-trimethoxyphenyl)- 15,** 102, 121
Phthalocyanine 1, 307; **3,** 217; **11,** 305
—, allowed and forbidden electron jumps **17,** 437
—, charge clouds and electron state levels **17,** 409
—, electron gas ring model **17,** 407
—, free-base, calculated and observed spectra **17,** 410
—, X-ray analysis **11,** 303
N-Phthalyl-O-acetyl-seryl-peptide 13, 483
N-Phthalyl-aminoacyl-deriv. 13, 477
Phthalyl-aminosäure-chloride und **-anhydride 13,** 477, 503
Phthalyl-glycyl-chlorid 13, 483
N-Phthalyl-glycyl-serinester 13, 483
Phthalyl-peptidester, Spaltung **13,** 464, 465
N-Phthalyl-Schutzgruppe 13, 526
Phtiamide 10, 189
Phtianolique (acide) (lipides bactériens) **10,** 194
Phtiénoïque (acide) (lipides bactériens) **10,** 188, 191, 192, 193, 229
Phtiocérane, spectre IR **10,** 177, 178
Phtiocérol 3, 165, 171, 176; **10,** 176, 178
—, déméthylation **10,** 178
—, films monomoléculaires **10,** 177
—, **esters 10,** 230
Phtiocol 3, 177; **6,** 156, 223; **10,** 225, 228, 244
—, synthesis **3,** 178
Phtiodiolone, et **oxime 10,** 178
—, spectre IR **10,** 178
Phtioglycol 3, 176; **10,** 177
Phthioic acid (Acide phtioïque) (bacterial phosphatides) **3,** 152, 161
Phthioic acid, couches monomoléculaires **10,** 189, 190
—, hétérogénéité **10,** 189, 190, 191
—, (lipides bactériens) **10,** 188, 189, 190, 192, 238
—, **tribromanilide 10,** 189
Phtiotriol 10, 178
Phulwara butter 1, 31, 34, 42, 47
Phycobiline 3, 122
Phycochromoprotéides, fluorescence **2,** 323
Phycocyan 3, 104
Phycocyanine, fluorescence **2,** 323
Phycoerythrin (Phycoérythrine) 3, 104
—, fluorescence **2,** 323
—, paper chromatography **8,** 346
Phycomyces, carotenoids and precursors **12,** 170, 174, 183, 186, 187
—, growth factor **9,** 408
—, phototropic response **12,** 191
Ph. blakesleeanus, carotenoids **10,** 223; **12,** 172, 173, 174, 175, 176, 180, 190
—, Fasern, Röntgenbild **2,** 219
—, und Vitamin B_6 **4,** 49
Ph. nitens, carotenoids **12,** 172, 173, 175
Phyllantin 17, 174
Phylline 1, 169, 212
Phylloätioporphyrin 1, 169, 175, 177
Phyllocactus ackermannii, Ph. russelianus, cactus alkaloids **6,** 249
α-Phyllochinon 6, 184
Phyllochlorin 1, 204, 206, 208
—, **dihydro- 1,** 204
Phyllocladene 12, 21, 22, 27
—, ring (gibberellin biosynthesis) **18,** 390
Phylloerythrin 1, 172, 176, 196, 215, 221, 228; **3,** 110; **11,** 309, 329; **14,** 182
—, fluorescence **2,** 322
—, from pheophytin **17,** 399
—, **desäthyl-desoxo- 1,** 196
—, **3-desmethyl-desoxo- 1,** 192
—, **desoxo- 1,** 173, 176, 196, 214, 221
—, **deoxy- 17,** 399
—, —, fluorescence **2,** 323
—, **methylester, 2-desäthyl- 1,** 198
—, **oxo- 1,** 196
—, **9-oxy-desoxo- 1,** 216
Phyllohämin, 6-methoxy-methyl- 1, 215
Phyllomerol and **dimethyl ether 15,** 100
Phyllomeronic acid and **dimethyl ether 15,** 100, 101, 132

Phylloporphyrin 1, 169, 173, 175, 177, 208, 215, 217, 221, 224; 11, 301, 306, 308, 309
—, **6-carbonsäure** 1, 216
—, **6-formyl-** 1, 216
—, **6-oxymethyl-** 1, 215
β-Phylloporphyrin 1, 169
Phylloporphyrin-type spectrum 11, 314
Phyllopyrrol 1, 167
—, **carbonsäure** 3, 90
Phyllurus milii, visual pigment 14, 295
Physaliene and N-bromosuccinimide 15, 49
—, chromatographic behavior 18, 243
—, *cis*-peak 18, 253
—, iodine-catalyzed equilibrium 18, 270
—, isomerization by refluxing 18, 267
Physarum polycephalus (polysaccharide, immunol.) 18, 521, 523, 524
Physcia endococcina, Chinone 6, 173
Physcion und **-glucosid** 6, 164, 168, 172, 173, 174, 190
Physeter macrocephalus, ambre gris 6, 120, 121; 7, 5
Physical density gradient 20, 386, 388, 394
Physiological type syntheses 19, 245
Physodon 2, 47
Physodsäure 2, 46; 8, 236; 13, 123
Physostigma venenosium, phytosterol 1, 91
Physostigmine, biosynthesis 19, 263
Physoxanthin, configurational assignments 18, 307
2,6-Phytadienic acid (non-essential) 6, 29
Phytase 19, 318, 320, 327, 335, 337, 342
—, différence de phosphomonoestérase banale et de phosphotransférase 19, 342, 356
—, dans graines 19, 338
—, dans l'intestin 19, 335
—, spécificité 19, 338
Phytensäure 4, 228
2-Phytenic acid (non-essential) 6, 29
Phytique (acide) 19, 322, 327, 340
—, → acide orthophosphorique 19, 318
—, et germination 19, 337
—, inhibiteur 19, 341, 343, 347
—, et phosphomonoestérase 19, 335
—, et protéine 19, 340, 342
—, réserve phosphorée 19, 362
Phytochemische Reduktion 3, 31, 59
Phytochlorin e 1, 162
Phytoene 12, 173, 176, 179, 182; 18, 225
—, dehydrogenation 15, 37, 38
—, formation in darkness 12, 185
—, in *Neurospora crassa* 12, 176
—, precursors 12, 182
—, structure 15, 37; 18, 316
—, **11′,12′-dehydro-** 15, 39
—, **tetrahydro-** 12, 179
Phytoene-lycopene series, stepwise dehydrogenation 15, 38
Phytofluene 12, 173, 179, 180, 181, 182; 18, 225
—, dans Bactéries 10, 223
—, *cis*-peak, fine structure 18, 253, 254
—, configurational assignments 18, 315
—, dehydrogenation 12, 179; 15, 37, 38, 39
—, in diphenylamine-treated cells 12, 171
—, fluorescence 6, 344
—, in fungi 12, 176
—, iodine-catalyzed equilibrium 18, 270, 272
—, precursor 12, 179, 183
—, spectrum 18, 315
—, structure 15, 39; 18, 316
cis-**Phytofluene** (tomato) 18, 279, 315
Phytofluénol, fluorescence 6, 344
Phytol 1, 161, 200, 206, 212, 220, 223, 227, 228; 3, 4; 4, 228; 12, 20, 29
—, und Electron-Transport-System 20, 115
—, Haftstelle am Chlorophyll 1, 200
—, loss in fossils 17, 399
—, in Synthese von Ubichinon-ähnlichen Chinonen 20, 93
Phytol rule 12, 20
Phytolacca dioica, ombuin 17, 53
Phytolaccaceae, iso-thiocyanates and glucosides 18, 155, 168
Phytomonas tumefaciens, acides gras libres 10, 247
—, acides ramifiés 10, 247
—, graisse soluble dans l'acétone 10, 247
—, lipides 3, 189; 10, 174, 186, 246, 247
—, phosphatide 10, 247
—, propriétés biologiques 10, 255
Phytomonique (acide) (lipides bactériens) 10, 186, 187, 247
Phytophosphatase 19, 329, 357
Phytoplankton, carotenoids 5, 22
Phytorhodin g 1, 162
C_{18}- and C_{20}-Phytosphingosine 20, 3, 4

C_{18}-Phytosphingosine, tetraacetyl-, in *Hansenula ciferri* **20,** 4
Phytosterols **1,** 91
—, in podophyllin **15,** 97
Phytotoxic compounds **17,** 310
Phytyl-bromid **3,** 4
Phytyl-chlorophyllide **1,** 163
Phytyl-phéophorbide a, fluorescence **2,** 322
Picea excelsa (Verholzung) **11,** 44, 73, 74
P. gezoensis (lignin) **5,** 204, *P. mariana*, lösliches Lignin **11,** 47, 54
Picein **1,** 2; **17,** 174
Picene **12,** 45
—, **1,8-dimethyl-** **7,** 16, 54, 67, 68, 69, 74
—, —, **2-oxy-** **7,** 16
—, **1,2,8-** und **1,7,8-trimethyl-** **7,** 54, 69
Picéol **6,** 115
Pici, Federpigmente **18,** 181, 191, 205, 210
Picofulvin, als Federfarbstoff **18,** 181, 196
—, HCl-Reaktion **18,** 181
—, Spektrum **18,** 181, 186, 196
—, Umwandlungsprodukt des Luteins **18,** 191
α-Picolin, Dien-Synthese **3,** 17
β-Picoline from germine **20,** 335
Picolinic acid (Picolinsäure), äthylester **8,** 248, 249
—, **5-*n*-butyl-** **17,** 313; **20,** 22
—, **5-*n*-butyl-3′-enyl-** **17,** 313
—, **5-*sec.*-butyl-** **20,** 22
—, **chlorid** **8,** 253
—, **ester, 3,5-dimethyl-** **8,** 265
—, **3-hydroxy-,** from etamycin **16,** 109
Picolyl-essigester **2,** 260
α-Picolyl-lithium **8,** 256
Picramnia Camboita, P. Lindeniana, P. Sow, P. Tariri, Taririnsäure **14,** 39
Picrasmin, insecticide **10,** 461, 462
Picrin, bromo- **14,** 207
Picrinsäure, bitterer Geschmack **17,** 127
Picrocrocin **17,** 174
Picroerythrin, Drehung **8,** 221
Picromycin **14,** 202
—, Kohlenhydrat-Komponente **20,** 219
—, oxidation **16,** 115
Picro-α-peltatin **15,** 91, 96
Picropodophyllic acid **15,** 99
Picropodophyllin **15,** 91, 99, 103, 105, 107, 108, 112, 120, 124, 125, 147; **17,** 174
—, degradation **15,** 100
—, dehydration **15,** 113
Picropodophyllin, isomerism with podophyllotoxin **15,** 99
—, lactone structure **15,** 99
—, $LiAlH_4$ reduction **15,** 116
—, oxidation **15,** 108
—, and sarcoma **15,** 153
—, stereochemistry **15,** 111
—, synthesis **15,** 119, 120
—, **acetyl-** **15,** 99, 105, 107, 147
—, **benzoyl-** **15,** 99, 105, 111, 147
—, —, pyrolysis **15,** 108, 111
—, **chloroacetyl-** **15,** 154
—, **dehydro-anhydro-** **15,** 100, 103, 104, 109, 110, 113, 114, 121, 123, 124, 130, 142, 148
—, —, spectrum **15,** 140, 142, 156
—, —, synthesis **15,** 104
—, **4′-demethyl-** **15,** 91, 124, 125, 150
—, —, ethylation **15,** 124
—, —, and sarcoma **15,** 153
—, **deoxy-** **15,** 112, 113, 114, 121, 122, 123, 148, 150
—, —, configuration **15,** 113
—, —, opt. rotation **15,** 146
—, —, and sarcoma **15,** 153
—, **diacetyl-4′-demethyl-** **15,** 91, 97, 124, 125
—, **esters,** pyrolysis **15,** 111
—, **4′-ethyl-demethyl-** **15,** 125, 150
—, **ethyl ether** **15,** 107, 108, 147
—, **1-O-(β-*D*-glucopyranosyl)-** **15,** 133
—, **glucoside, *cis*-(2,3)-*trans*-(3,4)-** **15,** 92
—, —, **4′-demethyl-** **15,** 135, 136, 152
—, **β-*D*-glucoside** **15,** 89, 90, 91, 92, 95, 96, 133, 134, 135, 145, 152
—, **hydrogen succinate** **15,** 154, 155
—, —, and sarcoma **15,** 154
—, **nicotinoyl-** **15,** 154
—, **tetraacetyl-β-*D*-glucopyranosyl-** **15,** 97
Picropodophyllone **15,** 108, 119, 147
—, spectrum **15,** 156
***cis*-(2,3)-*trans*-(3,4)-Picropodophyllone** **15,** 108
Picropodophyllyl alcohol **15,** 149
—, **anhydro-** **15,** 149
—, **anhydro-deoxy-** **15,** 116, 149
—, —, opt. rotation **15,** 146
—, **deoxy-** **15,** 116, 117, 149
—, —, opt. rotation **15,** 146
Picroretin **17,** 174
Picroroccellin **8,** 232, 233
—, Biosynthese **8,** 238

Picroroccellin, anhydro- **8,** 233
Picrotin **17,** 155
—, Verwandtschaft mit Picrotoxinin **17,** 156
Picrotinsäure **17,** 159
Picrotonol **17,** 158, 159
Picrotoxadien **17,** 157, 158
—, Totalsynthese **17,** 156
Picrotoxin **17,** 155, 174
—, Bierzusatz **17,** 128
—, Komponenten **17,** 155
—, Molekülverbindung **17,** 155
—, physiol. Wirkung **17,** 156
Picrotoxinid **17,** 157, 158
—, **dihydro-** **17,** 158
Picrotoxinin **12,** 156, 157; **17,** 151, 155, 156, 157, 161, 162
—, Abbau **17,** 157
—, Käfig-Struktur **17,** 159
—, Raumformel **17,** 161
—, Sauerstoff-Funktionen **17,** 158, 159
—, Trennung von Picrotin **17,** 155, 156
—, Vorstufe **12,** 159
—, **brom-** **17,** 156, 157
—, —, Raumformel **17,** 161
α-Picrotoxinin, dihydro- **17,** 159
Picrotoxininsäure, dihydro-β-brom- **17,** 160
α-Picrotoxininsäure **17,** 157, 158
—, **dihydro-** **17,** 157, 158
β-Picrotoxininsäure, brom- **17,** 157, 158, 159, 160
—, —, Raumformel **17,** 160
Picrotoxinon **17,** 158
Pictou disease (*Senecio* spp.) **12,** 200
Picus canus (Federn), Picofulvin **18,** 182, *P. viridis,* Federfarbstoffe **18,** 182, 186, 187, 191
P. I. D. (abbréviation de phényl-indanedione) **9,** 106
Pieride, Xanthopterin **4,** 67
Pieris brassicae, fluorescence **6,** 329, food and iso-thiocyanates **18,** 156, *P. brassicae, P. napi, P. rapae,* Pterine **4,** 77, *P. rapae,* Ubichinon **20,** 81
Pig fat, component acids, glycerides **5,** 92
Pig insulin, amino acids **17,** 384
Pigments, natural, color **16,** 169
Pike, carotenoids **5,** 32
—, visual pigment, bleaching and spectrum **14,** 289, 298
Pikro- = **Picro-**
Pilchard, protein **5,** 269, 273, 277
Pillijanin **2,** 280
Pilobolus, carotenoids **12,** 170
—, phototropic response **12,** 191
Pilocereine, pharmacol. effect **6,** 279
Pilocereus argentianus, cactus alkaloids **6,** 250, 251
Pilze, s. auch, see also, voir aussi, Fungi
Pilze, Acetylenverbindungen **14,** 53
—, holz-zerstörende **11,** 68
—, Polysaccharide **20,** 227
Pilz-Chinone, Biosynthese, Funktion **6,** 158, 170, 172
Pilz-Chitin **2,** 214
Pilz-laccase **16,** 5
Pilz-pigmente, chinoide **6,** 158
Pilz-redoxase **11,** 52, 56
—, und Sinapinalkohol, Syringaresinol **11,** 63
Pimanthrene **12,** 21; **16,** 33, 34
Pimanthren-chinon **6,** 210
Pimarane **12,** 25
7,8-*seco*-Pimarane **12,** 26
Pimelate, γ-alkyl-γ-nitro-, ethyl **12,** 219, 220
Pimelic acid (Pimelinsäure, Acide pimélique) **6,** 94
—, from tetrahydro-magnamycin-B **16,** 113
—, **diamino-,** in algae **17,** 383
—, —, in *Escherichia coli* **17,** 383
—, —, in Glycopeptiden **20,** 229
—, **α,ε-diamino-,** from hydrolysis of soil **17,** 391
—, —, (lipides bactériens) **10,** 233, 234, 235
—, **α,ε-diamino-β-hydroxy-** **17,** 309
—, **β-** and **γ-isopropyl-** **13,** 240
—, **β,β,γ-trimethyl-** **8,** 163, 168, 169
Pimelic acid lactone, α-lactylamino-β-hydroxy-ε-amino- **17,** 309
Pimelic acid semialdehyde **16,** 94
Pimpinella saxifraga, coumarins **9,** 264, 265
Pimpinellin **9,** 266; **17,** 174
—, toxicity **9,** 241
Pinan **3,** 9
Pinastrinsäure **2,** 33, 34; **8,** 212
Pine, s. auch, see also, voir aussi, Fichte, Kiefer
Pine, lignin **5,** 179
—, (heartwood), chrysin, tectochrysin **17,** 15, flavanoids, pinosylvin **14,** 190

Pine oil, insecticide **10**, 457
Pineapple, oxidase **17**, 267
α-**Pinene** **12**, 8
—, Dien-Synthese **10**, 49, 97
—, insecticide **10**, 458
—, Pyrolysat → Allo-ocimen **10**, 50
β-**Pinene** **12**, 8; **14**, 14
—, (Dien-Synthese) **10**, 97
p-**Pinene** **12**, 8
Pineus strobi, pigments fluorescents **6**, 341
Pinicolate A, dihydro-, methyl **12**, 93
—, **methyl** **12**, 92
—, —, ozonolysis **12**, 93
—, —, reduction **12**, 93
—, —, spectrum **12**, 92
Pinicolic acid A **12**, 46, 92, 93, 119
α- and β-**Pinicolic acid** **12**, 92
Pinipicrin **17**, 174
Pinique-pinique, alkaloids **13**, 402
Pinnatin **17**, 22
—, **3′,4′-methylenedioxy-** **17**, 22
Pinobanksin **16**, 12
trans-**Pinocarveol**, Dien-Synthese **10**, 97, 98
trans-**Pinocarveyl-hydroperoxyd** **10**, 97
Pinocembrin **17**, 15
Pinomyricetin **17**, 9, 10, 19, 55
Pinoquercetin **17**, 9, 10, 53
Pinoresinol **5**, 215, 216; **10**, 455, 456; **11**, 60, 61, 62, 64
—, Abbau **11**, 65
—, biosynthesis **11**, 63; **14**, 204
—, im Lignin-Wachstum **20**, 56, 59, 64
—, Reaktion mit Bisulfit **11**, 64
—, **Dehydrierungspolymerisat** **11**, 65
D-, *L*- und *DL*-**Pinoresinol-dimethyläther** **11**, 62
DL-**Pinoresinol-dinitrophenyläther** **11**, 61
Pinoresinol-Gruppe, oxy-, Reaktion mit Polysacchariden **11**, 69
Pinoresinolid aus Lignin **20**, 57
Pinostrobin **17**, 15
Pinosylvin **14**, 189, 190; **17**, 6
Pinus spp., gibberellin **18**, 397, 403, *P. griffithii*, izalpinin **17**, 51, *P. lambertiana*, gibberellin and radicle extension **18**, 405, *P. palustris*, insecticides **10**, 457, *P. ponderosa*, pinoquercetin, pinomyricetin **17**, 53, 55, *P. toringo*, toringin **17**, 15, *P. sylvestris*, lignin **5**, 216
Pionopsitta pyrilia, Federpigmente **18**, 195
β-**Pipecoline, N-methyl-**, from cevine **20**, 315
Piperazine, 2,5-diketo- **3**, 224, 225; **9**, 137; **13**, 446, 494
—, —, cleavage **8**, 332; **13**, 494
—, —, crystal structure **3**, 225; **8**, 330, 331, 332
—, —, fluorescence **6**, 346
—, —, gemischte **13**, 494
—, —, halbseitige Öffnung **13**, 446
—, —, molecular dimensions **8**, 330
—, —, Racemisierung **13**, 494
—, —, X-ray analysis **11**, 188
—, *L,L*-**1,2-trimethylene-5-benzyl-** and **-5-isobutyl-** **9**, 144
Piperettine, synergist **19**, 149
Δ^1-**Piperideine**, biosynthesis **19**, 250
Piperidin, Tabakbase **2**, 270, 288, 291
—, dans urine **6**, 141
—, **2-acetic acid lactone, 3-hydroxy-** **13**, 336
—, α-*n*-**butyl-** **3**, 21
—, **1-carbethoxy-2-(γ-bromoacetonyl)-3-methoxy-** **13**, 335, 336
—, **1-*m*-nitrobenzoyl-4-methyl-** **12**, 218, 219
Piperidine alkaloids, biosynthesis **19**, 248
Piperidon, N-benzoyl- **2**, 279
L-(—)-**Piperidone-2, 5-methyl-**, from cevine **20**, 323
Piperidyl-butanol **8**, 249
γ-(α-**Piperidyl)-buttersäure** **8**, 250
3-(2-Piperidyl)-pyridine **10**, 427
Piperine, insecticide **10**, 456
—, as synergist **10**, 452, 455, 456; **19**, 149
Piper methysticum, methysticin, kawa resin **20**, 132, 136, *P. nigrum*, piperine, piperidine **2**, 270; **10**, 456
Piperonal, in cusparine synthesis **13**, 308
—, **6-nitro-** **13**, 320
Piperone, aceto-, from paracotoin **20**, 133
Piperonyl butoxide, and **piperonyl-cyclonene**, synergists for rethrins **19**, 149, 150, 152
Piperonylic acid (Piperonylsäure) **2**, 13
—, from paracotoin **20**, 133
Piperonyloyl-acetic acid ethyl ester, condensation **20**, 151
5-Piperonyl-pent-1-ene-4-yn-3-ol, 1,1-dichloro- **20**, 145
5-Piperonyl-valeric acid, 3,5-dioxo- **20**, 152

Pipitzahoinsäure 6, 180
Pipsyl (abbreviation for *p*-iodophenylsulfonyl) **12,** 297
Pipsyl method, N-terminal sequences **12,** 321
Pipsyl-amino acids 12, 312
—, labeled with S^{35} **12,** 297
Pipsylated peptides 12, 314
Piptadenia macrocarpa, P. peregrina, amino-N,N-dimethyl-tryptamine, bufotenine **17,** 264, 266
Piqui-a fat, component acids **1,** 32; **5,** 8
Pirolaceae, Ursolsäure **8,** 211
Pirotonin 20, 17
Pisces, Astaxanthin **18,** 183
Piscidia erythrina, jamaicin, munetone **17,** 24, rotenone **10,** 437
Pistachio nut, fat, fatty acids **6,** 56
Pistacia atlantica, phosphatases **19,** 324
Pisum sativum and other spp., and gibberellin **18,** 395, 397, 405, 406
Pit (cellulose) **8,** 8, 15
Pitangus sulphuratus (Federn), Lutein **18,** 179
Pithomyces chartarum, sporidesmolide I **20,** 10
Pituitary adrenocorticotropin, chromatography **11,** 287
Pituitary hormones and amino acids **9,** 30
Pituri, *d*-Nornicotin **2,** 268
Pityrosporum ovale und Vitamin B_6 **4,** 49
Plakalbumin 12, 326
—, from ovalbumin **9,** 348
Planaria gonocephala und Chinone **6,** 213
Planck's constant 16, 179
Planets, atmosphere **20,** 441, methane **14,** 326
Plankton, assimilation of C^{14} **14,** 321
Plantago major, iso-thiocyanates **18,** 145, 168
Plants, s. auch, see also, voir aussi, Pflanzen
Plants, amino acid activation **16,** 154
—, caulescent, deciduous, long-day, short-day, day-neutral, definition **18,** 390, 391
—, ethylene production **17,** 299
—, growth and gibberellin **18,** 394
—, isotopic composition of carbon **14,** 329, 330
Plant cell, diagram **6,** 296
—, respiration system **5,** 221
Plant cell walls 8, 2
—, lamination **8,** 7
Plant coloring matters 17, 2
Plant diseases 17, 298
—, abnormal growth **17,** 299
—, abnormal metabolic pathways **17,** 308
—, abnormal water economy **17,** 310
—, defoliation **17,** 301
Plant indoles 17, 248
Plant insecticides 10, 423
Plant metabolism, respiratory losses **14,** 320
Plant microsomes, characteristics **16,** 143
Plant proteins 6, 290
—, biosynthesis **16,** 139, 161
—, sedimentation **18,** 480
Plant slimes, cellulose microfibrils **8,** 14
Plant tissues, electron micrographs **16,** 142
Plant viruses, buoyant density **20,** 412
—, RNA **12,** 474
Plasma, free amino acids **9,** 297
Plasma albumin, C-terminal residues **11,** 273
Plasma proteins 7, 271
—, Kohlenhydrat-reiche **20,** 240
—, in Krankheiten **20,** 240
Plasma substitutes 8, 41, 42, 43
—, (polysaccharides) **9,** 448
Plasmagenes 20, 427
—, mutation **5,** 324
Plasmal, Plasmalogen 4, 199
Plasminogen 7, 275
Plasmodium lophurae et acide pantothénique **9,** 95, *Pl. lophurae, Pl. vivax,* und Chinone **6,** 204, 205, 206
Plasmopara viticola (mildew) **17,** 301
Plastein, formation, cyclic structure **9,** 327
Plasticizers, ingrown **10,** 143
Plastids and **plastid primordia,** replication **12,** 474
Plastochinon (Plastoquinone) 20, 80, 100, 109
—, Anzahl der Isoprenreste **20,** 111
—, in Blättern **20,** 109
—, Craven-Test **20,** 110
—, Partialsynthese **20,** 111
—, → Phenylessigsäure-Deriv., Lävulinaldehyd, Aceton **20,** 110, 111
—, Reduktion und Struktur **20,** 110
Plathymenia reticulata, diterpenes **12,** 23
Platicodigenin 7, 3

Platonia insignis, seed fat, component acids **5**, 86
Platycercus adscitus palliceps, *Pl. eximius* (Federn), Spektrum, Fluoreszenz **18**, 195, 199, 200, 201
Platyhelminths, carotenoids **5**, 27
Platynecic acid 12, 207, 226, 228, 231, 252
Platynecine 12, 207, 209, 210, 211, 213, 215, 217, 221, 222, 224, 252
—, configuration **12**, 225
—, degradation **12**, 211
—, dehydration **12**, 221
—, → heliotridane **12**, 208
—, **anhydro- 12**, 213, 221, 222, 223
—, **chloro-anhydro- 12**, 223
—, **dichloro- 12**, 211
—, **monobenzoyl- 12**, 213
—, **sulfite 12**, 222
Platynecine alkaloids 12, 248
Platyphylline 12, 201, 202, 203, 207, 231, 251, 252
—, toxicity, atropine-like effect **12**, 258, 259
—, **N-oxide 12**, 207, 252
Plazenta, Flavingehalt **2**, 64
Pleated sheets, atomic coordinates **11**, 211, 213
Plesippus, amino acids **17**, 395
Pleurotus mutilus, Pleuromutilin **14**, 54
Plexaura kükenthalii, gorgonine **12**, 392, 394
Ploceus cucullatus (Federn), Lutein **18**, 179
Plumbagin 6, 182
Plumbago spp., Chinone **6**, 182
Pl. rosea, *Pl. capensis*, and other spp., anthocyanins **20**, 180, 187
Plumiera acutifolia, *Pl. lancifolia*, Plumierid **17**, 168
Plumierid 17, 168, 171, 174
—, Abbau **17**, 169, 171
—, Acetylierung **17**, 168
—, γ-Doppelbindung **17**, 169
—, Hydrierung, Hydrolyse **17**, 168
—, Lactontitration **17**, 169
—, Raumformel **17**, 172
—, Reaktionen **17**, 168
—, **dihydro-**, Hydrogenolyse **17**, 169
—, **hexahydro-desoxy- 17**, 171
—, —, Spaltung **17**, 169
—, —, **aglykon** und **-methyläther 17**, 170
—, **pentaacetyl-**, Ozonspaltung **17**, 169
Plumierid, tetraacetyl-hexahydro-desoxy-, Synthese **17**, 170
—, **tetrahydro-desoxy- 17**, 169, 171
Plutella maculipennis, food and isothiocyanates **18**, 156
Pmko (Mycobactéries) **10**, 233, 242
PMSG (Abkürzung für Serumgonadotropin trächtiger Stuten) **20**, 243
Pn (abbreviation for pneumococcal types) **18**, 506
Pneumococcal pneumonia, immunization **18**, 504, 505
Pneumococcal polysaccharides, organic phosphate, amino sugar, and immunol. specificity **18**, 518
—, structural formulas **18**, 507
Pneumococcal types, I—XXXI, antisera **18**, 510
—, cross-reactions **18**, 508, 523, 524
—, **V,** *L*-Fucosamin, 2-Amino-2,6-bisdesoxy-*L*-talose **20**, 231
—, **XIV,** Kapselpolysaccharid, Struktur **20**, 231
Pneumococcus, antibody **9**, 454
—, antiserum **8**, 31
—, dextran formation **5**, 110
—, and DNA **12**, 469
—, hereditary characteristics **20**, 427
—, mutation **5**, 319
—, (penicillin assay) **7**, 197
—, polysaccharides **9**, 447, 453, 465
—, —, capsular **18**, 504, 506, 519
—, —, —, aminozucker-haltig **20**, 231
Poa pratensis, lösliche Kohlenhydrate **15**, 2
Poain P, Bausteinanalyse **15**, 7
—, Löslichkeit **15**, 11
—, Mol.-Gew. **15**, 11
—, Polymerisationsgrad und Drehung **15**, 8
Pocken, Virus **4**, 90
Podargus papuensis, Feder-Porphyrine, Spektrum **18**, 207
Podicipedes, Federpigmente **18**, 205
Podocarpane 12, 26
Podocarpic acid 12, 24, 25
Podophyllate, deoxy-, methyl 15, 122, 123, 150
—, **methyl ether, deoxy-, methyl 15**, 122, 123, 150
Podophyllic acid 15, 89, 99, 102, 147, 153
—, oxidation products **15**, 102

Podophyllic acid, and sarcoma **15,** 153
—, structure **15,** 103
—, **deoxy- 15,** 112, 114, 122, 123, 148, 150
—, —, → deoxy-picropodophyllin **15,** 114
—, —, and sarcoma **15,** 153
—, **methyl ether, deoxy- 15,** 123, 150
Podophyllin 6, 211
—, (American and Indian) **15,** 86, 88, 89
—, chromatography **15,** 96, 97, 123
—, clinical use **15,** 87
—, cytotoxic agent **15,** 87
—, pharmacology **15,** 86, 89
—, resolution **15,** 95, 96
—, **deriv.,** doses in sarcoma **15,** 153
Podophyllinum 15, 86
Podophyllol 15, 89, 91, 96
Podophyllomerol 15, 100
—, synthesis **15,** 101
Podophyllomeronic acid, structure **15,** 100
Podophylloquercetin 15, 89
—, **methyl- 15,** 90
Podophylloresin 15, 89, 95, 96
Podophyllotoxin 15, 88, 89, 91, 95, 96, 98, 103, 105, 107, 108, 112, 122, 124, 125, 135, 141, 145, 147; **17,** 174; **20,** 59
—, anhydrous forms **15,** 98, 99
—, antimitotic effect **15,** 144
—, and *Arbacia* eggs **15,** 144, 145
—, biol. effect **15,** 130
—, configuration **15,** 111, 113, 115, 118
—, dehydration **15,** 115
—, epimerization **15,** 111
—, hydrogenolysis **15,** 111
—, IR spectrum **15,** 143
—, isomerism with picropodophyllin **15,** 99
—, $LiAlH_4$ reduction **15,** 116
—, occurrence, properties **15,** 93, 98
—, oxidation **15,** 108
—, and sarcoma **15,** 153
—, solvates and modifications **15,** 146
—, spectrum **15,** 140, 141, 156
—, stereochemistry **15,** 111
—, structure **15,** 99, 104
—, **deriv. 15,** 147
—, —, **ionic 15,** 136, 154
—, —, —, tumor-damaging effect **15,** 138
Podophyllotoxin series, configurations, epimerization **15,** 107
—, correlation with conidendrin series **15,** 116
Podophyllotoxin, acetyl- 15, 99, 105, 106, 107, 108, 147
—, **benzoyl- 15,** 99, 105, 147
—, —, → β-apopicropodophyllin **15,** 115
—, **bromide** and **chloride 15,** 106, 107, 111, 115, 122, 125, 147
—, **bromo- 15,** 106, 147
—, **bromo-acetyl- 15,** 106, 147, 154
—, **chloro-acetyl- 15,** 136, 154
—, **dehydro- 15,** 90, 91, 95, 98, 108, 123, 124, 142, 145, 147
—, —, hydrogenation **15,** 124
—, —, spectrum **15,** 140, 142, 146
—, **4′-demethyl- 15,** 90, 91, 95, 96, 124, 125, 135, 141, 145, 150
—, —, methylation **15,** 124
—, —, and sarcoma **15,** 153
—, —, spectrum **15,** 156
—, —, structure **15,** 125
—, —, **deriv. 15,** 150
—, **deoxy- 15,** 90, 91, 93, 95, 98, 111, 112, 118, 121, 122, 123, 141, 145, 148, 150
—, —, biol. effect **15,** 130
—, —, chromatography **15,** 122
—, —, configuration **15,** 113, 118
—, —, epimerization **15,** 113, 114, 122
—, —, and mitosis **15,** 144
—, —, mol. rotation **15,** 146
—, —, occurrence **15,** 93
—, —, and sarcoma **15,** 144, 153
—, —, spectrum **15,** 139, 140, 156
—, —, **deriv. 15,** 150
—, **diacetyl-4′-demethyl- 15,** 125
—, **esters,** pyrolysis **15,** 111
—, **1-O-(β-D-glucopyranosyl)- 15,** 134
—, —, **4′-demethyl- 15,** 136
—, **β-D-glucoside 15,** 90, 91, 95, 98, 133, 134, 135, 141, 145, 152
—, —, antimitotic effect **15,** 144
—, —, chromatography **15,** 134
—, —, and sarcoma **15,** 153
—, —, spectrum **15,** 156
—, —, **4′-demethyl- 15,** 90, 91, 95, 98, 133, 134, 135, 141, 145, 152
—, —, —, antimitotic effect **15,** 144
—, —, —, and sarcoma **15,** 153
—, —, —, spectrum **15,** 156
—, **hydrogen glutarate, hydrogen phthalate,** and **hydrogen succinate 15,** 137, 155
—, —, and sarcoma **15,** 154
—, **iodo-acetyl- 15,** 154

Podophyllotoxin, isothiuronium bromide **15**, 137
—, **nicotinoyl-** **15**, 154
—, **methiodide, nicotinoyl-** **15**, 137, 155
—, —, —, and sarcoma **15**, 153
—, **methosulfate, nicotinoyl-** **15**, 137, 155
—, —, —, and sarcoma **15**, 154
—, **ω-pyridinium chloride and iodide, acetyl-** **15**, 136, 137, 154
—, —, and cancer, melanoma, sarcoma **15**, 144, 153
Podophyllotoxone **15**, 108, 119, 147
—, spectrum **15**, 156
—, synthesis **15**, 119
trans-(2,3)-*cis*-(3,4)-**Podophyllotoxone** **15**, 108
Podophyllum **15**, 83
—, biol. active constituents **15**, 94, 133
—, composition **15**, 91, 136
—, constituents, chromatography **15**, 95
—, flavonols **15**, 138
—, history **15**, 84
—, pharmacology **15**, 86
Podophyllum emodi, P. emodi var. *hexandrum, P. hexandrum, P. peltatum, P. sikkimensis*, occurrence, constituents **15**, 84, 86, 88, 89, 90, 94, 95, 96, 97, 130, 133, 138, 145
Podophyllum lignans **15**, 92, 93, 139, 143, 156
—, antimitotic and tumor-damaging effect **15**, 92, 93, 143
—, IR and UV spectrum **15**, 139, 143, 156
Podophyllum resin **15**, 86, 88
Podophyllyl alcohol **15**, 116, 148
—, **anhydro-** **15**, 116, 148
—, **anhydro-deoxy-** **15**, 116, 146, 149
—, **deoxy-** **15**, 116, 146, 149
Poecilothraupis igniventris, Feder-Carotinoide **18**, 187
Pohlia nutans and gibberellin **18**, 411
Poicephalus rüppelli, Federpigmente **18**, 195
Poikilin **2**, 276, 278, 292
Poison glands (snakes) **12**, 412
Poisson, s., see, voir, Fish
Polemonium spp. and gibberellin **18**, 396
Polio virus, banding in purification **20**, 412
Pollen growth and gibberellin **18**, 408
Pollen mother-cells (genetics) **5**, 322
Polyacetylenes **14**, 3
—, charge density distribution **17**, 426
—, color **16**, 170, 171
—, excitation energy **17**, 428
—, oscillator strength **17**, 434
—, "single" and "triple" bonds **17**, 427
—, spectral bands, fine structure **17**, 441
—, spectra, quantitative treatment **17**, 422, 427
—, vibrational peaks, position and strength **17**, 444
—, **N-containing**, in fungi **20**, 7
Poly-O-acetyl-serin **13**, 483
Polyalkyl-siloxanes (elastic) **10**, 144, 145
Polyamides, chains, microstructure **10**, 144
—, elastic **10**, 142
—, hydrogen bonding **10**, 143
Polyamines, from ergot alkaloids **9**, 139
—, synthesis **9**, 141
Polyarginin **13**, 517
Poly-β-asparaginsäure **13**, 517
Polyäthylen- = Polyethylene-
Polybutadiene **10**, 134, 147
—, chain structure **10**, 136
—, *cis-trans* configuration **10**, 134, 135
—, fiber diagram **10**, 147
—, viscosity — mol. weight relationship **10**, 136
—, vulcanizate **10**, 154
—, **polyphenyl-**, *cis*-peak **18**, 262
Polycaprolactam, rubberiness **10**, 144, 149, 152
Poly-O-carbobenzoxy-serin **13**, 483
β-Polycarbonyl-System (Biogenese) **14**, 56, 57
Polychètes, dériv. guanidiques **18**, 105
Polychloroprene **10**, 137, 147
Polychrosis botrana, substance odorante **6**, 89
Poly*cis* carotenoids, s., see, voir, Carotenoids
Poly*cis* lycopene, s., see, voir, Lycopene
Polycyclic aromatics, IR spectra **5**, 360
Polycyclic compounds with isoflavone or isoflavanone nucleus **17**, 23
Polydiethyl- and **-dimethyl-siloxanes** **10**, 144, 152
Polydispersity (ultracentrifuge) **18**, 465, 474
Polyeder-Krankheiten, Virus **4**, 88, 136, 173

Polyenes, azomethine grouping, ionization **14,** 287
—, bands, vibrational structure **17,** 441, 443
—, bond distances **17,** 421
—, charge cloud accumulations **17,** 421, 422, 426
—, *cis* isomers **14,** 257
—, —, electron transitions **17,** 437
—, color **16,** 170, 171
—, colorless, biosynthesis **12,** 182
—, und Dien-Synthese **10,** 9
—, electronic levels **18,** 257
—, energy levels **17,** 424
—, excitation energy **17,** 418, 421, 428
—, in fungi **12,** 172, 173, 175
—, —, interrelationship of colorless and colored **12,** 178, 179, 186
—, ionic species **18,** 257
—, IR spectroscopy **13,** 57
—, number of stereoisomers **18,** 232
—, (all-*trans*), oscillator strength **17,** 434
—, overtone bands **17,** 438, 444
—, quantum mechanical aspects **17,** 418
—, "single" and "double" bonds **17,** 426
—, spectra **14,** 6; **17,** 422, 441
—, stereoisomerism, history **18,** 229
—, symmetrical and unsymmetrical **18,** 232, 233
—, **azines** and iodine **18,** 273
—, **carboxylic acids,** spectrum at low temperature **18,** 263
—, **carbonsäure,** Methyloxydation **4,** 217, 220
—, **ω,ω'-dicarbonsaure,** ω-Oxydation **4,** 220
—, **α,ω-diphenyl-,** color with acids **15,** 50
—, —, configuration and IR spectrum **13,** 58; **18,** 295
—, —, spectrum at low temperature **18,** 263
Polyenynes, *cis*-peak **18,** 262
Poly-(2,3'-*erythro*-glyoxal monoacetal) **5,** 141
Polyesters, elastic **10,** 142
Polyethenoid fatty acids **5,** 79
Polyethylene, crystallized state, melting range **10,** 149, 155
—, **films,** carotenes **in 18,** 259
Polyethylene glycol deriv., as synergists **for nicotine** **10,** 433, 434
Polyäthylenoxyd **1,** 268, 269, 282
Polyäthylenoxyd, osmotischer Druck **1,** 269
Polyethylene sulfides **10,** 145
Polyfructosane, (Gräser) **15,** 11
—, —, Biogenese **15,** 21
—, —, Drehung **15,** 13
—, —, Polymerisationsgrad **15,** 11
—, (Roggen und Weizen), bakterielles Lävan **19,** 299
—, —, Biogenese **19,** 301, 307, 310
—, —, verzweigte, Bildung **19,** 310
Polygalacturonase **17,** 314
Polygalacturonic acid **17,** 314
Polygalloyl-glucose **13,** 71, 126
—, Biosynthese **13,** 126
Polyglucosamine **2,** 223, 224
Polyglucosane, Polymerisationsgrad **15,** 11
1,4-β-Polyglucosan **8,** 1
Polyglucose **8,** 28; **11,** 4
—, (immunol.) **18,** 512, 515, 516, 520, 521, 522, 525, 526, 527
Polyglutamate, solvation (Cs) **20,** 400
Polyglutamin **13,** 517
Polyglutamic acid (Polyglutaminsäure) **13,** 517
—, buoyant density titration **20,** 416
Polyglycine **11,** 209; **13,** 518
Polyglycol-sebacate, phase diagram **10,** 148
Polyglycol-terephthalate **10,** 143
—, melting range, phase diagram **10,** 148, 149
Polygonin **6,** 188
Polygonum spp., Chinone **6,** 188, 190, *P. aviculare, P. hydropiper, P. reynoutria,* avicularin, reynoutrin, rhamnazin **17,** 53, *P. tinctorium,* indican **17,** 281
Polyhistidin **13,** 481, 517
Polyhydrocarbon elastomers **10,** 131
Polyhydroxyamine, formylée **10,** 250
Polyin-Chemie **14,** 2
Polyine, aus Pilzen **14,** 3
—, Spektrum **14,** 6
—, Synthese **14,** 9
Polyin-ene, Spektrum **14,** 6, 7
—, Wittig-Reaktion **14,** 9
Polyisobutylene **10,** 132, 147
—, copolymers **10,** 132
—, expansion factor **10,** 133
—, fractionation **10,** 132

Polyisobutylene, helical configuration **10,** 148
—, intrinsic viscosities **10,** 132
—, stretched, X-ray pattern **10,** 147
—, swelling factor **10,** 133
—, viscosity — mol. weight relationship **10,** 134
Polyisoprene **10,** 134, 147
—, chain structure **10,** 136
—, *cis-trans* configuration **10,** 127, 134, 135
—, fiber diagram **10,** 147
cis-**1,4-Polyisoprene,** buoyant behavior **20,** 416
Polyisopren-alkohole, pyrophosphorsäureester, in enzymat. Alkylierung **20,** 107
Polyketones in biosynthesis **14,** 188, 190, 196, 197
β-**Polyketo precursors** (lignin) **14,** 204
Polylysin **13,** 517
Polymers, amorphous, transition phenomena **10,** 149
—, cross-linked, stress relaxation **10,** 164
—, crystallization **10,** 146
—, liquid state **10,** 122, 123
—, phase changes **10,** 122
—, rubbery, mol. weight **10,** 126
—, structure by IR **5,** 374
—, synthetic, buoyant behavior **20,** 416
—, —, H-Filme **4,** 376
—, transition temperatures **10,** 150, 152
Polymer-analoge Umsetzung **1,** 275, 276
Polymer-homologe Reihe **1,** 271, 276
Polymer melts, supercooling **10,** 150, 151
Polymerization, butadiene **10,** 134
—, in emulsion **10,** 132
—, ionic catalysts **10,** 135
—, isoprene **10,** 134
Polymerisationsgrad (Polysaccharide) **15,** 7; **19,** 299
—, und Drehung, Polyfructosane **15,** 8
—, in der Vegetationsperiode **15,** 14
Polymétaphosphates et phosphatase **19,** 333
Polymethines, 5,6-dimethyl-N-ethylbenzthiazolin **19,** 106
—, **N-ethylbenz-selenazolin** and **-thiazolin** **19,** 106
—, **tetramethylindolin** **19,** 106
—, **1,3,3-trimethylindolin** **19,** 106
Polymethine dyes related to azulenium salts **19,** 105
Poly-8-methoxy-dihydrobenzopyrone **5,** 209
Polymethylacrylate **10,** 152
Polyméthylène-α,ω-dicarboxylique (acide) **6,** 98
Polymethyl methacrylate, sedimentation analysis **18,** 475
Polymixine A—D **10,** 178
Polynucleotide **1,** 145; **8,** 122
—, double helix **12,** 480
—, and gene replication **12,** 473
—, and snake venom enzymes **12,** 424
Polynucleotide chains, in DNA **12,** 471
Polynucleotide hypothesis **20,** 438
Polynucleotidase **1,** 141, 148
Polyolefins, oxidized **10,** 145
Polyols, in capsular polysaccharides (immunol.) **18,** 506
Polyomyelitis-Virus **4,** 93, 177
Polyornithin **13,** 517
o-**(Polyoxy-alkylamino)-phenyl-urethane** **2,** 83
Polyoxy-anthrachinone und Magnesiumacetat **8,** 231
ω-**Polyoxy-decansäure** **1,** 288
Polyoxyethylene-sorbitan monooleate and fat digestibility **6,** 22
Polypeptides, cyclic **12,** 302
—, enzymatic activity **20,** 438
—, fibrous (synthetic) **11,** 220
—, formation **9,** 339
—, gemischte **13,** 517
—, long-chain, separation of component chains, amino acid sequence **12,** 322
—, partial hydrolysis **12,** 324
—, synthetic, α-helix **11,** 220, 221
—, —, meridional reflection **11,** 222
—, terminal sequences **12,** 302
—, thermal synthesis from amino acids **20,** 449
Polypeptide chain, branched **12,** 302
—, complementary nature **12,** 472
—, configuration **3,** 226; **11,** 180
—, —, α- und β-keratin proteins, silk **11,** 215
—, dimensions **8,** 337
—, —, amide group **11,** 199
—, Faltung **1,** 325, 334
—, helical configuration **11,** 204, 207, 223
—, in hemoglobin **17,** 370
—, —, separation **17,** 365
—, hydrogen-bonded **11,** 204, 210

Polypeptide chain, in lysozyme **17,** 371
—, parallel and antiparallel-chain pleated sheets **11,** 209, 210, 211, 212
—, in ribonuclease **17,** 371
—, side-chains **11,** 181
—, X-ray diffraction **11,** 181
Polypeptide sequence (peptides) **12,** 327
Polypeptidase, in snake venom **12,** 428
Polypeptin, antibiotic **11,** 252
Polyphénol, fluorescence **6,** 335, 336
Polyphenolase, location on columns **8,** 349
Polyphenol oxidase **17,** 315
—, in chloroplasts **6,** 301, 303
Polyphenyl-polybutadienes, *cis*-peak **18,** 262
Polyphosphatases **19,** 319
Polyphosphoric acids (Acides polyphosphoriques) **19,** 318, 344
—, **monoalkyl esters** **8,** 123
Polyploidie (Chinone) **6,** 211
Polyporenate A, diacetate, methyl **12,** 75
—, **dihydro-, methyl** **12,** 76
—, **methyl,** oxidation **12,** 75
Polyporenate B, diacetate, methyl **12,** 91
—, **methyl** **12,** 91
Polyporenate C, dihydro-3-deoxo-, methyl **12,** 88
—, **dihydro-, methyl** **12,** 83, 85
—, —, —, reduction **12,** 86, 90, 91
—, —, —, **lactone** **12,** 84, 88
—, **methyl** **12,** 84, 91
—, —, conversions **12,** 83
—, —, hydrogen bonds **12,** 87
—, —, UV and IR spectra **12,** 82, 87
Polyporenic acid, Girard separation **12,** 82
Polyporenic acid A (Polyporensäure A) **12,** 46, 73, 74, 78, 81, 82, 88, 151, 152
—, biogenesis **12,** 79
—, → lanosterol deriv. **12,** 79, 80
—, reduction of keto deriv. **12,** 77
—, relationship to lanosterol **12,** 79, 80
—, Se dehydrogenation **12,** 77
—, unreactive double bond **12,** 74
—, vinylidene group **12,** 73
—, **carbonyl deriv.** **12,** 74
—, **decarboxylated** **12,** 78
—, —, IR spectrum **12,** 74
—, —, oxidation **12,** 80
—, **dihydro-** **12,** 74
Polyporenic acid B **12,** 88, 90, 92
Polyporenic acid C **12,** 46, 81, 82, 88, 151, 152
Polyporenic acid C, carbon skeleton **12,** 85
—, configuration **12,** 88
—, conjugated diene system **12,** 82
—, isomerization **12,** 83, 84
—, **2,4-dinitro-phenylhydrazone** **12,** 83
Polyporsäure **6,** 159, 167
Polyporus spp., Chitin **2,** 215
P. anthracophilus, Acetylene **14,** 51, 52, 59, acetyl-eburicoic acid **12,** 68, *P. australiensis,* tumulosic acid **12,** 88, *P. benzoinus,* polyporenic acid **12,** 82, *P. betulinus,* polyporenic acids, tumulosic acid **12,** 73, 81, 88, 90, 92, 151, *P. biformis,* Biformin **14,** 53, *P. cinnabarinus,* cinnabarin **20,** 23, *P. eucalyptorum,* eburicoic acid **12,** 68, *P. hispidus,* eburicoic acid **12,** 69, hispidin **20,** 160, (decomposition of wood) **5,** 213, *P. nidulans,* Chinone **6,** 159, 167, *P. pinicola,* pinicolic acid A **12,** 92, 94, *P. sanguineus,* cinnabarin **20,** 23, *P. sulfureus,* amines **20,** 2, eburicoic acid **12,** 68, *P. tumulosus,* tumulosic acid **12,** 88
Polyprolin **13,** 517
Polyribonucleotides, enzymatic synthesis **20,** 433
Polysaccharase **2,** 226
Polysaccharides, aminozucker-haltige **20,** 205, 206, 226
—, amylaceous, outer chains **11,** 32
—, Antigen aus *Shigella dysenteriae* **20,** 230
—, antigenicity **9,** 447
—, anti-Pn I—XXXIII **18,** 510, 520
—, anti-*Salmonella* **18,** 522
—, bacterial **9,** 448
—, capsular **20,** 231
—, —, of *Pneumococcus* (immunol.) **18,** 504, 506, 519
—, cross-reactions, in antipneumococcal and other antisera **18,** 523, 525
—, enzyme action and sedimentation **18,** 473
—, enzymatic synthesis **5,** 101, 104, 105, 106; **20,** 248
—, (Gräser) **15,** 4
—, —, analytische Methoden **15,** 5
—, —, Bausteinanalyse **15,** 6, 7
—, —, Biogenese **15,** 14
—, —, Drehung **15,** 7
—, —, Hydrolyse, Zeitwert **15,** 5

Polysaccharides, (Gräser), Konstitution 15, 7
—, —, Mol.-Größe 15, 6
—, —, Viskosität 15, 5
—, and immunol. specificity 18, 503, 516
—, von Invertebraten und Pilzen 20, 227
—, *Lactobacillus acidophylus* 3, 193, 194
—, lipides bactériens 10, 173, 174
—, neuraminsäure-haltige 20, 228
—, *Pneumococcus* 18, 504, 520
—, à pouvoir pyrogène 10, 250
—, *Salmonella* 18, 506
—, somatische 20, 230
—, sulfated (schwefelsäure-haltige) 20, 231
—, —, (immunol.) 18, 509
—, synthetic 5, 106
—, uronsäure-haltige 20, 231
—, Zellwand- (Bakterien) 20, 228
—, **amino-,** Aufbau 20, 220
—, —, (Nomenklatur) 20, 202
—, —, Spaltung durch Alkali 20, 206
Polysaccharide gums (blood transfusion) 8, 41
Polysarkosin-diäthylamid 13, 518
Polyserin 13, 517
Polysiphonia sp., Ubichinon 20, 81
Polystictin 18, 31; 20, 23
Polystictus cinnabarinus, P. sanguineus, cinnabarin 20, 23
Polystigma rubrum, carotenoids 12, 172, 173, 176, 178
Polystyrene (Polystyrol) 1, 269, 289, 292, 297; 10, 125, 126, 152
—, buoyant behavior 20, 416
—, osmotischer Druck 1, 269
—, sulfonated (adsorbent) 12, 278, 316
Polystyrene films, solid solution of carotenes, *cis*-peak 18, 263
Polystyrene resin, sulfonated, separation of amino acids 11, 246, 247, 258
Polytelis (Federn), Fluoreszenz 18, 199
Polythene sheets, strips (chromatography) 12, 278, 294
Polytomella coeca, Q-enzyme 11, 30, 32
Polytryptophan 13, 517
Polytyrosin 13, 517
Polyvalent haptens, aggregation 9, 476
Polyvinylacetate 10, 152
—, adsorbability 8, 343
Polyvinylchloride 10, 152
—, **acetates,** rubberiness 10, 126
Polyvinylethylether 10, 152
Polyvinylidene-chloride, melting range 10, 149
Polyvinylpyrrolidone, sedimentation analysis 18, 475
Pomiferin 17, 9, 24, 25
—, **dihydro-** 17, 25
Pomme, phosphatase 19, 355
Pomme de terre, s. auch, see also, voir aussi, Potato, Kartoffel
Pomme de terre, phosphatase 19, 332, 333
Pongamia glabra, karanjin, kanugin, demethoxy-kanugin 17, 9, 21, 52, 54, *P. pinnata,* karanjin, pongapin, pinnatin, gamatin 17, 22
Pongamol, from pongamia oil 17, 21, 22
Pongapin 17, 22
—, spectrum 17, 52
Ponkanetin 17, 54
Poplar buds, chrysin, tectochrysin 17, 2, 15
Poppy seed, fat, digestibility 6, 15, 16
Populnetin 17, 16
Populus balsamifera, Anthrachinon 6, 178, *P. nigra, P. tremula,* lignin 5, 191, 213
Porcupine quill, X-ray diagram 11, 215, 222
Porengröße (Membrane) 1, 285
Poria cocos, eburicoic acid 12, 69, 88
P. corticola, P. tenuis, Nemotinsäure, Nemotin 14, 48
Pork fat, deposition 6, 13
Porphin 1, 204
—, color 16, 178
—, fluorescence 2, 330, 331
—, **dihydro-,** Mg complex 11, 309
—, **octaéthyl,** fluorescence 2, 327, 329
—, **propionsäure** 1, 177
—, **tetrahydro-,** Mg complex 11, 309
—, **1,3,5,8-tetramethyl-4-äthyl-6,γ-cyclopentan-7-propionsäure** 1, 197
—, **1,3,5,8-tetramethyl-4-äthyl-7-propionsäure** 1, 197
—, **1,3,5,8-tetramethyl-2,4-diäthyl-7-propionsäure** und analoge Verbindungen 1, 174, 175, 176
—, **1,3,5,8-tetramethyl-2,4-divinyl-6,7-dipropionsäure** 1, 168
—, **1,3,5,8-tetramethyl-2,4,6-** und **-2,4,7-triäthyl-** 1, 174
Porphin-Ring 1, 168, 194, 201, 203, 205, 206, 208, 211, 221, 226

Porphin-Ring, coplanarity **3,** 217
—, structure, aromaticity **11,** 301, 304
—, **dihydro-** und **tetrahydro- 1,** 202, 226
Porphin system (and numbering) **11,** 301, 302, 306
Porphobilin from porphobilinogen **11,** 326
Porphobilinogen 3, 131; **15,** 209, 210; **19,** 275, 276
—, in acute porphyria **11,** 325
—, from *d*-aminolevulinic acid **19,** 275
—, estimation **11,** 326
—, in porphyrin and hem synthesis **11,** 327
—, structure **11,** 326
—, → uro-, copro-, and proto-porphyrin **11,** 326, 327, 328, 336
—, X-ray analysis **11,** 327
Porphyria 11, 317, 320, 321, 323, 324, 325
—, chronic **11,** 324
—, isotope experiments **11,** 335
—, und Lichtsensibilisierung **14,** 142
—, and porphyrins **11,** 321, 324
Porphyrin 3, 107
—, dans ambre gris **6,** 121
—, in asphalts, bituminous oil shales, cannel coals, coals, crude oils, earth waxes, bituminous rocks, mineral oils **11,** 310; **17,** 399
—, and bacteria **11,** 317, 330
—, Biogenese in Vögeln **18,** 213
—, biosynthesis **11,** 300, 329, 334; **15,** 209; **19,** 274, 275
—, —, by *Propionibacterium Shermanii* **15,** 211
—, with 1 to 3 and 5 to 7 carboxyls **11,** 320, 322
—, from chlorophyll **11,** 309, 328
—, chromatography **11,** 311
—, Cu-Komplex **1,** 204
—, degradation **17,** 389, 399
—, di-anion and di-cation type **11,** 305
—, dissociation constants **11,** 305
—, in Eischalen **18,** 210
—, esterification **11,** 310
—, estimation **11,** 314
—, in Federn **18,** 204, 205, 206, 210
—, fluorescence **2,** 325; **11,** 314
—, in fossils **17,** 398
—, fractionation with HCl **11,** 311
—, free, in nature **11,** 301
—, in guano **17,** 399
—, from hemins **11,** 310
Porphyrin, in Igelstacheln **18,** 215
—, IR spectra **11,** 304, 314
—, isomeride types **11,** 307
—, lichtgiftiges **18,** 215
—, maleinimide type **11,** 303
—, 500 million years old **17,** 389, 390
—, in Muscheln **18,** 215
—, natural **11,** 299, 306
—, **numbering** system **11,** 306
—, occurrence in organisms **11,** 330
—, in phosphorites **17,** 399
—, photochemische Spaltung **3,** 109
—, → porphyrinogens **11,** 327
—, pyrrole and pyrrolene type **11,** 303
—, pyrrolic precursor **11,** 301
—, resonating structure **11,** 305
—, R_f value **11,** 312
—, separation **11,** 310
—, spectra **11,** 312, 313, 314; **17,** 441
—, —, quantum-mechanical interpretation **11,** 304
—, structure **11,** 306, 307
—, without substituents on methine bridge **11,** 308
—, synthesis (evolution) **20,** 452
—, tautomerism **11,** 304
—, type III **15,** 209
—, —, dominance in nature **11,** 315
—, of unknown structure **11,** 320
—, uro-, copro-, and proto-class **11,** 308
—, X-ray diffraction **11,** 305
—, **carboxylated,** monopyrrolic precursor **11,** 330
—, **chlorocruoro- 11,** 308, 317, 318
—, **5,6-dihydro- 1,** 171, 203
—, **esters,** chromatography **11,** 311, 312
—, **N-methyl- 11,** 304
—, **oxo- 1,** 195
Porphyrin a, absence of isocyclic ring **11,** 319
—, from heart muscle **11,** 318
—, IR spectrum **11,** 319
—, re-introduction of iron **11,** 319
—, side-chains **11,** 319
Porphyrin e_4, formyl- 1, 195
—, **6-formyl-isochloro- 1,** 219
Porphyrin-Ring, Aufspaltung **3,** 105, 108, 109
—, aromaticity, resonance **11,** 304, 305
Porphyrin symbols 11, 306
Porphyrinogen 11, 327
—, biosynthesis **19,** 275

Porphyropsin **14,** 255, 287, 296
—, bleaching **14,** 255
—, in fish retina **14,** 288
—, spectrum **14,** 255, 288
—, two types **14,** 290
Porthetria dispar, substances odorantes **6,** 89
Potato, s. auch, see also, voir aussi, Kartoffel, Pomme de terre
Potato, anthocyanins, copigmentation **20,** 180, 181, 191
—, sweet, ipomeamarone, ngaione **12,** 3
Potato amylose, number of branches **11,** 17
Potato Q-enzyme **11,** 30, 31, 32
Potato phosphorylase **8,** 74, 85
—, crystallin **11,** 29
Potato starch **11,** 13
—, adsorbent for proteins **11,** 284
—, ester-phosphate groups **11,** 15
—, resolution **11,** 7
Potentilla spp., galls, purpurogallin **13,** 245
Potorus, sécrétion musquée **6,** 110
Pottwal, ambre gris **6,** 121; **7,** 5
Präcipitin, s., see, voir, Precipitin
Praecalciferol **11,** 83, 84, 85; **17,** 72, 76, 85, 93, 94, 95, 96, 97, 98, 99
—, Bestrahlung **17,** 93
—, und BF_3 **17,** 77, 78
—, *s-cis* und *s-trans* Form **11,** 90
—, Gleichgewicht mit Vitamin D_2 **11,** 90
—, Hydrierung **17,** 86
—, IR-Spektrum **17,** 78
—, Konstellation **17,** 72, 78
—, aus Lumisterin **17,** 95
—, aus Provitamin D **17,** 95
—, → Tachysterin (Isomerisierung) **17,** 77
—, Triensystem, Struktur **17,** 77
—, Verkürzung des Chromophors **17,** 78
—, → Vitamin D **17,** 93
—, und Vitamin D, Gleichgewicht **17,** 76, 96
—, **atio-analoga** **17,** 102
—, ***m*-dinitrobenzoat** **11,** 85
—, **epoxyd** **17,** 77
Praecalciferol$_2$, Abbau **17,** 76
—, und BF_3 **17,** 81, 93
—, Ringe A, C **17,** 76
—, → Tachysterin$_2$ (mit Jod) **17,** 99
14β-Praecalciferol$_2$, 3-desoxy-, Partialsynthese **17,** 105
Prangos patularia, oxypeucedanin **9,** 267
Pratensol **17,** 23
Pratol, Pratoletin **17,** 15, 16, 52
Precambrian conditions for life (organic matter) **17,** 380, 399; **20,** 440
Precipitation curve, (ovalbumin) **9,** 460
—, (rabbit serum) **9,** 444
Precipitin curves, anti-γ_2-globulin **7,** 299
Precipitin reaction **3,** 183, 185, 186; **4,** 138; **9,** 450, 475; **18,** 505
$\Delta^{5,16}$-Pregnadien-3β-ol-20-one acetate **10,** 367, 368
$\Delta^{4,17(20)}$-Pregnadien-3-one, 21-acetoxy- **10,** 314
Pregnan, 3β,21-diacetoxy-14-oxy-5,14-diallo-17-iso-20-keto- **7,** 108
5α-Pregnane, 3β,17α-dihydroxy-20α-amino-, and HNO_2 **19,** 208
5α,17α-Pregnane, 3β,17β-dihydroxy-20β-amino-, and HNO_2 **19,** 208
Pregnan, 3,20-diketo-21-acetoxy- **7,** 99
—, **20-keto-** **10,** 319
—, —, 17α-hydroxylation **10,** 326
Pregnan-diol **12,** 147
—, Film-Verhalten **4,** 374
Pregnane-3α,17α-diol-11,20-dione **10,** 325
Pregnane-20,21-diol-3,11-dione **10,** 314
Pregnane-3α,21-diol-11,20-dione, 3,21-diacetate **10,** 315, 318
—, **diacetate, 12α-bromo-** **10,** 303, 304, 321, 322
—, **21-monoacetate** **10,** 315, 316
Pregnane-3α,11α- and **-3α,12α-diol-20-one** **10,** 291, 292, 298, 299
Pregnane-3α,12α-diol-20-one, mono- and **diacetate** **10,** 279, 280, 281
Pregnane-17α,21-diol-3,11,20-trione, 21-acetate **10,** 325, 326
Pregnane-dione **1,** 72
Pregnane-11,20-dione, 3α,9α-oxido- **10,** 304
Pregnan-ol, 3-keto- **1,** 72
Pregnan-3α- and **-11α-ol-3,20-dione** **10,** 299
Pregnan-3α- and **-3β-ol-11,20-dione** **10,** 285, 286, 287, 298, 303, 304, 310, 316, 369, 370
Pregnan-3α-ol-3,20- and **-11,20-dione acetate** **10,** 286, 287, 291, 292, 324, 326, 336
Pregnan-3α-ol-3,20-dione acetate, 21-acetoxy- **10,** 286
Pregnan-3β-ol-20-one acetate **10,** 319, 320

Pregnan-20-one, deriv. **10,** 362
—, **21-acetoxy-** **10,** 281
—, **3β-acetoxy-**, IR spectrum **13,** 32
—, **17α-hydroxy-3β-acetoxy-**, IR spectrum **13,** 32
Pregnan-20-one-21-ol **10,** 317
Pregnan-21-säurelacton-(21 → 14), 14β-oxy-20-keto- **13,** 189
Pregnane-3β,11α,14β,21-tetrol-20-one 3,11,21-triacetate **10,** 349, 350
Pregnan-3(β),16,20-triol **4,** 20
Pregnane-3α,17α,21-triol-11,20-dione **10,** 317, 318
Pregnane-3β,17α,21-triol-20-one 3,21-diacetate **10,** 320
Pregnane-3β,11α,21-triol-20-one triacetate **10,** 349, 350
Pregnane-3,11,20-trione **10,** 285, 287, 298, 299, 361, 362, 369
—, **21-acetoxy-** **10,** 285, 287, 317
Δ^5-Pregnen-3(β),20(α)-diol, radioaktives **12,** 149
$\Delta^{17(20)}$-Pregnene-3α,21-diol-11-one diacetate **10,** 312, 313
$\Delta^{17(20)}$-Pregnen-21-ol-3,11-dione **10,** 314
—, acetate, 20-cyano- **10,** 371
Pregnenolon **3,** 63, 65; **12,** 148
—, → Progesteron **4,** 237, 238
—, **21-oxy-** **7,** 101
Δ^5-Pregnenolone **1,** 69
Δ^5-Pregnen-3β-ol-20-one **10,** 367, 368
—, acetate **10,** 336, 338, 360
Δ^5-Pregnenol-(3)-on- (20), 21-acetoxy- **4,** 238
$\Delta^{16,17}$-Pregnenol-(3)-on-(20) **4,** 19
Δ^{11}-Pregnen-3α-ol-20-one acetate **10,** 291, 292
Δ^4-Pregnen-17α-ol-3,11,20-trione **10,** 368
$\Delta^{5,6}$-Pregnenon-20, 3,21-diacetoxy- **4,** 2
—, **3(β),17(α)-dioxy-** **12,** 150
—, **3(β),21-dioxy-** **12,** 150
Δ^{16}-Pregnen-20-on, 3β-acetoxy- **13,** 169
Δ^4-Pregnene-11α,17α,21-triol-3,20-dione 21-monoacetate **10,** 348, 349
Δ^5-Pregnene-3β,17α,21-triol-20-one **10,** 312
Δ^4-Pregnene-17α,20β,21-triol-3-one, 21-acetate **10,** 314
Prenol **8,** 195
—, (Dien-Synthese) **10,** 100
Prenylbromid **17,** 164
Prephenic acid (Prephensäure) **14,** 203, 204; **16,** 21; **17,** 46
—, (Biogenese von Alkaloiden) **17,** 229
—, biosynthesis in *E. coli* **12,** 478, 479
—, Vorstufe von C_6C_3-Körpern **20,** 61
Prestonia amazonicum, amino-N,N-dimethyl-tryptamine **17,** 264
Primaradiene (precursor) **16,** 50
Primary cell walls, growth **8,** 7
—, ontogeny **8,** 6
—, pit membrane **8,** 15
—, texture **8,** 7, 13
Primetin **17,** 15
—, from 5-hydroxyflavone **17,** 39
Primnoïdés, *Primnoa lepidifera*, halogenes **12,** 391
Primula spp., anthocyanins **20,** 187, flavone **17,** 14, *P. denticulata*, dihydroxy-flavone **17,** 15, *P. elatior*, Triterpen-Glycosid **7,** 17, 19, *P. hirsuta*, anthocyanins **20,** 180, *P. imperialis*, flavone, primuletin **17,** 14, *P. modesta*, flavone, primetin **17,** 15, *P. obconica*, anthocyanins **20,** 180, 183, *P. officinalis*, Triterpen-Glycosid **7,** 17, 19, *P. rosea*, anthocyanins **20,** 180, *P. sinensis*, anthocyanins, copigmentation **20,** 169, 180, 183, 188, 191, 192
Primuletin **17,** 15
Primulin **20,** 169, 182
Primverose **2,** 192, 193; **7,** 251; **11,** 160, 161; **20,** 182
—, **α-acetobrom-** und **α-acetochlor-** **2,** 193
—, **α-** und **β-heptaacetyl-** **2,** 165, 193
Prinz-Säure **17,** 110
Prioniturus (Federn), Fluoreszenz **18,** 199
Prionops alberti, Federpigmente **18,** 216
Pristane **6,** 121
Pro (Abkürzung für Prolin) **18,** 16
Pro-aconitsäure **4,** 298
Pro-anthocyanidine **16,** 12
Pro-azulenes **12,** 12; **19,** 33
Procaria capensis, hydracéum **6,** 142
Pro-γ-carotene **18,** 288, 291
—, in nature **18,** 282
—, provitamin A potency **6,** 53; **18,** 332, 333
—, rearrangement in chicks **18,** 333
—, spectrum **18,** 309, 310
—, **monohydroxy-**, in nature **18,** 282

Pro-chamazulene, Pro-chamazulenogen **19,** 62, 79
Pro-citronensäure 4, 290
Pro-collagen 18, 464
Prodenia litura, substance odorante **6,** 89
Product development control (reduction of ketones) **19,** 190
Pro-fluorocurin 17, 195, 236
Progesterone 1, 69; **3,** 63, 65; **12,** 145, 148
—, aus Cholesterol **12,** 147
—, fluorescence **6,** 321
—, microbiol. oxygenation **10,** 369
—, aus Periplogenin **13,** 156
—, side-chain **13,** 28
—, **anhydro-hydroxy-,** fluorescence **6,** 320, 321
—, **deuterio-,** aus Cholesterol **12,** 147
—, **11α,21-dihydroxy- 10,** 368
—, **11α- and 17α-hydroxy- 10,** 368, 369, 370
—, **17-hydroxy- 12,** 148
—, **11-keto- 10,** 366; **12,** 65
—, **11α-methyl-11-keto-** from lanosterol **12,** 65
—, **11α,17α,21-trihydroxy- 10,** 368, 370
DL-**Progesterone, 11-keto-3-ketal 10,** 365
Pro-goitrin 18, 125, 134, 151, 157, 158, 159
Pro-invasin, in snake venom **12,** 427
Prolamine in cereal seeds **6,** 293
Pro-lignan, Pro-lignose 5, 178
Proline, in actinomycins **16,** 93; **18,** 32, 33
—, C- and N-terminal **11,** 274
—, in collagens, gelatins **17,** 385
—, color reactions **12,** 291
—, in crotoxin **12,** 447
—, in fish proteins **5,** 272, 288
—, fluorescence **6,** 324
—, in fossil shells, sediments **17,** 392, 394
—, in fungal peptides **20,** 15
—, dans gorgonines **12,** 392
—, in hemoglobin, number of residues **17,** 350, 352
—, inhibiting precipitins **9,** 450
—, in oxytocic hormone hydrolyzates **11,** 251
—, in proteins **17,** 383
—, —, (microsomal) **16,** 150
—, —, (seed) **6,** 292
—, residues, effect on polypeptide configuration **11,** 181
—, in salmine **11,** 252
—, separation **11,** 242, 243
Proline, from soils **17,** 391
—, dans thyroglobuline **12,** 386
—, X-ray diffraction **8,** 318
—, **äthylester, carbäthoxy-oxo- 18,** 42
—, **carbobenzoxy- 13,** 482
—, **DNP-deriv. 12,** 305
—, **hydroxy- 6,** 292; **13,** 482
—, —, (Actinomycine) **18,** 16, 41, 42
—, —, from α-amanitin **20,** 14
—, —, bond lengths of amide group **11,** 198
—, —, in collagens **17,** 385
—, —, color reactions **12,** 291
—, —, crystal structure **11,** 182, 183
—, —, in fish protein **5,** 272, 288
—, —, in gelatins **17,** 385
—, —, hydrogen bonds, dimensions **11,** 200, 201
—, —, inhibiting precipitins **9,** 450
—, —, molecular dimensions **11,** 183
—, —, (papergram) **12,** 285
—, —, Patterson function **11,** 183
—, —, in proteins **17,** 383
—, —, X-ray reflections **11,** 183, 184, 185
—, **hydroxy-γ-allo- 18,** 16, 41, 42
—, **iso-capronyl-, α-*D*-, brom- 13,** 572
—, **γ-keto-** in Actinomycinen **18,** 16, 41, 42, 45
Prolin-peptide, hydroxy- 13, 483
D-**Proline,** from ergot alkaloids **9,** 134
Pro-lycopene 18, 280, 281, 282, 289, 290
—, absence of *cis*-peak **18,** 252
—, configuration **18,** 285
—, gene-directed biosynthesis **5,** 309
—, IR spectrum **18,** 285, 314
—, in nature **18,** 280, 281, 282
—, rearrangement in chicks **18,** 333
—, spectrum **18,** 284, 287, 288
—, stability **18,** 283
—, stepwise rearrangement **18,** 286, 314
—, **tetrahydro- 18,** 282, 288
Prolyl-glycin, oxy- 13, 483
Prolyl-sarkosin-anhydrid 18, 34, 38
Pro-neurosporene 18, 288, 290
—, in nature **18,** 282, 288
—, spectrum **18,** 290
Prontosil rubrum, action thérapeutique **9,** 100
Propane, bond distances **3,** 208
—, **2-bromo-1-(3,4-dimethoxyphenyl)- 5,** 222
—, **3,4-dimethoxyphenyl- 5,** 204

Propane, 3-(4-hydroxy-3,5-dimethoxyphenyl)- (lignin) **5**, 202
—, 4-hydroxy-3-methoxyphenyl- **5**, 204
—, 3-methyl-4-hydroxyphenyl- **5**, 204
—, 1-(*p*-nitrophenyl)-2-amino-1,3-dioxy- (*threo*) **18**, 60
—, 1-phenyl-2-brom-1,3-dimethoxy- **18**, 61
—, 1-phenyl-3-α-furyl- **14**, 10
1,3-Propandiol, 2-amino-1-phenyl- **18**, 58
—, 2,3-diphenyl-, als Lignin-Modell **11**, 52
—, 1-phenyl-2-brom- **18**, 62
DL-threo-**1,3-Propandiol**, 1-*p*-nitrophenyl-2-acetamido- **18**, 60
D-(—)-*threo*-**1,3-Propandiol**, 1-*p*-nitrophenyl-2-dichloramido- **18**, 57
1,2-Propanedione, 1-(3,4-dimethoxyphenyl)- **5**, 223
—, 1-(3-methoxy-4-hydroxyphenyl)- **5**, 199
Propanol, 2,3-dimercapto- **20**, 115
—, β-hydroxy-β-(3,5-dimethoxy-4-hydroxyphenyl)- **5**, 219
—, 3-(2′-hydroxyphenyl)- **9**, 230
1-Propanol, 3-(4-hydroxycyclohexyl)- **5**, 200, 201, 202, 203, 206
—, 3-(4-hydroxy-3,5-dimethoxyphenyl)- **5**, 202
—, 3-(4-hydroxy-3-methoxyphenyl)- **5**, 202, 204
2-Propanol, 1-amino- from vitamin B_{12} **15**, 189, 190
3-Propanol, 2-keto-, 1-(3,5-dimethoxy-4-hydroxy-phenyl)- **5**, 224
D- and *L*-**Propanol**, 2-amino- **9**, 151, 152
1-Propanone, 1-(3,4-dimethoxyphenyl)-2-acetoxy-, -2-ethoxy-, and -2-hydroxy- **5**, 223
—, 1-(4-hydroxy-3,5-dimethoxyphenyl)- **5**, 187
—, 3-hydroxy-1-(4-hydroxycyclohexyl)- **5**, 202
—, 1-(4-hydroxy-3-methoxyphenyl)- **5**, 187
—, 1-(3-methoxy-4-hydroxyphenyl)- **5**, 199
2-Propanone, 3-bromo- and 1-chloro-1-(3,4-dimethoxyphenyl)- **5**, 222
—, 1-(3,5-dimethoxy-4-hydroxyphenyl)- **5**, 199, 244
—, 1-(3,4-dimethoxyphenyl)-1-hydroxy- **5**, 223
2-Propanone, 1-ethoxy-1-(3,4-dimethoxyphenyl)- **5**, 222, 223
—, 1-ethoxy-1-(3-methoxy-4-hydroxyphenyl)- **5**, 199
—, 1-hydroxy-1-(3,4-dimethoxyphenyl)- **5**, 223
Propan-sulfonsäure, γ-oxy- **4**, 40
γ-**Propan-sulton** **4**, 42
Pro-pantothensäure, Wuchsstoff **4**, 37
Prop-1-ene, 2-methyl-1-carboxylic acid **12**, 230
—, 3-(2′-methylen-cyclohexyliden-1′)- **11**, 106
Pro-pentdyopent **3**, 131
Propenyl-benzene deriv., biosynthesis **14**, 205
Propio-guaiacone, 5-bromo-α,α′-dibromo- **5**, 194
—, hydroxy- **5**, 222
Propionaldehyde, IR spectrum **5**, 366
—, β-oxy-, α,α-dimethyl- **4**, 33
—, 2-phenyl-2-methoxy-1-phthalimino- **18**, 60
Propionamidine, hydroxy- **10**, 234
Propionate, β-(2-ethoxycarbonyl-6-methylphenyl)-, ethyl **18**, 362
—, ethyl, IR spectrum **5**, 366
Propionibacterium Shermanii, (biol. Oxydationen) **4**, 321
—, porphyrine synthesis **15**, 211
Propionic acid (Propionsäure, Acide propionique), bacterial origin **17**, 397
—, (C^{13}) (biol.) **4**, 312
—, from crude petroleum **17**, 397
—, synthesis by electric discharges **20**, 446
—, α-amino-β-di-(3,5-diiodo-4-hydroxyphenyl)- **2**, 120
—, α-amino-β-hydroxy-, crystal structure **11**, 186
—, 2-amino-3-(3-indole)- **17**, 255
—, (—)-β-benzamido-β-tetrahydrofuryl- **13**, 336
—, β-3,5-diiodo-4-(3′,5′-diiodo-4′-hydroxy-phénoxy-phényl)-, α-amino- **12**, 363
—, β,β-di-(3,5-diiodo-4-hydroxyphenyl)-α-amino- **7**, 171
—, β-3,4-dimethoxybenzoyl- **13**, 320
—, α-methylamino-β-3-indolyl- **17**, 260
—, β-nitro-, s., see, voir, β-**Nitropropionsäure**
Propionsäure-Bakterien **4**, 230, 272, 309, 321

Propionsäure-Bakterien, Abbau von Essigsäure **4,** 318
—, und Pantothensäure **4,** 41
—, Wachstumsfaktor **4,** 28
Propionsäure-Gärung **4,** 308
Propionyl-*L*-phenylalanyl-*L*-proline **9,** 135
Propiophenone, IR spectrum **5,** 355
—, **2-amino-5-methoxy-** **13,** 364, 365
Propiosyringone, **α-ethoxy-** **5,** 199
Propiovanillone, **α-ethoxy-** **5,** 200, 211
Propioveratrone, **6-bromo-α,α'-dibromo-** **5,** 194
—, **α-hydroxy-, β-*d*-glucoside** **5,** 179
—, **α-sulfonate** (lignin) **5,** 194
Propyläther, **γ-brom-** **8,** 251
Propylen, Anlagerung von Maleinsäureanhydrid **10,** 11
—, **1,3-dichloro-** **9,** 236
Propylene-glycol, copolyesters **10,** 143
Propylene oxide, **3-hydroxy-,** phosphorylation **8,** 52
Propyl gallate, inhibiting oxidation of ethyl linoleate **17,** 49
DL-**Propyl-peptide,** Synthese **13,** 501
n-**Propyl-phosphate** et phosphatase **19,** 325, 328
Prorocentrum micans, carotenoids **5,** 24
Proscillaridin A **13,** 150, 152, 214; **14,** 122
Prosopsis juliflora, tryptamine, 5-hydoxytryptamine **17,** 262, 264
Prostate, phosphatase **19,** 324
Protaminase **5,** 290
Protamines **5,** 289, 290
—, amino acid composition **5,** 291
—, anticoagulant action **5,** 293
—, pharmacol. effect **5,** 291
Protanghinin **7,** 148, 154; **13,** 210
Protease, in peptide and protein synthesis **9,** 322
—, in snake venoms **12,** 427
Protein, et acide phytique **19,** 340
—, active, *Crotalus t. terrificus* venom **12,** 444
—, —, *Naja naja* venom **12,** 443
—, adrenocorticotropic, amino acid composition **11,** 252
—, adsorption isotherm on silica gel **11,** 284
—, amino acid composition and sequence **11,** 181, 242, 261; **12,** 292
—, amino acid pattern **9,** 314
—, antibody-rich **7,** 276, 283, 297
Protein, asymmetry number **18,** 460
—, and azo dyes **8,** 352
—, Bindung an Chlorophyll **1,** 231
—, biosynthesis **9,** 292, 293, 302, 312; **16,** 139
—, —, amino acid incorporation **9,** 347, 348
—, —, a catenary sequence **16,** 153
—, —, and DNAase **16,** 149
—, —, by microsomes **16,** 150
—, —, in mitochondria and chloroplasts **16,** 160
—, —, in plant organs **16,** 139, 161
—, —, and ribonuclease **16,** 146
—, buoyant behavior **20,** 375, 409, 411, 459
—, catabolism **9,** 294
—, in cereal seeds **6,** 291
—, chromatography **8,** 341; **11,** 284, 286
—, in coleoptiles **8,** 6
—, colored, chromatography **8,** 346, 351
—, configuration of polypeptide chains **8,** 338; **11,** 180
—, C-terminal sequence, methods **11,** 273; **12,** 302, 315, 317, 321
—, cyclol theory **9,** 138
—, cytoplasmic **6,** 301, 304
—, degenerierter Zustand **1,** 341
—, denatured **9,** 451; **11,** 181
—, —, and carboxypeptidase **12,** 316
—, et dériv. phosphorés **19,** 338
—, differences in various species **12,** 321
—, and dinitrofluorobenzene **17,** 357
—, disulfide cross-links **12,** 322, 328
—, DNA complex **12,** 468
—, ellipsoid shape **18,** 463
—, enzyme action and sedimentation **18,** 473
—, enzymic splitting, incomplete (insulin) **12,** 326
—, evolution **20,** 434
—, fibrous, configuration **11,** 223
—, —, structure **11,** 213, 314
—, —, X-ray analysis **11,** 213
—, Filme **4,** 415
—, —, Alterung **4,** 460
—, —, chem. Reaktionen **4,** 451
—, —, und Denaturierung **4,** 435
—, —, Dicke und Mol.-Gew. **4,** 432
—, —, Eigenschaften **4,** 417

Protein, Filme, Elastizität, Kompressibilität **4,** 424, 440, 442
—, —, F/A- und V/A-Verhalten **4,** 423
—, —, an fl/fl Grenze **4,** 457
—, —, Homogenität **4,** 439
—, —, (Mischfilme) **4,** 445
—, —, Spreitung **4,** 378, 418, 423, 424, 427, 432
—, —, Struktur **4,** 458
—, —, verdrängbare Komponenten **4,** 460
—, —, Viskosität **4,** 442, 443
—, fish, biochemistry **5,** 267
—, —, in reproductive organs, sperm **5,** 293, 294
—, fluorescence **6,** 323
—, friction coefficient **18,** 460, 462
—, globular, Patterson diagram **11,** 233
—, —, structure **11,** 228
—, —, X-ray diagram **11,** 229
—, heme linkage (cytochrome c) **17,** 331
—, half-life **9,** 303
—, homogeneity and refractometry **18,** 458
—, hydrated densities **18,** 491
—, hydrazinolysis **17,** 360
—, hydrodynamic sphere **18,** 463
—, hydrolysis **9,** 328; **11,** 255; **12,** 292, 323, 324
—, —, formation of new peptides **9,** 333
—, hydrophyle, Osmometrie **1,** 263
—, ioduration **12,** 374, 375, 376
—, ion exchange in analysis **11,** 250
—, isomeric states, electrophoretic behavior **18,** 488
—, keratinous, preservation **17,** 387
—, from labeled amino acids **9,** 351
—, lability in the cell **9,** 319
—, in leaves **6,** 295
—, long-chain, amino acid sequence **12,** 322
—, lösliche, Kugelform **1,** 337
—, macro- and gegen-ions **18,** 442, 444
—, metabolism, endogenous and exogenous **9,** 294
—, —, and fat **6,** 39
—, —, steady state **9,** 294
—, microsomal, amino acid composition **16,** 150
—, mobility **7,** 284, 286
—, Mol.-Gew. **1,** 265
—, —, (sedimentation) **18,** 459
—, monomer-polymer equilibrium **18,** 482
Protein, Monoschichten, Viskosität **4,** 442
—, movement of ions in sedimentation **18,** 442
—, N-terminal residues **11,** 266, 267, 268; **12,** 302, 303, 321
—, nucleic acid complex **12,** 481
—, Osmometrie **1,** 263
—, paper chromatography **8,** 344, 345, 348; **12,** 270, 288
—, partial spec. volume **18,** 459
—, and performic acid **12,** 307
—, in plants **6,** 290, 306; **16,** 139
—, protein interactions (ultracentrifuge) **18,** 480
—, and Raney nickel (removing S) **12,** 322
—, reaction with ammonium cyanate or hydrazine **11,** 273, 275
—, reduction with $LiAlH_4$ or $LiBH_4$ **11,** 275
—, reserve, in animals **9,** 298
—, Röntgenographie **1,** 314
—, salting out adsorption **8,** 345
—, in seeds **6,** 293
—, separation of component chains **12,** 322
—, separation and purification **11,** 283
—, in shells **17,** 393
—, single configuration, advantage **20,** 451
—, solvation and sedimentation **18,** 489, 491
—, structure **8,** 337
—, structural study and chromatography **11,** 240, 284, 286; **12,** 270
—, synthesis, in enucleated fragments **16,** 152, 153
—, —, enzymatic **9,** 293
—, —, and nucleic acid **9,** 315
—, —, peptides as intermediates **9,** 348
—, thyroïdienne (conditions pathologiques) **12,** 287
—, turnover **9,** 299
—, —, humans **9,** 303
—, and xanthydrol **12,** 324
—, X-ray diffraction **8,** 311; **11,** 181
—, ***p*-azo-benzenesulfonic acid** and **-phenylarsonate** **9,** 456, 459
—, **dinitrophenyl-** **11,** 262; **17,** 357
—, **iodo-** **12,** 349, 373, 375, 378, 383
—, —, activité biologique **12,** 379
—, —, marquée **12,** 385
—, —, réaction de Millon **12,** 376

Protein, iodo-, thyroïdienne **12**, 383
—, —, —, caractère globulinique **12**, 384
—, **picrates,** chromatography **8**, 352
Proteinase, production of, and gibberellin **18**, 410
—, in snake venom **12**, 419, 427
Proteolytic enzymes 12, 325
—, action on globulins **7**, 290
—, and coagulation **12**, 428
—, combination with inhibitors **18**, 485
—, in snake venoms **12**, 417, 428
Proteroglyphodentes, venom **12**, 444
Protetrahydro-lycopene 18, 282, 288
Proteus flagella, protein, free amino groups **12**, 306
Pr. morganii und Pantothensäure **4**, 30
Pr. vulgaris, L-amino acid oxidase **12**, 430, enzyme and inhibitors **9**, 345; **20**, 246, Pantothensäure **4**, 41, Vitamin K_2 **6**, 156
Prothrombin 7, 275; **9**, 106, 242; **12**, 428
—, (chromatography) **8**, 353
—, → Thrombin **20**, 243
Protista, carotenoids **5**, 24
Proto-anemonin 17, 174
Proto-catechuchinon 6, 157, 194
Proto-catechuic acid (Protocatechusäure), from fisetin **17**, 12
—, (lignin) **2**, 11; **5**, 193, 204
—, Vorkommen **17**, 187
Proto-cetrarsäure 2, 50; **8**, 236
—, **acetyl- 2**, 51
Proto-chlorophyll 1, 227, 228; **11**, 309, 328
—, fluorescence **2**, 321
Proto-chlorophyll a und **b 1**, 227, 228
Proto-curidin 9, 179, 180, 200, 201; **17**, 184
Proto-cyanin 20, 190
—, metal complex **20**, 190
Proto-fagopyrin 14, 145, 178, 181
—, Struktur **14**, 180
Proto-fibers 8, 10
Protogene (genetics) **5**, 325
Proto-gentiogenin, hexahydro- 17, 131
—, —, IR-Spektrum **17**, 132
—, **tetrahydro- 17**, 131
Proto-hem 11, 301, 320
Proto-hypericin 14, 145, 162, 166, 167, 171, 173; **19**, 284
—, aus Emodin-anthron-(9) **14**, 161, 163
—, → Fagopyrin **14**, 178
—, natives und racemisches **14**, 175, 176
—, Struktur **14**, 173
Proto-hypericin, Synthese aus Penicilliopsin **14**, 164
—, Vorstufe **14**, 174
—, **hexabenzoat 14**, 167
Proto-lichesterinsäure 8, 209, 234, 238
—, **dihydro- 2**, 28, 29, 30; **8**, 238
d- und *l*-**Proto-lichesterinsäure 2**, 28, 29
Proto-α-lichesterinsäure 2, 30
Proto-lignin 5, 179, 196, 218, 224
Proto-methylphäophorbid 1, 229
Protonation of enols, and conformation **19**, 209
Protonemata, definition **18**, 391
Proton magnetic resonance spectra and conformation **19**, 196
Proto-phäophytin 1, 228
Proto-phäoporphyrin a und **b 1**, 194, 199
Proto-phytochlorin-trimethylester 1, 229
Protopine, methylenedioxy-group (biosynthesis) **14**, 205
Proto-porphyrin 6, 128; **11**, 300, 315, 316, 332; **18**, 204, 208
—, biosynthesis **11**, 330
—, → copropophyrin **11**, 335
—, in Eischalen **18**, 210, 211, 213
—, fluorescence **2**, 304, 326, 327, 328, 329
—, as growth substance **11**, 329
—, aus Hämin **1**, 168, 195, 197, 199
—, → hematoporphyrin-IX **11**, 317
—, hem synthesis, related to chlorophyll synthesis **11**, 336
—, labeled, decomposition **11**, 332, 333
—, → mesoporphyrin-IX **11**, 316
—, occurrence **11**, 315
—, surface properties (biol.) **11**, 315
—, synthesis **11**, 316
—, → uroporphyrin **11**, 335
—, in Vogel-Kot **18**, 214
—, ester, oxidation **11**, 318
—, **-magnesium,** fluorescence **6**, 339
Proto-porphyrin-IX 11, 308, 314, 315, 334
Proto-pseudo-hypericin 14, 145, 162, 167, 171, 174
Proto-stephanin 9, 177, 207
Proto-veratridine 10, 464
—, acyl groups **20**, 345
Proto-veratrine 4, 25; **10**, 464; **20**, 348
—, → cevanthrol, cevanthridine, 2-ethyl-5-methyl-pyridine **20**, 348
Proto-veratrine A and **B**, acyl groups **20**, 352

Proto-veratrine A and **B,** hypotensive effect **20,** 356
—, **deacetyl-,** acyl groups **20,** 352
—, —, hypotensive effect **20,** 356
Protoverine 20, 300, 313, 314, 317, 335, 348, 349
—, configuration **20,** 351
—, hydrolysis **19,** 185
—, = hydroxygermine **20,** 348
—, reactions **20,** 349
—, **acetonide 20,** 348, 349
—, **acetonide-6-isobutyrate 20,** 351
—, **acetonide-3,6,16-triacetate 20,** 348, 349, 350
—, —, **7-dehydro- 20,** 349
—, **esters,** natural **20,** 352, 353
—, —, synthetic, pharmacology **20,** 357
—, **3,4,6,7,16-isopentaacetate 20,** 350
—, **7-keto-deriv. 20,** 348
—, **penta-** and **hexaacetate 20,** 349, 350
—, **3,6,16-triacetate 20,** 349
—, —, **7-dehydro- 20,** 349
Protozoa, carotenoids **5,** 24, 25
Provitamins, antirachitic **1,** 91
Provitamine A, bactéries **10,** 218
—, (carotenoids) growth test **18,** 333
—, effect, β-carotene and deriv. **15,** 45, 47
—, —, and structure, *cis-trans* isomerism **18,** 331, 332
—, occurrence **6,** 52, 53
Provitamin D 17, 93, 94, 95, 97
—, Aktivierung **11,** 93
, Bestrahlungsschema **17,** 94, 95
—, C^{14}-haltiges, Bestrahlung **17,** 94
—, Darstellung **11,** 91
—, aus Muscheln **11,** 94
—, photochem. Isomerisierung **17,** 93
Provitamin D_2, Gewinnung **11,** 91
Provitamin D_3, Darstellung **11,** 91
—, Retro-Dien-Zerfall **10,** 70
Pro-xanthopterin 11, 368, 390
Prunetin 17, 3, 23, 47, 56
—, spectrum **17,** 58
—, **4'-glucoside 17,** 45, 56
Prunetol 17, 3
Prunetrin 17, 3
Prunitrin 17, 56
—, from sophoricoside **17,** 45
Prunus spp., dormancy and gibberellin **18,** 397
Pr. emarginata, Pr. puddum, and other spp., genkwanin, padmakastein, primetin, prunetin, prunetrin, prunitrin, quercimeritrin, sakuranetin **17,** 3, 23, 47, 51, 53, 56
Psalliota campestris, Chitin **2,** 219, enzymes **8,** 358, Ubichinon **20,** 81
Psephotus (Federn), Fluoreszenz **18,** 199
Pseudechis porphyriacus, venom, hyaluronidase **12,** 409, 410, 427
Pseudemys modiliensis, Ps. scripta, visual pigment **14,** 304
Pseudo-anthocyanidin-acetate and **-hydrid 16,** 12, 14
Pseudo-*l*-ascorbic acid, 1-methyl- 2, 144, 145, 146
Pseudo-baptigenin 17, 9, 22, 42, 56
—, synthesis **17,** 41, 42
—, **7-rhamnoglucoside 17,** 56
Pseudo-baptisin 17, 56
Pseudo-bufotalin 4, 13; **5,** 244
—, **desacetyl- 4,** 12, 13; **5,** 243, 252
Pseudo-calotropagenin, anhydro- 7, 141
Pseudo-α-carotene 18, 230
—, biopotency **18,** 331
Pseudocentrotus depressus, Naphthochinon **6,** 199
Pseudocinchona africana, corynanthine **13,** 416
Pseudo-clovene 12, 17, 18
Pseudo-corynanthin, pharmacol. effect **13,** 416
Pseudo-cyanidin 16, 16
—, **acetat 16,** 11
—, **hydrat 16,** 5
—, **hydrid 16,** 16
Pseudo-dien 10, 101
Pseudo-diketopiperazin-Ring 1, 325
Pseudo-disinomenin 9, 188
Pseudo-eleutherin 11, 163, 164, 165
Pseudo-ephedrine series 16, 103; **18,** 57
Pseudo-epistephanin 9, 199
Pseudo-flavene 16, 10
Pseudo-fluorocurin 17, 236
—, Spektrum **17,** 239
Pseudo-germine 20, 335, 336
—, isomerization **20,** 343
—, rotation **20,** 343
—, **acetonide,** structure **20,** 338
Pseudo-gibberellin A_1 18, 376
—, **dihydro- 18,** 382
Pseudo-globulin 1, 265; **7,** 272, 273, 287

Pseudo-globulin, digestion products **7,** 295
α-Pseudo-hämochromogen **3,** 109
α-Pseudo-hämoglobin E und **E′** **3,** 108
D-, *L*-, and *DL*-**Pseudo-heliotridane** **12,** 208, 216, 220, 221, 222, 224, 225
—, IR spectrum **12,** 220
—, stereochemistry **12,** 220, 221
—, synthesis **12,** 220, 221
Pseudo-hypericin **14,** 145, 167, 168, 169, 171
—, Belichtungsprodukt **14,** 169
—, Biosynthese **14,** 174
—, Gehalt in *Hypericum* spp. und Präparaten **14,** 170, 171, 172
—, gepaartes **14,** 177
—, = 4,5,7,4′,5′,7′-Hexaoxy-*meso*-naphthodianthron **14,** 169
—, Isolierung **14,** 168
—, → *meso*-Naphthodianthren-Deriv. **14,** 168
—, Trennung von Hypericin **14,** 167, 168, 169
—, Vorstufen in der Pflanze **14,** 174
—, **benzoat** **14,** 168
—, **demethyl-** **14,** 169, 170
Pseudo-hyperico-dehydro-dianthron **14,** 174
Pseudo-indoxyl, Spektrum **17,** 239
Pseudo-β-ionylidène-acétaldéhyde **6,** 129
Pseudo-iron **8,** 175, 185
—, Dien-Synthese **3,** 9; **10,** 28
—, Stereoisomere **8,** 174
Pseudo-jervine **10,** 464; **20,** 312
Pseudo-jonon (Pseudo-ionone) **8,** 148, 149, 185, 193; **9,** 28
—, cyclization **19,** 266
—, **α-chlor-dihydro-** **8,** 185
—, **dihydro-** **8,** 185
—, **methyl-** **8,** 152
—, —, Cyclisation **8,** 177
Pseudo-methysticin **20,** 133
Pseudomonas spp. (déguanidylation) **18,** 99, *Ps. aeruginosa,* antibiotics **13,** 312, lipides, rhamno-lipide **10,** 174, 252, Ubichinon **20,** 80, *Ps. angulatum,* tobacco lesions **17,** 308, *Ps. beijerinckii,* Chinon **6,** 156, *Ps. denitrificans,* Ubichinon **20,** 79, 80, *Ps. fluorescens,* Enzyme **20,** 246, lipides **10,** 224, Ubichinon **20,** 80, (polysaccharide, immunol.) **18,** 520, 521, 522, 523, 524, *Ps. fragi, Ps. geniculata, Ps. mildenbergii, Ps. putida,* Ubichinon **20,** 80, *Ps. pyocyanea,* lipides **10,** 252, Pyocyanase **7,** 194, quinoline deriv. **13,** 312, *Ps. saccharophila,* enzyme **5,** 112, 114, 115, 118, trans-O-glucosidase **9,** 425, *Ps. solanacearum,* bacterial wilt **17,** 301, *Ps. tabaci,* toxic principle **17,** 308
Pseudo-nicotinoxyd **2,** 252
Pseudo-parenchyma (ergot) **9,** 115
Pseudo-pelargonidin-acetat **16,** 11
Pseudo-pelletierin, Dien-Synthese **10,** 26
—, synthesis **19,** 252
Pseudo-phylloerythrin **1,** 172
Pseudo-polyporenate A, methyl **12,** 81
Pseudo-polyporenic acid A **12,** 80, 81
Pseudo-protoverine **20,** 348
Pseudo-psoromsäure **2,** 49
Pseudo-purpurin und **-primverosid** **6,** 189
Pseudo-pyridoxin **4,** 49
—, activité vitaminique **9,** 95
Pseudo-reserpine **13,** 350, 366
Pseudo-santonin **12,** 7
—, oxidation **19,** 16
Pseudo-sapogenin **4,** 19
Pseudo-sarsasapogenin **4,** 19
—, **dihydro-** **4,** 19
Pseudo-tanghinin **13,** 210
Pseudo-taraxasterol **7,** 61, 62
Pseudotsuga spp., pollen growth and gibberellin **18,** 408, *Ps. menziesii,* gibberellin and radicle extension **18,** 405
Pseudo-verdoporphyrin **1,** 169
Pseudo-vitamin B_{12} **15,** 208, 209
—, → 7-(*D*-ribofuranoside)-adenine **15,** 209
Pseudowintera colorata, cyclo-colorenone **19,** 58
Pseudo-yangonin **20,** 147
Pseudo-yohimbine **13,** 350, 354, 355, 356, 403, 406
—, steric configuration **13,** 356, 359
Pseudo-zygadenine **20,** 346
Psilocin **20,** 16, 17
Psilocybe mexicana, indole deriv. **20,** 16
Psilocybin **19,** 328; **20,** 16, 17
Psittaci, Federfarbstoffe **18,** 194, 199, (Federn, Eischalen), Porphyrin **18,** 205, 210
Psittacofulvin **18,** 196
Psittakose, Virus **4,** 90

Psoralea corylifolia, psoralene **9**, 260
Psoralene 9, 259, 260, 261; **17**, 174
—, **dihydro- 9**, 260
—, **γ,γ-dimethylallyl ether, 8-hydroxy-5-methoxy- 9**, 270
—, **glycoside 9**, 261
—, **8-hydroxy-5-methoxy- 9**, 269, 270
Psoromsäure 2, 51; **8**, 226, 227
Psychotriae (Brechwurzel) **8**, 280
Psychotria emetica, Ipecacuanha **8**, 279
Psychotrin 8, 281, 297, 298, 299, 300
—, Kuppelung **8**, 301
—, Salze **8**, 298
—, Wirksamkeit **8**, 302
—, **N-benzoyl-O-methyl- 8**, 299, 300
—, **O-methyl- 8**, 281, 292, 298, 299, 300, 301
—, —, Entmethylierung **8**, 298
—, —, Nachweis **8**, 301
—, —, Reduktion **8**, 299
—, —, Salze **8**, 299
Psyllids and nicotine **10**, 429
Ptaeroxylol and **glucoside 17**, 16, 22, 52
Ptaeroxylon obliquum, ptaeroxylol **17**, 52
PTC (abbreviation for phenyl-thiocarbamyl) **11**, 269; **12**, 308
PTC-amino acids 11, 269; **12**, 308
PTC-carboxypeptidase 12, 310
PTC-insulin 12, 311
PTC-oxidized vasopressin 12, 310
PTC-peptides 12, 309, 310
PTC-proteins, insolubility **12**, 311
PTC-serum albumins 12, 310
Pteria, conchoporphyrin **11**, 323
Pterid-2,4-dione, 1,3-dimethyl- 11, 356
Pteridine 4, 64; **11**, 350, 351, 354, 355
—, basicity **11**, 356, 357
—, biol. antagonism **11**, 390
—, from butterfly wings **11**, 351
—, cation, spectrum **11**, 361
—, chromatography **11**, 388, 389
—, Fluorescenz **4**, 74
—, history **11**, 351
—, hydrogen bonding **11**, 353
—, hydrogenation and ring opening **11**, 356
—, interchange of 4-hydroxy, amino and mercapto groups **11**, 366
—, ionization **11**, 356, 359
—, melting points **11**, 354
—, metal-binding **11**, 356, 360
Pteridine, mono- and di-substituted, as models **11**, 352
—, natural, amino and hydroxyl groups **11**, 352
—, —, physiol. action **11**, 389
—, occurrence, isolation, purification **11**, 366, 388
—, in pernicious anemia **11**, 392
—, reactions **11**, 366
—, ring numbering **11**, 351
—, solubility and fusibility **11**, 352, 354
—, spectra, differentiation from purines **11**, 360, 361, 362, 363
—, stability to acid and alkali **11**, 355
—, Synthese **4**, 66
—, **deriv.**, Eigenschaften **4**, 70
—, **6-acetic acid, 2-amino-4,7-dihydroxy-**, spectrum **11**, 363, 370
—, **6-aldehyde, 2-amino-4,7-dihydroxy-**, growth promoter **11**, 380
—, —, **2-amino-4-hydroxy- 11**, 376, 377, 378, 379
—, **7-aldehyde, 2-amino-4,6-dihydroxy- 11**, 369
—, **amino-**, hydrogen bonding **11**, 353
—, —, solubility **11**, 353
—, **2-amino- 11**, 354
—, —, decomposition **11**, 357
—, —, spectrum **11**, 362, 366
—, **2-amino-4,6-dihydroxy- 11**, 354, 367
—, —, spectrum **11**, 362
—, —, stability **11**, 356
—, —, **7-acetonyl- 11**, 369
—, —, **7-(α-hydroxy-acetonyl)- 11**, 369
—, —, **7-methyl-**, spectrum **11**, 363
—, **2-amino-4,7-** and **-6,7-dihydroxy- 11**, 352, 354, 362, 367
—, **2-amino-6,8-, -6,9-,** und **-8,9-dihydroxy- 4**, 67, 68
—, —, Spektrum **4**, 74
—, **2-amino-4-hydroxy- 11**, 352, 354, 367, 371, 378, 389
—, —, basicity **11**, 358, 359
—, —, spectrum **11**, 357, 362
—, —, **6-carboxylic acid 11**, 378
—, —, **7,8-dimethyl-5,6,7,8-tetrahydro- 11**, 359
—, —, **6-methyl- 11**, 376, 378, 379
—, —, —, spectrum **11**, 363
—, —, **6-methyl-7,8-dihydro- 11**, 379
—, —, **7-methyl-** (synthesis of pteroylglutamic acid) **11**, 376

Pteridine, 2-amino-4-hydroxy-7-methyl-, antagonism to xanthopterin 11, 390
—, **2-amino-6-hydroxy-,** Spektrum **4,** 74
—, **2-amino-4,6,7-trihydroxy-** 11, 354, 367
—, —, spectrum 11, 362
—, **2-amino-6,8,9-trihydroxy-** **4,** 67
—, —, Spektrum **4,** 74
—, **4-, 6-** and **7-amino-** 11, 354
—, **4-amino-2,6,7-trihydroxy-** 11, 367
—, **6-bromomethyl-** 11, 373, 376
—, —, **2-amino-4-hydroxy-** 11, 375, 376
—, **2,4-diamino-** 11, 354, 389
—, **dihydro-, 2-amino-4-hydroxy-6-carboxylic acid** from *Drosophila* 11, 386
—, **5,6-dihydro-7-hydroxy-** → pyrimidine 11, 356
—, **7,8-dihydro-** 11, 384
—, **2,4-dihydroxy-** 11, 354, 355, 356, 367
—, **2,6-** und **8,9-dihydroxy-** **4,** 65, 72, 73, 75
—, **4,6-dihydroxy-** 11, 354
—, —, absence of basicity 11, 358
—, —, ionization, histeresis curve 11, 357, 359
—, **4,7-dihydroxy-** 11, 354
—, —, ionization 11, 357, 359
—, —, **deriv.,** spectra 11, 366
—, **6,7-dihydroxy-** 11, 354, 355, 357
—, —, ionization 11, 357, 359
—, —, spectrum 11, 362
—, **2-** and **4-dimethylamino-** 11, 354
—, **5-formyl-2-amino-4-hydroxy-7,8-dimethyl-5,6,7,8-tetrahydro-,** ionization 11, 359
—, **hydroxy-,** alkylation 11, 366
—, —, keto-forms 11, 353, 358
—, **2-hydroxy,** acidity 11, 356
—, —, ionization 11, 359
—, —, proton transfer 11, 358
—, —, spectrum 11, 365
—, **4-hydroxy-,** acidity, basicity 11, 356, 357
—, —, decomposition by acid or alkali 11, 355
—, —, ionization 11, 359
—, —, proton transfer 11, 348
—, —, spectrum 11, 362, 366
—, —, **6-methyl-,** ionization 11, 357, 359
—, **6-hydroxy-,** acidity, basicity 11, 356, 357
—, —, decomposition by acid or alkali 11, 355
Pteridine, 6-hydroxy-, histeresis curve 11, 357
—, —, ionization 11, 357, 359
—, —, proton transfer 11, 358
—, —, solubility, melting point 11, 354
—, —, spectrum 11, 361, 362
—, —, tautomerism 11, 368
—, —, **7,8-dihydro-,** ionization 11, 359
—, **7-hydroxy-,** acidity, basicity 11, 356, 357, 358
—, —, decomposition by acid or alkali 11, 355
—, —, ionization 11, 359
—, —, loss of pyrazine ring 11, 356
—, —, (nomenclature) 11, 352
—, —, pK_a value 11, 360
—, —, proton transfer 11, 358
—, —, spectrum 11, 362
—, —, **5,6-dihydro-,** ionization 11, 359, 360
—, **8-** und **9-hydroxy-** **4,** 75
—, —, → 8,9-Dihydroxy-pteridin **4,** 73
—, —, Synthese **4,** 68
—, **imino-ribityl-** 11, 387
—, **2-** and **4-methoxy-** 11, 354
—, **O-methyl-** 11, 366
—, **6-methyl-** 11, 376
—, **monoamino-,** basicity 11, 358
—, **monohydroxy-,** acidity 11, 356
—, **tetrachlor-** **4,** 70
—, **2,4,6,7-tetrahydroxy-** 11, 354, 355, 367
—, **2,4,6-** and **4,6,7-trihydroxy-** 11, 354, 355, 367
Pteridine-like substances in eyes 11, 385
Pteridine red 11, 367
Pteridones, N-alkyl- 11, 366
4-Pteridone, $N_{(1)}$-methyl- 11, 354
—, —, ionization 11, 359
—, **$N_{(3)}$-methyl-,** ionization 11, 359
7-Pteridone, $N_{(8)}$-methyl- 11, 354
—, —, ionization 11, 359
—, —, pK_a value 11, 360
Pteridoxamine 11, 352, 367
Pteridyl-6-acetic acid, 2-amino-4,7-dihydroxy- 11, 370
Pteridyl-6-bromoacetic acid, 2-amino-4-hydroxy- 11, 376
Pterin **4,** 64; 11, 352
—, biol. Bedeutung **4,** 82
—, Debye-Scherrer-Diagramm **4,** 75
—, fluorescence **6,** 327, 330, 331

Pterin, in Insekten **4,** 79, 82
—, nomenclature **11,** 352, 367
—, in Schmetterlingen **4,** 76
—, Struktur **4,** 75
—, Synthese **4,** 65
—, in Wirbeltieren **4,** 80
—, **amino-,** antagoniste de **9,** 101
—, —, as PGA antagonist **11,** 374
—, —, utilization of citrovorum factor **11,** 391
—, **2-amino-4,7-dihydroxy- 11,** 352
—, **2-hydroxy-,** fluorescence **6,** 330
—, **10-methylamino- 11,** 374
Pteris aquilina, antithiamines **9,** 93
Pterithiamine 11, 380
Pterobilin und **-proteid 4,** 76, 77
Pterocarpus angolensis, muningin, angolensin, prunetin **17,** 10, 47
Pt. santalinus, santal **17,** 56
Pterocletes, Federpigmente **18,** 205
Pteroic acid 11, 373, 377, 379, 382
—, spectrum **11,** 363
—, **10-formyl- 11,** 382
Pterophine 12, 209
—, toxic effect **12,** 258
Pterophinecic acid 12, 227
Pterorhodin 11, 367, 369, 371
—, unnatural analogues **11,** 371
Pteroyl-aspartic acid 11, 374
Pteroyl-diglutamic acid 11, 381
Ptéroyl-glutamate 9, 100
Pteroyl-glutamic acid 11, 354, 355, 372, 373, 374
—, analogues, synthesis **11,** 375
—, and anemia **11,** 392
—, biol. antagonists **11,** 374
—, biol. origin **11,** 380
—, → citrovorum factor **11,** 391
—, conjugates **11,** 380
—, estimation **11,** 379
—, excretion in urine **11,** 392
—, inhibition of sulfonamides **11,** 392
—, ionization **11,** 359
—, labeled **11,** 377
—, microbiol. assay **11,** 379
—, (nucleoside synthesis) **9,** 414, 416, 417, 418, 419, 420, 421, 429, 431, 432
—, occurrence **11,** 377
—, photo-decomposition **11,** 378
—, physiol. action **11,** 391
—, properties, reactions **11,** 377, 378
—, role in butterflies **11,** 390
Pteroyl-glutamic acid, spectrum **11,** 363
—, synthesis **11,** 373, 375, 377
—, **4-** and **6-amino- 9,** 431
—, **2-deamino- 11,** 375
—, **dihydro- 11,** 378, 383
—, **esters 11,** 379
—, **$N_{(10)}$-formyl- 11,** 382, 383, 384, 385
—, **5-formyl-5,6,7,8-tetrahydro- 9,** 429, 431
—, —, ionization **11,** 359
—, **10-formyl-5,6,7,8-tetrahydro- 11,** 373, 383
—, **9-methyl- 11,** 391
—, **tetrahydro-,** growth factor **9,** 431
—, **5,6,7,8-tetrahydro- 11,** 378, 383, 391
Pteroyl-α-glutamyl-α- and **-γ-glutamyl-glutamic acid 11,** 381
Pteroyl-γ-glutamyl-α-glutamyl-glutamic acid 11, 381
Pteroyl-γ-*L*-glutamyl-γ-*L*-glutamyl-*L*-glutamic acid 11, 381
Pteroyl-heptaglutamic acid 11, 372, 381
Pteroyl-triglutamic acid 11, 372, 379, 382
PTH (abbreviation for phenylthiohydantoin) **11,** 269; **12,** 308
PTH-amino acids 12, 308, 309, 310; **17,** 358
—, separation, spectrum **11,** 269, 270, 371
PTH-deriv., colored **12,** 309
PTH-lysine 12, 309
Ptilinopodinae, Federfarbe **18,** 178, 184, 192
Ptilinopus hyogaster, Pt. monachus, Pt. perousii, Pt. porphyreus, Pt. superbus, Federfarbe, Spektrum **18,** 184
Puberulic acid 13, 242, 243, 244, 270, 271
—, biosynthesis **14,** 211, 212
—, spectrum **13,** 264
Puberulonic acid 13, 242, 243, 244
—, biosynthesis **14,** 211, 212
Puccinia coronifera, carotenoids **12,** 172, 173, 178
Puff adder, venom **12,** 410
Pulasan fat 1, 32
Pulcherrimin, amino acids **20,** 11
—, in *Candida pulcherrima* **20,** 25
Pulcherriminic acid 20, 25, 26
Pulegon 3, 36, 37, 38, 52
—, **dihydro- 3,** 52
Pulicaria vulgaris, 4100-Pigment **14,** 31
Pulvinsäure 8, 233
—, **deriv. 2,** 33; **8,** 212

Pulvinsäure, anhydrid, *p*-**methoxy-** **2,** 34
—, *o*-**oxy-** **2,** 35; **8,** 212
Pumpkin, seed, fat, digestibility **6,** 15
—, —, proteins **6,** 293
—, seedling, enzyme **9,** 335
Punica granatum, anthocyanins **20,** 183, Ellagen-Gerbstoffe **13,** 90, iso-pelletierine **19,** 249
Purines, building stones **9,** 363
—, estimation **9,** 365
—, exchange reactions **9,** 372, 390, 392
—, fluorescence **6,** 326
—, growth effects **9,** 407
—, incorporation **9,** 391, 414
—, labeled **9,** 391, 393
—, location on paper **8,** 101
—, neutral molecule, spectrum **11,** 364
—, precursors, in microorganisms, in nucleic acid biosynthesis **9,** 413
—, ring numbering **11,** 351
—, spectrum **8,** 102; **9,** 365; **11,** 364
—, —, differentiation from pteridines **11,** 361, 365
—, synthesis (primitive Earth) **20,** 449
—, thermostability **17,** 390
—, **deriv.** in fungi **20,** 27
—, **2-amino-,** spectrum **11,** 365
—, **2-amino-6-hydroxy-,** Spektrum **4,** 74
—, **6-amino-2-hydroxy-** **9,** 404
—, **azin-** **4,** 66
—, **8-carbonsäure** **4,** 68
—, **2,6-diamino-** **8,** 110, 111; **9,** 384, 388, 390, 404
—, —, growth-inhibitor **9,** 410
—, —, incorporation **9,** 414
—, —, labeled **9,** 391
—, —, precursor of guanine **9,** 413
—, —, **9-glycosyl-** **8,** 112
—, **6-dimethylamino-,** from puromycin **16,** 121
—, **2,6-disubstituted** **11,** 365
—, **2-** and **6-hydroxy-,** spectrum **11,** 365
—, **2-methyl-mercapto-6-dimethylamino-, chloromercury deriv.** **16,** 123
—, **2-monosubstituted,** → pteridines **11,** 365
—, **9-**β**-*D*-ribofuranosyl-** **9,** 391; **20,** 28
—, **2,6,8-triamino-anion,** spectrum **11,** 364
—, **trichlor-** **4,** 70
Purine bases in DNA **12,** 471
Purine deaminase and *E. coli* **9,** 381
Purine-less microorganisms, growth factors **9,** 407, 409
Purine nucleoside, antagonist **16,** 149
—, growth factors **9,** 405, 407
—, labeled **9,** 392
—, numbering **9,** 403
—, synthesis **8,** 109, 110, 112, 115
—, utilization **9,** 414
Purine nucleoside phosphorylase **9,** 367, 369, 371, 372, 381
Purine nucleoside ribosidase **9,** 375
Purine nucleotides and growth **9,** 405, 407, 410
Purine ribonucleoside **8,** 103
—, configuration **8,** 106
Purine riboside **11,** 365
—, antagonism **9,** 417
—, cleavage **9,** 374
—, phosphorolysis **9,** 371
Purine-*D*-riboside, 6-amino-2-hydroxy- **9,** 379
Purkinje shift (spectrum) **14,** 249, 251, 298
Puromycin, antibacterial and antiprotozoal effect **16,** 121
—, Kohlenhydrat-Komponente **20,** 219
—, structure, synthesis **16,** 121, 122
—, **N-carbobenzoxy-** **16,** 123
Purpnin **14,** 124
Purpurbakterien, Farbstoff **1,** 222
Purpureaglycoside A und **B** **4,** 10; **7,** 99, 101, 113, 150; **13,** 140, 204, 206; **14,** 96, 124
—, und Enzyme **4,** 11
Purpurin **1,** 179, 203, 208, 227; **6,** 185
Purpurogallin **13,** 245, 246
—, reduction **13,** 272
—, synthesis **13,** 258
—, X-ray studies **13,** 266
—, **tetrahydro-** **13,** 272
—, **tetramethyl ether,** reduction **13,** 246, 272
Purpurogallone **13,** 245
Purpuroxanthin **6,** 185
Pusillin **8,** 263
Putranjiva Roxburghii, iso-thiocyanates **18,** 141, 153, 168
Putrescine **9,** 119
PVP (abbreviation for polyvinyl-pyrrolidone) **18,** 475
Pycnarrhena manillensis, Alkaloide **9,** 178, 207
Pyococcus aureus und Eleutherin **11,** 170

Pyocyanase **7**, 194
Pyolipique (acide) (lipides bactériens) **10**, 252
Pyracantha angustifolia, poly*cis* carotenoids, provitamin A **6**, 52; **18**, 281, 282, 287, 288, 290, 291, 309
P. coccinia, *P. yunanensis*, all-*trans*-lycopene **18**, 281
Pyran, dihydro-, Addition an OH **13**, 484
—, —, und phenolisches OH **13**, 487
—, **2,2-dimethyl-** **13**, 329
—, **α-oxy-tetrahydro-** **13**, 452
Pyranga aestiva, Feder-Carotinoide **18**, 187
Pyrano-furoquinolines, dimethyl- **13**, 328
Pyranose rings, conformation **8**, 57
Pyranyl-ester, 2-oxy-tetrahydro- **13**, 498
Pyrazine, coplanarity **3**, 217
—, **deriv.** in fungi **20**, 24
—, **3-carboxylic acid, 2-amino-** **11**, 355
—, **3-carboxy-methylamide, 2-methylamino-** **11**, 356
—, **3-hydroxy-2,5-di-isobutyl-** **20**, 25
Pyrazino-tropone deriv. **13**, 268
Pyrazole aus 2-Methylchromonen **11**, 129
Pyrazolo[4,5-f]-azulene **19**, 50
—, **5-carboxy-7-ethoxycarbonyl-(7-carboxy-5-ethoxycarbonyl)-3-methyl-** **19**, 103
—, **5(7)-ethoxy-** and **5,7-diethoxycarbonyl-3-methyl-** **19**, 103
—, **3-methyl-** **19**, 103
3-(3-Pyrazolylmethyl)-4-quinazolone **13**, 334, 335
Pyrethazulene **5**, 65
(+)-*trans*-Pyrethrate, toxicity **19**, 137
—, **methyl-**, IR spectrum **19**, 125
1(*R*),2(*R*)-*trans*-Pyrethrate, penta-*cis*-2′,4′-dienyl-4(*S*)-rethronyl- **19**, 127
Pyrethric acid **19**, 126, 129, 132, 133, 136
Pyrethrin **14**, 28; **19**, 121, 128, 129
—, biosynthesis **19**, 148
—, contact insecticide, dermal toxicity **10**, 449, 450; **19**, 151
—, hydrolysis **19**, 126, 129
—, natural **19**, 120
—, nomenclature **19**, 126
—, synergism with sesamolin **19**, 150
—, synthesis **19**, 145
—, **semicarbazones** **19**, 137
Pyrethrins I and II **19**, 122, 124, 125
—, insecticide **10**, 447, 448, 449
—, isomerization **19**, 139
—, toxicity **19**, 151
—, UV and IR spectra **19**, 123, 124
Pyrethrin I, tetrahydro-, synthesis **19**, 145
/8/-Pyrethrin I **19**, 128
/17/-Pyrethrin II **19**, 128
C^{14}-Pyrethrins-cinerins **19**, 148
Pyrethrolone **10**, 447, 449; **19**, 126, 137
—, IR spectrum **19**, 125
—, isomerization **19**, 139
—, isoprene units **19**, 148
—, ozonolysis **19**, 138
—, stereochemistry **10**, 448; **19**, 138
(±)-*cis*- and (±)-*trans*-**Pyrethrolones**, synthesis **19**, 141, 144, 145
Pyrethrolone, enol **19**, 139, 140
—, **ester, of chrysanthemum mono- and dicarboxylic acid,** and **dicarboxylic acid monomethylester** **10**, 447, 448
—, **ethers** and **esters, semicarbazones** **19**, 128, 129
—, **tetrahydro-** **19**, 137, 138, 143
cis-**Pyrethrone**, synthesis **19**, 143
Pyrethrone, 4-bromo-, tetrahydro- **19**, 147
—, **chloro-, tetrahydro-** **19**, 138
—, **hexahydro-** **19**, 137, 141
—, **tetrahydro-** **19**, 138, 141, 143
(±)-*cis*-**Pyrethronyl (+)-*trans*-chrysanthemate** **19**, 145
Pyrethrosin **5**, 65; **17**, 174; **19**, 11, 15, 16, 24, 78, 128
—, ➤ cantonin **19**, 16
—, **tetrahydro-**, isomerization **19**, 16
Pyrethrum, insecticides **10**, 425, 447, 450; **19**, 121, pyrethrosin **5**, 65
P. cinerariaefolium, insecticides **19**, 120
Pyribenzamine, inhibitor of reserpine **13**, 417
Pyridine, coplanarity **3**, 217
—, Dien-Synthese **3**, 17, 19, 26
—, fluorescence **6**, 337
—, mixtures, chromatography **12**, 281, 285
—, (Tabak) **2**, 276, 288, 291
—, **deriv.** in fungi **20**, 21
—, **3-acétyl-**, antagoniste **9**, 98
—, **2-alkylamino-3-amino-** **2**, 80
—, **2-arylamino-3-amino-** **2**, 80
—, **5-*n*-butyl-2-carboxylic acid** **20**, 22

Pyridine, 6-carboxylic acid, 3,4-diethyl- 13, 364, 365
—, α,α-dicarboxylique (acide) 6, 92
—, 2,4-dicarbonsäure, 5-äthyl- 8, 291
—, dihydro- 3, 26
—, 2,4-diméthyl-3-hydroxy-5-hydroxyméthyl-, antivitamine B_6 9, 96
—, 3,5-dimethyl-2-*n*-propyl- 8, 265, 266
—, β-äthyl- aus Norcurarin 17, 218
—, β-äthyl-γ-methyl- 8, 290
—, 2-éthyl-3-amino-4-éthoxyméthyl-5-aminométhyl-, antivitamine B_6 9, 96, 97, 98
—, 2-ethyl-5-methyl- 4, 25
—, —, from veratrum alkaloids 20, 302, 315, 335, 348
—, 2-äthyl-3-oxy-4,5-bis-(oxymethyl)- 4, 56
—, 3-ethyl-6-carboxylic acid 13, 364, 365
—, hämochromogen 3, 107
—, 3-4b-indole-1(2)-one 13, 399
—, 3-methyl-5-*n*-amyl- 8, 266, 267
—, 5-methyl-2-ethyl- (veratrum alkaloids) 20, 302
—, 3-methyl-5-hydroxy- (veratrum alkaloids) 20, 304, 307
—, 3-methyl-5-hydroxy-6-ethyl-(veratrum alkaloids) 20, 304
—, 2-méthyl-3-hydroxy-4-diméthylaminométhyl- 9, 96
—, 2-méthyl-3-hydroxy-4-hydroxyméthyl- et -4-méthoxyméthyl-5-hydroxyméthyl-, antivitamines B_6 9, 96, 97
—, 2-methyl-3-hydroxy-4,5-bis-(oxymethyl)- 4, 46
—, 3-(1-methyl-2-pyrrolidyl)- 10, 426
—, sulfo-, monooxy- (Harn) 4, 194
Pyridine nucleotide, dihydro-diphospho- 18, 83; 20, 112
—, di- and triphospho- 8, 98, 124; 9, 403; 12, 423; 20, 82, 112
—, propan-2-diäthyl-1,3-dicarbonsäureureid, N-methyl-, hexahydro- 4, 213
Pyridinium bromide, N-(2-formyl-2-bromomethyl)- 11, 374, 375
—, glucosido- 1, 112
—, tetraacetyl-glucosido-, 3-carbonsäureamid 1, 110
Pyridinium glucoside 8, 115
Pyridocolin, 1-carbäthoxy-3-oxo-3-(α-pyridyl)- 8, 256
Pyridocolin, octahydro- 13, 358
Pyridone, phenyl-, → 2-phenylpyridine 20, 133, 136
Pyridotropolone 13, 262
Pyridoxal, in biochemical processes 19, 279
—, activité (vitamine B_6) 9, 95, 97
—, phosphate 9, 339; 17, 259, 272
Pyridoxamine, activité (vitamine B_6) 9, 95, 96, 97
Pyridoxine 4, 46; 8, 30
—, activité (vitamine B_6) 9, 95, 96, 97
—, antagonistes 9, 95
—, biosynthesis 9, 430; 19, 278
—, and fat 6, 35
—, et fluorescence de l'urine 6, 338
—, désoxy-, antivitamine B_6 9, 96, 97
—, méthoxy-, action inhibitrice 9, 96, 97
β-(α-Pyridoyl)-propionsäure-ester 8, 249
[Pyridyl-(3)]-äthylketon (Tabakrauchbase) 2, 277
γ-(α-Pyridyl)-buttersäure 8, 249
α-Pyridyl-essigester 8, 252, 256, 258
2,2'-Pyridyl-indol aus Melinonin-B 17, 203
Pyridyl-malonic acid 19, 255
α-Pyridyl-methyl- und -oxymethyl-keton 8, 251, 253
1,2-[Pyridyl-(3)]-piperidin (Tabak) 2, 266
1-, 2- und 3-[Pyridyl-(2)]-pyrrol 2, 253, 270, 290, 291
1- und 2-[Pyridyl-(3)]-pyrrol 2, 253, 259
3,3'-Pyridyl-pyrrolidin 2, 259, 291
Pyrimethamine 11, 385
Pyrimidines, building stones 9, 363
—, estimation 9, 365
—, exchange with purine 9, 372, 373
—, fluorescence 6, 326
—, labeled, incorporation 9, 391, 392
—, location on paper 8, 101
—, requirement, in *Hemophilus parainfluenzae* 9, 411
—, spectra 8, 102
—, synthesis (primitive Earth) 20, 449
—, thermostability 17, 390
—, 2-amino-4-hydroxy-6-hydroxymethyl- 11, 376
—, 4- and 5-amino-, basicity 4, 75; 11, 358
—, 5-*p*-chlorophenyl-2,4-diamino-6-ethyl- 11, 385
—, 4,5-diamino- 11, 376
—, 4,5-diamino-2-chloro-, electron densities 15, 171, 172

Pyrimidine, 2,4-diethoxy-5-methyl- 8, 109
—, **2,6-diethoxy-** 8, 108
—, **2,6-dihydroxy-**, fluorescence **6**, 326
—, —, **4,5-diamino-** **4**, 66; **11**, 386
—, **formyl-4,5,6-triamino-** **9**, 390
—, **glycosidamino-** **8**, 115
—, **2-hydroxy-**, spectrum **11**, 365
—, —, **O-glycosides** **16**, 97
—, **triamino-4-hydroxy-** **11**, 368, 369, 370, 374, 375, 376, 377, 380, 381
—, **2,4,5-triamino-** **11**, 376
—, **2,4,5-triamino-6-hydroxy-** **4**, 67
—, **4,5,6-triamino-** **9**, 389
Pyrimidine bases in DNA **12**, 471
Pyrimidine deaminase and *E. coli* **9**, 381
Pyrimidine deoxynucleoside **9**, 393
Pyrimidine deoxyriboside **9**, 387, 402
—, labeled **9**, 393
Pyrimidine-less microorganisms **9**, 409
Pyrimidine nucleosides, biosynthesis **9**, 415
—, β-configuration **8**, 106
—, and growth **9**, 411, 412
—, incorporation **9**, 393
—, metabolism **9**, 372
—, numbering **9**, 403
—, synthesis **8**, 108
Pyrimidine nucleoside phorphorylase **9**, 372
Pyrimidine nucleotides, growth-inhibiting effect **9**, 412
Pyrimidine ribonucleoside **8**, 103
Pyrimidine ribosides **9**, 370, 402, 417
—, incorporation **9**, 393
—, source of pyrimidines **9**, 412
6-Pyrimidyl acetone, 2-amino-4-hydroxy-5-phenylazo- **11**, 378, 379
Pyrithiamine, antivitamine **9**, 90
Pyroabietinsäure **7**, 9, 10
Pyrocalciferol **1**, 85, 86, 88; **11**, 97
—, (Dien-Synthese) **10**, 69, 70
Pyrocatéchol **6**, 114, 115
—, (lignin) **5**, 204, 211
—, **éthyl-**, dans castoréum **6**, 114
—, **méthyl-**, dans castoréum **6**, 114
Pyrocephalus rubineus, Feder-Carotinoide **18**, 187
(±)-, (+)- and (—)-**Pyrocin** **19**, 130, 131, 134
Pyrocinchonsäure-anhydrid **3**, 12, 24
Pyroclavine **20**, 20
Pyrogallol, in enzyme chromatography **8**, 349
—, → purpurogallin **13**, 245
—, Spektrum **13**, 74, 112, 115
—, **carbonsäure, trimethyl-**, aus Lignin **20**, 46, 61
—, **trimethyläther**, Spektrum **13**, 74
Pyroglutamyl-aminosäuren und -peptide, N-tosyl- **13**, 493
Pyromelana franciscana, Federpigmente **18**, 187, 194
Pyromellitic acid (Pyromellitsäure) **15**, 100
—, (Lignin) **20**, 59
—, **1,4-dimethoxy-** **11**, 162, 163
—, **methoxy-** (aus Sorinin) **11**, 161
Pyromucic acid **7**, 202
Pyrone, Analyse und Genese **10**, 51
—, 2-Methylgruppe, Reaktionsfähigkeit **11**, 128
α-Pyrones, biosynthesis and phylogenesis **20**, 158
—, characterization **20**, 141, 154
—, dienic character **20**, 143
—, differentiation from γ-pyrones (UV and IR spectra) **20**, 141
—, IR bands **20**, 142
—, methoxylated and non-methoxylated (natural and synthetic) **20**, 133, 136, 138, 144, 145, 152
—, monocyclic, aromatic deriv. **20**, 131
—, pharmacology **20**, 154
—, taxonomy **20**, 158
—, **α-aryl-**, physical properties **20**, 132, 151, 156, 157
—, —, pharmacology **20**, 154
—, **dihydro-** **20**, 132, 133
—, **4-methoxy-**, alkaline hydrolysis **20**, 143, 144
—, **4-methoxy-6-aryl-**, degradation **20**, 140
—, **4-methoxy-5,6-dihydro-**, alkaline hydrolysis **20**, 143
—, **4-methoxy-6-(3,4-dimethoxystyryl)-**, IR bands **20**, 142
—, **4-methoxy-6-methyl-**, → yangonin **20**, 150
—, **4-methoxy-6-methyl-, -6-phenyl-, -6-piperonyl-, -6-pyridyl-, -6-styryl-**, IR bands **20**, 142, 151
—, **4-methoxy-6-(*p*-methoxyphenyl-ethyl)-**, IR bands **20**, 142

α-Pyrone, 4-methoxy-6-(*p*-methoxystyryl)-, IR bands **20,** 132, 142, 145
—, **4-methoxy-6-(3,4-methylenedioxyphenylethyl)-5,6-dihydro-,** IR bands **20,** 142
—, **4-methoxy-6-(3,4-methylenedioxystyryl)-** and **-5,6-dihydro-,** IR bands **20,** 142
—, **4-methoxy-6-phenylethyl-** and **-5,6-dihydro-,** IR bands **20,** 142
—, **4-methoxy-6-styryl-5,6-dihydro-,** IR bands **20,** 142
—, **6-phenyl-** and **6-piperonyl-,** IR bands **20,** 142
γ-Pyrones, characterization **20,** 141
—, differentiation from α-pyrones (UV and IR spectra) **20,** 141
—, IR bands **20,** 142
—, Ringöffnung **11,** 128, 130, 133
—, **2-methoxy-6-(*p*-methoxystyryl)-,** IR bands **20,** 142
—, **2-methoxy-6-methyl-,** IR bands **20,** 142
—, **2-methoxy-6-phenyl- 20,** 142, 151
—, **6-(*p*-methoxystyryl)-2-methoxy- 20,** 145, 147
α- und **β-Pyronen,** Dien-Synthese **10,** 52, 94
Pyronine dyes, color **16,** 177
α-Pyronocoumaran, α-Pyronocoumarone, 3′,4′-dihydro- 9, 258
2,4-Pyronone, tautomerism **20,** 140
—, **3-benzoyl-6-phenyl- 20,** 151
—, **6-(3,4-dihydroxystyryl)- 20,** 160
—, **6-phenyl-,** methylation **20,** 150
—, **6-pyridyl-,** methylation **20,** 152
Pyro-α-oxodelphinine, isomerization **16,** 82
Pyro-phäophorbid a und **b 1,** 196, 198, 200, 202, 207, 208, 213, 220
—, **methylester 1,** 200
—, —, **2-desvinyl- 1,** 198
Pyrophosphatase 1, 149; **19,** 319, 326, 359
—, alcaline et acide **19,** 333
—, d'Amande **19,** 326
—, amino acid content **11,** 253
—, inhibiteurs **19,** 350
Pyrophosphate et phosphatase **19,** 329, 333
—, **tetrabenzyl- 8,** 129
—, **tribenzyl- 8,** 129
Pyrophosphit, tetraalkyl- (Peptid-Synthese) **13,** 505, 531
Pyrophosphoric acid (Acide pyrophosphorique) 19, 318
—, **dialkyl esters 8,** 123
Pyrosin, Bausteinanalyse **19,** 303
—, insecticide **10,** 450
—, Phleintyp **19,** 303
Pyrotachysterin 11, 98, 99, 110, 112; **17,** 83, 98, 99
—, 1,10-endo-Doppelbindung **17,** 97
—, Isomerisierung mit BF_3 **17,** 98
Pyrotachysterin$_2$ 17, 83
Pyrotenulin 17, 144, 146, 147
Pyrousninsäure 2, 35, 36
—, **decarboxy- 2,** 35
Pyrovitamin D 17, 97
Pyrrhula pyrrhula, P. vittata, Federpigmente **18,** 187, 195
Pyrrochlorin 1, 208
Pyrrocholine, perhydro- 12, 212
Pyrroetioporphyrin 1, 169, 174, 177; **11,** 307, 309
Pyrrole, autocondensation **11,** 303
—, **deriv.,** Dien-Synthese **3,** 14
—, —, in fungi **20,** 15
—, **α′-aldehyde, α-methyl- 11,** 303
—, **α′-bernsteinsäure, α-methyl- 3,** 2, 3, 15
—, **3-carboxylic acid, 4-amino-1-methyl-,** from netropsin **16,** 117
—, **2,4-dimethyl-5-carbäthoxy-** und **-3-bernsteinsäure 3,** 16
—, **2-formyl-3-bromvinyl-4-methyl-5-carbonsäure- 1,** 178
—, **α-methyl- 3,** 2, 3, 16
—, —, α′-unsubstituted **11,** 303
—, **3,4-methyl-äthyl- 1,** 167
—, **4-propionsäure, 2,3,5-trimethyl- 3,** 89, 90
Pyrrolfarbstoffe, in Federn, im Stoffwechsel der Vögel **18,** 203, 213
Pyrrolidin, Tabakbase **2,** 264, 268, 291
—, **α-*n*-butyl-α-methyl- 3,** 21
—, **2-carboxylic acid, 4-hydroxy-,** crystal structure **11,** 182
—, **1,2-diacetate, diethyl 12,** 217
—, **1,2-dimethyl-4-** and **-5-*n*-propyl- 12,** 212
—, **1,3-** and **1,4-dimethyl-2-*n*-propyl- 12,** 211, 212, 213
—, **2-isobutyl- 12,** 217
—, **1-methyl-2-isobutyl- 12,** 212
Pyrrolidine alkaloids, biosynthesis **19,** 248
Pyrrolidine ring, puckered form **11,** 183

Pyrrolidon, Tabakbase **2**, 257
—, **N-*o*-aminobenzyl- 13**, 333
—, **N-benzoyl- 2**, 278
—, **N-methyl- 2**, 257, 269; **8**, 248, 249
—, —, reduction **19**, 249
—, **polyvinyl-**, sedimentation analysis **18**, 475
Pyrrolidon-Ring (Acyl-Blockierung) **13**, 466
Pyrrolidonyl-aminosäuren und **-peptide 12**, 290; **13**, 467
Pyrrolidyl-propionate, β-N-3-methyl-2-carbethoxy- 12, 219
Δ^1-Pyrroline 19, 248
Pyrrolin, N-methyl- 2, 264, 268, 288, 291
Pyrrolizidine 12, 215, 216
—, synthesis **12**, 218
—, **8-alkyl- 12**, 220
—, **1-carboxylic acid 12**, 213
—, **8-chloromethyl- 12**, 220
—, **2,6-** and **2,7-dihydroxy-1-hydroxymethyl- 12**, 222, 223
—, **2,5-dimethyl- 12**, 220
—, **8-hydroxymethyl- 12**, 220, 221
—, **hydroxymethyl-**, stereochemistry **12**, 224
—, **7-keto-1-methyl- 12**, 219
—, —, synthesis **12**, 218
—, **1-methyl- 12**, 211, 212, 213, 217, 221
—, —, diastereoisomeric **12**, 221
—, —, synthesis **12**, 217, 218, 220
—, **2-, 3-,** and **8-methyl- 12**, 211, 212, 217, 220
—, **methyl-, mono-, di-** and **trihydroxy- 12**, 215, 222, 244
Pyrrolizidine alkaloids 12, 198, 204, 205
—, hydrogenolysis **12**, 225
—, hydrolysis products, isomerization **12**, 206, 208, 210, 225, 226, 253
—, N-oxides **12**, 256, 257
—, pharmacology **12**, 257, 258
—, stereochemistry **12**, 250, 251
—, structure **12**, 225, 244
—, —, unknown **12**, 224
—, syntheses **12**, 217
Pyrrolizid-2-one 12, 217
Pyrrolo[3,2-f]-azulene 19, 50
—, **5,7-dimethoxycarbonyl-3-methyl- 19**, 103
—, **3-methyl- 19**, 103
Pyrrolo-cycloheptindole 13, 289
Pyrrolo-tropone 13, 262, 287
Pyrromethene 3, 127; **11**, 302, 303
—, **amino-oxy- 3**, 130
—, **bromhydrat, 5-brom-4,3′-dimethyl-5′-brommethyl-3,4′-diäthyl- 1**, 179
—, **α-bromo-α′-methyl- 11**, 324
—, **5′-brom-3,4′,5-trimethyl-3′-äthyl-4-propionsäure 3**, 92
—, **3-bromvinyl-3′-propionsäure-4,4′,5′-trimethyl-5-carbonsäure 1**, 179
—, **diamino- 3**, 130
—, **α,α′-dibrom- 3**, 127
Pyrroporphyrin 1, 169, 173, 177, **221**, 224; **2**, 330; **11**, 307, 309, 329
—, **6-carbonsäure 1**, 210
—, **γ-methyl- 1**, 177
Pyrrothine 16, 101
Pyrryl-äthan, dicarbomethoxy-di-(2,4-dimethyl)- 3, 17
Pyruvic acid, s. auch, see also, voir aussi, Brenztraubensäure
Pyruvic acid (Acide pyruvique) 16, 115; **19**, 132
—, from ergot alkaloids **9**, 134, 137
—, from mesoporphyrin **11**, 333, 334
—, ⇄ octopine **18**, 93, 101
—, **amide 9**, 144
—, **dimethyl- 9**, 134
—, **3,5-diiodo-4-(3′,5′-diiodo-4′-hydroxyphenoxy)-phenyl-**, bioeffect **7**, 177
—, ***m*-hydroxyphenyl- 19**, 261
—, ***p*-hydroxyphenyl- 5**, 304, 305, 306; **17**, 46, 270, 271
—, —, → *p*-hydroxyphenylacetic acid **17**, 48
—, —, lignin precursor **17**, 46
—, **oxime, phenyl- 17**, 269
Pyruvic dehydrogenase 12, 422
Pyruvyl-*L*-phenylalanyl-*L*-proline 9, 136

Q.

Q value (carotenoids) **18**, 292
Q-coenzyme 20, 73
Q-enzyme, and mol. rearrangements **9**, 422
Q-Lipoid, Ubichinon **20**, 82, 83
Quadrifidin A_1—A_3, B_1—B_3 14, 54
Quantum mechanical determination of absorption bands **17**, 405
Quartärisierung, partielle, Methode **17**, 206, 208, 218
Quassia amara, insecticidal principle **10**, 461

Quassin **17**, 174
—, insecticide **10**, 461, 462
Quebracho (Holz), lignin **5**, 185
—, Pentahydroxy-flavan **16**, 9
Quecksilbersalz-Methode (Glycoside) **1**, 6
Quercetagetin **17**, 19, 20, 55
—, spectrum **17**, 27, 57
—, **ethers** **17**, 19
—, **7-glucoside** **17**, 55
Quercetin **14**, 206, 208, 209; **15**, 90, 91, 95, 96, 138, 145, 155; **16**, 16; **17**, 2, 3, 4, 7, 18, 53, 129
—, and *Arbacia* eggs **15**, 144, 145
—, bioreduction to taxifolin **17**, 49
—, biosynthesis (radioaktiv) **16**, 21; **17**, 45, 46
—, → Bitterstoff **17**, 129
—, → cyanidin **14**, 209; **17**, 4
—, (genetics) **5**, 308
—, → gossypetin **17**, 39
—, IR bands **17**, 58
—, labeled **17**, 46
—, metabolism in rabbits **17**, 49
—, and oxidation of ethyl linoleate **17**, 49
—, precursors **17**, 46
—, B-ring built from shikimic acid **17**, 47
—, spectrum, color **17**, 26, 51, 57
—, synthesis **17**, 34, 35
—, use **17**, 18, 19, 48
—, **deriv.** **17**, 53
—, **dihydro-** **16**, 12, 14
—, **3,7-dimethyl ether** **17**, 38
—, **3-galactoside** and **-5,7,3',4'-tetramethyl ether** **15**, 90, 91, 96, 138, 145, 155
—, **3-glucoside**, synthesis **17**, 45
—, **glucuronide** **17**, 7
—, **glycosides** **17**, 7, 18, 53
—, **methyl ethers** **17**, 19
—, **5-methyl ether** and **-3-rhamnoside** **17**, 32
—, **6-methyl ether** **17**, 10
—, **pentaacetyl-** **14**, 209; **15**, 155; **17**, 38
—, **pentamethyl ether** **15**, 155; **16**, 2
—, **3-rhamnoside, 5-O-methyl-**, spectrum **17**, 28
—, **3-rhamnosyl-glucoside** **20**, 193
—, **3-rutinoside** **17**, 19
—, —, reduction **20**, 182
—, **3,7,3',4'-** and **5,7,3',4'-tetramethyl ether** **15**, 138, 155; **17**, 31
—, **3,3',4'-trimethyl ether** **17**, 35
Quercetin-Reihe, Oxydations- und Reduktionsübergänge **16**, 16
Quercico-bufagin **5**, 243
Quercimeritrin **17**, 53
—, spectrum **17**, 57
Quercitrin **17**, 2, 53
—, → anthocyanins **20**, 179
—, IR and UV spectrum **17**, 57, 58
Quercitron **17**, 2
Quercituron **17**, 7, 53
Quercus infectoria, Qu. macrolepis, Qu. pedunculata, Qu. valonea, Ellagen-Gerbstoffe, Gallotannin **13**, 71, 89, 90, 118
Qu. pedunculata (gall), dryophantin, purpurogallin **13**, 245, *Qu. robur* and gibberellin **18**, 397, *Qu. tinctoria*, dye, quercitrin **17**, 2, 53
Quesal, Federfarbstoffe **18**, 188
Quilengenin **13**, 198, 212
Quilengosid **13**, 212; **14**, 116, 119
Quillasaponin **7**, 19
Quillasäure **7**, 17, 19, 20, 31, 32
Quin . . ., s. **auch**, **see also**, **voir aussi**, **Chin . . .**
Quinamine, biosynthesis **19**, 265
Quinase, 5-dehydro- **12**, 478
Quinazoline, **2-γ-bromopropyl-3,4-dihydro-** **13**, 333
Quinazoline alkaloids **13**, 330
4-Quinazolone **13**, 332, 335
—, **3-allyl-** **13**, 335
—, **3-carboxymethyl-** **13**, 335
—, **3-(β-ketopropyl)-** **13**, 334, 335
—, **3-(3-pyrazolylmethyl)-** **13**, 334
Quince slime (microfibrils) **8**, 17
Quindoline alkaloids **13**, 339, 340
Quinhydrone, and anabasine, nornicotine **10**, 434, 437
Quinic acid and **5-dehydro-** (amino acid biosynthesis) **12**, 478, 479
Quinidine, fluorescence **2**, 312, 313, 314
Quinine, fluorescence **2**, 311, 312, 313, 314, 315; **6**, 333, 334
—, **chlorhydrate**, **sulfate**, fluorescence **2**, 311, 313
Quinine tree, alkaloids **10**, 415
Quinol from thyronine **2**, 113
Quinoline, **deriv.**, in fungi, in microorganisms **13**, 311; **20**, 22
—, —, simple, occurrence **13**, 305
—, **4-acetyl-** (biosynthesis) **19**, 265

Quinoline, 2-*n*-amyl- 13, 309; 19, 255
—, betaine-tricarboxylic acid, N-methyl- 9, 123, 124
—, 4-chloro- (echinopsine) 13, 305
—, 4-chloro-2-methyl-, → galipoline 13, 308
—, 2,4-dimethoxy-, spectrum 13, 322
—, 2-*n*-heptyl-4-hydroxy- 13, 312
—, 4-hydroxy- 11, 358; 13, 305
—, 4-hydroxy-3-carboxylic acid 13, 306, 315
—, 4-hydroxy-2-methoxy-3-carboxylic acid 13, 318
—, 4-hydroxy-2,6,7-trimethoxy-3-carboxylic acid 13, 324
—, 8-hydroxy-, in chromatography 12, 277, 290
—, 2- and 4-methoxy-, isomerization 13, 307
—, 4-methoxy-2-*n*-amyl-, from Angostura 13, 309
—, 4-methoxy-2-carboxylic acid 13, 307
—, 4-methoxy-2-methyl- 13, 307
—, 7-methoxy-4-hydroxy-2-phenyl- 13, 310
—, N-methyl-, anhydronium and pseudobase forms 13, 339
—, 1-methyl-1,2,3,4-tetrahydro- 13, 305
—, 2-methyl-, from Angostura 13, 309
—, 2-methyl-3-*n*-butyl- 13, 309; 19, 255
—, 2-methyl-3-ethyl-4-hydroxy- 13, 328
—, 3-methyl-4-carboxylic acid 13, 305
—, β-naphtho-2- (aza shift) 16, 200
—, 2-(Δ^1-nonenyl)-4-hydroxy- 13, 312
—, 2-*n*-nonyl-4-hydroxy- 13, 312
—, N-oxide, 2-*n*-heptyl-, 2-*n*-nonyl-, and 2-*n*-undecyl-4-hydroxy- 13, 312
—, perhydro-, *cis*-, Hofmann degradation 19, 200
—, 2-phenyl-7-methoxy- 13, 310
—, 8-*n*-propyl-, from annotinine 20, 275
—, 2,4,6,7-tetramethoxy-3-carboxylate, methyl 13, 324
8-Quinolinol sulfate, chelation with lycomarasmin 17, 312
Quinolizidine alkaloids, biosynthesis 19, 252
2-Quinolone, 3-acetic acid ethyl ester, 4-hydroxy- 13, 321
—, 3-aldehyde, 4-hydroxy- 13, 306, 320
—, 3-ω-chloroethyl- 13, 321
—, dihydropyrano-ethyl- 13, 328, 329
2-Quinolone, 6,7-dimethoxy-3-ethyl-4-hydroxy- 13, 324
—, 6,7-dimethoxy-4-hydroxy-3-carboxylate, methyl 13, 324
—, 7,8-dimethoxy-4-hydroxy-3-carboxylic acid 13, 324
—, 7-ethoxy-8-methoxy-4-hydroxy- 13, 327
—, 3-ethyl-4-hydroxy- and -4-methoxy- 13, 322, 323
—, 2-hydroxy-3-carboxylic acid 13, 306
—, 3-hydroxy-4-phenyl- 13, 311
—, 4-hydroxy- 13, 305, 306, 318, 319, 322
—, —, 3,6-dinitro-1-methyl- 13, 305
—, 4-methoxy- 13, 319
—, 4-methoxy-3-carboxylic acid 13, 313
—, 4-methoxy-3-ω-hydroxyethyl- 13, 321
—, 6-methoxy-4-hydroxy-1-methyl- 13, 328
—, 1-methyl- 13, 309
—, 1-methyl-3-ethyl-4-hydroxy- and -5-hydroxy-7-methoxy- 13, 322, 323
—, 1-methyl-1,2,3,4-tetrahydro- 13, 308
—, 6,7-methylenedioxy-8-methoxy-4-hydroxy- 13, 326
4-Quinolone, 3,6-dinitro-1-methyl- 13, 305
—, 1-methyl-, from *Echinops* 13, 305
—, 1-methyl-3-carboxylic acid 13, 305, 312, 313
—, 1-methyl-2-phenyl-7-methoxy- 13, 310
—, 6-nitro-1-methyl-, 3-carboxylic acid 13, 316
Quinone, s. auch, see also, voir aussi, Chinon
Quinone, action sur la levure 9, 107
—, azuleno- 19, 88
Quinoxaline, 2-hydroxy-3-methyl- 12, 255, 256
Quinoxalo-tropone deriv. 13, 268

R.

Rabbit, antiserum, cross-reaction 18, 514
—, (liver), labeled amino acids 9, 298
—, **serum**, precipitation curve 9, 444
—, **serum antibody**, valence 18, 486
Rachitis und Vitamine D_2—D_7 11, 94
Racines, phosphatases 19, 333
Raddeanine 20, 355
Radiation from sun, source of energy 20, 445
Radioactivity, synthesis of organic compounds (origin of life) 20, 445, 448

Radis (Radish), activité phosphatasique **19,** 329
—, anthocyanins **20,** 181, 184
—, (seeds), sulforaphane **18,** 145
Radix Pareira brava, Isococlaurin **9,** 187
Radix perziae, Chinone **6,** 180
Radix serpentariae (Pharmakol.) **18,** 66
Raffinose, aus Graminin **19,** 297
Rainwater, organic substance **14,** 332
Raíz diabólica (peyote) **6,** 245
Raja, protein **5,** 285
Ralli (Federn, Eischalen), Porphyrin **18,** 204, 210
Ramalina boninensis, R. geniculata, R. scopulorum, Flechtenstoffe **2,** 32, 42, 49, *R. tayloriana*, *D*-Arabit **8,** 212
Ramalinsäure, Ramalsäure 2, 43, 50
Raman-Spectrum, Acetylenverbindungen **14,** 8
—, fatty acids **6,** 6
—, (penicillin) **5,** 339, 340, 341
Rambutan tallow, fatty acids **1,** 32; **6,** 3
Ramie, cellulose **5,** 167
Ramphocelus, Lutein → Picofulvin **18,** 191
R. brasilius, R. icteronotus, R. nigragularia, R. passerini, Feder-Carotinoide **18,** 181, 182, 186, 187, 191
Rana catesbeiana, Ubichinon **20,** 81
Randia formosa, indole **17,** 252
Random distribution, fatty acids **5,** 87
Rangiformsäure 8, 209, 234
Ranol (Biosynthese) **12,** 147
Ranunculaceae, herzaktive Glycoside und Aglykone **7,** 88; **14,** 95, 123
Ranunculus acer, Carotinoide **5,** 5, 11, 12
Rape oil, fatty acids, digestibility **1,** 27, 32; **5,** 79, 80, 82; **6,** 3, 15, 20, 24, 56
Rape seed, gluconapin **18,** 143
Raphanin A, B, D, occurrence, spectrum **20,** 173, 181
Raphanus spp. and gibberellin **18,** 396, *R. raphanistrum, R. sativus*, iso-thiocyanates **18,** 145, 166, *R. sativus*, phosphatases **19,** 324
Rapistrum perenne, R. rugosum, iso-thiocyanates **18,** 145, 156, 166
Raspberry, gibberellin and day-length **18,** 403
Rat (Ratte), growth tests **2,** 92; **6,** 57, 61, 62
—, (liver), amino acid activation **16,** 154
Rat (liver), nucleoside phosphorylase **9,** 368
—, nitrogen excretion and fat **6,** 40
—, proteins, amino acids **17,** 383
Rat musqué, glandes à parfum, acides gras **6,** 106, 108
Rattlesnake (venom), proteins, toxic globulin **12,** 411, 433, 444
Raubasin 13, 368, 375
—, pharmacol. effect **13,** 415
Raubasinine 13, 368, 391
Raubvögel (Federn, Eischalen), Porphyrin **18,** 210
Rauhimbine 13, 357, 368, 390, 406, 416
Raumitorine 13, 400, 401, 406
Raunescine 13, 350, 366
Raupine 13, 350, 368, 390, 402, 406
Rauvomitine 13, 400, 401, 407
Rauwolfia spp., discovery **13,** 348
—, Sarpagin **17,** 200
R. affinis, R. alphonsiana, R. amazonica, R. amsoniaefolia, R. andina, R. arborea, R. bahiensis, R. beddomei, R. biauriculata, R. bilabiata, R. blanchetii, R. boliviana, R. brasiliensis, R. caffra, R. canescens, R. cambodiana, R. cardiocarpa, R. celastrifolia, R. chaudocensis, R. chinensis, R. clavunculus, R. concolor, R. confertiflora, R. congolana, R. cubana, R. cumminsii, R. decurva, R. degeneri, R. densiflora, R. dichotoma, R. divergens, R. duckei, R. elliptica, R. forbesii, R. fruticosa, R. goetzei, R. gonioclada, R. gracilis, R. grandiflora, R. helleri, R. heterophylla, R. hirsuta, R. indecora, R. indosinensis, R. insularis, R. ivorensis, R. javanica, R. laevigata, R. lamarckii, R. lanceolata, R. lauretiana, R. laxiflora, R. leucopoda, R. liberiensis, R. linearifolia, R. linearisepala, R. littoralis, R. loheri, R. longeacuminata, R. longifolia, R. lycoides, R. macrantha, R. macrocarpa, R. macrophylla, R. madurensis, R. major, R. mangiferoides, R. mannii, R. mattfeldiana, R. mauiensis, R. mayombensis, R. media, R. membranacea, R. membranifolia, R. micrantha, R. microcarpa, R. mollis, R. mollissima, R. molokaiensis, R. mombasiana, R. monopyrena, R. moricandii, R. multiflora,

Rauwolfia nana, R. natalensis, R. nitida, R. obliquinervis, R. obscura, R. obrusiflora, R. obversa, R. ochrosioides, R. odontophora, R. ophiorrhizoides, R. oppositiflora, R. oppositifolia, R. oreogiton, R. oxyphylla, R. pachyphylla, R. palawanensis, R. paraensis, R. parrifolia, R. paucifolia, R. peguana, R. pentaphylla, R. perakensis, R. pleiosiadica, R. polyphylla, R. praecox, R. preussii, R. psychotrioides, R. pulaparia, R. purpurescens, R. reflexa, R. remotiflora, R. rhonhofiae, R. rivularis, R. rosea, R. rostrata, R. salicifolia, R. samarensis, R. sambeciaca, R. sanctorum, R. sandwicensis, R. sarapiquensis, R. schueli, R. sellowii, R. semperflorens, R. senegambiae, R. serpentina, R. sessilifolia, R. spectabilis, R. sprucei, R. stenophylla, R. strempelioides, R. stuhlmannii, R. suaveolens, R. sumatrana, R. tchibangensis, R. ternifolia, R. tetraphylla, R. tricophylla, R. verticillata, R. viridis, R. volkensii, R. vomitoria, R. weddeliana, R. welwitschii, R. woodsomiane, distribution **10,** 391, 392; **13,** 348, 349

R. beddomei, R. caffra, R. canescens, R. cumminsii, R. degeneri, R. densiflora, R. grandiflora, R. heterophylla, R. hirsuta, R. indecora, R. micrantha, R. mombasiana, R. natalensis, R. obscura, R. perakensis, R. sellowii, R. semperflorens, R. serpentina, R tetraphylla, R. verticillata, R. vomitoria, alkaloids **10,** 391, 392, 401, 404, 405, 411, 415, 416, 417; **13,** 340, 346, 349, 350, 354, 355, 356, 357, 363, 366, 368, 369, 376, 396, 399, 402, 403, 404, 405, 411

R. caffra, R. canescens, R. heterophylla, R. hirsuta, R. obscura, R. sellowii, R. serpentina, R. vomitoria, pharmacology **10,** 391, 413, 415, 416; **13,** 421, 422, 423

Rauwolfia alkaloids **10,** 390; **13,** 346, 348
—, action, and metrazole or picrotoxine **13,** 410
—, antagonism to adrenaline **13,** 409
—, bioassay **13,** 412
—, biogenesis **13,** 405

Rauwolfia alkaloids, classification **13,** 406, 407
—, hypotensive effect **13,** 409, 412
—, pharmacology **13,** 408, 410, 411, 413, 415, 423, 424
—, spectra **13,** 351, 360, 376, 391, 394, 400, 405

Rauwolfine **10,** 401, 415; **13,** 368, 369, 405
—, = ajmaline **10,** 402
—, pharmacology **10,** 415; **13,** 422

Rauwolfine A **13,** 414

Rauwolfinine **10,** 401, 410, 411; **13,** 366, 368, 393, 402, 407
—, equipotency with ajmaline **13,** 396, 414
—, IR and UV spectrum **10,** 411, 412; **13,** 394, 395
—, pharmacology **10,** 413; **13,** 413

Rauwolscane **13,** 353, 357, 359

Rauwolscine **10,** 393, 398, 405, 417; **13,** 350, 352, 353, 357, 358, 361, 369, 387, 402, 406, 416
—, conversions **13,** 352, 353
—, degradation **10,** 399
—, dehydrogenation **10,** 396
—, → harman, skatole, isoquinoline **10,** 396
—, IR spectrum **10,** 395; **13,** 351, 352
—, pharmacology **10,** 400; **13,** 421
—, salts **10,** 394
—, spectrum **10,** 394; **13,** 351
—, stereochemistry, isomers **13,** 357, 359
—, structure **10,** 399; **13,** 352, 354

Rauwolscinic acid, pyrolysis **10,** 395; **13,** 352, 353

Rauwolscinyl alcohol **13,** 353, 354, 361

Rauwolscone **13,** 353, 354, 357

Rayleigh-Jamin interference optical system **18,** 477

Raymond-Reaktion (Cardenolide) **13,** 144

Rayon, heterogeneous texture **8,** 11

RDE (Abkürzung für receptor destroying enzyme) **20,** 243

Rearrangements, 1,2-diaxial, and conformation **19,** 206

Recanescine **13,** 350, 359

Recessive dwarf mutant strains **12,** 467

Red blood cells **17,** 323, 327
—, hemolysis **17,** 340, 341
—, minor hemoglobin components **17,** 347

Red light inhibition of growth **18,** 402

Redoxase **4,** 188; **11,** 69

Red pea gall, dryophantin **13,** 245

Red snapper, proteins **5,** 273, 277, 279, 280
Reductic acid (Reduktinsäure) 2, 154
—, **methyl- 4,** 9; **7,** 141, 153; **13,** 151; **14,** 96, 109
—, **oxymethyl- 4,** 9, 11; **7,** 142, 153; **13,** 151; **14,** 96, 109
Reduktion, phytochemische **3,** 31, 59
Reductive amination (peptide biosynthesis) **9,** 339
Reductone 2, 154; **11,** 375, 380
Red water (algae) **5,** 24
Red yeast, carotenoids **12,** 169, 174, 177, 178, 180
Reflex effect (conformations) **19,** 222
Refractive index versus density **20,** 417
Refractive index gradient (sedimentation) **7,** 286; **18,** 467
Regalecus glesne, carotenoids **5,** 32
Regitine 13, 417
Regularobufagin 5, 243
Regularobufogenin 13, 202
Regularobufotoxin 5, 255
Rehydro-vitamin A 9, 70, 73
Reichstein's substance D, Fa, M, P, U 10, 275, 276, 312, 314, 346
Reichstein's substance S 10, 311, 312, 367, 368, 369
—, microbiol. oxidation **10,** 370
—, synthesis **10,** 368
—, **acetate 10,** 312, 314, 315, 318, 320, 326
Rein, phosphatase **19,** 324
Reiskleiefaktor II (Vitamin B_6) **4,** 46
Reiswein, Bitterstoffe **17,** 175
Renard, glandes odorantes **6,** 110
Renardine 12, 203, 207
Renieratene, *cis*-peak **18,** 254, 262
—, structure **18,** 319
Rennin, purification **8,** 353
Repandin, Repandulin 9, 179, 180, 197, 207
Replication of DNA **20,** 428
Reproduction, genes **12,** 473
Reproductive processes and carotenoids **12,** 190
Resacetophenone 17, 34
Rescinnamine 13, 368, 388, 390, 400, 401, 406
—, isolation **13,** 369
—, pharmacol. effect **13,** 421
—, spectrum **13,** 389, 390
Reseda spp. and gibberellin **18,** 396
R. alba, R. lutea, R. luteola, R. odorata, iso-thiocyanates **18,** 152, 168, *R. luteola,* dye, luteolin **17,** 2, 52
Resedaceae, iso-thiocyanates and glucosides **18,** 136, 154, 168
Reserpane 13, 379, 380, 381, 384
DL-**Reserpane,** synthesis **13,** 381
Reserpate, anhydro-, methyl 13, 379, 380, 381, 383, 386
—, **methyl 13,** 377, 378, 386
—, —, **tosylate 13,** 380, 381, 383, 385, 386
Reserpic acid 13, 377, 378, 382, 390
—, **lactone 13,** 379, 385, 389
—, **methyl ester 13,** 368, 390, 406
—, —, in *Rauwolfia serpentina* **13,** 396
—, **tosyl- 13,** 380
Reserpic alcohol 13, 377, 378
Reserpiline 13, 350, 365, 368, 392, 406
Reserpine 10, 410; **13,** 350, 359, 367, 368, 369, 376, 378, 389, 400, 401, 402, 403, 404, 405, 406
—, and barbital, chlorpromazine, dilantin **13,** 418, 419
—, conversions **13,** 378, 379
—, and cortisone **13,** 420
—, differentiation from other sedatives **13,** 418
—, dilation of coronary vessels **13,** 417
—, effect on endocrine glands, oestrous cycle **13,** 420
—, (electroencephalography) **13,** 418
—, epimerization **13,** 381, 384
—, hypotensive effect **10,** 410; **13,** 416, 417, 420
—, and hypothalamic structures **13,** 420
—, and metrazole, caffeine, morphine **13,** 418
—, peripheral action **13,** 420
—, pharmacology **10,** 410, 413; **13,** 408
—, and respiration **13,** 419
—, stereochemistry **13,** 380, 384, 385, 386, 387
—, structure-action relation **13,** 387
—, total synthesis **13,** 387, 389
—, tranquillizing effect **13,** 418
—, UV and IR spectra **10,** 410; **13,** 376, 377
—, **11-demethoxy- 13,** 361
—, **N-methyl-** as reserpine antagonist **13,** 387
Reserpinediol 13, 377, 382, 385
—, → tetradehydro-deriv. **13,** 382

Reserpinic acid, γ-lactone **13**, 379, 383
Reserpinine **13**, 350, 365, 366, 368, 388, 391, 392, 403, 406
—, pharmacol. effect **13**, 415
—, spectrum **13**, 391, 392
Reserpinol **13**, 377, 379, 385, 386
—, configuration **13**, 383
—, quaternary tosyl salt **13**, 385
—, and *p*-toluenesulfonyl-chloride **13**, 385
Reserpinolic acid **13**, 377
Reserpone **13**, 379, 380
Reserve-Kohlenhydrate in Ähren **19**, 302
Réserve phosphorée, acide phytique **19**, 362
Resibufogenin und **O-monoacetyl-** **13**, 192
Resin acids, chemistry **10**, 458
Resina podophylli, biol. activity **15**, 86
Resiniferol **12**, 121
Resinobufogenin, O-acetyl- **13**, 202
Resodicarboxylic acid **9**, 260, 273
Resonance, difference from tautomerism **3**, 215
—, and interatomic distances **3**, 222
—, and reson. energy **3**, 205, 214, 215
Resorcinaldehyd, dimethoxy- (Khellinon-Synthese) **11**, 144
Resorcin-Schmelze **3**, 91, 93, 94, 95, 99
Resorcinol (Resorcin), from fisetin **17**, 12
—, **2-acyl-** **9**, 233
—, **5-*n*-amyl-,** = Olivetol **2**, 46
—, **dimethyl ether,** ring enlargement **13**, 261
β-Resorcylic acid (Acide β-résorcylique) **6**, 116, 117
—, (flavonols, B-ring) **17**, 8
—, (lignin) **5**, 193
Respiration and **oxidation** (land and marine plants) **14**, 323
Restfilme **4**, 413
Restricted rotation (single bonds) **3**, 212
Retama sphaerocarpa, Spartein, Retamin **8**, 269
Retene, from abietic acid **12**, 21
Retenchinon **6**, 210
Rethrin **19**, 126
—, commercial **19**, 128, 155
—, insecticidal effect **19**, 150, 152, 154
—, natural, toxicity **19**, 151
—, —, UV and IR spectrum **19**, 123, 124
—, synergists **19**, 148
Rethrin II, cis_c, $trans_c$, cis_o, $trans_o$ **19**, 127
—, **penta-2′,4′-dienyl-** **19**, 127
Rethrolene, penta-1′,3′-dienyl-, toxicity **19**, 153
Rethrolone **19**, 127
—, natural, IR spectrum **19**, 125
—, synthesis **19**, 143
—, **pent-*cis*-2′-enyl-** **19**, 127
Rethrone **19**, 127, 142
—, **4-bromo-*n*-amyl-** and **-*n*-butyl-** **19**, 145
Rethronyl-, s., **see, voir, Allyl-** and **Amyl-rethronyl, Chrysanthemate**
Reticulocytes, amino acid incorporation **9**, 317
—, —, inhibitors **9**, 343
—, protein synthesis **16**, 158
—, (rabbit), composition of microsomal protein **16**, 150
—, synthesis of microsomes **16**, 147
Reticulocytosis **9**, 315
Retina, all-cone **14**, 250
—, —, *Geoclymys reevesii* (tortoise) **14**, 298
—, —, squirrel **14**, 297
—, diurnal, nocturnal animals **14**, 250
—, electrical polarization **14**, 252
—, and microelectrodes **14**, 251
—, ultrasonic disintegration **14**, 267
Retinaldehyde (Retinal) **14**, 262
Retinal enzyme **14**, 257
Retinene (Retinene$_1$) **12**, 21; **14**, 254, 257, 259, 273
—, et antivitamine A **9**, 102
—, *cis*-peak **18**, 262
—, crystalline **14**, 256
—, dehydrogenation with N-bromosuccinimide **14**, 257
—, links to protein **14**, 285
—, numbering system **14**, 258
—, preparation **14**, 254
—, $SbCl_3$ reaction **14**, 286
—, Schiff's bases **14**, 279, 280, 285
—, spectrum **14**, 255
—, —, at low temperature **18**, 263
—, structure **14**, 254
—, and sulfhydryl groups **14**, 281
—, synthesis **9**, 42, 56, 75
—, → vitamin A **14**, 254
all-*trans*-Retinene **14**, 258, 260, 262, 277, 301, 305
—, → 11-*cis*-retinene **14**, 277

all-*trans*-Retinene, spectrum **14,** 255, 263, 264, 285
—, vitamin A potency **14,** 265
Retinene, stereoisomers **14,** 258
—, —, growth effect **14,** 265
—, —, hindered and unhindered **14,** 259, 263
—, —, properties **14,** 263
—, —, synthesis **14,** 259
7-*cis*-Retinene 14, 262, 263
9-*cis*-Retinene 14, 258, 260, 262, 264, 305, 306
—, and opsin, photopsin, scotopsin **14,** 277, 304
—, spectrum **14,** 263, 264
—, vitamin A potency **14,** 265
11-*cis*-Retinene 14, 261, 262, 277, 280, 282, 305, 306
—, and iodopsin **14,** 301
—, = neoretinene b **14,** 262
—, physiol. role **14,** 264
—, spectrum **14,** 263, 264, 305
—, vitamin A potency **14,** 265
13-*cis*-Retinene 14, 258, 262, 305
—, spectrum **14,** 263, 264
—, vitamin A potency **14,** 265
9,13-di*cis*-Retinene 14, 258, 260, 262
—, spectrum **14,** 263, 264
—, vitamin A potency **14,** 265
11,13-di*cis*-Retinene 14, 261, 262
—, spectrum **14,** 264
—, vitamin A potency **14,** 265
Retinene$_2$ 14, 255, 288
—, *cis-trans* isomerism **14,** 257
—, from cod **14,** 255
—, reduction **14,** 257
—, $SbCl_3$ test **14,** 257
—, spectrum **14,** 255, 257
—, and vitamin A_2 **14,** 255
9-*cis*- and 11-*cis*-Retinene$_2$ 14, 304
Retinene isomerase, specificity **14,** 265, 277
Retinene-opsin compounds, and hydroxylamine **14,** 284
—, photolability **14,** 284
—, points of attachment **14,** 274, 281, 283
—, thermostability **14,** 284
Retinene oxime 14, 284
Retinene reductase 14, 257, 265, 277
Retinylidene-dimethylammonium iodide 14, 284
—, and $SbCl_3$ or H_2SO_4 **14,** 286
Retinylidene-methylamine 14, 279, 281
—, and $SbCl_3$ or H_2SO_4 **14,** 286
N-Retinylidene-opsin 14, 277, 279, 280, 281, 284
—, C—N link **14,** 284
—, deamination **14,** 281
α-Retrodendrate dimethyl ether, methyl 15, 115, 116, 146
α-Retrodendrin dimethyl ether 15, 115, 116, 146
Retro-Dien-Zerfall 10, 5, 12, 13, 14, 70, 71
—, (Furan-Reihe) **10,** 88
Retro-ionylidene structure 9, 65
Retronecane, chloro- 12, 211
Retronecanol 12, 209, 210, 211, 213, 214, 215, 217, 224, 248, 252, 254, 255
—, **acetyl- 12,** 209, 210
Retronecanone 12, 213, 214, 215, 218
—, synthesis **12,** 219
—, **oxime 12,** 219
Retronecic acid 12, 204, 206, 207, 209, 225, 226, 227, 228, 248, 253
—, geometrical isomerism **12,** 229
—, spectrum **12,** 230
—, **dihydro- 12,** 227, 228
—, **monolactone,** toxicity **12,** 258
Retronecine 12, 204, 205, 207, 208, 209, 210, 211, 213, 215, 222, 223, 224, 235, 236, 248, 249, 251, 252, 253, 254, 256
—, degradation **12,** 211
—, → heliotridane **12,** 208
—, toxicity **12,** 258
—, **deoxy- 12,** 213, 214, 215, 224, 255
—, **diacetyl-** and **dihydro- 12,** 209, 210, 224
—, **epoxide 12,** 223
—, **N-oxide 12,** 217, 223, 258
Retronecine alkaloids 12, 248
Retro-pinacolin rearrangement (Retro-pinakolin-Umlagerung) 5, 46; **7,** 64, 65; **12,** 48, 52, 57, 70, 78, 94, 110, 118
Retrorsine 12, 201, 202, 203, 204, 207, 209, 225, 248, 249, 250
—, biol. properties, effect on liver **12,** 258, 259
—, hydrolysis **12,** 253
—, orientation of ester groups **12,** 249
—, **hexahydro- 12,** 248, 249
—, **N-oxide 12,** 225, 248
—, **tetrahydro- 12,** 248
Retro and **normal structures** (carotenoids) **15,** 33

Reynoutrin **17,** 53
—, IR bands **17,** 58
Rhabarber, s., see, voir, Rhubarb
Rhabarberon **6,** 178, 189
Rhamnazin **17,** 19, 41, 53
—, spectrum **17,** 57
—, **sulfate** **17,** 7, 53
Rhamnetin **17,** 19, 53
—, and oxidation of ethyl linoleate **17,** 49
—, **3-trirhamnoside** **17,** 53
l-**Rhamnoascorbic acid** **2,** 148, 149
Rhamnocathartin **6,** 188
Rhamnocitrin **17,** 16, 52
Rhamnogalactan of *B. polymyxa* (immunol.) **18,** 513, 520
Rhamnolipide de *Pseudomonas aeruginosa* **10,** 252
L-**Rhamnose** **7,** 107, 135, 139, 142, 143, 150, 153, 155; **14,** 72, 73, 94, 102, 104, 109, 111, 113
—, in capsular polysaccharides **18,** 506
—, 1,3-linked (immunol.) **18,** 512, 513
—, (lipides bactériens) **10,** 252
—, from quercitrin **17,** 7
—, removal from gum arabic **18,** 518
—, Verknüpfung mit Scillarenin **14,** 78
—, **acetobromo-** **2,** 191, 193; **14,** 75
—, ***p*-azobenzolsulfonylhydrazon** und **-*p*-bromophenylhydrazon** **14,** 103
—, **2-deoxy-** **14,** 74, 104
—, **glycoside** **7,** 91
—, ***p*-nitrobenzol-** und ***p,p'*-nitrobiphenylsulfonylhydrazon** **14,** 103
6-*β*-*L*-Rhamnosido-*D*-glucose **2,** 192; **20,** 182
Rhamnoxanthin und **-hexosid** **6,** 188
Rhamnus spp., *Rh. cathartica, Rh. infectorius,* dyes, rhamnazin, rhamnetin, rhamnocitrin **17,** 2, 52, 53, *Rh. japonica,* α-Sorigenin **11,** 160, *Rh.* spp., *Rh. purshianus,* Chinone **6,** 178, 187, 189, *Rh. utilis,* Enzym **2,** 193
Rhein **6,** 177, 189; **7,** 250, 251, 265, 267
—, Perkin reduction **7,** 265
—, → sennidine **7,** 267
—, **diacetyl-,** reduction **7,** 265
—, **ester, 1,8-diacetyl-** **7,** 255
—, **glucosid** **6,** 189
—, **methylester, 1,8-dimethyl-** **7,** 255
Rheinanthrone **7,** 264
—, **8-glucosido-** **7,** 258, 262, 268
—, —, → sennosides **7,** 268
Rheinanthrone, methylester, 1-methyl- and **1,8-dimethyl-** **7,** 261
9- and **10-Rheinanthrone** **7,** 259, 265, 267; **14,** 165
10-Rheinanthrone, diacetyl- **7,** 265
Rheochrysidin, Rheochrysin **6,** 174, 190
Rheum spp. and gibberellin **18,** 396, *Rh.* spp., *Rh. rhaponticum,* Chinone **6,** 178, 187, 188, 189, 190
Rheum-emodin **6,** 187
Rh factor (blood cells) **9,** 453, 459
Rhinocheti (Federn), Porphyrine **18,** 204
Rhipidigorgia elegans, Rh. flabellum, gorgonine **12,** 294, 393, 396
Rhipsalis conferta, Rh. teres, alkaloids **6,** 249
Rhizobium radicicolum (polysaccharides, immunol.) **18,** 517, 519, 521, 522, 523, 524
Rhizocarpon geographicum, Rhizocarpsäure **8,** 233
Rhizoma Rhei, Anthrachinon **6,** 177
Rhizoninsäure **2,** 43, 44; **8,** 224, 225
Rhizophlyctis sp., *Rh. rosea,* carotenoids **12,** 170, 172, 173, 174
Rhizopterin **11,** 373, 382
—, spectrum **11,** 363
Rhizopus spp. (microbiol. oxygenation) **10,** 369, 370, *Rh. arrhizus,* indole deriv. **20,** 19, *Rh. nigrans,* rhizopterin **11,** 382, *Rh. oryzae* und Chinone **6,** 222, *Rh. suinus,* indoleacetic acid **17,** 273
Rhodamenia palmata, fluorescence **2,** 323
Rhodea spp., *Rh. japonica,* herzaktive Glycoside und Aglykone, Cardenolide **14,** 92, 94, 122
Rhodeadales, iso-thiocyanate glucosides **18,** 154
Rhodexin A—C **13,** 206; **14,** 122
Rhodinal **8,** 158
Rhodine **1,** 171, 204, 211, 213
—, schwachbasische **1,** 165, 179
—, synthetische **1,** 171
Rhodine g_3, g_7, g_8 und **k** **1,** 162, 170, 185, 190, 193, 208, 220
Rhodin-porphyrine g, g_7 und **g_8** **1,** 171, 188, 191, 203
Rhodinic acid **13,** 289
Rhodnius prolixus and rotenone **10,** 445
Rhodobacilles photosynthétiques **10,** 222

Rhodobacillus palustris, caroténoïdes **10**, 222
Rhodocladonsäure **2**, 52; **6**, 174; **8**, 231, 232, 238
Rhododendron spp., dormancy and gibberellin **18**, 397
—, anthocyanins **20**, 187, cyanidin 3α-arabinoside and 3β-galactoside **20**, 182, *Rh. flavum*, iso-quercitrin **17**, 53, *Rh. mucronatum*, azaleatin **17**, 53, *Rh. thomsonii*, anthocyanins **20**, 180
Rhodoflavin **2**, 89, 90
Rhodomicrobium vannielii, caroténoïdes **10**, 222
Rhodomycin A und **B**, Kohlenhydrat-Komponente **20**, 219
Rhodomycinon **14**, 168
Rhodonessa caryophyllacea, Federpigmente **18**, 216
Rhodophyscin **6**, 173
Rhodopine **10**, 219, 222
—, in fungi **12**, 176
Rhodoporphyrin **1**, 169, 173, 210; **11**, 307, 308
—, **γ-carbonsäure** und **-anhydrid** **1**, 182
—, **oxo-** **1**, 227; **11**, 312, 313
—, **2-vinyl-** **1**, 169
Rhodopseudomonas spheroides, caroténoïdes **10**, 222, bacteriochlorophyll and porphyrins **11**, 325, 337
Rhodopsin **9**, 42, 43, 56; **14**, 246, 249, 264, 265, 267, 274, 277, 284, 296
—, biosynthesis from all-*trans*-vitamin A **14**, 265
—, bleaching **14**, 246
—, chromophore **14**, 286
—, C—N link **14**, 284
—, contaminants of solutions **14**, 268, 269, 271
—, content in rods **14**, 266
—, difference from iso-rhodopsin **14**, 276
—, difference spectrum **14**, 279
—, digitonin complex, and red blood corpuscles **14**, 272
—, digitonin extracts **14**, 268
—, and indicator yellow **14**, 273
—, → lumi- → meta-rhodopsin **14**, 275, 278, 285
—, marine fishes **14**, 288
—, mol. weight **14**, 267
—, N-content **14**, 272
—, number of titratable groups **14**, 282
Rhodopsin, preparations, purity of **14**, 270
—, protein content **14**, 272
—, regeneration from meta-rhodopsin **14**, 278
—, spectrum **14**, 255, 270, 271, 303
—, synthesis, bimolecular reaction **14**, 280
—, —, blocking agents **14**, 282, 301
—, → transient orange → indicator yellow **14**, 273
—, and trypsin **14**, 283
cis-**Rhodopsin** **9**, 43
Rhodopurpurin **5**, 21; **10**, 219, 220
—, in fungi **12**, 172, 175
Rhodopterin **4**, 64; **11**, 367
Rhodosamin (Antibiotica) **20**, 219
Rhodospirillum, *cis* carotenoids **18**, 280
Rh. rubrum, carotenoids **10**, 222; **12**, 177, Ubichinon (und Photosynthese) **20**, 81, 121
Rhodotorula spp., carotenogenesis, light and temperature **12**, 184, 186
Rh. aurea, *Rh. flava*, *Rh. glutinis*, *Rh. peneus*, *Rh. rubra*, *Rh. sanniei*, carotenoids (torulene, torularhodin) **12**, 168, 170, 172, 173, 174, 175, 176, 177, 178, 180
Rh. flava und Vitamin B_6 **4**, 49
Rhodo-type spectrum (porphyrins) **11**, 312
Rhodovibrine **10**, 219, 222
Rhodovibrio, carotenoids **5**, 21; **10**, 219, 220, 222; **12**, 177
Rhodoviolascin **10**, 219, 221, 222; **12**, 170, 173, 177
—, *cis*-peak **18**, 253, 254
—, configurational assignments **18**, 316
—, iodine-catalyzed equilibrium **18**, 270
—, spectrum **18**, 250, 317
—, stereoisomerization, spontaneous and by refluxing **18**, 264, 265, 267
—, structure **18**, 229
Rhodoxanthin **10**, 223; **15**, 34
—, Adsorbatfarben **18**, 185
—, in Federn **18**, 183, 184, 185, 190, 192
—, Spektrum **18**, 186
—, Struktur **18**, 186
—, aus *Taxus baccata* **18**, 184
—, im Vogelfutter **18**, 190
—, **dihydro-** **15**, 34
Rhoifolin, from naringin **17**, 45
Rhombifolin 8, 269
Rhubarb (Rhabarber), gibberellin and day-length **18**, 403

Rhubarb, Glucogallin, Tetrarin **13,** 71
Rhumatism and viper venom **12,** 413
Rhus sp., latex, fluorescence **6,** 336, *Rh. coriaria,* Sumach-Gerbstoff **13,** 71, *Rh. cotinus,* dye, fisetin **17,** 2, 52, *Rh. semialata,* Gallotannin **13,** 71, *Rh. succedanea* (latex), enzymes **19,** 322, rhoifolin **17,** 45
Rhynchota, Pterine **4,** 77, 80
D-**Ribamin 2,** 82
Ribitol, (immunol.) **18,** 519
—, **phosphate 8,** 69, 121
D-**Ribobenziminazole 8,** 104
Ribocytidine, deoxy- 9, 393
Riboflavin 8, 132; **11,** 372
—, antagoniste **9,** 94
—, biosynthesis **19,** 277, 278
—, and fat **6,** 34
—, in indoleacetic acid photolysis **17,** 276
—, and oxidation of DOPA **11,** 390
—, and PGA **11,** 378
—, phototropic response **12,** 191
—, in snake venoms **12,** 430
—, in tubercle bacilli **3,** 170
—, **5′-phosphate** and **4′,5′-diphosphate 8,** 132, 133
—, **-phosphorsäure 3,** 74
9-*d*-Riboflavin, 6,7- und **6,8-dimethyl- 2,** 65, 66, 71, 72, 74, 75, 82, 83
—, **6,7-dimethyl-5′-phosphorsäure 2,** 74
D-**Ribofuranose, acetohalogen- 8,** 108, 109, 111, 115
—, **1,2,3,5-tetraacetyl- 8,** 109
D-**Ribofuranoside, 2,5-di-O-acetyl-3-acetamino-3-deoxy-, methyl 16,** 123
—, **2,3-isopropylidene-methyl- 8,** 70
3-*β*-*D*-Ribofuranoside, structure **8,** 103
9-*α*-*D*-Ribofuranosido-adenine 8, 121
7-*D*-Ribofuranosido-adenine from *ψ*-vitamin B_{12} **15,** 209
α- and *β*-*D*-**Ribofuranosido-benzimidazole, 5,6-dimethyl- 8,** 104, 121, 122; **9,** 404, 417
3-*β*-*D*-Ribofuranosido-cytosine 8, 106
9-*β*-*D*-Ribofuranosido-isoguanine 9, 404
***β*-*D*-Ribofuranosyl-benzimidazole, 5,6-dichloro- 16,** 149
9-*β*-*D*-Ribofuranosyl-purine 20, 28
—, **2,6-diamino- 9,** 391
Ribonuclease 19, 358
—, amino acid analysis, sequence **12,** 301; **17,** 323
Ribonuclease, from beef pancreas **11,** 286
—, chromatography **8,** 344, 345; **11,** 284, 285, 286
—, C- and N-terminal sequence **11,** 268; **12,** 307, 317
—, diffusion rates **17,** 367
—, electrophoresis **7,** 289
—, and microsomal protein synthesis **16,** 146
—, mol. weight **18,** 461
—, polypeptide chains **17,** 371
—, radioactive **9,** 299
—, two active components **11,** 285
—, **deoxy-,** in snake venoms **12,** 434, 450
Ribonucleic acid, s., see, voir, RNA
Ribonucleic acid, deoxy-, s., see, voir, DNA
Ribonucleoprotein, formation **16,** 146, 147, 149
—, in microsomes, origin **16,** 146
Ribonucleoside 1, 125, 126; **9,** 405
—, Darstellung, Struktur **1,** 125, 126
—, isolation **8,** 103
Ribonucleotide 1, 133; **9,** 405
—, biosynthesis **9,** 413
—, Darstellung, Struktur **1,** 133
Ribopolynucleotide 1, 146
D-**Ribopyranoside, 4,5-dimethyl-2-nitroaniline- 8,** 116
—, **3-phosphate, 1-(*α*,*β*)-methyl- 9,** 411
9-*D*-Ribopyranosido-2-methylthioadenine 8, 116
D-**Ribose** (Flavin-Synthese) **2,** 65, 86
—, from glyceraldehyde **19,** 274
—, (Nucleoside) **1,** 126
—, nucléosides et phénylphosphate **19,** 358
—, (nucleoside synthesis) **8,** 109, 113
—, in nucleotide group of vitamin B_{12} **15,** 180
—, rotation **8,** 58
—, structure **20,** 431
—, **3-amino-,** Darstellung **20,** 211
—, —, from puromycin **16,** 121
—, **3-amino-2,3-bis-desoxy- 20,** 210
—, **1-chloro-3,4-diacetyl-2-deoxy- 8,** 118, 119
—, **2-deoxy- 14,** 72; **20,** 431
—, **1,5-diphosphate 9,** 376
—, **2-nitro-4,5-dimethyl-anilid** und **triacetyl- 2,** 86, 87
—, ***α*-oxymethyl- 13,** 71

D-**Ribose, 2,3,4-triacetyl-5-benzyl-** **8,** 114
—, **trimethyläther** **1,** 128
—, **5-trityl-** **8,** 116
D-**Ribose phosphate** **1,** 133; **8,** 67, 68; **9,** 369
—, color reactions **8,** 65
D-**Ribose-1-phosphate** **8,** 50, 61, 67
—, cyclohexylamine salt **9,** 382
—, enzymatic preparation **9,** 381
—, and growth **9,** 411
—, inorg. phosphate exchange **9,** 370
—, (nucleoside metabolism) **9,** 369, 370, 381, 382, 383
—, in nucleotide synthesis **9,** 384
—, **deoxy-** **8,** 68
D-**Ribose-3-phosphate** **8,** 50, 61, 69; **9,** 422
—, (nucleoside metabolism) **9,** 375, 384
—, rotation **8,** 58, 62
D-**Ribose-5-phosphate** **8,** 61, 67, 70, 71, 72; **9,** 377
—, and growth **9,** 311
—, → inosine **9,** 375
—, (nucleoside metabolism) **9,** 375, 378
—, rotation **8,** 62
Ribose phosphoric esters, degradation and synthesis **9,** 376
Ribosidase **9,** 374
Ribosides, biol. function **9,** 364
—, biosynthesis **9,** 413
—, → deoxyribosides **9,** 393, 423
—, enzymatic synthesis **9,** 382
—, from hexoses **9,** 377
—, labeled **9,** 423
—, **1-hypoxanthine-** **9,** 366, 367, 368, 383
—, **α-methyl-** **1,** 127
Riboside phosphorylase, relation to deoxyriboside phosphorylase **9,** 370
Ribosomal particles in the cell **20,** 433
Ribosomal RNA, conservation **20,** 402
Ribosomes, genetic information **20,** 433, 434
—, RNA and amino acid sequence **20,** 437
Ribosyl group, enzymatic transfer **9,** 426
Ribulose, anthranilate **17,** 253
—, **1-deoxy-1-N-*o*-carboxyphenyl-** **17,** 253
—, **phosphate** **9,** 378
Rice, foolish seedling disease, and gibberellin **17,** 301
Rice bran fat, vitamin E **6,** 55
Rice germ oil, tritisterols **12,** 121
Rice starch, amylose **11,** 11
Richardsonia sp., Ipecacuanha **8,** 279
Ricin-elaidinsäure (Dien-Synthese) **10,** 36, 37, 38, 39
—, Konfiguration **10,** 42
Ricinensäure (Dien-Synthese) **10,** 39
Ricinolsäure (Ricinoleic acid) **14,** 41
—, (Dien-Synthese) **10,** 37, 39, 42
—, Dehydratisierung **10,** 37
—, Konfiguration **10,** 36, 42
—, (non-essential) **6,** 28
Ricinstearolsäure **14,** 41
Ricinus communis, amino acids **6,** 302, phosphatases **19,** 324
Rickettsiae and antibiotics **16,** 98, 106, 110
Riddellic acid **12,** 207, 226, 233, 249
Riddelliine **12,** 201, 202, 203, 207, 209, 233, 249, 250, 251
—, biol. properties **12,** 259
—, **dihydro-,** glycol fission **12,** 250
Riechstoffe, s. auch, see also, voir aussi, Geruch, Odeurs
Riechstoffe **8,** 191
Rimuene **12,** 27
Ring, aromatisch, Aufspaltung im Tierkörper **4,** 210
—, contraction, expansion, and conformation **19,** 206
—, nine- to eleven-membered **19,** 3
—, six-membered, with trigonal C, conformation **19,** 175
—, Spannung, Energieinhalt, Reaktionsvermögen **10,** 61
Ringhals (venom) **12,** 410
Rivanol **8,** 303, 306
RNA (abbreviation for ribonucleic acid) **12,** 474; **16,** 140
—, acceptor of activated amino acids **16,** 155
—, biosynthesis **9,** 416
—, distribution among subcellular particles **16,** 142
—, and growth **9,** 407, 410
—, in heredity **20,** 428, 433
—, infection of plants **20,** 428
—, labeled, during generations **20,** 402
—, messenger **20,** 403, 434
—, in plant viruses **12,** 474
—, polymerase **20,** 434
—, and protein synthesis **9,** 315; **16,** 149
—, relation to DNA **12,** 474, 481
—, ribosomal **20,** 437

RNA, ribosomal, conservation 20, 402
—, —, (*E. coli*), during growth 20, 402
—, and snake venom 12, 425
—, soluble 16, 156
—, —, transfer 16, 155
—, synthesis, inhibitors 16, 149
—, (template), transfer of genetic information 20, 403
—, **mononucleotide** 9, 411
RNAse 19, 358
RNAse-sensitive material 16, 156
Roach, proteins 5, 272
Robigenin 17, 16
Robinetin 14, 210; 17, 18, 19, 54
—, **dihydro-** 16, 12
Robinetinidol 16, 4
Robinia pseudoacacia, acacetin, robinetin 17, 51, 54, indole 17, 251, Syringin 11, 63
Robinin 2, 193
—, IR bands 17, 58
Robinobiose 2, 193
—, **hexaacetat, β-1-methyl-** 2, 194
Robinson reaction (flavones) 17, 35, 36, 37, 40
Robison ester 8, 76
Robison-Tanko ester 8, 81
Roccella fuciformis, R. Montagnei, Flechtenstoffe 8, 221, 232
Roccellsäure 2, 31; 8, 209, 234
Rocks, organic substances 17, 391
—, —, preservation of 17, 386
—, reduced carbon 17, 386
Rockogenin, Biosynthese 12, 141, 142
Rods (retina) 14, 245, 266, 268, 271
—, rhodopsin content 14, 266
—, ultrasonic disintegration 14, 267
Rod-cone processes, discontinuity 14, 248
Roggen (s. auch Rye, Seigle), Kohlenhydrat-Stoffwechsel 19, 291, 292, 294
—, lösliche und polymer-homologe Kohlenhydrate 19, 291, 299, 300, 308
Rohrzucker, Grenzkonzentration (Geschmack) 17, 126
—, Synthese 2, 207
Röntgen . . ., s. auch, see also, voir aussi, X-ray . . ., Crystal structure
Röntgenbild, Bindegewebe 1, 333
—, Chitin 2, 216
—, Darmsaite 1, 335
—, Rattenschwanzsehne 1, 334, 335
—, Seidentypen 1, 316, 319
Röntgenfaser-diagramm, Seidentypen 1, 319
Röntgenographie, im festen Zustand 1, 298
—, (Naturstoffe) 1, 255, 298
Röntgenstrahlen und Virus 4, 103
Roots, growth initiation (gibberellin, auxin) 17, 303
—, labeled amino acids, incorporation 16, 163
—, protein synthesis 16, 163
Root-nodules and gibberellin 18, 405
Rorippa amphibia, R. silvestris, iso-thiocyanates 18, 166
Rosa spp., anthocyanins 20, 187, *R. arvensis, R. rugosa, R. spinosissima*, parthenocarpic fruit-set and gibberellin/auxin 18, 409, *R. canina, R. moyesii*, poly*cis* carotenoids 18, 282
Rose black spot (fungus) 17, 300
Rosenheim-Reaktion 6, 319; 13, 145
Roseothricin A, Kohlenhydrat-Komponente 20, 219
Rosette plants, definition 18, 391
—, and gibberellin 18, 396, 398, 403, 406, 408
Rosewood tree, α-pyrones 20, 133
Rosin, insecticide 10, 457
Rosinduline GG 8, 77
Rosinidin, properties 20, 172
—, **5- and 3,5-glycoside,** fluorescence 20, 167, 170
Rosmarinecine 12, 207, 210, 222, 223, 224, 251, 252
—, configuration 12, 223
—, **anhydro-** 12, 223
Rosmarinecine alkaloids 12, 248
Rosmarinine, and **N-oxide** 12, 201, 202, 203, 207, 222, 251, 252
—, **toluene-*p*-sulfonate** 12, 251
Rotalgen, Chromoproteide 3, 122
—, Phykobiline 3, 122
—, Ubichinon 20, 81
Rotational fine structure 5, 339, 340
Rotations-diffusionskoeffizient 1, 297
Rotations-ellipsoide, Dissymetrie-Faktor 1, 289
Rotation, restricted (single bonds) 3, 212
Rotbauchwürger (Federn), Astaxanthin 18, 183, 191
Röteln, Virus 4, 89
Rotenoic acid 10, 439

Rotenoic acid, dihydro- 10, 438, 439
Rotenoids 17, 23, 24
—, contact and stomach poisons **10,** 445
—, insecticides **10,** 437, 444
—, occurrence **10,** 437
—, pharmacology **10,** 444, 445, 446
Rotenone 17, 23, 24
—, insecticide **10,** 444; **19,** 151
—, structure **10,** 437, 438
—, toxicity **10,** 444, 445, 447
—, **dehydro- 10,** 438
—, **dihydro- 10,** 446, 438, 439, 440
—, —, insecticide **10,** 444, 445
L-**Rotenone, dihydro-,** toxicity **10,** 446
—, **β-dihydro-,** toxicity **10,** 446
Rots, of potatoes, fruits, roots **17,** 315
Rotschwingel, lösliche Kohlenhydrate **15,** 2
Rotundin 9, 177, 180, 191
Rotwein, Bitterstoffbildung **17,** 129
Rouge neutre, et acide mycolique **10,** 241
—, et bacilles tuberculeux **10,** 241
—, et lipo-polysaccharides **10,** 241
Round-field and **long-field molecules,** spectra **11,** 304
Rous sarcoma virus 4, 90; **20,** 412
—, chromatography **8,** 343
Rubber, absorption of IR radiation **10,** 127
—, acetate building stones **12,** 26
—, biosynthesis **12,** 136, 186
—, brittle point **10,** 125
—, character of chain **10,** 157
—, configuration and elasticity **10,** 156
—, cross links **10,** 153, 156
—, crystallinity **10,** 146
—, elasticity **10,** 119, 154, 155, 162
—, —, and configuration **10,** 156
—, electron diffraction **10,** 127
—, flow point **10,** 150
—, gel fraction **10,** 127
—, hardening point **10,** 150
—, interchain attraction **10,** 142
—, intrinsic viscosity **10,** 129
—, lateral molar cohesion **10,** 142
—, local mobility **10,** 124
—, melting point **10,** 150
—, mol. weight **1,** 280, 291, 300; **10,** 127
—, non-homogeneity and non-uniformity coefficients **10,** 138, 140
—, osmotic pressure **1,** 266, 281; **10,** 127
—, physical chemistry **10,** 119
—, polymerization, degree of **10,** 128
Rubber, relative volumes of amorphous and crystalline **10,** 151
—, sedimentation **10,** 127, 130
—, smoked unvulcanized **10,** 125
—, softening point **10,** 122, 123, 150
—, sol fraction **10,** 127
—, solutions, viscosity **10,** 128, 130
—, stress-strain curve **10,** 163
—, stretched, X-ray diagram **10,** 121
—, thermoelastic behavior **10,** 155
—, X-ray diagram **10,** 121, 127
—, **Buna N 10,** 132, 141, 146, 147
—, —, mol. weight **10,** 154
—, —, copolymers **10,** 141
—, **Buna S 10,** 132, 139, 146
—, —, vulcanized, mol. weight **10,** 154
—, **butyl- 10,** 126, 132, 152, 163
—, —, 1,4-*trans* configuration **10,** 134
—, —, vulcanized **10,** 134
—, **GR-S 10,** 126, 139, 152
—, —, cold and normal **10,** 152
—, —, mol. weight **10,** 139
—, —, polymers, 1,2- and 1,4-addition **10,** 140
—, —, X-55 and X-478 **10,** 140
—, **Hevea sol 10,** 140
—, **Hycar OR 10,** 141, 152
—, **natural (native) 7,** 2; **10,** 119, 121
—, —, characteristic data **10,** 131
—, —, 1,4-*cis* configuration **10,** 146
—, —, crystallinity and amorphous areas **10,** 146, 147
—, —, melting range **10,** 149
—, —, structure and mol. weight **10,** 126
—, —, transition temperature **10,** 152
—, —, vulcanizate, mol. weight **10,** 154
—, **Neoprenes 10,** 126, 132, 152
—, —, *cis-trans* configuration **10,** 138, 147
—, —, stretched, fiber diagram **10,** 147
—, —, viscosity **10,** 137
—, **Neoprene CG 10,** 137, 138, 140, 141
—, **Neoprene GN 10,** 137, 138, 140, 141
—, —, mol. weight **10,** 147, 154
—, **polybutadiene 10,** 134, 147
—, —, chain structure **10,** 136
—, —, *cis-trans* configuration **10,** 134, 135
—, —, fiber diagram **10,** 147
—, —, viscosity/mol. weight relation **10,** 136
—, —, vulcanizate, mol. weight **10,** 154
—, **Silicone 10,** 126, 152
—, **synthetic 10,** 131

Rubber, synthetic, adsorbability **8,** 343
—, **vulcanized,** decay of stress **10,** 163
—, —, force required at elongation **10,** 162
Rubber seed oil, fatty acids **5,** 80, 82
Rubbery elasticity, kinetic theory **10,** 154
Rubbery materials, condensed state **10,** 146
Rubbery networks, crosslinked, swelling **10,** 153
Rubbery nylons 10, 144
Rubbery polymers 10, 148
—, crystallizable **10,** 150
—, mol. weight **10,** 126
—, non-uniformity coefficient **10,** 140
—, structure and mol. weight **10,** 126
Rubbery state 10, 120, 122, 123, 124
Rubellin 14, 112, 122
Rüben, Mosaikkrankheit **4,** 90
Ruberythrinsäure (Ruberythric acid) 6, 177; **7,** 251
Rubiaceae (alkaloid biosynthesis) **13,** 406
Rubia munjista, R. sikkimensis, R. tinctorium, Chinone **6,** 177, 185, 186, 189
Rubiadin, und **-glucoside 6,** 186
—, **monomethyläther 6,** 190
Rubichrom 5, 8, 9, 11, 12
Rubidinsäure 2, 48
Rubidium *D*-**tartrate,** crystal structure **15,** 196
Rubierythrinsäure 2, 192
Rubijervine 10, 464; **20,** 300, 301, 302, 358
—, biogenesis **20,** 358
—, dehydrogenation **20,** 303
—, → 1′-methyl-1,2-cyclopenteno-phenanthrene and -phenanthrol-3 **20,** 303
—, from steroids **20,** 358
Rubilinogen (Harn) **3,** 114
Rubixanthin 10, 222, 223; **12,** 173, 176
—, **epoxyd 5,** 3, 4, 5, 8
Rubremetin 8, 292, 293, 294; **13,** 370
DL-**Rubremetin-hydrobromid,** Synthese **8,** 295
Rubren, Autoxydation **10,** 95
Rubrobilin aus Urobilin **3,** 132
Rubrobrassicin 20, 181, 184
Rübsamen, Lutein (Vogelfutter) **18,** 191
Rubus spp., dormancy and gibberellin **18,** 397
Rudbeckia spp. and gibberellin **18,** 396
Rue oil, insecticide **10,** 457
Ruhramöbe und Emetin **8,** 302
Ruhrwurzel (Ipecacuanha) **8,** 278
Rumex spp., Chinone **6,** 168, 187, 188, 190
Ruminants, concrétions odorantes **6,** 131
Rupicola p. peruviana, R. p. sanguinolenta, Feder-Carotinoide **18,** 181, 186, 187, 194
Rust fungi 17, 300
Ruta graveolens, décanone-2 **6,** 110, rutine **6,** 315
Rutaecarpine 13, 330, 337, 338; **19,** 264
—, synthesis **13,** 338
Rutin 2, 192; **17,** 19, 53
—, → anthocyanins **20,** 179
—, fluorescence **6,** 315
—, IR bands **17,** 58
—, labeled **20,** 193
—, metabolization in rabbits **17,** 49
—, pharmacol. action **17,** 48, 49
—, reduction **20,** 182
—, spectrum **17,** 57
—, structure **20,** 193
Rutinose 2, 192; **20,** 182
7-Rutinoxyl-oxyflavanone, 5,3′-dihydroxy-4′-methoxy- 17, 44
Ruwenine 12, 203, 207
Ruzorine 12, 203, 207
RX experiment (antibody/antigen ratio) **9,** 457, 477
Ryania spp., *R. speciosa,* insecticides **10,** 459
Ryanodine, insecticide **10,** 459
—, → pyrrole-α-carboxylic acid **10,** 459
Ryanodol 10, 459
—, **anhydro-** and **oxo-anhydro- 10,** 459
Rye (see also Roggen, Seigle), and gibberellin **18,** 406
—, infected by ergot **9,** 150
Ryegrass (Raygras), and gibberellin **18,** 395
—, Kohlenhydrate **15,** 2, 18

S.

Sabadilla, insecticide **10,** 462, 463
—, (seeds), veratrum alkaloids **10,** 462; **20,** 300, 354
Sabadine 20, 354
Sabatine 10, 463; **20,** 354
Sabine 20, 354
Saccharase, chromatography **8,** 349, 351
—, Verhältnis zur Fructosanase, Phleinase, Transfructosidase **19,** 310, 311
D-**Saccharic acid, Saccharolactone 2,** 153
Saccharides, synthesis, enzymatic **5,** 101
—, —, Hg-Methode **2,** 178

Saccharin, Grenzkonzentration (Geschmack) **17**, 126
Saccharomyces, ribulose deriv. **17**, 253
S. cerevisiae, croissance et antivitamines **9**, 96, 98, 99, 100
—, enzyme and dextran **8**, 31
—, growth requirement **9**, 405
—, inkubiert mit C^{14}-Acetat **12**, 138
—, lipoids **3**, 195
—, nucleic acid purines, biosynthesis **9**, 394, 395
S. cavalieri, *S. cerevisiae*, *S. fragilis*, *S. ludwigii*, Ubichinon **20**, 79, 80, 81
Saccharose 19, 297, 300
—, in enzyme chromatography **8**, 349
—, → Fructosane **19**, 307
—, in Gräsern **15**, 21
—, in Roggen und Weizen **19**, 292, 301, 302
—, während Vegetationsperiode **19**, 308
—, **phosphate 8**, 55
—, —, et phosphatase **19**, 327, 329
Saccharose phosphorylase 8, 74
Safflower seed oil, fatty acids, vitamin E **6**, 55, 56
Saffron (meadow), colchicine, colchicoside **13**, 248, 254, crocetin **18**, 327
Safranal, 5-methyl-, Dien-Synthese **10**, 31
Safrole 6, 274; **15**, 142
—, relation to eugenol **14**, 205
—, spectrum **15**, 140
Saguaro, cactus alkaloids **6**, 248
Säger, Federpigmente **18**, 216
Sago starch (amylose branching) **11**, 13
Saintpaulia spp., pollen growth and gibberellin **18**, 408
Sakaguchi reagent 12, 288, 290
Saké, Bitterstoffe **17**, 175
Sakuranetin 17, 47
Salazinsäure, α- und **β-methyläther- 2**, 48, 49; **8**, 227
Salicifolin 9, 179, 188, 213
Salicin and enzymes **8**, 357
α-Salicin 1, 19
β-Salicin-, chlorid, tetraacetyl- 1, 4
—, **pentaacetyl- 1**, 4
Salicinase, chromatography **8**, 355, 356, 357
Salicoside 17, 174
Salicylic acid (Salicylsäure, Acide salicylique) 6, 89, 114, 115, 137; **17**, 254
—, from coumarins **9**, 242
Salicylic acid, (flavonols, B-ring) **17**, 8
—, (lipides bactériens) **10**, 228
—, **O-(α-aminoacyl)- 13**, 531, 537
—, **5-chloro-**, from aureomycin **16**, 98
—, **4-isopropyl- 13**, 277, 285
—, **6-méthoxy- 6**, 114
—, **methyl-**, aus Lignin **20**, 47
Salicylic aldehyde (Salicylaldehyd, Aldéhyde salicylique) 6, 89, 114
—, **3-chloro- 13**, 282
—, ***D*-glucoside 9**, 243
N-Salicylyl-aminosäuren 13, 537
Saliva, enzyme, chromatography **8**, 353
Salix spp., root initiation and gibberellin **18**, 405
S. purpurea (biosynthesis of deoxyribosides) **9**, 422
Salkowski, réaction de 6, 316; **17**, 251
Salmin 5, 290, 291, 292
—, amino acids, N-terminal residues **11**, 252, 268, 270
Salmo salar **(Salmon)**, carotenoids **5**, 32; fat, digestibility **6**, 20, free amino nitrogen **9**, 296, proteins **5**, 268, 269, 272, 273, 274, 275, 276, 277, 279, 280, 294
Salmonella, indolepyruvic acid **17**, 271
—, O-polysaccharides, O-antigens, specificity **18**, 506, 508
—, (serology) **8**, 31
S. pullorum, *S. typhi*, *S. typhimurium*, lipides **10**, 253, 255
S. paratyphi B, *S. typhi*, polysaccharide, cross-reactions **18**, 517, 519
S. typhimurium, genes in amino acid synthesis **20**, 436
S. typhosa, Vi-Antigen **20**, 218, 228
Salsamine, Salsolidine 6, 266, 267
Salsola richteri, cactus alkaloids **6**, 246, 252, 266, 273
Salsoline 6, 266
—, pharmacol. effect **6**, 279
—, **O-methyl- 6**, 266
Salting out chromatography 8, 345
Salvadoraceae, iso-thiocyanates and glucosides **18**, 155, 168
Salvadora oleoides, iso-thiocyanates **18**, 168
Salvia miltiorrhiza, Chinone **6**, 191, *S. sclarea*, scléréol **6**, 127, *S. splendens*, anthocyanins **20**, 181
Salvianin, occurrence **20**, 181, 184

Salvianin, spectrum **20,** 173, 174
Salzsäure-lignin **11,** 46, 48, 73; **20,** 43, 44
Samaderin **17,** 174
Sambubiose **20,** 182
Sambucus canadiensis, quercétine **6,** 315, *S. nigra,* anthocyanins **20,** 182
Samolus spp., *S. parviflorus,* and gibberellin **18,** 396, 399
Sanamycin **18,** 4
Sandaricin **17,** 174
Sand-dollar, Sand-star, carotenoids **5,** 28, 29
Sandelholz-öl, Santen **10,** 58
Sanger method (N-terminal amino acids) **11,** 262, 272; **17,** 357, 358, 361, 366
Sanger's Reagens (Lignin-Analyse) **11,** 47
Sangolin **9,** 178, 207
Sangre de Drago, vasicine **13,** 332
Sanshoamide **10,** 454
Sanshool-I and **-II,** occurrence, insecticides **10,** 452, 454
Santal **17,** 42, 56
—, spectrum **17,** 58
—, synthesis **17,** 42
α- and **β-Santalane** **19,** 2
Santalbinsäure **14,** 41
α- and **β-Santalene** **12,** 7, 14, 15, 28
α- and **β-Santalol** **12,** 7
Santalum acuminatus, S. album, S. Murrayana, Ximeninsäure **14,** 41
Santalwood, santal **17,** 56
Santanolides A and **C** **19,** 19
Santen, Dien-Synthese **3,** 10, 11; **10,** 57, 58, 63
γ-Santenol, Dien-Synthese **10,** 58
3-Santenolide **19,** 19
Santonin **17,** 151, 174; **19,** 19
—, irradiation **19,** 76, 77, 272
(—)-α- and (—)-**β-Santonin** **12,** 6, 7
Sanvitalia procumbens, 4100-Pigment **14,** 31
Sapindus saponaria, Hederagenin **7,** 19
Sapogenin, und Acetanhydrid **4,** 19
—, Bromaddition **4,** 19
—, NMR spectra **19,** 197
—, Seitenkette **4,** 16
—, steroidal **4,** 16
—, —, IR spectra **13,** 47, 48
—, structure **13,** 47
Saponaria officinalis, saponaretin **17,** 16
Saponarin **17,** 16
Saponin **4,** 1; **5,** 64; **7,** 19; **15,** 91
Saponin, und Herzglycoside **13,** 139
Sapotalin **7,** 52
Sapropel, carotenoids **5,** 34
Sar (Abkürzung für Sarkosin) **18,** 16
Saran, transition temperature **10,** 152
Sarcina sp., Lysozyme **20,** 250, *S. aurantiaca, S. flava, S. lutea,* caroténoïdes **10,** 220, 223, *S. lutea,* und Actinomycin **18,** 3, lipides **10,** 255, Vitamin K_2 **6,** 156; **10,** 224
Sarcinaxanthine **10,** 220
Sarcinine **10,** 220
Sarco . . . = **Sarko . . .**
Sarcoma 37 and deoxy-podophyllotoxin, podophyllum **15,** 144, 153
Sarkom (Huhn), Virus **4,** 90
DL-**Sarkomycin,** structure, synthesis **16,** 123
—, **semicarbazone** **16,** 123
Sarcopetalum Harveyanum, Alkaloide **9,** 178
Sarcosine, in actinomycins **16,** 93; **18,** 3, 32, 33, 45
—, ⇆ créatine **18,** 88, 97
—, from etamycin **16,** 109
—, formation from CH_4 and NH_3 **14,** 329
—, **benzylester** **18,** 89, 90
—, **hexahydro-benzoyl-** **4,** 234
—, α-**phenyl-,** from etamycin **16,** 109
Sarkosyl-N-methylvalin (Actinomycine) **18,** 34
Sarda chiliensis, vitamin A **6,** 53
Sardine oil, fatty acids, digestibility **6,** 4, 19
Sarett's cyanohydrin method **10,** 317
Sarett reagent **16,** 30
Sargenosid und **-diacetat** **13,** 206; **14,** 119
Sarmentocymarin **7,** 120, 142, 150; **10,** 349; **13,** 166, 167, 206; **14,** 93, 117, 118, 119, 120
—, **11-dehydro-** **13,** 166, 167, 204; **14,** 120
Sarmentogenin **4,** 2; **7,** 118, 119, 120, 150; **10,** 349, 350; **13,** 156, 158, 166, 189, 196, 206; **14,** 94, 116, 117, 126
—, Abbau **13,** 167
—, 5β ("normal") configuration **10,** 349
—, and cortisone synthesis **10,** 349
—, **β-anhydro-** **10,** 349, 350
—, **11-dehydro-** und **3,11-bis-dehydro-** **13,** 166, 167, 196, 204
—, **3,11-diacetat** **7,** 150
—, **glycoside** **7,** 120; **14,** 93

D-**Sarmentonsäure-S-benzyl-thiuronium-salz** **14**, 103
D-**Sarmentose** **7**, 120; **14**, 73, 102, 104
Sarmentosid A—E **7**, 142, 152; **13**, 206; **14**, 93, 108, 119
Sarmentosid A und **E, acetyl-** **13**, 142; **14**, 110
Sarmentosigenin A, B **7**, 152
Sarmutogenin **13**, 178, 179, 181, 198, 212
—, Strukturformel **14**, 80
—, **diacetyl-** **14**, 80
Sarmutogenon **13**, 178, 181; **14**, 116
Sarmutosid **13**, 212; **14**, 93, 119
Sarnovid **13**, 206; **14**, 93, 119, 120
—, **11-dehydro-** **13**, 167
Sarothamnin **8**, 269
Sarothamnus scoparius, Carotinoide **5**, 5, 11, cactus alkaloids **6**, 253, 256
Sarpagaine **13**, 405
Sarpagandha, alkaloids **10**, 401; **13**, 366
Sarpagine **13**, 350, 366, 368, 369, 390, 402, 403, 406; **17**, 200, 201
Sarricine and **N-oxide** **12**, 203, 207, 254
Sarsasapogenin **4**, 16, 17, 20
—, → Tigogenin **4**, 21
—, **acetat** **4**, 18
—, **dihydro-** und **tetrahydro-** **4**, 17, 18
Sarsasapogenon und Brom **4**, 21
Sarsasapogensäure **4**, 18
—, **anhydro-** **4**, 19
—, —, **tetrahydro-** **4**, 18
Sarverogenin **13**, 179, 180, 181, 198, 212; **14**, 81, 82, 116, 117, 118, 119
—, **11-acetyl-** **13**, 179
—, **diacetyl-** **14**, 81
—, —, Ozonabbau **13**, 181
Sarverogenon **13**, 181
Sarverosid **7**, 142; **13**, 212; **14**, 93, 116, 117, 119
Sassafras, oil of, insecticide **10**, 457
—, Polysaccharid **20**, 237
Satonia-Seide, Röntgenfaser-diagramm **1**, 319
Saturnia pavonia, odeur **6**, 88
Sauerdorn, Oxyacanthin **9**, 195
Sauerstoff, als Philodien **10**, 95, 96
Säugetiere, Pterine **4**, 84
Säuren, gesättigte → ungesättigte **3**, 69
Säureanhydride, gemischte **13**, 451, 453
Saussurea alpina, Matricariaester **14**, 13, *S. lappa*, costunolide **19**, 18, 76
Savin, pharmac. properties **15**, 94
Sawflies and nicotine **10**, 429
Saxifraga rotundifolia and gibberellin **18**, 396
Scabiosa spp. and gibberellin **18**, 396
Scabrin, insecticide, toxicity **10**, 454, 455
Scallop, carotenoids **5**, 29
Sceleranecic acid **12**, 207, 226, 233, 234
—, **lactone** and **dilactone** **12**, 233, 234, 254
Sceleratine **12**, 203, 207, 233, 254
Sceleratinic acid and **lactone** **12**, 225, 226, 233, 234
Schardinger dextrins, dextrinase **11**, 33
Schardinger enzyme **5**, 317; **17**, 267
Scharlach, Virus **4**, 89
Schichten, exotrope und endotrope **4**, 348
Schichtenlinien-diagramm, Choleinsäure **1**, 301
Schichtfilme **4**, 347
Schierlingsarten, giftige, Acetylene **14**, 33
Schiff's bases, aldehydes (unsaturated), bathochromic shift on acidification **14**, 80
—, (Alkyl-Blockierung) **13**, 471
—, *p*-aminobenzene-sulfonamide, spectrum **14**, 285
—, *β*-8'- and -12'-apo-carotenal **14**, 280
—, retinene **14**, 279, 280, 285
Schilddrüse, s., see, voir, Thyroid
Schildlaus, Farbstoff **6**, 200
Schillerfarben (Vogelgefieder) **18**, 178
Schiverekia Dörfleri, iso-thiocyanates **18**, 166
Schizophyllum commune, indigo **17**, 282; **20**, 15
Schlack and Kumpf method (C-terminal amino acids) **11**, 272, 273
Schlange, s., see, voir, Snake
Schlegelia respublica, Feder-Fluoreszenz **18**, 203
Schleichera trijuga, fat **1**, 32
Schleim-Polysaccharide **20**, 202
Schlesinger'sches Reagens (Urobilinoide) **3**, 118
Schlierenmethode (Töpler) **4**, 113, 114
Schlieren optics, density gradient method **20**, 384, 409
Schlummbergera russeliana, cactus alkaloids **6**, 249
Schlüsselblume, Triterpen-glycosid **7**, 19
Schmelzpunkt-Depression **1**, 260
Schmetterling, Farbstoffe, Pterine **4**, 65, 76
Schmuckvögel, Federfarbe **18**, 188, 192

Schnecken-Ferment 2, 216, 224, 225
Schoenocaulon officinale (sabadilla seeds), veratrum alkaloids **10,** 462; **20,** 300, 314
Schrödinger equation 16, 185
Schub (Filme) **4,** 347, 354, 363
Schwammspinner, Virus **4,** 174
Schweinelähme, Virus **4,** 90
Schweizer's reagent 1, 291; **5,** 181; **8,** 4
Sciadopitysin 17, 9
Scilla spp., Bufadienolide **14,** 92, *Sc. maritima,* herzaktive Glycoside **4,** 9; **13,** 140; **14,** 92, 94, 112
Scillabiose und **-hexaacetat 4,** 10; **14,** 102, 103
Scilla-Bufo-Typ (Aglykone) **13,** 153; **14,** 87, 88
Scilladienolid, Scillanolid 13, 153
Scillaren A 4, 10; **12,** 144; **13,** 140, 150, 152, 188, 189, 190, 214; **14,** 88, 95, 122
—, Struktur **4,** 6
Scillaren-A-säure, hexahydro-desoxy- 4, 7
Scillarenase 4, 10; **13,** 152
Scillarenin 13, 150, 152, 190, 191, 200, 214; **14,** 88, 94, 122
Scillarenon 13, 150, 152, 190, 191
Scillaridin 4, 7; **13,** 150
—, **anhydro- 13,** 188, 189
Scillatriose 14, 104
Scilliazurosid 14, 112, 122
Scillicoelosid 14, 112, 122
Scillicoelosidin 13, 202
Scillicyanosid 14, 112, 122
Scilliglaucosid 13, 150, 151, 191, 214; **14,** 78, 122
Scilliglaucosidin 13, 150, 151, 190, 191, 200, 214; **14,** 78, 87, 88, 94, 122
Scilliglaucosidin-19-ol 13, 200; **14,** 87
Scillikryptosid 14, 122
Scilliphäosid 14, 112, 122
Scillirosid 4, 7, 8, 9; **13,** 214; **14,** 89, 95, 122
Scillirosidin 12, 160; **13,** 193, 202, 214
Scimiol, Scimion 7, 3
Scirpearia flagellum, gorgonine **12,** 394
Sciurus niger, porphyria **11,** 320, 325
Sclareol 6, 124, 126, 127; **7,** 8; **12,** 21, 22, 23, 25
Scléroprotéines 12, 354
—, d'Invertébrés **12,** 373
—, **iodées 12,** 390
—, —, dans Invertébrés **12,** 390, 393
Scomber scombrus, vitamin A **6,** 52
Scopoletin 9, 240, 244, 245, 250, 251, 265
Scopoletin-β-primeveroside 9, 245
Scopolia japonica, scopolin **9,** 244, 245
Scopulorsäure 2, 49
Scorbamic acid 2, 143, 144, 155
Scotopic dominator 14, 251, 252
Scotopic sensitivity curve (human) **14,** 303
Scotopic vision 14, 245, 248, 250
Scotopsin 14, 302
Screwworm eggs and essential oils **10,** 457
Scrophularia spp., *Sc. vernalis,* flowering and gibberellin **18,** 396, 406
Scrophulariaceae, herzaktive Glycoside und Aglykone **7,** 88; **14,** 94, 96, 123
Scup, visual pigment **14,** 295
Scurvy and vitamin C **2,** 132
Scutellarein 17, 16, 36, 52
—, spectrum **17,** 57
—, **dimethyl ether 17,** 16
—, **glucosiduronic acid 17,** 7
Scutellaria altissima, Sc. baicalensis, baicalein, scutellarein, wogonin **17,** 16, 51, 52
Scyllium catulus, protein **5,** 285
Scymnol (Biosynthese) **12,** 147
Sea anemone, carotenoids **5,** 24
Sea bass, vitamin A **6,** 53
Sea cucumbers, carotenoids **5,** 28
Sea devil, carotenoids **5,** 32
Seal oil, component acids and glycerides **5,** 80, 82, 83, 84, 85, 89
Sea squirts, carotenoids **5,** 31
Sea star, carotenoids **5,** 28
Sea urchin (Seeigel), antibody **9,** 451
—, carotenoids **5,** 28, 29
—, Echinochrom **6,** 197
—, major constituents **17,** 382
—, sperm, chromosome material **12,** 468
Seaweeds, carotenoids **5,** 24
—, citrovorum factor **11,** 383
Sebacic acid (Sebacinsäure), polyamides, elasticity **10,** 143, 144
—, **α-carboxy- 4,** 217, 218
Sebastes marinus, carotenoids **5,** 32
Sebastodes ruberrimus, proteins **5,** 279
Secaclavine 20, 17, 19, 20
Secale cornutum (ergot) **9,** 114
Secalin 19, 295, 299
—, Biosynthese **19,** 308
Secalose 19, 292, 295
—, Verschiedenheit vom Graminin **19,** 294

Seccotine 13, 18
Sedimentation, analogy with chromatography 18, 482
—, charge effects 18, 442
—, conservation of mass 18, 445
—, diffusion 18, 442
—, elongated molecules 18, 464
—, flow equations 18, 445, 446
—, (globulins) 7, 272
—, and mol. weight 18, 456, 457
—, terminology 18, 435
—, theory 18, 440, 444
—, two- and three-component systems 18, 453, 457, 478, 489
—, velocity 7, 283, 291; 18, 441, 453
Sedimentation analysis 18, 434
Sedimentation coefficient 18, 444, 448, 453, 454, 456, 459, 464
—, and boundary spreading 18, 466
—, macromolecules 18, 451
Sedimentation constant 1, 288; 7, 291
Sedimentation diagram, diphtheria antitoxic pseudoglobulin 7, 294
—, γ_2-globulin, before and after digestion 7, 293, 294
—, serum pseudoglobulin 7, 291
Sedimentation equilibrium 18, 444, 492; 20, 373
Sediments, amino acids 17, 387, 392
—, carbohydrates, unpolymerized 17, 387
—, carbon content 14, 323, 325
—, (fossil), *cis* carotenoids 18, 280
—, nitrogen 17, 388
—, Recent and Oligocene, amino acids, hemicellulose 17, 388, 392, 393
Sedoheptulose (Chromon-Biogenese) 11, 153
Sedum spp., and gibberellin 18, 397
Seeds, germination and gibberellin 18, 409, 412
Seed albumins 16, 162
Seed fats (glycerides) 1, 24, 31, 34, 40, 41, 47, 48
Seed globulins 16, 161
—, amino acid composition 6, 239
—, enzymatic properties 6, 295
Seed proteins, (dicotyledonous plants) 6, 293
—, insoluble 6, 294
Seedlings, light-inhibition and gibberellin 18, 414
Seeigel, s. Sea urchin
Seeschwalbe, Federpigmente 18, 216
Seetaucher (Federn, Eischalen), Porphyrin 18, 210
Segler (Federn, Eischalen), Porphyrin 18, 210
Sehne, Schnurren 1, 336
Sehpurpur, Sehrot, s. Visual purple
Seide, s. auch, see also, voir aussi, Silk, Soie
Seide, Faserperiode 1, 316
—, Röntgenbild 1, 316, 319, 320
Seiden-Fibroin 1, 300, 315, 316
Seidenraupe (Fettsucht, Gelbsucht), Viruskrankheiten 4, 173
Seifennüsse, Hederagenin 7, 19
Seifenwurzel, Gypogenin 7, 19
Seigle (voir aussi, Roggen, Rye), graines, fractionnement des enzymes 19, 357
—, phosphotransférase, phytase 19, 336, 356
Seitenketten, alicyclische, Abbau im Tierkörper 4, 262
Sekikasäure 2, 40, 42; 8, 237
Selachyl alcohol and **ester** in fish liver 6, 11, 12
Selagine 20, 290, 291
—, Kuhn-Roth oxidation 20, 292
—, → 5-methyl-α-pyridone 20, 292
—, NMR spectroscopy 20, 290
—, stereochemistry 20, 293
—, **tetrahydro-**, NMR spectrum 20, 290, 291
Selaginol, NMR spectrum 20, 292
Selenicereus grandiflorus, cactus alkaloids 6, 249
Selinane 19, 2, 11, 24
—, from germacrone 19, 14, 15
α- and β-**Selinene** 12, 7, 8
Seliwanoff reaction 8, 65
Semen angelicae, coumarins 9, 239, 263, 265, 266
Semeocarpus vernicifera, latex, fluorescence 6, 336
Semperflorine 13, 404, 407
Sempervirine 10, 397, 408, 417; 13, 357, 397; 17, 204
—, tautomerism 10, 409
—, **11-methoxy-** 13, 380, 381
Sempervivum spp., *S. funkii*, flowering and gibberellin 18, 396, 406
Senecic acid 12, 207, 226, 228, 229, 231, 251, 252, 253

Senecic acid, geometrical isomerism **12**, 229, 231
—, ozonization **12**, 229
—, spectrum **12**, 230
—, **dihydro-** **12**, 228, 229
—, **hydroxy-**, *cis-* and *trans-* **12**, 230
—, **lactone** **12**, 207, 208, 228, 252
Senecifolic acid **12**, 207, 226, 236, 254
Senecifolidine **12**, 207
—, toxic effects **12**, 257
Senecifoline **12**, 207, 236, 254
Senecifolinine **12**, 210, 254
Senecine **12**, 203
Senecio spp., *S. adnatus, S. albanensis, S. ampullaceus, S. angustifolius, S. aquaticus, S. aureus, S. brachychaetus, S. brachypodus, S. brasiliensis, S. bupleuroides, S. burchellii, S. campestris, S. candolleanus, S. carthamoides, S. cineraria, S. douglasii, S. eremophilus, S. erucifolius, S. fremonti, S. fuchsii, S. glabellus, S. glaberrimus, S. glutinosus, S. graminifolius, S. grandidentatus, S. hygrophilus, S. ilicifolius, S. integerrimus, S. isatideus, S. jacobaea, S. jacquinianus, S. kaempferi, S. kirkii, S. laevigatus, S. latifolius, S. longilobus, S. massagetovii, S. mikanioides, S. nemorensis, S. orientalis, S. othonnae, S. othonnaeflorus, S. paludosus, S. palustris, S. parksii, S. pauciligulatus, S. pedunculosus, S. pinnulatus, S. platyphylloides, S. platyphyllus, S. pubigerus, S. pseudo-arnica, S. pterophorus, S. racemosus, S. renardi, S. retrorsus, S. riddellii, S. rosmarinifolius, S. ruderalis, S. ruwenzoriensis, S. sagittatus, S. sarracenius, S. sceleratus, S. solidago, S. spartioides, S. squalidus, S. stenocephallus, S. sylvaticus, S. thyrosophorus, S. venosus, S. viscosus, S. vulgaris*, pyrrolizidine alkaloids, toxicity **12**, 200, 201, 202, 203, 204, 205, 209, 233, 248, 252, 254, 258, 259, *S. vernalis*, Flavoxanthin **5**, 11
Senecio alkaloids, hydrolysis products **12**, 204
—, pharmacology, toxicity **12**, 200, 257
Senecio alkamine **19**, 253
Senecioate, γ-**bromo-** and **methyl-**γ-**bromo-** **9**, 63, 66
Senecioeae, Matricariaester **14**, 13
Senecioic acid **12**, 202, 225, 226, 230
Senecionine **12**, 201, 202, 203, 205, 207, 209, 227, 228, 250, 251, 252, 253, 258
—, hydrolysis **12**, 253
—, toxic effects **12**, 257
Seneciphyllic acid and **lactone** **12**, 208, 226, 231, 232, 252, 253
Seneciphylline **12**, 201, 202, 203, 205, 208, 209, 227, 231, 251, 252, 258
—, hydrolysis **12**, 232, 253
Senegenin **7**, 3
Senescence and gibberellin **18**, 413
Senkirkine **12**, 202, 208
Senna, active principles **7**, 248
—, aglykones and glucosides **7**, 251, 253
—, drugs **6**, 177; **7**, 248
—, (leaves), iso-rhamnetin **17**, 53
—, pharmacology **7**, 268
Sennidin A and **B** **14**, 165, 166
—, acetylation **7**, 263
—, and diazomethane **7**, 256
—, reductive cleavage **7**, 258
—, stereochemistry **7**, 266
—, synthesis **7**, 267
—, **dimethylester, 1,1′-dimethyl-** **7**, 261
—, —, **hexaacetyl-**, reduction **7**, 264
—, —, **1,8,1′,8′-tetramethyl-** **7**, 254, 255, 261, 262
—, —, —, reduction **7**, 261
—, —, **tetramethyl-meso-diacetyl-**, reduction **7**, 264
—, **D-glucosido-** **7**, 268
—, **meso-acetyl-** and **meso-diacetyl-deriv.** **7**, 264
—, **methylester, 1,8,1′,8′-tetramethyl-** **7**, 262
—, **tetramethylether-diester**, oxidation **7**, 256
Sennidin A **7**, 250, 266
—, opt. activity **7**, 266
—, **dimethylester** **7**, 253, 254
Sennidin B **7**, 250, 266
Sennoside A and **B** **7**, 248, 249, 254
—, oxidation **7**, 254
—, partial synthesis **7**, 267
—, reductive cleavage **7**, 258, 259, 262
—, relationship **7**, 265
—, **decaacetyl-** and **dimethylester** **7**, 254, 255

Sennoside A and **B, dimethylester, dimethyl-,** and **octaacetyl- 7,** 254
—, **dimethylether diester 7,** 256
—, **hexaacetyl deriv. 7,** 263
—, **trimethylamine salt 7,** 252
Senpeimine 20, 355
Sensibamine 9, 159
Senso, bufagins, bufotoxins **4,** 13; **5,** 242, 243, 250, 252, 255
Sepedon haemachates, venom **12,** 409, 410
—, —, electrophoresis **12,** 452
—, —, phosphoesterases **12,** 423
Ser (abbreviation for serine) **17,** 331
Seredine 13, 400, 401, 406
Sericulus chrysocephalus (Federn), Zeaxanthin **18,** 181
L-**Serine,** dans antipathines **12,** 393
—, biosynthesis **19,** 279
—, color reactions **12,** 291
—, in crotoxin **12,** 447
—, crystal structure **8,** 318, 337
—, decomposition **12,** 293
—, DNP-deriv. **12,** 305
—, and *E. coli* **9,** 419, 429
—, estimation in hemoglobin, in insulin **11,** 252, 253
—, in fish proteins **5,** 272, 288, 316
—, (genetics) **12,** 479
—, dans gorgonines **12,** 392
—, in hemoglobin, number of residues **17,** 350
—, hydrolytic destruction **17,** 352
—, labeled **9,** 304
—, in microsomal protein **16,** 150
—, molecular dimensions **11,** 186
—, as N-terminal amino acid **11,** 266, 268
—, à partir de l'ombricine **18,** 101
—, in proteins, collagens, gelatins **17,** 383, 385
—, in salmine **11,** 252
—, in seed proteins **6,** 292
—, separation **11,** 243
—, from soils **17,** 391
—, dans spongines **12,** 395
—, thermostability **17,** 390
—, dans thyroglobuline **12,** 386
—, in tryptophan biosynthesis **17,** 259
—, X-ray analysis **11,** 186
—, **O-acyl-,** Umlagerung **13,** 537
—, **O-benzyl-** (Peptid-Synthese) **13,** 483
—, **carbobenzoxy- 13,** 482
—, **O-glycolyl-,** from azaserine **16,** 102
L-**Serine, thiohydantoin deriv. 12,** 309
D-**Serine amide** from cycloserine **16,** 104
DL-**Serine,** bond lengths of amide group **11,** 198
—, crystal structure **11,** 182, 186, 187
—, hydrogen bonds **11,** 186, 201
—, **dériv. guanidiques 18,** 100
Serin-peptide 13, 482, 483, 484
Serinol, N-acyl-β-(p-nitrophenyl)- 18, 62
—, **dimethyläther, β-phenyl- 18,** 61
threo-**Serinol, N-acetat, β-phenyl- 18,** 61
—, **methyläther, β-phenyl- 18,** 60
—, **β-(p-nitrophenyl)- 18,** 61
DL-threo-**Serinol** (Chloramphenicol-Synthese) **18,** 60
Serinus canaria, S. serinus, Kanarienxanthophyll **18,** 180, 186, 189
Seriola dorsalis, vitamin A **6,** 52
Seromicrons (immunol.) **9,** 465
Seromucoid 20, 240
Serotonin 17, 264
—, biosynthesis **14,** 221; **19,** 282
Serpentine 10, 401, 405, 410, 413, 417; **13,** 350, 366, 369, 375, 399, 402, 404, 406, 421; **17,** 202
—, anhydronium base **13,** 397, 406
—, conversions **13,** 397, 398
—, and intestinal motility **13,** 415
—, IR spectrum **10,** 406, 409; **13,** 396, 397
—, pharmacol. effect **10,** 413; **13,** 415
—, spectrum **10,** 407, 411
—, tautomerism **10,** 409
—, **Bz-tetrahydro- 13,** 397
—, **Py-tetrahydro- 10,** 407, 408, 409; **13,** 369, 398
—, —, UV and IR spectrum **10,** 408, 409; **13,** 375, 399
—, —, pharmacol. effect **13,** 415
Serpentinic acid, Py-tetrahydro- 13, 397
Serpentinine 10, 401, 405; **13,** 366, 369, 399, 403, 405, 406
—, dehydrogenation **13,** 399
—, pharmacol. effect **13,** 415
Serpentinol, tetra- and **hexahydro- 13,** 397
Serpent star, carotenoids **5,** 28
Serpine, dehydrogenation, configuration **13,** 359, 393
Serpinine 13, 354, 356, 368, 392, 393, 406, 407

Serratia marcescens, DNA **20**, 407, exotoxine **10**, 254, Lipopolysaccharid-Protein-Komplex **20**, 230, 231, Ubichinon **20**, 80, Vitamin K_2 **6**, 157; **10**, 224
Serum, antipneumococcal, and polysaccharides **18**, 520
—, fluorescence **6**, 349
Serum albumin, antibody, antigen **9**, 458, 464
—, bovine, amino acid composition **11**, 250
—, —, chromatography **11**, 284, 285
—, —, chromatogram of hydrolyzate **11**, 257
—, —, electrophoresis **7**, 289
—, —, α-helix **11**, 233
—, —, N-terminal residues **11**, 270
—, buoyant density **20**, 409
—, C- and N-terminal sequence **11**, 268, 270; **12**, 317, 321
—, differentiation from immune globulin **11**, 284, 285
—, "impurities" **18**, 460
—, sedimentation and mol. weight **1**, 265; **18**, 461
—, **dériv. iodés** **12**, 375, 378
Serum-*p*-azobenzoic, -*p*-azophenylarsonic, and **-(*p*-azophenyl)-azophenyl-arsonic acid** (sheep) **9**, 473
Serum-cholesterase **6**, 218
Serum globulins, antidiphtheric **7**, 280
—, enzymatic digestion **7**, 290
—, (immunol.) **18**, 504
—, **dériv. iodés** **12**, 378
Serum-gonadotropin, Kohlenhydrat-Anteil **20**, 243
Serum lipids **9**, 452
Serum proteins, antitetanus activity **7**, 278
—, fish **5**, 285
—, Mol.-Gew. **1**, 265
Serum pseudoglobulin, sedimentation **7**, 291
Serverosid **14**, 93
L-**Seryl**-*L*-**alanine**, and *L*-**alanyl**-*L*-**serine**, chromatographic separation **11**, 278
Sesame and gibberellins **18**, 395
Sesame oil, digestibility **6**, 15
—, fatty acids **1**, 32; **6**, 56
—, synergistic effect **10**, 455
—, vitamin E **6**, 55
Sesame plants and gibberellins **18**, 395
Sesamin, sesamolin, sesoxane, synergists (rethrins) **10**, 452, 455; **19**, 149, 150
Sesamum indicum, fat **1**, 32, and insecticides **10**, 455
Seseli indicum, seselin **9**, 278
Seselin **9**, 227, 228, 276, 278; **17**, 174
—, **dihydro-** and **tetrahydro-** **9**, 254 278
Sesquibenihene, Sesquibenihiol **12**, 5, 7
Sesquilavandulol **12**, 10; **19**, 268
Sesquiterpenes **5**, 41, 47, 62; **12**, 1, 3
—, acyclic **12**, 3
—, azulene type **12**, 10, 12
—, biogenesis **12**, 26, 29; **19**, 266
—, bisabolene type **12**, 3, 4, 5
—, cadinene type **12**, 3, 4, 5
—, eudesmol type **12**, 6
—, medium-ring, constants **19**, 10
—, stereochemistry **12**, 8
Sesquiterpenic lactones, ten-membered **19**, 24
Sesquiterpenic types **19**, 2, 3
Sesquiterpenoids, azulene precursors **19**, 34
—, conformational analysis **19**, 166
—, cyclic, → *trans*-farnesol **19**, 78
—, hydroazulenic **19**, 52
Setoclavine **20**, 20
Severe-etch-Virus **4**, 151, 171
Shad, proteins **5**, 273, 277
Shadow cast technique **8**, 10
Shale, complex molecules, hydrocarbons, porphyrin **17**, 388, 399
Shale oil (sand reservoirs) **17**, 388
Shark, carotenoids **5**, 33, vitamin A **6**, 53
Shark liver oil, vitamin E **6**, 55
Shark-skin gelatin, amino acids **17**, 385
—, X-ray diffraction diagram **5**, 288
Shea butter, component acids, glycerides **1**, 32, 34, 42, 45, 46, 47; **5**, 86, 87
Shea-nut fat, basseol, butyrospermol **7**, 14, 19; **12**, 108, 111, 151
Sheep, fat, fatty acids and glycerides **5**, 80, 82, 89, 92
—, insulin, amino acids **17**, 384
Sheets, fibrous proteins, polypeptide chains **11**, 209
Shells, fossil, amino acids, proteins **17**, 393, 394
—, —, muscle scars **17**, 381
Sheradia spp., Chinone **6**, 189

Shiga neurotoxin, sedimentation analysis **18**, 473
Shigella and *E. coli* mixture, DNA **20**, 407
Sh. dysenteriae, *Sh. flexneri*, Polysaccharide, Polysaccharid-Antigen **20**, 230, *Sh. paradysenteriae*, antigène, lipides **10**, 250, 251, 254, (biol. Test) **18**, 58, *Sh. sonnei*, antigène, lipides **10**, 254, *Sh. typhosa*, Endotoxin **10**, 254; **20**, 240
Shikimic acid (Shikimisäure) 12, 478, 479; **14**, 203; **16**, 21; **17**, 232; **20**, 192
—, (Biogenese von Alkaloiden) **17**, 229
—, (Biosynthese von Ubichinon) **20**, 107
—, lignin and quercetin precursor **14**, 204; **17**, 45, 46
—, (prephenic acid route) **20**, 159
—, **5-dehydro-** (amino acid biosynthesis) **12**, 478, 479
—, **5-phosphate 14**, 203, 204
Shikonin 6, 176, 183
Shikonwurzel, Chinon **6**, 183
Shinoda test (flavones) **17**, 13
Shonanic acid 12, 2
Shorea stenoptera, fat **1**, 31
Short-day plants, and gibberellin **18**, 391, 397, 407
Shrimp, carotenoids **5**, 33, proteins **5**, 277, visual pigment **14**, 293, 306
S—H stretching vibrations (IR) **13**, 26
Sialinsäure 20, 204, 208
—, (Mucine) **20**, 233
Siaresinolsäure 7, 17, 19, 20, 45, 46, 75
—, **methylester, 2-acetyl- 7**, 45
Sichler, roter, Feder-Carotinoide **18**, 192
Sickle cell anemia (genetics) **12**, 475
Sickle cell anemia hemoglobin, s., see, voir, Hemoglobin
Siderophilin 20, 241
Sikkimotoxin 15, 90, 91, 95, 96, 130, 131, 132, 145, 152
—, degradation **15**, 132
—, epimerization **15**, 131
—, **deriv. 15**, 152
—, **chloride 15**, 131, 152
Silene spp., *S. armeria* and gibberellin **18**, 396, 402, 414
Silica gel, adsorbent for proteins **11**, 263, 284
Silicate rocks, interaction with CO_2 (carbon cycle) **14**, 318
Silicic acid (separation of DNP-amino acids) **11**, 264
Silicicolin 15, 93, 122, 123
Silicone rubbers, transition temperature **10**, 126, 152
Silk, s. auch, see also, voir aussi, Seide, Soie
Silk, basic polypeptide chain, configuration **11**, 215
—, pleated-sheet structure **11**, 226, 227
—, stretched **10**, 121
—, X-ray study **11**, 209, 214, 215, 217, 226
Silk fibroin, amino acid composition **9**, 450; **11**, 252
Silkworm, fluorescyanine **11**, 370, major constituents **17**, 382
Silliorhinus Cami, protein **5**, 285
Silt loam, organic matter **17**, 396
Silvasenecine 12, 203, 208
Silybum marianum, Acetylen-Kohlenwasserstoff **14**, 23
—, tyramine **6**, 253
Simarubein, Simarubin 17, 174
Simonis-Reaktion 11, 142
Sinactin 9, 177, 191
Sinalbin 18, 124, 125, 129, 130, 131, 148, 157, 159
Sinapic acid 18, 131
Sinapine 18, 125, 128, 130, 131
Sinapinalkohol 11, 56, 57, 63
—, (Lignin) **20**, 53, 68
—, und Pilzredoxase **11**, 56, 63
Sinapis alba, *S. arvensis*, iso-thiocyanates **18**, 124, 130, 148, 157, 166, *S. alba*, phosphatases **19**, 324, 326, *S. officinalis*, Violaxanthin **5**, 5
Sine curve potential model 17, 428
Sinigrin 17, 7; **18**, 124, 125, 126, 128, 129, 130, 143, 147, 158, 159
—, cleavage **18**, 130, 132, 133
—, and Raney nickel **18**, 132
—, structure **18**, 131
Sinigrinase 18, 138
Sinomenin 9, 176, 177, 180, 188; **19**, 258
Sinomenium acutum, *S. diversifolium*, Alkaloide **9**, 176, 177, 178, 188, 189, 191, 207, 213
Sipeimine 20, 355
Siphonocalina pruvoti, spongine **12**, 395
Siphonoclades, cell walls **8**, 3
Sirasyke disease (Senecio alkaloids) **12**, 201

Sisal, hecogenin **10,** 351
Sistrurus catenatus, venom **12,** 411
Sisymbrin 18, 153
—, stereospec. synthesis **18,** 152, 153
Sisymbrium austriacum, S. cheiranthoides, S. Loeselii, S. officinalis, S. sophia, S. strictissimum, iso-thiocyanates **18,** 152, 167
Sitosin 19, 295, 304
—, Bausteinanalyse **19,** 303
—, Inulintyp **19,** 303
—, Vergleich mit Graminin **19,** 295
$\Delta^{4,22}$-Sitostadienol 1, 92
γ-Sitostane 1, 92
Sitostanol 1, 62
β-Sitostanol 1, 91
Sitosterol (Sitosterin) 9, 261
—, fluorescence **6,** 316
—, in vegetable fats **6,** 11
—, **7-dehydro- 1,** 91
—, —, (Dien-Synthese) **10,** 70
—, **dihydro- 1,** 91, 92
—, —, provitamin D **6,** 54
α-, β-, γ-, Δ^4- and ε-**Sitosterol 1,** 91, 92
α-Sitosterol group, unknown structures **12,** 121
β-Sitosterol, Biosynthese **12,** 143
γ-Sitosterol 13, 402
—, Biosynthese **12,** 143
—, from toads **5,** 262
β-Sitosteryl chloride 1, 92
Skatole 17, 250, 252, 254
—, in *Celtis* xylem **17,** 254
—, from indoleacetic acid **17,** 254
—, metabolism in bacteria **17,** 254
—, origin in higher plants **17,** 254
—, from rauwolscine **10,** 396
Skeleton films 4, 409
Skimmetin 9, 243
Skimmia japonica, coumarins **9,** 243, 278, *Sk. repens,* dictamnine **13,** 318
Skimmianine 13, 323, 324, 327, 331
Skimmianinic acid and **ester 13,** 319, 324
Skimmin 17, 174
Skimmotoxin, acetyl- 15, 131, 152
Skunk, sécrétion soufrée **6,** 111
Skyrin, aus Penicilliopsin **14,** 165, 166
Slater effective charge (heteroatoms) **16,** 201
Smalogenin and **O-acetyl- 12,** 158; **13,** 173, 178, 200; **14,** 121
Smegma bacillus, phosphatides **3,** 151
α-, β- et γ-**Smegma-mycolique (acide)** (lipides bactériens) **10,** 212
Smilagenin 4, 16, 21
—, → Tigogenin **4,** 21
Snake (Schlange), bite, and anaphylactic shock **12,** 416
—, —, darkening of blood **12,** 429
—, —, dissolution of fibrin **12,** 417
—, eye (cones) **14,** 251, 252
—, poisonous and non-poisonous **12,** 409
—, poison apparatus **12,** 412
—, zool. classification **12,** 409
Snake venom, action on nervous periphery **12,** 415
—, action on prothrombin **12,** 429
—, active proteins **12,** 433
—, adenosine triphosphatase **12,** 425, 426
—, *L*-amino acid oxidase **12,** 419, 430
—, antifermenting principle **12,** 431
—, and blood coagulation **12,** 413
—, cardiotoxin **12,** 417
—, catalase **12,** 429
—, chemistry and biochemistry **12,** 406
—, cholinesterase **12,** 441
—, circulatory effect **12,** 415, 416
—, constituents, isolation **12,** 413, 431, 433
—, curare-like effect **12,** 415
—, deoxyribonuclease **12,** 450
—, dephosphorylation of ATP **12,** 425
—, electrophoresis **12,** 451, 452
—, enzymes **12,** 408, 418, 419, 431
—, —, chromatography **8,** 353
—, —, cleavage of polynucleotides **12,** 424
—, esterases **12,** 420
—, and fever **12,** 413
—, flavines **12,** 430, 431
—, hemolytic component **12,** 439
—, hemorrhagic effect **12,** 415, 417
—, hyaluronidase **12,** 419, 426
—, and lecithinase activity **12,** 416, 420
—, und Lecithinfilme **4,** 387
—, liberation of adenyl compounds **12,** 417
—, 5-nucleotidase **12,** 424
—, ophio-*L*-amino acid oxidase **12,** 428, 430
—, ophio-cholinesterase **12,** 426
—, oxidases **12,** 429
—, papain-like action **12,** 428
—, pharmacology **12,** 413, 414
—, phospholipase A, B, C **12,** 420, 421

Snake venom, phosphomonoesterase, phosphatase **12,** 419, 422, 433
—, proteolytic enzymes **12,** 419, 427, 428
—, riboflavin **12,** 430
—, sugar content **12,** 433
—, toxicity and antiserum **12,** 417, 418
—, toxin **12,** 407, 408
—, Zn content **12,** 433
Soaps (in feces) **6,** 16
Soapstone in enzyme chromatography **8,** 358
Sodium acetate, labeled **14,** 194
Soie, s. auch, see also, voir aussi, Silk, Seide
Soie, fluorescence **2,** 311
—, (vers polychètes), scléroprotéines iodées **12,** 390
Soil (Boden), Actinomyceten **14,** 16
—, amino acids **17,** 391
—, Bakterien, Bildung von Chinonen **6,** 157
—, —, and vitamin B_{12} **9,** 420
—, carbohydrates **17,** 398
—, and dinitrofluorobenzene **17,** 388
—, hydrolyzates, chondrosamine **17,** 391
—, —, α,ε-diaminopimelic acid **17,** 391
—, α-hydroxystearic acid **17,** 396
—, linoceric acid **17,** 396
—, lipides **17,** 396
—, nitrogen after burial **17,** 388
—, organic substances **17,** 391
Sojabohne (Soya bean), β-amylase, separation from Z-enzyme **11,** 14
—, Bitterstoffe **17,** 175
—, daidzin **17,** 56
—, fat, digestibility **6,** 15, 20, 64
—, —, fatty acids **6,** 56
—, —, vitamin E **6,** 55
—, oil, component acids and glycerides **1,** 27, 36, 91; **5,** 80, 82, 83, 84, 85, 87
—, —, insecticide **10,** 458
—, phosphatases **19,** 322
—, phosphatides, emulsifying agents **6,** 23
—, proteins **6,** 294
Soja hispida, daidzein **17,** 56, Sojasapogenol **7,** 19
Sojasapogenol A—D und **-diacetat 7,** 17, 19, 20, 40, 41, 42, 43
α-, β- und γ-**Sokratin 2,** 276, 277, 292
Solanaceae, Mosaikkrankheit **4,** 90
Solanachromen, Beziehung zu Plastochinon **20,** 100
Solanesol, Erweiterung um 1 Isoprenrest **20,** 94
—, → Plastochinon, Ubichinon-(45) **20,** 94, 111
—, Vorkommen **20,** 93, 94
Solanesyl-pyrophosphat, enzymatische Alkylierung **20,** 107
Solangustin, Solangustidin 4, 22, 23
Solanidine 20, 301
—, **dihydro- 20,** 301
—, **hydroxy- 20,** 301
Solanidin-s, -t 4, 22, 23, 24, 25
Solanin-s, -t 2, 280; **4,** 22, 23
Solanion 6, 162, 167, 221
Solanocapsidin, Solanocapsin 4, 22, 23, 24
Solanum-Alkaloide 4, 22; **20,** 300
Solanum spp., *S. brachycarpum, S. melongena,* anthocyanins **20,** 180, 187, 189, 192, *S. auriculatum, S. aviculare, S. angustifolium, S. pseudocapsicum, S. sodomaeum, S. tuberosum, S. xanthocarpum,* Alkaloide **4,** 22, 23, *S. tuberosum,* Ubichinon **20,** 81
Solatubin, Solatunin, Solasodin, Solasonin, Solauricidin, Solauricin 4, 22, 23
Sole, proteins **5,** 274, 279, 280
Solenostigma, skatole **17,** 254
Solenotodentes, evolution and venom **12,** 444
Solidago spp., *S. sempervirens,* Matricariaester, 8-*cis*-2,3-Dihydro-matricariaester **14,** 13, 19
Solids, amorphous, transition phenomena **10,** 150
Solipurposide, dehydrogenation **17,** 44
Solorina crocea, Flechtenstoff **2,** 44, 53; Chinon **6,** 175
Solorinsäure 2, 53; **6,** 175
Solorsäure 2, 44
Solution density, variation of $^1/_\beta{}^\circ$ **20,** 387, 417
Solvatation, Theorie **1,** 267, 282
Solvolysis and conformation **19,** 188
Somalin 4, 9; **7,** 99, 101, 150; **13,** 202; **14,** 76, 114, 115
Somateria mollissima, Federpigmente **18,** 216
Somatotropin, N-terminal residues **11,** 268
Son de Blé, phosphatase **19,** 328
Songorine = napellonine **16,** 60, 62
Sophocarpin 8, 269

Sophora spp., *S. alopecuroides*, *S. flavescens*, *S. pachycarpa*, Cytisin, Matrin, Sophocarpin, Sophoramin, Sophoridin **8**, 265, 269
S. japonica (lignin) **5**, 213, rutin, sophoricoside, sophorabioside **17**, 19, 53, 56
Sophorabioside **17**, 56
Sophoramin, Sophoridin **8**, 269
Sophoricoside **17**, 56
—, → prunitrin **17**, 45
—, synthesis **17**, 45
Soranjidiol **6**, 177
Sorbicillin **7**, 201, 202
Sorbinaldehyd **3**, 34, 40, 41
Sorbinalkohol **3**, 33, 34, 40, 41
Sorbinsäure (Sorbic acid), ***trans*-2-α,δ-dimethyl-** **19**, 132
—, **ester,** Reduktion **8**, 189
Sorbinyliden-brenztraubensäure **3**, 40
D-**Sorbitol (Sorbit)** (configuration) **2**, 150
—, **2-acetamino-,** und Perjodat **20**, 207
α- and β-*L*-**Sorbofuranose** **5**, 118
L-**Sorbose** (configuration) **2**, 150; **5**, 115
L-**Sorbose-1-phosphate** **8**, 84
—, rotation **8**, 63
L-**Sorbose-6-phosphate** **8**, 61, 85
DL-**Sorbose,** from glyceraldehyde **19**, 273, 274
(±)-*trans*-**Sorbylrethronyl** (±)-*trans*-**chrysanthemate** as insecticide **19**, 154
Soret band **11**, 312, 314, 319
Sorgho, phosphatase **19**, 343
Sorghum starch, amylose **11**, 11
α- und β-**Sorigenin** und **-methyläther** **11**, 160, 161
α- und β-**Sorinin** und **-methyläther** **11**, 160, 161
Sotetsu-flavone **17**, 9
Southern armyworm and nicotine **10**, 431
Southern prickly ash, herculin, neoherculin **10**, 453, 454, O-methyltyramine-N-methylcinnamide **6**, 256
Soya, s., see, voir, Soja
Space research and origin of life **20**, 453
Sparassis ramosa, Flechtenstoff **2**, 37
Sparassol **2**, 37
Spartein **8**, 246, 247, 254, 256, 257, 269, 270
—, biosynthesis **19**, 253, 254
—, Konstitution **8**, 255
—, from lysine **19**, 252
—, Nebenalkaloide **8**, 269
Spartein, Stereochemie **8**, 258
—, Synthese **8**, 256, 258, 270
—, Toxikologie **8**, 271
(+)- und (—)-**Spartein** **8**, 254, 255, 262, 267
Spartein, aminoxyd **8**, 260
—, **anhydro-hydroxy-** **8**, 263
—, **dehydro-, phenyl-** **8**, 261
—, α- and β-**didehydro-** **8**, 258, 260
—, **dioxo-** **8**, 257, 259, 264
—, **8-** and **17-keto-** **8**, 270; **19**, 253, 254
—, **oxo-** **8**, 247, 254, 255, 256, 257, 268
—, **oxy-** **8**, 255, 262, 263, 269
—, —, → β-Alanin **8**, 262
Spartioidine **12**, 203, 208
Spartium scoparium, Spartein, Genistein, Sarothamnin **8**, 254, 269
Spathulatin **8**, 263
Spechte, Federpigmente **18**, 181, 191
—, (Federn, Eischalen), Porphyrin **18**, 210
Spectrometer, construction **13**, 9, 11
Spectrum, and *cis-trans* isomerization **18**, 245, 249
—, and conformation **19**, 195
—, degraded (carotenoids) **18**, 235
—, of dyes, electron gas theory **16**, 162
—, at extremely low temperatures **18**, 263
—, de fluorescence **2**, 301, 303, 304, 306, 307; **6**, 311, 312, 345
—, mol. rotational fine structure **3**, 204
—, S-Effekt **14**, 155
—, (vapor) **5**, 340
Spectral bands, fine structure **17**, 441
Spectral sensitivy curves (vision) **14**, 303
Speicheldrüsen-Virus (Nager) **4**, 90
Sperlingsvögel (Federn, Eischalen), Porphyrin **18**, 210
Spermaceti, fatty acids **6**, 3
Sperm whale, ambre gris **6**, 121; **7**, 5
Sphaerophorus coralloides, Sph. fragilis, Chinon **6**, 173
Sphärophorin **2**, 41
Sphenisci, Federpigmente **18**, 205
Sphingolipids **20**, 3
—, 2-hydroxy-*n*-hexacosanoic acid **20**, 4
Sphingosine and **dihydro-** **20**, 3, 4
Sphondin, Sphondylin **9**, 265
Sphyraena argentea, vitamin A **6**, 52
Spider mite, and insecticides **10**, 432
Spider web (genetics) **5**, 302
Spilanthes acmella, Sp. oleraceae, insecticides **10**, 453

Spilanthol, Dien-Synthese **10**, 34, 36
—, insecticide **10**, 453
Spinach (Spinat), cellular constituents **6**, 298
—, chloroplast composition **6**, 299
—, Flavingehalt **2**, 64
Spinacia spp., cytoplasmic amino acids **6**, 302, and gibberellin **18**, 396, *Sp. oleracea*, Ubichinon **20**, 81
α-**Spinasterol** **1**, 93
—, Biosynthese **12**, 143
Spinochrom **6**, 199
Spinon **6**, 199
Spinulosin **6**, 158, 166, 167, 202
Spinus cucullatus, Feder-Carotenoide **18**, 187, 191
Spiramycine, Kohlenhydrat-Komponente **20**, 219
Spirane **19**, 3
Spiraea ulmaria, spiraeosid **17**, 53
Spirilloxanthin **10**, 219, 222; **12**, 170, 173, 177; **18**, 316
—, *cis*-peak **18**, 253, 254
—, iodine-catalyzed equilibrium **18**, 270
—, spectrum **18**, 250
—, stereoisomerization, by refluxing and spontaneous **18**, 264, 267
—, structure **18**, 229
Spirillum rubrum, photosynthine **10**, 222
Spirodela oligorrhiza, copigmentation, anthocyanin biosynthesis **20**, 191, 194
Spirographis (worm), chlorocruoroporphyrin **11**, 318
Spirogyra, fluorescence **2**, 320
$\Delta^{7,9(11)}$-22a-5α-Spirostadien-3β-ol acetate **10**, 331, 332, 340, 344
$\Delta^{7,9(11)}$-22a-5β-Spirostadien-3α-ol acetate **10**, 336
Spirostane, 12-keto- **10**, 351
22a-5α-Spirostane-3β,11α-diol **10**, 339, 340
Spirostanol **12**, 140
22a-5α-Spirostan-3β-ol-7,11-dione acetate **10**, 335
Δ^{8}-22a-5α-Spirostene-3β,11α-diol-7-one 3-monoacetate **10**, 342, 343
Δ^{7}-22a-5α-Spirosten-3β-ol **10**, 337
Splachnum ampullaceum and gibberellin **18**, 411
Sponges, carotenoids **5**, 25, 26, 27; **18**, 319
Spongiaires, lipides **10**, 174, spongines, scléroprotéines iodées **12**, 391
Spongilla lacustris, spongines iodées **12**, 397
Spongines **12**, 353, 354, 390, 397
—, acides aminés (iodés) **12**, 395, 396
—, biochimie **12**, 396
—, bromuration **12**, 397
—, ioduration **12**, 397
—, et kératines, différences **12**, 396
—, teneurs en iode et en brome **12**, 395, 396
—, *L*-thyroxine **12**, 396
Spongothymidine **8**, 103
Sporangiophores, growth **8**, 14
Sporidesmium bakeri, metabolites **20**, 10
Sporidesmolide I → sporidesmolic acids A and B **20**, 10
Sporidesmolide II **20**, 10
Sporobolomyces spp., *Sp. roseus*, *Sp. salmonicolor*, carotenoids **12**, 172, 173, 177
Spotted fever and antibiotics **16**, 103
Sprat, proteins **5**, 272
Spreitung (Proteinfilme) **4**, 418, 420, 432
Spruce oil, insecticide **10**, 457
Squalene **6**, 11, 123; **12**, 138, 139; **19**, 270
—, und A-Avitaminose **20**, 108
—, acetate building stones **12**, 26
—, und Cholesterolbildung **12**, 139
—, dehydrogenation **15**, 37
—, und Electron-Transport-System **20**, 115
—, in Leberölen **12**, 136
—, radioaktives **12**, 137
—, in Steroid-Biosynthese **12**, 136, 153
—, **tetracyclo-** **6**, 126; **7**, 5, 6; **19**, 269, 270
—, **tricyclo-** **6**, 126
Squalidine **12**, 208, 236
Squalinecic acid **12**, 208, 226, 236
Squalus acanthias, substance fluorescente **6**, 329
Squamatsäure **2**, 45
Squash (ovaries and pollen), tryptophan **17**, 256
—, (seed), proteins **6**, 293
Squeteague, protein **5**, 279
Squid, amino acids **17**, 383
—, rhodopsin, meta-rhodopsin **14**, 275, 276, 278, 295, 307
Squirrel, all-cone retina, pigment **14**, 297
—, eyes, electroretinogram **14**, 297
—, and porphyria **11**, 320, 325

SRS (abbreviation for slow reacting substances, snake venoms) **12**, 416
Stachel-Farbstoffe (Echinodermen) **6**, 198
L-**Stachydrin** **2**, 259
Staggers in sheep, and indoles **17**, 265
Standing electron waves **16**, 180, 181
St. Anthony's Fire (ergotism) **9**, 116
Staphisine, insecticide **10**, 464
Staphylococcus, lysis **7**, 195
St. albus, Flavingehalt **2**, 63
—, lipides **10**, 174
—, und Vitamin B_6 **4**, 48
St. aureus, aminozucker-haltige Nucleotide **20**, 220, 247
—, (biol. Oxydationen) **4**, 238
—, (biol. Test) **18**, 64
—, und Carlina-Wurzel **14**, 11
—, caroténoïdes **10**, 220, 222
—, und Chinone **6**, 202, 203
—, et dichloroflavine **9**, 94
—, enzyme, glutamine synthesis **9**, 337
—, und Flechtenstoffe **8**, 238
—, and folic acid series **11**, 385
—, inhibition of respiration **7**, 199
—, und Pantothensäure **4**, 41
—, (penicillin standard) **7**, 197
—, und Salicylat **4**, 41
—, Vitamin K_2 **6**, 156, 157; **10**, 224
—, Zellwand-polysaccharide **20**, 229, 230
—, Zellwand-Synthese, Hemmung **20**, 220
St. citreus, und Flechtenstoffe **8**, 238
Staphylococcus-Bakteriophagen **4**, 147, 182
Starch (Stärke) **11**, 1, 4
—, acetolysis **11**, 4
—, adsorbent for amino acids, proteins **11**, 243, 244, 245, 246, 248, 284
—, amylose content **11**, 11, 13
—, Ansammlung in Gräsern **15**, 21
—, block electrophoresis **17**, 341, 342
—, branched structure **11**, 3, 6
—, degraded, methylated, hydrolysis **11**, 20
—, degree of polymerization **11**, 5
—, end groups **11**, 3, 4, 5
—, enzymic synthesis **11**, 25
—, in enzyme chromatography **8**, 349
—, formation **5**, 102, 114
—, gelatinized **11**, 7
—, α-glucosidic chain link **11**, 5
—, grains in cytoplasm **16**, 140
—, "granular" (amylose) **11**, 26
Starch, hydrolysis **11**, 28
—, Kammformel **1**, 279
—, laminated formula **11**, 6
—, α-1,4-linkages **11**, 5
—, → maltose **11**, 4
—, osmotic study **11**, 5
—, phosphorolysis **5**, 104
—, —, reversibility **11**, 28
—, polymerhomologe **1**, 280
—, separation of components **11**, 6
—, soluble, synthetic **11**, 12
—, ultracentrifugal study **11**, 5
—, viscosity **11**, 5, 13
Stärke-cinnamat **1**, 292
Starch-iodine, absorption **11**, 10
Starch, trimethyl- **11**, 4
Stearic acid (Stearinsäure, Acide stéarique), (bacterial fats) **3**, 152, 159, 160, 164, 183, 193, 195; **10**, 238, 246
—, biotin-like effect **6**, 38
—, digestibility **6**, 3, 21
—, estérifié **10**, 244
—, in fats **1**, 41, 42, 44, 45; **5**, 82
—, (fèces) **6**, 143
—, in petroleum **17**, 396
—, **deuterio-** **3**, 69
—, **dihydroxy-** (bacterial fats) **3**, 158, 191; **10**, 246
—, —, biotin-like effect **6**, 38
—, —, from soils **17**, 396
—, **dioxido-** (non-essential) **6**, 28
—, **hexahydroxy-** (essential) **6**, 28
—, α-**hydroxy-**, in soils **17**, 396
—, **8-hydroxy-**, aus Isanolsäure **14**, 45
—, **9- et 10-méthyl-** (lipides bactériens) **10**, 180, 181, 182, 183, 184, 185
—, **2-tétradécyl-3-hydroxy-** **10**, 195
—, **tri- and tetrahydroxy-** (non-essential) **6**, 29
Stearin-K-Film, Dielektrizitäts-Konstante **4**, 408
Stearo-behenin **1**, 27
Stearo-diolein **1**, 45, 46, 47, 48
Stearolsäure **14**, 39, 42
Steganopodes, Federpigmente **18**, 205
Stegosaurus, amino acid content **17**, 395
Stellasterol, Biosynthese **12**, 143
Stem-extension, gibberellin-auxin synergism **18**, 402
—, gibberellin and light **18**, 403
Stem-growth and gibberellin **18**, 394

Stem movement (gibberellin, auxin) **17**, 303
Stephania capitata, St. cepharantha, St. glabra, St. japonica, St. rotunda, St. Sasakii, St. tetrandra, St. venosa, Alkaloide **9**, 177, 178, 189, 190, 191, 194, 195, 199, 200, 207, 213
Stephanin, Stephanolin 9, 177, 189, 207, 213; **18**, 77, 78
Steran-Alkaloide 12, 141
Stercobilin, Stercobilinogen 3, 84, 87, 112, 113, 114, 117, 118, 123
Sterculia foetida, acide sterculique **10**, 186; skatole odor **17**, 254
Stereocaulon spp., Pseudopsoromsäure **2**, 49
Stereochemie und Dien-Synthese **10**, 14, 17, 84
Stereoisomerie, mechanische (Keratin) **1**, 326
Stereoisomerism (carotenoids), and adsorption **18**, 230
—, history **18**, 229
—, and provitamin A effect **18**, 331
Stereoisomeric set, definition **18**, 226
Stereolepis gigas, St. ishinagi, vitamin A **6**, 53
Stereomutation 18, 231
Stereospecific synthesis, biogenetic-type **19**, 243, 254
Steric approach control (reduction of ketones) **19**, 189
Steric hindrance, carotenoids, **vitamin** A, retinene **3**, 228; **14**, 258; **18**, 232, 234
—, —, and degraded spectra **18**, 235
—, compression, and conformational analysis **19**, 183
—, isoprenoid compounds (*cis*) **3**, 228; **14**, 258
Stericulaceae, herzaktive Glycoside und Aglykone **14**, 124
Sterine s., see, voir, Sterols
Sterna, Federpigmente **18**, 216
Steroids (Steroide), acetate building stones **12**, 26, 132
—, addition to double bonds **19**, 191
—, axial and equatorial substitutents **19**, 184
—, biochem. Hydrierung **3**, 53, 65
—, biosynthesis **3**, 67; **12**, 131, 132, 144, 145, 155, 156; **19**, 266
—, —, Hypothesen **12**, 30, 136, 139, 153, 154, 155, 156, 158
Steroids, (C_{21}-, C_{30}- und C_{31}-), Biogenese **12**, 151, 154, 160
—, conformational analysis **19**, 165, 177
—, constitution et odeur **6**, 138, 144
—, diaxial *vic*-dibromides, rearrangement to diequatorial isomers **19**, 217
—, und Dien-Synthese **10**, 69
—, double bonds, IR bands **13**, 41, 42
—, —, *cis*-disubstituted, IR bands **13**, **34**
—, —, and hydrogen halides **19**, 202, 205
—, —, substituted, IR spectra **13**, 42
—, equatorial groups, reactivity **13**, 29
—, fluorescence **6**, 319
—, hydrindanone, conformational analysis **19**, 179
—, IR spectra **5**, 375; **13**, 27, 28
—, —, C=C stretching vibrations **13**, 41
—, —, C=C—H stretching vibrations **13**, 41
—, —, C—H bending vibrations **13**, 41
—, —, C—H stretching absorption **13**, 33
—, —, CH_3 and CH_2 bending vibrations **13**, 42, 44
—, —, C=O absorption **13**, 35, 36, 37, 38, 39, 40, 41
—, —, "fingerprint" region **13**, 45
—, —, O—H absorption **13**, 30
—, —, and substituents **13**, 30
—, (*i*-), IR spectra **13**, 34, 37
—, (Δ^{14}-), IR spectra **13**, 33
—, Methyloxydation **4**, 226
—, natural, hydroxylation and epoxidation **19**, 191
—, Nomenklatur **11**, 100
—, opt. rotation **1**, 60
—, proton magnetic resonance spectra **19**, 196, 197
—, Stereochemie **7**, 91; **11**, 95
—, steric identity with lanosterol **12**, 62
—, strength of acids and amines **19**, 187
—, structure **13**, 28
—, et sulfate diméthylique **6**, 319
—, Totalsynthese **10**, 86
—, *trans*-Verknüpfung der Ringe C und D **10**, 84
—, **3-acetoxy-**, hydrolysis and conformation **19**, 184
—, —, IR spectra **13**, 53; **19**, 194
—, **acetoxy-16α-hydroxy-**, rotation **12**, 86
—, **11α-**, **11β-**, **12α-**, **12β-**, **17α-**, **17β-**, and **21-acetoxy-11-**, **-12-**, and **20-keto-**, C=O absorption **13**, 36

Steroids, 21-acetoxy-20-ketone side-chain, IR spectrum **13**, 40
—, **10-aldehyde**, C=O absorption **13**, 37
—, **amines**, diaxial elimination **19**, 199
—, **amino-**, basicity and conformation **19**, 187
—, **bromo-**, halogen-sensitive, IR bands **19**, 194
—, **bromo-keto-**, C=O absorption **13**, 36, 37
—, **2α-bromo-2β-methyl-3-oxo deriv.**, conformation **19**, 214
—, **chloro-**, halogen-sensitive, IR bands **19**, 194
—, **3,5-cyclo-5-keto-**, C=O absorption **13**, 37
—, **deuterated**, C—D stretching absorption **13**, 35
—, **dibromides**, debromination **19**, 199
—, **diene-keto-**, C=O absorption **13**, 37, 46
—, **enol-acetates**, C=O absorption **13**, 36
—, **3-hydroxy-**, axial and equatorial substituents, IR spectra **13**, 54, 55
—, **3-hydroxy-17-keto-**, stereoisomeric, IR spectra **13**, 24
—, **5α-(and 5β-)-hydroxy-3β-(and 3α-)-tosyloxy-**, base treatment **19**, 222, 223
—, **11-keto-**, reduction **19**, 190
—, **α-ketols**, elimination reactions **19**, 200
—, **ketones**, bromination **1**, 71; **19**, 212
—, —, C=O absorption **13**, 5, 24, 36, 37, 46
—, —, Cotton effect **19**, 198
—, —, rotatory dispersion **19**, 197
—, —, unsaturated, IR spectra **13**, 38
—, —, α,β-unsaturated, shift of *R* bands **19**, 196
—, **3-ketones**, rate of condensation **19**, 217, 220
—, —, and benzaldehyde, group rate factors **19**, 220
—, **11-ketones**, reduction **19**, 190
—, **δ-lactones**, C=O absorption **13**, 36
—, **mono-** and **diketones**, IR bands **13**, 37, 40
—, (Δ^5), **3(β)-oxy- 12**, 149
—, **phenolic** and **naphtholic 3-benzoate**, C=O absorption **13**, 36
—, **20-spiro-(2'-oxa-3'-oxo-cyclopentano)-**, C=O absorption **13**, 36
—, **trimethyl- 12**, 45
—, **4,4,14-trimethyl-**, IR spectra **13**, 48
9,10-*seco*-Steroide 17, 100
—, chem. Isomerisierung **17**, **99**
Steroid-Alkaloide 4, 1, 22
Steroid fluorohydrins 19, 204
Steroid hormones 13, 27
—, und Bakterien **3**, 62
—, biochem. Hydrierung **3**, 59
Steroid hydrindanones, reflex effect **19**, 222
Steroid-Sapogenine 4, 16
9,10-*seco*-Steroid-trienone-(3), saure Isomerisierung **17**, 90
Sterols (Sterine) 1, 53; **12**, 131
—, absence en lipides bactériens **10**, 172
—, in acid-fast bacteria **3**, 187
—, en ambre gris **6**, 122
—, in animal fats **6**, 11
—, Aufbau und Fettsäuren **12**, 133
—, biochem. Hydrierung **3**, 53
—, und Dien-Synthese **10**, 13, 72
—, H-Filme **4**, 373
—, fluorescence **2**, 310; **6**, 315
—, Gerüst **1**, 305
—, in lower animals **1**, 91
—, in petroleum **17**, 390
—, stereochemistry **1**, 53
—, in toad venom **5**, 252
—, yeast **1**, 93
—, **deriv.**, Film-Verhalten **4**, 374
—, **deuterio- 12**, 132
Stetsonia coryne, cactus alcaloids **6**, 246, 248, 252, 257
Stichopus californicus, carotenoids **5**, 28
Stictinsäure 2, 49, 50; **8**, 228
Stiefmütterchen, Auroxanthin **5**, 12
Stieglitz, Federpigmente und Futter **18**, 193
Stigmastanol 1, 62
5α-Stigmastan-3-one, rate of condensation **19**, 220
Stigmasterol 1, 91, 92; **10**, 326, 327, 330, 338, 367, 368; **12**, 140
—, Biosynthese **12**, 143
—, fluorescence **6**, 316
—, in vegetable fats **6**, 11
—, **dibromide 10**, 330
—, **5-** and **22-dihydro- 1**, 91, 92
Stigmasteryl chloride 1, 92
Stilbene, and BF_3 **18**, 274
—, biosynthesis **14**, 204
—, bond distances **3**, 224
—, (Dien-Synthese) **10**, 24

Stilbene, **3,5-dihydroxy-** (pinosylvines) **17,** 6
—, *p,p'*-**dihydroxy-diäthyl- 8,** 192
—, *o*-**hydroxy-,** from coumarin **9,** 230
Stilböstrol 8, 192
Stillingia tallow, *St. sebifera*, fat, fatty acids and glycerides **1,** 32, 33; **5,** 86
Stinkhorn, dimethylamine **20,** 2
Stipitatic acid 13, 234, 242, 270, 271
—, biosynthesis **14,** 211, 212
—, spectrum **13,** 264
—, synthesis **13,** 257
—, **bromo- 13,** 243
—, **methylated 13,** 242
—, **monohydroxy- 13,** 243
St. John's wort, hypericin (Hypericismus) **14,** 144; **19,** 284
Stoke'sches Gesetz (Reibungskraft) **1,** 288
Stomach poisons (insecticides) **10,** 425
Storax-Rinde, Naphthalin **11,** 161
Strain theory (Baeyer) (azulenes) **5,** 53
Strawberry, and gibberellins **18,** 398, 413
—, indoleacetic acid and free tryptophan **17,** 256
Strepsilin 8, 213, 214
Streptamine 16, 124, 125; **20,** 220
—, in Antibiotica **20,** 219
—, **2-desoxy-,** in Antibiotica **20,** 219, 220
—, **N,N'-dibenzoyl-deoxy- 16,** 127
Streptidine 16, 124, 125; **18,** 85, 86, 100, 105, 106
Streptobacterium plantarum, et antivitamines **9,** 94, 102, und Pantothensäure **4,** 28, 42
Streptobiosamidine, methyl- 16, 124, 125
—, **tetraacetyl-bisdeoxy- 16,** 126
Streptobiosamine and **tetraacetyl- 16,** 126, 127
Streptocarpus spp., anthocyanins **20,** 180, 181, 182, 187, 188, 189
—, cultivars, genetic control of glycoside formation **20,** 189
St. dunnii, Chinone **6,** 184
Streptococcus, antitoxin **7,** 294
—, chromoprotéide **10,** 222
—, hemolytic, group-specific C-polysaccharide **18,** 512
—, —, growth factors **9,** 406, 408
—, — penicillin assay **7,** 197
—, Hyaluronsäure **20,** 231
—, lipides **10,** 255
—, und Pantothensäure **4,** 30
Streptococcus „V", carbohydrate (immunol.) **18,** 520
Streptococcus spp., levan **5,** 110
St. equinus, canavanine **18,** 101
St. faecalis, et désoxy-pyridoxine **9,** 97, canavanine **18,** 101, and PGA **11,** 382, 392, and pteroic acid **11,** 372, 373, 379, and thymine **9,** 421, Ubichinon **20,** 81
St. haemolyticus, und Eleutherin **11,** 170, und Pantothensäure **4,** 41, und Vitamin B_6 **4,** 48
St. lactis (biol. Oxydationen) **4,** 312, et pyridoxal ou pyridoxamine **9,** 95, und Vitamin B_6 **4,** 49
St. pyogenes, M-Substanz **4,** 455
St. varians, photosynthine **10,** 222
Streptolin B, Kohlenhydrat-Komponente **20,** 219
Streptomyces spp., *St. antibioticus*, *St. chrysomallus*, *St. fradiae*, *St. griseus*, *St. parvulus*, *St. michiganensis*, Actinomycine **18,** 2, 3, 6, 9, 10, *St.* spp., *St. alboniger*, *St. albus*, *St. antibioticus*, *St. aureofaciens*, *St. cinnamonensis*, *St. erythreus*, *St. fasciculatis*, *St. fulvissimus*, *St. griseocarneus*, *St. griseus*, *St. halstedii*, *St. netropsis*, *St. niveus*, *St. rimosus*, *St. venezuelae*, *St. vinaceus-drappus*, *St. virginia*, antibiotics **16,** 91, 92, 94, 95, 98, 101, 103, 106, 110, 116, 119, 121, 124, 127, 128, 132
Streptomyces, Enzyme **20,** 250, *St. aureofaciens*, vitamin B_{12} **9,** 419, *St. fradiae* (microbiol. hydroxylation) **10,** 370, *St. griseus*, Protease **20,** 244, Ubichinon **20,** 81, *St. venezuelae*, Chloramphenicol **18,** 56
Streptomycin 16, 91; **20,** 220
—, fermentation **16,** 92
—, fluorescence **6,** 344
—, groupement guanidique **18,** 104
—, hydrolyse **18,** 100
—, isolation **16,** 124
—, Kohlenhydrat-Komponente **20,** 219
—, and mercaptan **16,** 126
—, Sakaguchi test **16,** 124
—, streptose moiety **16,** 126
—, structure **16,** 124, 127
—, **dihydro- 13,** 312
—, **hydroxy- 16,** 127
—, **mannosido- 16,** 127

Streptomycin-B **16**, 127
Streptonivicin, structure **16**, 119
Streptose **16**, 126
—, in Antibiotica **20**, 219
—, **bisdeoxy-** **16**, 126
Streptosonic acid **16**, 126, 127
Streptothricin, Kohlenhydrat-Komponente **20**, 219
Streptothrix chromogena, St. humifica, Chinon **6**, 156
Stress relaxation, copolymers, cross-linked polymers, stretched elastomers **10**, 164
Stress-strain curve, soft rubbers **10**, 162
Strichelvirus (Kartoffel) **4**, 168
Striges (Federn, Eischalen), Porphyrin **18**, 204, 206, 210
Strix aluco (Federn), Porphyrine **18**, 207
Strobilanthus flaccidolius, indican **17**, 281
Strobinine, fluorescence **6**, 341
Strobochrysin **11**, 151
Strobopinin **11**, 151; **17**, 15
Strobosid **13**, 208; **14**, 116
Stroma, Flavingehalt **2**, 64
Strongylocentrotus, Echinochrome **6**, 197, *St. franciscanus, St. purpurata*, echinenone **15**, 47
Strophanthidin **4**, 4, 9; **7**, 91, 92, 131, 135, 152; **10**, 399; **12**, 158, 160; **13**, 148, 152, 158, 163, 189, 196, 208; **14**, 73, 86, 94, 110, 116, 117, 118, 119, 121, 125, 126
—, cyclische Lactole **13**, 163
—, Konstitution **7**, 130
—, Teilsynthese **14**, 74
—, **acetyl-** **7**, 152; **13**, 164; **20**, 328
—, **anhydro-** **4**, 9
—, **(3)-β-D-** und **-L-arabinosid** **7**, 134; **14**, 75
—, **benzoat, anhydro-** **4**, 4
—, **dihydro-** **7**, 130, 133
—, —, Aldehydgruppe **13**, 164
—, —, Konfiguration **13**, 165
—, **(3)-β-D-galactosid** **7**, 134; **14**, 75
—, **(3)-β-D-glucosid** **7**, 134; **13**, 210; **14**, 75, 121
—, **α-D-lyxosid** und **α-L-rhamnosid**, Teilsynthese **14**, 75
—, **(3)-β-D-xylosid** **7**, 134; **14**, 75
Strophanthidinsäure **7**, 130, 131, 132
—, Abbau **13**, 155
Δ⁴-Strophanthidin-19-säure-methylester, 5-anhydro- **13**, 191
Strophanthidol **7**, 136, 152; **13**, 163, 164, 196, 210; **14**, 94, 116, 117, 118, 121, 126
—, **3,19-diacetat** **7**, 136, 152
—, **β-D-glucosid** **13**, 210; **14**, 75
γ-Strophanthin **7**, 136; **13**, 212
k-Strophanthin-β **4**, 10, 11; **7**, 134; **13**, 144, 151, 210; **14**, 77, 118
—, Drehwerte **14**, 77
—, Spaltung **13**, 148
Strophanthobiase **4**, 10, 11; **7**, 99, 100, 129, 134, 135, 143; **13**, 141, 151
Strophanthobiose **4**, 10, 11; **13**, 148; **14**, 102, 104
—, **pentaacetat** **14**, 103
k-Strophanthol **7**, 136; **13**, 210
i-Strophanthosid **13**, 212; **14**, 118
k-Strophanthosid **4**, 9, 10, 11; **7**, 90, 134, 136, 152; **13**, 140, 144, 151, 210; **14**, 77, 116, 118
—, Drehwerte **14**, 77
—, Spaltung **13**, 148
Strophanthotriose **4**, 10, 11; **13**, 148, 149; **14**, 77, 104
—, Acetolyse **14**, 77
—, **octaacetat** **14**, 105
Strophanthus-Glycoside, Synthese **7**, 133
Strophanthus spp., allomerisierende Enzyme **13**, 139, chem. Einteilung **14**, 126
—, glycosidarme Variante **14**, 93
—, Forest form, Savannah form **14**, 93
St. amboënsis, St. Arnoldianus, St. Barteri, St. Boivini, St. caudatus, St. congoënsis, St. Courmontii, St. divaricatus, St. Eminii, St. Gerrardi, St. Gossweileri, St. gracilis, St. grandiflorus, St. gratus, St. hispidus, St. hypoleucus, St. intermedius, St. kombé, St. Ledienii, St. mirabilis, St. Mortehani, St. Nicholsonii, St. Petersianus, St. Preussi, St. sarmentosus, St. Schuchardtii, St. speciosus, St. Tholloni, St. Vanderijstii, St. Welwitschii, St. Wightianus, herzaktive Glycoside und Aglykone **14**, 85, 92, 93, 95, 98, 99, 101, 108, 110, 112, 116, 117, 118, 119, 120, 126
St. amboënsis, Genin H 15 **13**, 198
St. Courmontii, Strophanthobiase **13**, 151, therapeutic use **10**, 391

Strophanthus Eminii, Aglykon **13**, 200, Emicymarin, Cymarin **7**, 127, 135, Strophanthobiase **13**, 151
St. gratus, Ouabain **4**, 9; **7**, 136
St. hispidus, Cymarin **7**, 135
St. kombé, Periplocymarin, Emicymarin, k-Strophantosid, Cymarin, Cymarol, Allo-periplogenin, Allo-strophanthidin **4**, 9; **7**, 127, 134, 135, 136; **13**, 140, 141, 151, therapeutic use **10**, 391
St. Nicholsonii, Periplogenin, Cymarol, Emicymarin, Cymarin **7**, 127, 135, 136
St. sarmentosus, Sarverosid, Sarmentosid A, B, Sarmentocymarin **7**, 120, 142; **10**, 349
Stropharia cubensis, indole deriv. **20**, 16
Strospesid **13**, 206; **14**, 96, 116, 119, 123, 124
—, **16-anhydro-** **13**, 208; **14**, 115, 116
—, **monoacetat** **13**, 142, 206; **14**, 89, 115
Struktur und Geruch **6**, 140; **8**, 190
Strukturfarben **18**, 177
Struthiones, Federpigmente **18**, 205
Strychnine **10**, 403; **19**, 247
—, biosynthesis **8**, 301; **17**, 218, 231; **19**, 261, 262
—, bitterer Geschmack **17**, 127
—, fluorescence **2**, 314; **6**, 333
—, Stereochemie **17**, 214
—, Totalsynthese **17**, 215
—, und Wieland-Gumlich-Aldehyd **17**, 215, 218
Strychnin-Typus-Alkaloide **17**, 194, 205, 240
—, Biogenese **6**, 274; **17**, 228, 229
—, monomere, dimere **17**, 206, 207
—, precursors **13**, 406
—, Verknüpfungen, Systematik **17**, 226, 227
Strychnos-Alkaloide, südamerikanische **17**, 183, 189, 194, 238
—, —, Biogenese **17**, 228
—, —, Konstitution **17**, 194
—, —, Pharmakologie **17**, 232
—, —, Spektrum **17**, 191, 239
—, Verwandtschaft mit Curarin und Dihydrotoxiferin **17**, 218
Strychnos amazonica, St. diaboli, St. divaricans, St. Froesii, St. guianensis, St. macrophylla, St. melinoniana, St. Mitscherlichii, St. nux vomica, St. rubiginosa, St. solimoesana, St. subcordata, St. tomentosa, St. toxifera, St. trinervis, Alkaloide **17**, 185, 189, 190, 191, 202, 204, 211, 215, 237, 238, 239
St. lucida, St. nux vomica, Loganin **17**, 129, 133, 134
St. nux vomica, cycloartenol **12**, 96, 151, Strychnin **17**, 189
Strychnotoxin-I **17**, 220, 236
Sturgeon, carotenoids **5**, 34
—, swim-bladder collagen, amino acids **17**, 385
Sturine, pharmacology **5**, 291
Styrene (Styrol), copolymers **10**, 132, 138, 139
—, —, density gradient sedimentation **20**, 416
—, (Dien-Synthese) **10**, 25
—, IR spectrum **5**, 340
—, **ω-nitro-3,4,5-trimethoxy-** **6**, 258
Styrene-butadiene copolymers, *cis-trans* configuration **10**, 132, 138, 139
Styrol-Typ (Dien-Synthese) **10**, 9
Styrylcarbinol, methyl- **3**, 35, 38
Styryl ketones, *o*-hydroxyphenyl-, → flavonols **17**, 41
—, —, oxidative cyclization **17**, 38
Suberic acid in toad venom **5**, 262
Suberites domuncula, carotenoids **5**, 26
Suberone, bromination **13**, **257**, 261
—, **dibenzo-**, oxidation **13**, 258
—, **hexabromo-** **13**, 261
—, **2-, 3-**, and **4-isopropyl-** **13**, 269
—, **3-** and **4-methyl-** **13**, 269
—, **1,1,2-trimethyl-** **8**, 165
Suberosin **9**, 250
Suberyl-arginin **12**, 144; **18**, 86, 87, 93, 106, 107
Sublingual-mucine **20**, 233
Submaxillaris-mucine **20**, 206, 233, 234
Substanz SA (Ubichinon-Gemisch) **20**, 74, 75, 76
Substanz SC (Ubichromenol) **20**, 76, 96, 97
Substituierende Addition (Dien-Synthese) **3**, 2, 7, 14; **10**, 43, 55, 97
Subtilin, N-terminal residues **11**, 268
Subvitamin A **9**, 43, 70, 73
d-**Succinamide, dimethoxy-** **2**, 136
Succinate, in Baltic amber **17**, 383
—, de di-*o*-crésyle et bleu de méthylène **9**, 104
—, **diethyl-diketo-** **13**, 333

Succinat-Coenzym-Q-Reduktase und Ubichinon **20,** 116
Succinic acid, s. auch, see also, voir aussi, Bernsteinsäure
Succinic acid, from cnicin **19,** 22
—, from nocardamine **16,** 118
—, **α,α'-dimethyl- 19,** 8
—, —, (lipides bactériens) **10,** 198
—, **isopropyl- 19,** 130, 131
—, **(—)-α-methoxy- 19,** 138, 139
—, **methyl- 19,** 18, 131
—, —, from cnicin **19,** 22
—, —, from vitamin B_{12} **15,** 199, 204
—, **oximino-,** in plants **17,** 269
Succinic dehydrogenase 8, 358; **20,** 115
—, and crotoxin **12,** 422, 432
Succinoxidase and crotoxin **12,** 432
Succinyl-coenzyme A 11, 331
Sucrose, formation **5,** 111, 113, 121
—, from invert sugar **5,** 111
—, phosphorolysis **5,** 112
—, in plant metabolism **11,** 2
—, synthesis **5,** 112, 114
Sucrose phosphorylase 5, 115, 116, 122, 123
Sugar, s. auch, see also, voir aussi, Zucker
Sugars, phosphorylation **8,** 50
Sugar acids, in capsular polysaccharides **18,** 506
—, (cross-reactions) **18,** 519
Sugar anhydrides, phosphorylation **8,** 52
Sugar cane and gibberellin **18,** 395
Sugar phosphates 8, 47
—, acid strength **8,** 64
—, coenzymatic action **8,** 66
—, countercurrent distribution **8,** 66
—, dissociation constants **8,** 64
—, and enzymes **8,** 66
—, estimation **8,** 65
—, hydrolysis **8,** 59, 60, 61, 63, 65
—, identification **8,** 65
—, inversion **8,** 63
—, isolation and synthesis **8,** 49, 50
—, paper chromatography **8,** 66
—, periodate oxidation **8,** 55
—, position of phosphate group **8,** 53
—, pyranosides and furanosides **8,** 54
—, reducing power **8,** 58, 65
—, rotation **8,** 58, 62
—, structure **8,** 53, 56
Sugar residues, transfer **5,** 123
Sugiol 12, 21, 22
Suintine, odeur, acides **6,** 118, 119
Sulcatoxanthin 5, 22, 24
Sulfamide, *p*-aminophényl-, agent thérapeutique **9,** 100
Sulfanilamide, growth-inhibition and adenine **9,** 410
—, and hippuric acid **9,** 324
—, toxischer Effekt **4,** 194
Sulfanilic acid, diazotized, as reagent **12,** 291
Sulfanil-ovalbumin 9, 468
Sulfatase 18, 137
Sulfato-cobalamin 9, 420
Sulfhydryl groups, binding Ag^+ and Hg^{++} **17,** 355, 356
—, Blockierung (Peptid-Synthese) **13,** 487, 489
—, in hemoglobin **17,** 332, 355, 356
Sulfides, IR spectrum **5,** 364
Sulfide mustard oil 18, 145
Sulfitaufschluß (Holz) **11,** 48
Sulfite cellulose 5, 167
Sulfite cook (wood) **5,** 196, 198
Sulfite liquor lactone (conidendrin) **5,** 216
Sulfonamide, growth-inhibition, reversion **9,** 410
—, inhibition by pteroyl-glutamic acid and citrovorum factor **11,** 392
2-Sulfonamido-4-amino- und 4-Sulfonamido-2-amino-phenylglucuronid 4, 229
Sulfonates, IR spectra **5,** 374
Sulfones, IR spectra **5,** 374
—, **4,4'-*p*-oxy-diphényl-,** antagoniste de **9,** 101
α-Sulfonic acid, β-(2-hydroxybenzoyl)-phenylethyl- 5, 198
Sulfonyl deriv., *p*-iodophenyl- (labeled amino acids) **12,** 297
Sulfopyridine, monoxy- 4, 194
Sulforaphane, asymmetric **18,** 145
Sulfoxides and sulfones related to ω-methylthioalkyl-iso-thiocyanates **18,** 144
Sulfoxide mustard oil (Sulfoxide iso-thiocyanate) 18, 146, 160
Sulfur, radioactive (penicillin synthesis) **7,** 239
Sulfur bacteria, source of O **17,** 387
Sulfur compounds in fungi **20,** 30
Sulfure de dicrotyle 6, 112
Sulochrin 6, 172

Sumach-Gerbstoff 13, 71
Sumaresinolsäure 7, 17, 19, 20, 36, 37, 39, 75
Sumatra-benzoeharz, Glyzyrrhetinsäure 7, 19
Sumatrol 10, 437, 442, 443, 446
—, insecticide 10, 444
—, linear formula 10, 443
Sumpfdotterblume, Alkaloid 2, 280
Sumpfohreule (Federn), Porphyrin 18, 205
Sunfish, carotenoids 5, 32
Sunflower, seed oil, fatty acids 5, 80, 82; 6, 15, 56
—, tryptophan 17, 256
Superfiltrol 11, 388
Supinidine 12, 206, 208, 210, 214, 215, 216, 224, 246
—, **heliotric ester** 12, 204
Supinidine alkaloids 12, 246
Supinine 12, 204, 208, 216, 240, 246
Suprastanol-II 17, 84
Suprasterin (Suprasterol) 1, 85; 3, 24; 11, 117; 17, 83, 93
—, **dihydro-,** Kernresonanz-Spektrum 17, 84
Suprasterin-I 17, 83
Suprasterin-I und **-II,** Dien-Synthese 10, 72
Suprasterin-II 17, 83, 84
—, **und** OsO_4 17, 84
—, **dihydro-** 17, 86
—, **22-dihydro-** 17, 84
—, —, → Keton 17, 84
—, **tetrahydro-,** Kernresonanz-Spektrum 17, 84
Suprasterin$_2$-II 17, 83, 85
—, Kernresonanz-Spektrum 17, 83
Süßholz, Verfälschung von Ipecacuanha 8, 279
—, Wurzel, Glyzyrrhetinsäure 7, 19
Süßlupine, Bitterstoffe 17, 129
Svedberg equation 18, 457, 464
Svedberg oil-turbine 18, 456
Svedberg units 16, 142
Swartziol 17, 16
Sweet clover disease (dicoumarol) 9, 241
Sweet pea, chloroplast composition 6, 299
—, **and** gibberellin 18, 295
Sweet potato, ipomeamarone, ngaione 12, 3
Swertia chirata, Sw. japonica, Amarogentin, Swertiamarin 17, 133
Swertiamarin 17, 129, 132, 133, 174
Swordfish, proteins, nutritional value 5, 269, 272, 281
—, vitamins A and D 6, 53, 54
Sylvatsäure 8, 209
Synanthrose 19, 291
Syndesmon thalictroides, quinoline deriv. 13, 305
Synedrella nudiflora, 4100-Pigment 14, 31
Synergists (insecticides) 10, 425, 455; 19, 148, 150
Synthesis, asymmetric (evolution) 20, 451
—, biogenetic-type 19, 242, 245
—, stereospecific (stereoselective) 19, 243
Synthoxylin N 9, 279
Syphonocalina spp., spongines 12, 397
Syrenia angustifolia, herzaktive Glycoside und Aglykone 14, 121
Syreniotoxin 14, 121
Syringa sp., Syringin 11, 63
Syringaresinol 11, 63, 65
—, → Dimethoxy-benzochinon 20, 68
Syringic acid (Syringasäure), ethyl ether 15, 125, 127, 128
—, —, aus Holz 2, 13
Syringic aldehyde (Syringaaldehyd) aus Lignin 2, 16; 5, 199; 11, 49; 20, 68
Syringic anhydride, O-benzyl- 17, 37
Syringin 11, 56, 63; 17, 174
Syringoyl acetaldehyde (lignin) 5, 199, 219
Syrphids and insecticides 10, 432
Szent-Györgyi-Cyclus (biol. Oxydationen) 4, 268

T.

Tabacilin, Tabacin 2, 281, 282
Tabacol 2, 281
Tabak, s. auch, see also, voir aussi, Tobacco
Tabak, Außenrauch, Innenrauch 2, 286
—, Biochemie 2, 285
—, Blätter, Nicotingehalt 2, 285
—, Denicotinisierung 2, 287
—, Fermentation 2, 286
—, Geschichte 2, 248
—, (Kentucky), Alkaloide 2, 262, 268
—, Nebenbasen, Synthese 2, 261, 262, 278
—, Pflanzen, mit Virus infiziert (Abbildung) 4, 162, 163, 164
—, phosphatases 19, 332
—, Samen, Abwesenheit von Nicotin 2, 280, 285

Tabak-Alkaloide 2, 248, 288; **10,** 426
Tabakmosaik-Virus, s. auch, see also, voir aussi, Tobacco mosaic virus
Tabakmosaik-Virus 4, 88, 91, 117, 149
—, Aminosäuren und P **4,** 154, 166
—, Bestimmung **4,** 107
—, biol. Eigenschaften **4,** 161
—, Elektrochemie **4,** 153
—, Elektronenmikroskopie **4,** 119
—, und Farbstoffe **4,** 148
—, Größe und Gestalt, Elementarzelle **4,** 153, 158, 166
—, Kerr-Effekt **4,** 130
—, „Molgewicht" **1,** 343
—, monomolekulare Filme **4,** 131
—, Mutanten, biol. Eigenschaften, Serologie **4,** 161, 164, 165
—, —, elektrophoret. Verhalten **4,** 134
—, und *Nicotiana glutinosa, Phaseolus vulgaris* **4,** 149
—, und Nuclease **4,** 149
—, Nucleoproteid **4,** 155
—, pH und Beweglichkeit **4,** 133, 135
—, Präcipitinreaktion **4,** 140
—, Röntgenuntersuchung **4,** 129, 157
—, Rückbildung des Proteins **4,** 159
—, Sedimentation **4,** 114
—, Strömungsdoppelbrechung **4,** 130, 152
—, Vermehrung **4,** 96
—, Viskosität **4,** 128
Tabaknekrose-Virus 4, 151, 173
Tabakrauch-Basen und **-Nebenbasen 2,** 276, 278, 286, 288, 291
Tabakringflecken-Virus 4, 151, 170
Taban Merah fat 1, 31
Tabernaemontana ventricosa, alkaloids **10,** 415
Tabtoxinine 17, 309
Tachysterin (Tachysterol) 1, 85; **3,** 24; **11,** 83, 84, 87, 99, 101, 112; **17,** 78, 79, 83, 94, 95, 98, 99
—, Bestrahlung **17,** 94
—, Dien-Synthese **10,** 72, 73, 74
—, 6,7-*trans*-Formel **17,** 77, 80
—, geometrische Isomerie **11,** 87, 88
—, Isomerisierung **11,** 84; **17,** 97
—, 5,6-*seco-trans*-7,8-*seco-cis*-Konstellation **17,** 80
—, aus Lumisterin **17,** 95
—, und Maleinsäureanhydrid **17,** 79, 80
—, und Philodiene **17,** 80
—, aus Praecalciferol **17,** 77, 93
Tachysterin, Reduktion **17,** 86
—, Triensystem **11,** 102
—, **dihydro- 11,** 91, 109; **17,** 86, 87
—, —, antitetanische Wirkung **17,** 85
—, —, 5,6-*cis-trans*-Isomerie mit Dihydrovitamin D-II **17,** 88
—, —, Oxydation **17,** 88
—, —, aus Vitamin D **17,** 102
Tachysterin$_2$ 17, 79, 80
—, und BF_3 **17,** 81, 98
—, → Iso-tachysterin$_2$ **17,** 79
—, aus Praecalciferol$_2$ (Jod) **17,** 99
Tachysterin$_2$ „66", dihydro- 17, 86, 88
u-Tachysterin$_2$ 17, 79, 80, 82
—, Allylstellung der OH-Gruppe **17,** 82
—, Triensystem **17,** 82
—, Wasserabspaltung **17,** 82, 98
Tachysterin$_3$ 1, 90
D-**Tagatose-6-phosphate 8,** 63, 84
Tagetes erecta, quercetagetin **17,** 55, α-Terthienyl **14,** 59, *T. grandiflora,* Violaxanthin **5,** 5, *T. patula,* patuletin, quercetagetin **17,** 55, Rubichrom **5,** 12
Taiguholz, Taigusäure **6,** 183
Takaamylase A, Kohlenhydrat-Anteil **20,** 244
Takadiastase 2, 39; **13,** 152; **19,** 322
—, chromatography **8,** 347
Talauma mexicana, Biscoclaurin-Basen **9,** 179, 193
L-**Talomethylonsäure-lacton 14,** 103
L-**Talomethylose 7,** 142, 153; **14,** 73, 102, 104, 109
—, *p*-**bromphenylhydrazon 14,** 103
L-**Talose, 2-amino-2,6-bis-desoxy-,** aus Bakterien-Kapseln **20,** 231
Tamarind seed (polysaccharide, immunol.) **18,** 512, 520, 521, 522, 525, 526, 528
Tamarixetin 17, 19, 39, 53
Tamarix troupii, tamarixetin **17,** 19, 54
Tambuletin, Tambulin 17, 19, 37, 54
Tamm-Horsfall-Protein, Hemmung von Myxoviren **20,** 239
Tanacetin 17, 174
Tanagride, Federpigmente **18,** 181
Tandem gene duplication 20, 436
Tangaren, Picofulvin **18,** 191
Tangeretin 17, 8, 19, 54
Tangerine tomato, poly*cis* lycopene (genetics) **5,** 309
—, prolycopene **18,** 280, 281, 282

Tanghiferigenin **7**, 149, 154; **13**, 198, 210; **14**, 79, 88, 107
—, **O-acetyl-** **14**, 80
Tanghiferin **7**, 148, 149, 154; **14**, 88, 120
—, **desacetyl-** **14**, 106
Tanghinia spp., *T. madagascariensis*, *T. venenifera*, herzaktive Glycoside und Aglykone **7**, 148; **13**, 149; **14**, 88, 93, 120
Tanghinigenin **7**, 154; **13**, 174, 175, 176, 198, 210
—, in *Tanghinia* und *Thevetia* spp. **14**, 93
—, **O-acetyl-** **13**, 175
Tanghinigenon **13**, 174, 175
Tanghinin **7**, 148, 154; **13**, 149, 175, 210; **14**, 88, 120
—, **desacetyl-** **7**, 149, 154; **13**, 149, 150, 174, 175, 200; **14**, 120
Tanghinosid **7**, 90, 148, 154; **14**, 120
—, Acetolyse **14**, 77
Tangygnathus (Federn), Fluoreszenz **18**, 199
Tannase **2**, 39
—, chromatography **8**, 357
Tannins, s. auch, see also, voir aussi, Gerbstoffe
Tannins **17**, 5
Tanshen **6**, 191
Tanshinon A und **I** **6**, 178, 191
Taphrina deformans (peach leaf curl) **17**, 301
Tapioca starch, amylose, amylopectin **11**, 13, 19
Taraxacin **17**, 174
Taraxacum officinale, ψ-Taraxasterol **7**, 61, Violaxanthin **5**, 5
Taraxanthin, configurational assignments **18**, 308
—, und HCl **18**, 180
—, iodine-catalyzed equilibrium **18**, 271
—, isomerization by refluxing **18**, 267
—, occurrence **5**, 1, 32
Taraxasten **7**, 62
Taraxasterol, ψ-Taraxasterol **7**, 61, 62; **12**, 112
Taraxol **7**, 3
Taririnsäure (Tariric acid) **6**, 4; **14**, 2, 30, 39
Tar pits, amino acids in fossils **17**, 395
D- and *L*-**Tartaric acid, di-(*p*-toluyl)-** **9**, 151, 157
Tartarimide, methyl-ethyl-, from mesoporphyrin **11**, 333
Tasmanone **14**, 200
Taube, Federfarbe **18**, 178
—, (Federn, Eischalen), Porphyrin **18**, 210
Taurine, (synthèse d'astérubine) **18**, 89
—, **diméthylamidino-** **18**, 89
—, **pantoyl-**, antivitamine **9**, 95
Taurocyamine **18**, 85, 95, 104, 105, 106
—, **phosphate** **18**, 90, 95, 104
Taurocyamine- phosphokinase **18**, 95
Taxifolin **16**, 12, 14, 15, 16; **17**, 4, 18
—, by bioreduction of quercetin **17**, 49
—, Konfiguration **16**, 15
—, reduction **14**, 210
—, **tetramethyl ether** **14**, 208, 210
Taxodium distichum, dormancy and gibberellin **18**, 397
Taxus baccata, Rhodoxanthin **15**, 34; **18**, 183, 184
T. cuspidata (polysaccharide, immunol.) **18**, 520, 521, 522, 525, 527, 528; **20**, 237
TCA (abbreviation for trichloroacetic acid **16**, 140
Tea leaves, reynoutrin **17**, 53
Tea seed, fat, digestibility **6**, 15
—, —, fatty acids, glycerides **1**, 32, 39
Teakholz, Chinone **6**, 186
Tealia felina, carotenoids **5**, 26
Tectochinon **6**, 186
Tectochrysin **11**, 151; **17**, 15
—, spectrum **17**, 57
Tectona grandis, Chinone **6**, 186
Tectorigenin **17**, 22, 44, 56
—, synthesis **17**, 44
—, **7-glucoside** **17**, 56
Tectorigin **17**, 56
Tecumin **6**, 183
Teeth, fluorescence **11**, 387
Teflon, melting range **10**, 149
Teichoic acid, in Bakterien-Zellwand **20**, 229, 230
—, Struktur **20**, 229
Teichuronic acid in *B. subtilis* **20**, 230
Telephora spp., Telephorsäure **6**, 166, 169, 175
Tellurium, dérivés méthylés **6**, 112
Telocinobufagin **12**, 158; **13**, 189, 190, 200
Telocinobufogenin **13**, 200
Teloidinone, synthesis **19**, 252
Temisin **17**, 174

Tench, visual pigment, vitamin A_2 **14**, 289, 290, 292, 304
Tendon (human), acid extract, amino acids **17**, 385
Tenuazonic acid, amino acids **20**, 11
—, from *Alternaria tenuis*, structure **20**, 15
Tenuiorin 2, 43
Tenulin 17, 138, 139, 144, 145, 146, 174; **19**, 52, 67, 69
—, correlation to helenalin and balduilin **19**, 71
—, Fischgift **17**, 144
—, IR spectrum **19**, 69, 70
—, Isomerisierung **17**, 144
—, Ketongruppe, α,β-ungesättigte **17**, 144
—, Lactonring **17**, 146
—, opt. rotatory dispersion **19**, 70
—, Umwandlungen **17**, 145
—, Verhältnis zu Isotenulin **17**, 146
—, **anhydro- 17**, 144, 146, 147
—, **anhydro-dihydro- 17**, 147
—, **dihydro- 17**, 146, 147
Tenulinsäure und acetyl- **17**, 144, 146, 147
Teonanácatl, indole deriv. **20**, 16
Tephrosia spp., *T. lanceolata*, *T. maxima*, *T. toxicaria*, *T. virginiana*, *T. vogelii*, rotenoids **10**, 436, 437, 439, 440, 441; **17**, 21, 23, 56
Tephrosin 10, 440, 441, 443
—, insecticide **10**, 446
—, toxicity (goldfish) **10**, 445
(+)-**Terebic acid**, configuration **19**, 130, 131, 132
Terephthalsäure, 2-methyl-, aus Columbin **17**, 152
Teresantol 4, 226
Terminalia chebula, Gerbstoffe **13**, 72, 89
Ternatin 17, 11, 12, 19, 55
—, spectrum **17**, 27, 57
Teropterin 11, 380, 381, 392
Terpenes 12, 2
—, bicyclische, Synthese **10**, 56, 58
—, Biogenese **8**, 195; **10**, 100; **12**, 28
—, biosynthesis with polyene cyclization **19**, 266
—, building principle **12**, 30
—, dehydrogenation with S **12**, 3
—, Dien-Synthese **3**, 7; **10**, 47, 62
—, aus Isopren **8**, 195
—, isoprene pattern **12**, 28
—, medium-ring **19**, 1
Terpenes, medium-ring, spectral anomalies **19**, 25
—, with 9-, 10- and 11-membered rings **19**, 3, 8, 11, 25
—, Methyloxydation **4**, 222
—, Synthese, „entgleiste" **14**, 55
Terpen-Kohlenwasserstoffe (Dien-Synthese) **10**, 98
Terpenoids, conformational analysis **19**, 166
—, IR spectra **13**, 27, 48
Terpenoid tropolones, occurrence **13**, 236, 237
trans-**Terpin**, Dien-Synthese **10**, 56
α-**Terpinen**, Dien-Synthese **10**, 9, 53, 96
—, Anlagerung von O **10**, 96
—, oxidation to ascaridol **19**, 271
α-**Terpineol 8**, 195
—, Dien-Synthese **10**, 56
Terpin-hydrat 8, 195
—, Dien-Synthese **10**, 56
Terpinolen (Dien-Synthese) **10**, 98
Terracinoic acid 16, 128
Terramycin 16, 91
—, degradation products **16**, 128, 131
—, dehydration **16**, 130
—, structure **16**, 128
—, **anhydro- 16**, 128, 129
Terranaphthoic acid 16, 130
Terranaphthol 16, 129, 130
Terrinolide 16, 129
—, **decarboxamido- 16**, 129, 130
α-**Terthienyl**, Biosynthese **14**, 59
Terylene 10, 143, 152
Testane-3α,12α-diol-17-one and diacetate 10, 279, 292, 294
Testan-3α-ol-11,17- and -11,20-dione acetate 10, 290, 291, 310, 312, 313
Testan-12α-ol-3,17-dione anthraquinone-β-carboxylate 10, 294
Testan-17-one 10, 278, 281
Δ^{11}-**Testen-3α-ol-17-one acetate 10**, 292, 294
Testis, Cholesterol-Biosynthese **12**, 133
Testosteron 3, 60, 61, 64, 67; **12**, 145; **14**, 211
—, Biosynthese **12**, 149
—, Einbau von radioakt. Acetat **12**, 149, 150
—, fluorescence **6**, 320, 321, 322
—, **methyl- 3**, 63, 65
—, —, fluorescence **6**, 320

Testudo graeca, visual pigment **14,** 304
Tetanus-toxin und Ganglioside **20,** 226
Tetanus-toxoid (antiserum) **7,** 277
Tetrabyrine **13,** 352, 353, 391, 393, 394
Tetracene, acetoxy-, Spektrum **14,** 150
Tetracenchinon, hydroxy-, reduzierende Acetylierung **14,** 150
Tetracetylene, box model **16,** 188, 189
—, σ and π electrons **16,** 188
—, molecule, electron cloud **16,** 188
Tetracosanoic acid (Acide tétracosanoïque) **3,** 169, 171, 193; **20,** 4
—, (lipides bactériens) **10,** 212, 213
—, **2-hydroxy-** and **2,3-dihydroxy-** **20,** 4
—, *D*-(—)-**méthyl-21-** **10,** 177
Tetracycline, structure **16,** 131
—, **chloro-,** hydrogenolysis of halogen **16,** 132
—, —, structure **16,** 98
—, —, X-ray data **16,** 98
Tetracyclo-squalene **6,** 126; **7,** 5, 6; **19,** 269, 270
Tetradecaheptaene, spectrum **17,** 438
n-**Tetradecane,** IR spectrum **5,** 345
—, in petroleum **17,** 397
Tétradécanoïque (acide), bromo-14-méthyl-3 **6,** 101
Tetradecan-14-oic acid, 2,6,10-trimethyl- **9,** 256
Tetradecenoic acid in fats **5,** 82
Tetradecyl alcohol, in fats **6,** 12
—, pH und Voltapotential **4,** 372
(+)-*n*-**Tétradécyl-(2)-hydroxy-(3)-stéarique (acide)** **10,** 195
n-**Tétradécyl-(2)-octadécène-(2)-oïque (acide)** **10,** 195
Tetraen mit Dien-Funktion **10,** 9
Tetraen-diin, aus *Coreopsis* spp., Spektrum **14,** 23, 24
Tetraglycin-methylester **13,** 494
Tetrahedral carbon **3,** 211
Tetrahymena, amino acids **17,** 383
T. geleii, growth factors **9,** 407, 411, 414, 415, 421, uridine formation **9,** 416
Tetrain-dien aus Compositen **14,** 23
Tetralin, 1-äthinyl-1-oxy-6-methoxy- (Dien-Synthese) **10,** 76
—, **2-methoxy-** (Dien-Synthese) **10,** 76
—, **1,1,2,6-tetramethyl-** **8,** 160
—, **1-vinyl-1-oxy-6-methoxy-** (Dien-Synthese) **10,** 76
2-Tetralone, 5-methoxy- **10,** 353, 354
α-**Tetralon, 6-methoxy-** (Dien-Synthese) **10,** 76
Tetralupin **8,** 264
Tetramethylene-glycol, copolyesters **10,** 143
Tetramethyl-ethylene, bond distances **3,** 208
Tetramin, hexamethylen- (Chloramphenicol-Synthese) **18,** 59
Tetrandrin **9,** 177, 178, 180, 194, 195, 207, 210
—, Biosynthese **9,** 210
Tetrandrin-Typus **9,** 180
Tetranucleotid **1,** 146, 151
Tetranychus sp. and insecticides **10,** 432
Tetrapeptide (ovalbumin biosynthesis) **9,** 349
Tetraphen-chinon (Wirkung) **6,** 210
Tetraphyllicine **13,** 393, 403, 404, 405, 407
—, **dehydro-** **13,** 404
—, **trimethoxybenzoic ester** **13,** 401, 402
Tetraphyllin **13,** 403, 405, 406
Tétrapyrrole, pigments, fluorescence **2,** 303
—, —, (Vogelfedern) **18,** 216
Tetrarin **13,** 71
Tetrasaccharide, (Gräser) **15,** 5
—, aus *Lolium perenne* und *Avena flavescens* **15,** 12
—, (Trehalose-Typ) **2,** 161
Tetrasuberone **13,** 261
TetraTh (abbréviation de tetrathyronine) **12,** 360
Tétratriacontane, 4-méthyl-, spectre IR **10,** 177
Tetrazaporphin, tetrabenzo-, X-ray analysis **11,** 303
Tetrazoliumchlorid, triphenyl- **13,** 173
Tetrol, 3β-acetoxy-7ξ,8ξ,9β,11α- (steroids) **10,** 343
Tetrolaldehyd (Dien-Synthese) **10,** 31
Tetronic acid (Tetronsäure), deriv. (Pilzchinone) **6,** 171
—, **oxy-** **2,** 152, 155
Tetrose-phosphate, methyl- **8,** 86
Texas diamond back, venom **12,** 360
TFA (Abkürzung für Trifluoressigsäureanhydrid) **13,** 87, 460
TFA-alanin-anilid **13,** 462
TFA-alanin-benzoesäure-anhydrid **13,** 462
TFA-aminosäuren **13,** 460, 462
N_α-**TFA-aminosäuren** **13,** 462
N-TFA-aminosäure-anhydride **13,** 536

TFA-aminosäure-azide 13, 460
TFA-dipeptid, dicyclohexylaminsalz 13, 537
N-TFA-oxazolidone 13, 462
TFA-peptide 13, 536
TFA-peptidester 13, 524
TFA-*L*-prolin 13, 462
Thalassemia, genetic factors 12, 476
Thamnol-carbonsäure 2, 45, 46; 8, 224, 237
Thamnol-dimethyläther 2, 45
Thamnolia subvermicularis, Th. vermicularis, Flechtenstoffe 2, 45
Thapsiasäure 4, 258
Thea sinensis, fat 1, 32
Thebain 13, 369, 396, 407
—, Dien-Synthese 10, 9, 34, 35, 94
—, = Melinonin-D 17, 190
Theiler's virus 4, 176; 8, 343
Thelephorsäure 8, 232
Theobroma cacao, anthocyanins 20, 180, fat 1, 32
Théobromine, fluorescence 2, 314
—, **benzoyl-** 13, 513
Theophylline-7,2'-dioxy-ribopyranoside, diacetyl- 8, 119
Theophylline glucoside phosphate 8, 133
Theosterol 12, 121
Thermal energy (synthesis of organic compounds) 20, 448
Thermobacterium acidophilus, growth factors 9, 424, 427, (nucleoside metabolism) 9, 373, 374, 386, 387, 389, *Th. helveticum* und Vitamin B_6 4, 48, *Th. lactis*, ribosidase 9, 374
Thermobia domestica and rotenone 10, 445
Thermoplastics, (Lignin) 11, 45
—, (structure) 10, 153
Thermopsin 8, 269
—, biosynthesis 19, 254
Thermopsis rhombifolia, Th. lanceolata, Lupinen-Alkaloide 8, 269
Thevebiosid 7, 99, 100, 150; 13, 202
Thevefolin 14, 108, 120
Theveneriin 14, 110, 120
Thevetia spp., *Th. neriifolia, Th. ycottli*, herzaktive Glycoside und Aglykone 7, 99; 14, 92, 93, 108, 110, 120
Thevetin 7, 90, 99, 100, 150; 13, 204; 14, 115, 120
—, Acetolyse 14, 77
Thevetinase 7, 99
Thevetogenin, Isomerie mit Cerberigenin 4, 5
Thevetose 13, 142; 14, 89, 113
—, **acetyl-** 7, 148; 14, 89
***D*-Thevetose** 14, 73, 102, 104
—, aus Kondurangin, aus Vincetoxin 17, 137
—, **osazon** 14, 103
—, α- und **β-triacetat** 14, 103
***L*-Thevetose** 7, 99, 151, 155; 14, 73, 102, 107, 109, 111
—, in *Tanghinia* und *Thevetia* spp. 14, 93
—, **triacetat** 14, 103
Thiamine, antagonistes 9, 92, 93
—, destruction in vivo 9, 93
—, and fat 6, 32
—, and fatty acid biosynthesis 6, 33
—, fluorescence 6, 331
—, (growth) 8, 29
—, isostère pyridinique 9, 90
—, **oxy-**, antagoniste 9, 91
Thiaminase 8, 358; 11, 380
—, antivitamine B_1 9, 92, 93
Thiazol, fluorescence 6, 331
—, **2-methyl-4-(azulenyl-1)-**, → cyanin dyes 19, 79
—, **4-méthyl-5-oxyéthyl-**, et **-2-chlor-**, photodérivé 6, 332
Thiazolid-dione 13, 497
Thiazolidine, acylation 7, 225
—, synthesis 7, 223, 224
—, **aminocarbomethoxy-methyl**, configuration 7, 213
—, **β-lactam** 7, 223
2-Thiazolidine-acetic acid, α,α-dimethyl-2-phenyl-, IR spectrum 5, 378
—, **2,α,α-trimethyl-2-phenyl-**, IR spectrum 5, 378
—, **2,α,α-triphenyl-**, IR spectrum 5, 378
Thiazolidine-oxazolone 7, 227
Thiazoline compounds, reduction 7, 224
Thiazoline, 2-methyl-, and **2-phenyl-**, addition to ketenes 7, 222
Thiazoline-oxazolone 7, 234
Thiazolone, mercapto- 13, 476, 477, 497, 521
Thieno[3,2-a]-azulene 19, 50, 103, 104
—, **9β-benzoylethenyl-** 19, 104
—, **9-carbamoyl-** 19, 103
—, **9-cyano-** 19, 103
—, **9β,β-dicyanoethenyl-** 19, 104

Thieno[3,2-a]-azulene, 2,9-diethoxycarbonyl-3-hydroxy-5(7)- and **-6-isopropyl- 19,** 103
—, **2,9-diethoxycarbonyl-5(7)-** and **-6-isopropyl-3-methoxy- 19,** 103, 104
—, **2,9-diethoxycarbonyl-3-methoxy- 19, 104**
—, **2,9-diformyl-3-methoxy- 19,** 104
—, **2,3-dihydro-3-hydroxy- 19,** 104
—, **9-dimethylaminomethyl- 19,** 104
—, **2-*p*-dimethylamino-phenylanil- 19,** 105
—, **9-ethoxycarbonyl- 19,** 104
—, **9-ethoxycarbonyl-3-methoxy- 19,** 104
—, **3-ethyl- 19,** 104
—, **9-formyl- 19,** 104
—, **9-hydroxymethyl- 19,** 104
—, **5-, 6-,** and **7-isopropyl- 19,** 104
—, **5(7)-** and **6-isopropyl-3-methoxy- 19,** 104
—, **3-methoxy- 19,** 104
—, **3-methyl- 19,** 104
—, **9-methyl-thiomethyl- 19,** 104
—, **9-morpholino-** and **9-piperidino-methyl- 19,** 104
—, **9-phenylthiomethyl- 19,** 104
—, **9-*p*-tolylazo- 19,** 104
—, **9-*p*-tolylthiomethyl- 19,** 104
Thieno[3,2-a]-azulene-3-(2 H)-one 19, 105
—, **2-benzal- 19,** 105
—, **2-benzal-9-ethoxycarbonyl- 19,** 105
—, **2-carboxy-9-ethoxycarbonyl- 19,** 105
—, **2-*p*-dimethylamino-phenylanil- 19,** 105
—, **9-ethoxycarbonyl- 19,** 105
—, **9-ethoxycarbonyl-2-*p*-dimethylamino-phenylanil- 19,** 105
—, **5(7)-** and **6-isopropyl- 19,** 105
—, **6-isopropyl-2-*p*-nitrobenzal- 19,** 105
Thioäther, benzyl- (Peptid-Synthese) **13,** 456
Thiobacillus thiooxidans, adenosine triphosphate **8,** 123, protein biosynthesis **11,** 256
Thiocarbamyl, phenyl-, s., see, voir, PTC
Thiocarbonyl-Gruppe, benzyl- (Peptid-Synthese) **13,** 459
Thiochrome, fluorescence **2,** 335; **6,** 331
Thiocolchicine 13, 252
Thiocyanate, allyl-, isomerization **18,** 133
—, **analog 9,** 420
—, **benzyl-,** in plants **18,** 148
Thiocystis, caroténoïdes **10,** 219
Thioester, Aminolyse **13,** 497
—, **aminoacyl-** (Peptid-Biosynthese) **13,** 498
β-1-Thio-*D*-glucopyranoside 18, 132
—, hydrolysis by myrosinase **18,** 138
Thioglucosidase from *Aspergillus versicolor* **18,** 138
1-β-*D*-Thioglucosides 18, 131
—, **phenyl-,** resistance to sinigrinase **18,** 138
Thioglycolic acid (Thioglykolsäure) 2, 16; **9,** 350
Thioglycolic acid lignin 5, 186, 190; **11,** 46, 49
Thioharnstoff, s., see, voir, Thiourea
Thiohydantoin (amino acids) **12,** 310
—, **deriv.** (amino acids) **12,** 309, 315
—, **1-acyl- 7,** 218
—, **phenyl-, s. see, voir, PTH**
Thiohydantoin method (C-terminal amino acids) **11,** 272, 273
Thiohydracrylic acid 5, 191
Thiohydroxamic acids, decomposition **18,** 132
—, **aceto-, S-β-*D*-1-(tetraacetyl-glucopyranosyl)-phenyl- 18,** 134, 135
Thiokols 10, 145
β-Thiols, N-acylamino-, cyclization **7,** 224
Thiol-carbonsäuren, Umsetzung mit Aminen (pH) **13,** 449, 450
—, **ester 13,** 451
Thiol-esters, IR spectra **5,** 369
Thiolutin, desulfurization **16,** 101
—, structure **16,** 101
5-Thiomethyl-*D*-arabinose 8, 106, 107
Thiomethylester, carboxy- 13, 497
6-Thiomethyl-*D*-glucose 8, 106, 107
5-Thiomethyl-*D*-ribose 8, 106, 107; **9,** 379
Thiophaninsäure 2, 37
Thiophen, α-phenyl-α′-propinyl- 14, 26, 60
Thiophen-2-acetamide, N-(2-hydroxyethyl)- 7, 208
Thiophenol (lignin) **5,** 190
Thiophenyl-ester, Acylaminosäuren, Umacylierung **13,** 496, 497
2-Thioptérine, fluorescence **6,** 330
Thiosäuren, (Peptid-Synthese) **13,** 506
—, **amino- 13,** 496, 506
Thiostreptobiosamidine diethyl mercaptal, ethyl 16, 126
2-Thio-5-thiazalidone (terminal amino acids) **12,** 314

Thio-thiazolidon (Peptid-Synthese) **13**, 521
DL-**Thiothreonine** **7**, 238
DL-**Thiothyronine** **7**, 176
—, **3,5,3′,5′-tetraiodo-**, bioeffect **7**, 176
Thiothyroxine **12**, 367
Thiotropone, 2-methyl-, spectrum **13**, 264
Thiouracil, dihydro- **7**, 218
—, **methyl-** **9**, 389
—, **6-N-propyl-** (goitre) **12**, 385
Thiouracil-treated rats and 2′,6′-diiodo-*DL*-thyronine **7**, 168
Thiourea (Thioharnstoff), and 2-halotropone **13**, 287
—, dans l'organisme **6**, 112
—, partition methods **18**, 140
—, and tropolone methyl ether **13**, 287
—, **1,3-bis-(3-methylsulfonylpropyl)-** **18**, 156
—, **1-(4-hydroxybenzyl)-3-phenyl-** **18**, 148
—, **1-isopropyl-** **18**, 142
—, **1-methyl-** **18**, 141
—, **1-(4-methylthiobutyl)-** **18**, 144
—, **1-(3-methylthiopropyl)-** **18**, 144
—, **pentenyl-1-(naphthyl)-** **18**, 143
—, **phenyl-**, Geschmack **17**, 126, 127
Thiourethane, (Acyl-Blockierung) **13**, 458
—, **benzyl-** **13**, 459
Thiouronium, *p*-bromo-benzyl- **10**, 179
Thixotropie (Myosin) **1**, 331
Thlaspi alpestre, Th. arvense, Th. perfoliatum, Th. rotundifolium, iso-thiocyanates **18**, 133, 143, 167, *Th. arvense*, indole precursor **17**, 252
Thom apple, fat, fatty acids **6**, 56
Thoracophelia mucronata, carotenoids **5**, 27, 35
Thr (abbreviation for threonine) **17**, 331
Thre (Abkürzung für Threonin) **18**, 16
„Threo-" (definition) **8**, 326
l-**Threonamide, 3,4-dimethyl-** **2**, 138
l-**Threonic acid** **2**, 136, 137, 142
—, **dimethyl-** **2**, 137
Threonine, in antibodies **9**, 452
—, biosynthesis **19**, 279
—, as C- and N-terminal amino acid **11**, 268, 273
—, color reactions **12**, 291
—, in crotoxin **12**, 447
—, DNP deriv. **12**, 305
—, from etamycin **16**, 109
—, from farm soils **17**, 391
Threonine, in fish proteins **5**, 272, 288
—, (genetics) **5**, 315
—, dans gorgonines **12**, 392
—, in hemoglobin, number of residues **17**, 350
—, hydrolysis, destruction **12**, 293, 324; **17**, 352
—, in insulin **11**, 253
—, labeled **9**, 301
—, in microsomal protein **16**, 150
—, Protein-Baustein **13**, 482
—, in proteins, collagens, gelatins **17**, 383, 385
—, in seed proteins **6**, 292, 293
—, separation **11**, 243
—, thermostability **17**, 390
—, **dehydro deriv.** **12**, 309
—, **thiohydantoin deriv.** **12**, 309
Threonine-*D*-leucine-*D*-allo-hydroxy-proline group in etamycin **16**, 109
DL-**Threonine**, crystal structure **8**, 318
—, (peptide synthesis) **9**, 333
—, separation from *DL*-allo-threonine **11**, 248, 255
—, **dériv. guanidiques** **18**, 100
—, **isopropylester** **9**, 334
L-**Threonin**, (Actinomycine) **18**, 3, 15, 32, 33
—, bond-lengths of amide group **11**, 198
—, crystal structure **8**, 314, 315, 326, 328, 329, 337; **11**, 182, 185
—, dimensions of hydrogen bonds **11**, 200, 201
—, electron density plot **8**, 327
—, in polypeptin **11**, 252
—, **methylester, N-[2-amino-3-hydroxy-4-methyl-benzoyl]-** **18**, 29
L-**Threonyl-*D*-allo-isoleucin-methylester** **18**, 36
—, **N-[2-nitro-3-hydroxy-4-methyl-benzoyl]-** **18**, 36
L-**Threonyl-*L*-threonine** **9**, 334
D-**Threose** **2**, 152
Thrips and nicotine **10**, 429
Thrombin, blood coagulation **12**, 428
Thrombosis, and snake venom **12**, 413
Thuja articulata, Chinone **6**, 180, *Th. plicata, Th, occidentalis, Th. Standishii*, terpenoid tropolones **13**, 237
Thujane, IR spectrum **13**, 35

Thujaplicin 12, 2, 20
—, biogenetic relationship to terpenes **13,** 289
—, biosynthesis **14,** 211
—, Diels-Alder reaction **13,** 270
α-Thujaplicin 13, 236, 237, 239, 240, 271
—, Cu complex **13,** 240
—, nitration **13,** 278
—, spectrum **13,** 264
—, synthesis **13,** 257
—, **methyl ether 13,** 269
β-Thujaplicin 13, 236, 237, 239, 240, 271
—, spectrum **13,** 264
—, synthesis **13,** 257
—, **methyl ether 13,** 269
—, **octahydro- 13,** 239, 240
γ-Thujaplicin 13, 236, 237, 239, 240, 271
—, azo coupling **13,** 277
—, and β-isopropyl-muconic acid **13,** 271
—, nitration **13,** 278
—, polarogram **13,** 267
—, spectrum **13,** 264
—, synthesis **13,** 257
—, **octahydro- 13,** 240
—, **7-sulfonic acid 13,** 278
α-Thujene, IR spectrum **13,** 35
Thujopsane 19, 2
Thujopsis dolabrata, terpenoid tropolones **13,** 237
Thunder god vine, insecticides **10,** 460, 461
Thunnus thynnus, vitamin D **6,** 54
Thyme, oil of, insecticide **10,** 457
Thymidine 8, 118
—, biosynthesis **9,** 418, 419
—, growth factor **9,** 403, 418, 421, 426, 428, 429, 431, 432
—, (nucleoside metabolism) **9,** 372, 375, 388, 393
Thymidylic acid 9, 424; **20,** 433
Thymine, in DNA **12,** 472
—, growth factor **9,** 411, 412, 413, 418, 419, 421, 429
—, (nucleoside metabolism) **9,** 372, 373, 387, 388, 393
—, (snake venom) **12,** 424
—, structure **20,** 431
—, **dihydro- 9,** 390
Thymin-desoxyribose-mono- und -di-phosphorsäure 1, 150
Thymine desoxyriboside 1, 131, 132; **8,** 117; **9,** 388
Thymohydroquinone 13, 289
Thymonucleic acid (Thymonucleinsäure) 1, 131, 145, 146, 147; **8,** 117
Thymoquinone (Thymochinon) 6, 175, 180; **13,** 289
—, **dichlor- 6,** 204
Thymus microsomes, incorporation of labeled precursors **16,** 147
Thymus nuclei, isolated, synthesis of RNA and protein **16,** 149
—, RNA **16,** 146
Thymus protein, incorporation of labeled alanine **16,** 151
Thyreotropin, Kohlenhydrat-Anteil **20,** 243
Thyroacétique (acide), 3,5-diiodo- 12, 369, 370
—, **3,5,3′,5′-tétraiodo- 12,** 369
—, **3,5,3′-triiodo- 12,** 369
Thyrocinnamique (acide), 3,5-diiodo- 12, 368, 369
Thyroglobulin 2, 104, 122, 123, 124, 128; **12,** 353, 358, 362, 380, 383; **20,** 242
—, action de l'iode **12,** 375, 378, 379, 380, 388
—, amino acid composition **2,** 105
—, biosynthèse **12,** 385
—, diffusion **18,** 471
—, extrait thyroïdien **12,** 383
—, fonction thyroïdienne **12,** 380
—, fractionation **8,** 342
—, du goitre **12,** 387
—, inhibition by 2′,6′-diiodo-*DL*-thyronine **7,** 189
—, isoelectric point **2,** 105
—, labeled **9,** 464
—, liaisons peptidiques **12,** 388
—, (maladie de Basedow) **12,** 385
—, mol. weight **2,** 105
—, peptic digestion **2,** 123
—, préparation, propriétés **12,** 303, 384, 386
—, radioactive **12,** 385
—, rapport, I hormonal / I total **12,** 389
—, rapport, N / I **12,** 385
—, teneur en acides aminés **12,** 386, 387
—, test de Northrop **12,** 386
—, **dériv. iodés 12,** 378, 379
Thyroid (Glande thyroïdienne, Schilddrüse), hormone **2,** 127
—, iodine compounds **2,** 103, 122
—, et iodures marquées **12,** 383

Thyroid, Nucleotide, aminozucker-haltige **20**, 220
—, protéines **12**, 384
Thyroid globulin **2**, 103
Thyromimetic activity **7**, 178
Thyronamine, 3,5,3'-triiodo- **12**, 369
L-**Thyronine** **2**, 113, 114, 115; **12**, 351, 359, 360
—, constitution **2**, 113
—, ioduration ménagée et biologique **12**, 360, 388
—, modifications de la chaîne **12**, 367
—, **dériv.** **12**, 359, 364
—, **N-benzoyl-** **2**, 122
—, **3'-bromo-**, activité antigoitrogène **12**, 364
—, **3,5-dibromo-3',5'-diiodo-** **2**, 119
—, **3,5-dibromo-3'-iodo-**, activité antigoitrogène **12**, 364, 365
—, **3,5-dichloro-3',5'-diiodo-** **2**, 119
—, **diiodo-** **2**, 117, 119
—, —, activité biologique **12**, 364
—, **3,3'-diiodo-** **12**, 360, 361, 362, 363
—, **3,5-diiodo-** **2**, 117, 119; **12**, 351, 359, 360, 361
—, —, activité antigoitrogène **12**, 364
—, —, ioduration **12**, 367
—, —, marquée en 3,5 **12**, 372
—, —, réduction catalytique **12**, 359
—, —, **3',5'-dibromo-** and **3',5'-dichloro-** **2**, 119
—, —, **3',5'-dinitro-** **12**, 365
—, **3',5'-diiodo-** **12**, 359, 360, 361, 362
—, **3,5-dinitro-** **12**, 365
—, —, **3',5'-diiodo-** **12**, 365
—, **formyl-3,5-diiodo-** **2**, 117
—, **halogenated** **7**, 168
—, **iodo-** **12**, 358, 359
—, —, et iodotyrosine, séparation **12**, 354
—, —, marquée **12**, 372
—, —, synthèse **12**, 360, 362
—, **3-** and **3'-iodo-** **12**, 359, 360, 363
—, **3,5,3',5'-tetrabromo-** **2**, 119, 121
—, —, activité antigoitrogène **12**, 364
—, **3,5,3',5'-tetrachloro-** **2**, 119, 121
—, **3,5,3',5'-tetraiodo-** **7**, 167, 171; **12**, 358, 359, 360, 367
—, —, **diphényl-** **12**, 367
—, **3,5,3',5'-tétranitro-** **12**, 365
—, **3,5,3'-tribromo-**, activité antigoitrogène **12**, 364
L-**Thyronine, triiodo-** **12**, 362, 379
—, —, activité antigoitrogène **12**, 364
—, —, marquée en 3' ou en 3,5 **12**, 372
—, —, R_f **12**, 363
—, **3,5,3'-triiodo-** **12**, 350, 351, 358, 359, 360, 362, 363, 377, 378, 379, 381, 385, 389
—, —, activité biologique **12**, 362
—, —, formation **12**, 381
—, —, marquée **12**, 366
—, —, et α-nitroso-β-naphtol **12**, 363
—, —, spectre **12**, 362
—, —, synthèse **12**, 359, 360, 362
—, —, **dériv. glycuroconjugués** **12**, 366
—, **3,3',5'-triiodo-** **12**, 359, 362, 363
—, —, synthèse **12**, 360
DL-**Thyronine** **12**, 359
—, biol. inactivity **7**, 168
—, iodination **7**, 181
—, **3,5-dibromo-** **7**, 170, 171
—, —, **3',5'-dichloro-** **7**, 169
—, —, **3',5'-diiodo-** **7**, 169, 170
—, **3,5-dichloro-** **7**, 170
—, —, **3',5'-dibromo-** **7**, 169
—, **3',5'-difluoro-** **7**, 170
—, —, **3,5-diiodo-** **7**, 169, 170, 189
—, **3,5-diiodo-** **7**, 168, 170, 171; **12**, 361
—, —, **3',5'-dibromo-** and **3',5'-dichloro-** **7**, 169, 170
—, —, **3',5'-diméthyl-** **12**, 365
—, **2',6'-diiodo-** **7**, 168, 170
—, —, antagonist to thyroglobulin and thyroxine **7**, 189
—, **3',5'-diiodo-** **7**, 168, 170
—, **O,N-dimethyl-3,5-diiodo-** bioeffect **7**, 174
—, **3'-fluoro-** **7**, 170, 189
—, —, **3,5-diiodo-** **7**, 170, 189
—, —, **3,5,5'-triiodo-** **7**, 169, 170, 189
—, **halogenated**, bioeffect **7**, 170
—, **tetrahalogenated** **7**, 169
—, **trihalogenated** **7**, 170
Thyropropionique (acide) 3,5,3',5'-tétraiodo- **12**, 368
—, —, activité biologique **12**, 369
—, **3,5,3'-triiodo-** **12**, 368
Thyropyruvique (acide), 3,5,3',5'-tétraiodo- **12**, 370, 371
—, —, de l'urine **12**, 371
—, **3,5,3'-triiodo-** **12**, 370, 371
Thyroxamine **2**, 118; **12**, 369
—, bioeffect **7**, 177, 178; **12**, 369

Thyroxamine, synthesis **2**, 116
Thyroxine, analogs, derivatives, homologs, isomers (bioeffects) **2**, 119, 120; **7**, 171, 174, 175, 178
—, **analogue soufré** **12**, 367
L-**Thyroxine** **2**, 107, 108, 111, 112, 117, 121, 124, 125, 128; **7**, 167; **12**, 350, 351, 358, 359, 363, 377, 379, 383, 389
—, bioeffect **2**, 120; **7**, 172, 173
—, biosynthesis **12**, 378, 380, 381; **19**, 279
—, chromatography **11**, 260
—, combination in the thyroid **2**, 122
—, configuration **7**, 173
—, constitution **2**, 113
—, from 3,5-diiodotyrosine **7**, 185; **12**, 381
—, de gorgonines **12**, 391, 394
—, inhibition **7**, 187
—, isolation **2**, 107, 108, 111
—, marqué en 3,5 ou 3′,5′ **12**, 370, 372
—, orientation of iodine atoms **2**, 115
—, protein complex **2**, 125
—, relationship to tyrosine **2**, 121
—, resolution **2**, 117
—, sels **12**, 364
—, semi-quinone intermediate **7**, 172
—, de spongines **12**, 396
—, stabilité **12**, 363
—, synthesis **2**, 117; **7**, 179, 184
—, dans thyroglobuline **12**, 386
—, → thyronine **2**, 113
—, from *L*-tyrosine **7**, 184, 185
—, **acetyl deriv.** **2**, 118
—, **N-acétyl-** **12**, 382
—, —, activité biologique **12**, 368
—, **alanyl-** **2**, 118
—, **N-bromopropionyl-** **2**, 118
—, **N-chloroacetyl-** **2**, 118
—. **éthylester** **12**, 366
—, **glycuroconjugués (dériv.)** **12**, 366
—, **glycyl-** **2**, 118
—, **N-lactyl-** **2**, 118
—, **methyl ester** **2**, 118
—, **O-méthyléther**, activité biologique **12**, 366
D-**Thyroxine**, bioeffect **7**, 173
DL-**Thyroxine**, calorigenic effect **7**, 173
—, synthesis **2**, 116, 117; **7**, 179, 181, 183, 184
—, **N-acetyl-** and **O,N-diacetyl-**, bioeffect **7**, 174
DL-**Thyroxine, N-glycyl-** **7**, 175
—, **4″-hydroxy-3″,5″-diiodo-phenyl ether** **7**, 175
—, **4″-hydroxyphenyl ether** **7**, 175
—, **N-lactyl-** **7**, 174
—, **O-methyl-**, bioeffect **7**, 174, 175
β-**Thyroxine** **12**, 368
Thyroxine-like activity, fluorine deriv. **7**, 170
—, and position of halogen **7**, 171
—, and structure **7**, 168
Thyroxin-Mauser **18**, 198
Thyroxyl-glutamique (acide), N-acétyl- **12**, 382
—, —, activité biologique **12**, 368
—, **N-acétyl-3,5-diiodo-** **12**, 382
Tibi organism (dextran production) **8**, 34
Tibouchina semidecandra, anthocyanins **20**, 181
Ticonin, dibrom- **2**, 252
Tierkörper, Abbau alicyclischer Seitenketten **4**, 262
—, Aufspaltung von Ringen **4**, 210
—, Hydrierungen im **3**, 45
—, Oxyaminosäuren **4**, 241
—, Oxydation längerer C-Ketten **4**, 239
—, sterische Umwandlung von Aminosäuren **4**, 206
Tier- und Pflanzensterole, Beziehungen **12**, 139
Tiger snake, venom **12**, 410
Tiglic acid **6**, 4; **7**, 202; **12**, 202, 207, 246
—, esterifying ceveratrum alkamines **20**, 314
Tiglinaldehyd **3**, 33, 34, 52
Tiglinalkohol → Isoamylalkohol **3**, 32, 33, 52
Tigogenin **4**, 16, 21; **12**, 140
—, Abbau **4**, 20
—, **$\Delta^{5,6}$-dehydro-** **4**, 21
—, **6-oxy** **4**, 21
Tigogenon, 6-keto- **4**, 21
Tilia spp., galls, purpurogallin **13**, 245, indole **17**, 252
Tiliaceae, herzaktive Glycoside und Aglykone **14**, 125
Tiliacora acuminata, *T. racemosa*, Alkaloide **9**, 178, 207
Tiliacorin **9**, 178, 207
Tiliadin **17**, 174
Tilicin **17**, 174
Timbo, insecticides **10**, 425, 436

Timothe, lösliche Kohlenhydrate 15, 2
Timothy bacillus, phosphatide, wax 3, 153, 158, 163, 166, 187
Tinantia spp. and gibberellin 18, 397
Tinca vulgaris, protein 5, 285
Tinea capitis et acides gras 6, 119
Tinospora bakis, *T. crispa*, *T. Rumphii*, Alkaloide 9, 178, 207, *T. cordifolia*, Bitterstoffe 17, 175
Tirucalla-8,24-dien-3β-ol 12, 112
Tirucallane 12, 113
Tirucallenyl acetate 12, 116, 118
Tirucallol 12, 47, 112, 151
—, inert double bond 12, 113
—, isopropylidene group 12, 112
—, relationship to elemolic acid 12, 121
—, dihydro- 12, 115, 120, 121
Tirucallol series, spectrum 12, 53
Tirucallyl acetate 12, 112
—, dihydro- 12, 112, 113
—, —, epoxide 12, 104
Titanium trichloride and carotenoids 15, 35
Tlatlancuayin 17, 9, 22, 23, 56, 58
TM-Virus, s., see, voir, Tabakmosaik-Virus, Tobacco mosaic virus
Toad, bufotalin, marinobufagin 5, 246, 249
—, visual pigment 14, 293
Toad venoms (Krötengifte) 4, 1, 12; 5, 241, 257; 12, 144
—, Bufadienolide 14, 87
—, bufotenin 17, 266
Tobacco, s. auch, see also, voir aussi, Tabak
Tobacco, anabasine 10, 428
—, caffeic acid 17, 46
—, crown gall induction 17, 305
—, leaves, haloing 17, 308
—, —, incorporation of labeled leucine 16, 151, 152
—, seed, fat, fatty acids 6, 56
—, —, proteins 6, 293
—, source of nicotine 10, 426
—, toxic effects 10, 435, 436
—, tryptophan and auxin 17, 256
Tobacco alkaloids 2, 248
—, insecticides 10, 426
Tobacco mosaic virus, s. auch, see also, voir aussi, Tabakmosaik-Virus
Tobacco mosaic virus, buoyant density 20, 412
—, C-terminal residues 11, 273
Tabacco mosaic virus, (genetics) 5, 320
—, immunological tests 6, 306
—, and leaf proteins 6, 304
—, and protein composition 6, 305
—, protein, sedimentation 18, 491
—, RNA and protein 20, 428
Tobacco wildfire (disease) 17, 308
Tocol, 8-methyl-, 5,8- and 7,8-dimethyl-, and 5,7,8-trimethyl-, vitamin E activity 6, 54
Tocopherol 3, 4
—, (Elektron-Transport) 20, 82, 115
—, in fats 6, 11, 39, 52, 55
—, et huile de foie de morue 9, 103
—, acétate 9, 104
α-Tocopherol, Oxydation mit $FeCl_3$ 20, 120
α- and β-Tocopherol 14, 211
—, biosynthesis 14, 211
α-, γ-, and δ-Tocopherol, vitamin E effect 6, 54
α-Tocopherylchinon, anhydro- 20, 119
Toddalia aculeata, toddalolactone 9, 251
Toddalolactone 9, 251, 252; 17, 174
Tolane, bond distances 3, 224
Tollwut, Virus 4, 90
m-Tolualdehyde, IR spectrum 5, 355
Tolualloxazin 4, 65
Toluchinon (Toluquinone), Giftigkeit 6, 214
—, deriv. 6, 166
—, —, UV-Maxima 20, 86
—, 3,6-bismethylamino-4-methoxy- 20, 101, 102
, chlor dihydroxy 8, 228
—, 2,5-dihydroxy- 18, 22, 23, 25, 26
—, 3,5-dimethoxy- 6, 202, 203
—, 4-methoxy- 10, 357
—, —, condensation with butadiene 10, 356
—, 5-methoxy- (Dien-Synthese) 10, 85, 86
—, trimethoxy-, Wachstumshemmung 6, 202
—, 3,4,6-trimethoxy-, → 3,6-Bismethyl amino-4-methoxy-toluchinon 20, 101, 102
Toluene (Toluol), (lignin) 5, 204
—, 2-acétoxy-3,4-diacétyl-méthyl- 9, 96
—, 3-amino-2-hydroxy- 18, 23
—, 6-bromo-2-methoxy- 18, 358
—, 2,3-dimethoxy-6-nitro-5-amino- 18, 21

Toluene, *p*-**hydroxy**- and *p*-**methoxy-phenoxy**- (thyroxine synthesis) **2**, 114
—, **sulfinsäure** und **sulfohydrazid** (Lignin-analyse) **11**, 47
—, **2,4,5-tricarboxylic acid** from picro-podophyllin **15**, 100
12α-Toluene sulfonate, 3α-acetoxy- **10**, 292
p-**Toluene-sulfonyl glycine-anilide** **9**, 324
5′-*p*-Toluene-sulfonyl-2′,3′-isopropyl-idene-inosine **8**, 107, 108
m-**Toluic acid** (lignin) **5**, 193
o-, *m*-, and *p*-**Toluidine**, condensation with hippuric acid **9**, 324
o-**Toluylsäure, di**- und **tetrahydro**- **4**, 236
p-**Toluylsäure, 3,5-dioxy**- **2**, 48, 51; **13**, 123
o-, *m*-, und *p*-**Toluylsäure, hexahydro**-, im Tierkörper **4**, 235
N-Tolyl-isoglucosamin → Isoglucosamin **20**, 215
p-**Tolylmercaptoacetyl**-*DL*-**valine** **7**, 208
Tomatidin **12**, 141
—, Biosynthese **12**, 141
Tomato, carotenoids, genetic aspects **18**, 283
—, parthenocarpic fruit-set and gibberellin **18**, 409
—, phytoene **12**, 176
—, *cis*-phytofluene **18**, 279
—, roots and gibberellin **18**, 405
—, seed fat, digestibility **6**, 15
—, —, fatty acids **6**, 56
—, Zn and tryptophan content **17**, 259
Tomato („tangerine"), poly*cis* lycopenes (genetics) **5**, 309
—, prolycopene **18**, 280, 281, 282
Tomaten-virus **4**, 164
Tomato wilt and fusaric acid **17**, 313
D-**Tomentocurin** **9**, 178, 207
Tonoplast **6**, 296
Topfcurare **17**, 184
Toringin **17**, 15
—, synthesis **17**, 44
Tornatenia spp., Chinone **6**, 174
Tororo aoi (polysaccharides, immunol.) **18**, 510, 520, 525, 527, 528
Torpedo marmorata, proteins **5**, 268, 285
Torresea ceariensis, coumarin **9**, 242
Torreyol **12**, 5
Tortelli-Jaffé-Reaktion **13**, 171
Tortoise (Tortue), sécrétion musquée **6**, 110
—, visual pigment **14**, 298, 304
Torula, carotenes **5**, 21, *T. rubra*, torulene **12**, 177, *T. pulcherrima*, gibberellin **18**, 351, *T.* spp., *T. utilis*, Ubichinon **20**, 79, 81, *T. utilis*, N-requirement **9**, 408
Torularhodin **12**, 170, 173, 186
—, configurational assignments **18**, 311
—, in fungi **12**, 177
—, structure **12**, 178; **18**, 311
—, vitamin A effect **12**, 178
—, **methylester**, synthesis of *cis* forms **18**, 275
—, —, **central-mono*cis***- **18**, 311
Torulene **5**, 21, 26; **12**, 170, 173, 180, 186
—, in fungi **12**, 177
Torulopsis utilis, and C_1^{14}-acetate **20**, 15, growth factors **9**, 408, 414
5-Tosyl-arabinose **8**, 70
—, **mercaptal** **8**, 70
Tosyl-dimethyluridin **1**, 127
Tournefortia spp., *T. sibirica*, pyrrolizidine alkaloids **12**, 200, 204
Tournesol, phosphotransférase, phytase **19**, 356
Townsendia spp., Matricariaester **14**, 13
Toxaphene, insecticide **10**, 458
Toxicarol **10**, 441, 443; **17**, 23, 24
—, insecticide **10**, 446
—, toxicity (goldfish) **10**, 445
α-**Toxicarol** (opt. inactive) **10**, 442; **17**, 24
L-α-**Toxicarol** **10**, 442
—, insecticide **10**, 444, 445, 446
β-**Toxicarol** **10**, 442
Toxicarolic acid **10**, 441
Toxicarol-isoflavone **17**, 24
Toxic value, venoms **12**, 418, 436
Toxiferine, „dimere" Molekülverknüpfung **17**, 218
Toxiferin (Calebassen), **dichlorid, dihydro**-, Spektrum **17**, 192
—, **dihydro**- **17**, 187, 206, 207, 210, 211, 212, 226, 227, 236, 237, 240
—, —, Alkaloide **17**, 226
—, —, —, Strychnin-Typus **17**, 206
—, —, Belichtung **17**, 218, 228
—, —, → Calebassen-Alkaloid-D **17**, 228
—, —, und Curarin-I **17**, 226
—, —, → Lumi-dihydrotoxiferin-I **17**, 228
—, —, pharmakol. Wirkung **17**, 234

Toxiferin, dihydro-, Raumformel **17,** 214
—, —, Säureeinwirkung **17,** 214
—, —, Spektrum **17,** 239
—, —, Struktur **17,** 213, 214
—, —, Totalsynthese **17,** 218
—, —, Verwandtschaft mit Strychnos-Alkaloiden **17,** 218
—, **18,18'-dihydroxy-dihydro- 17,** 226
—, **18-hydroxy-dihydro- 17,** 226
Toxiferin-I (Calebassen) **17,** 189, 190, 206, 207, 211, 215, 216, 218, 226, 227, 236, 237, 238, 240
—, blutdrucksenkende Wirkung, Toxizität **17,** 234, 235
—, und Calebassen-Alkaloid-E **17,** 226, 228
—, aus Caracurin-V-dichlormethylat **17,** 228
—, = 18,18'-Dihydroxy-dihydro-toxiferin **17,** 226
—, Spektrum **17,** 239
—, Synthese **17,** 216, 217, 218
—, **dihydro- 17,** 211
Toxiferine-I—XII aus *Strychnos toxifera* **17,** 190, 238
Toxiferin-II, IIa, IIb 17, 189, 190, 207, 220, 236, 237, 238, 239
Toxins, *Amanita phalloides* **20,** 12
—, diphtérique, fluorescence **2,** 304, 331
—, enzyme-like **12,** 408
—, snake venoms **12,** 407, 408
—, starter and induced (snake venoms) **12,** 417
—, and wilting **17,** 311
Toxin-antitoxin floccules, enzymatic digestion **7,** 282
Toxisterol 1, 85
Toxoflavin 4, 73; **11,** 387
—, Spektrum **4,** 74
Toxophoric grouping (rotenone) **10,** 445
TPN (abbreviation for triphospho-pyridine nucleotide) **8,** 98; **9,** 403
Tracer technique 12, 132
Tracheid, mechanical fibrillization **8,** 8
Trachelanthamidine 12, 207, 208, 215, 216, 222, 243, 245, 246
—, ***p*-aminobenzoate,** cocain-like effect **12,** 259
—, **quinoline deriv.,** as antimalarial **12,** 259
D- and *L*-**Trachelanthamidine 12,** 221, 224, 225
Trachelanthamidine alkaloids 12, 244
Trachelanthamine and **N-oxide 12,** 204, 208, 216, 217, 245
Trachelanthic acid 12, 207, 208, 216, 226, 240, 241, 244, 245, 246
—, configuration **12,** 241, 242
Trachelanthidine 12, 208, 210, 216
Trachelanthine 12, 204, 208, 216, 240, 245
—, → trachelanthamine **12,** 257
Trachelanthus spp., *Tr. korolkovi,* pyrrolizidine alkaloids **12,** 200, 204, 205
Trachom-Virus 4, 90
Tradescantia, fluorescence **2,** 320
—, pollen growth and gibberellin **18,** 408
Tragopogon pratensis, Carotinoide **5,** 5, 11
Trametene, Trametenic acid 12, 95
Trametenol 12, 95
Trametenolic acid A and **B 12,** 46, 95, 96
Trametenonic acid 12, 95
Trametes cinnabarina, cinnabarin **18,** 31; **20,** 23, *Tr. odorata,* trametenolic acids **12,** 95
Transamidation 9, 328, 334, 335
Transaminase 4, 205
—, und Chinone **6,** 220
Transamination (peptides) **9,** 339
—, (rice preparations) **17,** 272
Transdeoxyribosidase 9, 425, 433
Trans elimination, cyclohexanes **19,** 209
Transferase, glutamo- and **asparto- 9,** 336
Transferrine 20, 240, 241
Transfructosidation 15, 14, 15, 16; **19,** 299, 309, 310, 311
Transglucosylase (Q enzyme) **11,** 32, 33
Trans-N-glycosidase 9, 372, 373, 374, 387, 422, 425
—, bacterial **9,** 388
—, spectral demonstration **9,** 373
Trans-O-glycosidase 5, 123; **9,** 422, 425; **19,** 310
Transient orange (retina) **14,** 273, 275, 276
Transition phenomena, amorphous polymers **10,** 149
—, amorphous solids **10,** 150
Transition states, coplanar, cyclic 19, 208
Transmutase (phosphate group) **9,** 372
Transpeptidation 9, 328, 331; **12,** 325
Transphosphatases 19, 317, 354
—, synthèse de composés phosphorés **19,** 361
Transphosphorylase 9, 411

Transphosphorylation, dériv. guanidiques **18**, 95
Transvaalin **13**, 214; **14**, 88
Trappen (Federn, Eischalen, Kot), Porphyrine **18**, 205, 207, 208, 210, 214
Traubensaft, Flavin **2**, 63
Traube synthesis (purine) **8**, 114
Treecat, scent gland **6**, 93
Trehalosamin **20**, 220
—, Kohlenhydrat-Komponente in Antibiotica **20**, 219
Trehalose **3**, 155, 157, 167, 168, 185; **8**, 85; **19**, 307
—, (lipides bactériens) **10**, 174, 228, 232, 243
—, Synthese **2**, 160
—, **monophosphate** **8**, 85
—, —, reducing power **8**, 58
—, —, rotation **8**, 63
—, **octo- et tétrastéarate** **10**, 228
α,β-Trehalose-heptaacetat **2**, 206
β,β-Trehalose **2**, 161
—, **octaacetat** **2**, 160
Trehalose-Typ **2**, 162
Trehalosides, fatty acids **3**, 157
Treleasegenate, methyl, hydrolysis **19**, 216
Tremella mesenterica, carotenoids **12**, 172, 173
Trentepohlia Jolithus, Jonon **8**, 153
TRF, abbreviation for trypsin-resistant fraction (hemoglobin) **17**, 365
Triacetic acid (biosynthesis of ring compounds) **14**, 197
Triacetin, digestibility **6**, 25
Triacontapentadecaen, diphenyl- **9**, 34
L,L,L-**Trialanine**, unit-cell dimensions, space groups **11**, 188
Tribolite fossil, amino acids **17**, 389
Tribulus spp., *Tr. terrestris* (Lichtkrankheit, Geeldikop) **6**, 179; **14**, 182
Tributyrin, digestibility **6**, 25
Tricalcium phosphate, adsorbent for phycoerythrin, for enzymes, for proteins **8**, 353; **11**, 284
Tricaprin **4**, 216
Tricaproin, digestibility **6**, 25
Tricaprylin **4**, 216
—, digestibility **6**, 25
Tricarballylsäure (Tricarballylic acid) **13**, 76
—, aus Lignin **20**, 47, 48
—, **α,α-dimethyl-** **12**, 19
Tricarballylsäure, β-methyl- **7**, 53; **18**, 362
—, **α-*n*-octyl-** **10**, 44
Trichilia heudelotii, Bitterstoffe **17**, 175
Trichloroacetate, IR spectrum **5**, 373
Trichocereine **6**, 246, 248, 257, 259, 260
—, pharmacol. effect **6**, 278
Trichocereus candicans, Tr. huascha, Tr. lamprochlorus, Tr. spachianus, Tr. terscheckii, Tr. thelegonus, Tr. thelegonoides, cactus alkaloids **6**, 246, 248, 250, 252, 254, 255, 257, 259
Trichoderma viride (gliotoxin biosynthesis) **20**, 31
Trichodesma spp., *Tr. incanum*, pyrrolizidine alkaloids **12**, 200, 204
Trichodesmidine **12**, 208, 210, 243, 244
Trichodesmine **12**, 204, 208, 243, 244
Trichomonas foetus, Enzym **20**, 235
Trichophyton mentagrophytes, penicillin-like substances **7**, 206
Tricin **17**, 19, 37, 47, 49, 54
—, biosynthesis **17**, 45, 46
—, synthesis **17**, 37
Triclisia Gilletii, Alkaloide **9**, 178
Tricosanoïque (acide), 3,13,19-triméthyl- **10**, 190, 191
Tri-*o*-crésyle, phosphate, antivitamine E **9**, 103, 104
Tricrésyl-phosphate et monoestérases **19**, 320
Tricyclen (Dien-Synthese) **10**, 65
Tricyclo-squalène **6**, 126
Tridecane, 7-methyl-, IR spectrum **5**, 345
—, **1- et 2-méthyl-1,13-dicarboxylique (acide)** **6**, 95, 96
Tridécane-1,13-dioïque (acide), 1-, 2-, 3-, et 4-méthyl- **6**, 95
Tridécanoate, 3-keto-5-méthyl-, éthyl **10**, 183
Tridecanol-acetat **14**, 20
***n*-Tridecansäure (*n*-Tridecanoic acid)** **14**, 46
—, from mycomycin **16**, 116
12-Tridécène, 2-keto- **10**, 191
Tridécène-2 oïque (acide), 5-méthyl- (lipides bactériens) **10**, 193
Tridecylsäure, α-carboxy- **4**, 218
Tridepside **2**, 42
Trielaeostearin in fat **6**, 7
Tri-β-elaeostearin **1**, 40
Trien mit Dien-Funktion **10**, 9
Triene und Dien-Synthese **10**, 9

Triensäuren (Dien-Synthese) **10**, 40
Trierucin in fat **6**, 7
Trifluoracetyl-Rest (Acyl-Blockierung) **13**, 460
Trifolitin **17**, 16
Trifolium spp., *Tr. incarnatum, Tr. pratense, Tr. subterraneum,* formononetin, genistein, incarnatrin, pratol, pratoletin, pseudo-baptigenin **17**, 15, 50, 52, 53, 56
Trifolium spp., *Tr. pratense, Tr. repens* and gibberellin **18**, 396, 405, 406
Trifructosane im Roggen und Weizen **19**, 293, 294
Trifructose aus Loliin **15**, 11
Triglutamic acid, ***p*-aminobenzoyl-** **11**, 381
Triglycerides, in corn oil **6**, 9
—, digestibility **6**, 21
—, isolation from fats **1**, 25
—, mixed **6**, 6
—, short-chain, digestibility **6**, 25
—, simple, in fats **6**, 6, 7
—, structure **6**, 6
Tri-C_{18}-glycerides **1**, 38, 45
Triglycin-hydrazid → Glycin-peptide **13**, 502
Triglycin-methylester **13**, 494
Triglycoside, Herzwirkung **14**, 90
Triglycyl-glycine, X-ray diffraction **8**, 330
Trigonellin **2**, 258, 280
Triheptylin **4**, 216
Triin, phenyl-, aus *Coreopsis* spp. **14**, 26
Triin-dien, aus *Artemisia vulgaris* **14**, 24
Triisovalerin, intestinal absorption **6**, 25
Trilaurin, digestibility **6**, 21, 22, 25
—, in fat **1**, 24; **6**, 7
Trilinolenin, Trilinolin, in fat **6**, 7
Trillarin, Trillin **4**, 22
Trillium erectum, Saponin **4**, 22
Trilobamin **9**, 177, 180, 196, 198, 210
—, Biosynthese **9**, 210
Trilobin **9**, 177, 180, 182, 203, 204, 211
—, Biosynthese **9**, 211
Trilupin **8**, 263
Trimellitsäure (Trimellic acid) **8**, 169; **13**, 241
—, Dien-Synthese **10**, 33
—, **methoxy-**, aus Lignin **20**, 47, 61, 62
—, **3-methoxy-5-methyl-** **2**, 52
Trimesurus flavoviridis, venom **12**, 411
—, —, phospholipase, phosphoesterase **12**, 422, 423
Trimethoxy-benzoyl group, bioactivity (reserpine) **13**, 387
Trimethylamine, bond distances **3**, 208
—, im Tier **4**, 190
Trimethylaminoxyd, im Tier **4**, 190
Trimyristin, in fat **1**, 26
—, —, digestibility **6**, 7, 21, 22
Trinonylin **4**, 216
Triolein, in fat **1**, 29, 45, 46, 49
—, —, digestibility **6**, 7, 22
Triose aus i-Strophanthosid **14**, 104
Triose-phosphat (Triose-phosphorsäure) **3**, 71
—, Gährung **1**, 100
Tripalmitin, in fat **1**, 47
—, —, digestibility **6**, 7, 21
Tripeptides, abbreviations **12**, 359
—, building principle **12**, 30
—, on papergrams **12**, 323
—, *trans* A—B rings **12**, 25
—, **tetra-** and **pentacyclic** **12**, 44, 45, 52, 159
Tripeptid-azide, carbobenzoxy-, Cyclisierung **13**, 502
Tripeptid-methylester, Polykondensation **13**, 495
Tripeptid-thiophenylester **13**, 497
1,3,5-Triphenylbenzene, scale drawing **3**, 220
Triphenyl methyl chloride **8**, 109
Triphényl-phosphate **19**, 319, 320
Triphenylphosphin-methylen **17**, 117
Triphosphatases **19**, 319
Triphospho-pyridine nucleotide (TPN) **8**, 98, 124; **9**, 403
—, from DPN **8**, 123
—, enzymat. degradation **8**, 121
—, structure **8**, 124
Triple bonds, electron accumulation **17**, 442
Tripleurospermum, Acetylene **14**, 61
Tripolyphosphorique (acide) et protéines **19**, 339
Tripterygine, insecticide **10**, 460
Tripterygium forrestii, Tr. wilfordii, **in**secticide **10**, 460, 461
Tripterygium alkaloids **10**, 460
Triricinolin, in fat **6**, 7
Triseclavine **20**, 20
Tris-nor-lupanon **7**, 63
Tristearin, in fat **1**, 36, 47
—, —, digestibility **6**, 7, 21, 22

Tristerol **12**, 121
Triterpene **7**, 1
—, Abbau **7**, 4
—, Aufbauprinzip **7**, 2
—, biosynthesis **19**, 266
—, Dehydrierung **7**, 4
—, Einteilung **7**, 2
—, gegenseitige Umwandlung **7**, 4
—, Nomenklatur **7**, 19
—, Pyrolyse **7**, 4
—, strength of acids and amines **19**, 187
—, Strukturaufklärung **7**, 3
—, **pentacyclische** **7**, 3, 15
—, —, Dehydrierung **7**, 15
—, —, gesättigte **7**, 74
—, —, Konfiguration **7**, 76
—, —, Reaktionsfähigkeit der Doppelbindung **7**, 16, 17
—, —, Stereochemie **7**, 74
—, —, unaufgeklärte **7**, 66
—, —, Verknüpfung mit Ambrein **7**, 22
—, **tetracyclische** **7**, 3, 12
—, —, Dehydrierung **7**, 12; **12**, 45, 58
—, —, Doppelbindungen **7**, 12
—, —, synthesis **12**, 68
Triterpen-alkohole (Wollfett) **7**, 13
Triterpenoids **13**, 28
—, conformational analysis **19**, 166, 182, 193
—, equilibration **19**, 180
—, in Flechten **8**, 210
—, IR spectra **13**, 49; **19**, 194
—, rearrangement **19**, 216, 217
—, 19-substituted, stability inversion **19**, 174
—, **3β-hydroxy-**, and PCl_5 **19**, 206, 207
—, **keto-**, C=O band **13**, 50
—, **3-ketones**, condensed with benzaldehyde, group rate factors **19**, 217, 220
—, **γ-lactone**, C=O band **13**, 50
—, **8β-methyl-3-oxo-**, conformation **19**, 214
—, **$\Delta^{5,8,11}$-triene-7-ketone**, C=O band **13**, 50
Triterpenoids, pentacyclic, IR spectra **13**, 50, 51
—, —, CH_3 and CH_2 adjacent to C=O, IR bands **13**, 51
—, —, ketones, C=O bands **13**, 50
—, —, 30-norlupane series, C=O band **13**, 50
—, —, oleanane series, C=O band **13**, 50
Triterpenoids, tetracyclic, IR spectra **13**, 48, 50, 51
—, —, 3-axial-acetoxy-, IR spectra **13**, 55
—, —, CH_2 adjacent to C=C, IR bands **13**, 51
—, —, CH_3 and CH_2 adjacent to C=O, IR bands **13**, 51
—, —, ketones, C=O bands **13**, 50, 51
—, —, 3,7,11-trione, C=O band **13**, 50
Tri-(tetracetylglucose-1-)phosphate **8**, 50, 73
TRITh (abbréviation de triiodo-thyronine) **12**, 351, 359
Tritico-nucleinsäure **1**, 146
Triticum dicoccum, tricin **17**, 54
Tritisporin **6**, 165
Tritisterols **1**, 92
Triton B **10**, 359
Tritonia, anthocyanins **20**, 180
Tritriacontane, 4-méthyl- **10**, 177, 178
—, —, spectre IR **10**, 177
Trityrosin, Synthese **13**, 487
Trixis pipizahua, Chinone **6**, 180
Trochilidae, Federfarben **18**, 178
Trogones (Federn), Porphyrin **18**, 204
Trollius spp., dormancy and gibberellin **18**, 410
Tr. europaeus, *cis*- and *trans*-trollixanthins **18**, 283; Xanthophyll-epoxyd **5**, 5
Trollixanthin **5**, 5; **18**, 272, 283
—, configurational assignments **18**, 308
—, structure **18**, 308
cis-**Trollixanthin** **18**, 308
Tropaeolaceae, iso-thiocyanates and glucosides **18**, 155, 168
—, myrosin **18**, 136
Tropaeolum majus, anthocyanins **20**, 180, *Tr. majus*, *Tr. peregrinum* (*canariense*), iso-thiocyanates **18**, 142, 168
Tropane group, biosynthesis **19**, 251
Tropilidene **13**, 234, 256
Tropinone, synthesis **19**, 244, 247, 251
Tropismus, Viren **4**, 93
Tropoid system **13**, 235
Tropolones, and alkali or alkoxide **13**, 281
—, and ammonia or amines **13**, 282
—, anionoid substitution and rearrangement **13**, 280
—, azo coupling **13**, 277
—, basic properties **13**, 269
—, biogenesis **13**, 288, 289
—, complex formation **13**, 262, 267

Tropolones, Diels-Alder reaction 13, 270
—, Friedel-Crafts alkylation 13, 273
—, Fries rearrangement 13, 273
—, Gattermann reaction 13, 273
—, halogenation 13, 278
—, Hoesch rearrangement 13, 273
—, hydroxyl function 13, 230, 268
—, hydroxymethylation 13, 278
—, IR spectrum 13, 265
—, location of substituents 13, 274
—, as mold metabolites 13, 242
—, natural 13, 232, 235, 236
—, nitration and nitrosation 13, 277
—, rearrangements 13, 280, 281, 284
—, reduction 13, 269, 272
—, stability and double bond character 13, 269
—, steric effect in substitution 13, 277
—, and sulfamic acid, sulfides, mercaptides, cyanides 13, 274, 283
—, sulfonation 13, 278
—, from tropones 13, 257
—, **sesquiterpenoid** 13, 289
—, **terpenoid,** occurrence 13, 236, 237
Tropolone 13, 234, 235, 236, 256
—, boric acid complex 13, 267
—, and bromine 13, 278
—, carbonyl band 13, 265, 266
—, → *o*-chlorobenzaldehyde 13, 285
—, dipole moment 13, 267
—, electrophilic and radical substitution 13, 273, 274
—, intermediate in alkaloid biosynthesis 13, 289
—, → *cis,cis*-muconic acid 13, 270
—, numbering system 13, 236
—, oxidative degradation 13, 270
—, persulfate oxidation 13, 270
—, properties and fine structure 13, 262
—, salts 13, 270
—, synthesis 13, 256
—, tautomerism 13, 266
—, UV and IR spectrum 13, 264, 266
—, X-ray studies 13, 266
—, **deriv.,** normal and abnormal substitution 13, 283, 288
—, **alkyl-,** synthesis 13, 257
—, **4-alkyl-,** in azulene synthesis 19, 39
—, **5-amino-** 13, 259
—, —, precursor of *p*-aminobenzoic acid 13, 289
—, **5-aryl-** 13, 259, 279
Tropolone, 5-arylazo-, tautomerism 13, 268
—, **3-benzyl-** 13, 258
—, **3-bromo-** 13, 256, 257, 260, 269
—, —, alkali fusion 13, 282
—, 4-tert.-**butyl-** 13, 277
—, **4-carboxethyl-** 13, 256, 257
—, **carboxylic acid,** synthesis 13, 257
—, —, **hydroxy-,** in molds 13, 241
—, —, **styryl-** 13, 259, 260
—, **4-cyano-** 13, 283
—, **dibenzo-,** quinoxaline deriv. 13, 268
—, **3,4,5,6-dibenzo-** 13, 258
—, **3,7-dibromo-,** IR spectrum 13, 265
—, **dioxime, dibenzo-** 13, 268
—, **4-ethoxy-carbonyl-** 13, 257
—, **halo-, s., see, voir, Halotropolone**
—, **3-hydroxy-** 13, 264, 270
—, **isopropyl-,** biosynthesis 14, 211
—, **4- and 5-isopropyl-,** interconversion 13, 283
—, **mercapto-,** dehydrogenation 13, 283
—, **3-*p*-methoxyphenyl-** 13, 258
—, **3-methyl-** 13, 238
—, **4-methyl-** 13, 246, 269, 278, 285
—, —, hydroxymethylation 13, 278
—, —, nitration 13, 278
—, —, and organometallic compounds 13, 284
—, **methyl ether** 13, 268
—, —, → azulenoids 13, 286, 288
—, —, and cyanoacetic ester 13, 288
—, —, and Grignard reagent 13, 284
—, —, → methyl benzoate 13, 282
—, —, and thiourea or guanidine 13, 287
—, —, **4-alkyl-,** in azulene synthesis 19, 39
—, —, **3-bromo-** 13, 261, 282
—, —, —, X-ray studies 13, 266
—, —, **4-methyl-** 13, 257, 269
—, —, **pyrido-** 19, 38
—, **4-methyl-5-nitroso-** 13, 277
—, **3α- and 3β-naphthyl-** 13, 258
—, **nitro-,** salt-like complexes 13, 263
—, **5-nitro-** 13, 274, 278
—, —, tautomerism 13, 268
—, **5-nitroso-** 13, 268, 287
—, **3-phenyl-** 13, 257, 258
—, **phenylethyl-,** ring closure 13, 260
—, **phenylpropyl-** 13, 260
—, **polyhydroxy-** 13, 271
—, **styryl-** 13, 259

Tropolone, styryl-, *cis*-form **13**, 260
—, **7-sulfonic acid, 5-bromo- 13**, 278
—, **3,5,7-tribromo-**, IR spectrum **13**, 265
—, **3,5,7-trihydroxy-methyl- 13**, 277
Tropolonoids, free radical reactions **13**, 279
Tropomyosin, C- and N-terminal residues **11**, 268; **12**, 302, 317
—, hydrazinolysis **12**, 320
—, meridional reflection **11**, 222
Tropones, basic properties **13**, 269
—, Diels-Alder reaction **13**, 270
—, IR spectra **13**, 265, 266
—, stability and double bond character **13**, 269
—, → tropolones **13**, 257
Tropone 13, 234, 235, 236, 257
—, carbonyl band **13**, 266
—, dipole moment **13**, 267
—, salts **13**, 270
—, spectrum **13**, 264
—, synthesis **13**, 256, 257
—, **2-amino- 13**, 268, 280, 282
—, —, azo coupling **13**, 278
—, —, electrophilic substitution **13**, 278
—, —, halogenation **13**, 278
—, —, and malonic ester **13**, 286
—, —, spectrum **13**, 264
—, **2-amino-7-phenyl- 13**, 257
—, **2-aryl- 13**, 268, 284
—, —, **amino- 13**, 263
—, —, **2,4-dinitrophenyl-hydrazones 13**, 268
—, —, **oximes 13**, 268
—, **bromo- 13**, 258
—, **2-bromo-**, spectrum **13**, 264
—, —, **7-chloro- 13**, 261
—, **3-bromo-2-chloro- 13**, 261
—, **4-bromo-**, hydrolysis **13**, 261
—, **2-chloro- 13**, 260
—, —, in azulene synthesis **19**, 37
—, **2-chloro-3-bromo-** and **-7-bromo-**, and alkali **13**, 282
—, **2-chloro-3-hydroxy- 13**, 282
—, **2,5-** and **2,7-dibromo- 13**, 261, 270
—, **2,7-dichloro- 13**, 260
—, **halo-, s., see, voir, Halotropone**
—, **2-hydrazino- 13**, 261, 282, 287
—, **hydroxy-**, pKa values **13**, 263
—, **3-hydroxy- 13**, 269, 279
—, —, azo coupling **13**, 279
—, —, carbonyl band **13**, 266
Tropone, 3-hydroxy-, electrophilic substitution **13**, 279
—, —, halogenation **13**, 279
—, —, spectrum **13**, 264
—, —, synthesis **13**, 261
—, **4-hydroxy- 13**, 279
—, —, dipole moment **13**, 267
—, —, electrophilic substitution **13**, 279
—, —, spectrum **13**, 264
—, —, synthesis **13**, 261
—, **imidazolo- 13**, 262
—, **4,5-imidazolo- 13**, 287
—, **2-mercapto-**, spectrum **13**, 264, 283
—, **2-methoxy-**, in azulene synthesis **19**, 36, 37, 39
—, —, spectrum **13**, 264
—, **oxalazo- 13**, 262
—, **2-phenyl- 13**, 257, 258, 269, 270
—, —, spectrum **13**, 264
—, **phenylhydrazone, semicarbazone 13**, 268
—, **phenylpyrrolo- 13**, 262
—, **tetrabromo- 13**, 270
—, **2-tosyloxy deriv.** in azulene synthesis **19**, 37
—, **4,5-triazolo- 13**, 287
—, **2,4,7-tribromo- 13**, 257, 261, 284
—, **2,5,7-tribromo-4-hydroxy- 13**, 279, 284
Troponeimine 13, 234, 235
—, **2,5-diamino- 13**, 287
Troponoids 13, 232, 234
—, anionoid substitution **13**, 279, 281
—, → azulenes **19**, 36
—, → azulenoids **13**, 286
—, basic properties **13**, 262
—, benzenoid rearrangement **13**, 281
—, cationoid and free radical reactions **13**, 273
—, dipole moments **13**, 267
—, displacement reactions **13**, 281
—, and Grignard reagent **13**, 281, 284
—, IR spectra **13**, 265
—, nucleophilic substitution **13**, 280
—, polarography **13**, 267
—, rearrangement **13**, 279, 285
—, spectra **13**, 263, 264
—, synthesis **13**, 256
—, **chloro-**, nucleophilic displacement **13**, 288
—, **heterocyclic**, synthesis **13**, 261
—, **tricyclic 13**, 260
Troponoid ring, properties **13**, 268

Troponyl-acetic acid 13, 286
Troponyl-acetone 13, 286
Tropoquinone trioxime 13, 287
Tropoquinonoids 13, 268
Tropylium cation 13, 235, 262
Trout, carotenoids 5, 32
—, proteins 5, 273, 279
—, visual pigment 14, 292
Truxillic acid 9, 233
Try (abbreviation for tryptophan) 17, 331
Trygon pasticana, protein 5, 285
Trypaflavin, Lichtsensibilisierung 14, 142
Trypanosoma equiperdum und Chinone 6, 213, 221, protein 5, 292
Trypsin, chromatography 8, 342, 353, 358; 11, 285
—, C- and N-terminal residues 11, 268, 273; 12, 307, 321
—, effect on insulin 12, 273
—, and rhodopsin 14, 283
—, (snake venom) 12, 428
—, specificity 12, 325; 17, 361
Trypsin inhibitor, pancreatic, N-terminal residues 11, 268
Trypsin-resistant fraction (hemoglobin) 17, 365
Trypsinogen, C- and N-terminal residues 11, 268, 273; 12, 307, 321
—, → trypsin 12, 321
Tryptamine 17, 262
—, adrenergic action 17, 262
—, Alkaloid-Baustein 17, 228
—, (anthranilic acid alkaloids) 13, 338, 339
, (biosynthesis of cactus alkaloids) 6, 274
—, und Calebassen-Alkaloide 17, 185
—, precursor of indoleacetic acid 17, 262
—, in yohimbane synthesis 13, 355
—, **amino-N,N-dimethyl-** 17, 264
—, **amino-N-methyl-** 17, 263
—, —, → indoleacetic acid 17, 264
—, **2-carboxylic acid,** *o*-**nitrobenzoyl-** 13, 338
—, **5-hydroxy-** 14, 221; 17, 264, 265
—, —, in bananas, cotton fruits, skunk cabbage, etc. 17, 264, 265
—, —, biosynthesis 19, 282
—, —, disappearence in nettle sting suspension 17, 265
—, —, → 5-hydroxy-3-indoleacetic acid 17, 266
Tryptamine, 5-hydroxy-, from 5-hydroxytryptophan 17, 265
—, **5-hydroxy-N-dimethyl-,** in fungi 20, 16
—, **5-methoxy-amino-N-methyl-** 17, 265
—, **6-methoxy-** 13, 381, 388
—, **N-methyl-** 6, 273; 17, 264
—, **N-oxide, amino-N,N-dimethyl-** 17, 263, 264
—, **4-phosphoryloxy-ω-N,N-dimethyl-** 20, 16
Tryptochrome, fluorescence 6, 326
L-**Tryptophan,** in alkaline hydrolysis 12, 293
—, and anthranilic acid, metabolic relation 13, 304, 334
—, dans antipathines 12, 393
—, and auxin levels 17, 255, 256, 275
—, und *Bact. subtilis* 4, 264
—, biol. oxidation 20, 16
—, biosynthesis 14, 203
—, —, in *E. coli* 12, 478, 479
—, —, in higher plants 17, 259
—, —, and Zn salts 18, 404
—, color reactions 12, 291
—, commercial, contamination 17, 258
—, conjugation with malonic acid 17, 261
—, in crotoxin 12, 447
—, in cryst. hemolysin (*Naja*) 12, 440
—, from ergot 9, 119
—, in fish proteins 5, 272, 288
—, fluorescence 6, 326
—, in fungi 20, 15
—, (genetics) 5, 310, 316
—, dans gorgonines et spongines 12, 392
—, in hemoglobin (adult and fetal) 17, 350, 352, 354
—, → indoleacetic acid 17, 274, 275
—, from indole and serine 17, 259
—, inhibiting precipitins 9, 450
—, instability 12, 293, 323
—, ioduration 12, 358
—, → Kynurensäure 4, 197, 207
—, labeled 9, 304, 316
—, metabolism 17, 257; 19, 282
—, in microsomal protein 16, 150
—, oxidation by plant extracts 17, 257
—, in plant proteins 6, 292, 293, 302; 17, 250, 255
—, precursor, of gramine 17, 262
—, —, of lysergic acid 20, 19
—, —, of niacin 17, 257, 258

L-**Tryptophan,** in proteins, (animal) **17,** 383
—, —, Photooxydation **14,** 143
—, relation to indoleacetic acid in maize, strawberries **17,** 256
—, separation **11,** 245
—, dans thyroglobuline **12,** 386
—, in Zn deficient tomatoes **17,** 259
Tryptophan-3-C^{14} **13,** 304
C^{14}-Tryptophan, incorporation **9,** 316
L-**Tryptophan, 2-(β-amino-β-carboxylethyl-thio)- 20,** 12
—, **amino-N,N-dimethyl-** and **amino-N-oxide 17,** 260
—, **amino-N-methyl- 17,** 259
—, **N-carbonsäureanhydrid 13,** 482
—, **esters 9,** 334
—, **2-hydroxy- 20,** 12
—, **5-hydroxy-,** decarboxylation **20,** 16
—, —, → 5-hydroxytryptamine **17,** 265
—, **iodo- 12,** 351, 377
—, **malonyl- 17,** 261
—, **2-methyl-,** → 4-acetylquinoline **19,** 265
—, **xanthyl- 12,** 324
Tryptophanase 4, 263
Tryptophan betaine 17, 260
Tryptophan decarboxylase 17, 263
Tryptophan-peptide, Synthese **13,** 482, 500
Tryptophan synthetase 12, 480; **20,** 432
Tryptophol 17, 281
—, **5-ethoxy- 5,** 258, 259
TSG (Abkürzung für Tosyl-glycyl-) **13,** 467
TSG-aminosäuren und **-peptide 13,** 467
Tsuga heterophylla, lösliches Lignin **11,** 47, *Ts. sieboldii,* conidendrin **5,** 216
TTC (Abkürzung für Triphenyltetrazoliumchlorid) **17,** 132, 133
Tubaic acid 4-methyl ether, tetrahydro- 9, 254
Tubercle bacillus, s., see, voir, Bacillus
Tubercules (tubers), phosphatases **19,** 332
Tuberculine 10, 185, 188, 189, 238
Tuberculinic acid 8, 117
Tuberculoïque (acide) (Tuberkelsäure) (lipides bactériens) **10,** 189
Tuberculostearic acid (Acide tuberculostéarique) 3, 161, 183
—, amides **10,** 180, 184
—, (lipides bactériens) **10,** 180, 182, 183, 184, 185, 229, 238
—, **et** rayons X **10,** 181
—, **tribromanilide 10,** 180
Tuberin 20, 184
Tuberose, methyl anthranilate **13,** 304
Tubifex, Ei, und Chinone **6,** 209
Tubinares, Federpigmente **18,** 205
Tubocurare 17, 184, 185
—, Biscoclaurin-Alkaloide **9,** 179, 200, 201
—, aus *Chondrodendron* spp. **17,** 185
—, Toxizität **17,** 186
Tubocurare-Alkaloide, NH_4-Gruppierung **17,** 185
d-**Tubocurarin 17,** 184, 185
—, Affinität zu cholinergischen Receptoren **17,** 232
—, und Ganglioside **20,** 226
—, **chlorid 9,** 178, 180, 202, 203, 213
—, **dichlorid,** Letaldose **17,** 186
—, **jodid, dimethyl- 9,** 203
Tuduranin 9, 177, 189
Tulip, anthocyanins **20,** 180
Tulipa, Violaxanthin **5,** 5
Tumors, formation in plants, and antibiotics **17,** 306
—, incorporation of amino acids **9,** 305, 315
—, und Virus **4,** 99
Tumulosate, dehydro-, methyl- 12, 90
—, **diacetyl-dihydro-, methyl 12,** 89
—, **diacetyl-, methyl 12,** 90
—, **methyl 12,** 90
Tumulosic acid 12, 46, 88, 89, 90
—, **dehydro- 12,** 46, 88, 89
—, **dihydro- 12,** 90
Tuna, gastric enzyme **5,** 289
—, protein **5,** 269, 279, 289
—, vitamins A and D **6,** 52, 54
Tung oil, composition **1,** 40
Tungstique (acide), inhibiteur de phosphatases **19,** 350
Tunicates, carotenoids **5,** 31
Tunicin 8, 19
Turacin (in Federn) **18,** 209, 211, 212, 213
—, Kupfergehalt und Abspaltung des Cu **18,** 211, 212
—, Nachweis **18,** 212
—, prosthetic group **11,** 308
—, → uroporphyrin-III **11,** 323; **18,** 212
Turacos, Federn, Abfärben **18,** 211
—, —, grüne Pigmente **18,** 216
—, —, Porphyrin **18,** 204
—, Federn, Fäzes, Turacin **11,** 308, 323; **18,** 211, 214
Turacoverdin 18, 216

Turmerone, ar-Turmerone **12**, 5
Turneforcidine, Turneforcine **12**, 204, 208, 210, 224, 225
Turnip, antithyroid factor **18**, 151
—, 2-phenylethyl iso-thiocyanate **18**, 149
Turpentine, insecticide **10**, 457
Turtle, fat, digestibility **6**, 16
—, retina, vitamin A_2 **14**, 304
Turtle bacillus **3**, 151
Tussah-Seide, Glucosamin **2**, 231
Tussilago farfara, Arnidiol, Faradiol **7**, 61, Violaxanthin **5**, 5
Tutin **12**, 20; **17**, 161, 174
TV (abbreviation for toxic value), snake venoms **12**, 418
Tween 80, and digestibility of fat **6**, 22
Twitchell's method (fatty acids) **3**, 160
Tx (abbréviation de thyroxine) **12**, 351
Ty~P (abbréviation de taurocyamine-phosphate) **18**, 83
Typhoid and chloromycetin **16**, 103
Typhoid „H“ and „O“ agglutinin **7**, 294
Tyr (abbreviation for tyrosine) **17**, 331
Tyramine, from corn steep **7**, 202
—, Desaminierung **4**, 209
—, → 3,4-dihydroxyphenyl-ethylamine **6**, 256, 257
—, enzymatic oxidation **14**, 218, 219
—, in ergot **9**, 119
—, fluorescence **6**, 325
—, occurrence **6**, 253
—, pharmacol. effect **6**, 256, 276
—, **hydroxy-** **6**, 256, 276
—, —, oxidation **14**, 220, 221
, **N-methyl-**, pharmacol. effect **6**, 276
—, **N-methylcinnamide, O-methyl-** **6**, 256
—, **N-methyl-hydroxy-** **6**, 276
—, **2-methyl-hydroxy-**, oxidation **14**, 220, 221
Tyrocidin, cyclic structure **5**, 290
Tyrocidin A, partial hydrolysis **12**, 324
L-**Tyrosine** **6**, 195
—, activating enzyme **16**, 154
—, biosynthesis **6**, 192; **14**, 203
—, —, in *E. coli* **12**, 478, 479
—, in biosynthesis of cactus alkaloids **6**, 268, 269
—, as C- and N-terminal amino acid **11**, 266, 267; **17**, 360
—, color reactions **12**, 292
—, configuration **2**, 121
—, in crotoxin **12**, 447
L-**Tyrosine**, in cryst. hemolysin (*Naja*) **12**, 440
—, dégradation bactérienne **6**, 135
—, → Dopa **4**, 193
—, enzymatic oxidation **14**, 218, 219
—, in ergot **9**, 119
—, from farm soils **17**, 391
—, in fish proteins **5**, 272, 288
—, fluorescence **6**, 324
—, (genetics) **5**, 305, 306
—, dans gorgonines et spongines **12**, 392, 394, 395
—, growth factor **9**, 341
—, in hemoglobin, determination **17**, 350, 353
—, inhibiting precipitins **9**, 450
—, ioduration **12**, 377
—, Kuppelung mit Aminosäure-deriv. **13**, 485
—, labeled **9**, 301, 304
—, lignin precursor **17**, 45, 46
—, → melanin **14**, 229
—, in microsomal protein **16**, 150
—, in oxytocic hormone hydrolyzates **11**, 251
—, in papain **11**, 254
—, in plant proteins **6**, 292, 293, 302
—, in proteins, collagens, gelatins **17**, 383, 385
—, in Protein, Photooxydation **14**, 143
—, reaction with DNFB **11**, 262
—, relationship with thyroxine **2**, 121
—, in sediments **17**, 392
—, separation **11**, 242, 245
—, thermostability **17**, 390
—, → *L*-thyroxine **7**, 184, 185; **12**, 380
—, **N-acetyl-** **9**, 341
—, —, **3,5-diiodo-** **12**, 382
—, **amide** **9**, 325
—, **N-benzoyl-** **9**, 325, 331
—, —, **3,5-diiodo-** **12**, 382
—, **benzyläther** 13, 487
—, —, **N-acetyl-3,5-diiodo-** **7**, 188
—, —, **3,5-diiodo-**, inhibitor **7**, 188
—, **3-bromo-** **12**, 353
—, —, dans gorgonines, spongines **12**, 391, 396
—, **3-chloro-** **12**, 285, 287, 294
—, **N-chloroacetyl-diiodo-** **2**, 120
—, **3,5-dibromo-** **12**, 355, 394, 396
—, —, dans gorgonines, spongines **12**, 391, 396

L-**Tyrosine, 3,5-dichloro- 12**, 285, 287, 294
—, **di-DNP- 11**, 265
—, **diiodo- 2**, 107, 125, 128; **11**, 260; **12**, 351
—, —, dans anthipathines, gorgonines et spongines **12**, 393, 394, 395
—, —, chromatography **11**, 260
—, —, combination in the thyroid **2**, 122
—, —, dans thyroglobuline **12**, 386
—, —, **chloroacetyl-, 2**, 120
—, —, **glycyl- 2**, 120
—, —, **methyl ester 2**, 120
—, **3,5-diiodo- 2**, 109, 111, 119; **7**, 174, 178; **12**, 353, 357, 371, 372, 389, 390; **19**, 279
—, —, activité biologique **12**, 355
—, —, en bout de chaîne **12**, 388
—, —, dégradation **12**, 355
—, —, dosage **12**, 354
—, —, oxidation in vitro **7**, 186
—, —, synthèse **12**, 354
—, —, **dérivé glycuroconjugué 12**, 367
—, **3,5-dinitro-N-acetyl- 7**, 184
—, **esters 9**, 334
—, **éthylester, N-acétyl-3,5-dinitro- 12**, 365
—, —, **N-benzoyl- 2**, 121
—, **glycuroconjugué (dériv.) 12**, 367
—, **-hydantoin 4**, 229
—, **4-hydroxyphényléther 12**, 381
—, **iodo- 12**, 352, 356
—, —, dans antipathines, gorgonines, spongines **12**, 391, 393, 394, 395, 396
—, —, chromatography **11**, 260
—, —, formation biologique **12**, 358
—, —, marquée **12**, 371
—, —, réaction de Millon **12**, 353
—, **3-iodo- 12**, 351, 352, 353, 354, 371, 372, 389, 390
—, **O-methyl-**, from puromycin **16**, 121
—, **methyl ester, N-chloracetyl-diiodo- 2**, 120
—, **3-monohalogenated**, color reaction **12**, 292
—, **3-nitro- 12**, 353
DL-**Tyrosine**, labeled **9**, 301, 304
—, **dériv. guanidiques 18**, 100
DL-C^{14}-**Tyrosine**, incorporation **9**, 317
Tyrosinase 6, 192, 268
—, and adrenochrome **14**, 235
—, oxidation of tyrosine **14**, 219
Tyrosinase, thermolabile and thermostable **12**, 476
—, thermostability and electrophoretic migration **20**, 434
Tyrosine-iodase 12, 358
Tyrosin-peptide 13, 484, 487
Tyrosol 6, 255
L-**Tyrosyl-azo-phenylarsonate 9**, 456
L-**Tyrosyl-ε-carbobenzoxy**-*L*-**lysin-benzylester 13**, 460
L-**Tyrosyl-gélatine, N-acétyl-3,5-diiodo- 12**, 382
L-**Tyrosyl-glycine amide, N-benzoyl- 9**, 325, 330, 331
L-**Tyrosyl-glycine anilide, N-benzoyl- 9**, 325
Tyvelose (immunol.) **18**, 517, 519

U.

Ubichinon, s. auch, see also, voir aussi, Coenzyme Q
Ubichinon (Ubiquinone) 20, 73, 74
—, Abbau und Struktur **20**, 89
—, Alkoxy-Homologe **20**, **101**, 102, 103, 104
—, —, IR spectra **20**, 101
—, in der Atmungskette **20**, 117, 118
—, biochem. Bedeutung **20**, 112
—, Biosynthese **20**, 104, 106
—, → Chroman-Deriv. **20**, 97
—, Chroman- und Chromen-Deriv. **20**, 96, 100
—, Chromatographie **20**, 84, 85
—, Coenzym-Wirkung **20**, 116
—, als Coferment **20**, 82
—, Craven-Test **20**, 104
—, und Electron-Transport-System **20**, 116
—, Extinktion und polyisoprenoide Seitenkette **20**, 86
—, Gehalt in der Ratte **20**, 77
—, Gehalt und Se der Nahrung **20**, 108
—, → Hydrochinon-Deriv. **20**, 87
—, Kernresonanzspektrum **20**, 88, 89
—, → 2-Methyl-3,4,5,6-tetramethoxyphenylessigsäure und Tetramethoxyphthalsäure-anhydrid **20**, 90
—, aus Mikroorganismen **20**, 75
—, Nomenklatur **20**, 74
—, Oxydation **20**, 89
—, und Phosphorylierung **20**, 118
—, und Photosynthese **20**, 121

Ubichinon, in Q-Lipoid **20,** 83
—, reduktive Acetylierung oder Methylierung, Abbau, Ozonisierung **20,** 89, 90
—, Schmelzp. und Polyisopren-Seitenkette **20,** 84
—, = Substanz SA **20,** 74, 75, 76
—, Synthese **20,** 92, 95, 103
—, tetrasubstituierter Chinonring **20,** 119
—, im Tier **20,** 75, 78
—, → Ubichromenol **20,** 99
—, Umwandlungen **20,** 96
—, UV- und IR-Spektren **20,** 85
—, und Vitamin A in Leber **20,** 75, 76, 107, 108
—, und Vitamin E **20,** 108
—, Vorkommen, Isolierung **20,** 75, 79, 80
Ubichinon-(10), Ubichinon-(20) und Sperma **20,** 121
Ubichinon-(30), Synthese **20,** 92, 93
Ubichinon-(45) 20, 106
Ubichinon-(45) und **-(50),** radioaktiv **20,** 104
Ubichinon-(50) 20, 74
—, → Aceton, Lävulinaldehyd und 2,5-Diacetoxy-3,4-dimethoxy-6-methylphenylessigsäure **20,** 91
—, und $SnCl_2$ (Cyclisierung) **20,** 99
—, Struktur **20,** 90
—, **dihydro-,** Synthese **20,** 95
—, —, **dibenzyl-phosphat 20,** 96
—, **tetramethoxy- 20,** 90
Ubichromenol (Substanz SC) 20, 76, 96, 97, 100
—, Bildung **20,** 98, 99
—, im Tier **20,** 77, 78
—, und Vitamin E **20,** 108
Ucuhuba, fatty acids **6,** 3
UDP (Abkürzung für Uridindiphosphat) **20,** 202
UDPG (abbreviation for uridine diphosphate glucose) **8,** 124
Ulex europaeus, Carotenoide **5,** 5, 11
Ulmus procera and gibberellin **18,** 397
Ulothrix spp. and gibberellin **18,** 411
Ultracentrifugal field, sedimentation **18,** 443
Ultracentrifugal studies (dextran) **8,** 39, 40
Ultracentrifuge 1, 287; **4,** 111, 112, 113
—, analytical and preparative **20,** 376, 380, 382
—, cell **18,** 438, 445, 453
Ultracentrifuge, density gradient **20,** 373, 381
—, differential equation **18,** 450
—, sedimentation-diffusion equilibrium **20,** 373, 383
Ultracurarin-A und **-B 17,** 220
Ultrafiltration, Virusarten **4,** 121
Ultramikroskopie, H-Filme **4,** 382
Ultrasonic cleavage, cellulose, dextran, flax cell walls **8,** 11, 21, 38
—, rods, retinas **14,** 267
Ultraviolet light, source of energy **20,** 445
—, synthesis of org. compounds **20,** 447
Ultraviolet spectra, s. auch, see also, voir aussi, Spectrum
Ultraviolet spectra and conformation **19,** 195
Ulva spp. and gibberellin **18,** 411, *U. lactuca,* fluorescence **2,** 320
Umaminierung, Aminosäuren **3,** 75; **4,** 204, 205, 206
Umbelliferae, Acetylenverbindungen **14,** 33
—, Chromone **11,** 151
—, oils, fatty acids **6,** 4
Umbelliferone 9, 226, 228, 232, 240, 243, 276, 278; **17,** 174
—, electronic structure **9,** 238
—, reaction with isoprene **9,** 227
—, **8-allyl- 9,** 232
—, **6-** and **8-carboxylic acid 9,** 261, 272, 274
—, **8-formyl- 9,** 232, 259, 261, 275, 277, 278
—, **6 formyl-8-methoxy- 9,** 280
—, **6-methyl- 9,** 277
Umbelliferone glucoside 9, 243
Umbelliprenin 9, 251
Umbilicarsäure 2, 43
Uncaria gambir, d-Catechin **16,** 2
Undecane, 2,6-dimethyl-10β-tolyl- 12, 21
—, **6-oxo-dicarboxylic acid 5,** 56
D-(+)-**Undécanoate, 3-méthyl-, méthyle 10,** 187
Undécanoïque (acide), céto- 6, 100
—, **3-méthyl-,** (lipides bactériens) **10,** 193
—, —, **5-céto-** (lipides bactériens) **10,** 182
n-**Undecylamin 2,** 30
Undecylenamide, N-isobutyl-, synergist **19,** 149
Ungulinic acid 12, 73
Unit cell, crystal structure 8, 315

Upupae, Federpigmente **18**, 205
Uracil in DNA **12**, 424
—, fluorescence **6**, 326
—, growth factor **9**, 411, 412, 415
—, (nucleoside metabolism) **9**, 380, 387
—, **4-carboxy-**, growth factor **9**, 403, 412
—, **4,5-diamino-** **4**, 65, 66; **19**, 277
—, **1-, 3-**, and **4-methyl-** **1**, 130; **8**, 103, 106; **16**, 97
Uracil deoxyriboside **8**, 117, 118; **9**, 389, 403, 423, 424
Uramil-7-carbonsäure-methylester, 5-methoxy- **4**, 71
Uramil-7-oxalsäure-methylester, 5-methoxy- **4**, 71
Uramine, méthyl- **18**, 88
Urea (Harnstoff), crystal structure, bond lengths of amide group **11**, 188, 198
—, synthesis by electric discharges **20**, 446
—, **deriv.**, IR spectra **5**, 373
—, **dériv. aminé et oxyaminé** **18**, 87, 99
—, **N,N′-diessigsäure** **13**, 499
—, **1,3-diphenyl-**, and leaf-disc expansion **18**, 404
—, **1-(8-methylthiooctyl)-3-phenyl-** **18**, 147
—, **1-(5-methylthiopentyl)-benzyl-** **18**, 146
—, **oxalate**, crystal structure, bond lengths of amide group **11**, 188, 198
—, **pentyl-(1-naphthyl)-** **18**, 143
—, **phenyl-**, bitterer Geschmack **17**, 127
Urease und Chinone **6**, 207, 218
—, location on column **8**, 349
—, in seed proteins **6**, 295
Urechites lutea, *U. suberecta*, herzaktive Glycoside und Aglykone **14**, 110, 120
Urechitoxin **13**, 208; **14**, 120
Uréogenèse, cycle de **18**, 84
Urethane (Acyl-Blockierung) **13**, 455
—, *o*-**aminophenyl-** **2**, 83
—, *o*-**(polyoxy-alkylamino)-phenyl-** **2**, 83
Urezigenin **13**, 160, 196, 204; **14**, 88, 121
Urezin **13**, 204; **14**, 121
Urginea spp., Bufadienolide **14**, 92, *U. Burkei*, *U. indica*, *U. maritima*, *U. rubella*, herzaktive Glycoside und Aglykone **14**, 88, 112, 122
Uric acid, coplanarity **3**, 217
—, → fluorescent substances **11**, 386
—, **riboside** **9**, 365, 370
Uricase (nucleoside metabolism) **9**, 371
Uridine **1**, 126, 130, 151; **8**, 103, 104, 106
—, and *E. coli* **9**, 380
—, formation **9**, 416
—, growth factor **9**, 403, 409, 412, 416
—, synthesis **8**, 108
—, **benzylidene-** **8**, 133
—, **5-bromo-**, growth inhibitor **9**, 412
—, **5-chloro-** **9**, 417
—, —, growth inhibitor **9**, 412
—, **2′,3′-diacetyl-5′-trityl-** **1**, 129; **8**, 106
—, **dimethyl-** **1**, 127
—, —, **tosyl-** **1**, 127
—, —, **trityl-, methyl-** **1**, 127
—, **monoaceton-** **1**, 145
—, **trityl-** **1**, 127, 129
Uridine diphosphate glucose (UDPG) **8**, 98, 123, 124, 125
Uridin-diphospho-N-acetyl-galactosamin **20**, 246
Uridin-diphospho-N-acetyl-glucosamin, → N-Acetyl-mannosamin **20**, 246
—, → Chitin **20**, 248
Uridin-diphospho-N-acetyl-muraminsäure **20**, 247
Uridin-diphosphoglucose → Uridin-diphosphogalactose **20**, 244
Uridine-diphospho-sugars **18**, 508
Uridine nucleosidase **9**, 375
Uridin-nucleotide **20**, 248
—, (von Glucosamin) → Galactosamin-deriv. **20**, 244, 246
—, (Zellwand-Bruchstücke) **20**, 229
Uridin-5-phosphorsäure, Synthese **1**, 145
—, **monoaceton-** **1**, 145
Uridine-5′-phosphate and **-pyrophosphate** **8**, 123, 125, 131
Uridylic acid (Uridylsäure, Acide uridylique) **1**, 133, 134, 135, 151, 152; **8**, 101, 122; **20**, 433
—, growth factor **9**, 403, 409, 410
—, et phosphatase rénale **19**, 320
—, separation from guanylic acid **8**, 100
—, **trityl-** **1**, 134
Urine, s. auch, see also, voir aussi, Harn
Urine, acides **6**, 136
—, constituants **6**, 115, 143
—, fluorescence **6**, 336, 337, 338
—, phénols **6**, 135
—, substances odorantes **6**, 131, 132
—, Ubichinon-Gehalt **20**, 104
Urobilin **3**, 84, 85, 114, 115, 121, 123
—, Ausscheidung **3**, 85

Urobilin, Bildung, enterogene 3, 85
—, fluorescence 2, 305, 324, 325
—, Nachweis 3, 118
—, Resorption 3, 85
—, Struktur 3, 116
Urobilin-IX,α und **-XIII,**α 3, 113, 116, 117, 125
Urobilinogen 3, 84, 85, 87, 111, 113, 114, 116, 121, 123
Urobilinogenurie, Urobilinurie 3, 85
Urocaninase 4, 213
Urocaninsäure (Urocanic acid) 4, 213
—, in fungi 20, 2
Urochrom B 3, 132
Urochroma cingulata, Federpigmente 18, 195
Uroerythrin 3, 132
—, fluorescence 6, 338
Uroflavin 2, 65
Urolsäure 8, 211
Uronic acid (immunol.) 18, 515
Uroporphyrin 3, 15; 11, 308, 323
—, adsorption 11, 310
—, colorless precursors 11, 325
—, → coproporphyrin 11, 324
—, Debye-Scherrer diagrams 11, 324
—, differentiation by fluorescence 2, 326, 327; 11, 324
—, IR spectra 11, 324
—, occurrence 11, 325
—, from porphobilinogen 11, 326
—, precursor of protohem, protoporphyrin 11, 300, 335
Uroporphyrin-I 11, 308, 323 324
—, biosynthesis 11, 331
—, synthesis 11, 324
—, aus Turacin 18, 212
—, **octamethyl ester** 11, 323
Uroporphyrin-III 11, 308, 323, 324, 327; 15, 210; 19, 275, 276
—, from *d*-aminolevulinic acid 19, 275
—, Cu-Komplex in Federn 18, 209
—, precursor of hemoglobin, protoporphyrin 11, 336
—, aus Turacin 18, 212
—, **octamethyl ester** 11, 323
Uroporphyrinogen, biosynthesis 19, 275
—, from uroporphyrin 11, 328
Uropterin 11, 367
Uroroséine, fluorescence 6, 338
Urothion 4, 81, 85; 11, 367, 371, 372, 390
—, fluorescence 6, 331
Urothion, Spektrum 4, 74
Urothionaldehyd 4, 82
$\Delta^{10,11;\,12,13}$-**Ursadien, 2-acetoxy-** 7, 55
—, —, Bestrahlung 7, 56
—, **2-benzoyloxy-** 7, 55
—, **2-oxy-** 7, 55
Ursane, conformation 19, 182
—, **2-acetoxy-12-oxo-** und **-11,12-dioxo-** 7, 55
—, **2-benzoyloxy-12-oxo-** 7, 52, 55
$\Delta^{10,11}$-**Ursen, 2-benzoyloxy-12-oxo-** 7, 52
$\Delta^{12,13}$-**Ursen, 2-acetoxy-11-oxo-** 7, 55
—, **27,28-dicarbonsäure, 2-oxy-** 7, 73
—, **2-oxo-, 2,21-** und **2,22-dioxo-** 7, 58
—, **28-säure, 2-acetoxy-11-oxo-** 7, 59
Ursen-12,13-epoxyd, 2-acetoxy- 7, 49
Ursolate, *cis*-**11-oxo-methyl-,** stability 19, 183
Ursolsäure (Acide ursolique) 6, 143; 7, 48, 59, 60
—, **methylester, benzoyl-** 7, 59
Urtica spp. and gibberellin 18, 397, *U. dioica,* 5-hydroxy-tryptamine 17, 264
Urticaceae, Bitterstoffe 17, 162
Urutú, venom 12, 412
Usaramoensine 12, 204, 208, 230, 250, 252, 253
Usaramoensinecic acid 12, 208, 226, 228, 230, 231, 252, 253
—, geometrical isomerism 12, 231, 253
Uscharidin 7, 141; 14, 96, 108, 120
Uscharin 4, 9, 11, 12; 7, 140, 141, 152; 14, 96, 110, 120
Usnea articulata, U. barbata, U. diffracta, Flechtenstoffe 2, 44, 46, 49
Usneol 2, 35
Usnetinsäure 2, 35, 36, 37
—, **äthylester, diacetyl-aceto-** 8, 214
—, **ester, acetyl-** 8, 216
d- und *dl-***Usnetinsäure, isooxy-** 2, 37
*D-***Usnetinsäure-äthylester, isooxy-acetyl-** 8, 216
Usninsäure (Usnic acid) 2, 35, 37; 8, 209, 214, 218
—, als Antibioticum 8, 238
—, Biosynthese 8, 237; 19, 283
—, **äthoxylat** 8, 214
—, —, **diacetyl-** 8, 214, 216, 218
—, **desoxy-diacetyl-tetrahydro-** 2, 37
—, **desoxy-tetrahydro-** 8, 216
—, **diacetyl-** 2, 37; 8, 214, 216

Usninsäure, diacetyl-, Ozon-Abbau **8**, 215
—, **dihydro- 2**, 37; **8**, 216, 217
—, —, **diacetyl- 8**, 216
D-, *L*- und *DL*-**Usninsäure 8**, 211, 216
Usnolsäure 2, 37; **8**, 217, 218
Usnonsäure 2, 36, 37; **8**, 216
Ustilago und 2,3-Dichlor-1,4-naphthochinon **6**, 208, *U. violacea* und Vitamin B_6 **4**, 49, *U. zea*, Ubichinon **20**, 79
Uteroverdin 3, 104, 105, 123
Uvaol 7, 48, 60
Uzara-Wurzel, Glycoside, Xysmalogenin **13**, 143, 173
Uzarigenin 7, 91, 92, 102, 105, 150; **13**, 149, 154, 160, 196, 204; **14**, 96, 115, 126
—, Cholestanreihe **13**, 155
—, Glycoside **7**, 106; **14**, 93, 94
—, Isomerie, mit Cerberigenin **4**, 5
—, —, mit Digitoxigenin **13**, 160
—, in *Nerium* spp. **14**, 93
—, *trans*-Ringe **14**, 94
—, Struktur und Konfiguration **7**, 101, 106
—, **3-acetat 7**, 150
—, **anhydro- 7**, 101, 103; **13**, 154
—, —, **tetrahydro- 7**, 101
17α-Uzarigenin, Synthese **13**, 194
Uzarigenon 13, 160
Uzarin 7, 102, 106, 150; **13**, 154, 204; **14**, 121
—, → Alloätiansäure **13**, 154, 160
Uzaron 13, 173
—, therapeut. Wirkung **17**, 127
Uzarosid 14, 121

V.

Vaccenic acid, biotin-like effect **6**, 38, 61
cis-**Vaccénique (acide)** (lipides bactériens) **10**, 246
Vaccine, Elementarkörper **4**, 180
Vaccinium spp., *V. macrocarpum*, *V. myrtillus*, *V. uliginosum*, anthocyanins **20**, 180, 182, 187, *V. myrtillus*, quercitrin **17**, 53
Vairon, substance fluorescente **6**, 329
Val (abbreviation for valine) **17**, 331, 395; **18**, 16
Valdivin 17, 174
Valence, Deformation (Energie) **1**, 311
—, electronic theory **3**, 205
Valence, electron wave functions **16**, 186
—, vibrations **5**, 341
Valenzwinkel 1, 310
D-**Valeraldehyd, amino- 8**, 270
n-**Valeriansäure (Valeric acid, Acide valérianique)**, bacterial origin **17**, 397
—, from crude petroleum **17**, 397
—, Dien-Synthese **10**, 41
—, **δ-amino- 18**, 94
—, **α,γ-** und **α,δ-dioxy- 4**, 40
—, **β,δ-dioxy-γ,γ-dimethyl- 4**, 40
—, **α-keto-δ-amino- 4**, 202
—, **α-keto-δ-oxy- 4**, 203
—, **δ-methylamino- 4**, 213
—, **1-β-methyl-δ-*m*-nitrobenzoylamino- 12**, 219
—, **γ-oxy- 4**, 40
—, **δ-oxy-$\Delta^{\alpha,\beta}$-γ,γ-dimethyl-, dehydro- 4**, 40
L-**Valine**, dans antipathines **12**, 393
—, biosynthesis **12**, 477
—, in crotoxin **12**, 447
—, from ergot alkaloids **9**, 134
—, in fish proteins **5**, 272, 288
—, in fossil shells, sediments **17**, 392, 394
—, dans gorgonines et spongines **12**, 392, 395
—, in hemoglobin, number of residues, sequence **17**, 350, 358, 363
—, in insulin **11**, 253
—, labeled C^{14}, incorporation **16**, **145**
—, in microsomal protein **16**, 150
—, 450 million years old **17**, 389
—, as N-terminal residue **11**, 267, 268; **12**, 313
—, in polypeptin, in salmine **11**, 252
—, in proteins, collagens, gelatins **17**, 383, 385
—, in seed proteins **6**, 292, 293
—, separation **11**, 242, 245
—, from soils **17**, 391
—, thermostability **17**, 390
—, dans thyroglobuline **12**, 386
—, transfer reactions **9**, 331, 332
—, from valinomycin **16**, 132
—, **DNP deriv. 12**, 305
—, *D*-**α-hydroxy-isovaleryl-N-methyl- 20**, 9
—, **N-methyl-** (Actinomycine) **18**, 3, 16, 32, 33, 45, 46
—, —, from enniatin B **20**, 9
—, **methyl ester 9**, 141

D-**Valine,** aus Actinomycin 18, 3, 45
—, from valinomycin 16, 132
—, **phenylureide** 7, 204
DL-**Valine,** X-ray diffraction 8, 318
—, **N-(γ,*p*-bromophenyl-butyryl)-,** penicillin precursor 7, 208
—, **N-*p*-chloro-** and **N-*p*-nitro-phenyl-acetyl-** 7, 208
Valinol, N-methyl- (Actinomycine) 18, 33, 39
Valinomycin, → *L*-lactic acid 16, 132
—, from *Streptomyces fulvissimus* 20, 11
—, structure 16, 132; 20, 11
Vallarotoxin 14, 108, 122
Vallicepobufagin 5, 243
Valonea, Ellagen-Gerbstoffe 13, 89, 91, 118, 132
—, Hexaoxy-diphensäure 13, 103
Valoneasäure 13, 91, 118, 120, 125, 130, 131
—, **amid, hexamethyl-** 13, 119
—, **dilacton** 13, 119, 121, 122, 124, 125
—, —, **decarboxy-** 13, 119
—, —, **hexabenzyl-** und **hexamethyl-** 13, 119
—, —, **monomethylester, hexamethyl-,** Spektrum 13, 120, 121
—, **heptamethyl-** und **hexamethyl-** 13, 119
—, **octamethyl-** 13, 119
—, —, Spektrum 13, 120, 121
—, **tri-*p*-bromphenylester, octamethyl-** 13, 120
Valoneaxanthon 13, 124
—, **dimethylester, octamethyl-** 13, 125
—, **hexaacetyl-** 13, 124
—, **hexamethyl-** 13, 124
Valonia, cell walls 1, 300; 8, 3, 10, 19
—, Cellulose-mizellen 2, 219
L-**Valyl-sarkosinanhydrid, N-methyl-** (Actinomycine) 18, 33, 34, 38, 39
van de Moer'sche Reaktion (Pyridonring) 8, 265
Vanderosid 13, 204; 14, 120
Van der Waals forces, antigen-antibody reactions 9, 471
Van der Waals radii 3, 214
Vanguerigenin 7, 3
Vanillin, aus Lignin und Ligninsulfosäure 2, 11, 16; 5, 179, 192, 193, 199, 209; 11, 49; 20, 68
—, reagent (proline) 12, 291
—, **acetyl-** 5, 209
Vanillin, 6-brom- 2, 11; 5, 195
—, **6-chloro-** 5, 195
—, **5-iodo-** 5, 195
Vanillin-*d*-glycosid 1, 2
Vanillinsäure (Vanillic acid, Acide vanillique) 2, 11
—, esterifying ceveratrum alkamines 20, 314
—, aus Lignin 20, 59
—, (urine) 6, 137
—, **äthyläther** aus Holz 2, 13
Vanilloyl-methyl-carbinol 2, 23
Vanilloyl-zygadenine 20, 347
Vansheidt color test 20, 316
Variations, genotypic and **phenotypic** 20, 426
Variolarsäure 8, 225, 226, 236
Vascular wilt diseases 17, 300
Vasicine 13, 330, 332, 333; 19, 256
—, biosynthesis 13, 332
—, **chlorodeoxy-** 13, 332
—, **deoxy-** 13, 332, 333, 334
—, —, synthesis 19, 256
Vasopressin 13, 487, 492
—, amino acid composition 12, 310
—, oxidized, and bromine 12, 322
—, Synthese 13, 489, 531
Vautour, sécrétion musquée 6, 110
Veatchine 12, 27
—, acid-catalyzed ketonization 16, 42, 43
—, biogenesis 16, 50
—, configuration at the sec. OH 16, 42
—, epimer of garryfoline 16, 42
—, isomer of atisine 16, 44
—, isomerization to garryine 16, 39
—, numbering 16, 34
—, oxazolidine ring 16, 33
—, pyrolysis 16, 30
—, salts 16, 29, 30, 33, 38
—, structure 16, 28, 29, 34, 35
—, zwitterionic and oxazolidine forms 16, 29, 30, 35, 37, 38
—, **acetyl-** 16, 28
—, **dicarboxylic acid, oxo-, A, B** 16, 33, 34
—, —, —, dehydrogenation, reduction, structure 16, 33
—, **dihydro-** 16, 28, 30, 32, 41
—, —, isomerization mechanism 16, 56, 58
—, —, → tetrahydroketo-isoveatchine 16, 42, 58
—, **F-dihydro-,** protonation 16, 52

Veatchine, methyl-dihydro- **16**, 35, 36, 38
—, **oxo-**, reduction **16**, 43
—, —, **A, B** **16**, 29, 31
—, **tetrahydro-** **16**, 28, 43
—, —, isomer **16**, 30
Veatchine-azaphenanthrene, X-ray crystallography **16**, 32
Vector diagrams (Patterson) **8**, 311, 315
Végétaux, dériv. guanidiques **18**, 106
—, (supérieurs), phosphatases, phytases **19**, 316, 335
Vegetable calomel *(Podophyllum)* **15**, 84
Vegetable fats, component glycerides **1**, 24, 48
—, liquid **1**, 49
Vegetable soils, fatty acids **5**, 79
Végétation et phosphatases **19**, 361
Vegetationsperiode, Abwandlungen der Saccharose **19**, 308
—, Polymerisationsgrad der Kohlenhydrate **15**, 14
Veilchen, Blätteröl **8**, 147, 187
—, Blütenöl **8**, 187, 188
—, Ketone, Biogenese **8**, 196, 198
—, β-Nitropropionsäure **18**, 65
—, Riechstoffe, Biogenese **8**, 195, 196
Veilchenmoos, Jonon **8**, 153
Velella lata, carotenoids **5**, 27
Velleia discophora, osthenol **9**, 254
Veneniferigenin **7**, 154
Veneniferin **7**, 148, 149; **13**, 202
—, **desacetyl-** **7**, 148, 149, 154
Venoms (snake) **12**, 406
—, (toad) **5**, 241
Ventilago maderaspatana, Chinone **6**, 188, 190
Veracevine **12**, 142; **20**, 300, 313, 314, 321
—, Biosynthese **12**, 141
—, → cevagenine → cevine **20**, 321, 343
—, isomerization **20**, 325
—, rotation **20**, 343
—, **natural esters** **20**, 334
—, *D*-**orthoacetate triacetate,** dehydrogenation **20**, 329
—, **vanilloyl-** **20**, 315, 334
Veragenine **20**, 354
Veranthridine **20**, 355
—, from cevine **20**, 315
Veratetrine, acyl groups **20**, 352
Veratral-acetone **13**, 309
—, *o*-**nitrobenzyl-** **13**, 309
Veratraldehyde, 6-nitro- **13**, 320
Veratramarin **17**, 174
Veratramine **10**, 464; **12**, 141; **17**, 136; **20**, 300, 301
—, → benzene-1,2,3,4-tetracarboxylic acid **20**, 307
—, Biosynthese **12**, 141
—, cardio-decelerator **20**, 313
—, configuration **20**, 311
—, correlation with jervine **20**, 306
—, dehydrogenation **20**, 304
—, → 3-methyl-5-hydroxy-pyridine **20**, 305
—, structure **20**, 304, 306
—, transformations **20**, 311
—, **triacetyl-dihydro-** **20**, 306
—, —, → indanone deriv. **20**, 307
Veratric acid (Veratrumsäure) **2**, 8, 11, 12, 13, 14, 16, 17, 18, 19, 20; **13**, 307, 308
—, esterifying ceveratrum alkamines **20**, 314
—, aus Lignin **5**, 193, 210; **11**, 50; **20**, 45, 46, 47, 61
—, in quercetin biosynthesis **17**, 46
—, **äthyl-** **8**, 285, 286
Veratridine **20**, 315, 334
—, hypotensive effect **20**, 356
—, insecticide **10**, 462, 463
Veratrine, insecticide **10**, 462, 463
Veratrin alkaloids, insecticides **10**, 462
Veratrobasine **10**, 464; **20**, 312
Veratrol, aus Lignin **20**, 47, 61
—, ring enlargement **13**, 261
Veratron, aceto-, aus Lignin **20**, 47, 61
Veratrosine **20**, 312
Veratroyl-ameisensäure aus Lignin **20**, 46, 47
1-Veratroyl-1-(2-methoxy-4-propanoyl-phenoxyl)-ethane **5**, 203
1-Veratroyl-1-(3-methoxy-4-propylphenoxyl)-ethane **5**, 204
Veratroyl-zygadenine **20**, 347
Veratrumaldehyd, äthyl- **8**, 285, 286
Veratrum alkaloids **20**, 298, 300
—, biogenesis **20**, 358, 359, 360
—, and cholesterol **20**, 358
—, classification **20**, 300
—, → 2-ethyl-5-methylpyridine **20**, 303
—, occurrence and extraction **20**, 300, 301
—, pharmacology **20**, 313, 355, 356
—, synthetic esters, pharmacology **20**, 356

Veratrum alkaloids, of unknown structure **20,** 312
—, **glycosides 20,** 312
Veratrum album, V. viride, insecticides **10,** 463, 464, *V. album, V. escholtzii, V. fimbriatum, V. grandiflorum, V. lobelianum, V. nigrum, V. sabadilla, V. stamineum, V. viride,* alkaloids **20,** 300, 301, 312, 313, 314, 315, 335, 348, 356
Verbascum thapsus, coumarins **9,** 242
Verbena spp., pollen growth and gibberellin **18,** 408, *V. hybrida,* anthocyanins **20,** 189
Verbenalin 17, 174
Verbenone, irradiation **19,** 272
Verdoflavin 2, 89
Verdohämatin 3, 107
Verdohämochromogene 3, 105, 107
Verdoparahämatin 3, 107
Verdoporphyrin 1, 169, 202
Verholzung 11, 69, 72, 74; **20,** 55
—, Aracauria-Schnitt **11,** 71
—, in der Vegetationsperiode (Gräser) **15,** 17
Veriloid, hypotensive effect **20,** 356
Vernalin 18, 408
Vernalization, definition **18,** 391
Vernetzungs-Brücken (cellulose) **5,** 154
Vernonieae, Matricariaester **14,** 13
Verodoxin 14, 106, 124
Veronin 17, 174
Versene 12, 468
—, in ninhydrin reagents **12,** 298
—, et phosphatases **19,** 351
Vertébrés (Vertebrates), créatine-phosphokinase **18,** 95
—, dériv. guanidiques **18,** 105, 106
—, meta-rhodopsin **14,** 275
—, odorat **6,** 90
—, Pterine **4,** 80
—, rods, number of visual pigments **14,** 288
Verticillium coccorum, growth on dextran **8,** 38
Verungia fistularis, spongines **12,** 395, 397, *V. tenuissima,* teneur en halogènes **12,** 396
Vesicaria graeca, V. sinuata, V. utriculata, iso-thiocyanates **18,** 167
Vespa crabro, V. germanica, V. vulgaris, Pterine **4,** 77
Vetivane 19, 2, 52
Vetivane, tricyclo- 19, 2
Vetivane group (hydroazulenes) **19,** 77
Vetivazulene 5, 43, 44, 46, 55, 60, 62, 63, 64; **12,** 10, 11; **19,** 52, 58, 78, 96
Vetivene, tricyclo- 19, 52, 58, 59
Vetivenol, dihydro-, acetate 19, 59
—, **tricyclo- 19,** 58, 59
Vetiveria zizanioides, tricyclovetivene **19,** 58
Vetiver oil 5, 44; **19,** 58
Vetivone 5, 45, 46, 49; **12,** 12, 28; **19,** 52, 58
Vi-Antigen, aus gramnegativen Bakterien **20,** 228
—, Struktur **20,** 227
Vibration (IR), normal, fundamental, symmetrical **13,** 3
Vibrational spectra, theory **5,** 338, 343
Vicia sp. and gibberellin **18,** 395, *V. faba,* phosphatases **19,** 324, *V. sativa,* free tryptophan **17,** 256
Vicianose 2, 165, 166
Vigna sinensis und Bushy-stunt Virus, Tabakringflecken-Virus **4,** 170, 171
Vinca rosea, gall formation **17,** 306
—, Lochnerin **17,** 200
Vincain 13, 398
Vincetoxin 17, 135, 137, 174
—, Zucker-Komponenten **17,** 137
Vincetoxogenin 17, 137
Vinegar fly (genetics) **5,** 301
Vinhaticoate, methyl 12, 20, 22, 23
Vinhaticoic acid 12, 23
Vinylcarbinol, dimethyl- (Dien-Synthese) **10,** 100
—, **ethoxy- 9,** 53
Vinylchloride copolymers 10, 145
Vinylester, und Cyclopentadien oder 1,5,5-Trimethyl-cyclopentadien **10,** 60
Vinylite VYNW, transition range **10,** 125
Vinylmethylketon (Carotin-Synthese) **9,** 17
—, (Dien-Synthese) **10,** 55, 56
—, IR spectrum **5,** 355
—, und Isopren **10,** 56
2-Vinyl-pyridin 8, 250
Vinyl-Verbindungen als Philodiene **10,** 7, 26
Vioform 8, 303

Viola cornuta, arabinosyl-glucoside **20**, 182, *V. odorata*, *β*-Nitropropionsäure **18**, 65, *V. tricolor*, Carotinoide **5**, 1, 5, 11, 12, 15, *V. wittrockiana*, anthocyanins, copigmentation **20**, 181, 191
Violaxanthin **5**, 1, 4, 8, 15, 16
—, *cis-trans* isomers **18**, 235
—, und HCl **18**, 180
—, im Vogelfutter **18**, 190
—, Vorkommen **5**, 5
Vipera ammodytes, venom **12**, 416
—, —, carbohydrates **12**, 433
—, —, and fibrinogen **12**, 429
—, —, and prothrombin **12**, 429
V. aspis, venom **12**, 410
—, —, and OAAO **12**, 431
V. berus, venom **12**, 410, 412
—, —, proteins **12**, 433
V. gabonica, venom, and 5-nucleotidase **12**, 424
V. russellii, venom **12**, 410
—, —, active proteins **12**, 434
—, —, carbohydrates **12**, 433
—, —, coagulating principle **12**, 443
—, —, cytolytical action **12**, 418
—, —, inhibiting enzymes **12**, 432
—, —, neurotoxin **12**, 443
—, —, 5-nucleotidase **12**, 423
—, —, proteinases and peptidases **12**, 427, 428
—, —, and prothrombin **12**, 429
Viperidae, venom, circulation activity **12**, 416
—, —, electrophoresis **12**, 454
—, —, toxic value **12**, 418
—, zool. classification **12**, 409, 410, 412
Virgilia capensis, Lupinen-Alkaloide **8**, 269
Virgilidin **8**, 269
Viridicatin **13**, 311
—, in *Penicillium* spp. **20**, 22
Viridifloric acid **12**, 208, 226, 240, 241, 244, 246
—, stereochemistry **12**, 241, 242
Viridiflorine **12**, 204, 208, 240, 245, 246
Viridiflorol **19**, 54, 55, 56
—, correlation to ledol and globulol **19**, 56
Viridobufagin, Viridobufotoxin **5**, 243, 255
Viridogrisein, structure **16**, 109
Virus (Viruses, Viren, Virusarten), and Actinomycetes antibiotics **16**, 98, 106, 110
Virus, Aktivität, Bestimmung **4**, 107
—, bacterial **5**, 321; **9**, 423
—, Begriff **4**, 87
—, Biochemie **4**, 87
—, buoyant behavior **20**, 374, 412, 413
—, chem. Eigenschaften **4**, 143, 144
—, Denaturierung **4**, 148
—, Diffusionskonstante **4**, 123
—, Dissymmetriefaktor **4**, 126
—, Einheitlichkeits-Prüfung **4**, 116
—, elektrochem. Charakter **4**, 131
—, Elektronenmikroskopie **4**, 118
—, Elektrophorese **4**, 115, 132
—, Elementar- und Einschlußkörper **4**, 94
—, Entstehung **4**, 92; **6**, 304
—, filtrierbar **4**, 87
—, und Formaldehyd **4**, 146
—, Forschungs-Methoden **1**, 342; **4**, 105
—, (genetics) **5**, 303, 321; **12**, 470; **20**, 428
—, Gestalt **4**, 125
—, Inaktivierung durch Adsorption **4**, 148
—, Infektiosität **4**, 107
—, —, after banding in CsCl **20**, 412
—, Krankheiten **4**, 89, 90, 93
—, Membranpotential **4**, 132
—, mixed **20**, 428
—, Mol.-Gewicht **4**, 122
—, Mutanten **4**, 104
—, pH-Stabilität **4**, 146
—, und proteolytische Enzyme **4**, 148
—, Reibungsfaktor **4**, 126
—, Reindarstellung, Prüfung **4**, 109, 141
—, und Röntgenstrahlen **4**, 103, 129
—, sedimentation **4**, 123, 124; **18**, 480; **20**, 372
—, serol. Charakter **4**, 136
—, solvation **20**, 377
—, und Tumorbildung **4**, 99
—, Ultrafiltration **4**, 121
—, Ultrazentrifuge **4**, 111; **18**, 480; **20**, 412
—, Variabilität **4**, 101
—, Vermehrung **4**, 96
—, Viskosität **4**, 128
—, Wirtsspezifität **4**, 93
Virus fixe **4**, 102
Virus *Φ* X-174, components **20**, 413
Virus, Astern-yellow **4**, 103
—, Aucuba-mosaik **4**, 161, 164, 165
—, Blutarmut, ansteckende **4**, 89
—, Borna'sche Krankheit (Pferd) **4**, 90
—, Bronchitis (Pferd, Rind) **4**, 90

Virus, Bushy-stunt **4,** 88, 109, 117, 123, 125, 144, 151, 153, 154, 171, 172
—, Curlytop **4,** 102
—, Ektromelie **4,** 89
—, Enation **4,** 164, 165
—, Encephalitis **4,** 90, 93, 144
—, Encephalomyelitis **4,** 88, 176
—, Erkältungskrankheiten **4,** 90
—, Gelbfieber **4,** 89
—, Grippe **4,** 90
—, Gurkenmosaik **4,** 141, 151, 164, 166, 167
—, Gürtelrose **4,** 90
—, Herpes simplex **4,** 90
—, Hühner-Sarkom **4,** 90
—, Hundestaupe **4,** 90
—, Insekten **4,** 90, 109, 117, 144
—, —, Spreitung **4,** 429
—, Kaninchenpapillom **4,** 88, 90, 114, 117, 125, 144, 146, 178
—, Kartoffel-A, X, Y, Z **4,** 88, 103, 104, 109, 119, 142, 151, 153, 154, 168, 169
—, Kinderlähmung **4,** 90, 93, 177
—, Konjunktivitis **4,** 90
—, Kuhpocken **4,** 94, 102, 180
—, Leukose (Huhn) **4,** 90
—, Lymphogranuloma **4,** 90
—, Masern **4,** 89
—, Maul- und Klauenseuche **4,** 87, 88, 109, 110, 115, 117, 119, 120, 122, 146, 175, 177
—, Mumps **4,** 90
—, Myxomatosis (Kaninchen) **4,** 89
—, Nonne **4,** 174
, Pappatacifieber **4,** 89
—, Pflanzen **4,** 90
—, pneumonie, et désoxypyridoxine **9,** 96
—, Pocken **4,** 90, 102, 143, 146, 180
—, Polyeder-Krankheiten **4,** 88, 136, 173
—, Polyomyelitis **4,** 93, 177
—, Psittakose **4,** 90
—, Rinder-, Schweine-, Geflügelpest **4,** 89
—, Röteln **4,** 89
—, Rous sarcoma **4,** 90; **8,** 343; **20,** 412
—, Scharlach **4,** 89
—, Schwammspinner **4,** 174
—, Schweinelähme **4,** 90, 146
—, Seidenraupe **4,** 174
—, Severe-etch **4,** 151, 171
—, Strichel **4,** 168
—, Tabak . . ., s., see, voir, Tabak . . ., Tobacco . . .
Virus, Theiler's **4,** 176; **8,** 343
—, Tollwut **4,** 90
—, Tomaten **4,** 164
—, Trachom **4,** 90
—, Warzen **4,** 90
—, Windpocken **4,** 90
Visammin **11,** 126
Visamminol **11,** 126, 136
—, Pharmakologie **11,** 155
—, Spektrum **11,** 136
(+)-**Visamminol** **11,** 151
Viscera, amino acid turnover **9,** 302
Viscose **1,** 277, 291
Viscosimetry (starch) **11,** 5, 13
Viscosity, Buna N **10,** 141
—, H-Filme **4,** 382
—, neoprenes **10,** 137
—, rubber solutions **10,** 130
Viscosity — mol. weight relationship (polybutadiene, polyisobutylene) **10,** 136
Viscum album, Oleanolsäure **7,** 19, tyramine **6,** 253
Vision, achromatic, energy and wavelength **14,** 247
—, — and rods **14,** 245
—, in dim light **14,** 245
—, peripheral, lensless **14,** 303
—, photodecomposition, and pigment regeneration equilibria **14,** 248
Visnagan **11,** 126
—, Pharmakologie **11,** 155, 157
Visnagidin **11,** 126
Visnagin **11,** 125, 126, 134, 135, 137, 142, 146; **17,** 22, 171
—, → Khellin **11,** 135, 146
—, Pharmakologie **11,** 155
—, Synthese **11,** 141, 147
—, **dihydro-** **11,** 136, 150
—, —, Spektrum **11,** 138
Visnaginon **11,** 134, 135, 137; **17,** 22
—, Synthese **11,** 147, 148
—, **benzyloxyacetat** **11,** 146
—, **dihydro-** **11,** 148
Visnea mocanera, indole, skatole **17,** 252, 254
Visual golds **14,** 296
Visual pigments **14,** 244
—, bleaching **14,** 253, 290
—, chromophores **14,** 306
—, in cones and rods **14,** 288, 296
—, difference spectrum **14,** 253, 292

Visual pigments, electrophysiology **14,** 250
—, iso-pigments (artifacts) **14,** 304
—, modulator **14,** 251, 252
—, nomenclature **14,** 296
—, red-sensitive components **14,** 292
—, spectral sensitivity **14,** 248
—, carp **14,** 289
—, conger eel **14,** 296
—, fish **14,** 288, 295
—, gecko **14,** 293, 295
—, marine scup **14,** 295
—, mudsucker **14,** 295
—, *Phyllurus milii* **14,** 295
—, pike **14,** 289, 292
—, *Pseudemys scripta* and *Ps. modiliensis* **14,** 304
—, shrimp **14,** 293
—, squid **14,** 295
—, squirrel **14,** 297
—, tench **14,** 289, 292
—, *Testudo graeca* **14,** 304
—, tortoise **14,** 298
—, trout **14,** 292
—, *Xenopus* **14,** 293
Visual purple 14, 246, 247, 255, 265, 296
—, electrophysiology **14,** 250
—, spectrum **14,** 247
Visual violet 14, 296
Vitachrome, fluorescence **6,** 331, 332
Vitamins, antagonistes **9,** 90, 102
—, biosynthesis **19,** 277
—, and fat, interrelationships **6,** 32
—, iso-, s., see, voir, Isovitamin
Vitamin A (Vitamin A_1, Vitamin A alcohol) 9, 42; **14,** 253, 254, 259, 260
—, benzene analog **9,** 70, 74
—, biopotency **6,** 39; **9,** 66
—, *cis*-peak **18,** 262
—, *cis-trans* isomers **9,** 49, 51, 54, 57, 73
—, —, biopotency **9,** 73; **14,** 265
—, —, properties **14,** 263
—, cyclogeraniol ring **12,** 20, 21
—, deficiency, (vision) **14,** 300
—, —, und Ubichinon **20,** 107
—, (Dien-Synthese) **3,** 4; **10,** 26
—, in fats **6,** 10, 38, 52
—, in fishes **5,** 33, 34
—, fluorescence **2,** 305, 332; **6,** 344
—, (Nomenklatur) **9,** 2
—, *normal* and *retro* **15,** 33, 34
—, numbering system **14,** 258
—, oxidation **9,** 56
Vitamin A, related compounds **9,** 70
—, relation to carotene **9,** 80; **18,** 331
—, relation to rhodopsin **14,** 254
—, requirements **14,** 254
—, separation from A_2 **14,** 255
—, spectrum **9,** 45; **14,** 255
—, —, at low temperature **18,** 263
—, synthesis **9,** 41, 42, 43, 47, 49, 52, 54, 55, 58, 59, 77
—, —, intermediates, biopotency **9,** 62
—, —, —, spectra **9,** 48, 54
—, und Ubichinon, in Leber **20,** 75, 76
all-*trans*-Vitamin A 14, 258, 277
—, in rhodopsin biosynthesis **14,** 265
—, spectrum **14,** 255, 264
***cis*-Vitamins A,** hindered **14,** 263
—, spectra **14,** 264
9-*cis*-Vitamin A 14, 258, 264, 305
11-*cis*-Vitamin A 14, 261, 263, 265, 277
13-*cis*-Vitamin A 14, 258
9,13-di*cis*-Vitamin A 14, 258
11,13-di*cis*-Vitamin A 14, 264
Vitamin A, acetate 9, 35, 42, 49, 57, 61
—, —, biopotency **14,** 265
—, —, *normal* and *retro*, spectrum **15,** 73
—, —, and trichloroacetic acid **17,** 433
***cis*-Vitamin A, acetates,** biopotency **14,** 265
Vitamin A, anhydro- 9, 43, 61, 72, 77, 78
—, —, BF_3 complex **15,** 61, 62
—, —, $SbCl_3$ test **14,** 286
—, anthraquinone-β-carboxylate 9, 42, 53, 54, 61
—, 3-, 7-, and **11-dehydro- 14,** 256, 261; **15,** 69
—, esters 9, 64, 74
—, —, biol. activity **6,** 39
—, ethers 9, 43, 60, 61, 64, 71, 74, 75
—, iso-anhydro- 9, 43, 61, 72, 79
—, β-naphthoate, palmitate, *p*-phenylazobenzoate, succinate 9, 42, 49, 53, 54, 61
—, rehydro- 9, 70, 73
***retro*-Vitamin A, methylether 18,** 236
Vitamin A acid 9, 43, 52, 54, 55, 56, 68, 72, 79; **14,** 259, 260
2-*cis*-Vitamin A acid 9, 54, 57, 68
Vitamin A acid, 4- and 12-carboxy- 9, 65, 69; **14,** 259, 260
—, ester 9, 47, 49, 50
—, —, spectrum **9,** 45
—, ethyl ester, α-hydro-β-hydroxy- 9, 45, 46, 47, 48

all-*trans*-, 9-*cis*-, and 13-*cis*-Vitamin A acid, 4-carboxy- **14,** 260
Vitamin A aldehyde **9,** 43, 55, 56, 71, 75, 80; **14,** 254
—, **5,6-dihydroxy-** **9,** 71, 75, 76
—, **hydroxylated** (Compound Z) **9,** 71
—, **semicarbazone** **9,** 54
***cis*-Vitamin A aldehydes** **9,** 54, 56, 71, 75
Vitamin A_2 **9,** 43, 71, 76, 77; **14,** 255, 288
—, reduction **14,** 257
—, and retinene$_2$ **14,** 255
—, spectrum **14,** 255, 256
—, structure **14,** 256
—, **anhydro-** **9,** 72, 77, 78
Vitamin A_2 acid ester **9,** 57, 77
Vitamin A_3 **9,** 57, 58, 73
Vitamin B_1, antagonistes **9,** 93
Vitamin B_2 **1,** 121
—, (Antipellagra) **2,** 61, 62
—, biosynthesis **19,** 277
—, Komplex **2,** 62
Vitamin B_6 **4,** 28, 46
—, Abbau im Tier **4,** 48
—, antagonistes **9,** 96
—, in biochemical processes **19,** 279
—, Colorimetrie **4,** 59
—, Eigenschaften **4,** 54
—, and fat in diet **6,** 35
—, et fluorescence d'urine **6,** 338
—, Hefewachstums-test **4,** 58
—, Konstitution und Synthese **4,** 51
—, Mangelerscheinungen **4,** 46, 47
—, und Mikroorganismen, Pflanzen **4,** 48
—, Nachweis und Bestimmung **4,** 57
—, als pflanzlicher Wuchsstoff **4,** 49
—, Physiologie **4,** 46
—, Rattentest, kurativer **4,** 57
—, Stoßtherapie **4,** 58
—, Vorkommen und Isolierung **4,** 50
Vitamin B_{12} **8,** 104, 116; **15,** 168
—, abs. configuration **15,** 196
—, and acid, alkali **15,** 202, 203
—, amide groups **15,** 198
—, antagonistes **9,** 94, 95
—, arrangement around Co **15,** 183, 201
—, atomic positions **15,** 195, 197
—, biochem. problems **15,** 207, 211, 212
—, biosynthesis **15,** 210
—, chromophore **17,** 405
—, *cis*-peak **17,** 440
—, cobalt content **15,** 168, 170, 174, 206
—, conformation **15,** 217
Vitamin B_{12}, corrin nucleus **15,** 183, 185, 211
—, crystals, hydrogen bonds **15,** 215
—, —, air dried, electron density levels **15,** 193
—, —, —, refractive indices **15,** 173, 174, 177
—, —, structure **15,** 212
—, —, unit cells **15,** 174
—, —, wet and dry **15,** 174, 192, 217
—, curative effect compared to PGA and citrovorum factor **11,** 392
—, cyanide group **15,** 168, 178, 179, 202, 207
—, electron density distribution **15,** 176, 177
—, excited states **17,** 406
—, factor A, B, G, H, **15,** 183, 203, 208, 211
—, in growth of microorganisms **9,** 404, 411, 417, 418, 419, 421, 426, 428, 429, 432
—, → hepta- and hexacarboxylic acids **15,** 172, 185, 196, 200, 203, 212
—, hydrolysis **15,** 185, 202, 203
—, interatomic distances **15,** 206
—, lactone formation **15,** 205
—, → methylsuccinic acid **15,** 199
—, mol. weight **15,** 174, 175
—, "nucleotide" group **8,** 103, 122; **15,** 178, 179, 180, 203, 207, 208
—, in nutrition **9,** 419
—, oxidation **15,** 204
—, Patterson function **15,** 176
—, phosphate - water molecule chain **15,** 216
—, phosphoric acid in nucleotide group **15,** 179
—, propanolamine groups **15,** 168, 189
—, propionamide side-chain **15,** 187
—, reaction with HCN **16,** 206
—, requirement and reducing agents **9,** 427
—, resonating chain **17,** 405
—, and SH-containing enzymes **15,** 212
—, side-chains **15,** 185, 189, 190
—, spectrum, calculated and observed **17,** 407
—, structure **15,** 167, 173, 196
—, water molecules, position **15,** 214, 215, 216
—, wave functions and energy level **17,** 406

Vitamin B_{12}, X-ray analysis **15**, 167, 174, 194
—, **chlorine substituted**, electron density distribution **15**, 182
—, **dehydro-** **15**, 203
—, —, reaction with N-chloroamide **15**, 205
—, **selenocyanide deriv.** **15**, 168, 178, 202
—, —, electron density distribution **15**, 181, 186
—, **succinimide deriv.** **15**, 204
Vitamin B_{12}-like factors, purine bases **15**, 207
—, unit cell dimensions **15**, 209
Vitamin B_{12b} **9**, 420
—, ⇄ vitamin B_{12} **15**, 202
ψ-Vitamin B_{12} **15**, 208, 209
—, → 7-(*D*-ribofuranosido)-adenine **15**, 209
Vitamin Bc, a pteridine deriv. **11**, 372
—, **conjugate** **11**, 381
Vitamin C, s., see, voir, Ascorbic acid
Vitamin D **1**, 69, 89; **11**, 83; **17**, 70, 71, 93, 94, 95, 96, 99
—, Abbauprodukte **17**, 89, 90, 91
—, antirachitische Wirkung **11**, 94
—, und Bleitetraacetat **17**, 90
—, Chromophorlänge **17**, 72
—, Darstellung **11**, 91
—, Deuterierung **17**, 97
—, und Dien-Synthese **3**, 24; **10**, 36
—, → Dihydro-tachysterin **17**, 102
—, in ergot **9**, 119
—, and fat **6**, 38, 53
—, Hydrierung **17**, 85
—, Hydrindan-C,D-Ringsystem **17**, 71
—, Isomerisiering mit BF_3, mit Jod, photochemisch, thermisch **17**, 93, 96, 98, 99
—, Kernresonanzspektrum **17**, 85
—, 6,7-*seco-cis-* und *-trans*-Konstellation **17**, 71, 72
—, Modellversuche **11**, 102, 104
—, aus Praecalciferol, Gleichgewicht **17**, 76, 93, 96
—, Seitenketten **11**, 93
—, Seitenketten-acetoxy-aldehyde und -alkohole **17**, 91, 92
—, Struktur und physiol. Wirkung **11**, 93, 94
—, Struktur-isomeres (Allyl-Umlagerung) **17**, 103
Vitamin D, Synthese **11**, 102; **17**, 105
—, Trienchromophor **17**, 71
5,6-*trans*-Vitamine D **17**, 72, 74
—, Hitze-Umwandlung **17**, 97
—, IR-Spektrum **17**, 73
—, Reduktion **17**, 86
Vitamin D, ätio-analoga **17**, 102
—, **dihydro-** **17**, 85, 86
—, **5,6-dihydroxy-** **17**, 90
—, **homolog** **17**, 103
—, **iso-ketone** **17**, 74
Vitamin D-I—VI, dihydro- **17**, 85, 86, 87, 88, 91, 92
Vitamin D-II, dihydro-, axiale OH-Gruppe **17**, 88
—, —, 5,6-*cis-trans*-Isomerie mit Dihydrotachysterin **17**, 88
—, —, Oxydation **17**, 88
—, —, Stellung des $C_{(19)}$-Methyls **17**, 87
Vitamin D_2 **1**, 90, 101; **11**, 83, 84, 87, 93, 112; **17**, 85, 98; **19**, 277
—, Abbau **17**, 91
—, in animal fat **6**, 11
—, Atropisomerie **11**, 86, 90
—, und BF_3 **11**, 97; **17**, 81, 98
—, Dien-Synthese **3**, 24; **10**, 72, 73
—, Doppelverbindung mit Cholesterin **11**, 90
—, Feinstruktur im Kristall **17**, 71
—, fluorescence **6**, 317, 319
—, geometr. Isomerie **11**, 87, 88, 89
—, Gleichgewicht mit Praecalciferol **11**, 90
—, und Glycerin-dichlorhydrin **11**, 97
—, als Hexatrien-deriv. **10**, 74
—, → Iso-vitamin D_2 **17**, 73, 99
—, Oxydation **17**, 89
—, Ozon-Abbau **11**, 95
—, Partialsynthese von Isomeren **11**, 108
—, und Phosphorsäure **11**, 97
—, und $SbCl_3$ **11**, 97
—, Spektrum **11**, 112, 115
—, sterische Anordnung des Hydroxyls **11**, 97
—, → Suprasterin$_2$-II **17**, 85
—, Synthese, Schwierigkeiten **11**, 102, 115
—, **C_{21}-Abbaualdehyd, C_{19}-Abbauketon, C_{13}-Abbauketosäure** **11**, 98, 108, 112; **17**, 104
—, **dihydro-** **11**, 91
—, **5,6-dihydroxy-** **17**, 76
—, ***m*-dinitrobenzoat**, Gleichgewicht mit Praecalciferol-deriv. **11**, 86

Vitamin D_2, ester 11, 90
—, **hexahydro-** 17, 84
—, **jod-deriv.** 11, 91
—, **4-jod-3-nitrobenzoat,** 6,7-*seco-trans*-Konstellation 17, 71
—, **4-jod-3-und-5-nitrobenzoat,** Röntgenstruktur 11, 89, 90; 17, 71
—, **methyläther** 11, 90, 96
—, —, Ozonisierung 11, 95
—, **trityläther** 11, 90
s-cis- und *s-trans*-**Vitamin D_2** 11, 86
C,D-*cis*-Vitamin D_2, Abbauketon 17, 107
5,6-*trans*-Vitamin D_2 17, 72, 73, 74, 98, 99
—, und BF_3 17, 81, 98
—, 3-Epimerengemisch 17, 72
—, → Iso-vitamin D_2 17, 74, 99
—, und Maleinsäure-anhydrid 17, 74
Vitamin D_2-I, dihydro- 17, 79
—, —, Abbau 17, 90, 91, 112, 114
—, —, aus Tachysterin$_2$ 17, 79
Vitamin D_3 1, 90; 11, 93; 17, 90, 108
—, Anbau der Seitenkette 17, 110
—, in animal fat 6, 11
—, Doppelverbindung mit Cholesterin 11, 90
—, Epimeren-Trennung 17, 116
—, fluorescence 6, 317
—, Hydrindansystem 17, 109
—, *trans* → *cis*-Isomerisierung 17, 116
—, Ozonabbau 17, 90
—, aus Peroxyd 17, 101
—, Synthese 17, 108, 118
—, Trienchromophor 17, 116
—, **C_{20}-Abbau-aldehyd** 17, 117
—, **Abbau-alkohol** 17, 112
—, **5,6-dihydroxy-,** Stereoisomerie 17, 90
—, **ester** 11, 90
5,6-*cis*-Vitamin D_3 17, 109
5,6-*trans*-Vitamin D_3 17, 73, 90, 108, 109, 117
—, 3-Epimerengemisch 17, 72
Vitamine D_4—D_7 11, 93, 94
Vitamin D_m 17, 105
Vitamin E 3, 4, 5
—, in fat 6, 11, 38, 39, 52, 54, 55
—, (oxydative Phosphorylierung) 20, 119
—, und Ubichinon, Ubichromenol 20, 108
Vitamin K, antagonistes 9, 104
—, und Chinone 6, 219
—, and coumarins 9, 242
—, and fat in diet 6, 38
Vitamin K_1, de bactéries 10, 224, 225
—, und Electron-Transport-System 20, 115
—, (oxydative Phosphorylierung) 20, 118, 119
—, tetrasubstituierter Chinonring 20, 119
—, Vorkommen 6, 184
—, als Wasserstoff-Überträger 20, 118
Vitamin K_2 6, 156, 157
—, de bactéries 10, 224, 225, 226
—, homologue 10, 225
Vitamin M, growth promoter 11, 372
Vitamin P 17, 19, 48
Vitex littoralis, V. lucens, vitexin 17, 16
Vitis spp., dormancy and gibberellin 18, 397, *V. vinifera,* anthocyanins 20, 181, 183
Vitorbol 12, 114
Vitox, Lactoflavin 2, 64
Viverra civetta, V. malaccensis, V. tangalunga, V. zibetha, sécrétion odorante 6, 92, 93
Vivotoxins 17, 298, 310, 313, 316
Vogan, fluorescence 2, 332; 6, 344
Vögel, Porphyrine, Biogenese 18, 213
Vogel-Eier, Protoporphyrin 18, 210
Vogel-Exkrete, Porphyrin 18, 214
Vogel-Federn, Carotinoide, O-haltige, Astaxanthin, Lutein 18, 180, 182, 185
—, Farbstoffe 18, 177
—, Fluoreszenz 18, 199, 204, 205
—, Koproporphyrin 18, 203, 207
—, Porphyrine 18, 210
—, Pyrrolfarbstoffe 18, 203, 204
Vogelia paniculata, iso-thiocyanates 18, 167
Voisenet, réaction de (protéines) 12, 377
Volcanoes, source of energy 20, 445
Volemit 2, 33
Vomicin 17, 191
Von Braun reaction (pyrrolizidines) 12, 214
Vulpinsäure 2, 33; 8, 212
—, ***p*-methoxy-** 2, 33
Vuzine, fluorescence 2, 313

W.

Wagging vibrations, IR 5, 350
Wagner-Meerwein rearrangement 12, 15
Walden inversion 1, 58, 60
Waldenström porphyrin 11, 323, 324

Waldkauz (Federn), Porphyrine **18**, 207
Wallosid **14**, 110, 116, 118, 119
Walnuß (Walnut), Naphthalin-deriv. **11**, 161
—, fat, fatty acids, digestibility **6**, 15, 56
—, —, vitamin E **6**, 55
Walnußbaum, Chinone **6**, 181
Warburg's Coferment **1**, 101
Warzen, Virus **4**, 90
Wasp, venom, phospholipase B **12**, 422
Water, amount involved in carbon cycle **14**, 319
—, cycling in nature **14**, 318, 324
—, free energy of formation **9**, 320
—, photo-decompos'tion **14**, 327, 328
—, in plant stems **17**, 314
Water economy, abnormal, in plants **17**, 310
Water hemlock, cicutin **15**, 93
Watermelon, and tryptamine **17**, 263
—, seed, fat, fatty acids, digestibility **6**, 15, 56
—, —, proteins **6**, 293
Watson-Crick model, DNA **12**, 471, 474, 481, 482; **20**, 428, 429
Watsonia spp., anthocyanins **20**, 181, 187
Watvögel (Federn, Eischalen), Porphyrin **18**, 210
Wavenumber and wavelength, relationship **5**, 333; **13**, 3, 4
Wave shape potential model **17**, 418, 427
Wax, bacterial **3**, 163, 164, 167, 169, 173
—, incrusted, double refraction **8**, 5
—, and phosphatides, Timothy bacillus **3**, 166
Wax acids, avian **3**, 168
Weakfish, protein **5**, 287
Weidelgras, lösliche Kohlenhydrate **15**, 2
Weidenkätzchen, Oestrogen-Gehalt **12**, 144
Weigela spp. and gibberellin **18**, 397, 403
Weihrauch, Boswellinsäure **7**, 19
Wein, Flavingehalt **2**, 63
Weinbergschnecke, Hepatopankreassaft-Enzyme **2**, 224, 226; **8**, 357; **13**, 152
Weissenberg-Diagramm, Choleinsäure **1**, 303
Weizen, s., see, voir, Wheat
Weld, barbarin **18**, 152, luteolin **17**, 2, 52
Wellensittich, Federfarbstoff (Fluoreszenz) **18**, 196, 200, 205
—, Federpigmente und Futter **18**, 197, 198
Wendehals, Federpigmente **18**, 205
Wermut, Bitterstoffe **17**, 138
Wespen, Pterine **4**, 79
Wessely-Moser change (flavones) **17**, 36
Westphalen-Lettré rearrangement **19**, 206
Wetting agents, in insecticides **10**, 433
—, ionic and non-ionic **10**, 433
Wettstein-Miescher degradation **12**, 60
Whale, insulin, amino acids **17**, 384
—, oil, fatty acids **5**, 80, 82, 89
—, skin-gelatin, amino acids **17**, 385
Wharangin **17**, 9, 11, 12, 19, 55
—, spectrum **17**, 57
Wheat (Weizen), Blätter, Fructosegehalt **19**, 302
—, Fructosyl-raffinose **19**, 304
—, and gibberellin **18**, 395, 406
—, Halme, Saccharide **19**, 307
—, Kleie, Lactoflavin **2**, 64
—, Körner (grains), Glucofructosan, Struktur **19**, 306
—, —, Kohlenhydrat-Stoffwechsel **19**, 291
—, —, lösliche Kohlenhydrate **19**, 301, 304
—, —, Octasaccharid, Struktur **19**, 305
—, —, Oligosaccharid-Reihe **19**, 303
—, —, protein **6**, 291
—, Mehl, Fälschung **19**, 291, 293
—, —, Galactosyl-glycerine **19**, 304
—, Stroh, Xylan **19**, 304
—, tricin, biosynthesis **17**, 46
Wheat germ, glutathione synthesis **16**, 159
—, oil, α-sitosterol **1**, 92, tritisterols **12**, 121
—, —, vitamin E **6**, 55
Wheat starch, amylose **11**, 13
Wieland-Blanc rule (terpenes) **12**, 52
Wieland-Gumlich-Aldehyd **17**, 206, 210, 213, 214, 215, 217, 218, 227, 231; **19**, 261, 262
—, = Desacetyl-diabolin = Caracurin-VII **17**, 191, 211
—, Strychnin-Abbauprodukt **17**, 187, 215, 218
—, **$N_{(a)}$-acetyl-** = Diabolin **17**, 191
—, **18-desoxy-** **17**, 211, 213, 215, 226, 227, 231
—, **$N_{(b)}$-metho-** **17**, 190, 206, 216, 226, 227, 238, 240
—, —, **18-desoxy-** **17**, 213, 226, 227
Wiener's Theorie (Stäbchen-Doppelbrechung) **1**, 331

Wiesenfuchsschwanz, Wiesenlieschgras, Wiesenrispengras, Wiesenschwingel, lösliche Kohlenhydrate **15,** 2
Wiesner's reagent (lignin) **5,** 182
Wild cloves, eugenin **9,** 249
Wildfire toxin 17, 309
Wild lemon, podophyllum **15,** 84
Wilfordine, Wilforgine, Wilforine, Wilfortrine, insecticides **10,** 460
Willstätter-Lignin 20, 43
Willstätter and Schudel method (reducing power) **8,** 65
Wilting, and pectic enzymes, toxins **17,** 311, 313, 314
Windaus, réaction de (fluorescence) **6,** 317
Windpocken, Virus **4,** 90
Winteraster, Chrysanthemaxanthin **5,** 12
Winter creeper, poly*cis* carotenoids **18,** 282
Winton disease, and *Senecio* spp. **12,** 200
Witches broom (disease) **17,** 299
Wittig-Reaktion, Polyin-ene **14,** 9, (Vitamin D) **17,** 112, 117
Wogonin 17, 8, 16, 37, 51
Wolff-Kishner reduction 12, 55, 60, 63, 64, 67, 72, 86, 87, 93, 94, 114, 115, 121
Wood, s. auch, see also, voir aussi, Holz, Verholzung, Lignin
Wood, ethanolysis **5,** 199
—, fibers (corroded by fungi) **8,** 22
—, hydrogenation **5,** 201, 202
—, isotopic composition of carbon **14,** 330
—, lignin-complex **5,** 179
—, mercaptolysis **5,** 191
Woody plants, photoperiod, growth, and gibberellin **18,** 397
Wool, amino acids **11,** 254
—, fat, cholesterol, lanosterol **12,** 48, 49
—, —, fatty acids **6,** 3
—, hydrazinolyzed, chromatography **12,** 320
—, keratin, N-terminal residues **11,** 268
—, partial hydrolysis **12,** 272
—, and peracetic acid **12,** 322
—, stretched, β-form **11,** 209, 226
—, —, X-ray diagram **11,** 215
Worms, carotenoids **5,** 27
Wormwood, diterpenes **12,** 20, 29
—, lactonic component **19,** 19
—, oil, hydroazulenic compounds **19,** 61
Wurster's blue, color **16,** 178; **17,** 416

X.

Xanthates, dialkyl-, coupling with amino groups **12,** 314
Xanthevodine 13, 315
Xanthine, exchange reactions **9,** 390
—, fluorescence **6,** 326
—, (Nucleinsäuren) **1,** 154
—, spectrum **11,** 365
Xanthine déhydrase 9, 94
Xanthine dehydrogenase, and low-protein diet **9,** 298
Xanthine deoxyriboside 9, 389
Xanthine glycosides, synthesis **8,** 115
Xanthine oxidase 6, 206; **9,** 366, 373 381
—, action on pteridines **11,** 368
—, inhibition by 2-amino-4-hydroxypteridine-6-aldehyde **11,** 391
—, in liver **9,** 299
Xanthium sp., *X. strumarium,* Acetylene, 4100-Pigment **14,** 25, 31
X. spp. and gibberellin **18,** 297, 407
Xanthobilirubinsäure 3, 89, 92, 96
Xanthocurin (Calebassen) **17,** 236
—, Spektrum **17,** 239
Xanthomelus ardens (Federn), Zeaxanthin **18,** 181
Xanthommatin 19, 282; **20,** 24
Xanthomonas campestris, X. malvacearum, defoliation, plant diseases **17,** 301
Xanthone, color reactions **17,** 13
—, aus Dehydro-digallussäure **13,** 116
—, Shinoda test **17,** 13
—, **deriv.,** in Flechten **8,** 208, 219
—, **4-acetoxy- 8,** 225
—, **1-carbonsäure-methylester, 3,4,5,6,7-pentamethoxy- 13,** 125
—, **3,4-dimethoxy- 13,** 125
—, **dimethylester, 2,3,4,5,6-pentamethoxy-8-carboxy-7-(2′,3′,4′-trimethoxy-6′-carboxy-phenyl)- 13,** 125
—, **oxy-dimethoxy-methyl- 8,** 219
Xanthonia spp., Chinone **6,** 174
Xanthophyll 5, 2, 16
—, acidic and neutral, in fungi **12,** 170, 176, 177
—, de bactéries **10,** 220, 221, 222, 223
—, im Blatt **1,** 160, 233
—, in chick retina **14,** 299
—, als Federfarbstoff **18,** 179
—, HCl-Reaktion **18,** 180
—, in marine organisms **5,** 29, 33, 34, 35

Xanthophyll, (tubercle bacillus) 3, 181
—, **epoxyd** 5, 2, 3, 5, 8, 15, 16
—, **ester,** in fishes 5, 32
Xanthophyllic pigment in macula lutea 14, 246
Xanthophyllase (genetics) 5, 310
Xanthopterin 4, 64, 67, 69; 11, 354, 367, 378
—, Addukte 4, 73
—, in anemia 11, 390
—, antagonism to 2-amino-4-hydroxy-7-methyl-pteridine 11, 390
—, basicity 11, 359
—, in *Cancer pagurus* 11, 368
—, "enol" and "keto" form 11, 368, 369
—, fluorescence 6, 329
—, hydrogenation 11, 368
—, ionization, hysteresis 11, 357, 359
—, in *Microcosmus polymorphus* 11, 368
—, and oxidation of DOPA 11, 390
—, in Pentatomidae 11, 368
—, „saures" 11, 368
—, spectrum 4, 74; 11, 361, 362
—, stability 11, 356
—, Synthese 4, 68; 11, 368
—, toxicity 11, 389
—, **7-carboxylic acid,** and melanogenesis 11, 390
—, **desimino-** 11, 367
—, **β-dihydro-** 11, 367
—, **7,8-dihydro-** 11, 368
—, **7-hydroxy-,** stability 11, 356
—, **7-methyl-** 11, 367, 369, 371
—, **7-trihydroxy-propenyl-** 11, 367
Xanthoria fallax, Chinone 6, 173, *X. parietina,* Flechtenstoff 2, 52
Xanthoroccellin 8, 233
Xanthorubin 3, 129, 133
Xanthosin 1, 130; 8, 105; 9, 404
Xanthostemone 14, 201
Xanthotoxin 9, 264, 265, 269; 11, 126; 17, 174
Xanthotoxol 9, 263, 265, 268
—, **dihydro-** 9, 265
—, **γ,γ-dimethylallyl ether** 9, 268
Xanthoxoline 13, 316
Xanthoxyletin 9, 277, 278, 279, 280
—, **dihydro-** 9, 280
Xanthoxylin 14, 200
Xanthoxylum acanthopodium, tambuletin, tambulin 17, 54, *X. americanum,* coumarins 9, 277, 278, 281, *X. clava-herculis,* herculin 10, 45, *X. piperitum,* sanshool-I and -II 10, 454, *X. senegalense,* xanthotoxin 9, 264, *X. suberosum,* suberosin 9, 250
Xanthurénique (acide) 9, 96
Xanthydrol-Reagens (Lanatoside) 13, 145
Xanthyletin 9, 227, 277; 17, 174
—, **dihydro-** 9, 277
Xanthylic acid (Xanthylsäure) 1, 133; 8, 69, 121
Xanthyl-tryptophan 12, 324
Xenopus, visual pigment and spectrum 14, 293, 294
X. laevis, bufotenidine 5, 260
Ximenia spp., *X. americana, X. caffra,* Ximeninsäure, 8-Oxy-ximeninsäure 14, 40, 42
Ximeninsäure, Synthese 14, 40, 41, 42
—, **8-oxy-** 14, 40, 42
Xiphias gladius, vitamins A and D 6, 53, 54
Xipholena lamellipennis, X. punicea, Federpigmente 18, 187, 188
X-ray, s. auch, see also, voir aussi, Röntgen . . ., Crystal structure
X-ray studies, in general and methods 1, 298; 8, 310; 11, 181; 15, 167
—, reflections, intensities 15, 172
—, right and wrong atoms 15, 194
—, scattering, heavy atoms 15, 170
—, —, helical molecule 11, 221
Xylem, definition 17, 305
Xylem cells 17, 310, 314
o-, *m-*, and *p-***Xylene,** IR spectrum 5, 357
Xylia xylocorpa, fatty acids 6, 3
D- and *L-***Xylo-ascorbic acid** 2, 148
*p-***Xylochinon,** Giftwirkung 6, 214
Xylofuranose, 1,2-isopropylidene- und **-5-benzoyl-** 8, 72
*D-***Xylofuranoside-3,5-acetonide** 16, 123
*D-***Xylohexamethylose-3-methyläther, 2-desoxy-** 7, 120, 151
*D-***Xyloketose** and phosphorylase 5, 115
*L-***Xyloketose** (Pentosurie) 4, 200
Xylose, fluorescence 6, 313
—, rotation 8, 58
—, **acetobromo-** 2, 165, 192; 8, 71
—, **1,2-isopropylidene-5-benzoyl-** 8, 52
—, —, **carboxy-** 8, 53
—, **1,2-isopropylidene-3-phospho-5-methyl-** 8, 72

α-D-**Xylose-1-phosphate** 5, 115; 8, 61, 64, 71
—, opt. rotation 8, 58, 62
Xylose-3-phosphate 8, 71, 72
Xylose-5-phosphate 8, 53, 70, 71, 72
—, hydrolysis constant 8, 61
—, opt. rotation 8, 58, 62
β-**Xylose units and cellulose** 5, 156
Xyloside, α-methyl-, opt. rotation 8, 58
2- and 6-(*β-D*-**Xylosido**)-*D*-**glucose** 7, 215; 20, 182
l-**Xylosone** 2, 148
Xysmalobin 14, 96, 121
Xysmalobium spp., *X. undulatum*, herzaktive Glycoside und Aglykone 13, 196, 198; 14, 94, 96, 121
Xysmalogenin 12, 158; 13, 173, 198, 210; 14, 121
—, **O-monoacetyl-** 13, 173, 174
—, —, **monoanhydro-** 13, 174
Xysmalorin 14, 121

Y.

Yacarol 6, 119, 120
Yangonalactone and diazomethane 20, 145
Yangonic acid 20, 138, 139
Yangonin 14, 190, 191; 20, 132, 134, 138, 139
—, no bioeffect 20, 155
—, degradation 20, 138, 139
—, demethylation 20, 138
—, properties 20, 157
—, synthesis 20, 141, 145, 147
—, **11-methoxy-** 20, 134, 147, 150, 157, 160
—, —, synthesis 20, 141
Yangonol 20, 138, 139
Yatren 8, 303, 306
Yeast, s. auch, see also, voir aussi, Hefe, Levure
Yeast, amino acids 17, 383
—, chemical activities 17, 386
—, coproporphyrin formation factors 11, 322
—, enzymes, purification 8, 353
—, incorporation of labeled glutamate 16, 157
—, lipoids, phosphatides 3, 194, 195
—, mannan (immunol.) 18, 522, 524
—, microsomes 16, 142
—, porphyrin synthesis 11, 330
—, protein, amino acids 11, 258
Yeast, red, carotenoids 12, 169, 174, 177, 180
—, —, torularhodin 12, 178
—, sterols 1, 93
Yeast adenylic acid 8, 101, 119, 121
Yeast inosinic acid 8, 121
Yeast nucleic acid 8, 103
Yellow enzyme, s. auch, see also, voir aussi, Gelbes Ferment
Yellow enzyme, "old", chromatography 8, 352, 353, 358
—, —, N-terminal residues 11, 268
Yellowtail, vitamin A 6, 52
Yellow water (algae) 5, 24
Ylang ylang oil, methyl anthranilate 13, 304
Yobyrine 10, 396, 397, 398; 13, 352, 353, 360, 391, 393, 394; 17, 203
—, aus Melinonin-B 17, 203
—, **dehydro-keto-** 13, 391
—, **7-hydroxy-** 13, 377, 378
—, —, **methyl-** 13, 379, 380
—, **keto-** 13, 352, 353, 393
—, **methyl-** 10, 398; 13, 352, 353, 361, 379, 394
—, **tetrahydro-** 10, 400
Yohimbane 13, 355, 356, 357
—, **11-methoxy-** 13, 380
DL-**Yohimbane**, synthesis 13, 355
—, **Δ^{3}-dehydro-** 13, 355
Yohimbane group (*Rauwolfia* alkaloids) 13, 357
Yohimbene, steric configuration 13, 359
$\Delta^{15(20)}$-**Yohimbene, 16-carbomethoxy-18-hydroxy-** 13, 381
Yohimbic acid 13, 354
Yohimbine 10, 393, 397, 398, 399, 400, 407, 417; 13, 350, 352, 354, 356, 358, 368, 402, 406, 421
—, dehydrogenation 13, 352
—, fluorescence 6, 334
—, isolation 13, 369
—, isomers 13, 354
—, —, steric configuration 13, 359
—, pharmacol. effect 10, 416; 13, 416
—, from *Rauwolfia* roots 13, 393
—, spectrum 10, 411; 13, 351
—, **demethyl-** 13, 354
—, **tetradehydro-** 10, 407, 408; 13, 356, 397, 398
—, —, spectrum 10, 407

α-Yohimbine **13**, 354, 357, 361, 362, 395, 406, 416
—, from deserpidine **13**, 361
—, steric configuration **13**, 359
—, **Py-tetradehydro-** **13**, 395
β-Yohimbine **13**, 350, 354, 356, 393, 406, 421
—, steric configuration **13**, 359
δ-Yohimbine **13**, 363, 368, 375, 376, 402, 405
—, → serpentine **13**, 398
—, **10-methoxy-** **13**, 401
ψ-Yohimbine **13**, 350, 354, 355, 356, 403, 406
—, steric configuration **13**, 356, 359
Yohimbin-Typus-Alkaloide **17**, 194, 195
—, biosynthesis **13**, 406; **17**, 228, 229; **19**, 260, 261
—, stereochemistry **13**, 354
Yohimbol, chanodeoxy- **13**, 354, 355
Yohimbone **13**, 356, 393
Yohimbyl alcohol **10**, 398
Yoloxochitl, Biscoclaurin-Basen **9**, 179
Yuen-hua, diuretic and anthelminthic action **17**, 49

Z.

Zamène **6**, 122
Zanthoxylum Clava Herculis, cactus alkaloids **6**, 256
Zdravets oil, germacrone **19**, 11
Zea mays, amino acids **6**, 302
—, gene activity, regulation **12**, 482
—, indoleacetic acid **17**, 273
—, phosphatases **19**, 324
—, Ubichinon **20**, 81
Zeaxanthin **5**, 22, 31; **18**, 186, 243
—, de bactéries **10**, 221
—, *cis*-peak, fine structure **18**, 253, 254
—, configurational assignments **18**, 300
—, als Federfarbstoff **18**, 181
—, in fungi **12**, 173, 176
—, iodine-catalyzed equilibrium **18**, 270, 272
—, IR spectrum **18**, 301
—, isomerization, in melt, by refluxing, spontaneous **18**, 264, 265, 267
—, number of *cis-trans* isomers **18**, 235
—, structure **18**, 228
—, synthesis of *cis* forms **18**, 275
—, Umbau in Vögeln **18**, 193
—, im Vogelfutter **18**, 190
central-mono*cis* Zeaxanthin **18**, 292, 301
Zeaxanthin, dipalmitate **15**, 49; **18**, 243, 267, 270
—, **ester**, in Fußhaut (Vögel) **18**, 181
—, **mono-** und **di-epoxyd** **5**, 3, 4, 8
—, —, *cis-trans* isomers **18**, 235
Zébu, sécrétion musquée **6**, 110
Zein, amino acid composition **6**, 292
—, et iodine **12**, 375, 377, 379, 380
Zelkowa serrata, keyakinin, keyakinol **17**, 18
Zell . . ., s. auch, see also, voir aussi, Cell . . .
Zellteilung, mitotische **1**, 124
Zellwand-nucleotide, Entdeckung **20**, 220
Zellwand-polysaccharide (Bakterien) **20**, 228
—, Biosynthese **20**, 249
Zellwand-Synthese, Hemmung **20**, 220
Zeokarb **8**, 100, 216; **11**, 258
Zeorin **2**, 32; **7**, 3; **8**, 210
—, **acetat, anhydro-** **8**, 210
Zeorinen **8**, 210
Zeorinin und **-oxyd** **8**, 211
Zeorinon, desoxy- **8**, 210
Zephyranthes, parthenocarpic fruit-set and gibberellin **18**, 409
Zerumbone **19**, 8, 10
Zervas ester (sugar phosphates) **8**, 50, 51
Zibetkatze (Civette), glande à parfum **6**, 93
Zibeton **12**, 153
—, Geruch **8**, 192
—, (Steroid-Biogenese) **12**, 153
—, **dihydro-**, Geruch **8**, 192
Ziegler-Hafner method (azulene synthesis) **19**, 33, 34, 35
Zierane **19**, 2, 52
Zierazulene **19**, 34, 52, 54, 58, 98
—, **6-methyl-** **19**, 58
Zierone **19**, 58
Zigarren- und **Zigarettenrauch** **2**, 276
Zimt . . ., s. auch, see also, voir aussi, Cinnamic . . .
Zimtaldehyd, biochem. Hydrierung **3**, 33, 35
Zimtalkohol, biochem. Hydrierung **3**, 32, 33, 48
—, im Tier **4**, 228
—, → Zimtaldehyd **20**, 66
—, **acetat** und **methyläther** (Chloramphenicol-Synthese) **18**, 61
—, **α-äthyl-**, im Tier **3**, 48

Zimtalkohol, 3,4-dihydroxy- **11**, 57
—, **3,5-dimethoxy-4-hydroxy-** **11**, 57
—, ***p*-hydroxy-**, und Glucoside, Lignin-Vorstufen **20**, 49, 50, 61, 62
—, *o*-, *m*-, und ***p*-hydroxy-** (Lignin) **11**, 57
Zimtsäure, biochem. Hydrierung **3**, 48
—, (Biosynthese der Phenylpropane) **16**, 21
—, aus Kondurangin **17**, 135
—, im Tier **4**, 241
—, **α-äthyl-**, im Tier **3**, 48
Zinc, inhibitor for ATPase and 5-nucleotidase **12**, 433
—, in snake venoms **12**, 433
—, and tryptophan content, in *Neurospora*, tomato **17**, 259
Zinc salts and gibberellin, synergism **18**, 403
Zingiber zerumbet, zerumbone **19**, 10
Zingiberene **12**, 5, 6
—, abs. configuration **12**, 6
Zinnia and gibberellin **18**, 403
Zitronenfalter, Xanthopterin **4**, 67, 76
Zitronensäure, s., see, voir, Citronensäure
Zone electrophoresis (peptides) **12**, 326
Zone ionophoresis **12**, 328
Zoochlorellae and **Zooxanthellae**, carotenoids **5**, 24
Zoochlorin, Zooerythrin **18**, 179
Zooprasinin **18**, 216
Zoorubin **18**, 216
Zooxanthin **18**, 179
Zucker, s. auch, see also, voir aussi, Sugar
Zucker, Baustein von Antibiotica **20**, 219
—, in Herzglycosiden **14**, 71, 72, 88, 102
Zucker, in Herzglycosiden, Papierchromatographie **14**, 74, 104
—, —, pyranoide Struktur **14**, 77
—, —, Verknüpfung **14**, 76
Zuckeralkohole, in Flechten **8**, 212
—, natürliche **2**, 32
—, **1-nitro-** **20**, 212
Zuckerrübe, Oleanolsäure **7**, 19
Zunge, Geschmacks-Zentren **17**, 126
ZW (Abkürzung für Zeitwert) **8**, 355; **15**, 5
Zweiggallen, Gallotannin **13**, 71
Zwergwachtel, chinesische, Feder-Fluoreszenz **18**, 203
Zwiebel und Chinone **6**, 211, 212
Zygacine **20**, 347
Zygadenine **20**, 300, 313, 314, 335, 347
—, **acetonide** **20**, 347
—, —, **diacetate** **20**, 346, 347
—, **angeloyl-** **20**, 347
—, **natural esters** **20**, 346, 347
—, **tri-** and **tetraacetate** **20**, 347
—, **vanilloyl-** **20**, 347
—, **veratroyl-** **20**, 347
—, —, hypotensive effect **20**, 356
Zygadenus intermedius, *Z. paniculatus*, *Z. venenosus*, veratrum alkaloids **20**, 301, 314, 315, 335, 346
Zygosaccharomyces barkeri, Ubichinon **20**, 80
Zymosterol **1**, 93, 94; **12**, 60, 62, 138, 139, 140, 143, 152
—, fluorescence **6**, 316
—, radioaktives **12**, 138
—, als Vorstufe von Ergosterol **12**, 138
—, **4,4,14-trimethyl-** **12**, 45

Manzsche Buchdruckerei, Wien IX

Fortschritte der Chemie organischer Naturstoffe. Progress in the Chemistry of Organic Natural Products. Progrès dans la chimie des substances organiques naturelles. Herausgegeben von **L. Zechmeister,** California Institute of Technology, Pasadena, California, USA. (Springer-Verlag in Wien.)

Bisher erschienen:

Erster Band: Mit 41 Abbildungen im Text. VI, 371 Seiten. Gr.-8°. 1938.
Ganzleinen S 348.—, DM 72.25, sfr. 74.—, $ 17.20

Zweiter Band: Mit 24 Abbildungen im Text. VII, 366 Seiten. Gr.-8°. 1939.
Ganzleinen S 348.—, DM 72.25, sfr. 74.—, $ 17.20

Dritter Band: Mit 10 Abbildungen im Text. VI, 252 Seiten. Gr.-8°. 1939.
Ganzleinen S 264.—, DM 55.45, sfr. 56.80, $ 13.20

Vierter Band: Mit 47 Abbildungen im Text. VIII, 499 Seiten. Gr.-8°. 1945.
Ganzleinen S 474.—, DM 99.10, sfr. 101.50, $ 23.60

Fünfter Band: Mit 34 Abbildungen. VIII, 417 Seiten. Gr.-8°. 1948.
Ganzleinen S 305.—, DM 50.40, sfr. 52.20, $ 12.—

Sechster Band: Mit 32 Abbildungen. VIII, 392 Seiten. Gr.-8°. 1950.
Ganzleinen S 338.—, DM 55.80, sfr. 57.80, $ 13.30

Siebenter Band: Mit 12 Abbildungen. VII, 330 Seiten. Gr.-8°. 1950.
Ganzleinen S 325.—, DM 53.70, sfr. 55.50, $ 12.80

Achter Band: Mit 47 Abbildungen. XI, 400 Seiten. Gr.-8°. 1951.
Ganzleinen S 427.—, DM 70.50, sfr. 72.20, $ 16.80

Neunter Band: Mit 20 Abbildungen. XI, 535 Seiten. Gr.-8°. 1952.
Ganzleinen S 498.—, DM 82.50, sfr. 84.50, $ 19.60

Zehnter Band: Mit 19 Abbildungen. IX, 529 Seiten. Gr.-8°. 1953.
Ganzleinen S 498.—, DM 83.—, sfr. 85.—, $ 19.80

Elfter Band: Mit 67 Abbildungen. VIII, 457 Seiten. Gr.-8°. 1954.
Ganzleinen S 448.—, DM 74.80, sfr. 77.40, $ 18.—

Zwölfter Band: Mit 15 Abbildungen. X, 550 Seiten. Gr.-8°. 1955.
Ganzleinen S 497.—, DM 82.80, sfr. 85.10, $ 19.80

Dreizehnter Band: Mit 48 Abbildungen. XII, 624 Seiten. Gr.-8°. 1956.
Ganzleinen S 645.—, DM 107.50, sfr. 110.10, $ 25.60

Vierzehnter Band: Mit 38 Abbildungen. VIII, 377 Seiten. Gr.-8°. 1957.
Ganzleinen S 450.—, DM 75.—, sfr. 76.80, $ 17.85

Fünfzehnter Band: Mit 81 Abbildungen. VI, 244 Seiten. Gr.-8°. 1958.
Ganzleinen S 246.—, DM 41.—, sfr. 42.—, $ 9.75

Sechzehnter Band: Mit 27 Abbildungen. VI, 226 Seiten. Gr.-8°. 1958.
Ganzleinen S 240.—, DM 40.—, sfr. 41.—, $ 9.50

Siebzehnter Band: Mit 57 Abbildungen. X, 515 Seiten. Gr.-8°. 1959.
Ganzleinen S 498.60, DM 83.10, sfr. 85.10, $ 19.80

Weitere Bände siehe nächste Seite!

Fortschritte der Chemie organischer Naturstoffe

Fortsetzung von vorhergehender Seite

Achtzehnter Band: Mit 65 Abbildungen. X, 600 Seiten. Gr.-8⁰. 1960. Ganzleinen S 618.—, DM 103.—, sfr. 105.50, $ 24.50

Neunzehnter Band: Mit 16 Abbildungen. VIII, 420 Seiten. Gr.-8⁰. 1961. Ganzleinen S 490.—, DM 78.—, sfr. 83.90, $ 19.50

Zwanzigster Band: Mit 33 Abbildungen. XIII, 509 Seiten. Gr.-8⁰. 1962. Ganzleinen S 604.—, DM 96.—, sfr. 103.20, $ 24.—

Einundzwanzigster Band: Mit 14 Abblildungen. VII, 362 Seiten. Gr.-8⁰. 1963. Ganzleinen S 479.—, DM 76.—, sfr. 81.70, $ 19.—

Ab Band XXI werden die Bände dieser Reihe zu einem um 10% ermäßigten Subskriptionspreis zur Fortsetzung geliefert. Bei Nachbezug aller bisher erschienenen Bände können dieselben ebenfalls zu einem um 10% ermäßigten Vorzugspreis bezogen werden.

Besprechungen über die „Fortschritte der Chemie organischer Naturstoffe"

"In summary, all of the chapters will be useful to the specialist, and they all make instructive and broadening reading to the organic chemist who is interested in structural and theoretical problems."
Journal of the American Chemical Society

"The present volume continues to fulfill the twofold purpose of the valuable collection, which is to present the latest views and reviews on newly developed or well-explored fields written by the chief investigators themselves and to tear down the artificial barriers between organic chemistry or biochemistry and biology . . ."
Science

„. . . Wiederum haben international anerkannte Spezialisten über verschiedene Gebiete der Naturstoffchemie zusammenfassende Artikel geschrieben, die in gewohnter Weise in jeder Beziehung beispielhaft sind . . ."
Angewandte Chemie

". . . The volume is recommended to chemists, biochemists, and biologists as an invaluable source of information about material which is widely scattered in the literature and is presented here by highly competend reviewers in a systematic manner."
Quarterly Review of Biology

«. . . On trouve à la fin de chaque sujet une abondante bibliographie, et l'ensemble constitue un excellent instrument de travail pour ceux qui s'adonnent à la recherche.»
Chimie et Industrie

GPSR Compliance

The European Union's (EU) General Product Safety Regulation (GPSR) is a set of rules that requires consumer products to be safe and our obligations to ensure this.

If you have any concerns about our products, you can contact us on ProductSafety@springernature.com

In case Publisher is established outside the EU, the EU authorized representative is:

Springer Nature Customer Service Center GmbH
Europaplatz 3
69115 Heidelberg, Germany

Batch number: 10577880

Printed by Printforce, the Netherlands